陕西省短期天气预报技术手册

（修订版）

杜继稳　等　编著

气象出版社
China Meteorological Press

内容简介

本书系统地总结和介绍了陕西省几代气象科技工作者关于短期天气预报技术和经验，本书共16章，涉及短期天气预报的各个方面。修订版在2007年原版的基础上总结和充实了近15年来的新技术、新成果和新经验，包括中尺度天气分析预报、诱发地质灾害暴雨预报预警、关中地区空气污染气象条件及预报，以及雷达探测、卫星云图分析应用技术和经验等。

本书除了指导陕西地区短期天气预报业务外，还可供其他地区特别是陕西省周边地区的天气预报业务参考借鉴。

图书在版编目（CIP）数据

陕西省短期天气预报技术手册 / 杜继稳等编著. -- 修订本. -- 北京 : 气象出版社, 2023.9
ISBN 978-7-5029-8007-8

Ⅰ. ①陕… Ⅱ. ①杜… Ⅲ. ①天气预报－陕西－技术手册 Ⅳ. ①P456-62

中国国家版本馆CIP数据核字(2023)第136884号

Shaanxi Sheng Duanqi Tianqi Yubao Jishu Shouce(Xiuding Ban)
陕西省短期天气预报技术手册(修订版)
杜继稳　**等编著**

出版发行：气象出版社
地　　址：北京市海淀区中关村南大街46号　　邮政编码：100081
电　　话：010-68407112(总编室)　010-68408042(发行部)
网　　址：http://www.qxcbs.com　　E-mail：qxcbs@cma.gov.cn
责任编辑：黄红丽　林雨晨　　终　　审：张　斌
责任校对：张硕杰　　责任技编：赵相宁
封面设计：艺点设计
印　　刷：北京建宏印刷有限公司
开　　本：787 mm×1092 mm　1/16　　印　　张：35.5
字　　数：909千字　　彩　　插：6
版　　次：2023年9月第1版　　印　　次：2023年9月第1次印刷
定　　价：220.00元

《陕西省短期天气预报技术手册》(修订版)
修订委员会

主　　任:杜继稳

副 主 任:梁生俊

成　　员:刘　勇　侯建忠　李　明　赵奎锋　鲁渊平
　　　　　　武麦凤　刘慧敏　雷向杰　马丹萌　李双双

审　　改:杜继稳　梁生俊

统　　稿:马丹萌　李双双

修订执笔人

第 1 章:修订人　李　明

第 2 章:修订人　李　明

第 3 章:修订人　梁生俊

新增 3.3.9,执笔人　梁生俊

第 4 章:修订人　梁生俊

第 5 章:修订人　梁生俊

第 6 章:修订人　侯建忠

新增 6.6.6,执笔人　侯建忠

新增 6.7.4—6.7.5,执笔人　侯建忠

新增 6.8.3,执笔人　侯建忠

第 7 章:修订人　杜继稳

第 8 章:原第 9 章,修订人　刘　勇

新增 8.6—8.7,执笔人　刘　勇

新增 8.8,执笔人　刘慧敏

第 9 章:原第 10 章,修订人　刘　勇

第 10 章:原第 12 章,修订人　梁生俊　雷向杰

第 11 章:原第 11 章,修订人　侯建忠

新增 11.2,执笔人　侯建忠

新增 11.3.4,执笔人　侯建忠

新增 11.6.4,执笔人　侯建忠

第 12 章:原第 8 章,修订人　杜继稳

第 13 章:新增,执笔人　杜继稳　李　明　王雁林

第 14 章:新增,执笔人　杜继稳　武麦凤　孙怀琴

第 15 章:原第 14 章,修订人　赵奎锋　李双双　马丹萌

第 16 章:原第 15 章,修订人　杜继稳　梁生俊

新增 16.3,执笔人　鲁渊平

《陕西省短期天气预报技术手册》(原版)
编写委员会

《陕西省短期天气预报技术手册》原版

执　笔　人

第 1 章:侯明全

第 2 章:侯明全

第 3 章:梁生俊

第 4 章:梁生俊

第 5 章:许新田

第 6 章:

　　6.1—6.6:杜继稳

　　6.7—6.8:侯建忠

　　6.9—6.10:杜继稳

第 7 章:杜继稳

第 8 章:杜继稳　王旭仙

第 9 章:

　　9.1—9.5:刘勇

　　9.6:杜继稳

第 10 章:许新田

第 11 章:

　　11.1:宁志谦　梁生俊

　　11.2—11.4:方建刚

　　11.5:张弘

　　11.6:侯建忠

　　11.7:许新田

　　11.8:方建刚

第 12 章:侯明全

第 13 章:李　明

第 14 章:张　弘

第 15 章:杜继稳　梁生俊

修订版《序言》

在全球气候变暖背景下，极端天气气候事件多发频发。据陕西气象部门的统计分析，21世纪以来，陕西暴雨频率明显增多，全省各气象站平均暴雨日数每10年增长0.3天，同时，低温冻害、高温天气也呈现增加趋势。特别是大暴雨、特大暴雨多发造成流域严重洪涝和坍塌、滑坡、泥石流等地质灾害，伴随城市化发展还常常引发大城市严重内涝，造成人员伤亡和财产损失。天气变化的不确定性、局地性和突发性增强，天气规律的把握和天气预报的难度加大，迫切需要对天气发生发展规律进行新的总结和提炼。

气象工作关系生命安全、生产发展、生活富裕、生态良好。各级党委政府对气象工作的要求越来越高，社会经济发展对气象工作的需求越来越强，人民群众对气象工作的期盼越来越多，其中最基础、最重要的是天气预报报得精准。提高天气预报准确率是个永恒的课题，需要预报工作者脚踏实地，攻坚克难地探索和推进，需要继承老一辈预报员的理论与经验，应用新技术完善和发展老一辈预报员的思路和方法，塑造天气预报业务新形态，更深入地熟悉掌握头上这片天空的天气变化规律，做到不断提高天气预报的精准度。

《陕西省短期天气预报技术手册》(以下简称《手册》)全面总结了陕西省典型天气规律、预报思路、预报业务和科技发展的阶段性成果。自2007年出版以来，在指导预报业务发展、技术进步和人才培养等方面发挥了重要作用。但是，2007年以来，特别近些年，陕西省天气预报业务发生了很大变化，天气预报实现了从站点、落区预报到数字网格预报的跨越，建立了较为完整的无缝隙气象预报业务体系，迫切需要对《手册》进行修订。杜继稳等专家和技术骨干，再次总结了陕西预报业务建设的新成果、新经验。新版《手册》历时一年多的修订，增加了降水型地质灾害预报预警、关中地区大气污染预报、短时强降水、中尺度对流复合体(MCC)、初夏暴雨预报和陕北强对流天气预报等章节，补充完善了一些新的科研业务成果，具有更强的针对性和实用性，为预报业务人员提供了更加全面系统的预报机理、技术和方法。

新版《手册》是陕西气象人智慧成果的结晶，特别是包含了近年来新的天气机理认识、预报模型和指标、业务发展成果与经验等。希望新版《手册》能够继续发挥好促进陕西预报业务建设和人才队伍培养的作用，能继续为其他地区、相关行业天气预报工作及业务发展提供有益借鉴。

陕西省气象局党组书记、局长

丁传群

2022年6月

修订版《前言》

《陕西省短期天气预报技术手册》于2007年3月出第一版，至今已有14年了。在这14年中，我国气象现代化建设有了巨大的发展。天气预报特别是重大灾害性、关键性、转折性天气预报能力，精细化、无缝隙天气预报技术水平有了长足的进步，我国正从气象大国向气象强国迈进，陕西省气象部门也不例外。不论是气象现代化建设、台站建设，还是天气预报能力和水平都取得显著的成绩，得到各级政府的肯定和广大人民群众的认可。特别是陕西省广大气象科技工作者围绕提高天气预报准确率这个永恒的主题和天气预报工作者追求的永恒目标，针对天气气候极端事件和重大灾害性天气个例做了大量的分析研究，取得了许多新的科技成果，也推动了天气预报技术的进步，提高了极端天气预报的能力和水平。

中华民族和十四亿中国人民在中国共产党的领导下，在短短几十年时间内，消灭了绝对贫困，实现了小康，正在走向伟大的民族复兴。在这个征程中，国家和广大人民群众对防御、抵御和减轻各类自然灾害，提出了更高的要求。近年来随着气候变化，各类极端天气频繁发生，给国家和人民生命财产造成了巨大的损失，因此，广大气象科技工作者深切感到，气象科技和天气预报能力水平虽然有了很大的进步，但离国家和人民的要求还有距离，特别是极端天气预报能力和精细化水平需要进一步提高，这是我们的责任和使命。

对极端天气预报能力和水平的提高，一方面，依赖于气象现代化的能力和水平，即预报分析技术和手段的提高；另一方面，取决于对极端天气演变规律和机理的分析和认识；但更重要的是预报员水平和能力的提高和培养，因为天气预报预警最终是由人来决定的。实践证明，《陕西省短期天气预报技术手册》总结了陕西省几代气象工作者的预报经验和科研成果。恰恰在对重大灾害天气演变规律和机理的分析和认识，对预报员的培养和提高上，十几年来在全省气象系统发挥了积极的作用。

《陕西省短期天气预报技术手册》修订版正是本着以上精神，认真总结和分析近十几年来的新成果、新经验，在原书的基础上进行补充修订。参加修订版编写组的成员除个别外主要是原书编写组成员，这些同志一直在预报服务一线工作，并担任首席预报员。本次新补充内容主要体现在卫星云图、雷达回波分析应用技术及其短时临近预报技术上，还体现在气象与地质灾害、大气污染预报预警等交叉学科上。本次修订版由原书共15章，修订后为16章，其中新增了“第13章 陕西降雨型地质灾害预报预警”，“第14章 陕西关中地区大气污染气象条件及预报”；新增了“8.6 短时强降水”，“8.7 中尺度对流复合体”，“8.8 陕北黄土高原强对流天气”，“11.2 初夏暴雨预报”，“16.3 决策气象服务”；对原书“3.3 陕西的主要气象灾害”、“6.6 地形对陕西暴雨的作用”、“6.7 台风与陕西暴雨”、“6.8 卫星云图在陕西暴雨预报中应用”、“11.2 连阴雨预报”和“11.5 降雪预报”补充了许多新的科研成果；此次修订版删去了原书“第13章 陕西分县天气预报”，同时对原书其他各章进行了文字修改。

本手册在修订和出版过程中，得到了陕西省气象局领导、预报科技处以及全省气象同仁的大力支持，特别是陕西省气象台两任台长王建科、赵奎锋及其两届领导班子、首席预报员和气象同仁给予了大力支持和帮助，在此一并表示衷心感谢！但由于参加编写修订的人员水平有限，加上时间仓促，错误在所难免，恳请气象同仁和读者批评指正。

《陕西省短期天气预报技术手册》(修订版)编写组

2021年11月

原版《序言》

陕西省位于中国西北地区，因其独特的地质、植被、水文和地理位置等自然环境条件，有着特殊的天气气候规律，干旱、暴雨、冰雹、冻害、大风、沙尘暴、干热风等各类气象灾害频繁发生。近几十年来，发生过“77.7”延河、“83·7”安康汉江、1998年“7·9”商州、2002年“6·8”佛坪等特大暴雨及其洪水和山地灾害，2003年渭河流域就连续5次发生暴雨洪水灾害，都给人民生命财产造成重大损失，受到中央政府的高度重视。同时也对陕西气象业务提出严峻挑战，要求气象工作者更准确地预报重大灾害性、关键性、转折性天气，为政府防灾减灾服务，为人民群众福祉安康服务。

几十年来，陕西省几代气象科技工作者，特别是一线预报员怀着高度的责任感，围绕提高天气预报准确率这个永恒的主题，在长期预报实践中，不断揭示青藏高原东北侧天气气候变化规律，提炼预报思路，研发各类灾害性天气预报方法，积累了丰富的预报经验，取得了许多研究成果，特别是近年来，围绕业务服务领域的拓展，沿着精细化预报发展方向，采用新的观测信息和技术手段，深入研究大气变化规律，取得了许多新的成果，提炼和完善了各类灾害性天气的预报思路和业务流程。以上所有成果集中在《陕西省短期天气预报技术手册》（以下简称《手册》）中，而且参加编写本《手册》的人员均是来自一线的预报员，无疑该《手册》是陕西省广大气象科技人员、特别是预报人员长期天气研究与预报实践的工作总结，是集体智慧的结晶，在这里我向陕西省的气象科技人员，业务一线的预报员表示衷心祝贺！

在新的历史时期，全国气象部门正按照中国气象局的统一部署和要求，积极开展业务技术体制改革，着力解决影响气象事业发展的体制和机制方面的问题，全面提升气象业务的科技内涵和服务能力，实现从气象大国向气象强国的跨越。其中，天气业务作为多轨道业务的基础业务，要不断提高天气预报准确率，特别是重大灾害性、关键性、转折性天气预报能力；完善精细化、无缝隙预报业务流程，促进灾害性天气和定量降水预报的突破，完善临近预报和短时预报业务；建设突发性灾害天气预警预报体系，增强对突发事件的气象应急保障能力。完成这些目标，关键在预报员队伍整体素质的提高，本《手册》的编写出版，不仅继承过去的经验和成果，更重要的是有助于预报员队伍的培养，特别是新预报员的培养，同时有助于推动天气轨道业务的建设和进步。

《手册》虽然总结的是位于青藏高原东北侧的陕西省短期预报经验和成果，但对陕西省的预报和服务提供理论基础并给予了很好的技术指导，同时该《手册》也会对其他地区，特别是对陕西省周边地区的天气预报业务具有参考借鉴价值。

许小峰

2007年3月15日

原版《序言》

[illegible]

2007年1月15日

原版《前言》

陕西省位于青藏高原东北侧，处在中国大陆中部，中国大地原点位于陕西中部泾阳县永乐镇，属内陆省份。地理环境复杂．在其北侧有东西走向的阴山山脉；西侧有近南北走向的贺兰山山脉和六盘山山脉；东侧有南北走向的吕梁山山脉和太行山脉；在其南部为东西走向的秦岭山脉和大巴山脉，其中秦岭山脉为我国南北气候分界线。在地质上，北部为黄土高原的腹地，其中北部为我国毛乌素沙漠南缘和风沙滩地；中部为关中平原；南部为秦巴山地，地质条件复杂，是我国山地灾害最多的省份之一。在水文上，以秦岭为界，北为黄河水系，其中黄河最大支流——渭河横穿关中；秦岭以南为长江水系，其中长江最大的支流——汉江横穿陕南，同时陕南又是长江主要支流汉江、嘉陵江、丹江的发源地。在气候上，陕西自南向北横跨中国三个气候带，即北亚热带、暖温带、中温带，分别对应半湿润、半干旱、干旱区。正是这样特定的地质地理和生态气候环境同西风带环流的相互作用，就平均状况，不论冬、夏，使得南北气流在陕西上空交汇，不同属性气团在陕西形成对峙，各类天气系统均从不同方向影响陕西。因此，使得陕西成为中国气候高度敏感区。正是这一原因造成陕西地区气象灾害种类俱全，如旱灾、暴雨洪涝、低温阴雨、连阴雨、雹灾、龙卷风、大风、沙尘暴、寒潮、霜冻、干热风、大雾等。各类气象灾害频繁发生，连年造成重大生命财产损失，而且成因独特，不同于中国其他地区，使得对该地区的天气预报难度较大。

天气预报本身是一个复杂的难题，提高天气预报准确率是所有气象工作者、特别是天气预报工作人员追求的永恒目标。尤其是天气预报的社会需求日益增长，给气象工作者带来巨大的压力，同时也带来难得的机遇。但是对大气变化规律的认识，天气预报准确率的提高，不是靠短期攻关就可以攻克的，它需要一代又一代气象科技工作者的艰辛努力和不懈奋斗。正是本着这一精神，几十年来，陕西的几代气象科技工作者在长期的天气研究和预报实践中，不断揭示了青藏高原东北侧地区天气气候变化规律，积累了丰富的预报经验，取得了大量的研究成果。这些经验和成果对天气预报业务的进步发挥了积极作用。近十几年来，随着气象综合探测网的完善和提升，如卫星、雷达和自动加密气象探测技术应用，计算机和信息技术的进步，数值模拟技术的发展和应用，为气象工作者和预报员提供了前所未有的大量观测数据，陕西气象工作者抓住了各种技术融合的机遇，采用新的分析技术和方法，深入研究大气变化规律，重点关注中小尺度天气系统的演变规律，不断发现新的事实，提出新的观点，提炼和完善预报思路及其流程，如突发性暴雨监测预警、渭河流域致洪暴雨预报、沙尘暴预报、强对流性天气监测预警、分县预报等，都是最新的研究成果。这些成果进一步推动了陕西地区天气预报业务的进步，促进了天气预报准确率的提升。因此，正是陕西省几代气象人的工作，为作者编写《陕西省短期天气预报技术手册》奠定了基础，创造了条件。

当前，全省气象部门按照中国气象局的总体思路，积极开展业务技术体制改革，为了推动各轨道业务建设，建立新型的集约化、研究型、开放式业务技术体制，很有必要对天气预报技术成果、经验和方法进行全面的总结和汇编整理成册。这样做既是对过去成果和经验的继承，同时也有助于预报技术人员的培养和成长，提高陕西广大预报人员的技术素质和天气预报整体水平。

本手册共分15章，内容涵盖了陕西省地理、天气气候特点和各类灾害性天气，特别是高影响天气的特点及其监测、预报、预警技术和方法，以及数值预报产品解释应用技术等。本手册的编写是集体智慧的结晶，参加手册的编写人员均为来自预报一线的预报员，他们长期在预报实践中，致力于天气和预报技术研究，积累了丰富的预报经验。因此，本书的编写既是作者对前人、他人工作的提炼和总结，也是对作者本人工作的总结。本手册由杜继稳提出编写大纲初稿，几经手册编写委员会全体成员的多次讨论，采用分章负责编写的方法。全书由杜继稳任技术总负责，最后由杜继稳、梁生俊审改定稿。全书由赵奎锋统稿制图。

本手册的编写得到了陕西省气象局领导和科技减灾处的关心、指导和经费支持；刘天适高级工程师、周全瑞正研级高级工程师、刘子臣正研级高级工程师对本手册的部分章节提出了宝贵的修改建议，气象出版社和黄丽荣主任对本手册的编辑出版给予了大力支持，在此一并表示衷心感谢！

由于天气预报技术复杂，涉及领域广，加上本手册编写时间仓促，参加编写的人员水平所限，错漏之处在所难免，恳请读者批评指正。

《陕西省短期天气预报技术手册》编写组

2007年1月

目　录

第1章 陕西地理地貌

1.1 地理环境

1.1.1 地理位置

陕西省地处中国西北地区东部的黄河中游，位于105°29′—111°15′E，31°42′—39°35′N，属内陆省份。东隔黄河与山西省相望，东南与河南、湖北省接壤，南邻四川省与重庆市，西接甘肃省，西北隅毗连宁夏回族自治区，北接内蒙古自治区。地域南北长、东西窄，南北长约870 km，东西宽约200～500 km，土地总面积20.56万km^2，占全国土地面积的2.1%（图1.1）。我国大地原点就在陕西省泾阳县永乐镇。

1.1.2 山脉走向

在山脉走向上，陕西的北侧为东西走向的阴山山脉，南部为东西走向的秦岭山脉和大巴山脉，东侧为东北西南走向的吕梁山脉和太行山脉，西侧为近似南北走向的贺兰山脉和六盘山脉，形成陕西周边独有的山脉走向。陕西境内山脉以横贯东西的秦岭山系为主，南有巴山，北有白于山、黄龙山、崂山和北山，西有龙山、六盘山和陕甘交界处的子午岭。

秦岭是陕西省内最大的山脉，西起甘肃，东至河南淮阳，古称"南山"，是划分我国南方与北方的重要自然界线。横贯全省东西，北坡陡峻，南坡平缓，多深切峡谷，海拔约1500～3000 m，约占全省土地面积的36%。在省境内东西长约400～500 km，南北宽120～180 km，横贯于渭河和汉江之间，为黄河流域和长江流域分水岭，中国南方和北方重要地理分界线，秦岭有许多全国著名的山峰，如华山、大白山、终南山、骊山等。主峰太白山海拔3767 m，自古有"太白积雪六月天"的誉称。山上有典型的第四纪冰川地貌，有丰富、珍贵的野生动物资源和多种药材，已被国家列为重点自然保护区。中部高峰终南山，海拔2604 m。东部高峰华山是我国五岳中的"西岳"，海拔2160 m，群峰挺拔，以险著称。巴山位于陕西最南部，呈西北—东南走向，以西称米仓山，以东称大巴山，是陕西和四川的天然省界，主峰化龙山，海拔2917 m。

1.2 地质地貌及植被分布

1.2.1 地质地貌

陕西境内山原起伏，地形复杂。基本特征是：南北高，中间低，有山地、平原、高原、盆地和峡谷等多种地形。同时，地势由西向东倾斜的特点也很明显。北以"北山"（凤翔、铜川、韩城一线以灰岩为主的石质山地的统称）南以秦岭为界，把陕西分为三大自然区域：北部是陕北黄土高原;中部是关中平原,号称“八百里秦川”;南部是秦巴山地。

在全省面积中,高原约占45%,山地约占36%,平原约占19%。

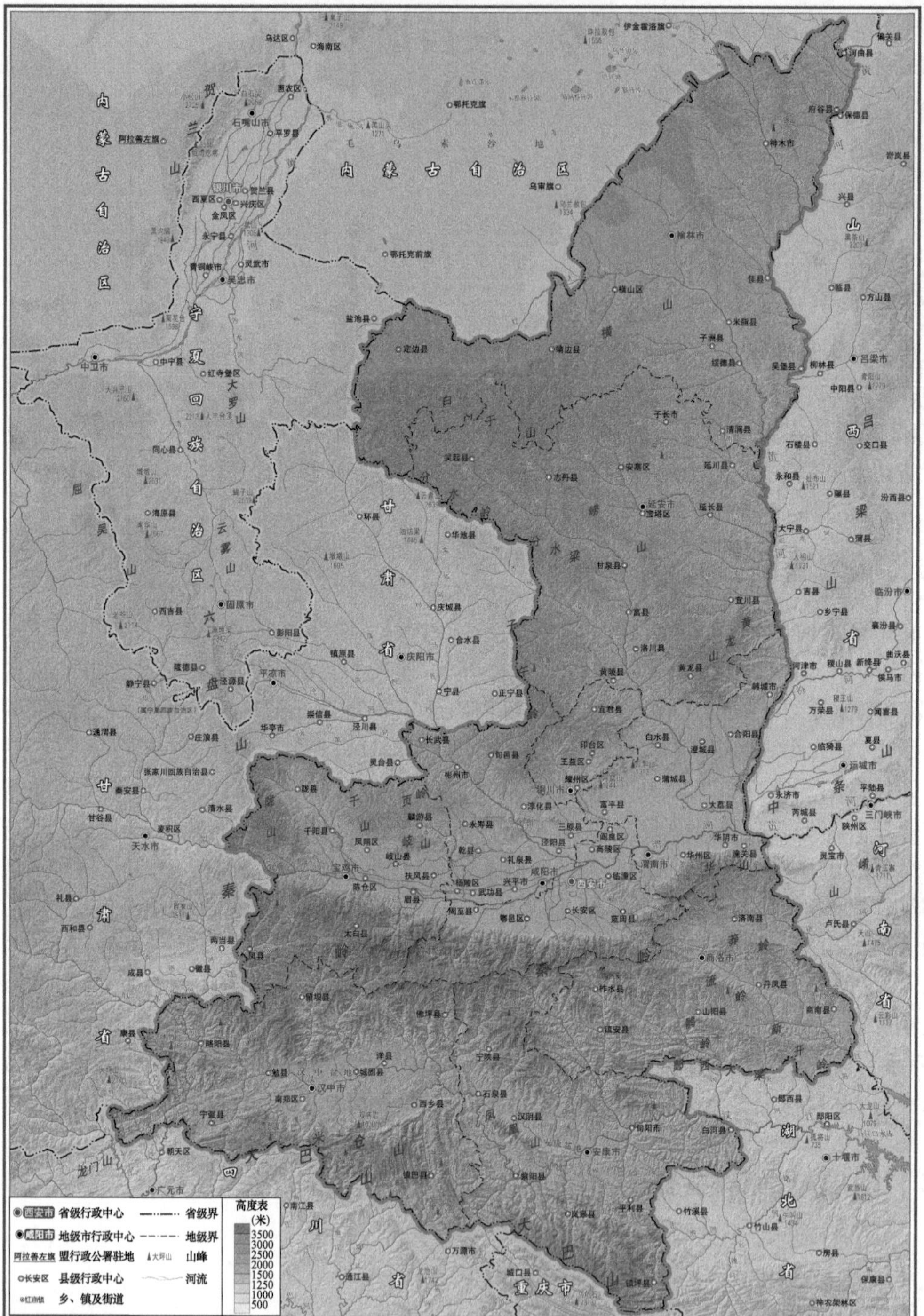

审图号:陕S(2022)017号

[彩]图1.1 陕西省地形图

1.2.1.1 陕北黄土高原

陕北黄土高原位于“北山”以北，一般海拔 800～1300 m，其北部为风沙区，南部是丘陵沟壑区，是我国黄土高原的中心部分。地势西北高，东南低，总面积 92521.4 km^2，约占全省总面积 45%，是在中生代基岩所构成的古地形基础上，覆盖新生代红土和很厚的黄土层，再经过流水切割和土壤侵蚀而形成的。基本地貌类型是黄土塬、梁、峁、沟、塬，是黄土高原经过现代沟壑分割后留存下来的高原面。梁、峁是黄土塬经沟壑分割破碎而形成的黄土丘陵，或是与黄土期前的古丘陵地形有继承关系。沟大都是流水集中进行线状侵蚀并伴以滑塌、泻溜的结果（李昭淑，2002）。

从区域组成特征看，延安以北地面切割严重，是以峁为主的峁梁沟壑丘陵区，绥德、米脂一带最为典型；延安、延长、延川是以梁为主的梁峁沟壑丘陵区；西部为较大河流的分水岭，多梁状丘陵。延安以南是以塬为主的塬梁沟壑区。洛川原是保存较完整、面积较大的黄土塬。宜川、彬州、长武一带，因沟谷蚕食，形成了破碎塬。在榆林地区的定边、靖边、横山、神木等县的北部，长城沿线一带是风沙滩地。著名的毛乌素沙漠，从定边至窟野河，东西长约 420 km，南北宽 12～120 km，主要是植被遭受破坏后就地起沙的结果，也和强风从内蒙古鄂尔多斯市搬运沙粒有关。冬、春季多强劲的西北风，使沙丘向东南移动。沙丘之间或低洼地方，分布有大小不等的湖盆滩地。滩地中部平坦，夏季水草茂盛，为重点农牧业基地。

黄土高原上分布着一些不太高的山地，有白于山、子午岭、崂山、黄龙山等。六盘山余脉，向南延伸到陇县和宝鸡西部，称为陇山，向东的一支延伸到千阳、凤翔、岐山、永寿，与北山相连。“北山”泛指陕北黄土高原南缘与关中盆地过渡地带的一系列以灰岩为主的石质山丘。陕北黄土高原较大的河流分别注入黄河和渭河。各大河及其主要支流的中、上游段，往往形成较宽的川地，是黄土高原的“米粮川”。

1.2.1.2 关中平原

关中平原西起宝鸡，东至潼关，南倚秦岭，北界“北山”，介于陕北高原与秦岭山地之间。平均海拔 520 m，东西长约 360 km，西窄东宽，总面积 39064.5 km^2，约占全省总面积的 19%。关中盆地是由河流冲积和黄土堆积形成的，地势平坦，土质肥沃，水源丰富，机耕、灌溉条件都很好，是陕西自然条件最好的地区，号称“八百里秦川”。基本地貌类型是河流阶地和黄土台塬。渭河横贯盆地入黄河，河槽地势低平，海拔 326～600 m。从渭河河槽向南、北南侧，地势呈不对称性阶梯状增高，由一二级河流冲积阶地过渡到高出渭河 200～500 m 的一级或二级黄土台塬。阶地在北岸呈连续状分布，南岸则残缺不全。渭河各主要支流，也有相应的多级阶地。宽广的阶地平原是关中最肥沃的地带。渭河北岸二级阶地与陕北高原之间，分布着东西延伸的渭北黄土台塬，塬面广阔，一般海拔 460～800 m，是关中主要的产粮区。渭河南侧的黄土台塬断续分布，高出渭河约 250～400 m，呈阶梯状或倾斜的盾状，由秦岭北麓向渭河平原缓倾，如岐山的五丈原，西安以南的神禾原、少陵原、白鹿原，渭南的阳郭原，华州的高塬原，华阴的盂原等，目前已发展成林、园为主的综合农业地带。

1.2.1.3 陕南秦巴山地

陕南秦巴山地包括秦岭、巴山和汉江谷地，总面积 74017 km^2。约占全省土地总面积的 36%。秦巴山地“两山夹一川”的地势结构十分突出。秦岭、巴山的西部有汉中盆地，东部为安康盆地。主要由古生界变质杂岩组成，著名的汉中、安康盆地土质肥美，物产丰富，是陕西农林特产和有色金属资源的富集区，也是陕西水稻和油菜的主要产区。

秦岭是秦岭山系的骨干,在省境内东西长 400～500 km,南北宽 120～180 km,山坡北陡南缓,山势巍峨壮丽。一般海拔 1500～3000 m,高出关中盆地和汉中盆地 1000～3000 m。主脉分布在山地北部,有许多海拔 3000 m 以上的高峰,构成秦岭山地的高山、中山地形。太白山古冰川作用留下的冰蚀冰碛地形保存完好。秦岭以太白山为主峰(海拔 3767 m),由西分为三支,由北而南山势渐低,至汉中盆地边缘已成低山丘陵。太白山以东山势逐渐递减,在商洛地区山势结构如掌状向东分开,间以红色断陷盆地和河谷平地。盆地和河谷平地保存有二至三级阶地。北陡南缓的山势导致北坡溪峪短急,南坡诸水源远流长,断切东西走向山岭,形成许多峡谷,水力资源丰富。

大巴山为西北—东南走向,一般海拔 1500～2000 m,最高峰化龙山海拔 2917 m。高出汉江谷地 1000～1500 m,东西长约 560 km,南北宽约 140 km,通常把任河以西称米仓山,以东称大巴山。大巴山北侧诸水注入汉江,上游系峡谷深涧,中、下游迂回开阔,形成许多山间小“坝子”。坝子中有两级河流阶地,农田、村镇较为集中。宁强、南郑、西乡、镇巴和镇坪等县由灰岩组成的山地,岩芽、溶沟、落水洞、溶洞、地下暗河等岩溶地形发育,地表水缺乏而地下水丰富。汉江谷地以西属嘉陵江上游低山、丘陵区,地势起伏较和缓,谷地较开阔,是陕、川间主要的水陆通道。

1.2.2 植被分布

覆盖一个地区的植物群落的总称叫作植被。植被是由各种植物群落类型所组成,其分布规律,又是通过不同植物群落类型的地理分布现象而体现的。因此,在广阔的地区随着气候、地形等生态条件的不同,呈现出很明显的水平和垂直分布现象。而这些植被分布现象,又完全是与其所在环境条件统一,相互依存,并互为影响。

陕西自北向南由高到低而又升高,地跨三个气候带,从温带、暖温带到北亚热带,加之秦岭山地又是我国南北地理分界线,所以全省气候各有差异。反映在植被分带上由北到南是由草原地带、落叶阔叶林地带、含常绿阔叶树的落叶阔叶林地带直到常绿阔叶和落叶阔叶的混交林地带(雷明德,1999),这是和气候类型与自然带十分吻合的。

秦岭及其以南地区植被的重要特征之一是具有常绿树种和常绿植物的出现,而且愈向南常绿成分愈增多,植物种类中不少系华中植物区系成分,在落叶阔叶林中夹杂有常绿树,如高山栎、铁橡树、小青冈、新津栎、蠔猪刺、鹰爪枫、中华黄杨、粉蕊黄杨、中国冬青、大果冬青以及棕榈、柑、橘、枇杷等,还有不少樟科和竹类植物,直到汉江南岸巴山山地形成了北亚热带的自然景观。在整个陕南,虽然植被具有一定的过渡性,但就其植被类型来说,还是以落叶阔叶林为主,只不过在植物区系成分方面,含有常绿阔叶树种和一些常绿草本植物,在种类方面则就更加复杂了。

秦岭以北地区,包括整个落叶阔叶林和草原地带,尤其是关中盆地,则具有典型的夏绿落叶阔叶林地带的植被和植物,如辽东栎、栓皮栎、槲树、栾树、油松、白桦、坚桦、侧柏、翼朴、岩榆、椴树及椿、榆、楸、槐、杨、柳、朴、桐等华北植物区系的成分。在关中农田区更是以栽培的人工植被为主,只有一些枸杞、酸枣、杠柳、阿尔泰狗哇花、秃疮花、角蒿及数种禾本科和菊科植物,散生在田埂、路边和坟地里。

在黄土高原上,除几个石质山地外,大部分地区的植物种类也与关中地区相同。许多植被组成成分上还是以油松、虎榛子、黄刺玫、扁核木、山杏、狼牙刺、文冠果等所构成的植物群落类型。

陕西最北部则是草原地带，尤其是长城以北的风沙草滩区，沙丘密布、流沙继起，除一些草地外，植被生长稀疏，构成以沙生植物为主的草原植物群落类型。它不但有黄土高原植物成分，而且也有来自西面的荒漠植物成分，再向南又形成一定的草原和森林植物群落。因此，植被水平分带现象是十分明显和清楚的。

陕西境内，秦岭、巴山和崂山、黄龙山、子午岭等山地，由于山体位置和海拔高度不同，植物和植被分布均呈垂直分带现象，但巴山等一般高度都较低，分带并不明显，只是秦岭山地由于山体庞大而山峰高峻，构成了极明显而又在我国和东亚极具典型性的“植被垂直带谱”。秦岭南北坡的带谱性质大体相似，但因处南坡和坡度较缓而在成分上出现了较多的常绿成分和在带谱宽度上稍有上升。现以秦岭太白山北坡为例简述如下：海拔 780～2200 m 间为低中山松栎林带，以油松、华山松和栎属的一些树种为建群种和优势种所组成的林带；海拔 2200～2700 m 间为中山、亚高山桦木林带，以纸皮桦、牛皮桦为建群种所组成的林带，本带可以向上分布到高山林带，向下延伸至中低山，这在秦岭山地是一种非常特殊的现象，有人认为其系栎林次生而成；海拔 2700～3500 m 间为高山针叶林带，以冷杉、太白红杉为主所组成的林带，上接高山灌丛草原带，一些向上延伸的太白红杉，由于风力影响而呈现“旗式树冠”，这是较为独特的生态景观；海拔 3500～3767 m 间为高山灌丛草原带，以小枇杷、蒿草为主并含几种杜鹃所组成的一个垂直带。此外，有些过高的山体部位，岩石裸露，仅生长着一些地衣类植物。

陕西其他各山地，受海拔不高的限制，仍然在低中山林带范围内，至多是出现针叶林带。

综上所述，陕西植被水平和垂直分带，普遍具有以下特点：植被分带现象客观存在，水平带见于南北比较，垂直带以秦岭太白山北坡最为完整和典型；植被水平分带的过渡性很强，植物成分比较复杂，类型相当多样；无论水平和垂直分带，在综合生态因素作用下，各带具有自身的特征，形成明显的自然带的各种景观；人们对于各带谱的认识上尚存在各种差异，但对分带现象和各带性质的认识是一致的。

1.3　地表水文

陕西境内的河流以秦岭为分水岭，分属黄河、长江两大水系。秦岭以北为黄河流域水系，有河流 2524 条，流域面积占全省总面积的 64.8%，而水资源占全省水资源总量的 29.0%。秦岭以南为长江流域水系，有河流 1772 条，流域面积占总面积的 35.2%，水资源占全省水资源总量的 71.0%。内流水系分布于毛乌素沙漠区。陕西境内湖泊很少，仅在陕北风沙草滩区有“海子”300 多个，水面近 90 km^2，其中最大的是神木县的红碱淖(湖泊)，面积 67 km^2，水深 8～10 m，堪称沙漠胜景(图 1.2)。

全省流域面积大于 10000 km^2 的河流有 8 条，5000～10000 km^2 的河流有 7 条，1000～5000 km^2 的河流 49 条，500～1000 km^2 的河流 61 条，100～500 km^2 的河流 435 条，10～100 km^2 的河流 3 736 条，还有 10 km^2 以下的小溪小沟构成千沟万壑，组成了陕西像植物“叶脉”一样的河流水系。

全省地表水年总径流量 420 亿 m^3，由外省区流经本省的过境水量约 119 亿 m^3，实测出境水 517 亿 m^3，全省水资源总量为 452 亿 m^3。

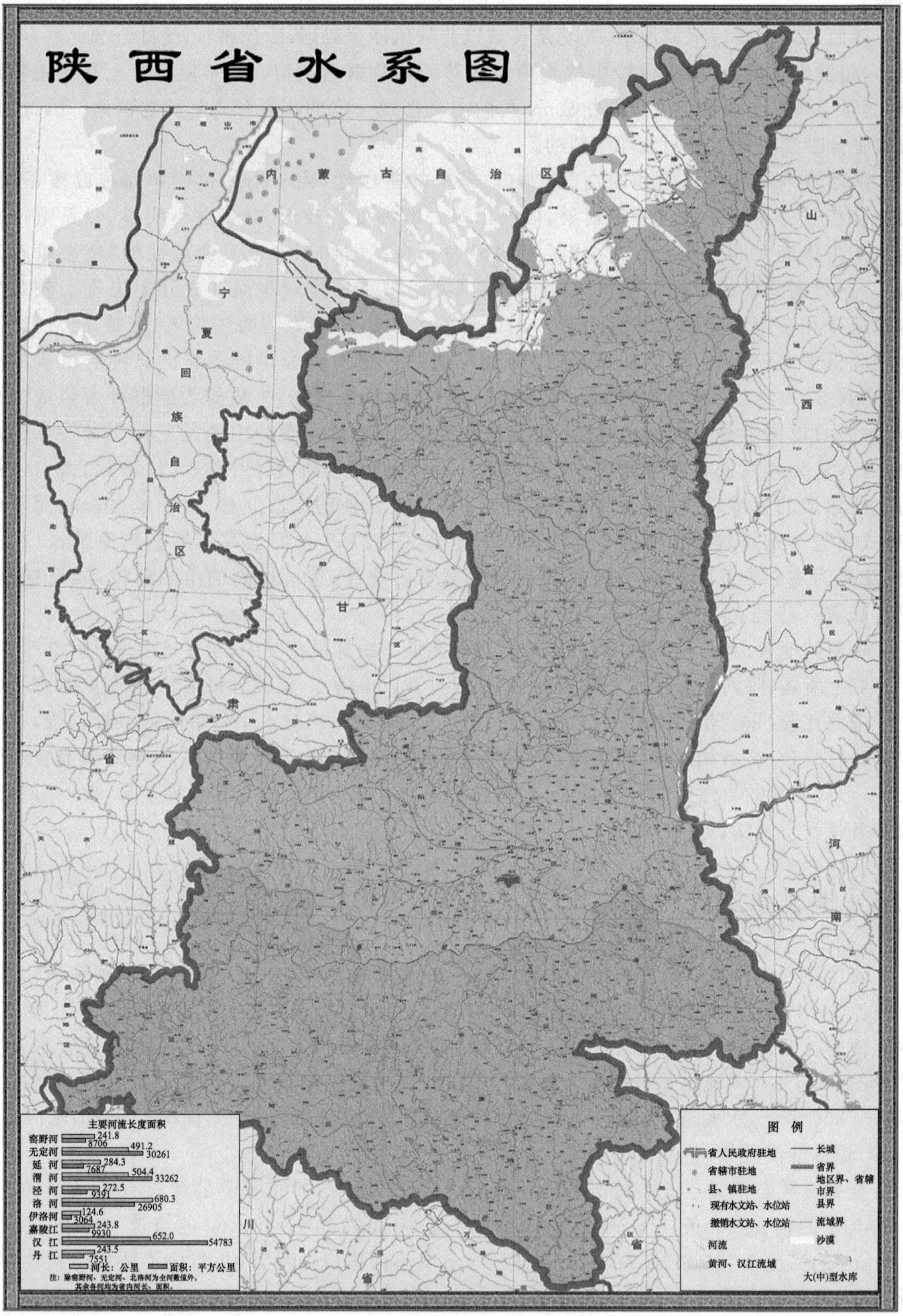
陕西省水系图
内蒙古自治区
宁夏回族自治区
甘肃省
山西省
河南
主要河流长度面积
窟野河 241.8 8706
无定河 491.2 30261
延 河 284.3 7687
渭 河 504.4 33262
泾 河 272.5 9391
洛 河 680.3 26905
伊洛河 124.6 3064
嘉陵江 243.8 9930
汉 江 652.0 54783
丹 江 243.5 7551
河长：公里 面积：平方公里
注：除窟野河、无定河、北洛河为全河数值外，
其余各河均为省内河长、面积。
图例
省人民政府驻地
省辖市驻地
县、镇驻地
现有水文站、水位站
撤销水文站、水位站
河流
黄河、汉江流域
长城
省界
地区界、省辖市界
县界
流域界
沙漠
大(中)型水库

图 1.2 陕西省水系图

1.3.1　黄河水系

黄河仅次于长江，是中国第二大河，干流全长 5464 km，流经青海、四川、甘肃、宁夏、内蒙古、陕西、山西、河南、山东等九个省(区)，成“几”字形，向东注入渤海，沿途汇集了 30 多条主要支流和无数溪川，流域面积逾 75 万 km^2。中游段流经广大的黄土高原地区，许多支流夹带大量泥沙汇入，为世界上含沙量最多的河流，河水呈黄色，因而得名。

黄河发源于青海巴颜喀拉山北麓的约古宗列盆地，海拔逾 4500 m，四周高山终年积雪。黄河源流段有星宿海，是一片无数小湖的沼泽。出星宿海后进入鄂陵湖和札陵湖到玛多，绕过积石山和西倾山，穿过龙羊峡到达青海贵德，长逾 1900 km。上游段自贵德至内蒙古河口镇，长逾 1500 km。黄河在甘肃境内，穿过不少大峡谷，汇集许多支流。中游段从河口镇到河南孟津，长逾 1100 km。河水折向南流，纵贯黄土高原，夹带着大量泥沙，汹涌而下，到了壶口，地势陡落，形成壶口瀑布，接着穿过龙门峡流到潼关，河道变宽，因汇入汾河、渭河等数十条支流，水量大增。河水到潼关为华山所阻，折向东流，过三门峡到孟津，便进入平原地区。下游段自孟津到山东垦利县注入渤海，长逾 870 km，由于泥沙淤积，水流缓慢，两岸筑有大堤，成为高出地面的“地上河”。

黄河河道以源流段和上游段最曲折，中游段次之，而下游段则笔直。从兰州到潼关，河水绕流一个长方形的三边，那就是著名的河套，约长 2000 km。古时下游河道游移不定，河水有时在山东丘陵以北注入渤海，有时在山东丘陵以南夺淮流入黄海，两者相距达 500 km。

黄河主要的支流有：上游河段有洮河和湟水，中游段有无定河、延河、汾河和渭河(其支流有泾河、洛河)等。流经本省或发源于本省注入黄河较大支流，有窟野河、秃尾河、清涧河、无定河、延河、云岩河、仕望河、渭河和南洛河等。

渭河是黄河最大的一条支流，发源于甘肃渭源，全长 818 km，总流域面积 13.5 万 km^2，其中陕西境内长 502 km，流域面积 33784 km^2。渭河从省界至林家村长 123 km，为山区河流，称上游段；林家村至咸阳铁路桥长 171 km，称中游段；咸阳铁路桥至潼关长 208 km，称下游段。注入渭河北岸的支流有金陵河、千河、漆水河、泾河、石川河、北洛河等。这些河流多发源于黄土高原，源远流长，比降小，含沙量大。渭河南岸较大的支流有清姜河、石头河、汤峪河、黑河、涝河、沣河、灞河、零河、沋河等，均发源于秦岭北坡，这些河流源短流急，谷狭坡陡，水流清澈，含沙量小，故形成了渭河不对称水系特征。

流域水文特征明显，上游降水历时长、强度小，形成的洪水径流峰小量大；中游降水历时短、强度大，形成的洪水径流峰高量小、陡涨陡落，为暴雨洪水，危害较大。黄河的突出特点是“水少沙多、水沙异源”。黄河水、沙的来源地区不同，水量主要来自兰州以上、秦岭北麓，泥沙主要来自河口镇至龙门区间与泾河、北洛河及渭河上游地区。黄河的上游和下游常有冰坝阻塞水流的凌汛现象。

1.3.2　长江水系

长江是中国第一大河，世界第三大河。长江发源于世界屋脊——青藏高原唐古拉山脉主峰、海拔 6221 m 的各拉丹冬雪山西南侧，流经青海、西藏、云南、四川、重庆、湖北、湖南、江西、安徽、江苏、上海 11 个省(区、市)，在崇明岛以东注入东海，全长 6300 km。为我国最长、年径流量最大、流域面积最大的河流。

长江有数以千计的支流,流域面积超过 1000 km^2的有 437 条,超过 3000 km^2的有 170 条,超过 10000 km^2的有 49 条。它们大致呈南、北辐射状,延伸到甘肃、陕西、贵州、河南、广西、广东、福建、浙江 8 个省(区)。干支流构成庞大水系,流域面积为180 万 km^2。

长江从江源至湖北宜昌称为上游,长 4512 km。峡谷多、水流急、落差大,闻名的长江三峡(瞿塘峡、巫峡、西陵峡)就位于长江上游;宜昌至江西湖口称为中游,长 938 km。这一段长江河道弯曲,湖泊多,支流多;湖口至长江口称为下游,长 850 km。这一段支流少,江阔水深,河段受海潮的影响,水位定时涨落。

长江上游穿过青藏高原、云贵高原、四川盆地和川鄂山地,先后接纳了雅砻江、岷江、沱江、嘉陵江、乌江诸水,形成了河床坡降较大而水流湍急的峡谷型河段;中游流经两湖平原,两岸地势低洼,湖泊密布,又有洞庭湖、汉江、鄱阳湖三大水系注入,则变为河道宽阔、水流较缓而水量浩瀚的平原型河段;下游通过皖苏平原,河道益宽,但无大支流入汇,且受海潮顶托,称为平原感潮型河段。

长江重要的支流有:雅砻江、岷江、嘉陵江、乌江、湘江、汉江、赣江等,其中汉江是长江最大的支流。长江在陕西的支流属汉江水系和嘉陵江水系。秦岭的南坡是长江支流汉江与嘉陵江的上游与发源地。汉江自西向东流经秦岭与巴山之间,于白河县城以东流入湖北省境内。陕西境内汉江北岸较大支流有沮水、褒河、湑水河、酉河、子午河、池河、月河、旬河,以及发源和流经陕西省而在湖北境内注入汉江的金钱河和丹江等。汉江南岸较大的支流有玉带河、漾家河、濂水河、冷水河、牧马河、任河、岚河、坝河等。嘉陵江从秦岭南坡发源地向南流入四川注入长江。长江流域的河流水量充沛,水流湍急,多峡谷瀑布,含沙量少,水质良好。

长江干支流每年 5 月入汛,7—8 月份进入主汛期,至 10 月起逐渐消退,转入枯水期。各支流入汛时间有前有后,一般是中下游水系早于上游水系。致灾水情大致有下述情况:一种是中下游水小,上游水大,在上游河谷两岸造成水灾;一种是上游水势特大,除在当地成灾外,还危害长江中游,尤其是荆江河段;一种是上游与中下游洪水遭遇并发,造成全江性灾害。

1.4 行政区域

1.4.1 行政区域

截至 2021 年 9 月,陕西省现设西安、宝鸡、咸阳、铜川、渭南、榆林、延安、汉中、安康、商洛 10 个省辖市和杨凌农业高新技术产业示范区;有 7 个县级市,69 个县和 31 个市辖区(图 1.3)。省会西安市是历史悠久的文明古都,是全省政治、经济、文化中心。

西安市:辖 11 个区,2 个县。未央区、新城区、碑林区、莲湖区、灞桥区、雁塔区、阎良区、临潼区、长安区、鄠邑区、高陵区、蓝田县、周至县。

宝鸡市:辖 4 区 8 县。渭滨区、金台区、陈仓区、凤翔区、岐山县、扶风县、眉县、陇县、千阳县、麟游县、凤县、太白县。

咸阳市:辖 2 区 9 县,代管 2 个县级市。秦都区、渭城区、兴平市、彬州市、三原县、泾阳县、乾县、礼泉县、永寿县、长武县、旬邑县、淳化县、武功县。

铜川市:辖 3 区 1 县。耀州区、王益区、印台区、宜君县。

图 1.3　陕西省行政区划图
（①为杨凌农业高新技术产业示范区）

渭南市：辖 2 区 7 县，代管 2 个县级市。临渭区、华州区、蒲城县、韩城市、华阴市、潼关县、大荔县、合阳县、澄城县、白水县、富平县。

榆林市：辖 2 区 9 县，代管 1 个县级市。榆阳区、横山区、神木市、府谷县、靖边县、定边县、绥德县、米脂县、佳县、吴堡县、清涧县、子洲县。

延安市：辖 2 区 10 县，代管 1 个县级市。宝塔区、安塞区、子长市、延长县、延川县、志丹县、吴起县、甘泉县、富县、洛川县、宜川县、黄龙县、黄陵县。

汉中市：辖 2 区 9 县。汉台区、南郑区、城固县、洋县、西乡县、勉县、宁强县、略阳县、镇巴县、留坝县、佛坪县。

安康市：辖 1 区 8 县，代管 1 个县级市。汉滨区、旬阳市、汉阴县、石泉县、宁陕县、紫阳县、岚皋县、平利县、镇坪县、白河县。

商洛市：辖 1 区 6 县。商州区、洛南县、丹凤县、商南县、山阳县、镇安县、柞水县。

1.4.2　预报区域界定

根据陕西的气候特点和地形基本特征，结合行政区域将全省 10 个省辖市，按照自北向南由西向东的原则分为陕北地区、关中地区、陕南地区三个天气预报发布区。

陕北地区：具体指榆林、延安 2 个市；

关中地区：具体指铜川、宝鸡、咸阳、西安、渭南 5 个市；

陕南地区：具体指汉中、安康、商洛 3 个市。

依据天气系统的移动路径和影响的早晚，沿用以往历史上预报用语习惯，在上述三大区域的基础上又可划分若干个预报区域。

陕北地区：又可分为陕北北部和陕北南部 2 个预报区域。

陕北北部：具体指榆林市所辖的区、县；

陕北南部:具体指延安市所辖的区、县。

关中地区:又可分为关中西部和关中东部2个预报区域。

关中西部:具体指宝鸡和咸阳两市所辖的区、县;

关中东部:具体指西安、渭南和铜川3市所辖的区、县。

陕南地区:又可分为陕南西部和陕南东部2个预报区域。

陕南西部:具体指汉中市所辖的区、县;

陕南东部:具体指安康和商洛2市所辖的区、县。

根据灾害性天气的影响范围和地形地貌特征,在上述各预报区域的基础上还可划分若干更小的预报区域

陕北地区还可以使用“陕北长城沿线”和“陕北黄河沿线”预报区域。

陕北长城沿线:具体范围指定边,靖边、横山、榆阳区、神木、府谷等县(区)。

陕北黄河沿线:具体范围指府谷,神木、佳县、米脂、绥德、吴堡、清涧、延川、延长、宜川等县(市)。

关中地区还可以使用“渭北塬区(渭北)”和“渭河以南沿山地区(渭河以南)”预报区域。

渭北塬区:具体范围指铜川市所辖的县、区和宝鸡、咸阳、渭南3市北部海拔在500 m以上塬区的市县(陇县、千阳、凤翔、岐山、麟游、扶风、长武、彬州、旬邑、永寿、淳化、乾县、礼泉、白水、澄城、合阳、韩城);

渭河以南沿山地区:具体范围指宝鸡、西安、渭南3市渭河以南沿秦岭北麓的市县(区)(眉县、周至、鄠邑、长安、蓝田、临潼、渭南、华州、华阴、潼关)。

陕南地区还可以使用“秦岭山区”和“陕南南部”预报区域。

秦岭山区:具体范围指宝鸡,汉中和安康3市海拔在800 m以上的山区县(凤县、留坝、太白、佛坪、宁陕、柞水、镇安);

陕南南部:具体范围指汉中和安康南部的部分县(市)(宁强、镇巴、紫阳、岚皋、镇坪、平利、安康、旬阳、白河)。

上述预报区域界定仅适用省气象台预报员在全省预报落区中参考使用,在特殊的天气预报落区中也可灵活掌握落区用语,不受上述界定限制。各市气象台可根据当地气候特点和地形,制定适合本地的预报区域。

参考文献

雷明德,1999. 陕西植被[M]. 北京:科学出版社.

李昭淑,2002. 陕西省泥石流灾害与防治[M]. 西安:地图出版社.

第2章 陕西气候概要

2.1 陕西气候概况

陕西地处祖国西北内陆的中纬度地区，冬季受蒙古冷高压控制，寒冷干燥，夏季受西太平副热带高压和印度低压影响，炎热多雨，春、秋为过渡季节，春暖干燥，秋凉湿润。具有明显的大陆性季风气候特点。

陕西省气候以秦岭为界，南北差异显著：从北到南纵跨温带、暖温带、北亚热带三个气候带，即陕北北部温带，陕北南部、关中和秦岭南坡（海拔 1000 m 以上）暖温带，陕南北亚热带。特点是：春暖多风、气温回升快而不稳，降水少，陕北多大风沙尘天气；夏季炎热多雨，降水集中在 7—9 月，多雷阵雨、暴雨，渭北多冰雹、阵性大风天气，间有“伏旱”；秋季凉爽较湿润、气温下降快，关中、陕南多阴雨天气；冬季寒冷干燥，气温低，雨雪稀少。

陕西气温的分布，基本上是由南向北、自东向西逐渐降低，全省年平均气温 5.6～15.7 ℃。汉江河谷地区 14.0～15.7 ℃，关中平原 12.0～13.6 ℃，是陕西省热量资源最好的地方，陕北地区 8.5～12.0 ℃，长城沿线地区只有 7.8～8.5 ℃，秦岭和巴山中高山地区气温比较低，为 5.0～7.8 ℃（图 2.1）。7 月平均气温最高，全省除高山地区外一般都为 20.0～27.7 ℃，关中中、东部和陕南安康东部是两个高温中心，极端最高气温达 41.0～43.4 ℃。1 月平均气温最低，为－10.2～3.5 ℃，陕北长城沿线和秦岭高山地区是低温中心，榆林 1954 年 12 月 28 日极端最低气温达－32.7 ℃，华山也出现－25.3 ℃的最低气温。春、秋温度升降快，夏季南北温差小，冬季南北温差大。

陕西年降水量的分布是南多北少，由南向北递减，受山地地形影响比较显著。全省年降水量 320～1258 mm，陕南巴山地区年降水量达 900～1258 mm，是陕西降水量最多的地区，陕北长城沿线年降水量只有 320～460 mm，是陕西降水量最少的地区。关中地区年降水量为 514～679 mm，分布规律从东到西逐渐增多(图 2.2)。全省各地降水集中于 7—9 月，约占年降水量总量的 55%～65%，夏季虽然降水集中，但降水变率也较大，形成易旱易涝的气候特点。陕西省雨季较短，干湿季节分明。雨季一般自 6 月下旬到 7 月上旬开始，9 月中下旬结束，持续期南长北短，安康近 100 d，西安 90 d，榆林仅 70 d。全年降水高峰，陕北在 8 月，关中、陕南有两个，分别出现在 7 月上旬和 9 月上旬前后。7 月下旬至 8 月上旬，则为明显的少雨时段，形成了陕西有名的初夏旱和伏旱。

陕西各地降水量的季节变化明显，夏季降水最多，占全年的 39%～64%，夏季降水量又以陕北地区最为集中。秋季次之，占全年的 20%～34%。春季少于秋季，春季降水量占全年的 13%～24%。冬季降水稀少，只占全年的 1%～4%。暴雨始于 4 月，于 11 月结束，主要集中在 7—8 月。关中、陕南春季第一场≥20.0 mm 的降水过程一般出现在 4 月上旬末到中旬。初夏汛雨出现在 6 月下旬后期到 7 月上旬前期，此期间，暴雨相对集中，关中、陕南出现洪涝较多。秋季，陕西省关中、陕南又出现相对多雨时段，称为秋淋，即华西秋雨，一般出现在 9 月上旬末至中旬初。

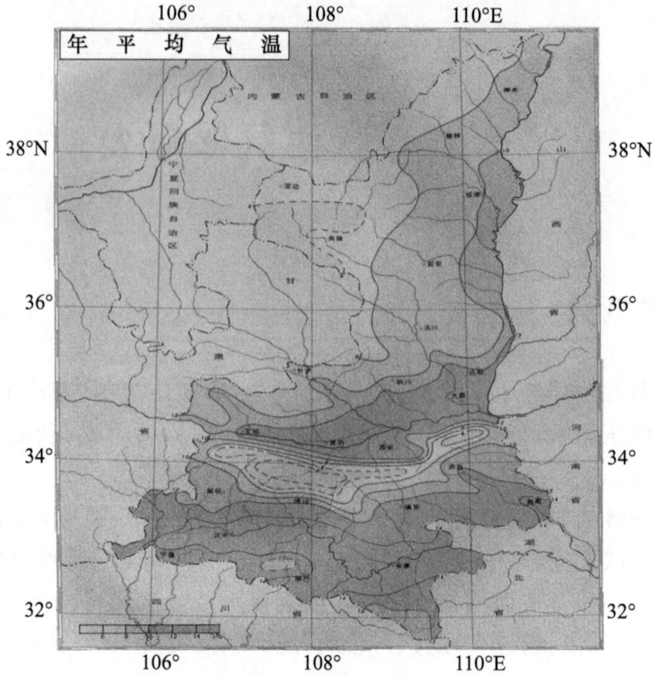

图 2.1 陕西省年平均气温(℃)分布

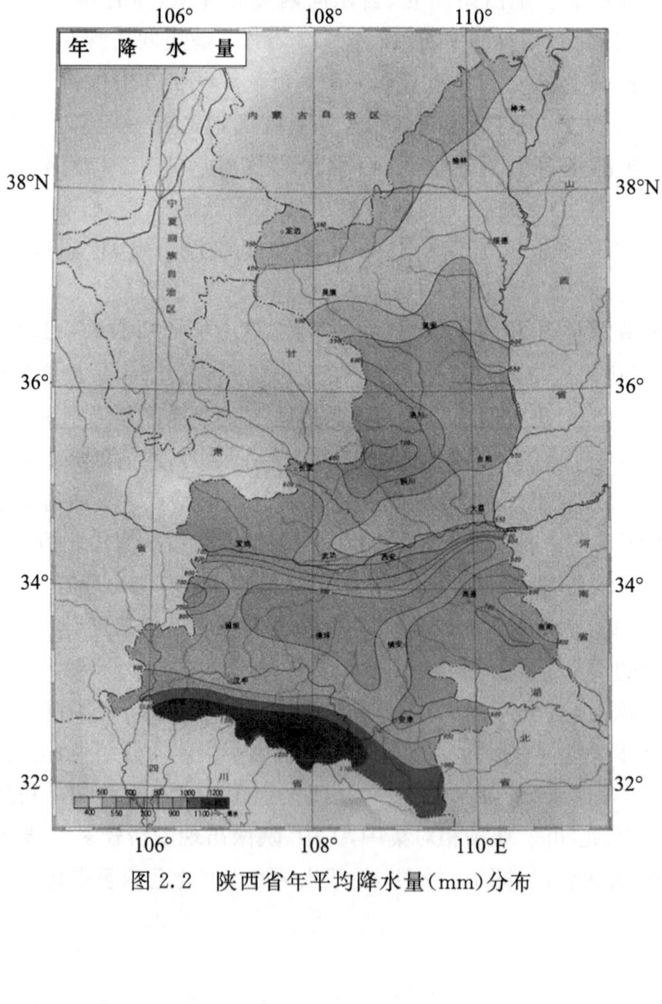

图 2.2 陕西省年平均降水量(mm)分布

对陕西威胁最大气象灾害包括干旱、暴雨、冰雹、大风、连阴雨、寒潮、沙尘暴等，其中旱涝是陕西普遍而重大的气象灾害，而干旱危害严重，范围更大。

2.2　陕西气候特征

2.2.1　气候类型多样

陕西自南向北从大巴山到长城沿线跨越 8 个纬度，分布有北亚热带、暖温带、中温带三个气候带，湿润、半湿润、半干旱甚至干旱气候等多种类型，这在全国各省(区)是少见的。以温带分布幅员最广，气候温和。气温南部高于北部，年平均 7～16 ℃，1 月平均气温－10～3 ℃。≥10 ℃积温是衡量农业生产的有效热量条件和气候带的主要指标。全省绝大部分地区都在 3000 ℃・d 以上，适宜于各种农作物的热量需求。无霜期和积温分布趋势基本一致，陕北 130～180 d、关中 200～210 d、陕南 240～250 d。全省除了水平气候带类型多样以外，垂直变化也较明显，秦岭从山麓到山顶，有暖温带、中温带、寒温带、亚寒带分布。陕西丰富的气候资源，为发展农业、林业和畜牧业等，提供了有利的环境条件。

2.2.2　冬冷夏热，四季分明

陕西地处西北内陆，远离海洋，受大陆性季风气候影响，一年四季分明，冬冷夏热，气温 1 月最低，7 月最高，温度春季陡升秋季快降，且春温略高于秋温。全省从北向南，1 月气温为－10～3 ℃，7 月气温为 21～27 ℃。冬季在一年中获得热量最少，加之受蒙古高压控制，陕北和关中天气晴朗而寒冷，而陕南受秦岭山地屏障的作用，气候温和而湿润。夏季是一年中吸收热量最多的季节，初夏青藏高原北侧的高压带加强，陕西处于西北气流控制之下，盛夏副热带高压和青藏高压北跃，气候炎热，南北温差小。春秋季是冬夏季过渡季节。一年中最热月和最冷月平均气温年较差大，陕北为 29～34 ℃，关中为 27～31 ℃，陕南为 22～27 ℃。极端气温相差悬殊，极端最高气温出现在 6—7 月，极端最低气温出现在 1 月，两者相差都在 48 ℃以上。由北而南迅速减少，榆林极端最高气温与最低气温日较差 67.6 ℃，西安为 60.4 ℃，汉中仅 45.3 ℃。大陆气候不仅冬夏冷热变化大，昼夜之间的温差也较大，陕北累计年平均气温日较差为 10～14 ℃，关中为 10～12 ℃，陕南为 8～10 ℃。

2.2.3　干湿明显，旱涝灾害频繁

陕西年均降水量地域分布，南多北少。秦岭是我国干湿气候的分界线。受东西走向的秦岭山脉阻挡影响，在秦岭以北地区气候干旱，以南地区气候湿润。如陕北地区的定边年平均降水量为 330 mm，而在秦岭以南的镇巴年平均降水量为 1310 mm，两者相差近 4 倍。其次，陕西地区降水季节分配不均匀，夏季降水最多，秋春次之，冬季最少。降水多集中在夏季，雨热同季，有利于农业生产。但因有暴雨发生，往往造成洪涝灾害，对农业有一定危害。

秋雨多是陕西省降水又一特点，关中、陕南入秋之后，暖湿气团虽然退至陕南和四川，但气团厚度较大，南北摆动，有时跨越秦岭进入关中，使陕南和关中形成秋雨连绵天气。故有时 9 月降水量与夏季降水量最多的 7 月相差不大，甚至还有时多于 7 月，成为全年最多降雨月。

但 7—8 月中旬盛夏期间，关中和陕南往往在西太平洋副热带高压控制下，云量与降水量

减少,于是形成关中和陕南年降水量表现为双峰型的特色,与此同时,太阳辐射强,气温明显升高,日最高气温常在35 ℃以上,甚至高达38～40 ℃,成为全国气温最高的地区之一。因此,经常出现持续的闷热干旱气候("伏旱"),"伏旱"也称"卡脖子"旱,即农作物生长旺盛需水时期发生干旱,常常能给农业生产造成严重损失。

2.3 陕西省气候分区

2.3.1 气候带

按陕西气候区划,陕西共划分为4个气候带。

Ⅰ.中温带:位于陕西省北端,南界基本上和最冷月平均气温－8 ℃线、年极端最低气温－28 ℃线相符合,包括长城沿线,白玉山以北风沙滩地区。

Ⅱ.北暖温带:北接中温带,南界和最冷月平均气温－4 ℃线相符合,包括渭北的北山以北到长城以南的黄土高原地区。

Ⅲ.南暖温带:北接北暖温带,南界在秦岭的南坡,以最冷月平均气温1 ℃线与北亚热带分开。包括关中渭河平原和秦岭山地。

Ⅳ.北亚热带:位于陕西省南端,北接南暖温带,包括汉江河谷盆地和米仓山、大巴山地。

2.3.2 气候区

根据各地的干湿状况,将陕西划分下列气候区(图2.3)。

ⅠD——中温带干旱区:位于陕西省西北端,南界沿白于山北麓至红柳河两岸。也称为"定边盐湖滩地干旱气候区"。

ⅠC′——中温带重半干旱区:南界与中温带的南界重合,北至省界,西以红柳河与ⅠD分开。也称为"长城以北风沙滩地重半干旱气候区"。

ⅡC——北暖温带半干旱区:北接ⅠC′区,南界在志丹县的吴家湾、延安到延长一线。也称为"延安—长城黄土高原丘陵沟壑半干旱气候区"。

ⅡB——北暖温带半湿润区:北至延安以南,南至合阳、铜川、陇县北部。也称为"渭北—延安黄土高原丘陵沟壑半湿润气候区"。

ⅢB1——南暖温带半湿润区:南界在秦岭的北麓至陇山一线,北界北山,东界泾河西岸。也称为"关中渭河平原半湿润气候区"。

ⅢC——南暖温带半干旱区:本区位于关中东部,三原、高陵以东地区。也称为"关中东部大荔—澄城半干旱气候区"。

ⅢB2——南暖温带商洛丹江河谷盆地半湿润区:在秦岭南坡商洛地区丹江河谷,年干燥度稍大于1.0,年降水量少于750 mm,为秦岭山区唯一的半湿润气候区。也称为"商洛丹江河谷半湿润气候区"。

ⅢA——南暖温带湿润区:北界秦岭北麓,南界至北亚热带北界,东界以年降水量750 mm等值线为界。也称为"秦岭山地湿润气候区"。

ⅣA——北亚热带湿润区:北界为北亚热带北界,南界在米仓山、大巴山北麓,大体与年降水量1000 mm等值线相符。也称为"汉中—安康汉江河谷盆地湿润气候区"。

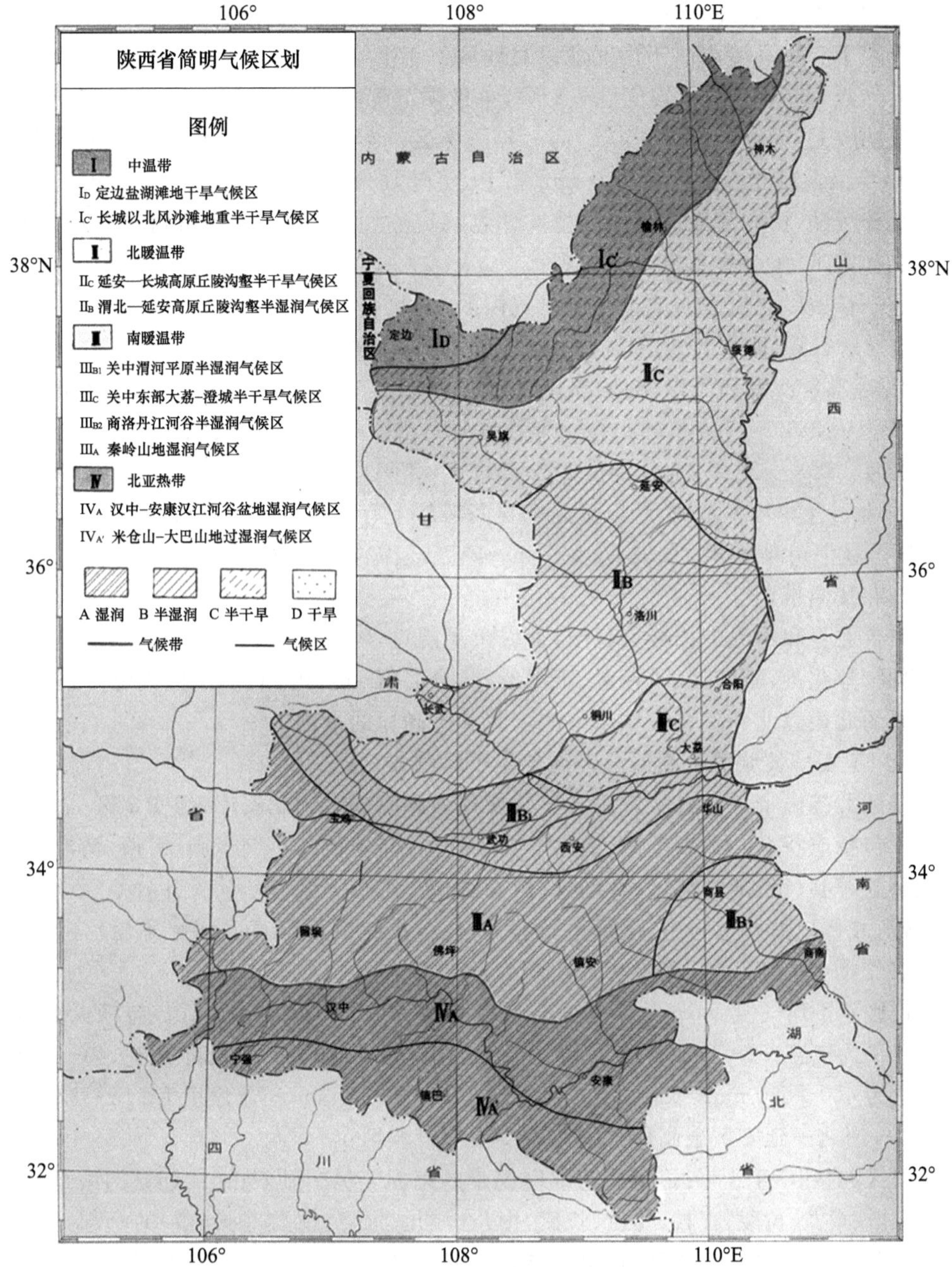

图 2.3　陕西省简明气候区划

ⅣA′——北亚热带过湿润区：位于陕西省南端，汉江以南山区，是全省降水量最多的地区。也称为“米仓山—大巴山地过湿润气候区”。

2.3.3　气候区特征

Ⅰ——中温带：

本带北界为陕西与宁夏、内蒙古的行政区分界线，南界大致和陕北长城平行，呈东北—西南向，从府谷县北部沿长城经神木、榆阳区、横山区，沿横山、白于山脊线至省西边界。

ⅠD——定边盐湖滩地干旱气候区：

本区仅限于定边县境内白于山北麓以北地区。年平均气温 8 ℃以下，≥10 ℃的积温 2800 ℃·d，持续日数 160 d，1 月平均气温 −8 ℃，年极端最低气温 −28 ℃。冬季严寒，夏季温暖，农作物生长期较短，无霜期只有 150 d，为一年一熟区。本区年降水量很少。年平均降水量不到 350 mm，年最大可能蒸发量在 850 mm 以上，年降水量只及蒸发力的 40%，年干燥度大于 2.5，常年水分亏缺，没有灌溉就不能种植农作物，只能生长耐旱的草本植物和灌丛。如：本氏针茅、由刺、盐爪爪等，为半荒漠草原景观。

ⅠC′——长城以北风沙滩地重半干旱气候区：

本区包括府谷县、神木市、榆阳区、横山区的长城以北地区，及靖边县、定边县白于山区。属于草原地带，毛乌素沙漠和风沙滩地，流动性沙丘和固定、半固定沙丘。年平均气温 8～9 ℃，≥10 ℃的积温为 2500～3100 ℃·d，持续天数为 160～170 d，1 月平均气温为 −10～−8 ℃，年极端最低气温为 −32～−28 ℃，无霜期为 140～180 d。年平均降水量为 350～400 mm，只能生长耐旱的沙蒿、柠条沙生半灌木植被，沙区边缘和丘间滩地上有冰草、白草、宜放牧，历史上是以畜牧为主的地区。在河川滩地可发展农业，为一年一熟区，但需要补充灌溉。

Ⅱ——北暖温带：

北暖温带北界和中温带相接，南界自韩城市禹门口，经韩城市、合阳县、澄城县、白水县、铜川市、耀州区、淳化县、麟游县、凤翔区、千阳县、陇县各区、县(市)北部山区南缘一线。包括渭北黄土高原的北山以北到陕北长城以南的陕北黄土高原的全部。

ⅡC——延安—长城黄土高原丘陵沟壑半干旱气候区：

该气候区北接温带。南界从宜川县与延长县县界沿延河到延安市，经安塞区、志丹县南部到省西界。包括府谷、神木、榆阳区、横山等县(区)南部，佳县、吴堡、米脂、绥德、清涧、延川、子洲、子长、吴起等县(市)的全部，以及延长、延安、安塞、志丹等县(市)的大部分地区。自然景观属草原地带，北部以灌草丛为主，南部生长有“稍林”，具有由干旱草原向半旱生落叶阔叶林过渡性质。农作物为一年一熟，需要灌溉补充水分才能确保收成。

本气候区年平均气温为 8～10 ℃，≥10 ℃的积温为 2500～3500 ℃·d。持续天数为 160～190 d。1 月平均气温 −8～−7 ℃，年极端最低气温为 −28～−22 ℃，无霜期有 140～200 d。年平均降水量为 400～550 mm，年最大可能蒸发量为 750～800 mm，年干燥度为 1.5～2.0。

ⅡB——渭北—延安黄土高原丘陵沟壑半湿润气候区：

该气候区北接ⅡC 半干旱区，南界为北暖温带的南界。包括延安市、吴起县的南部，宜川、甘泉、富县、洛川、黄龙、黄陵、宜君、旬邑、长武、彬州、淳化、永寿、麟游等县(市)的全部，以及韩城、合阳、澄城、白水、铜川、耀州、乾县、岐山、凤翔、千阳、陇县等县(区)的北部山区。本区年平均气温为 8～12 ℃，≥10 ℃的积温为 3000～3500 ℃·d，持续天数 160～190 d。1 月平均气温为 −4～−7 ℃，年极端最低气温为 −26～−22 ℃，无霜期为 160～200 d。年降水量为 550～750 mm，年蒸发量为 700～750 mm。自然景观为森林草原地带，境内有黄龙山、桥山林区，多为天然次生林，在山地和阴坡丘陵地生长良好，阳坡和丘陵顶部多为疏林、灌丛。森林覆盖率为 33.7%～34.9%，为落叶阔叶林和针叶阔叶林混交林。主要树种有辽东栎、山杨、白桦、油松、侧柏等，并有杜梨、山荆子、山杏散生树。农业为一年一熟或两年三熟，也是陕西省苹果生产的最适区。

Ⅲ——南暖温带：

本带北接北暖温带的南界，南到秦岭以南，从商南北部向西经山阳县南部。汉阴县北部、宁陕、佛坪、留坝、略阳等县南部到省界。包括渭河平原和秦岭山地。

ⅢC——关中东部大荔—澄城半干旱气候区：

本区经多年垦殖，成为渭河平原主要的旱作农耕区。包括韩城、合阳、澄城、白水、耀州等县(区)的南部和大荔、蒲城、富平、三原、高陵等县的全部及临渭区渭河以北部分。年平均气温为 12～13 ℃，≥10 ℃的积温为 4000～4500 ℃·d，持续期为 200～215 d，年降水量为 500～550 mm，年蒸发量为 800～850 mm，蒸发量为降水量的 1.5 倍以上，旱灾频繁。1 月平均气温在－4～－2 ℃，年极端最低气温为－22～－16 ℃。农作物为一年两熟，由于自然降水不足，需补充灌溉。

ⅢB1——关中渭河平原半湿润气候区：

本区属森林草原地带，为落叶阔叶林和农田，包括渭河平原除Ⅲ C 区以外的地区。北界东段，在渭河以北沿线沿泾河到北山，北界西段为Ⅱ、Ⅲ的分界，南界东起潼关，沿秦岭北麓山脚经宝鸡市向西北沿陇山北坡到陇县之南。包括潼关、华阴、华州、渭南、蓝田、长安、鄠邑、周至、眉县、陈仓等区、县(市)的北部川、原部分，临潼、西安、咸阳、泾阳、兴平、武功的全部，以及礼泉、乾县、扶风、岐山、凤翔、千阳、陇县川原部分。年平均气温为 10～12 ℃，1 月平均气温在－4～－2 ℃，年极端最低气温为－22～－16 ℃，≥10 ℃的积温为 3500～4500 ℃·d，持续期有 190～215 d，年降水量为 550～750 mm，年蒸发量为 700～800 mm。农作物为一年两熟和两年三熟，农作物需要灌溉补充水分，也是渭河平原，最大的灌溉区。

ⅢB2——商洛丹江河谷半湿润气候区：

本区位于秦岭南坡东段的丹江流域，包括丹凤、商州区的全部和山阳、商南两县的北部。本区是秦岭森林区的一部分，由于过度垦殖，林地覆盖率降低到 20%～25%。

本区年平均气温为 12～13 ℃，1 月平均气温为－2～0 ℃，年极端最低气温为－22～－12 ℃，≥10 ℃的积温为 3500～4500 ℃·d，持续期有 190～215 d。无霜期有 200～210 d，年降水量为 700～800 mm，年蒸发量为 700～750 mm，年干燥度在 1.0 左右，农作物一年两熟。

ⅢA——秦岭山地湿润气候区：

本区北界在秦岭山地北麓，并包括陇山，南界为Ⅲ的南界。包括潼关、华阴、华洲、渭南、蓝田、长安、鄠邑、周至、眉县、宝鸡、陇县等县(区)的南部山区，洛南、商州、山阳的北部，及柞水、镇安、宁陕、佛坪、太白、留坝等县的全部，及洋县、勉县、略阳等县北部山区。本区是秦岭林区，森林覆盖率为 25%～50%，除河谷、坪坝地区有农田外，绝大部分是林地和宜林地。由于海拔高度不同，自然植被垂直地带性明显，海拔 1300 m 以下为以栓皮栎为主的落叶阔叶林带。海拔 1300～2100 m 为夏绿阔叶林和针叶混交林带，2100～2500 m 为桦木林带，2 500 m 以上为冷杉和落叶松林带，以及高山灌木草甸带。太白山自然保护区，佛坪自然保护区均在本区范围内。

本区年平均气温为 4～12 ℃，1 月平均气温为－8～1 ℃，极端最低气温为－24～－12 ℃，≥10 ℃的积温为 2000～4500 ℃·d，持续期有 120～215 d。无霜期有 160～220 d。年降水量为 800～1000 mm，年蒸发量为 600～700 mm，年干燥度小于 1.0，为 0.75～0.9。农作物一年两熟，中高山地区一年一熟。

Ⅳ——北亚热带：

北亚热带北境与Ⅲ南暖温带连接，南界到省界，包括秦岭山地南坡海拔 800 m 以下的地区，汉江河谷和大巴山地的全部。

ⅣA——汉中—安康汉江河谷盆地湿润气候区：

本区北接南暖温带，南界东起平利县南部，经岚皋县南部到紫阳、镇巴、宁强到省界。包括商南、山阳、镇安、宁陕、佛坪、洋县、留坝、勉县、略阳等县的浅山部分，白河、旬阳、安康、汉阴、石泉、西乡、城固、汉中、南郑县的全部，及平利、岚皋、紫阳、宁强县的浅山地区。

本区年平均气温为12～14 ℃，1月平均气温为1～3 ℃，年极端最低气温为－12～－8 ℃，≥10 ℃的积温为4250～5000 ℃·d，持续期为200～230 d，无霜期为220～260 d，年降水量为800～1000 mm，年蒸发量为650～700 mm，年干燥度为0.75～0.9。农作物可稻麦一年两熟，越冬作物，冬季仍不停止生长，有柑橘等亚热带经济植物种植。自然景观有常绿阔叶林，有樟树、棕榈、油桐、漆树、马尾松等树种。

ⅣA′——米仓山—大巴山地过湿润气候区：

本区位于本省的最南端，南到省界，北界与ⅣA区连接，包括镇坪、岚皋、紫阳等县的大巴山区和镇巴县全境，西乡、南郑、宁强等县的米仓山中高山区。

本区年平均气温为12～14 ℃，1月平均气温为0～3 ℃，年极端最低气温为－14～－8 ℃，≥10 ℃的积温为4000～5000 ℃·d，持续期为200～230 d，无霜期为240～260 d，年降水量为1000～1250 mm，年蒸发量为600～650 mm，年干燥度为0.5～0.75，是全省降水量最多，最湿润的地方。自然景观是亚热带常绿林，大巴山林区，海拔1000 m以下，主要有马尾松、栓皮栎、油桐、化香、杜仲、侧柏等，海拔1000～1800 m主要有栎类和白桦、漆树、油松等。农业浅山地区一年稻麦两熟，中山地区两年三熟。

2.4 陕西省地貌对气候的影响

陕西省是我国农业生产类型复杂多样的省(区)之一。这些复杂多样类型的形成，是各种自然条件综合作用的结果，其中气候和地貌条件起着主导的作用。根据气候和地貌特征全省可分为风沙滩地、黄土高原、关中盆地、秦岭大巴山地和汉中安康盆地五个地貌区。

2.4.1 风沙滩地

位于陕西最北部长城沿线以北，与内蒙古鄂尔多斯市的沙地连成一片，南接黄土高原，西连宁夏沙区，东至神木窟野河。这里风大沙多，各种地形的表面广泛覆沙，估计沙地占总面积80%左右。这一带的主要问题是因干旱造成的风沙威胁，风蚀剧烈，流沙南移，使地面物质广泛带有沙性。本区属长城沿线温带半干旱气候区，南界大体与年平均8～9 ℃线、1月平均气温－8 ℃线、≥10 ℃积温3200 ℃·d线、年平均降水450 mm线以及年干燥度1.8等值线相符合。最热月平均气温22～23 ℃，极端最低气温－32～－28 ℃，冬季长6～7个月。所以，这里是陕西地带性气候中平均气温最低、降雨量最少的地区，具有寒冷和半干旱的特点。

2.4.2 黄土高原

长城沿线以南，关中平原以北在古地形之上广泛覆盖了一层很厚的风成黄土，形成海拔800～1800 m的黄土高原，经长期水蚀作用，发育成现今的高原沟壑和丘陵沟壑等特有的黄土地貌。黄土高原农业地貌的主要问题是水土流失严重，除局部河川地之外，地下水埋藏很深，水源普遍不足，对发展农业生产不利。本区属陕北高原暖温带半干旱气候区，北界长城沿线半干旱气候区，南界基本与年平均气温 11 ℃线、1 月平均气温－4 ℃线、≥10 ℃积温 3900 ℃·d线、年平均降雨量 600 mm 线及年干燥度 1.25 线符合。年平均气温 7.8～9.5 ℃，最冷月平均气温－8.1～－4 ℃，最热月除局部山地外，均达 22 ℃以上，≥10 ℃的积温为 3200～3900 ℃·d。该区水、热状况虽较长城沿线优越，但因海拔较高，所以温度低、降水少的特点依然存在。

2.4.3　关中盆地

秦岭以北，陕西黄土高原以南为关中平原，系以三面环山向东敞开的河谷盆地。东西长逾 300 km，宽度不一，东部最宽处达 100 km 左右，西至宝鸡逐渐闭合成一峡谷，地势西高东低，海拔一般 325～900 m。渭河横贯盆地中部，两岸为宽广的阶地平原，是重要的粮、棉产区。本区属关中平原暖温带，南界秦岭，北邻北山。南界大体和年平均气温 13 ℃线、1 月平均气温－1 ℃线、年平均降雨量 700 mm 线及干燥度 1.0 线相符合。年平均气温 10～13 ℃，最冷月平均气温－3～－1 ℃，最热月平均气温 23～26 ℃，≥10 ℃的积温为 3900～4700 ℃·d。土壤冻结期比长城沿线一带少 2～3 个月。年平均降雨量 550～700 mm。由于气候温和，降水较多，因而成为全省冬小麦和棉花的主要产区。

2.4.4　秦巴山地

渭河与汉江谷地之间为秦岭山地，东西长逾 400 km，南北宽 120～180 km。地貌特征是山坡陡，石多土薄，山岭与河谷盆地相间，平均海拔多在 1000 m 以上，也有不少 2000 m 以上甚至 3000 m 以上的高山，大多为中山。总之，秦岭山大沟深，河谷和山间盆地较少，坡耕地多。石质地和丘陵地天然植被差，暴雨冲刷，水土流失严重，加之山地水流湍急，每逢山洪暴发，洪水泥石流冲毁不少农田，并使河道堵塞，危害很大。大巴山地处于南部川、陕边界上，呈西北—东南走向，东西长逾 300 km，有海拔 1500 m 以下的低山丘陵，也有 3000 m 左右的高山，大多在 1000～2000 m 左右，一般低于秦岭，山势较缓和，浑圆状山丘较多。大巴山农业地貌的特点，基本与秦岭相似，耕地分布上线略低于秦岭，土层瘠薄，水土流失严重。本区占据秦岭、大巴山地主体，气候垂直分布明显。秦巴山地属暖温带湿润气候区，北界为关中平原暖温带半湿润气候区。秦巴山地海拔 1800 m 以下年平均气温 11～14 ℃，夏季约 2 个月，冬季长 5 个月，年平均降雨量 750～900 mm，气候温和湿润。海拔 2000 m 以上地带，年平均气温 8 ℃以下，无真正意义上的夏天，冬季长 6 个月以上，年平均降雨量 1000 mm 左右(已为温带气候)。海拔 2500 m 以上的山地，5 月尚可降雪，表现冷湿的气候特点。

2.4.5　汉中安康盆地

秦岭与大巴山之间为汉江谷地，长约 360 km，南北宽 10～60 km，汉江横贯中部，形成以汉中、安康为中心的河谷盆地。蕴藏有丰富的地下水资源，是陕南农业生产的主要地带，地势西高东低，大致以 1000 m 等高线与山区分界，包括低山、丘陵、冲积平原、峡谷等一些地貌类型。本区属陕南北亚热带湿润气候区。年平均气温 14～16 ℃，1 月平均气温＞2 ℃，日平均气温≥10 ℃稳定持续期 200 d 以上，≥15 ℃的为 150 d，炎热期 60 d 以上，年平均降雨量 900 mm 以上，是陕西省水、热条件最佳之地，许多亚热带植物如油桐、棕榈、油茶、柑橘等生长良好。

2.5 陕西省是中国气候敏感区

陕西地处中国地理位置的中心和三大阶梯中的第二阶梯；东西为南北向山脉，南北为东西向山脉。地质地貌上，北有黄土高原，中有平原，南有山地；黄土高原南部有黄龙、桥山、关山林场，森林分布占全省土地面积的5.2%，该片林区位于高原与平原之间，在实际中起着生态平衡、水土涵养源、空气净化仪和气候调节器的作用。在水文上，跨越我国黄河、长江两大水系，境内有众多河流。在气候上，跨越中温带、暖温带和北亚热带以及干旱、半干旱、半湿润三大气候带和七个气候区域。在天气上，就平均状态来说，不论夏季还是冬季，南北气流在陕西上空交汇，各类天气系统均从不同方向上影响陕西，不同属性气团在陕西形成对峙。显然，这些特征使陕西地区在全国各省(区)中成为独一无二的气候高度敏感区；也恰恰是这个原因，使陕西地区气象灾害种类俱全，成因独特，如旱灾、低温阴雨、连阴雨或暴雨洪涝、雹灾、低温冻害、大风、沙尘暴、寒潮、霜冻、干热风、大雾、龙卷风、酸雨等，而且各类气象灾害频繁发生，使得陕西地区连年遭受各类气象灾害和次生灾害袭击。

参考文献

杜继稳，2005. 陕西黄土高原植被生态环境与气候研究[M]. 北京：气象出版社.

陕西省地方志编纂委员会，2001. 第六卷：陕西省志·气象志[M]. 北京：气象出版社.

第3章　陕西季节划分和主要气象灾害

3.1　季节及其划分

一年又一年的寒来暑往形成了春、夏、秋、冬四个季节。通常根据地球在绕日公转中的位置,把一年均匀地分成四个时段,称之为天文季节。天文季节不能反映实际季节的转换。在气象上人们就考虑了一种按照大自然在各年表现的冷暖晴雨时段而划分季节,称之为自然天气季节。由于天气变化的复杂性,这样的季节在一年之中各季长短不等,而且同一季节在不同年份长短也不尽相同,加上地理区域的差异,使得各地季节划分也不会一样。但是从天气气候变化的准定常性来看,自然天气季节尽管差异很大,但也不是难以捉摸、毫无规律的。自然天气季节的划分,最初是以各个季节所具有的温度和降水变化的特点为标志的。随着大气环流和天气过程研究工作的进展,逐步认识到从大气环流和天气过程的季节变化来考虑这个问题,于是就从季风的进退、自然天气周期环流型、综合天气型等不同角度,选取不同的具体指标来划分季节。各种划分方法所得的季节平均起讫日期和长度并不完全相同,但大体上相差不远。我国气候学家张宝堃根据实际观测到的物候现象,提出季节更替最明显的标志是温度,确定用以候(5 d)的平均气温(候温)为标准,并兼顾各地某些能反映季节来临的植物或动物的生长和活动规律来划分四季。即:当候温≥10 ℃、<22 ℃时为春季;候温≥22 ℃为夏季;10 ℃≤候温<22 ℃为秋季;候温<10 ℃,则为冬季。

3.2　陕西的自然天气季节

不同的环流型式和天气型,常具有不同的天气气候特征。气象工作者根据我国大陆上空大气环流的季节变化特征,划分了我国的自然天气季节。所谓自然天气季节,是指一种按大自然在各年表现的冷暖、晴雨时段而划分的季节。在每一个自然天气季节里,大型天气过程是稳定的,各个主要大气活动中心的作用与关系通常维持不变。因此,从天气气候观点来看,各自然天气季节的天气气候各具有明显的特征。当季节转换时,大气环流和大型天气过程相应的改变,随之表现出不同自然天气季节的征象。

陕西地处我国内陆腹地,南北狭长,地形复杂。由于多气候带天气系统交互作用和多种季风热力扰动综合影响,境内气象灾害种类多,发生频率高,影响范围广,灾害季节性强,对国民经济尤其是农业生产的影响大,是多灾害的省份之一。利用候温和降水量来划分陕西的春、夏、秋、冬四季,各地春天由北而南为 55~80 d,春季开始日期陕南、宝鸡为 3 月中旬,陕北为 4 月上、中旬;夏季天数为 60~120 d;秋季为 45~70 d;冬季天数为 120~180 d。

根据陕西天气气候特征和自然天气季节的内涵,刘天适(1987)根据自然灾害发生特点把陕西自然天气季节划分为春季、初夏、盛夏、初秋、深秋、初冬、隆冬等 7 个自然天气季节;马鹤年(1977)、杜继稳等(1996)根据降水(温度)分布特征和大气环流系统活动演变规律划分为春季、初夏干季、前汛期、主汛期、后汛期(秋季连阴雨)、深秋、初冬、隆冬等8个自然天气季节。

各个季节平均起讫时间、环流特点与主要气象灾害如表3.1所示。

表3.1 陕西自然天气季节与气象灾害

<table>
<tr><th>天文季节</th><th>自然天气季节</th><th>大气活动中心</th><th>东亚大气环流特点</th><th>陕西主要气象灾害</th></tr>
<tr><td>春
3—5月</td><td>春
3月上旬—5月上旬</td><td>蒙古高压减弱
大陆低压发展</td><td>东亚大槽减弱
青藏高原南侧强西风减弱</td><td>干旱、寒潮、晚霜冻、大风、4月阴雨低温</td></tr>
<tr><td rowspan="2">夏
6—8月</td><td>初夏
5月中旬—6月下旬</td><td>太平洋副热带高压</td><td>南亚高压稳定在高原,
副热带高压第一次北跳
(平均日期6月7日)
副高活动以北进南退为主</td><td>冰雹、干旱、大风、
连阴雨、干热风</td></tr>
<tr><td>盛夏
6月底—8月下旬</td><td>大陆低压</td><td>副热带高压第二次北跳
(平均日期7月17日)
并控制陕西中南部,
副高活动以西进东退为主,
青藏高压活跃</td><td>暴雨、冰雹、伏旱、
大风高温、
8月下旬低温冷害</td></tr>
<tr><td rowspan="2">秋
9—11月</td><td>初秋
8月底—10月上旬</td><td>四个活动中心
都存在强度较弱</td><td>副高第一次南撤
(平均日期9月10日)</td><td>连阴雨、暴雨、
低温冷害、早霜冻、干旱</td></tr>
<tr><td>深秋
10月中旬—11月上旬</td><td>蒙古高压发展
大陆低压消退</td><td>副高完全外撤,
秋季第一次强寒潮入侵</td><td>寒潮、干旱</td></tr>
<tr><td rowspan="2">冬
12—翌年2月</td><td>初冬
11月中旬—12月中旬</td><td>蒙古高压</td><td>我国东部海岸
低槽逐渐建立</td><td rowspan="2">寒潮、干旱</td></tr>
<tr><td>隆冬
12月下旬—翌年2月下旬</td><td>阿留申低压</td><td>我国东部海岸是
一深厚低压槽</td></tr>
</table>

3.3 陕西的主要气象灾害

陕西的气象灾害主要有干旱、暴雨、洪涝、大风(沙尘暴)、冰雹、霜冻、冷害等以及气象次生灾害如滑坡、崩塌、泥石流等。

3.3.1 干旱灾害

干旱灾害是指由于长时间降水偏少,出现空气干燥,土壤缺水,使农作物体内水分发生亏缺,影响正常生长发育,造成农业减产、人畜饮水困难以及生态环境恶化的现象。干旱是大气环流、地形、耕作制度共同作用的产物。

陕西地处中国中部内陆腹地,地域南北狭长,跨越3个气候带,耕作制度差异较大,干旱分布极不均匀，几乎每年都有不同程度的旱灾发生。陕西干旱总的特点是，冬、春旱陕北最多，关中次之，陕南较少；夏、秋旱关中最多，陕北次之，陕南较少。从全省干旱发生的频次看，关中干旱频次最多，时段最长，是灾害程度最重的地区；其次是陕北；陕南干旱频次最少，是旱灾程度较轻的地区。

陕西冬季和春季、夏初的干旱，主要是受干冷冬季风的影响，蒙古冷高压以及极地冷气团不断分裂冷空气南下，东亚大槽的槽线在 120°E 以东的海上，槽后西北气流控制陕西，雨雪稀少，造成干旱发生。夏季干旱主要是西太平洋副热带高压边缘雨带偏离陕西所造成。在“伏天”，当西太平洋副热带高压持续控制陕西的某一地区，该地区就会产生严重的伏旱天气。

纵观陕西旱灾记载，多是农业旱灾。农田干旱的指标是用占田间持水量百分比表示的土壤相对湿度 RW 表示，通常认为，区域平均土壤相对湿度 $60\%\leqslant RW<70\%$ 为轻度干旱；$50\%\leqslant RW<60\%$ 为中度干旱；$40\%\leqslant RW<50\%$ 为严重干旱；$<40\%$ 为特大干旱。根据历史文献和实测资料分析，1401—1997 年的 597 a 中，共发生干旱 377 a，平均 1.6 a 一遇，其中，灾害性干旱 188 a，平均 3.2 a 一遇；特大旱以上干旱 34 a，平均 17.5 a 一遇。1900—1997 年的 97 a 中，共发生干旱 81 a，平均 1.2 a 一遇，其中，灾害性干旱 48 a，平均 2.0 a 一遇；特大旱以上干旱 9 a，平均 10.8 a 一遇。在 1950—2000 年的 51 a 中，陕西每年都有不同程度的干旱，可谓“十年九旱”或“年年有旱”，其中，大范围的旱灾有 53 次，20 世纪 50 年代 7 次，60 年代 11 次，70 年代 12 次，80 年代 14 次，90 年代 9 次。干旱导致粮食减产 80 万吨以上的年份为 1960 年、1961 年、1968 年、1972 年、1977 年、1978 年、1980 年、1994 年、1995 年、1997 年、1999 年、2000 年等年份。在陕西历史上，旱灾发生的频次、范围、危害程度，均超过了其他气象灾害，因此，干旱是陕西主要的气象灾害。1995 年，陕西全年干旱少雨，夏秋两料农作物严重减产，干旱造成直接经济损失 66.75 亿元。

据近 50 年的干旱记录资料分析，陕西历年都有不同程度旱灾发生，即使雨水丰沛的 1958 年、1964 年和 1983 年，也有局地旱灾。按照旱灾出现的频次论，地区特征是陕北北部旱灾多，其次是陕北南部、渭北、关中东部和关中西部，再次是安康地区和商洛地区，汉中盆地相对较少；从季节分布看，夏旱最多，其次是春旱，秋冬旱较少。夏旱中，伏旱危害最大，常使秋粮作物严重减产，甚至失收。陕西称伏旱为“卡脖子旱”。

3.3.2 暴雨和洪涝灾害

暴雨是指降水强度很大的雨。气象学常用定义：1 h 内降雨量为 16 mm 或以上的雨；12 h 内降雨量为 30 mm 或以上的雨；24 h 内降雨量为 50 mm 或以上的雨，称之为暴雨。按照其降水量的大小，又把 24 h 内降雨量在 100～249.9 mm 的称为“大暴雨”；降雨量在 250 mm 以上的称为“特大暴雨”。陕西还把 6 h 降雨量在 20 mm 或以上的，称为“短时暴雨”。暴雨洪涝灾害主要是指由于暴雨以及连续降雨造成山洪暴发、江河泛滥，从而冲毁房屋、道路、农田，造成人员伤亡和财产损失，或导致较大面积的积水，农作物长期被浸泡受害，阻断交通，房屋倒塌，使人类生活受到严重影响的水涝灾害。

陕西位于中国大陆腹地，年降水量的分布是南多北少，由南向北递减。各地降水量的季节变化明显，夏季降水最多（占全年的 39%～64%，夏季降水量又以陕北地区最为集中），秋季次之（占全年的 20%～34%）、春季少于秋季（春季降水量占全年的 13%～24%），冬季降水偏少（只占全年的 1%～4%）。关中、陕南春季第一场大于 20.0 mm 的降水过程，一般出现在 4 月上旬末到中旬。初夏汛雨出现在6月下旬后期到7月上旬前期,此期间,暴雨相对集中,关中、陕南出现洪涝灾害较多。秋季,是关中、陕南相对多雨时段,称秋淋,一般开始于9月上旬末至中旬初。

陕西是我国暴雨多发地区之一,洪涝灾害也相当严重。其特点是历时短、强度大、局地性强,易造成局部的严重的或毁灭性的洪涝灾害。陕西的暴雨主要发生在6—10月,以7月为多。年内最早暴雨日出现在2月下旬(2004年2月20日),最晚结束于11月中旬(1994年11月13日)。暴雨主要集中在春汛期(4—5月)、前汛期(6—7月)、主汛期(7月底—8月)、秋汛期(9—10月)这4个时段。空间分布比较复杂,总趋势为南多北少,呈"三高两低"分布,秦巴山区最多,其次为黄土高原的南部延安一带,再次为长城沿线的神木、府谷地区。陕西年平均暴雨日为26.5 d,最多达45 d,最少为14 d;年平均暴雨站数93.9站,最多195站,最少40站,表明了陕西暴雨年际和空间变化明显。

造成陕西暴雨的主要天气系统是西太平洋副热带高压、西风低槽、高原槽、低涡切变和高低空急流等系统,特别是陕西地处青藏高原东北侧,境内地形结构复杂,地形作用是暴雨形成的重要因素,同时西行台风及其减弱后的低压对陕西暴雨也有直接影响。在多数年份里,副热带高压从海上经华南从6月底7月上旬开始影响陕南、关中,7月中旬以后,副热带高压继续加强西伸北抬影响陕北,在与西风带的低值系统的共同作用下,产生大范围的暴雨和造成严重的洪涝灾害。7月下旬到8月,副热带高压进一步北抬,海上生成的台风或热带低压沿副高南侧西进,陕南和关中东部受到台风外围暖湿气流以及东风波的影响,出现暴雨及洪涝灾害。

陕西暴雨的水汽来源主要有两条路径,一条是西南路径即西南暖湿气流(主要是低空西南急流)把孟加拉湾和南海的水汽经过云贵高原输送到陕西;另一条是东路即东风气流(急流)将东海水汽输送到陕西,当有合适的冷空气配合时,就会产生暴雨。

根据统计分析,1950—2000年的51 a中,陕西共发生灾害性洪水122次,年均2.4次。全省因暴雨洪水受灾人口300万以上或死亡300人以上的有20个年份,即1954年、1957年、1958年、1963年、1964年、1965年、1975年、1977年、1978年、1979年、1981年、1983年、1984年、1987年、1988年、1990年、1991年、1992年、1993年和1996年等年份。其中1981年8月汉中大水灾和1983年7月安康大水灾造成直接经济损失分别为8亿元以上和11亿元以上;2003年8月下旬至10月上旬,陕北南部、关中、陕南出现历史罕见的持续强降水天气,渭河流域发生严重的洪涝灾害,直接经济损失高达116亿元;2005年9月下旬至10月上旬,陕西省出现了持续阴雨天气,造成渭河南山支流暴涨,致使渭河下游和汉江干流出现严重的洪涝灾害。

陕西因暴雨造成的山洪水灾及连阴雨引起的涝灾,每年都不同程度地发生。陕北、陕南多暴雨山洪水灾,关中主要是夏收、秋收期的连阴雨涝灾。7—9月是暴雨多发期,其间暴雨日数县次占全年的67%,尤其是7月下旬至8月上旬多发大暴雨,也是陕西山洪水灾的高峰期。

汉中、安康、宝鸡、商洛地区的秦岭山谷地区,渭北高原沟壑区及"二华"(华阴、华州)夹槽地带是山洪水灾多发区。暴雨常常致使山洪暴发,江河暴涨,淹没城镇,破坏交通、通信,损害各类设施,同时,也会造成严重的滑坡及泥石流等灾害。由于受地形影响,陕北、陕南暴雨往往具有突发性、局地性、毁灭性的特点。如1977年7月4—6日,延河流域一带出现大暴雨,致使河水暴涨,洪水冲入延安市区;1998年7月8日20时至9日上午,商洛地区7个县遭暴雨袭击,尤其是丹凤县1小时降水达250 mm,经济损失达3.64亿元。

连阴雨涝灾，多发区是关中、陕南的西部及秦岭中高山农业区，危害夏收、秋收作物。如 1956 年 6 月，连阴雨 20 d，致使关中及陕南西部已成熟待收的小麦普遍发芽霉变，小麦减产 2 亿 kg。

3.3.3 沙尘暴

沙尘天气是泛指沙尘、土壤等粒子从地面飞扬起来后在空中漂移的全过程，其中包括气象观测中的浮尘、扬沙和沙尘暴 3 种天气现象。根据《地面气象观测规范》定义，扬沙是指大风将地面尘沙吹起，使空气相当浑浊，水平能见度在 1～10 km 之间的天气现象，而沙尘暴是指强风将地面大量尘沙吹起，使空气很浑浊，水平能见度小于 1 km 的天气现象。

陕西省扬沙和沙尘暴的分布北多南少，陕北北部长城沿线沙滩区是陕西省的高发区，年平均扬沙和沙尘暴日数分别为 31 d 和 6.4 d，定边高达 74.9 d 和 24.4 d；陕北南部为次多发区，年平均扬沙和沙尘暴日数分别为 6.5 d 和 1.4 d，子长县分别达 15 d 和 3.3 d；关中年平均扬沙和沙尘暴日数分别只有 3.5 d 和 0.5 d，但西安、白水、蒲城和渭南相对关中其他地方要偏高，西安年平均扬沙和沙尘暴日数分别为 15.3 d 和 3.8 d；陕南大多数地方从来没有出现过沙尘暴，出现扬沙日数年均大于 1 d 只有 5 个县站。根据陕北、关中和陕南 1961—2000 年 40 a 逐月扬沙和沙尘暴的平均日数统计分析，发现扬沙和沙尘暴的发生有明显的季节变化。陕北、关中扬沙和沙尘暴天气主要集中在 3—6 月，其中陕北 3—6 月的扬沙和沙尘暴日数分别占全年总日数的 59.9%和 75.9%，关中 3—6 月的扬沙和沙尘暴日数分别占全年总日数的 60.2%和 88.2%。陕南主要集中在 2—5 月，其他月份几乎没有。

3.3.4 寒潮和强降温(冻害)

寒潮是东亚大型天气过程之一，当它发生时，表现为强烈的冷空气从高纬度地区向南直泻中国，常常造成剧烈的降温、大风等天气现象，引发大范围的冻害和风灾。寒潮天气是陕西冬半年主要灾害性天气之一，按照中国气象局的寒潮规定，陕西 20 年中平均每年仅一次寒潮，为此需降低标准，以榆林、延安、铜川、西安、汉中和安康为代表站，若其中 3 个站日平均气温 24 小时降温≥6 ℃或 48 小时降温≥8 ℃，同时最低气温≤5 ℃，为一次寒潮过程；若最低气温高于 5 ℃，则为强降温过程。陕西寒潮次数从北到南逐渐递减，陕北北部寒潮次数比较多，平均为 7 次/a，陕北南部和关中北部平均为 4～5 次/a，关中南部平均为 3～4 次/a，陕南平均约 2 次/a。陕西寒潮出现频率以 3—4 月最多，约占全年的 40%，其次为 11 月，占全年的 15%，以 9 月最少，只占全年的 1%；最早出现在 9 月(1967 年)，最迟出现在 5 月(1972 年)。

按照地面冷空气移动路径以及入侵陕西方向可分为西北路(含西路)、北路和东路。

冻害是指越冬作物和果木在越冬期间由于受 0 ℃以下低温或剧烈变温所造成的一种气象灾害，在陕西多由蒙古冷高压南下形成的寒潮大风、降雪天气所致。冻害一般可分为冬季严寒型、入冬剧烈降温型和早春融冻型三个类型，主要危害陕北、关中地区的冬小麦、油菜、大棚蔬菜和果树幼苗等，而陕南地区主要受害作物为柑橘、茶树及冬油菜等。

霜冻是指在春秋转换季节，土地表面和植物表面温度下降到足以使植物遭受伤害甚至死亡的一种气象灾害。陕西的霜冻灾害主要是受高空蒙古冷涡和地面蒙古冷高压南下影响所致。根据霜冻发生的季节可分为春霜冻(晚霜)和秋霜冻(早霜)两类。春霜冻主要危害陕北、关中地区的棉花、春播作物幼苗和苹果(梨)的正常授粉及“拔节”前后的冬小麦、油菜等，在陕南地区春霜冻主要危害水稻育秧和越冬油菜等。如 1979 年 4 月上旬,全省气温急剧下降,普降雪、霜。汉中、宝鸡、咸阳、渭南、安康、商洛、榆林等地区,小麦、油菜大面积受灾,分别占到播种面积的 38%和 50%,造成部分失收。秋霜冻主要危害秋季农作物的正常成熟和产量品质。如 1982 年 9 月下旬,陕北遭受严重霜冻,致使未成熟的秋季农作物部分被冻死,榆林、延安两地区受灾面积达 26.7 万 hm^2,其中 9.3 万 hm^2 基本无收。

陕西初霜冻出现的日期,陕北西北部在 9 月底,较陕北东部早 10 d 左右;关中各地在 10 月中下旬,陕南大部分地区在 11 月中旬。终霜冻日有南早北迟、东早西迟的特点,陕南在 3 月上中旬,关中南部在 3 月下旬,北部则在 4 月上中旬,但长武、彬州可晚至 4 月下旬,陕北西部在 5 月上中旬,东部和北部大多在 4 月中下旬,而沿黄河的佳县、吴堡则为 3 月下旬。陕西霜冻期的分布特点是西部多于东部,北部多于南部,海拔高的地方多于海拔低的地方,山麓多于川道,其中霜冻期陕北的志丹、吴旗、定边、靖边、安塞、甘泉和榆阳区到绥德一带为 200～220 d,其余各地为 160～200 d;关中大部分地区为 140～160 d;陕南沿汉江各地区东部为 100～200 d,西部(洋县以西)及大巴山区为 120～129 d。

霜冻危害程度除受降温强度、持续时间影响外,还与作物所处发育期对低温的敏感程度有密切关系。史料记载中往往未能把冻害和霜冻明显区别开来,一般统称为霜冻。

3.3.5 低温阴雨(冷害)

连阴雨是陕西重要天气之一,全年各月都可能发生连阴雨(雪)。连阴雨(雪)期间,气温低、湿度大、日照少,对国民经济建设、物资存储、交通运输都有影响。特别是秋季连阴雨发生次数多、阴雨时间长、降水强度大,造成的危害更重。

陕西区域性连阴雨标准:9—10 月关中、陕南 33 个代表站中,有半数以上连续降水 4 d(日雨量≥0.1 mm)或降水连续 5 d 以上,中间可以间断一天(但必须要有 1/2 以上站有微量降水),且过程降水量≥20 mm。根据此标准统计,陕西关中、陕南平均 1.8 次/a。一般年份出现 1～2 次,最多为 4 次/a,个别年份秋季未出现连阴雨。从持续时段上看,4～6 d 占 47%,≥6 d 占 53%,最长的过程为 1961 年 9 月 26 日至 11 月 3 日共 38 d。从连阴雨强度来看,常常伴有暴雨,且范围较大,如 1961 年 10 月上旬连阴雨一天有 11 站暴雨,2003 年 8 月 29 日有 44 站暴雨和大暴雨。有时连阴雨中暴雨可以连续出现两天以上,陕南山区还有连续三天以上出现暴雨。从发生时段来看,陕西连阴雨开始时段 80%集中在 9 月到 10 月上旬,尤其 9 月中旬占总数 25%。

冷害也叫低温冷害,是指在农作物生长季节、温度在 0 ℃以上,有时甚至在 20 ℃左右的条件下对作物产生的危害。发生冷害时作物一般无明显变化,而最终结果却是对作物的产量和品质造成显著影响,故有“哑巴灾”之称。冷害主要是由于作物生育期气温偏低、积温不足,导致生育期延迟而减产,或生殖生长期遭受短时间异常低温造成生理活动受阻而引起减产。低温冷害主要危害陕北、关中的玉米、谷子、棉花、烤烟等,在陕南危害的主要作物是水稻、烤烟等。如 1996 年 3 月中旬至 4 月中旬,全省气温持续偏低,特别是 3 月下旬至 4 月下旬,大部分地区气温比常年同期偏低 3～5 ℃,致使农作物发育期推迟,农事活动推后。

陕西发生低温冷害的主要类型为延迟型冷害和障碍型冷害。低温冷害在史料中记载较少。随着农村产业结构的调整和气候异常的出现,低温冷害事件不断增多,已引起了人们的普遍关注。

3.3.6　冰雹大风

陕西的大风灾害多出现于陕北北部的长城沿线风沙区和秦岭的中高山区。长城沿线年大风日多在 30 d 左右，春季(4 月)前后多大风灾害，特别是冬春连旱的年份，易出现沙尘暴，大风卷走表土、肥料，甚至刚播下的籽种。沙尘常波及到关中。关中春季的大风伴随降水，常造成小麦大片倒伏，影响小麦正常成熟和收割。

陕西大风造成灾害，多数为夏半年出现的由雷暴、飑线等引起的雷雨大风，这类风灾占大风灾害总数的 70%，灾情较重。

陕西地理地貌复杂，尤其是陕北和关中北部由于植被稀少，黄土层裸露，夏半年地面受较强的太阳辐射产生不稳定的大气层结，与适合的高空天气系统上下结合，就会产生局地冰雹。陕西历年降雹期为 3—10 月，但多雹时段陕北为 6—7 月，关中大部分地区为 5—6 月，秦岭山区为 4—6 月。平均约 3—5 年出现一次多雹年。陕北、渭北、关中西部山区、秦岭东部是冰雹多发区。

冰雹天气常伴有雷雨、大风，破坏力极大，常常是拔树、倒屋、损害农作物、毁坏电力和交通等。如 1969 年 5 月 23 日下午，北起渭北宜君经铜川、耀州、富平、三原、临潼等地至蓝田一带出现冰雹天气，雹路(直线)全长 150 多 km，沿线波及宽度 2.5～5.0 km，雹粒一般大如核桃，局部伴有暴雨、大风，3.73 万 hm^2 农田受灾，损失小麦 1 亿 kg，死 15 人，伤多人；1992 年 7 月 20 日，富平县薛镇、雷古坊等 13 个乡(镇)遭大风、冰雹袭击，风力达 10 级，碗口粗的树被连根拔起，雹粒直径 4 cm，打烂、打掉棉花、烟叶、瓜果。

3.3.7　高温

夏季高温天气对各行各业及人们日常生活都有影响。当气温达到一定程度时，就成为一种气象灾害，轻则影响正常的工作效率，使城市火灾多发，用电量急增，重则造成人畜中暑甚至死亡。近年来，在全球气候变暖的大背景下，陕西高温出现次数和强度有所增加。高温定义：选取陕西省资料年代较长且分布均匀的 78 个气象站 1961—2004 年日最高气温资料。根据陕西气候及环境特点，规定最高气温≥37 ℃为高温，≥40 ℃为强高温。依据高温定义，分别统计 1961—2004 年陕西 78 站高温和强高温天气的总日数。44 年中，除陕南的留坝、关中的华山、太白和陕北的黄龙、洛川、宜君等 6 个站外，其他各站均出现过高温天气。由陕西高温日数空间分布图(图 3.1)可见，全省的高温日数分布有明显的地域性：南部和东部地区出现高温明显多于西部和北部；关中平原和安康盆地明显多于陕北高原和秦巴山地，其中最大中心 1 个位于安康的白河，另外 2 个最大中心位于关中平原的长安和华州。长安不但出现高温的日数突出，而且本省的高温极值 43.4 ℃也出现在长安。强高温日数的空间分布(图略)与图 3.1 相近，也就是说，出现高温可能性大的地方也易出现强高温。

定义区域内至少三个县市日最高气温达 37 ℃及以上为一个区域高温日，达 40 ℃及以上为一个区域强高温日。44 年中共出现 648 个全省性高温，平均每年出现 14.7 d。月分布是 5 月和 9 月较少，平均每年不到 1 d，6 月平均 3.9 d(占 27%)，7 月平均 6.1 d(占 41.2%)，8 月平均 4.2 d(占 28.5%)。出现区域强高温日 32 个，5 月和 9 月各 1 次，6 月 10 次，7 月 14 次，8 月 6 次。强高温最早出现在 5 月下旬(1969 年 5 月 28 日共 5 站)，最晚出现在 9 月上旬(1999 年 9 月 10 日共 4 站)。

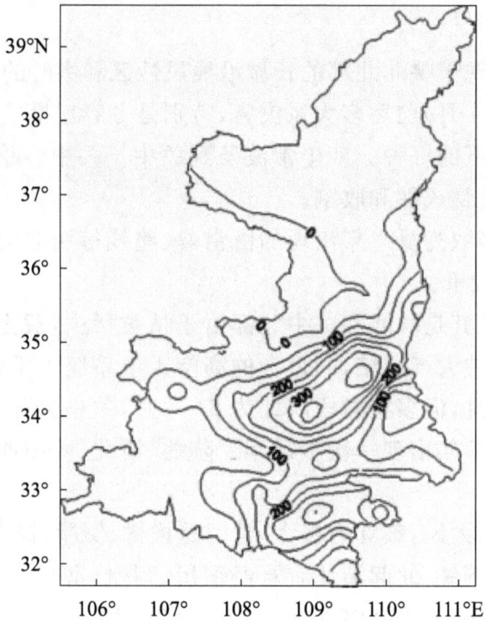

图 3.1　陕西高温日数空间分布图(单位:d)

由于陕西南北气候差异较大,为了更准确地分析高温的时间分布特征,按地域分别统计了不同区域各旬高温日数(表 3.2)。结果显示,区域性高温最早均出现在 5 月上旬,最晚在 9 月上旬,6 月中旬到 8 月上旬为各地高温过程集中时段。陕北出现区域性高温日明显少于关中和陕南,关中出现区域性高温日数稍多于陕南,集中出现时段不同,关中在 6 月中旬到 8 月上旬高温过程较多,而陕南在 7 月中下旬到 8 月下旬。

表 3.2　1961—2004 年 5—9 月各旬高温日数分布(d)

时段	5月			6月			7月			8月			9月		
	上旬	中旬	下旬	上旬	中旬	下旬	上旬	中旬	下旬	上旬	中旬	下旬	上旬	中旬	下旬
陕北	1	0	1	2	4	4	5	10	7	4	1	0	1	0	0
关中	0	0	4	18	42	56	42	53	51	33	9	7	3	0	0
陕南	1	0	0	2	19	22	22	37	53	68	38	32	12	0	0

高温日数年际变化特征为:(1)高温日数的年际差异较为显著,常年平均为 14.5 d,最多年份达 45 d(出现在 1997 年),最少为 1983 年没有出现高温。高温天数超过 20 d 的有 12 a,超过 25 d 的有 1966 年、1967 年、1969 年、1972 年、1997 年和 2002 年共 6 a,超过 30 d 的只有 1997 年。高温日数小于 5 d 的年份有 1983 年、1984 年、1987 年和 1993 年共 4 a。(2)冷暖周期和演变较有规律。从 5 d 滑动平均看,年高温日数大体经历了四个阶段,即 20 世纪 60 年代前期相对较少,60 年代中期至 70 年代初高温日数较多,而 70 年代至 90 年代前期高温日数较少,90 年代中期以后高温日数又进入相对偏多时期。60 年代中期至 70 年代初及 90 年代中期以后是高温出现较多的时期,这也反映了这段时期陕西夏季高温酷热严重,而 80 年代则相反,高温日数相对较少,反映出陕西这段时期凉夏年份较多。

总之，陕西省高温日数分布有明显的地域性，南部和东部地区出现高温的频数明显多于西部和北部；关中平原和安康盆地明显多于陕北高原和秦巴山地。陕北出现区域性高温日明显少于关中和陕南，关中出现区域性高温日数稍多于陕南。关中高温集中出现在 6 月中旬到 8 月上旬，而陕南稍晚，集中在 7 月中旬到 8 月下旬，其中 6 月中旬关中高温与青藏高压有密切关系，也造成陕西中部初夏少雨。自 1961 年以来，陕西年高温日数经历了由多到少再多的趋势变化，异常多高温年主要出现在 20 世纪 60 年代中后期至 70 年代初期，异常少高温年集中在 80 年代，90 年代中后期至今转为多高温时期。

3.3.8　大雾

大雾是陕西省一种灾害性天气，其形成主要是由于近地面空气的冷却作用，空气冷却到露点以下时，过饱和的水汽凝结（或凝华）成水滴（或冰晶）生成的产物。它使能见度变坏，给公路交通、航空、港运带来极大不便，并造成巨大的经济损失。雾的产生是在一定的环流背景下形成的，陕西省大雾的形成主要是辐射和平流作用，它是大气长波完成一次调整过程的产物。500 hPa 大气长波的槽脊活动，就是由高压（脊）向低压（槽）的转化过程。此过程蕴含着高压向低压的变性过程，也即两次冷空气活动的回暖阶段，这时陕西省天气晴朗，地面风力较小，一般在 1～3 m/s，清晨辐射冷却而产生雾。当大气长波演变成华北高压时，陕西省处于此高压的后部或底部，这时地面暖且湿度大，风向多为东北风，一旦风向转为东南（南）风时，形成雾的概率很大。横亘在八百里秦川和汉江河谷之间的是气候分界线——秦岭山脉，仓山和大巴山又在汉江南岸形成一道屏障，因而极其容易形成地形雾。陕西省大雾各个月都可形成，但主要集中在秋季和初冬的 9—12 月，春季（3—4 月）也是大雾次高发期，陕西省雾日最少时段为 2—6 月。

总之，陕西省具有黄土高原、关中平原和汉江河谷的大地形分布，大雾日数较多，平均气候概率为 7％；陕西省大雾全年每个月都能发生，但秋冬季（9—12 月）是雾日的高发期；陕西省雾日的分布在空间上具有三高三低的特点，高值中心之一位于黄土高原海拔高度最高的宜君、洛川，第二个位于汉江河谷汉中—石泉之间，第三个中心在西安。低值中心分别位于陕北北部长城沿线，另外两个分别位于关中平原的东西口；大部分地区当相对湿度＞70％时，就可能有雾产生，但在黄土高原产生的雾，空气湿度一般很小。

3.3.9　霾

霾是陕西特别是陕西关中地区常见的一种大气现象，又称灰霾（烟霞），是大气中的灰尘、硫酸、硝酸、有机碳氢化合物等粒子使大气混浊，视野模糊并导致能见度恶化的现象；当水平能见度小于 10000 m 时，将这种非水成物组成的气溶胶系统造成的视程障碍称为霾（haze）或灰霾（dust-haze）；当水汽凝结加剧、空气湿度增大时，霾就会转化为雾。霾与雾的区别在于发生霾时相对湿度不大，而雾中的相对湿度是饱和的（如有大量凝结核存在时，相对湿度不一定达到 100％就可能出现饱和）。

雾霾天气是一种大气污染状态，雾霾是对大气中各种悬浮颗粒物含量超标的笼统表述，尤其是 $PM_{2.5}$（空气动力学等效直径小于 2.5 μm 的颗粒物）被认为是造成雾霾天气的“元凶”。雾霾的成因多种多样，比如汽车尾气、工业排放、建筑扬尘、垃圾焚烧，甚至火山喷发等；雾霾天气通常是多种污染源混合作用形成的。但各地区的雾霾天气中，不同污染源的作用程度各有差异。

出现较严重的霾时,造成大气能见度和空气质量严重下降,给交通、航空、水运等造成严重影响,同时由于空气质量严重下降,给人们身体健康带来严重伤害。监测结果显示,陕西的霾主要组成成分是二氧化硫、氮氧化物和可吸入颗粒物这三项,前两者为气态污染物,可吸入颗粒物才是加重雾霾天气污染的主要成分。这些颗粒与空气中的小水滴结合在一起,让天空瞬间变得灰蒙,造成雾霾现象发生;PM_{10}(空气动力学等效直径小于 10 μm 的污染物颗粒)和 $PM_{2.5}$ 本身既是一种污染物,又是重金属、多环芳烃等有毒物质的载体,PM_{10} 和 $PM_{2.5}$ 颗粒物来源是车辆尾气、烧煤供暖所产生的废气、工业生产排放的废气、建筑工地和道路交通产生的扬尘等。

关中地区是陕西霾天气的高发区,其次是陕南的汉中盆地,陕北出现最少。全省霾日数总体呈较明显的上升趋势,2000 年后增加显著,从季节变化来看,全省及各区域均为冬季霾日数最多,秋季次之,夏季霾日数最少。各区域当能见度为 5～8 km,相对湿度为 60%～70%,静小风时各地区易出现霾天气;西安及关中地区全年和四季在偏东北风向时霾天气出现频率较大,冬季由于地面风速小,相对湿度较大,近地面风场辐合以及逆温层的存在,造成关中地区大气垂直扩散能力较弱,大气污染物发生堆积,易形成关中地区持续霾天气及严重大气污染。

3.4 陕西的主要气象次生灾害

气象次生灾害主要是指由于气象原因如强降水和连续性降水诱发产生的滑坡、崩塌和泥石流灾害,由高温和干旱诱发的森林和城市火灾等。目前陕西省已经开展了森林火险气象条件、城市火险气象条件预报业务,与省国土资源厅联合开展地质环境灾害预警业务。

滑坡灾害的主要危害是改变地形地貌,堵塞河道,阻断交通,毁坏农田和水利设施,破坏建筑物,埋压房屋,造成人员伤亡和财产损失;崩塌灾害类似滑坡,主要是塌毁房窑,阻断交通,毁坏水利设施,压埋人员;泥石流灾害一是淤埋农田、村庄、建筑物,二是冲毁农田、道路和基础设施,三是堵塞河道。

陕西由于地形和地质结构复杂,山地丘陵甚多,突发性强降雨或连续性降雨是诱发滑坡、崩塌、泥石流等灾害的主要原因之一,发生时间多在暴雨比较集中的 7—9 月,尤其是陕南秦巴山区,因暴雨形成的山洪、滑坡、泥石流三灾并发的山地灾害相当普遍,不仅数量多、范围大,且暴发时段集中,灾害损失和伤亡大。如 1981 年 8 月 13—24 日,秦巴山区西部暴雨诱发山洪、滑坡、泥石流约 1.9 万处(条),仅汉中所属各县毁坏房屋 1.6 万余间,死亡 305 人;宝成铁路宝鸡—广元段引发较大规模滑坡 289 处,断道 32 处,中断行车 2 个月,抢救工程费用高达 2.56 亿元。又如 1988 年秦岭分水岭两侧的柞水县九间房、蓝田县葛牌等地,大暴雨引发山洪、滑坡、泥石流灾害,共死亡 134 人,直接经济损失 5000 余万元。

由于陕西境内自北向南分为陕北黄土高原、关中平原、陕南秦巴山地三大地貌区,而且又分别属于三个气候带,所以,地形与气候的联合作用形成了三个不同类型的灾害高发区。研究结果表明,陕北黄土高原可划分为白于山、神木—府谷、米脂—子长、延安等滑坡、崩塌高发区及洛川—铜川滑坡高发区;关中平原可划分为宝鸡—咸阳黄土塬边滑坡带,泾河流域滑坡带,秦岭北麓黄土坡边滑坡区及秦岭、华山山前滑坡、泥石流带;陕南秦巴山区可划分为凤县—留坝滑坡、泥石流区,略阳—勉县—宁强滑坡、泥石流区,镇巴滑坡、泥石流区,紫阳—镇坪滑坡、泥石流区,旬阳—平利滑坡、泥石流区,镇安—柞水滑坡、泥石流区和山阳—商南滑坡、泥石流区。

火灾是各种灾害中极为频繁且危害严重的灾害之一，每年造成的经济损失和人员伤亡相当惨重。火灾主要包括城市火灾和森林火灾。火灾的起因错综复杂，既有人为的因素，也与特定的客观条件有关，特别是与气象条件有密切关系。火灾发生概率与气象条件密切相关，基本要素有气温、湿度、风和降水，同时还与可燃物的类型、状况、火源危险性和环境有关，可燃物的状况本身也与气象因素有关。根据陕西省森林火险资料统计，全省森林火灾主要发生在每年 9 月至翌年 4 月，其中 10 月到次年 3 月最为严重，约占全省重大森林火灾的 95%。进一步分析发现，这期间陕西省降水少、日照长、空气干燥，风力大，极易酿成火灾，特别是森林火灾难以扑灭。随着社会经济的发展，城市扩大，人口增加，建筑密度加大、间距减小，火灾隐患增多，特别是宾馆、酒店、集贸市场和公共娱乐场所等人、财、物集中地方的重大火险隐患更为突出。城乡火灾所造成的直接经济损失，20 世纪 90 年代全国平均高达 7 亿元以上，为森林火灾损失的几十倍，具有明显的逐年增加趋势。城市火灾除了与上述森林火灾有关的气象因素外，还与雷击有重要关系，城市火灾一年四季都有发生，在冬春季是高发期。

参考文献

丁一汇，2008. 高等天气学(第二版)[M]. 2 版. 北京：气象出版社.

杜继稳，鲁渊平，雷向杰，等，2001. 陕北生态环境治理的气候背景[J]. 西北大学学报(自然科学版)，31(4)：363-368.

方宗义，朱福康，江吉喜，等，1997. 中国沙尘暴研究[M]. 北京：气象出版社.

刘天适，1987. 陕西暴雨的气候特征[J]. 气象，1987 年专刊.

慕建利，梁生俊，侯明全，等，2005. 近 40 年陕西省扬沙和沙尘暴天气[J]. 西北大学学报：自然科学版，35(1)：109-112.

陶诗言，1980. 中国之暴雨[M]. 北京：科学出版社.

翟佑安，2005. 中国气象灾害大典·陕西卷[M]. 北京：气象出版社.

朱乾根，林锦瑞，寿绍文，等，2007. 天气学原理和方法[M]. 北京：气象出版社.

第 4 章　影响陕西的主要天气系统及其特征

4.1　主要影响系统概论

陕西省地处中纬度，其天气既受西风带环流的制约，又受副热带低纬度环流的影响。冬季，西风带有 3 个槽，位于东亚 140°E 的大槽（东亚大槽）最强，槽后在亚洲大陆为一强大的蒙古高压，陕西省处在高空西北气流和蒙古高压控制下，天气晴朗少雨。夏季，西风带北撤，副热带高脊北上西伸，陕西省受青藏高原上的西南风带来的大量水汽的影响，多阴雨天气，并有暴雨。进入雨季，若副热带高压强大，西进控制陕西东南部，受控部分则进入伏旱，而造成陕北雨涝。

影响陕西降水的主要天气系统有锋面、西风带波动（气旋）、西风槽、高原槽、西北涡、西南涡等。另对大降水过程起作用的有高、低空急流、切变线、飑线等。这些中小尺度系统伴生于天气尺度系统而影响陕西天气。

在盛夏，副热带高压特别偏北时，高压底部东风环流里的东风波也可由东向西影响陕西降水。陕西地处内陆，台风不直接影响陕西，但也有台风登陆变性减弱为低气压后影响到陕西。

4.2　锋

天气图上温度水平梯度大而窄的区域，如果它又随高度向冷区倾斜，这样的等温线密集带通常称为锋区。所谓锋区，就是密度不同的两个气团之间的过渡区。因为密度不能直接测量出来，气压水平差异又比较小，所以密度的不同主要表现为温度的不同；但在少数情况下也可表现为温度差异很小，而水汽含量差异却特别大。锋区的水平宽度约为几十千米到几百千米，一般是上宽下窄。在天气图上由于比例尺小，锋区的宽度表示不出来，可把它看作为空间的界面，称为锋面。锋面与地面的交线称为锋线。当观测记录增多，锋面的宽度完全可以在高空图、空间剖面图，甚至在测站稠密的地面图上显示出来。锋区与暖气团的界面称为暖界面，在空间剖面图上亦称为上界面，锋区与冷气团的界面称为冷界面或称为下界面。

锋面按照性质、伸展高度和地理位置有三种分类方法。根据锋面两侧冷暖气团的移动方向及结构状况，锋可以分为下列四种：冷锋（含副冷锋和穿心冷锋）、暖锋（含倒暖锋）、准静止锋、锢囚锋。按照它所处的地理位置分类，从北到南分为三种：北极（冰洋）锋、温带锋（极锋）、热带锋（赤道锋）。根据锋的伸展高度可将锋分为：地面锋（或低层锋）和高空锋（或高层对流层锋）。这里主要根据第一种分类法（锋面性质）来进一步讨论。

4.2.1　冷锋

锋面在移动过程中，冷气团起主导作用，推动锋面向暖气团一侧移动，这种锋面称为冷锋

(图 4.1)。冷锋过境后,冷气团占据了原来暖气团所在的位置。冷锋在陕西一年四季都有,冬半年更为常见。气团在移动过程中,由于变性程度不同,或有小股冷空气补充南下,在主锋后面,即在同一个冷气团内又可形成一条副锋,一般说来,主锋两侧的温度差值较大,而副锋两侧的温差较小,而且延伸高度也较低。冷锋是陕西最常见的天气系统之一。

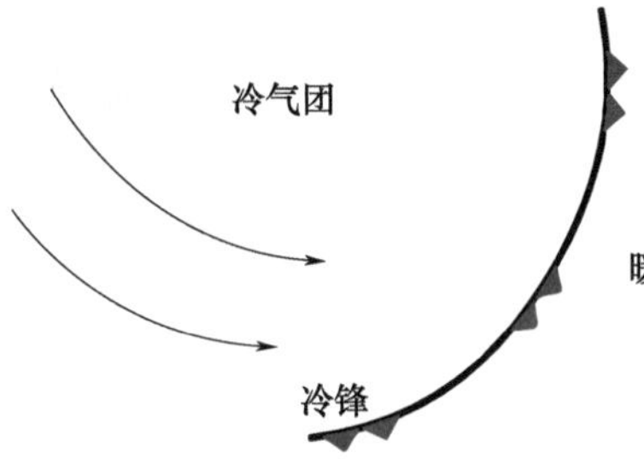

图 4.1　冷锋示意图

影响陕西的冷锋路径是指冷锋到达陕西关中前 36 h 以内的移动路径,冷锋路径共分为西路、西北路、北路和东北路 4 种:冷空气主力从祁连山以南侵入关中的冷锋为西路冷锋,冷空气主力从祁连山以北、银川以西侵入关中的为西北路冷锋,冷空气主力从银川以东、吕梁山以西侵入关中为北路冷锋,冷空气主力从吕梁山以东侵入关中的为东北路冷锋。全年各类冷锋以西路为最多,出现频率在 50%以上,尤其是夏季达到 76%;春季次多为北路冷锋占 25%,夏季次多为西路占 15%,秋季次多为北、东北路占 30%,冬季次多也为北、东北路占 21%。各类冷锋发生频率如表 4.1。从移动速度来看,西北路冷锋移动速度以冬季为最快,可达 10.6 经距/d,特别是在翻越天山后从哈密到酒泉可达到 12.3 经距/d,夏季最慢为 6.7 经距/d,春季为 9.5 经距/d,秋季为 9.0 经距/d;西路冷锋冬季为最快,平均可达到 11.2 经距/d,夏季最慢为 6.5 经距/d,春季为 7.8 经距/d,秋季为 9.7 经距/d;北路和东北路冷锋移动速度比以上两类要慢 20%,冬季为 6.8 经距/d,春季为 7.5 经距/d,夏季为 4.8 经距/d,秋季为 7.7 经距/d。从产生的天气来看,春季西路、东北路以及锢囚类冷锋影响关中并产生降水天气比例为 100%,其次为西北路冷锋影响关中并产生降水天气比例为 59%;夏季产生降水的以北路冷锋的概率最大为 75%;秋季产生降水概率最大的为西路和西北路为 75%;冬季以锢囚锋概率最大为 100%。

表 4.1　各类冷锋频率统计表(单位:%)

季节	类别				
	西路	西北路	北路	东北路	锢囚
春季(3—5 月)	4	64	25	3	4
夏季(6—8 月)	15	76	9	0	
秋季(9—10 月)	19	51	30		
冬季(11—翌年 2 月)	19	54	21		6

4.2.2　暖锋

锋面在移动过程中,若暖气团起主导作用,推动锋面向冷气团一侧移动,这种锋面称为暖锋。暖锋过境后,暖气团就占据了原来冷气团的位置(图 4.2)。暖锋多在我国东北地区和长江中下游活动,大多与冷锋联结在一起。陕西暖锋降水天气较少,一般出现在夏季的地面倒槽中。

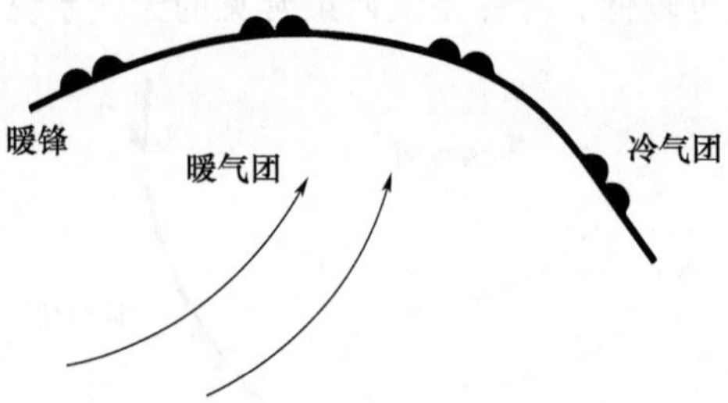

图 4.2 暖锋示意图

4.2.3 锢囚锋

暖气团、较冷气团和更冷气团(三种性质不同的气团)相遇时先构成两个锋面,然后其中一个锋面追上另一个锋面,即形成锢囚(图 4.3)。我国常见的是锋面受山脉阻挡所造成的地形锢囚;或冷锋追上暖锋,或两条冷锋迎面相遇形成的锢囚。它们迫使冷锋前的暖空气抬离地面,锢囚到高空。将冷锋后部冷气团与暖锋前面冷气团的交界面,称为锢囚锋。锢囚锋又可分为三种:如果暖锋前的冷气团比冷锋后的冷气团更冷,其间的锢囚锋称为暖式锢囚锋;如果冷锋后的冷气团比暖锋前的冷气团更冷,其间的锢囚锋称为冷式锢囚锋;如果锋前后的冷气团属性无大差别,则其间的锢囚锋称为中性锢囚锋。空间剖面图上原来两条锋面的交接点称为锢囚点。锢囚锋在陕西的冬季十分常见,其产生降水天气的概率达到 100%。

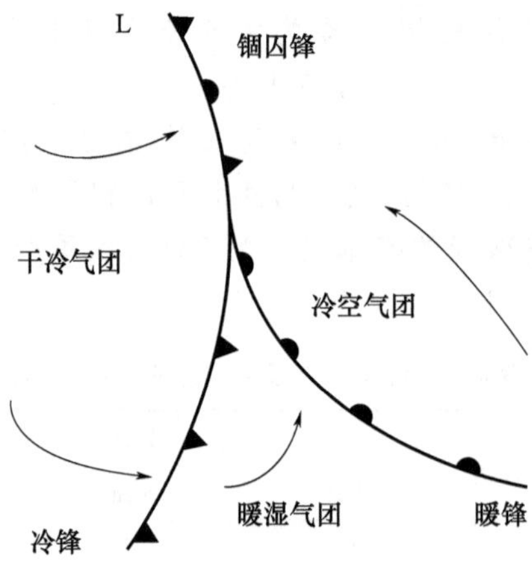

图 4.3 锢囚锋示意图

4.2.4 静止锋

当冷暖气团势力相当,锋面移动很少时,称为准静止锋(图 4.4)。事实上,绝对静止是没有的。在这期间,冷暖气团势力相当互相对峙着,有时冷气团占主导地位,有时暖气团占主导地位,使锋面来回摆动。实际工作中,一般把 6 h 内(连续两张图上),锋面位置无大变化的锋定为准静止锋，或简称为静止锋。在我国华南和云贵高原等地区常见到冷锋由于受到山脉阻挡和适当流场共同作用而形成准静止锋。新疆的天气预报员同仁认为，当冷空气进入北疆后，由于东西走向的天山山脉阻挡，使冷空气在天山北麓堆积，当冷空气灌满北疆盆地时锋面所伴随的天气现象也随之消失，就不宜分析准静止锋，他们认为天山准静止锋尚属较少见。

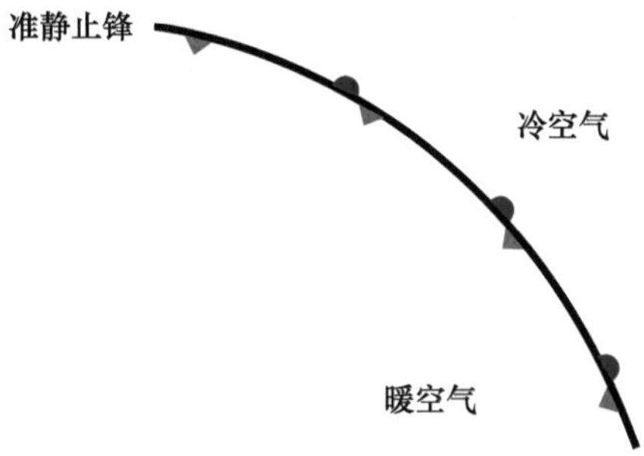

图 4.4　静止锋示意图

4.3　温带气旋

4.3.1　概述

在温带形成和活动的气旋和反气旋，大多都是锋面气旋和冷性反气旋。由于温带气旋和反气旋在其生命史上各个阶段的温、压场结构极不相同，因而与其伴随的天气现象也完全不同。陕西地处我国大陆腹地温带，温带气旋和反气旋是主要影响系统之一，常常带来严重的大风、降水和降温天气，影响陕西的气旋主要有蒙古气旋、黄河气旋和台风(热带低压)。温带气旋生命发展史可分为四个阶段：波动阶段、成熟阶段、锢囚阶段和消亡阶段，完成这四个阶段一般要 5 d 左右，但不同地区差异很大。温带反气旋发展可分为初生、发展和消亡 3 个阶段。

4.3.2　蒙古气旋

蒙古气旋一年四季均可出现，但以春秋季为最多。从地面气压场形势看，其形成过程大致可分三类，以暖区新生类出现次数最多。当中亚细亚或西西伯利亚发展很深的气旋(其中有成熟的，也有锢囚的)向东北或向东移动时，受到蒙古西部的萨彦岭、阿尔泰山等山脉的影响，往往减弱、填塞。再继续东移过山后，有的在蒙古中部重新获得发展，有的则移向中西伯利亚，当它行抵贝加尔湖地区后，它的中心部分和其南面的暖区脱离而向东北方移去，南段冷锋则受地形阻挡，移动缓慢，在它的前方暖区部位形成一个新的低压中心，后来西边的冷空气进入低压，产生冷锋。同时在东移的高空槽前暖平流的作用下，形成暖锋，于是就形成蒙古气旋。

蒙古气旋形成的高空温压场特征是：当高空槽接近蒙古西部山地时，在迎风坡减弱，背风坡加深，等高线遂成疏散形势。由于山脉的阻挡，冷空气在迎风面堆积，而在等厚度线上表现为明显的温度槽和温度脊。春季我国新疆、蒙古地区下垫面的非绝热加热作用使温度脊更为强烈。在这种形势下，蒙古中部地面先出现热低压或倒槽或相对暖低压区。当其上空疏散槽上的正涡度平流区叠加其上时,暖低压即获得动力性的发展。与此同时,低压前后上空的暖、冷平流都很强,一方面促使暖锋锋生,一方面推动山地西部的冷锋越过山地进入蒙古中部,于是蒙古气旋便形成了。在此过程中,高空低槽也获得发展。

一般气旋所具有的天气现象都可以在蒙古气旋中出现,其中比较突出的是大风。蒙古气旋活动时,总是伴有冷空气的侵袭,所以降温、风沙、吹雪、霜冻等天气现象都可以随之而来,由于这个地区降水较少,而大风又多,故常出现风沙,尤其是春季解冻之后,植物还不茂盛,因而风沙出现最多也最严重,出现时能见度往往降低到 1 km 以下,给陕西中北部带来沙尘、扬沙和沙尘暴等恶劣天气。

4.3.3 黄河气旋

黄河气旋介于蒙古气旋和江淮气旋之间,形成于黄河流域。其生成的形势大致可以分为两种类型。一类是在 40°—45°N 高空有一东西向锋区,在锋区上有小槽自新疆移到河套北部地区,导致准静止锋上产生小的黄河气旋,这类气旋一般发展不大。另一类是在地面上由西南地区有一倒槽伸向河套、华北地区,此时若有较强的冷锋东移,且高空有低槽(或低涡)配合,当冷锋进入倒槽后,一般可产生黄河气旋。若我国东部及海上为副热带高压所控制,则气旋更易生成。黄河气旋一年四季均可出现,以夏季为最多,它是影响我国华北和东北地区的重要天气系统。黄河气旋是夏季降水的重要系统,当其发展时可带来大风和暴雨。在其他季节,一般只形成零星的降水,主要是大风天气。东移的黄河气旋一般不易发展,当其向东北方移动进入东北时,可以得到发展。从预报实践发现,第一类黄河气旋常常在夏季给陕西北部带来雷雨大风,但影响范围相对较小;第二类黄河气旋一旦形成并在合适的高低层环流配合下,往往给陕西中东部地区带来强降水和大风等强对流天气。

4.3.4 台风(低涡)

台风是发生在热带海洋上空的一种具有暖中心结构的强烈气旋性涡旋。热带气旋可按其中心附近最大风力进行分类,我国中央气象台曾将热带气旋分为三级:热带低压(最大风速 10.8~17.1 m/s,即风力 6~7 级),台风(最大风速 17.2~32.6 m/s,即风力 8~11 级)以及强台风(最大风速≥32.7 m/s,即风力≥12 级)。从 1980 年开始,我国采用世界气象组织规定的统一标准,将热带气旋分为四级:(1)热带低压,风速<17.2 m/s(风力<8 级);(2)热带风暴,风速 17.2~24.4 m/s(风力 8~9 级);(3)强热带风暴,风速 24.5~32.6 m/s(风力 10~11 级);(4)台风或飓风,风速≥ 32.7m/s (风力≥12 级)。在国外,通常用一些特殊名称来命名台风,如 Alex,Betty,Cary,Yancy 等,从 2000 年起我国和太平洋地区国家也采用特殊名称来命名台风,例如:“悟空”“爱丽丝”等。而在 2000 年以前,我国则用编号的方法来命名每一个台风。编号是按以下规定进行的:

①在 180°E 以西,赤道以北的西太平洋和南海海面上出现的中心附近最大风力达到 8 级或以上的热带风暴,由北京气象中心按其出现的先后次序进行编号并负责确定其中心位置。

②编号用四个数码,前两个数码表示年份,后两个数码表示出现的先后次序。例如“9012”表示 1990 年出现的第 12 个到达编号标准的热带风暴,简称为 1990 年第 12 号台风。

台风的定位,当已编号的台风出现在 150°—180°E 之间的洋面时,每天进行两次定位(00 及 12 世界时);当进入 150°E 以西洋面时,每天进行四次定位(00,06,12,18 世界时);当进入北京气象中心的台风警报发布区(15°N 以北、130°E 以西的海域)后，每天再增加两次定位(09,21 世界时)。台风定位的方法有飞机定位、雷达定位和卫星定位等多种方法。

陕西地处我国大陆腹地，台风对陕西基本没有直接影响，但是当台风在东南气流控制下，在我国东南沿海登陆减弱为热带低气压或台风倒槽(东风波)，沿着副高南侧的偏东气流以及西南气流西北行到湖南、贵州、云南等地时，配合河套地区西风槽、切变线等低值系统，往往在陕西产生强降水，这是陕西暴雨主要环流形势之一，如 1977 年 7 月 4—5 日延河大暴雨，是台风登陆后西北行，热带低压一直北上到延安造成的。统计表明，陕西夏季区域性暴雨与近海台风相关率可达 70%以上，1970—2003 年的 34 a 间，陕西发生极端降水事件共有 22 次，其中有台风影响和参与的多达 19 次，相关率接近 87%，可见陕西暴雨与台风关系更为密切。通过卫星云图分析，发现当青藏高原东北侧出现冷锋暴雨时，在我国东南沿海的台湾岛附近则有一台风活动或存在。冷锋暴雨降水增幅明显，比一般冷锋降水强度明显增大，常有大暴雨相伴，该类暴雨常常是突发性的，其来势猛、雨强大、历时短，极易造成严重的灾害。低纬环流系统不仅对我国夏季南方暴雨有重要的作用，对北方暴雨也有重要的作用，而热带气旋(台风)与中纬度环流系统(如锋面、冷槽)的相互作用常会造成北方的大暴雨和特大暴雨，还会使中纬度槽前暴雨加剧。研究表明，近海台风对黄土高原暴雨有密切关系，其作用是从台风外围经华东、华中沿着黄河到黄土高原在对流层低层形成一支偏东气流，输送具有热带海洋特点的大气到暴雨区，促使暴雨产生。

4.4　涡

4.4.1　西南涡

西南涡系指 700 hPa 等压面图上我国西南地区的气旋式环流。一般为在 29°—33°N，98°—105°E 范围内出现低压环流，风速≥4 m/s 或有一条间隔 20 gpm 的闭合等高线低压，低涡平均直径≥200 km。

西南涡是陕西春季出现频率较高的天气系统，月平均 4.1 次，移出原地的有 53%，在原地消失的占 47%，但能影响陕西降水的仅占 25%。主要为向东北路移动的西南涡，从涡源向东北移到四川南充以北时，可给陕西带来阴雨天气，此类仅占西南涡总次数的 21%。西南涡的移速在成都以西平均时速 26 km，在成都至 110°E 一般为 29 km/h。常见 700 hPa 有 4 种形势：高压后部型、关中小高型、江淮切变型、河西低槽型。经统计，只有高压后部型、关中小高型这两类对陕西省天气有影响。高压后部型：前期中心在成都以西，涡前是太平洋副热带高压，有利于涡东东北移动，影响天气的位置在 31°—33 °N、105°—110 °E 范围内。关中小高型：前期低涡在成都以西，涡中心与横切变相连，涡前入海高压脊偏南。在关中北部河套有弱的小高环流，低涡通常沿切变线方向东移，这类东路西南涡常对陕南产生降水。

夏季西南涡出现次数不多，月平均只有 2.8 次，各月又不相同，6 月 4.6 次，7 份 2.4 次，8 月 1.3 次，影响陕西的就更少，只占出现次数的 14%，且均在 6 月，7 月、8 月历史上未出现。影响陕西省天气的西南涡主要是北路，当低涡从涡源向东北方向移至四川南充以北时，可给陕西省带来阴雨天气，6 月份多见，有 50%的移出涡属于北路；其他路径对陕西省天气基本无影响，东北路平均移速 28 km/h，最快时速 35 km，最慢时速仅 10 km；东北路一般当其中心到达秦岭南部时折向东移出 110 °E,因此在预报中应注意其折向移动。秋季西南涡平均 4.9 次/月,其中 9 月份月平均 5.2 次,10 月 4.7 次;71%西南涡在源地消失,发展移出源地的占 29%,影响陕西的仅占 7%。冬季西南涡形成的次数为次多,由于源地偏南,只有向北移动的西南涡影响陕西,产生降水天气少于总数的 5%。

4.4.2 西北涡

西北涡是指青海柴达木盆地东都及甘肃东南地区一带的低涡环流。其定性原则是,在 700 hPa 高空图上能分析出间隔 20 gpm 的一根闭合等高线的低压,或风速≥4 m/s 的气旋式环流,其环流尺度直径≥200 km。低压中心在 33°—38°N ,97°—105°E 区域内,符合上述两条称为西北涡。

西北涡是陕西春季出现次数较多的天气系统之一,月平均 4.7 次,仅次于西风槽。由统计得知,西北涡在 3 月、4 月、5 月出现的月际变化不大。但消失和移动则各月差异较大。3 月份西风槽较强,对西北涡的生消发展影响较大,因此,3 月份西北涡出现后,次日在原地消失者较多,占其生成总数的 33%。而移出 110°E 以东者较少,仅占总数的 19%。而 4 月、5 月,因西风带南支急流显著减弱北上,而印度西南季风常可影响西藏高原南部和我国西南地区,这较有利于高原西北涡的发生发展。故 4 月、5 月西北涡出现次数逐月略增,在原地逐渐消失的减少,而移出 110°E 线以东的显著增多。4 月份西北涡移出关中的占总数 44%,5 月份占 59%。春季西北涡亦是关中降水的主要系统之一,春季有 65%的西北涡在关中次日产生降水。

西北涡生成后的移动路径可归类出三条:东北路、东路、东南路。东北路:低涡自涡源向 35°N 北东移,经兰州、固原从延安移出 110°E,此路占总数的 10%,主要在 4—5 月。东路:低涡自涡源向东移,经兰州、西安移出 110°E,中心轨迹在 34°—36°N 之间东移者,按东路划分;此路占西北涡总数的 24%,各月均有出现,3 月份略少于 4 月、5 月份。东南路:西北涡自涡源经兰州或武都、汉中最后从安康东移出 110°E,均为东南路;此路西北涡中最多者,占总数的 39%。西北涡在源地或兰州、武都以西先少动随后消失者,占总数的 27%。西北涡生消发展的季节性十分明显。初春,由于西风带槽脊系统较强,故低涡多是东南移,且移出 110°E 者较少。随着季节性的变化,5 月份西风带系统减弱,西南季风北上,则西北涡发生发展活跃,能移出 110°E 线的显著增加。西北涡移动的速度通常不大,据统计,一般从涡源到兰州平均速度 25 km/h,兰州至平凉时速为 26 km,平凉至西安时速为 30 km。西北涡与 500 hPa 高空槽的活动密切相关,因此,应着眼于 500 hPa 的环流。据统计能移出涡源的西北涡总数的 82%是受 500 hPa 西风槽或高原槽东移的引导。当西北涡的上空处于 500 hPa 脊前西北气流控制之下,风速≥8 m/s,则低涡一般在 24 h 内消失,少数亦有先南压后消失者。地面图上,如兰州有倒槽发展,则西北涡易在兰州附近发展,若兰州倒槽有冷锋加入,则 700 hPa 西北涡易发展东移。

多年统计分析,夏季西北祸为全年出现次数最多的季节,6 月份 6.6 次,7 月份 6.1 次,8 月份 5.8 次。在关中以西消失的次数以 8 月份居首,6 月份最少。主要原因为副热带高压 6 月份还较偏南偏东,8 月份达到最强,西风带系统在副高影响下受阻减弱所致。夏季西北涡的发展东移是影响陕西省降水特别是盛夏暴雨的主要天气系统之一。当西北涡移近陕西省时,多造成全省系统性降水,当低涡发展较强,且高低层环流形势配合较好时,易造成全省暴雨或雷阵雨。

西北涡移出源地的统计分析结果:东路,涡中心由源地在 34°—36°N 之间东移过陕西省,本路占移出次数的 86%。东北路,涡中心由源地偏北东移,过 110°E 线时在 37°N(延安)以北。本路仅占移出次数的 9%。东南路:涡中心由源地向东南指向武都、汉中方向移动。此路仅占移出次数的 5%。西北涡的平均移速约为 20～25 km/h。当涡处于 500 hPa 西风槽前,且其有冷空气加入时,将发展东移。西太平洋副热带高压脊线在 30°N 以北者,24 小时低涡不会发展移入影响陕西省。暖性涡在 500 hPa 暖脊控制下涡不会发展。低涡处于 500 hPa 脊前西北气流控制之下,且风速≥8 m/s,此时冷空气较强,涡东部有冷空气灌入,涡将在 24 小时内消失。当西北涡上空 500 hPa 亦是低涡,且 500 hPa 涡后 800 km 范围内有冷空气加入,则西北涡将发展东移,造成陕西关中地区一次降水过程。

西北涡秋季平均每月生成 4.9 次,63%发展移出,37%源地消失;低涡移出的路径以东路最多,占移出低涡总次数的 68%,东北路次之占 22%,东南路最少 11%。低涡东移过程中常发生消失现象,以低涡最后一次的位置为消失位置进行了统计,在 105°E 以西消失的 22%,在 105°—110°E 之间消失的占 46%,在 110°E 以东消失的占 32%。移动速度平均 6.9 经距/日。西北涡只要移出源地影响陕西,就会产生降水,以中路低涡最多,北路和南路极少。西北涡 500 hPa 形势分类统计如下:西风槽占 51%,高原槽占 12%,平直西风占 14%,中亚横槽占 12%,高原高压脊占 12%,如冷空气进入柴达木从低涡西部、西北部侵入,低涡发展东移。如冷空气从河西走廊南下或越过祁连山从低涡东或东北方侵入,低涡不发展。当低涡处在槽后脊前时一律不发展。当 700hPa 关中有横切变时,柴达木低涡大多发展。

冬季西北涡平均每月生成 3.7 次。从各月分布情况看,以 2 月居多,平均 5.7 次,63%的西北涡发展移出源地,38%的西北涡在源地消失;发展移出的西北涡活动路径有 3 个,以东路最多,占移出总数的 58%,东北路和东南路次数差不多,分别占移出总数的 22%和 20%。西北涡在东移过程中消失的地区有 3 个,在 105°E 以西消失的占 27%,在 105°—110°E 之间消失的占 45%,在 110°E 以东消失的占 27%。西北涡平均移动速度为 7.8 经距/日。在移出源地并影响关中的西北涡中,产生降水的概率为 92%。影响陕西省的西北涡中路和移过 105°E 以东的为最多,北路、南路和在 105°E 以西消失的西北涡对关中一般没有影响。根据冬季西北涡 500 hPa 形势分类统计,500 hPa 为西风低槽类占 28%,高原低槽类占 30%,中亚横槽类占 18%,平直西风类占 8%,高原高脊类占 16%。西北涡活动路径中路占 58%,北路占 22%,南路占 20%。预报着眼点与其他季相同。

4.4.3　青藏高原低涡

青藏高原在其动力和热力作用的影响下,是北半球同纬度地区气压系统出现最频繁的地区。可造成灾害性天气的高原低值系统主要有青藏高原 500 hPa 低涡(简称高原低涡或高原涡)、高原切变线、柴达木盆地低涡、西南低涡等。高原低涡是夏半年发生在青藏高原主体上的一种次天气尺度低压涡旋,它的垂直厚度一般在 400 hPa 以下,它的平均水平尺度 400～500 km,多数为暖性结构,生命期 1～3 d,它常在高原中西部生成,然后沿 32°N 附近的切变线东移发展,最后绝大多数在高原东部地形的下坡处减弱、消失,极少能移出高原主体,是高原地区特有的产物。高原低涡不仅是夏季高原地区的直接降雨系统,值得注意的是,在有利的环流形势配合下,少数高原低涡能够东移出高原发展,往往引发青藏高原下游地区一次大范围的暴雨、雷暴等灾害性天气过程。高原低涡移出高原后,其“北槽南涡”的天气形势是西北地区夏季大到暴雨的一种主要影响系统。东移的高原低涡与地面冷空气配合，夏季常在四川地区产生区域性暴雨天气过程；而当低涡东移出川时，又可影响长江中下游、黄淮流域，甚至华北地区的强降水过程。高原低涡是特定季节和环流背景下，受高原下垫面热力、动力作用而形成的独特产物，是青藏高原地区的一种主要天气系统。对高原低涡的研究不仅是青藏高原气象学理论研究的一个重要问题，同时对提高高原及其下游地区的天气预报水平都有重要的实际意义。

产生低涡的源地有 4 个地区：羌塘、那曲、柴达木及松潘，其中以那曲产生的频率最高。初夏以冷涡为主，盛夏以暖涡居多，暖涡出现次数是冷涡的 2.2 倍。根据 1979 年 5—8 月青藏高原科学试验的加密观测资料，钱正安等的统计结果指出，高原低涡主要生成于 95°E 以西，涡源集中在那曲附近和申扎—改则一带。罗四维等的统计结果指出，高原低涡主要产生在 30°—35°N 的纬带内，出现次数最多的地区由那曲(95°E)附近西移到班戈湖(89°E)附近。低涡绝大多数产生在高原西部，消失于高原东部地形的下坡处，极少移出高原，这与一般低压在下坡方生成和加强是完全不同的，可见高原低涡是高原地区特有的产物。刘富明等将低涡中心移到 100°E 的低涡定义为东移出高原的低涡，青藏高原主体的高原低涡主要有 3 类：有锋区配合的称为斜压涡；有冷中心或冷槽相配合的称为冷涡；位于暖脊或暖中心附近的称为暖涡。一般将生成于 92.5°E 以西的高原主体地区，东移到 92.5°E 以东的高原东部及其以东地区，且持续 36 h 以上的低涡称为发展东移的低涡；将生成于 92.5°E 以西的高原主体地区，并在该地区生消，并不移到高原东部，且持续 36 h 以上的低涡称为原地生消的低涡。初生期的高原西部低涡是从低层到高层都是一致暖性的暖涡；而成熟期的高原东部低涡是有与印度季风低涡类似的上暖下冷结构的冷涡，具有斜压性。与热带扰动相比，高原暖涡是一种尺度小、厚度浅薄、强度弱、生命史短，受高原下垫面热力、动力影响而形成的一种特殊天气系统，由于高原下垫面加热作用，所以高原暖涡的结构与热带气旋有一些相似之处。在对高原低涡普查的基础上，根据天气学环流形势的不同，将东移的高原低涡分为 3 种类型：高压后部的低涡、西风槽前部的低涡和切变线上的低涡。并归纳出这 3 类东移低涡在低涡的东部都具有高层质量辐散，低层质量辐合，上下层散度差为正值区的基本特征，高空辐散场是低涡东移的主导因子。高原低涡与西南低涡的相互作用是高原天气系统与背风坡浅薄天气系统耦合作用的典型代表，高原低涡的东移发展与西南低涡的相互作用是诱发西南低涡发展和暴雨发生的重要形式。当高原低涡东移到 100°E 以东时，与之伴随的上升气流、正涡度同时叠加在背风坡浅薄西南低涡上空，与西南低涡的弱上升气流和浅薄正涡度垂直耦合，形成由低层贯穿到中层以上的正涡度区和上升气流柱，导致原背风坡浅薄西南涡旋强烈发展。当高原低涡与西南低涡中心重合后，两者发展到最强，垂直合并为一个强大涡旋，它的强上升气流会导致暴雨天气的产生。

从 1998—2004 年 5—9 月各年、月移出高原的低涡的活动次数(表 4.2)可以看出：

①在近 7 a 中，1998 和 1999 年夏季高原低涡移出高原的次数最多(12 次)。其次是 2003 年(10 次)。高原低涡移出高原的次数最少的年份是 2000 年(3 次)。1998 年、1999 年、2003 年移出高原的低涡的活动次数多，分别造成了长江流域严重洪涝、中国西南地区洪涝、黄淮大水，说明移出高原的高原低涡是影响中国夏季大水的重要天气系统之一。

②6—8 月是高原低涡移出高原影响中国东部天气的主要时段，各月高原低涡移出个数相近，这与低涡在高原上活动过程不同，在高原上活动的是 5 月最多，8 月份较少。这与西南涡移出是不同的，西南涡 7 月份移出的比 8 月份移出的增多约一倍。

表 4.2　移出高原低涡各月活动次数

年份	月份					总次数
	5 月	6 月	7 月	8 月	9 月	
1998	0	2	4	4	2	12
1999	1	5	3	2	1	12
2000	1	0	2	0	0	3
2001	1	2	0	3	1	7
2002	1	1	2	2	0	6
2003	0	3	1	3	3	10
2004	1	1	1	0	0	3
总次数	5	14	13	14	7	53

表 4.3　移出高原低涡的移动路径统计(单位:次)

年份	北	东北	东	东南
1998	0	4	5	3
1999	0	5	6	1
2000	0	0	2	1
2001	0	1	5	1
2002	1	2	0	3
2003	0	1	7	2
2004	0	0	2	1
合计	1	13	27	12

由 1998—2004 年 5—9 月移出高原的高原低涡的移动路径统计(表 4.3)表明:在近 7 a 中,移出高原的高原低涡的移动路径多数是向东移动,其次向东北移动、向东南移动,极个别的向北移动。这与高原低涡在高原上活动的移向不同,在高原上活动的高原低涡 5—8 月移向东北概率最大(30%)。由对各月移出高原的低涡的移动路径分析看出(表略),6 月份以向东、向东北方向移动为主,7—8 月以向东、向东南方向移动为主,9 月份以向东移动为主。高原低涡移出高原后的活动期分析统计表明:(1)高原低涡移出高原后有 55%在 12 h 内减弱消失,有些可持续 60 h。(2)个别移出高原后活动时间超过 100 h,最长 192 h。

4.5　高压(反气旋)系统

4.5.1　概述

从蒙古国西部到我国河套地区呈西北—东南走向的狭长地带内是大陆温带反气旋出现频率最高的地带,一般为冷性高压,冬半年其脊线可伸到华南沿海,夏季偏北,一般活动在 40°N 以北地区;此类反气旋总是与极地和西伯利亚强冷空气活动相对应,其前方为地面冷锋,常常带来大风和降温,有时会形成降水天气,在冬半年,规模强大的冷性反气旋(寒潮高压),从西伯利亚和蒙古侵入陕西省,能带来大量冷空气,使所经之地气温骤降,风速剧增,一般可达 10～20 m/s,有时甚至达到 25 m/s 以上;当反气旋控制时,天气晴好,风速减小。影响陕西省的高压系统还有西太平洋副热带高压和南亚高压,它们与陕西以至整个亚洲的旱涝、天气有直接关系。

4.5.2 蒙古冷高压

10 月中旬以后东亚西风急流分为南北两支,急流强度逐渐加强到全年最盛程度,整个中国大陆都在西风环流控制下,西风带的平均大槽位于 140°E 附近,强度明显加强;青藏高原北部 90°E 附近为平均脊所在,中国上空基本是西北风,地面上,在蒙古由于强冷空气堆积形成一个强大的冷性高压—蒙古冷高压,其强度达到全年最强,中心平均位于 100°—105°E、45°—55°N 附近,冷高压范围可达到整个东亚地区,相当稳定,陕西这时盛行冬季风,即西北—北气流,在高空大槽和地面气旋发展时才能在短时间内受到破坏,这种高空槽和地面气旋往往又是诱导一次新的强冷空气侵入陕西和东亚地区,造成一次强降温或强寒潮天气、大风、沙尘等灾害性天气过程。随着这个高空槽的加深东移,最后变成大槽取代衰老的东亚大槽,寒潮天气过程结束,东亚大气环流调整完成。春秋季蒙古冷高压相对位置偏西,对陕西影响较小,但在初春和深秋,蒙古冷高压活动相对活跃,往往会给陕西造成大风、强降温、沙尘暴等天气,如初秋与西太平洋副高共同影响,往往造成陕西秋季连阴雨等天气。

强大的冷气团(蒙古冷高压)自西西伯利亚南部向东移动,在蒙古国及其与我国毗邻地区形成强盛的冷性高压。其前部冷锋扫过我国北方,但不形成强沙尘暴,而当冷锋在 120°E 以西逐渐由东北西南方向转为近东西方向,并准静止少动时,在蒙古冷高压的底部(南部)沿 40°—45°N 纬度带,90°—115°E 形成准静止锋(或静止锋波动)。与此同时,在我国河西走廊到河套地区有暖倒槽(或低压)自南向北发展,在北方冷高压与暖倒槽之间形成强大的气压梯度并形成偏东大风。伴随上述地面气压场的活动过程,内蒙古中西部及甘肃、宁夏等地区地面风向由西南风转西北风(冷锋过境),再由西北风转为偏东(东北、东、东南)风,且风速逐渐加大,形成偏东大风,触发沙尘暴,形成陕西中北部的寒潮、强降温。

4.5.3 西太平洋副热带高压

在南北半球的副热带地区,存在着副热带高压带,由于海陆的影响,常断裂成若干个高压单体,这些单体统称为副热带高压。在北半球,它主要出现在太平洋、印度洋、大西洋和北非大陆上。出现在西北太平洋上的副热带高压称之为西太平洋副热带高压,其西部的脊在夏季可伸入我国大陆。在这里,我们主要讨论这一副热带高压单体。

副热带高压是制约大气环流变化的重要成员之一,是控制热带、副热带地区的、持久的、大型天气系统之一。它对西太平洋和东亚地区的天气变化有极其密切的关系,且是最直接地控制和影响台风活动的最主要的大型天气系统。这里需指出,目前对出现在副热带地区的暖性高压系统,笼统地称之为副热带高压,但从低层到高层,高压的强度、位置有很大的变异,高压的性质和形成过程也有所不同,这在夏季表现得更清楚。如在地面图上,在太平洋地区常为一大高压控制(这就是最早所称的副热带高压),而在西藏地区却常为低压所控制。在对流层高层 200 hPa 图上,常出现相反的情况,即太平洋地区为低槽区,而西藏地区却为高压区。高原上空的高压和太平洋上的高压,虽然同是副热带地区的高压,但在形成过程中,前者是热力因子起主要作用，后者则是动力因子占主要地位。因此，为了严格区别起见，我们把主要出现在对流层中、下层位于大洋上的暖高压按惯例称为副热带高压，而把主要出现在对流层上层，位于高原大陆上的暖高压称为高原高压或大陆高压。

多年观测事实表明，太平洋副热带高压是常年存在的，它是一个稳定而少动的暖性深厚系统。其强度和范围，冬夏都有很大不同，夏季，太平洋副热带高压特别强大，其范围几乎占整个北半球面积的 1/5～1/4。冬季，强度减弱，范围也缩小很多。太平洋副热带高压多呈东西扁长形状，中心有时有数个，有时只有一个。一般冬季多为两个中心，分别位于东、西太平洋。西太平洋副热带高压除在盛夏偶有南北狭长的形状外，一般长轴都呈西西南—东东北走向。

西太平洋副热带高压是稳定的、深厚的暖性系统。夏季是影响陕西省天气的主要系统之一。副高脊线多呈纬向，距陕西省 5～7 纬距时，全省多阴雨天气；小于 5 纬距时，陕西省处于脊前下沉气流中，天气晴好酷热；大于 9 纬距时，可以不考虑副高的影响，此时可主要考虑西风带系统的变化。因此以下讨论以脊线在 25°N 以北的情况。

一般年份，西太平洋副热带高压脊线有四次北跃过程，一是 6 月中旬和下旬，脊线跳至 20°—25°N 稳定；其次是 7 月中旬脊线再次北跃至 25°—30°N 稳定。7 月底、8 月初脊线越过 30°N 并稳定在 30°N 以北，9 月上旬脊线南落至 25°N 以南。由于西太平洋副热带高压各部位的变化不一致。对西太平洋副热带高压影响的加强与减弱规定如下：110°—115°E 处脊线北抬或稳定；30°—35°N，105°—120°E 范围内 24 小时变高多数站为正；西风槽受阻在关中地区减弱消失。以上三条综合考虑。符合者为加强，不符合者为减弱。在分型时，以西太平洋副热带高压脊线走向为主，参考其演变过程可划分为经向型和纬向型两大类。

4.5.3.1　副热带高压加强的预报

经向Ⅰ型：我国东北、华北至越南为深广的槽区，副高脊线偏东偏南。120°E 线上脊线在 25°N 以南，副高中心在 130°E 以东，我国东部沿海地区为经向度很大的西南气流。本型未来青藏高压加强东移至中原地区，逐渐同副高合并，造成副高北抬，此过程一般需 7 d 以上，关中为持续晴好天气。预报着眼点有三个方面：青藏高原有 $+\Delta H_{24}$、$+\Delta T_{24}$ 东移；东欧阻塞高压建立，巴尔喀什湖地区斜压大槽建立，贝加尔湖高脊形成。

经向Ⅱ型：90°—105°E、20°—55°N 为深广槽区，我国东部大陆为经向度很大的 SSW 气流。副高脊线呈东北—西南向，副高中心位于 30°N 以北、130°E 以西。未来副高加强西伸，陕西省受副高控制，天气晴好。青藏高原北部无明显冷平流，而新疆地区有暖平流侵入。30°N 以南，105°—120°E 地区 850 hPa 为很强的 SSW 风(≥12 m/s)，且西南气流中有暖中心配合。

纬向型：副高脊线位 25°—30°N 之间呈纬向分布。锋区位于 40°N、70°—130°E 之间，25°N 以南多台风活动。副高脊线在 30°N 以南时，多缓慢北抬，期间可能有 1～2 d 的小振动，此时关中地区多槽脊更替，降水较多。当脊线达到 30°N 以北时，常有一次明显北跃过程，关中、陕南天气晴好。此型多见，约占副高北抬的 70%。从副高本身机制分析，预报着眼于下列四点：(1)若 850 hPa脊线位于 500 hPa 脊线以南，其脊线北部 S—SW 风较大，且伸展至 500 hPa 脊线所在位置以北，500 hPa 脊线将加强北抬；(2)脊线为东高西低时，其西部脊线易北抬；(3)500 hPa 脊线下方的 700 hPa 有明显暖平流时，500 hPa 高压脊将加强，700 hPa 图上 $+\Delta H_{24}$、$+\Delta T_{24}$ 出现在 500 hPa脊线北部时，脊将加强北抬；(4)500 hPa 脊线北部区域扩大，风速减弱，南都区域缩小，风速加大时，脊线将北抬。从台风与副高关系分析发现，当台风在 120°E 以东时，其中心位于 25°N 以南时西太平洋副热带高压脊线将北抬；中心位于 25°N 以北时，副高将减弱。如果此时其北部有西风槽,则副高将断裂,在我国东部形成弱的高中心。当台风中心在120°E以西时,中心位于22°N以南时,副高加强北抬,位于22°N以北时,副高减弱。另外,应注意台风的强度,强台风效应显著。从副高与西风带系统分析发现,巴尔喀什湖地区有斜压性低涡发展,则副高将加强北抬。如果河西为暖性高压,或强烈暖平流,有24小时正变温,副高加强北抬;如果河西为西风槽,槽后无明显冷平流,副高将加强。当此时河西为平直锋区,锋区中有$+\Delta H_{24}$、$+\Delta T_{24}$时,副高将加强。如此时日本有低压或低涡发展,副高脊将西伸或在大陆形成单体。

副高与青藏高压的关系:若青藏高原北部有正变高、正变温时,副高将加强。若为负变温,若有西南气流作用,副高将加强,若为西北气流则减弱。当青藏高压移至副高脊线西北部时,副高脊将北抬。

4.5.3.2 副热带高压减弱的预报

副高脊线位于平均位置以北:呈NE—SW向或E—W向,副高脊线南部常有台风活动,乌拉尔山地区高压脊明显,巴尔喀什湖北部为脊前西北气流,贝加尔湖地区为冷低压,则未来长波发生调整,副高西部槽发展并东南移,副高往东南撤,陕西省将伴随一次较强烈的天气过程,常有强雷雨、大风、暴雨产生。当乌拉尔山高压脊发展,脊前冷空气南下,促使贝加尔湖至河西的槽发展东移,冷中心移到贝加尔湖以南,且有$-\Delta T_{24}$出现,500 hPa格尔木到青海湖一带为$+\Delta H_{24}$、$-\Delta T_{24}$且700 hPa冷空气侵入柴达木盆地,500 hPa河西锋区加强,副高将减弱东退。

4.5.4 南亚高压

南亚高压是夏季出现在青藏高原及邻近地区上空的对流层上部的大型高压系统,又称青藏高压或亚洲季风高压。它是北半球夏季100 hPa层上最强大、最稳定的控制性环流系统,对夏季我国大范围旱涝分布以及亚洲天气都有重大影响。

南亚高压的结构特征:南亚高压具有行星尺度的反气旋环流特征,这一反气旋正是夏季南亚高压在流场中的表现。反气旋环流以高原为中心,其范围从非洲一直延伸到西太平洋,约占所在纬圈的一半。南亚高压是对流层上部的暖高压,青藏高原在夏季是强热源,高原上空整个对流层平均是个高温区,空气在高原上受热上升,低层空气辐合形成低压环流,高层辐散形成高压环流。在气压场上,南亚高压下面600 hPa以下整个高原为热低压控制,500 hPa是过渡层,400 hPa以上转变为暖高压,南亚高压在150～100 hPa气层达到最强。在7月北半球100 hPa平均图上,高压脊线在30°N附近,在南亚高压的南侧是热带东风急流,北侧是高空副热带西风急流。南亚高压具有独特的垂直环流,显著特征之一是高原经度上的巨大的季风环流代替了哈得来环流,显著特征之二是在经圈环流内高原上空叠加了两个尺度较小的环流圈,在南亚高压中心附近为明显的上升气流,两侧的下沉支下抵500 hPa附近。在南亚高压控制区中所出现的两个方向相反的垂直环流圈与青藏高原的加热效应有关。高原虽然比孟加拉湾的总加热率要小,但高原是一个中空热源,相对于周围自由大气加热效应强得多,因而这两个经圈环流是热力直接环流。以上特征表明南亚高压及其附近的垂直环流与西太平洋副热带高压具有显著不同的结构。

1979年青藏高原气象科学实验资料的分析结果表明,南亚高压位于不同地理位置时环流结构具有不同的特征。当南亚高压位于云贵南部和中南半岛北部时(高原的东南边沿),500 hPa以上各层等压面上的高压具有一般副热带高压的特征:高压配合暖区,下沉运动。在700～850 hPa气层中为低压区和上升运动。当南亚高压位于高原上空时,具有独特的温、压和环流结构:上层高压对应下层低压，并与高温区配合，整层为上升运动。当南亚高压位于我国东部上空时，它的结构具有一般副热带高压的结构特征，在 100～850 hPa 各层等压面上都是高压区，高压中心附近为下沉气流。南亚高压控制区具有潮湿不稳定特征，对流活动非常活跃。

南亚高压的活动特征：南亚高压是对流层上部的暖高压，由于夏季青藏高原加热作用最为显著，如同一“热岛”，所以南亚高压中心在夏季稳定于高原上空。但是从这一暖高压作为对流层上部大气环流的成员角度看，其位置和强度都有明显的季节变化。对流层上部的暖高压在冬季也存在，其中心位于菲律宾东南沿岸附近，但是在 4 月以后开始向西北方向转移，5 月移到中南半岛，6 月跳上高原，7 月、8 月在高原上空最为强盛，9 月以后又逐渐转移到海上。从其脊线的平均位置看，4 月在 15°N，5 月在 23°N，6 月在 28°N，7 月在 32°N，8 月在 33°N，9 月又回到 28°N 附近。南亚高压的位置不仅随季节有所变化，而且在夏季期间还有明显的经度变化。南亚高压在夏季期间的变动可分为三个基本的天气型过程，即东部型过程，主要高压中心在 90°E 以东，维持时间在 5 d 以上；西部型过程，主要高压中心在 90°E 以西，维持时间在 5 d 以上；带状型过程在 50°—140°E 之间有几个强度相当的高压中心，维持时间较短，它属前两型的过渡型。当南亚高压为东部型时，500 hPa 西太平洋副热带高压常西伸北跳，588 dagpm 线控制在长江中下游，长江流域少雨，而西北、东北地区一带多雨。当南亚高压为西部型时，500 hPa 588 dagpm 线偏东偏南，雨带多在长江流域。南亚高压东部型和西部型的转换具有准双周东西振荡的特征。

南亚高压对我国和亚洲天气的影响：南亚高压是一种行星尺度的环流系统，它不仅对我国天气有直接影响，而且对南亚和东亚大范围地区的天气气候有重要影响。例如，1972 年夏季南亚高压很强大，并且主要高压中心在 7 月份稳定在我国东部大陆上空，我国广大地区以及印度、东南亚和日本各国均遭受到大旱。南亚高压脊线的位置和变动与我国主要雨带的位置和季节性变化有密切的关系。

南亚高压主要中心的位置和东西振荡与我国主要雨带中的中期变化也有密切的关系。据 13 a 夏季的统计结果，其中南亚高压东部型过程有 26 次，西部型过程 54 次，带状型过程 12 次。对长江中下游而言，东部型过程中有 24 次是少雨的，带状型过程中有 11 次少雨，而在西部型过程中有 37 次是多雨的。对其他地区而言，不同地区的降水过程与南亚高压主要中心的关系并不相同。例如川西、宁夏、青海、甘肃、陕西、新疆等地多雨时，南亚高压多为东部型，而川东、贵州和长江中下游降水多少却与川西相反。这些事实可以说明，雨季中的降水过程与副热带长波的位相有关。例如，当南亚高压为西部型过程时，我国东部处于长波槽区，长江中下游多雨，而川西、甘肃、陕西等地位于长波槽后，少雨。由于副热带长波的位相不是由南亚高压主要中心所唯一确定，例如当主要中心位于高原上而长江中下游上空也为一高压中心控制时，长波槽位于紧靠高原的东侧，所以西部型过程中长江中下游尚有 24％的日数是少雨的。

4.6 低压槽系统

中纬度的平均经向环流（费雷尔环流）偏弱，平均水平在对流层盛行西风称为西风带。平均而言，西风带中冬季有三个槽脊，夏季则变为四个槽脊。这种波状流型称为西风带波动，在高空天气图上表现为高压脊和低压槽，实际上在逐日的天气图上，西风带波动比平均图要复杂得多，也就是西风槽脊的尺度是多样的，有时甚至出现一些闭合的涡旋。在西风带中，影响降水等天气的主要是西风槽、还有与地形有直接关系的高原槽、与不同性质气流有关的如南支槽等,在地面图上影响陕西的往往是四川等地的倒槽等。一般情况下,低槽系统给所经之地常常带来阴雨等天气过程。

4.6.1 中高纬度西风槽

影响陕西的西风槽系指 500 hPa 在 35°—50°N,乌鲁木齐至西安间的低槽,槽线南北长度大于 5 个纬距,槽线近于东北至西南走向。在春季(3—5 月),过境的西风槽平均每月 5.1 次,造成陕西降水的概率为 62%,其移动速度在哈密以西为 44 km/h,过哈密后移速加快,在哈密到兰州移速为 50 km/h,槽过兰州后减速,一般为 49 km/h;西风槽有一部分是由于春季中亚高压脊前常有冷温度槽下滑至新疆东北,引起新疆东部槽的新生,并东移发展影响陕西产生降水天气。夏季(6—8 月),平均经过陕西的西风槽 6 月 5.4 次,7 月 3.8 次,8 月 2.1 次,平均每月 3.8 次,能在陕西产生降水的概率为 88%;其移动速度在哈密以西为 39 km/h,在哈密到兰州移速为 38～39 km/h,槽过兰州后减速,一般为 34 km/h,这主要是受到副热带高压阻挡,同时新生槽比例较大为 34%。6 月份西太平洋副高脊线位于 20°N 附近,对西风槽阻挡不明显,因而短波槽活动活跃;到 7 月中旬西太平洋副高脊线北跳到 30°N 附近,西太平洋副高对西风槽有明显阻挡,7 月底、8 月初西太平洋副高进一步北跳加强,同时青藏高原加热作用加大,西风槽受到强烈阻滞和削弱,因此,西风槽在东移过程中有 37%在陕西西部或以西地区减弱消亡。秋季(9—10 月),西风槽经过陕西特征为 9 月平均 9 次,10 月平均 6.7 次,平均每月 7.8 次。14%的西风槽在陕西西部消失,20%的槽偏北移,66%的东移经过陕西,其中造成降水概率为 80%,表明秋季槽降水概率高于夏季;从波长来看,短波槽占总数的 60%,原因是副高较强的结果;其平均移动速度为 44 km/h,一般情况是在高原上由于地形摩擦而减速,过高原后速度加快且加深,但受到副高的阻挡在兰州以东到河套西侧停滞,一旦有新冷空气补充使槽发展东移,就会给陕西带来降水。冬季(11 月—翌年 2 月)西风槽出现平均每月 5.2 次,每年 20.7 次,以短波槽居多占总数的 60%,除了在陕西以西消失或偏北移的西风槽,53%的西风槽经过陕西,造成降水的占总次数 28.2%,占过境次数的 53%;从统计得知,冬季西风槽的活动次数与中亚、乌山地区的长波系统有密切关系,如这些地区多稳定长波系统活动,则我国西北地区西风槽偏少,反之则多;多短波槽主要原因是长波槽移近高原减弱、分裂和西部稳定长波系统南部易产生小槽东移;冬季西风槽移动速度平均为 53 km/h,以 12 月、1 月快,11 月、2 月慢;过境时能产生降水的槽占总数的 28%,有些产生大风、沙尘等天气。

4.6.2 南支槽

统计发现,在青藏高原南侧一年四季总存在一个低压槽,这是由于高原和孟加拉湾特殊地形作用的结果。青藏高原对大气环流的动力作用主要是迫使气流绕流和爬坡,数值试验表明,在动力作用中,无论冬夏绕流作用远大于爬坡,在冬半年青藏高原位于西风带中,由于绕流在高原南侧形成一个相对少动的地形槽,此槽与孟加拉湾地形槽叠加,在其上不断有小波动东移发展,这被预报人员称之为“南支槽”。在下半年西风带北抬,高原绕流在高原上产生 500 hPa 辐合线,在高原南侧多气旋性低压系统,北侧多小高压系统。南支槽是造成低纬高原地区强降水的主要天气系统之一,随着气流东移发展,在高原东侧绕过高原的南北支气流在高原以东相汇合形成一条横切变线,这条切变线与我国中东部天气有直接关系,它与我国长江流域的雨带稳定有关,也与我国北方雨带有关。观测资料统计表明,南支槽对低纬高原地区天气的影响较为明显,可造成大雨、暴雨、冰雹和大风等灾害性天气,特别是冬季和夏季的南支槽,与西风带北支低槽在低纬高原地区交汇可造成该地区冬季强降雪和夏季的大—暴雨天气。4—5 月正是冬夏季风转换的关键季节,夏季风的建立有利于南支槽携带大量水汽影响低纬高原地区,造成大范围的大雨和暴雨天气。在南支槽上不断有低涡生成东移,在 4—7 月份主要影响长江流域;到 7—9 月份随着副高的北跳和加强西伸,南支槽上的波动沿着副高西侧的西南气流不断向东北方向移动,影响西北地区东部、华北,甚至东北地区。南支槽在盛夏期间是陕西降水的主要影响系统,一旦与高原低值系统配合,还会带给陕西大风、暴雨等灾害性天气。

4.6.3　高原槽

高原槽系指青藏高原上,范围在 30°—40°N、85°—100°E 内 500 hPa 出现的移动性低槽。槽线呈北北东一南南西走向,槽线长度大于 5 个纬距。

春季(3—5 月),平均每月 3.5 次,一般都可以移过陕西,在关中西部消失的 12 次,占 12.6%,其余移过西安。高原槽出现后,一般 10～36 h 后可影响到关中,若在 100°E 附近,当日即可影响;其移动速度,自格尔木至兰州平均时速 45 km,兰州至西安平均时速 43 km,最大时速为 70 km。近 50%的高原槽造成关中降水,阴雨天气多与西风槽配合,或 700 hPa 有低涡,产生降水的高原槽中有 700 hPa 低涡配合的占 53%。高原槽是陕西大降水的主要影响系统,高原槽移出青藏高原的预报是否准确一直是预报人员关注的科学问题。

夏季(6—8 月),平均 6 月 3.1 次,7 月 2.6 次,8 月 2.0 次。高原槽在东移过程中,6 月大都可移出高原,只有 16%消亡;7 月、8 月约一半不能移出而消亡或在高原滞留,7 月占 48%,8 月占 50%,高原槽造成陕西关中降水,6 月占 64%,7 月 43%,8 月 25%。

秋季(9—10 月),平均 9 月 3.7 次,10 月 1.5 次。秋季 90%的高原槽可造成关中降水,在第一天 07 时前降水的占 19%,在第二天降水的占 58%,第三天降水的占 13%。

冬季(11 月—翌年 2 月),平均 11 月 5.1 次,12 月 3.3 次,1 月 3.5 次,2 月 3.3 次。高原槽东移过陕西的占 72.8%,在高原上消失占 10%,在 34°N 以南向东移占 17%。冬季 50%的高原槽能造成陕西关中降水。降水概率最高的是 11 月为 58.1%,2 月为 55%,1 月为 52%,12 月最低只有 30%。

4.6.4　东风波和地面倒槽

东风波是指产生在西太平洋副热带高压南侧深厚东风气流里的自东向西移动的低压槽。盛夏季节东风波在太平洋上形成(有的形成于我国东南沿海)并向西移动,常影响我国广西、贵州以东和长江以南地区,少数由于西太平洋副热带高压位置偏北偏西,可影响我国中东部的 35°N 以南地区,一般东风波在盛夏西太平洋副高强盛时可影响陕西南部地区并带来强降水。东风波从结构和天气分布来看,分为两类:①出现在西太平洋副热带地区对流层中、下层的东风波,垂直伸展高度可达 6～7 km,强的甚至达到对流层顶。此类波动波前湿层浅薄,天气晴好,波后湿层深厚,多雷雨。②盛夏出现在我国华南及沿海地区的东风波,与前类模式大不相同,一般出现在西南季风上面的热带东风气流中,一般出现在 5 km 以上直到对流层顶,以 8～12 km 的高度最强,波前天气较坏,后部天气晴好,这类波有时可影响陕西东南部并带来强降水,由于陕西这类天气个例较少,因此,要利用卫星云图加强对东风波的监视和预报。东风波的波长一般为 1000～1500 km，有的可达到 4000～5000 km，较强的东风波在卫星云图上具有明显的涡旋状云系，地面有明显的负变压中心和天气相配合，发展迅速，波槽附近可分析出闭合低压，有的甚至可发展成台风。东风波在海洋上形成后，自东向西移动，移向与波槽垂直，速度一般比较稳定，大约为 20～25 km/h。对陕西带来严重影响的东风波很少。

在我国西南地区到西北地区东部，当西南暖湿气流发展北进时，对应在地面气压场，表现为一个西南—东北向的低气压区，风场上为西南风和东北风的流场，一般其北部有较密集的等压线，南部等压线不闭合，为了与常见的低压气旋区分称为地面倒槽，它表征在地面上存在一股暖湿气流向北发展；地面倒槽另一种形式为台风登陆后减弱为热带低压，沿着副高南侧偏东气流西进而形成的倒槽，称为台风倒槽；倒槽是陕西降水主要地面影响系统，当倒槽发展时，如果高层有短波槽配合，地面从西北部或东北部有冷空气侵入，往往在倒槽内产生大降水；在冬半年，若没有冷空气配合，地面倒槽常常带来严重的大雾天气，夏半年，若地面倒槽或台风倒槽影响陕西，要注意强降水产生。

4.7 切变线

除了已述及的高空低槽、地面气旋以及各种锋面等降水天气系统外，影响我国降水的天气尺度或次天气尺度系统还有低空“切变线”、低空“低涡”、高空冷涡和低空急流等。在这些系统的有利结合下可以形成各种强降水。

一般把出现在低空(850 hPa 和 700 hPa 上)风场上具有气旋式切变的不连续线称为切变线。切变线附近气压场较弱，有时分析不出等高线来，但风场表现却很明显。我国南方的切变线多为东西向，从气压场上来看也就是低空东西向的横槽。北方切变线变为南北向。切变线在我国各地区、各个季节都可出现，会引起不同强度的降水过程。尤其在夏季，切变线是我国主要的降水天气系统之一。春季，副热带高压脊线一般位于 20°N 以南地区，这时切变线一般活动在华南地区，称之为华南切变线。从 6 月到 7 月初副热带高压脊位置移到 22°—25°N，这时切变线多位于江淮流域，称之为江淮切变线。从 7 月中旬到 8 月，副热带高压脊线位置北移到 30°—35°N，切变线常常出现在华北地区，称为华北切变线。此外，夏季在西北和青藏高原地区也有切变线活动，造成较强的降水，它所在高度一般在 400 hPa 左右。切变线可分为冷式切变线、暖式切变线和准静止式切变线三种。

冷式切变线是偏北风与西南风构成的切变线，偏北风占支配地位，常自北向南移动，其性质近似冷锋。暖式切变线是由东南风与西南风或偏东风或偏南风构成的，西南风或偏南风占支配地位，常自南向北移动，其性质近似暖锋。静止式切变线是由偏东风和偏西风构成的，南北两支气流势力相当，移动很少，当南风增强时转变为暖锋，当北风增强时转变为冷锋。

影响陕西的切变线主要是冷式切变线，或者是冷暖式共存的“人”字形切变，夏季是切变线出现的主要季节，依次是秋季、春季和冬季；能带来大范围降水的是夏季随着副高加强北抬西伸，陕西处在副高西侧或西北侧的西南暖湿气流中，当有西风槽或高原槽东移，在副高的阻挡下有所减弱且移速减慢，往往在陕西中南部形成一条西南—东北走向的切变线，其上如果有气旋生成，将会形成大降水；当 700 hPa 上河套北部有小高压形成，其南部的偏东气流和西南气流形成一条准东西向的暖式切变，但在河套中南部往往已经形成一条南北走向的冷式切变，两者结合形成一个“人”字形切变，交汇点一般是西南急流头或低涡，这是陕西大降水的主要形式。当东北冷涡稳定少动时，在冷涡后部从东北经华北到西北地区东部形成西南—东北走向的冷式切变，陕西大部多阵雨和强对流性天气，这也是陕西冰雹、大风的主要天气形势之一。当高原上有低涡或低槽东移到陕西，由于地形作用，往往表现为切变线，若副高位置合适，也会带来明显降水天气过程。秋季暴雨一般在 850 hPa、700 hPa 有低涡或切变，有时有“人”字形切变，东边是暖切变，西边是冷切变，较强暴雨常常发生在这种形势下的低涡附近。

4.8 急流

急流是指一股强而窄的气流带，急流中心最大风速在对流层的上部必须≥30 m/s，它的风速水平切变量级为 5(m/s)/(100 km)，垂直切变量级为 5～10(m/s)/km。急流中心的长轴就是急流轴，沿着狭长急流带的轴线上可以有一个或多个风速的极大值中心，急流轴在三维空间中呈准水平，多数轴线呈东西走向。若急流与强烈发展的大型扰动相伴随出现，急流轴可能转成南北方向。总体来说，对流层上部的急流是弯弯曲曲地环绕着地球的，某些地区强些，另一些地区弱些，甚至在某些地区中断(即风速小于 30 m/s)，有时出现分支，有时又有两支急流汇合起来。急流的水平长度达上万千米，常环绕地球，水平宽度约几百千米，厚度约几千米。在一定纬度上急流中心最大风速值愈强，急流的水平宽度愈宽，长度愈长，同一风速值的急流带低纬比高纬长些。

在对流层下部 600 hPa 以下，也常有强而窄的气流带，虽然中心最大风速、风速的水平切变和垂直切变可能均达不到上述标准，而且尺度也比对流层上部的急流的尺度小得多，可能仅是在一定地区范围所出现的。这不应称为急流，但因为它与暴雨、飑线、龙卷、雷暴等剧烈天气有密切关系，所以为了区别于对流层上部的高空急流，就把 600 hPa 以下出现的强而窄的气流称为低空急流。

4.8.1 高空急流

一般采用在等压面图上分析等风速线的方法来表示急流的位置和强度，最大风速中心达到并超过标准值的地方称为急流中心。

对流层上部的急流，根据其性质与结构的不同可分为极锋急流，副热带西风急流和热带东风急流。

急流轴的左侧风速具有气旋性切变，右侧风速具有反气旋性切变，如果流线曲率很小，那么急流轴的左侧相对涡度为正，右侧相对涡度为负。相对涡度的量级与地转参数相同。涡度梯度在急流轴附近最大。平直西风的急流轴两侧，内摩擦的侧向混合使轴两侧的空气获得正的加速度，这两处的实际风速比没有考虑内摩擦作用时的地转风要大，地转偏向力相应加大，在急流轴两侧就产生了与气压梯度方向相反的偏差风。而在急流轴上内摩擦侧向混合作用使得实际风减小，小于地转风，地转偏向力相应减小，就产生了与气压梯度方向相同的偏差风。从急流轴的两侧偏差风分布可以看出，在急流轴的左侧有偏差风辐合，右侧有偏差风辐散。如果急流附近的流线曲率都很大，那么偏差风就更大了。

若没有急流存在，等高线均匀分布的槽前脊后有纵向辐散，槽后脊前有纵向辐合。急流中心若与槽线重合或相交，那么，急流袖的右侧槽前就具有强烈的偏差风辐散，槽后的急流轴左侧辐合也特别强,这样的高空槽,即使开始时并无地面气旋、反气旋与它配合,一旦它移到斜压性比较强的地区后,就会迅速引起地面气旋与反气旋的发生和发展。

4.8.2 高空急流对陕西省天气的影响

统计分析 200 hPa 上高空急流(高空锋区)与陕西区域性暴雨的对应关系,发现陕西区域性暴雨与高空急流有密切关系,高空急流的形成、发展以及位置对暴雨的强度、落区有关键作用,陕西暴雨一般出现在高空急流的右侧,当急流位于 41°—43°N 时,即急流位置偏北,一般在陕北产生暴雨;当急流位于 40°N 附近时,暴雨一般出现在关中地区;当急流位于 38°—40°N 时,即急流位置相对偏南,一般在陕南产生暴雨。大降水的雨带走向与急流轴基本平行。分析其原因,这与高空急流自身产生的次级环流有直接关系,在急流最大中心入口处,由于超地转风作用,形成直接热力环流,即南侧上升,北侧下沉,抑制低层上升气流发展,大降水难以产生,在出口区,恰恰相反,形成间接热力环流,即南边下沉,北边上升,与大降水区低层上升气流重合,促使上升气流加强,从而产生大降水。

4.8.3 低空急流

4.8.3.1 低空急流的结构特点

暴雨天气发生时,对流层下部的行星边界层顶附近,经常出现一支狭窄的强风带,中心风速最大值达到 12 m/s 或更大,人们称这支强风带为低空急流,它的存在对暴雨的发生与发展有密切的联系。

干旱、半干旱地区的低空急流与暴雨的关系和潮湿地区有显著的差别。有些特大暴雨过程,在暴雨发生时和暴雨结束后,尽管偏南风不断增大,但中心风速最大值始终小于 12 m/s。也就是说只存在一支不断增大的相对强风带,而无低空急流。这种差别,应该说是从另一角度补充了低空流场的加强在暴雨中的作用,有时在整个暴雨过程看不到一支强风带,只是在暴雨区附近有较强的风场辐合。因此,进一步总结陕西这样干旱、半干旱地区的低空急流与暴雨的关系,有重要意义。

影响陕西的低空急流,其水平尺度可分为两类:①大尺度准定常的低空急流,这类低空急流与西太平洋副高活动相联系,位于副高西北边缘,随着副高的进退而移动。其长度≥1000 km,宽可达 500 km。由于这类低空急流是准定常的,因此,年平均流场上有反映。②天气尺度或次天气尺度的低空急流,这类低空急流长度一般为几百千米,宽度在 400 km 以下,位于影响系统的东南侧,并随影响系统一起移动,中心风速一般为 12～16 m/s。低空急流按照温湿特点还可分为暖湿和干冷两类,暖湿型低空急流特点是,急流轴走向是从气温较高、水汽较多地区流向气温相对较低、水汽相对较少区。因此,低空急流是水汽、热量的强输送带。这不仅为暴雨的发生提供充沛的水汽,而且还有利于位势不稳定的形成和维持。影响陕西的低空急流多为此类;干冷型低空急流特点是,急流轴走向是从气温相对冷、水汽相对少的地区流向气温相对较高、水汽相对较多的地区,低空急流对暴雨主要是起水汽辐合和辐合抬升作用。这类的低空急流常见于新疆塔里木盆地、青海省和内蒙古,陕西少见。

4.8.3.2 低空急流对陕西天气的影响

西南低空急流与陕西的降水、特别是大降水有直接关系,影响陕西低空急流一般出现在西太平洋副高的西北侧,由于副高的下沉辐散作用,将水汽从低层输入紧邻副高的边缘地区,低空急流将充沛水汽输送到暴雨区。湿舌与低空急流轴不一定吻合，这是由于副高东侧下沉西侧上升而形成的。低空急流左侧湿右侧干的分布，常常是暴雨发生和维持的重要原因之一。超地转现象是低空急流风场的又一特征。急流越强，超地转风越大。超地转风的出现，有利于低空急流左侧低压生成发展，并在流场上形成辐合，进一步加剧急流左侧的上升运动。超地转的低空急流带上，容易产生和传播中尺度扰动，有时也能看到次地转现象，反映了高原特点和地形影响。低空急流中心附近风速的垂直切变和水平切变都比较明显，可见低空急流对斜压不稳定有重要贡献。

陕西暴雨主要发生在低空急流的 3 个位置上：暴雨区位于在低空急流轴左前方侧约 2 个纬距处；暴雨区与低空急流轴重合，这是由于低空急流轴上风速分布不均匀而形成局部气流辐合的原因；暴雨区发生在低空急流轴前方。

大量研究结果表明，低空急流除了起各种物理量的输送作用外，在急流轴上出现的风速脉动，具有中尺度重力惯性波的性质，对暴雨的发生有触发作用。

低空急流对陕西暴雨主要有两种作用：一种水汽输送和水汽辐合集中作用，大部分暴雨个例分析结果表明，低空急流是低层水汽、能量、正涡度的强输送带；另一种是辐合抬升作用，低空急流轴附近强的辐合抬升是低空急流的重要特征之一，由于高空辐散，低层辐合，形成强烈的垂直环流。同时高湿区与强辐合区经常是一致的，这对特大暴雨的形成十分有利，同时水汽输送主要集中在急流左前方。

4.8.3.3　低空急流的成因

低空急流的成因分析已有很多研究，杭州大学黄安丽发现，近一半的低空急流形成于高空(300 hPa)急流中心的右后方，而且高空急流中心大多位于高空槽的槽前。根据热成风适应理论，高空急流中心右后方的流场正的热成风涡度平流所造成的高空辐散，可导致低空急流的产生。周晓平认为，低空急流是其两侧热力结构差异所造成的。影响陕西的低空急流成因有以下 2 种：

(1)西太平洋副热带高压的作用

西太平洋副热带高压西伸北移，与西来系统相配合是最常见的低空急流产生的环流形势。西风带系统与副热带系统相配合的形势有以下几种：

①西风槽与西太平洋副热带高压相配合；

②低涡与西太平洋副热带高压相配合；

③切变线与西太平洋副热高压相配合；

④台风与西太平洋副热带高压配合。

(2)冷空气回流作用

这种形势是通过一定的环流背景和一定的特殊地形的约束作用相结合下产生的。当有西风槽东移，低层的冷高压移到某种特殊地形的偏东地区时，由于高压底部的回流，冷空气受地形约束而形成低空急流或相对强风带，对暴雨的发生、发展起重要作用。例如陕西的关中谷地，谷地南侧为秦岭，北侧为高原，高压底部偏东气流回流进入谷地后，受地形约束，很易产生暴雨。

参考文献

蔡新玲，高红燕，胡琳，王越，2006. 陕西夏季高温的统计特征分析[J]. 陕西气象(5)：22-24.

丁一汇,2008. 高等天气学(第二版)[M]. 2 版. 北京:气象出版社.

杜继稳,2005. 高原东北侧突发性暴雨分析研究与应用[M]. 北京:气象出版社.

范建忠,孙孟伦,1989. 西安边界层温度场特征的分析[J]. 陕西气象(2):42-46.

贺皓,吕红,徐虹,2004. 陕西省大雾的气候特征[J]. 高原气象,23(3):407-411.

贺慧霞,钱正安,1993. 我国西北地区部分沙尘暴个例谱[J]. 大气情报,30(4):14-18.

侯明全,方建刚,白爱娟,1999. 1997 年夏季高温干旱的天气气候特点及其环流演变特征分析[J]. 陕西气象(1):4-9.

孔玉寿,章东华,2000. 现代天气预报技术[M]. 北京:气象出版社.

李国平,2002. 青藏高原动力气象学[M]. 北京:气象出版社.

罗四维,何梅兰,刘晓东. 关于夏季青藏高原低涡的研究[J]. 中国科学(7):778-784.

秦莹,刘贵华,梁谷,1996. 西安雾的规律分析[J]. 陕西气象(2):21-22.

陶诗言,1980. 中国之暴雨[M]. 北京:科学出版社.

《西北暴雨》编写组,1992. 西北暴雨[M]. 北京:气象出版社.

徐启运,故敬松,1995. 我国西北地区沙尘暴天气时空分布特征[J]. 应用气象学报,7(4):479-481.

叶笃正,高由禧,1979. 青藏高原气象学[M]. 北京:科学出版社.

朱乾根,林锦瑞,寿绍文,等,2007. 天气学原理和方法[M]. 北京:气象出版社.

第 5 章　陕西降水特征及其预报

5.1　降水的气候特征

5.1.1　降水形成条件

降水是大气中的水的相变(水汽凝结(或凝华)成雨或雪等)过程。从其机制来分析,某一地区降水的形成,大致有三个过程:

①水汽由源地水平输送到降水地区,这就是水汽条件。

②水汽在降水区辐合上升,在上升中绝热膨胀冷却凝结成云,这就是垂直运动的条件。

③云滴增长变为雨滴而下降,这就是云滴增长的条件。

前两个是属于降水的宏观过程,主要决定于天气学条件,第三个条件是属于降水的微观过程,主要决定于云物理条件。

5.1.2　降水时空分布

选取陕西省国家基准站、基本站有代表性的台站(20 个)作为统计对象,包括:榆阳区、神木、延安、吴起、铜川、耀州、宝鸡、凤县、咸阳、长武、西安、周至、渭南、合阳、汉中、宁强、镇坪、安康、商洛、镇安 20 个气象站,即 10 个地市级气象观测站,每个地市内再选取 1 个县级基本站(气候站)的 11 a(1990—2000 年)降水资料,分析了各站的降水日数,小雨、中雨、大雨、暴雨日数,各站的月降水量分布、各站月降水量在全年降水中的百分比、降水次数的南北分布、年月降水量的空间分布等。着重分析 3—6 月和 9—10 月 6 个月降水个例,共有降水个例 344 个,其中大雨(>25 mm)166 个,中雨(10～25 mm)37 个,小雨(<10 mm)141 个。

另外,还选取陕西省 2000—2002 年春秋季(3—5 月,9—11 月)出现的降水资料,当某日降水范围覆盖 3 个地市或 3 个地市以上,降水量≥3 mm 时,便确定该日为一个降水样本,3 a 共选取 88 个样本。

5.1.2.1　空间分布

根据最新 11 a(1990—2000 年)各代表站降水量统计计算,得到多年平均年降水量分布(图 5.1),从南到北降水量递减,最大为宁强 956 mm、最小为榆林 348 mm,秦岭以南的汉中、安康在 740 mm 以上,秦岭南麓商州 600 mm 以上,关中地区为 500～604 mm,自东到西递增,宝鸡最大为 604 mm,西安 518 mm,渭南为 515 mm,合阳 490 mm,黄土高原丘壑地区为 440～485 mm,长城沿线的榆林地区为 348～400 mm;分布呈两高两低;与全国年平均降水量(630 mm)比较,除了秦岭以南外,其余地区均偏少。

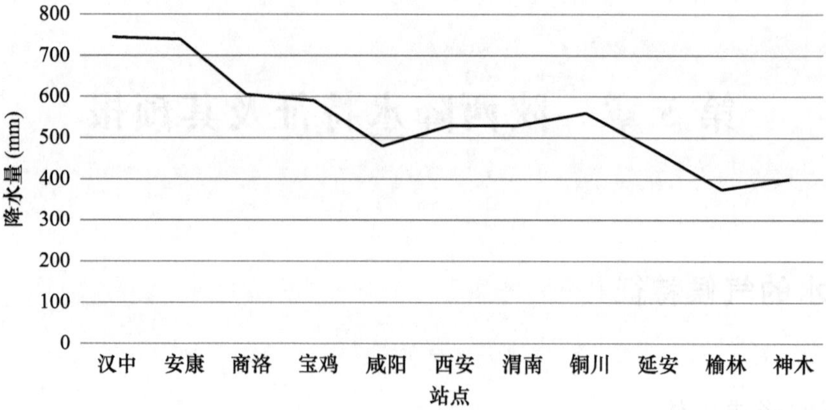

图 5.1　年平均降水量分布

5.1.2.2　时间分布

(1)月降水特征

主要统计分析非盛夏时段的 3—6 月、9—10 月时段降水分布，3 月份各站降水量为 10～40 mm，最大为商州 40 mm，西安 35 mm，延安 18 mm，最小为榆林 12 mm；4 月差异十分明显，渭南最大 52 mm，大于 40 mm 有汉中、安康、商州区和铜川，小于 20 mm 有榆阳区和神木，其余在 20～40 mm；5 月、6 月、9 月、10 月各站降水量明显增加，5 月、6 月陕南在 80～140 mm，商州区和关中在 50～80 mm，延安 40～60 mm，榆林 20～40 mm；9 月、10 月陕南在 70～100 mm，商州区和关中在 50～90 mm，延安 40～50 mm，榆林 20～40 mm(图 5.2)。

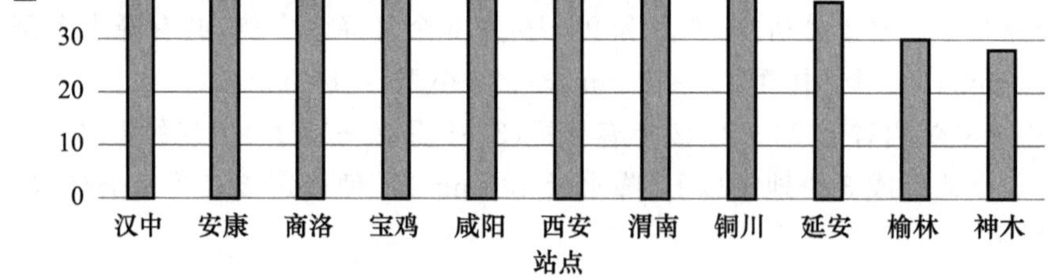

图 5.2　5 月平均降水量直方图

(2)月降水量占年降水量的比重

从各月各站降水比重分布来看，基本都呈正态分布，1 月、2 月小于 2%，3 月、4 月开始增大到 5%，5 月、6 月为 8%～10%，7 月、8 月最大 25%～30%，9 月、10 月递减到 15%以下，11 月、12 月小于 2%。图 5.3 为西安的分布，由此分析可知，3—10 月是雨水充沛的时段，也是陕西的主要降水期。

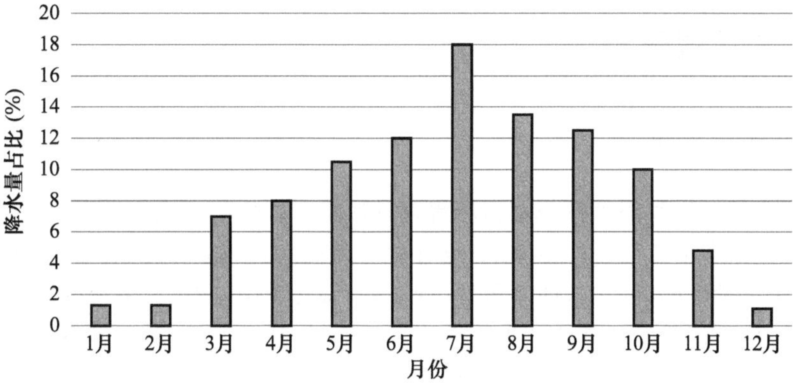

图5.3 西安站逐月降水量比重

(3)降水日(次)特征

为了说明各站的降水次数,统计得到各月各站的平均降水日,总特征为从南向北递减,3月、4月降水日秦岭以南、北坡和宝鸡为8～10 d/mon,关中为6～8 d /mon,陕北4～6 d /mon;5月、6月降水日秦岭以南、北坡和宝鸡10～14 d /mon,关中、陕北8～10 d /mon;9月、10月降水日秦岭以南、北坡和宝鸡10～12 d /mon,关中、延安为8～10 d /mon,榆林4～6 d /mon。降水日(次)与降水量分布相当一致,与降水量比重有很好的对应关系。

通过各站年平均降水日数(图5.4),可以看出:汉中最大(111.1 d)、安康(106 d)、西安(83 d)、延安(76 d)、榆林(61 d)依次减小,地处陕西南部的汉中全年近三分之一日为雨日,地处关中的西安全年近四分之一为雨日,地处陕西最北部的榆林全年只有六分之一日为雨日,仅为汉中降水日数的一半多,表现出明显的南多北少显著差异的特点,同样大于5 mm的降水日数榆林仅为汉中降水日数的一半多。以上各站大于3 mm及大于5 mm的年平均降水日数同样具有明显南多北少的特点。大于3 mm的降水日数与大于5 mm的降水日数相比,分析两者之差,陕南为12 d左右,关中、陕北均为8 d左右;大于5 mm的降水日数与大于10 mm的降水日数相比,分析两者之差,陕南关中为14～15 d,陕北南部为12～13 d,陕北北部为7～8 d。对于年平均暴雨日数,陕南西部为1.1 d,陕南东部、关中、陕北南部基本相同为0.5 d,陕北北部最少为0.42 d。

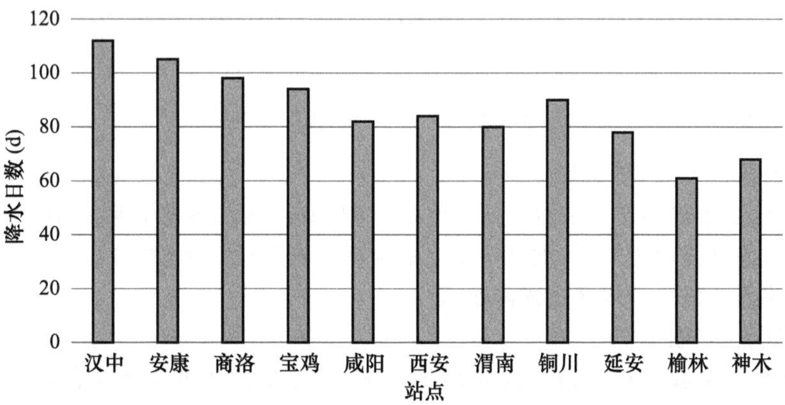

图5.4 年平均降水日分布

5.2 降水的环流形势

5.2.1 降水环流形势

每一次降水天气过程都是在一定的环流背景形势下产生的,在这些不同环流背景条件下,有冷暖空气在陕西省上空交汇产生降水,也有少数在暖空气内部的湿区、风向(风速)切变附近产生降水;同时又考虑影响系统,即高压脊(低压槽)、西南气流和高原系统的影响,又考虑高压脊前的下滑槽、冷平流及低层辐合产生阵性降水。通过对 500 hPa 环流形势进行分析,对陕西春秋季一般性降水,可以归纳出以下几种环流背景特征:

(1)暖脊东移类(图 5.5)

在降水过程前期青藏高原中部到河西一带有一个明显的暖脊或长波脊东移,到降水过程开始前河套以东华北地区出现明显暖高脊,形成"东高西低"形势。从河西或高原上有低槽东移出来,槽前脊后从青藏高原东部到陕西建立一支西南气流,在西南气流下面,有利于中、低层低值系统(低涡、切变)发展东移,配合地面上新疆有冷空气东南下,影响陕西带来一次明显降水过程。

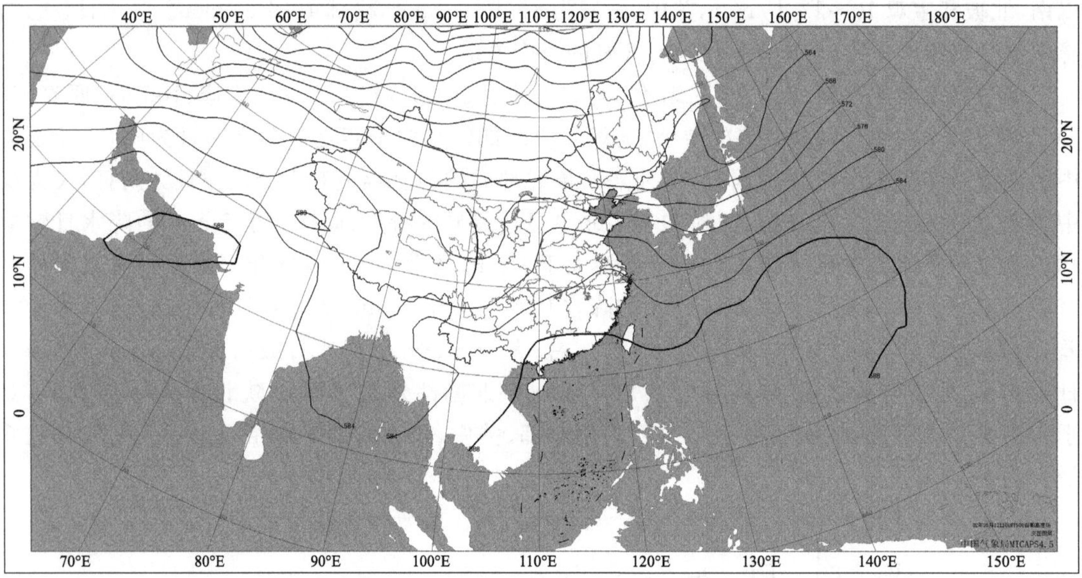

图 5.5 2002 年 5 月 12 日 08 时 500hPa 形势图

(2)平直西风气流类(图 5.6)

在亚洲中纬度地区为比较平直的西风气流控制,从河西或青藏高原有小波动或短波槽快速东移,同时高原有西南风发展,配合中低层的偏南气流及地面上蒙古国扩散南下或华北回流冷空气,影响陕西造成部分地区出现降水天气。

(3)西北气流类(图 5.7)

中纬度从沿海到我国新疆为一致的西北气流,只是在青藏高原南部有弱的西南风发展,40°N 从河套到华北地区有一明显锋区,冷空气从北路或东北路入侵陕西省,由于低层 700 hPa 增温增湿明显,造成上冷下暖的不稳定层结,在陕西省部分地区产生降水。

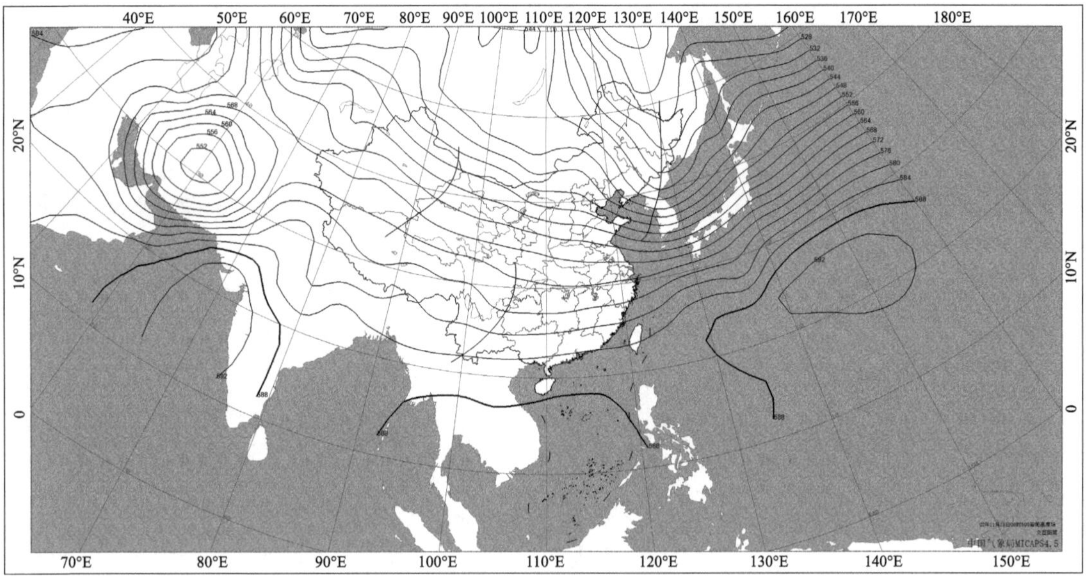

图 5.6　2002 年 11 月 18 日 08 时 500hPa 形势图

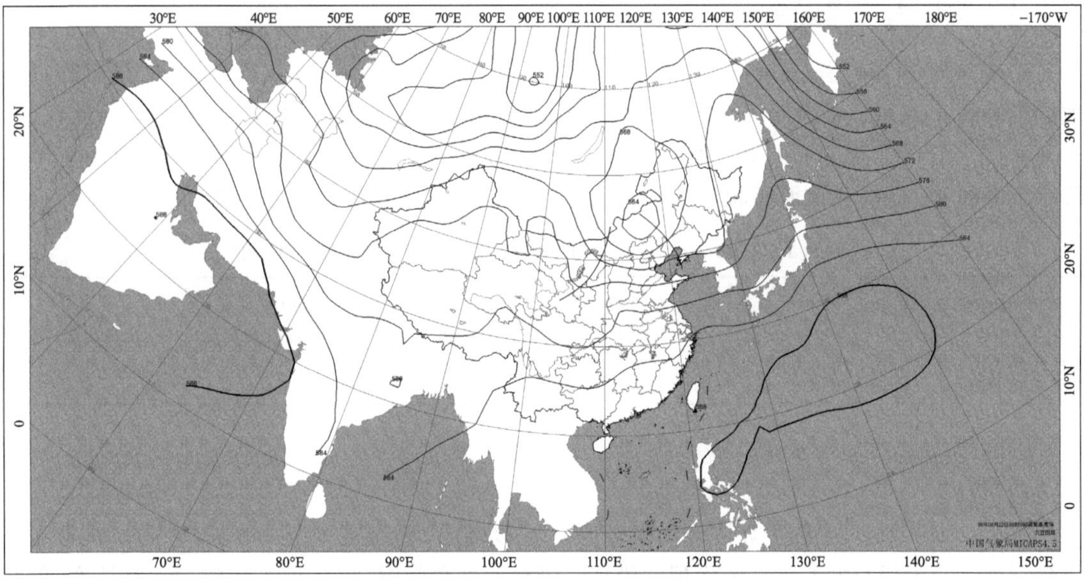

图 5.7　1999 年 6 月 22 日 08 时 500hPa 形势图

(4)副热带高压类(图 5.8)

在 9—10 月上旬副热带高压仍相当活跃，有时 588 dagpm 线的脊线到达 25°N 以北，新疆和青藏高原为长波槽控制，由于副热带高压的存在，使西北方来的冷空气南下受阻，分股东移，锋区维持在副热带高压北部边缘，陕西省处于副热带高压外围的西南气流中，新疆北部、河西走廊等地是西风带冷槽影响区，常引导地面冷空气东移，到陕西省与副热带高压外围的暖湿气流相遇，形成陕西省大范围连续性降水。

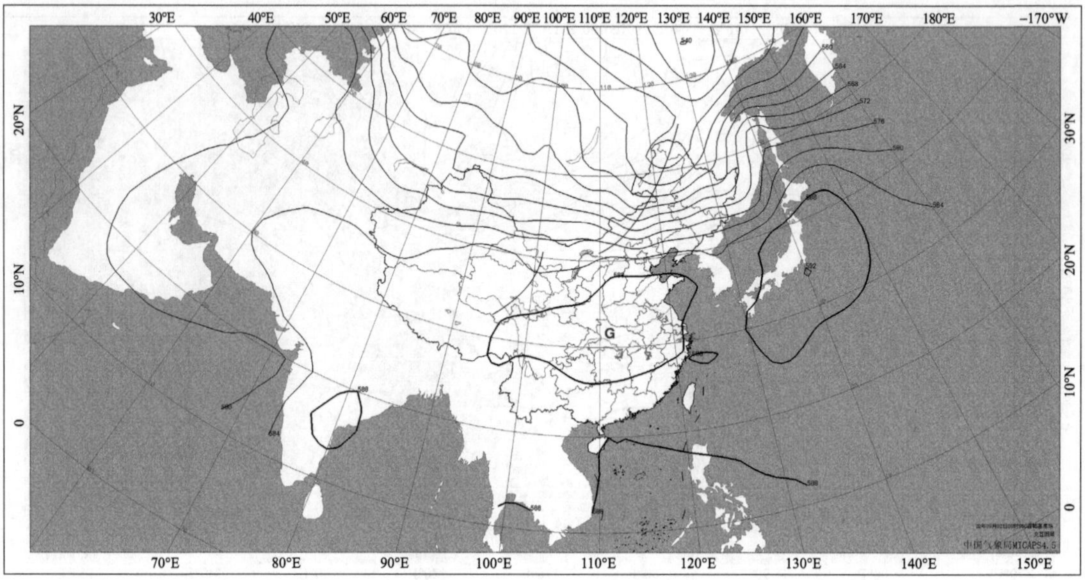

图 5.8　2000 年 9 月 2 日 08 时 500hPa 形势图

5.2.2　降水天气的影响系统

造成陕西省春秋季一般性降水的主要天气系统,中高空有西风槽、高原槽、低涡、切变线,地面有冷锋。通过对 2000—2002 年春秋季降水样本的影响系统进行归类分析发现(表 5.1),大部分降水天气过程的影响系统在 850 hPa、700 hPa、500 hPa 各层都有所反映,但还有部分降水天气过程,低空和地面反映不明显,因此,抓中高空影响系统是关键。

表 5.1　2000—2002 年期间中高空不同影响系统次数统计表

500 hPa 低槽	500 hPa 切变线	500 hPa 短波槽	700 hPa 低涡切变	700 hPa 横切变	700 hPa 竖切变
38	18	30	39	21	19

5.2.2.1　500 hPa 影响系统

(1)低槽

在 500 hPa 图上,中纬度环流经向度较大,我国东部沿海到华北为一明显高压脊,从青藏高原到河套上空为明显的西南气流发展并维持。低槽有两种情况,第一种是新疆为一高压脊,低槽为高原槽东移,地面上西路冷空气较弱或无,陕西省为高压底后部,北路或东路有冷空气配合;第二种为贝加尔湖到新疆为一西风槽,西风槽主力偏北东移到贝加尔湖附近,槽的底部则在河西附近加深,与高原槽同位相叠加,成为南北向大槽或南北双槽,此槽在东移过程中其后部有冷空气东南下,地面图上西路或西北路有冷锋,有时北路或东路也有冷空气配合形成锢囚锋。

(2)短波槽

在 500 hPa 图上,一种为高空锋区维持在 40°N 左右,中纬度为平直的西风气流,从河西或高原上有短波槽东移,短波槽一般出现在 100°—108°E,30°—37°N 范围内;另一种为新疆到河套上空为弱的西西北气流,沿此气流有短波槽或下滑槽快速东移影响陕西省,下滑槽在 95°—

105°E,37°—45°N 范围内。以上短波槽或下滑槽基本呈南北走向,其长度一般为 5～10 个纬距,最长不会超过 15 个纬距。下滑槽开始影响时出现不稳定性降水天气,以后逐渐转为稳定性降水天气。

(3)切变线

在 500 hPa 图上,我国东部到河套北部为一高压脊(高脊线呈西北—东南走向,即呈北脊南涡型),在青藏高原东部 100°—105°E 范围内有一切变线,切变线呈东西向,或西北—东南向,有时在青藏高原中部存在一“人”字形切变,其东部的横切变延伸到陕西中南部。

5.2.2.2　700 hPa 影响系统

通过对 700 hPa 图上 100°—110°E,30°—40°N 范围内的低值系统进行统计分析,主要有以下两种影响系统:

(1)低涡切变、横切变

在 500 hPa 有低槽东移时,槽前西南气流的下面(700 hPa、850 hPa)有利于低值系统的发展,700 hPa 从柴达木盆地或陇南往往有低涡切变配合发展东移;或从四川盆地到陕西上空维持一支偏南气流,山西到河套北部出现一支偏东气流,由这两支气流构成了风场横切变。在这些低涡、切变线附近有利于暖湿气流的辐合上升,同时切变线附近常有锋区配合,有利于降水产生(图 5.9)。

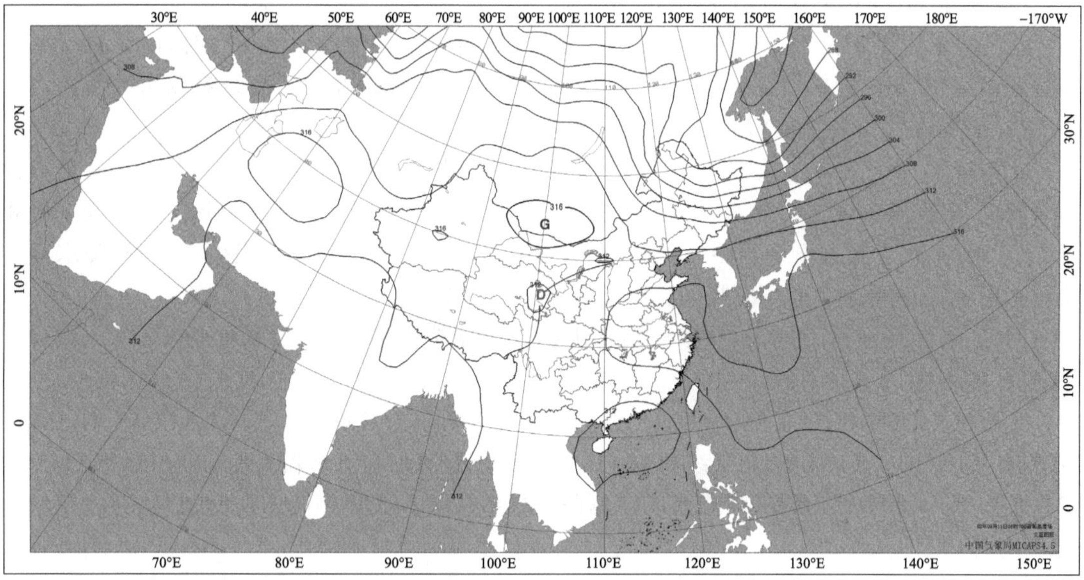

图 5.9　2002 年 9 月 11 日 08 时 700hPa 形势图

(2)竖切变

竖切变多出现在 500 hPa 平直气流的短波槽前,移速一般较快,即切变前为西南风,切变后为西北风,对应降水相对时间较短,往往在 12 h 左右。

5.2.3　天气影响系统与降水落区

5.2.3.1　组合型式

通过对环流背景,500 hPa、700 hPa 影响系统的分析,可以归纳出春秋季一般性降水过程

的产生,主要由以下几种类型的影响系统组合方式,即:

①暖脊东移—500 hPa 低槽—700 hPa 切变;

②暖脊东移—500 hPa 切变线—700 hPa 低涡切变、横切变;

③平直西风气流—500 hPa 短波槽—700 hPa 竖切变;

④副热带高压—500 hPa 低槽—700 hPa 切变;

⑤副热带高压—500 hPa 切变—700 hPa 低涡切变、横切变。

5.2.3.2 各组合型式与降水区的对应关系

春秋季一般性降水过程的产生主要由以上 5 种型式的影响系统组合方式决定,而各种类型影响系统与降水区域和降水强度有一定的关系存在,经过统计分析,不同环流背景和影响系统配置,其降水落区有所差异。

(1)暖脊—500 hPa 低槽—700 hPa 切变

此配置,降水区范围较大,大部分为全省性的;且雨量较大(≥5 mm)。500 hPa 低槽与 700 hPa 切变相距大于 2 个经距,当 700 hPa 为横切变时,降水落区与横切变线对应较好,一般位于 500 hPa 低槽前,横切变两侧;当 700 hPa 为低涡切变时,降水落区基本位于低涡附近或略偏前。500 hPa 低槽与 700 hPa 切变相距小于 2 个经距,降水区紧邻 500 hPa 槽前和覆盖两者之上。当 700 hPa 为竖切变时,降雨区位于其正前方。

(2)暖脊—500 hPa 高原切变—700 hPa 低涡切变、横切变

这类降水区基本位于 500 hPa 切变线南侧区域,当 700 hPa 为低涡切变时,雨区位于其前部附近;当 700 hPa 为横切变时,雨区位于横切变两侧或者覆盖在两切变线略偏南区域。

(3)平直西风气流—500 hPa 短波槽—700 hPa 竖切变

这类降水,由于短波槽移速较快,降水持续时间不长,基本在 12 h 左右,大范围的全省性降水较少,多为某一区域的降水(陕北、关中、陕南)。500 hPa 短波槽与 700 hPa 竖切变一般相距 2～3 经距,很少超过 5 个经距,个别有重叠或略有前倾。此类降水多发生在春季,降水区多在 500 hPa 短波槽前,700 hPa 竖切变附近或略偏前区域。

(4)副热带高压—500 hPa 低槽—700 hPa 切变、副热带高压—500 hPa 切变—700 hPa 低涡切变、横切变

这两种类型降水区通常位于副高外围,580～588 dagpm 线之间,明显降水区位于 584 dagpm 线附近。对于 500 hPa 低槽、切变线和 700 hPa 切变来说,降水区大多覆盖在 500 hPa、700 hPa 切变线之上,当 500 hPa 为低槽时,降水区略偏前于槽线位置。此类型降水时间较长,往往是秋季连阴雨形势。

5.2.4 回流天气降水

由于青藏高原和秦岭山脉的阻挡和影响,以及陕西关中特有的谷地地形,谷地南侧为秦岭,北侧为黄土高原,当有西风槽东移,低层的冷高压移到河套东侧时,高压底部偏东气流进入谷地后,受地形约束,容易产生降水、降温等天气。而春、秋、冬季又是回流天气多发季节。

5.2.4.1 关中回流天气的几种地面形势

(1)华北变性高压型

在回流天气前期,从西北路有一股冷空气东南下进入陕西省,而随着冷高压变性东移出陕西省,在华北附近维持一变性的高压(图略)。由于从蒙古国不断有冷空气补充到华北变性高

压中去，使得高压维持存在，并呈冷性。关中处于华北高压底、后部，配合中低层有利的辐合、湿度条件，在关中造成降水等天气。

有时，从新疆仍有弱冷空气东移出来，由于河套东侧有高压存在，冷锋到陕西省后移动缓慢，东西路冷空气与暖湿气流在关中附近交汇，往往造成锢囚锋，使关中降水加大，持续时间较长。

(2)高压后部型

在回流过程前期，冷空气主要偏北东移，其冷高压中心在河套北侧，主要影响陕西省的陕北和华北地区，陕西省只有弱的降水产生。冷空气到华北后堆积(图略)，且从蒙古国有冷空气补充，随着冷高压的南压，使陕西省处于其后部，从高压底部有回流冷空气进入关中盆地，配合中低层的偏南风，在关中地区造成降水等天气。如果西路有冷空气东移出来，降水将会明显增大。

(3)高压底部型

在回流天气过程前期 3—4 日，西伯利亚及中亚地区有冷空气堆积，由于高空引导气流作用及天山山脉、青藏高原的阻挡作用，使得冷空气主体沿纬向轴东移，即进入相对平缓的蒙古高原，冷空气再从蒙古国东南部扩散南下，由河套北侧和华北入侵陕西省(图略)，造成关中地区降温、降水、大风等天气。

5.2.4.2　关中回流降水天气的 θ_{se} 特征

根据关中回流天气在地面图上的三种分型，分别对其 850 hPa 假相当位温 θ_{se} 进行分析，θ_{se} 场对冷暖空气分布及回流冷空气路径有较好的指示性。

(1)高压后部型 θ_{se} 场

从此型的 θ_{se} 场分布来看(图略)，关中、陕南处于 θ_{se} 的高值区的顶部，从四川盆地有一明显的暖舌伸向关中，华北北部有一 θ_{se} 的低值区，其对应为干冷空气的中心，从北京—太原—西安有一 NE—SW 向的 θ_{se} 线的密集区，锋区明显，说明从东北路有一股冷空气西南下。而酒泉一西安之间的 θ_{se} 锋区较弱，说明西路或西北路的冷空气明显偏弱。

(2)高压底部型 θ_{se} 场

由高压底部型的 850 hPa 的 θ_{se} 场分布可以看出(图略)，四川盆地为高值区，即暖湿空气。河套北侧及华北西北部为 θ_{se} 的低值区，其对应为干冷空气中心，呼和浩特到西安之间为 θ_{se} 线的密集区，即锋区强，说明干冷空气从河套北侧和华北扩散南下，与暖湿空气在关中交汇，产生降水、降温天气。

5.3　降水的预报

5.3.1　降水预报的分析思路

降水预报是公众最关心而且目前数值预报尚未很好解决的预报对象之一，尤其需要预报人员投入更多的思考和努力。

①根据对影响系统的类型和具体影响部位的分析判断，数值预报产品对降水的预报及上级指导预报意见，做出本地区降水量和降水类型的预估。

②考虑本地区地形对具体影响系统及其影响部位垂直运动的影响，进行降水预报的订正。

③考虑本预报季节是否处于反常干旱或者洪涝的季节进行修正。一般在干旱季节中降水常常偏小,在洪涝季节中降水量往往偏大。

④分析邻近地区高低空散度场的配置关系和低空辐合场中水汽含量大的面积。若低空辐合高空辐散,而且低空辐合场潮湿空气面积大,有利于增大降水量。

⑤考虑局地气象条件,分析 T—ln$p$ 图和高空风图,判断稳定度及其变化趋势。不稳定发展有利于降水量增大。

5.3.2 降水条件的诊断分析

5.3.2.1 水汽条件

(1)水汽含量

①各层比湿或露点:在等压面上的等 T_d线即为等 q 线,分析等压面上的 q 或 T_d的分布,就等于分析了湿度场的分布。通过研究发现:700 hPa 高空比湿对地面降水具有强烈的指示意义,总的降水趋势是随着 700 hPa 比湿的增大而降水的可能性也增大;降水主要发生在等值线密集的区域。

②各层饱和程度:在各层等压面上分析等$(T-T_d)$线,用以表示空气的饱和程度。通常以$(T-T_d)\leqslant 2$ ℃的区域作为饱和区,并可取$(T-T_d)\leqslant 4\sim 5$ ℃作为湿区。在垂直剖面图上,使用相对湿度($f=e/E\times 100\%$)的分布来表示空气的饱和程度,取 $f\geqslant 90\%$作为饱和区。

③湿层厚度:湿层(饱和层)越厚,降水越强。

④相对湿度场的应用几点体会:

700 hPa 相对湿度对于大范围、系统性降水具有较高的预报意义。700 hPa 相对湿度为在70%~80%之间区域天气多云或阴天,大于 90%的区域阴天有雨,80%~90%的区域阴天,出现降水的概率较大。这时 850 hPa 相对湿度较大,预报天空状况以及降水时应以 700 hPa 相对湿度为主,结合 850 hPa 相对湿度综合考虑。700 hPa 大于 80%的区域,如果 850 hPa 也大于 80%,出现降水的概率很大,而且由于湿层较厚,降水量也较大。由图 5.10 可看出降水范围与相对湿度的关系符合上述原则。ECMWF 提供 700 hPa、850 hPa 相对湿度预报场,如果预报误差不大,则预报效果会较理想。

(2)可降水量

将一地区上空整层大气的水汽全部凝结并降至地面的降水量称为该地区的可降水量。一般情况下,可降水量比实际降水量大 1~2 倍。但在较强的降水系统中,特别是在暴雨中,实际降水量往往显著超过可降水量,此时,就必须要有足够的水汽从源地不断向该地区输送。陕西地区降水水源地主要有:①东北冷涡底部气流带来的渤海湾水汽;②来自南海和孟加拉湾的水汽在副热带高压西侧汇合,形成很强的南风急流,将水汽输送到陕西;③台风与副热带高压之间形成的东南气流,可将东海水汽输送到陕西地区。水汽通道越多,降水强度越大,若有台风参与,降水强度将大幅增强。

(3)水汽通量和 θ_{se}场

源地的水汽,主要是通过大规模的水平气流被输送到降水区的。水汽通量及 θ_{se}是反映大气层水汽含量和能量场特征、影响降水天气过程的重要物理量。通过对降水天气过程个例的分析研究,发现水汽通量及 θ_{se}的变化情况对降水区域分布以及降水量有一定的对应关系,河套地区降水天气过程受水汽通量及 θ_{se}的影响较为明显。

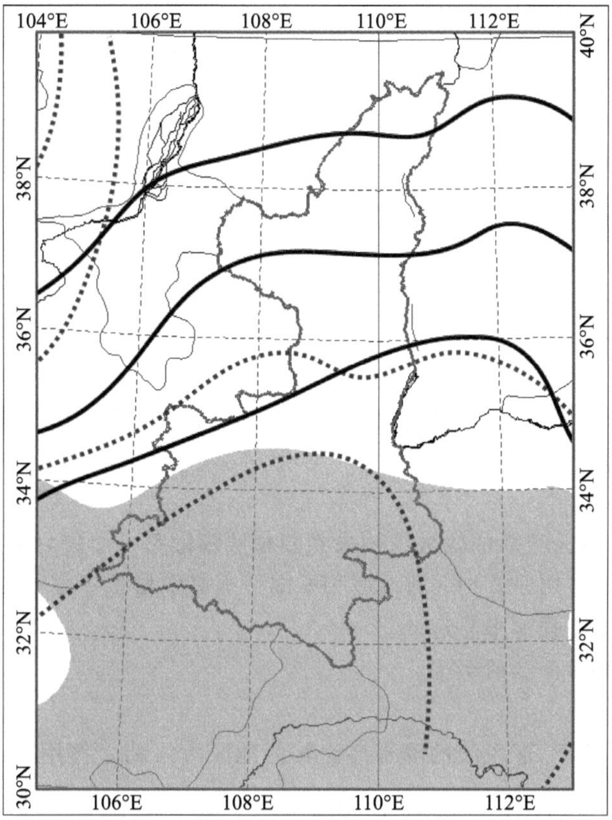

图 5.10　2003 年 12 月 3 日 20 时 700 hPa 相对湿度场(实线)
850 hPa 相对湿度场(虚线)和雨区(阴影区)

对于持续时间较长的降水，前一天水汽通量有明显增大过程。降水开始后，由于对大气水分的消耗，水汽通量的值处于相对的低谷。水汽通量的峰值大小对明显降水有一定指示意义，但与降水量并无严格正比关系。从水汽通量的变化上不能判断降水的开始时间。对短时弱降雨，水汽通量的指示意义不大。

θ_{se}场呈现 Ω 分布时，由南向北伸的高能比轴往往对应一股向北爬升的暖湿气流，这股气流是降水产生的水汽输送者，同时也为强降水发生提供必需的位势不稳定能量。

(4)水汽通量散度

降水量并不直接与水汽通量相联系，而是与其散度相联系，水汽水平辐合就是水平输送进该地区的水汽大于水平输送出该地区的水汽，水汽通量散度<0，反之，即为水汽的水平辐散，水汽通量散度>0。

(5)水汽的局地变化

①比湿平流：由于低层的湿度对降水最为重要，所以在预报中，一般分析 850hPa 或 700 hPa 面上的等比湿线(或等露点线)和风场来判断比湿平流的符号和大小。湿平流引起局地比湿增加，干平流引起局地比湿减少。

②比湿垂直输送：一般来说，低层的湿度大于高层，所以某层的上升运动将使局地比湿增加，下沉运动将使局地比湿减少。

③凝结、蒸发:凝结时局地比湿减少,蒸发使局地比湿增加。

④湍流扩散:湍流扩散在垂直方向上主要使水面和下垫面蒸发的水汽向上输送到高层大气中去。在水平方向使湿舌或湿中心的比湿减少,使干舌或干中心的比湿增加。

5.3.2.2 垂直运动条件

(1)低层散度

①通常可用 850 hPa(700 hPa)图上的风向风速来诊断辐合上升运动的强度及降水。

②流场散度主要是非地转风所造成的。可以用地面图上的变压(一般用 ΔP_3)或低层等压面图上的变高分布来诊断散度,诊断垂直运动。在正变压中心有辐散下沉运动,负变压中心有辐合上升运动,中心数值愈大,愈显著。

西风带低层系统一般是向东移动,故在低压东部、高压西部为负变压区,因而有上升运动;反之,低压西部、高压东部为正变压区,故有下沉运动。低压加深、高压减弱时有上升运动,低压减弱、高压加强时有下沉运动。

(2)高层散度

根据卫星云图上高云云系的辐散结构来判断高层辐散是一个较好的方法。

分析高层散度,最好用 200 hPa 或 300 hPa 图。当高空槽位于高空急流轴上时,相对涡度平流更强,因而在这里有强的垂直运动。

5.3.2.3 地形和摩擦对降水的影响

(1)地形的动力作用

在同样的天气形势下,迎风坡的降水要比其他地区大。动力作用有:①强迫抬升;②地形辐合。

(2)云物理作用

地形可以改变降水形成的云雾物理过程,使得已经凝结的水分,高效率的下降为雨,从而增加降水量。

(3)摩擦作用

摩擦对于降水的重要贡献主要是提供了降水的水汽来源。摩擦辐合有利于将雨区四周摩擦层中的水汽集中地向高层输送,从而使降水增强。

参考文献

杜继稳,等,2005. 青藏高原东北侧突发性暴雨分析研究与应用[M]. 北京:气象出版社.

樊鹏,等,2003. 陕甘宁人工增雨技术开发研究[M]. 北京:气象出版社.

陆汉城,2000. 中尺度天气原理和预报[M]. 北京:气象出版社.

王秀成,梁生俊,陶建玲,2004. 欧洲数值产品在业务应用中的几点经验[J]. 陕西气象(6):34-36.

《西北暴雨》编写组,1992. 西北暴雨[M]. 北京:气象出版社.

许新田,吴小林,宁志谦,1997. 关中秋季(9月)回流天气的初步研究[J]. 陕西气象(1):5.

朱乾根,林锦瑞,寿绍文,等,1992. 天气学原理和方法[M]. 北京:气象出版社.

第 6 章 陕西暴雨预报

6.1 暴雨时空分布

6.1.1 暴雨标准

暴雨:08—08 时(或 20—20 时)降水量≥50 mm;大暴雨:日降水量≥100 mm;特大暴雨:日降水量>250 mm。区域性暴雨:陕北、关中、陕南三片任一片出现≥4 站日降水量≥50 mm,或相邻两片之和出现≥5 站日降水量≥50 mm。

6.1.2 暴雨空间分布

陕西暴雨分布,如图 6.1a 自南向北,呈现三高两低状,米仓山和大巴山是陕西多暴雨带,镇巴为陕西之冠;关中盆地是少暴雨区;陕北南部的洛川至宜君一带暴雨又复增多,洛川达最大;陕北北部的长城沿线是东多西少,东部黄河沿岸的神木、府谷多,而西部的定边则是陕西暴雨最少的地区。若从镇巴到神木做一个南北剖面,暴雨日数呈三高两低分布,巴山地区是最高点,关中盆地是最低点,洛川是一高峰,子洲、榆阳区呈次低点,神木、府谷为又一高值区。值得注意的是,西安年降水量比神木约多 180 mm,但暴雨次数却明显少于神木。陕北北部年降水量逾 400 mm,长城沿线逾 300 mm,但暴雨次数却明显多于关中盆地。这表明,陕北黄土高原上降水变率大,分布不均、降水强度大。如神木站年均降水量 441.1 mm,但 1971 年 7 月 25 日 02—14 时的 12 h 降水就达 408.7 mm,就是一个比较典型的例子。

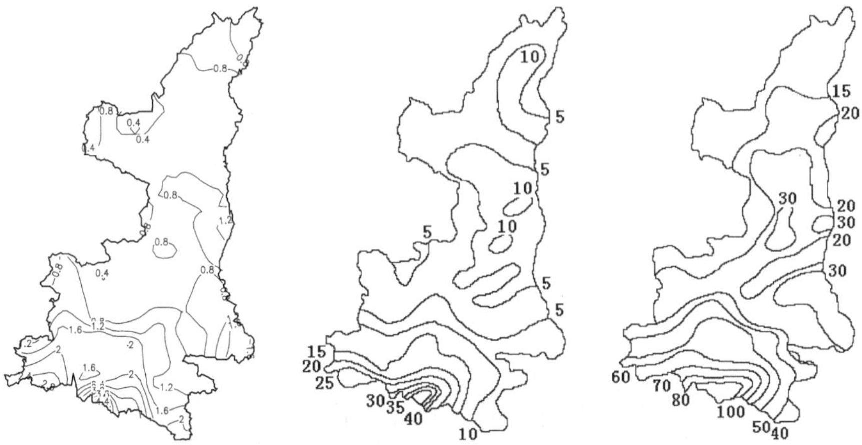

图 6.1 陕西暴雨空间分布图(单位:mm)

(a)暴雨;(b)大暴雨;(c)区域性暴雨

陕西大暴雨分布,如图 6.1b,同暴雨分布类似,呈现三高两低分布,米仓山和大巴山是陕西大暴雨概率最高的区域,关中到渭北西北部是大暴雨低发区,陕北中南部是大暴雨高发区,再往北的陕北榆林市西部至东南部是大暴雨低发区,榆林东北部再次出现大暴雨频率高值。

陕西区域性暴雨分布,如图 6.1c,呈现两高两低分布。以陕南的镇巴、紫阳、宁强为第一高发区,陕北中南部的洛川、铜川和韩城一带为第二高发区(就地区而言,商洛地区的洛南、丹凤也是一个相对高发区),关中盆地为第一低发区,陕北长城沿线为第二低发区。

6.1.3 暴雨时间分布

6.1.3.1 暴雨的雨强分布和日变化

一般性暴雨的降水随时间变化可归纳为两种类型:一是单峰型,如图 6.2a,降水历时长达 24 h 以上,只有一个峰值,呈正态分布,雨强小,最大雨强为 7 mm/h;二是双峰型,如图 6.2b,降水历时 24 h 以上,有两个峰值,最大雨强为 5 mm/h。

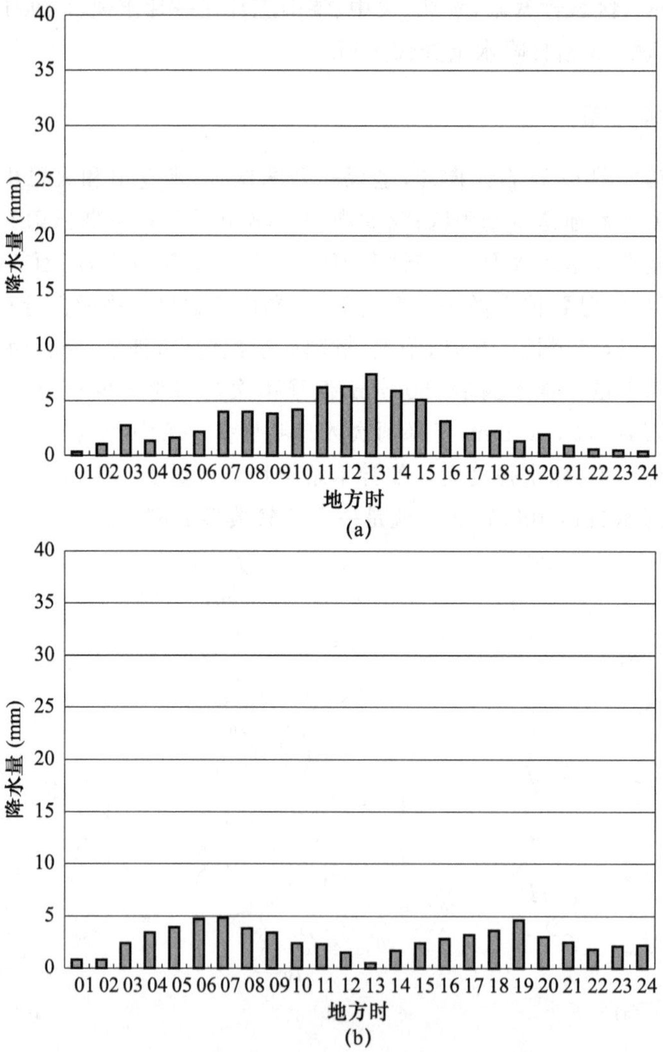

图 6.2　一般性暴雨的降水随时间变化

(a)单峰型;(b)双峰型

陕西暴雨具有明显的日变化，主要发生在后半夜到凌晨，即表现为夜雨型。在夜间，尤其是半夜到凌晨降雨量较大，上午到中午往往雨势减弱。1 h 强降水的易发时段大多在下午到傍晚，即表现为昼雨型，这是因为陕西下垫面差异明显，下午局地对流旺盛，容易出现短历时强降水。持续性降雨过程的暴雨，尤其是连阴雨中的暴雨，降水强度有日变化，通常表现是上午雨势减小，中午降水最少，入夜降雨增大，所以常常在夜间形成暴雨。这类暴雨常伴有大范围的降雨区，危害范围较广。如 1981 年 8 月，陕、甘、川之间出现持续性降雨和暴雨，造成宝成铁路附近大范围受灾。陕西大暴雨和特大暴雨往往都有夜发性，即大多发生在夜间，从统计来看，大部分过程都是傍晚前后开始有降水，在夜间尤其是后半夜到凌晨降水量较大，往往在 3～6 h 甚至 1～2 h 内就能达到区域性暴雨和大暴雨，甚至特大暴雨的强度，如 1977 年 8 月 1 日陕西内蒙古之间的毛乌素沙漠暴雨，调查雨量 1400 mm，发生在夜间。又如 1997 年 7 月 9 日商州特大暴雨，6 h 雨量达 1500 mm（由国家水利部水文局组成的专家组认定），2002 年 6 月 8 日佛坪、宁陕特大暴雨都发生在夜间。

6.1.3.2　暴雨的季节特征

陕西暴雨季节比较长，如表 6.1，全省≥50 mm 暴雨最早发生在 2 月 20 日（2004 年），最迟 11 月 13 日（1994 年），历时 8 个多月；全省≥100 mm 的大暴雨最早发生在 5 月 13 日（1985 年），最迟 10 月 27 日（1977 年），历时 5 个多月。表 6.1 中特大暴雨仍按原标准统计。

表 6.1　陕西暴雨起讫时间

名称	24 小时雨量（mm）	出现时段	旬数
暴雨	≥50	2 月下旬至 11 月中旬	27
大暴雨	≥100	5 月中旬至 10 月下旬	17
特大暴雨	≥200	6 月底至 9 月中旬	9

陕西暴雨大多发生在相对多雨时段里，因此，具有阶段性和集中期的特点，就中国西北区东南部来说，通常将降雨阶段划分为 6 个自然阶段（图 6.3）：春雨（4 月上旬至 5 月下旬）、春末初夏少雨（5 月底至 6 月上中旬）、盛夏前期雨段（6 月下旬到 7 月上中旬）、伏期少雨（7 月下旬到 8 月上旬）、盛夏后期雨段（8 月中下旬到 9 月初）、秋雨（9 月上旬到 10 月初）。由 5 天累计的暴雨站数之演变曲线，可以看出，陕西的暴雨集中出现于 4 个时段，这四个时段是：①春汛期，4—5 月开始出现区域性的暴雨，但范围较小，峰值在 50（站/5 天）以下。平均 8 a 左右出现一次区域性的大暴雨。②前汛期，6 月底到 7 月初，曲线陡升，峰值达 170 站/5d，为全年之冠。大约有 40％的区域性大暴雨集中出现于这段时段。如 1960 年 7 月 4—5 日关中西部大暴雨（旬邑 298 mm），1977 年 7 月 4—5 日延河大暴雨（安塞 198 mm），1978 年 7 月 1—3 日陕南大暴雨（镇巴 158 mm）等。③盛夏汛期，7 月底到 8 月初，峰值达 142 站/5d，仅次于前汛期。这时，副热带高压到达全年的最北位置，常控制陕西的大部分地区。但是当副高中心“东西振荡”，即副热带长波调整时，可发生区域性大暴雨或特大暴雨。如 1971 年 7 月 25 日神木 409 mm，1970 年 8 月 4 日林由 206 mm，1974 年 8 月 8 日渭南 228 mm，1975 年 8 月 8 日商南 252 mm 等。这期间，关中、陕南已进入伏旱少雨时段，因此容易疏忽大意，造成预报失误。④秋汛期，8 月下旬到 9 月上旬有三个相邻的峰值，分别为122 mm、188 mm 和 121 mm，这可能是秋汛多连阴雨的缘故。如 1960 年 9 月 3—5 日，镇巴、紫阳、白河等站连续出现大暴雨，造成安康大水。1968 年 9 月 11 日、12 日，镇巴连降特大暴雨，降水量分别为 209 mm 和 253 mm。另外，值得注意的是，10 月上、中旬也有一峰值。

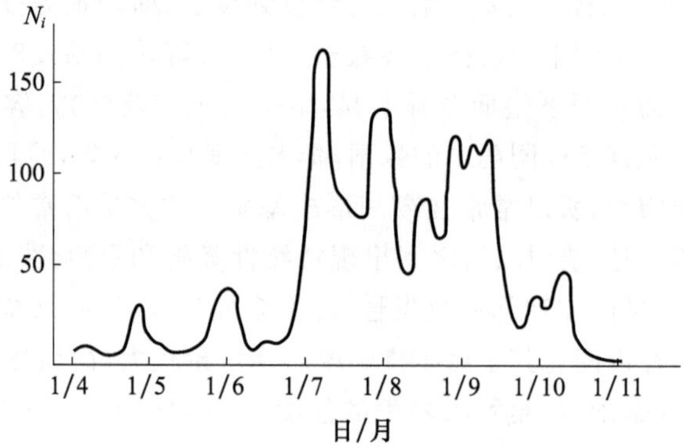

图 6.3　5 d 累计暴雨站数($\sum_{i=1}^{5} N_i$)演变曲线(单位:站/5 d)

从陕西暴雨的月、旬分布来看,如表 6.2,陕北暴雨主要发生在 7 月下旬至 8 月中旬;关中主要发生在 7 月上旬,7 月下旬和 9 月上旬;陕南主要发生在 6 月下旬到 9 月上旬。

表 6.2　陕西暴雨月、旬频数(单位:%)

月旬	4月			5月			6月			7月			8月			9月			10月			11月	
	上	中	下	上	中	下	上	中	下	上	中	下	上	中	下	上	中	下	上	中	下	上	中
陕北			1	0	1	2	0	1	3	9	5	13	10	12	7	4	2	2					
关中		0	0	0	2	2	1	1	2	10	4	10	7	7	8	10	3	0	1	0	0		
陕南	1	1	2	2	2	4	6	6	13	28	21	15	10	14	16	18	7	6	8	2	1	0	1
全省	0	0	1	1	2	3	2	3	6	17	10	13	9	9	11	11	4	3	3	0	1	0	0
全省月合计	1			6			11			40			29			18			4			1	
全省月	1			5			10			36			26			16			4			1	

从陕西大暴雨的月、旬分布来看,如表 6.3,陕北大暴雨主要发生在 7 月中旬和 8 月上、中旬;关中主要发生在 7 月上旬、下旬和 8 月上旬;陕南主要发生在 6 月上、中旬,7 月上旬至下旬、8 月上旬和 9 月中旬。就陕西全省来讲,主要发生在 7 月上旬到 9 月上旬。

表 6.3　陕西大暴雨月、旬频数(单位:%)

月旬	5月			6月			7月			8月			9月			10月		
	上	中	下	上	中	下	上	中	下	上	中	下	上	中	下	上	中	下
陕北	0	1	0	0	0	1	9	12	8	11	11	5	1	0	1	0	0	0
关中	0	3	3	1	0	1	10	7	12	10	7	6	4	0	0	0	0	0
陕南	0	2	2	4	3	5	27	16	10	9	16	8	13	6	3	4	0	1
全省	0	5	3	4	5	6	39	30	27	28	28	19	18	6	4	4	0	1
全省月合计	8			15			96			75			28			5		
全省月	3.5			6.6			43			33			12			2.2		

从陕西区域性暴雨的月、旬分布来看，如表 6.4，陕北区域性暴雨主要发生在 7 月上旬和下旬至 8 月中旬；关中主要发生在 7 月上旬到 9 月上旬；陕南主要发生在 6 月下旬至 9 月中旬和 10 月上旬。就陕西全省来讲，主要发生在 6 月上旬、7 月上旬到 9 月中旬和 10 月上旬。

表 6.4　陕西区域性暴雨月、旬频数(单位:%)

月旬	4月			5月			6月			7月			8月			9月			10月			11月	
	上	中	下	上	中	下	上	中	下	上	中	下	上	中	下	上	中	下	上	中	下	上	中
陕北	0	0	1	0	1	2	0	0	2	10	6	15	11	12	7	4	0	0	0	0	0	0	0
关中	0	0	3	0	3	4	1	0	6	29	12	27	16	19	14	11	7	1	2	0	0	0	0
陕南	1	0	3	1	3	5	4	8	11	31	19	29	11	24	17	25	12	8	11	2	1	0	1
陕西	1	0	3	1	6	7	48	1	3	46	29	35	27	40	22	29	12	8	11	2	1	0	1
陕西月合计	4			14			26			110			89			49			14			1	
陕西月(%)	1			4.5			8.4			36			29			16			4.5			0	

6.1.3.3　暴雨的年际变化

陕西暴雨的年际变化较大，从 1961—2000 年暴雨资料统计分析发现，平均每年发生 26.5 个暴雨日，最多一年 45 d(1958 年)，最少一年 14 d(1986 年)。最多年与最少年相差 3.2 倍。年均暴雨 93.9 站，最多 195 站(1958 年)，最少 40 站(1993 年)。

陕西大暴雨年均 5.2 次，出现最多的年份是 1978 年和 1981 年均为 11 次，最少年份是 1969 年、1993 年，均只有 1 次。最多年与最少年相差 10 倍。

陕西区域性暴雨年均 7 次，发生次数最多的年份是 1978 年为 14 次，最少的年份是 1993 年仅有 2 次，最多年与最少年相差 7 倍。区域性暴雨和大暴雨在频次分布上具有同步性，即区域性暴雨多时大暴雨相应也多，否则相反。不论是暴雨、大暴雨，还是区域性暴雨，年际变化都较大。

6.1.4　暴雨的尺度特征

以某日内 1～2 站暴雨为局地暴雨，3～4 站暴雨为局部性暴雨，5～10 站暴雨为区域性暴雨，11 站以上暴雨为大面积暴雨，则局地暴雨占 60%，局部性暴雨占 17%，区域性暴雨占 16%，大面积暴雨占 7%，局地暴雨最多。这说明陕西暴雨以局地暴雨为主。

在同一暴雨日内，陕北、关中、陕南都有暴雨(各片至少一站)只占总暴雨日的 5%，而陕南、关中、陕北各片单独出现暴雨分别占总日数的 47%、11%、15%。关中陕南、关中陕北、陕南陕北同日出现暴雨各占 14%、4%、4%。因此，在日常预报中三片同时报暴雨和陕北陕南连在一块报，甚至关中陕北连在一起报都是概率很小的。

多历时短、强度大、面积小的局地暴雨是陕西暴雨重要气候特征之一，其造成的灾害有时也很严重。如 1971 年 7 月 25 日神木暴雨，24 小时雨量大于 100 mm 的面积为 1740 km^2，而大于 200 mm 的面积只有 80 km^2。1984 年 8 月 3 日留坝县暴雨从 3 日 02 时到 10 时仅 8 小时，降水量 201.4 mm，覆盖面积不到 70 km^2，但使县城附近水库垮坝，损失惨重。1985 年 5 月 3 日宝鸡县天王镇附近 14:20—17:45，历时 3 小时 25 分钟降水 118.7 mm，光明水库处达 130 mm，暴雨覆盖面积 62 km^2,造成了万亩[①]小麦颗粒无收。

6.2 陕西暴雨的环流背景

6.2.1 陕西暴雨环流的聚类分析

选取了前汛期和伏旱期的暴雨个例,同时,也选取了春季、初夏期的暴雨,还选取初秋时期的暴雨个例共计 96 个,采用模糊聚类的方法,对暴雨同期的 500 hPa 和 300 hPa 环流进行聚类分析。高度资料直接取自站点。表 6.5 是模糊聚类分析结果,其中 500 hPa 取 λ 水平为 0.76,300 hPa 为 0.78。对于归不到类里去的个例,表 6.5 中没有列出(其中 500 hPa 有 13 个个例,300 hPa 有 14 个个例)。可从表 6.5 中明显看出,不论是 500 hPa,还是 300 hPa,都将春季和初夏期间暴雨环流同前汛期、盛夏和初秋期间的暴雨环流基本分割开来,前者归为第 2 类,后者归为第 1 类。这表明,春季和初夏期间暴雨影响系统及其相互配置,同前汛期和盛夏期间有着明显的差异。故此分别给出两类不同层的平均环流,它们反映了暴雨同期环流的平均特征,如图 6.4 所示。

表 6.5 模糊聚类分析结果

500 hPa(λ=0.76)				300 hPa(λ=0.78)			
类数	个例日期	类数	个例日期	类数	个例日期	类数	个例日期
1	72.07.01	1	77.07.09	1	72.07.01	1	81.08.31
1	08.15	1	79.07.14	1	07.06	1	82.08.01
1	08.24	1	78.07.20	1	08.15	1	07.20
1	73.08.29	1	82.07.29	1	08.24	1	72.06.30
1	08.07	1	73.06.30	1	75.07.02	1	75.06.21
1	75.07.24	1	74.09.10	1	07.24	1	80.06.15
1	09.03	1	81.08.21	1	77.07.22	1	06.28
1	78.08.07	1	82.07.20	1	78.07.28	1	78.07.01
1	08.25	1	81.06.22	1	08.07	1	79.07.01
1	79.07.21	1	80.06.15	1	79.07.21	1	76.06.20
1	07.27	2	74.07.02	1	07.27	2	79.05.05
1	80.07.27	2	79.05.05	1	80.07.27	2	79.05.11
1	76.09.05	2	05.11	1	08.02	2	80.05.31
1	79.08.02	2	78.05.07	1	76.08.07	2	78.05.07
1	82.08.01	2	05.29	1	81.07.12	2	77.05.12
1	80.06.23	2	76.05.25	1	80.07.02	2	05.27

① 1 亩=1/15 hm^2,下同。

续表

500 hPa(λ=0.76)				300 hPa(λ=0.78)			
类数	个例日期	类数	个例日期	类数	个例日期	类数	个例日期
1	73.07.27	2	72.05.05	1	79.08.02	2	05.29
1	08.02	2	05.28	1	81.06.19	2	81.05.09
1	09.04	2	77.05.12	1	73.07.27	2	05.28
1	80.08.22	2	05.29	1	08.29	2	74.05.04
1	08.26	2	73.06.16	1	08.02	2	05.12
1	76.08.07	2	81.05.28	1	08.07	2	05.16
1	81.08.14	2	74.05.04	1	09.04	2	05.20
1	08.19	2	05.16	1	79.07.14	2	77.06.08
1	82.08.12	2	73.06.13	1	82.07.29	2	73.06.09
1	81.06.19	2	80.05.23	1	81.08.09	1	78.06.30
1	72.06.30	2	76.05.30	1	08.21	2	80.05.23
1	74.06.28	2	74.05.12	1	82.08.12	2	76.05.25
1	77.07.22	2	77.06.23	1	75.06.23	2	73.06.16
1	78.07.28	2	06.25	1	80.08.22	2	06.13
1	08.13	2	72.06.20	1	82.08.28	2	74.07.02
1	80.08.2	2	73.06.09	1	74.06.28	2	78.05.29
1	81.07.12	2	74.06.09	1	75.07.07	2	76.05.30
1	08.09	2	79.07.01	1	09.03	2	77.06.23
1	75.07.02	2	80.05.31	1	78.08.13	2	06.25
1	79.07.11	2	74.05.20	1	08.25	2	72.06.20
1	81.08.31	2	77.06.08	1	79.07.11	3	77.07.04
1	80.07.02	2	78.07.01	1	80.08.26	3	07.09
1	75.09.28	2	81.07.02	1	81.08.14	4	75.06.14
1		2	75.06.14	1	08.19	4	79.06.01

注：表中个例日期为“年·月·日”，取两位，与上年相同的省略。

在初夏以前，副热带高压位置偏南，这时的暴雨影响系统主要是来自西风带的低值系统和由高原东南侧及四川移出东北上侵入陕西的低值系统，两支系统前的西南气流在陕西上空交汇，形成辐合区。在 300 hPa 上，90°E 以东为强大西风气流，其位势梯度自南向北逐渐增大，由切变涡度可知，陕西正处于高空辐散区底部，与 500 hPa 槽前西南气流相叠置。进入前汛期后，副热带高压已经北上，在暴雨期 115°E 为高脊控制，整个高原东侧及四川境内为低值区，100°E 为西风槽，陕西正处于副高西北侧西南气流与西风槽前西南气流的重叠区里。在 300 hPa上，强大的南亚高压呈带状位于青藏东部，高空急流位于北纬 40°—45°N，陕西正好处于急流南侧与南亚高压北侧的辐散区底部，与 500 hPa 副高后部西南气流和西风槽前西南气流的合并区相叠置。这反映了造成陕西暴雨的环境场特征。

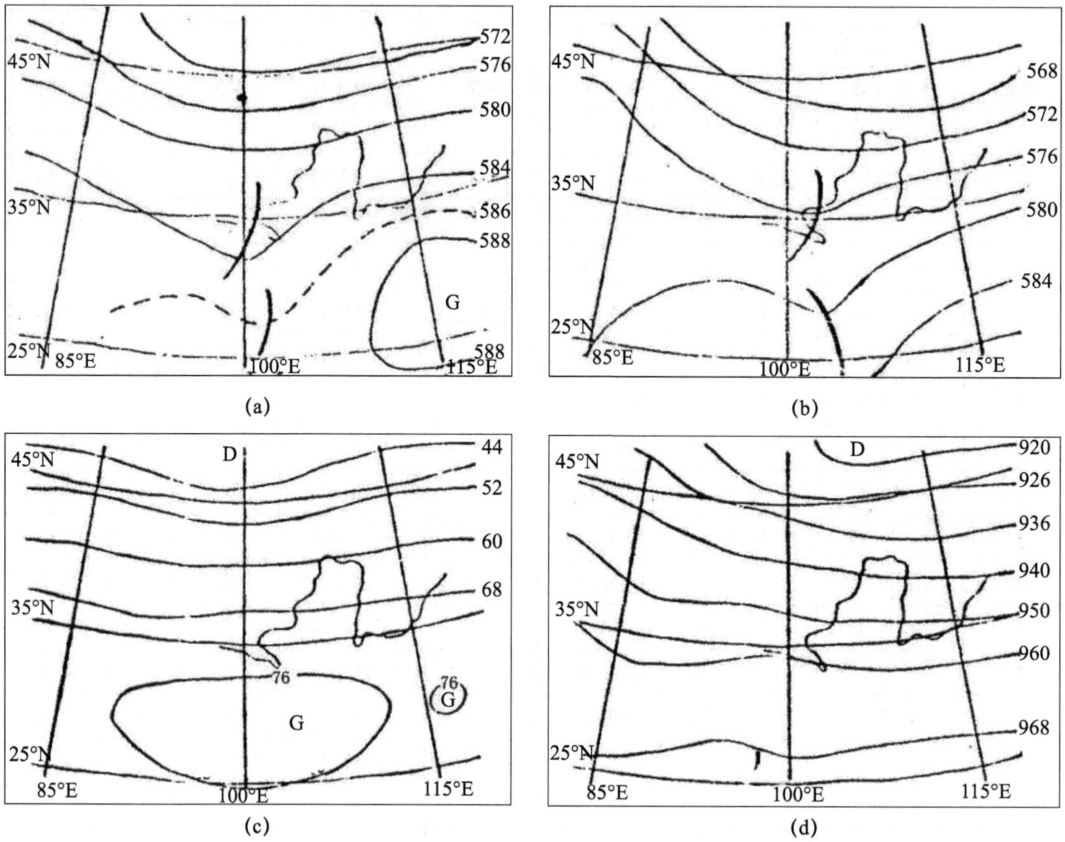

图 6.4 500 hPa(a,b),300 hPa(c,d)各类平均环流

6.2.2 陕西暴雨的环流分型

普查降暴雨前 12 h 500hPa 环流,可把陕西暴雨的天气形势划分为 5 种类型:西北气流型(N)、西风槽型(V)、西南气流型(S)、低涡切变型(D)、平直气流型(LT)。这 5 种环流型中除了平直气流型外,其他 4 种型均有主型(实线)和副型(虚线),并给出这 5 种天气型的平均流场,如图 6.5 所示。在实际中,天气形势主要以低涡和西风槽型为主,其次是西北气流型。从雨日来看,以西风槽型为主,其次是低涡切变型,再其次是西南气流型,如表 6.6 所示。从降水概率来看,西风槽型最大,其次是西南气流型,再其次是低涡切变型,西北气流型和平直气流型最少。

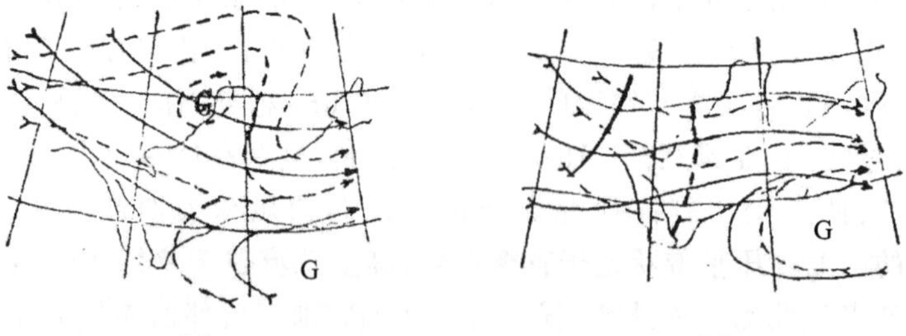

(a) (b)

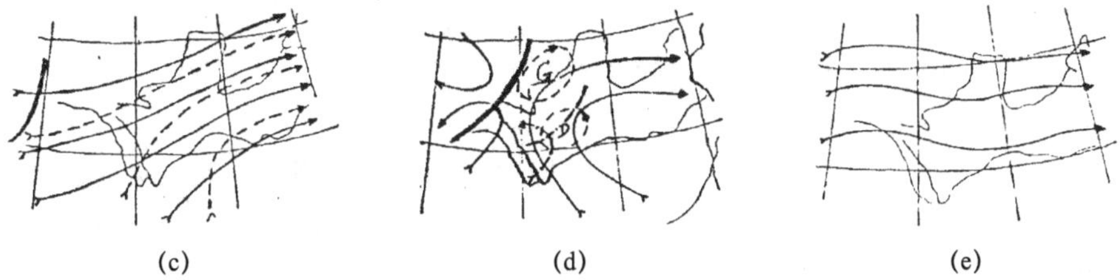

图 6.5　环流分型

(a)西北气流型;(b)西风槽型;(c)西南气流型;(d)低涡切变型;(e)平直气流型

表 6.6　陕西夏季暴雨各型分布百分率(单位:%)

环流型	V	D	S	N	LT
7 月份	46	30	15	3	5
8 月份	32	40	18	6	3

6.2.3　不同季节暴雨天气形势

6.2.3.1　春季—初夏暴雨天气形势

春季—初夏的暴雨一般是指 4—6 月产生的暴雨，天气形势具有"大槽大脊"的特征，高空槽和地面锋面尺度大，移速快，每日移速约 15～20 个经距，位势不稳定的能量聚积和释放迅速。例如 1980 年 6 月 15 日汉中暴雨仅十几个小时，降水量 105 mm，最大 59.0 mm/h，在初夏季节下垫面感热输送快，容易造成强烈位势不稳定，因此，"Ω"型的能量场分布也明显。初夏大降水过程的 500 hPa 形势主要归纳为南北双槽型和副高高原槽型，这两类形势约占大降水天气形势的 89%。

(1)南北双槽型

南北双槽型(图 6.6a)的主要特点是副热带高压不是主要影响系统，而高原槽必不可少。西风带中的西风槽东移过程中与高原槽配合影响。有时高原上的低涡，北槽南涡形势造成大降水。南北双槽是春季—初夏主要天气形势，降水关键在于西风槽和高原槽的结合上。

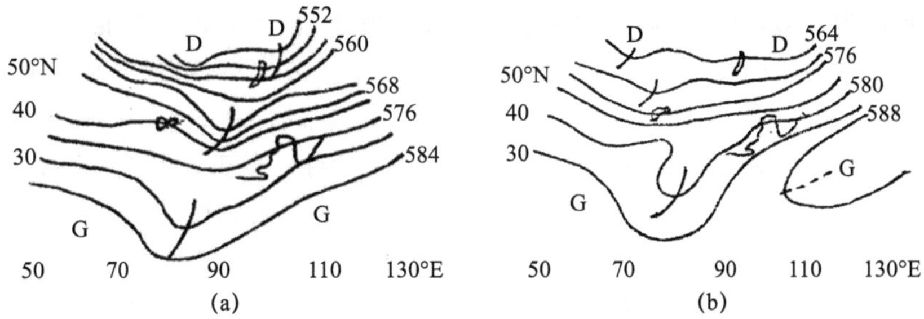

图 6.6　春季—初夏暴雨天气形势(单位:dagpm)

(a)南北双槽型;(b)副高高原槽型

(2)副高高原槽型

副高高原槽型(图 6.6b)与南北双槽型的共同之处在于高原上均有低值系统活动，而副高高原槽型以西太平洋副热带高压为主要成员，500 hPa 的 588 dagpm 线位置在我国大陆上，副高脊线大于 20°N，但副高又比盛夏期间弱，维持时间短。副高高原槽型在我国 115°E 附近有明显暖脊隆起，或为闭合高压。副热带高压西部西南风对于水汽的输送和汇集及不稳定能量的集聚和释放具有重要作用。值得注意的是,春季到初夏是过渡季节,环流形势变化多端,环流形势不属于以上两型的也可以产生大降水以至于暴雨。

6.2.3.2 盛夏暴雨天气形势

盛夏期间一般指7—8月,是江淮雨季型转华北雨季型。因此,陕西的陕北、关中、陕南均进入汛期。特别是陕北,其降水主要在7月、8月,属单峰型。而关中、陕南8月往往有伏旱,呈双峰型雨型,雨峰分别出现在7月上中旬和9月上旬。盛夏大降水的产生和暴雨落区与西太平洋副热带高压位置紧密相关,大降水有副高北跳,副高阻塞、副高南侧的台风活动和副高减弱几种情况,可以说夏季大降水预报时副高的预报起着非常关键的作用。

青藏高压和西太平洋副热带高压都属于夏季副热带高压系统,是盛夏期间造成陕西省旱、涝两个主导系统。青藏高压和西太平洋副热带高压在盛夏期间控制陕西则产生伏旱或少雨时段。当两高压对峙时,高压之间辐合区在河套附近,经常是陕西多暴雨时段。因此,将7月、8月这两个高压系统对陕西的影响分成五种类型,各型所占百分率见表6.7。

从表6.7中可以看出,副高影响型,7月和8月均达63%。即夏季副高588 dagpm线在我国大陆上,副高脊线位置在20°—30°N有利于降水。有利的主导系统,与有利的影响系统配合则发生大降水,参见6.2.2节中所介绍的暴雨环流分型即有西风槽(V)型、低涡切变(D)型、西北气流(N)型、西南气流(S)型,和平直气流(LT)型五种。表6.6反映出7—8月大降水的影响系统主要是低槽或低涡,两者之和占70%以上。7月份西风槽最多,8月份低涡切变多,西北气流控制下也可产生大降水,概率在10%以下。

表6.7 陕西暴雨各型分布百分率(单位:%)

月份	藏高影响	藏高控制	副高影响	副高控制	其他
7	20	11	63	1	5
8	18	4	63	12	3

6.2.3.3 秋季暴雨天气形势

秋季正值我国南方各地秋高气爽,而陕西9—10月却是秋淋季节,时间长的可达数十天之久,以1964年最为典型,秋季暴雨绝大多数是在连阴雨中发生,它的天气形势,气象要素场反映和前两个时期很不相同。秋季暴雨天气形势中有四个主要成员:东欧阻塞高压,黑海切断低压,乌拉尔山东侧的横槽和副热带高压。而东亚上空气流平直60°—110°E范围内等高线约呈"L"状,这种"L"形是秋季连阴雨的典型形势。由于横槽维持,东亚上空40°N附近有一支东西向锋区,从横槽内不断分裂小槽东移,携带冷空气南下,陕西阴雨维持。当横槽转向,锋区破坏,黑海低压移出后,新疆高脊发展,500 hPa有明显正变高配合,这时连阴雨结束。在连阴雨中,水汽条件好,湿层厚,如果副高配合得好,并有合适的动力触发条件则可产生暴雨。

综合分析,秋季暴雨欧亚范围内500 hPa高度场在中纬度为两低一高(黑海低压、乌拉尔山阻塞高压、巴尔喀什湖—贝加尔湖低压),在中低纬度(35°N以南)为两高一低(伊朗高压、青藏高原低压、西太平洋副热带高压),高低纬度的500 hPa高度场呈反位相分布,这类暴雨的主要成因是乌拉尔山阻高前贝加尔湖低压底部不断分裂出小槽,引导西北路冷空气向东南方向移动和副高西北侧暖湿气流在高原东侧一带交绥,引发造成暴雨的中小尺度系统在暴雨区附近反复发生和较长时间的维持而形成的。如2003年8月24日至9月7日,陕西出现持续暴雨～大暴雨天气过程,期间共出现8个暴雨日,其中大暴雨日有5个。28—29日两天内陕西有52个县次出现暴雨,4 个县出现大暴雨。宁陕连续两天遭大暴雨袭击,累积降水量达 346.9 mm。在如此短的时间内,暴雨日频次之高,暴雨～大暴雨县次之多是罕见的,频发的暴雨使渭河流域先后出现五次洪峰,造成重大损失。

乌拉尔山阻塞高压和西太平洋副热带高压的有利配置及稳定少动是秋季连阴雨暴雨时暴雨大尺度环流的突出特征。但在夏季连阴雨的暴雨个例中,有时也可出现类似的环流形势。如 2005 年 7 月 2—8 日陕南秦巴山区出现连续性的暴雨天气,其中镇巴 2—8 日降雨总量达 437.7 mm,4—6 日连续 3 d 大暴雨,突破历史记录,7 月 5 日 08 时—6 日 08 时,镇巴、石泉、汉阴 2h 超过 100 mm,最大是镇巴达 142 mm。大暴雨引起了山洪暴发、河水泛滥、泥石流等多种自然灾害,给当地人民生命财产和当地经济发展造成严重损失。这次持续性暴雨的主要成因是乌拉尔山阻高前贝加尔湖低压底部不断分裂出的小槽引导西北路冷空气向东南方向移动和副高西北侧暖湿气流在高原东侧一带交绥,引发造成暴雨的中小尺度系统在暴雨区附近反复发生和长时间的维持而形成的。

分析秋季暴雨,还应注意以下几个方面。

(1)副热带高压的分析

不但要关注副热带高压位置的南北变化,也要对副高位置的东西变化引起足够的重视。副高东西方向的进退以中短期变化为主,它对一定范围内的持续性降水和暴雨的反复发生有重要的影响。

(2)高空急流的分析

对应高空西风急流的右侧往往是大范围的强辐散区,该辐散区是持续性暴雨时强烈上升运动和深对流形成的重要条件。高层辐散区常常叠加在低层辐合区的上方而产生强烈的上升运动,为深对流的发展提供了条件,也促进了暴雨时中尺度系统的生成和维持。

(3)高低空急流耦合的分析

高低空急流耦合有利于强对流的发生和发展,低空急流造成暖湿空气输送与高空急流造成的干冷平流加强了暴雨区上空的大气潜在不稳定,且高低空急流耦合产生的次级环流上升支触发的不稳定能量的释放促进了中小尺度对流活跃,有利于产生强降水。

秋季暴雨一般发生在关中、陕南,分析 1961 年 9 月 20—27 日过程,陕北 5 站暴雨,关中 1 站暴雨,陕南 2 站暴雨,时令 9 月下旬陕北如此大范围暴雨是少见的,此次暴雨的成因是由于青藏高压东移,并于西太平洋副热带高压脊合并,使副高增强,高原槽移出。同时西欧高脊东移,使乌拉尔山长脊,原在乌拉尔山东南侧的横槽转向移到贝加尔湖西部,带来了西北路冷空气,地面上河套是一个倒槽区,陕北有一个低涡,锋面过陕北时造成陕北部分地区暴雨。

6.2.4　环流调整与暴雨

根据陕西日雨量＞200 mm 的 20 个暴雨个例,并结合日常天气经验,若仅从暴雨发生前后东亚环流形势是否显著调整的特点出发,可分为以下两类。

6.2.4.1　东亚环流有显著调整类

暴雨发生前后东亚或东半球长波有明显的甚至反位相的调整,这种调整尽管形式多样,但从最有直接关系的长波配置看,它们的共同特点是有利于出现下列形势,即引导冷空气的西风槽沿河西走廊南下,沿海到华北的长波脊建立即太平洋副热带高压西进或北上。这两个系统分别南下和北上,在陕西相遇,当西来低槽到达副高边缘后发生减速停滞,副高后部的西南气流与西风槽前的西南气流合并,构成一支稳定的西南气流,这是暴雨发生的良好的环流背景。当副高阻塞少动,多个西风槽接连移来时就形成了持续暴雨,造成多个雨峰,如延河“77·7”暴雨就是一例。

6.2.4.2 东亚环流无明显调整类

暴雨发生前,长波配置就已经具备了比较有利天气尺度系统在陕西汇集、叠加的环流形势。如有时副热带高压位置比较偏北,华北及沿海地区已有长波脊,巴尔喀什湖、新西伯利亚到贝加尔湖与蒙古国是个宽广的低槽区,当一个西风槽或高原槽迫近后即形成有利的环流背景。又如,在高原高压与西太平洋副高均较强,两高呈对峙状态时,当蒙古国到我国河西的长波槽南伸或热带系统从副高南侧向西侧移来也会构成陕西大暴雨形势。这类暴雨发生前后环流并没有显著调整,而是原来长波配置上已具备了一定条件,只需要加入某种系统即可构成暴雨形势。许多局地强对流型的暴雨个例就属于这一类型,这是在一定的长波配置下由于某些天气尺度系统触发产生的局地强对流而引起不稳定降水。这类过程历时短,雨峰狭窄且多数是单峰型。但当大尺度环流比较稳定,天气尺度和次天气尺度系统比较活跃时,也会造成长历时、大范围、多雨峰的大暴雨,如前述的“83·7”大暴雨就是一例。

6.2.5 西太平洋副热带高压东退的天气形势

6.2.5.1 副高与陕西降水气候特征

设$\Delta\psi$表示500 hPa副高外围588 dagpm线与西安最短距离。并规定$\Delta\psi \leqslant 0$(即588 dagpm线在西安以西以北地区)为副高控制型;$0<\psi<12.0$为副高影响型;$\Delta\psi \geqslant 12.0$为无副高型。根据1961—1966年、1969—1972年资料统计发现:控制型7月占总天数16%,8月达30%,8月比7月多一倍;无副高型7月占总天数24%,8月仅18%;副高影响型7月占60%,8月占52%。若将控制型同影响型求和,则7月占76%,8月占82%。图6.7为$\Delta\psi$同陕北、关中、陕南大～暴雨型相关频率分布。从图6.7中可以看出,$\Delta\psi=2$,关中多大到暴雨;$\Delta\psi=4$,陕南多大～暴雨。

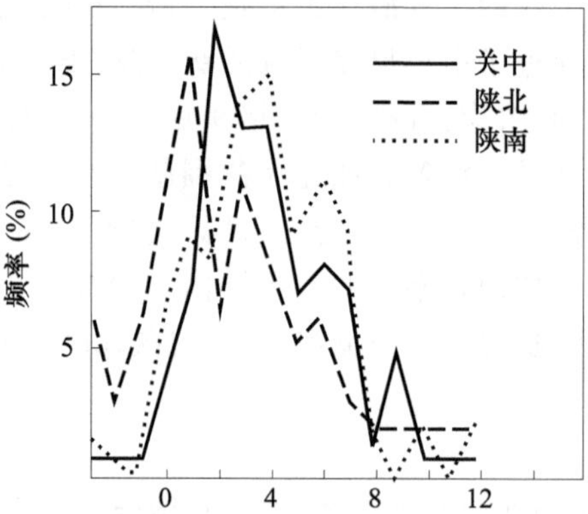

图6.7 $\Delta\psi$与陕北、关中、陕南大～暴雨型相关频率分布

6.2.5.2 副高东退的天气形势分析及预报

副高的北跳南撤、西伸东退、时强时弱等变化,都强烈地影响陕西各地的晴雨和旱涝。特别是副高的短期演变,对陕西暴雨产生及转折性天气预报的成败是一个不容忽视的问题。因此,做好副高短期演变的预报,对于提高预报质量有着十分重要的意义。预报实践表明,副高

短期活动，经常受其北侧西风带扰动的影响，尤其是与 40°N 附近的高空西风急流的长波扰动关系密切。适当的中纬度扰动的出现和存在，是影响副高非周期演变活动的重要因素之一。根据 1961—1974 年 7 月份副高外围 588 dagpm 线与西安最短距离 $\Delta\psi \leqslant 9$ 个纬距的 24 个个例，采用天气学方法进行分类，归纳出三种不同天气形势下副高东退（减弱）的天气模式。东退标准是，24 h 内 588 dagpm 线东退 4 个纬距以上，或 48～72 h 中 588 dagpm 线东退 7 个纬距以上。

（1）新疆高压发展型

该型副高主体位于华南或黄海地区，脊线从东北到华南，呈东北—西南走向。新疆和高原上 100°E 以西为高压控制，其脊线呈东北—西南走向，并伸展到 60°N 附近，中亚和蒙古东部分别为低槽区，由于中亚低槽的稳定，高原到新疆有较强的暖平流向北输送，使高脊发展，促使脊前蒙古低槽向东南加深，而使副高东退，如图 6.8a 所示。

（2）西风槽南下型

该型副高脊线多位于 5°—28°N 之间，且呈气旋性弧状分布，西端伸展到华南或横断山区。新疆为高压区，高压中心强度大于 584 dagpm。高脊呈南北向分布或略呈东南—西北走向。蒙古为低槽区。从 44 区到 55 区有两个（或以上）阶梯槽向东南移动，西侧槽移速快于东侧槽，两槽东移合并向南发展，使副高东退，如图 6.8b 所示。

（3）东北低槽切变型

该型副高主体呈带状，脊线位于 30°N 附近，多呈纬向分布，西端可伸展到四川盆地。蒙古东部到我国河套为东北—西南走向的高脊控制，或 31 区到 50 区有阻塞高压发展。我国东北沿海有东西走向的横槽建立，并有明显的冷温度槽相配合。由于蒙古高脊或阻塞高压的崩溃，东北横槽转竖向东南移，使副高分成两个高压中心，东部副高单体东退，西部副高单体逐渐减弱，如图 6.8c 所示。

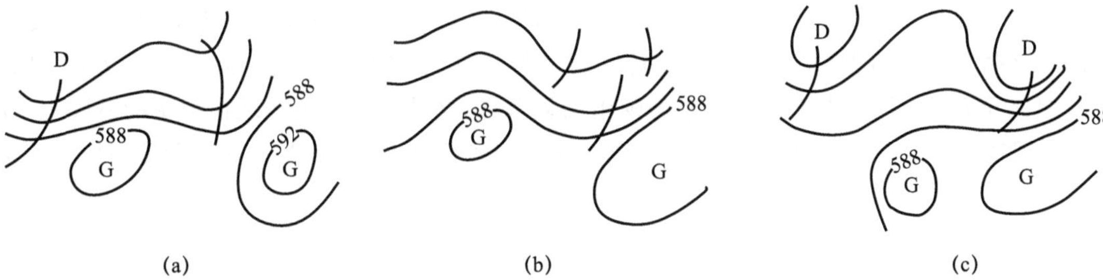

图 6.8　副高东退（减弱）示意图

6.3　陕西暴雨的主要影响天气尺度系统

6.3.1　影响陕西暴雨的天气尺度系统

天气尺度系统对暴雨的作用主要体现在，一是由于不同高度，不同地区，不同性质的天气尺度系统的汇合、叠加和停滞造成低层水汽的辐合，冷暖空气的交绥、大范围上升运动和位势不稳定的层结；二是为次天气尺度系统和中尺度系统的生成创造有利的环境条件。预报员在预报实践中,从天气图上通常见到的影响陕西暴雨过程的天气尺度系统,如表 6.8 所示。

表 6.8 影响陕西暴雨过程的天气尺度系统

层次	高空	低空	地面
天气尺度系统名称	200～300 hPa 高空急流	冷式切变	冷锋
	冷涡	暖式切变	静止锋
	西风槽	三合点	锢囚锋
	高原槽	低涡	东路冷空气(高后)
	切变	切变低涡	台风
	低涡	低空急流	高压底部
	西南气流	台风	
	西北气流	台风倒槽	
		东风波	

根据对 1958—1977 年暴雨期 4—10 月各月直接影响降水的天气系统统计,在 500 hPa 主要为高空槽,即为表 6.8 中的西风槽和高原槽,占 48.0%,其次是切变,占 24.7%,第三是西南气流,占 12.2%。在 700 hPa,主要是切变,即表 6.8 中的冷式切变,是由西北风与西南风构成,暖式切变是由西南风或南风与偏东风构成,三合点,由暖式切变与冷式切变相交构成,也叫“人”字形切变,共占 57.8%,其次是切变低涡,占 18.5%,第三是低涡,占 9.5%;在地面,主要是冷锋,占 67.5%,其次是高后,占 19.0%,第四是高压底部,占 7.6%。

6.3.2 不同季节暴雨影响天气尺度系统

6.3.2.1 不同季节影响天气尺度系统统计特征

图 6.9 是主要天气尺度系统发生频率逐月演变图,可以看出,各层影响降水的天气尺度系统频率梯次为 7 月、8 月、9 月、6 月,这同暴雨发生概率月演变规律是一致的。另外,7 月、8 月、9 月三个月,4 月、5 月、6 月三个月表现出明显差异,这种差异不仅体现在频率的悬殊上,而且还体现在 4 月、5 月、6 月各主要天气尺度系统的排列不像 7 月、8 月、9 月三个月那样具有鲜明的阶梯状,这在一定程度上,也反映出春季与初夏的暴雨影响系统,同盛夏期间暴雨影响系统的差异。

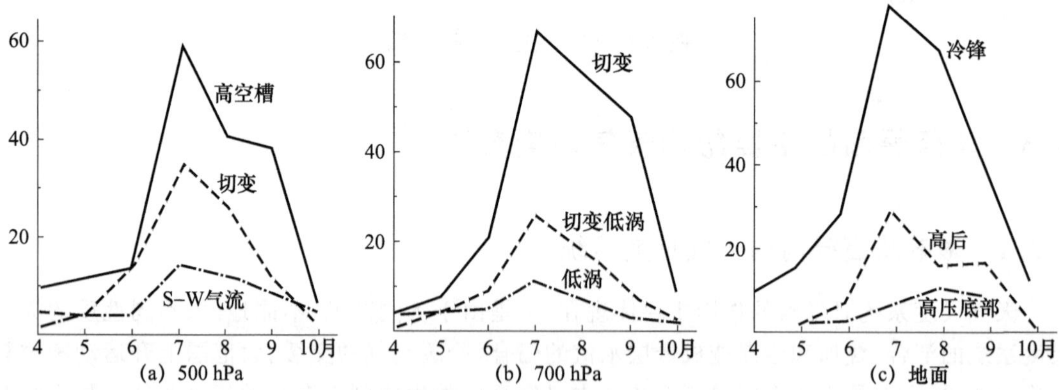

图 6.9 主要天气尺度系统逐月频率(%)演变图

6.3.2.2　春季—初夏暴雨影响天气尺度系统

(1)冷锋

春季产生的暴雨一般都有冷空气过境,普遍地说西路冷空气比东路冷空气强,春到初夏季节下垫面感热快,暖空气势力有时也很强,锋面附近有明显的气压梯度和位势不稳定,因此容易产生强对流天气并造成暴雨。

(2)西风槽和高原槽

春到初夏西藏高原上是一个平均槽位置,常有低值系统活动,高原槽或涡与西风槽结合时,低值系统发展,造成大降水过程。

(3)副热带高压

春到初夏副热带高压位置偏南,第一次北跳平均是 6 月中、下旬,使华南雨季转为江淮雨季,影响陕西南部地区,该时期副热带高压南北活动频繁,当 588 dagpm 线伸入大陆副高西脊点在 20°N 以北时,陕南受副高偏南风影响。

(4)低涡

当我国 40°N 以南环流经向度大,有冷平流注入柴达木盆地或甘南的暖性低涡中,使低涡发展东移、深度加厚,造成大降水过程,或受西太平洋副热带高压西侧偏南风影响,使高压东侧的西南涡北上影响陕西。

6.3.2.3　盛夏暴雨影响天气尺度系统

(1)锋面

造成大范围的暴雨天气基本上都有锋面配合,绝大多数是冷锋影响,其次是西北路冷空气和华北迂回的冷空气形成的锢囚锋,个别情况也有暖锋影响。锋面附近位势不稳定,使上升运动强烈而形成了大的降水。

(2)高原槽、西风槽和低涡

盛夏期间西风槽和高原槽仍然是大降水的影响系统之一,同时低涡的配合更为重要,有时属北槽南涡,或中层是槽,低层(700 hPa、850 hPa)是涡,大降水往往发生在低涡附近。从低涡的来源分为西北涡(柴达木涡)和西南涡(高原东侧)。西北涡的东移与冷空气入侵使低涡变性,以及湿急流的影响、西南涡的北上是与四川盆地的西南风诱导、涡前的负变高、辐合上升区有关。另外两种不常见的情况:第一是台风低压的直接影响,如 1956 年台风低压移至陕北,1975 年 8 月河南台风大暴雨陕西白河受其影响,1982 年 7 月 31 日 9 号台风前的强东风环流造成渭南大暴雨。第二种情况是脊前强冷平流,中、低层也有低涡出现,造成强对流引起的暴雨天气。

(3)切变

切变线产生的暴雨是盛夏常见的天气系统之一,冷性切变(偏北风和西南风之间的切变)常与地面冷锋配合影响;暖性切变(东南风与西风、西南风之间的切变);“人”字形切变 700 hPa 上有时冷性切变和暖性切变同时存在于低压中,两个切变交接处称为三合点,该切变常称为“人”字形切变。

(4)偏南风急流

盛夏期间由于副热带高压的存在,产生暴雨的低空急流不单只有 700 hPa、850 hPa,500 hPa也很明显,500 hPa 上的风一般为 12 m/s 以上。偏南风急流不仅是水汽的输送者,而且急流上南风脉动还能触发中尺度的扰动发生。如 1983 年 6 次大型暴雨过程 500 hPa 图上,首先高原上有一支西南风发展,当中空一旦偏南风急流建立时,暴雨接踵产生。

(5)副热带高压

盛夏期间副热带高压不断西进北抬,其位置在大陆深处,成为影响陕西盛夏暴雨的主要天气系统,出现概率最多,占63%。

6.3.2.4 秋季暴雨影响天气尺度系统

(1)冷锋

一般来说,秋季暴雨湿度条件好,但变温变湿不如夏季明显,层结有时属中性,甚至稳定层结,这是前两个时期没有的情况,北路和东路冷空气比西路冷空气强,锋面过境对暴雨起到非常重要的触发作用,秋季暴雨的锋面除冷锋外,还有东西两路冷空气造成的锢囚锋。

(2)西风槽

西风槽仍然是造成秋季暴雨的系统之一。巴尔喀什湖或黑海有切断低涡时,从低涡中分裂槽沿锋区东移,也有横槽转向的西风槽,连阴雨中的西风槽与低层低值系统配合使雨量加大造成暴雨。

(3)西太平洋副热带高压

秋季暴雨是在副热带高压南撤,但仍留在大陆且对陕西有影响,这时华北雨季转为江淮雨季,陕北暴雨基本结束,关中陕南进入秋汛时段。

(4)低层低涡或切变

秋季暴雨时段,在对流层低层850 hPa、700 hPa有低涡或切变、有时是“人”字形切变,东边是暖切变,西边是冷切变,较强的暴雨常发生在这种形势下。

6.3.3 高原低值系统与陕西暴雨

6.3.3.1 高原出槽及其预报

据1971—1978年3—5月资料统计,在30°—40°N,85°—106°E,槽线呈NNE—SSW,槽线长度达5个纬距,槽前为西南气流的移动性槽,共出现95次高原槽,过西安的83次,占西风槽总数的87%,造成降水的43次,占过境槽的53%。夏季,6月出现次数居首位,有84%过境。7月、8月只占半数过境。可见高原槽对陕西的降水影响十分明显。结果表明,并非所有的高原低值系统都对陕西天气造成影响,只有移出的槽(即高原出槽)才能对陕西天气造成影响,通过普查发现,在图6.10中阴影区域Ⅱ里发生、发展或移经该处的高原低值系统,往往能直接影响陕西。因此,着眼于该区的低值系统(低涡、切变、低槽),并定义,当某时段Ⅱ区有低值系统的时次≥该时段总时次的一半时,则该时段为“出槽盛期”,反之为“出槽衰期”。

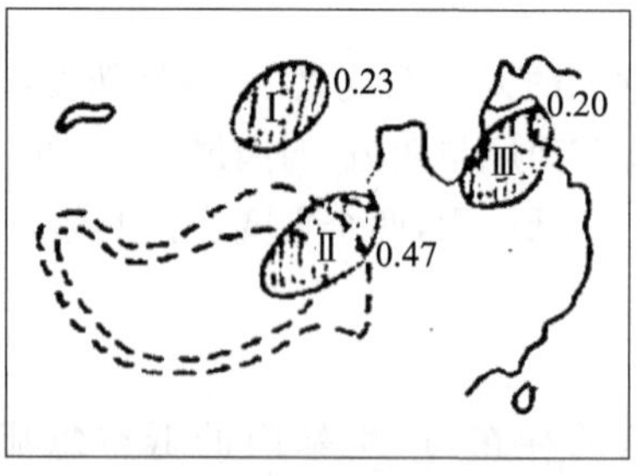

图6.10 统计500 hPa出槽频率的区域示意图

根据统计分析发现，当Ⅱ区处于背风坡时(当时Ⅱ区上空 300 hPa 上为西南风)高原出槽盛，当处于迎风坡时，出槽衰；当 300 hPa 西风槽线在 80°—92°E 时(Ⅱ区处于高空槽前正涡度平流区)，未来出槽概率很高，随着低槽东移，Ⅱ区出槽概率迅速减小，槽线移过 95°E 时(Ⅱ区上空为负涡度平流区)，出槽概率极小；另外，斜压不稳定对处于高原边界层中的 500 hPaⅡ区出槽也有一定的作用。为此设

$$\sum T_\sigma = (T_{300} + 2.5q_{300}) + 1.6(T_{500} + 2.5q_{500})$$

$$\gamma_{5-3} = T_{500} - T_{300}$$

分别表示高原上对流层气柱总热量和垂直温度递减率，以指示高原上对流强弱；设

$$\Delta H_S$$

$$\Delta H = H_{300西宁} - H_{300敦煌}$$

分别表示 25°—30°N，95°—105°E 范围内 300 hPa 最大高度差(反映“小风区”)和高空西风带环流，指示高原鞍形场上空流场特征。用因子$\sum T_\sigma$和 γ_{5-3} 做点聚图，得出槽概率 I_C。(图 6.11a)，发现高热量小递减率时，未来 36 h 有较高的出槽概率(特别是当$\sum T_\sigma \geqslant 13$ ℃、$\gamma_{5-3} \leqslant 26$ ℃，出槽概率达 0.91)；低热量大递减率时，未来的出槽概率很小(如，当$\sum T_\sigma \leqslant 14$ ℃、$\gamma_{5-3} \geqslant 32$ ℃，出槽概率仅为 0.12)。用因子 ΔH_S和 ΔH 做点聚图，得出槽概率 I_W(图 6.11b)，发现高空急流愈强，ΔH_S愈小，则出槽概率愈大；反之，高空急流弱，且 ΔH_S愈大，则出槽概率愈小，根据 I_C和 I_W可综合得到以概率形式表达的“高原出槽指数 I_t”(图 6.11c)。I_t就作为一种逐日预报未来高原东北侧Ⅱ区低值系统活动盛衰的指数，并取 $I_t \geqslant 0.70$ 作为“高原出槽高指数”，记为 I_{tG}，此时未来 36 h 内Ⅱ区至少出现一次低值系统的概率为 67/69＝0.97，至少出现两次低值系统的概率为 57/69＝0.83；$I_t \leqslant 0.32$ 作为“高原出槽高指数”，记为 I_{tD}，此时未来 36 小时内出现低值系统的次数≤1 次的概率为 37/44＝0.84。

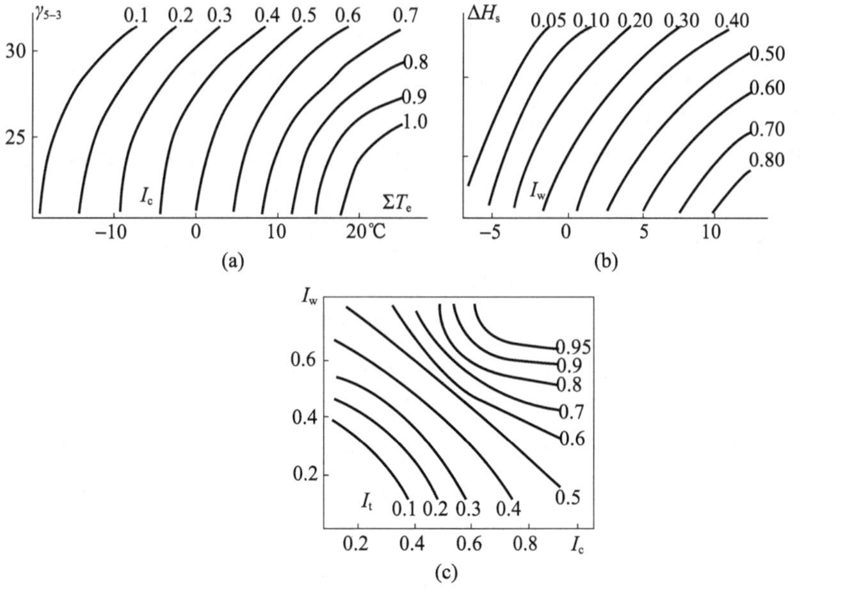

图 6.11　高原出槽点聚图

(a)那曲站 20 时出槽点聚图；(b)300hPa 高原东侧流场特征和出槽点聚图；(c)出槽指数综合图

(图上参数为出槽概率)

6.3.3.2 盛夏高原西侧外来槽及其预报

盛夏进入高原的低槽,从路径上看主要有两路:一路是北路,另一路是西路。这里规定在85°E以西就进入40°N以南的低槽称为高原西侧外来槽,过85°E以东才进入40°N以南的低槽则称为北路槽。这里讨论前者。

根据1961—1972年10 a资料(缺1967年、1968年)统计,共有西路槽70个,其中7月份39个,8月份31个。在这70个西路槽中,东移造成局地小—中雨以上过程的有51个,占72.9%;造成暴雨的30个,占42.9%;完全没有影响者14个,占20.0%。影响时间在低槽过75°E时当天(称开始日)后48小时内影响者40个,占57.1%;48小时后影响者16次,占22.9%。

由20°—120°E、30°—50°N长波连续图分析发现,当长波槽在40°E、90°—100°E附近,最有利于当时高原西侧的低槽东移发展并造成天气,尤其是长波槽在40°E出现并维持两天或以上时,由于上游效应将引起下游系统的发展。如在1961—1967年、1969—1972年7—8月,在40°E附近出现长波槽21次,其中20/21在其后1~3天内,下游60°E以东也将出现长波槽,这20次长波槽中,有12次为70°E以东新生槽,8次为原稳定在60°E以东然后启动东移的长波槽。当70°E以东有移动性长波槽时,其前部位于高原的系统将东移影响,因而有利于高原低槽的发展并东移影响陕西。如在40°E附近有长波槽维持的时段内高原西侧出现外来槽13次,有13/13次东移影响陕西,其中11/13次是陕西全域性大雨或暴雨天气。高原低槽是否东移不仅与亚欧的长波配置有关,而且还与长波的强度关系密切。取长波连续图上20°—120°E范围内长波槽和它后部的高脊(若长波槽在40°E以西取槽前高脊)之间经距为$\Delta\lambda$,槽脊之间的高度差为ΔH。则发现:当开始日$\Delta\lambda \geqslant 45°$,则在高原西部的槽未来要影响,概率达12/12,其中9/12达到大—暴雨过程;当$\Delta\lambda \leqslant 25$且$\Delta H < 8$时,则高原西部槽未来影响的概率达18/18,其中有15/18达到大到暴雨过程;当$25 \leqslant \Delta\lambda \leqslant 35$且$\Delta H \geqslant 8$时,高原西部槽未来不造成影响的概率达12/15。为什么高原低槽能否东移同长波的强度有这样的关系呢?这是因为当长波振幅大时,则南北风分量也大,西风分量U就小,这时长波槽移动就缓慢,甚至可倒退。反之,当波幅小时,U就大,则向东移动就快。

盛夏高原西侧外来槽是否减弱或东移影响陕西,要考虑以下因素:一是西太平洋副热带高压对高原西路低槽的作用,当副高在长江流域或东南沿海时进时退,往复徘徊或呈南海高压时,副高不是造成低槽减弱的主要因素;当副高影响陕西,其外围588 dagpm线是从淮河、山东半岛甚至日本海一带西伸(即588 dagpm线与西安最短距离出现在西安东、东北部位且$\Delta\psi$一天天变小),或河套高压出现并稳定维持(定义:500线包围着西安而在河套甘肃一带呈闭合环流,西安以东、以南刮东风称河套高压)时,副高或河套高压控制与西路槽减弱关系密切。二是西路槽伸展高度和高层系统的影响,西路低槽是由高原西部移入青藏高原的外来槽,它基本上属于副热带急流中活动的斜压扰动。该扰动比较多的情况是在地面上有冷空气配合,并能伸展到9000 m以上的高空,垂直结构愈深厚的系统,斜压性愈强,东移到高原东部时一般不会很快减弱,并能造成明显天气。另外,从西路低槽开始期当天及后两天(低槽东移过程)100 hPa高压中心位置与低槽东移造成陕西天气的高空天气图上可以看出两种比较典型的情况:当100 hPa高压中心出现在35°N以北,90°—105°E之间时,500 hPa低槽不发展;当100 hPa高压中心出现在32°N以南,500 hPa低槽东移容易造成大到暴雨。对于不利于500 hPa西路低槽发展的100 hPa环流型主要有以下三种形势。

(1)柴达木高压型

当 100 hPa 高压中心出现在柴达木盆地时，未来 500 hPa 西路低槽不发展，为了了解这种形势对天气的普遍意义，反查了 1961—1973 年 7—8 月间出现上述形势日期及其后 4 d 降水情况，发现后 4 天内不出现中到大雨以上的降水的概率都在 87%以上。因此，可以认为，100 hPa 柴达木高压不仅对预报高原西路低槽有指示意义，而且是少雨。

(2)河套长脊型

在实际天气预报中经常碰到，在 500 hPa 河套或华北突然长脊，而长波槽滞留在巴尔喀什湖到新疆一带引起过程扑空。从开始期形势看，由于高原西部低槽深厚，负变高显著，锋区明显，预报员总想报高原槽东移影响，但随着河套突然长脊，使高原西部东移的低槽停滞造成“空雨”。因此，河套长脊是陕西盛夏伏旱基本形势之一。

(3)副高西伸型

副热带高压的西伸控制是西路低槽减弱停滞和陕西少雨形势之一。实际分析表明，500 hPa 副高西伸同 100 hPa 和 300 hPa 青藏高压东移有很大关系，为了了解其普遍意义，统计了 1961—1972 年(缺 1967 年、1968 年)7—8 月份 100 hPa 高压进入 35°N，110°—130°E 地区并维持 2 d 以上者共 15 次，其中 12 次(占 68%)500 hPa 副高表现为明显西伸北进加强过程。

6.3.3.3 青海热低压

(1)青海热低压的统计特征

青海热低压是高原夏季主要低值系统之一，同时也是影响高原东北侧降水过程的重要天气系统。定义：700 hPa 高空在 90°—105°E、35°—40°N 范围内的低压，其中心值≤304 dagpm，有气旋性环流，并维持 12 h 以上且有暖中心或暖脊与之配合称之为青海热低压。普查 1963—1965 年，1972—1980 年 6—8 月共计 12 a 36 个月的资料，符合定义的个例有 65 个。表 6.9 是青海热低压各年各月生成及东移统计表，从表 6.9 中可以看出，6 月、7 月和 8 月分别生成 26 个、24 个和 15 个，而能够向东移出高原的分别为 12 个、10 个和 5 个，平均每年出现 5.4 次，东移出的 2.25 次。这移出的 27 个热低压中有 26 个造成陕西降水，其中有 14 个造成陕西大到暴雨天气，5 次陕西中雨天气，其余均是小雨或局地中雨天气。青海热低压生成数的年际变化很大，最多年份有 12 次，最少只有 1 次。在 12 a 的 36 个月中有 9 个月没有青海热低压生成，而最多的一个月有 7 个生成。

表 6.9 青海热低压各年各月生成及东移统计表(单位：个)

年		1963	1964	1965	1972	1973	1974	1975	1976	1977	1978	1979	1980	合计
6 月	生成	2	3	1	3	2	6	4	2	1	1	1		26
	东移	2	2		2	1	1	1	2		1			12
7 月	生成	3	4	1	7	1	3	1		4				24
	东移	3	3	1	1		1			1				10
8 月	生成		1	3	1		3	1			2	3	1	15
	东移		1	1				1				1	1	5
9 月	生成	5	8	5	11	3	12	6	2	5	3	4	1	65
	东移	5	6	2	3	1	2	3	1	1	1	1	1	27

(2)青海热低压的移动路径

图 6.12 反映了青海热低压移动路径。可以看出,在 103°E 以西时路径较集中,基本上沿 36°N 往东移动,当移到地形高度陡降的地方,即 105°E 后,其路径有二:一是沿秦岭北麓东移,影响陇东、关中、渭北和陕北南部;二是当高空主槽比较明显,低压因受高原槽前西南气流引导,则沿屈吴山、六盘山东北上,影响宁夏、陕北、内蒙古一带。

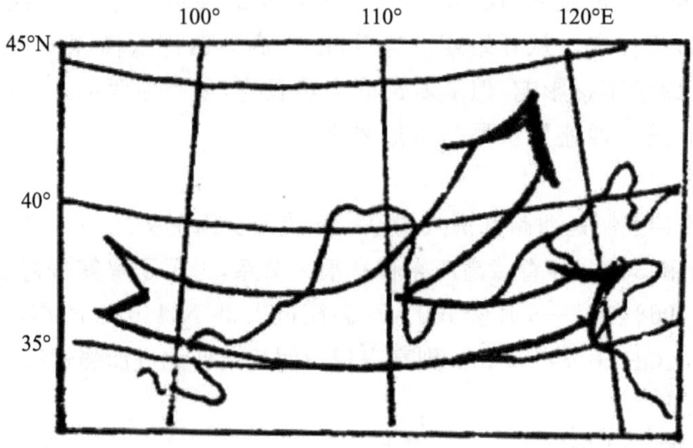

图 6.12　青海热低压移动路径

(3)青海热低压的变性

青海热低压生成的初始阶段都是暖性的,低压中心与暖中心基本重合,当低压东移,冷空气侵入,并靠近急流时,性质则完全改变。这前后两个阶段低压的结构和造成的天气有显著的差异。这里采用合成的方法,分析了低压处于源地及东移到高原东北侧时,700 hPa,500 hPa,300 hPa 的温压场结构。

①热低压的结构:从 65 个热低压中取位于 95°E,37°N 处的 19 个例子,进行了合成分析,得到图 6.13a。可以看出,此时,热低压整层都是暖性的,700 hPa 低压中心与温度场强暖中心重合,但低压东侧温度梯度小,西侧温度梯度大。热低压的上空 500 hPa 处为暖舌,暖中心偏于低压的西南方。500 hPa 低槽位于热低压上空西侧 10 个经距处。300 hPa 环流略平直,热低压所在区有暖脊。此时天气以晴为主,间或有局地阵雨。

②变性后的低压结构:在东移的 27 个热低压个例中,取其中移出 105°E 后仍能确定其低压位置的 20 例进行合成,得到图 6.13b。当低压东移 105°E 以后,700 hPa 低压与温度槽配合,青海热低压已变性成为“冷涡”,其前部有强暖平流。与图 6.13a 比较,可以看到低压中心强度减弱,尺度也变小了。500 hPa 与 300 hPa 的温度槽都落后于高度槽。且在 500 hPa 图上与冷涡对应的是一暖槽,槽线前后冷暖平流明显。

100°E 附近是低压能否发展东移的关键地区。热低压在盆地时呈准静止状态,一般强度变化不大,其温压场结构、流场等大体是一致的。但低压一旦移至 100°E 附近,其槽后的冷空气经常由此进入低压。若 700 hPa 的湿急流区恰好处于这一带的东侧,即湿舌明显,并有较强的湿中心位于低压前部,南风增强。这时低压西侧的冷空气进入低压,强迫抬升暖湿空气,加大潜热的释放,使斜压涡得以维持和加强。

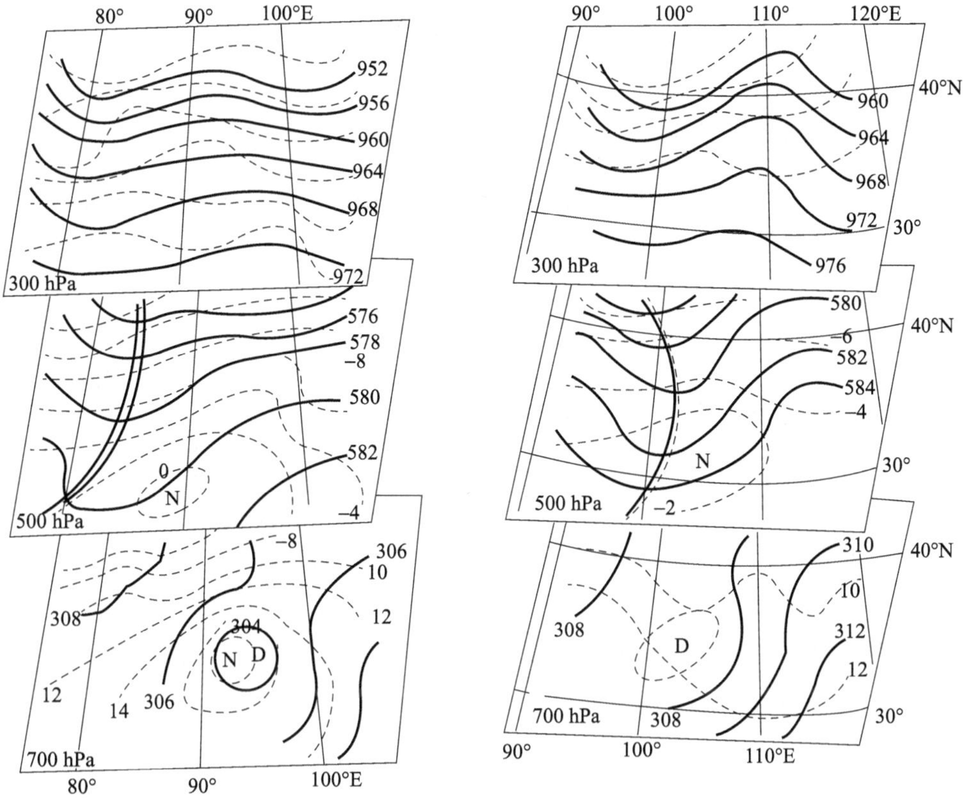

(a)　　(b)

图 6.13　青海热低压温压场结构合成图

(a)位于 95°E;(b)位于 105°E

(4)热低压东移中的强度变化及天气

统计了地面天气图上距低压中心 5 个纬距范围内的 6 h 降水量,取其最大值予以分析。在 65 个热低压中 31 个在盆地时无降水或降水量≤1 mm。将 27 个东移个例就上述降水量进行平均,图 6.14 中的虚线就是此平均值随经度的分布,实线是 27 个东移热低压中心在移经各经度时的平均高度值。从高度变化的趋势上看,热低压在盆地中部略有加深,下高原后是逐渐填塞的,而降水的分布却一直是加大的。当低压变性东移过 105°E 后,降水量明显地增大了。6 h 降水量的平均值达到 19.5 mm。雨量中心位于低压的东南。在 27 个东移的低压中有 9 个移过 105°E 后,6 h 最大降水量≥30 mm。最大者达到 55 mm。有 21 个达到暴雨,占移出总数的 77%。有 14 个在移过 105°E 后造成陕西全域性的大～暴雨。

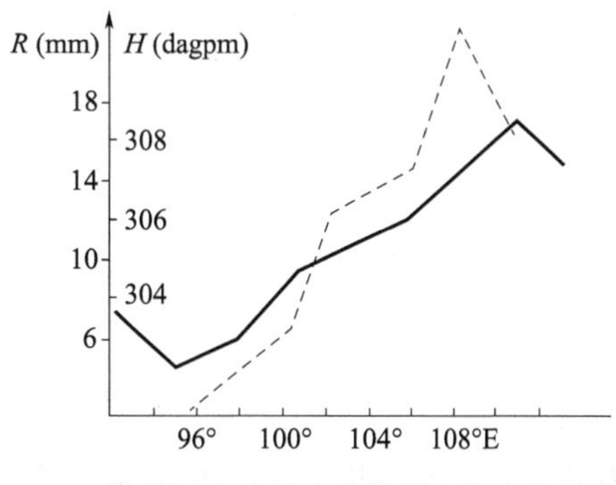

图 6.14　热低压东移过程中其强度与降水的变化

(实线:低压中心平均高度;虚线:平均降水量)

6.4　影响陕西暴雨的次天气尺度Ω系统

6.4.1　次天气尺度Ω系统

次天气尺度系统是指水平尺度在几百～千千米,时间尺度在一天左右的系统(图 6.15),它是造成暴雨的直接系统。该系统是利用一种特殊的分析工具——地面能量比图,合理地分析常规地面天气报告资料得出的天气系统。

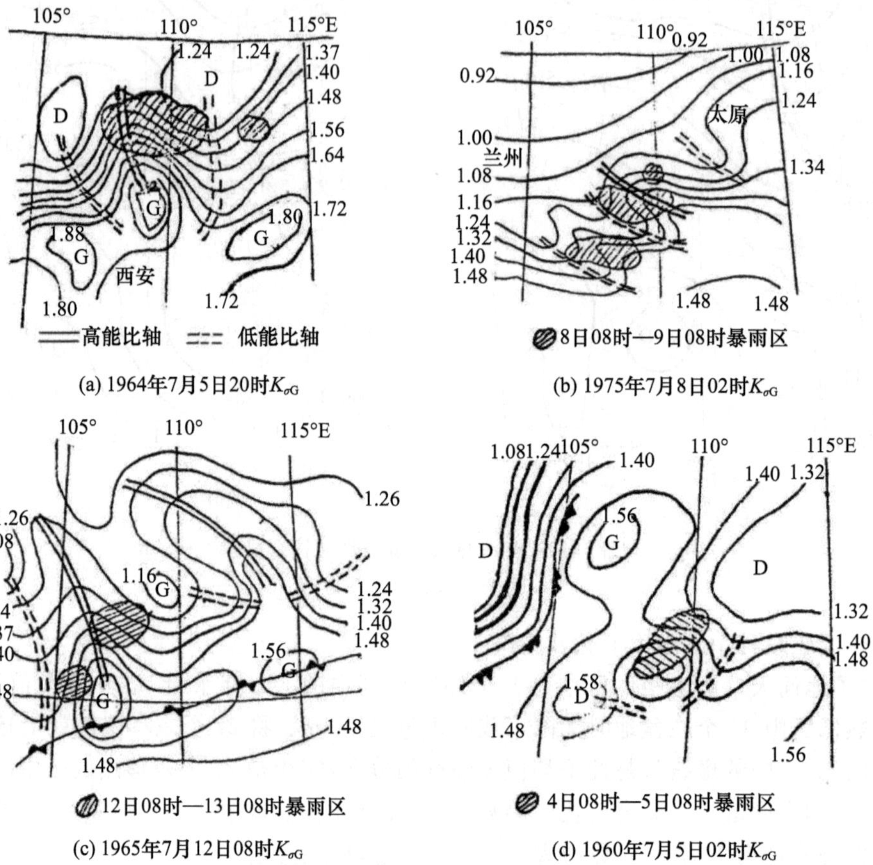

(a) 1964年7月5日20时$K_{\sigma G}$　(b) 1975年7月8日02时$K_{\sigma G}$

(c) 1965年7月12日08时$K_{\sigma G}$　(d) 1960年7月5日02时$K_{\sigma G}$

图 6.15　次天气尺度Ω系统分析实例

══ 高能比轴;═ ═ ═ 低能比轴

(阴影区表示暴雨落区)

所谓"地面能量比"其定义为邻近地面等压面上单位质量空气的相对湿静力能量和位势能之比。邻近地面等压面指的是所分析的地区各地面最邻近的一个等压面(或叫平均等压面)有

$$P_1 = \frac{1}{n}\sum p_i$$

式中,p_i为发海平面气压报的各站夏季平均本站气压,对于高原东北侧暴雨落区的分析范围(27.5°—42.5°N,104°—117°E),P_1=950 hPa。所谓相对湿静力能量是指以℃为单位的地面相对总温度 T_σ(℃)来表征的湿静力能量

$$T_\sigma(℃)=Z_G(℃)+2.5q_G(g/kg))+10Z_G(km)$$

式中，T_G，q_G，Z_G 分别为地面测站的气温、比湿、海拔高度。P_1 等压面上单位质量空气的位势能可用海平面气压 P_0 近似地表征

$$qZ_{p_1}=(P_0-P_1)/\bar{\rho}$$

式中，$\bar{\rho}$ 为 P_0-P_1 间的平均密度。于是地面能量比为

$$K_{\sigma G}=\frac{\bar{\rho}c_p}{A}\cdot\frac{T_{\sigma G}}{P_0-950}$$

为了简便，在天气分析时把 $K_{\sigma G}/(P_0-950)$ 称之为“地面能量比”，仍以 $K_{\sigma G}$ 表示，有

$$K_{\sigma G}=\frac{T_{\sigma G}}{P_0-950}$$

以 $K_{\sigma G}$ 为工具，分析不同天气尺度背景下的大暴雨个例，发现在大暴雨区附近存在一种与 $K_{\sigma G}$ 场表现形式很类似的次天气尺度系统即 Ω 系统。图 6.15 中的 a，b，c，d 图分别是迎面锢囚峰、冷峰、静止峰和暖区中的 Ω 系统的实例。

6.4.2　Ω 系统和暴雨落区

通过对 1963—1965 年和 1972—1975 年陕西 7 月份的资料进行反查性的统计分析，发现 Ω 系统同暴雨落区有比较密切的关系，利用这种关系来预报暴雨落区，可使落区精度有明显提高。

考虑到暴雨的发生需要一定的背景场，所以在满足一定的大尺度条件的基础上，分析 Ω 系统同暴雨落区的关系。通过前一天 20 时一些高空条件和当日 08 时至次日 08 时暴雨落区的关系的分析，从中选出了关系较明显的指标组成综合条件，这些条件是：

①前三天到前一天之间出现高原出槽指数≥0.70，并维持在 0.32 以上（即高原出槽盛期）。

②前一天 20 时 125°E 以西，500 hPa 上，25°N 以北有带西南风的 588 dagpm 线；反映在 850 hPa 上有切变线；在这 588 dagpm 线的西北侧，850 hPa 东北—西南走向切变两侧 5 个纬距内，T_d≥16 ℃。把满足这三个条件的区域称之为“湿切变区”。

湿切变区内 850 hPa 能量比图上有如图 6.16a 型式的分布。分析在高原出槽盛期时全部有湿切变的 73 个个例 20 时的 $K_{\sigma 850}$，发现次日可能出现暴雨的地区如图 6.16b 中阴影区所示，故此把该阴影区称之为“暴雨警戒区”。

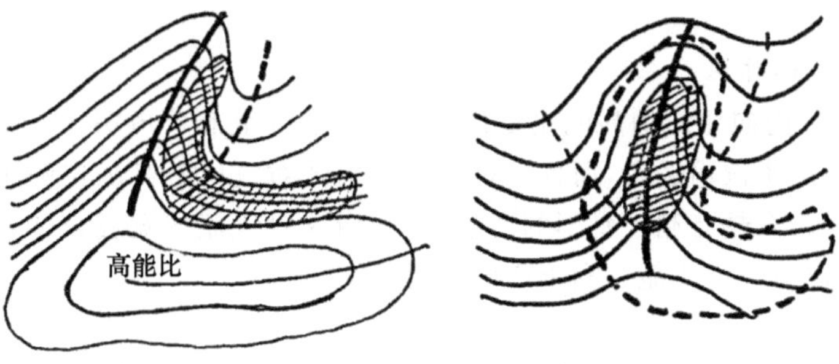

(a)　　(b)

图 6.16　Ω 系统和暴雨落区示意图

(a)20 时 $K_{\sigma 850}$ 暴雨警戒区示意图；(b)02 时 $K_{\sigma G}$ 暴雨落区模式示意图

（细实线：等能比线；粗实线：高能比轴；细虚线：低能比轴；粗虚线：警戒区；阴影区：暴雨区）

警戒区面积比实际暴雨面积大得多,从 73 个个例看,实际暴雨面积平均约为警戒区的 1/14,这表明,仅仅用警戒区作为暴雨落区,预报精度仍很差。利用地面能量比图,统计分析了 43 个警戒区中共有 47 个符合上述条件的 Ω 系统(部分警戒区中有两个 Ω 分布),43/47(91%)Ω 系统高能比轴当天 08 时—次日 08 时有暴雨,其中 41/47(87%)有区域性暴雨(概括了警戒区中暴雨之全部)。43 个警戒区中有 6 个警戒区内没有符合上述条件的落区,则 6/6 没有区域性暴雨。如果把由 Ω 系统的位置勾出的暴雨落区作为预报落区,从这 47 个个例看,实际暴雨区面积平均约为预报区的 1/7,比用"暴雨警戒区"作为预报落区提高了一倍。

6.4.3 Ω 系统的天气学意义

6.4.3.1 Ω 分布的尺度特征

在分析 20 时 $K_{\sigma 850}$时得到:只有当高能比轴的东北侧有低能比轴伸向西南,且它的末端和高能比轴线的距离≤5 个纬距时,才有区域性暴雨。若东北侧虽有低能比区,但低能比轴离高能比轴较远,则没有区域性暴雨。例如,1965 年 7 月 17 日 20 时,虽然是出槽盛期,并有湿切变区,反映到地面图上,也确有一条冷锋将要东移影响。但从能量比场上看,这个高能比区既宽又长,高能比轴线以东十几个纬距内均无低能比轴。而实况是次日无区域性暴雨。分析 02 时 $K_{\sigma G}$时也得到类似的结果:只有当两侧低能比轴和中间的高能比轴线距离≤5 个纬距的 Ω 分布,才有暴雨。距离大于 5 个纬距时,则没有暴雨。例如,根据前一天 20 时高空资料分析,1975 年 7 月 5 日陕南仍为暴雨警戒区,从 5 日 02 时地面天气图看,陕南处在东西向静止锋北侧,但从 02 时 $K_{\sigma G}$看,警戒区内等能比线平直,不存在符合上述条件的 Ω 分布。而实况是 5 日 08 时—6 日 08 时警戒区内没有暴雨。

以上事实表明,天气尺度的影响系统,如低槽冷锋,虽然能够造成一片天气尺度的雨区,但并不一定都有暴雨。暴雨落区往往和存在于低值影响系统附近的一种尺度为几百千米的扰动紧密联系的。即不仅要求有 Ω 分布,而且只有当 Ω 分布满足上述条件时方有可能出现暴雨。这同在特大暴雨区的上升运动中心附近约 5 个纬距内,总有一个明显的下沉运动中心和它紧密相伴的分析结论是一致的。这个事实也说明,暴雨区垂直环流圈的水平尺度一般不过 400～500 km,同时也告诉我们上升运动和下沉运动是不可分割的统一体。有一定尺度的上升运动,也就有相应尺度的下沉运动。要想弄清暴雨生消规律,必须把周围的下沉运动区的特点和上升运动区联系起来,作为一个统一体去分析它们的相互作用,还要注意分析两侧的低能比轴的特征及其对暴雨的作用。

6.4.3.2 高能比轴的作用

在 Ω 分布中,由南向北伸的高能比轴往往反映一股向北爬升的暖湿气流。这股气流不但是产生暴雨所必要的水汽输送者,而且也是造成暴雨强对流所必需的位势不稳定能量的输送者。这股气流并非越宽越有利于暴雨的产生,只有当这股气流的宽度较窄,在几百千米内,且两侧有低能比气流夹攻时,才能有利于产生暴雨。

6.4.3.3 东北低能比轴的作用

通过分析一批区域性暴雨过程前后相隔 6 h 一次的 $K_{\sigma G}$图,发现这个东侧低能比轴有时是副高的下沉干空气的反映;有时是倒灌的东路冷空气(包括东移冷峰上的迎面锢囚锋),或准静止的变性弱冷空气堆的反映。夏季这种小股的干冷空气在气压场上往往表现得较弱,在地面天气图上容易被忽视。这股冷空气往往是准静止的,并有向西流动的趋势。因而它起到阻挡暖湿气流向东扩散，使低层辐合加强的作用。该股冷空气同时也是下沉气流，是 Ω 系统不可缺少的组成部分，它对天气尺度雨带中出现暴雨有重要作用，一些个例表明，一旦这股干冷下沉气流消失，虽然天气尺度雨带继续存在，但暴雨区也随之消失了。

6.4.3.4　西侧低能比轴的作用

高能比轴西侧的次天气尺度的低能比轴，是暴雨落区的 Ω 分布的又一个不可缺少的成员，它从西侧伸向高能比轴，而且往往是从冷锋后向暖区插得比较快的一小股干冷空气。例如，发生在 1975 年 7 月 28 日下午到晚上的暴雨过程，在 28 日 02 时 $K_{\sigma G}$图上，已经可以看到一个相应的 Ω 分布，陇东有一个插向东南的低能比轴，这个低能比轴反映的是从祁连山到贺兰山之间的地形通道向东南流动的一股冷空气。这股向东南爆发的干冷空气的冲击，使高能比轴附近形成明显的辐合流场，它触发高能比轴附近不稳定的高热能空气强烈地对流上升。不久，强降水开始在高能比轴附近出现。

6.4.4　Ω 系统的动力学意义

6.4.4.1　理论分析

次天气尺度暴雨系统具有明显的湿斜压特性，层结为位势不稳定的，水汽凝结释放潜热对系统的发展有着重要影响。陈秋士曾用分解分析的方法研究大尺度天气系统中的调整过程。这里利用湿斜压大气简化的调整方程，有

$$\left(\frac{\partial(\hat{\varsigma}-\varsigma_{T})}{\partial t}\right)_{a}=-2\hat{V}\cdot\nabla\varsigma_{2} \tag{6.1}$$

式中，$\hat{\varsigma}=\nabla\times\hat{V}=\frac{1}{2}(\varsigma_{1}-\varsigma_{3})$为流场热成风涡度；$\varsigma_{T}=\frac{1}{f}\nabla^{2}\hat{\phi}$ 为温度场热成风涡度；$(\hat{\varsigma}-\varsigma_{T})$为非热成风涡度；$\varsigma_{T}=\hat{\varsigma}$为热成风平衡；$\hat{V}=\frac{1}{2}(V_{1}-V_{3})$为流场垂直切变；$\hat{\phi}\equiv\frac{1}{2}(\phi_{1}-\phi_{3})$为厚度；$\varsigma_{2}\equiv\frac{1}{2}(\varsigma_{1}+\varsigma_{3})$，下标 1,3 分别表示 300 hPa 和 700 hPa 等压面。式(6.1)就表示平流引起的非热成风涡度倾向。

$$\frac{\partial\omega_{2}}{\partial t}=\frac{P_{4}-P_{0}}{2}f(\hat{\varsigma}-\varsigma_{T}) \tag{6.2}$$

式中，ω_{2}为 500 hPa 垂直速度，下标 4,0 分别表示 900 hPa 和 100 hPa 等压面。此式说明热成风涡度平衡一旦破坏，就会造成垂直运动的变化。

对于位势不稳定中心，有

$$\left(\frac{\partial(\hat{\varsigma}-\varsigma_{T})}{\partial t}\right)_{a}=\frac{f}{1250}\left(3.13\omega_{2}-\frac{\omega_{2}}{f^{2}}\nabla^{2}c^{2}-\frac{c^{2}}{f^{2}}\nabla^{2}\omega_{2}\right) \tag{6.3}$$

式中，$c^{2}=R^{2}T(\Gamma-\gamma)/g$ 为和静力稳定度有关的参数，层结为稳定时 $c^{2}>0$，对于湿斜压次天气尺度扰动中心 $c^{2}<0$。

假定开始时系统处于热成风平衡状态，$\omega_{2}=0$，但$(\partial(\hat{\varsigma}-\varsigma_{T})/\partial t)_{a}>0$，且平流中心和位势不稳定中心重合。在它的作用下，$\frac{\partial\omega_{2}}{\partial t}<0$，导致 $\omega<0$，且中心处$\nabla^{2}\omega_{2}>0$。根据式(6.3)这时产生一个调整倾向。由于 $\omega_{2}<0$，$c^{2}<0$，$\nabla^{2}c^{2}>0$，$\nabla^{2}\omega_{2}>0$，式中后两项的符号和第一项的相反。由于 c^{2} 具有次天气尺度分布，其值可能比天气尺度大得多，这时有可能使后两项之和大于

第一项,结果使得$\left(\frac{\partial(\hat{\varsigma}-\varsigma_T)}{\partial t}\right)_d>0$,即调整倾向和平流非热成风倾向符号一致。这种情况下的系统,如同放在山顶上的小球上被外力推动产生位移,离开平衡位置后,位能释放,使其加速下滚,而不是在平衡位置的振动。这时的调整过程是不稳定发展过程。由式(6.2)可知,它将导致上升运动急速发展。

上升运动的发展又将引起各种要素场的变化:平流结构的变化导致平流非热成风倾向的变化,ω_2和c^2及其分布的变化又反过来导致调整倾向的变化。正如许多暴雨个例分析所指出的暴雨发展的结果,层结由不稳定转为中性,最后转为稳定,这时式(6.3)右边三项均小于零,这时调整倾向$\left(\frac{\partial(\hat{\varsigma}-\varsigma_T)}{\partial t}\right)_d<0$,由于暴雨落区附近$\omega_2$和$c^2$有强的次天气尺度分布,此项的绝对值可能较大,在它的作用下$(\hat{\varsigma}-\varsigma_T)$迅速变小,从而上升运动很快减弱。

6.4.4.2 Ω系统发展的判据

次天气尺度Ω系统发展的判据为:

(1)大尺度的背景条件

有明显的平流非热成风中心叠置在Ω高能轴上(正中心触发不稳定发展;负中心抑制上升发展,使系统削弱)。

(2)内部结构条件

不同的内部结构使得调整具有不同的性质。在某种有利的大尺度背景下,如果高能区配合有$c^2<0$且$\nabla^2c^2>0$(特别是位势不稳定中心)时向不稳定发展方向调整。

一般在Ω系统的初生阶段比较容易满足这些条件。发展到一定阶段后能量结构就发生变化。最后,在大尺度场转为负的平流非热成风时,如果内部结构也变为$c^2>0$且$\nabla^2c^2<0$,系统将迅急减弱。

在定性分析预报时,可将这个判据简化为:

①低层Ω高能区是否处于500 hPa槽前,且该区$u_{300}-u_{700}>0$;

②高能区附近是否有浓厚的位势不稳定,且不稳定中心和高能区重合。

6.4.5 Ω系统与四股气流

6.4.5.1 四股气流特征

这里从三维空间流场结构的角度给出次天气尺度Ω系统的结构,以及各股气流的特征及其相互作用。

(1)低层偏南气流

暴雨期间低层往往有一支明显的偏南气流。这支南风是降水的水汽和能量的主要输送带,一些典型的区域性大暴雨也都发生在低空偏南风急流的左侧5～10个纬距内。急流左侧这支南风一直吹向暴雨区。但是,高原东北侧暴雨期间的这支偏南风又具有一定特色。它对暴雨的作用,特别是对形成持续的位势不稳定的作用,和哈洛德概括的情形不尽相同。

图6.17为1977年7月5日延河大暴雨开始前(5日08时)延安高空风图。由图6.17可见,由地面到对流层上部,顺时针转动。其中又明显地分两层:第一层从离地900 hPa到600 hPa基本为南风,风速7～10 m/s。第二层550 hPa到300 hPa基本为西南气流,风速16～20 m/s。这样的垂直分布特点对高原东北侧暴雨是有相当代表性的。这股低层南风来自高原东侧丘陵和平

原。中高层西南风主要来自高原。这股低层南风有三个特点：一是整层都是高能的，在各层等压面上，吹向暴雨区的南风气流都配合着一个高能轴，即使在 θ_{se} 垂直分布上相对低点附近从等压面上看，它仍是一支高能气流。二是这支偏南气流本身是位势不稳定的，如图 6.18 所示，位势不稳定是这股相当深厚的副高边缘偏南气流本身的层结特点，在暴雨前这种不稳定表现最强，到了暴雨开始时不稳定层顶降低到 700 hPa 附近，暴雨结束时，层结转为稳定。从时间变化看，这个不稳定层高度上的 θ_{se} 都是增加的。从水平分布来看，吹向暴雨区的偏南气流相对周围也是暖湿的，不稳定的形成仅仅是由于低层的暖湿程度大于高层所致，在这个不稳定层上部，往往没有干冷平流。因此，可以认为这个不稳定是这支副高边缘偏南气流本身风场、能量场结构的产物。三是这股偏南气流在流向暴雨区时是辐合上升的。这个事实已有不少个例研究证明。

(2)高原西南气流

高原东北侧典型暴雨时 500 hPa 有一支由高原吹向暴雨区的西南气流，这股西南气流一般由 500 hPa 一直延伸到 300 hPa(图 6.17)。这股西南气流对高原东北侧的降水有很好的指示性，这是预报员公认的，例如，统计陕西盛夏区域性暴雨，发现 95％的过程有高原低值系统参与影响。500 hPa 以上高原有成片的西南气流，表明高原东北侧正处于长波槽前。涡度平流和高原背风坡的涡源作用有利于高原东北侧低层产生次天气尺度暴雨系统。

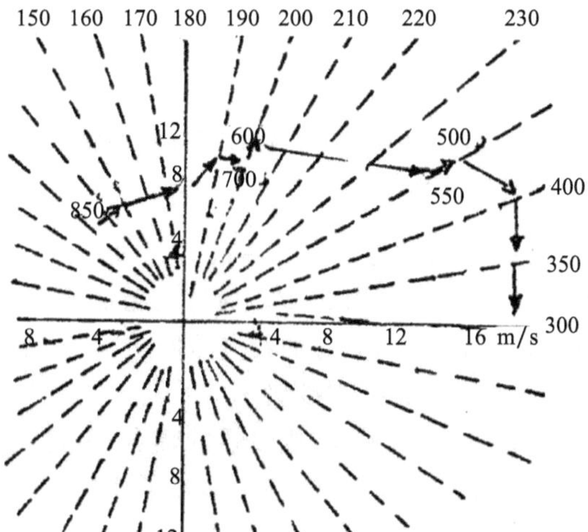

图 6.17　1977 年 7 月 5 日 08 时延安高空风

(图中数字表示风矢量所在等压面)

这股气流有两个明显的特点：一是它是一股高能不稳定气流。从第一股偏南气流过渡到这股西南气流，θ_{se} 明显上升，并出现一个极大值，然后又随高度下降，形成层结上的第二个不稳定层(图 6.18)，这个不稳定层在暴雨发生前一往往不明显，仅在暴雨将要开始时才出现，暴雨结束时它也消失。暴雨将要来临时整个对流层 θ_{se} 都明显上升，即使是在这个第二低点附近也不例外(图 6.18)。从水平分布看，这股气流也是一股高能气流。二是它是一股上升气流。该股气流是一股暖湿气流，但由于它已处于对流层中上层，温度很低，水汽含量相对已很小，而且这股气流爬到暴雨区时往往在无辐散区，它在水汽净收入中所占的百分比很小。低层偏南气流同高原西南气流，这两股高能且位势不稳定的气流叠置是造成持续不稳定的条件。从第一股气流里发展起来的对流单体上升到第二个不稳定层时，那里的大尺度上升运动和位势不稳定有利于对流进一步发展,同时由于这种对流单体含有大量过冷水,它和冰晶云体混合,导致三相增长过程,放出大量的热量,使单体对流加剧,云顶高度进一步升高,这有利于提高造雨效率,高原东北侧暴雨时的低层水汽辐合一般较平原为小,但有时仍出现高效率的暴雨,这可能和高原西南气流的这种作用有关。

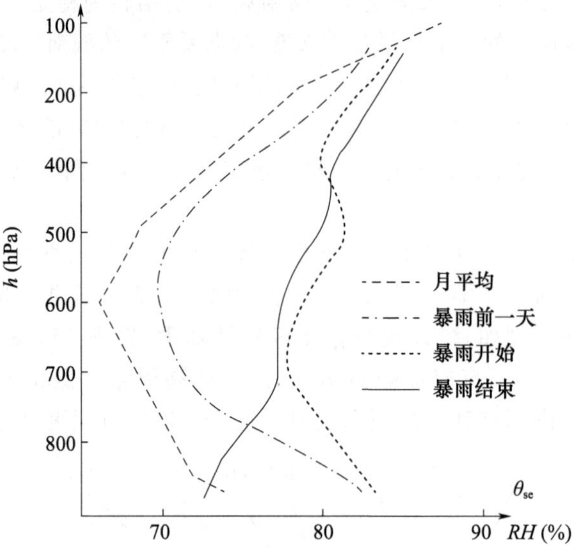

图 6.18　高原东北侧暴雨前后的平均层结

(3)低层东北气流

当冷空气从华北南下,黄土高原东北部位于高压后部时,有部分冷空气倒流向西南的现象,预报员称这种现象为“东路冷空气”或“回流”。通过采用能量比图,对暴雨个例进行普查,发现暴雨区的东北方经常存在这股气流,其总的特点是低能、下沉,是一个浅薄的干冷空气堆,这个干冷空气堆的坡度很小,故有人称之为“冷垫”。

这股气流阻挡了第一股气流向东扩散,构成更强的辐合,也造成水汽能量的辐合,有利于触发强对流,从湿斜压不稳定的角度考虑,它的存在加强了暴雨区附近的湿斜压不稳定,有利于释放有效位能,发展扰动。但是,由于这股气流往往较浅薄,强度也弱,常规天气图不易分析出来,其作用容易被忽视。

(4)低层西北气流

这里所谓低层西北气流,也就是预报员所说的西路冷空气,是从西方移来的低槽冷锋带下的锋后干冷下沉气流,有时比较深厚,从对流层中层到低层,因此,它的强度一般比东北路低能气流强,在常规天气图上一般可以分析出来。往往在区域性暴雨开始之前一、二、三股气流已经形成,这时西边又有一股冷空气像楔子一样插向第一股气流下面时,便激发强对流天气。由于这股气流同东北路气流一起夹挤中间暖湿气流,在能量场上,特别是在能量比场上表现为一个大梯度的“Ω”形分布。一般情况下,当该股气流继续向东推移,控制了深厚气层时,所在地区暴雨也就停止了。

6.4.5.2　四股气流模式

综合 6.4.5.1 分析,可以认为在高原东北侧,同能量比场上 Ω 分布相应的有四股对暴雨发展有明显作用的气流吹向暴雨区,并可给出如图 6.19 所示的 Ω 系统及相应的四股气流模式。其中的第一股气流，为低层高能南风上升气流，它本身的层结是位势不稳定的，它是暴雨区不稳定能量和水汽的主要输送者。第三、第四股气流都是低能下沉气流，它们从东、西两侧夹挤第一股气流，使暴雨区具有明显的辐合和强烈的湿斜压不稳定。这三股气流的相互作用有利于暴雨区低层发生发展大量对流。第二股气流是高原高能西南上升气流。它本身也具有位势不稳定层结。暴雨区上空的第二位势不稳定层就出现在这股气流里，它和低层三股气流的相互作用导致了暴雨区上空出现三相过程，提高了暴雨系统的造雨效率。

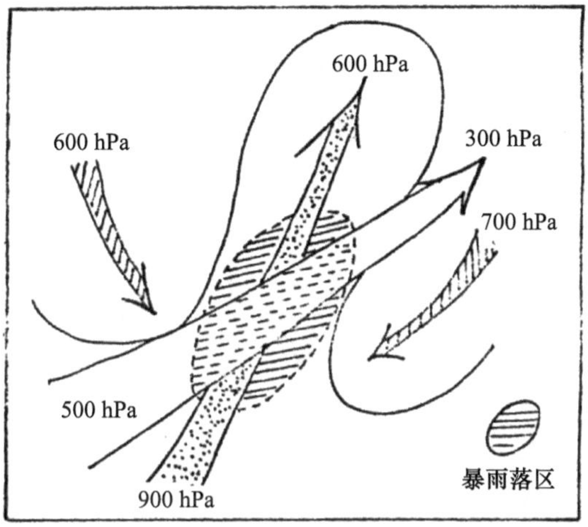

图 6.19　次天气尺度 Ω 系统中四股气流模式

6.4.6　次天气尺度暴雨系统发生发展的激发条件

利用 6.4.4 节中给出的调整过程原理，当有正平流非热成风中心叠置在高能轴上，并在高能区配合有 $c^2<0$，且$\nabla^2c^2>0$ 时，可有不稳定发展。这时给出一种惯性重力波不稳定发展的条件。

设，由于某种原因，出现了一个上升运动中心，并在相当宽的范围内，层结均已达饱和，其中上升运动中心层结满足 $\gamma_m=\gamma$，而周围仍为 $\gamma_m<\gamma$，但在所考虑相当宽的范围内过程为湿绝热。

则有：

$$c^2=\frac{RT}{g}(\gamma_m-\gamma)=-\frac{RTP}{2\theta_{se}}\cdot\frac{\partial\theta_{se}}{\partial P}$$

由于上升运动中心$\nabla\omega_2=0$；$\gamma_m=\gamma$ 时 $c^2=0$，则 6.4.4.1 节中的式(6.3)变为

$$\left(\frac{\partial(\hat{\varsigma}-\varsigma_T)}{\partial t}\right)_d=\frac{f}{1250}\omega_2\left(3.13-\frac{\nabla^2c^2}{f^2}\right) \tag{6.4}$$

显然，要满足调整倾向同平流倾向符号一致，有$\left(3.13-\frac{\nabla^2c^2}{f^2}\right)>0$，那么，惯性重力波不稳定发展的条件为

$$3.13<\frac{\nabla^2c^2}{f^2}\text{或}\nabla^2c^2>3.13f^2$$

注意到 θ_{se}的分布特点是：主要在低层有强的梯度，高层相对来说较均匀，略去高层 θ_{se}分布的影响，可将∇^2c^2表示为

$$\nabla^2c^2\cong-\frac{RTP}{2\theta_{se}\Delta P}\nabla^2\theta_{seL} \tag{6.5}$$

式中,θ_{seL}为低层的θ_{se},代入上式,可得

$$\nabla^2\theta_{seL}<-\frac{2\Delta P\theta_{se}}{RTP}\times 3.13f^2$$

若取$\theta_{se}=350$ K,$T=273$ K,$P=500$ hPa,$\Delta P=400$hPa,于是有

$$\nabla^2\theta_{seL}<-4.72\times10^{-14}\sin^2\varphi\ (℃/cm^2) \tag{6.6}$$

式中,φ为纬度。该式即为惯性重力不稳定发展条件。

下面就两种常见的θ_{se}分布,讨论这种不稳定发展条件:

①θ_{seL}分布为平直锋区型,能量锋区右侧$\nabla^2\theta_{seL}<0$。图6.20给出这种分布时满足不稳定发展条件的最小能量锋区强度$\Delta\theta_{se}$/400 km。由图6.20可见,临界$\Delta\theta_{seL}$随纬度急增,在30°N以北,只有达到20 ℃/400 km时才能有可能造成惯性重力波的不稳定发展,在25°N时,当有>15 ℃/400 km的θ_{se}梯度时有可能。

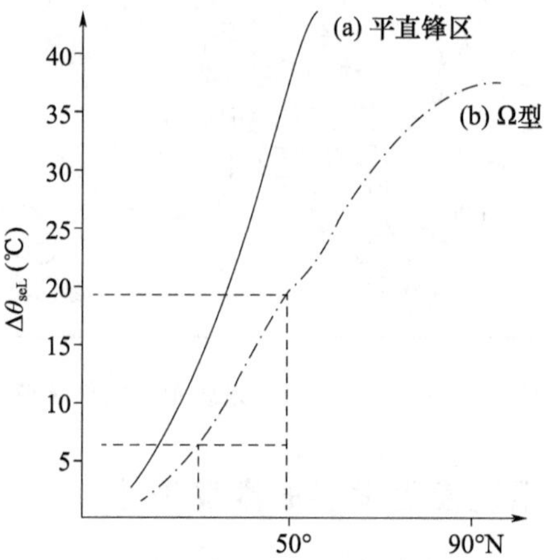

图6.20　最小能量锋区强度

②θ_{seL}分布为Ω型,Ω中心附近$\Delta\theta_{seL}<0$。图6.20也给出这种分布时满足不稳定发展条件的最小能量锋区强度。可见,在25°N时,两侧的能量锋区强度只要分别>7 ℃/400 km即符合条件。在45°N时则要求>19 ℃/400 km。在通常的情况下,天气尺度的能量场很不容易满足这种条件,次天气尺度的分布场有时则可能满足。

这里给出的惯性重力波不稳定发展条件,是一个必要条件。实际中,只有当一定强度的平流非热成风涡度倾向的正中心叠置在符合这种不稳定条件的层结时,方可激发惯性重力波的不稳定发展。其结果,将在风场出现一个强的次天气尺度的上升运动中心,与此相应的,低层有次天气尺度的辐合区和正涡度区。

实际中,人们经常发现有些天气尺度系统叠置后,往往造成区域性暴雨。这种叠置可分两种情况,一是不同高度的天气尺度系统的叠置,如低层暖切变和500 hPa西来槽的叠置,低层台风倒槽和中层西来槽的叠加。二是同一高度上不同系统的叠置,如500 hPa高原槽和西风槽的叠置等。为什么不同天气系统的叠置可导致天气的发展呢?其原因就是有些系统的叠置结果容易导致惯性重力波的不稳定发展,形成次天气尺度暴雨系统。那么,什么情况下的系统叠置可造成区域性暴雨呢?当叠置的结果使得:平流热成风涡度倾向明显大于零;平流非热成风涡度倾向的正中心附近形成强的θ_{se}的拉普拉斯分布,使得$\nabla^2\theta_{seL}<-4.72\times10^{-14}\sin^2\varphi$℃/cm^{2}时,系统的叠置便成为一种激发作用,激发暴雨系统发生发展。

6.5　影响陕西暴雨的各种尺度天气系统间的作用

6.5.1　行星尺度系统作用

行星尺度系统是长波的总称，其水平尺度在 3000～8000 km 不等，时间尺度在几天以上。在暴雨天气过程中的主要行星尺度天气系统有南亚高压、伊朗高压、西太平洋副热带高压、乌山阻塞高压、东亚大槽、副热带急流等。在实际预报中主要用分型来确定，即经向型或纬向型，或经向型转纬向型，或纬向型转经向型来讨论行星尺度系统对暴雨的作用。行星尺度系统对暴雨有以下作用：

(1)为产生天气尺度系统提供背景

第一，由于长波槽存在，长波槽前往往有天气尺度西风槽重复出现，连续暴雨和连阴雨天气常在这种情况下产生；第二，在长波槽的位置上天气尺度的西风槽容易发展，高脊则容易减弱。

(2)制约天气尺度系统的活动

在行星尺度天气系统的作用下，可以使天气尺度系统的强度发生变化，改变它的移动方向和速度。通常经向型的长波槽脊使天气尺度系统移动速度减慢或停止少动；而纬向型环流则使天气尺度系统移动加快。

(3)决定大范围雨区出现的时段和地点

行星尺度天气系统活动的范围，可以宏观地确定雨区的位置和出现时间。有利的长波槽脊配置是暴雨的多发时段，不利的长波槽脊配置则暴雨发生概率小。统计结果表明：副热带长波槽稳定在 85°—95°E，长波脊在 120°E 附近时，是陕西暴雨的多发时段。

(4)决定暴雨区的水汽来源和通道

充沛的水汽和源源不断的水汽来源是产生暴雨的必要条件。陕西大多数暴雨的水汽来源于孟加拉湾—南海一带，且水汽主要在对流层低层(700 hPa 层以下的水汽含量占总水汽量的 80%以上)。暴雨期间，西太平洋副热带高压较强，陕西常位于副热带高压西侧或西北侧，副高西侧往往有强盛的西南暖湿气流(常形成急流)，这支气流将孟加拉湾—南海一带的水汽经四川输入到陕西(图 6.21)，为暴雨的发生和维持提供了丰富的水汽。孟加拉湾也是一个水汽源地，由于长波槽位于 90°—100°E，中层的西南气流将水汽经高原东部输入陕西。

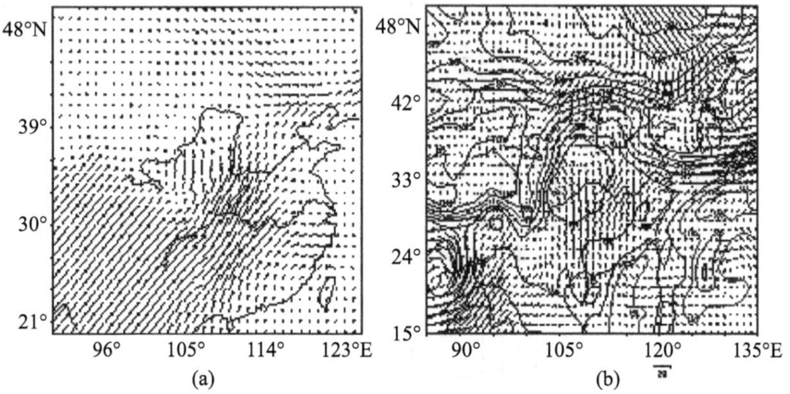

图 6.21　陕西暴雨水汽通道与来源

(a)1980 年 6 月 15 日 08 时 700 hPa 水汽通量图；(b)2003 年 8 月 28 日 08 时 850 hPa 的 θ_{se}(单位：K)

6.5.2 天气尺度系统作用

造成陕西暴雨的天气尺度系统有西风槽、高原槽、低涡、切变线、锋面、高空急流、低空急流等，少数还有台风或台风倒槽、热带低压外围强东风气流(急流)造成的暴雨，这些系统的主要作用为：

(1)为产生次天气尺度系统提供背景

次天气尺度 Ω 系统往往在西风槽前暖平流区发生发展，生命史大多为 12～36 h。天气尺度系统的交绥或不同层次系统的叠置激发了次天气尺度系统的产生或为次天气尺度和中尺度系统的生成创造了有利的环境条件。

(2)为暴雨区提供充足的水汽

行星尺度系统决定了水汽的来源和通道，但水汽能否汇集产生暴雨，靠不同地区，不同性质的天气尺度系统在暴雨区的汇合、停滞，如需要低空急流将水汽源源不断地输送到暴雨区，还需要低涡、切变线等辐合流场来汇集水汽，需要锋面等来抬升整层暖湿空气。

(3)为暴雨产生位势不稳定

不同高度、不同地区和不同性质的天气尺度系统在某地的汇合，叠加和停滞造成冷暖空气的交绥，位势能聚集、大范围上升运动和位势不稳定层结。

6.5.3 暴雨的各种尺度天气系统相互关系和作用

行星尺度、天气尺度、次天气尺度和中、小尺度天气系统之间是一个相互作用的关系。它们对暴雨的产生发挥不同的作用，图 6.22 是这种关系的示意图。

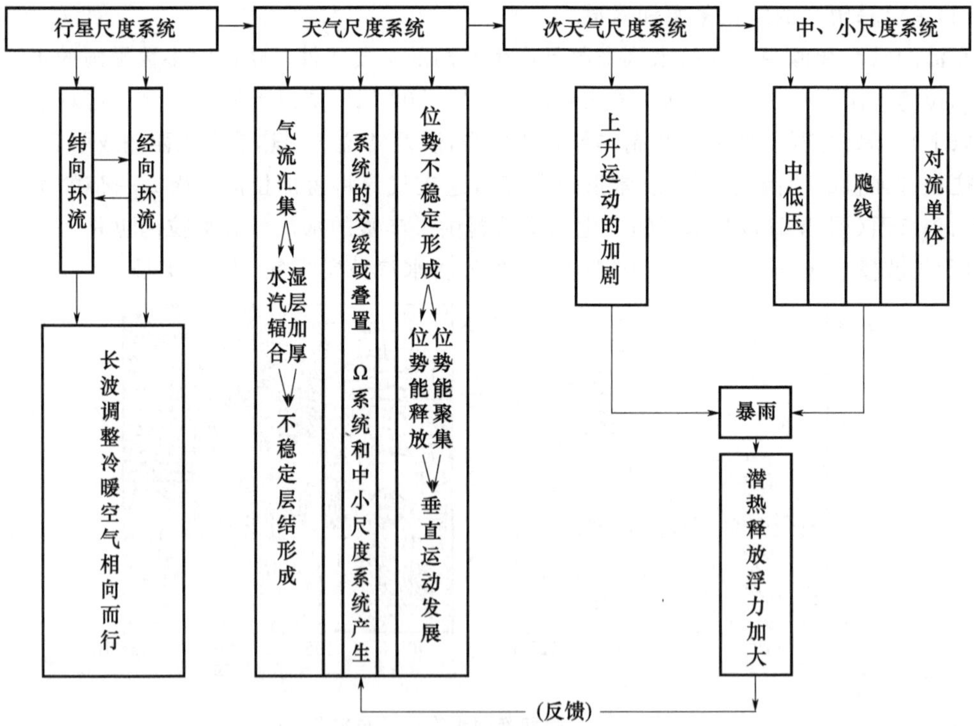

图 6.22 不同尺度天气系统间关系和对暴雨产生作用的示意图

6.6 地形对陕西暴雨的作用

6.6.1 爬坡作用

地形对降水的激发作用，除了考虑地形可阻滞天气系统的移动，从而延长了降水时间，使雨量增大外，主要考虑地形对气流的机械抬升作用，这是因为，当气流受到山脉的机械抬升时，要产生垂直方向上的分量。若令其为 ω_0(cm/s)则有

$$\omega_0=V_0\cdot\nabla h=|V_0|\cdot|\nabla h|\cos\varphi$$

式中，V_0为风速矢量；∇h 为地形等高线梯度；φ 为 V_0矢量与∇h 的交角。ω_0的大小，决定于风向和山脉坡度。当风速愈大、山脉坡度愈陡峭、低空风与山坡趋于正交时，便产生强烈的垂直运动，造成大量的凝结，从而使雨量增大。根据统计，在陕西省夏季大范围降水期间，在 1500～3000 m 高度上，往往存在一支温度高、湿度大且为对流性不稳定的低空偏南气流，最大风速都在 12 m/s 左右。该支气流恰与位于陕西省中部和南部呈东西走向的秦、巴山脉近于垂直，因此，地形对气流的强迫抬升作用是极为显著的，为了分析这种地形对气流的抬升同降水的关系，选择 107°E、108°20′E 和 109°40′E 三条剖面，在 30°—37°40′N 的纬距间，以 15.43 km 的间距读出格点地形高度，并从 1961—1970 年十年平均降水量分布图上读出相应格点的降水量值，然后对同一纬度上三个格点值求平均，绘制出地形和降水分布图。图 6.23 是 7 月份地形与降水分布图。图 6.23 中，实线为实际降水曲线，虚线则为滤去趋势项后的南北降水分布曲线。比较虚线与地形曲线，两者非常相似，基本上雨峰雨谷和山峰山谷一一对应，只是雨峰比山峰略偏南，由于夏季降水与南来气流有关，所以雨锋位于迎风坡的上部，这证实了气流的爬坡对降水的增幅作用。

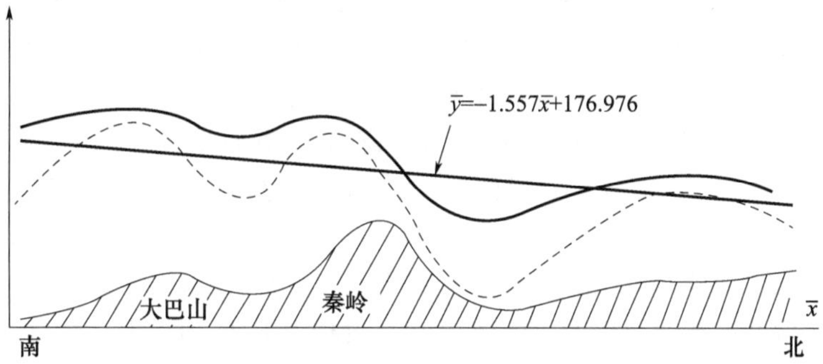

图 6.23　地形南北剖面与 7 月降水量分布

另外，从图 6.23 中还可以看到秦岭背风面的降水特征，秦岭北侧的关中地势低，位于秦岭山脉的背风面，降水量最少；关中以北地势逐渐增高，降水量也显著升高，约在秦岭北侧一个半纬距附近，出现降水高值区，这个特征同黄土高原南部的暴雨多发区和关中少暴雨区的气候特征是一致的。陕北南部降水峰植的出现，同关中到渭北的地势爬坡有关，但主要是由秦岭山脉与夏季大降水时的低空偏南急流相互作用而产生的背风波造成的。

6.6.2 狭管效应

陕西关中平原宝鸡峡到潼关约 400 km，南部为东西向秦岭山脉，北部为黄土高原，自西向

东逐渐扩展,至潼关时南北约 120 km,是典型的喇叭状地形。在 6.3.1 节中曾指出,由华北南下侵入陕西的东路冷空气和高压底部的偏东气流是影响陕西降水和触发暴雨的重要天气系统,该气流紧贴地面自东向西与关中喇叭开口方向正交,当气流进入关中喇叭口谷地后,由于喇叭口南侧秦岭山脉的蔽障和北侧高原的阻塞作用,气流渐渐收缩,使得水平辐合加大,产生垂直上升运动。正是这种狭管效应对造成西部降水大于东部降水起到了一定的增幅作用。

另外,秦岭山脉作为蔽障,对对流性降水云团的运动和移向所起的作用是不容忽视的。1981 年 7 月 28 日 15—20 时,在蓝田、长安、西安发生一次罕见的强对流天气,积雨云团所经之处,产生雷雨冰雹天气,瞬时风速达 18~26 m/s,据长安县溧村雨量点测定,50 min 降水 78 mm,有的乡镇冰雹大如鸡蛋,给人民生命财产带来严重损失。据雷达观测,这次强对流天气的活动路径为一个近于闭合的圆,按顺时针方向移动,如图 6.24 所示。在 08 时,西安 K 指数为 39 ℃,在高值中心附近,15 时蓝田地面到 850hPa 的温度梯度 $\gamma=1.3$ ℃/(100 m),表明在大气垂直方向上是绝对不稳定的;长安、临潼、蓝田附近水平温度梯度 $\frac{\partial T}{\partial n}=0.75$℃/(10 km);08 时关中地面露点均在 20 ℃以上,14 时又上升到 23 ℃左右,说明水汽也很充沛。根据热对流理论,在这种情况下,大气中只要有很小的扰动,就可产生对流。分析 15 时以前的高空,地面天气图,在西安附近没有明显的辐合系统,整个关中是一致的偏东气流,只是从 10 时开始,骊山北面的临潼吹北到东北风,且风速逐时加大,13 时达 4 m/s,而风向与西北—东南走向的骊山垂直。气流和地形的这种分布,有利于在骊山南坡产生地形波扰动。正是这种地形背风波扰动触发产生了对流云。对流云在骊山南坡形成以后,很快便发展成为积雨云团。一般对流云团形成后,其移动和强度变化往往是在特定地理环境下,由于近地层 500 m 内水汽和能量输送发生变化造成的。显然,由于骊山的阻挡作用,云体维持所需要的水汽和能量将主要来自云体南侧和西侧,在 16 时,南侧的南风比西侧大一倍以上,从而输入的水汽量也大,有利于云体南侧的对流发展,使云系向南发展加强。但对流云在南移过程中,受到了秦岭山脉的阻挡,由于没有较强的天气系统引导,云体不会翻越秦岭山脉继续向南移动,它只能沿秦岭北侧作东西向移动。由于降水和云中下沉气流的冲击作用,处于云体东侧的蓝田气温急剧下降,由 15 时的 37.5 ℃降为 17 时的 25.3 ℃,两小时下降了 12.2 ℃,形成明显的雷暴冷堆。相反,处于云体西侧的长安,17 时气温为 37.3 ℃,比 15 时还升高 1.0 ℃,比蓝田高 12.0 ℃,露点温度和总温度也分别比蓝田高 2.7 ℃和 18.0 ℃。这样的温度、湿度和能量场配置,有利于云体西侧对流发展加强,东侧减弱消散,使云体沿山脉不断向西传播移动,并且由于是向高温、高湿和高能方向移动,使云体在西移过程中增强,到了 18 时左右在长安县子午镇附近发展成强对流风暴,产生了强烈的大风、冰雹和暴雨天气。18 时由于地面东西向冷锋南压,与对流风暴北部的云系相接,在锋面的抬升作用下,风暴北侧的对流在短时内得到猛烈发展,使云系转向北移。19 时以后,锋面进入对流风暴,西安气温和露点两小时分别下降了 5.3 ℃和 3.8 ℃,长安县气温则下降了 13.0 ℃,云区周围温度和湿度也均下降。由于切断了使风暴能以维持和发展的水汽和能量来源,风暴便很快减弱消散。

上述因地形作用造成蓝田、长安强对流天气的观测事实,也可通过气候统计规律来证实。根据对西安地区(有 7 个测站:西安、长安、临潼、蓝田、鄠邑、周至和高陵)雷暴的分析,发现处于西安地区东南部的蓝田站雷暴最多,平均每年 18.6 次,西部的周至最少,为 11.3 次,雷暴平均值自东南向西北递减,如图 6.25 所示。这种分布特点正是由于地形和气流的相互作用造成的。从图 6.25 可以看出,西安地区处于关中盆地的中部,其中的临潼和蓝田两县被西西北—

东东南走向的骊山隔开，骊山东端与箭欲岭紧紧相连，它们与草链岭、五风山、终南山等连绵环绕，在西安地区的东南部形成一个向西开口的喇叭状地形，即灞河谷地。当受偏东气流控制时，盛行气流自喇叭口进入谷地，随着川道的收缩产生辐合。当气流途经骊山时，部分气流翻越骊山，在背风面的灞河谷地产生背风波；部分气流因绕流作用，沿骊山向西，这时由于灞河谷地、关中喇叭地形在南北方向上出现局部扩展，使得盛行气流出现水平辐散，辐散气流汇同绕流倒灌灞河谷地。当空气进入谷地后。因喇叭口地形的狭管效应，使水平辐合增强，产生垂直运动分量。这时在不稳定大气层结和有利的温、湿条件下，因辐合上升运动和背风波效应，在谷地触发雷暴天气。由此可见，无需锋面等触发系统的配合，单独的东风气流，在地形的作用下，也可在西安地区东南部产生雷暴天气。当然，当关中为西风控制时，气流直接进入谷区，在不稳定层结和有利的温、湿条件亦可产生雷暴天气。但是，当盛行气流为较强且层次较厚的东南风时，在灞河谷区受东南下坡风控制，这时即使大气稳定度及温、湿条件极为有利，也不易形成雷暴。值得指出的是，西安处于中纬度地区，高空引导气流多以偏西气流为主，雷暴在谷地中形成以后，一般不会影响西安地区的北部和西部，大部分移入东部的山区或就地消失。但有时，当高空引导气流较弱，近地层温湿适宜，雷暴也可移出谷区。

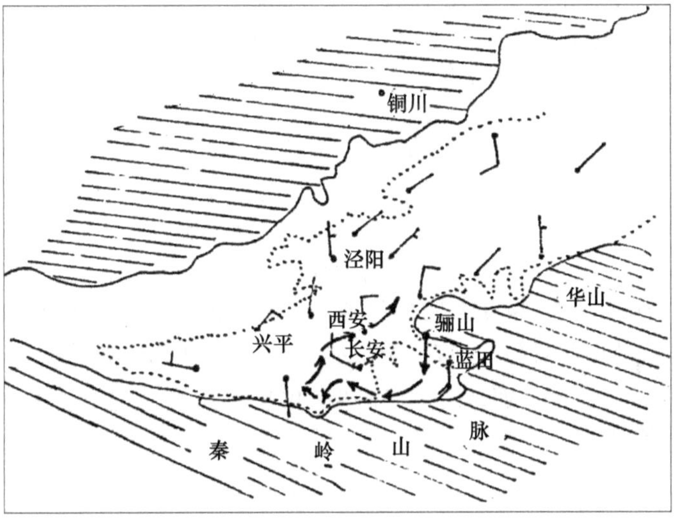

图 6.24　关中地形图

（点线为 500 m 等高线，阴影区为海拔 800 m 以上的区域，矢线为强对流中心移动路径及方向，风为 16 时观测值）

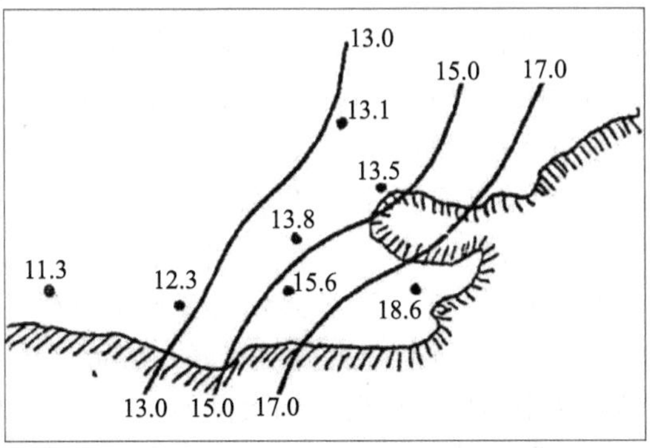

图 6.25　西安地区雷暴年平均次数分布图

在实际中,除了分别有地形爬坡和狭管效应对降水的作用外,往往有二者的综合效应,甚至还有背风波的综合作用。如1998年7月9日商州特大暴雨就有地形爬坡和狭管效应的综合作用,又如上述的蓝田强风暴就有背风波和狭管效应的共同作用。这在实际天气预报中要从当地地理环境和天气系统的流场特征及其相互作用出发综合分析。

6.6.3 背风波作用

陕西暴雨自南向北呈三高两低,即大巴山地区,渭北北部至陕北南部的洛川、富县地区,陕北北部的神木、府谷地区为暴雨的高发区,关中和陕北中北部为两个低发区,为什么渭北北部至洛川、富县为暴雨高发区呢?它主要是陕北南部的子午岭、崂山地形作用,还是有其他原因,这是需要回答的。另外,在实际观测中发现,在背风坡的秦岭北麓和紧靠秦岭的地方往往降水比较大,这是什么原因呢?

陕西地处青藏高原东北侧,其中部为准东西向的秦岭山脉,平均高度在2500 m左右,最大高度在3740 m,北坡陡峭,南坡相对平缓。陕西夏季大范围降水期间,在1500～3000 m的高度上往往存在一支温度高、湿度大且为对流性不稳定的低空偏南气流,最大风速都在12 m/s左右。该支气流与秦岭山脉近于垂直,因此存在气流越山运动。由于在绝热条件下,空气质块沿等熵面运动,故取x坐标沿等θ_{se}线走向,且与山脉平行,y坐标为θ_{se}的法线方向,且与山脉垂直,利用假相当位温θ_{se}的保守性,有

$$\omega=-\frac{\partial\omega_{se}}{\partial t}\Big/\frac{\partial\theta_{se}}{\partial z}-v_y\frac{\partial\theta_{se}}{\partial y}\Big/\frac{\partial\theta_{se}}{\partial z} \tag{6.7}$$

若取

$$\tan\alpha=\left(\frac{\delta z}{\delta y}\right)\theta_{se}=-\frac{\partial\theta_{se}}{\partial y}\Big/\frac{\partial\theta_{se}}{\partial z}$$

则

$$\omega=(v_y-v_{\theta_{se}})\tan\alpha \tag{6.8}$$

式中,v_y为沿假相当位温水平梯度方向的风速,$v_{\theta_{se}}$为等熵面的水平移动速度,α为等熵面倾角。若假定偏南气流越山时,仅在y方向呈现波动,并为简单的正弦波型

$$\psi(y,z,t)=x(z)\sin k(y-v_{\theta_{se}}t) \tag{6.9}$$

波上任一点斜率为

$$\tan\alpha=\frac{\partial\psi}{\partial y}=kx(z)\cos k(y-v_{\theta_{se}}t) \tag{6.10}$$

则有

$$\omega=kx(z)(v_y-v_{\theta_{se}})\cos k(y-v_{\theta_{se}}t) \tag{6.11}$$

该式说明:越山气流(或等熵剖面图)若呈正弦函数分布,则因地形作用产生的垂直运动呈余弦函数分布:由于$k=2\pi/\lambda$,λ为水平波长,反映越山气流扰动的水平尺度,$x(z)$为扰动振幅,反映了越山气流扰动强度,是z的函数,所以λ一定,x愈大,倾角α愈大,垂直运动ω就愈强;反之,x一定,λ愈大,倾角α愈小,ω就愈小;$v_y-v_{\theta_{se}}$表示空气质块相对移速,若空气质块同等熵面作相向运动,则有利于垂直运动。根据这个结果不难得出山脉作用下的垂直运动分布特征。以1977年7月5日08时等熵剖面图为例,仅取345 K线,得出如图6.26所示的有规则的垂直运动分布。比较图6.26和图6.23,不难看出,陕西降水呈现秦岭南坡和延安南侧为降水高值区,而关中为低值区的分布,同图6.26所显示的秦岭南坡和延安南侧为上升运动区,而关中为下沉运动区的分布一一对应,即上升运动对应降水峰值区,下沉运动对应于降水低值区。这个结果表明,太平洋副热带高压西伸到中国大陆时,其低层西侧的偏南暖湿气流北上,同秦岭及陕西特定地形相互作用,造成陕西省降水分布的特殊规律。其特点是:秦岭南坡(即

迎风面)降水量大，秦岭北坡(即山脉背风面)降水量小；而且由于背风波效应，使得秦岭背风一侧的关中为少雨区，渭北至延安南部为多雨区。这就定性地回答了为什么渭北北部至洛川、富县为暴雨多发区，其主要原因是因为背风波效应。

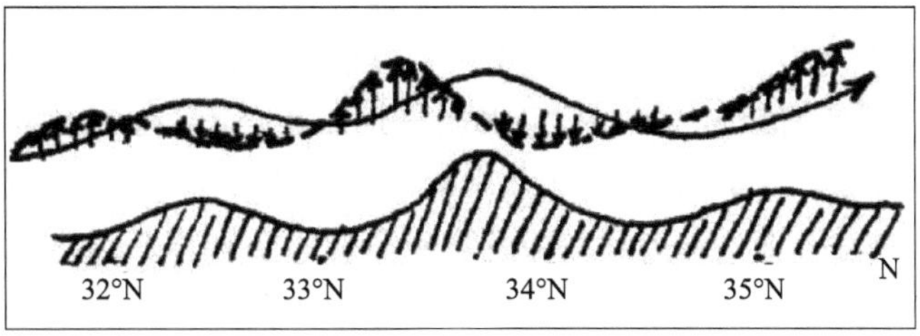

图 6.26　1977 年 7 月 5 日 08 时越山气流垂直运动分布示意图

为了揭示偏南气流翻越秦岭山脉的演变机制和变化特征及其与降水的关系，特别是分析秦岭山脉同渭北北部至洛川、富县降水峰值和暴雨多发区的关系，采取数值模拟的方法。为此，设 x 轴沿山脉走向，且不考虑气象要素在本方向上的变化；y 轴沿气流方向且与山脉走向垂直。并且令 $\pi=\frac{c_p\theta_0}{A}\left(\frac{p}{1000}\right)^{AR/c_p}$，$\theta_0$为计算域位温 θ 之平均值，有

$$\pi=\bar{\pi}+\pi' \quad \theta=\bar{\theta}+\theta'$$
$$\omega=\omega' \quad p=\bar{p}+p'$$

则可由在布西内斯克(Bossinesq)近似下的大气运动方程组，推导出二维越山气流数值模式

$$\frac{\partial\zeta}{\partial t}=\mathrm{e}^{SZ}\left[J(\zeta,\psi)-S\zeta\frac{\partial\psi}{\partial y}\right]+\frac{g}{\theta_0}\frac{\partial\theta'}{\partial y}+K_v\Delta\zeta \tag{6.12}$$

$$\frac{\partial\theta'}{\partial t}=\mathrm{e}^{SZ}\left[J(\theta',\psi)-\sigma\frac{\partial\psi}{\partial y}\right]+\frac{L}{c_p}\Phi+K_\theta\Delta\theta' \tag{6.13}$$

$$\zeta=\frac{\partial\omega}{\partial y}-\frac{\partial v}{\partial z}=\mathrm{e}^{sz}\left(\nabla^2\psi+S\frac{\partial\psi}{\partial z}\right) \tag{6.14}$$

$$\begin{cases} v=-\mathrm{e}^{sz}\dfrac{\partial\psi}{\partial z} \\ \omega=\mathrm{e}^{sz}\dfrac{\partial\psi}{\partial y} \end{cases} \tag{6.15}$$

式中，$S=\frac{g-R\gamma}{RT}$为大气压缩参数；γ 为温度递减率；$\sigma=\frac{\theta}{T}(\gamma_d-\gamma)$为大气静力稳定度参数；$\gamma_d$和$\gamma_m$分别为干、湿绝热温度垂直递减率；$q$ 和 q_s分别表示实际比湿和饱和比湿；K_v 和 K_θ 分别为动力学和热力学方程的湍流交换系数；$\Delta=\frac{\partial^2}{\partial y^2}+\frac{\partial^2}{\partial z^2}$为拉氏算符；$\Phi$ 为液态水形成速度，这里用下式近似地表示

$$\Phi=\begin{cases} \dfrac{c_p}{L}(\gamma_d-\gamma_m)\omega & \text{当 } q\geqslant q_s \text{ 时} \\ 0 & \text{当 } q<q_s \text{ 时} \end{cases} \tag{6.16}$$

利用预报方程(6.12)、(6.13)和诊断方程(6.14)、(6.15)进行偏南气流翻越秦岭山脉的数值分析。如图 6.27a 所示，取规范化地形，南北跨度 572 km，垂直方向 7.6 km，秦岭山脉高度 2700 m，大巴山高度约 1700 m，陕北黄土高原约 1500 m，这与实际地形基本相符。初始风场

如图 6.27a 中虚线,最大风速轴在 2800 m,比秦岭山脉高度略高,湿绝热递减率 γ_m 随高度的分布,在 5000 m 高度以上为绝对稳定层,而在地面至 5000 m 高度内为条件不稳定层,最不稳定层在急流附近。图 6.27b 是预报到 1200 s 时气流越山流场图,沿垂直于秦岭山脉的方向形成越山气流扰动,分别对应大巴山和秦岭山脉有一波峰;而在秦岭山脉背风一侧的关中到黄土高原上逐渐演变成一较强的背风波,波峰恰恰在黄土高原上;同时在秦岭山脉背风侧底部产生一个反环流。图 6.27c 是垂直速度分布图,可以明显地看出,分别在大巴山和秦岭山脉的迎风坡,靠近山峰的地方为上升运动区,在汉江河谷和关中盆地为下沉运动区,但在渭北北部至黄土高原南部为上升运动区,这三个上升运动区恰好对应三个降水高值区。为了分析高原地形对北部降水峰值的作用,在模式的下边界中去掉秦岭山脉北部的高原地形后,重做模拟试验,结果发现并未改变背风面的垂直运动分布特征,只是在量值上较有高原地形时略小。这说明关中平原北部的爬坡及高原地形对秦岭北部的降水峰值并非起主要作用,真正起主要作用的乃是秦岭山脉及其造成的背风波。另外,对应秦岭山脉背风侧底部的反环流,在图 6.27c 中有一弱上升运动区,这正是秦岭北麓降水相对较大原因的一种可能解释。

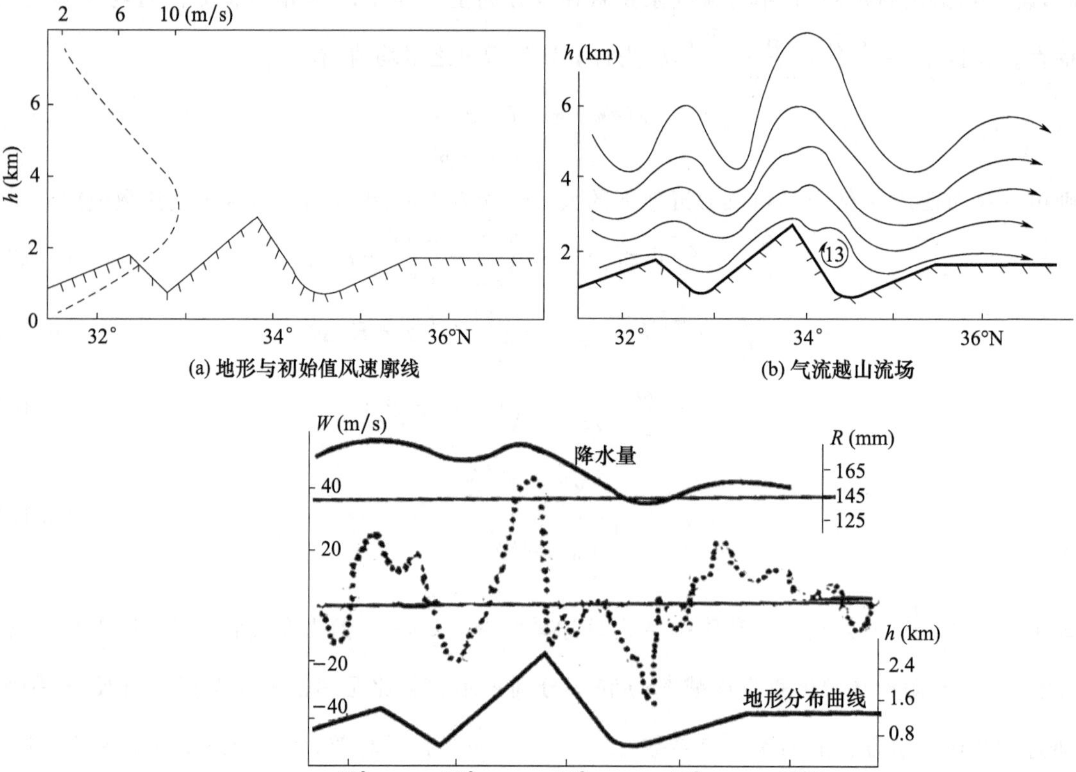

(a) 地形与初始值风速廓线　(b) 气流越山流场

(c) 垂直速度与降水量

图 6.27　数值模拟分布图

6.6.4　地形对摩擦层顶垂直运动的影响

假定摩擦层的风服从如下形式的埃克曼(Ekman)分布

$$\begin{cases} u_z = [u_h(1-e^{-\gamma z}\cos\gamma z) - v_h e^{-\gamma z}\sin\gamma z]/(1+e^{-\pi}) \\ v_z = [v_h(1-e^{-\gamma z}\cos\gamma z) + u_h e^{-\gamma z}\sin\gamma z^{sz}]/(1+e^{-\pi}) \end{cases} \tag{6.17}$$

式中，u_z，v_z为离地面高度z处的风速分量；u_h，v_h为摩擦层顶风速分量。

$$\gamma = \left(\frac{f}{2k}\right)^{\frac{1}{2}} \tag{6.18}$$

针对高原特定地形，可得到摩擦层厚度的半经验公式为

$$h = 108|\boldsymbol{v}_h|/\sin\varphi \tag{6.19}$$

将式(6.17)代入连续方程，从地面到摩擦层顶积分连续方程，然后将式(6.19)代入，略去小项，最后得到直角坐标下的摩擦层顶垂直速度公式

$$\omega_h = \boldsymbol{v}_h \cdot \nabla H_0 + \frac{17.2}{\sin\varphi}\left[|\boldsymbol{v}_h|\zeta_h + \left(v_h\frac{\partial|\boldsymbol{v}_h|}{\partial x} - u_h\frac{\partial|\boldsymbol{v}_h|}{\partial y}\right)\right] \tag{6.20}$$

这是摩擦层顶垂直运动的另一种表达式，其中第一项为爬坡引起的摩擦层顶垂直速度（H_0为地面海拔高度），一般量级为 10^{-4} hPa/s，但在高原边缘地形坡度大的地方，有时可达 10^{-3} hPa/s。第二项为摩擦引起的垂直速度，它和通常公式中考虑湍流交换系数不随x，y变化时的形式有所不同，它包括两部分：一是和地转涡度有关的项，二是和摩擦层顶风速有关的项。具体意义如下。

(1)涡度项

$$\omega_{f1} = (17.2/\sin\varphi)|\boldsymbol{v}_h|\zeta_h$$

该项给出了气压梯度力、科氏力和摩擦力平衡时与相应的摩擦垂直速度。当存在地转涡度时，在三力平衡时有一个相适应的摩擦力分布场、散度场，它导致了在边界层内出现一个叠加在沿等压线运动环流之上的二级环流，反映到摩擦层顶就是ω_{f1}。此项突出地反映了低空急流和垂直速度的关系。在急流左侧(右侧)，由于$|\boldsymbol{v}_h|$和ζ_h都较大，将有较大的上升(下沉)速度。实例计算表明，没有低空急流时此项一般不过 10^{-4} hPa/s，但在低空急流附近可达 10^{-3} hPa/s。

(2) $\nabla|\boldsymbol{v}_h|$项

$$\omega_{f2} = (1.72/\sin\varphi)\left(v_h\frac{\partial|\boldsymbol{v}_h|}{\partial x} - u_h\frac{\partial|\boldsymbol{v}_h|}{\partial y}\right)$$

把式(6.19)代入，有

$$\omega_{f2} = 0.16\left(v_h\frac{\partial h}{\partial x} - u_h\frac{\partial h}{\partial y}\right)$$

显然，由于摩擦层厚度不均，据式(6.19)和式(6.17)可知，各高度上的风也有一个相应的分布，从而导致摩擦层内一定的辐合(辐散)，引起摩擦层顶有一相应的垂直运动，即为ω_{f2}。同涡度项类似，该项在低空急流附近比较突出。这是因为在低空急流附近的风速梯度很大，而且近乎垂直于急流。实例计算表明，这时此项可达 10^{-3} hPa/s，而在没有急流的地方，此项不过 10^{-4} hPa/s。

由于急流附近风场分布的特点，ω_{f1}和ω_{f2}的符号是一致的，因而在急流左侧有最大的上升速度，右侧为下沉中心。即使在三力平衡情况下，低空急流和垂直速度(进而和降水)仍有密切关系。它是通过摩擦起作用的。

6.6.5　秦岭山脉对降水的影响

6.6.5.1　对降水分布的影响

秦岭山脉东西长 1600 km，南北宽数十千米～300 km，平均高度 2500 m 左右，属α中尺度

地形，是我国有名的南北气候分界线，它对高原东部大降水的形成有着直接的动力作用。为了分析秦岭山脉对陕西大降水形成的动力学机制，利用强地形有限区域中尺度模式(η 模式)，分别以典型的偏南风急流暴雨过程和降水发生前无低空偏南风急流但有弱南风的典型暴雨过程为例，进行数值模拟和分析。

选取 1995 年 7 月 17—18 日陕西和晋西北地区区域性暴雨，局部大暴雨的偏南风急流暴雨个例，图 6.28 是有秦岭地形和无秦岭地形的 24 h 降水预报图，可以看出，有地形时，大降水区偏北，量级和落区与实况非常接近，并具有中尺度降水特征；无地形时，则降水落区明显南移，并呈现大尺度分布特征。选取 1995 年 7 月 24—25 日，晋、豫、陕三省交界无急流大范围暴雨，局地大暴雨到特大暴雨过程，图 6.29 是有地形和无地形作用的 24 h 降水预告图，可以看出，有秦岭山脉情形时，降水预报值同实况基本吻合，大降水中心位于秦岭山脉东段北侧的河套底部，中心预报值为 79 mm。无秦岭山脉时，大降水中心及降水落区明显南压东移，中心预报值为 50 mm，较有秦岭山脉时明显减小。可见秦岭山脉影响暴雨的落区、范围和量级。

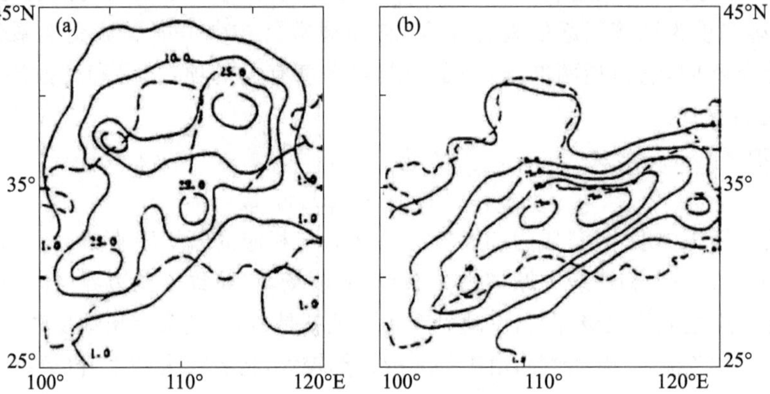

图 6.28　有急流暴雨 24 h 大降水预报图

(a)有秦岭地形；(b)无秦岭地形

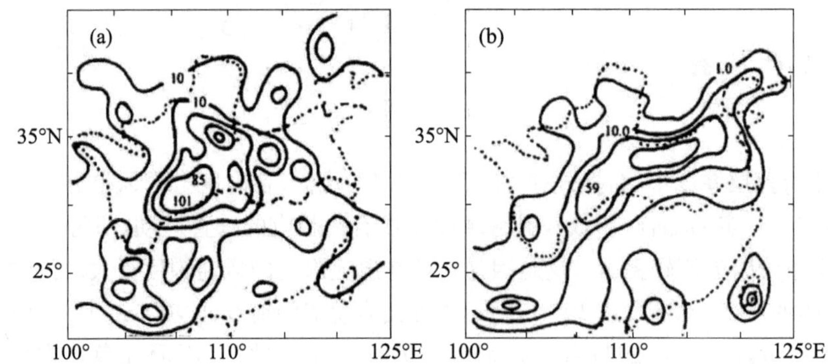

(a)　(b)

图 6.29　无急流暴雨 24 h 大降水预报图

(a)有秦岭地形；(b)无秦岭地形

6.6.5.2　对降水环境场的影响

图 6.30 是有急流暴雨 850 hPa 流场模拟图，可以看出，秦岭山脉在低层对偏北风有很强的阻滞作用，使其以北的西风风速减弱，偏南气流在翻越秦岭山脉时有明显增强作用，并向北

发展。无秦岭山脉时，则有利于西北气流南侵，而对南风急流则有明显抑制作用，不利于南风急流向北发展。图 6.31 是有急流暴雨 850 hPa 水汽通量散度模拟图，由图 6.31 可以看出，水汽通量散度呈现出西南—东北走向的辐散辐合交替出现的波列结构，其中的正负值区域呈西北—东南走向，具有中尺度特征。在没有秦巴山脉作用时，较初始场发生了很大变化，既没有波列结构，也不呈现中尺度特征，同时在量值上差异甚大。

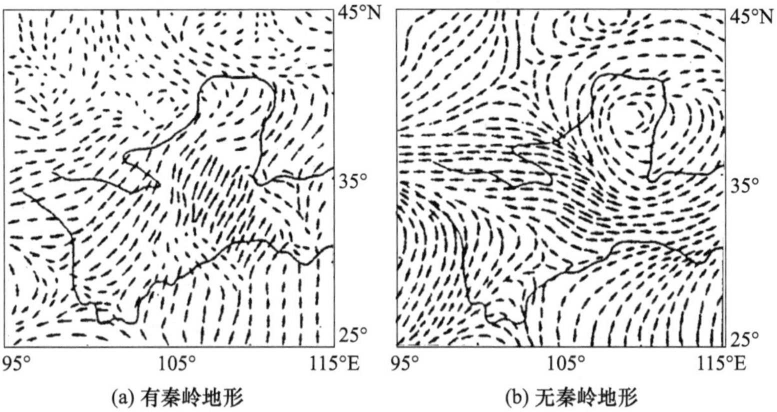

图 6.30　有急流暴雨 850 hPa 流场模拟图

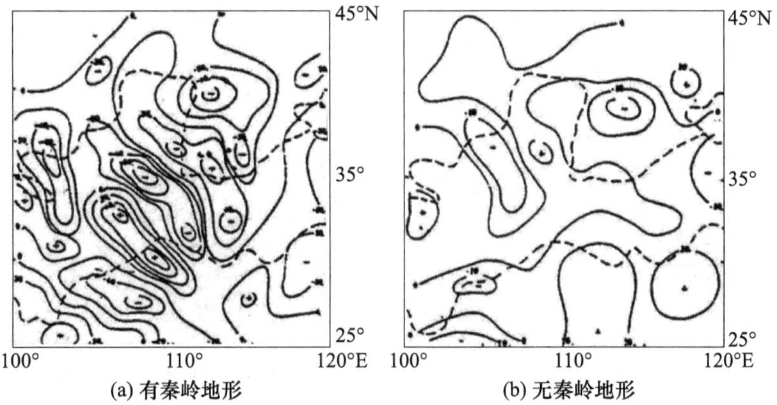

图 6.31　有急流暴雨 850 hPa 水汽通量散度模拟图

图 6.32 是无急流暴雨 850 hPa 流场模拟图，可以看出，在 1500 m 高空，偏南气流在翻越秦岭山脉后，风速略有加大，并稍向东北伸；河套地区的偏北风气流基本维持不变，河套东侧的偏东北气流稍有加强；来自于青藏高原方向西风气流呈舌状东伸，从而在秦岭山脉的附近形成明显的风场辐合区，正对应着暴雨的发生区。当没有秦巴山脉作用时，流场改变明显，原偏南气流变为西南气流并东伸到秦岭以东的中原地区；来自青藏高原方向的西风气流呈明显的辐散状，其中偏东北方向的气流同河套地区偏北气流交汇南压，河套地区的偏北气流明显加强，并南压到秦岭以南地区，两支气流的交汇形成西南—东北走向的辐合带，这与有秦岭地形时明显不同，图 6.33 是无急流暴雨 850 hPa 水汽通量及其散度模拟图，可以看出，秦岭山脉使底层水汽场具有 Ω 型结构，并使其大值中心向西北抬升，使水汽通量散度具有辐合辐散交替出现的波列结构和中尺度特征，使水汽辐合中心向北抬升，恰好对应暴雨发生区。但在无秦岭地形

作用下，水汽通量大值区呈西南—东北走向，并明显南移东伸；水汽通量散度辐合中心减弱，位置明显东南移，也不呈现波列结构。

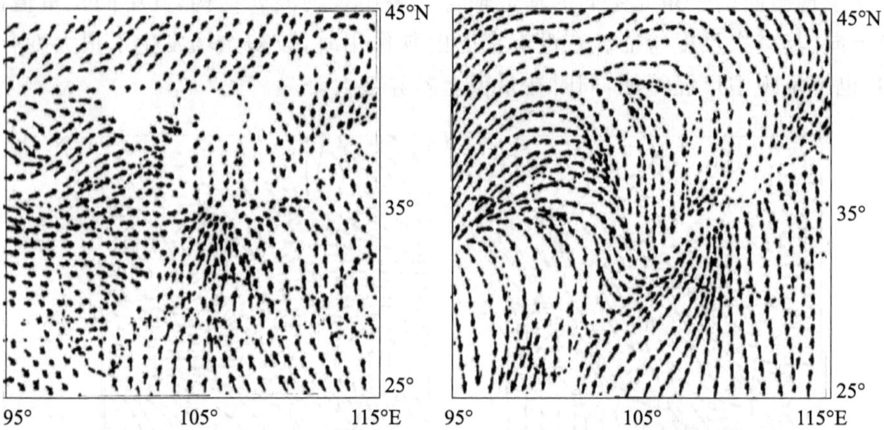

(a) 有秦岭地形　　(b) 无秦岭地形

图 6.32　无急流暴雨 850 hPa 流场模拟图

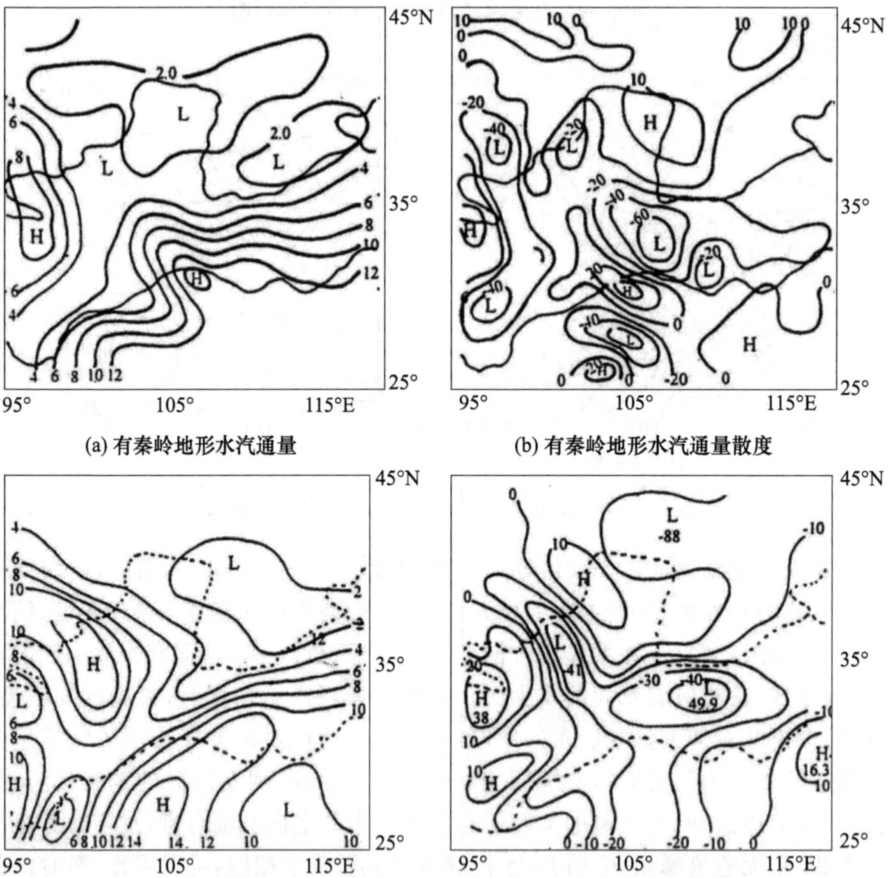

(c) 无秦岭地形水汽通量　　(d) 无秦岭地形水汽通量散度

图 6.33　无急流暴雨 850 hPa 水汽通量及其散度模拟图

以上模拟分析表明：秦岭山脉是通过改变低层流场、水汽场等的结构来直接影响大降水的落区、范围和量级的，若无秦岭山脉作用，则大降水中心明显东移南压，降水量级变小，中尺度特征减弱。

6.6.6　地形对暴雨落区影响的统计分析

通过对青藏高原东北侧的暴雨（1961—2008 年）（图 6.34a）与青藏高原东北侧的地形（图 6.34b）对比分析，发现暴雨空间分布与地形有着十分密切的关系。夏半年由于青藏高原东北侧的水汽输送多为偏南或偏东南气流，形成了秦岭以南的高值区域，暴雨最大中心的镇巴就是位于东西走向的米仓山脉迎风坡（南坡），其地形作用十分明显。位于关中北部、宝鸡附近及甘肃东部地区的暴雨高发区，主要是由于地形对翻越秦岭气流的强迫抬升以及偏东南气流输送的共同作用造成的，因为关中地区（即关中盆地）地形具有东宽西窄、东低西高的特点，是典型东西向的喇叭口地形，又分别有黄河、洛河、泾河及渭河等河谷存在，这种大的喇叭口地形与小的河谷喇叭口叠加辐合作用有利于降水增幅和暴雨产生。关中北部、甘肃东部的暴雨多发区则都是处在相应的河谷附近或河流上游地区与地形（如六盘山、子午岭的阻挡）共同形成的辐合地区。另外，夏季地区受冷空气活动影响，当较强冷空气直接南下或华北冷空气东路侵入时，在秦岭北坡爬坡和屏障作用下，使得秦岭北坡的蓝田、潼关也成为一个暴雨相对多发区。位于陕北的府谷、神木的暴雨高发区，同样均是处在黄河沿岸的支流河谷地区，受喇叭口地形辐合和地形抬升影响，使得陕北东部暴雨明显多于其西部地区。

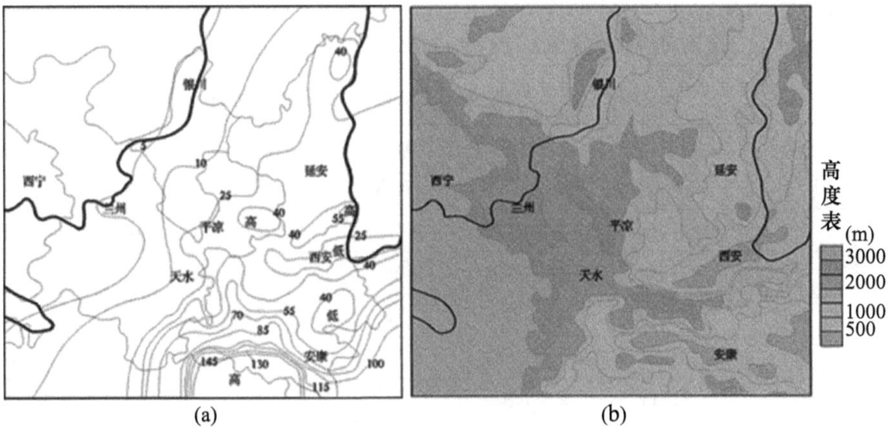

图 6.34　青藏高原东北侧暴雨频次空间分布（a）和地形特征概况图（b）

6.7　台风与陕西暴雨

6.7.1　近海台风活动与陕西暴雨的统计关系

台风可直接造成我国沿海区域性和灾害性暴雨天气，台风也能直接、间接的造成和影响我国不少内陆省份出现极端暴雨，陕西就是受近海台风活动影响易出现极端暴雨的内陆省份之一。

影响陕西台风的定义和说明:考虑到陕西地处内陆,位于青藏高原东北侧,将在南海区域生成或从西太平洋生成并西移至128°E附近及以西的台风定义为影响陕西极端暴雨的台风,简称为影响台风。为了方便把出现在西太平洋的强台风、台风、强热带风暴、热带低压统称为影响台风。依据台风移动的路径,当台风西移越过120°E,且继续西行时,则称为西行台风;对于在125°E和23°N附近登陆或转向北上的台风,称之为北上台风;而在南海区域生成发展的台风,台风路径西行的计为西行,台风路径北上的计为北上。

极端暴雨过程的定义:当陕西三个区域内(陕南、关中和陕北)任意一个区域有10个以上的测站(县市)出现(20—20时)≥50 mm的降水,本区内有2站日降水≥100mm,其中有至少1个测站超过了35 a的日降水纪录时,称为陕西发生了一次极端暴雨降水过程。

统计表明,陕西夏季区域性暴雨(≥10站以上暴雨)与近海台风相关率较高,可达70%以上。1970—2003年的35 a间,陕西发生极端暴雨降水事件共有22次,其中有台风影响和参与的达19次,占极端暴雨过程总数86%。对于单独的测站出现的极端暴雨降水过程,有个例分析研究发现与台风也有很好的相关,如2002年7月4—5日,黄土高原东部的陕北连续两天出现突发性暴雨。暴雨中心子长县7月4日降水量为195.3 mm,7月5日降水量为116 mm。其中4日06时至08时2h降水量达128.9 mm,1h最大降水量为81.3 mm。就受位于我国东部沿海的“威马逊”台风活动的间接影响。

6.7.2 影响台风活动的路径及区域

当陕西出现极端暴雨时,影响台风多在125°E以西,15°N以北区域内活动或在该区域登陆,即影响台风活动在我国东南沿海范围内活动情况居多(表6.10)。

表6.10 台风与陕西极端暴雨的相关统计简表

年月日	影响和参与台风编号	台风位置北纬,东经	暴雨落区和极大值,站名	暴雨站数	极端暴雨站数	最大降水值(mm)	台风活动概况
770705	7705	24,110	陕北,安塞	12	3	102	西行登陆
780704	7804	17,102	关陕,西乡	20	3	152	双台风
810815	8117	16,116	陕北,延安	13	2	140	西行,双
810821	8118	21,105	关中,太白	20	1	109	西行,双
820731	8210	31,113	关中,华阴	17	2	158	北上,双
910728	9109	28,126	关中,鄠邑	13	3	130	北上
980707	9801	20,118	关陕,洋县	28	5	145	北上
010727	0108	22,108	陕北,黄陵	15	2	177	北上,双
020609	0204	20,123	关陕,佛坪	37	3	210	北上
030829	0313	22,105	关陕,宁陕	44	3	195	登陆后2日
070809	0708	22,122	关中,礼泉	34	8	215	西行

注:关陕,即关中和陕南。

结合天气形势演变资料和影响台风移动路径分析归类,可将19次有台风参与和影响的极端暴雨过程分为两大类:一类是从西太平洋偏西区域生成移入或在南海区域生成后北上进入该区,大约在120°E以西和20°N以北的范围活动或在海南岛附近登陆的,此类影响台风的活动位置整体偏西，移动路径以西行特征为主，共有 16 次。值得一提的是这 16 次有台风参与和影响的极端暴雨过程中，有 7 次在 128°E 及 20°N 附近还另有一个台风存在(可称双台风型)，如“1981.8.15”“2001.7.27”等，也应该引起重视。另一类受台风影响的极端暴雨过程仅有 3 次，这类影响台风活动基本位于我国台湾岛附近或以北区域，这类影响台风路径以西行北上特征较明显，台风活动范围较前一类纬度相对较高，台风活动一般在 25°N 附近，最北可达 30°N 以北。巧合的是这 3 次过程强降水落区均集中在我国南北气候分界线秦岭山脉北侧的关中地区。进一步分析发现，有时台风在海南附近登陆 2 d 后，陕西境内也能出现大范围的区域性暴雨且有极端暴雨相伴的降水过程。这种大降水滞后现象，多发生在 8 月份，连阴雨形势中较为常见，如 2003 年 8 月 22 日—9 月 8 日等。

6.7.3　台风影响陕西暴雨的类型

台风影响陕西暴雨通常表现为两种类型：一是远距离台风影响，即间接影响。台风的位置多在我国东南沿海海上，这种情况占台风影响陕西极端暴雨个例的大多数。如表 6.10 中给出的“1991.7.28”和“2002.6.9”“2007.8.9”极端暴雨个例就是台风间接影响陕西暴雨的例子。二是台风登陆后其外围偏东气流直接影响造成陕西极端暴雨。如 1982 年 7 月 31 日至 8 月 1 日出现在关中东部的区域性暴雨，降雨中心在华阴，48 h(7 月 30 日 20 时至 8 月 1 日 20 时)雨量达 257.7 mm，有 6 个县市超过 100 mm。就是由台风登陆后其外围气流造成的暴雨。又如“1987.7.28”“1996.7.31”也是台风登陆后北移到 26°N，117°E 附近造成的区域性暴雨。此时台风低压外围东风气流越过中条山，穿过黄河谷地，进入关中盆地喇叭口地形或黄土高原上空，带来大量水汽，同时与迎面而来的冷锋相对运动，致使该地区大气斜压性和不稳定进一步增大，产生强烈的上升运动，造成雨区的暴雨明显增幅，出现强降水或极端暴雨。

6.7.4　近海台风影响陕西暴雨时的环流特征

6.7.4.1　远距离台风暴雨时 300 hPa 的环流特征

通过对陕西发生的远距离台风暴雨(简称陕西台风暴雨)时的环流特征分析发现，无论是前汛期的 6 月还是其主汛期的 7 月、8 月两个月发生的台风暴雨，在对流层高层的 300 hPa 环流图上所对应的均为高压环流区(即反气旋环流)，这充分说明高层的高压环流是台风暴雨发生的必要条件。同时，在 300 hPa 图上，即在 33°—38°N，一般在黄河河套范围内，还存在一个自南向北递增，以沿纬向为主的 20～30 m/s 急流带，当急流带位置偏南，则暴雨主要降水落区偏南。反之，急流带位置偏北，暴雨落区相应北移。说明较高层 300 hPa 的急流带，在陕西台风暴雨过程发生前期起着重要的引导性作用，这与我们在日常的天气预报业务中发现的 300 hPa 急流带超前暴雨出现的结论是一致的。而这支偏西风急流的存在和维持，可以使暴雨区高层存在和维持强烈辐散。说明在台风暴雨过程出现时，该支高空急流带为陕西台风暴雨提供高层抽气作用，增加了暴雨的对流强度，更能促使垂直环流的发展，有益于暴雨的加强与维持。

6.7.4.2　陕西远距离台风暴雨时对流层中低层的水汽输送特征

值得一提的是，在陕西台风暴雨过程发生前期，对流层中低层的 700 hPa 流场上存在着一个东高西低的共同特征，即在河套地区南端的西安、汉中一带几乎均为低值区域(低压区)或有切变存在；位于黄河中下游陕西及东部的河南、山西和湖北西北部为高值区域(高压区)。水汽是形成暴雨的必要条件,而低空急流是向暴雨区输送大量水汽的通道。

通过对陕西台风暴雨过程中 700 hPa 与 850 hPa 两层的水汽和能量输送进行比较发现,当影响台风在我国台湾岛附近或以北范围内活动时,往往是在影响台风低压环流的北侧从东部沿海经中原地区并一直可深入到内陆的黄土高原,形成一支偏东风急流带,低空急流轴与最大水汽输送轴基本上是重合的,它是暴雨区主要的水汽和能量输送通道。其水汽、能量通道主要以 850 hPa 层,甚至更低层的 925 hPa 输送更为显著。当影响台风在我国海南岛、广东和广西附近登陆或活动时,在湛江附近常常存在着一支强的偏南气流,一直伸到境内,此时,水汽、能量则以 700 hPa 层输送最为显著。上述的特征和现象在洪灾型暴雨降水出现前一时次或当日反映最为明显,通过常规的天气图,分析其对流层较低层的风场演变即可以直接得到验证。如 2002 年 6 月 8 日 20 时,850 hPa 图上福州、上海两测站分别由原来的 6 m/s 东北风和静风猛增为 8 m/s 和 12 m/s 的东南风,甚至地处内陆的郑州站的东南风也由原来的 8 m/s 迅速增为 18 m/s。卫星云图在青藏高原东北侧有一条明显的东移冷锋云系或高原低涡云系存在。我国东南沿海(126°E 以西和 15°N 以北的范围内)有台风活动和存在,冷锋云系和台风之间为晴空区,即副热带高压或高压脊所在的区域(图 6.35)。

图 6.35　2002 年 6 月 8 日 20 时红外云图

6.7.5　近海台风作用和影响陕西暴雨的一些相关机理研究

综合分析近年来全国、陕西对远距离台风暴雨的研究成果表明:陕西出现远距离台风暴雨时,首先是在大的环流配置上,近海台风的出现和存在利于副高位置的稳定和维持或有利于副高西伸,在此背景下就会使得中纬度的西风带影响系统在陕西地区出现维持或加强的情形;其次是台风北移加大了其北侧的气压梯度,而台风北侧的冷空气(中纬度的西风带影响系统)还在不断出现南压或南移的情形,使其北侧的偏东风速加大,加强了低空急流的形成,增强了暴雨区的垂直上升运动,进而使暴雨出现增幅或出现极端降水;第三便是低层台风外围的东风暖湿气流为陕西提供补充了更加丰沛的水汽,如:“2008.8.9”台风远距离暴雨过程的水汽就来自台风外围北侧和副高南侧的东风暖湿气流。

远距离台风对陕西暴雨的影响方式主要有两种:

一种(图 6.36a)是远距离台风直接通过低空急流将其附近的水汽、能量及正涡度平流输送到暴雨区。在秦岭北侧，陕西典型的西北涡暴雨过程中，远距离台风通过与西北涡相互作用来影响暴雨的强度和落区，主要的影响机理为：(1)远距离台风与西北涡相互作用，改变了西北涡的斜压结构、温湿结构和动量结构，也增强了西北涡附近对流不稳定程度和动力抬升作用。(2)西北涡中心强度及其附近环境场的改善对暴雨的发生和发展起到正反馈作用，即：西北涡的气旋性环流延长了由台风和西太平洋副热带高压建立起来的水汽通道，西北涡的正涡度平流使西北涡附近对流不稳定增强，进一步促进周边环流上下层之间的能量交换，使周边低层动力抬升作用增强。(3)西北涡和台风远距离相互作用与低空急流的建立是同时的，对大范围短时强降水的落区与强度变化具有一定的指示意义。从天气预报预警角度可归纳出以下预报着眼点：随着低空急流的建立，未来 0～6 h 内，西北涡的右前方将有大范围短时强降水出现，低空急流减弱后，西北涡中心涡度随之减弱，强降水过程趋于结束。其次，台风北移加大了陕西与台风北侧之间的气压梯度，利于台风北侧的低空急流。这支低空急流与台风以及副高外围的暖湿气流叠加，补充了北上气流的水汽和能量，高能高湿的气流北上与南下的冷空气在陕西相遇，激发成地面中尺度气旋、地面中尺度切变线的形成和发展，激发中尺度云团的生成，并由此产生短时强降水；第三，远距离台风还通过低层辐合和正涡度平流的输送使得陕西当地低层抬升力明显加强，垂直上升运动增强，低层的水汽和能量被输送到了高层，对流不稳定得以形成和发展。所以，台风还是远距离台风暴雨过程对流不稳定的制作者。该类远距离台风暴雨降水效率高、降水强度大，甚至会出现极端暴雨。

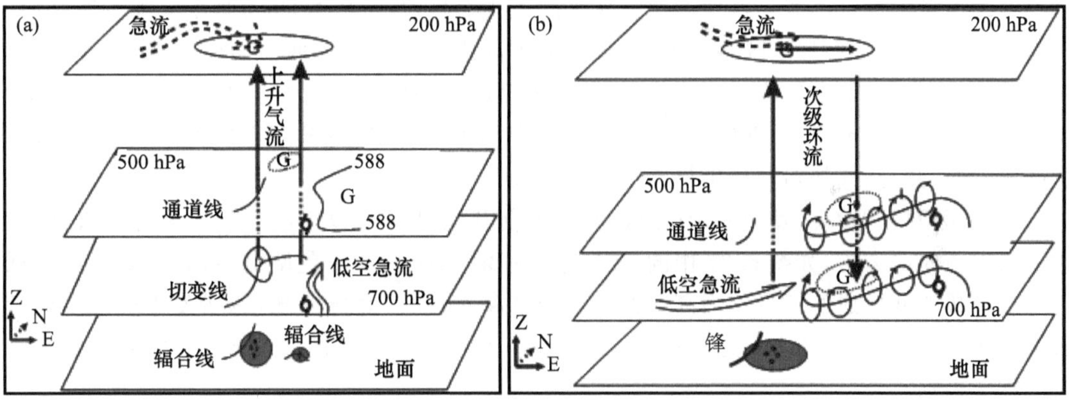

图 6.36　台风远距离暴雨的概念模型

(a)2010 年 7 月 23—24 日暴雨过程影响系统的垂直结构与配置；

(b)2011 年 9 月 17—18 日暴雨过程影响系统的垂直结构与配置

另一种是台风作为扰动源，产生类东风扰动并向西传播，与西风带系统相互作用，导致陕西出现暴雨(图 6.36b)。该类暴雨中，副热带高压和台风一般位于东海到日本以东地区，类东风扰动及其波状传播在台风暴雨中的具体作用为：一是台风与类东风波向西传播以及西太副高共同阻挡了西风带系统的东移，延长了西风槽在暴雨区的持续时间；而且台风通过类东风扰动波状传播，将台风附近的水汽和能量向大陆输送，与地面河套东移受阻的冷高压相遇，在暴雨区附近形成冷锋，促使暴雨区低层辐合加强，上升运动增强；二是类东风扰动向西传播过程中，在四川东部与青藏高原东部的西南气流相遇，导致低层气压梯度增大，辐合加强，上升气流使得水汽大量凝结，凝结潜热释放又使得低层气压降低，气压梯度变得更大，风速加大，诱发了低空急流的产生;三是与高低空急流相互配合,低层波状传播的东风气流为次级环流上升支提供了补偿性气流,激发了次级环流的形成发展和维持。

还有研究分析发现其机理作用是近海台风作为强扰动源向中纬度频散能量,触发对流,或使中纬度系统加强,造成暴雨发生和增幅。在暴雨发生的过程中通过 925～850 hPa 为暴雨区输送水汽。与前一类远距离台风相比,该类远距离台风暴雨过程降雨强度相对较小,但降水持续时间较长。

还有研究发现影响台风北侧的这支东风气流和南下的河套北部的反气旋环流结合,在关中中南部形成一条近于东西向的中尺度辐合线,即热带系统台风和中高纬度西风带系统作用在河套易形成中尺度对流系统(mesoscale convective system,MCS),该系统是造成大暴雨的直接影响系统。

6.8 卫星云图在陕西暴雨预报中应用

6.8.1 天气尺度云系叠加模式

暴雨及强对流天气常常是高低层、高低纬以及上下游不同云系相互作用的结果。研究发现,陕西的暴雨和强对流天气有三种云系叠置类型。

6.8.1.1 低层暖切变云系和 500 hPa 西来槽云系叠置

这种类型的天气形势是陕西产生强降水的主要形势,其特征点是:近地层有弱的东路冷空气由华北经河南、山西侵入陕西,在 700 hPa 上黄淮之间有一条东西向切变,其南侧一般都有一支较强的西南风低空气流,500 hPa 上副高强而位置偏西。当高原上由低槽或切变线东移与低层暖切变上下叠置时,700 hPa 上若有西南涡发展并东移,这样暖湿的西南气流就会沿华北高压前部的冷空气垫抬升产生暴雨及强对流天气。

在实际预报时发现,发生暴雨(或强对流)的前几天,105°E 以东,30°—35°N 之间就已经存在一条东西向的云带,如图 6.37 中的 BB′。这一 BB′云带的西段色调暗淡,表明此云层较低,是近地层暖切变生成的云带。当高原低槽云带 AA′东移时,就会与 BB′云带发生叠置,由于两云系的相互作用,云中的上升运动加强,云层加厚,便会产生浓密的白色云团,暴雨(或强对流)天气就会来临。

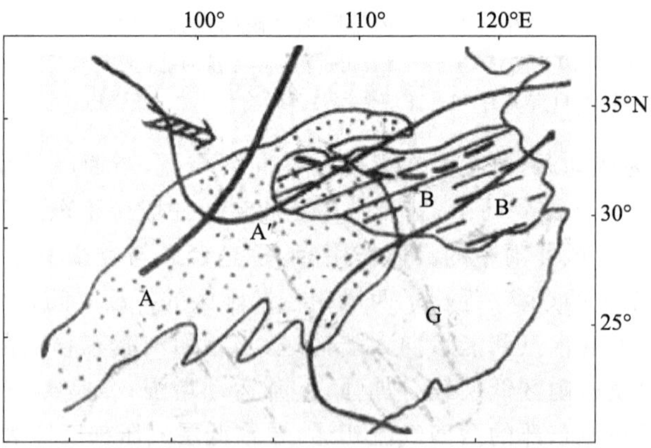

图 6.37 高原云系与低层暖切变云系叠置概念模式

例如 1980 年 8 月 23 日的暴雨就是一条暖切变云系与高原槽云系叠置的例子。在 8 月 23 日 08 时，暖切变被抬到秦岭上空，这时西来槽云系恰好移到切变线上空，于是两云系相互作用产生了很强的降水。

6.8.1.2　台风倒槽云系和西来槽云系的叠置

对黄土高原来说，这类暴雨(强对流)相当强烈，雨强大、历时短。当西太平洋台风登陆向西北方移动减弱为低气压，继而减弱为台风倒槽时，若恰与西来槽相遇，这两个低值系统就会叠置，产生强烈天气。

图 6.38 中 A 是西来槽云系，B 是台风倒槽云系。当云系在台风前部东风急流的作用下向西北移动，而 A 系统由于受到副高的阻挡移动减慢时，A、B 两云系相向运动，可以想象，这两个云系的相对运动将会产生剧烈的上升运动，同时生成更加浓密而又深厚的云团。此时产生的降水都是非常强烈的。像 1982 年 7 月 31 日在关中东部产生的这类暴雨，历时 10 h 多，日降水量 239.1 mm，最大雨强 69.1 mm/h，过程最大雨量 288.1 mm，过程暴雨站数为 30 个。

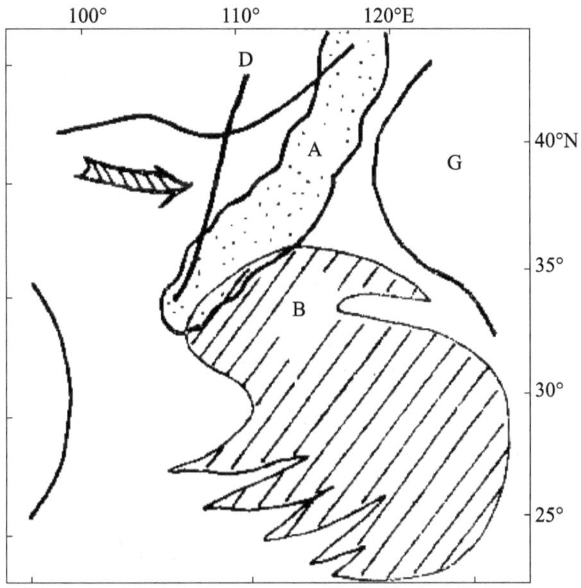

图 6.38　台风倒槽云系与西风槽云系叠置概念模式图

6.8.1.3　同一高度上不同天气系统云系叠置

这类强降水天气的主要形势是 500 hPa 上西太平洋副高较强，并西伸到长江流域，处在副高的北部边缘。如果这时在河西走廊西部有一个西来槽，同时在高原上还有一个准静止的浅槽(槽前是一支弱的西西南风)，这两槽呈阶梯形。但由于河西附近的西风槽东移较快，与高原东侧的低槽合并，从而使槽前西南气流加强，产生强烈的降水天气。而在卫星云图上的西风带低槽云系 CC′和高原槽前云系 AA′，这两类云系在暴雨前 24 h，是相互分离、孤独的，它们分别处于西风槽和高原槽的前部。但由于西风槽云系 CC′快速东移与高原浅槽云系 AA′南北相遇并叠置(图 6.39)。由于两个云系产生合并和相互作用，使合并的云团随上升气流不断增厚，云区亮度增加，云顶亮温快速降低。当出现一块块白色而光亮的云团时，暴雨及强对流天气便将开始。这种云系叠置对区域性暴雨有很好的指示作用。

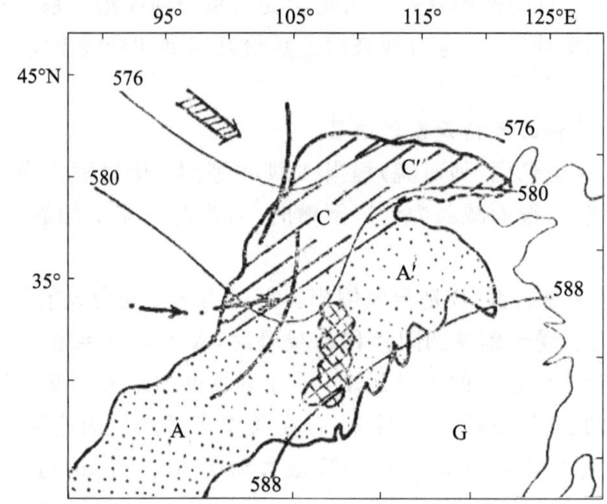

图 6.39　西风槽云系与高原云系叠置概念模式

这一类型天气的云图叠置模型也多见于北部(即黄土高原腹地),常在7月下旬和8月份出现,这时副高北部边缘的588 dagpm线沿35°N走向,脊线已北抬到一年中最北的位置,这期间常在588 dagpm线北侧有高原槽生成,当其上游有西风槽移出来时,两槽合并加强,就会产生强烈天气。为了证实上述云系叠置对暴雨的指示作用,用1980—1982年夏季8个月的逐日云图资料进行了反复验证,发现3 a中在高原东北侧共有25次云系叠置,其中有区域性暴雨(≥3站)的概率为72%,≥5站暴雨的概率为80%,≥10站暴雨的概率为100%。由此可见,云系叠置对区域性暴雨,特别是对较大区域性暴雨有很好的指示作用。一定类型的云系是相应天气系统的产物,但是常规天气图对有些系统反映并不很清楚。特别是在高原上,由于资料稀少,天气系统漏报分析的可能性较大。因此,云系的叠置往往可以为高原东北侧暴雨预报提供重要依据。

6.8.2　暴雨云团

6.8.2.1　天气尺度云系中的暴雨云团

这类暴雨云团位于天气尺度云带或云区中,如低槽冷锋云带、青藏高原低涡云系、切变线云带等云带中均伴有中尺度对流云团活动。其水平尺度大多为200 km左右,呈规则或不规则的块状(多为椭圆形),镶嵌在天气尺度云带中,色白而亮,结构密实,与其周围灰暗均匀的中低云系形成显著对比,尽管处在天气尺度云带中,但仍可看到云团光滑整齐的边界。在伪彩色显示增强红外云图上,有表征云系亮度温度的不同色彩可以清楚地把云团与环境云系区别开来。

这类中尺度暴雨云团的发生发展和移动与天气尺度系统的活动关系密切,它主要由移动性的天气尺度扰动强迫生成,并非在特定地理条件下产生,其源地地理位置不固定,并随天气尺度云带或云系而移动。

这类中尺度暴雨云团,虽然受下垫面加热而有日变化,但没有局地发展的暴雨云团或低纬热带云团的日变化那么明显。值得指出的是,天气尺度云带及其中的中尺度对流云团形成的暴雨,是有层状云降水或对流云降水两部分构成的,即混合型降水。

6.8.2.2　局地发展的暴雨云团

这类暴雨云团是在适宜的环境条件和地形条件下局地发展而成，其发生发展有如下特征。

(1)有明显的日变化。在上午的红外卫星云图上，可看到一片色调灰暗的低云区或雾区，水平尺度为 300 km 左右，呈不规则的块状，其上亮度不均匀，中心稍白亮。午后，云团明显发展，在 14 时云图上，已可看到对流云团所具有的特征，即中心部位色调变白变亮，结构密实，但边缘仍可看到灰暗均匀的低云。到 17 时或 20 时的卫星云图上，对流云团发展成典型的暴雨云团，结构密实，色白而亮，边缘再见不到灰暗均匀的低云区，形成光滑整齐的云团边界。此时即可发生局地暴雨。

(2)云区有强烈的中尺度气流辐合。这是对流云团发生发展的动力条件。辐合气流主要位于边界层内，多为中尺度辐合线或辐合点。其作用是：①造成强烈的上升运动；②形成强烈的水汽辐合，它主要依靠中尺度流场辐合来汇集，无需考虑大尺度水汽输送带的作用。这是区别于非局地性暴雨的一个重要特点。

(3)局地发展的中尺度暴雨云团都是处在有利的大尺度环流条件下发生发展的，并与逼近的天气尺度系统活动有着密切关系，如切变线、冷暖锋等常可起到激发中尺度云团的作用。

(4)与地形、下垫面的机械作用和不均匀加热作用密切相关，所以局地发展的暴雨云团地理位置比较固定。

6.8.2.3　中尺度暴雨云团

这类云团多数出现在冷锋云系和其他系统云系的相交合并处，有的出现在低涡或低空急流云系或切变云系中，其水平尺度在 250 km 左右。它主要生成在秦岭西部和关中地区，有的在秦岭的中东部生成。它的形成方式可分为三种类型。

(1)云系合并型：最初是两条独立的云系，在移动过程中合并成一条云带，在合并处结构变密，如图 6.40c 所示。

(2)中低云发展型：其形成过程，初始表现为稠密的中低云区中出现对流泡或起伏状，随着云区内对流发展演变而成暴雨云团，如图 6.40d 所示。

(3)小尺度云团合并型：起初表现为一个小尺度暴雨云团，四周不断有新的对流单体生成，随着小尺度暴雨云团发展并与新生的单体合并而成较强中尺度暴雨云团，如图 6.40e 所示。

中尺度暴雨云团的移速与小尺度云团移速基本一致，它的移动路径与 700 hPa 上的流场有密切关系。强盛的中尺度暴雨云团，云顶温度≤－64 ℃的云区直径为 100～150 km，生命史为 9 h 左右，若低空急流加强或环流形势稳定，其生命可延长到 12 h 左右。它发展缓慢，主要产生 3～6 h 的强降水。

中尺度暴雨云团在陕西暴雨天气过程中的一些实例：如 2016 年 7 月 30 日 22 时至次日 07 时的商州、商南等(区)县先后出现了局地突发性大暴雨，2014 年 7 月 8—10 日的陕北出现大范围暴雨天气过程，2017 年 7 月 26 日陕北罕见的大暴雨过程等。

2016 年 7 月 30 日 22 时至次日 07 时，陕西的商州、商南等区(县)先后出现了局地突发性大暴雨天气，其中乡镇站累积降水量 100～150 mm 共 11 站；累积降水量达 150 mm 以上 4 站，分别为商南县白鲁础 212.4 mm，山阳县西照川 218.5 mm，色河铺 179 mm，东川 159.8 mm。

(a) 并和型

(b) 扩展型

(c) 云系合并型

(d) 中低云发展型

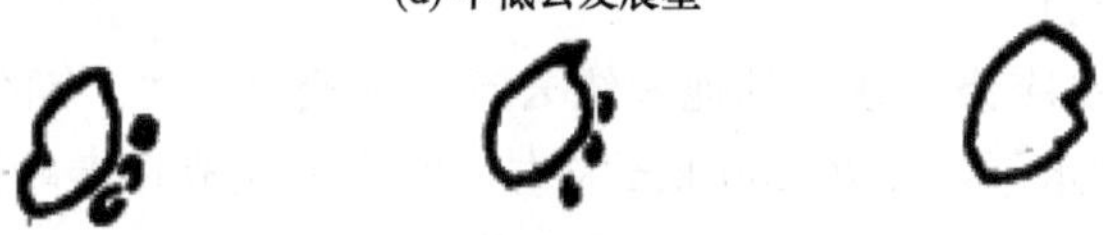

(e) 小尺度云团合并型

图 6.40　各类云团生成方式示意图

逐小时云图追踪分析显示,直接影响商洛的暴雨对流云团就是由位于黄河河套中游一个东西向云带南侧的一个十分小的对流云团快速发展、加强形成的(图 6.41)。在 7 月 30 日 18 时,该云团开始形成,仅有小米粒大小,20 时已发展成南北向的云团,22 时暴雨云团快速发展成典型 β 中尺度云团,南北跨度 150 km。强降水位于云团东南侧的温度梯度最大处。

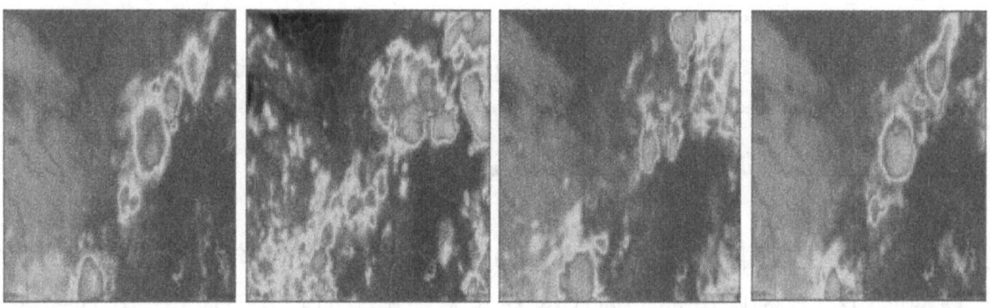

(a)　(b)　(c)　(d)

图 6.41　2016 年 7 月 30 日—31 日商州、商南大暴雨的 FY-2 云图演变

(a)7 月 30 日 18:00;(b)7 月 30 日 22:00;(c)7 月 31 日 02:00;(d)7 月 31 日 04:00

2017 年 7 月 26 日陕北罕见的大暴雨过程降水实况:7 月 25 日 22 时起短时强降水突然出现增强,其中榆林的子洲 22 时小时雨强 4 mm,最大雨强为 26 日 02 时 52 mm。米脂雨量从

25 日 23 时起都较强，连续 4 h 降水量在 20mm 左右，最大是 26 日 03 时达到 34.1 mm。

这次大暴雨就是由陕北北部西北侧的内蒙古境内两个 β 中尺度云团合并、加强和东移过程中，加强为近似中尺度对流复合体（mesoscale convective complexes，MCC）所产生的（图 6.42）。

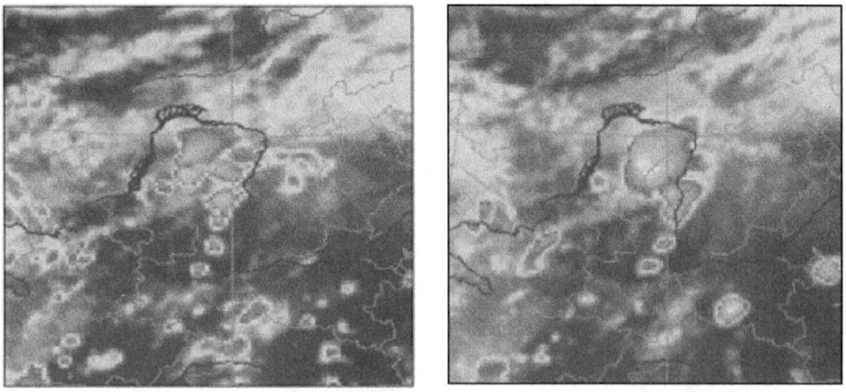

(a)　　(b)

图 6.42　2017 年 7 月 25—26 日陕北大暴雨的 FY-2 云图演变

(a)2017 年 7 月 25 日 19 时；(b)2017 年 7 月 25 日 21 时

2014 年 7 月 8—10 日的陕北出现大范围暴雨天气过程，影响范围波及 15 个县区，这是 2014 年入汛以来出现的范围最大、逐小时雨强最大的一次暴雨过程。强降雨主要出现在 8 日 20 时—9 日上午，其中清涧县日降水量突破历史极值，达 98.5 mm。县区站过程雨量，超过 100 mm 有 4 站，分别是延长 123.6 mm，清涧 123.4 mm，吴堡 122.6 mm，延川 116.6 mm。

本次暴雨就是由冷锋云系的前侧陕北中北部地区有多个 γ 中尺度对流云团（图 6.43）造成，虽然小时雨强不是太强，但在陕北北部较长时间维持加强，同样造成陕北的大暴雨天气过程。

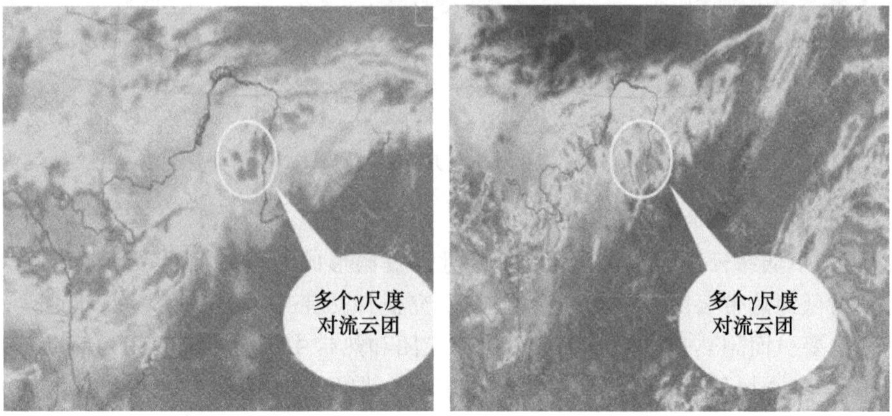

(a)　　(b)

图 6.43　2014 年 7 月 8—9 日陕北暴雨红外云图演变

(a)2014 年 7 月 8 日 14 时；(b)2014 年 7 月 9 日 02 时

6.8.2.4　次天气尺度暴雨云团

这类云团的出现与天气尺度系统之间的相互作用有关，并伴有低空急流云系，其水平尺度在 400 km 左右。生成方式与中尺度暴雨云团的云系合并生成相同,生成在两个云系合并处,它没有固定的源地,此类云团总是沿着暖湿中心移动。

强盛的次天气尺度暴雨云团云顶温度−62 ℃的云区直径为 200～250 km。其生命史为 2 h 以上,旺盛的对流中心可持续 5 h 以上。主要产生 6 h 以上的区域性强降水。次天气尺度暴雨云团降水中心的 6 h 降水量均在 50 mm 以上,有时高达 100 mm 以上。

这类云团多以 MCC 的形式出现(图 6.44),其降水往往是雨强大,范围广,多数暴雨过程会造成严重的洪涝灾害或地质灾害。

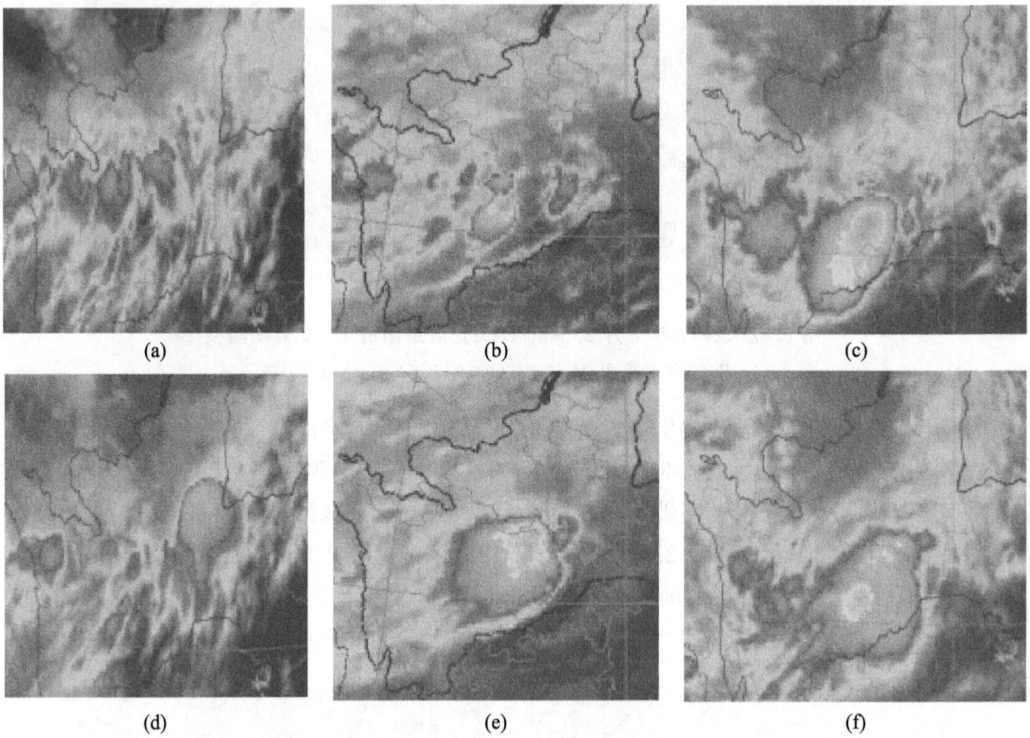

图 6.44　MCC 云图特征图例

(a)2007 年 8 月 8 日 20 时;(b)2007 年 8 月 9 日 04 时;(c)2011 年 7 月 5 日 02 时;(d)2011 年 7 月 5 日 08 时;(e)2012 年 7 月 7 日 00 时;(f)2012 年 7 月 7 日 04 时

6.8.2.5　副热带湿区中的暴雨云团

研究表明,中低纬云系的相互作用是西北地区暴雨形成的主要条件,大范围的暴雨常常是中低纬云系与低纬热带云团合并的结果,显然研究低纬热带中尺度云团对西北地区暴雨分析和预报至关重要。而副热带湿区 α 中尺度对流云团和热带中尺度对流云团的活动与西太平洋副热带高压、印度季风低压和西北太平洋副热带辐合带及台风活动有密切关系。当大尺度环流系统呈如下配置时,最有利副热带湿区中尺度对流云团的发生发展和北上影响西北地区。

①西北太平洋副高西伸北进,500 hPa 脊线位于 25°N 以北,588 dagpm 线西伸脊点位于 110°E 或以西。

②印度季风低压北移与青藏高原低压气旋性连通,在伸向大陆的西北太平洋副高与相邻的印度季风低压之间,在低空有一支强劲的西南急流,自孟加拉湾及高原东侧伸向西北地区东部。

③西北太平洋副热带辐合带与印度热带辐合带连通，130°E 以西有台风活动或热带低压活动。此时，青藏高原和东侧及热带辐合带上有大范围的对流云团发展，并沿西北太平洋副高西侧的偏南气流北上，与西风带低槽冷锋云带、切变云带或低涡云带结合，影响西北地区东部。另外，当在 115°E 以西热带辐合带上有台风或多台风活动时，台风于西北太平洋副高之间可形成一支强劲的东南气流，台风外缘的中尺度对流云团受东南气流引导，可直接造成陕南的暴雨。

6.8.3　极端暴雨前云型特征及其应用

6.8.3.1　极端暴雨前云型特征

对极端暴雨过程的云图演变分析显示，青藏高原东北侧的强降水过程云系除具有冷锋云系、青藏高原的涡旋云系，或者斜压叶状形特征外，其前期云系的形状更有一些的具体形象特征，即云系总体上有一个"厂"字形和"倒三角"形（或向北凸起呈一张弓形的云系，与前两种比较相对来讲个例较少）的结构特征（图 6.45a，e）。在"厂"字形或"倒三角"形的顶部有明显的反气旋弯曲存在。"倒三角"形区域的云结构较其他区域紧密。有时在一个大"厂"字形或"倒三角"形隐约分离出 1～2 个小的"厂"字形或"倒三角"形（图 6.45e），分离出的"倒三角"形云结构更加紧密。随着极端暴雨影响云系东移、南压，原来位于"厂"字形或"倒三角"形云系的顶部会明显向东南方向一侧出现发散状态，在其发散区域中有类似于台风外围以反气旋旋转、南北向特征相对显著的几条螺旋形云带，螺旋形云带的云顶亮温明显低于周边云区（图 6.45f），表明此时与其对应的对流层高层有明显的反气旋高压环流、高空引导气流呈明显辐散状态和较强涡度配合。这种情形时预示着未来该区域出现暴雨或极端暴雨的可能性大，且在西北地区具有一定的适用性，这是判别影响云系在具有"厂"字形或"倒三角"形前兆信号的基础上能否进一步演变、发展成为极端暴雨的一个重要判据（2012 年 7 月 21 日北京大暴雨其前期云图也出现过类似的前兆信号特征，顶部的发散状和螺旋形云带十分明显）。

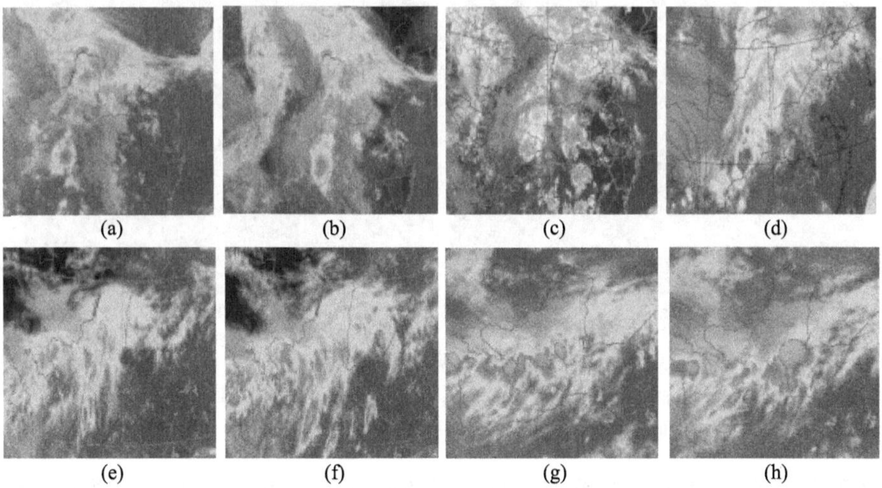

图 6.45　极端暴雨过程的前兆云图和演变特征

(a)2002 年 6 月 8 日 08 时；(b)2002 年 6 月 8 日 10 时；
(c)2002 年 6 月 8 日 14 时；(d)2002 年 6 月 9 日 04 时；(e)2007 年 8 月 8 日 13 时；
(f)2007 年 8 月 8 日 16 时；(g)2007 年 8 月 8 日 20 时；(h)2007 年 8 月 8 日 23 时

进一步分析发现,当“厂”字形或“倒三角”形云系以纬向特征明显时,未来极端暴雨降水雨区相对集中(图 6.45g),极端暴雨主要出现在秦岭北侧,如“7・2 暴雨”和“8・8 暴雨”。当“厂”字形或“倒三角”形云系经向特征明显时,未来极端暴雨降水雨区相对分散,经向特征更明显(图 6.45d),极端暴雨的落区在秦岭南北两侧都会出现,南北跨度大,甘肃东部、陕北、关中和陕南均可出现,这类云系稳定少动特征较明显,如“7・23—24 暴雨”时云系在陕西境内维持近 24 h。最大降水站点落区多出现在“厂”字形或“倒三角”形云系的南段或“厂”字形的空白区域部分,如“6・8 暴雨”和“7・23—24 暴雨”。

实际预报中发现在一般性降水过程中,当降水过程前期云型(系)具备上述结构时,实际降水量要比原预报值偏大一档。充分表明这种“厂”字形或“倒三角”形云系的前兆信号对青藏高原东北侧强降水有较好的预报指示意义。相关物理机制还需从高低空环流配置和动力场等方面进一步揭示和研究。

6.8.3.2 青藏高原东移型云系与强降水

另外,在西风带低槽云系(冷锋云系)东移加强时,往往会造成下游地区出现强降水。特别是青藏高原东侧地区,仅仅依据环流形势和模式结果来预报这类未来强降水,还存在一定不足,常出现漏报或预报的强降水雨量量级偏小的情形,还需借助多频次、高分辨的云图,做好短临预报、预警服务。以 2013 年首场暴雨为例给出强降水概念模型(图 6.46a),该类强降水一般先是暖区降水,再后是冷锋附近的降水。首先关注的是云图形状,即是否为“厂”字形和“倒三角”形云系。再结合环流配置确定进一步从大的云系中再分离出更小的嵌套“厂”字形和“倒三角”形云系。最后确定强降水落区。再利用云顶亮温和对流云团生命周期及雷达回波来估算确定强降水的客观定量值和具体落区。

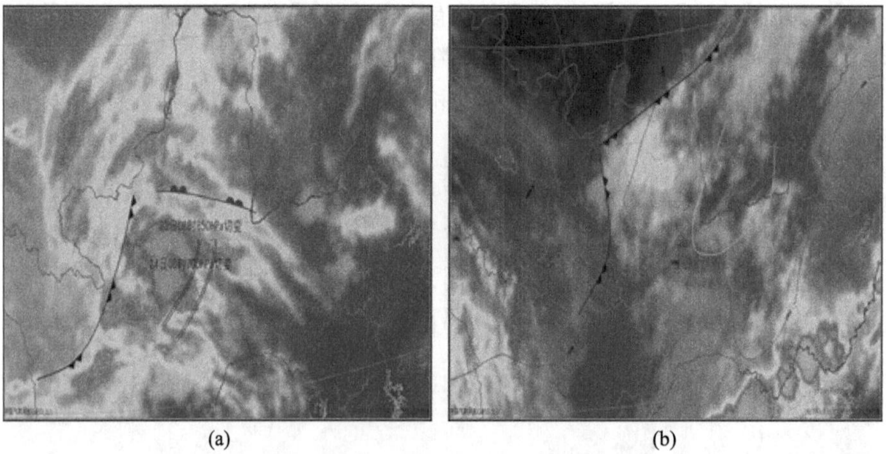

(a) (b)

图 6.46 强降水概念模型

(a)2013 年 5 月 23 日 21 时云图模型;(b)2017 年 8 月 13 日 10 时云图模型

(a 中:带三角形、圆弧形线分别是地面冷锋、暖锋的位置,深实线为 700 hPa 槽线的位置;b 中:深实线为地面高压位置)

具体的预报、预警思路,就是在满足大的云形特征条件下,再关注该类云形中是否包含有西北—东南向(或近似于南北向)的带状云带存在。同时结合高低空、地面环流,特别是关注冷空气(冷锋等)移动路径、强度,小时地面风速切变(或辐合线)位置(要细抠到一个县风场特征才行)等来做强降水预报、研判未来上述云带(云团)是否能发展并维持,以及降水范围、强度和落区(图 6.46)。

对于从青藏高原东移过来的云系来讲，既要关注 300 hPa 急流、700 hPa 和 850 hPa 切变位置，还要关注陕西西侧地面冷锋或冷空气的位置等，强降水位置多出现在冷锋的前部，且偏向冷锋北部一些，具体来讲，多在陕北、关中中西部和陕南中西部。对于前期多以晴空背景下要特别关注：对流层低层的东北冷平流或地面东路冷空气路径和强度，强降水位置多出现在冷空气的前端，多影响关中东部、陕南商洛和安康地区(图 6.46b)。只有这样不断地总结和改进、完善，我们才能利用云图多频次的时空优势，不断、有效地提高陕西暴雨短期预报和短临预警水平。

2017 年 7 月 26 日陕北特大暴雨和 2017 年 8 月 20 日暴雨两次过程，均利用上述云图概念模型，发布 5 次暴雨黄色预警信号，取得非常好的效果，其暴雨预报、预警时效提前了 2～4 h。

6.8.3.3　云图在陕西暴雨预报预警中的应用

对陕西极端强降水型的云图特征对比分析发现，陕西不同类型的强降水，云图预报着眼点和方法有一定差别：

(1)区域性强降水

对于陕西区域性的强降水，首先，关注是否有(其中包括数值预报模式预报结论)满足、符合陕西区域性暴雨的环流形势；其次，要注意低层有无暖区配合，地面上高原是否有冷锋存在；700 hPa 甘南武都一带或合作、榆中和武都之间或者是在合作与武都、平凉一带是否有低涡、切变存在；第三，在当日对流层高层 200 hPa 图上是否有一支风速≥25～40 m/s 以偏西风为主的高空急流带，200 hPa图上涡度值均有(－60～－40)$\times 10^{-6}\,s^{-1}$值域区域存在，强降水前一时次在对流层中低层有明显的冷平流区配合，最强时 700 hPa 冷平流中心值能达到(－30～－15)$\times 10^{-3}$℃/s；第四，当云图出现特征明显的“厂”字形和“倒三角”形云系时，其中“厂”字形和“倒三角”形云系含有西北—东南向的云团，云顶亮温 TBB 已达－46℃，即可发布区域性暴雨预警(未来 6 h 降水将超过 50 mm)。

(2)局地性强降水

首先，关注陕西境内和周边在 300 hPa 图上是否有一支风速≥20 m/s 以偏西风为主的高空急流带存在，且在该急流带南侧有一个风速随纬度降低出现显著递减现象(该现象特征越明显，强降水出现的概率越高，强降水落区一般出现在该急流带南侧)。其次，关注对流中低层是否有偏东气流出现，地面图上是否为东高西低型，特别是 925 hPa 图上 20 时，西安是否有偏东北风剧增，以至于在西安和安康之间形成一个切变线，暴雨区就出现在该切变中。这种低层突然出现偏东风加强的现象在陕西多数暴雨中均有出现。第三，当云图出现含有西北—东南向的云团，云顶亮温 TBB 已达－36 ℃，即可发布局地暴雨预警(未来 6 h 降水将超过 50 mm)。

6.9　陕西暴雨各物理量场特征

6.9.1　流场特征

在高原东北侧，暴雨期间的环境流场不同于华北暴雨，也不同于华南暴雨，同哈罗德提出的三股气流也不尽相同，其环境流场结构如图 6.47 所示。在暴雨期间，在对流层底层为气旋性环流，即为辐合流场，在高空为反气旋性环流，即辐散流场；在近地面能量场上，存在次天气尺度 Ω 系统，其中高能轴由南向北升，高能轴两侧为两股干冷气流；流场上存在四股气流，其中第一股气流为暖湿的高能上升气流，该支气流即为暴雨期间常见的低空南风急流，属天气尺度影响系统；第二股气流来自于青藏高原，是人们常见的副高西侧西南气流，也是高能上升气流,属天气尺度系统,该气流叠置在第一股气流之上;第三、四股气流都是干冷的低能下沉气流,其中第三股代表西北路移来和锋后冷空气或低涡西侧偏北风干冷空气,第四股为华北变性冷高压底部的下沉回流干冷空气,这两股气流都属次天气尺度系统。暴雨区就位于低层气旋性环流的东北象限,高空反气旋性环流(强辐散)的下方,低空急流轴的左前方,第一、二股气流的重叠处,地面 Ω 系统的高能轴上。

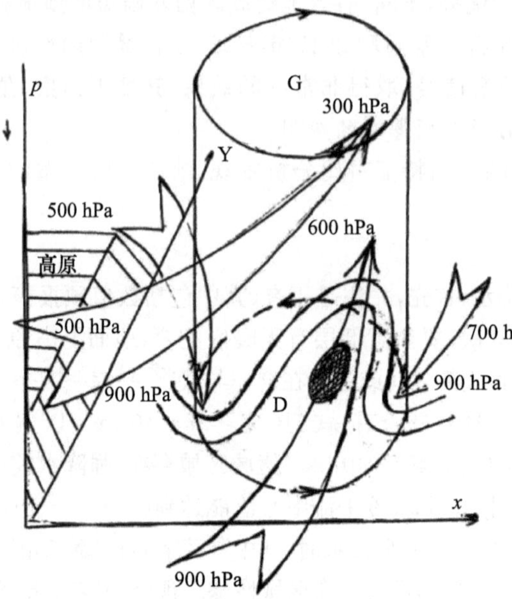

图 6.47　陕西暴雨环境流场综合示意图

上述暴雨环境流场特征可通过流场特征量即散度、涡度和垂直速度的空间分布显示出来。图 6.48a,b 为 1980 年 6 月 15 日 08 时暴雨期间的 850 hPa 散度和 500 hPa 垂直速度分布图。在暴雨中心为强烈的辐合和上升运动(中心值达 -2.03×10^{-4} hPa/s),在其两侧有两个辐散中心和下沉运动中心,相距约 700 km。图 6.48c 是相对散度 $D_{300}-D_{850}$ 分布图,图 6.48c 中阴影区为暴雨中心区,断线为 6 h 雨区边界,图 6.48c 中相对散度正值区和正中心同 6 h 降水区和暴雨中心重叠,这说明高层辐散低层辐合与暴雨的关系。

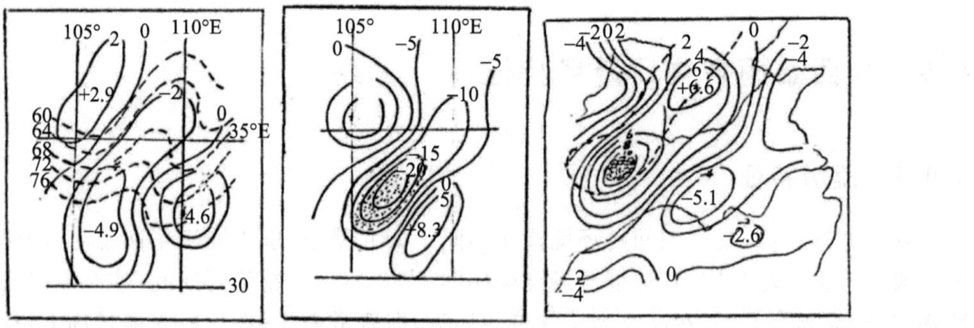

图 6.48　1980 年 6 月 15 日 08 时物理量分布图

(a)Ω 系统 850 hPa 散度 D,单位:$\times10^{-5}\,s^{-1}$;(b)Ω 系统 500 hPa 垂直速度 ω,单位:$\times10^{-4}$ hPa/s;
(c)Ω 系统相对散度 $D_{300}-D_{850}$,单位:$\times10^{-5}\,s^{-1}$

1981 年 8 月 9 日关中、陕南下了一场区域性暴雨～大暴雨，中心点佛坪站雨量达 105.2 mm。图 6.49 为暴雨中心区的平均垂直速度（实线）、平均散度（虚线）和平均涡度（点划线）随高度的分布图。由图 6.49 可见，在 500 hPa 高度附近以下为辐合，极值出现在 850 hPa 高度上，以上为深厚的辐散层，极值出现在 300 hPa 高度上，无辐散层在 500 hPa 高度附近。与这种散度场配合，涡度也呈现有规则的分布，500 hPa 附近的底部为气旋性涡度，极值出现在 700 hPa 上，在上部为深厚的反气旋性涡度，极值也出现在 300 hPa 上，显然上述散度和涡度场的垂直分布有利于垂直运动的发生发展，事实上，在整个对流层内均为上升运动，最大的上升速度出现在 500 hPa 附近，量值达 -46×10^{-4} hPa/s。将这种散度场、涡度场和垂直运动场用风矢的形式反映出来则更直观。图 6.50 为 1981 年 8 月 9 日 08 时暴雨期间的散度风流场和旋转风流场，降水区位于 700 hPa 辐合中心和 300 hPa 辐散中心处。在散度风场上降水位于 700 hPa 空气汇和 300 hPa 空气源处。在旋转风场上降水区位于 700 hPa 切变线右上部和 300 hPa 反气旋性环流区域里。图 6.50c 为对应的散度风纬向分量同垂直速度合成图，雨区的东西两侧为两个正反环流圈，而在雨区的上空则为强大上升气柱。图 6.50f 为对应的旋转风纬向分量同垂直速度合成图，雨区位于呈反气旋性旋转的上升气流里，但在其西部、底层盛行东风，高层盛行西风。

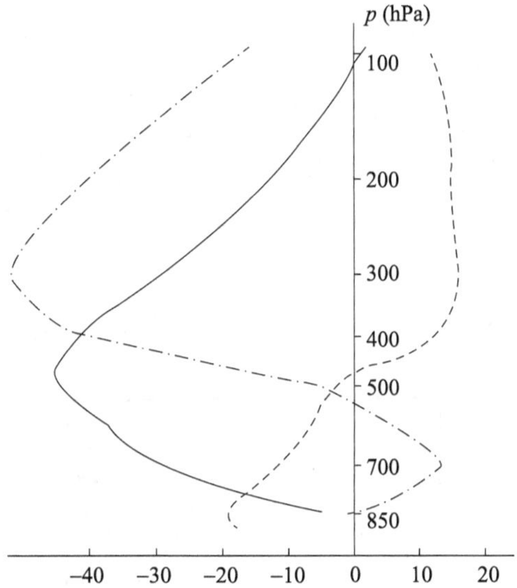

图 6.49 1981 年 8 月 9 日 08 时暴雨中心物理量垂直分布图

（实线，平均垂直速度 ω，单位：$\times10^{-4}$ hPa/s；虚线，平均散度 D，单位：$\times10^{-5}\,s^{-1}$；点划线，平均涡度 ζ，单位：$\times10^{-5}\,s^{-1}$）

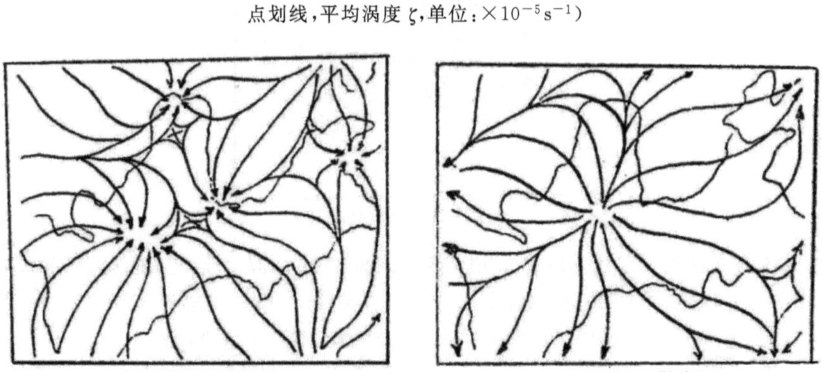

(a) 700 hPa散度风　　(b) 300 hPa散度风

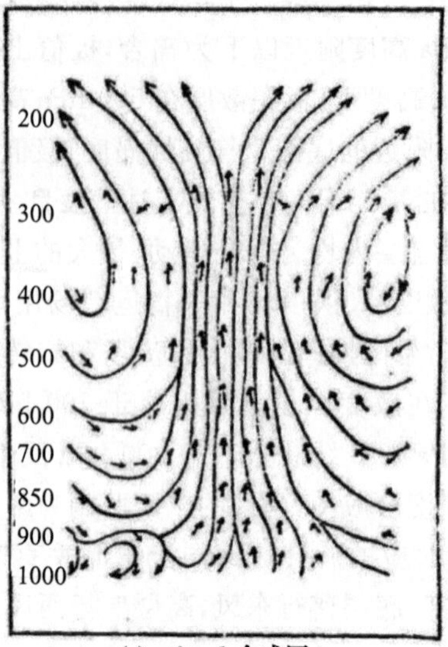

(c) $u_{\psi}\boldsymbol{i}+\omega\boldsymbol{k}$ 合成图

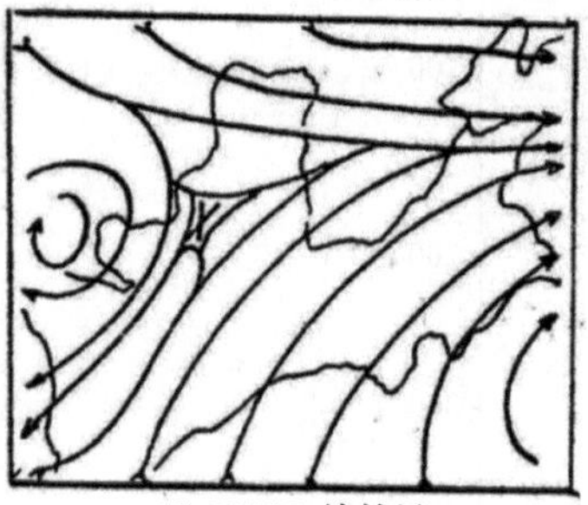

(d) 700 hPa旋转风

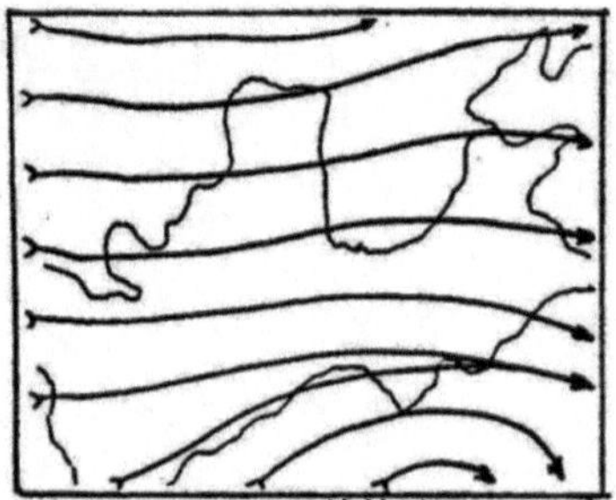

(e) 300 hPa旋转风

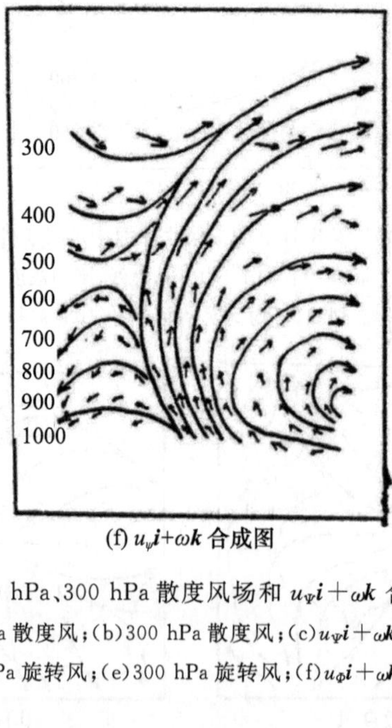

(f) $u_{\psi}\boldsymbol{i}+\omega\boldsymbol{k}$ 合成图

图 6.50　1981 年 8 月 9 日 08 时 700 hPa、300 hPa 散度风场和 $u_{\Psi}\boldsymbol{i}+\omega\boldsymbol{k}$ 合成图，旋转风场和 $u_{\Phi}\boldsymbol{i}+\omega\boldsymbol{k}$ 合成图

(a)700 hPa 散度风；(b)300 hPa 散度风；(c) $u_{\Psi}\boldsymbol{i}+\omega\boldsymbol{k}$ 合成图；

(d)700 hPa 旋转风；(e)300 hPa 旋转风；(f) $u_{\Phi}\boldsymbol{i}+\omega\boldsymbol{k}$ 合成图

6.9.2 湿度场特征

充沛的水汽含量，持续的水汽输送和大量的水汽在暴雨区的集中，是产生暴雨的必要条件。通过大量暴雨个例分析发现，在降雨前或临近暴雨时，在雨区或雨区低空急流上风方向往往有湿舌或湿中心存在，或者呈现一湿带。从中低层的比湿分布来看，湿舌或湿带的最大轴线随高度呈顺时针旋转，这取决于水汽通道和环流系统的配置。在暴雨区上空，为高湿区，这种高湿在剖面图上表现为等比湿线，向上凸起，且伸展到 400 hPa 高空。陕西暴雨水汽源地及通道主要有以下三条：一是来自于南海海面，并顺着副高边缘和西侧的偏东和偏南气流输送到陕西；二是来自于孟加拉湾海面，该处水汽通过越过高原的西南气流输送到陕西；三是来自于我国东海，当陕西处于高压底部或高后时，水汽通过高压底部的偏东气流输送到陕西，有时当台风登陆后，变性为低压深入到陕西附近时，水汽通过低压北侧的偏东气流输送到陕西，如 1982 年 9 号台风造成关中东部“1982 • 7”特大暴雨就是一例。从水汽通量的垂直分布来看，表现为最大的水汽通道随着高度顺时针旋转，而且水汽输送主要在中低层，即 500 hPa 面以下。

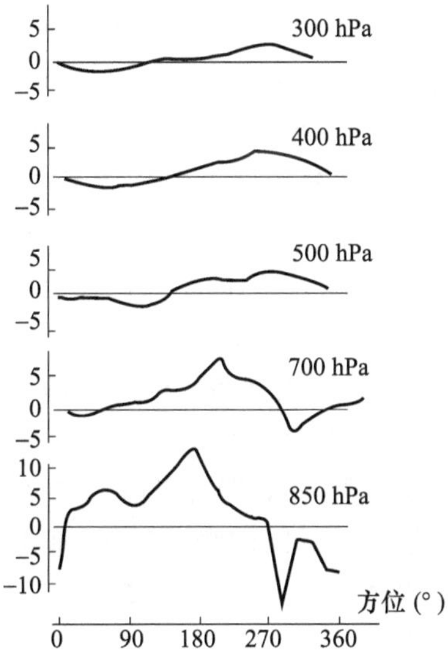

图 6.51 1977 年 8 月 1 日 20 时
各方位等压面经向通量分布图
(单位：g/(hPa • cm • s)

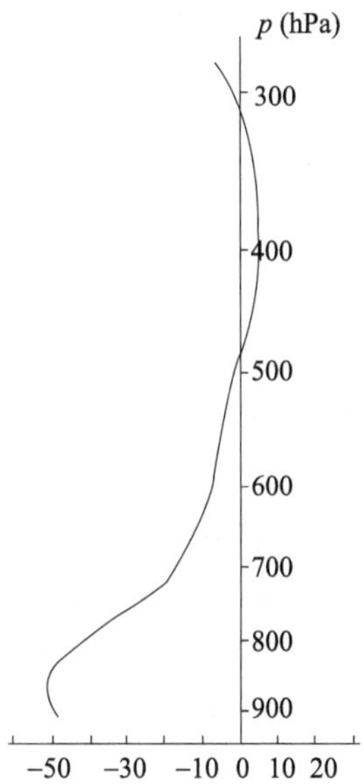

图 6.52 1981 年 8 月 9 日 08 时雨区
平均水汽通量散度垂直分布图
(单位：$\times10^{-7}$g/(hPa • cm^2 • s)

图 6.51 是 1977 年 8 月 1 日与内蒙古交界处特大暴雨区各标准等压面各方位经向水汽通量分布，是以暴雨中心为圆心，357 km 为半径的圆形，采用下式计算

$$Q_n = -\frac{1}{g|\boldsymbol{\gamma}|}\overline{v}q\boldsymbol{\gamma}$$

式中，γ 为圆的矢径；当 Q_n 为正时，表示输入圆内，反之输出。从图 6.51 中可以看出，在 850 hPa 附近水汽主要从东南方向输入雨区，西北方向为输出；500 hPa 以上偏东为输出，偏西为输入。水汽的主要输入方位从低空到高空有顺转趋势。从地面到 300 hPa 整层输送而言，水汽主要从东南至西南(135°—225°E)方位内输入到雨区，偏南方向输入量最多，因为这一方位水汽入流厚度较大。

雨强正比于水汽的净流入量，而水汽的辐合主要在低层。暴雨区水汽收支的计算也表明，对流层下半部水汽的水平辐合给暴雨提供了几乎全部水汽源。图 6.52 是 1981 年 8 月 9 日陕南大暴雨区水汽通量散度随高度变化图，从图 6.52 中可以看出，水汽的辐合主要在 500 hPa 以下，其中 850 hPa 最为突出，辐合值达 -26.0×10^{-7} g/(s·hPa·cm^2)。500 hPa、700 hPa 和 850 hPa 的水汽辐合值分别占整层辐合量的 11%、38%和 51%。这说明水汽辐合主要在底层，而高层则为水平通量辐散。

6.9.3 能量场特征

6.9.3.1 湿静力能量场特征

暴雨的孕育、产生和消失的过程，也是能量增加、积聚和释放的过程。因此，暴雨产生前后，在能量场上也有着明显的演变特征。

湿静力能量(即总温度 T_σ)对暴雨预报有着较好的指示性。暴雨前期湿静力能量场分布可归纳为以下四种类型：一是 850～500 hPa 都呈现高能舌，或呈 Ω 型分布，且高能轴随高度顺转；二是底层为高能，而高层为低能，暴雨发生在能量锋处；三是高层为高能(舌)，而底层湿静力能量场分布零乱；四是高、底层均不呈现高能，甚至为低能，但等 T_σ 线较密集，暴雨就发生在能量锋区中。

在暴雨或暴雨发生前夕，能量场空间剖面上表现为高能管状结构，如 1981 年 8 月 21 日，陕西有三十多个县普降暴雨和大暴雨，其中凤县小五岭等地发生 200 mm 以上的特大暴雨。图 6.53a 是暴雨期间 T_σ 剖面图，从图 6.53a 中可以看出，在暴雨区上空形成了“高能虹吸管”其管壁为 T_σ=70 ℃。70 ℃线从南海的崖县附近，沿着准水平面向北到达贵阳、重庆一带，到了暴雨区上空才突然转向高空呈准铅直状。1983 年 7 月 28—31 日，陕南连降暴雨和大暴雨，汉江流域暴雨连片，时间集中，致使大小河流同时猛涨，形成安康百年不遇特大洪水，图 6.53b 是大暴雨前夕的 T_σ 剖面图。图 6.53b 表明，秦岭以北为干、暖的热带大陆气团，能级约 60 ℃，四川盆地为暖湿的热带海洋气团，低层能级达 70 ℃以上。能量锋区集中于陕西的秦巴山区上空，锋面坡度达 1/50；强度约为 6 ℃/100 km；平均能级为 70 ℃。秦岭以南上空存在一个干暖盖的低能区，抑制上升运动的发展。从南宁到重庆热带海洋气团的暖湿空气，基本上沿 72 ℃左右的等能面由南向北呈水平运动，到达四川北部的米仓山、大巴山一带之后，才沿 68～72 ℃的等能面，由 850 hPa 的低空，急剧地陡升到 500 hPa 以上，形成大范围的暴雨区。

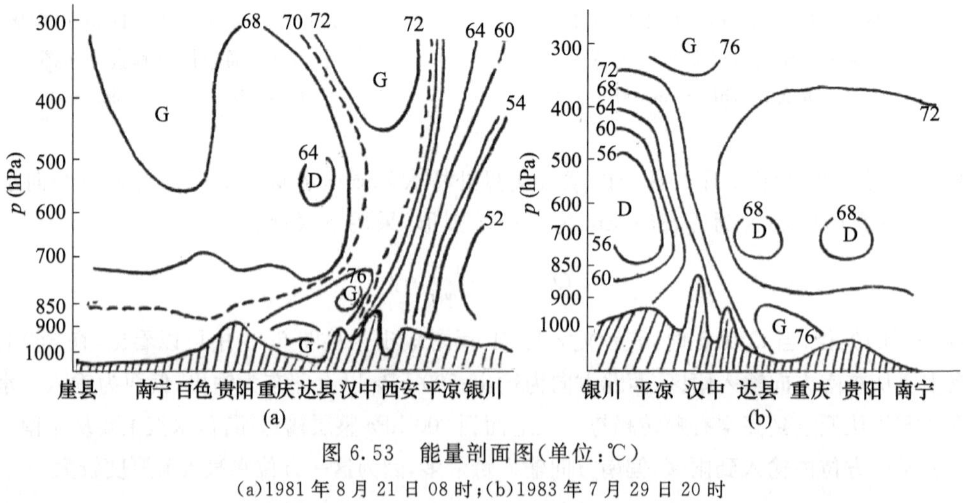

图 6.53 能量剖面图(单位:℃)

(a)1981 年 8 月 21 日 08 时;(b)1983 年 7 月 29 日 20 时

6.9.3.2　湿有效位能特征

湿有效位能对暴雨预报也有着较好指示性。在暴雨前，湿有效位能(moist available energy，MAE)急剧增加，连续增加 3 d 后出现暴雨，若继续增加，暴雨维持，当 MAE 减少且到负值时，暴雨随之结束，如图 6.54a 所示，通过分析 1969—1980 年 7 月湿有效位能图，发现在暴雨前后，湿有效位能有着一定的变化规律：①在暴雨前 2～3 d，MAE 一般都处于谷点(最低点)，然后从谷点连续上升 2～3 d 后有暴雨出现。这里谷点的值一定为负值，而 2～3 d 连续上升一定要上升到正值。②若 MAE 上升到高点后，再急剧下降，则暴雨是短时间的，随着 MAE 值的下降暴雨也就结束了。③若 MAE 在高值稳定，连续出现，则一般有连续性比较大的降水。④若 MAE 在低值点维持，则容易出现少雨阶段。

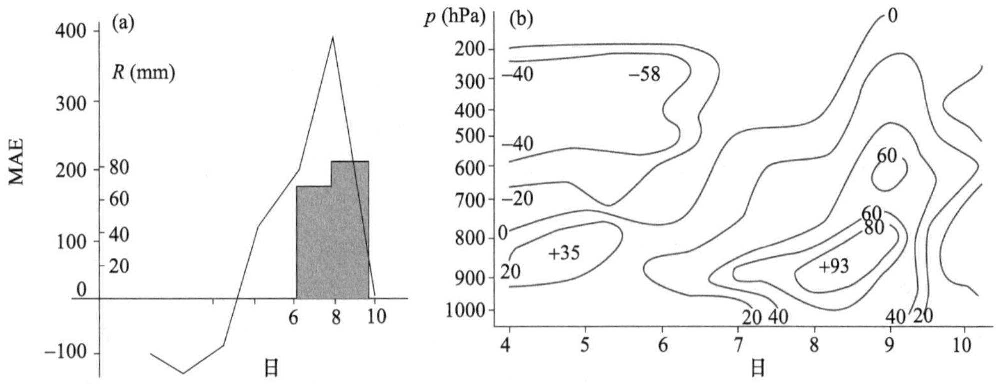

图 6.54　湿有效位能分布图

(a)1982 年 7 月 4—10 日 MAE 演变曲线；(b)1982 年 7 月 4—10 日 MAE 时间剖面图(单位：10^4 J/(hPa·m^2))

在单位截面、单位厚度气层的湿有效位能 MAE 的时间剖面图上，在暴雨发生前，MAE 等能值线为横向分布，当暴雨临近时，MAE 等能值线由横向转为纵向，随着正能层向上伸展，雨量加大；当暴雨结束时，MAE 等能线又转为横向，如图 6.54b 所示，根据历史资料分析，也发现在暴雨发生前 12～24 h，MAE 等能线从 600 hPa 开始，由横向转为纵向，并可能伸向高层至 200 hPa。在 500 hPa 的 MAE 形势图上暴雨落区通常在高能舌顶部或能量锋区处。

6.9.4　稳定度特征

在临近暴雨时，暴雨区往往对应于较强的位势不稳定区，不稳定能量主要集中在低层或中低层。在暴雨前，往往在低层有比较强的暖、湿平流，在高层有干、冷平流。由于这两种不同属性的空气的叠置，使得雨区的上空变得更加不稳定，为暴雨的产生创造了更为有利的条件。

在不同的季节，大气层结或大气位势稳定度的表现不同，在前汛期，暴雨的前一天低层的 θ_{se} 比多年平均状态已明显偏高，$\frac{\partial\theta_{se}}{\partial p}$ 可达 12 ℃左右，暴雨即将开始时，整层都进一步升高，到了暴雨开始时，不稳定层顶降到 700 hPa 附近，暴雨结束时，层结转为稳定。在盛夏期间，暴雨前后的能量垂直分布复杂一些，有时低空位势稳定，中空不稳定，有时低空位势不稳定，中空稳定。如 1981 年 8 月 21 日就出现了第一种情况，有 $\left.\frac{\partial\theta_{se}}{\partial p}\right|_{7-8.5}<0$，$\left.\frac{\partial\theta_{se}}{\partial p}\right|_{5-7}>0$，到 22 日就出现了 $\left.\frac{\partial\theta_{se}}{\partial p}\right|_{7-8.5}>0$，$\left.\frac{\partial\theta_{se}}{\partial p}\right|_{5-7}<0$，这是由中空位势不稳定向低空位势不稳定发展的例子。又如

1981 年 8 月 9 日暴雨就是由低空不稳定向中高空不稳定发展的例子。在秋季,则与前两个季节不同,在一般的情况下均为位势稳定的,即有$\left.\frac{\partial \theta_{se}}{\partial p}\right|_{7-8.5}<0$,$\left.\frac{\partial \theta_{se}}{\partial p}\right|_{5-7}<0$。

6.10 陕西暴雨预报分析思路

6.10.1 陕西暴雨预报分析思路

暴雨具有双重性,首先它带来水资源,这对于陕西这样干旱、半干旱地区尤为宝贵;但同时它又带来灾害,如洪涝灾害,滑坡、泥石流、山洪等山地灾害,往往给人民生命财产带来严重损失。因此,暴雨作为一种主要灾害性天气历来是预报员关注的重点。图 6.55 给出了短期暴雨预报流程,以供预报员参考。它体现了暴雨预报的思路,帮助预报员在制作暴雨预报时应如何去分析和思考。特别是在现代化的天气监测手段和分析技术愈来愈先进,信息量成倍增长,可供预报员制作预报用的资料、方法愈来愈多的情况下,科学合理的预报思路更显得重要。这就要求:

(1)熟悉陕西省、本地区暴雨气候特点、地理特征

要了解和掌握陕西省、本地区的多雨时段,暴雨的季节特征,时空分布,年际、季际、月际变化等;清楚短期气候预测结果,包括年、季、月预报,掌握中期过程预报,包括中期旬、周预报;要熟悉陕西省、本地区地形和下垫面,即当地是处在什么地形下,下垫面是什么性质?当同天气系统相互作用时,是处在天气系统的来向的迎风坡,还是背风坡?有无喇叭口地形,是否处在绕流汇合处等?

(2)大尺度环流背景分析

首先,清楚中期数值天气预报,目前周内(特别是 5 d 内)的数值天气预报已达到相当准确的水平,因此,通过调用和解释中国气象局国家气象中心 GRAPES-Meso 预报产品,欧洲中期天气预报中心(European Centre for Medium-Range Weather Forecasts,ECMWF)和美国大气环境预报中心(NCEP/NCAR),日本等中期数值天气预报产品,掌握未来的天气趋势和大尺度环流的调整;第二,要着眼于大尺度环流调整,特别是乌拉尔山阻塞高压或长波脊,贝加尔湖长波槽的建立,西太平洋副热带高压和青藏高压,南亚高压的移动等,着重分析它们的相互配置、位置和强度;第三,要着眼于在大尺度环流背景下,是否有利于导致天气尺度扰动的生成和东移影响本陕西省和本地区。

(3)影响系统分析

第一,首先解释应用短期数值天气预报产品,包括中国气象局国家气象中心、日本、欧洲中期天气预报中心、美国等数值天气预报输出产品,掌握未来天气预报;第二,分析影响暴雨的天气尺度系统,包括高、低空急流的位置、配置和相互耦合,中高层西风带扰动,底层低值系统,包括低涡、切变线、锋面活动等,着重分析它们的位置、类型、强度、性质和相互之间的作用;第三,特别是着眼于分析直接造成暴雨的次天气尺度系统,包括 Ω 系统、四股气流等;第四,要注重卫星云图资料的分析应用,通过卫星云图上云系的生成、分布、移动、叠加等演变情况,分析天气图上难以反映的重大天气过程的云系演变过程及系统之间的相互作用过程;要着眼于南、北云系的叠加,不同高度云系的叠加,不同类型和不同性质云系的叠加,同一高度云系的叠加,北支云系和热带云系的叠加,以及各类对流云系等。

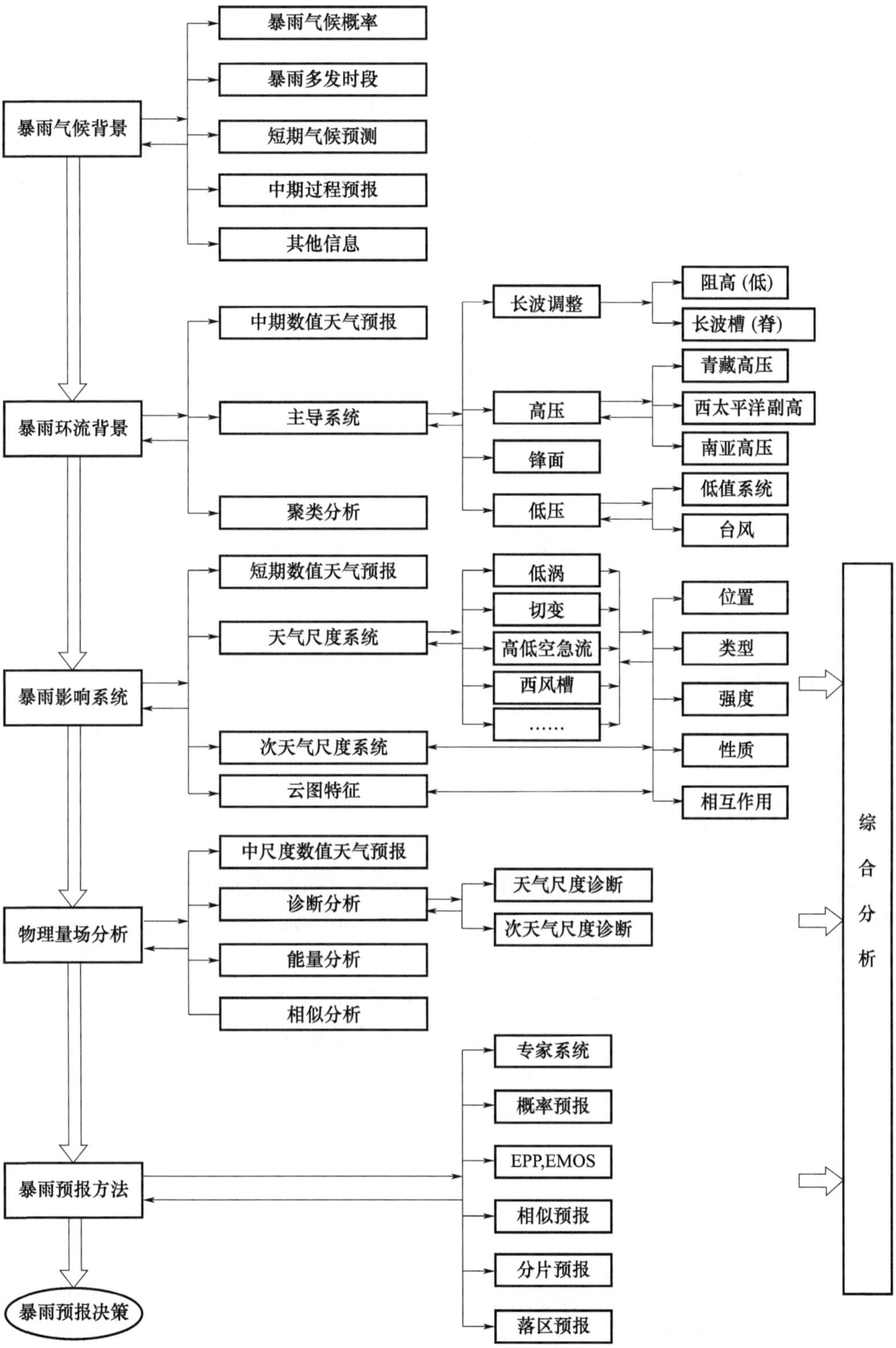

图 6.55　短期暴雨预报流程图

还需提醒的是，当我国东南沿海附近有台风活动时，且其他环流条件配置较好，要注意出现极端暴雨天气的可能性。

(4)动力学分析

第一，解释应用有限区中尺度数值天气预报输出产品，着眼于定点、定时、定量分析未来12 h、6 h、3 h预报产品。第二，注重物理量诊断分析，反映大气物理特征的量，从尺度的意义上，可分为天气尺度诊断，次天气尺度诊断。从预报的意义上可分为实时场诊断和预报场诊断；对于实时场物理量诊断，又可分为两种：一是反映大气瞬时特征的量，如散度、涡度、ω、比湿、水汽通量、稳定度等，二是有预报意义的量，如平流、非热成风涡度倾向、Q矢量散度等；要着眼于分析流场，温、湿场，能量场与暴雨有无及其落区的关系。第三，能量场和位势稳定度对暴雨的指示意义较为敏感，因此，要特别注重能量分析。

(5)综合使用各种预报方法

多年来气象科技工作者从实际预报出发，研发出许多实用的预报技术方法，对这些方法，首先，不要轻易排斥，而应吸收参考；第二，要分析各个方法的特点和长处，也要分析它的不足之处，在应用时注意扬长避短；第三，各个方法要综合使用，并作为预报决策依据和重要参考工具。

(6)综合分析决策

在有利的大气环流背景下，要想科学的分析，正确的决策，做出准确的暴雨预报，关键是遵循上述暴雨预报思路，综合地分析不同尺度天气系统信息，科学地使用各种分析技术和手段，把握预报着眼点。

6.10.2 暴雨概念模型

利用1970—1989年共20 a高空和降水量资料，按照初夏暴雨、盛夏暴雨、秋季暴雨等不同季节的暴雨形式，提炼暴雨概念模型。

6.10.2.1 初夏暴雨概念模型

①副高、高原槽类

要求500 hPa的588 dagpm线在上海、南昌、湛江一线，高原上在25°—35°N，75°—90°E有低槽或低涡并有3站以上≥12 m/s西南风，在35°—50°N，85°—105°E有一低槽。在云图上，高原南侧有大片的云团向北输送，这些云团是来自印度洋洋面上的热带云团，在80°—95°E之间形成水汽通道，云团上云呈絮状，前部云羽明显，尾部云呈游丝，代表西南气流比较旺盛，有时从此母体云团中，向东伸出一条狭窄的云带，位于长江中游附近，当副高较旺盛时，此云带也可北进到陕西，表示急流北抬；北部贝加尔湖附近有一涡旋云系，从涡旋里蜕变出一条冷锋云带，呈东北—西南走向，尾部在新疆前部，正是这两条云带(团)相向运动，在陕西结合，造成暴雨。

②南北双槽类

要求北支槽进入35°—50°N，85°—100°E，南支槽进入25°—35°N，75°—90°E。在云图上，40°—50°N，80°—105°E范围内有一南北向的冷锋云带或西风槽云带，在30°—40°N，80°—100°E范围内有大片中、低云系产生，或者陕西南部有中、低云系存在，当北支云带或高原云团和此相遇时，就会出现较大降水。

③纬向环流、中亚低槽类

要求东亚为纬向环流，或环流的经向度迅速减小，正在向纬向环流演变；从巴尔喀什湖到中亚有低槽东移，或分裂出小槽东移。在云图上，在 30°—40°N，85°—95°E 常有一云团产生，此云团沿着西风在东移过程中加强，在陕西造成暴雨。

④高后、高原槽类

要求东亚高纬地区为两槽一脊型，高脊位于贝加尔湖附近，脊前有冷槽东南下；东亚中纬度地区为纬向环流，从中亚地区有低槽经高原东移；四川盆地以北为一暖脊。在云图上，贝加尔湖前部的冷涡云系常呈逗号形状，尾部伸展到河套北部，有对流云团产生，是对流云团或冷锋云带南压造成陕西的暴雨；或因南支云系活跃，从孟加拉湾附近有热带云团北上，这时从新疆附近有冷锋东移，此两条云带叠加，在陕西产生暴雨。

⑤副高、切变类

要求副高外围西南气流在郑州、西安、成都一线，东亚中纬度为纬向环流，高原东侧有暖脊，至少有 3 站以上吹≥12 m/s 的西南风。在云图上，高原中部 30°—38°N，85°—100°E 内，有大片云团，色调较亮，其前部伸展出一条卷云线在 35°N 以南附近；这时冷锋云系从西北东移，此两条云系结合，产生暴雨。

6.10.2.2　盛夏暴雨概念模型

①西风小槽（切变）类一

副高活动偏南，脊线在 25°N 附近，在 30°—45°N，90°—105°E 有西风槽活动，可伴有高原低值系统。在云图上，在 105°E 以东，30°—35°N 之间，维持着一条东西走向的云带；在 90°—105°E，30°—40°N 之间，有一西风槽云系，其南部常伴有高原低值系统的云系。当西风槽云系东移，与东部云系叠置时，造成暴雨天气。

②西风小槽（切变）类二

副高较强，脊线偏北，588 dagpm 线控制华东和华北部分地区。在云图上，在 30°—55°N，90°—110°E 之间有一条西风槽云系，其北段从贝加尔湖附近到河西，为一涡旋云系。而南段为青藏高原东部的副热带急流云系；南支云系常呈盾状，其中有明显的积云团活动；在陕西上空有大量的浓白色对流云团，当西风槽云系东移与陕西省上空浓白色对流云团云系叠置时，形成积云团，甚至 MCC，造成暴雨。

③西行台风类

副高强盛，西太平洋副高控制长江中下游地区，副高长轴呈东西走向，脊线达 30°N 或以北；有台风或热带低压进入 15°—25°N，105°—120°E 地区；我国 35°N 以南维持东高西低形势，在青藏高原东北侧，有低值系统活动。在云图上，有三族不同性质的云系，从贝加尔湖到河西，为西风带的低槽云系；从青藏高原东南侧，有伴随着热带气旋的大面积 Cb 云群，沿西南气流北涌；同时伴随台风的云系正向偏北方向移动，这三族云系在陕西上空叠置时，造成暴雨。

④长波调正类

西太平洋副高鼎盛，副高长轴呈东西走向，脊线在 30°N 附近，588 dagpm 线可控制陕西关中、陕南及长江中下游地区。由于伊朗高压发展并增强、东移，使副高略减弱、东退，同时使西风带低槽的移速减慢或趋于停滞。青藏高压与西太平洋副高构成两高压对峙的环流形势。副高后期，西太平洋副高减弱，东南退。陕西转为青藏高压控制。于是副热带长波调正，环流由东高类转为西高类。在云图上，从贝加尔湖到河西，有一条西风槽云系。印度次大陆到孟加拉湾一带，热带云团十分活跃，并有大量的 Cb 云团沿西南气流北涌，陕西关中、陕南有一条东西向的云带，当这三条云带在陕西上空叠置时，就形成暴雨云团。

⑤副高阻塞类

西太平洋副高强盛,形成阻塞高压,副高的长轴多呈南北走向,其位置稳定在渤海、朝鲜附近。在副高的西侧,河套附近的长波槽受副高的阻挡而停滞,常与由热带北上的低值系统相互作用而产生暴雨、大暴雨。在云图上,华中地区登陆台风云系,正在向偏北方向移动,与此同时,西风带低槽云系由于受西太平洋副高的阻挡,东移比较缓慢,这两个云系缓慢地相向移动,在陕西上空叠置,造成暴雨。

⑥高原涡类

东亚地区西风带为移动性的中波槽脊,西太平洋副高较弱,脊线在25°N附近。当西风带的北支冷槽加深,促使青藏高原上有低涡生成并东移。高原低涡东移时,与中、低层原在四川盆地到甘南一带的切变、低涡叠置,产生暴雨。在云图上,在新疆到河西,有一西风带的低槽云系;在青藏高原东侧,有一团螺旋状云系。涡旋云系主要由中高云组成,可以看出明显的涡旋中心、伴有向外扩散的卷云。当北支槽加深,使低槽云系与高原上的涡旋云系,在甘南到川西北附近南北相遇时,云层加厚,云区白亮密度增加,其中常伴有一块块白而亮的对流云团,造成强降水。

⑦河套冷槽类

西太平洋副高较强,控制华中、华东地区;东亚西风带为西高东低形势。从贝加尔湖到新疆为一长波槽,其脊线呈东北、西南走向,长波脊前,有冷槽向南加深,移到河套附近,造成强对流天气。在云图上,多为强对流云团活动,其生命史较短,有明显的日变化,在高空冷槽区,有一片涡旋云系。有时其南侧有一条积状云组成的冷锋云带。冷槽区有时呈现出大片的细胞状云系,在陕西上空,有色调灰暗的低云区,两条云系叠置造成暴雨。

6.10.2.3 秋季暴雨概念模型

①低涡(切变)类

副高较弱,高原上常有低涡(切变)存在,当北支槽加深,促使高原上的低涡东移,并与低层(700 hPa或850 hPa)低涡(切变)叠置,产生暴雨。在云图上,高原上(85°—110°E,25°—35°N)为一片低涡(切变)云系;在此云区北部,35°—55°N,95°—105°E间还有西风槽云系,当高原云系东移与西风槽云系东移合并,造成陕西暴雨天气。

②西风槽类一

副高略偏南,副高脊线在26°N附近,受西风带低槽东移影响产生暴雨。在云图上,30°—50°N,90°—110°E之间有一片西风槽云系,在25°—35°N,100°—115°E之间有片副高边缘云系,当西风槽云系东移,与副高边缘云系叠置,云区变宽,亮度增加,在陕西形成一浓白的对流积雨云团,造成暴雨。

③西风槽类二

此类较西风槽类一副高位置略偏北,副高脊线在32°N附近;在80°—105°E,30°—50°N有一低槽。在云图上,75°—105°E,30°—45°N间有一西风槽云系,其南部常伴有高原低值系统云系。在此云区以东,即100°E以东,30°—45°N维持着一条东西走向的云带。当西风槽云系东移,与该云带重叠,云区扩大,云层变厚,亮度增加,形成一浓白色的大云团,造成暴雨天气。

④南北双槽类一

在新疆(80°—95°E,35°—40°N)和高原(75°—95°E,20°—35°N)上分别有南、北两支低槽,并且在高原上配合有一暖脊,在东移过程中,南北两支气流在陕西交汇,影响陕西产生暴雨天气。在云图上,在75°—100°E,35°—50°N为新疆槽前云区,在80°—100°E,20°—35°N为高原槽云区，当两槽配合东移时，相应两云区也东移，在陕西交汇叠置，云区迅速扩大、发展，云的亮度增加，形成一白亮浓密的暴雨云团。

⑤南北双槽类二

此类较南北双槽类一，两槽的位置略偏西，青藏高原东部为大片暖区。在云图上，在 65°—100°E，35°—55°N 为巴尔喀什湖槽云系，70°—100°E，20°—40°N 为高原槽云系，另外在高原槽云区东侧 30°—40°N 还有一副高边缘云系，当巴尔喀什湖槽云系与高原槽云系东移合并，与副高边缘云系叠置时，云区扩大，增厚，亮度增加，形成浓白色暴雨云团。

6.10.3　数值预报解释模式

应用 ECMWF 500 hPa 高度场 48 h 预报，采用“完全预报”思路，总结出“空报”的天气模式主要有 6 种类型，从而建立了 6 种解消过程模式。

①急流偏北类

起始场在关键区(30°—40°N，90°—105°E)内，西风槽前≥12 m/s 的偏南风，已经伸展到达 40°N 以北。

②长波槽西退类

起始场的关键区内，西风槽后有新的低槽发展，这两个低槽槽线间的平均距离 $\Delta\lambda \leqslant 20$ 经距。

③副高增强控制类

副高势力较强，其 588 dagpm 线已控制长江中下游地区，在 25°—35°N，115°—135°E 地区有 592 dagpm 线，且副高脊线位置≥25°N。青藏高原东侧或河套地区附近有暖脊东移，并将与副高反气旋打通。

④高原高压发展类

起始场上，青藏高原东北侧，在 27°—37°N，90°—105°E 地区，已经有反气旋式环流，伊朗高压东移，与新疆高脊叠加，使脊前的西北气流伸展到 35°N 以南。

⑤华北高压阻挡类

起始场在关键区(35°—50°N，110°—125°E)范围内，ΔH_{24} 为正值，且最大，西风槽主槽 24 h 移速<10 经距或有北缩的趋势。

⑥副高减弱类

西太平洋副高的北侧西南气流减弱，或 588 dagpm 线东缩与南压。

6.10.4　暴雨落区的类型

根据 1970—1981 年 7—8 月 850 hPa 能流图(θ_{se} 和风矢量)，陕西暴雨前期的能流场可划分为三型九类，如图 6.56 所示，图 6.56 中同时标出暴雨落区。这三型九类是：

Ω 型甘南低涡类(图 6.56a)；

Ω 型秦巴切变类(图 6.56b)；

Ω 型南风偏北类(图 6.56c)；

N(暖锋)型秦巴切变类(图 6.56d)；

N 型中尺度扰动类(图 6.56e)；

N 型甘南低涡类(图 6.56f)；

G(高能丘)型河西冷锋类(图 6.56g)；

G 型秦巴切变类(图 6.56h)；

G 型河套冷槽类(图 6.56i)。

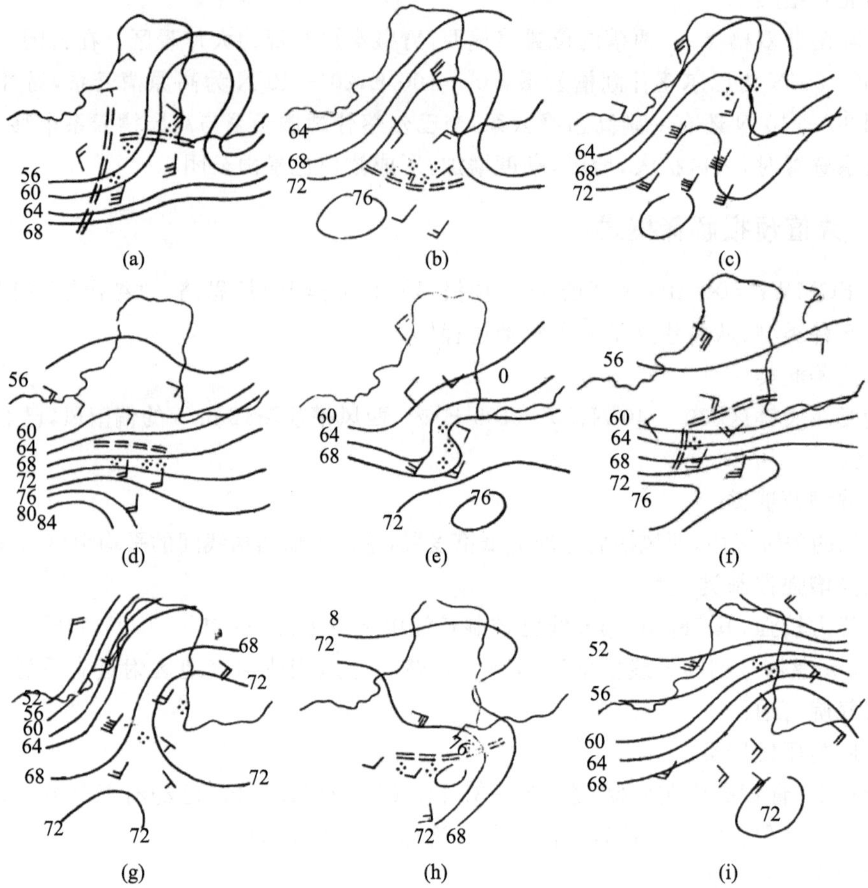

图 6.56　暴雨落区的类型

参考文献

白肇烨，等，1988. 中国西北天气[M]. 北京：气象出版社.

杜继稳，1982. 论流场分解[J]. 陕西气象(8).

杜继稳，1983a. 风场诊断及其讨论[J]. 陕西气象(4).

杜继稳，1983b. 能量和能量转换的诊断及其讨论[J]. 陕西气象(6).

杜继稳，1983c. 温、湿场和稳定度诊断及其讨论[J]. 陕西气象(5).

杜继稳，1988. 陕西暴雨分析和研究[Z]. 陕西省气象台(内部印刷).

杜继稳，梁生俊，1996. 秦岭山脉与偏南急流暴雨[J]. 西北大学学报，26(s).

杜继稳，梁生俊，1997a. 偏南气流翻越秦岭山脉的数值分析[J]. 西北大学学报，27(2)：141-145.

杜继稳，梁生俊，1997b. 秦岭山脉与无急流暴雨[J]. 西北大学学报，27(s).

侯建忠，陈小婷，乔剑，等，2016. 陕西 MCC 特征分析及预报与减灾对策研究[J]. 灾害学，31(1)：128-134.

侯建忠，井宇，陈小婷，等，2017. 2016 年商洛“7・30”局地突发性大暴雨综合分析及预报着眼点探讨[J]. 陕西气象(5)：1-5.

侯建忠，梁生俊，2007. 陕西初夏一次突发性暴雨过程的预报偏差分析[J]. 陕西气象(3)：9-12.

侯建忠，鲁渊平，王川，等，2005. 台风路径及频次与陕西关中的秋淋天气相关分析[J]. 气象(5)：70-73.
侯建忠，权卫民，潘留杰，等，2014. 青藏高原东北侧地区暴雨特征分析[J]. 陕西气象(2)：1-5.
侯建忠，王川，鲁渊平，等，2006. 台风活动与陕西极端暴雨的相关特征分析[J]. 热带气象学报，22(2)：203-207.
侯建忠，薛春芳，陈小婷，等，2018. 西北地区东北部两次强降水的环流及云图对比分析[J]. 沙漠与绿洲气象，12(5)：32-38.
侯建忠，井宇，陈小婷，等，2016. 青藏高原东北侧极端暴雨的环流及前兆云型特征分析[C]//国家卫星气象中心，宁波气象局.
侯建忠，张弘，杜继稳，等，2006. 台风与高原东北侧冷锋暴雨的环境场及云图特征分析[J]. 气象科技(1)：41-46.
侯建忠，张弘，李明娟，等，2010. 台风活动对陕西重大洪灾事件影响的综合分析[J]. 气象，36(9)：94-99.
侯建忠，张列锐，李润强，2004. 陕西区域型暴雨和大暴雨的特征分析[G]//青藏高原东北侧突发性暴雨分析研究与应用. 北京：气象出版社.
侯建忠，1997. 台风与陕西区域性暴雨的关系与环流特征分析相关特征分析[J]. 气象(2)：5-8.
李明，高维英，杜继稳，等，2009. 远距离台风影响下的陕西大暴雨分析[J]. 干旱区研究，26(2)：514-523.
李长安，1986. 陕西初夏大暴雨过程的天气成因[J]. 陕西气象(3).
李庆宝，1987. 一次强雷暴顺时针移动的研究[J]. 陕西气象(1).
刘天适，王明华. 杜继稳，等，1987. 陕西暴雨研究——天气专题报告之一[J]. 气象，1987 专刊.
刘天适，1987. 陕西暴雨的气候特征[J]. 气象，1987 年专刊.
刘天适. 盛夏高原西侧外来槽的预报问题[G]//气象论文集. 陕西气象学会.
刘天适，1977. 盛夏高原西路低槽与副热带高压[J]. 陕西气象(4).
刘子臣，1983. 陕西暴雨特征的初步分析[J]. 陕西气象(3).
刘子臣，1998. 陕西中尺度系统及短时天气预报[M]. 北京：气象出版社.
刘子臣，等，1983. 青藏热低压变性过程的分析与统计研究[J]. 陕西气象(7).
马鹤年，李智嘉，徐达生，1982. 西藏高原摩擦层厚度和摩擦层顶的垂直运动[J]. 陕西气象(8).
马鹤年. 高原出槽的预报问题[Z]. 青藏高原气象论文集(1975—1976).
马鹤年，1977. 高原东北侧前汛期的暴雨落区[J]. 陕西气象(8).
马鹤年，1979. 高原东北侧暴雨期间的四股气流[J]. 陕西气象(6).
王明华，杜继稳，1981. 秦岭山脉与降水[C]//全国山地气候会议论文集.
王明华，周国栋，1987. 陕西盛夏暴雨预报专家系统[J]. 陕西气象，1987 年专刊.
武麦凤，王桂梅，曹玲玲，等，2014. 台风"洛克"远距离引发暴雨过程的成因分析[J]. 高原气象，33(5)：1297-1304.
武麦凤，曹玲玲，马耀荣，等，2015. 西北涡与登陆台风相互作用个例的诊断分析[J]. 暴雨灾害，34(4)：309-315.
武麦凤，王旭仙，王桂梅，等，2013. 陕西中部一次远距离台风暴雨过程成因分析[J]. 气象科技，41(1)：138-145.
武麦凤，肖湘卉，曹玲玲，等，2013. 两次台风远距离暴雨过程的对比分析[J]. 暴雨灾害，32(1)：32-37.
《西北暴雨》编写组，1992. 西北暴雨[M]. 北京：气象出版社.
咸阳分片预报课题组，1986. 咸阳市降水分片预报试验[J]. 陕西气象，1986 专刊.
张弘，孙伟，陈卫东，2004. 一次台风远距离突发性暴雨的特征分析[G]//青藏高原东北侧突发性暴雨分析研究与应用. 北京：气象出版社.
周全瑞，等，1993. 陕西暴雨概率预报方法[J]. 陕西气象，1993 专刊.
朱爱荣，1983. 用"湿有效位能"分析预报 82 年 7 月暴雨[J]. 陕西气象(4).

第7章 陕西突发性暴雨监测预警

7.1 突发性暴雨定义

7.1.1 定义

在实际天气预报中，预报员发现，有一类暴雨在发生前环流特征并不明显，暴雨产生了或即将发生时降水环流形势才明显地显现出来，表现为“突发性”。此类暴雨通常历时短、雨强大、局地性强，造成的损失严重，加上具有突发性，难以预报，往往造成漏报。因此，人们将降水时段集中、雨强大、局地性强，且雨前征兆不明显，因而难以预报且损失严重的暴雨称之为突发性暴雨。针对青藏高原东北侧，将突发性暴雨定义如下：

①中心降雨强度≥30 mm/6 h，且≥50 mm/12 h；

②降暴雨站数≥3 站且连片(利用现有国家气象观测站)；

③暴雨发生前 12 h，在 95°—110°E，27.5°—42.5°N 范围内，500 hPa 无明显低值系统。

7.1.2 气候特征

根据突发性暴雨定义，统计 1970—1999 年，陕西共发生突发性暴雨 34 例，发生频率为 1.1 次/a，最多时 2～3 次/a，少则当年不发生。陕西突发性暴雨主要发生在 5—10 月，其中 7—8 月为突发性暴雨发生的高峰期，占 70.6%，如表 7.1 所示。将陕西分成陕北、关中、陕南三个自然区，发生在不同自然区域中的突发性暴雨概率自北向南依次增加，但差异不大；在陕北、关中、陕南各自然区单独发生突发性暴雨的有 23 次，占 68%，跨地区出现的有 11 次，占 30%。在 34 例突发性暴雨中，24 h 最大降雨量超过 100 mm 的大暴雨过程有 14 例，占 41.2%，这说明突发性暴雨具有局地性强和雨强大的特征。

表 7.1 陕西 1970—1999 年突发性暴雨基本情况统计

出现月份	出现次数	出现月份	出现次数
5	2	8	13
6	4	9	3
7	11	10	1

7.1.3 降水时间分布特征

突发性暴雨以夜间发生为主，占 69.2%，特别是后半夜到凌晨左右，占 61.5%，前半夜仅占 7.7%；白天则以上午为主，占 20.5%，下午仅占 10.3%。突发性暴雨降水随时间变化可总结为三种类型：一是单峰陡型，降水历时短，在 11 h 以内，呈现单峰，雨强大，最大达 25 mm/h 以上；二是单峰缓型，较单峰陡型，降水历时稍长，约 20 h，呈现单峰，但雨强略小，最大雨强达 12 mm/h；三是双峰型，在 16 h 内，出现两次峰值，雨强大，最大达 27 mm/h 以上，如图 7.1 所示。虽然一般性暴雨降水随时间变化也呈单峰型和双峰型分布，但二者的差异是明显的，主要表现为降水历时和降水强度的不同，一般性暴雨较突发性暴雨，降水历时长（>24 h）和雨强小（<7 mm/h）。

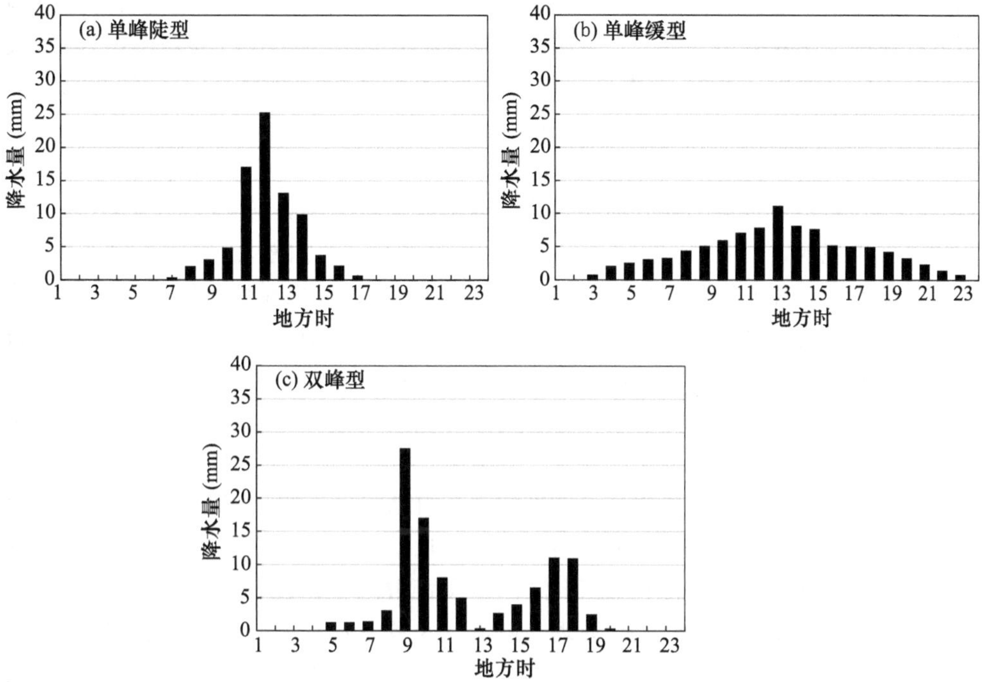

图 7.1　突发性暴雨降水随时间变化直方图

7.2　突发性暴雨监测分析技术

7.2.1　地面加密监测信息分析技术

7.2.1.1　地面加密气象观测

地面气象观测是指记述地球周围大气状况的气象要素的观测。分为用气象仪器测定的要素，如气压、气温、水汽含量、风向、风速、降水量、日照时数、太阳辐射量（直接辐射和总辐射）；和用眼睛等观测的要素，如云、能见度、大气现象（雾、霜等在大气中和地表面生成的现象，依赖于人的感觉进行监视）。按世界气象组织（World Meteorological Organization，WMO）的规定，观测时间指定以世界时 0 时为基准，每 3 h 或每 6 h 进行 1 次观测。

地面气象观测站分为三类：即国家基准气候站，陕西省共有 6 个；国家基本气象站，陕西共有 30 个；国家一般气象站，陕西省共有 63 个。陕西的地面气象观测基本实现了自动观测，每分钟向上传输分钟观测数据 buff 文件，每小时向上传输正点观测数据 buff 文件。按照中国气象局最新地面气象观测站布局（从 2007 年 1 月 1 日起正式切换），确定为“三站四网”，即国家气候观象台，全国共有 249 个，其中陕西共有 6 个，分别是定边、榆阳区、洛川、西安泾河、汉中、安康;国家气象观测站,其中又分为国家一级气象观测站,全国共有 840 个,陕西省共有 29 个,国家二级气象观测站,全国共有 1453 个,其中陕西省共有 64 个,以上三种地面观测站分别类似于过去的国家基准气象观测站,国家基本气象观测站和国家一般气候站;区域天气观测站,这是根据当地天气气候特点,针对频发气象灾害区域和地方防灾减灾需要建立的有限气象要素的地面气象观测站,如陕西省针对渭河流域和汉江流域防汛气象服务建立的降水、气温两要素加密区域地面气象观测站。以上三类站组成的观测网分别为国家气候观测网、国家气象观测网和区域天气观测网。另外,还有专业气象观测网,如雷达观测网、农业气象观测网等。国家基准气象观测站和国家基本气象观测站(或国家气候观象台和国家一级气象观测站)每 3 h 定时观测,测站平均间距在 100 km 左右,能够满足以高、低压等大尺度现象的分析、预报为目标,但是对于暴雨,特别是对于突发性暴雨这种中尺度现象的分析、预报显然太粗了,因此要考虑地面加密气象观测,所谓加密观测,一是指空间观测站点的加密,二是指观测时次的加密。目前气象观测站的条件能够满足地面加密气象观测的要求,首先在国家基准气象观测站和国家基本气象观测站的基础上,考虑所有国家一般气候观测站(即考虑全部国家气候观象台、国家气象观测站一级站和二级站),陕西省共有 99 个地面气象观测站,平均间距在 30～50 km,另外还可获得邻省全部地面观测资料。这样的分布具有一定的区域分辨能力,容易掌握局地的特征,在空间上,能够反映出中尺度系统及其演变。其次,充分使用自动气象站观测信息,截至 2006 年底全省 99 个地面气象观测站全部实现了自动气象观测。所谓自动气象站是由硬件和系统软件组成,硬件包括传感器、采集器、通信接口、系统电源、计算机等,系统软件有采集软件和地面测报业务软件,为了组网和远程监控,还须配置远程监控软件,自动气象站与中心站连接形成自动气象观测系统。其工作原理是随着气象要素值的变化,自动气象站各传感器的感应元件输出的电量产生变化,这种变化量被 CPU 实时控制的数据采集器所采集,经过线性化和定量化处理,实现工程量到要素量的转换,再对数据进行筛选,得出各个气象要素值,并按一定的格式存储在采集器中,根据业务需要实现各种气象报告的编发,形成各种气象记录报表和气象数据文件。其中数据采集器是自动气象站的核心,它可以实时和定时采集各传感器的输出信号,经计算、处理形成各气象要素值。气温、湿度、气压、地温、辐射的采样速率为每分钟 6 次,去掉一个最大值和一个最小值,余下的 4 次采样值求算术平均,作为有效采样值;风向风速的采样速率为每秒钟 1 次,求 3 s、2 min、10 min 的滑动平均值;降水量、蒸发量和日照时数的采样速率为每分钟 1 次,按照时间间隔计算累计值。根据目前的通信条件和业务服务需求,各级气象台站可获取每 1 h 时间间隔的各气象要素自动气象观测值,同样利用国家气象通信网络和 MICAPS 系统可获得邻省自动气象站观测信息。显然,这样的时间间隔气象要素观测值具有一定的时间分辨能力,能够从时间尺度上更细地反映出中尺度系统及其演变。

7.2.1.2 地面能量天气图

地面能量天气图是指利用地面加密气象观测信息、计算邻近地面等压面上单位质量空气的相对湿静力能量和位势能之比得到的地面能量比图。所谓“邻近地面等压面”指的是所分析的地区各地面气象站最邻近的一个等压面(或叫平均等压面),对于高原东北侧暴雨落区的分析范围(27.5°—42.5°N,104°—117°E),平均等压面为 950 hPa。950 hPa 等压面上单位质量空气的相对湿静力能量是指以℃为单位的地面相对总温度 $T_{\sigma G}$(℃)来表征的湿静力能量

$$T_{\sigma G}(℃)=T_G(℃)+2.5q_G(g/kg)+10Z_G(km) \tag{7.1}$$

式中,T_G,q_G,Z_G分别为地面气象测站的气温、比湿、海拔高度。而 950 hPa 等压面上单位质量

空气的位势能为

$$gZ_{950}=(P_0-950)/\bar{\rho} \tag{7.2}$$

式中，P_0为海平面气压，$\bar{\rho}$为P_0-950 hPa 间的平均空气密度。

于是地面能量比为

$$K'_{eG}=\frac{\bar{\rho}c_p}{A}\cdot\frac{T_{\sigma G}}{P_0-950} \tag{7.3}$$

由于$\bar{\rho}$的变化对K'_{eG}的分布影响很小，K'_{eG}的分布和$\frac{T_{\sigma G}}{(P_0-950)}$的分布近似，为了简便，仍把$\frac{T_{\sigma G}}{(P_0-950)}$称之为“地面能量比”，以$K'_{eG}$表示

$$K'_{eG}\equiv\frac{T_{\sigma G}}{P_0-950} \tag{7.4}$$

计算全部地面气象测站整点时刻K_{eG}得到的即为地面能量天气图（也叫地面能量比图）。显然K_{eG}综合反映了地面气温、湿度和气压场的特征。

图 7.2 是 2005 年 7 月 2 日 14 时地面能量比图。图上等K_{eG}线稀密分布反映的是能量梯度和气压梯度的加权线性组合。地面总温度$T_{\sigma G}$对于干冷和暖湿气团具有放大作用，能够较好反映不同属性空气的分布状况，但对小股冷空气的活动状况反映不敏感，在$T_{\sigma G}$的基础上加入气压因素后，它能够灵敏地显示出不同属性小股冷空气的分布状况。地面能量天气图上等值线明显密集的地带，相当于在$T_{\sigma G}$场上的“能量锋”的分析中加权地加入了两侧气压差异的因素，把不同属性空气的差异显示得更清晰。因此，连续分析地面能量天气图上的“锋带”动态，可以看到低层小股冷空气的活动及其演变。地面能量天气图上的高（低）能比中心对应$T_{\sigma G}$和P_0的拉氏分布（即$\nabla^2T_{\sigma G}$和∇^2P_0）的加权线性组合的负（正）区，可以定性地反映出低层动力抬升条件和高能区的配置情况。有辐合带配合的高能区在地面能量天气图上表现为两侧有大梯度的高能比中心。由于K_{eG}反映的是低层湿热力条件，同时又加入了气压场对暴雨的作用因素，所以大梯度的高能比区往往是配合有一定动力抬升条件的位势不稳定区。

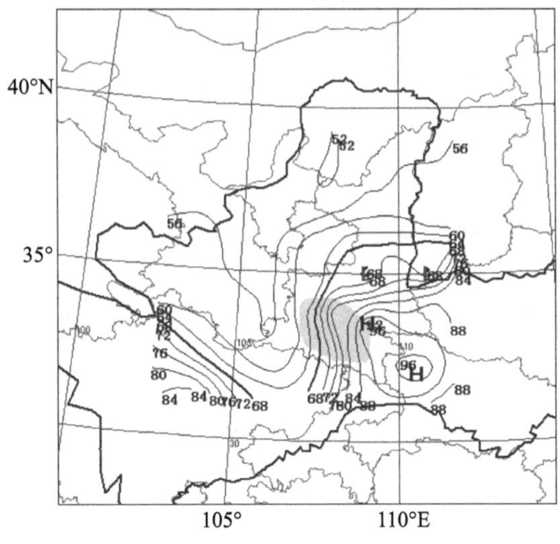

图 7.2　2005 年 7 月 2 日 14 时地面能量比图

（阴影表示暴雨落区）

7.2.1.3 地面流场天气图

利用全部地面气象测站(即国家气候观象台、国家气象观测站一级站和二级站)整点时刻风向、风速观测值,填绘风矢量图,再根据风矢线画出流线(处处与瞬时风向相切的线)的图称之为地面流场天气图。地面流场天气图代表的是某整点时刻地面不同空气质点的水平运动状况,它反映出该时刻风场中风向的分布情况。

在实际大气中,空气质点的运动是非常复杂的,因此,反映空气质点运动的风场的形式也非常复杂,但是不管它多么复杂,每一个风场都可以分解成几个主要的分量场,或者说任何一个风场可以看成是由几个分量场合成的。事实上任何一种线性风场都可以分解成四种分量场或是其中的一部分,这四种分量场是平移场、变形场、扩张(即辐散)场和旋转(即涡度)场。可用下式表示

$$\begin{cases} u = u_0 + \dfrac{1}{2}(D+F)x + \dfrac{1}{2}(\gamma-\zeta)y \\ v = v_0 + \dfrac{1}{2}(\gamma+\zeta)x + \dfrac{1}{2}(D-F)y \end{cases} \tag{7.5}$$

式中,u,v 是空气质点沿 x 和 y 方向的分速;u_0,v_0 是所选原点上的沿 x 和 y 方向的分速;$D=\left(\dfrac{\partial u}{\partial x}+\dfrac{\partial v}{\partial y}\right)$为散度;$\zeta=\left(\dfrac{\partial v}{\partial x}-\dfrac{\partial u}{\partial y}\right)$为涡度;$F=\left(\dfrac{\partial u}{\partial x}-\dfrac{\partial v}{\partial y}\right)$,$\gamma=\left(\dfrac{\partial v}{\partial x}+\dfrac{\partial u}{\partial y}\right)$均为变形。

将坐标系转动一个角度以后,D 和 ζ 不受坐标旋转的影响,其值是不变的,$(F^2+\gamma^2)^{\frac{1}{2}}$ 也不变,但 F 和 γ 则随坐标系的转动变化。

为了简便,可以利用这一特性,把坐标轴的位置取在使二个变形中之一成为 0 的角度上,为此通过坐标系旋转,使 $\gamma=0$,则上式简化为

$$\begin{cases} u = u_0 + \dfrac{1}{2}Fx + \dfrac{1}{2}Dx - \dfrac{1}{2}\zeta y \\ v = v_0 - \dfrac{1}{2}Fy + \dfrac{1}{2}Dy + \dfrac{1}{2}\zeta x \end{cases} \tag{7.6}$$

这就是线性风场的分解式。在每个分解式中都会有四项,这四项就代表了上述的四种分量场,速度可近似地视为这四种运动型之和:

①平移场

由 u_0 和 v_0 组成的风场,为平移场,由于是常数,与 x,y 无关,风场中所有的空气质点都以一个常速度作平移运动。

②变形场

由$\dfrac{1}{2}Fx$ 和$-\dfrac{1}{2}Fy$ 组成的风场为变形场。这是因为风速分量$\dfrac{1}{2}Fx$ 随着 x 值的增大而增大,而分量$-\dfrac{1}{2}Fy$ 则随着 y 值的增大而减少,因此,空气质点发生变形。

③扩张(辐散)场

由$\dfrac{1}{2}Dx$ 和$\dfrac{1}{2}Dy$ 组成的风场为扩张(辐散)场。当 D 为负值时,两个风速分量都沿着相应轴减小,便引起面积的收缩。

④旋转(涡度)场

由$-\dfrac{1}{2}\varsigma y$ 和$\dfrac{1}{2}\varsigma x$ 组成的风场为旋转(涡度)场。当 ζ 为正值时,前者随着 y 值的增大而减

小，后者随着 x 值的增大而增大，则为气旋式旋转；相反，当 ζ 为负值时，则为反气旋式旋转。

显然，以上四种运动在实际天气中经常看到，如：平流、锋生、鞍型场，辐合抬升，急流、切变线等都与这四种运动相联系，图 7.3 是 2002 年 6 月 8 日 20 时地面流场天气图，由于地面流场天气图上测站密度在 30～50 km，图上可以明显地分析出 β 中尺度气旋，正是该气旋触发局地强降水。由于地面流场天气图是以 1 h 为时间间隔的整点时刻流场图，因此，连续分析流场天气图，可以看出 β 中尺度气旋的演变特征和它的生命史，以及它的结构变化。

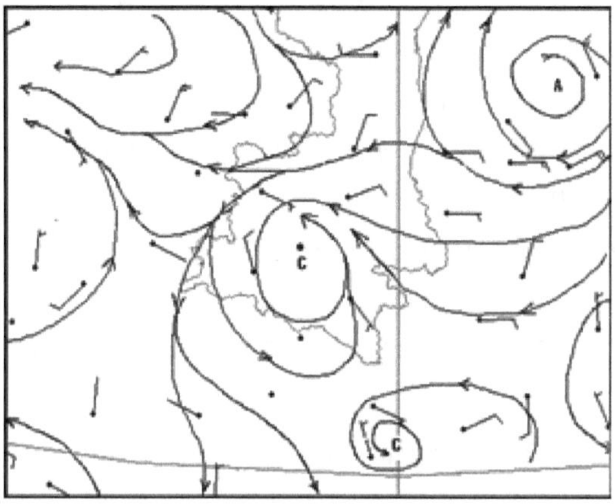

图 7.3　2002 年 6 月 8 日 20 时地面流场

7.2.2　高空探测信息四维分析技术

7.2.2.1　高空气象观测

高空气象观测是指地面上空的气象观测，是对地面上空不同高度的气压、温度、湿度、风向、风速进行测定。高空气象观测的基本手段是使用无线电探空仪（测定气压、气温和湿度）和无线测风仪（测量风速、风向）以及把二者组合在一起的无线电探空测风仪。在无线电探空仪观测中，是把探空仪吊在气球下升空，来测定气压、气温和湿度。测量结果用无线电发送到地面并记录下来。根据随气球上升同时变化着的气压、气温和湿度，用静力学关系计算各规定等压面的高度。在无线电测风观测中，是把无线电发报机吊在气球下升空，用在地面设置的方位仪以分为单位测定其方位角、高度角。气球的高度，根据气球上气压计测定的气压，利用上一回无线电探空仪观测得到的气压-高度关系求得，气球的水平距离可以由高度和高度角计算，由这个水平距离和方位角就可以计算气球随风飘流的方向和距离，这就是风向和风速。

高空气象观测站的间距，按照世界气象组织的建议，陆地为 300 km，海上为 1000 km。目前全世界设置约 850 个观测点。我国有 89 个观测点，陕西省共有 4 个探空站（延安、西安、汉中、安康），平均间距在 300～400 km。每天在 07 时、19 时（北京时）进行 2 次无线电探空测风观测。显然这样的高空气象观测网获取的信息能够满足高、低压和锋面等大尺度现象的监测分析，了解其在对流层内的三维结构和变化机制，但是对于直接分析影响暴雨的中尺度系统具有局限性，需要采取特殊的分析技术。

7.2.2.2　四维诊断分析

“诊断分析”也叫动力分析。最初为了计算和分析与天气过程有关的动力因子，如垂直速度、散度、涡度等,由于这些物理量不能通过现有的观测手段直接得到,必须通过与这些量有关的动力学方程间接地计算出来,故称之为动力学分析。实际上动力分析所包含的内容相当广泛,就暴雨的动力分析来说,不仅有动力因子,还有水汽条件、热力因子、能量因子和稳定度因子等。将这各类物理量分析统称为动力分析或叫物理量诊断分析,简称诊断分析。诊断分析是相对于数值天气预报而言;数值预报是用数值的方法求解流体动力学方程组来预报气象要素,这里涉及到时间积分,同时要考虑计算稳定性等问题,但诊断分析则是分析某个瞬时时刻反映大气物理特性的各类物理量及其之间的关系。显然诊断分析作为一种天气分析的方法,能从天气过程的本质出发,定量地计算和分析与天气过程有关的物理量,揭示天气过程的物理成因和形成机制,而这些物理量大多数不能从天气图上直接看到,需要将它们计算出来。对于暴雨分析研究,诊断分析无疑是一种行之有效的方法,对暴雨预报也有实用意义。

诊断分析通常采取以下步骤。

①客观分析。即对接收到的各气象测站原始气象电报进行极值分析做纠错处理;然后作报文分解,分别得出高度、温度、湿度和风矢 u,v 分量;再采用内插的方法将各气象要素插值到各标准等压面上的网格节点上;最后对标准等压面网格点气象要素值作误差订正。这个过程就称之为客观分析。

②物理量计算。首先选定诊断分析计算方案,如对于微分方程可采用正形差分方法计算,也可采用有限元素方法,又如垂直速度也有不同的计算方案等;然后针对分析研究对象,有选择地计算物理量,也可计算全部物理量,再针对分析研究对象有选择使用其中部分物理量,物理诊断量主要有:风场及其特征量诊断,包括地转风、散度风、旋转风、散度、涡度、变形、垂直速度、涡度平流、非热成风涡度倾向、螺旋度、Q 矢量散度等;温度场诊断,包括热成风、位温、加热率、锋生函数、感热、温度平流、位温平流等;湿度场诊断,包括比湿、水汽通量、水汽通量散度、潜热、比湿平流等;能量和能量转换的诊断,包括总温度、湿有效位能、假相当位温、湿位涡、地面能量比、动能、位能、角动量、扰动加热率与扰动位能的转换、平均位能与扰动位能的相互转换、扰动动能与平均动能的相互转换、扰动位能与扰动动能的相互转换等;稳定度诊断,包括 K 指数,干静力稳定度,湿静力稳定度、里查森数等。

③物理诊断量分析。可根据研究对象,对物理诊断量作以下四种分析:一是各层水平诊断分析,即选定某层等压面,对某个物理量作 xOy 平面图分析;二是经纬向垂直剖面诊断分析,即选定某个经度(或某个纬度),对某个物理量作经向(或纬向)垂直剖面图分析;三是时间剖面诊断分析,即选定某个格点(或某个站点),对某个物理量作垂直时间剖面图分析;四是合成诊断分析,这里可以是不同物理量场在平面图上的合成分析,也可以是不同物理量在垂直剖面图上的合成分析。显然综合这四种分析方法充分体现了四维诊断的特性。

7.2.2.3 中尺度分离

大气运动具有多尺度性,实际气象要素场是由多种空间尺度的波动系统叠加而成的,大尺度系统为中小尺度系统提供条件和环境场,中小尺度系统是对大尺度系统的一种扰动,是直接形成暴雨和强对流天气的天气系统,但从常规观测到的实际气象要素场上很难直接分析出中小尺度系统。为了研究中小尺度系统的发生和它的结构特征,及其在暴雨、强对流等天气过程中的作用,需要将它们从气象要素场中分离出来。目前分离中小尺度系统的方法大体有两类:一类是将客观分析和滤波结合起来的方法,如 Barnes 站点滤波法;第二类是用滤波算子,通过空间或时间平滑而进行中小尺度系统分离的方法,如 Shuman-Shapiro 滤波法(也叫 9 点平滑滤波法)，选择滤波算子法等。在陕西省的暴雨分析研究中这两类方法都采用。

任一气象要素 f 可以看成是由大尺度运动部分 $\overline{f}$ 和较小尺度运动部分(或扰动部分) f' 的合成，即

$$f=\overline{f}+f' \tag{7.7}$$

也可表示为

$$f=\overline{f}+(f-\overline{f}) \tag{7.8}$$

式中，$\overline{f}$ 表示平滑后的要素场，为要素场的低频部分，是低通滤波器；$f-\overline{f}$ 为原始场与平滑场的差，表示要素场的高频部分，也是高频滤波器。显然要分离出 f'，关键是建立低通滤波器 $\overline{f}$，有了 $\overline{f}$ 就可轻易得到 f'。

在突发性暴雨分析中，重点分析中尺度系统，因此，建立低通滤波器的目的是分离出中尺度天气系统。实际作中尺度分离的滤波分析，都是在一个有限区域内进行，必须考虑滤波算子的滤波特性，使所研究的中尺度波段的各波分量不被明显的歪曲，并尽可能减少边界对区域内部的影响。陕西省突发性暴雨有在陕北发生，也有在关中或陕南发生，也有同时在陕北和关中发生，或同时在关中和陕南发生，其水平尺度在 100～500 km。研究表明，对应突发性暴雨上空必定存在中尺度影响系统，其水平尺度一般比雨区大一倍，属 α 中尺度天气系统(meso-α)。因此，建立的低通滤波器必须能够分离出 α 中尺度天气系统。图 7.4 是上述三种滤波方法的响应曲线，可以看出：三种滤波方法对 2 倍格距(或 200 km)以下的波动都能滤掉；9 点平滑滤波对 300～800 km 的波保留 60%以上，400～700 km 的保留 80%以上；选择滤波对 200～1000 km 的波保留 60%以上，400～700 km 的波保留 80%以上，站点滤波对 300～1000 km 的波保留 60%以上，400～800 km 的波保留 80%以上；可见三种方法的滤波特性虽然不尽相同，但对 400～800 km 的波的分离功能是基本一致的。

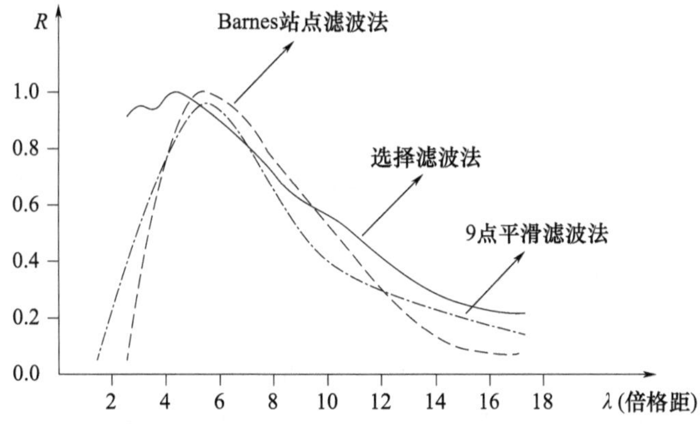

图 7.4　三种滤波方法的响应曲线

(其中 Barnes 站点滤波法 $\lambda\times100$ km)

图 7.5 是 1998 年 7 月 7 日 08 时 500 hPa 高空流场和分别用三种滤波方法得出的滤波图，这是一次典型的发生在陕西中南部的突发性暴雨天气过程，仅 7 月 7 日一天就有 42 站暴雨。从图 7.5 中可以看出，500 hPa 原始混合流场上，河套地区南部是副高外围，是反气旋流场，北部基本是西风气流(图 7.5a)；在 9 点滤波图上，关中地区出现一个较强的中尺度汇合中心(图 7.5b)；在站点滤波图上，仍然在关中地区出现一个中尺度汇合中心，位置相对 9 点滤波

的汇合区略偏东南(图 7.5c);在选择滤波图上,在关中北部滤出一个东西向中尺度辐合线,陕北为一个南北向的切变线,陕南到关中为一致南风(图 7.5d)。相比之下,500 hPa 图上,站点滤波所滤出的中尺度系统与暴雨落区对应最好。通过比较发现,站点滤波法适用 500 hPa 中尺度分离,但在 850～700 hPa 滤出的中尺度辐合系统偏南;九点滤波法适用于中低层中尺度分离,在 700 hPa 分离出的中尺度辐合系统与暴雨落区对应比较好;选择滤波法在 500 hPa 滤波效果略差,但在低层 700 和 850 hPa 滤波效果优于以上两种方法。

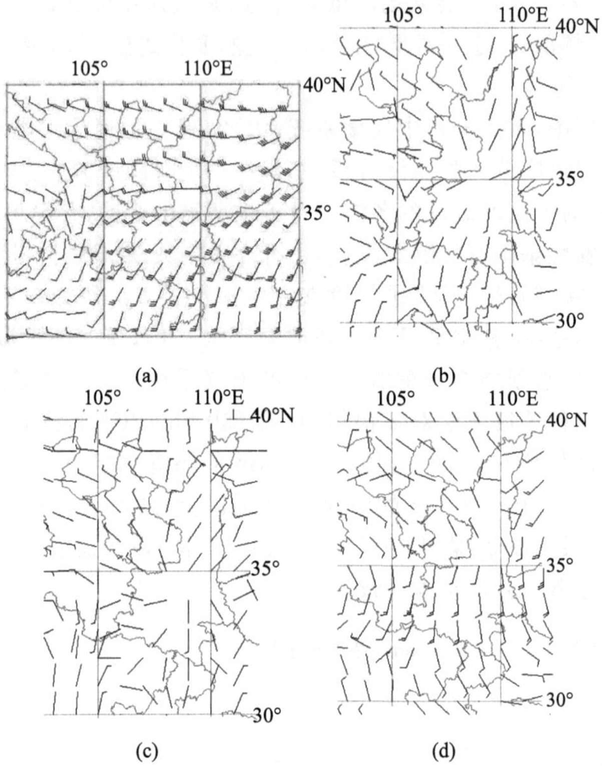

图 7.5　1998 年 7 月 7 日 08 时 500 hPa 高空流场(a),9 点平滑滤波(b),站点滤波(c),选择滤波(d)

7.2.3　雷达探测信息分析技术

7.2.3.1　气象雷达观测

雷达(Radar)是 Radio Detection and Ranging 的简称,是发射电磁波以探测目标的存在并测定其位置的设备。最初的雷达是在军事上以探测船舶和飞机为目的而开发的设备,由于发现它也能够探知降水粒子,因而被广泛应用于气象研究和气象业务中,气象雷达对位置的测定与军事雷达探测船舶和飞机在本质上没有不同,但是气象雷达对其接收到的目标反射回波进行处理,将其反演成有关降水信息,为此有气象雷达方程

$$\overline{P_r}=\frac{\pi^3 p_t g^2 \ell^2 \theta^2 c\tau}{2^{10}(\ln 2)\lambda^2 r^2}\left|\frac{\varepsilon-1}{\varepsilon+2}\right|^2 Z \tag{7.9}$$

式中,$\overline{P_r}$ 为平均接收功率;Z 为雷达反射率因子;ℓ 为途中大气气体造成的电磁波衰减;r 为距雷达的距离;c 为光速;ε 为复折射指数;p_t 为反射功率;g 为天线增益;λ 为波长;θ 为波速(半功率)宽度;τ 为脉冲宽度。其中:p_t,g,λ,θ,τ 是由雷达型号决定的常数。

为了能测定目标的距离，气象雷达发射脉冲式电磁波。这个脉冲的长度是脉冲宽度 τ。脉冲式电磁波在空间传播时的长度用 $c\tau$ 表示。发射脉冲 t 秒后回到雷达的回波是从距离为 $ct/2$ 到 $ct/2-c\tau/2$ 的范围内的降水粒子反射回来的。为了推算雷达反射率因子和降雨强度，可将气象雷达方程式简化为

$$\overline{P}_r = C\frac{\ell^2}{r^2}Z \tag{7.10}$$

式中，$C=\frac{\pi^3 p_t g^2 \theta^2 c\tau}{2^{10}(\ln 2)\lambda^2}\left|\frac{\varepsilon-1}{\varepsilon+2}\right|^2$ 为常数。

可见在气象雷达方程式中，仅有一个表征降水粒子特性的项—雷达反射率因子 Z，可由平均接收功率 $\overline{P}_r$ 求取 Z。Z 是单位体积中降水粒子直径 D 的 6 次方的累计和，表示为 $\sum D^6$，单位是 mm^6/m^3，也常用以 1 mm^6/m^3 为基准的分贝表示，记为 dBZ。单位体积的液态水含量与 $\sum D^3$ 成比例，下落时便成为降水量。由于下落速度近似的与 $D^{0.5}$ 成比例，因而降水强度 R 就与 $D^{0.5}$ 成比例。另一方面，由于所测定的雷达反射率因子(Z)与 $\sum D^6$ 成比例，所以如果降水粒子直径是均一的话，$Z\propto R^{1.7}$ 的关系就成立了。但是降水粒子直径实际中并非呈均一的分布，而是随机的，则 Z-R 的关系就不能确定了，实际上由于降水粒子直径分布有某种程度的规律性，发现 $Z(mm^6/m^3)$和 R(mm/h)之间有下述统计关系

$$Z = BR^{\beta} \tag{7.11}$$

式中，B，β 为常数，其值随降水的种类而不同。但实际中通常分别取为 200 和 1.6，把雷达反射率因子 Z 换算为降雨强度 R。

气象雷达对降水的探测能力同雷达电磁波的波长密切相关。在气象雷达方程式中之所以出现雷达反射率因子 Z，是因为降水粒子(直径 D)的后向散射截面 σ_b用下式表示的缘故

$$\sigma_b = \left(\frac{\pi^5}{\lambda^4}\right)\left|\frac{\varepsilon-1}{\varepsilon+2}\right|^2 \tag{7.12}$$

所谓后向散射截面是表示发射电磁波入射目标时表征电磁波向雷达方向反射的量。一般来说，由于目标对电磁波的散射不是各向同性的，所以目标不应当只是后向散射截面部分固定地接收电磁波。式(7.12)实际上是近似式，是在降水粒子的直径 D 比雷达波长 λ 小得多，$\pi D/\lambda<1$ 情况下才成立的。由于气象雷达的波长是 3～10 cm(711 雷达是 3.2 cm，713 雷达是 5 cm，714 雷达是 10 cm)，因而对雨滴来说上式被认为是适用的，这个近似被称为“瑞利近似”。后向散射截面有雷达波长越小就变得越大的特点，雷达波长越短 $\overline{P}_r$ 越大，因而增大了雷达探测降水的能力。可见，用瑞利散射可以近似的探测降水，对此波长短具有绝对的优势，但是并非波长越短越好，因为雷达发射电磁波在入射目标物的途中有降雨时会对电磁波有衰减，而这个衰减随着波长越短衰减越厉害。气象雷达方程式中的 ℓ 是传播途中大气气体对电磁波的衰减，如果在途中有降雨，电磁波同样有衰减。这个衰减与雷达发射电磁波有依赖关系。为了表示衰减的程度使用“衰减系数”，即电磁波前进 1 km 时以分贝表示衰减数值。各波长的衰减系数作为降雨强度 R 的函数有以下关系

$$3.2\ \text{cm 波}\qquad 0.01R^{1.21}\ (\text{dB/km}) \tag{7.13}$$

$$5\ \text{cm 波}\qquad 0.0018R^{1.05} \tag{7.14}$$

$$10\ \text{cm 波}\qquad 0.000343R^{0.97} \tag{7.15}$$

这里以 5 cm 波为例，在 30 mm/h 的降雨伸展 50 km 的大雨情况下，把 30 带入上式的 R，

又因往返 50 km 而乘以 100,得衰减约 6 dB。对 3 cm 波来说,对于同样的条件则约产生 60 dB 的衰减,而 10 cm 波就实际应用来说,降雨造成的衰减可以忽略。另外,就气象雷达探测来说,其主要目的是观测降水回波,但同时也观测到山岳等地形反射的回波。在实际中,由于来自降水粒子的接收功率随每个脉冲而变化,而地形并不像降水粒子那样乱动,因而地形回波随每个脉冲变化很小,就利用这个差别来消除地形回波,当回波来自降水粒子与地形混杂的目标时,其振幅变化根据降水回波和地形回波的大小关系按某种概率分布而变化,当降水回波为主时服从瑞利分布,当地形回波为主时服从高斯分布。如果计算各概率分布下的回波振幅的方差 σ^2 与平均接收功率 $\overline{P}_r$ 的比,有如下关系。

降水回波为主时(瑞利分布),有

$$\frac{\overline{P_r}}{\sigma^2}=4.66(6.68\text{dB}) \tag{7.16}$$

地形回波为主时(高斯分布),有

$$\frac{\overline{P_r}}{\sigma^2}=2.00(3.01\text{dB}) \tag{7.17}$$

在中间状态时,其比值取 4.66～2.00 之间的值,于是只要测定了 σ^2 就可以计算 $\overline{P}_r$ 了。σ^2 的测定可以借助于接收电磁波通过由延迟线路构成的对消电路求得。

7.2.3.2 气象多普勒雷达

来自降水粒子的反射电磁波的相位取决于与雷达的距离。因此,如果降水粒子离雷达有近有远,那么,相位也就有超前有滞后。相位超前亦即频率变高,这就是“多普勒效应”。利用这种现象测定降水粒子速度沿雷达波束轴线方向的分量,即为测定径向速度的雷达,就是多普勒雷达。

在多普勒雷达中,用基准波发射器发射的频率稳定的微波经脉冲增幅后发射,发射至空中的波段距离为 r 处的目标反射,一直到接收回波的时段内,基准发射器的发射在继续,波的相位在行进。因此,接收波与基准波相比相位滞后,其二者的相位差为

$$\gamma=-2\pi\cdot\frac{2r}{\lambda}=-\frac{4\pi r}{\lambda} \tag{7.18}$$

若目标有径向速度,对每个脉冲来说 γ 在变化,对此用时间做微分,可得多普勒角速度

$$\omega_{\mathrm{d}}=\frac{\mathrm{d}\gamma}{\mathrm{d}t}=-4\pi\left(\frac{\mathrm{d}r}{\mathrm{d}t}\right)\Big/\lambda \tag{7.19}$$

式中,$\frac{\mathrm{d}r}{\mathrm{d}t}=v_{\mathrm{t}}$ 就是径向速度,如果用多普勒频率 f_{d} 代替 ω_{d},则有

$$f_{\mathrm{d}}=-\frac{2v_{\mathrm{r}}}{\lambda} \tag{7.20}$$

式中,v_{r} 以远离雷达的方向为正,通过用混频管对回波和基准波进行合成和检波,使相位差 γ 的测定成为可能。以上是就单一目标而言的,在有效照射体积中存在许多降水粒子且其径向速度也各不相同时,就更复杂了。这时多普勒频率 f_{d} 与径向速度分布相对应,取频率谱的形式。为了求取多普勒雷达覆盖范围的各个目标体积的频率谱,需要做扩大的计算处理。在实际处理中,大多限于求取平均多普勒频率 $\overline{f_{\mathrm{d}}}$ 和频谱的方差 σ_f^2。平均多普勒频率 $\overline{f_{\mathrm{d}}}$ 和频谱的方差 σ_f^2 可以通过由脉冲处理器滤波输出连续脉冲的自相关求取。测定平均多普勒频率 $\overline{f_{\mathrm{d}}}$ 后,就可通过上式计算平均径向速度 $\overline{v_{\mathrm{r}}}$,在雷达天线仰角小的时候,$v_{\mathrm{r}}$ 可以看作有效照射体积内平均

风的径向分量，仰角大时，必须考虑降水粒子的下落末速度和垂直风速的影响。

如果仅仅是雷达设置点上空的风速，由于只是一台多普勒雷达的径向分量，可以用 VAD 法推算。VAD 是 Velocity Azimuth Display 的简称，是表示一定仰角，一定距离的径向分量随方位角的变化。图 7.6a 表示天线仰角小的情况，可以看出，假如在以距离 r 为半径的圆内风速 V 是一样的，那么径向分量在风吹去的方向为极大，在风吹来的方向为极小，表现为一条正旋曲线，其振幅相当于风速的 2 倍（图 7.6b）。由于雷达波束的高度随距离的增加而增加，因而随着距离的改变就可以测定各高度的风向风速。用 VAD 法不一定需要全方位角的多普勒速度资料，即使是局部方位角的资料，虽然精度降低但也可以推算风速。另外，在仰角大的情况下，如果考虑降水粒子下落速度的影响，VAD 法也是可以使用的。

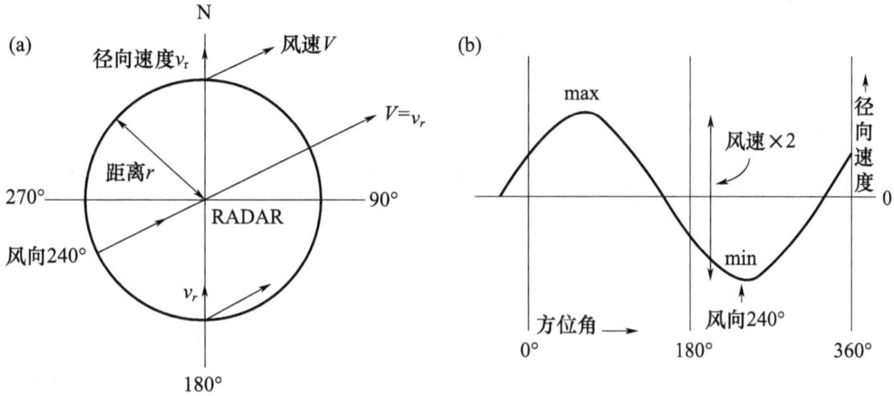

图 7.6　VAD 的原理

多普勒雷达在实际气象业务的应用中，即使由多普勒雷达不能推算出风速，也可以从雷达回波的形状分析径向速度分布特征，提取中小尺度涡旋和辐散信息。

7.2.3.3　气象雷达组网拼图

新一代天气雷达有很高的时间和空间分辨率，这使其在灾害性天气监测预警和中尺度气象研究中具有其他观测工具无可比拟的优越性。然而地面固定单部雷达的探测范围有限，不足以覆盖较大尺度的天气系统，阻碍了我们更深入地研究此类天气系统的大气运动规律以及各种尺度之间的相互作用。因此，为了提高对中尺度灾害性天气的研究以及预警预报能力，发挥多部雷达在联合监测天气中的作用，就必须把来自多部雷达的资料进行组网拼图。

陕西省 7 部 CINRAD-CB 型雷达分别被安装在榆林、延安、西安、宝鸡、商洛、汉中、安康。CINRAD-CB 型雷达的最大探测距离为 400 km，经数字化拼图后，可以得到基本覆盖全省的雷达回波产品。

陕西省雷达拼图中，对多部雷达探测重叠区域采用了现在较通用的“取最大值”方法，即对坐标重叠的采样点选用回波强度较大的值作为采样强度值。这种处理方法的优点是保留了雷达在该处探测到的最强信息，可以相互克服因雷达波束被地物完全遮挡或者部分遮挡时回波偏弱的限制；缺点是当某部雷达回波异常时，会造成重叠区域明显误差。拼图后，对产品进行了兰勃托投影变换，克服了经纬度显示的变形问题，使得产品显示更加直观、准确。所有拼图均采用的是雷达产品等级数据，并实时自动完成。

雷达拼图产品主要为基本反射率、组合反射率、垂直累积液态水含量、一小时累积降水。其中雷达基本反射率拼图采用的是1.5°仰角反射率产品数据。这是因为陕西省雷达站自身海拔高度差异较大,CAPPI(等高平面位置显示)拼图难以实现;如果采用较高仰角产品,雷达水平探测距离过小,拼图意义不大;仰角过低,又容易受到地物回波和超折射影响。使用中要注意的是,PPI(平面位置显示)产品相当于雷达探测锥面在显示平面上的投影,因此,回波的高度是随着其与雷达的距离增加而逐渐抬高的,拼图产品同样存在这样的问题,即在同一显示平面上看到的不同位置的回波,其真实高度是不一致的。组合反射率、垂直累积液态水含量、一小时累积降水产品拼图不存在这样的问题,它们为预报员提供了全面直观了解全省各地雷达实时资料的平台。

7.2.3.4　气象雷达观测是中尺度系统监测分析的有效手段

气象雷达的探测范围,其探测半径达数百千米,适合于目测和天气图都难以把握的中尺度系统观测,以及中小尺度甚至小尺度系统的观测,及其临近预警服务。造成突发性暴雨的 α 中尺度系统其水平空间只几百千米,生命史也只有10 h左右,造成局地强降水或短时暴雨的 β 中尺度系统也只有几十千米至上百千米的范围,生命史也只有几个小时。这类中尺度系统在常规天气图上是难以分析和把握的,利用前述的地面加密监测信息分析技术,百千米以上的中尺度系统能够显现,但由于是以1 h为时间间隔,加上测站密度不同,因而仍是有局限性的。因此,气象雷达观测的应用是目前最有效的手段。若气象雷达观测与地面加密观测信息结合起来使用就更好了。

图7.7是2006年6月3日00:00和01:30的雷达回波图。从反射率因子平面位置显示(PPI(Z))图上可以看到,在雷达站西侧125 km处出现一条细小的南北走向强回波带,不断东移发展,到01:30,雷达站北部出现一条东北-西南走向回波带,随后不断有小尺度对流回波团沿着回波带方向快速的生消,这条强回波带的移动路径上,麟游、扶风等县均出现短时暴雨。

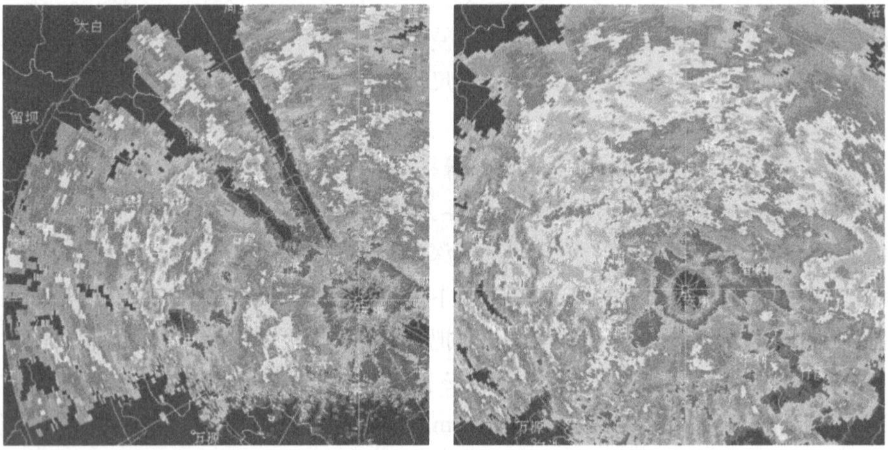

(a)　　　　(b)

图7.7　雷达回波图

(a)2006年6月3日00:00,0.5°PPI(Z);(b)2006年6月3日01:30,1.5°PPI(Z)

7.2.4　卫星探测信息分析技术

7.2.4.1　气象卫星观测

气象卫星是观测来自云和地球表面的辐射(红外线)和太阳光的反射(可见光线)的遥感设备。

可见光观测时的图像，基本上是与观测者从气象卫星上观测地球的图像相同。以云为例，云越厚则图像越白。红外线观测是对由云和海等地球表面辐射的红外线能量的测定。假定地球表面为黑体，通过对它辐射的红外线能量的测定，根据下述原理就可以求得云和海的温度：所谓黑体是指能够全部吸收入射辐射的物体。黑体发射电磁波，其波长由它自身温度决定，其总能量与温度的 4 次方成正比。在地球表面温度范围内，大体上是以红外辐射为主体的，所以通过对它所辐射的红外线能量的测定就可以求得温度，称之为等效黑体温度或亮度温度。

气象卫星的红外图像显示了地球表面等效黑体温度的分布，温度越低表现越白。若对气温的铅直分布作适当的假定，就可以由云的等效黑体温度估计云顶高度。由于在红外线的领域中有一个波段会大量被大气中的二氧化碳和水蒸气吸收，所以在测定红外辐射时，必须避开它，选择所谓"大气窗"内的波段。这个波段静止气象卫星红外线观测使用的是 10.5～12.5 μm，可见光观测使用的是 0.5～0.7 μm(日本"葵花号"静止气象卫星)。

气象卫星根据其在通过地球中心的平面上是按圆形轨道运行还是按椭圆形的轨道运行分为两类：一类是圆形轨道的卫星，其高度在 36000 km，周期与地球自转的周期相同，看起来就像是静止在赤道某一点的上空。这就是静止气象卫星。所观测到的云图范围大体上是 60°N—60°S，在垂直点空间分辨率最高，达到 5 km，每小时取得一次云图，在汛期可间隔 30 min 观测一次。另一类是椭圆形轨道的卫星，如美国 NOAA 卫星，其轨道在与赤道面成 98.7°的平面内(即绕两极地运行)，其高度约 820 km，约 102 min 绕地球一周。这就是极轨气象卫星。NOAA 卫星被设定每 12 h 经过同一地点上空，那么在 12 h 内可以观测到整个地球的表面，但对同一地点来说，观测时间间隔达 12 h，这不同于静止气象卫星能够每小时观测。另外，NOAA 卫星由于飞行高度低，因而空间分辨率高，在垂直点无论可见光还是红外都是 1.1 km。NOAA 卫星还具有 19 个通道的红外辐射仪构成的系统，因而 NOAA 极轨气象卫星作为遥感探测还具有更广泛的用途。

我国气象卫星技术发展很快，是目前国际上少数几个具有气象卫星研发和发射能力的国家之一。目前，用于实际业务的有 FY-4A 系列静止气象卫星和 FY-3A 极轨气象卫星。

7.2.4.2　中尺度对流系统(MCSs)监测跟踪分析

气象卫星观测不受海洋和气象观测站稀少的影响，能覆盖几乎整个地球。这对地处青藏高原东北侧的陕西省来说尤为重要，因为影响陕西的天气系统许多是来自于青藏高原，而青藏高原气象测站稀少，气象卫星观测恰恰弥补了这一不足。由于重要的大气现象都伴随着特有的云分布，不同的天气系统在卫星云图上都有其独特的表现，如冷锋云系、暖锋云系，锢囚锋云系、静止锋云系，台风云系等，副热带高压控制区内部往往表现为晴空少云区(有时也会有强对流天气产生)，各类低值系统在卫星云图上也有其不同的表现。因此，气象卫星云图在天气预报中发挥着非常重要的作用。但这里所讲的都是在天气图上能够分析出的天气系统。在突发性暴雨的监测分析中，关键是利用气象卫星云图做中尺度对流系统的监测跟踪分析。

以 2002 年 7 月 4—5 日发生在黄土高原东部子长县突发性短历时高强度的大暴雨为例，子长县 4 日降水量 195.3 mm，其中 4 日 06 时到 08 时 2 h 降水量达 128.9 mm，1 h 最大降水量为 81.3 mm，实际分析发现局地强降水的形成同地面流场上 β 中尺度辐合系统，卫星云图上 β 中尺度对流系统(MβCSs)密切相关。分析每小时一次的卫星云图，在 7 月 4 日 01 时红外云图上，台风"威马逊"云系位于台湾东北方向 200 km 处，在台风云系的西北方向为大片的对流云团活动区，在山西南部和河北北部各有一个 β 中尺度对流单体，河套地区有零散的中小尺度对流云团。到 4 日 03 时，在子长县西侧有β中尺度对流云生成并发展(图 7.8a),此后随着地面中尺度辐合的发展和加强,有组织的MβCSs逐渐形成。此时MβCSs处于发展初期,对应的地面雨强为10～30 mm/h。到4日05时MβCSs快速发展,云顶温度−43 ℃,云顶高度约12 km,云团水平尺度为30～40 km(图 7.8b),此时子长上空出现强雷暴,随后MβCSs发展进入旺盛阶段,子长县的雨强增大为40～90 mm/h。在最强降水期间,MβCSs强度变化不大,但范围略有扩大(图 7.8c)。08—09时MβCSs减弱东移并迅速扩散,陕北强降水结束(图 7.8d)。可见MβCSs存在生成、发展与消亡的过程,其生命史<6 h,比地面中尺度气旋出现的时间晚。在实际天气预报业务和分析研究中,必须注意跟踪监测每个小时的云图,同时注重同地面中尺度系统和高空低值系统结合起来分析。

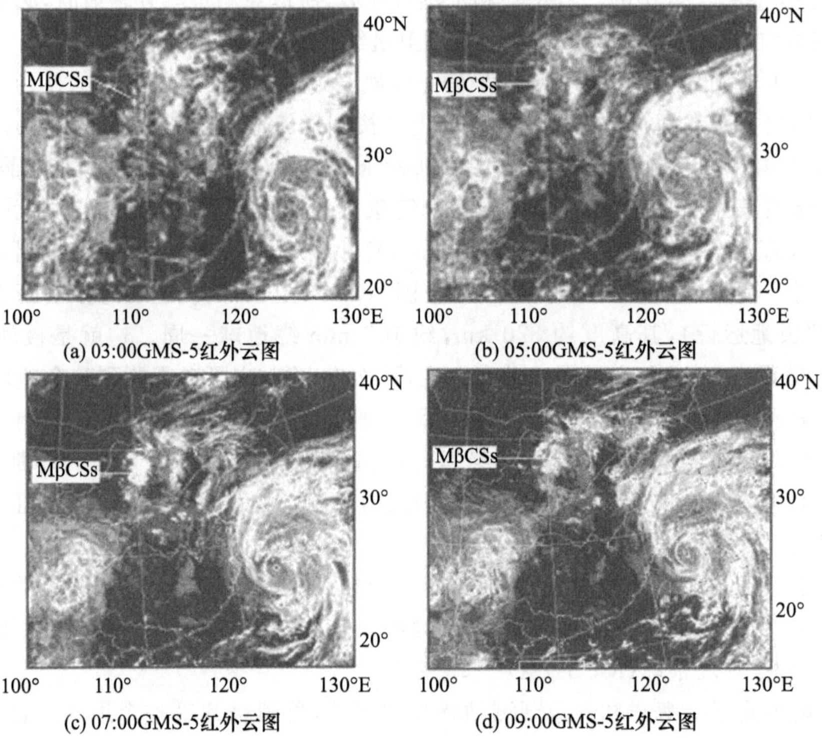

(a) 03:00GMS-5红外云图　(b) 05:00GMS-5红外云图

(c) 07:00GMS-5红外云图　(d) 09:00GMS-5红外云图

图 7.8　2002年7月4日03—09时GMS红外云图

7.3　突发性暴雨主要特征

7.3.1　高空环流特征

7.3.1.1　200～300 hPa 环流特征

普查突发性暴雨个例,在降水发生前12 h,在雨区上空的高层200～300 hPa,几乎所有的突发性暴雨均为高压环流区,即反气旋性环流控制,反气旋性环流成为突发性暴雨发生的必要条件。分析风矢量图发现,在北纬35°N以北,同反气旋性环流相配合,存在一支自南向北递增的强风速带,即高空急流,急流轴在北纬40°N附近,作南北摆动,在强风速带以南的广大地区为小风速区域。该急流对突发性暴雨的发生起着重要的指示作用,若急流轴位置偏南,则突发性暴雨落区偏南，通常急流轴在 38°N 附近时，暴雨落区往往发生在关中以南地区；反之，急流轴位置偏北，则暴雨落区相应北移，通常急流轴在 40°N 以北时，暴雨落区往往发生在陕北地区。

7.3.1.2　500 hPa 环流特征

按照突发性暴雨定义，普查全部突发性暴雨个例降水前 12 h 500 hPa 天气图，经归纳分析，发现突发性暴雨 500 hPa 环流场可分为以下三种类型。

(1)低槽副高型

亚洲区内，中低纬度 500 hPa 高度场呈东高西低分布，东西高度差 $\Delta H>8$ dagpm，70°—90°E 为长波槽（或低涡）。蒙古附近有低涡配合。副热带高压较强，588 dagpm 线北界在 30°—35°N，西伸至 110°E 以西。西安高度为：580 dagpm $<H_{西安}<$ 588 dagpm（图 7.9a）。此类型下，高原东侧受副热带高压边缘的西南气流（$V \geqslant 12$ m/s）控制，上下层湿度条件较好。但是影响系统距离暴雨区较远，故短期预报的难度较大。这类突发性暴雨的产生，大多是新疆长波槽快速加深东移，在高原东侧形成小槽（或低涡）影响陕西省所致，暴雨落区多在关中、陕南一带。

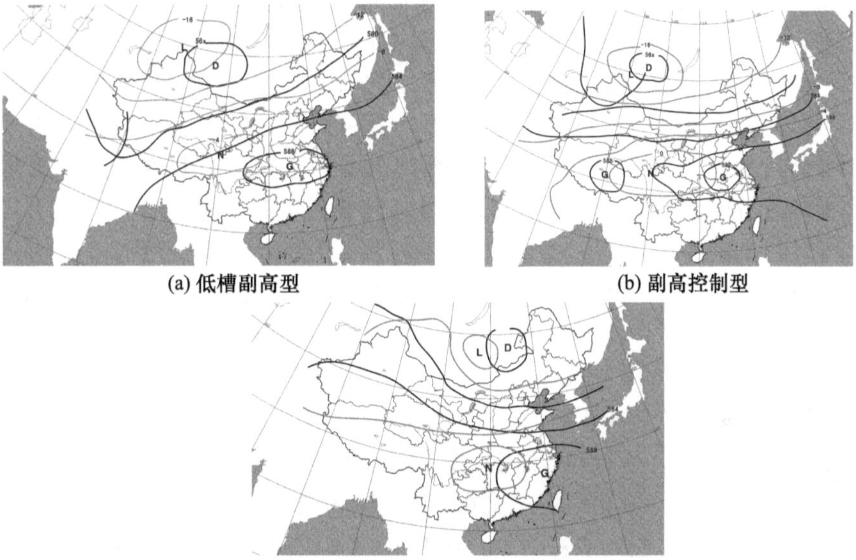

(a) 低槽副高型　(b) 副高控制型　(c) 西北气流型

图 7.9　突发性暴雨 500 hPa 环流分型

(2)副热带高压（副高）控制型

副热带高压强盛，$H_{西安} \geqslant 588$ dagpm，蒙古—贝加尔湖附近有低涡（或低压），并常有强冷空气配合，500 hPa 高度场分布为北低南高，40°N 以北为东西向的强冷锋区（图 7.9b）。该形势下，陕西省关中、陕南受副热带高压控制，天气晴热，而陕北在其北部的冷锋南压东移影响下，出现较强的暴雨过程。

(3)西北气流型

贝加尔湖附近有低涡（或低压），河套以西为西北气流控制。亚洲区内，中低纬度气流平直（图 7.9c），在此类环流条件下，暴雨的产生均是贝加尔湖底部的冷空气在较强的 NW 气流引导下直接影响陕西省。这类暴雨具有更强的突发性和局地性，暴雨落区的随机性也较大。

7.3.1.3　700～850 hPa 环流特征

在对流层中低层的 700～850 hPa，普查突发性暴雨个例，通常表现为东高西低环流，即在河套地区南段的西安、汉中一带几乎均为低值区域(低压区)或有切变存在;切变较多地表现为东西向横切变,或东北—西南向切变,或“人”字形切变,均为暖式切变;有时还有风速切变,该类切变为横向切变,通常在南风气流带中存在;位于黄河中下游及陕西以东的山西、河南和湖北西北部为高值区域(高压区)。

分析对流层中低层流场及其变化,将突发性暴雨的前一日 08 时和当日 08 时次的风场比较,发现对于区域性突发性暴雨其特征比较统一,在四川盆地到陕西、安康、西安一带均为一致的偏南气流或偏西南气流,如图 7.10a 所示,且突发性暴雨当日 08 时 700 hPa 风场较前一时次明显加强,有时在风向相同时,风速甚至可以增加一倍多,达到低空急流标准。该低空偏南风急流北伸位置同突发性暴雨落区有很好的指示性,若偏南风急流北伸的位置偏北,则突发性暴雨落区偏北,否则相反。

对于突发性暴雨,不仅仅表现为低空偏南气流或偏西南气流,有时还表现为低空偏东风气流或东风急流(或东南气流或东南急流)。特别是当台风登陆后,变性热低压深入内陆,改变中纬度大气环流背景,使得副热带高压东退,导致西风槽向东移动,登陆台风外围的偏东气流与西风槽偏北气流交汇,为暴雨的产生创造有利的条件。若登陆台风外围的偏东气流到达陕西上空,同西风槽配合,就会给陕西带来直接影响,造成强降水。如 1994 年 8 月 5 日傍晚至 6 日凌晨,陕西中部出现一次大范围的突发性强雷暴天气过程,23 个站出现短时暴雨,19 个站出现短时大暴雨,2 个站出现短时特大暴雨(≥50 mm/h)。造成此次降水就是 9413 号台风在福建南部登陆,5 日 08 时台风低压向西北方向移动到达江西南部,20 时台风低压移到湖南中部。在 8 月 5 日 20 时的 700 hPa 图上,沿呼和浩特—延安—咸阳、汉中一线为一切变线,切变线西部为西北气流,切变线东南部受台风低压北部偏东气流影响,盛行偏东气流。来自登陆台风外围的偏东气流与偏北气流在陕西中部造成辐合。同样,在 850 hPa 图上,临河—银川—平凉—武都附近为一切变线,切变线东部为来自登陆台风外围的一般风速为 8～10 m/s 的偏东气流,切变线西部为西北气流。在切变线附近存在着强锋区,在横向距离不到 100 km 的范围内,温度相差 10 ℃,如图 7.10b 所示。

在对流层中低层的 700～850 hPa 图上,其流场除了上述两种情形外,有时表现为同时存在南风和偏东风急流,一支在 700 hPa,另一支在 850 hPa,两支急流在同一地点上空交汇,强降水就发生在两支低空急流轴线的左方或左前方。如 2002 年 6 月 8 日陕西佛坪和西安出现特大暴雨和大暴雨过程,在中低层就同时存在南风急流和东南风急流。8 日 20 时 700 hPa 图上,分别来自孟加拉湾的西南气流和来自南海的东南气流在湖北合并后一直吹向陕西,其中,恩施—安康—西安一线有一条风速为 12 m/s 的南风急流,水平尺度达 500 km。在 850 hPa 图上,东南气流控制了我国 100°E 以东的大部分地区,上海-蚌埠-郑州-西安一线有一条≥10 m/s 的东南大风带,其中郑州—西安达到急流标准,最大风速为 18 m/s。两支急流相会在西安地区,暴雨强中心佛坪和西安地区正好位于低空急流轴的左方和左前方。另外,在陕西的暴雨中,还发现一类低空急流是在 850～700 hPa 为偏北风急流或东北风急流,如图 7.10c 所示,只要在东北或偏北气流中有 1 站以上的测站出现了 12 m/s 及以上的风速,就算作为急流。如 1991 年 7 月 28 日、1992 年 8 月 12 日、2002 年 8 月 5 日发生在黄土高原中部、南部的区域性暴雨和强风暴,都是受低空偏北急流影响的典型例子。低空偏北急流影响下的暴雨通常都是突发性暴雨,它较西南急流产生的暴雨往往暴雨的强度大、持续时间短。东北急流或偏北急流的尺度(包括长度、宽度)比西南急流小得多,它是副热带高压(包括太平洋高压和青藏高压)北进到最北点所产生的一种特殊天气形势,这时脊线在 31°—35°N,低空东北急流常出现在 588 dagpm 线的下方。

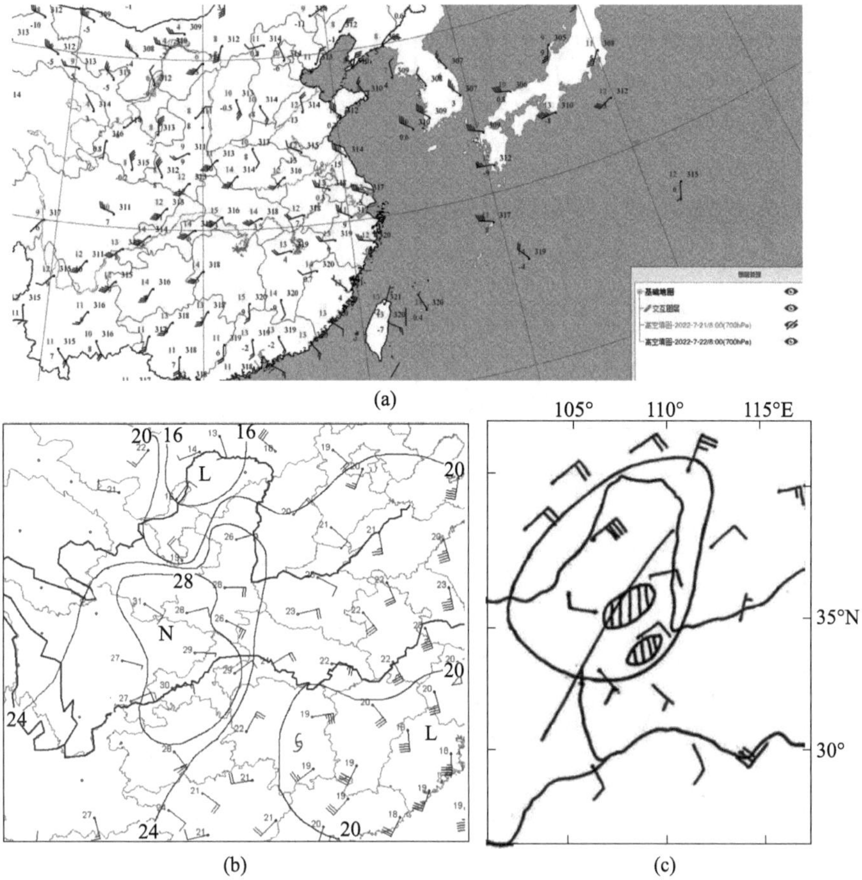

图 7.10　低空流场图

(a)2022 年 7 月 22 日 08 时 700 hPa 风矢量图(单位:m/s);(b)1994 年 8 月 5 日 20 时 850 hPa 环流形势图;(c)1992 年 8 月 11 日 20 时 850 hPa 风场。实线区为雨区,阴影区为暴雨区

7.3.2　高空中尺度流场特征

7.3.2.1　高空中尺度流场

利用 7.2.2.3 节介绍的中尺度分离分析技术发现,在青藏高原东北侧,突发性暴雨区上空 850～500 hPa 层,必定伴有中尺度流场辐合系统,中尺度流场辐合系统在水平结构上表现为两种类型:即涡旋型和辐合线型。中尺度辐合线型分纬向类(东西向)辐合线和经向类(南北向)辐合线。如图 7.11 所示,其中 a,b,c 图分别为涡旋型和纬向辐合线型、经向辐合线型,其水平尺度在几百千米,属 α 中尺度系统,有时甚至属 β 中尺度系统,较多的是辐合线型,涡旋型相对较少。中尺度流场辐合系统在垂直结构上主要表现在对流层中下层,即 500～850 hPa,其特征是:500 hPa 中尺度系统的水平尺度相对较大,多为辐合线型;700 hPa 的水平尺度相对较小,涡旋型、辐合线型出现的频率相当;850 hPa 的中尺度系统以涡旋型为主;850 hPa、700 hPa、500 hPa 三层中尺度系统随高度略向西北倾斜。影响高原东北侧突发性暴雨的中尺度系统一般出现在暴雨前数小时。中尺度系统随着暴雨的开始而增强,强降水结束后,中尺度系统也随着减弱消失,它的生命史约为几小时到 10 h 左右。

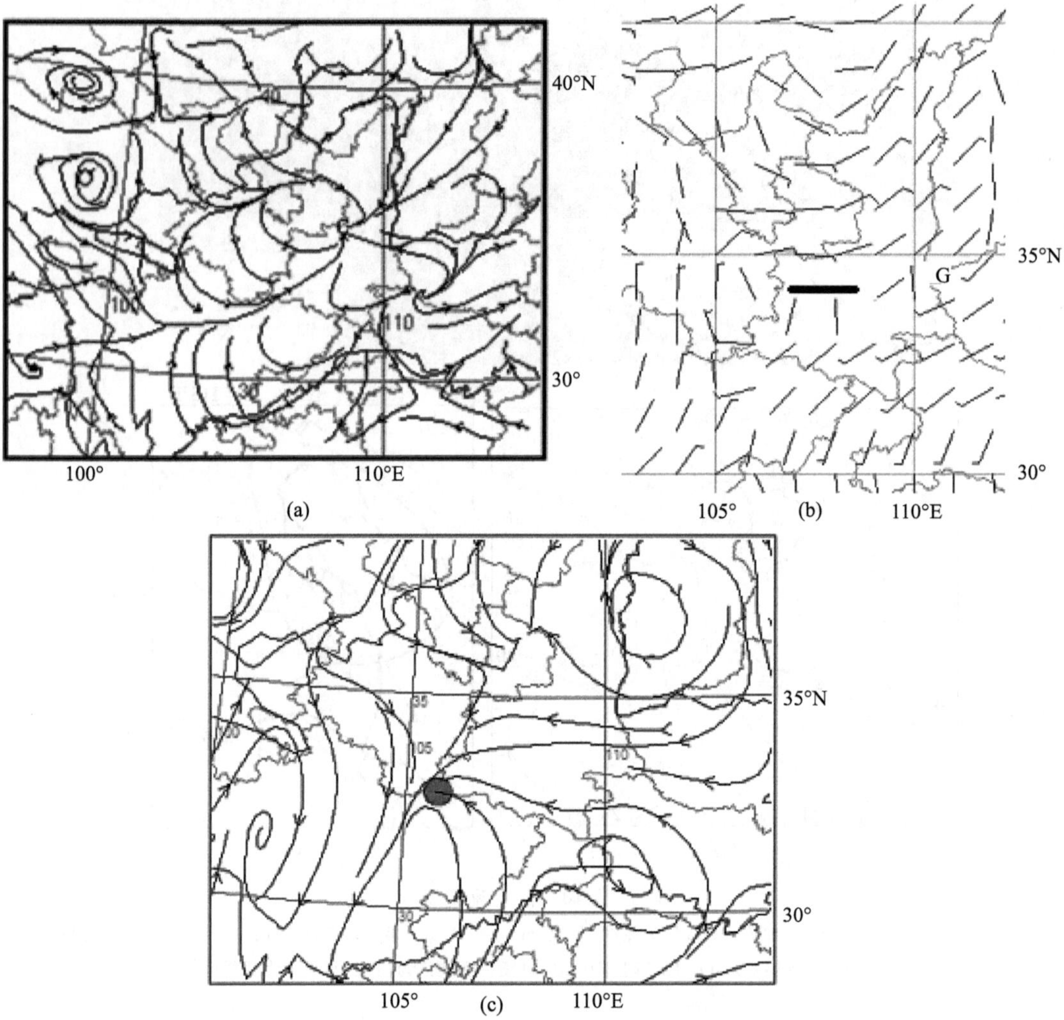

图 7.11 高空中尺度流场辐合系统

(a)2002 年 6 月 8 日 20 时 700 hPa 滤波流场;(b)1998 年 7 月 6 日 20 时 700 hPa 滤波流场(粗线为中尺度辐合线);(c)2003 年 7 月 15 日 08 时 700 hPa 滤波流场

突发性暴雨时,在 850～500 hPa 必定伴有中尺度系统,但实际分析中发现许多中尺度系统并无强降水配合。这说明高空中尺度系统是产生突发性暴雨的必要条件。中尺度系统是否会产生强降水与环境场状况相关。产生突发性暴雨的环境场,一是短时间内在低层建立水汽通道,向暴雨区输送大量水汽;二是暴雨区附近的强烈上升运动。充沛的水汽输送和强烈的上升运动使得暴雨区附近的上升气柱接近饱和,并发展到 300 hPa 层以上形成有组织的深湿对流,促进中尺度对流系统的发生发展。中尺度系统的成因相当复杂,就目前的研究结果认为:一是高原西南气流的增强有利于中尺度系统的产生和发展。这是因为通过实况流场分析发现,突发性暴雨临近发生时往往高原东北侧的 SW 气流明显加强并逐渐向未来强降雨区逼近,对应在这些区域出现中尺度复合系统。该西南气流具有高能高湿和强烈位势不稳定的特征,加上高原西南气流轴右侧强烈的上升运动,为暴雨的形成和维护提供了有利的水汽和动力条件,同时也激发和促进了中小尺度对流系统异常活跃。二是西北地区东部低涡(700 hPa 低涡)诱发中尺度系统的生成。这是因为在突发性暴雨的大部分个例中均有西北地区东部低涡配合,中尺度系统一般出现在低涡前部(偏东部)。西北地区东部低涡形成的中、低层辐合区和高层强烈辐散区的叠加,提供了深对流发展的条件,诱发中尺度系统生成和维持。

7.3.2.2　中尺度急流次级环流

如 7.3.1 节所述,发生在青藏高原东北侧的突发性暴雨,通常在 200～300 hPa 层有一支高空西风急流;在 700～850 hPa 通常有低空急流,低空急流表现为 4 种类型,即南风急流(或西南风急流)、东风急流(或东南风急流)、北风急流(或东北风急流)、南风急流(700 hPa)和东风急流(850 hPa)。突发性暴雨发生在高空急流入口区右侧和低空急流轴左前方或左侧。由于高空急流入口区的右侧为正涡度平流和辐散区,左侧为负涡度平流和辐合区,因此,垂直于急流轴线的次级环流是高空急流入口区的右侧为上升运动,左侧为下沉运动;低空急流轴的左前方是正切变涡度区,右侧是负切变涡度区,因此,垂直于急流轴线的次级环流是低空急流轴左侧为上升运动,右侧为下沉运动。当高空急流与低空急流耦合时,高空急流入口区的右侧次级环流上升支同低空急流左侧次级环流上升支重叠,便产生强烈的次级环流上升运动。同时低空急流造成暖湿空气输送,高空急流造成干冷空气平流,两个重叠后又加强了大气潜在不稳定,而且高低空急流耦合产生的次级环流上升支将触发潜在不稳定能量的释放,产生更强的上升运动,从而造成强降水发生。次级环流受中纬度高、低空环流形势制约,当环流稳定时,次级环流稳定少动;特别是当高低空急流明显,上下配置合适,耦合后即产生次级环流,这对强降水预报具有明确的指示意义。下面给出三种不同的高低空急流耦合产生的次级环流。

(1)高空西风急流与低空南风急流耦合

2003 年 7 月 30 日陕西北部府谷出现突发性大暴雨天气,6 h 总降雨量为 121.4 mm。在 7 月 29 日 20 时的 700 hPa 图上,从云贵高原到内蒙古中部维持一条速度为 10～14 m/s,尺度为上千千米的低空急流,府谷正好处在低空急流轴左前方。在 200 hPa 图上,沿甘肃西北部—蒙古中部—辽宁有一条风速 36～40 m/s 的高空急流,高空急流呈反气旋旋转,陕西位于高空急流反气旋一侧,陕北府谷位于高空急流入口区右侧,如图 7.12a 所示。沿 39°N 取垂直速度剖面图,在 700hPa 急流轴前部东西两侧存在着次级环流:700 hPa 急流轴左前侧(105°—113°E)为次级环流的上升支,最大上升速度在 400 hPa,量值为 -6×10^{-3} hPa/s;急流轴右前侧(113°—120°E)为次级环流的下沉气流,最大下沉速度也在 400 hPa,量值为 4×10^{-3} hPa/s,如图 7.12b 所示。

(2)高空西风急流与低空北风急流耦合

2002 年 8 月 5 日自陕北至关中西部先后发生突发强对流风暴天气,有 16 个站出现短时暴雨(10 mm/h),1 个站出现短时特大暴雨(≥50 mm/h)。在 8 月 5 日 08 时的 850 hPa 图上,从蒙古中部至银川有一东北低空急流,风速为 12 m/s,出现在对流风暴区的上游,尺度约为 1000 km。陕西中北部处在东北低空急流出口区的左前方。在 300 hPa 图上,从内蒙古西部至东北南部有一个宽广的急流区,水平尺度约为 2000 km,宽度为 400 km,最大风速 42 m/s,陕西处在高空急流入口区的右后侧,如图 7.12c 所示。沿 110°E 取垂直速度剖面图,在 300 hPa 急流轴(42°N)入口区两侧存在着次级环流:高空急流入口区右侧为一上升气流,在 34°—41°N 之间,与 850 hPa 急流轴左侧的上升气流重合,最大速度在 400 hPa 附近,为 -6×10^{-3} hPa/s;高空急流入口区左侧为一下沉气流,在 42°—47°N 之间,最大速度在 300 hPa 附近,为 14×10^{-3} hPa/s,如图 7.12d 所示。

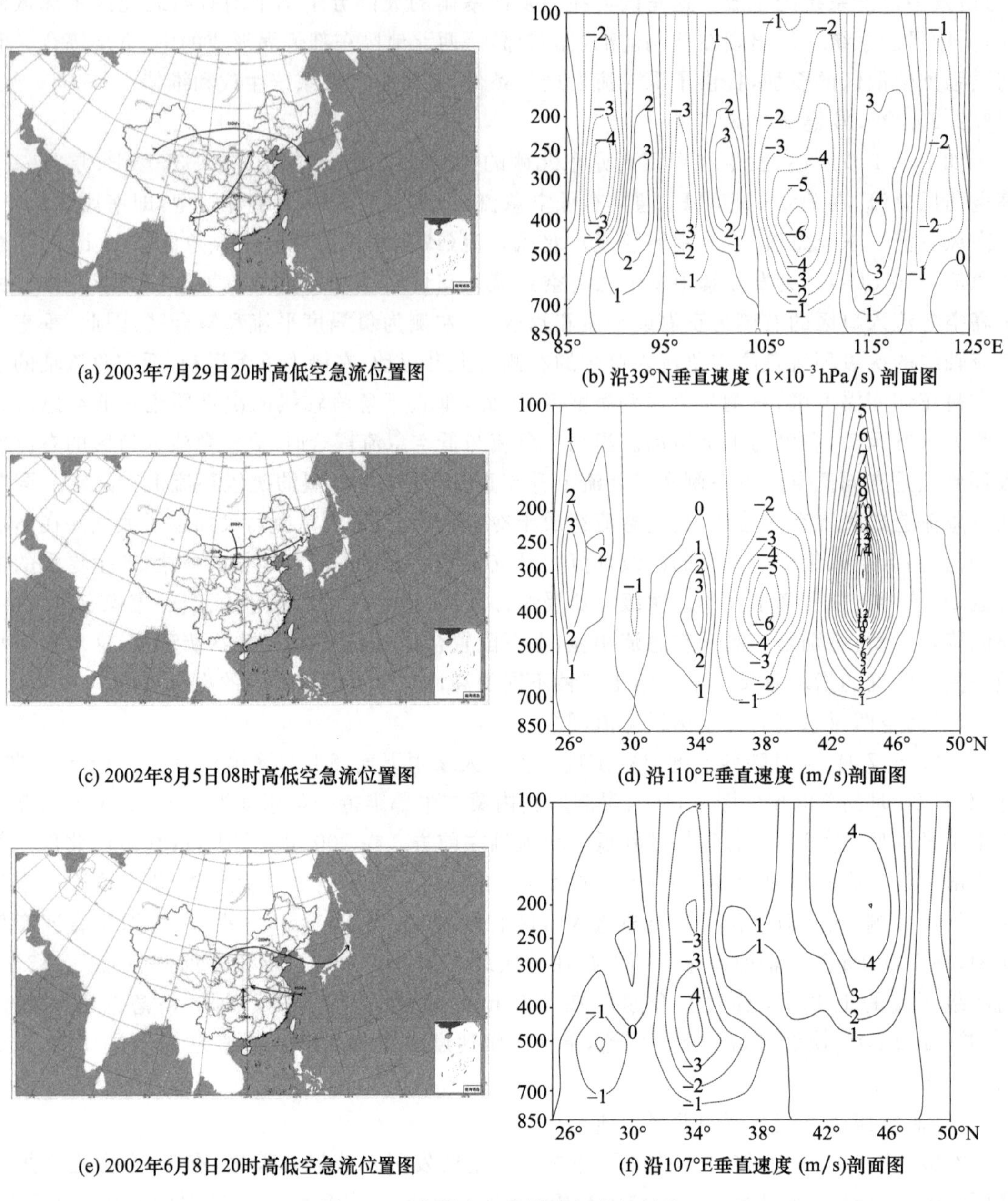

(a) 2003年7月29日20时高低空急流位置图

(b) 沿39°N垂直速度 (1×10^{-3} hPa/s) 剖面图

(c) 2002年8月5日08时高低空急流位置图

(d) 沿110°E垂直速度 (m/s)剖面图

(e) 2002年6月8日20时高低空急流位置图

(f) 沿107°E垂直速度 (m/s)剖面图

图 7.12 高低空急流耦合与次级环流

(3)高空西风急流与低空南风急流和东风急流耦合

2002 年 6 月 8 日，陕西境内出现大范围暴雨天气，有 33 个县 24 h 雨量达到暴雨，其中 4 个县达大暴雨，降雨中心佛坪达特大暴雨(24 h 降雨 210 mm)。在 6 月 8 日 20 时的 200 hPa 高空急流位于酒泉—呼和浩特—北京—汉城—东京一线，水平尺度约 4000 km；700 hPa 南风急流水平尺度约 500 km；850 hPa 东风急流水平尺度约为 1500 km，如图 7.12e 所示。沿 107°E 取垂直速度剖面图，在 200 hPa 高空急流轴(40°N)入口区南北两侧存在着次级环流：在 31°—37°N 之间为上升气流区，最大上升速度位于 400～500 hPa，达到 -4×10^{-3} hPa/s；在 41°—47°N 之间为下沉气流区，在 400 hPa 以上最大下降速度为 4×10^{-3} hPa/s，如图 7.12f 所示。

7.3.3　物理量场特征

利用 7.2.2 节介绍的动力学诊断分析技术，分析青藏高原东北侧突发性暴雨，发现突发性暴雨各种物理量分布同一般性暴雨（或系统性暴雨）相比，有其特殊性，在实际预报业务中，应根据这种特殊性，结合其他分析技术，做好突发性暴雨的监测预警服务。

7.3.3.1　动力场特征

这里主要给出突发性暴雨时涡度、散度、垂直速度的特征。

（1）涡度

分析突发性暴雨个例发现：对于降雨历时短且强度大的暴雨（单峰陡型）降水前，中到低层通常为正涡度，正涡度可伸展到 500 hPa 左右，表明气旋明显深厚而且范围广，强度大，高层为负涡度即为反气旋；在临近降水时，气旋明显增强，或维持原状变化不大；降水减弱时，气旋会减弱东移。对于降雨历时稍长且强度略小的暴雨（单峰缓型），降水前，中低层为正涡度，正涡度一般伸展到 700 hPa 左右，表明气旋不是很深厚，强度也明显不如上一类，高层为负涡度，即为反气旋；在临近降水时，气旋仍维持，即涡度变化不大，甚至减弱；降水减弱时，气旋明显减弱东移，也有突发性暴雨正涡度区非常浅薄，仅在 850 hPa 以下，在雨区上游 700 hPa 以上整层为负涡度区，即反气旋运动，如 1994 年 8 月 5 日突发性强雷暴就是典型的个例。也有突发性暴雨个例并不遵循一般暴雨时的低层为正涡度，高层为负涡度的规律，而是表现为高层、低层为负涡度、中高层为正涡度。

（2）散度

突发性暴雨时，散度场表现为雨区附近低层辐合迅速加强或由弱辐散迅速转为辐合，而高层则由辐合转为辐散或辐散明显加强。分析暴雨区散度的垂直廓线发现：最大辐合层在 700～500 hPa；最大辐散层在 200 hPa 附近；无辐散层大约在 400～300 hPa 附近。突发性暴雨强度愈大，则最大辐合层、最大辐散层和无辐散层高度愈高。同一般性暴雨比较，辐合、辐散的量值明显大，无辐散层高度明显高。

分析还发现：暴雨发生前，关键区主要表现为辐散或弱的辐合，暴雨临近时，雨区附近低层出现辐合区，暴雨开始时，低层辐合强度加强，辐合层高度升高，暴雨后期，辐合辐散作用明显减弱。分析暴雨区散度的垂直廓线，发现突发性暴雨时另一种散度的垂直分布结构，即随着高度升高，呈现辐合—辐散—辐合—辐散的双重结构，这不同于上一类低层辐合，高层辐散的单一结构。如 1998 年 7 月 6 日突发性暴雨个例，700 hPa 以下为辐合，最大辐合层在 850～900 hPa，700～300 hPa 为辐散，最大辐散层在 400 hPa，300～150 hPa 为辐合，最大辐合层在 250 hPa，150 hPa 以上为辐散。又如 2002 年 6 月 8 日突发性暴雨个例，600 hPa 以下为中尺度辐合区，辐合中心的散度 $D<-3\times10^{-5}\,s^{-1}$，600～400 hPa 为弱辐散，400～250 hPa 为辐合区，中心值 $D<-4\times10^{-5}\,s^{-1}$，200 hPa 以上为辐散区，中心值 $D>2\times10^{-5}\,s^{-1}$。

（3）垂直速度

分析突发性暴雨降水时段前后垂直速度的演变发现，同散度场一样同样存在迅速转变过程，只是到了临近降水时刻上升运动才逐渐发展起来。在降水时，整层均为上升运动，最大上升速度的高度在 400～300 hPa 附近，这同无辐散层高度是对应的。如图 7.13 所示。同一般性暴雨比较，突发性暴雨上升运动场的水平尺度明显要小，最大上升速度的高度明显要高，上升速度的量值要大。另外,比较不同地域,出现在关中、陕北的突发性暴雨比陕南的突发性暴雨上升速度要大,要强烈,最大上升速度的高度要高,但水平尺度的范围要小,这也从另一个角度解释为什么愈往南部愈多出现区域性突发性暴雨,愈往北愈多出现局地性大暴雨的缘故。

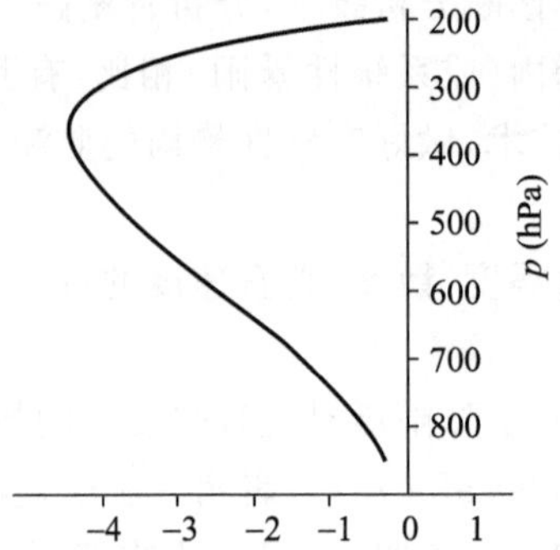

图 7.13　1987 年 5 月 31 日 08 时 ω 垂直分布图
(单位:$\times10^{-3}$hPa/s)

7.3.3.2　湿度场特征

这里主要给出突发性暴雨时比湿、水汽通量、水汽通量散度的特征。

(1)比湿

一般性暴雨通常在降雨前,在雨区附近 850～500 hPa 层有湿舌,湿层深厚。但突发性暴雨时大气中水汽含量较为复杂,一种情况是在降雨前,雨区有湿舌分布,比湿量值较一般性暴雨要大;另一种情况是在突发性暴雨发生的前一时次没有明显湿舌存在,只是在临近降水时,暴雨区附近低层存在一个突然的增湿过程,或暴雨区西侧或东侧的湿舌快速移入暴雨区,并同低空急流水汽输送带重叠。同一般性暴雨比较,突发性暴雨的湿层相对浅薄,但比湿量值要大。

(2)水汽通量

突发性暴雨水汽通道同一般性暴雨的水汽通道类似,主要有三条:一条是来自孟加拉湾印度洋的水汽越过青藏高原经青藏高原东侧到陕西暴雨区,表现为西南风,主要在 600～400 hPa 层;第二条是来自南海的水汽,经广东、湖南、湖北到陕西,或经广东、云贵、四川到陕西,表现为南风或西南风,主要在 700 hPa 层以下;第三条是来自于东海的水汽,经山东或江苏、河南到陕西,表现为东风或东南风,主要在 700 hPa 层以下,有时在 850 hPa。实际水汽输送形式有以下 3 种:①600～400 hPa 西南风,输送印度洋水汽,700 hPa 层以下南风或西南风输送来自南海的水汽,这种情况比较多;②600～400 hPa 西南风,输送印度洋水汽,700 hPa 层以下东风或东南风输送东海的水汽;③600～400 hPa 西南风,输送印度洋水汽,700 hPa 层南风输送南海水汽,850 hPa 层东风或东南风输送东海的水汽。

水汽输送主要在低层,首先是在 700 hPa,其次是 850 hPa,然后是 500 hPa,500 hPa、700 hPa、850 hPa 三层水汽输送的比例为 2∶5∶3,这里 700 hPa 为水汽通量的最大值,但也有突发性暴雨水汽通量的最大值在 850 hPa。同一般性暴雨比较,突发性暴雨单位时间内水汽输送量大且持续时间较短,水汽输送的气层相对浅薄。

(3)水汽通量散度

除了有充足的水汽输送,使大气有充沛的水汽含量,还必须有强烈的水汽辐合,才能造成强降水。分析突发性暴雨发现,水汽辐合都在临近暴雨时出现并迅速加强,这同一般性暴雨类似,但不同的是水汽通量值要大，在暴雨区附近常有闭合的水汽辐合中心。水汽辐合表现在 500 hPa 层以下，最大水汽辐合在 850 hPa 层，但也有突发性暴雨个例最大水汽辐合在 700 hPa 层。图 7.14 是临近暴雨时水汽通量散度实例。

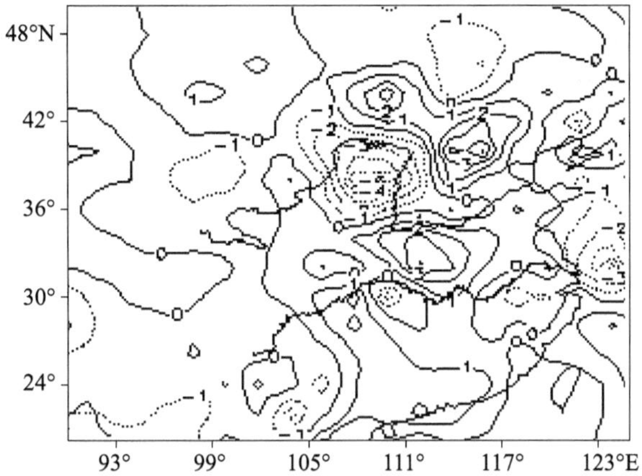

图 7.14　2003 年 7 月 29 日 20 时 850 hPa 水汽通量散度

（$\times10^{-7}$ g/(cm^2 · hPa · s)）

7.3.3.3　能量场特征

用假相当位温表征能量场，分析各等压面 θ_{se} 分布图发现，突发性暴雨发生前一个时次或临近时，θ_{se} 分布同一般性暴雨类似，表现为两种情况：一是大气对流层低层呈典型的 Ω 型分布，特别是 850 hPa 等压面上有时伸展到 500 hPa，但随高度向西北倾斜，来自西北和东北的两股冷空气的夹挤，造成高能轴两侧低能，高能轴线呈西南—东北走向，有较强的能量锋区，雨区就落在高能轴西侧 θ_{se} 锋区附近。这是比较常见的情形。二是不呈 Ω 型分布，但有强能量锋区，$\Delta\theta_{se}$ 达 30～45 ℃，能级高甚至达 110 ℃以上，突发性雷暴及雨区落在锋区附近。

从突发性暴雨时能量锋区伸展高度来看，同一般性暴雨有明显差别，突发性暴雨的锋区比较浅薄，锋区伸展高度在 500 hPa 以下，锋区相对强，能级大，但一般性暴雨能量锋区比较深厚，锋区伸展高度可达 400 hPa，锋区相对弱，能级小，如图 7.15 所示。另外，比较热力结构，突发性暴雨不稳定能量明显偏多，主要聚集在中高层；但一般性暴雨不稳定能量聚集相对较少，主要聚集在中低层，如图 7.16 所示。

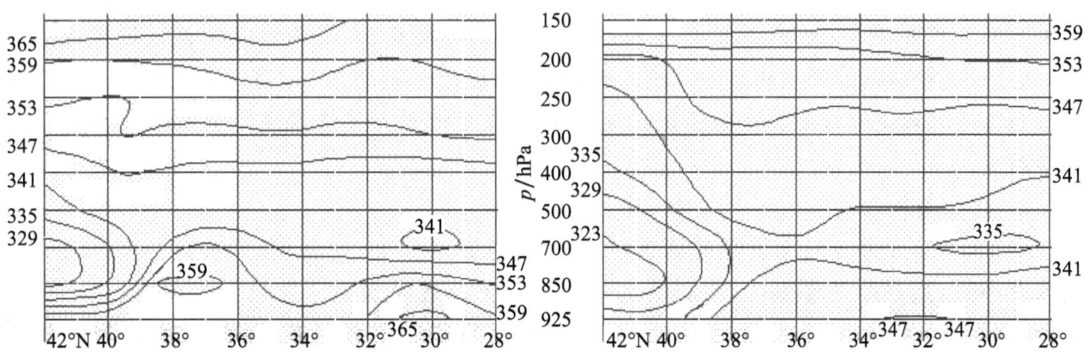

(a) 2002年7月12日20:00突发性暴雨　　(b) 2001年8月18日08:00系统性暴雨

图 7.15　假相当位温 110°E 垂直剖面图（单位：K）

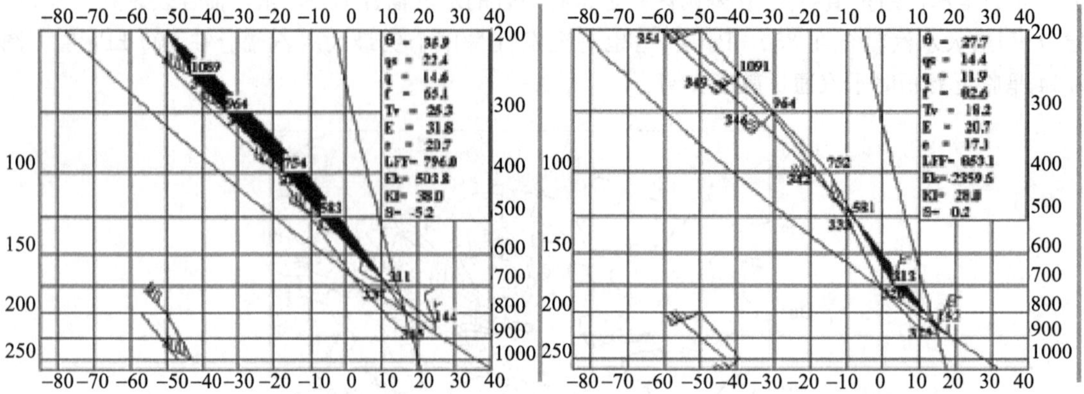

(a) 2001年8月15日突发性暴雨　　(b) 2001年8月18日系统性暴雨

图 7.16　暴雨前 1 h 热力配置图

7.3.3.4　稳定度特征

突发性暴雨发生前往往表现为强烈的位势不稳定,有 $\Delta\theta_{se(500-850)}\ll 0$,量值达－15～－10 ℃,表现为不稳定能量的充分聚集,如图 7.16a 所示。这同一般性暴雨是不同的。另外,通常在 500 hPa 以上有很强的干冷平流,850～700 hPa 有很强的暖湿平流,该暖湿平流同低空急流相对应,两股不同属性的平流上下叠置,形成更强的位势不稳定区。

7.3.4　地面能量场特征

7.3.4.1　α 中尺度 Ω 系统

利用 7.2.1 节介绍的地面能量天气图分析技术,分析了 3 个陕北突发性暴雨个例和 4 个关中突发性暴雨个例,发现降水落区和地面能量场分布特点具有相同的特征:地面能量场上表现为 Ω 系统,其中高能轴代表了高温高湿且不稳定的暖湿气团,其两侧的两股低能轴代表了干冷气团,这两股干冷气团夹挤暖湿气团,形成不同属性气团的激烈交汇,雨区就落在高能轴附近。其中陕北突发性暴雨地面能量场 Ω 系统具有 200～300 km 的空间尺度,其发生、发展到消亡的生命史在 10～15 h 左右;关中突发性暴雨地面能量场 Ω 系统具有 250～450 km 的空间尺度,比陕北突发性暴雨的 Ω 系统空间尺要大些,其发生、发展到消亡的时间尺度也在 10～15 h 左右。可见,突发性暴雨地面能量场 Ω 系统是一种典型的 α 中尺度系统。地面能量场 α 中尺度 Ω 系统的发生、发展,取决于地面冷、暖气团的相互运动,暴雨就发生在其发展强盛时期。之后,随着能量的释放和暖湿气团的减弱,Ω 系统趋于减弱消失,暴雨随之结束。这里暖湿气团往往起着主导作用。地面能量场 α 中尺度 Ω 系统对突发性暴雨的监测预警具有很好的指示性。

(1)陕北突发性暴雨地面能量场 α 中尺度 Ω 系统

以 1993 年 8 月 3 日突发性暴雨为例,此次降水从 3 日 21 时开始,到次日 06 时结束,持续 9 个小时,造成 8 站暴雨,且中心值达 96 mm。分析逐时次地面能量天气图,发现对应在地面能量天气图上,表现为中尺度 Ω 系统的发生、发展和消亡过程:从降水的发展过程来看,大体可以认为 8 月 3 日 20 时前为中尺度 Ω 系统的发生发展阶段。在 3 日 02 时,暖区从陕南沿秦岭北侵到整个关中,其前锋已到陕北南部的宜君附近,地面能量比中心值为 1.75。

与其对峙的是陕北大部为干冷气团控制，其前锋南侵到黄龙、韩城一带，其中心值为 1.06。08 时，暖区增强并继续北抬，到了 14 时，这股暖湿气团迅速发展，使整个关中形成了中心值达 1.90 的高能区，同时，在陕北东部沿黄河形成一高能带并北伸到延川、子洲、横山，南与关中高能区打通，形成一高能轴。与此同时，在子洲至横山的高能比轴两侧，有弱冷空气东南侵并夹挤中间暖湿空气，形成 Ω 系统之势。在 20 时，陕北北部冷空气南压，使能量比梯度明显加大，同时由于河套西北部有低能区产生，使原高能比轴同关中高能区断开，在陕北北部形成了明显的 Ω 系统。此时高能比轴位于延长、子长一线，西侧低能比轴位于洛川至志丹一线，东侧低能比轴位于清涧至子洲一线，该 Ω 系统呈西北—东南走向，空间尺度约为 200～300 km，如图 7.17a 所示。仅过了一个小时，即 21 时，降水随即开始。从发展过程来看，3 日 20 时左右应是该 Ω 系统发展最强的代表时刻，这时的能量积聚最充分，能量比梯度最大，Ω 系统最明显，降水落区与 Ω 系统的高能区相吻合，暴雨落区位于高能轴线附近，如图 7.17a 中阴影区所示。大约在 4 日凌晨左右，该暴雨系统的天气背景开始发生变化，河套西北部的冷空气东南侵，迫使暖湿空气东南退缩，并逐步取代暖湿空气在陕南西部和关中的统治地位，最后使暖区整体移出陕西境内。与此同时，原在陕北北部强盛的 Ω 系统，由于没有新的暖湿气团的支援补充，加之河套西北部强大干冷气团的侵入，等能量比线逐渐变直，Ω 系统缓慢消失，突发性暴雨过程在 4 日 06 时随即停止。在 4 日 08 时的地面能量天气图上，Ω 系统分布不明显了。由此可见，中尺度 Ω 系统从发生、发展至消亡，大约有 10～15 h 左右的生命史，暴雨发生在它的强盛时期。

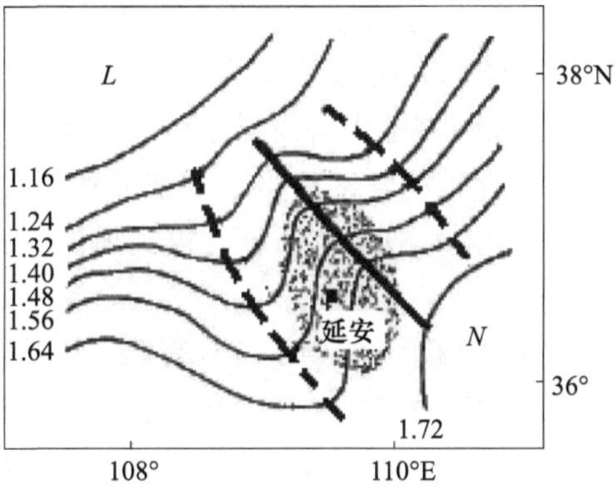

(a) 1993年8月3日20时

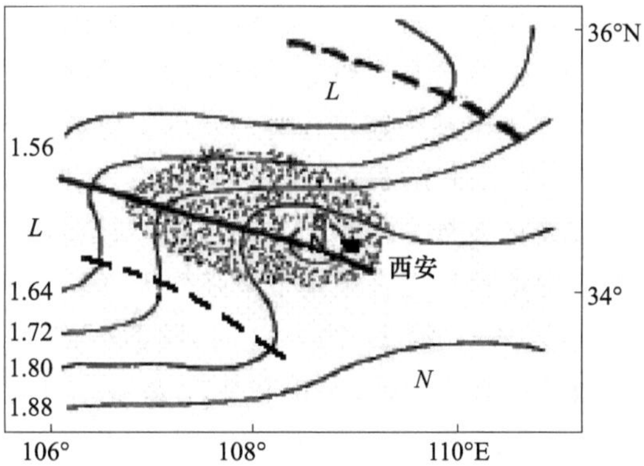

(b) 1992年8月11日20时

图 7.17　地面能量天气图(阴影表示暴雨落区)

(2)关中突发性暴雨地面能量场 α 中尺度 Ω 系统

以 1992 年 8 月 11 日突发性暴雨为例，此次降水过程在关中西部到中部造成 20 站暴雨，且中心雨量达 135 mm 的大暴雨。分析逐时次地面能量天气图，发现在 8 月 11 日 02 时，陕南暖湿气团呈东南—西北走向，伸向关中西北部；在其西南部为冷气团，在其另一侧为较强的干冷气团自西北方向伸向东南，直插关中东部。08 时，地面能量场发生较大变化，整个陕西南部能量急剧增加，并向关中伸展，能量比梯度明显加大。到了 20 时，关中能量积聚到最大，中心值达到 1.99，同时能量比梯度继续加大，呈现出分布独特的 Ω 系统，其高能比轴呈东南—西北走向，两侧低能比轴也呈东—西走向，空间尺度约为 250～450 km。随后不久降水开始，暴雨落区位于 Ω 系统的高能比轴附近，如图 7.17b 所示。降雨开始后，Ω

系统北侧低能比轴所对应的干冷空气明显加强南侵,挤压暖湿空气南退,到了 12 日 08 时,高能比轴已由东西向逐渐变为南北向,由于暖湿空气逐渐减弱,不能补充高能区,Ω 系统缓慢减弱,降水随即结束。可见中尺度 Ω 系统从发生、发展到消亡,大约经历了 10～15 h 左右的生命史。

7.3.4.2 高能量锋

在地面能量天气图的实际应用中发现,除了 α 中尺度 Ω 系统同突发性暴雨有密切的关系外,高能量锋也会带来强降水。所谓高能量锋是等能量比线密集的地区,由近地面能量比的定义可知,等能量比密集的地区不仅能反映水平温度梯度大小,而对湿度的水平差异更为敏感。因此,高能量锋也是位势不稳定能量和斜压不稳定能量集中的区域。高能量锋易发生在关中、陕南区域,其水平尺度为 100～300 km,时间尺度在几小时到 10 h 左右,仍属 α 中尺度系统。强降水就发生在能量锋区附近。

7.3.5 地面流场特征

利用 7.2.1 节介绍的地面流场天气图分析技术,分析了各个突发性暴雨对应在地面的风矢量场,发现,突发性暴雨发生时,强降水落区对应在地面上,存在两类中尺度辐合系统:一类是中尺度气旋或中尺度辐合点(汇);另一类是中尺度辐合线,辐合线分为纬向型和经向型两种。中尺度辐合系统水平尺度几十～几百千米,生命史在几小时至 10 h 左右。可见突发性暴雨地面流场中尺度辐合系统是一种典型的 β 中尺度系统。地面流场 β 中尺度辐合系统通常发生在强降水出现前数小时,其移动、发展和消亡同暴雨的落区、强度及结束密切相关,它对突发性暴雨的监测预警具有较好的指示性。地面 β 中尺度系统的发生和演变不是孤立的现象,它通常与高空天气系统紧密相关;高、低空急流耦合产生的次级环流上升支可以引起地面中尺度气旋活动,并出现中尺度气旋核族现象;这些 β 中尺度辐合系统常常给当地带来强烈天气。β 中尺度系统的发展并不平衡,有时强,有时弱,通常由山区移入平原地区容易得到加强。下面给出地面 β 中尺度辐合系统带来强烈天气的实例。

1994 年 6 月 28 日 16—23 时,陕西中部平原地区出现了一次历时 7 h,行程 170 km 的强风暴天气,带来大风、冰雹和短时暴雨。此次过程历时时间长,天气变化剧烈,风暴强度大,路径自北向南,局地性强。分析 6 月 28 日 14—24 时每一小时地面流场天气图,如图 7.18 所示,可以看出,6 月 28 日 15 时(图略),陕西中部有一中尺度辐合线,辐合线在长安、兴平、长武一线,呈东南—西北走向。辐合线以东为偏东气流,以西为西北气流。16 时(图略),在礼泉、武功之间出现一个中尺度气旋,辐合线北段东移,南段稳定少动,呈"L"形。17 时,在辐合线上出现三个中气旋:Ⅰ、Ⅱ、Ⅲ。彼此靠得很近。对照地面天气,中气旋Ⅰ造成兴平阵雨天气,中气旋Ⅱ造成礼泉强风暴天气;中气旋Ⅲ造成咸阳强雷雨天气。18 时,辐合线仍呈"L"形,中气旋Ⅰ、Ⅱ合并,中气旋Ⅲ加强,造成泾阳强雷暴天气。中气旋Ⅰ、Ⅱ合并后逐渐减弱。20 时,中气旋Ⅲ发展成直径为 100 km 左右的涡旋,在其内部有两个核。位于铜川的小涡旋造成局地特大暴雨天气。出现中气旋核族在陕西并不多见。21 时,中气旋Ⅲ向东北方向移动,位于澄城、黄龙之间,此时虽然中气旋尺度减小,但强度却增大,给澄城北部造成巨大灾害。22 时,中气旋Ⅲ向北移动,所到之处均给当地带来灾害。23 时(图略),中气旋Ⅲ受山地地形影响减弱,强天气逐渐结束。

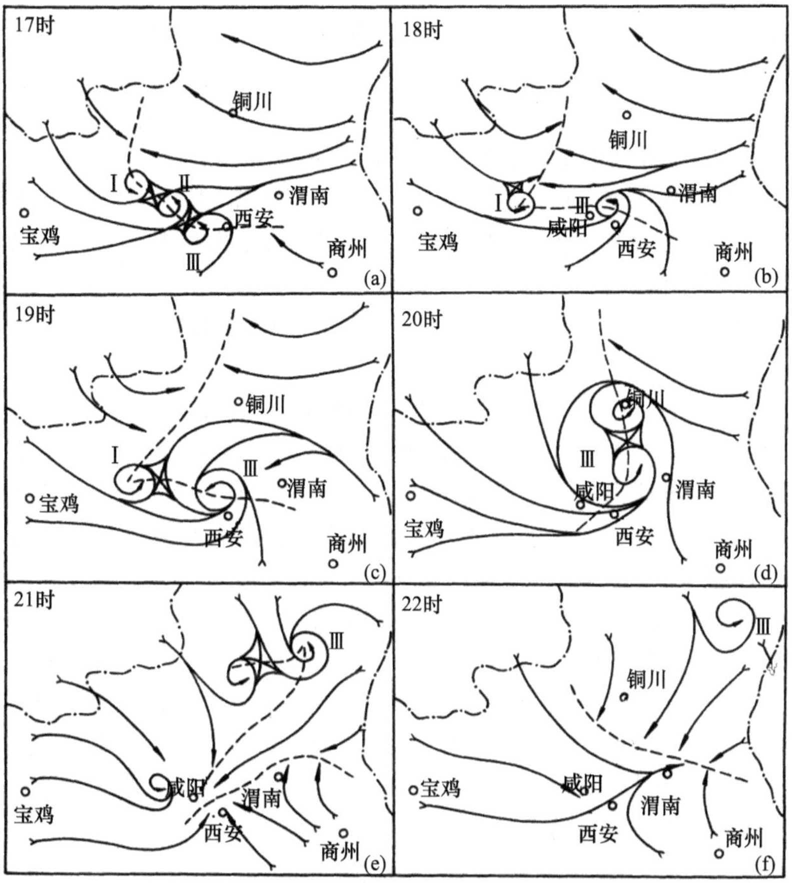

图 7.18　1994 年 6 月 28 日 17—22 时地面流场图

7.3.6　中尺度对流系统云图特征

7.3.6.1　β 中尺度对流系统(MβCSs)

利用 7.2.4 节中介绍的卫星云图分析技术，发现：在青藏高原东北侧，当有突发性暴雨时，特别是对于历时较短的突发性暴雨，往往有云团相伴，该云团通常先由若干个小对流单体合并而成，多呈椭圆状，水平尺度在几十千米到 100 km 左右，它经历发展、成熟、消亡三个阶段，生命史约 3～8 h 左右，是典型的 β 中尺度对流系统，亦即(MβCSs)。它的云顶温度低于－50 ℃，强降水就出现在 MβCSs 的成熟期，随着对流云团的减弱消散，降水也随之减弱结束。对于范围较大的突发性暴雨，中尺度云团多为 200 km 以上，或几个中尺度云团交替出现，因此，β 中尺度对流系统(MβCSs)是造成局地暴雨、大暴雨、甚至是特大暴雨的直接天气系统。

青藏高原东北侧的 MβCSs 多数生成于傍晚到前半夜，加强、成熟在后半夜 02－05 时左右。这不是孤立的系统，它有自己独特的环境场特征，不论在高空、地面、在动力学上有其特殊的规律。分析发现对流层低层辐合、高层强辐散是 MβCSs 垂直结构的重要特征之一。通过“2002·6·8”特大暴雨分析，发现了另一种 MβCSs 散度场的双重结构，即暴雨前几小时从对流层低层到高层散度垂直分布存在辐合—辐散—再辐合—再辐散的双重结构，而不是低层辐合,高层辐散的简单形式。

发生在青藏高原东北侧的β中尺度对流系统MβCSs可分为两类。

(1)冷锋前β中尺度对流系统

冷锋前β中尺度对流系统发生概率较高,在整个β中尺度对流系统中占较大比例。它通常生成、发生在冷锋云系的前部,呈南北向带状分布,先由若干个小的对流单体合并而成,与冷锋相伴而行,随着冷锋向东移动而加强。它经历发展、成熟、消亡三个阶段,其生命史约在6 h左右,最大最强的降水出现在MβCSs成熟期。它造成的降水面积大,再加上突发性强、降水集中、历时短,所以容易引起严重灾害。

例如,20020608,20030715,20040629都是冷锋前MβCSs的典型个例。这里以20020608为例。

在2002年6月8日08时红外云图上,西路冷锋云系位于100°E以西,北路冷锋云带已南压到陕北,造成陕北的降雨天气。另外暖区内四川东部到陕西西南部也有零散的对流云图活动,由于此时西路冷空气距离较远,大降水的条件尚不成熟,所以8日白天陕西南部虽有降水,但降雨较弱、持续时间短暂。8日20时西路冷锋云系的前沿已到达104°E附近,此时从四川东部到陕西中部形成一条东北—西南向的带状云带,它是有组织的中尺度对流系统(MSS)。在这条云带中,分布排列着若干个中小尺度对流体,这就是MβCSs形成初期。之后,MβCSs逐渐发展成熟,到8日22时陕南西部形成一个水平尺度为40km左右的MβCSs。此后MβCSs缓慢东移,在东移中强度增强、范围略有扩大。到9日00时MβCSs已进入陕南中部,并发展到最强,如图7.19所示。到9日05时,西路冷锋云带东移到陕南中西部,锋前有组织的MβCSs云带逐渐减弱消失并与冷锋云系合并,雨区也随之东移。对比地面观测资料,正是这个有组织的MβCSs形成和维持才酿成了该区域的特大暴雨。

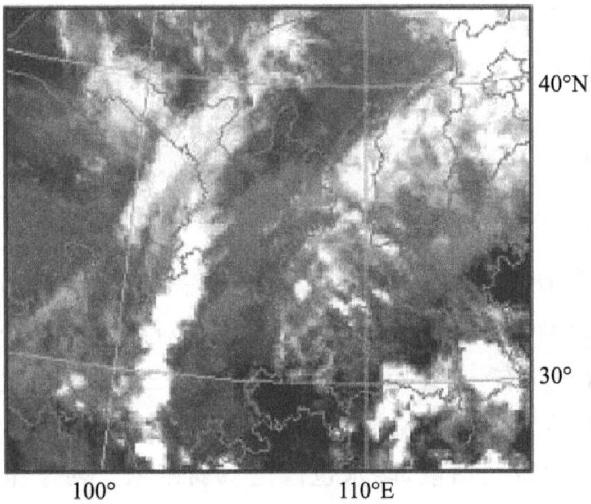

(a) 2002年6月8日20:00GMS-5红外云图

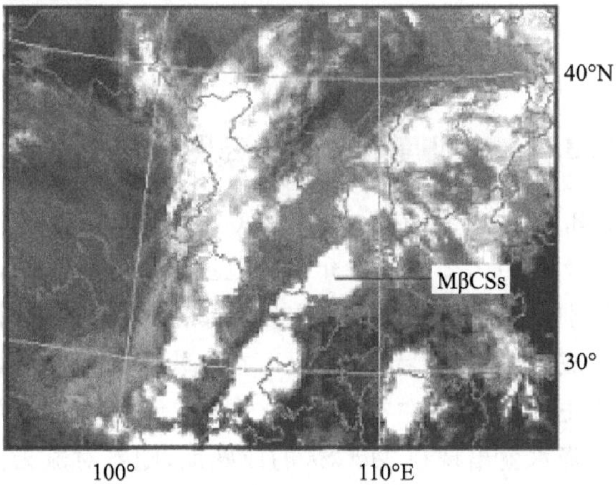

(b) 2002年6月9日00:00GMS-5红外云图

图7.19 冷锋前MβCSs

(2)局地β中尺度对流系统

所谓局地β中尺度对流系统是指在突发性暴雨落区附近,没有系统性云带配合,但在有利的大尺度环流背景下,由于局地热力、能量和动力条件的共同作用,在较短的时间内,在雨区上空生成,发展成β中尺度对流系统,同样具有发展、成熟、消亡三个阶段,其生命史<6 h,强降

水出现在其发展成熟期，具有对流高度高、尺度小、雨强大、短历时且更具突发性等特点，因此造成的危害也更严重。局地 β 中尺度对流系统在实际中有两种情形：一是西风带冷槽位置偏西且强度偏弱，对应的冷锋云系不太明显，但在副热带高压前部，西南气流的控制区中，因有充沛的水汽和有利的热力和动力条件相配合，容易生成发展成对流云团，加上有弱冷空气交汇，便带来大暴雨天气。二是台风外围 β 中尺度对流系统，如 2002 年 7 月 4—5 日，陕北子长县突发性连续大暴雨就是由于河套底部的干冷空气与台风外围北侧暖湿偏东风气流在黄土高原东侧一带交汇而形成，在 7 月 4 日 01 时红外云图上，台风位于台湾东北方向 200 km 处，在台风云系的西北方向为大片对流云团活动区，在山西南部和河北北部各有一个 β 中尺度对流单体，河套地区有零散的中小尺度的对流云团。到 4 日 03 时，在子长县西侧 β 中尺度对流云生成并发展。此后，随着低层中尺度辐合的发展和加强，有组织的 MβCSs 逐渐形成，此时 MβCSs 处于发展初期，对应的地面雨强为 10～30 mm/h。到 4 日 05 时，可以清楚地看到在台风西北方向排列着三条中尺度对流云带，这正是台风偏东气流携带的热带扰动能量和暖湿气流进入中纬度地区在台风外围西北方向形成类似二维罗斯贝波频散特征的扰动波列。陕北上空的 MβCSs 处于最远处扰动波的对流区内，其云顶温度－43℃，云顶高度约 12 km，云团水平尺度为 30～40 km。如图 7.20 所示，此时，子长上空出现强雷暴，06:10 前后降雹约 2 min，随后 MβCSs 发展进入旺盛阶段，子长县附近的雨强增大为 40～90 mm/h。在最强降水期间，陕北上空的 MβCSs 强度变化不大、范围略有扩大。08—09 时 MβCSs 迅速扩散减弱东移，陕北强降雨结束。

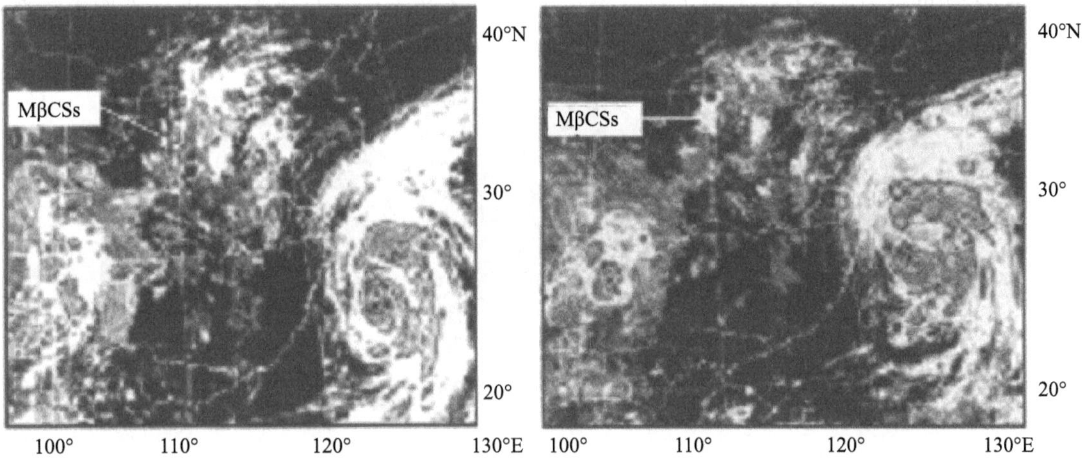

(a) 2002年7月4日03：00 GMS-5红外云图　　(b) 2002年7月4日05：00 GMS-5红外云图

图 7.20　台风外围 MβCSs

7.3.6.2　中尺度对流复合体

造成青藏高原东北侧突发性暴雨的对流云团除了 β 中尺度对流系统外，还有中尺度对流复合体(mesoscale convective complexes，MCC)。MCC 较 MβCSs 水平尺度大，在 200 km 以上。也同 MβCSs 一样，有在冷锋前部生成、发展成的；也有局地生成、发展成的；另外还有青藏高原低涡对流云团东南移出高原，同降雨区暖湿切变上生成的对流云团合并加强而生成的。同样具有发展、成熟、消亡三个阶段，其生命史相对于 MβCSs 要长，为 6～10 h 左右。强降水发生在 MCC 发展的鼎盛时期。1991 年 7 月 28 日凌晨，陕西的关中大部分地区自北向南先后突降暴雨，来势之猛前所未有。西安所辖的 7 县区有 4 站创建站以来日降雨量的极大值,其中临潼、西安市和鄠邑三站日降雨量均超过 100 mm,分别为 100 mm、111 mm 和 130 mm,此次区域性大暴雨就是典型的 MCC 直接影响造成的。利用 GMS-4 卫星红外云图(图 7.21),在 27 日 08 时,云系特征不大清楚,云系的中尾部大多为松散的中高云,14—16 时,冷锋云系特点已经显现,云系内已有几个不规则的对流单体出现,陕西的关中和河南及华南地区也有新的对流云团生成;28 日 02:30 时,大范围降水出现之前,冷锋云系特征非常明显,冷锋前部的对流单体在西安偏北区域迅速加强、演变合并,发展成为一个椭圆状的 MCC,云团的前部仍有不太规则的中高云相连接,该对流复合体云团清晰可见且结构密实,在云团的后部其边界并不很光滑,但同冷锋云系相连接,在河南及华南的对流云团已完全消散、消失,东南沿海强台风云系继续缓慢北移,在冷锋云系和强台风云系之间形成一个非常大的晴空区。其晴空区域基本与副热带高压位置、范围相一致。05:30 中尺度对流复合体(MCC)云团缓慢发展移至西安上空,长轴方向(即东—西向)发展明显,MCC 的云区面积继续扩大,此时西安站已有强降水出现,05—06 时的降水 18 mm,9 号台风的位置有所西进和北上,台风云系经向度有所加大;07:30 为此次 MCC 演变、发展的鼎盛时期,即成熟期,云团演变成以 NE-SW 向为长轴的椭圆形云状,云盖面积约为 500 km×300 km。云顶温度低于−54 ℃,冷云面积也达最大值约 400 km×300 km。冷锋云系的后部和前部的轮廓已演变得较前几个时次相对整齐、规则,冷锋云系和强台风云系间的晴空区达到最大,在晴空区内几乎没有一点中低云存在,此时的西安测站雨强最大,06—07 时 1 h 的降雨量多达 29 mm,随后逐渐减弱。与此同时,中尺度对流复合体(MCC)的椭圆形云团云顶温度低于−54℃,冷云面积也开始逐渐缩小,09:30 时 MCC 云团的椭圆形云状特征消失,11:30 的 GMS-4 卫星云图显示原来的 MCC 云团已减弱、消散,而西安测站的降水随之结束,测站 11—14 时 3 h 的累计降水量还不足 3 mm。

(a) 1971年7月27日15时　(b) 1971年7月28日02时　(c) 1971年7月28日07时

图 7.21　中尺度对流复合体

7.4　突发性暴雨物理成因

7.4.1　定性分析

从降水形成的条件来说,必须满足:水汽、上升运动和云物理过程。要产生较大范围和一定强度的降水,也必须满足三个重要条件:充沛的水汽,强烈的上升运动,丰富的不稳定能量。对于突发性暴雨来说,要求满足以下条件:

①大气中有充足的水汽含量。主要在大气中低层,即 500 hPa 以下或 700 hPa 以下,如在 850～700 hPa 等压面上有湿舌,或 $T-T_d$ 接近饱和。

②中低层有强烈的位势不稳定。主要是 500 hPa 以下，要求 $\Delta\theta_{se(500-850)} \ll 0$，或有强烈的大气斜压不稳定。

③有充足的能量和水汽输送，并且能在降雨区聚集，这要求有低空急流或偏南风或偏东风高风速带，同时在降雨区有低值辐合系统，即有较强的水汽能量辐合。

④在雨区，低空有气旋性或辐合系统，高空有反气旋或辐散系统。这个条件通常是能够满足的，如在 850 hPa 或 700 hPa 等压面上，有低涡或切变或低空急流(在实际大气中，低涡或切变同低空急流往往是联系在一起的)，在 850～500 hPa 通常有分离出的 α 中尺度辐合系统(辐合线或气旋)，在 300 hPa 以上为反气旋和有高空急流，高、低空急流耦合产生的中尺度次级环流等，这种高空和低空环流系统的配置有利于增强大气斜压性，有利于产生强烈的上升运动。

⑤高空有干冷平流。辐合上升的暖湿空气，单靠上升冷却是不够的，还必须通过高空干冷空气的侵入，增加大气的斜压不稳定，更有利于上升运动的加强和加速冷却凝结过程。

⑥在雨区，地面或近地面有触发机制。如地面流场 β 中尺度辐合线或涡旋，地面能量场 α 中尺度 Ω 系统等，通过地面中尺度系统抬升整层空气，触发位势不稳定能量得以释放，同时在有利的高、低空环流系统的配合下，产生和维持强烈的上升运动，使充沛的水汽上升冷却凝结，造成强降水。

上述 6 个条件缺一不可。这可通过以下数值试验说明：

2003 年 7 月 15 日白天秦巴山区出现了暴雨 18 站，大暴雨 5 站。此次降水突发性强，雨强大，来势猛，强降水主要集中在 15 日白天的 08—14 时的 6 h 内，大降水区主要有两个中心(图 7.22a)，分别位于陕西西南部的汉中宁强和陕西中部的渭北黄土高原，尤其是位于陕西境内秦岭和巴山之间的宁强县出现了建站以来最强的大暴雨，日降水量为 184.6 mm，15 日 08—14 时 6 h 降水量为 134.6 mm，最大雨强在 08—09 时达 39.2 mm，其相邻的县日降水量不超过 80 mm。这也说明此次强降水局地性强。为了分析突发性暴雨的形成机理，从降水形成的影响因子出发，利用数值模拟技术做了以下四个试验。

①减弱 700 hPa 的水汽，即使云贵川到河套地区的 $T-T_d>5℃$；②减弱低空急流，即使 700 hPa 的云贵川到河套地区的西南风速减小 30%；③去掉高原低涡，即改变风向使位于川北和秦巴山区的低涡消失；④减弱高空冷空气，即把 500 hPa 上青藏高原东南部的气温升高 3℃。使用能较好反映陡峭山脉的 η 坐标中尺度模式，取得了较好的模拟效果，图 7.22a 是降水实况，图 7.22b 是 24 h 降水预报。

通过以上试验可以看出：①减弱低空水汽后，雨带的形状和范围改变不大，但降水量级明显减小，如图 7.22c 所示，这是因为主导大气环流形势未有大的调整，随着环流的演变促使雨带维持。②减弱低空急流后，降水范围、量级明显减小，雨带南压近 200 km，如图 7.22d 所示。这是因为低空急流减弱，水汽通道被破坏，水汽和能量不能向北输送。偏南气流与偏北气流的辐合带南压，从而使雨区南压，量级减小，改变雨带的形状。③去掉高原低涡后，降水范围量级明显减小，雨带形状发生明显改变；位于河套中部和河南北部的两个暴雨中心消失，大降水区出现在四川到陇南，原有的低涡区降水消失，如图 7.22e 所示。这表明低空低值系统是造成大暴雨的直接影响系统，没有该系统的加入，大暴雨便不能产生。④减弱青藏高原东部冷空气强度后，雨带形状发生大的改变，原来位于川北到陕南的大暴雨明显减弱，陇南的大降水中心明显西北移 1 个经度，河套中部的暴雨中心减弱消失，副高北侧河南西部的暴雨中心基本不变，如图 7.22f 所示。

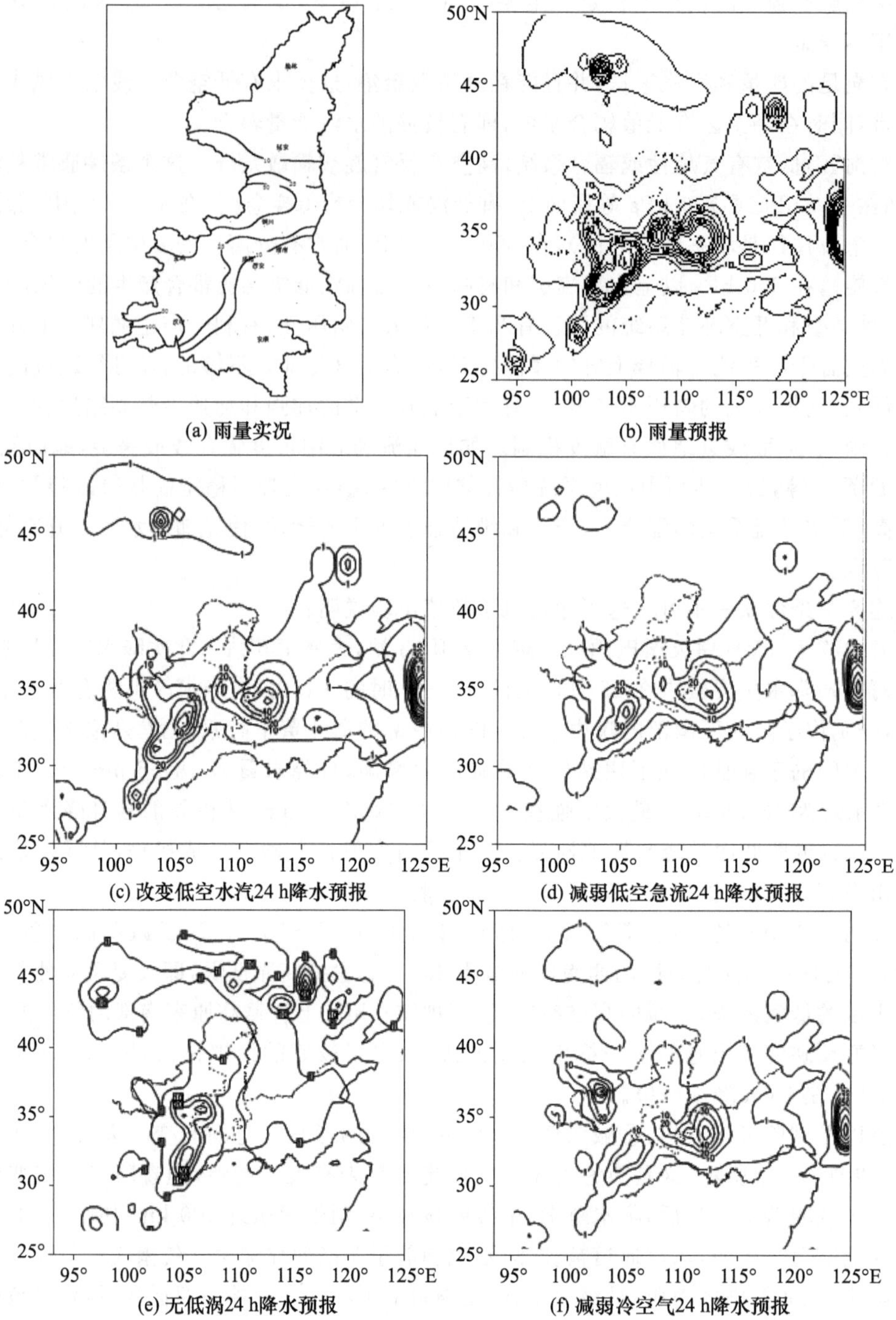

(a) 雨量实况　(b) 雨量预报　(c) 改变低空水汽24 h降水预报　(d) 减弱低空急流24 h降水预报　(e) 无低涡24 h降水预报　(f) 减弱冷空气24 h降水预报

图 7.22　影响降水因子数值试验

(时段:2003 年 7 月 15 日 08 时—16 日 08 时;单位:mm)

这说明减弱西路冷空气促使西南暖湿气流进一步北抬,在河套底部转向西伸,使辐合区西北抬,造成陇南的大降水中心明显西北移,强度增大;川北到陕南的低涡由于没有冷空气侵入,低涡切变附近的不稳定能量难以完全释放,使该处大降水减小;副高北侧河南西部的暴雨是由东路冷空气触发的，未改变此路冷空气，所以此处大降水中心存在且变化不大。同时也说明，即使具有了高能高湿和强烈位势不稳定，没有合适的冷空气配合，大暴雨也不能产生。

7.4.2　数值分析

这里仍以 7.4.1 节中给出的 2003 年 7 月 15 日突发性暴雨为例，采用数值分析的方法，讨论突发性暴雨的物理机制。这里给出 MM5 v3.5 非静力平衡中尺度数值预报模式计算的结果：

7.4.2.1　水汽场演变

充沛的水汽是暴雨形成的必要条件，因此，暴雨的发生与水汽的多少，特别是低层水汽的多少及其水汽的辐合有很大的关系。

分析逐时沿陕南暴雨中心的比湿垂直结构图（图略）可知，15 日 02 时，即暴雨发生前等比湿线是平缓的，且 12g/kg 等比湿线在 700 hPa 以下，03 时开始，等比湿线在暴雨区上空逐渐向高层伸展，到 04 时达最强，12g/kg 等比湿线已伸展到 600 hPa，而 4g/kg 等比湿线高达 350 hPa 高度层，到 15 日 10 时，等比湿线又转为平缓，12g/kg 等比湿线下降到 750 hPa。由此可见，在临近暴雨发生时，从低层到 400 hPa，有一个明显的高湿区和暴雨区相对应，且从暴雨发生前到发生时比湿逐渐增强，低层湿度大于高层，这说明暴雨发生时具备了充足的水汽条件。从相对湿度的垂直分布来看，15 日 01 时，700 hPa 以下，在 106°—108°E 为一宽广的 96%相对湿度线，15 日 03 时，98%线在 107.2°E 附近突然转为狭窄的柱状结构，且向高空伸展，到 04 时，相对湿度达最大，98%线已伸展到 300 hPa（图 7.23a），05 时后，这种狭窄的湿空气柱减弱，湿层逐渐下降，到 10 时，96%相对湿度线下降到 650 hPa，11 时，湿空气柱完全消失。这说明暴雨临近时，中低层空气接近饱和，随后逐渐向高层伸展，到暴雨强盛期间形成了低层饱和，中高层接近饱和的湿空气柱，随着大降水的减弱结束，湿空气柱也随之消失。

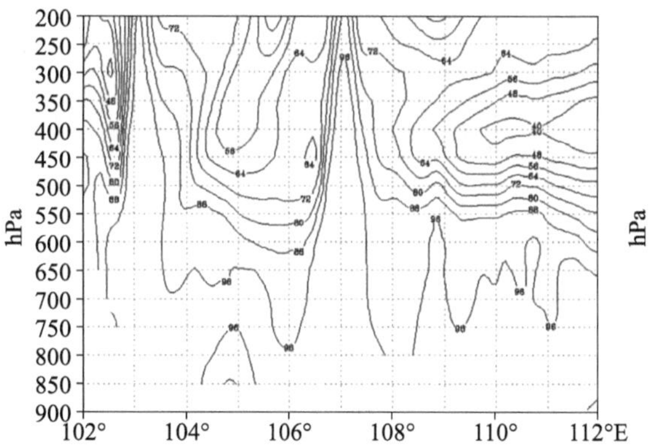

(a) 相对湿度(%)

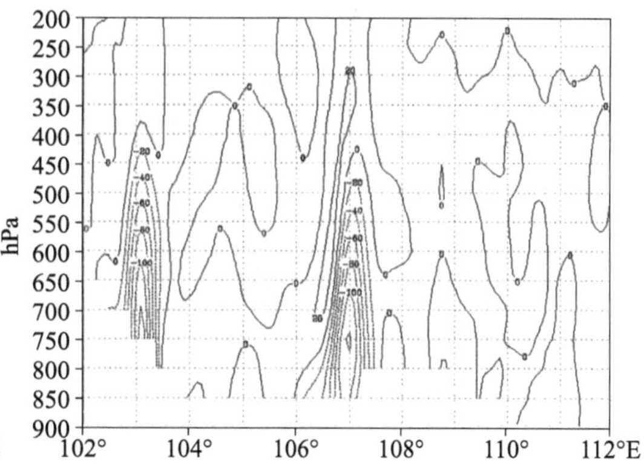

(b) 水汽通量散度($\times10^{-7}$g/(cm^2·hPa·s))

图 7.23　2003 年 7 月 15 日 04 时过宁强沿东西方向的细网格垂直剖面图

分析过宁强大暴雨中心沿东西方向的水汽通量散度垂直剖面图，15 日 02 时，整层还无水汽辐合，15 日 03 时，650 hPa 以下为水汽辐合层，以上为弱水汽辐散层，但辐合中心强度是辐散中心的 4 倍，水汽辐合中心为 -20×10^{-7} g · cm^{-2} hPa^{-1} · s^{-1}，04 时水汽的辐合剧增，水汽辐合达最强，辐合层上升到 450 hPa，最大辐合中心在 700～850 hPa，强度达 -100×10^{-7} g · cm^{-2} hPa^{-1} · s^{-1}，450 hPa 以上为弱辐散（图 7.23b）。此后，随着垂直上升速度的减小而减小，10 时，只有 700

hPa 以下有弱辐合,到 11 时,整层转为水汽辐散层。这说明了暴雨临近时,水汽迅速聚集,在暴雨发生时,450 hPa 以下有大量的水汽在中尺度范围内的有效集中,随着强降水的减弱,水汽聚集减少,随后逐渐消失。

7.4.2.2 动力场演变

强降水主要是由于强烈的上升运动携带大量水汽上升冷却凝结造成的,而强烈上升运动又是在有利的涡散场配合的条件下形成的。

从过大暴雨中心宁强沿东西向的垂直速度剖面图可以看到,15 日 03 时,垂直上升运动很弱,15 日 04 时,垂直上升运动突然强烈发展为整层上升运动,强上升速度核位于 500~300 hPa 之间,强度达 4.8 m/s(图 7.24c),15 日 05 时这种形势继续维持,06 时垂直上升运动开始逐渐减弱。说明暴雨发生时具有强烈的上升运动,与图 7.23b 结合起来分析可以看出,强烈的上升运动携带大量的水汽迅速上升凝结,形成大降水。

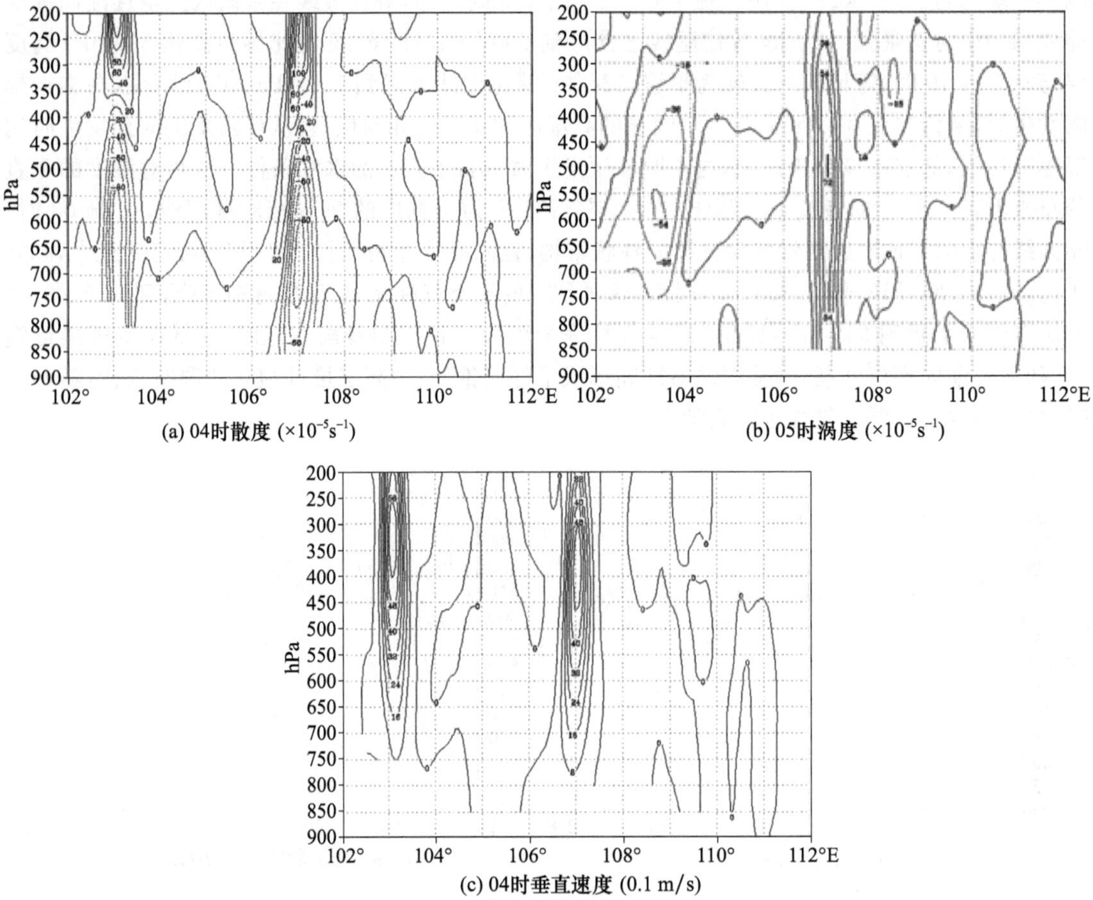

(a) 04时散度 ($\times10^{-5}s^{-1}$)

(b) 05时涡度 ($\times10^{-5}s^{-1}$)

(c) 04时垂直速度 (0.1 m/s)

图 7.24 2003 年 7 月 15 日 04 时过宁强大暴雨中心沿东西方向细网格垂直剖面图

通过散度场的垂直结构分析发现,15 日 03 时,600 hPa 以下各层形成了低层辐合,350 hPa 以上为辐散层,但辐合辐散中心强度分别只有 $-10\times10^{-5}s^{-1}$ 和 $5\times10^{-5}s^{-1}$,04 时,强辐合层突然伸展至 450 hPa,最大辐合中心强度为 $-80\times10^{-5}s^{-1}$,位于 750~600 hPa,450 hPa 以上为辐散层,辐散中心在 250 hPa 附近为 $120\times10^{-5}s^{-1}$,这时形成了特强辐合辐散柱(图 7.24a)。根据大气补偿原理，正是这种低层强辐合，高层强辐散使垂直上升运动强烈发展。05 时以后，这种低层辐合和高层辐散逐渐减弱，到 09 时，800 hPa 以下转为辐散层，10 时，500 hPa 以下均为辐散层，500～350 hPa 为辐合层，350 hPa 以上是辐散层。

分析逐时过宁强沿东西向的垂直涡度剖面图可以看到，15 日 03 时，350 hPa 以下负涡度，中高层为正的涡度，04 时，突然发展为整层正涡度，且强度也很大，05 时已发展为强大的正涡度柱（图 7.24b），中心强度高达 $72\times10^{-5}\,s^{-1}$，位于 500 hPa 附近，形成了特强正涡度柱。09 时，500 hPa 以下突然转为负涡度。

7.4.2.3　能量场演变

强对流一般发生在强烈的位势不稳定区。相当位温是温度场和湿度场的热力综合场，为了揭示本次暴雨过程的热力结构和强垂直上升运动的互耦作用，分析相当位温场 θ_e 的垂直结构并同垂直上升速度作对比分析。

15 日 01 时，在 104°—109°E 的宽广范围内，600 hPa 以下为位势不稳定层，450 hPa 以上为位势稳定层。图 7.25a 是 15 日 03 时过宁强暴雨中心东西向的相当位温垂直剖面，由图 7.25a 可见，在暴雨区附近，等 θ_e 线呈倒“V”形，500hPa 以下为位势不稳定层，即 $\partial\theta_e/\partial p>0$，350 hPa 以上是稳定层，即 $\partial\theta_e/\partial p<0$，500～350hPa 为中性层，即 $\partial\theta_e/\partial p\approx0$。这种低层不稳定，高层稳定的能量场结构对垂直上升运动及暴雨的发生发展是有利的。事实上，倒“V”字形的中心区恰恰对应图 7.24c 的强上升运动区。到了暴雨发生时刻的 15 日 05 时（图 7.25b），能量场发生了较大的变化，在原倒“V”形区里，已经聚集了大量的能量，且 850 hPa 以下为不稳定层，300～850 hPa 是中性层，300 hPa 以上为稳定层。15 日 10 时，在 700 hPa 以下又转为宽广的不稳定层。

仔细分析图 7.25a 发现，在 105°E 以东，500 hPa 以下均为位势不稳定的，只是相对倒“V”形区域，在伸展高度和强度上有所不同，这种能量场结构均有利于产生暴雨，但能否产生暴雨，还要看是否有强烈的垂直上升运动与其耦合。比较图 7.25a 与图 7.24c 可以看出，正是强烈的位势不稳定同强烈的垂直上升运动的互耦作用造成了 107.5°E 附近的强降水，随着降水的产生，即能量的释放破坏了中低层位势不稳定的能量场的结构，形成了图 7.25b 的分布特征。同样，正是这种互耦作用，造成了图 7.25a 的整层湿空气柱效应。

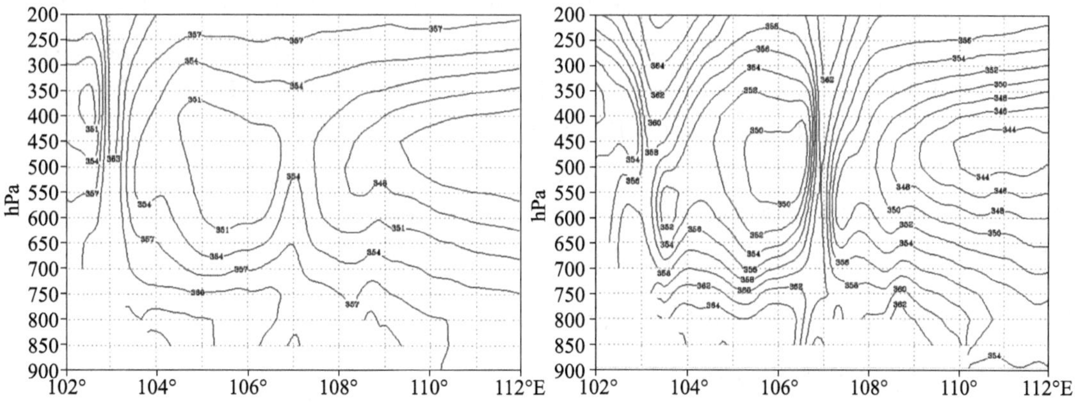

图 7.25　2003 年 7 月 15 日过宁强沿东西方向的细网格相当位温（K）垂直剖面图

7.4.2.4 突发性暴雨形成的物理机制

综合数值模拟的各物理量分析,15 日 01 时,在雨区上空的大气低层有较好的水汽含量,并且在 600 hPa 以下为位势不稳定的,这说明在临近暴雨时,在中低层已有充沛的水汽和不稳定能量,这是暴雨产生的必要条件。但水汽能否聚集和不稳定能量能否得以释放,则必须要有动力条件相耦合。到了 03 时,暴雨区上空 600 hPa 以下出现辐合,350 hPa 以上则出现辐散,这种低层辐合高层辐散使上升运动发展。由于垂直上升运动携带暖湿空气上升,导致了等 q 线上凸和狭窄的饱和湿空气柱,正是由于垂直上升运动使整层空气抬升,湿空气块上升冷却凝结释放潜热,在雨区上空等相当位温线呈现倒“V”形。15 日 04 时,雨区上空辐合伸展到 450 hPa,其上层为辐散,而且辐合中心值由 03 时的 $-10\times10^{-5}\,s^{-1}$ 发展到 $-80\times10^{-5}\,s^{-1}$,辐散中心值由 $5\times10^{-5}\,s^{-1}$,发展为 $100\times10^{-5}\,s^{-1}$,其量级已达到 $10^{-4}\sim10^{-3}$,且高层辐散远大于低层辐合,这种低层强辐合高层特强辐散使得垂直上升运动强烈发展,在其作用下,导致了狭窄饱和湿空气柱伸展到 270 hPa,水汽通量辐合柱也伸展到了 450 hPa,而且使得整层空气中聚集的大量能量得以释放,从根本上改变了大气能量场结构,造成雨区上空大气能量场呈现“漏斗”状和 300～850 hPa 为中性层,其周围仍维持中低层为位势不稳定,高层为位势稳定的结构,此时,雨强也达到最大。15 日 06 时以后,随着辐散辐合的减弱,导致了垂直上升运动减小,雨强逐渐减弱,到了 10 时,雨区上空 500 hPa 以下已变为辐散,此时垂直速度几乎为 0,降水随之结束。

综上所述,暴雨过程是在有利的动力、热力结构下产生的,各物理量与暴雨发生时段基本是一致的,但各物理量随时间变化不是完全同步的。不稳定能量的积聚先于强散度柱的形成,强散度柱和特强垂直上升运动互伴,上升运动与强烈位势不稳定互耦,这种耦合发展结构是大暴雨产生的动力机制。

7.5 突发性暴雨预警

7.5.1 突发性暴雨预报着眼点

由于突发性暴雨在降雨发生前 12 h,影响暴雨的低值天气系统仍不明显,在短期天气预报时效内是难以预报突发性暴雨的。同时考虑到直接影响突发性暴雨 α 中尺度系统的生命史在 10～15 h 左右,暴雨发生在其发展强盛阶段;β 中尺度辐合系统的生命史在几小时～10 h 左右;MCC 的生命史在几小时～10 h 左右,MβCSc 的生命史在 3～8 h 左右,暴雨发生在其成熟阶段。所以,这里考虑突发性暴雨预报,是指未来 0～12 h 预报,未来 0～6 h 预警,未来 0～2 h 临近预警。

突发性暴雨预报、预警和临近预警思路及其着眼点是建立在利用常规观测信息及其先进的分析技术和利用非常规观测信息及其有效分析手段的基础上的,见 7.2 节。图 7.26 是突发性暴雨预报思路及其预报着眼点,以供参考。

7.5.2 突发性暴雨监测分析技术和预警思路

7.5.2.1 突发性暴雨监测、分析技术

针对突发性暴雨是由中尺度天气系统产生的,通常前期征兆不明显且难以预报的特点,需要使用先进的分析技术和非常规监测资料,来分析造成突发性暴雨的中尺度天气系统及其演变规律。常规探空观测其时空分辨率很难满足突发性暴雨的监测预警要求,因此,要从分析技

术上做工作，对中尺度系统带通滤波分离技术进行改进，使它满足突发性暴雨系统的分析研究；地面观测较过去有较大进步，过去只能得到国家基本站和基准站资料，测站密度有限，而且一天最多观测 8 次；随着加密监测和自动气象站的建立，可以得到逐小时加密观测信息，这就使得我们能够分析空间尺度更细、时间尺度更小的天气系统。为此采取以下两种途径：

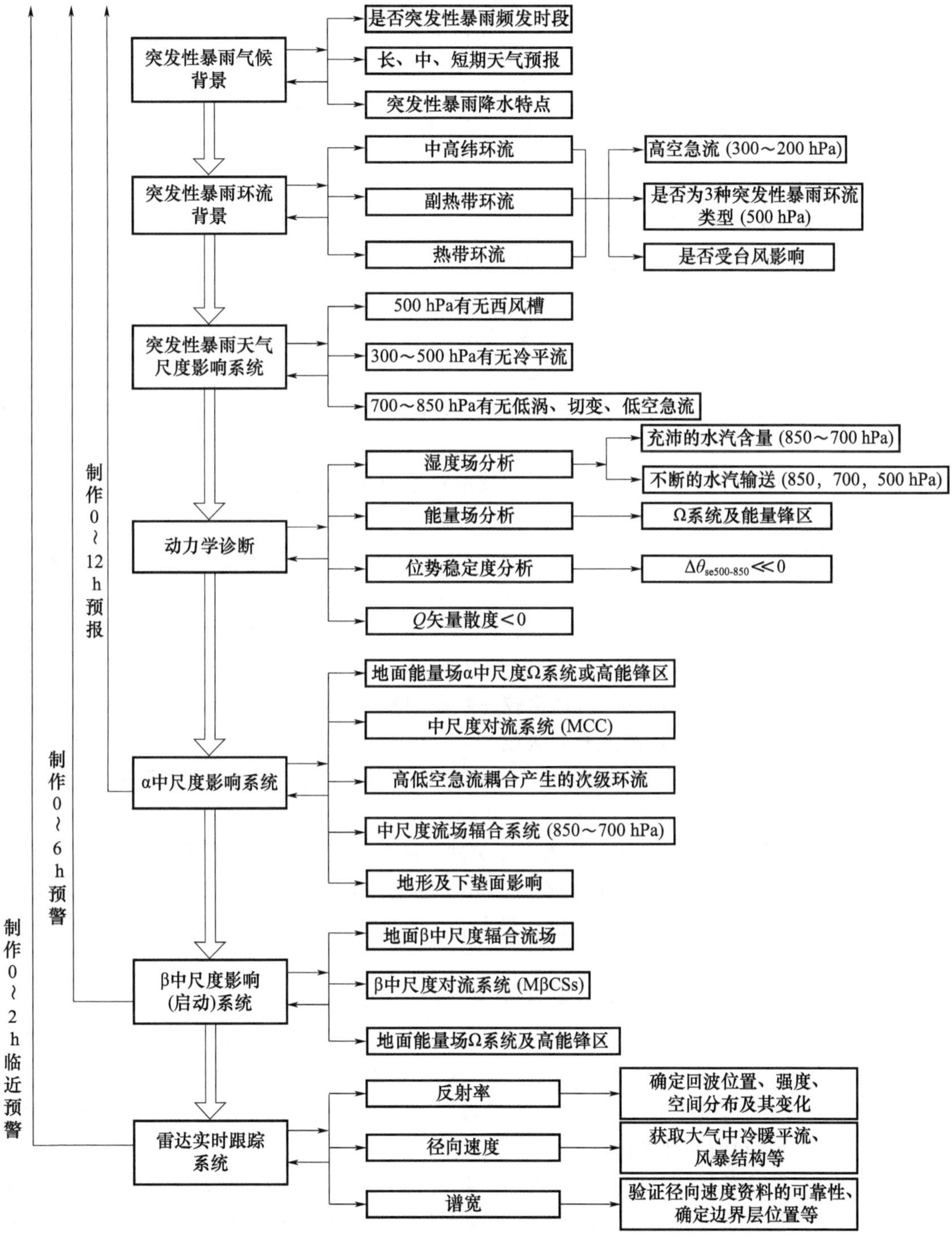

图 7.26　突发性暴雨预报思路及其着眼点

一是对常规信息采用先进的分析技术。对高空探测信息进行突发性天气四维诊断分析，即利用动力学诊断分析方法，对逐日08时、20时高空资料进行分析，得到对突发性暴雨具有指示意义的物理诊断量及其空间剖面图，各格点或站点的物理诊断量垂直时间剖面图。在此基础上，可对高低空急流耦合产生的次级环流、突发性暴雨发生前的能量场特征和位势稳定度特征做出实时分析。利用中尺度带通滤波分析技术，从高空流场中分离中尺度天气系统，实时分析各等压面层中尺度系统流场分析图。二是利用非常规的探测信息，分析突发性暴雨天气系统。利用地面加密监测、自动气象站观测等，分析使用地面能量天气图、地面流场图、地区地面小天气图(可任意选择要素)；使用雷达数字化回波组网拼图；使用静止、极轨和EOS数字化卫星云图，静止卫星云图反演降水分析等。

以上分析工具成为突发性暴雨监测分析的重要手段。

7.5.2.2 突发性暴雨预警技术

①利用加密的地面能量天气图、地面流场天气图、地区小天气图等分析技术，分析引发突发性暴雨的地面中尺度系统。

地面能量天气图上，通常存在α中尺度的Ω系统，该系统生命史在10～15 h，突发性暴雨发生在其发展的强盛时期，雨区位于高能轴附近；地面流场往往存在β中尺度涡旋或β中尺度辐合线，水平尺度在几十到几百千米，生命史在几小时到10 h左右。突发性暴雨发生在涡旋或辐合线处。

②利用带通滤波和动力场四维诊断分析技术对常规探空资料进行中尺度天气系统分析，揭示突发性暴雨的中尺度环流和物理量特征。

在降水发生前12 h，在对流层高层，即在300～200 hPa高空通常为反气旋环流，在反气旋环流的北侧为纬向强风速带，对流层中低层即在850～700 hPa中低空通常有低值系统配合，偏南气流位置偏南或强度偏弱，在临近暴雨时急流加强北伸，或南风增大形成强风速带。高低空两股急流耦合产生中尺度次级环流，对应在中低层，即在850～500 hPa中低空存在中尺度流场辐合系统，表现为涡旋或辐合线，通常较一般暴雨空间尺度小，生命史短。暴雨落区位于高低空急流耦合产生的次级环流上升支区域。

突发性暴雨发生前期各物理量场的分布和配置并不利于暴雨的产生，而暴雨发生时各物理量场均迅速发生显著变化，进而产生强降水。在较多情况下，突发性暴雨发生前期低层湿度场条件不是太有利，湿舌偏远，在临近暴雨时有一个突然的增湿过程。突发性暴雨的动力学特征不同于一般暴雨，涡度、散度和垂直运动的垂直分布表现比较复杂。正负涡度交替出现；无辐散层偏高，约在400 hPa附近，有时甚至在300 hPa，最大上升运动层也相应在400～300 hPa，且整层上升运动强烈。

③通过系统分析突发性暴雨的云图演变，发现突发性暴雨的中尺度对流云团。

地面流场上空往往对应中尺度辐合系统或中气旋，在云图上常常对应MβCSs；突发性暴雨对流云团经历发展、成熟、消亡三个阶段，水平尺度多属β中尺度，云顶亮温低于－50 ℃，生命史约在3～8 h左右，强降水发生在其成熟阶段。产生突发性暴雨的中尺度对流云团多数在冷锋云系前部形成，也有局地产生的。

④通过新一代多普勒天气雷达实时跟踪监测，捕捉强对流中小尺度天气系统。利用多普勒天气雷达全天候开机，按6 min间隔获取观测信息和有效探测半径为200 km的特性，并充分使用全省7个多普勒天气雷达组网拼图系统，连续跟踪监测，密切注视和捕捉中小尺度强对

流天气系统，并同地面加密自动气象观测信息结合分析使用。

7.5.2.3　突发性暴雨预警思路

根据上述分析技术与监测手段，依据突发性暴雨的特点，在业务平台的支持下，采取以下突发性暴雨预警思路：

①首先依据常规天气资料和中尺度数值天气预报信息，考虑有无暴雨产生的可能；当考虑无暴雨时，要着重分析有无突发性暴雨产生的可能；当预报有暴雨或突发性暴雨时，考虑是否会成为致洪暴雨或是否成为诱发山地灾害暴雨。

②对数值预报模式降水预报结果进行综合分析，以中尺度数值天气预报为背景，结合"一般暴雨分析预报"和"突发性暴雨分析预报"思路要求，并综合分析地面加密监测、卫星云图和四维诊断分析信息，做出未来 12 h 突发性暴雨预报。

③利用"突发性暴雨分析预报"给出的强降水分析技术，密切监视地面能量场变化和地面流场变化，捕捉中尺度系统信息，充分利用卫星云图监测和雷达监测手段，捕捉对流云团信息，以 12 h 预报为背景，及时做出未来 6 h 突发性暴雨预警，并实现定时、定点、定量要求。再以未来 6 h 预警为背景，利用地面加密监测信息，依靠雷达跟踪监测，发布未来 2h 突发性暴雨临近预警。

④做出精细化的突发性暴雨预警信息后，及时对外服务；对政府部门提供决策服务信息，对基层地市台站发布指导预报信息。

⑤对预报进行检验和评价，既要对预警预报产品做检验，还要对数值预报产品进行检验。

参考文献

杜继稳，2005. 青藏高原东北侧突发性暴雨分析研究与应用[M]. 北京：气象出版社.

第 8 章　陕西中尺度天气

8.1　雷暴

8.1.1　雷暴定义

雷暴是积雨云中、云间或云地之间所带的电荷产生一定电位差，发生放电和雷声的天气现象。雷暴是一种严重的灾害性天气，常造成国民经济和人民生命财产的重大损失。雷暴的发生与地理、地形、季节、气候等因素有关。了解陕西雷暴的气候特征，包括地域分布、季节变化及年际变化规律，一方面为防灾减灾提供气候背景，另一方面也为进一步研究雷暴与强对流天气如冰雹、暴雨之间的联系，以及雷暴的成因打下基础。

选取陕西省资料年代较长的 78 个测站(1961—2002 年)历年每月的雷暴日数资料。运用旋转经验正交函数(rotated empirical orthogonal functions，REOF)分解方法对陕西雷暴进行分区，采用谐波分析的方法将各个雷暴异常区对应的时间系数序列作年代际、年际尺度分离，进一步分析两时间尺度上不同异常区的时空特征和演变规律。

8.1.2　陕西雷暴的气候统计特征

8.1.2.1　雷暴的空间分布特征

图 8.1 是陕西省年雷暴日数的多年平均分布图。从图 8.1 中看到，雷暴分布很不均匀，呈现南北多中部少的特点，南北相差 20 d 以上。最大值中心位于陕北北部的府谷，年雷暴达 38 d，最小值出现在关中中部的武功、周至一带，年雷暴只有 12 d。同陕西夏季降水的气候分布比较，如图 8.2 所示，发现夏季降水日数多的地方雷暴日数相应也多，降水中包含了雷暴，但有雷暴未必有降水。另外，这种雷暴分布形势还与陕西地形有关。陕西北部为沙砾滩地和黄土高原，南部为山地丘陵，而中部是平原。夏季由于这些地区下垫面的不同，沙砾滩地和山地丘陵比热比关中平原高，地面升温快，容易形成对流性天气。

8.1.2.2　雷暴的季节变化特征

6—8 月份的雷暴日数之和作为夏季雷暴，占全年雷暴日数的比重为 62%～77.3%。图 8.3 是夏季雷暴日数占全年雷暴日数的比重图。由图 8.3 可见，关中和陕北比重较大，陕南较小。低值区位于陕南的中南部，对应这一地区雷暴出现较早，结束也较晚；高值中心位于陕北南部的洛川，这里雷暴集中在夏季。相比之下，春秋季雷暴较少，且多出现在春夏和夏秋之交。为了解季节变化特征，这里将 78 个测站各月多年雷暴日数进行平均，以此代表陕西省的月雷暴日数，其结果反映在图 8.4 中。

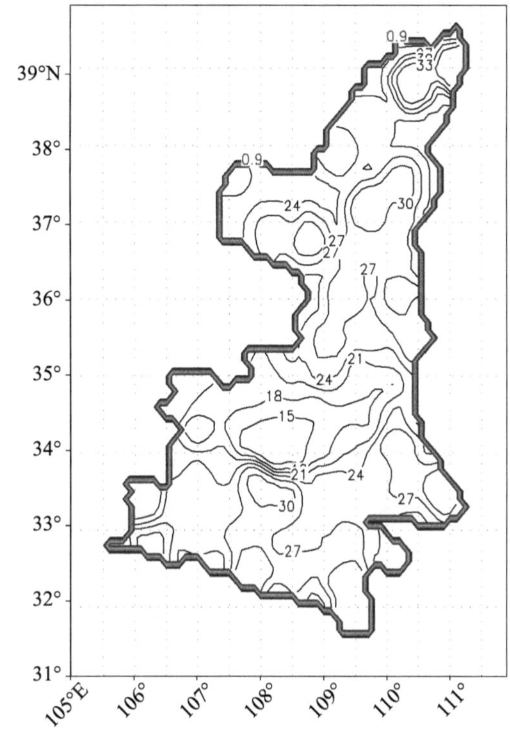

图 8.1　陕西省年雷暴日数的多年平均分布图(单位:d/a)

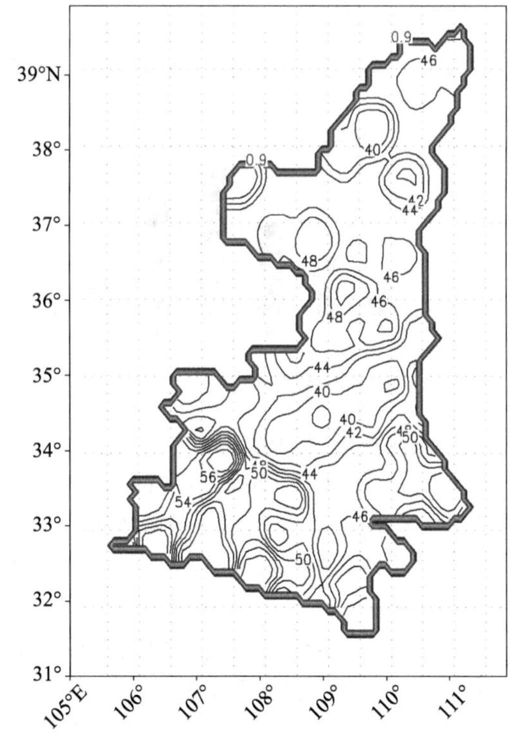

图 8.2　陕西省夏季雨日天数的多年平均分布(单位:d/a)

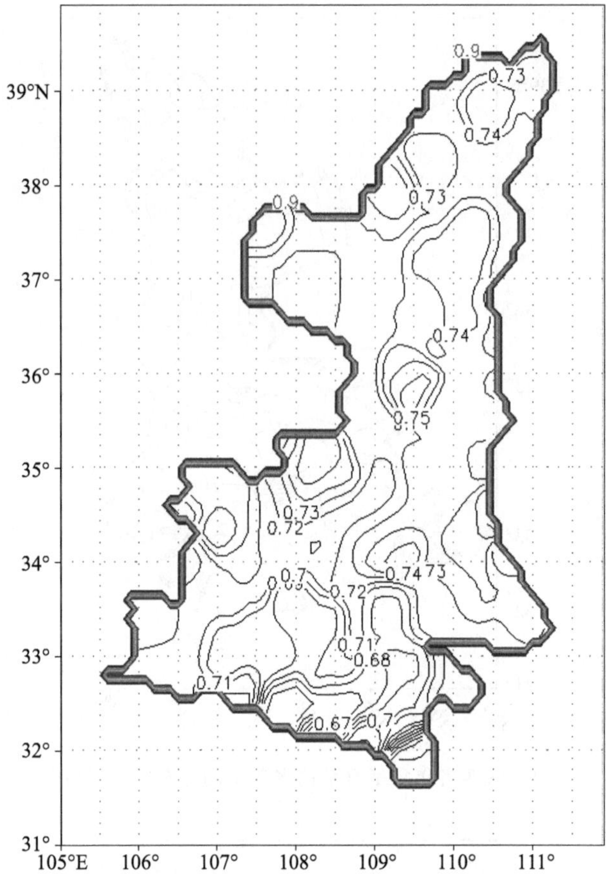

图 8.3　夏季雷暴日数占全年雷暴日数的比重(单位:%)

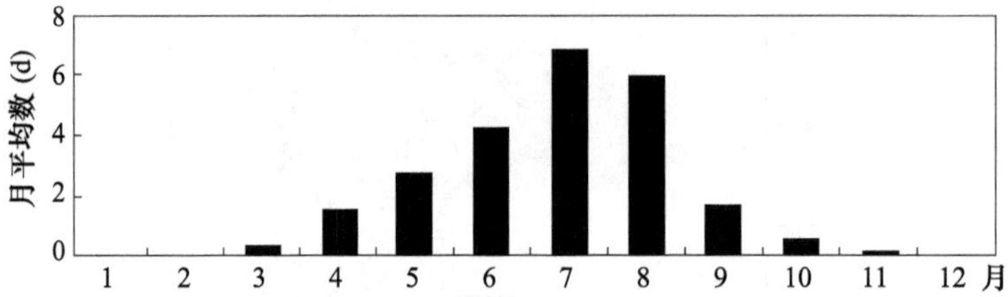

图 8.4　1961—2002 年陕西雷暴日数的季节变化

由图 8.4 可见,雷暴变化曲线为单峰型,峰值出现在 7 月(约 7 d/mon),11 月、12 月、1 月和 2 月几乎没有雷暴出现,3 月、10 月出现雷暴的概率不足 1%。雷暴日数从 4 月开始逐月增加,7 月达到峰值,8 月略有回落,9 月急剧减少。全年中 7—8 月为雷暴集中期,也是陕西各地的主汛期,这主要是 6 月下旬副热带高压北跳,副高边沿的暖湿气流北上,与西风带冷槽相遇,形成强对流天气。

8.1.2.3　雷暴的年际和年代际变化特征

图 8.5 给出了 42 a(1961—2002 年)区域平均雷暴的距平百分率。由图 8.5 可知,区域平均年雷暴日数在过去 40 多年中,年际、年代际差异均较大,具有一定的阶段性。若取距平百分率≥20%作为多雷暴年,<20%为少雷暴年,则 1962 年、1964 年、1966 年、1971 年、1973 年和 1977 年为多雷暴年,1989 年和 1993 年为少雷暴年。在 20 世纪 60—70 年代雷暴以偏多为主,

80—90 年代以偏少为主。

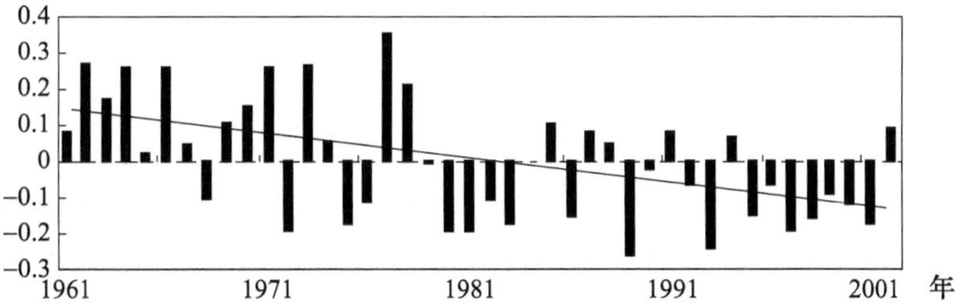

图 8.5　区域平均雷暴的距平率

由图 8.5 中细实线还可以清楚地看到，雷暴的年际变化具有明显的减少趋势。即陕北雷暴自 20 世纪 60 年代以来趋于减少。郭其蕴(1999)指出：1951 年以后到 20 世纪 60 年代中期处于强夏季风时期，以后夏季风减弱，1976 年之后夏季风强度再次减弱，以至在此后的 20 多年中没有再出现强夏季风年。夏季风的这种年代际变化导致我国北方地区降水量的减少，在此气候背景下，陕西雷暴频数也相应减少。

8.1.3　分区雷暴的时域特征

图 8.6 显示了陕西关中、陕南、陕北 3 个区域雷暴时域的年代际变化情况。比较 3 条曲线可以发现，3 个区域雷暴年代际变化上并没有一致的倾向，但在某些不同时期，区域间存在相同或相反位相的变化。关中地区 20 世纪 60 年代雷暴频数多，70 年代多少雷暴年交替出现，80 年代前期为少雷暴期，80 年代后期趋于平稳，90 年代又出现少雷暴期。其年代际变化与全区年代际变化最为相近，而且该区域是 REOF 分析第一模态代表的雷暴异常区，反映出关中地区雷暴异常相对全区的重要性。陕南区在 60 年代前期为少雷暴，60 年代后期多雷暴，70 年代至 80 年代初多、少雷暴期交替出现，80 年代中后期至 90 年代前期为多雷暴期，进入 21 世纪雷暴趋于减少。陕北区在 20 世纪 60 年代至 80 年代前期，多、少雷暴期交替出现。80 年代后期至 90 年代为多雷暴期，进入 21 世纪雷暴趋于减少。

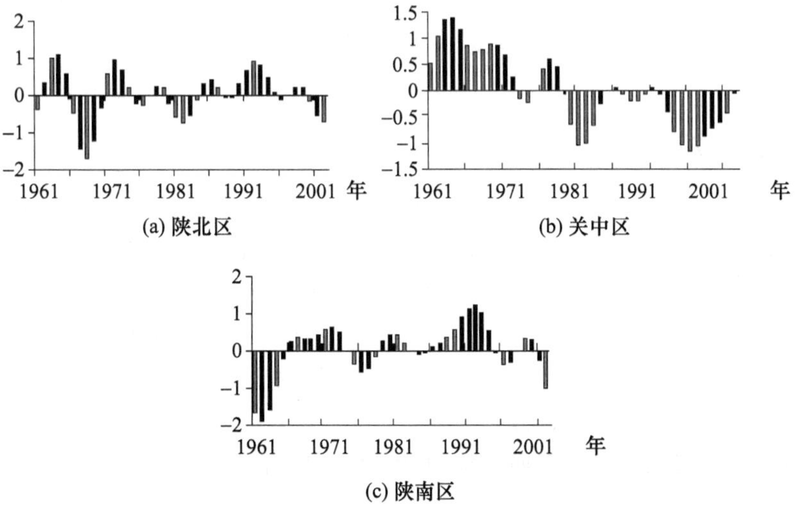

图 8.6　局域雷暴异常时间系数的年代际分量时变曲线

8.2 飑线

8.2.1 飑线定义

飑线是线状的中尺度对流系统(MCS),其水平尺度约150～300 km,生命期一般4～10 h。飑线是强天气中破坏性最强和最大的,沿飑线经常可见到大风、强雷暴、强降水和冰雹等天气现象,有时还伴有下击暴流或龙卷,带来灾害性的破坏。

在中纬度不同的环境条件下,有不同的飑线结构,较常见的有两类飑线:一类是发生在有明显风向垂直切变环境中的飑线,飑线南端的风垂直切变明显,非常利于新对流的生成,使飑线不断伸展。在飑线北段,老单体不断衰亡,逐渐演变成层状云。这种飑线的特点是砧状云伸向飑线前方。另一类飑线是发生在风垂直切变较小的环境中,它的前方有一支由前向后的入流迎着飑线上升,到高层分裂成向前、向后的两支气流。其后部中层另有一支由后向前的入流,在由前向后的气流中,由于老单体衰亡,形成了宽广的层状云,这些云区也可以产生降水,对飑线维持有利。

8.2.2 飑线回波的演变过程

8.2.2.1 形成阶段

在此阶段,雷达上所反映的是雷雨或阵雨单体回波群,分布松散,单体体积较小,强度较弱,无明显的带状排列,这种情况一般持续1～3 h。

8.2.2.2 发展成熟阶段

雷达观测到的是一条多个雷暴单体组成的回波带,回波带的移动非常快,可达40 km/h以上,在回波带的右前方新生成的对流小单体不断地并入带中,使回波带得以维持和发展,并可能形成明显的特征,诸如钩状、弓状、指状、V形缺口等,灾害性的恶劣天气就出现在这些特征点附近。完全成熟的飑线表现为带上单体的尺度比较均匀,排列密集,对流发展旺盛。

8.2.2.3 衰亡阶段

这个时段的飑线回波带松散,范围变小,移速减慢,回波高度降低,降水分散,雨强减弱,回波逐渐消散。

8.2.3 飑线的移动

飑线的移动是通过传播的方式进行的。传播反映的是飑线的新陈代谢过程,雷达回波表现为飑线以"跳跃"的形式前进。造成传播的主要原因是环境风的垂直切变,它促成了云体右前部或右前方对流的发生发展,云体左后部对流的减弱消散,使飑线产生了位移。新生回波相对于老回波的方向就是飑线的传播方向。传播向量应是云体位移向量与近地层流入向量的矢量差。近地层流入向量可以通过中尺度分析得到,一般取地面到850 hPa层平均风矢,位移向量可以取700～500 hPa的平均风矢。

陕西中部地区的飑线多数为东南向移动,少数为向南移动。

(1)东南向移动型

东南移动方向特征是回波带呈东北—西南向排列,系统整体向东或东南方向移动。飑线发生在高空槽或切变线前部的西南气流中，近地层为东南风入流。由于环境风矢量是向东北方向吹，而近地层入流在它的右侧，因此飑线整体向东南方向移动。

(2)向南移动型

本型的回波特征是飑线由多个离散的单体组成，呈东西向排列。常有一个比较大的主体回波可造成地面特强天气或强降水。飑线一般发生在高空槽过境后的西北气流中。中空西北气流下沉生成中尺度高压，高压前沿和底层的偏南暖湿气流相互作用，使飑线向南传播。

8.2.4　典型飑线个例

1983 年 9 月 4 日下午，陕西中部自西向东出现一次以雷暴雨大风为主的天气过程，其中测站降水乾县 58 mm、礼泉 44 mm、咸阳 47 mm、西安 23 mm。15:30 当飑线移至咸阳附近时，出现龙卷天气。龙卷挟带着暴雨、冰雹、大风从咸阳地区沣东、沣西公社向西安西南方向移动，中心宽度为 2～3 km。西安机场观测到的龙卷雷暴，云底大约 60 m 高，风速在几分钟内从微风激增到 26 m/s，瞬时最大风速达到 36 m/s 以上，40 min 降水 76.9 mm，并伴有拇指大的冰雹。期间气温下降 10.4 ℃，相对湿度上升 29%，气压涌升 4.6 hPa。此次过程共刮倒树木 32643 株，电杆 2570 根，倒塌围墙 4718 堵，倒房屋 6047 间。因窑塌房倒和触电死亡 8 人，伤 12 人。此次龙卷直径 150 m，路径长度约 25 km，移动方向从西北到东南，平均最大雨强 20 mm/10 min，平均最大风速 27 m/s，在龙卷形成初期和发展旺盛阶段出现冰雹。

8.2.4.1　飑线产生的天气形势

1983 年 9 月 4 日 08:00，850 hPa 银川附近有一低槽，槽后有较强的冷平流。四川北部有一个 1480 gpm 的闭合低压，并伴有 20℃的暖中心，这是典型的北槽南涡形势(图 8.7a)。低涡东侧有明显的南风气流。500 hPa 和 700 hPa 层上，关中西部各有一个低槽，尤其在 500 hPa 上，槽线与冷温度槽配合很好，槽线的南端快速东移。根据 08:00 地面冷锋、850 hPa 和 500 hPa 槽线的空间位置来看，这是一个“前倾”型的空间结构，850 hPa 槽线在 500 hPa 槽线以西 2 个纬距左右。300 hPa 上，西安地区恰好处在南亚高压东北侧辐散的西北气流中，这里是容易产生重力波扰动的地方，有利于不稳定天气的发生。

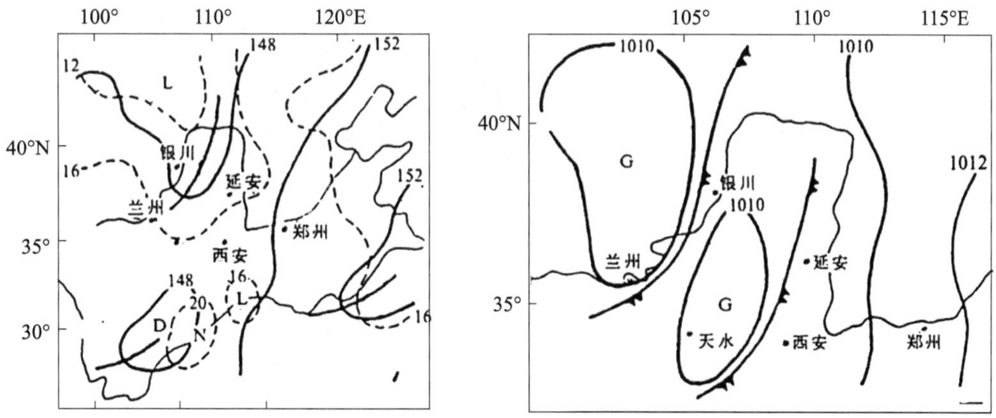

图 8.7　1983 年 9 月 4 日 08:00 的 850 hPa(a)(单位:dagpm)和 14:00 地面(b)形势图(单位:hPa)

4 日 08:00 地面图上，银川、兰州之间有一条东北—西南向冷锋，到 14:00 陕西关中地区及西部有两条冷锋东移(图 8.7b)，两锋相距 200 km 左右，每条冷锋后都有一冷高压。尤其是在前部冷锋东移的过程中,后部的副冷锋快速移动不断向前补充冷空气,造成冷锋尾部交界面天气的剧烈变化。

8.2.4.2 飑线的雷达回波特征

9月4日,11:20在甘肃东部六盘山背风坡一侧出现零星雷暴回波,12:45形成一条东北—西南向的带状回波,组织成一条飑线回波(图8.8a)。飑线中部对流单体的高度为9.8 km,尾部A处的高度为5.7 km。由于此时飑线处于发展初期,相对应的地面上只出现了阵雨天气。飑线尾部的形态特征呈“八”字形,A处具有弓状回波的特征。14:00(图8.8b)飑线有了明显的发展,形成一条长200 km,宽10～15 km的雷雨回波带。与地面形势对照,飑线南段受地面冷锋和副冷锋共同影响,冷空气强度较北段更强,它与飑线南侧前的暖湿气流交汇,使得这里的对流单体得到发展。从回波中还可看出,飑线回波带的前部不断有新的对流单体生成,尾部有强的对流单体在发展,A处弓状回波不明显。14:25(图8.8c)飑线进一步发展,整个飑线结构紧密,北段回波密实,亮度大,边缘清晰;南段强度大,尾部A处弓状回波尤为突出。15:00弓状回波中的强对流单体出现前悬回波,云顶高度为12 km,呈一窄而强的圆柱体。就是这个强单体在从乾县经礼泉向咸阳移动的过程中给沿途造成剧烈天气。15:30龙卷回波出现。在PPI上(图8.8d),飑线北段形成一条长80 km、宽25 km的带状回波;南段弓状回波长度为40 km,宽度只有10 km,非常均匀,龙卷就出现在弓状回波的北端。RHI上(图8.8e),龙卷雷暴垂直高度14 km,龙卷云中伸出一个“象鼻子”袭击大地,呈羊角状。16:00(图8.8f),弓状回波仍很明显,龙卷移至弓状回波的南端,给西安西郊和南郊造成很大损失。整个飑线带状回波缩短,长度仅为70 km,宽度20～40 km,呈“人”字形。

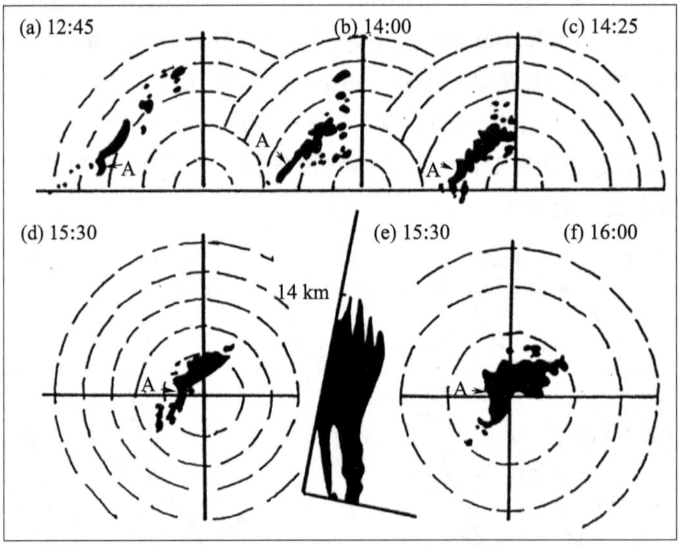

图8.8 1983年9月4日雷达回波素描图

(a)仰角0°;(b),(c),(d),(f)仰角为0.5°;(e)方位为285°

(每圈半径50 km,回波廓线为0 dB)

8.2.4.3 飑线的云图特征

9月4日河西有一条冷锋云系东移,锋面云带细而长。同时在四川北部有一低涡云系北抬。14:00(图8.9a)这两条性质不同的云系相碰,在交绥处即冷锋云系的尾部有一个中尺度对流云团得到迅速发展，成为一个长 350 km，宽 150 km，具有中尺度环流特征的雷暴云团，这个雷暴云团只在条件十分有利的情况下才能出现龙卷。在图 8.9a 中，A 云团是西南涡发展起来的，呈气旋性旋转。云团结构松散，成圆形。与 A 云团形成鲜明对比的是 B 云团结构密实，色调白而亮，边缘清晰，呈新月状，有明显的弓形。15:21(图 8.9b)A 云团继续北抬，色调较暗，云团上部覆盖有卷云砧，云区边界不清晰。中尺度雷暴云团仍然呈新月状，云团东部有卷云砧，云区边界不清晰；云团西部边界清晰、密实，无卷云砧。这也反映了地面副冷锋对 B 云团有很大作用。

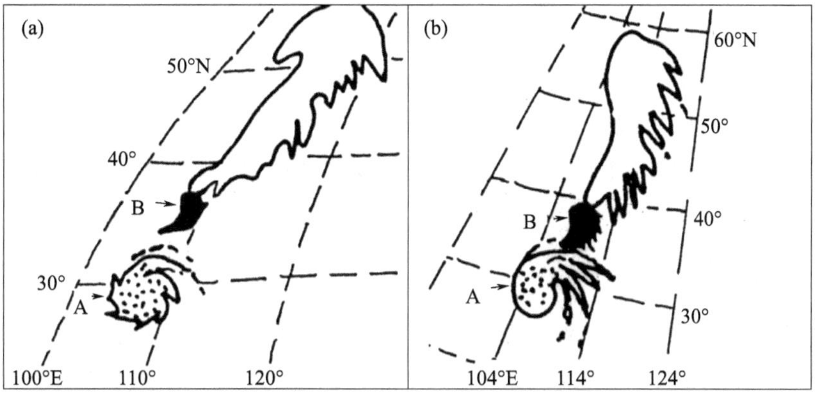

图 8.9　1983 年 9 月 4 日 14:00(a)GMS 红外云图和 15:21(b)NOAA 红外云图

8.2.4.4　飑线龙卷综合特征

为了了解该龙卷的生成过程，将天气图、卫星云图、雷达回波绘制在同一张图上并进行综合分析。如图 8.10a 所示，地面有两条冷锋，每一条冷锋后都存在着一个闭合的冷高压。而处在冷锋云系尾部的弓状云团位于地面冷锋后部的中尺度高压内、地面副冷锋前部。雷达回波中的弓状回波(环状回波)处在中尺度雷暴弓状云团的南端，其强度随时间不断增强，对应地面的天气也逐渐剧烈，说明中尺度雷暴弓状云团南端的中尺度涡度是随时间加大，最终导致了龙卷的出现。对应地面流场中气流呈反气旋旋转(图 8.10b)，说明该龙卷是在反气旋环流背景下出现的，似乎有反气旋结构特征，而雷达回波中的弓状回波可能是中尺度反气旋环流在 PPI 上的反映。

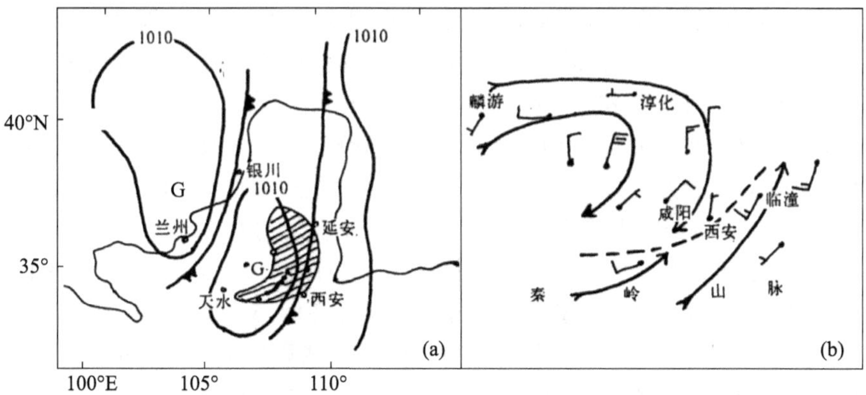

图 8.10　1983 年 9 月 4 日 14:00 综合示意图

8.3 阵风锋

8.3.1 阵风锋定义

阵风锋是雷暴周围低层环境暖湿气流与来自中层准饱和空气之间的交接面。在雷达强回波的前方,常观测到一条窄带回波,也呈弧状。由于阵风锋是雷暴出流强风的前缘,它常和气压跳跃、风向转变、风速突增、温度降低等强天气相联系。当与低层下沉气流相联系的风切变十分强烈时,可以引起飞机失事。灾害性的地面风也会直接引起大量的人员伤亡事故。

研究表明,阵风锋的典型速度是 10 m/s,也曾观测到超过 20 m/s 的速度。阵风锋与其他中尺度边界层诸如冷锋、干线、海陆锋或者另外的阵风锋相互作用,在对流云的形成中是重要的机制。阵风锋的辐合抬升作用可以产生准稳态风暴,会引起热带风暴的逆切变传播和风暴的再生。

8.3.2 阵风锋个例

2004 年西安 CINRAD/CB 多普勒雷达分别在 7 月 17 日和 18 日观测到陕西关中地区两次比较完整的阵风锋天气。两次阵风锋的出现在雷达组合反射率上表现得很明显,在较强雷暴回波的前方出现了一条窄带回波,呈弧状。

8.3.2.1 阵风锋的雷达回波特征

2004 年 7 月 17 日 12:56 的雷达组合反射率图(图 8.11a)上,关中渭北地区出现大量的对流单体,强度在 40～45 dBZ。对流单体由西北向东南方向缓慢移动。图 8.11a 中富平一带的三个强对流单体前方 3～5 km 处出现了一条弧状的窄带回波(图 8.11a 中黑箭头的前方),窄带回波的强度比周围的云回波强。这条弧状的窄带回波就是雷暴产生的冷外流空气形成的浅薄层与低层暖空气之间的交界区,即阵风锋。阵风锋的出现,说明雷暴天气已经发生。初期形成的阵风锋,强度在 15～20 dBZ,水平尺度 25 km,宽度 2～3 km,呈弧状。14:17(图 8.11b)阵风锋有了很大的发展。阵风锋向南前进了 20 km,其水平尺度已经增大到 90 km,回波强度增大到 20～25 dBZ,宽为 3～5 km,云体高度为 2.5 km,阵风锋弧状云的厚度为 0.5 km。说明这一段时间雷暴产生的湿冷气流强度大,影响的范围比较广。由于阵风锋对雷暴的负反馈作用,位于阵风锋后部的雷暴单体开始减弱,强度由过去的 45 dBZ 减弱为 35 dBZ,在雷暴与阵风锋之间出现一片无云区。与阵风锋后部的雷暴不同,在阵风锋左边有大量的强对流单体在发展,40～45 dBZ 强回波面积比 12:56 有明显的增大,雷暴继续向东南方向缓慢移动。15:36(图 8.11c)阵风锋的前锋到达西安地区,与阵风锋较近的雷暴都已经消散。而位于西安西北部的雷暴单体开始合并增强,45～50 dBZ 强回波面积逐渐增大,雷暴的强度也在增大,产生的天气主要是以雷雨为主。阵风锋继续向南扩展,速度大约在 20 km/h,窄带 20 dBZ 回波强度增大。16:00 强回波在兴平市的局部地区产生了强风暴天气,出现了 12 级的大风、短时暴雨和冰雹。16:26(图 8.11d),位于西安西部的雷暴合并后,50 dBZ 面积大增,但是强风暴天气已经结束。阵风锋继续减弱,水平尺度为 70 km,强度减弱为 20 dBZ,阵风锋的右端由于缺乏雷暴冷外流空气的持续供给,窄带回波已经不明显了。阵风锋的左端由于南支系统北上和秦岭山脉的阻挡,阵风锋回波移动速度缓慢,与雷暴群的回波相连。总之,17 日这天关中地区西北部的雷暴群通过碰并增长，强度加强，雷暴群的生命史较长，因此，产生的阵风锋其生命史达到 4～5 h，强度 25～30 dBZ，水平尺度最大为 70～100 km。

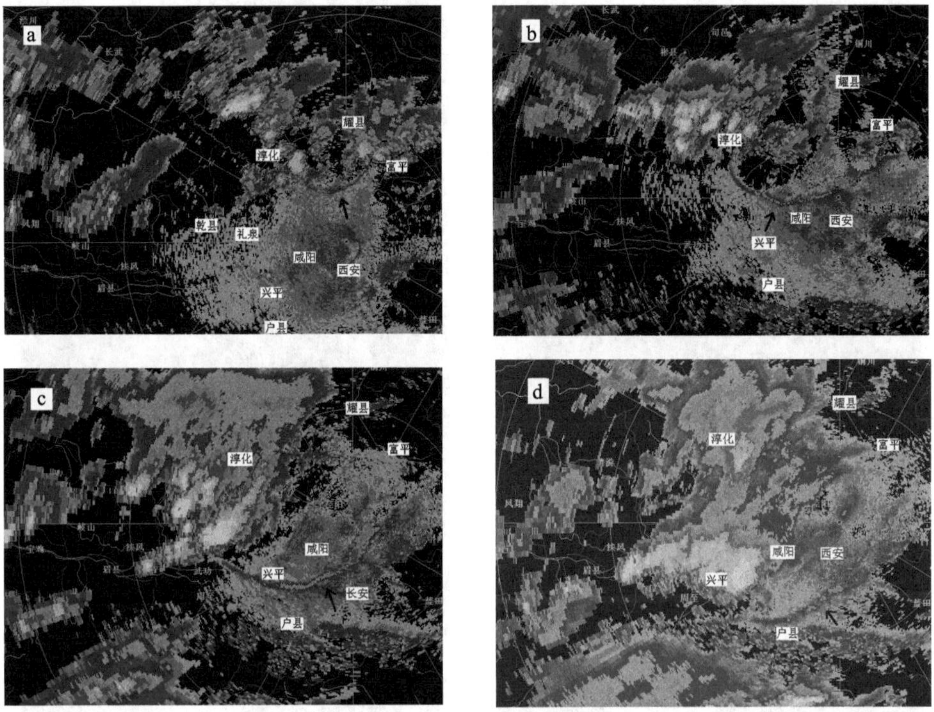

图 8.11　2004 年 7 月 17 日雷达组合反射率图(PPI)

7 月 18 日 15:26 的雷达回波图上，陕西中部的渭北地区又有大量的对流单体生成，强度在 40～45 dBZ。16:40(图 8.12a)，位于西安北部和西部有两个雷暴群，北部铜川附近的雷暴群前部开始出现阵风锋回波，即在雷暴前的窄带回波(图 8.12a 中黑箭头的前方)。阵风锋的宽度为 2～3 km，水平尺度 10 km，强度为 10～15 dBZ，呈弧状。产生阵风锋的雷暴，只是一般性质的雷暴天气，并没有出现强天气。16:45 位于西安西部的乾县出现了 19 m/s 的大风天气和 1 h 降水 13 mm 的短时暴雨天气。16:59(图 8.12b)，西安北部和西部的两个雷暴群前部都出现了明显的弧状阵风锋回波。同时观测到二条阵风锋回波的情况并不多见。两个雷暴群的对流单体强度虽然在 45～50 dBZ，但是强回波面积并不大。北部的回波比较松散，都不是很强，但是多个对流单体的合并造成雷暴加强，使得冷湿下沉气流形成一股较强的冷空气，推动雷暴群前部的暖空气，形成比较强的阵风锋回波。

17:11(图 8.12c)，两条阵风锋继续向西安方向移动，西安西部方向的 45 dBZ 弓状强对流回波产生了强风天气。西安北部的阵风锋回波强度比西安西部的阵风锋强 5 dBZ，但是西安西部的阵风锋带来的强风天气比西安北部的阵风锋要强。17:30(图 8.12d)西安西部的雷暴群开始减弱，40 dBZ 的单体明显减少，强回波面积减小。两条阵风锋的水平尺度达到 80～100 km，回波强度维持在 15～20 dBZ，宽度为 3～5 km。由于阵风锋对雷暴入流的阻挡作用，雷暴已经减弱，阵风锋也开始减弱。这次阵风锋的生命史为 1～2 h，二条阵风锋的强度也不尽相同。

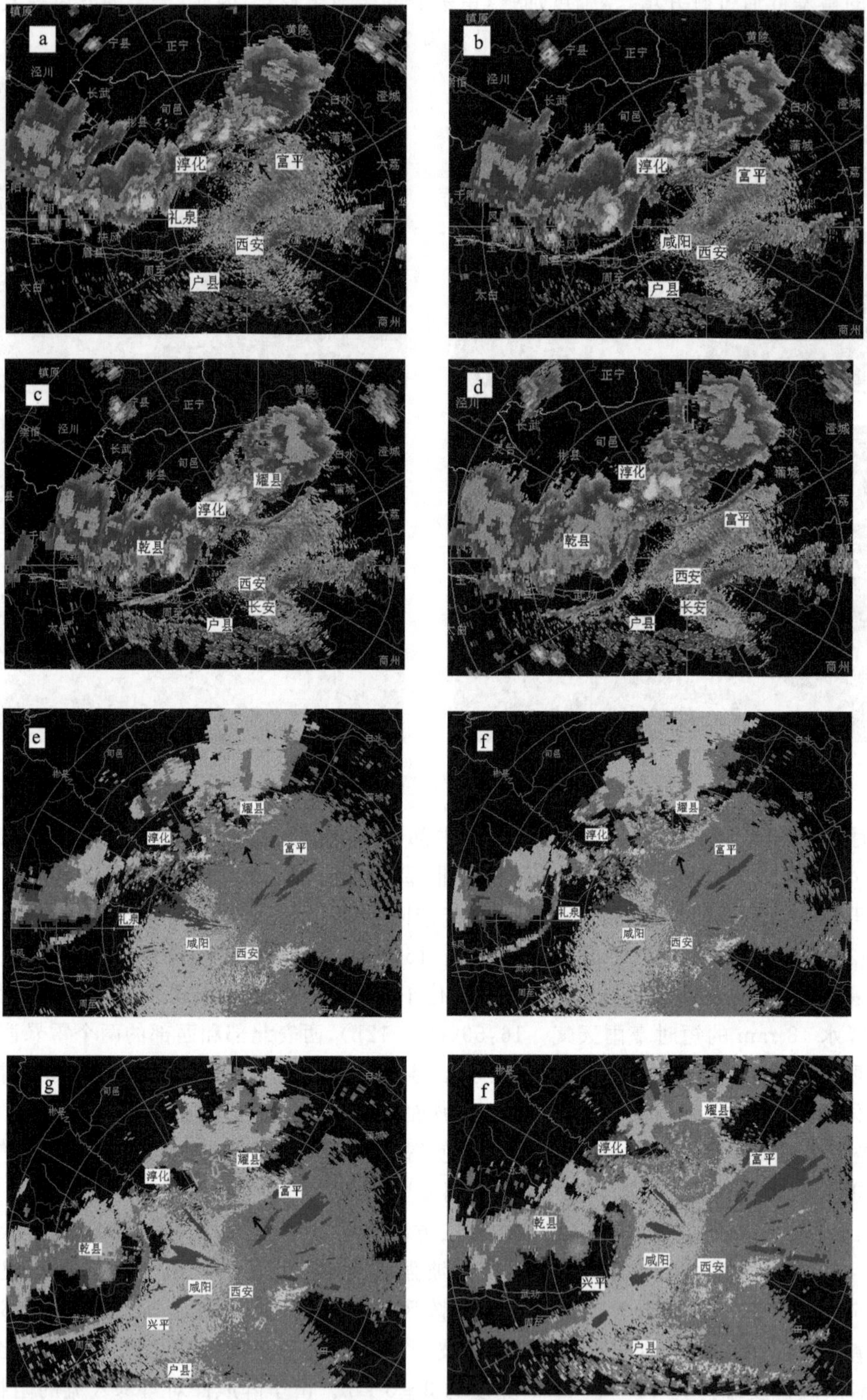

[彩]图 8.12　2004 年 7 月 18 日雷达组合反射率图[PPI,(a)—(d)]
及径向速度图[仰角 0.5°,图(e)—(h)]

8.3.2.2　阵风锋的径向速度场特征

从径向速度场(V)来看，7 月 17 日下午西安西北部的阵风锋径向速度很小，在 16:00 以前，阵风锋的径向速度为－5 m/s。16:00，兴平市出现了强风暴天气，从低层径向速度图(图略)分析，发现是中尺度气旋造成的。

7 月 18 日 16:40(图 8.12e)的径向速度图上，阵风锋北部的径向速度为－10 m/s，阵风锋南部的径向速度为 5 m/s，阵风锋产生的强风主要是北风，而阵风锋的前部盛行偏南风，位于西安西部阵风锋的径向速度为－10 m/s。雷暴回波强中心径向速度的大值为－19 m/s。二条弧状阵风锋的前部也是径向速度大值区。16:53(图 8.12f)，西部阵风锋快速向东移动，与雷暴之间的距离拉开 10 km 左右。北部的阵风锋的径向速度为－10 m/s，西部的阵风锋的径向速度略有增大，为－13～－10 m/s，西部的阵风锋带来的阵风风速比较大。阵风锋径向速度比产生阵风锋的雷暴单体的径向速度略小。17:17(图 8.12g)，西安北部的阵风锋的径向速度仍为－10 m/s，回波带的强中心的径向速度大值为－19 m/s。西部的阵风锋的径向速度仍为－10 m/s，回波带的强中心的径向速度大值为－19 m/s，表明强雷暴本身产生的低层外流比较强。17:36(图 8.12h)，西安西部的强雷暴产生的径向速度仍为－19 m/s，推动其前部的阵风锋向东扩展，雷暴与阵风锋之间的距离在 30～40 km，西部的阵风锋的径向速度为－10 m/s。北部的阵风锋的径向速度仍为－10 m/s。以后随着雷暴的减弱消散，阵风锋也开始减弱消散。

8.3.2.3　阵风锋过境时的气象要素变化特征

7 月 17 日雷暴群由西北向东南方向运动，阵风锋经过测站的风向风速都发生了变化(表 8.1)，风向转变、风速突增是普遍现象。在雷暴群的初期(12:00—15:00)，产生的天气以雷雨为主，阵风的强度不是很强，富平、淳化和高陵的平均风速增大到 4 m/s 左右。雷暴群的强盛阶段(15:00—17:00)，咸阳、鄠邑的平均风速增大到 6 m/s 左右，风速提高了很多。由于雷暴群的生命史较长，阵风锋的生命史也长，因此，对短时预报提供了一定的预报时效。

表 8.1　2004 年 7 月 17 日阵风锋经过测站前后风向风速变化情况

站名	富平		淳化		高陵		咸阳		鄠邑		长安	
时间	12:00	12:52	13:00	13:35	14:00	14:50	14:00	15:30	16:00	16:55	17:00	18:23
风向	ESE	PPN	PPE	NNE	PPE	NNW	PSE	NNE	NNE	NNW	NNW	SSE
风速(m/s)	1.7	4.0	3.6	4.3	2.0	4.3	2.0	5.7	1.0	6.3	1.3	2.7

与测站阵风变化相比，阵风锋初期引起测站地面温度的变化并不大，如淳化 13:00 地面温度为 20.7 ℃，阵风锋过境后，14:00 地面温度为 19.9 ℃，下降了 0.8 ℃。到后期，鄠邑 15:00 地面温度为 30.6 ℃，阵风锋过境后，17:00 地面温度为 21.8 ℃，下降了 8.8 ℃。地面温度的变化与雷暴的强度有直接的关系。

7 月 18 日的二条阵风锋产生的阵风天气更明显。如位于西安西部的乾县产生了强对流天气，16:45 产生了 19 m/s 的大风天气，17:07 阵风锋到达礼泉，礼泉平均风速由 2.0 m/s 增大到 7.3 m/s；18:00 阵风锋到达咸阳，咸阳平均风速由 1.7 m/s 增大到 5.0 m/s；阵风锋到达鄠邑的时间为 18:10，阵风锋风速下降，但是鄠邑平均风速仍由 1.3 m/s 增大到 3.7 m/s；18:23到达长安，阵风锋风速为 2.7 m/s。另外，地面气温变化也比 17 日的大。

8.3.2.4　阵风锋和雷暴的关系以及相互作用

理论上认为，当雷暴的下沉气流空气接近地面时，它四下辐散形成阵风锋。阵风锋的出现,阻挡了流向雷暴的暖湿气流,对雷暴的发生发展具有负反馈作用。同时,消散的雷暴又减弱了阵风锋的强度。

从上述个例看出,阵风锋附近始终有雷暴单体在活动。最初产生阵风锋的雷暴消散后,阵风锋的强度并没有减弱。相反由于其他雷暴单体继续发展,强度增强,产生的下沉气流源源不断向阵风锋补充,阵风锋的回波强度继续增强。阵风锋的产生、发展并不取决于某一个雷暴单体的生消,而是雷暴群的发展状态。雷暴单体产生的湿冷下沉气流是阵风锋生成、维持的根本原因。

阵风锋的存在对雷暴的作用有两个方面:一方面,阵风锋对处在近处雷暴单体的负反馈作用很明显,在阵风锋周围的雷暴单体的生命史比较短。如 12:56 产生阵风锋回波的几个雷暴单体到 14:17 已经消散,说明阵风锋对雷暴具有副反馈作用。另一方面,阵风锋对距离较远的雷暴单体的负反馈作用不明显。雷暴继续发展,并没有减弱。阵风锋对这一部分雷暴单体的负反馈作用可能很小,对正在发展的雷暴作用不明显。阵风锋并没有阻碍较远雷暴群的发展,雷暴群的强度随着很多单体的合并急剧增强,并出现了强风暴天气。

8.4 下击暴流

8.4.1 下击暴流定义

对流风暴发展到成熟阶段后,其中雷暴云中冷性下降气流能达到相当大的强度,到达地面形成外流,并带来雷暴大风,这种在地面引起灾害性风的向外暴流的局地强下降气流,称为下击暴流。因为它生命史短,影响的范围小,因此,成为短时预报和航空预报的难点之一。研究表明,大多数下击暴流常伴随着两种类型的雷达回波即“钩状回波”和“弓状回波”。下击暴流的位置经常出现在钩内或钩的周围,或弓状回波中心的前部附近。藤田(Fujita)将弓状回波的生命期描述为:它从大的、强的、高的回波逐渐转变为弓形,又常转变为逗点状回波。

下击暴流的形成是与雷暴云顶的上冲和崩溃紧密联系着的。上升气流在上升和上冲的过程中,从高层大气运动中获得水平动量。随着上冲高度的增加,上升气流的动能变为位能(表现为重、冷的云顶)被储存起来。当云顶迅速崩溃时,位能又重新变成下降气流的动能。

重冷云顶的崩溃取决于雷暴云下阵风锋的移动。阵风锋形成后,它加速朝前部的上升气流区移动。随着阵风锋远离雷暴云母体,维持上升气流的暖湿气流供应逐渐被阵风锋切断,云中上升气流迅速消失,重、冷云顶下沉,产生下沉气流。下降空气由于从砧状云顶以上卷挟了移动快、湿度小的空气,增强了下降气流内部的蒸发,同时,这个下降气流的单体,由于吸收了巨大的水平动量,迅速向前推进。下降气流到达地面时,就可以形成下击暴流。

8.4.2 下击暴流个例

1995 年 6 月 7 日在陕西中部三原县观测到一次下击暴流,距离西安雷达站 40 km。位于西安北部的三原县在 15:30—15:40,局部地区遭受了有气象记录以来罕见的暴风雨夹冰雹袭击。暴雨如瀑布倾泻,数米内对面看不见人,仅 10 min 降雨量达 29 mm。暴雨、冰雹、大风从县城西北至东南方向而过,风速达 20～24 m/s,最大风力 10 级。大风将街道 100 cm 粗的大树，连根拔出，拦腰折断，塌倒房屋，砸断线路，造成交通中断，停电、停水，广播、有线电视瘫痪。全县损坏房屋 823 间，吹倒成材树 5000 棵，高低压电杆 201 个，死亡 1 人，伤 3 人。

这次过程有以下特征：

①降水时间主要集中在 15:30—15:40，降水量为 29 mm。

②冰雹出现在 15:32—15:37，直径为 8～10 mm。

③大风出现在 15:20—15:28。强风出现在 15:29—15:39，风力在 8 级以上，最大为 10 级。

④下击暴流影响的范围为宽 6 km、长 15 km 的区域内，其中重灾区的范围在宽 6 km，长 10 km 的区域内。

8.4.2.1　下击暴流的雷达回波特征

6 月 7 日产生下击暴流的强对流是由三个中尺度对流单体群相互碰撞，两个 65 dBZ 强对流单体合并后产生的，如图 8.13 所示。每个单体群都是由 2～3 个单体组成。7 日 14:30 单体群 E 处在衰落阶段，而单体群 A、单体群 B(包括单体 B,C,D)则刚生成。生成的地点都在三原县西北部海拔 1000～1200 m 的山坡上。单体群 A 沿着五凤山、钻天岭山边朝东南方向移动，造成沿线的冰雹、阵风天气。单体群 B 翻过爷台山，沿着偏东方向移至三原北部，在耀州附近改变移动方向，偏南而下。移动过程中，强单体 B,C 合并，在三原县产生下击暴流，随后强度迅速减弱，沿着东南方向移动。单体群 E 在单体群 B 的东北部，在南下的过程中与单体群 B 相碰，对单体群 B 的发展起到积极作用。从对流云的生成到产生下击暴流，过程大约为 1 h，雷达回波强度达 65 dBZ。

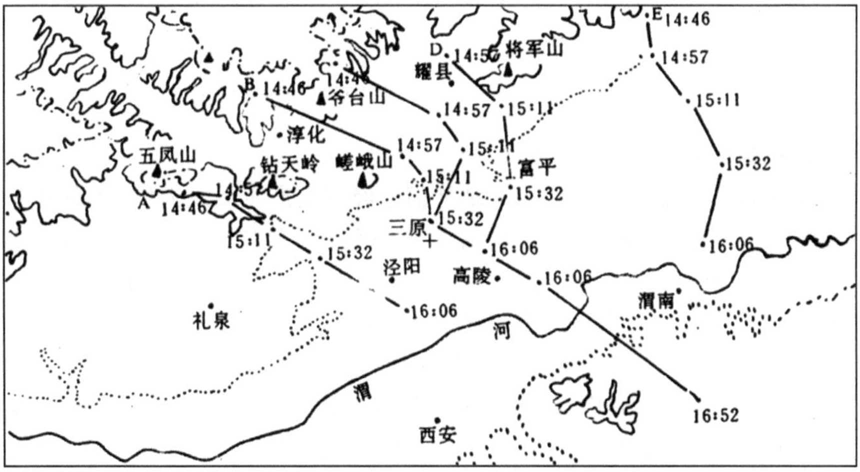

图 8.13　1995 年 6 月 7 日回波强中心移动路径图

8.4.2.2　下击暴流的雷达平显回波特征

6 月 7 日 单体群 A 在 14:30 生成，14:46 移出五凤山，强度为 40 dBZ。14:57 发展成箭头状回波，强度增至 65 dBZ，顶高 14 km，回波中有两个强中心，如图 8.14a 所示。15:11 移出山地后与单体群 B 相碰，单体群 A 强度增大至 70 dBZ，速度也加快达 50 km/h，回波仍呈箭头状。单体群 B(包括单体 B,C,D)位于单体群 A 东北部，与单体群 A 同时生成。14:57 翻过爷台山到达耀州附近，速度极快，达 120 km/h，水平尺度为 30～50 km，强度由最初的 50 dBZ 增至 60 dBZ,顶高为 12 km。回波呈弓状,在弓状前部有锯齿状,后部有"V"形缺口,15dBZ 廓线表现得更典型,图 8.14a 箭头所示,单体 A 在东移时,单体群 B 三个对流单体同时发展。15:11 单体群 A 与单体群 B 相碰,但并没有在相碰处产生强单体,而是原有的单体得到迅速发展,成为强对流单体(图 8.14b)。单体 B、C 强度增至 65 dBZ,强中心面积逐渐增大,并且在移动过程中不断靠近。此时弓状回波更明显,"V"形缺口、锯齿状仍明显存在。此时强中心顶高达 17 km,出现前悬回波、假回波尖顶等特征。15:32,强单体 B、C 合并,演变成为超级对流单体(图 8.14c)。回波强度虽然仍为 65 dBZ,但强中心回波(60 dBZ)覆盖面积达 150 km^2,65 dBZ 强回波呈钩状回波,单体 D 也出现钩状回波(图 8.14d)。强中心覆盖地区出现下击暴流,并挟带暴雨、冰雹造成剧烈天气。

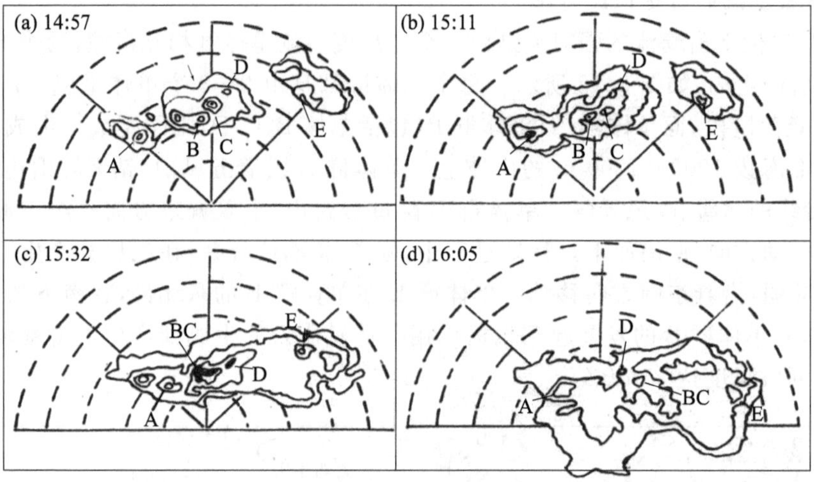

图 8.14 1995 年 6 月 7 日雷达平显回波特征图

8.4.2.3 下击暴流的雷达高显回波特征

6 月 7 日雷达高显回波分析表明,15:22 地面已经开始产生大风天气,从高显资料来看,单体 BC 内主要有两股气流 A 和 B。此时气流 A 已经由上升气流演变为下沉气流,表现在其对应的云顶已成为圆顶状。而气流 B 则为一股上升气流,上升速度快,云顶形态呈尖锥状。此时 50 dBZ 高度接近 12 km,形态呈上窄下宽型,如 8.5 km 处 50 dBZ 宽度为 7.5 km,而 4 km 处为 10 km 宽。此时的地面大风天气,是 A 股下沉气流所致,强度不是很大,如图 8.15a。15:25 高显回波图上 A 处具有塌陷状,说明 A 股下沉气流较强,50 dBZ 高度也降至 10 km。虽然 B 股上升气流也很强,但下沉气流已经形成。50 dBZ 形态已由上窄下宽型演变为上略宽于下部,如 7 km 处宽度为 12.5 km,而 4 km 处仅为 10 km 宽,如图 8.15b。15:33 云内 A 股下沉气流已成为主体,占 2/3 多,强度也增大,表现为 A 处 50 dBZ 高度由 10 km 降至 8 km,云内 65 dBZ 呈条状分布,雷暴云顶的崩溃现象非常明显。B 股上升气流速度虽然较大,但已成为一股很窄的气流,在 RHI 上表现为一条窄的上冲云顶回波。此时云顶的崩溃继续发生,50 dBZ 廓线上宽下窄型表现得尤为突出,如 7 km 宽度接近 20 km,而 3 km 处为 10 km,形状如同瓶口,造成下击暴流,如图 8.15c。15:37,上冲云顶彻底崩溃,50 dBZ 廓线整个云顶都呈塌陷状,B 处高度也降至 9 km,云内普遍为下沉气流,65 dBZ 强回波呈条状分布,说明云内存在若干股强下沉气流。50 dBZ 廓线仍然呈上宽下窄状,如图 8.15d。

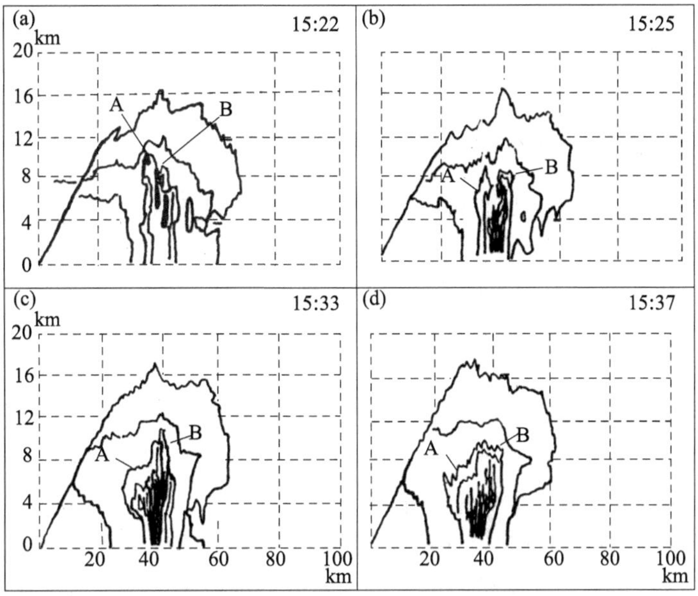

图 8.15　1995 年 6 月 7 日雷达高显回波特征图

8.4.2.4　下击暴流与地面流场的关系

三原县产生的下击暴流与地面辐合有关。6 月 7 日 13:00(图 8.16a)，在韩城、铜川、淳化、麟游有一条东北—西南向的辐合线，在辐合线的东段和西段有对流回波单体。中段辐合相对较弱，但此时在东段，对流回波向西移动，而西段的回波却向东移动。14:00(图 8.16b)三原西北部有扰动产生，在辐合线中部有一涡旋环流，雷达探测发现在涡旋附近有对流云生成。15:00(图 8.16c)涡旋南移到三原附近，淳化出现 15 m/s 的偏南暖湿气流，辐合增强，形成一个明显的中尺度涡旋，直径约为 40 km。此时三个单体群相碰，强单体 B,C 合并，产生下击暴流。16:00(图 8.16d)辐合线东段南压，中段低涡中心消失，但辐合仍较强，辐合线过境时仍有雷雨大风天气。17 时地面辐合线消失，关中地区强天气结束。

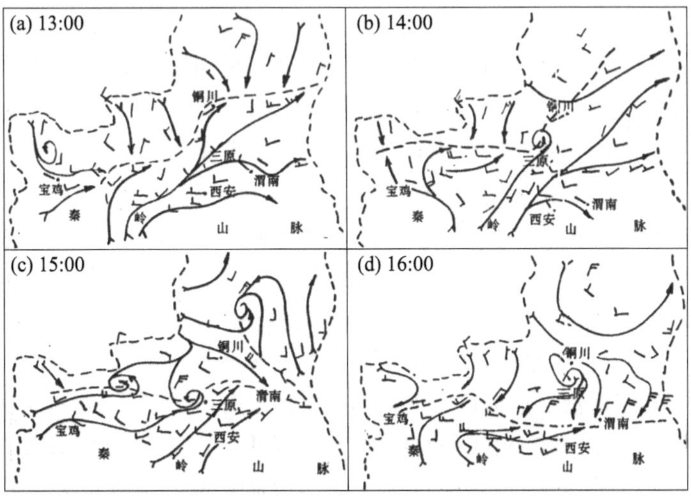

图 8.16　1995 年 6 月 7 日 13:00—16:00 地面流场图

8.5 强对流风暴

8.5.1 产生强对流风暴的条件

雷雨大风、下击暴流、冰雹、龙卷和强雷雨等中尺度强风暴天气发生的重要条件是:中层干空气(干暖盖)和强垂直风切变。中层干空气的作用,增强了热力(浮力)不稳定度,它主要控制对流风暴的强度。垂直风切变主要影响强对流风暴的类别。

8.5.2 产生强对流风暴的天气形势

8.5.2.1 冷涡、槽后型主要特征

冷涡、槽后类风暴主要出现雷雨大风和冰雹天气,呈现"干"强对流风暴特征。

(1)冷涡槽后部存在准东西向的短波横槽

在强对流风暴出现前,500 hPa 涡槽后部,存在东西向横槽,其附近冷平流较强,并有较小范围的辐合上升运动,它镶嵌在涡槽后部大范围辐散下沉区中。

(2)对流层中低层存在干暖盖

其高度在900~600 hPa之间,多见于800 hPa附近,主要出现在850 hPa槽线附近至500 hPa涡槽后部的范围内,呈倾斜分布,它和地面的交线就是干线。干暖盖为形成对流风暴所需能量积累及爆发式释放提供重要条件。干暖盖维持时间越长,越有利于强对流风暴的产生。

(3)低空存在温度脊

涡槽后部 850 hPa 上存在东西走向的温度脊,其形成与涡槽后部的下沉增暖及低空暖平流有关,在偏西(或西南)气流作用下,暖空气向东向北输送,铺垫在 500 hPa 冷平流区的下方,这种垂直配置,导致大气层结不稳定。

(4)高空有明显的急流活动

大多有高空急流活动,其平均强度以槽后型的为最大。对流风暴发生区,位于急流出口区的左前侧或入口区的右后侧,那里有高层辐散叠加在低层辐合区的上方,易于形成贯穿性上升运动,提供深对流发展的条件。有低空急流活动时,它常出现在边界层内,并且强度较弱。中低空垂直风切变主要表现在风向的变化上,850~500 hPa 风向顺转可达 90°以上。

8.5.2.2 槽前型主要特征

槽前类的对流风暴在平原地区多出现强雷雨天气,呈现"湿"对流风暴的特征。

(1)三层槽前。对流风暴出现地区,位于 500 hPa、700 hPa 和 850 hPa 三层槽前,受深厚西南风控制。分析发现,槽前类中的斜槽型,直接影响对流风暴生成的是槽前短波槽,其作用表现在两方面:一是它携带小股干冷空气向东伸展,提供中层干冷空气入侵条件;二是短波槽前的辐合上升对强对流形成有利。竖槽型的显著特征是槽后的中空急流,它将中空干冷空气迅速向对流风暴发生区输送。中空急流干平流,增强大气层结的对流不稳定度和中层气流辐合,使辐合层从地面延伸至中空,有利于对流迅速向高空伸展,它可能是槽前出现"干"对流风暴的重要条件。

(2)低空急流活跃。槽前类对流风暴发生前,常伴有低空急流活动(概率近 70%),急流尺度有的可达上千千米,层次厚,强度强,一般为 14~18 m/s,特别强的可达 30 m/s。急流区的水汽能量输送及辐合上升运动,是对流风暴形成的必要条件,对流风暴一般产生在急流大风核的左前方。

(3)对流不稳定的建立主要由湿度差动平流引起。分析表明，槽前类水汽主要集中在低层，中低层有明显的湿度差异。水汽通量辐合主要存在于低层，中层迅速减小，两者的差别接近一个量级，中低层水汽通量的差别，大于温度平流差，因而槽前类对流不稳定的建立，主要由湿度差动平流引起。

8.5.3　槽前产生强对流风暴个例

1995 年 8 月 5 日陕西中部由西向东出现了一次由短时暴雨逐渐转化为强对流风暴的天气过程。17:00 千阳县 1 h 降水 10 mm；18:00 麟游 1 h 降水 16 mm；19:00 永寿 1 h 降水 17 mm；19:40 至 20:40，泾阳、三原县的部分地区遭到冰雹、大风和短时暴雨袭击。在泾阳，冰雹持续 20 min，直径 10 mm，最大 30 mm；最大风力 8～9 级；降水持续 40 min，降水量为 50～70 mm。20:20，强对流云移至三原，强风暴历时 20 min，风力在 8 级以上，20 min 降水 40 mm。强风暴所经之处，电力、通信、交通中断，大树连根拔出，电杆被拦腰刮断。据统计，此次过程倒塌房屋 500 多间，房屋损坏 1 169 间，刮断大树 8 900 颗，刮倒电杆 631 根，重伤 27 人，死亡 2 人。

这次过程发生在 500 hPa 槽前西南气流中，初期天气以短时暴雨为主，后期具有强对流风暴的雷雨、大风和冰雹天气特征。

8.5.3.1　天气形势

1995 年 8 月 5 日 08:00 的 500 hPa 图上，东亚环流形势为两脊一槽。两条脊线分别位于新疆北部 85°E 和我国东北北部 125°E 附近，青藏高原东部西宁附近为一低涡，槽线位于西宁-昌都一线，槽后与槽前温差为 3～4 ℃，副热带高压分成两个：东部和青藏高原。东部副高比较强，青藏高原拉萨附近的副高比较弱。5 日 20:00 的 500 hPa 图(图 8.17a)上，东部副高减弱开始东退，高原副高却在加强，588 dagpm 控制了整个高原东部。500 hPa 槽线位于两个副高之间，延安、西安有 12～16 m/s 的西南气流。显然这次过程始终发生在 500 hPa 槽前，但在槽前没有出现短波槽。08:00 延安 500 hPa 温度为－5 ℃，西安 500 hPa 温度为－2 ℃；20:00 延安 500 hPa 温度为－6 ℃，西安 500 hPa 温度为－2 ℃，说明影响陕西中部的中空冷空气并不强，而且受槽前西南气流影响，500 hPa 中空水汽比较充沛。

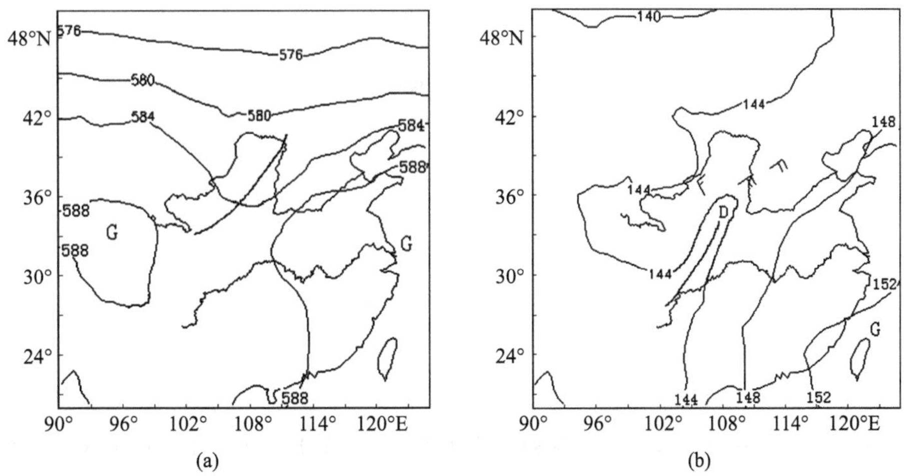

图 8.17　1995 年 8 月 5 日 20:00 500 hPa(a)和 850 hPa(b)高空图(单位：dagpm)

5 日 08:00 的 700 hPa 图上，在银川—兰州一带为一气旋性低涡环流。20:00 低涡环流东移至陕西中部，形成 308 dagpm 闭合低压。延安-宝鸡-成都为一切变线，泾阳、三原位于切变线东部的西南气流中，其中汉中、西安西南风达 10～12 m/s，延安南风 2 m/s。泾阳、三原仍处在西南暖湿气流控制中，水汽条件比较好，700 hPa 中空水汽比较充沛。虽然 700 hPa 延安温度下降了 4 ℃，可是延安吹南风，说明这一部分冷空气对泾阳、三原强对流风暴的发生发展影响不大。700 hPa 气旋性环流有利于低层辐合上升运动，西南低空急流的左前方也是强辐合区，泾阳、三原的强对流风暴就发生在这两个区域的叠加处。

5 日 20:00 的 850 hPa 图(图 8.17b)上，来自南海的东南气流控制了整个陕西地区。东南气流为陕西带来暖湿气流，积蓄了大量不稳定能量，同时太原、延安 8 m/s 的东北风代表一股来自东北方向的强干冷空气；平凉 6 m/s 的西北风代表一股来自西北方向的干冷空气。三股性质不尽相同的气流交汇造成局地锋生，辐合加强，为强对流风暴的产生创造了良好的环境。这与前面所说的影响强对流风暴发生的重要条件之一是中层干空气入侵条件是不同的。

8.5.3.2 强对流风暴的垂直结构

由于这次过程出现在 5 日 17:00 至 21:00，用 08:00 探空数据计算的物理量数据可以认为是强对流天气的前期特征，用 20:00 探空数据计算的物理量数据正好了解强对流风暴天气发生时的内部结构，可以正确分析强对流风暴的形成机理。

(1)涡度、散度

从 5 日 08:00 沿 34°N 的涡度剖面图看出，在陕西的西部(100～105°E)，850 hPa 以上整层维持一正涡度区，其中 500hPa 涡度值最大，量值为 $8\times10^{-5}\,s^{-1}$。5 日 20:00 沿 109°E 的涡度剖面图(图 8.18a)表明，在强风暴发生地上空(大约在 34.7°N，108.8°E 附近)涡度结构发生了改变，850～500 hPa 为正涡度，最大量值在 700 hPa，为 $5\times10^{-5}\,s^{-1}$。500 hPa 以上为负涡度，最大量值在 200 hPa，为 $-5\times10^{-5}\,s^{-1}$。强风暴是发生在低空为正涡度区、高空为负涡度区中。

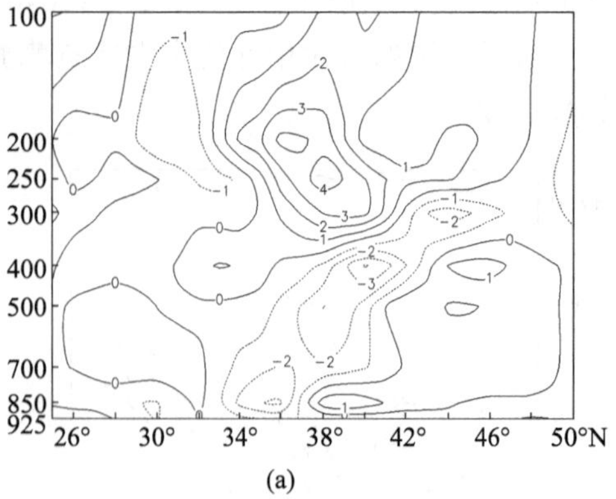

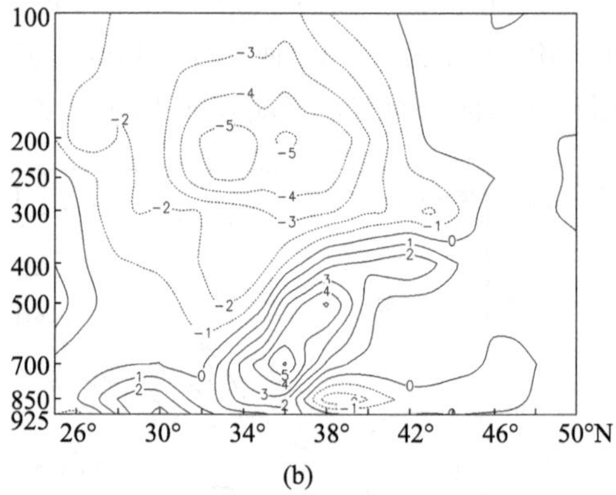

图 8.18　1995 年 8 月 5 日 20:00 沿 109°E(a)涡度(单位：$\times10^{-5}\,s^{-1}$)和(b)散度剖面图(单位：$\times10^{-5}\,s^{-1}$)

5 日 08:00 沿 34°N 的散度剖面图上，甘肃东部(100°—105°E)850～600 hPa 为辐合区，最强辐合在 700 hPa，量值为 $-3\times10^{-5}\,s^{-1}$。600 hPa 以上为辐散区，最强辐散在 200 hPa，量值为 $8\times10^{-5}\,s^{-1}$。5 日 20:00 沿 109°E 的散度剖面图(图 8.18b)表明，在对流强风暴发生地上空 850～500 hPa 为辐合区，最强辐合在 850 hPa，量值为 $-3\times10^{-5}\,s^{-1}$。600 hPa 以上为辐散区，最强辐散在200 hPa，量值为 $3\times10^{-5}\,s^{-1}$。强对流风暴发生在低空辐合、高空辐散之中。

(2)θ_{se}能量场和垂直速度

5 日 08:00 的能量图上,陕西中部 850～500 hPa 都为高能区,θ_{se}量值为 340～350 K, 850 hPa 能量场呈"Ω"型(图 8.19a),西安 $\Delta\theta_{se(500-850)}=268$ K,说明陕西中部大气层结不稳定。5 日 20:00 的 700～500 hPa 能量场陕西中部继续为高能区,但是 850 hPa 能量场(图 8.19b)发生了很大变化。在陕西中部出现了很强的能量锋区,强风暴南北两侧 $\Delta\theta_{se}=298$ K。说明在强风暴发生区域低层(850 hPa)内有一股很强的干冷空气与一股强暖湿气流交汇,形成锋区。这次过程,低层在前期积累了大量不稳定能量,能量场呈"Ω"型。后期出现了强能量锋区,与前期能量的表现形式不同。强对流风暴是在低层形成强能量锋区时形成的,说明北部的干空气对强对流风暴天气的形成起到了重要作用。

5 日 08:00 沿 34°N 的垂直速度剖面图(图 8.19c)上,100°—107°E 这个区域为一强上升气流。显然,850 hPa 以上整层维持一正涡度区是造成该区域出现了强上升气流的主要因素。最大上升速度位于 400 hPa 附近,达到 -8×10^{-3} hPa/s,即 1.2×10^{-1} m/s。5 日 20:00 沿 109°E的垂直速度剖面图(图 8.19d)表明,在陕西中部强风暴发生地上空仍为强上升气流,最大上升速度位于 400～300 hPa,达到-8×10^{-3} hPa/s,即 1.2×10^{-1} m/s。如此强的上升气流为强风暴天气提供了良好的动力条件。

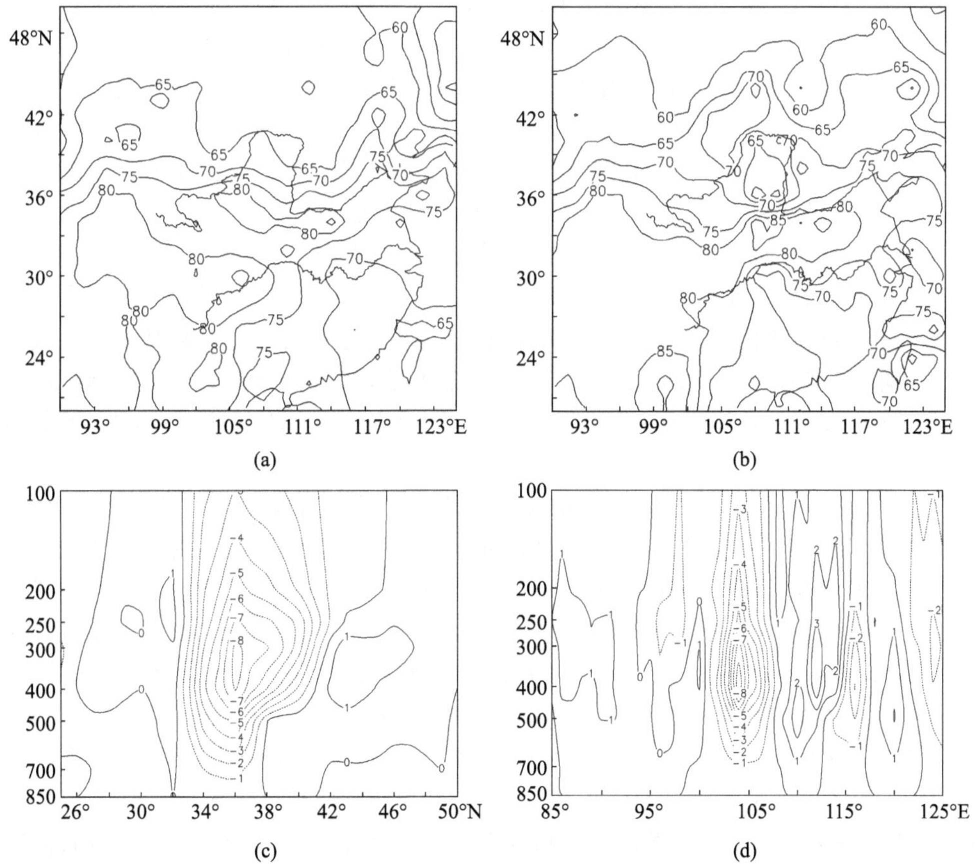

图 8.19 1995 年 8 月 5 日(a)08:00 时 850hPa 的 θ_{se}(单位:℃);(b)20:00 时 850hPa 的 θ_{se}场(单位:℃);(c)08:00 沿 34°N 垂直速度(单位:10^{-3} hPa/s);(d)20:00 沿 109°E 垂直速度剖面图(单位:10^{-3} hPa/s)

(3)水汽分布特征

5 日 20:00 的 500 hPa 高原低涡槽东移至甘肃东部,陕西中部受槽前西南气流的控制,500 hPa 水汽通量(图略)增大到 60～80 g/(cm·hPa·s)。700hPa 西南急流为陕西中部提供了充沛的水汽,强风暴发生地上空的水汽通量(图略)增大到 60～100 g/(cm·hPa·s)。来自北部的气流携带一部分干冷空气南下,延安附近的水汽通量值为 20 g/(cm·hPa·s)。由于延安吹南风,因此对泾阳、三原的影响比较小。850 hPa 水汽通量(图略)在陕西中部的分布极为不均,在强风暴的南侧,偏南气流携带大量暖湿气流,水汽通量增大到 100～140 g/(cm·hPa·s)。强对流风暴的北侧受西北、东北干冷气流影响,水汽通量值骤减为 30～40 g/(cm·hPa·s)。强风暴南北两侧水汽分布差距如此之大,说明强风暴发生发展与南部的暖湿气流和北部的干冷气流都有着重要的联系。

从 5 日 20:00 各层的水汽通量散度来看,500hPa 陕西中部水汽通量散度为 $0\sim-1\times10^{-7}$ g/(cm²·hPa·s),700 hPa 陕西中部水汽通量散度为 $-1\sim-2\times10^{-7}$ g/(cm²·hPa·s),850 hPa 陕西中部水汽通量散度(图略)为 $-3\sim-4\times10^{-7}$ g/(cm²·hPa·s)。尽管 500～700 hPa 水汽辐合较小,但是主要是暖湿空气。850 hPa 水汽通量辐合值很大,辐合区域也很大,不仅将来自于南方的暖湿气流带入强对流中,也将来自北部方向的干冷空气带入强对流中。

8.5.3.3 雷达回波特征

8 月 5 日 13:00,甘肃平凉地区附近有对流云生成,源地在六盘山的东北坡上。对流云成点状回波,最大强度为 30 dBZ,高度约 6 km。同时,在天水东部火焰山东坡和西坡都有对流云生成。15:00 对流云仍在原地发展,强度增至 35～40 dBZ,回波面积增大,出现了若干个带状回波。17:00(图 8.20a)系统东移,发展成为一个较大的带状回波,南北对流云已连成一体。带状回波的水平尺度约为 200 km,宽度为 30～100 km,回波强度普遍为 30～35 dBZ。在大片的带状回波中,有强度为 40～45 dBZ 的强对流单体在发展。这种大面积的带状回波是比较典型的混合型降水特征,回波中有很多小尺度的强对流单体在发展,主要云系以层状云为主。与单纯的强风暴对流单体回波有不同之处,即存在大片的层状云。雷达回波出现混合型降水特征表明大气中水汽含量比较大,尤其是低层的水汽含量。此时在南北云系交汇处生成一个较强的对流单体,强度为 45 dBZ,高度为 12 km。受其影响,陕西中部的千阳县 1 h 降水 10 mm。带状回波在东移过程中整体强度并没有增强,只是强对流单体在不断加强,18:00 给麟游县造成 1 h 降水 16 mm 的强天气。18:56(图 8.20b)南北云系断开,南部云系以层状云为主,强度为 30～35 dBZ。在进入秦岭山脉后,移动缓慢。北部云系仍然以混合型降水特征为主,结构较 17:00 更加紧密,水平尺度为 150 km,宽度为 30～50 km,移动速度较南部云系快。强对流单体位于带状回波尾部,此时强度增大到 60 dBZ,高度达 17 km,出现“悬挂状”回波,沿途给永寿县造成 1 h 降水 17 mm 的短时暴雨天气。19:05 强单体强度为 65 dBZ,高度达 18 km,50 dBZ高度为 12 km。从雷达的高显资料来看,强对流单体的高度随着时间逐渐增高,从最初的多个强对流单体发展到最后只有一个超级单体在发展。19:40 超级单体移至泾阳县境内,出现强对流风暴天气。20:12(图 8.20c)可以看出,带状回波已演变成超级单体,强度最大为 70 dBZ,而 65dBZ 廓线呈弓状。回波出现巨大的“V”形缺口,整个云系中只有一个强对流单体,其余的对流单体已经处在消散阶段。相对应的高显回波上(图 8.20d),云体垂直高度超过对流层顶,进入平流层,达 21 km。强回波 50 dBZ 高度为 15 km,发展十分旺盛。20:20 超级单体移至三原县境内,造成强烈的雷雨和风暴天气,狂风给三原县两个镇造成惨重的损失。21:20带状云系已经消散,超级单体强度减弱到 55 dBZ,高度下降到 1 km,虽然“V”形缺口还在，但是整个对流云强度已经减弱很多，50 dBZ 强回波面积只有一小点，天气以阵性降水为主。

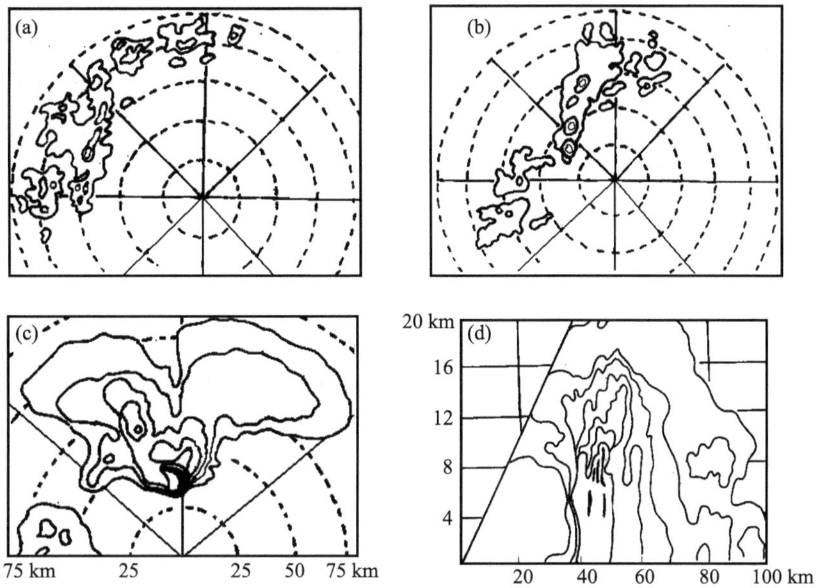

图 8.20　1995 年 8 月 5 日 17:00—21:20 雷达回波图

(a)，(b)廓线由外向内为 5 dBZ，30 dBZ，45 dBZ，每圈半径 60 km；

(c)，(d)廓线由外向内为 5 dBZ，15 dBZ，30 dBZ，45 dBZ，55 dBZ，60 dBZ，65 dBZ，70 dBZ

8.5.4　槽后产生局地强对流风暴个例

2002 年 8 月 5 日，一股强劲的暴风雨自北向南袭击了陕西大部分地区。清晨 09:00 从陕北绥德开始出现短时暴雨，到 23:00 关中宝鸡市强降水结束，整个过程历时 15 h，行程 500 km。风暴移过之地强降水是以短时对流风暴形式出现，局地性很强，大部分地区降水时间为 1～2 h。陕西 96 个观测站有 16 个站出现短时暴雨(1 h 降水≥10 mm)，其中 9 个站 1 h 降水≥20 mm，5 个站出现短时大暴雨天气(1 h 降水≥30 mm)；1 个站出现短时特大暴雨(1 h 降水≥50 mm)。有 12 个站出现大风天气(风速≥17 m/s)，其中最大风速出现在陕南为 28 m/s。暴雨中心在宝鸡地区，太白县和宝鸡市 3 h 降水量分别为 83.6 mm、81.7 mm。

8.5.4.1　槽后短时暴雨的天气形势

2002 年 8 月 5 日 08:00 的 500 hPa 天气图上(图略)，东亚环流形势为两槽一脊，槽线分别位于我国东北部和西部。受蒙古高脊影响，陕西处在西北气流控制下。副高由 8 月 2 日到 5 日经历由强变弱的过程。5 日 08:00 主体已分裂为两部分：一部分东退至东海；另一部分维持在青藏高原东侧。陕西中部和南部位于高原东侧副高边缘。这次过程有以下特点：①此时生成于南海的“北冕”台风在广东沿海登陆，台风外围偏东风强劲，给内陆地区带来大量水汽；②500 hPa 槽后冷平流是这次强对流风暴发生的直接影响系统；③副高北部的西北气流为陕西上空带来暖湿气流。

850 hPa 图上(图略)，陕西有一个高能舌，这股暖湿气流和 500 hPa 冷平流叠加，导致大气层结不稳定，有利于对流的发展。同时从蒙古国中部至我国银川有一东北低空急流，风速为 12 m/s，出现在对流风暴区的上游，尺度约为 1000 km。陕西处在东北低空急流出口区的左前方辐合区。

8.5.4.2 槽后短时暴雨的水汽条件

5 日 08:00 的水汽通量表明,陕北强风暴过程的水汽主要是通过 850 hPa 东北急流和 500 hPa高原副高输送的。700 hPa 陕西北部水汽通量值为 20～40 g/(cm・hPa・s),500 hPa 水汽通量在陕北有一个比较大的中心,其值为 40 g/(cm・hPa・s)。850 hPa 水汽通量在陕北有大的中心(图 8.21a),其值为 80～100 g/(cm・hPa・s)。陕北上空水汽一支来自 500 hPa 高原东侧副高,另一支水汽来自 850 hPa 东北急流,相汇在陕西北部,导致陕北上空水汽充沛。20:00 的 500 hPa 高原副高带来的西北风水汽含量仍然很大,850 hPa 沿"北冕"台风外围偏东气流的加强,陕西中部低空水汽大大增强,水汽通量值达到 180 g/(cm・hPa・s),为强降水提供了充沛的水汽(图 8.21c)。08:00 的 850 hPa 水汽通量散度(图 8.21b),南海—山西—陕西有一条水汽辐合带,有多个辐合中心,陕西西北部存在一个 -2×10^{-7} g/(cm^2・hPa・s)水汽辐合中心。20:00(图 8.21d)沿着中国南海—湖北—陕西的水汽辐合带,辐合很强,最大辐合中心位于陕西中南部,水汽通量散度最大值为 -6×10^{-7} g/(cm^2・hPa・s),这个水汽辐合中心与陕西宝鸡地区强降水的位置相同。

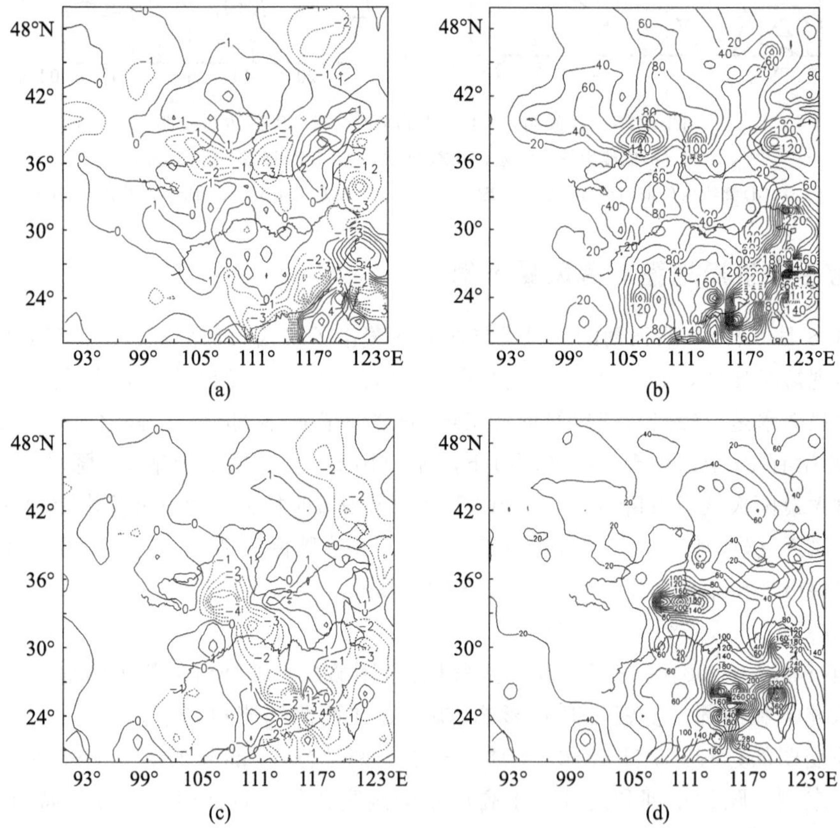

图 8.21 2002 年 8 月 5 日 08:00(a)850 hPa 水汽通量(单位:g/(cm・hPa・s));(b)水汽通量散度场(单位:10^{-7} g/(cm^2・hPa・s));(c)20:00 的 850 hPa 水汽通量(单位:g/(cm・hPa・s));(d)20:00 的 850 hPa 水汽通量散度(单位:10^{-7} g/(cm^2・hPa・s))

8.5.4.3 槽后短时暴雨的动力条件

这次过程虽然发生在 500 hPa 槽后,但是强对流天气从清晨一直持续到傍晚 23:00,说明产生强对流风暴天气的动力条件非常好。为什么在槽后的形势下，会出现这种情况？分析表明，8月5日陕西强对流风暴天气过程与高低空急流耦合产生的次级环流有密切的关系。如图7.12c所示，8月5日08:00的300 hPa高空急流位于内蒙古—辽宁一线，急流区宽广，水平尺度约为2000 km，宽度为400 km，最大风速出现在内蒙古赤峰市为42 m/s。08:00的850 hPa低空急流为东北急流，陕西中北部位于急流轴左前方。急流水平尺度约为1000 km，与300 hPa高空急流轴入口区相交。850 hPa东北急流带来的是湿冷空气。陕西正好位于低空850 hPa急流轴左前侧，高空急流入口区右侧。低层辐合，高层辐散，非常有利于对流发展。5日08时沿110°E垂直速度剖面图(图8.12d)表明，在300 hPa急流轴(42°N)入口区两侧存在着一次级环流：入口区右侧为一上升气流，在34°—41°N之间，与850 hPa急流轴左侧的上升气流重合，最大速度在400 hPa附近为$-6\times10^{-3}hPa^{-1}$。高空急流入口区左侧为一下沉气流，在42°—47°N之间，最大速度在500 hPa附近为$14\times10^{-3}hPa^{-1}$。虽然陕西处在500 hPa西北气流控制下，但是在高低空急流耦合的情况下，仍然激发了次级环流的产生，强上升气流控制了陕西的大部分地区，为这个区域内产生强对流和暴雨天气提供了良好的动力条件。这是这次强风暴天气持续15 h的主要原因。

8.5.4.4　雷达回波分析

8月5日11:00以前，陕西中部以晴天为主。14:00的平显PPI上(图8.22a)，在陕西中部东北方向上有对流云回波出现，与地面中尺度涡旋的位置相对应。对流云回波呈块状，水平尺度为20～30 km，沿着地面中尺度涡旋风场切变和气旋中心排列。回波强度普遍为40～50 dBZ，对流云高10～12 km，最高为15 km，45 dBZ高度达9 km。虽然是“湿”对流风暴，但在500 hPa槽后，强降水仍以对流单体形式出现。从形式上看，与出现在500 hPa冷涡和槽后以雷雨大风、冰雹为主的“干”对流风暴并无差别。与地面中尺度涡旋对照，发现中尺度涡旋内并不是一个超级单体，而是多个对流单体都在发展。次级环流引起的中尺度涡旋支持多股中小尺度上升气流。15:00的PPI(图8.22b)，对流单体继续发展，在地面中尺度涡旋内都有对流云在活动，在白水附近有多个对流单体相互碰并，发展为带状回波。回波强度达50～55 dBZ，云体高度为10～12 km，最高为16 km，45 dBZ高度达11 km。高显上，对流单体出现前悬回波。按照经验判断是冰雹云，其强度和高度都超过了一般冰雹云的标准。在17:00的PPI(图8.22c)，由于中尺度涡旋迅速南下，对流云也快速移至秦岭山脉附近。在中部其他地方由于小涡旋的作用，还有许多强对流单体，呈零散地分布，回波强度达45～50 dBZ，云体高度为10～12 km，45 dBZ高度只有6 km。18时PPI，在秦岭山脉中部出现多个对流云组成的块状回波，发展旺盛，每个块状回波水平尺度为20～30 km，回波强度达50～55 dBZ，云体高度为10～12 km，45dBZ高度8～9 km。20:00(图8.22d)PPI，关中地区西部即宝鸡地区有强回波，这个带状回波长70 km，宽55 km，强度为35～45 dBZ，云体高度为12 km左右。

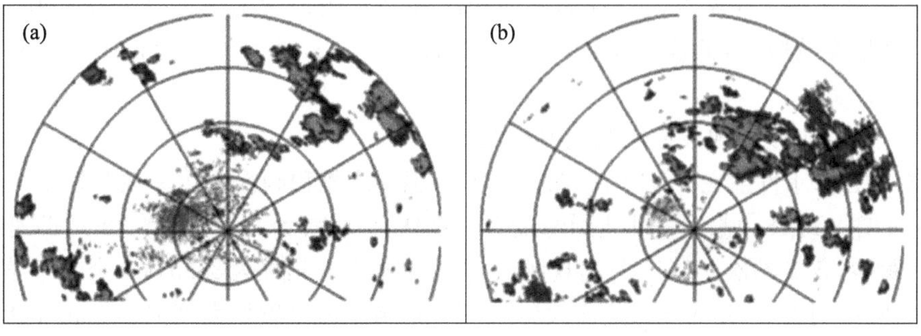

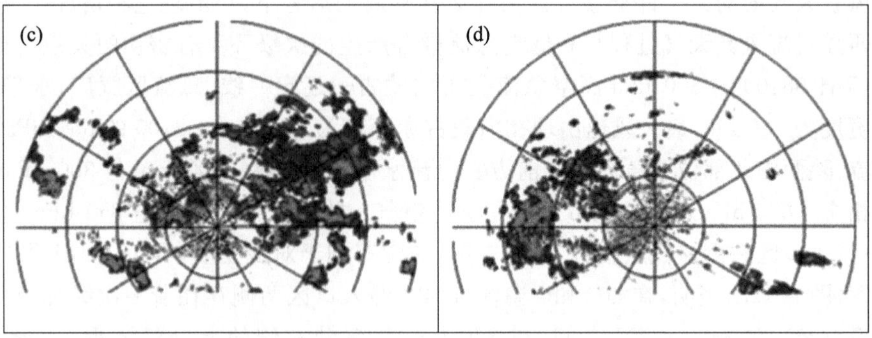

图 8.22　2002 年 8 月 5 日雷达回波图
(仰角 1°～2°;每圈半径 60 km;回波强度按浅灰 10～25 dBZ,深灰 30～35 dBZ,黑色 40～55 dBZ 的顺序判断)

8.6　短时强降水

8.6.1　短时强降水的定义

所谓短时强降水是指发生时间短、降水强度大的对流性降雨,一小时降水量达到或超过 20 mm。由于这种降水时间短,降水强度大,容易形成局地的洪水。在城市里,内涝会给交通带来很多障碍,影响城市的正常运转。在山区,短时强降水会造成山洪、泥石流或滑坡,给人们的生命财产安全带来危害。陕西的黄土高原、秦巴山区是地质灾害多发区,关中平原又是城市、人口、工业密集地,因此,做好短时强降水预报非常重要。

8.6.2　陕西短时强降水的时空分布

选取陕西 2005—2018 年 99 个国家级气象台站小时雨强数据,提取大于或等于 20 mm/h 数据进行统计分析。此分析不对灾害类型进行分类、不对天气现象种类进行划分,纯粹只对降水现象进行统计。

8.6.2.1　全省短时强降水的时间变化特征

(1)短时强降水频次和极值雨强的年变化

2005—2018 年,陕西短时强降水出现频次共 1668 站次,年平均 119 站次。由图 8.23 可知:陕西短时强降水年发生频次维持较为稳定的趋势,每 3 a 出现一次峰值,2014 年最少为 71 站次,2010 年最多为 194 站次。14 a 间陕西短时强降水极值雨强呈波动变化趋势,4～5 a 为一个峰值,峰值振荡减小,振荡范围为 48.6～101.5 mm/h,最大值出现在 2006 年,最小值出现在 2005 年。

(2)短时强降水频次和极值雨强的月变化

陕西短时强降水发生在 5—10 月(图 8.24),且强降水累积频次变化呈现明显单峰型:5 月为 52 站次,6 月增大到 183 站次,7 月达到峰值 760 站次,8 月减少为 583 站次,9 月迅速减小为 82 站次,10 月最少,仅 2 站次。7—8 月出现频次占总频次的比例高达 80.5%。全省极值雨强月变化也呈单峰型:5 月为 36 mm/h,6 月增大到 58.5 mm/h,7 月继续增大到 78.7 mm/h,8 月达到最大值 101.5 mm/h,随后开始减小。

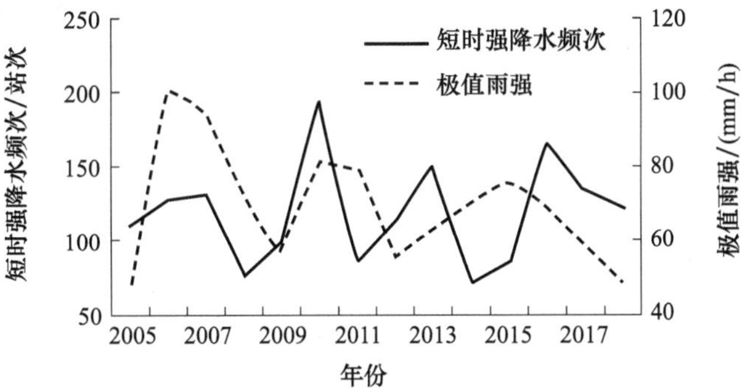

图 8.23　2005—2018 年陕西短时强降水年累积频次和全省极值雨强的年变化

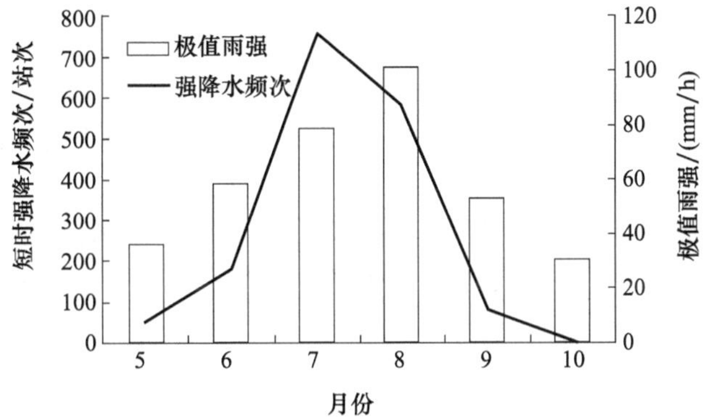

图 8.24　2005—2018 年陕西短时强降水频次和全省极值雨强的月变化

(3)强降水频次和极值雨强的日变化

陕西短时强降水日变化趋势显示(图 8.25):陕西短时强降水频次和全省极值雨强日变化呈单峰型;对于短时强降水频次来说,12 时发生频次最少,总共出现 22 站次,午后迅速增加,19 时达到峰值,124 站次,随后又缓慢减少;极值雨强变化趋势类似,雨强最小值出现在 12 时,为 36 mm/h,雨强最大值出现在 22 时,为 101.5 mm/h。可见,短时强降水频次和极值雨强的日变化趋势较为一致,低值均出现在 12 时,峰值时间不同,前者在 19—21 时,后者在 22—00 时。

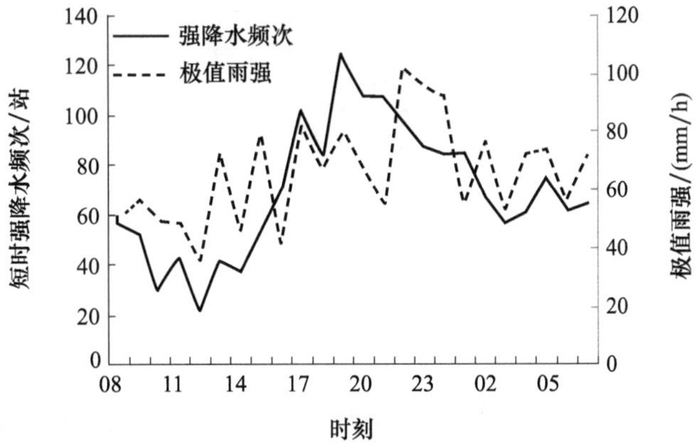

图 8.25　2005—2018 年陕西短历时强降水频次和极值雨强的日变化特征

陕西短时强降水的易发时段是下午到傍晚,这是因为陕西下垫面差异明显,下午到傍晚局地热对流旺盛,容易出现短时强降水。陕西降水强度表现为上午雨势减小,中午降水最少,入夜降雨增强。这可能的原因是由于夜间摩擦力减小,超地转低空急流的形成,加强了西南气流,使得入夜后的雨强增强。

8.6.2.2 短时强降水空间分布特征

(1)短时强降水年平均日数和年极值雨强

陕西南北狭长,地处青藏高原东北侧,秦岭山脉贯穿其中南部,北部为黄土高原,中部为关中盆地,南部为秦巴山区。由于下垫面差异较大,短时强降水日数的空间分布有较大差异。2005—2018 年的 14 a 间,陕西年平均短时强降水日空间分布自南向北呈两高两低状(图 8.26),短时强降水日为 0.4～2.7 d/a。位于秦岭以南的陕南地区,短时强降水日最多,大部地区超过 1.2 d/a,其中商南为全省之冠,为 2.7 d/a;关中盆地是强降水日的低值区,为 0.4～0.8 d/a;位于黄土高原的陕北南部到盆地北部强降水日又复增多,为 0.8～1.6 d/a;位于风沙滩地的陕北北部强降水日较少,其中府谷是全省强降水日最少的县区,小于 0.4 d/a。极值雨强空间分布自南向北呈三高两低分布:陕南镇巴、平利为极值雨强大值区,极值雨量 70～90 mm/h;安康北部、宝鸡南部为极值雨强低值区,极值雨量 30～50 mm/h;关中盆地为极值雨强大值区,50～101.5 mm/h,其中武功为全省极值雨强之最;陕北极值雨强西低东高,陕北东部的吴堡、清涧、延长一带为极值雨强较大,极值雨量 60～70 mm/h;安塞、吴起为极值雨强的低值区,30～40 mm/h。

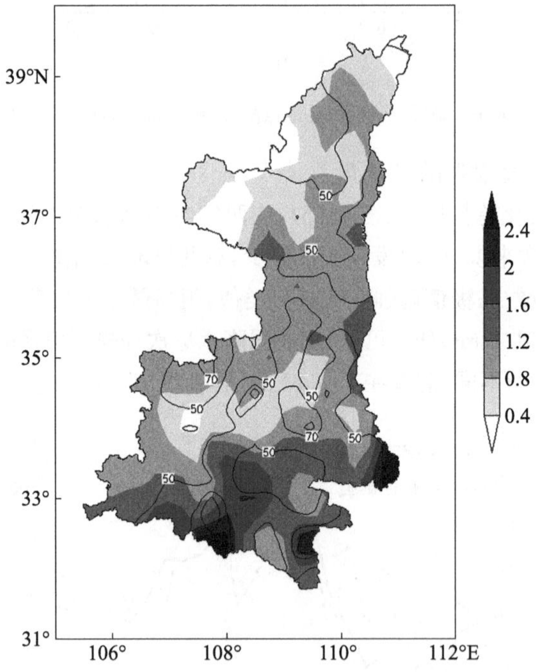

图 8.26 陕西 2005—2018 年短时强降水空间分布特征

(阴影为年平均短时强降水日数,单位:d/a;等值线为年极值雨强,单位:mm/h)

可见,陕西短时强降水日空间分布不均,陕北北部、关中中部强降水日最少,陕北南部、关中北部次之,陕南最大,其中商南为全省之冠。全省雨强分布不均,陕北雨强最小,其中西部小于东部;陕南次之;关中最大。说明陕南为全省短时强降水高发区,极值雨强可达 40～80 mm/h,镇

巴、平利雨强可达 90 mm/h。榆林北部特别是西北部短时强降水频次低，极值雨强小，最大不超过 50 mm/h。关中平原地区短时强降水频次低，但极值强，最大可达 101.5 mm/h。

(2)短时强降水月平均日数和月极值雨强

强降水发生频次各月差异较大，而与该地区强降水密切相关的环流形势如西风槽、冷涡、副热带高压的位置等同样也有较明显的月差异。

5 月陕西出现短时强降水的站点达 39 站，占全省总站点的三分之一。这些站点主要位于延安东部、关中东部、陕南大部。这些站出现强降水日较少，平均不到 0.1 d/a；空间上呈西少东多、北少南多的分布特点；短时强降水日大值区主要位于陕南东部，其中商南最多，多年平均 0.3 d/a。极值雨强范围 20～36 mm/h，发生强降水的站点平均极值雨强为 25.7 mm/h；空间上呈北低南高，西低东高分布特点；超过 30 mm/h 的区域主要出现在陕南南部宁强、汉滨区、平利县和陕南东部的商南、丹凤，最大中心为商南。陕南西部偏南地区短时强降水日偏少，但极值雨强较大。

6 月陕西出现短时强降水的站点超过全省总站点的一半，达 76 站。这些站点主要位于陕北南部偏西地区、关中及陕南(图 8.27a)。短时强降水日较 5 月有所增加，平均 0.17 d/a；空间上呈陕北西部、陕南偏多，陕北东部、关中偏少的特点；短时强降水日大值区位于延安西部、陕南，其中志丹、宁强、汉台区、佛坪、石泉、平利、山阳短时强降水平均日数最多，多年平均 0.3 d。极值雨强范围 20～58.5 mm/h，发生强降水的站点平均极值雨强 30.5 mm/h；该月极值雨强空间分布与强降水日空间分布一致；极值雨强大值区分别位于延安西北部的志丹、关中中南部的周至和华阴、汉中南部宁强、安康南部的紫阳和岚皋、商洛东部柞水和丹凤，其中最大中心位于丹凤。关中周至和华阴短时强降水日较少但极值雨强较大。

7 月全省 14 a 间仅太白、临渭区未出现短时强降水。短时强降水日迅速增多，平均 0.55 d/a。强降水日空间分布同年平均强降水日分布特征(图 8.27b)，分布特点为：陕北西部、关中中部少于陕北东部、关中北部和陕南，其中陕南最大；最大中心位于镇巴、平利和商南，多年平均超过 1.2 d/a。极值雨强范围 20～78.7 mm/h，发生强降水的站点平均极值雨强 44 mm/h；空间分布呈西低东高的分布特点；超过 70 mm/h 的区域主要位于关中中东部的蓝田—华州区一带和陕南南部的镇巴，最大中心位于蓝田。关中中东部的短时强降水日较少但极值雨强较大。

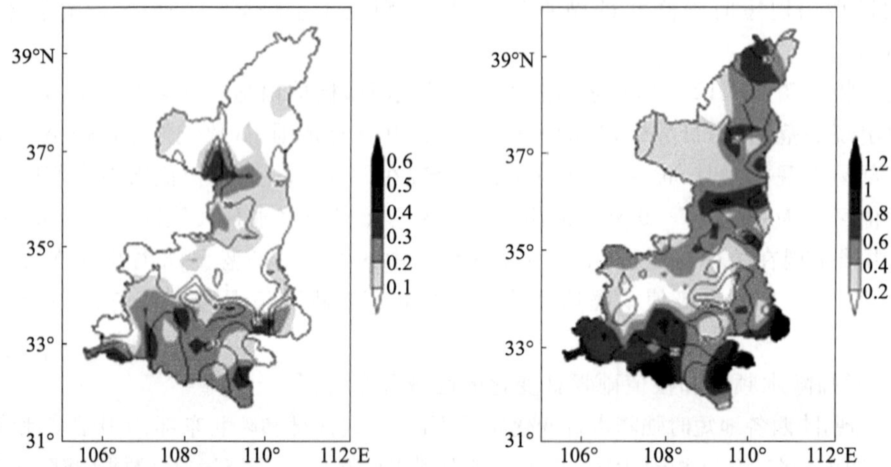

(a) 6月　　(b) 7月

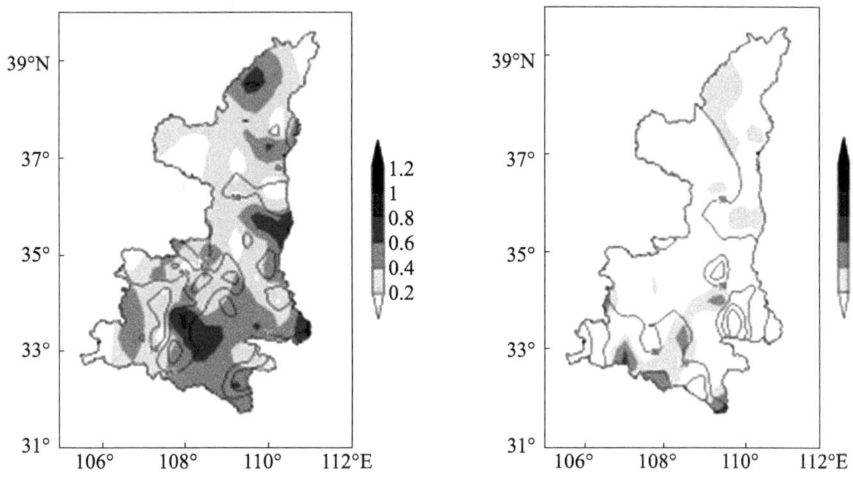

(c) 8月　　(d) 9月

图 8.27　陕西 2005—2018 年 6—9 月短时强降水空间分布特征

(阴影为平均短时强降水日,单位:d/a;等值线为月极值雨强,单位:mm/h)

8 月全省 14 a 间仅府谷、吴起 2 站未出现短时强降水。短时强降水日较 7 月有所减少,平均 0.43 d/a。短时强降水日空间上呈西少东多的分布特点(图 8.27c);大值区位于关中东部的韩城和陕南的佛坪、商南,多年平均接近 1 d/a。极值雨强范围 23～101.5 mm/h,发生强降水的站点平均极值雨强 47 mm/h;分布呈北部地区西低东高,中南部地区中西部偏高的特点;极值雨强大值区主要位于关中中部,最大中心位于武功。极值雨强大值区与强降水日大值区位置并不对应。

9 月陕西出现短时强降水的站点接近全省总站点的一半,为 48 站。短时强降水日继续减小,多年站点平均 0.12 d/a。空间分布呈北少南多、西多东少的分布特点(图 8.27d);年平均短时强降水日大值区位于陕南中西部,最大中心位于南郑区和镇坪,多年平均 0.3 d。极值雨强范围 20～52.8 mm/h,发生强降水的站点平均极值雨强为 30 mm/h;空间分布呈西低东高分布;极值雨强大值中心位于陕南东部的山阳。极值雨强最大中心与短时强降水日数大值中心不对应。

10 月陕西出现短时强降水的站点仅 2 站,分别位于宝塔区和南郑区。雨强为 27.4～29.9 mm/h。

上述分析表明,5—10 月陕西各地区短时强降水日、极值雨强有明显月际差异,7—8 月短时强降水出现的范围广,日数多,强度大;5 月、6 月和 9 月范围、日数及强度均较小。短时强降水全省大部易出现在 7 月,黄龙、韩城、佛坪易出现在 8 月。5—6 月极值雨强大值区与短时强降水日大值区较为一致。7—9 月极值雨强大值区与短时强降水日大值区存在较大差异。7—8 月最大雨强出现在关中地区,其中 7 月出现在关中的中东部的蓝田,8 月出现在关中中西部的武功;5 月、6 月和 9 月极值雨强均为陕南东部的商洛地区,5 月位于商南、6 月位于丹凤、9 月位于山阳。

(3)短时强降水频次和极值雨强日变化的区域分布特征

分析发现,陕西各地短时强降水日变化特征不同,陕北西部和陕北东部、关中西部和关中东部差异较大,而陕南各市各不相同,因此,在此基础上利用全省 99 个国家气象站数据,将陕西落区分为陕北西部、陕北东部、关中西部、关中东部、汉中、安康、商洛等 7 个区,分别分析各区强降水频次及极

值雨强出现频次的日变化特征，旨在得到不同区域强降水和极值雨强出现的主要时段。

陕西 7 个区短时强降水频次日变化分布显示(图 8.28)：从北到南，短时强降水出现的时间逐渐推后。各区域出现短时强降水的时段分别为：陕北为 15—22 时，关中为 16 时—次日 02 时，陕南为 16 时—次日 09 时。各区域强降水频次日变化特征不同，陕北西部、关中西部呈单峰型，峰值分别为 15—22 时和 18—02 时。陕北东部、关中东部双峰明显，主峰值时段均出现在 15—22 时，次峰时段分别出现在 03—06 时、00—02 时。陕南日变化均相对较小：汉中 19—21 时、07—09 时出现频次相对较高，09—16 时相对较低；安康 19 时—次日 02 时、03—07 时出现频次相对较高，09—16 时相对较低；商洛 16 时—次日 00 时、01—03 时相对较高，03—16 时相对较低。各区域强降水频次自北向南逐渐增加，这与强降水频次的空间分布特征相对应。

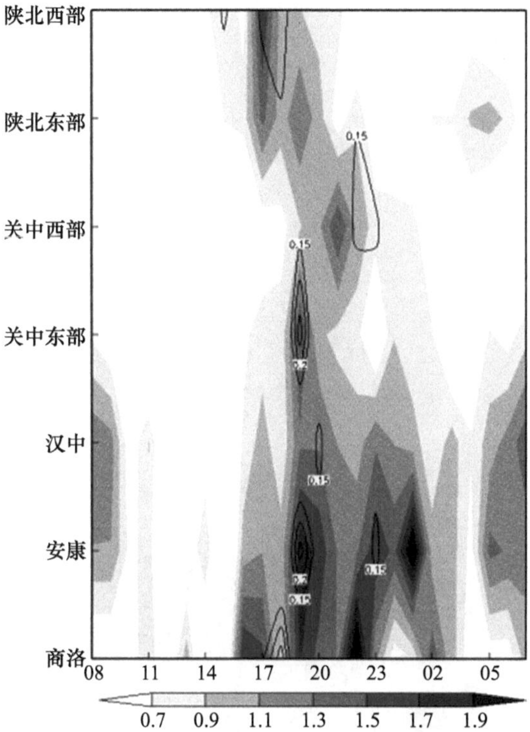

图 8.28 2005—2018 年陕西短时强降水频次(阴影；单位：站次)和极值雨强出现频次日变化特征(等值线；单位：次)

分析陕西各站点极值雨强发生频次可知，陕西区域极值雨强主要出现在 17—23 时。各区域又存在一定差别，陕北西部在 17—18 时，关中西部在 22 时左右，关中东部、汉中、安康、商洛在 18—20 时。从出现频次的量级大小可以看出，极值雨强出现频次最大值是关中东部和安康的 19 时，商洛的 18 时，频次最大中心达 0.25 次，说明这些区域出现极值雨强的时间较为集中；延安东部出现频次值均小于 0.15，说明该区域出现极值雨强的时间较为分散。

8.6.3 陕西短时强降水实例

8.6.3.1 天气过程概况

2007 年 8 月 8—9 日，陕西中部和南部地区自西向东出现大范围强降水天气，有 32 个县市遭受暴雨袭击。强降水主要发生在陕西中部地区,其中礼泉、乾县、泾阳、兴平、咸阳、高陵等6个县市日降水量创造了自1961年以来的最大值。陕西中部8个区县出现了日降水量≥100 mm大暴雨天气,最大日降水量为215 mm。这次过程的最大特点是降水时间短,降水强度大,雷电发生频次高,为陕西中部有降水、雷电记录以来所罕见。强降水主要集中在8日20:00(北京时)至9日01:00,其中12区县出现了1 h≥40 mm的短时大暴雨天气,8个区县出现了1 h≥50 mm短时特大暴雨天气,高陵1h最大降水量达92.1 mm。

8.6.3.2 雷电活动特征

2007年8月8—9日雷电监测数据表明,这次暴雨天气过程也是一次超强的雷电天气过程。从8日18:00到9日03:00,陕西省总共发生雷电次数达28 939次(图8.29),其中陕西中部地区发生雷电次数25098次,占总数的86.7%。发生雷电次数最多的是咸阳地区,有18006次,其次宝鸡地区为4937次。

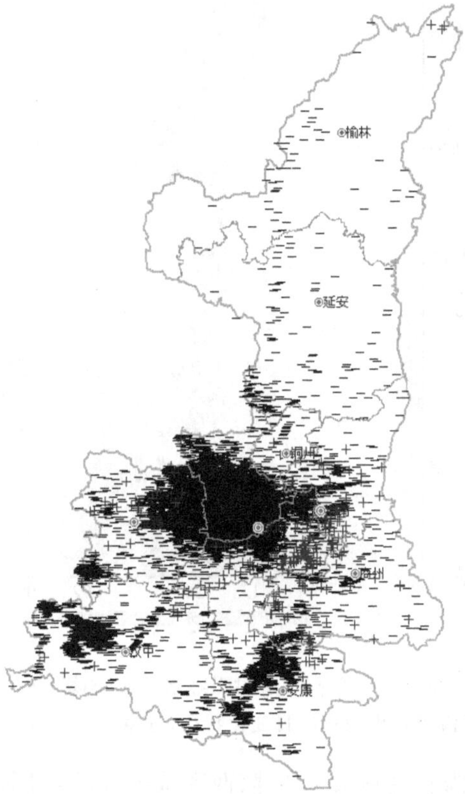

图8.29 2007年8月8日18:00—9日03:00陕西省雷电次数分布图

这次雷电过程是陕西有雷电记录以来最严重的一次。高密度雷电区集中位于陕西中部,造成2人雷击身亡,2人受伤。雷电区中负闪占绝大多数,占98%,正闪只位于雷电区尾部一小部分。闪电强度≥20 kA的雷电次数占总数的95.5%。

2007年8月8日19:00—9日03:00,强雷暴天气自西向东经过陕西中部的宝鸡、咸阳、西安地区,持续时间约为8小时。随着暴雨天气的出现,也产生了大量的闪电。图8.30是8日18:00至9日02:00陕西中部地区每10 min产生的地闪频数随时间的演变。从图8.30中可以看出,雷电的初期阶段(19:00—21:00)雷电发生频数随时间在逐渐增强,由最初的194~

344 次/10 min 发展到 644～947 次/10 min。20:30—21:00 雷电发生频数已经超过 1 100 次/10 min。这个时期只产生了 1 个站的短时大暴雨天气。21:00—22:00 是雷电发生最频繁的时期，此时强雷暴系统已经由宝鸡地区移到咸阳地区，同时产生了 3 个站的短时大暴雨天气。21:20 雷电频数达到最大的 1 970 次/10 min，到 22:20 雷电频数均超过了 1 100 次/10 min。22:00—24:00 雷电频数开始处于逐渐减弱时期，雷电频数由 995 次/10 min 逐步降到 232 次/10 min，这段时间产生了 6 个站的短时大暴雨天气，其中一个站出现 1 h 降水 92.1 mm 的最大降水量。到 9 日 02:00 陕西中部的雷电过程基本结束。这次暴雨过程雷电频数非常高，远远超出了一般的雹暴和超级单体雷电频数。

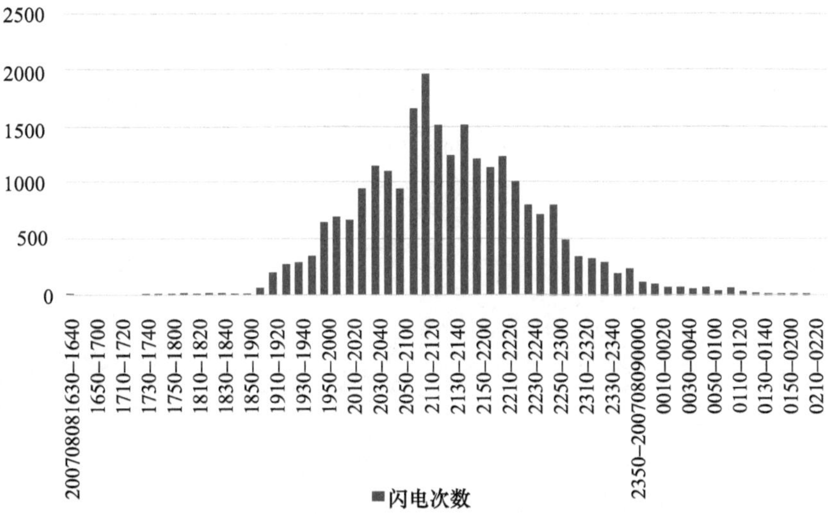

图 8.30　2007 年 8 月 8 日 18:00—9 日 02:00 陕西中部每 10 min 产生的雷电频数

8.6.3.3　短时强降水天气的中尺度特征

(1)卫星云图特征

利用 FY-2C 逐时云图分析发现(图 8.31)，产生强雷暴的 β 中尺度对流云团生成于冷锋云带前暖区中，经历了初生、发展、成熟、减弱 4 个阶段，云顶亮温 TBB≤－60 ℃的区域呈椭圆形，生命史为 10h。

8 日 18:00—19:00，冷锋云带移到陕西，陕西中部出现一个云顶亮温 TBB≤－45 ℃的对流云团，这是 MCS 的初生期。20:00，云团已发展为 NW—SE 向、大小 100 km×200 km 的椭圆形 β 中尺度对流云团，中心 TBB≤－60 ℃的覆盖区域约为 2×10^4 km^2，对应地面宝鸡地区开始出现强降水和强雷电。21:00—23:00，云团向东、向南快速发展，云团为 300 km×310 km 的准圆形，TBB≤－52 ℃区域占据主体，覆盖陕西中部地区，云顶亮温 TBB≤－60 ℃的区域增大到 4×10^4 km^2 以上，对应的咸阳地区产生了此次过程的最强雷电。9 日 00:00，MCS 成熟，云团发展到最大，呈 400 km×360 km 的椭圆形，TBB≤－60 ℃的区域覆盖关中的大部分地区和陕南的部分地区。但此时降水和雷电强度明显减弱，降水逐步向陕南发展。9 日 01:00，云团顺转呈 NE—SW 向，TBB≤－52℃区域缩小，MCS 减弱征兆显现。9 日 02:00～04:00，云团逐时快速减弱，04:00 消失于陕西东南部。MCS 整个生命史中，处于陕西中南部，对应区域出现强雷电和大暴雨。MCS 发生发展区域对应雷暴集中区域。雷电主要发生在 TBB≤－60 ℃的云区。

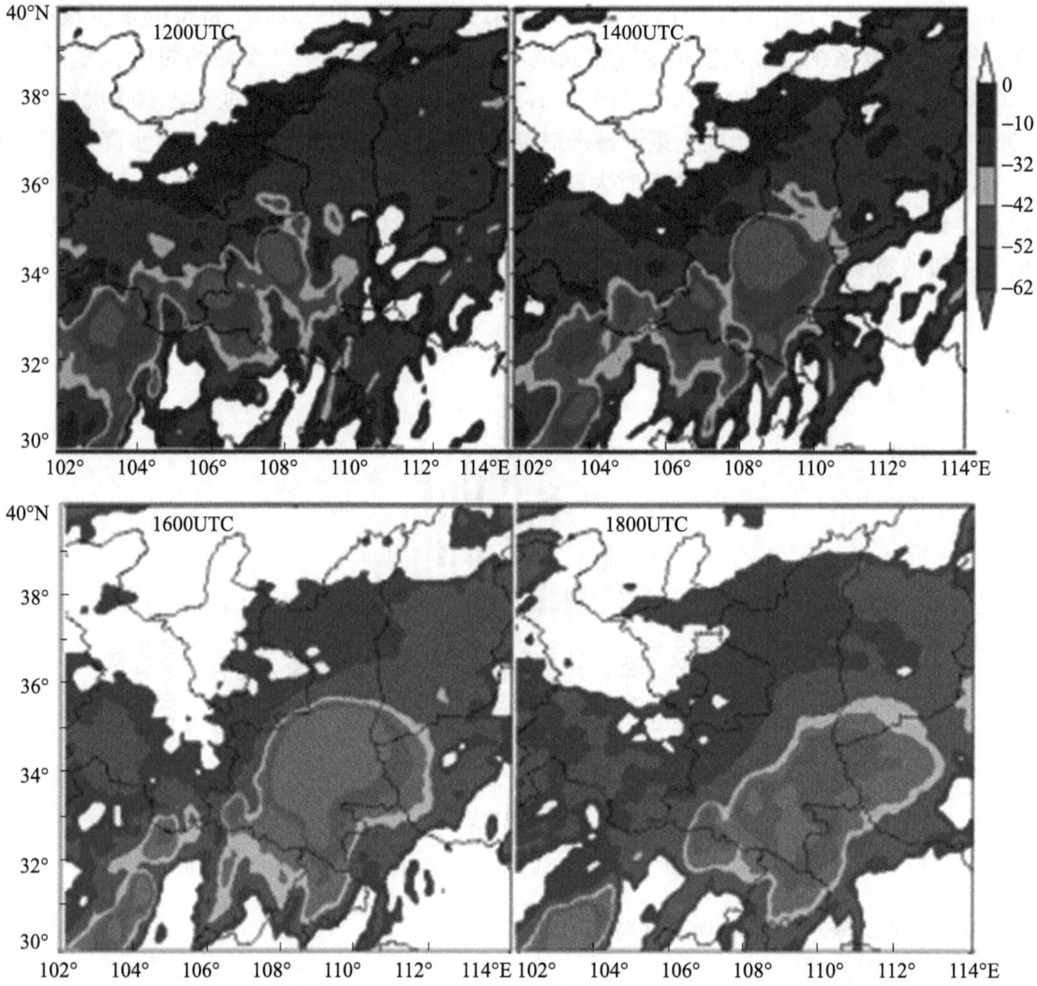

图 8.31　2007 年 8 月 8—9 日 FY-2C 卫星云图(世界时)

MCS 生命史的各个阶段,产生雷电有明显不同。MCS 发生发展期(18:00—22:00)产生雷电最多,占总雷电次数 66%,平均雷电 4154 次/h。成熟期(23:00—24:00)产生雷电明显减少,占 30%,平均雷电 3891 次/h。减弱期(01:00—03:00 时),雷电很少,仅占 4%,平均雷暴 230 次/h。

产生强雷暴的 β 中尺度对流云团发展旺盛,对流很强,云顶亮温 TBB≤－60 ℃的水平尺度最大达到 300 km×330 km,其形态呈椭圆形。TBB≤－60 ℃的云区是产生强雷电的主要区域。

(2)雷达回波特征

①组合反射率因子

这次暴雨过程是从宝鸡地区开始,强回波自西向东移动造成的。暴雨初期,在宝鸡的西部有强回波生成,强回波大多呈块状结构,面积较小,回波强度较强。08 日 18:20 位于宝鸡上空的回波强度为 35～45 dBZ。随后回波面积逐渐扩大,强回波主要还是块状结构,回波强度增加到 40～50 dBZ。19:30 强回波发展成带状回波，宝鸡地区出现大面积的强回波带，此时开始出现频数＞200 次/10 min 的雷电活动。回波中≥55 dBZ 强回波区开始成片出现。19:52 以后，强回波东移到宝鸡地区东部和北部，回波强度为 50～60 dBZ，超过了一般冰雹云的强度，回波呈南北向的带状回波。随着回波强度的增大，雷电频数也增大到 600 次/10 min。

20:03 回波缓慢东移，岐山、麟游、扶风一带普降暴雨，回波强度为 50～60 dBZ，其中≥35 dBZ 强回波面积迅速增大，一部分强回波已经移到咸阳地区。20:28 强回波的主体移到咸阳地区，回波强度在 50～60 dBZ，乾县、永寿等地出现大暴雨天气，雷电频数上升到 1100 次/10 min。21:05(图 8.32a)回波强度仍然在 50～60 dBZ，雷电强度继续加强。到 21:23，雷电频数上升到 1 970 次/10 min，回波强度≥35 dBZ 强回波覆盖了整个咸阳地区。22:00(图 8.32b)，强回波缓慢向东移动，对流的强度没有减弱，回波强度仍然在 50～60 dBZ，给西安地区造成大暴雨天气，雷电频数下降到 1 100 次/10 min。此后由于强对流移到雷达站附近，回波受到一些影响。

整个暴雨过程中，最强雷达回波一直保持在 50～60 dBZ，强度明显超过一般的暴雨，≥35 dBZ的强回波覆盖了陕西中部的部分地区，雷电多发生这个区域。

②垂直液态水含量 VIL

8 日 19:14，强对流回波中垂直液态水含量 VIL 最大值为 50～55 kg/m^2，随后强回波向偏东方向移动的过程中 VIL 最大值一直保持在 45～50 kg/m^2。20:09，VIL 开始出现 55～60 kg/m^2 的回波，20:30(图 8.32c)强对流回波中 VIL 最大值为 60～70 kg/m^2，此后随着强回波带向东移动的过程中，回波中不断出现 VIL 值在 60～70 kg/m^2 的回波，21:48 以后 VIL 值有所减小，但是相比一般暴雨而言仍然很大。到 22:07(图 8.32d)，VIL 值还在 55～60 $kg \cdot m^{-2}$，此后因为对流系统向雷达站靠近，VIL 值才迅速减小。

通常，区域性暴雨的 VIL 值较小，当降水强度较大时，VIL 值才随着增大。这次过程的 VIL 值一直很大，比一般的雹暴天气的 VIL 值都大，说明云中对流很强，降水强度也非常大。当 VIL 值较大时，容易出现强雷电天气。这与雹暴云相似。

另外，从 VIL 的分布来看，这次暴雨过程局地性很强，VIL 大值区只是分布在很小的区域，强降水与 VIL 大值区相对应。

③云顶高度

衡量对流云强弱的另一个指标就是对流云的发展高度。8 日 19:00，宝鸡地区上空的云顶高度最大达到 15～17 km，表明对流云已经很强。此后，影响陕西中部的对流云的云顶高度一直保持在 15～17km，在这个时期，强对流回波迅速增大，出现了大片的云顶高度达 15～17 km 的对流云，雷电频数急剧增大。21:00(图 8.32e)对流云继续发展，咸阳地区出现了云顶高度为 17～18 km 的对流云。22:00(图 8.32f)对流云的云顶高度仍然达到 17～18 km，特别是临近西安地区的对流云发展十分旺盛。到 22:44，对流云的云顶高度才逐渐下降，对流强度开始减弱，这可能与强对流移到雷达站附近有关。总之，在雷电频数＞300 次/10 min 的整个阶段，对流云发展十分旺盛，云顶高度达到或超过 15～17 km。

通常，对流云回波高度超过 15 km 以上容易出现冰雹天气。但是这次过程中，对流云高度达到 17～18 km，也没有出现冰雹天气，而是暴雨天气。由于对流云的上升运动非常强，对强雷电的产生非常有利。

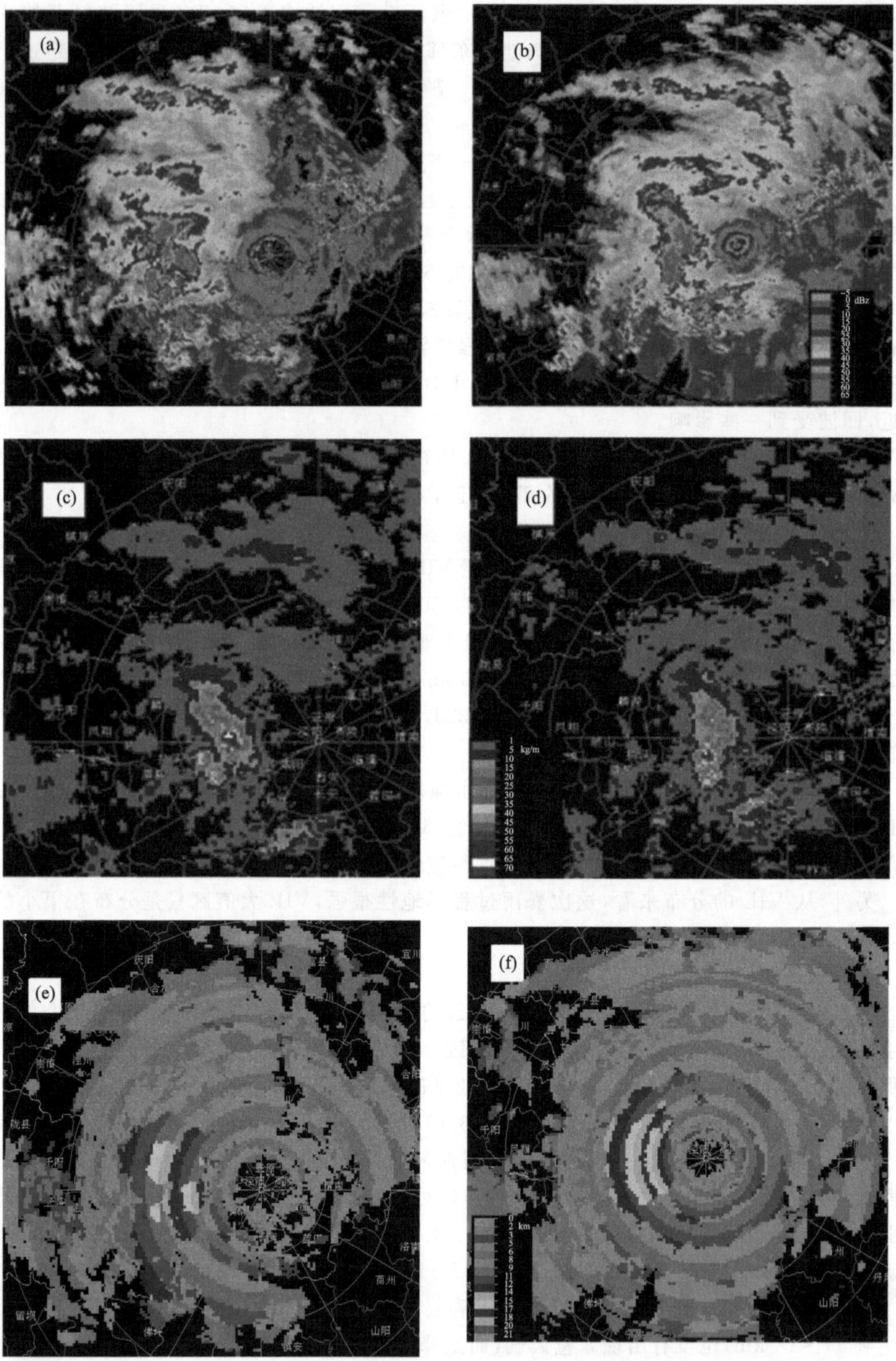
(a)
(b)
dBz
(c)
(d)
kg/m
(e)
(f)
km

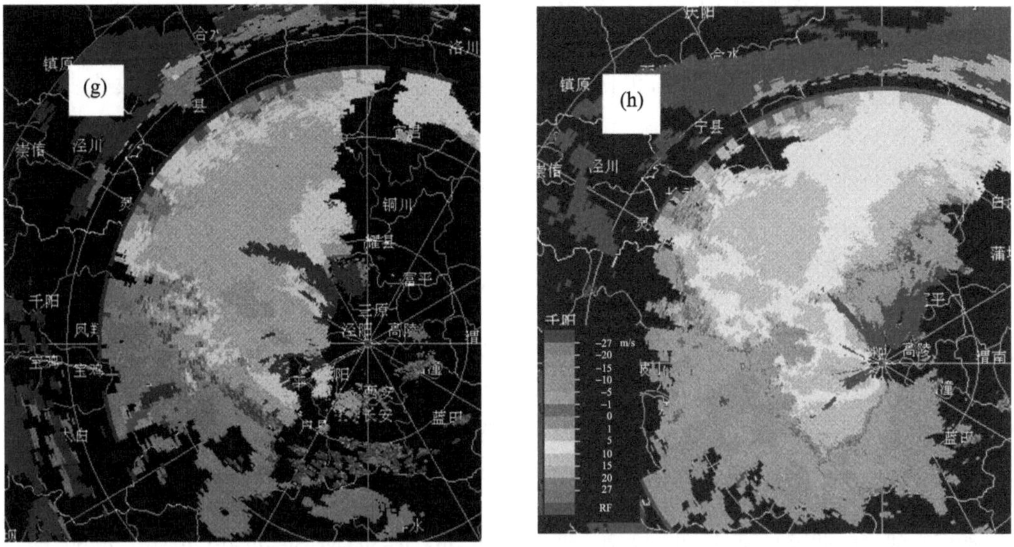

[彩]图 8.32 2007 年 8 月 8 日西安雷达组合反射率图(a,b);垂直积分液态水含量 VIL 特征(c)21:52,(d)22:07,陕西中部云顶高度,(e)21:00,(f)22:00;径向速度图(仰角 1.5)(g)20:53,(h)22:00

8.6.3.4 短时强降水天气的成因分析

(1)远距离台风的作用

2007 年 8 月 8 日 20:00 的 500 hPa 图上,整个东亚中纬度地区为纬向环流,呈一槽一脊。巴尔喀什湖和我国渤海分别有低槽活动。西太平洋副高 588 dagpm 西伸到 108°E,脊线位于 32°N 附近,副高外围的西南气流控制了陕西大部分地区。甘肃附近的冷空气已经到达陕西西部,地面有一冷锋与副高边缘的西南暖湿气流相汇。位于广东沿海附近台风“帕布”由南向北移动,低层台风外围的偏东气流直接影响到陕西部分地区。

从低层来看,8 日 20:00 的 700 hPa 甘肃平凉出现 12 m/s 的东南气流,西安为 10 m/s 的东南气流;850 hPa 西安为 8 m/s 的东风。低空没有急流形成,来自台风外围的偏东气流对局地短时强降水天气的形成十分有利。

8 日 20:00 的 200 hPa 高空急流已经建立起来,急流轴位于 42°N 附近,急流的最大风速达到 48 m/s,陕西中部位于高空急流入口处右侧,容易与低层辐合区产生次级环流,良好的动力条件对暴雨的形成非常有利。

这是因为远距离台风的低层偏东气流与来自西北方向的冷空气作用,特别容易产生强天气。因为台风外围的水汽给暴雨区带来比较充沛的水汽和极高的能量,因此,天气的剧烈程度比其他天气系统来的更强。这次过程也证明暴雨期台风“帕布”外围的低层东南气流将水汽输送到陕西境内,不仅利于强降水的产生,也有利于强雷电的产生。

(2)稳定度条件

此次强雷暴天气发生在陕西中部,西安探空资料具有较好代表性。

分析西安探空图(图 8.33)可见:8 日 08:00,西安层结廓线呈“漏斗”型,湿度呈下湿上干“喇叭口”垂直分布:850 hPa 以下暖湿,$T-T_d$ 为 3 ℃,500 hPa 最干,$T-T_d$ 为 44 ℃,$\Delta\theta_{se(500-850)}=-21$ ℃,位势不稳定明显,SI 指数为 0,风向由低层(偏东)到高层(偏南)顺转,有暖平流,对流不稳定层结将发展,K 指数仅为 19℃,不稳定能量低。20:00,西安整层变湿,

$\Delta\theta_{se(500-850)}=-8$ ℃,K 指数 37 ℃,SI 指数 -2.5,即不稳定能量急剧增加,层结演变为明显对流不稳定,850～500 hPa 上下层风切变增大为 $4\times10^{-3}\,s^{-1}$。显然,迅速发展的对流不稳定为强雷暴天气提供了条件。雷暴后,9 日 08:00,西安 $\Delta\theta_{se(500-850)}=4$ ℃,SI 指数为 1.2,层结稳定。

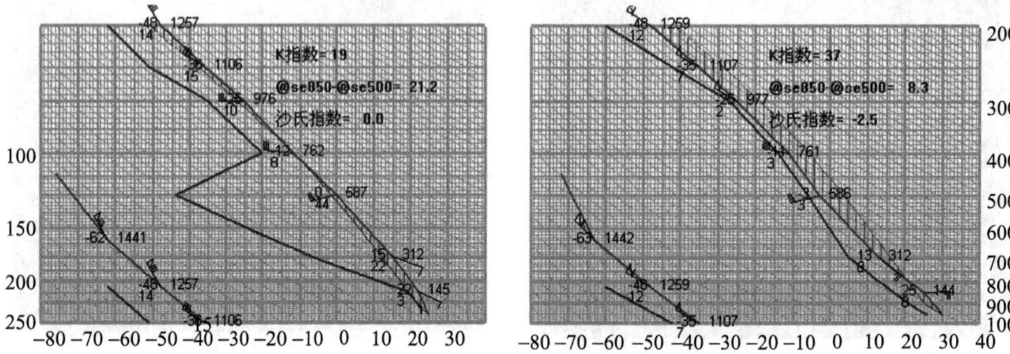

(a)08:00 (b)20:00

图 8.33 2007 年 8 月 8 日西安探空图

分析 850 hPa 的 θ_{se} 场和比湿场,8 日 20:00 关中—陕南处于 $\theta_{se}\geqslant84$ ℃高能区、比湿≥16 g/kg 湿舌中,陕西中部具有高能高湿环境条件。

(3)地面能量比特征

为了探讨对流在陕西中部的发展机制,制作地面能量比图(图 8.34)。该方法对不同属性小股空气分布状况反应灵敏,其大梯度的高能区往往是有一定动力抬升条件的位势不稳定区。暖湿空气团对应能量比高值区。8 日 14:00—17:00 由于北路冷空气的活动,关中—陕南形成≥80 ℃的 α 中尺度能量比高值区,同时西北上游地区有代表冷空气侵入的≤60 ℃的能量比低值区,华家岭附近有东北—西南向锋区移近,对应地面图上锋区附近有雷暴出现。20:00,关中—陕南≥80 ℃的高能比区发展,中心达 92 ℃,位于西安附近。锋区移到关中西部,差值达 24 ℃以上,强锋区附近对应雷暴中心区。23:00,原高能比区已收缩到陕南,关中能量比降至 76 ℃以下,但锋区维持。9 日 02:00,关中—陕南高能比区消失,能量比下降至 68 ℃左右。

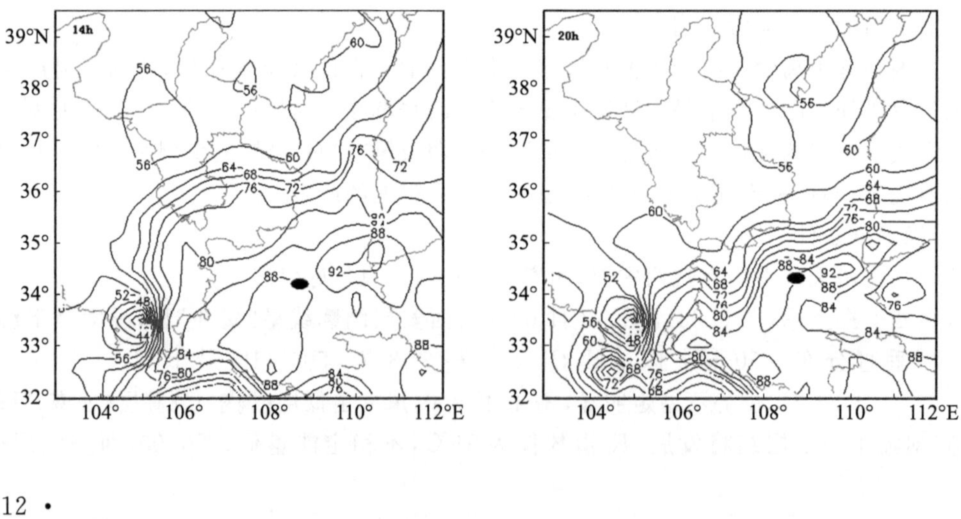

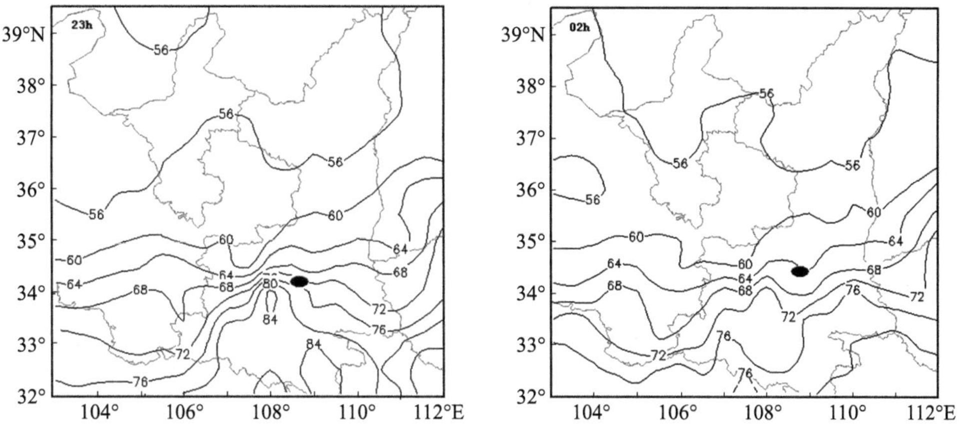

图 8.34 2007 年 8 月 8—9 日地面能量比图(单位:℃)
(黑色点为咸阳)

分析发现,冷锋触发不稳定能量释放,随着强降水、雷电产生,高能区减弱、消失。地面高能比区、锋区附近是雷电集中发生地区,并有较好的空间对应关系。

(4)强雷暴水汽条件分析

①初期水汽条件分析

水汽条件是影响雷暴动力、微物理过程和闪电活动的最重要因子。这次过程中陕西中部上空的水汽是如何分布,也是了解强雷暴发生发展的重要内容。

2007 年 8 月 8 日 20:00 的 500 hPa 高原低涡槽东移至甘肃东部,陕西中部受槽前西南气流的控制。700 hPa 东南气流为陕西中部提供比较充沛的水汽,强雷雨发生地上空的水汽通量为 60 g/(cm · hPa · s)。850 hPa 水汽通量(图 8.35a)在陕西中部的分布不均,在强雷雨附近,偏东气流较弱,只携带了少量的暖湿气流,水汽通量为 20～60 g/(cm · hPa · s)。即使偏东气流的上游方向水汽通量最大也只有 80～100 g/(cm · hPa · s),假设这股气流影响陕西,低层的水汽通量也不大。

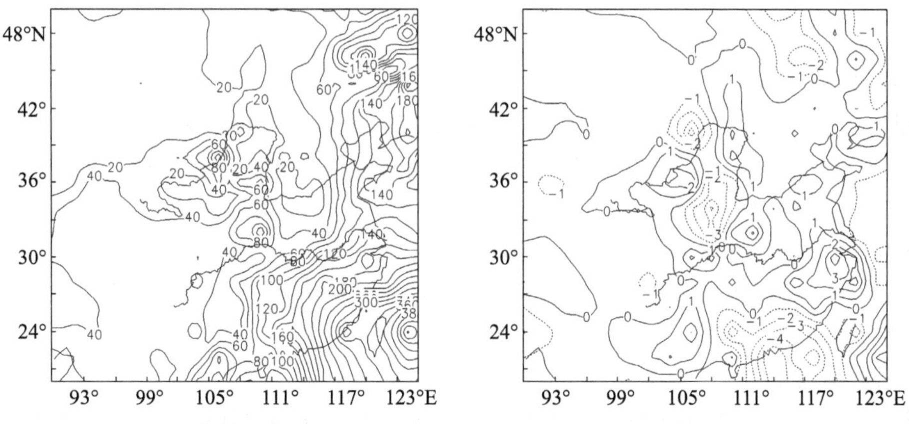

(a) (b)

图 8.35 2007 年 8 月 8 日 20:00(a)850 hPa 水汽通量(单位:g/(cm · hPa · s))和(b)850 hPa 水汽通量散度(单位:10^{-7} g/(cm^2 · hPa · s))

从8日20:00各层的水汽通量散度来看,700 hPa陕西中部水汽通量散度为0～-1×10^{-7} g/(cm^2·hPa·s),850 hPa陕西中部水汽通量散度(图8.35b)为-4×10^{-7} g/(cm^2·hPa·s)。上述结果表明:700 hPa水汽辐合较小,850 hPa水汽辐合值较大,辐合区域也很大,说明低层850 hPa的水汽为暴雨的主要输送源。

与陕西其他区域性暴雨个例水汽条件相比,这次过程的低层水汽条件较差,尤其是低层水汽辐合区的水汽通量较小。这也证明低层辐合区水汽通量偏小非常有利于雷电的产生。原因是过大的水汽可能会减少对流活动的上升能力,减少云中水(冰)粒子的相互摩擦,从而抑制闪电活动的发生。

②中后期水汽条件分析

通过分析8日20:00各层的水汽条件,发现雷暴的初期低层辐合区的水汽偏少是产生强雷电的主要原因之一。此后由于产生非常强的降水和雷电,大气中水汽条件究竟发生了那些变化,这些变化显然对强雷暴的发展十分有利。通过分析西安多普勒雷达径向速度图,可以得到一个比较客观的结论。

08日20:03径向速度图上,陕西中部的低层(700 hPa和850 hPa)主要吹东南风,700 hPa风速 (大约在100 km处)约为15 m/s,850 hPa(大约在50 km处)为10 m/s。比20:00的探空资料的风速都大。由于15 m/s的区域很小,说明陕西中部700hPa上空只是一小股急流。在20:53(图8.32g)陕西中部700 hPa的东南风为10 m/s,850hPa的东南风逐渐增强,开始出现风速达15 m/s的区域。但是可以看出急流很弱,尺度较小。21:23陕西中部700 hPa的东南风依然为10 m/s,850 hPa以下的东南风风速为15 m/s,急流的尺度比较小,为大暴雨提供的水汽只是逐步增加。22:00(图8.32h)陕西中部700 hPa的东南风减弱,风速为10 m/s,850 hPa以下的东南风也开始减弱,风速为10 m/s,为大暴雨提供的水汽逐步减少。

通过分析雷达径向速度的变化,可以看出:当雷暴开始后,低层850 hPa的偏东气流有一个逐渐增大的过程。850 hPa急流的尺度很小,范围很窄,对强雷暴提供了适当的水汽条件。在前期低空水汽条件比较差的条件下,适当的增大低层辐合区的水汽,反而更有利于对流云的发展,对雷电的产生起到积极的作用。

8.6.4 短时强降水预报指标

8.6.4.1 天气概念模型

(1)低槽型

低槽型又分为冷涡大槽型和短波槽型,低槽型短时强降水的特点是副高偏弱、位置偏南,对陕西影响不大,500 hPa上在贝加尔湖有冷涡,底部有长波槽影响到河套地区,高原上也有低槽东移,引导700 hPa的切变线和地面冷空气东移,给陕西带来短时强降水的天气。700 hPa上四川到陕西有6～8 m/s的西南风,输送水汽,强降水主要出现在700 hPa和850 hPa的切变线附近,切变线多为冷性,地面上河套地区有冷锋南压,四川到关中有倒槽,冷暖空气交汇区产生短时强降水,如图8.36所示。

(2)低槽副高型

低槽副高型是造成陕西短时强降水特别是盛夏短时强降水的最主要形势,发生的频次最高。该形势在500 hPa上,副高的脊线位于25°—30°N,西伸脊点位于110°E,中高纬度在河套西边有低槽,高原上有低槽东移,副高外围的暖湿气流与西风槽带来的冷空气交汇,造成陕西的短时强降水天气。副高脊线的位置基本决定了短时强降水的落区,当副高脊线位于30°N

附近时，河套西部有低槽东移，冷暖空气在陕北交汇，造成陕北的短时强降水天气，当副高脊线位于 25～28°N 附近时，高原槽和副高外围暖湿空气交汇，给关中、陕南带来短时强降水的天气，当副高脊线南北摆动时，短时强降水带也随之南北移动。低层 700 hPa 在副高外围有切变线，强降水出现在 700 hPa 和 850 hPa 的切变线附近，如图 8.37 所示。

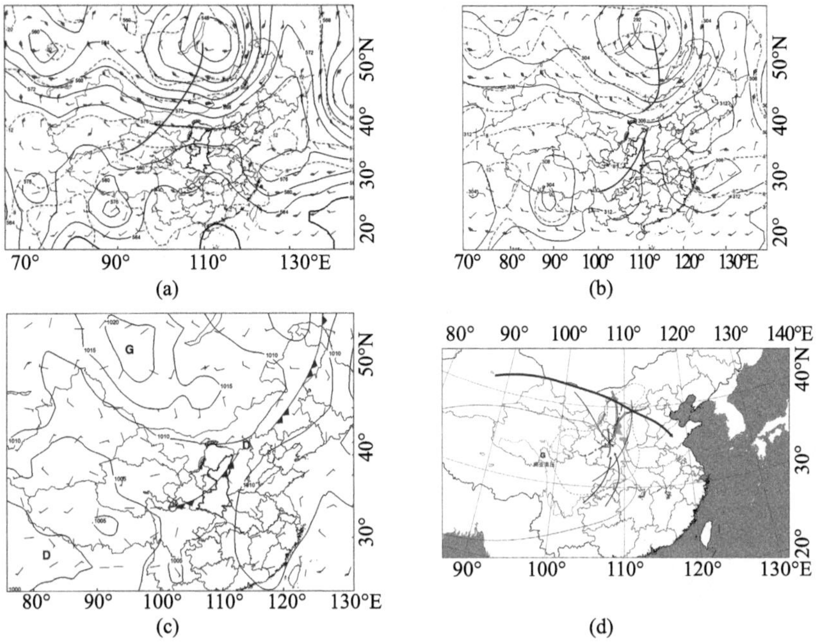

图 8.36　短时强降水天气概念模型：低槽型

(a)500 hPa；(b)700 hPa；(c)地面；(d)中尺度分析

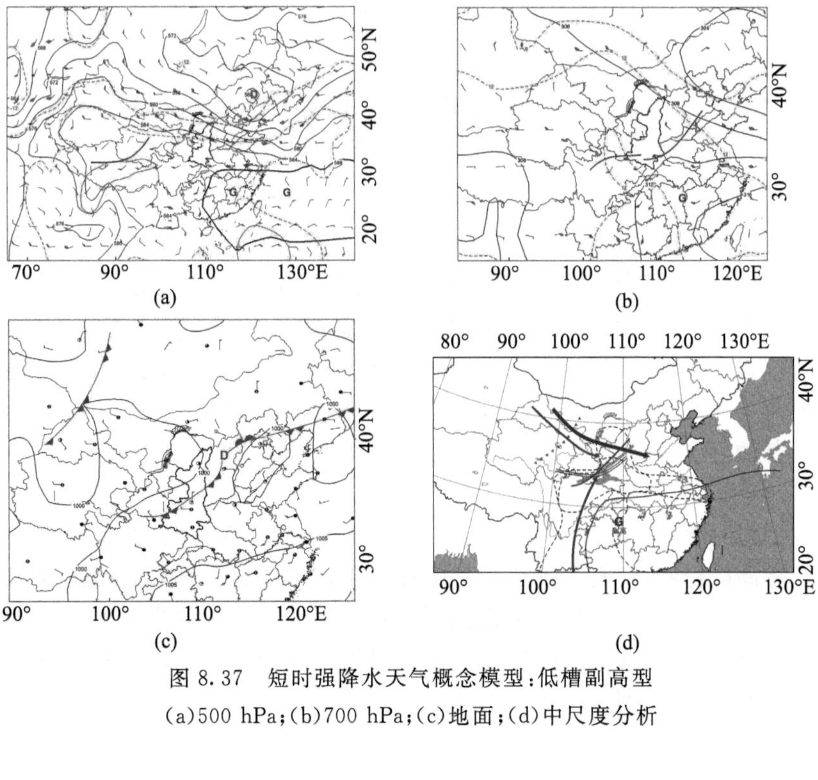

图 8.37　短时强降水天气概念模型：低槽副高型

(a)500 hPa；(b)700 hPa；(c)地面；(d)中尺度分析

(3)台风型

陕西地处我国内陆地区,台风对其没有直接影响 ,但台风的间接影响往往能在该区域 产生短时强降水。台风低压环流外围暖湿气流与西风槽带来的冷空气相互结合产生短时强降水。

台风位于台湾岛附近时,对流层底层从华东到陕西南部有水汽输送,当高原上有低槽东移,低槽和台风外围气流结合产生短时强降水。当台风登陆移动到湖南附近时,在其北侧,长江中下游到陕西东部有偏东风的水汽输送,高原上低槽东移,700 hPa 上陕西西部有切变线东移,如图 8.38 所示。

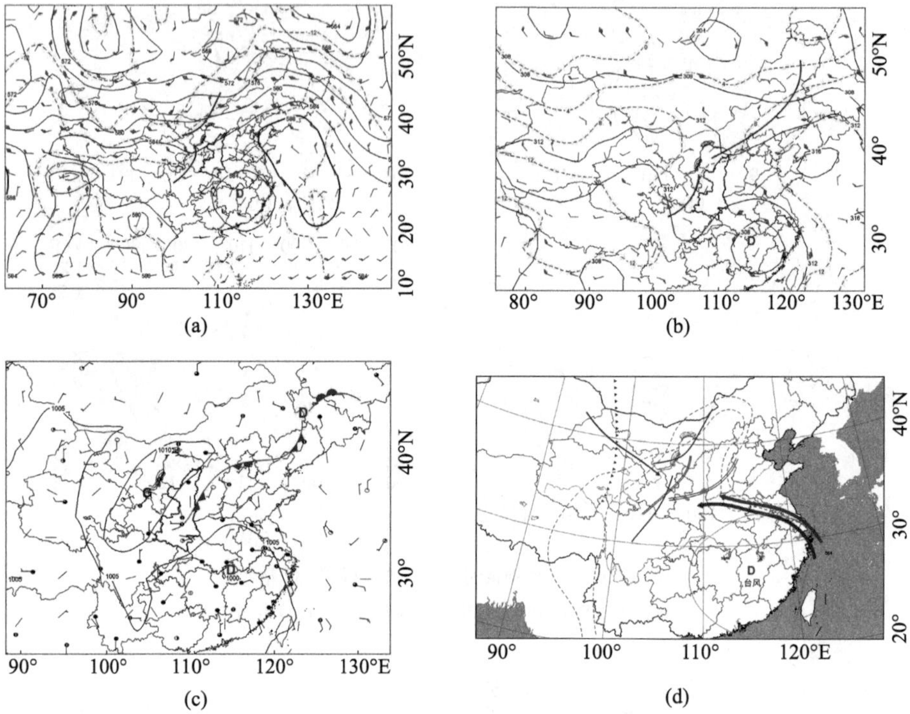

图 8.38 短时强降水天气概念模型:台风型

(a)500 hPa;(b)700 hPa;(c)地面;(d)中尺度分析

(4)低涡型

低涡是造成陕西大范围暴雨的重要影响系统,影响陕西的低涡系统主要有高原涡、西北涡和西南涡,高原涡主要给关中、陕南带来短时强降水天气,西北涡主要影响陕北,西南涡主要造成陕南的短时强降水。下面给出了高原涡东移影响陕西的短时强降水天气形势,高原上低涡东移到陕西西部,陕南为冷式切变线,关中有西南风和偏东风的暖式切变线,低层在陕西中南部维持低压环流。与区域性大暴雨相比,低层低涡环流的风速偏小,700 hPa 的西南风在 6～8 m/s,低涡北部的偏东风风速在 4～6 m/s,如图 8.39 所示。

(5)副高控制型

副高控制型短时强降水发生前,500 hPa 上副高强大,位置偏西,西太平洋到青藏高原都为带状的副热带高压控制,河套北部也为高压脊控制,西风槽位于新疆地区,陕西整个为高压环流控制,副热带高压控制区高温高湿,能量条件较好,河套地区的高压脊前部西北气流引导地面弱冷空气东移南压,冷锋进入副高内部的高温高湿区,触发短时强降水。850 hPa 有高能舌伸向陕西中南部,温度达到 26～28 ℃,如图 8.40 所示。

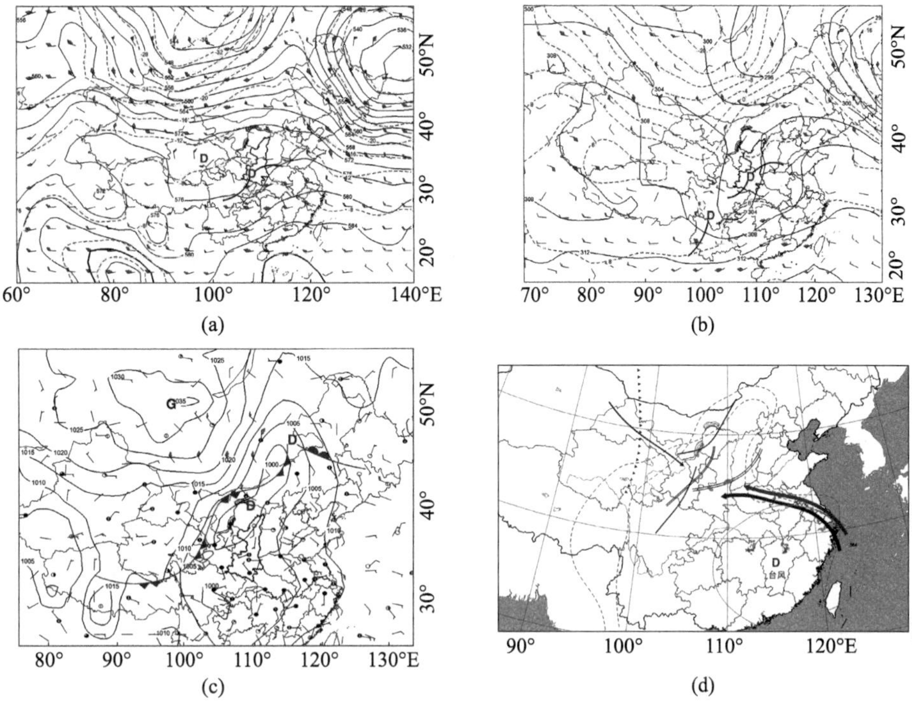

图 8.39　短时强降水天气概念模型:低涡型
(a)500 hPa;(b)700 hPa;(c)地面;(d)中尺度分析

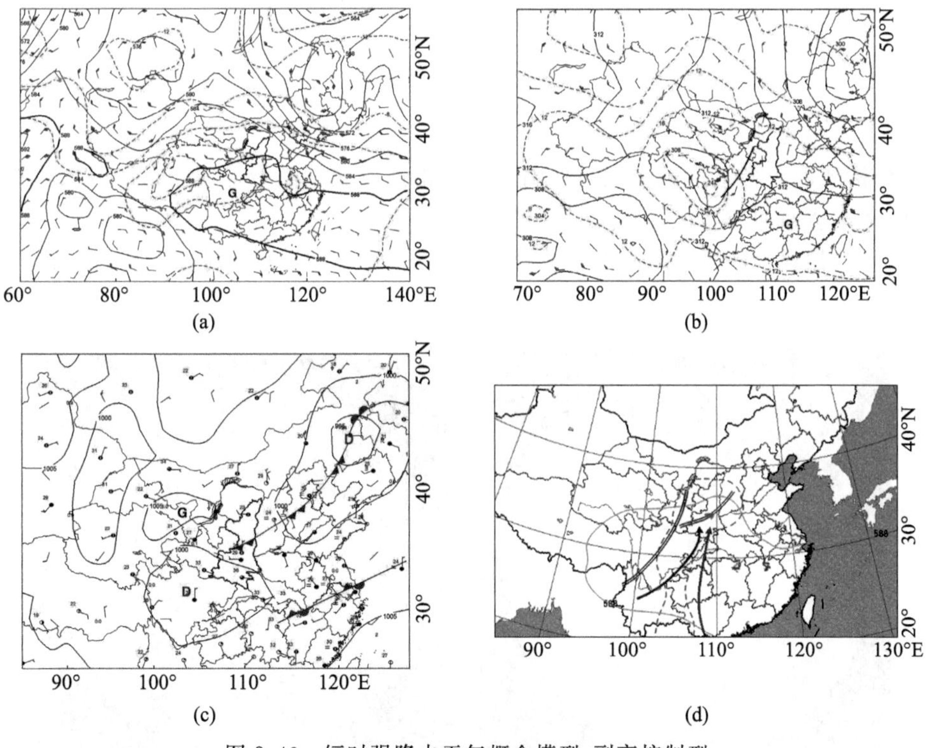

图 8.40　短时强降水天气概念模型:副高控制型
(a)500 hPa;(b)700 hPa;(c)地面;(d)中尺度分析

8.6.4.2 陕西短时暴雨的物理量指标

通过对各种类型的短时暴雨的热力、湿度和层结物理量的统计，如表 8.2 所示，得出一些有用的预报指标。各种类型的短时暴雨天气都有较好的不稳定条件，K 指数都在 33 ℃以上，有副高影响的时候 K 指数可以达到 36 ℃以上，副高边缘或副高控制时，对流有效位能较大可以达到 1000 J/kg 以上，比其他型的短时暴雨不稳定能量更强。湿度条件上看，在 700 hPa 上大多在 8～10 g/kg，850 hPa 可达 10～15 g/kg，低槽副高型的水汽输送是最强的，其产生的短时暴雨的范围也最广。层结条件来看，西风带系统产生的短时暴雨，0 ℃层的高度一般较低，表明了冷空气影响较强，而受副高影响的短时暴雨，0 ℃层的高度在 5000 m 以上，表明气层暖湿。

表 8.2 陕西短时暴雨物理量指标

物理量		低槽型	低槽副高型	低涡型	台风影响型	副高控制型
热力条件	K(℃)	38	39	33	35	39
	SI(℃)	0.2	−1.4	1.6	1.3	0.4
	$T_{850}-T_{500}$(℃)	28	25	27	25	29
	LI(℃)	−1.85	−5.6	−1.9	−1.8	−2.4
	CAPE(J/kg)	500	1200	600	1000	1500
湿度	700 hPa 比湿(g/kg)	8	10	7	8	10
	850 hPa 比湿(g/kg)	10	15	10	12	12
	整层比湿积分 IQ(g/kg)	4155	5703	3800	4661	4646
层结	0℃层高度 h_0(m)	4642	5457	4202	5358	5704
	LCL(m)	781	886	823	850	766
综合	SWEAT	173	252	119	266	201
	SSI(m/(s・km))	262	279	237	203	239

8.6.4.3 雷达回波特征指标

统计分析陕西省各雷达站在短时暴雨个例中雷达回波特征指标，得出以下结论。

(1)榆林雷达站回波特征指标

如图 8.41，榆林地区最大反射率因子普遍为 51～58 dBZ，最大达到 60 dBZ，顶高 8～10 km，面积 8.5～10 km²，体积普遍为 7000 km³ 以上。

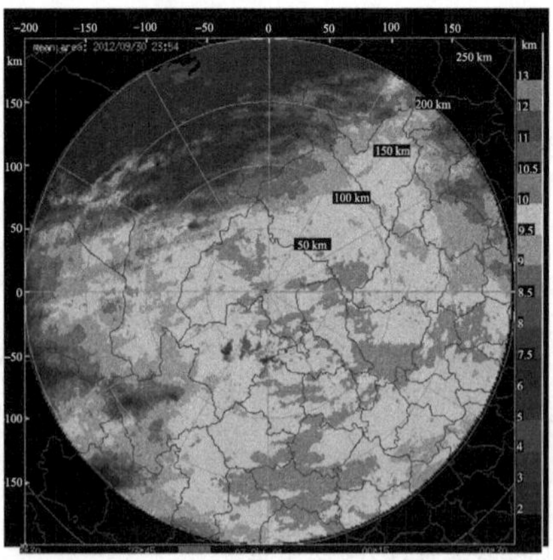

(a)

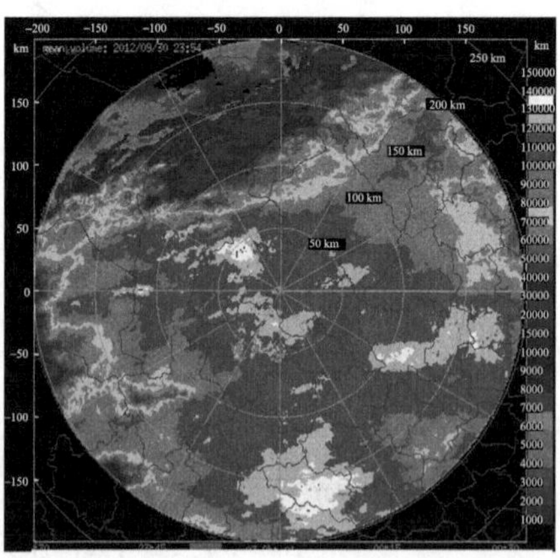

(b)

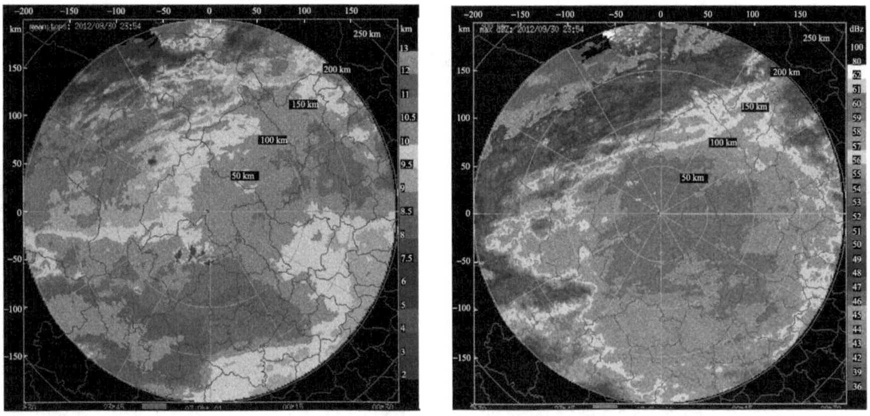

(c)　(d)

图 8.41　榆林雷达回波

(a)面积;(b)体积;(c)顶高;(d)反射率因子

(2)延安雷达站回波特征指标

如图 8.42,延安市最大反射率因子普遍在 50～54 dBZ,顶高 8～10 km,面积 8.5～10 km^2,体积 20000～70000km^3。

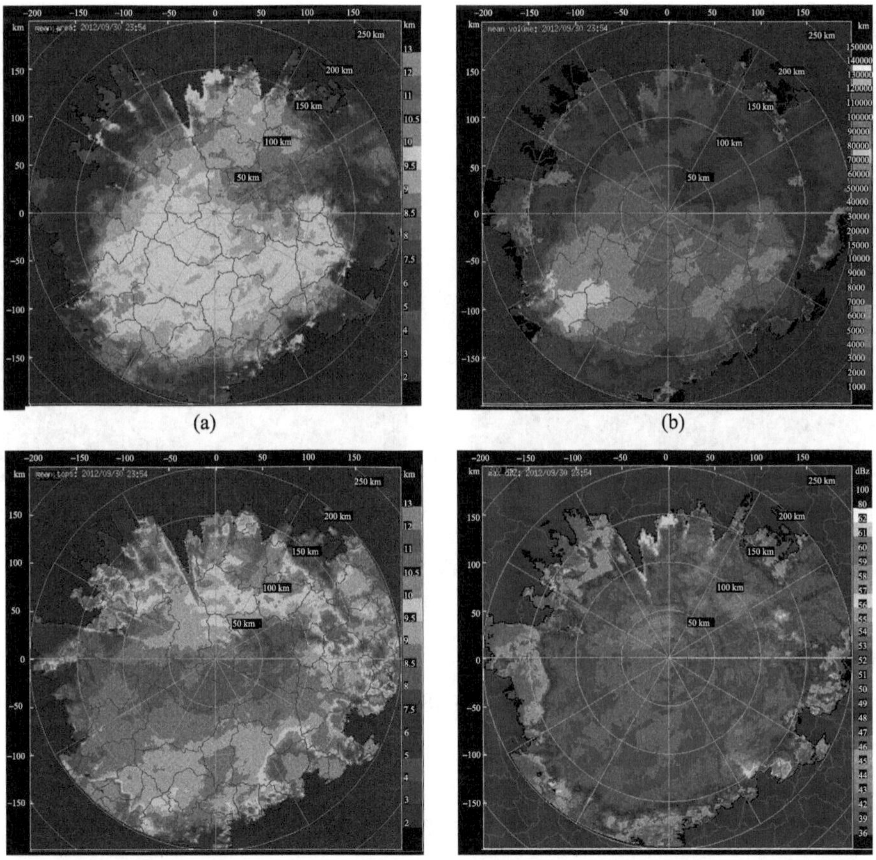

(a)　(b)　(c)　(d)

图 8.42　延安雷达回波

(a)面积;(b)体积;(c)顶高;(d)反射率因子

(3)西安雷达站回波特征指标

如图 8.43,西安地区最大反射率因子普遍在 49～55 dBZ,顶高 7.5～9.5 km,面积 8.5～9.5 km^2,体积 10000～70000 km^3。

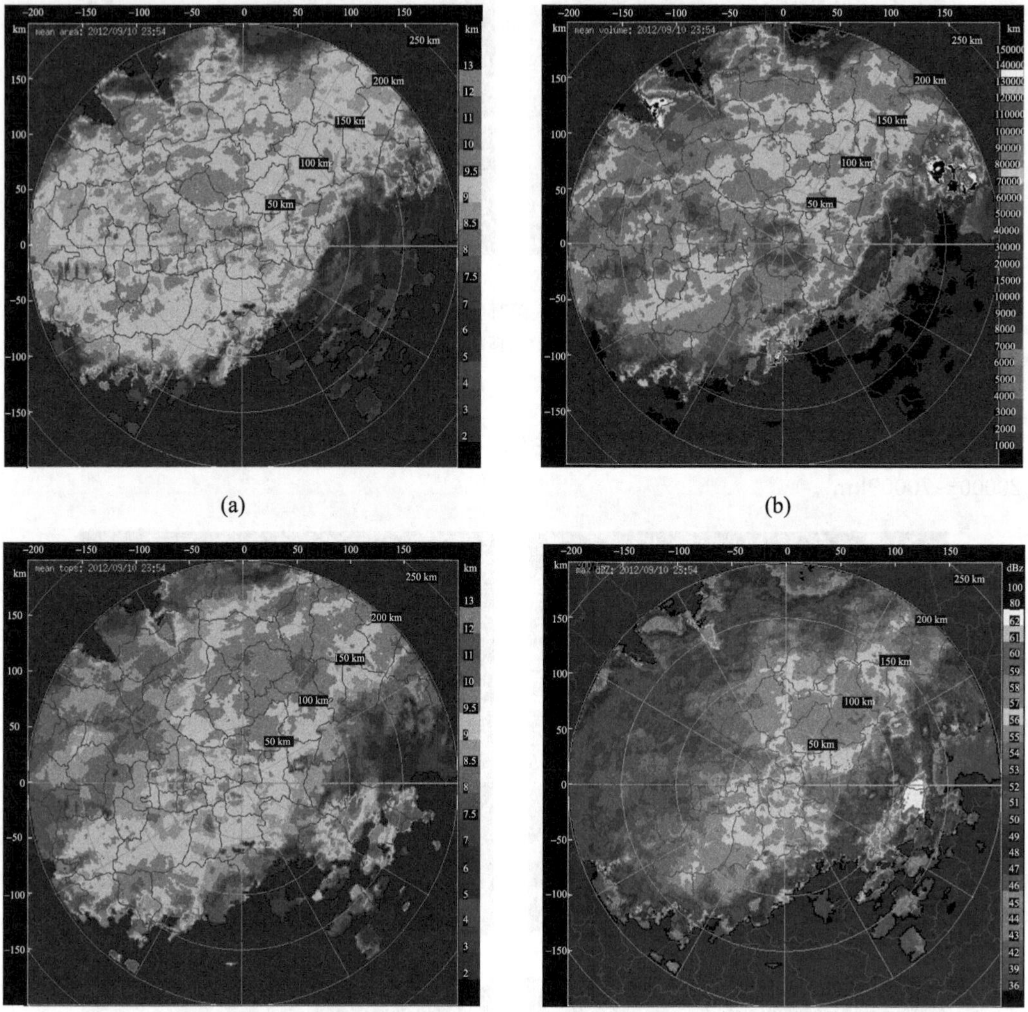

(a) (b) (c) (d)

图 8.43 西安雷达回波

(a)面积;(b)体积;(c)顶高;(d)反射率因子

(4)宝鸡雷达站回波特征指标

如图 8.44,宝鸡地区最大反射率因子普遍在 48～53 dBZ,顶高 7.5～9 km,面积 8.5～10 km^2,体积 15000～40000 km^3。

(5)汉中雷达站回波特征指标

如图 8.45,汉中地区最大反射率因子普遍在 47～49 dBZ,顶高 7～9.5 km,面积 8.5～10 km^2,体积 10000～30000 km^3。

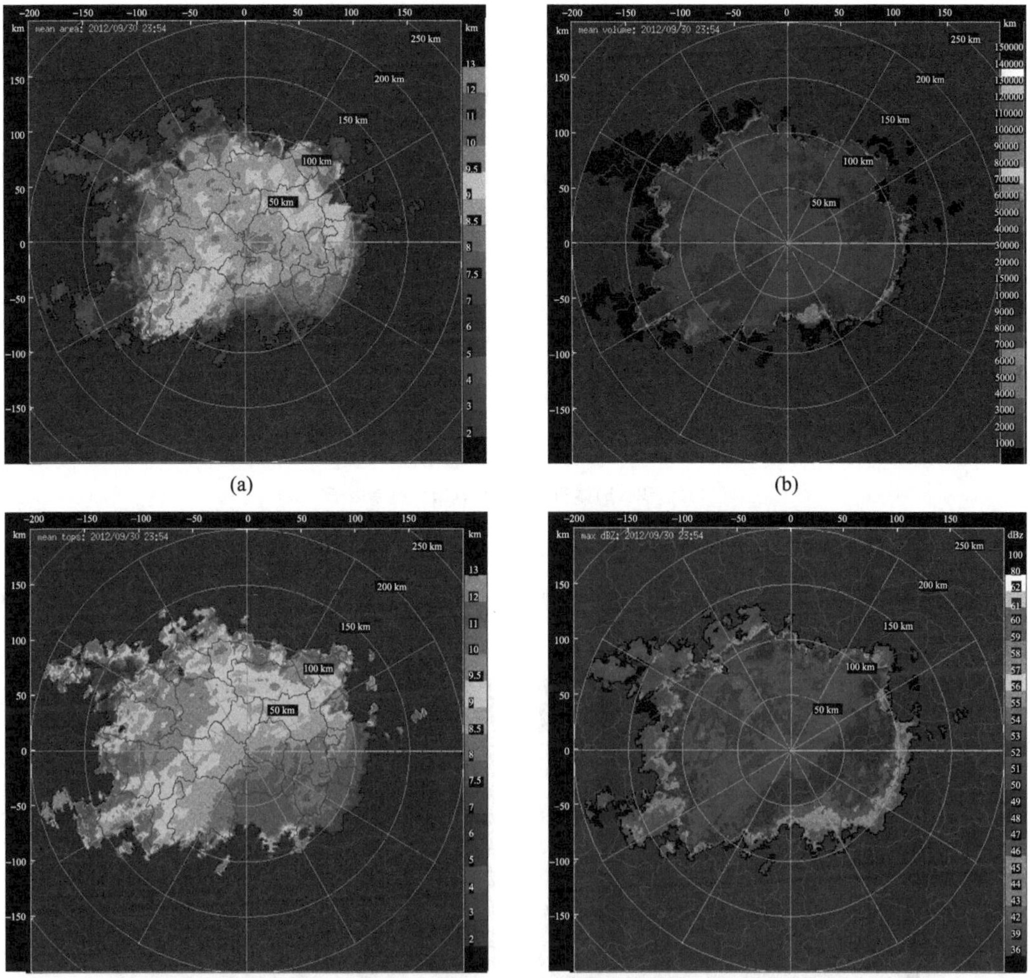

(a)　(b)

(c)　(d)

图 8.44　宝鸡雷达回波

(a)面积;(b)体积;(c)顶高;(d)反射率因子

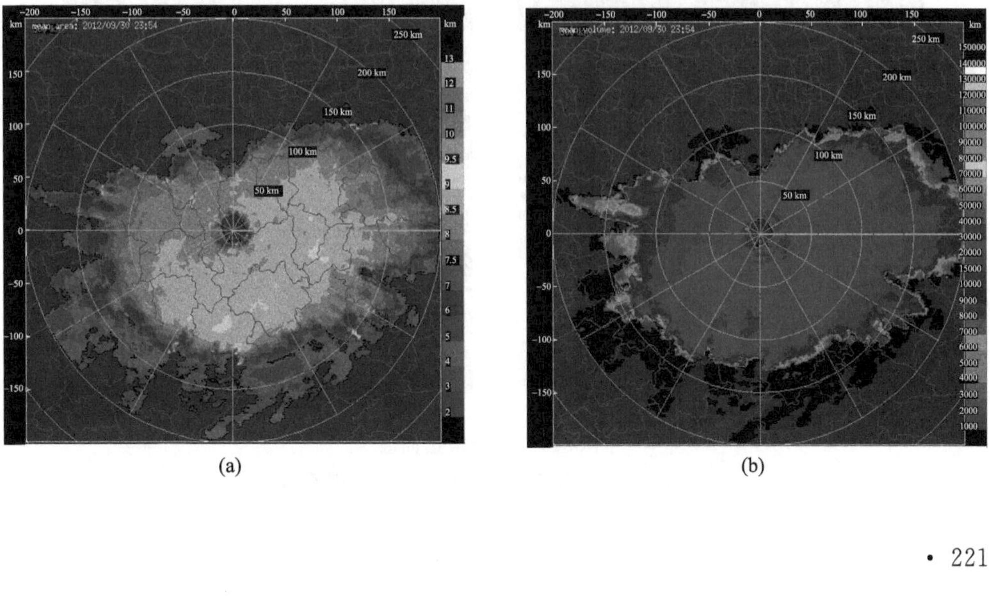

(a)　(b)

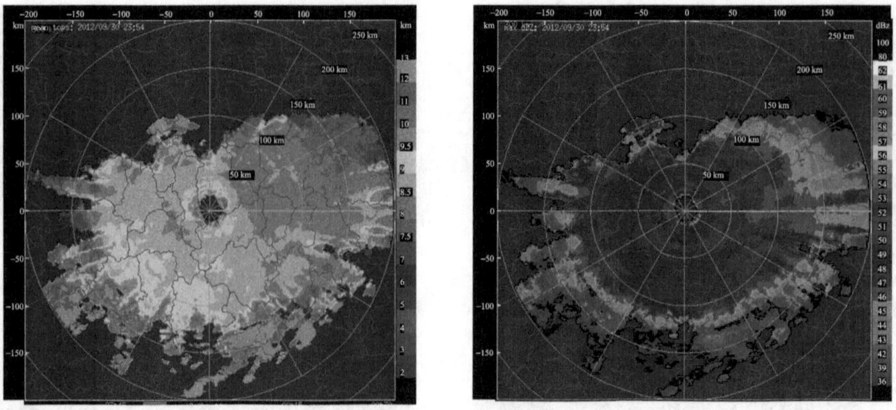

(c) (d)

图 8.45 汉中雷达回波

(a)面积;(b)体积;(c)顶高;(d)反射率因子

(6)安康雷达站回波特征指标

如图 8.46,安康地区最大反射率因子普遍在 47～53 dBZ,顶高 6～9 km,面积 8.0～9.5 km^2,体积 10000～40000 km^3。

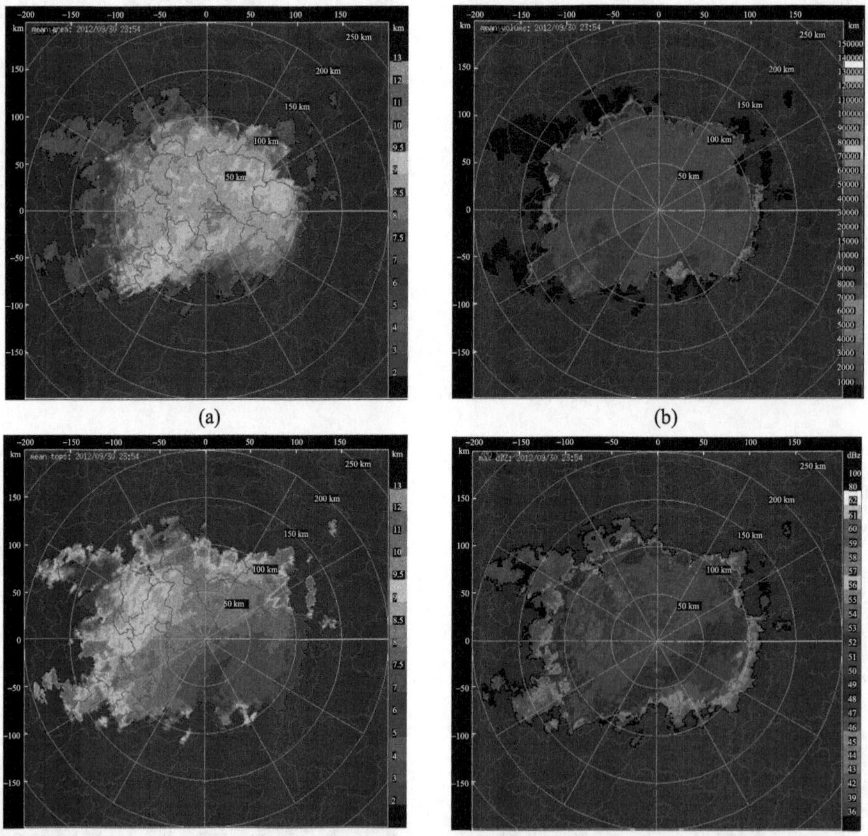

(a) (b) (c) (d)

图 8.46 安康雷达回波

(a)面积;(b)体积;(c)顶高;(d)反射率因子

8.7　中尺度对流复合体

中尺度对流系统是暴雨的直接制造者，而中尺度对流复合体（mesoscale convective complexes，MCC）又是中尺度对流系统中范围最大、最强的降水系统，MCC 也是我国夏季暴雨灾害的主要天气系统之一。陕西也不例外，特别是 21 世纪以来，出现历史罕见且造成重大灾害的暴雨灾害，MCC 都扮演了重要的角色，不少重大暴雨灾害个例都是由 MCC 直接造成的，可见对陕西 MCC 特征分析及预报、监测和预警是防灾、减灾关键的一环。

8.7.1　陕西 MCC 的时空特征及致灾概况

利用近 10 a（2005—2014 年）国家气象卫星中心提供的 FY-2 卫星逐时云图和云顶亮温 TBB 资料，依照 MCC 的标准，对发生在陕北、关中和陕南不同地域的暴雨过程及致灾情况进行对比分析，筛选陕西的 MCC 个例，从时空分布、环流场、物理因子和预报预警对策等方面进行分析研究。

通过对 10 a 的 FY-2 逐时卫星资料云图及陕西相关降水资料对比分析发现（表 8.3），陕西省满足 MCC 条件的个例共有 14 个，大约年均为 1.4 个，其中 2005 年、2006 年、2007 年、2011 年、2012 年和 2013 年均为 2 次，2009 年、2010 年各有 1 次，2008 年、2014 年未出现。月分布特征为：6 月 1 次，7 月 10 次，8 月 3 次。日变化特征：MCC 生成、成熟在后半夜至凌晨 7 次，凌晨至中午 2 次，傍晚至凌晨 5 次。就地域而言，陕北 1 次，关中 2 次，陕南 11 次，可见陕南 MCC 是关注重点，本文不对陕北 MCC 做重点分析。陕北、关中的 3 次 MCC 均出现在 8 月份，且发生、加强在傍晚至凌晨，而陕南的 MCC 后半夜发生、加强和成熟占绝大多数，这一结论与陕西大暴雨发生的时段相一致。

进一步分析发现，陕南有时会连续两日出现 MCC，或者是前一天已出现类似于 MCC（未达到 MCC 标准）的对流云团强降水，次日仍以 MCC 形式产生强降水，如 2005 年 7 月 6—7 日 2d、2007 年 7 月 4—5 日 2 d、2011 年 7 月 5—6 日 2 d，前后两日降水各有特点，其中前 1 d 暴雨范围小，雨强大，以雷雨为主，次日暴雨范围大，雨强小，以普雨为主，暴雨落区较前 1 d 明显偏东，有利于雨区和洪峰叠加，易造成严重洪涝灾害。

表 8.3　2005—2014 年陕西 MCC 发生时段、降水特征及灾情概况

MCC 出现日期（年-月-日）	MCC 出现地域	MCC 出现时段	暴雨站数，最大降雨量	700hPa 影响系统	灾情	
					人员伤亡（人）	经济损失（亿元）
2005-07-06	陕南西部	03:00—10:00	4，102 mm	甘南切变	7	0.07
2005-07-07	陕南东部	05:00—12:00	6，119 mm	甘南切变		
2006-07-22	陕南	03:00—11:00	4，87 mm	汉中切变	1	0.80
2006-08-15	关中中北	22:00—04:00	9，140 mm	甘陕切变		0.10
2007-07-05	陕南	00:00—10:00	11,172 mm	甘南低涡	2	1.20
2007-08-08	关中中南	20:00—04:00	29,215 mm	甘南低涡	34	8.30
2009-06-19	陕南	06:00—14:00	9，102 mm	甘南低涡	1	
2010-08-01	陕北南部	00:00—07:00	3，103 mm	关北切变		

续表

MCC出现日期(年-月-日)	MCC出现地域	MCC出现时段	暴雨站数及最大降雨量	700hPa影响系统	灾情	
					人员伤亡(人)	经济损失(亿元)
2011-07-05	陕南西部	03:00—10:00	6, 123 mm	甘南低涡		
2011-07-06	陕南	08:00—15:00	14,118 mm	甘南低涡	18	1.60
2012-07-07	陕南西部	22:00—10:00	3, 121 mm	甘南低涡		5.60
2012-07-21	陕南东部	18:00—02:00	3, 79 mm	甘南切变		0.42
2013-06-20	陕南西部	02:00—12:00	4, 77 mm	甘南切变		3.70
2013-07-22	陕南西部	02:00—08:00	10,85 mm	甘南切变	11	10.00

注:甘南切变、低涡,指武都一带有切变、低涡;甘陕指甘肃东与陕西宝鸡;关北指陕北南与关中北。

8.7.2 陕西陕南、关中MCC的环流及地面特征

8.7.2.1 300 hPa高空环流特征

通过对陕南、关中出现(以下称陕西)的13次MCC过程前一时次环流背景分析发现:300 hPa环流图上陕西几乎都是处在闭合南压高压环流的北侧或东北侧,即南压高压脊线的北侧,常有980 dagpm线配合,在980 dagpm线北侧常常存在一支风速≥40～50 m/s的高空急流带,这支高空急流,增强高空辐散,有利于上升运动的维持和加强,而陕西的MCC多形成于此高空急流右侧的强辐散区。进一步分析显示,当MCC出现在陕南时,高空急流带位置相对偏南,一般在28°N附近;当MCC出现在关中时,高空急流带位置相对偏北,约在30°N附近。同时在该急流带南侧纬向风经向切变较明显,即风速的纬向分量随着纬度向南出现迅速递减现象,这样使得陕西MCC恰好处在一个小风速构成的闭合高压环流中心,高空具有强烈辐散。若陕南正好处在该高压环流的东北侧,MCC就会出现在陕南;若关中正好处在该高压环流的东北侧,MCC就会出现在关中。

以2011年7月5日的MCC为例,4日20时南压高压出现加强,已有闭合的980 dagpm线配合,四川东部、陕西南部被一小风速构成的闭合高压环流中心控制,高压中心在30°N,105°E附近,陕南正好处在该高压环流的东北侧。5日08时急流明显南压,上述的闭合高压环流北侧风速迅速加大,原来的偏西风由2～4 m/s加强为12 m/s,纬向风经向切变非常明显,高压环流中心位置仍在四川东部、陕南南部一带,这时MCC已达最强时段。

8.7.2.2 700 hPa和850 hPa环流特征

分析陕西13次MCC出现前一时次700 hPa图发现:若MCC出现在关中、陕南时,有其共同的特征,也有不同之处。当MCC出现在陕南时,在甘南武都一带或四川东部地区有低涡环流或明显切变存在,具体位置在武都附近有一个低压环流,环流的中心一般在武都与汉中一带,在低涡或切变的东侧,从孟加拉湾经贵州、重庆西部、四川东部都有明显的偏南或西南急流配合,一般风速为8～12 m/s,一直北伸至陕南;当MCC出现在关中时,低压环流或切变位置偏北,具体位置位于武都、合作和榆中之间或者是在合作与武都、平凉一带,而始于孟加拉湾的偏南或西南急流会越过秦岭,一直延伸到关中MCC发生区域。即中尺度对流系统通常发生在高温高湿的西南风低空急流的最北端,同样发生在对流层中层短波槽的前方。

850 hPa图上,MCC发生的前一时次,除从孟加拉湾经贵州、重庆西部、四川东部为明显

的偏南气流或偏东南气流配合外，在秦岭南侧的汉江河谷地带或关中南部地带无一例外吹的都是偏东风或偏东东南风，所不同的是在风速大小上存在差异；陕南或关中偏东气流的风速一般在 2～6 m/s，一直吹向 MCC 所发生的区域，为 MCC 的生成、发展提供了低层辐合、抬升条件。当偏东风较强时，MCC 发生的位置就会相应偏西，陕西境内降水偏弱。如 2013 年 6 月 20 日陕南西部 MCC、2013 年 7 月 21 日陕南西部 MCC、2012.07.07 陕南西部 MCC 生成时，汉中、安康的偏东风达到 6～10 m/s，使陕南强降水落区偏西，甚至强降水中心出现在甘肃武都境内，陕南西部虽有强降水却未有区域性暴雨出现。以上分析表明，关注 850 hPa 偏东气流强弱对预报 MCC 出现的区域及强降水中心落区有较好的指示意义，也能为陕西防御暴雨灾害和减灾服务提供客观科学的气象参考依据。

8.7.2.3　地面特征

分析 MCC 个例地面环境场发现，陕西多数 MCC 的生成、发展有同于华北平原的 MCC，位于冷锋前的暖区中或有明显冷锋配合。大多数 MCC 过程中四川及陕南一带为一闭合低压中心或低压区，而 MCC 出现在陕南或关中地区时存一定差异。当 MCC 出现关中地区时，地面环境场上虽有冷锋配合，但冷空气主体活动在关中境内，冷空气移动路径有两条，一条是从甘肃东部的西北路南下，如 2007 年 8 月 8 日发生在关中的 MCC(图 8.47a)，另外一条是从陕西东侧经山西进入陕西境内，如 2006 年 8 月 14 日发生在关中的 MCC(图 8.47b)。当 MCC 出现在陕南地区时，地面环境场上四川闭合低压中心东西向特征明显，同时等压线密集、气压梯度较大，地面图上也有冷锋配合，冷空气主体多在甘肃中东部，一般从甘肃甘南一带南压或南移，经过武都进入陕南西部的汉中附近，如 2011 年 7 月 4 日发生在陕南的 MCC(图 8.47c)，可见关注地面冷空气及冷锋的移动路径对陕西 MCC 发生、发展及出现的地域十分关键。

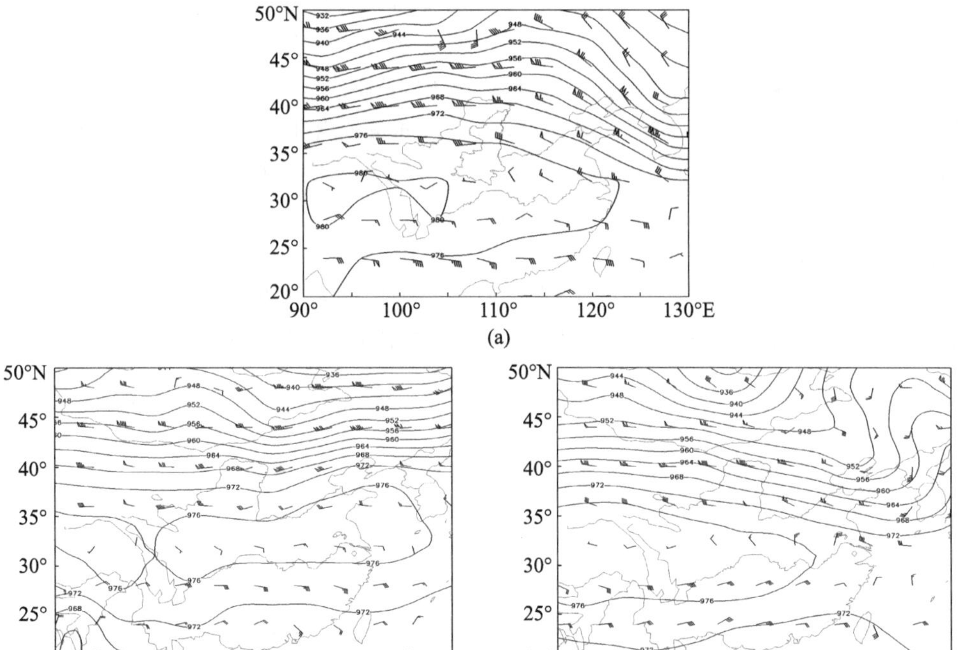

图 8.47　陕西发生 MCC 时的地面形势图

(a)2007 年 8 月 8 日 20 时；(b)2006 年 8 月 14 日 20 时；(c)2011 年 7 月 4 日 20 时

已有研究表明,当冷空气从武都涡的西北部侵入,使得武都涡区斜压性加强,促使武都低涡快速发展,激发 MCC 加强、发展。这类 MCC 前期多有较强偏西南暖湿气流输送,其低涡东侧存在明显的偏南或东南暖平流输送,降水具有强对流特征,多有雷雨相伴,短时雨强明显偏大,强降水区域相对偏小,如:2011 年 7 月 5 日发生在陕南的 MCC,南郑县 07 时 1 h 降水量达 50.6 mm。这种形势的 MCC 稳定少动、移动性较小。陕南生成的 MCC 也有冷空气是通过高后形势入侵,即冷空气从关中东部、河南西部或湖北西部进入陕西南部、四川东部。这类 MCC 普雨型降水特征明显,降水区域相对偏大一些,短时雨强较前一类要小,MCC 北伸特征明显。如:2013 年 7 月 22 日发生在陕南的 MCC,商南县 07 时 1 h 降水约为 31.6 mm。

8.7.3 陕西 MCC 的水汽输送特征

水汽是产生区域性暴雨的重要条件,尤其对内陆地区来讲,由 MCC 所引发的暴雨更是如此,因为 MCC 对水汽条件要求较高,一般 MCC 都是发生在高湿、高温环境场中。分析陕西 MCC 所引发的暴雨水汽场的情况发现,其水汽的水平输送主要集中在对流层中低层的 850—700 hPa。通过 850—700 hPa 的偏南暖湿气流将水汽输送至暴雨区上空,低层暖湿气流输送进一步增加了 MCC 区域大气不稳定度,为 MCC 所引发的暴雨提供了充足的、源源不断的水汽和能量。

众所周知,当暴雨区存在水汽通量散度负值区,说明具有很强的水汽辐合,这一点通过 MCC 过程中的水汽通量散度图可得到很好验证。在陕西 13 次 MCC 暴雨过程中,其水汽通量散度图上均有明显的水汽辐合存在,只是不同的过程之间的强度有所差异。其中 850 hPa 上水汽通量散度辐合明显的情形有 6 次(如 2007.07.05,2010.08.01,2012.07.21 等),700 hPa 水汽通量散度辐合明显的情形有 2 次(如 2012.07.07 等)。对于暴雨范围广、雨强强的 MCC 暴雨过程,850 hPa、700 hPa 两个高度上水汽通量散度辐合均十分明显,这种情况有 4 次(如 2007.08.08,2009.06.19,2013.07.21 等)。其中 2013.07.22 陕南 MCC 过程中,7 月 22 日 08 时 700 hPa 水汽通量散度图上(图 8.48a),水汽通量辐合中心出现在四川东北部、陕南及关中地区,中心值为 -50×10^{-7} g/(cm^2 · hPa · s), 850 hPa 图上(图 8.48b),四川东北部、陕南西部、关中大部为一个水汽通量辐合带,中心值达到 -50×10^{-7} g/(cm^2 · hPa · s)。需要强调的是这次 MCC 过程中,陕北也有大范围的强降水出现,使得水汽通量辐合中心较其他个例略显偏北一些,同时也说明对流层中层的水汽通量辐合中心对陕北的大范围降水有一定的指示意义。这种充足的水汽加之强的辐合场配置使陕西中北部产生强降水。

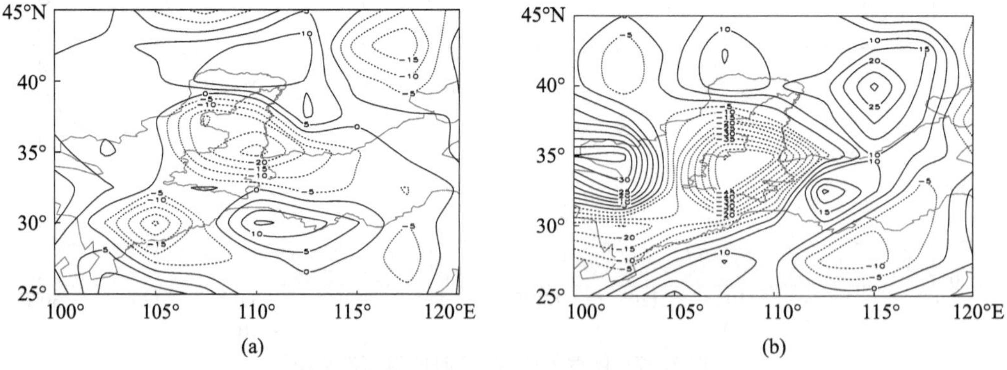

(a) (b)

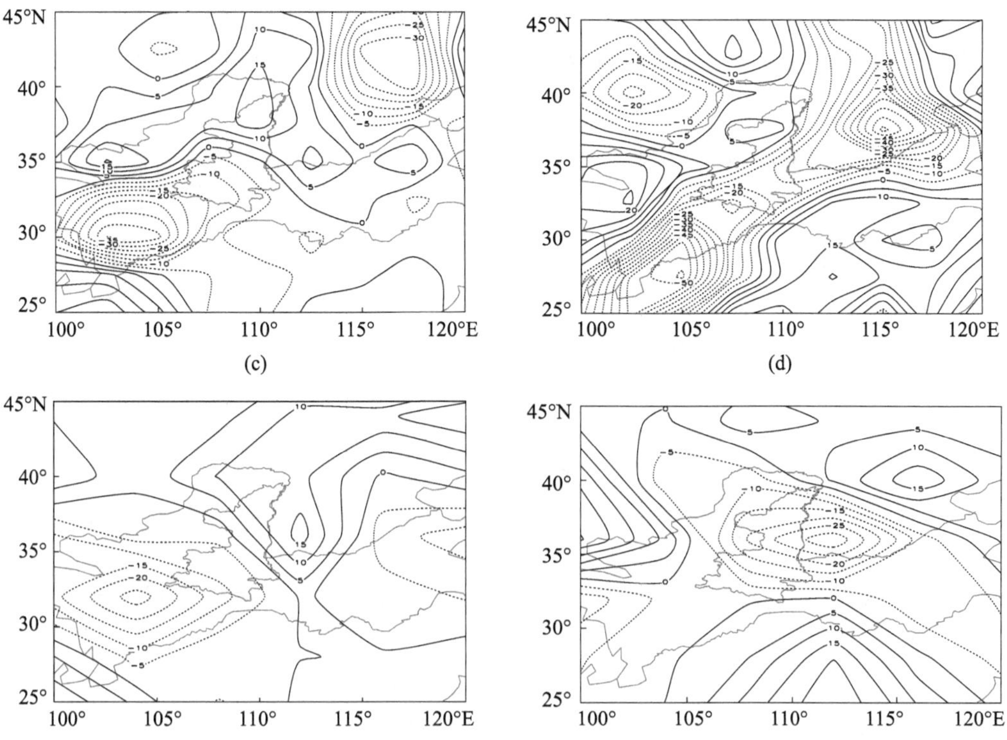

(c)　(d)　(e)　(f)

图 8.48　水汽通量散度图(单位:10^{-7} g/(s·hPa·cm^2))

(a)2013 年 7 月 22 日 08 时 700 hPa;(b)2013 年 7 月 22 日 08 时 850 hPa;(c)2012 年 7 月 21 日 20 时 700 hPa;(d)2012 年 7 月 21 日 20 时 850 hPa;(e)2009 年 6 月 19 日 08 时 700 hPa;(f)2010 年 7 月 31 日 20 时 850 hPa

8.7.4　MCC 云团特征

卫星云图具有能及时、宏观、直观和高频次的监测强降水云团从一个对流小单体到发生、发展、加强移动以至削弱整个过程演变的特点,同时还可利用云顶亮温 TBB 梯度最大一侧来确定暴雨的落区。目前业务运行的卫星云图已可达到每 0.5 h 一次的时效。

8.7.4.1　MCC 云团特征及移动规律

通过对陕西 13 次 MCC 过程的云图分析发现,多数个例中,MCC 主要是由小块状积云团从四川东北部东移发展或合并加强形成的。其中伴随冷锋云系,在东移过程中由冷锋前部暖区新生对流云团发展加强成 MCC 有 4 次(图 8.49a,b),这类 MCC 关中、陕南均可出现,其降水范围大,累计雨量大,如 2007 年 8 月 8 日关中的 MCC 过程中,有 8 站日降水量超过建站以来的极大值;由对流单体发展加强形成的 MCC 有 6 次,这类 MCC 基本出现在陕南地区,它们多在四川东北部由对流单体发展加强形成,即其主体多在大巴山以南加强发展,它们当中有一类相对稳定少动(图 8.49c,d),另一类北伸特征相对明显(图 8.49e,f);由几个对流云团合并形成的 MCC 有 3 次,基本是发生在秦岭以南的陕南地区,这类合并形成的 MCC 与上述陕南的后一类 MCC 特征有一个共同之处,即北伸特点相对明显。通过对其环流分析发现,造成这类 MCC 北伸特征相对明显的主要原因是在 700 hPa 图上有明显偏南急流配合,如 2009.07.15,2012.07.07,2013.06.19

等MCC过程中,其700 hPa图上偏南气流均超过10～12 m/s。另外,分析还发现,几乎陕西所有的MCC在接近或处于成熟时期,其云团的云顶多可伸展至对流层高层200 hPa附近,而MCC云团的云砧多数会伸向西南方向,出现这种特征原因是MCC多处在对流层高层的南亚高压东北侧,它是由南亚高压东北侧的偏东北急流引导所致。

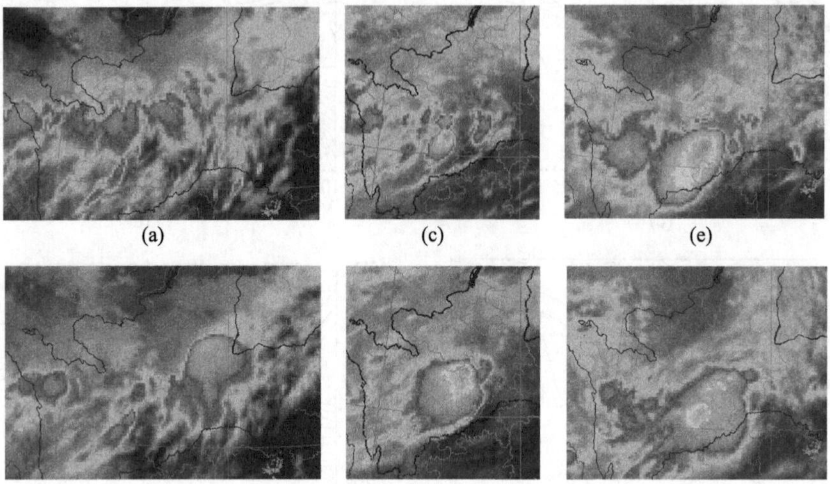

图8.49　陕西MCC云图特征图例

(a)2007年8月8日20时;(b)2007年8月9日04时;(c)2011年7月5日02时;(d)2011年7月5日08时;(e)2012年7月7日00时;(f)2012年7月7日04时

进一步对发生在陕南地区的MCC云图归类分析还发现,不少的MCC在加强发展到最强时刻在其北侧,会有小的对流云团新生,这个新生的对流云团则是陕南或当地强降水的直接制造者(图8.49d,f),如2011.07.05的MCC过程中,南郑县5日07时1 h降水50.6 mm。虽然目前对它的生成和形成机制还不能很好的解释,但可以利用雷达回波对其强降水落区进行定位,以确定强降水的灾害区域,使强降水区域能够及时采取应对措施并予以重点防御。

8.7.4.2　MCC云团云顶亮温特征

运用云顶亮温(TBB)能够有效地揭示、判别MCC发展、加强及成熟期不同阶段,确定MCC的强降水时段和落区。分析陕西的13次MCC过程表明,MCC发展到成熟期往往是影响和造成当地降水最强时刻,强降水落区多位于云顶温度梯度最大一侧(表8.4)。本文以2011.07.05陕南和2007.08.08关中出现的MCC过程为例进行具体分析。

表8.4　陕西部分MCC云顶亮温及相关降水特征

MCC日期(年-月-日)	强降水的落区	MCC最强盛时刻,最大降水量(站),云顶亮温TBB(℃)	强降水出现在云顶亮温梯度何处位置	MCC云团移动路径
2007-08-08	关中中部	23:00,63 mm(咸阳),−72℃	云团西北侧亮温较大处	甘肃境内生成东移
2007-08-09	关中中部	00:00,92 mm(高陵),−74℃	云团西北侧亮温较大处	关中东移加强发展
2011-07-05	陕南西部	07:00,51 mm(南郑),−60℃	云团西北侧亮温较大处	四川境内生成北移
2011-07-06	陕南中部	14:00,25 mm(镇巴),−53℃	云团西北侧亮温较大处	陕西南部合并生成
2012-07-21	关中东、陕南东部	17:00,40 mm(合阳),−67℃	云团东北侧亮温较大处	锋面前部对流云团发展

8.7.4.3　MCC 云团实例

2011 年 7 月 5 日夜间，在前期无任何云团的情况下，5 日 01:00 红外云图上显示，四川东部、重庆地区有由小的亮点发展成较大的边界光滑整齐的 2 个对流云团(图 8.49c)，02:00 云团已合并为一个云团，03:00 合并云团迅速发展，具有 MCC 的特征，冷云面积大幅度增加，TBB $\leqslant -52$ ℃的云罩面积约为 4×10^4 km^2，TBB$\leqslant -32$ ℃的云罩面积约为 5×10^4 km^2，06:00云团强盛发展成为 MCC。07:00 冷云面积扩展到最大，MCC 发展到最强，TBB$\leqslant -52$℃的云罩面积约为 18×10^4 km^2，TBB$\leqslant -32$ ℃的云罩面积约为 22×10^4 km^2，椭圆率$>$0.7，占据四川东北部及陕南汉中部分地区，此时对流发展最为强盛，TBB 等值线在 MCC 云团东北侧非常密集(即云顶亮温梯度大)(图 8.49d)，而强降水位于 TBB 等值线非常密集一侧。在 MCC 的东北边界还有一个类似小角的新对流单体云团生成，陕南地区的强降水就是由这个小角云团直接造成(这点在汉中雷达回波也得到印证)。南郑县 07 时 1 h 降水 50.6 mm、汉滨区 08 时 1 h 降水 44.9 mm，08:00 开始，MCC 云团开始减弱，TBB$\leqslant -52$ ℃的冷云区面积大幅度减小，11:00 时云团不再具有 MCC 特征，陕南地区内已无大于 10 mm/h 的降水。MCC 持续长达约 7 h。

2007 年 8 月 8 日 21 时，随着锋面东移，原在陇县的一个对流单体与眉县的另一对流云带合并，合并后的 MCC 云团在原地突然发展为一个 TBB$\leqslant$ 52 ℃的云罩面积约为 19×10^4 km^2，中心强度达 -72 ℃，西北—东南向的椭圆形云团，TBB 等值线在 MCC 云团西北侧和东侧非常密集，在 MCC 云团的南部比较稀疏，意味着云团的北部将进一步发展加强。22:00 时，云团 MCC 东扩加强明显，TBB 达-74 ℃，云团已发展为成熟期，-32℃和-52℃的云罩面积约为 11×10^4 km^2、51×10^4 km^2，已达到 MCC 标准，乾县 22 时 1 h 降水 58.4 mm。23 时，云团面积继续增长，中心强度维持-74 ℃，但范围扩大至最大，说明发展到最强时刻，接近成熟阶段，此时云团长轴线转变为东北一西南向(见图 8.49b)，咸阳 23 时 1 h 降水 63.4 mm。9 日 00 时，MCC 面积达到最大，-32 ℃、-52 ℃的云罩面积约 18×10^4 km^2 和 17×10^4 km^2，中心强度仍为-74℃，高陵县 00 时 1 h 降水 92.1 mm，泾河 1 h 降水 66.0 mm，三原 1 h 降水 46.0 mm。01 时，MCC 已明显减弱，-72℃以下 TBB 范围已经消失，中心强度减小到-71℃，但-32 ℃、-52 ℃的云罩面积并未减小，甚至-52 ℃的面积还在增大，但强降水却明显减小，仅有蓝田 01 时 1 h 降水 31.2 mm。02:00，MCC 云团减弱更加明显，尤其是北部云团减弱的特别明显，-62 ℃的等值线在秦岭北部消失，只出现在秦岭南部，并且分裂为 2 个小中心，表明 MCC 处于消亡时期，关中地区内已无大于 10.0 mm/h 的降水。MCC 持续长达约 8 h。

上述两例 MCC 云图分析显示，MCC 达到最强时，也是强降水的最大时刻，强降水位于 TBB 等值线非常密集一侧，随后强降水趋于减弱阶段，这一特征对准确预报、监测和预警该类致灾性暴雨落区、时段是非常有效的。也是提高关中、陕南防灾减灾能力的一个关键措施和手段之一。

8.8　陕北黄土高原强对流天气

8.8.1　陕北黄土高原强对流天气分布规律

8.8.1.1　强对流天气定义和统计标准

强对流天气是指出现短时强降水、雷暴大风、龙卷风、冰雹等现象的灾害性天气。国际上把强对流天气列为仅次于台风、地震、洪涝之后第四位具有杀伤力的自然灾害。

强对流天气目前还没有严格定义。俞小鼎等(2000)提出国内业界共识是:落到地面上直径不小于 2 cm 的冰雹、阵风超过 17 m/s 的对流性大风、发生在陆地上所有级别的龙卷以及不低于 20 mm/h 的短时强降水称为强对流天气。中央气象台定义的强对流天气指的是出现直径 5 mm 及以上的冰雹、任何级别的龙卷、17 m/s(或者 8 级)及以上的雷暴大风或 20 mm/h 及以上的短时强降水等任意一种或几种天气。美国国家气象局(National Weather Service, NWS)的强对流天气标准为:落到地面上直径不小于 2.5 cm 的冰雹、阵风不低于 25 m/s 的对流性大风(雷暴大风)、强降水阈值 20～25 mm/h 或 50 mm/(3h)以及发生在陆地上的所有级别的龙卷。直径 50 mm 以上的冰雹、F2 级以上龙卷、33 m/s 以上的雷暴大风和 50 mm/h 以上的对流性暴雨为极端强对流天气。

陕北黄土高原是包括榆林和延安 25 个县的区域,该区域地处毛乌素沙漠南缘与黄土高原的腹地,是强对流天气的高发区,其强对流天气发生频率明显高于关中和陕南地区。灾情报告资料统计表明,陕北黄土高原小时雨量达到 20 mm,即可引起部分路段严重积水,影响交通出行,形成城市内涝。

国家标准对冰雹和大风有分级标准,地面气象观测中 1 小时降水量达到 10 mm 以及 3 小时降水量达到 20 mm 要编发重要天气报告。中国气象局预警信号发布规定,预计 3 小时降水量达到 50 mm,要发布暴雨橙色预警信号,3 小时降水量达到 100 mm,要发布暴雨红色预警信号;未来 6 小时内可能出现冰雹并可能成灾,要发布冰雹橙色预警信号,未来 2 小时内可能出现冰雹并可能造成严重灾害,要发布冰雹红色预警信号;阵风达到 7 级(13.9 m/s)要发布大风蓝色预警信号。上述标准可作为陕北黄土高原强对流天气定义的参考阈值,即雨强达到或超过 20 mm/h,7 级以上雷暴风,任意大小的冰雹。

按照上述标准对陕北黄土高原强对流天气进行统计,统计方法参照《陕西省短期天气预报技术手册》(原版)规定及有关文献标准,并考虑强降水主要表现为局地性,且陕北黄土高原气象站网稀疏,站点相距近百千米,按同日强降水出现的台站数量,将强降水的发生范围划分为 4 种类型,即单站强降水、强降水站数/总站数<10%为局地强降水、强降水站数/总站数在 10%～30%为小范围强降水,强降水站数/总站数≥30%为区域性强降水。具体如下:同日内只有 1 站出现强降水,统计为单站强降水;2 站同日出现强降水,统计为局地强降水,3～4 站同日出现强降水,统计为小范围强降水;5 站以上同日出现强降水,统计为区域性强降水。只要有 1 站出现短时强降水,统计为一个强降水日,一天中多次多站出现强降水,则强降水频次累加统计。如某日某站出现 1 次强降水,则统计为 1 次强降水和 1 个强降水日;如某日 2 站同时出现强降水,则统计为 1 个强降水日,2 次强降水;再如某日两站同时出现强降水,且一站只出现 1 个时次,另一站出现 2 个时次,则统计为 1 个强降水日,3 次强降水。其余以此类推。

8.8.1.2 陕北黄土高原强对流天气致灾特性

陕北黄土高原是强对流天气多发区,主要致灾特点是:

(1)陕北强对流天气往往具有突发性、历时短、强度大、局地性分布的特点。表 8.5 是 2004—2018 年陕北黄土高原 25 个气象站强对流天气出现次数与极值统计,降水资料来自气象站观测记录,冰雹资料来自气象站观测记录和灾情报告,由于 2004 年以来气象站无雷暴观测记录,通常情况下雷暴大风一般会伴有阵性降水,为统一统计标准,当降水与大风同日出现,视为雷暴大风,这样能够把大多数的雷暴大风统计进去。由表 8.5 可知,2004—2018 年陕北黄土高原 25 个气象站共出现雨强 20～50 mm/h 的短时强降水 375 次，年均 25 次，单站平均每年出现一次；出现雨强≥50 mm/h 的短时强降水 11 次，年均 0.73 次，单站年均 0.03 次，极端强降水出现概率较低。2004—2018 年共出现冰雹 250 次，年均 16.67 次，单站年均 0.67 次。出现大于 17 m/s 的雷暴大风 898 次，年均 59.87 次，单站年均 2.39 次。可见雷暴大风出现最多，其次为短时强降水，冰雹出现最少。

(2)致灾重。陕北黄土高原地处我国西北内陆，干旱少雨，生态植被脆弱，土壤蓄水能力差，设施农业发展较快，有大漠粮仓的美誉。陕北黄土高原是国家级能源化工基地，企业云集，工业发展较快。此外，城市扩张，人口增多，城市防汛压力有增无减。随着社会经济的发展和文明程度提高，气象灾害造成的损失更加巨大。强降水发生时，雨水来不及渗透，径流汇集成山洪，在乡村冲毁道路、农田、房屋，水土流失严重，在城市发生内涝损毁基础设施，影响城市正常运行，在工业区突发性暴雨伴随雷电灾害影响化工企业安全运行。正因为陕北强对流天气具有突发性、历时短、强度大、局地性强的特点，所以给抵御带来巨大困难，因而造成灾害重的结果。

1977 年 8 月 1 日夜间至 2 日凌晨，榆林市榆阳区与内蒙古乌审旗交界处发生强对流特大暴雨，榆阳区小壕兔村民介绍，暴雨来临时，电闪雷鸣、风大雨急，呼吸困难，强降水持续 7 h 左右，致使部分房屋倒毁，牛、羊、猪等大牲畜被淹亡，成百上千只麻雀被雨拍死，地面积水持续半月之久，据估测降水量达到 1400 mm。2015 年 7 月 18 日下午子洲县城突发强对流天气，强降水出现时伴有冰雹，最大冰雹直径 10 mm，2 h 降水量达 114 mm (16:00—17:40)，大暴雨引起山洪暴发，一人被洪水冲走死亡。2017 年 7 月 23 日 16—18 时，榆林市区突发强对流暴雨，16—17 时市区中心广场雨量为 64.8 mm，强降水引发山洪沿红山路顺流而下，沿街多间房屋被洪水冲毁倒塌。2017 年 7 月 25 日 20 时—26 日 10 时，榆林南部县区突发大暴雨，降水中心位于子洲、绥德一带，绥德赵家砭 25 日 22 时—26 日 08 时 10 h 累计降水量 229.7 mm，最大小时雨量 50.6 mm。强降水引起大理河、无定河河水暴涨，两县城主街区被水淹，提前撤离 10 万人，仍有 12 人失踪，经济损失超过 80 亿元。

陕北黄土高原强对流天气的致灾特性还表现为强风和冰雹，由强对流引发的极大风速达到 13 级以上。如 2016 年 6 月 6 日 15:34，洛川气象站风速达到 38.5 m/s，2020 年 7 月 17 日 17—18 时，子洲气象站出现雷暴大风天气，极大风速达到 36.7 m/s，大风拔起大树和广告牌，日光温室被摧毁。

冰雹也是陕北黄土高原很重要的一个致灾因子。灾情报告表明最大冰雹直径达到 50 mm，发生在佳县，主要损毁农作物以及温室大棚。

表 8.5 2004—2018 年陕北黄土高原强对流天气出现次数和极值统计

项目	短时强降水 (20～50 mm/h)	极端强降水 (≥50 mm/h)	冰雹	雷暴大风(≥17m/s)
次数(次)	375	11	250	898
年平均(次/ a)	25.00	0.73	16.67	59.87
站平均(次/站・a)	1.00	0.03	0.67	2.39
极值		73.5 mm/h	直径 50 mm	38.5 m/s
极值日期		2016-08-15	2007-08-03	2016-06-06
极值地点		吴堡县	佳县	洛川县

8.8.1.3 陕北黄土高原强对流天气时空分布

(1)短时强降水的时空分布

①短时强降水的旬月年分布特征

表 8.6 是 2004—2018 年陕北黄土高原短时强降水频次旬月分布,由表 8.6 可知,陕北黄土高原 2004—2018 年共出现短时强降水 386 次,出现在 5 月上旬到 10 月中旬。5 月上旬共 3 次,占总频次的 1%。6 月上旬短时强降水开始逐渐增多,6 月下旬到 8 月下旬是集中出现时段,占总频次的 89%。其中,7 月下旬最多,共出现 106 次,占总频次的 27%。9 月上旬起,短时强降水明显减少,但仍有出现,9 月下旬之后偶有出现,年均不足 1 次。最晚出现在 10 月中旬,15 a 里仅出现 1 次。短时强降水频次的年际分布显示,2013 年最多为 52 次,2004 年最少为 8 次,年际差异较大。

陕北黄土高原短时强降水的发生季节与大气环流和季风气候有关。5 月夏季风建立,输送到陕北黄土高原的水汽增多,对流开始发展;7—8 月西太平洋副热带高压(以下简称副高)北抬到黄河流域,陕北黄土高原处于高能高湿的大气环境之中,对流最为强盛,造成的降水强度最大;9 月之后副高南退,对流减弱,短时强降水迅速减少。

表 8.6　2004—2018 年陕北黄土高原 25 个国家自动气象站短时强降水频次旬月分布

时段	5月			6月			7月			8月			9月			10月		合计
	上	中	下	上	中	下	上	中	下	上	中	下	上	中	下	上	中	
强降水频次(次)	3	0	2	8	9	22	49	55	106	43	45	25	8	7	3	0	1	386
占比(%)	1	0	1	2	2	6	13	14	27	11	12	6	2	2	1	0	0	100

表 8.7 是陕北黄土高原 2004—2018 年短时强降水出现日数及范围统计,由表 8.7 可知,短时强降水的出现范围以单站强降水和局地强降水居多,其中单站强降水共出现 136 d,占短时强降水总日数的 64%,局地强降水出现 47 d,占 22%,区域性强降水出现最少,仅有 4 d,占 2%,范围最大的区域强降水出现在 2017 年 7 月 26 日,无定河流域绥德、子洲为中心的 9 个县气象站同一天出现短时强降水。2004—2018 年短时强降水共出现 213 d,最多年是 2013 年 24 d,最少是 2004 年 5 d,有 3 a 左右的周期变化。年际变化表明(图略),强降水出现日数和频次呈阶梯上升趋势:2004—2008 年最多年只有 15 d(2007 年)、30 次(2006 年);2009—2018 年,每年都大于 10 d、15 次,其中 4 a 超过 20 d、32 次(2010 年、2013 年、2016 年、2018 年)。短时强降水出现日数和频次增多与陕北黄土高原向暖湿气候趋势转变有关。

表 8.7　2004—2018 年陕北黄土高原短时强降水出现日数及范围统计表

强降水范围	单站	局地	小范围	区域	全部
出现日数(d)	136	47	26	4	213
占比(%)	64	22	12	2	100

图 8.50 为 2004—2018 年陕北黄土高原短时强降水频次及年雨量距平百分率。由图 8.50 可知,短时强降水频次年际差异较大,其年际变化幅度明显大于年雨量的变化幅度。短时强降水与年雨量之间的相关系数达到 0.71,两者间的 t 检验结果达 0.99,超过 0.95 的通过率,说明短时强降水和年雨量之间有明显的正相关关系,其中 15 a 里有 10 a 是正相关,年雨量偏多的年份短时强降水频次也偏多,年雨量偏少的年份短时强降水频次也偏少。有 5 a 是年

雨量偏多，但强降水频次偏少。二者相关关系表明，短时强降水对年雨量的贡献较大，典型代表年是 2013 年，短时强降水频次最多，年雨量也最大。

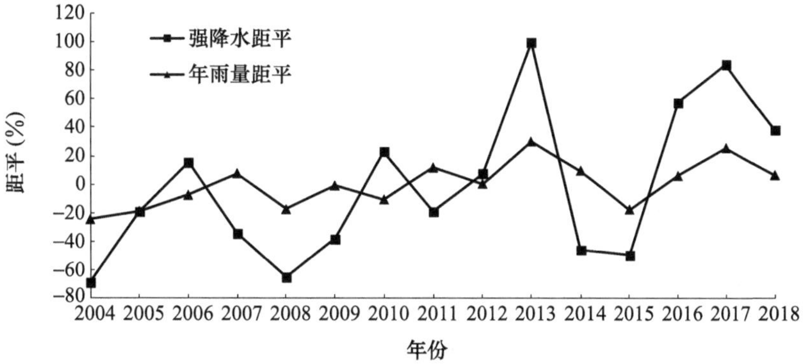

图 8.50　2004—2018 年陕北黄土高原短时强降水距平及年雨量距平百分率

②短时强降水的日变化

图 8.51 为 2004—2018 年陕北黄土高原短时强降水频次的日变化（北京时），由图 8.51 可以看出，短时强降水各个时段均有出现，17 时最多（38 次），10 时最少（4 次）。将日变化分为上午（08—13 时）、下午（14—19 时）、前半夜（20—01 时）、后半夜（02—07 时）四个时段分别统计。下午最多共 143 次，占强降水总频次的 37%；前半夜共 99 次，占 26%；后半夜共 91 次，占 24%；上午最少，共出现 52 次，占 13%。短时强降水多出现在下午和夜间，与强对流易发生在午后和夜间是一致的。

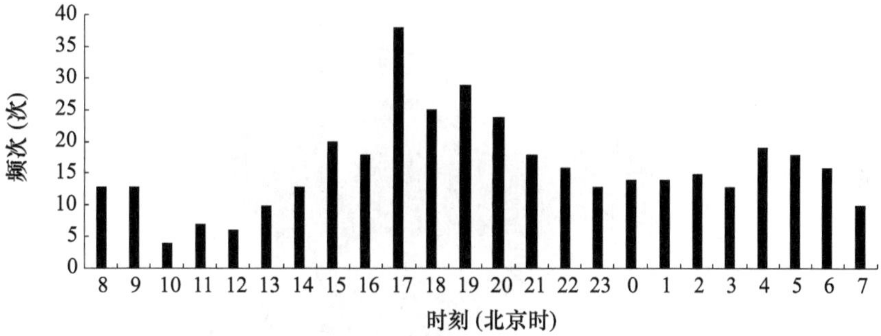

图 8.51　2004—2018 年陕北黄土高原短时强降水频次的日变化

③短时强降水雨量和持续时间

以 10 mm 为递增区间分段统计 2004—2018 年陕北黄土高原不同量级短时强降水频次及占比（表 8.8），发现陕北黄土高原短时强降水的小时雨强以 20.0～39.9 mm/h 为主，15 年中共出现 354 次，占短时强降水总频次的 93%。雨强≥40 mm/h 的短时强降水频次较少。雨强≥50 mm/h 的极端强降水，雨量达到 50～80 mm/h，出现频次极低，15 a 里共出现 11 次，仅占 2%，年均出现 0.7 次。

分类统计单站短时强降水持续时间发现：持续 1 h 的共 326 次，占短时强降水总频次的 92%；持续 2 h 的出现 21 次，占 6%；最长持续 3 h，出现 6 次，占 2%。可以看出，短时强降水持续时间大多在 1 h 以内，表现出短历时的特点。

表 8.8　2004—2018 年陕北黄土高原不同量级短时强降水频次及占比

小时雨量(mm)	20.0～29.9	30.0～39.9	40.0～49.9	50.0～59.9	60.0～69.9	70.0～80.0	合计
短时强降水频次(次)	272	82	21	5	5	1	386
占比(%)	71	22	5	1	1	0	100

④短时强降水的空间分布

图 8.52 是 2004—2018 年陕北黄土高原短时强降水频次及最大雨强的空间分布。由图 8.52 可见,短时强降水频次空间分布极不均匀,东部多于西部,南部多于北部,有 3 个高中心,分别是吴堡、子长和富县,吴堡最多,年均 1.7 次,富县和子长年均 1.3～1.5 次。短时强降水频次较少的是北部的府谷和西部的安塞、吴起、靖边,年均不足 1 次。分析 3 个高值中心所处的位置可以看出,短时强降水高值区位于无定河流域(榆阳、子洲、子长、吴堡等)和洛河流域(志丹、富县、黄陵等)。由图 8.52 还可看出,最大小时雨强达 50 mm/h 以上的极端强降水有 3 个区域,分别位于吴堡及其以南的黄河沿线,无定河流域的榆阳、横山、子洲,以及洛河流域的志丹、甘泉、黄陵。最大雨强中心位于吴堡,达 73.5 mm/h。北部的府谷和西部的吴起、安塞最大雨强小于 40 mm/h。短时强降水频次大值区与最大小时雨强的大值区有一定的对应关系,但不完全重合。单日单站强降水天气最多,占总数的 64%。单站强降水最长持续时间为 3 小时,最多站数达到 9 站(2017 年 7 月 26 日)。

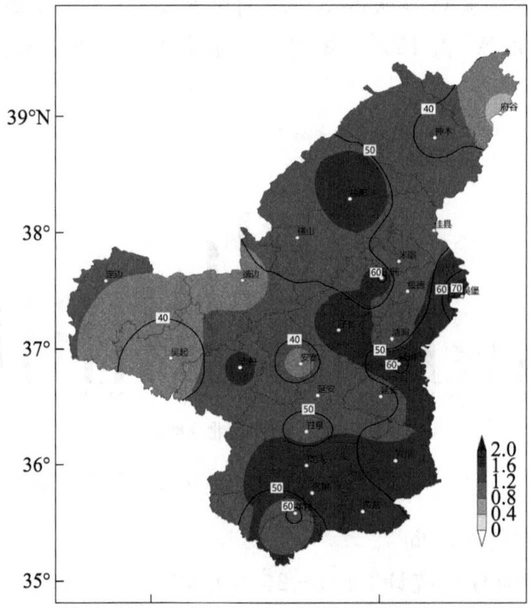

图 8.52　2004—2018 年陕北黄土高原短时强降水频次(阴影,单位:次/a)和最大小时雨强(等值线,单位:mm/h)的空间分布

(2)冰雹的时空分布

①年际分布

冰雹是陕北黄土高原另一致灾强对流天气,局地性更强,对 2004—2018 年气象站观测记录的冰雹数据和灾情统计数据进行统计,共获取冰雹记录 250 次。图 8.53 是 2004—2018 年

陕北黄土高原 2004—2018 年冰雹逐年出现频次。由图 8.53 可知，2004—2018 年陕北黄土高原冰雹年际差异较大，2006 年和 2016 年冰雹明显偏多，分别达到 37 次和 33 次，2009 年和 2018 年出现很少，只有 3 次。陕北黄土高原冰雹年均出现 16.67 次，站均 0.67 次。

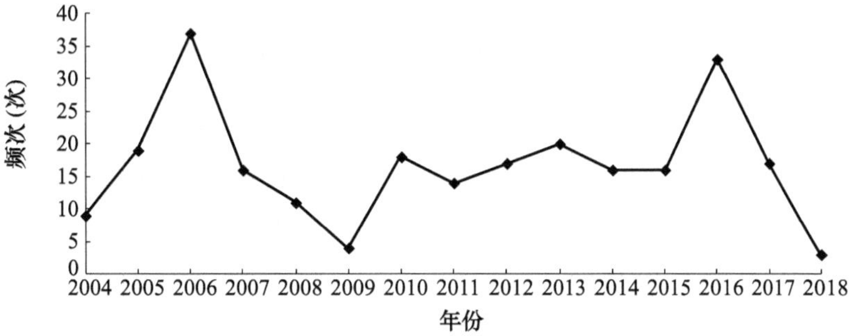

图 8.53　2004—2018 年陕北冰雹逐年出现频次

②旬月分布

图 8.54 是 2004—2018 年陕北黄土高原冰雹旬月出现频次。由图 8.54 可知，2004—2018 年陕北黄土高原冰雹旬月分布呈单峰型，4 月上旬开始出现，但次数很少，5 月上旬开始增多，5 月下旬至 8 月上旬是高峰期，15 年里共出现 181 次，占总次数的 72.4%，其中 6 月下旬出现最多，占全部总次数的 14.4%。8 月中旬起冰雹明显减少，年均不足 1 次，10 月中旬之后再无冰雹天气。

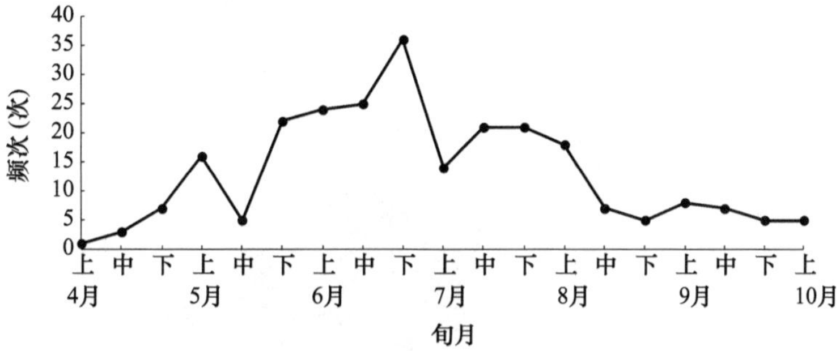

图 8.54　2004—2018 年陕北冰雹旬月出现频次

③日变化和持续时间

图 8.55 是 2004—2018 年陕北黄土高原冰雹日变化。由图 8.55 可知，2004—2018 年陕北黄土高原冰雹日变化呈单峰型，主要出现在午后 14—20 时，夜间偶有出现(吴起 2005 年 5 月 27 日 00:32—00:37，冰雹最大直径 4 mm)。08—13 时共出现 14 次，占总次数的 5.6%，14—20 时是高发时段，共出现 217 次，占总次数的 86.8%，其中 15—18 时最多，18 时后明显减少。

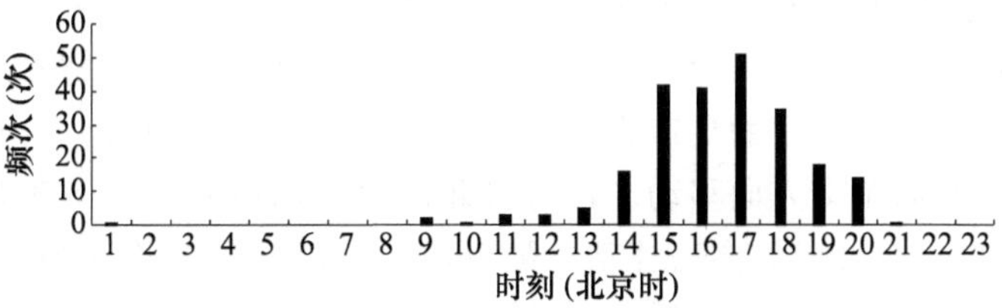

图 8.55　2004—2018 年陕北冰雹日变化

有冰雹持续时间记录的数据总共有 188 次，统计可知，降雹持续时间为 1～35 min，其中持续时间为 1～10 min 的有 154 次，占总次数的 81.4%。降雹持续时间为 10～20 min 有 21 次，21～30 min 有 11 次，大于 30 min 只有 2 次，可见大多数降雹的持续时间不超过 10 min。

④冰雹出现频次和最大直径空间分布

图 8.56 为陕北 2004—2018 年冰雹出现频次和最大直径的空间分布，由图 8.56 可知，陕北黄土高原冰雹出现频次的高值中心有 4 个，一是位于府谷，二是位于定边，三是位于延安、安塞，四是位于黄龙、洛川，年均出现 1.1～1.3 次。最大直径出现在榆林及其以北地区，冰雹直径超过 30 mm，次大直径位于陕北黄土高原的西部和南部县区，冰雹直径为 20～30 mm，最小直径位于吴堡县及其以南的黄河沿岸，冰雹直径<10 mm。冰雹大多数单站出现，同日最多出现 6 站(2005 年 5 月 30 日和 2016 年 6 月 13 日)。

很多情况是，当有利于强对流发生发展的天气条件下，比如锋面或干线过境，雷达回波表现为飑线，通常会引发大范围的强对流天气，这种情况下榆林南部山区局地生成的冰雹云，发展很快，向东南移动，影响到延安市各县区，造成的灾情比较严重。

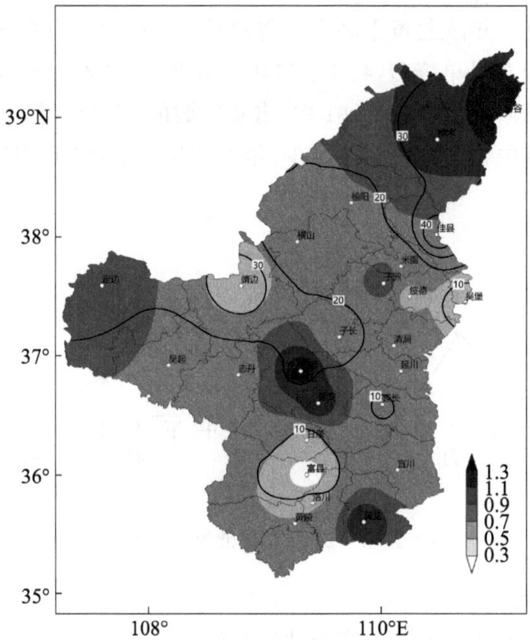

图 8.56　2004—2018 年陕北黄土高原冰雹出现频次(阴影，单位：次/a)和最大直径(等值线，单位：mm)的空间分布

⑤延安市冰雹移动路径

关于冰雹的移动路径，在 9.1.5 中基于经验总结有叙述。新一代天气雷达投入业务应用以来，更加直观地探测到了冰雹云的移动。通过个例分析发现，冰雹云随着天气系统生成和移动，移入的冰雹云源地在内蒙古的乌审旗、杭锦旗、准格尔旗等地，移动有两个方向，一是自西向东移动，二是自西北向东南方向移动。也有自北向南移动，不太多，有时是自西北向东南进入陕北黄土高原境内后会转向为向南移动。随着西南气流向东北移动的只有极个别天气，而且产生的冰雹天气不强烈。冰雹云自西向东移动或自西北向东南移动进入陕北黄土高原后得到加强。

冰雹云易形成在高大山脉背风区，山区地表的不均匀加热和局地辐合造成暖湿空气聚集，致使山脉东或东南一侧出现次天气尺度和中天气尺度系统；高大山脉上风区形成一定厚度的逆温层，当中低层冷空气侵入或地面加热，均可导致逆温层破坏，不稳定能量释放产生局地强对流。

降雹的空间分布表明，冰雹高值区呈现两区两带的特点：两区指以宝塔区为中心的中部多雹区和以洛川为中心的南部多雹区，两带指产生降雹的强对流回波移动分为北路和西路移动带。北路移动带源地为白于山，西路移动带源地为子午岭。冰雹对流单体的生成与地形地貌相关，移动和传播通过旧对流单体的消亡，其前方形成新对流单体来实现，移动方向基本随高空环境风方向移动，但不完全一致。

在统计过程中高空环境风取延安市上空 500 hPa 高度上的风向、风速。利用 2005—2011 年延安测站 711 雷达回波研究对流云团的移动和传播。①延安上空高空环境风速越大，对流回波的移动速度越大。一般延安测站上空 500 hPa 高度上的风速≥6 m/s 时，对流回波移动的平均速度在 8～13 m/s。②延安上空有对流回波产生，大多延安测站上空 500 hPa、700 hPa 为一致的西北风，此型占总降雹日的 80%。当延安测站上空 500 hPa 吹西北风而 700 hPa 为偏南风，对流回波移动速度受地面地形和近地面流场的影响明显减小，平均速度 2～5 m/s，移动方向一般沿环境风向左偏移，即左移雹暴。当延安测站上空 500 hPa、700 hPa 为西南风或有偏南风分量时，初始回波出现较晚，一般在午后形成，强对流回波尺度大，垂直高度较高，分布也广。此型一般为静止少动并会产生短时强降水和下击暴流。当 300 hPa 以下为一致的偏南风，强对流回波随环境风向偏北方向移动但水平尺度范围较小，产生强降水和下击暴流概率也小。延安市境内冰雹云回波移动主要路径见图 8.57。

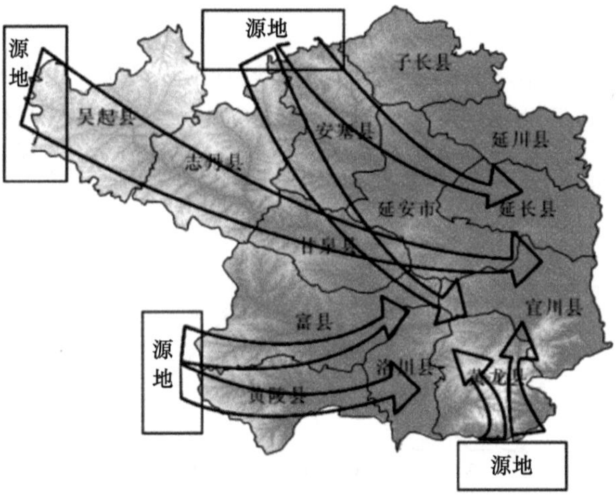

图 8.57　延安市雹云回波移动路径

白于山源地有 3 条路径：靖边—安塞—宝塔—延长—宜川；靖边—志丹—甘泉—富县—洛川—黄龙；吴起—志丹—甘泉—宝塔—宜川。子午岭源地有 2 条路径：富县—洛川—宜川；富县—黄陵—洛川—黄龙。黄龙山南源地有 2 条路径：一个向西北方向移动，在黄龙和洛川境内降雹；一个向北方向移动在黄龙境内降雹。此型 700 hPa 多为西南风或有偏南风分量。子午岭源地产生的对流回波沿南北两条山谷移动。黄龙山南源地分为东西两条路径，逆山谷而北上,对流回波移动明显缓慢,发展迅速,生命史较短。

(3)雷暴大风的时空分布

①年际分布

2004 年以来,陕北黄土高原 25 个县级气象站均升级为自动观测站,不再观测记录雷暴,在实际情况中出现大风有两种情况,也就是除了强对流天气产生的雷暴大风外,还有一种情况是冬春季强冷空气活动产生的寒潮大风,此类大风一般是范围大且少有降水,而雷暴大风通常是局地性且多伴有降水,因此,通过统计 4—11 月对流发生期间,降水与大风同日出现,判定为雷暴大风。雷暴大风是陕北黄土高原出现最多的强对流天气。对 2004—2018 年气象站观测记录的雷暴大风进行统计(图 8.58),2004—2018 年陕北黄土高原雷暴大风共出现 898 次,年均 59.87 次,站均 2.39 次。2004 年最少仅出现 20 次,2016 年最多,达到 97 次,总体呈增加趋势。

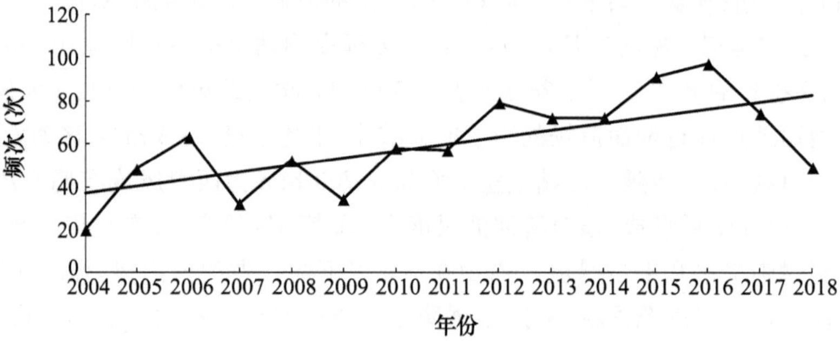

图 8.58 2004—2018 年陕北黄土高原雷暴大风逐年出现次数

②月分布

图 8.59 是 2004—2018 年陕北黄土高原雷暴大风月出现频次。由图 8.59 可见,2004—2018 年陕北黄土高原雷暴大风月分布呈单峰型,4 月年均 5.5 次,5—7 月增多到年均 12.3～13.1 次,6 月最多达到 14.1 次,5—7 月雷暴大风出现次数占总次数的 65.9%。8 月起明显减少,11 月偶有出现。

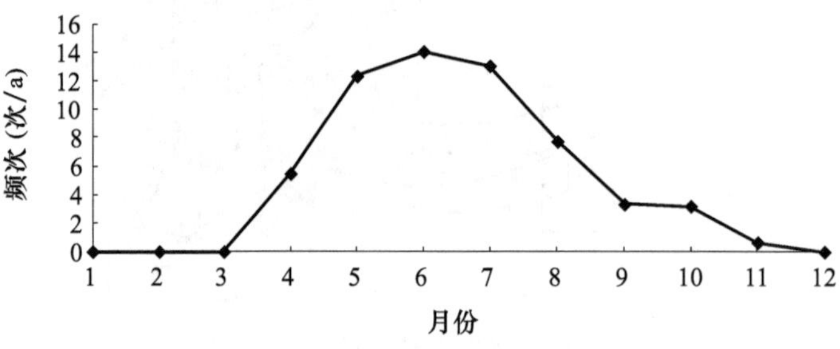

图 8.59 2004—2018 年陕北黄土高原雷暴大风逐月出现频次

③空间分布

图 8.60 是 2004—2018 年陕北黄土高原雷暴大风出现频次和极大风速的空间分布。由图 8.60 可见,府谷雷暴大风出现最多,年均出现 11.1 次,其次是横山和绥德,年均分别为 6.1 次和 7.7 次,延安各县区较少,年均出现 0.2～2.2 次。最大风速分布有两个高中心,一个是子洲县,最大风速为 33.2 m/s,另一个高中心是洛川 38.5 m/s。

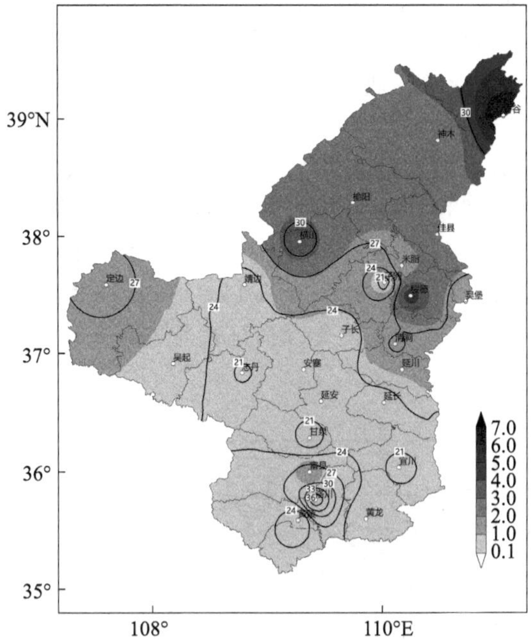

图 8.60　2004—2018 年陕北黄土高原雷暴大风出现频次(阴影:次/a)和极大风速(等值线,单位:m/s)的空间分布

8.8.2　陕北黄土高原强对流天气环流特征

8.8.2.1　天气尺度环流特征

陶诗言等(1979)指出,中纬度局地强风暴的 3 个有利条件是:对流层中下层为明显条件不稳定、有强的风垂直切变和对流层中层非常干燥而低层为暖湿层。丁一汇等(1982)讨论了暴雨和强对流之间天气尺度条件的差异:暴雨发生在低空辐合高空辐散的深厚上升运动区,低层或中低层的强暖平流导致了气层的条件不稳定,水汽主要通过大气边界层输送,向暴雨区大量辐合集中;而强对流天气的高空辐散或负涡度区不明显或不存在,中层冷平流对条件不稳定层的建立起重要作用。

陕北黄土高原强对流天气好发于盛夏,也就是 7 月上旬到 8 月中旬的关键期。这一期间西风带高空急流位于 40°N 附近,副高脊线标志线 588 dagpm 北跳到 25°—28°N,陕北黄土高原位于副高西北侧,西南暖湿气流强盛,形成高温高湿的大气环境,储备了充足的不稳定能量。当贝加尔湖冷涡或华北冷涡、东北冷涡,或西风带长波槽有冷空气影响到陕北黄土高原,形成上冷下暖的不稳定层结,中低层 700 hPa 或 850 hPa 形成低涡、低槽、切变辐合等低值系统,地面受沙漠与黄土高原下垫面性质的差异,容易形成干线,从而触发了强对流天气。陕北黄土高原的强对流天气既有湿对流的暴雨型,也有干对流的冰雹和雷暴大风型,或者短时暴雨、冰雹、雷暴大风同时出现。

陕北黄土高原强对流天气形势分为 4 类:冷涡—西北气流型、冷槽—西北气流型、脊前型、副高—西风槽型。

(1)冷涡—西北气流型

该型主要环流特点如图 8.61 所示,副高 588 dagpm 线北抬到 30°N 以北,110°E 以西,副高外围西南暖湿气流到达陕北黄土高原地区,有利于该地区能量和水汽的积累。500 hPa 西风带气流较平直,榆林北部有<572 dagpm 的冷涡,−8 ℃线南压到 38°N。这样的环流配置在陕北黄土高原形成了下暖上冷的不稳定层结。700 hPa 陕北北部有<304 dagpm 的中尺度低压,陕北上空为低压底部的西北风形成干层,850 hPa 陕北西部是>20 ℃的暖中心,陕北为西南风。相对湿度>70%的湿层位于 700~650 hPa。地面干线过境触发强对流天气,该类天气中低层为干层,湿层较薄,强对流天气以冰雹为主,可伴有雷暴大风和短时强降水。

典型天气为 2013 年 6 月 23 日 15—17 时,陕北黄河沿线出现强对流天气,子洲、绥德出现雷暴大风,极大风速达到 21.8 m/s,佳县、米脂、吴堡出现短时强降水和冰雹天气,最大雨强达到 30.1 mm/h,出现在佳县店镇。2008 年 8 月 17 日 14—15 时,神木县降冰雹,最大直径 23 mm,小时雨强 18.8 mm。2016 年 7 月 15 日 14—18 时,延长县雷暴大风,最大风速 20.1 m/s,并伴有冰雹。

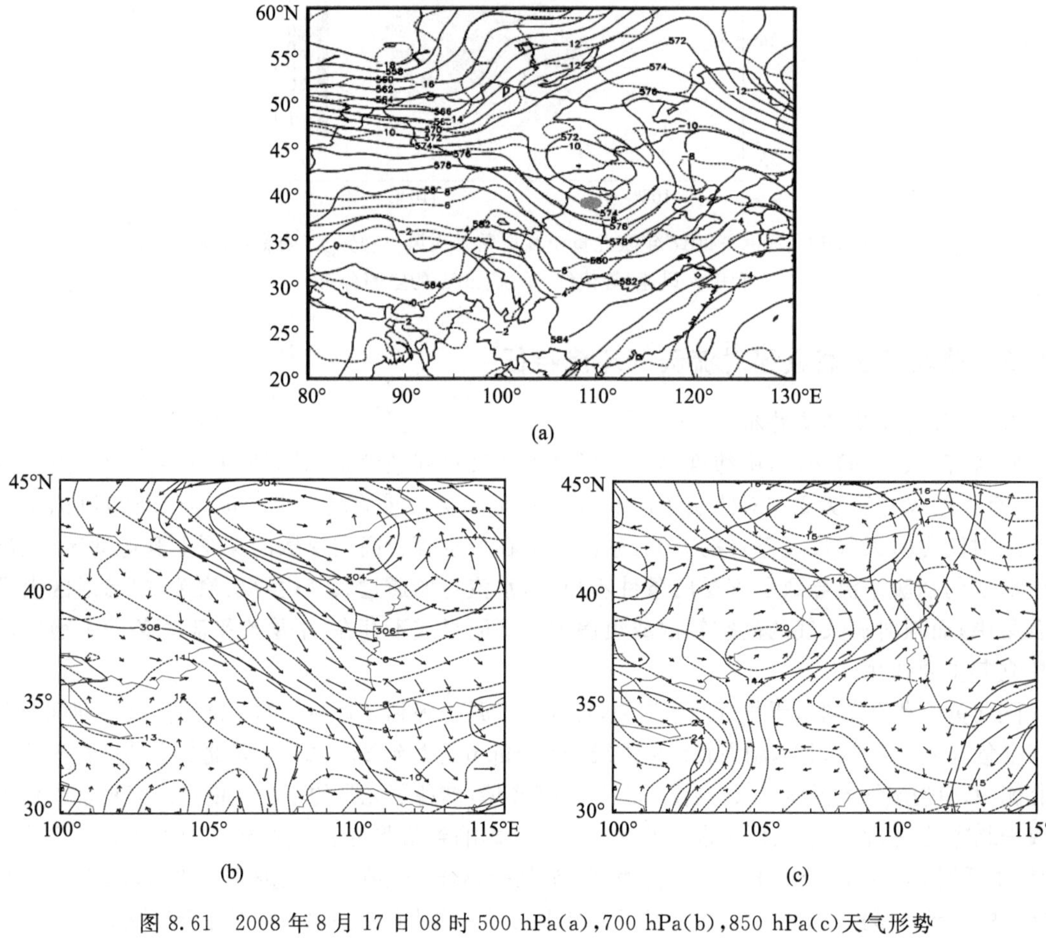

图 8.61 2008 年 8 月 17 日 08 时 500 hPa(a),700 hPa(b),850 hPa(c)天气形势
(500 hPa 阴影区为强对流天气落区)

(2)冷槽—西北气流型

该型主要环流特点如图 8.62 所示,出现在初夏,副高 588 dagpm 线位于 25°N 附近,呈带状,中高纬度为两高一低,贝加尔湖南侧冷涡在河西形成冷槽,槽后冷平流较强,−15℃线南压到陕北,700 hPa 陕北上空为西北气流,高空锋区位于 38°—40°N,850 hPa 也为西北气流,边界

层冷锋锋生，锋前暖平流较强，锋区两侧温度梯度>6℃。冷锋过境触发了强对流天气，前期水汽积累较好，相对湿度>80%的湿层位于 650～550 hPa。

典型天气为 2009 年 5 月 16 日 13—17 时，陕北大部分地方出现强对流天气，雷暴大风达到 23.6 m/s，佳县、吴堡县降冰雹，最大直径 30 mm，榆林东南部县区出现单站短时强降水，最大雨强为 24.7 mm/h。2016 年 5 月 4 日子长县、延川县、宜川县冰雹天气，子长县冰雹最大直径 30 mm。

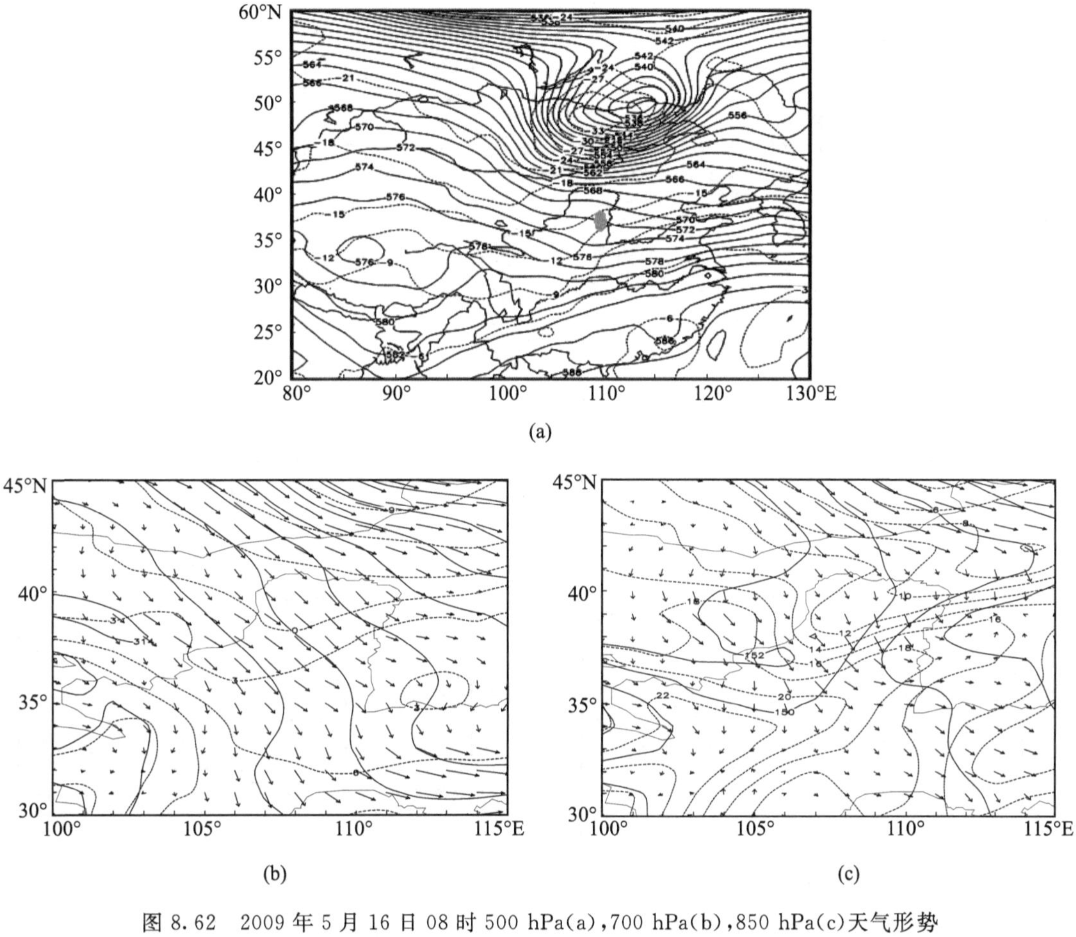

图 8.62　2009 年 5 月 16 日 08 时 500 hPa(a)，700 hPa(b)，850 hPa(c)天气形势
（500 hPa 阴影区为强对流天气落区）

(3)脊前型

该型主要特点如图 8.63 所示，副高 588 dagpm 线位于 30 °N 以南，105 °E 以东，内蒙古中部为高压脊，陕北处于脊前西北气流中，无明显低值系统，北路弱冷空气沿脊前下滑，−8℃线位于榆林北部。700 hPa 在陕北南部有>310 dagpm 的反气旋环流，并配合有>12 ℃的暖区，形成中层的暖干盖，850 hPa 为偏南暖湿气流，并在陕北形成辐合，气温>28 ℃，相对湿度>70%湿层位于 750～550 hPa。低层辐合系统触发产生强对流天气。

典型天气为 2010 年 7 月 11 日 18—21 时，府谷强降水 30.5 mm，雷暴大风 21.5 m/s 神木县降冰雹，最大直径 9 mm。2011 年 6 月 13 日下午，靖边县东坑降冰雹暴雨，冰雹最大直径 30 mm,持续 40～50 min。2017 年 6 月 22 日 15—20 时延安市宜川、子长、延川相继出现短时暴雨、大风、冰雹强对流天气。17—19 时子长县马家砭镇出现短时强降水 21.6 mm,强降水持续时间 30 min,冰雹持续时间 15 min,冰雹直径 20～30 mm。18:30—20:00,延川县短时强降水雨量达 49 mm,并伴有冰雹和短时大风,降雹持续 20 min 左右,冰雹直径 10～22 mm。

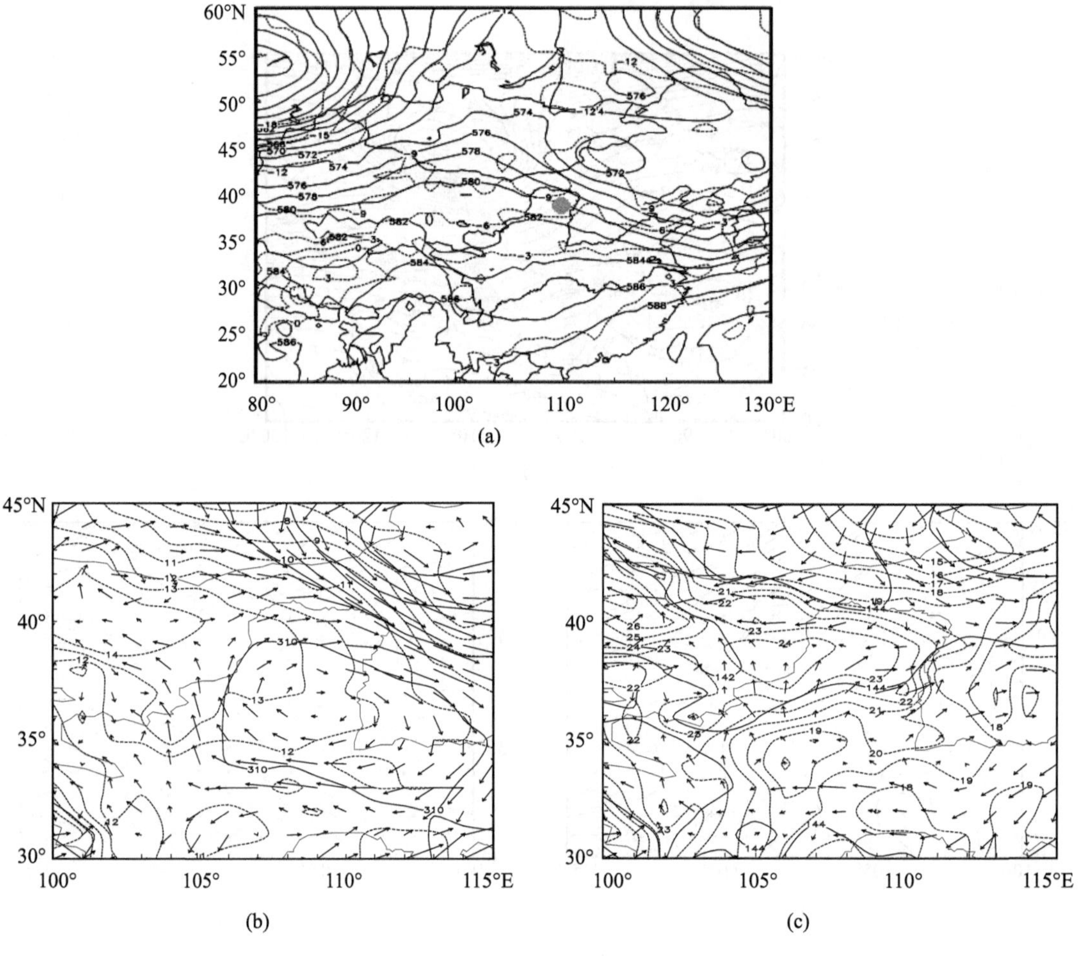

图 8.63　2010 年 7 月 11 日 08 时 500 hPa(a),700 hPa(b),850 hPa(c)天气形势
(500 hPa 阴影区为强对流天气落区)

(4) 副高—西风槽型

该型是陕北黄土高原地区盛夏暴雨和强对流天气的典型配置,主要特点如图 8.64 所示,副高强盛,588 dagpm 线位于 30 °N 以北,110 °E 以西,西风带长波槽位于 115 °E 附近,－8 ℃线位于陕北北部。700 hPa 和 850 hPa 河西有小槽,低层到高层形成前倾槽结构,850 hPa 暖中心＞30 ℃,相对湿度＞70％的湿层位于 700～750 hPa。陕北地区处于低层槽前暖湿、高层槽后干冷的层结中,形成下暖湿上干冷的不稳定层结,边界层低值系统过境或者地面热对流旺盛均可触发强对流天气产生。该型水汽和热量条件好,如果湿层厚,天气以湿对流为主,产生单纯强降水,如果湿层薄则以干对流为主,多出现雷暴大风和冰雹,也会伴有强降水。该型典

型天气为 2013 年 8 月 4 日 18—20 时，榆林市区降冰雹暴雨，强降水持续近 1 h，极大风速达 34.2 m/s。

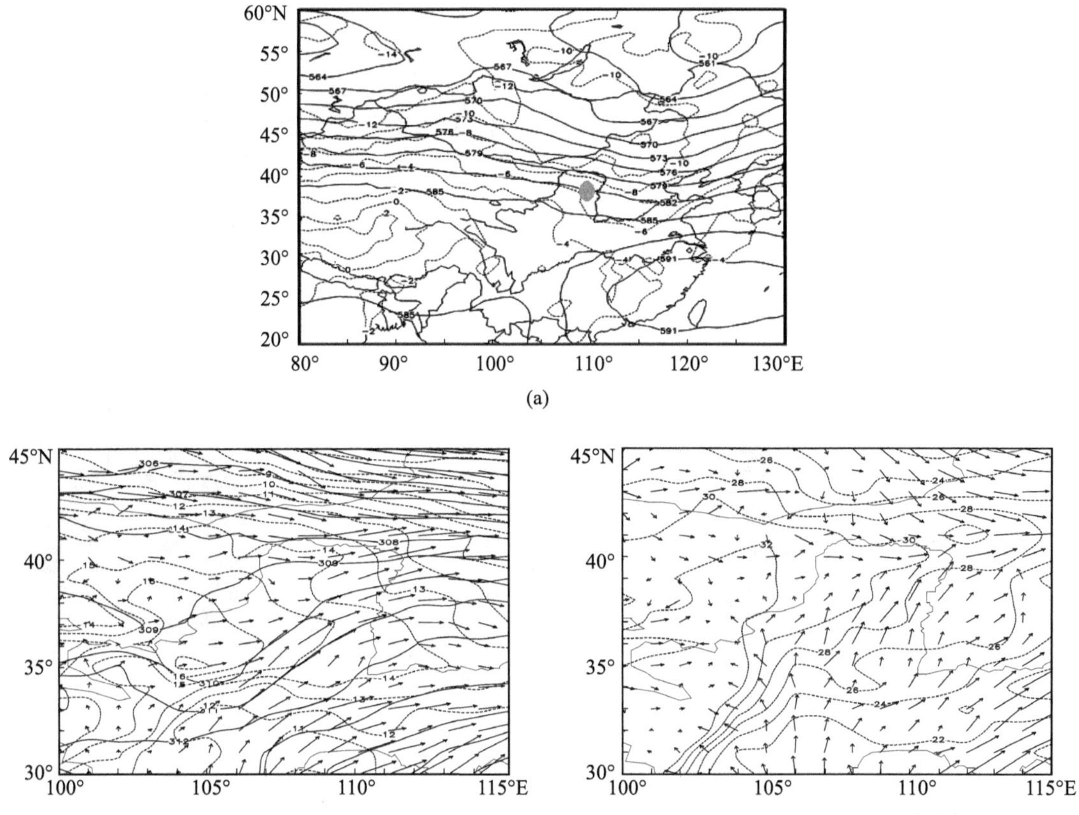

图 8.64　2013 年 8 月 4 日 08 时 500 hPa(a)，700 hPa(b)，850 hPa(c)天气形势
（500 hPa 阴影区为强对流天气落区）

8.8.2.2　中尺度系统特征

(1)中尺度天气系统

强对流天气发生于中小尺度天气系统，空间尺度小，一般水平范围大约在十几千米至二三百千米，有的水平范围甚至更小。其生命史短并带有明显的突发性，约为 1 h 至十几小时，较短的仅有几分钟至 1 h。陶诗言等指出，中国的暴雨尤其是极端强降水主要是由台风、锋面和青藏高原及其周边地区东移过来的气旋性涡旋引起的。影响陕北黄土高原的中尺度天气系统主要有如下几种。

①河套低涡

出现在 850 hPa 和 700 hPa 的中尺度系统，在河套西部生成，是暖性低涡，发展阶段具有不对称的暖心结构，成熟阶段为对称的暖心结构，低涡东部具有较强的正涡度平流，降水区出现在低涡的东部。副高外围的偏南气流和西风槽冷空气之间的扰动是河套低涡形成的机制，影响着河套低涡的发展移动。副高稳定少动，低空急流加强，进一步影响河套低涡稳定维持，导致强降水持续。典型天气如 2017 年 7 月 26 日绥德特大暴雨(图 8.65)。

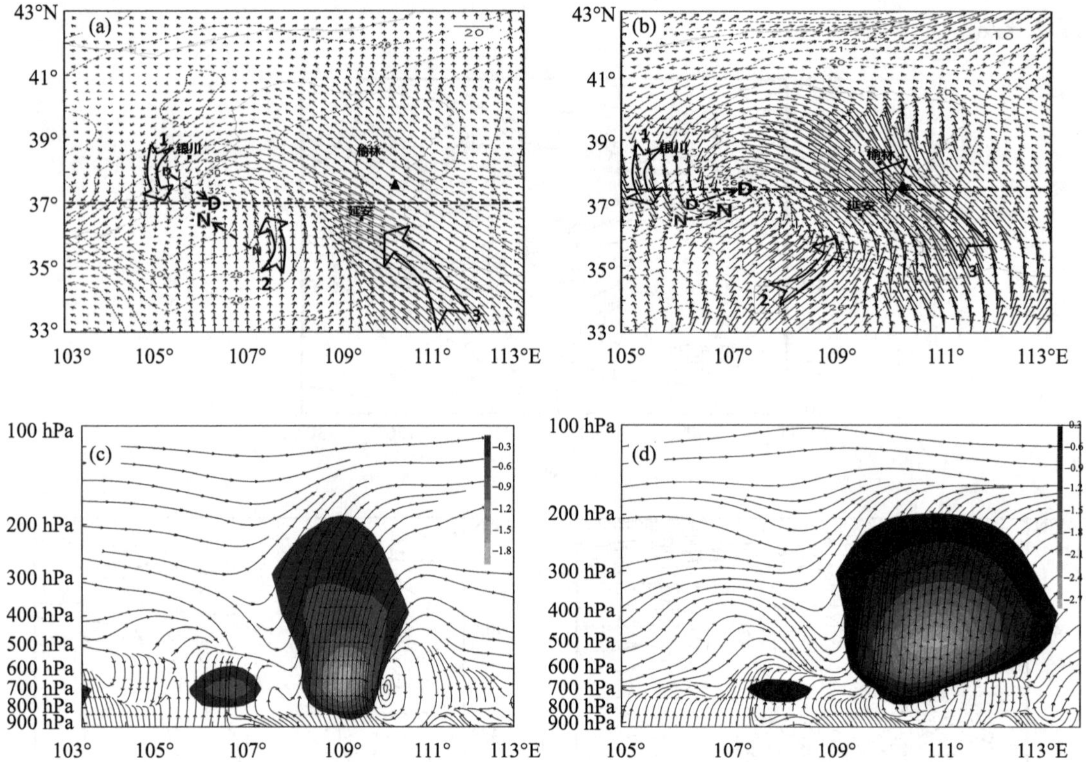

图 8.65　2017 年 7 月 25 日 20 时—26 日 02 时 850 hPa 风场和温度场[(a)20 时;(b)02 时],
垂直速度纬向剖面图(ω,单位:10^{-2} hPa/s)[(c)20 时;(d)02 时]

②“人”字形切变

出现在盛夏副高和冷涡共同作用的环流背景下,850 hPa 或 700 hPa 由干冷、湿冷和暖湿三股气流在陕北黄土高原汇合形成“人”字形切变,位于 500 hPa 槽前。华北高脊与副高同位相叠加对“人”字形切变有阻挡作用,水汽输送较为充沛,形成短时强对流暴雨。典型天气如 2013 年 7 月 15 日榆林暴雨(图 8.66)。

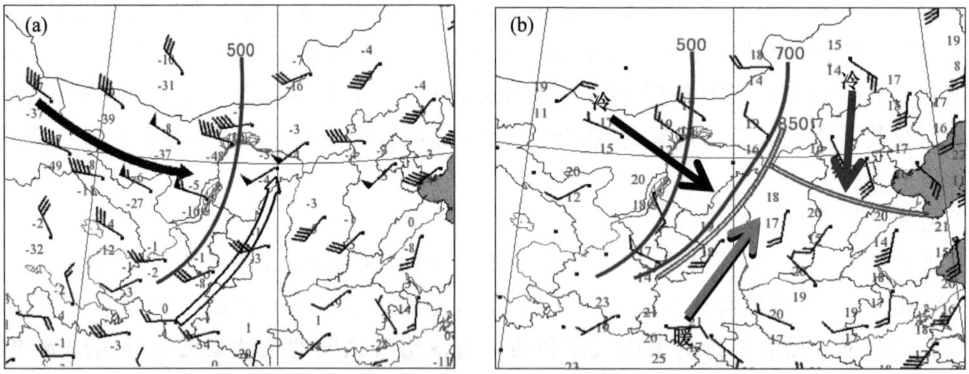

图 8.66　2013 年 7 月 15 日 08 时 500 hPa(a)和 850 hPa(b)天气分析

③低空干线

在 500 hPa 副热带高压和西风槽配置的环流背景下，北路冷空气偏东，形成前倾槽，低层槽前或切变线前的暖区对应高层槽底或槽后冷区，形成上冷下暖的不稳定结构，导致对流发展旺盛，湿层只位于 850 hPa，地面或边界层干线过境触发冰雹大风伴有短时强降水等强对流天气。典型天气如 2013 年 8 月 4 日榆林大风冰雹暴雨(图 8.67)。

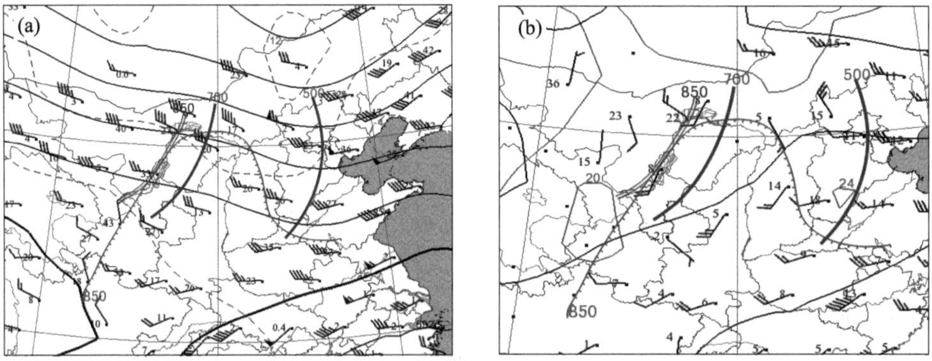

图 8.67　2013 年 8 月 4 日 08 时 500 hPa(a)和 850 hPa(b)中尺度分析

脊前型环流背景下，河套东部到华北形成冷性低涡，伴有－8℃冷中心，冷涡后部较强冷空气影响陕北黄土高原，前期湿度条件好，850～500 hPa 均有湿层。低层 850 hPa 在陕北黄土高原形成干线，触发强对流天气。典型天气如 2012 年 7 月 14 日绥德突发性大暴雨(图 8.68)。

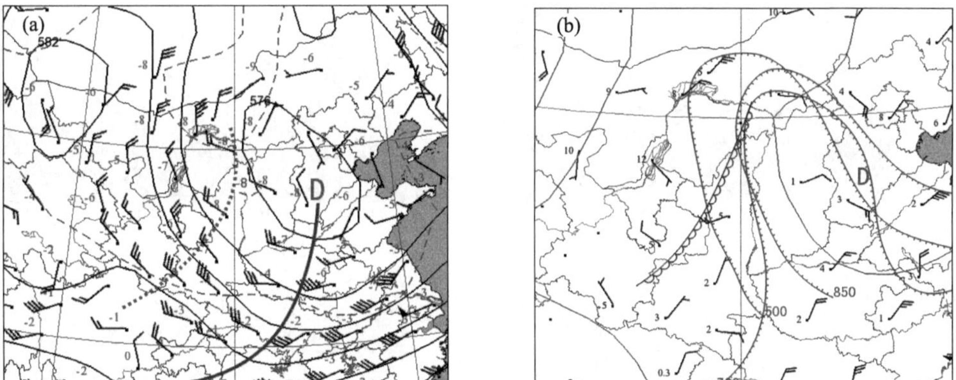

图 8.68　2012 年 7 月 14 日 08 时 500 hPa(a)和 850 hPa(b)中尺度分析

④低空偏南气流

700 hPa 低空急流为陕北黄土高原提供了充足的水汽条件，但是研究发现 850 hPa 建立的东南风气流对陕北黄土高原的强对流天气影响也很大，这支低空偏南气流风速可以达到 4～8 m/s，不一定能达到低空急流的标准，但具有高温高湿的特性，而且处在对流层低层，能为对流的发展加强提供更多的热量和水汽，与 700 hPa 西南风和 500 hPa 偏西风形成较强的垂直风切变，有利于上升运动的发展和加强。典型天气如 2012 年 7 月 27 日佳县大暴雨和 2017 年 7 月 26 日绥德特大暴雨(图 8.69)。

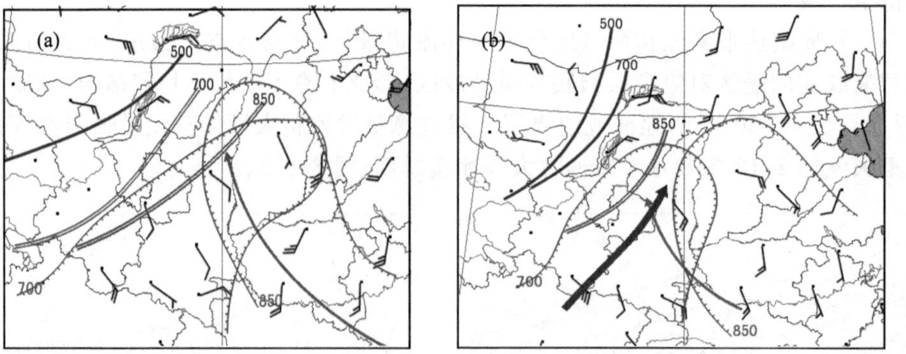

图 8.69　2012 年 7 月 27 日 20 时(a)和 2017 年 7 月 26 日 20 时(b)850 hPa 中尺度分析
(细箭头线是 850 hPa 东南气流;粗箭头线是 700 hPa 低空急流)

⑤地面 β 中尺度天气系统

陕北强对流天气在有利的大气环流背景下,不仅在低空存在 α 中尺度天气系统,如河套低涡、切变线、低空急流或低空气流发生发展,往往在地面还存在 β 中尺度天气系统,如地面 β 中尺度气旋、辐合线、切变线、低压的发生发展。正是不同尺度天气系统的相互作用,造成了陕北强对流天气。图 8.70 给出了发生在陕北北部一次特大暴雨过程的地面 β 中尺度系统的演变及其影响。

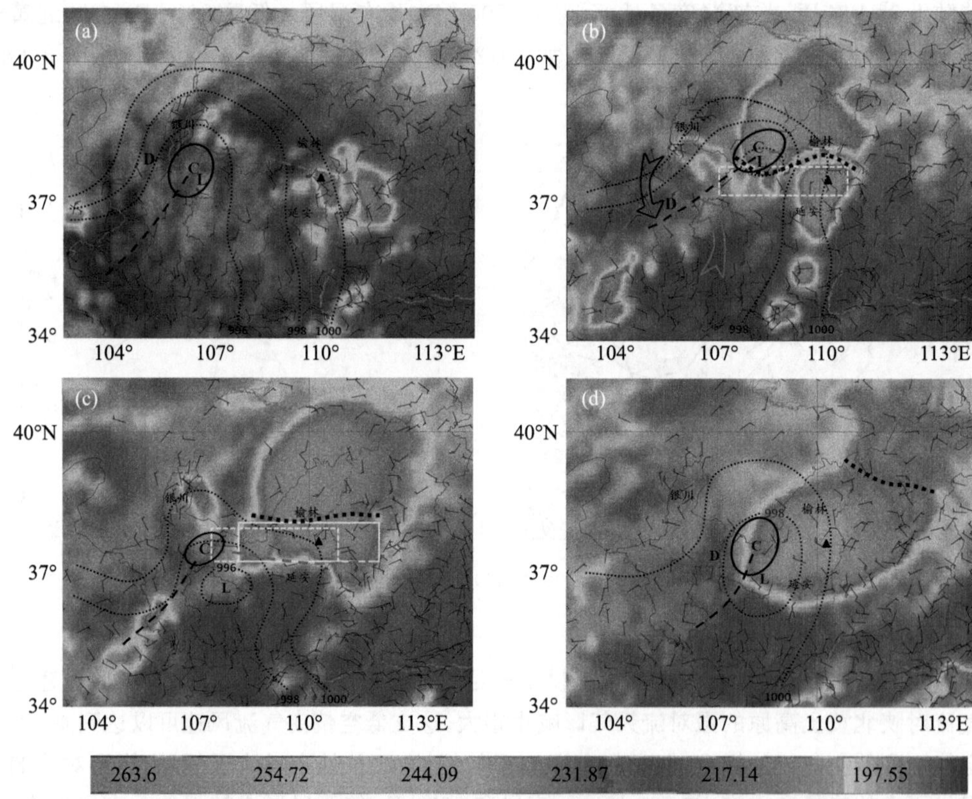

[彩]图 8.70　2017 年 7 月 25 日地面风场、海平面气压场和红外卫星云图
(a)16:00;(b)20:00;(c)23:00;(d)26 日 02:00
(D——同一时刻低涡中心的位置,C——地面中尺度气旋,L——地面中尺度低压;细点线——海平面气压场,单位:hPa)

(2)陕北中尺度地形地貌

陕北地处 35°20′—39°35′N,107°15′—110°15′E,主要包括榆林、延安两市和铜川市的部分区域。该地区北接内蒙古,西部与宁夏、甘肃为邻,东部以黄河为界,与山西相隔,属黄河流域中部,位于我国毛乌素沙漠南缘和黄土高原腹地。北有阴山,西有六盘山和贺兰山,东有吕梁山,陕北南北狭长,北为风沙高原区,这里主要为沙丘、沙地、草滩;南为黄土高原区,这里主要呈现梁峁交织、千沟万壑且支离破碎特征,其中南部为梁状低山或土石低山或残垣长梁,呈现中小尺度地形特征;陕北与关中盆地相连,在陕北南部与关中"北山"之间有号称"一叶肺"的黄龙山、桥山林区,植被覆盖率达 50%以上。可见,陕北地形地貌自北向南分为三大特征。

陕北河流密布,主要有洛河、泾河、延河、清涧河、无定河、秃尾河、窟野河等。这些河流均发源于黄土高原,而且有一个共同的特征:就是都呈西北—东南走向。平时水流较小或干枯,由于脆弱的生态环境和支离破碎的黄土地,一旦出现强降水便发生洪水灾害和严重的水土流失,并流入黄河。这些河流所经之处形成天然川道,与特定大气环流相互作用后产生局地中小尺度环流。

上述陕北地形地貌分布及其差异和河流的分布,必将造成地表物理属性不同,而地表物理属性的非均一性在合适的大尺度天气背景下激发出 β 中尺度(20～200 km)环流,影响温、湿、风、降水分布。陕北的自北向南的三种地形地貌,其植被生态环境经过几十年的生态治理有了很大改善,但总体态势和属性没有改变。就陕北植被生态而言,可分为以下四种:一是植被茂密型地带,主要分布在黄龙山(包括崂山)和桥山(包括子午岭);二是植被稀疏型地带,可分为两大类:谷涧地貌和沟谷地貌,其总的特征是地面非常破碎和地势起伏频率大,在这些破碎的丘陵沟壑中,分布着星星点点的绿色植被;三是荒山秃岭型地带,主要分布在陕北中北部,大量的黄土丘陵几乎没有森林植被;四是川道植被型地带,在陕北许多川道,通常也是河道,往往也是人们生活居住地,在这里有着较好的植被生态,但在远山都是一派荒山秃岭。

许多实测资料分析和数值模拟研究表明,在不同的下垫面以及不同下垫面的交汇和过渡地域往往造成不同的温度、湿度、风和降水的分布。对陕北子午岭林区变化前后对流性降水变化分析表明,在合适的天气背景下,森林植被及其相邻地域有利于激发当地及临近地区对流性天气系统,使之产生降水,或者促使对流性降水过程的雨量增加。陕北冰雹的高值区基本上都出现在下垫面性质变化较大处,即或者出现在沙漠、荒滩与黄土高原的交界处,或出现在林区与非林区的交界处或林区边缘。这是因为沙漠、荒滩与周围有植被的地区,林区与秃山裸峰之间日射增温差异较大。白天,沙漠、荒滩地带热容量小、升温快,而黄土高原地区热容量相对大,升温相对较慢,夜间相反。这就容易在沙漠、荒滩与黄土高原之间形成垂直环流圈。同样,林区与荒山秃岭或植被稀少的黄土高原之间,因温、湿、风及蒸发的差异激发中尺度环流。正是这种下垫面性质的不同造成的冷热源水平和垂直分布的差异产生局地对流,在有利的天气尺度环流背景作用下利于强对流天气发生发展。

8.8.2.3　陕北黄土高原强对流天气的能量及稳定度特征

形成对流的三个条件是水汽、不稳定层结和抬升力,其中能量和稳定度能表征大气环流的不稳定层结和抬升力。下面通过两次典型的强对流天气实例对短时强降水(2017 年 7 月 23 日榆林市区短时暴雨,简称"7・23 过程")和混合型强对流(2013 年 8 月 4 日榆林市区冰雹大风短时强降水,简称"8・4 过程")的能量和稳定度特征进行对比分析。

①不稳定条件

用 $T_{850-500}$(静力不稳定),$\theta_{se(850-500)}$(位势不稳定),CAPE(对流有效位能),分析两次过程的不稳定条件。2013 年 8 月 4 日 08 时,$T_{850-500}$为 28 ℃,7 月 23 日 08 时 $T_{850-500}$为 23 ℃;"8・4 过程"

500 hPa 更冷,静力不稳定更强。8 月 4 日 08 时,$\theta_{se(850-500)}$ 是 21 ℃,7 月 23 日 08 时,$\theta_{se(850-500)}$ 是 20 ℃,都处于盛夏,两次过程的位势不稳定都比较强。对流有效位能比较,8 月 4 日 08 时,东胜探空站 CAPE 达到 1587 J/kg;7 月 23 日 08 时,延安探空站有较大的对流有效位能,CAPE 值达到 1499 J/kg,两次过程均有较大的 CAPE,"8・4 过程"的对流抑制大于"7・23 过程"。"8・4 过程"整层比较干,没有明显的湿层,"7・23 过程"600 hPa 以下为湿层。

②触发和抬升条件

雷暴的触发需要大气低层有持续的上升气流。有组织的垂直风切变有利于形成较强的垂直上升运动,是对流发生强度的关键参数。切变辐合形成的动力抬升和加热形成的热力抬升是强对流发生的触发条件。

"8・4 过程"风的垂直切变计算表明,榆林北部的东胜探空站 850~500 hPa 风矢量差最大为 15.1 m/s,达到中等以上较强垂直风切变。在地面天气图上可以分析出明显的干线(露点锋)过境,并且对流发生前本站地面风向为东南风,风速达到 4 m/s,较大的风场辐合形成的动力抬升,触发了强对流的发生。"7・23 过程"经计算东胜 850~500 hPa 风矢量差为 14.0 m/s,属于弱的垂直风切变。在地面天气图上有弱的切变辐合系统,对流发生前地面风场由西南风 2 m/s 转为西北风 2 m/s,说明有风场弱辐合。午后最高温度升到 32.6 ℃,对流首先由热力抬升触发,随后与 850 hPa 切变线相结合,形成了深厚的湿对流强降水。

③关键环境参数的预报参考阈值

从与强对流有关系的各种环境参数中,提取分别反映不稳定能量、抬升力和水汽条件的 11 项主要因子(表 8.9)。从各个因子比较可以看出,两次过程发生前,地面温度和露点温度较高,比湿较大,CAPE 较大、垂直风切变、水汽通量辐合较大,表征位势不稳定的 $\theta_{se(850-500)}$ 均大于或等于 20 ℃。但是两次强对流天气的部分环境参数还是有很大的不同,这也许是区分对流性强降水和混合强对流天气的重要因素,可作为强对流分类预报的参考阈值。主要表现为:"8・4 过程"有较强的地面风场辐合;$T_{850-500}$ 明显高于"7・23 过程",体现了中高层干冷的特征。可见对于"8・4 过程"这样的混合强对流天气,除了必备的能量和不稳定层结外,需要中高层干冷和地面较大的风速辐合。"7・23 过程"较"8・4 过程"的显著不同之处是 θ_{se850} 和比湿更大,700 hPa 没有干层,500 hPa 没有强的冷中心,中低层均为湿热型,这类过程容易产生对流性暴雨。

表 8.9　两次强对流天气的关键环境参数

环境参数	"8・4 过程"	"7・23 过程"
地面温度(℃)	28	32
地面露点(℃)	21	18
θ_{se850}(℃)	74	87
q_{850}(g/kg)	13.4	17
地面风速(m/s)/风向	4/SE	2/NW
CAPE/CIN(J/kg)	1587/339	1499/74
垂直风切变(m/s)	15	14
$T_{850-500}$(℃)	28	23
$\theta_{se(850-500)}$(℃)	21	20
$(T-T_d)_{700}$(℃)	22.5	3
水汽通量散度(10^{-7}g/(cm^2・hPa・s))	−7	−8

8.8.3　陕北黄土高原强对流天气卫星云图和雷达回波特征

8.8.3.1　卫星云图特征

强对流天气在卫星云图上常常表现为中尺度对流云团的发展和合并加强，形成 MCC、MCS 等暴雨或雷暴云团，边界光滑整齐，呈圆形或椭圆形，云顶红外亮温低于－40 ℃。中尺度对流云团与天气系统对应，一般出现在大尺度云系的后边界，或者尾部，开始是对流云点，增长很快，形成对流云团，出现局地强对流暴雨和冰雹等致灾强对流天气。

(1)中尺度对流复合体(MCC)

其标准定义为：水平尺度，红外亮温≤－32 ℃云区的面积不小于 10 万 km^2，≤－52 ℃内冷云区的面积不小于 5 万 km^2；持续时间，全部符合上述 2 条件的云区要持续 6 h 或以上；形状，圆形或椭圆形，发展最旺盛时，偏心率(短轴/长轴)不小于 0.7。以 2017 年 7 月 25—26 日绥德特大暴雨过程为例。如图 8.71 所示，7 月 25 日 20:00，陕北榆林市境内由多个对流云团合并为 A、B 两个暴雨云团，A 云团位于榆林西北部，水平尺度 300 km，云顶红外亮温 TBB<－71 ℃。B 云团位于榆林东南部，水平尺度 150 km，云顶红外亮温 TBB<－66 ℃，两个云团边界整齐，近似呈圆形或椭圆形。22 时 A，B 云团合并，同时在其西侧新生 C 云团。23 时，C 云团并入 AB 云团为 D 云团。D 云团边界光滑整齐，形状近似呈椭圆形，亮温梯度大，云顶红外亮温 TBB<－32 ℃的冷云罩面积 $1.4\times10^5 km^2$，<－53 ℃的冷云罩面积 9.4×10^4 km^2，趋近 MCC 初始时刻的尺度要求，云顶亮温 TBB 最小值位于云团中心偏南，与降水最大区域对应，根据亮温分布可以识别出 3 个对流单体，TBB 自西向东分别低于－70 ℃、－68 ℃、－65 ℃，可见 MCC 云团移动方向的后侧和南侧发展更加旺盛，也是暴雨集中的地方。26 日 05 时，MCC 云团亮温中心东移到云团东部，云顶亮温 TBB<－63 ℃，云团已不具有光滑的边界，且亮温梯度变小，说明云团内部的辐合上升运动趋于减弱，降水也减小。06 时 MCC 系统内部分裂消亡。

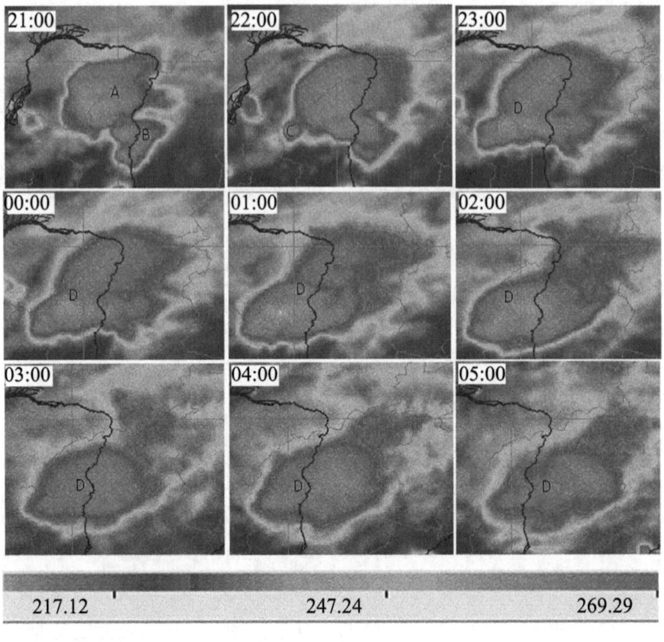

图 8.71　2017 年 7 月 25 日 21 时—26 日 05 时 FY-2G 卫星云图

从云图的演变结合降水强度可知,造成绥德特大暴雨的 MCC 系统从 25 日 20 时开始由 2 个对流云团合并,22 时在云团合并后的西侧又生成第 3 个云团,23 时 3 个云团合并,标志着 MCC 开始形成。26 日 02 时—04 时为 MCC 成熟阶段,期间产生了逐小时雨量均>36 mm 的持续暴雨。26 日 05 时起,MCC 系统内部的对流减弱,06 时消亡。

(2)β 中尺度对流系统(MβCS)

由对流单体合并形成,水平尺度和持续时间小于 MCC,影响地区出现短时暴雨或大暴雨。2010 年 8 月 10 日夜间,定边堆子梁出现 1 h 降水量 59.6 mm 的短时暴雨,卫星云图表现为 MCS 活动,TBB≤−72 ℃。10 日 22 时,定边堆子梁附近有 2 个 β 中尺度强对流云团生成(图 8.72a),堆子梁镇出现 5 mm/h 左右的阵雨;11 日 00 时(图 8.72b),2 个云团东移发展合并为东北—西南向的带状 β 中尺度强对流云系,在堆子梁镇形成云顶红外亮温 TBB≤−56 ℃的中心,其西南方生成 TBB≤−68 ℃的另一中心,并且一直维持小阵雨天气;11 日 02 时(图 8.72c),云团东移并快速发展成纬向带状云团,即 MCS,TBB≤−64 ℃的强中心迅速扩大并连为一体,堆子梁镇 TBB≤−72 ℃,11 日 02—03 时,堆子梁出现强降水,降水强度达到 20.5 mm/h,03 时(图 8.72d),MCS 向北发展成面积约为 $4\times10^4\,km^2$ 近似于椭圆状的云系,堆子梁镇 TBB≤−72 ℃,03—04 时,堆子梁雨强达到 59.6 mm/h。此后 MCS 云团缓慢东移、减弱,降水迅速减小。同时,MCS 云团在东移过程中又造成堆子梁镇东部一些地方出现阵雨。

该次过程的主要影响系统是 500 hPa 高原切变线东移形成 β 中尺度辐合区,以及 850 hPa 东南气流前方生成的 β 中尺度辐合中心,为 MCS 发展提供了有利的环流背景和动力条件。强降水开始时,在多普勒天气雷达速度场上观测到西南低空急流生成、增强,以及该低空急流左侧有 γ 中尺度气旋式辐合生成、维持。

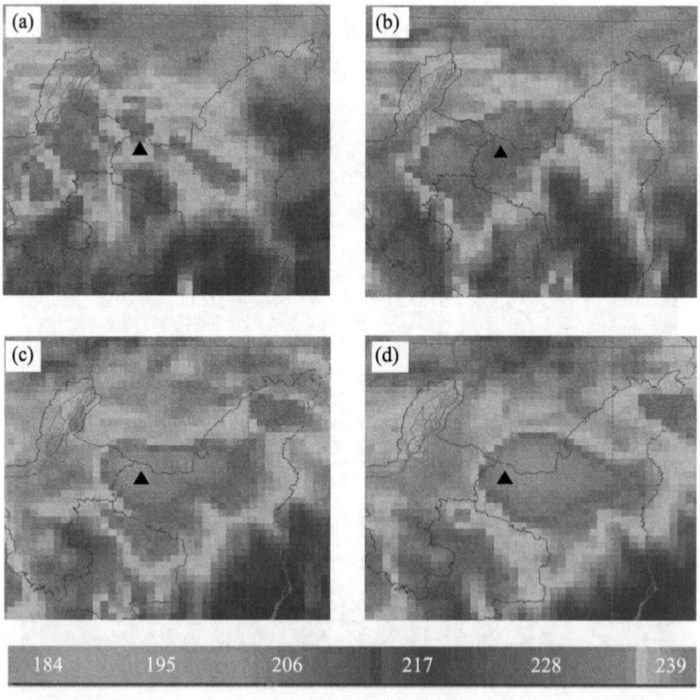

图 8.72　2010 年 8 月 10—11 日 FY-2C 卫星云图(黑色三角为定边堆子梁镇)

(3)中尺度对流单体

有时生成在带状云系中,也有单独出现。2015 年 7 月 18 日子洲县城 2 h 雨量达 114 mm(主要降水时段 16:00—17:40),最大分钟雨强达 3.6 mm/min,过程伴有冰雹,降雹时间 20 min 左右。该过程发生在"前倾槽"的环流形势下,呈上干冷下暖湿的结构,为强对流天气创造了有利的环境条件。强降水发生区位于 850 hPa 湿舌中,比湿达 12 g/kg ,中低层暖平流使层结不稳定度增强,为此次强对流天气暴发提供了热力不稳定条件,有利于强对流的发展和维持;地面辐合为强对流天气提供了抬升和触发机制。

产生强降水的强对流单体在带状云系中形成和增强,15:45,关中到陕北地区有一条带状云系,分布着多个小对流云团(图 8.73a),其中位于子洲的对流云团亮温小于－45℃,这时子洲开始出现降水。16:45(图 8.73b),该云系向东移动,位于子洲的对流云团在移动中发展很快,云顶亮温下降到－55℃,这时正是子洲强降水的持续时段,可以看到＜－55℃区域的水平尺度很小,仅为 10 km 左右,却产生了超过 50 mm/h 的雨强。17:45(图 8.73c)对流云带东移减弱,子洲强降水结束。

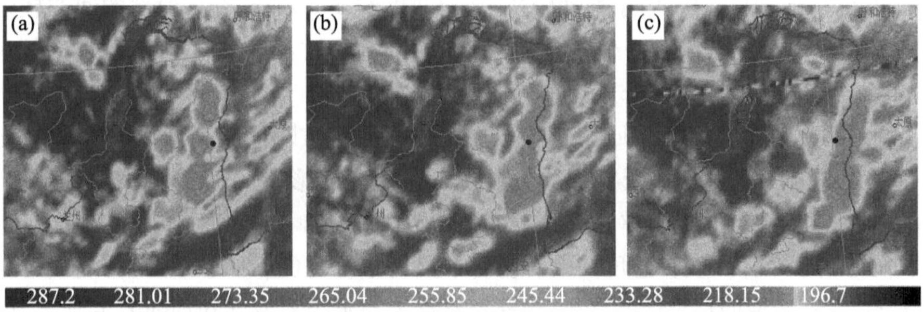

图 8.73　2015 年 7 月 18 日 15:45—17:45 时 FY-2G 卫星云图

(黑色小圆点为子洲县)

8.8.3.2　雷达回波特征

雷达对强对流天气的探测最直观,是目前做好短时和临近预报最有效的监测手段。陕北黄土高原强对流云体的雷达回波形状有飑线回波、单体回波、弓状回波等,普通对流云体的反射率强度为 35～45 dBZ。强对流云体的回波反射率强度＞50 dBZ。当回波移动较慢,或者上游不断有新的回波出现并有较大雨强,会出现短时暴雨。回波强度出现跃增,一般会有冰雹天气。强降水和冰雹回波特征有一些共性,如反射率强度大,发展快,速度图上有辐合区或逆风区,回波顶高比较高,垂直累积液态水含量增长快等。下面分别讨论其主要特征,有助于提高强降水和冰雹天气的识别能力。

(1)强降水雷达回波特征

2017 年 7 月 25 日 20 时—26 日 10 时,陕北榆林出现长达 14 h 的强降水天气,降水中心位于横山、子洲、绥德县境内,28 个乡镇监测站降水量超过 100 mm,200 mm 以上的强降水区自西向东分散在横山区魏家楼、子洲县电市、子洲县气象站和绥德县四十铺、赵家砭等区域,绥德赵家砭日降水量 252.4 mm,达到特大暴雨。图 8.74 是子洲站和绥德赵家砭站逐小时雨量分布图,由图 8.74 可知,降水有两次突增时段,第一个时段是 25 日 20—23 时,主要是强对流降水,强度大,雨区分散,第二个时段是 26 日 00—04 时,表现为混合云降水,雨区集中,降水强度大,持续时间长。

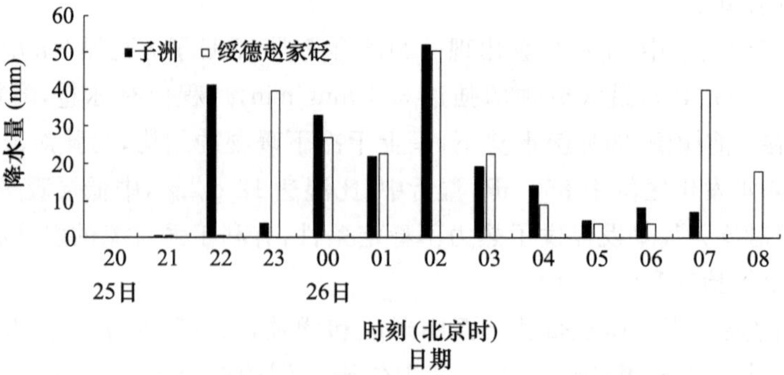

图 8.74　2017 年 7 月 25 日 20 时—26 日 08 时暴雨中心子洲站、绥德赵家砭站逐小时降水量

第一时段,即 25 日 20—23 时,榆林受两个回波区影响(图 8.75a),一个是位于榆林西北部的“人”字形回波,另一个是榆林南部的多单体对流回波“人”字形回波,排列整齐、强度为 40～50 dBZ,最大回波强度大于 55 dBZ,回波向东移动较快,平均速度约 40 km/h,榆林西部的回波较强,所经地区出现 20～50 mm 的短时强降水。位于榆林南部的多单体回波位于子洲县附近,移动较缓,中心强度大于 65 dBZ,子洲县槐树岔镇 20—21 时 1 h 降水量达到 91.3 mm,邻近的马岔镇 1 h 降水量达到 58.8 mm。可见榆林南部的多单体回波产生了更大的雨强。该时段 1.5°仰角的径向速度图上(图 8.75b),零速度线在榆林西北部呈反“S”形,在榆林东南部呈“S”形,”人”字形回波位于反“S”形和“S”形之间,说明这一区域有较强的冷平流侵入偏南暖湿气流中,触发了强对流,造成横山和榆阳的强降水。榆林南部的多单体回波在速度图上对应着中尺度辐合区(逆风区),并向东北缓慢移动,正负速度差达 20～25 m/s,说明辐合非常强烈,也是榆林南部对流容易发展和加强的主要原因。

第二时段,即 26 日 00—04 时,“人”字形回波在东移中,北部很快减弱,西部与向东北移动的多单体回波合并,形成了积状云与层状云的混合云回波,向东南方向移动。26 日 00 时起,强回波中心主要集中在榆林南部,形成东西向排列的多个 γ 中尺度的强回波,形成“列车效应”(图 8.75c 中的白色方框),产生最大达到 50 mm/h 的雨强,00:58—03:01,有 6 个以上强度为 50 dBZ 左右的强回波在子洲上游生成,依次影响子洲、绥德等地,一直维持 20～50 mm/h 的短时强降水。同时段 1.5°仰角的径向速度图上,零速度线与第一阶段不同,圈距 0～50 km 范围内呈“S”形,说明低空 0～2 km(850 hPa 高度)有较强的东南气流,与 850 hPa 天气图上陕北地区的东南风一致,雷达圈距 50～100 km 处,西南象限和东北象限分别有对称的正负速度中心(图 8.75d 中箭头的两端),表明对应高度层(2～4 km,即 700 hPa 高度)存在风速为 14～20 m/s的西南风急流,强降水回波在急流轴的西北侧生成,向东移动越过急流轴时得到加强,说明低空急流对强降水既有触发作用也有加强作用。

(2)冰雹雷达回波特征

2016 年 5 月 4 日 19 时—5 日 01 时延安市子长、延川、延长、宝塔区出现区域性冰雹天气,伴有雷阵雨,子长、延川县雹灾较严重。其中 5 月 4 日 19:20—21:00,子长县遭受短时强降水和特大冰雹袭击,瓦窑堡、李家岔等 8 个乡镇受灾,冰雹最大直径 30 mm 左右,降雹持续时间 12～20 min。19:40—22:16,延川县 4 个乡镇遭受短时强降水和冰雹袭击,冰雹最大直径 15 mm,降雹持续约 5～10 min。4 日 23 时—5 日 01 时,宝塔区和延长部分乡镇出现零星降雹,冰雹直径 4～8 mm,降雹持续时间 1～10 min。

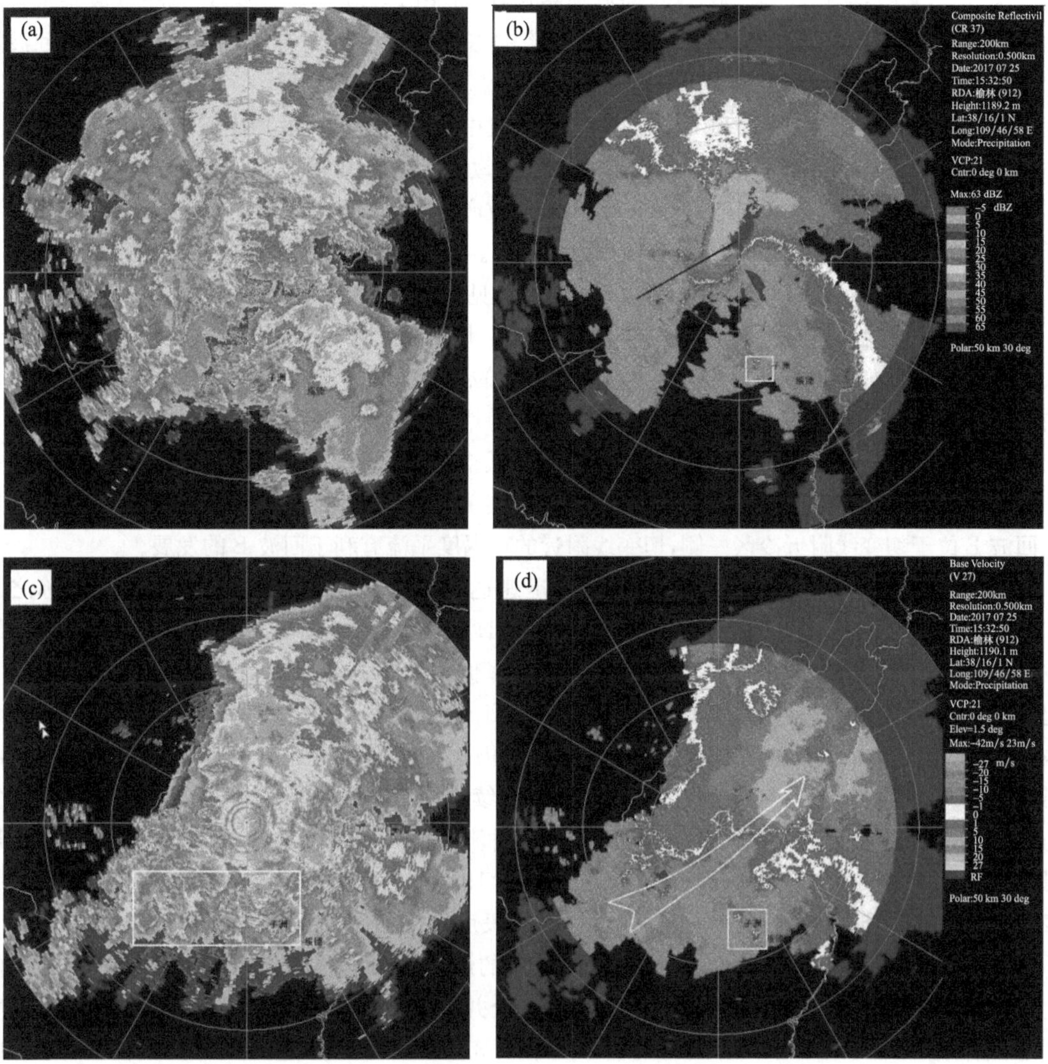

[彩]图 8.75　2017 年 7 月 25 日榆林多普勒雷达组合反射率和 1.5°仰角径向速度图

(a)21:24,组合反射率;(b)21:24,径向速度,黑线为“S”和反“S”的分界线;

(c)23:32,组合反射率,白色方框内为强回波形成列车效应;

(d)23:32,径向速度。白色方框为中尺度辐合,白色箭头指示低空急流

本次区域性冰雹天气发生在初夏,中高纬度呈两槽一脊型,延安上空 500 hPa 为平直西风气流,700 hPa 和 850 hPa 有东北—西南向切变,700 hPa 从四川盆地向陕北生成暖脊,西南风增大,地面有冷锋过境。中尺度分析发现,陕北黄土高原上空形成上干冷下暖湿的不稳定大气层结,4 日 08—20 时,K 指数、对流有效位能、比湿跃增,700 hPa 北路冷空气和东路冷空气与西南暖湿气流夹挤形成高能舌和能量锋,为对流的生成和发展提供了有利的环境条件。延安多普勒天气雷达回波图发现,这次冰雹过程分属于两类天气特点,下面分别进行具体分析。

①低空急流影响的冰雹云雷达回波特征

图 8.76a 是延安 C 波段多普勒天气雷达站 2016 年 5 月 4 日 19:00 的 1.5°仰角基本反射率,由图 8.76a 可见,子长及其上游有 2 个强对流单体 A 和 B,最大反射率达到 68 dBZ,强回波所在

高度为 3～8 km,穿过 0℃、−20℃线,回波顶高达到 16 km,对流相当旺盛,垂直积分液态水含量(VIL)A 单体为 58 kg/m^2,B 单体达到 68 kg/m^2,增长较快,此时,低仰角 0.5°探测到的 A 回波反射率强度只有一个像素点达到 55 dBZ,距地面高度 2.2 km,B 回波也是一个像素点达到 53 dBZ,距地面高度 2.6 km。可见 A 和 B 回波具有强回波中心高的特点,回波特征满足冰雹形成的条件。注意到 A 回波前侧有入流缺口,是有强上升运动的标志。A 回波西南侧有新生的对流单体 C,强度比较弱,最大反射率强度只有 25 dBZ,C 回波产生在强回波 A 的右后侧,是雷暴单体右移选择性加强的产物,符合对流风暴具有传播加强的特征。此外,雷达站东北侧有一条南北向阵风锋。

图 8.76b 是同时刻同仰角速度图,由图 8.76b 可见,雷达站中低层(0～4 km)为偏南风,4 km 附近为切变线的位置,切变线南侧为暖区低层的偏南风,切变线北侧为冷区中高层的西北风。偏南最大风速层位于 2～3km 高度(图 8.76b 中白色箭头线的位置),径向风速大于 12 m/s,达到低空急流的标准,与 4 日 20 时 700 hPa 天气图上延安西南风速增大到 10 m/s 一致。强回波 A 以及新生的 C 回波和阵风锋正好位于这条低空急流带上,一方面低空急流风速较大,有利于垂直风切变加大,另一方面低空急流携带着高温高湿的气团,有利于低层能量的增大,加剧了上干下湿的不稳定层结。强回波 B 位于切变线附近冷区一侧,切变线附近的正涡度平流有利于回波 B 的发展。

由图 8.76c 可见,C 回波发展很快,强度迅速达到 65 dBZ,和 A 回波合并为一体,称之为 AC 回波,水平尺度只有 18 km,仍可见前侧入流,1.5°仰角图上(图略)强回波中心南移到 A 回波和 C 回波的结合部,0.5°仰角可见强回波高度降低到 2 km,说明对流更加深厚,并从 19:05 起观测到三体散射(图略),表明冰雹已经形成,VIL 大值区所在的高度降低,说明冰雹已经及地,与实况吻合。B 回波也在向东南移动中加强,仍位于切变线附近冷区一侧。图 8.76d 是同时刻同仰角基本速度图,由图 8.76d 可见,低层继续维持偏南风,低空急流略有东移,急流左侧与强回波 AC 对应处出现中尺度辐合区,是 AC 对流风暴发展的成熟阶段,高仰角图上可见风暴顶云砧面积扩大。垂直积分液态水含量显示,19:22 再次跃升,预示着冰雹仍维持。19:22—19:39 的 VIL 一直维持＞53 kg/m^2,这一时段反射率因子的强度均大于 65 dBZ。

由于 A 回波位于低空急流带上,受低空急流的影响,A 回波加强,并在其移动方向的右侧生成了 C 回波单体,C 回波发展很快,与 A 回波合并加强发展为弓状回波,高中低三层反射率因子图像表明,大于 65 dBZ 的强回波中心从中层 3～5 km 高度向上向下发展到 2～8 km 的回波墙,低层有入流缺口,对流非常旺盛,持续更长时间,这是急流影响下冰雹的重要特性。

②切变线影响下的冰雹云特征

19:45,切变线移入子长县境内,回波 B 向东南移动后发展加强,在其后侧(西侧)即冷区一侧,触发产生新的对流单体。20:25(图 8.76e),B 回波的右后侧生成对流单体 D,强度达到 63 dBZ,B、D 及其西侧不断生成的对流小单体,形成西北—东南向的飑线回波,回波前侧的弱回波区对应高层强回波,回波悬挂是冰雹的重要标志,此时 VIL 出现跃升,由 45 kg/m^2 增大到 53 kg/m^2,属于冰雹的初始阶段,子长县再次出现冰雹。同时间速度图(图 8.76f),可以看到切变线冷区一侧速度场的辐合区与强回波相对应,靠近飑线尾部的径向风速达到 12 m/s,飑线紧贴切变线冷区一侧,切变线附近的气流扰动和辐合是强对流产生的触发机制。20:48 随着飑线回波发展和向东南移动中,强回波在飑线突出的位置得到更快的发展,影响延川县出现冰雹。21:16(图 8.76g),飑线最强盛,尾部不断有新对流单体生成,头部形成弓状回波,最大反射率强度达到 65 dBZ,远离雷达站一侧出现三体散射。速度图上(图 8.76h),飑线区域内强回波对应的地方,中尺度辐合区垂直高度从 2.1km 升展到 3.6 km,水平尺度约 50 km。图

8.76h 中也发现中尺度辐合区的最大径向风速只有 7 m/s，这是由于风向与雷达探测径向交角较大时，径向风速会明显偏小。VIL 显示强回波最大时达到 66 kg/m^2。

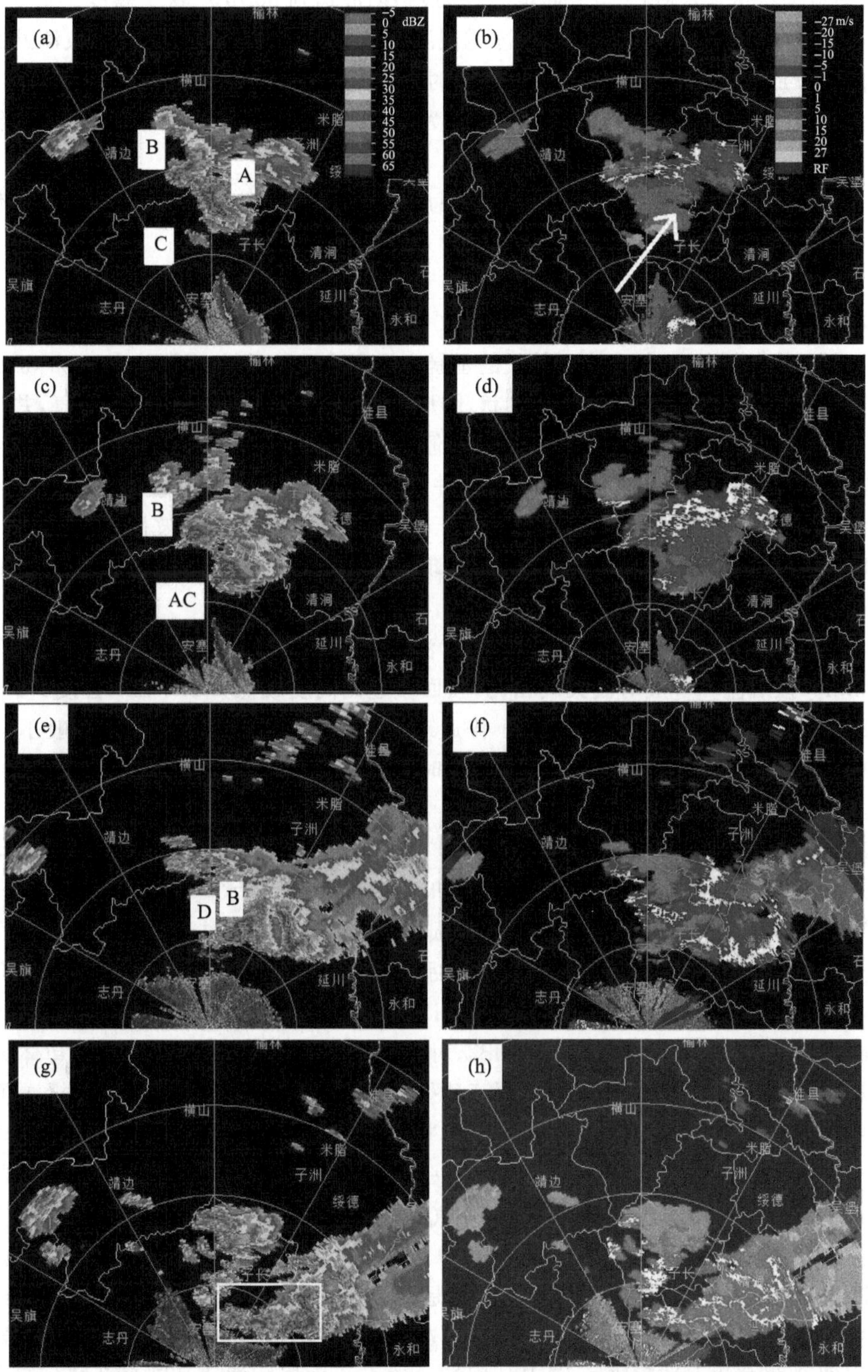

[彩]图 8.76　2016 年 5 月 4 日 19:00—21:16 时 1.5°仰角基本反射率

(a,19:00;c,19:22;e,20:25;g,21:16;白色方框内是飑线回波)

和径向速度(b,19 :00;白色箭头是低空急流的位置;d,19:22;f,20:25;h,21:16)

两次冰雹过程的雷达回波分析可知,在基本反射率因子图上,冰雹云强回波水平尺度不足 20 km,起始高度 3～5 km,对流发展迅速,一到两个体扫即可达到或超过 50 dBZ,回波顶高达到 16 km,强对流高度达到 8 km。当低仰角(0.5°)最强回波达到 60 dBZ,这个高度距地面 1.5 km,属于冰雹降落阶段,地面出现冰雹。由于冰雹观测只能靠人工,而且没有降到气象测站的冰雹只能根据目击者的大概描述,因此,根据降雹持续时间的大概描述,与 VIL 达到 50 kg/m^2 以上的持续时间比较接近,因此,VIL 达到 50 kg/m^2 可作为判断冰雹的阈值。此外,回波悬挂、长钉散射等作为冰雹识别的参考依据,其他书中已有叙述。

本次雷达回波分析初步探讨了低空急流对暖区冰雹云的形成作用,以及切变线附近触发的冰雹云回波特征。

(3)伴有冰雹和强降水的雷达回波特征

在榆林业务工作中发现,当反射率强度＞50 dBZ,速度图上有明显的辐合区,垂直液态水显示有跃增,有三体散射时,一般会产生较大的雷暴大风和冰雹。反射率因子(R)＞55 dBZ,发展和移动较快,回波形状呈圆形、翅状、弓状、钩状,圆形和低层钩状回波常对应冰雹天气,并伴有短时强降水。有的冰雹云回波起始不强,仅 20 dBZ,但发展很快,3～4 次体扫(20 min)后,强度就增加到 45 dBZ,有的冰雹云回波在移动和发展中合并增加,生命史可延长至 1～2 h,影响区域上百千米。垂直积分液态水含量(VIL)也是识别冰雹云的一个重要指标,在回波初期 VIL＜20 kg/m^2,当跃增到 40 kg/m^2,说明积雨云发展较快,有出现冰雹的可能,当 VIL＞50 kg/m^2,对应地面有冰雹,与前述延安雷达站监测数据分析结论一致。

2013 年 8 月 4 日,榆林雷达站监测到强对流回波 VIL＞70 kg/m^2,市区估测地面降雹直径达 40 mm。强对流和一般对流天气相比,强回波起始高度较低为 1.6 km,强度＞55 dBZ,强回波伸展高度达 10 km,到达对流层顶。普通对流回波,强度＜50 dBZ 时,一般不会出现冰雹。回波顶高＞10 km,有可能出现冰雹,最强时回波顶高可达 17 km,回波顶高＜10 km 时,一般不会出现冰雹。

2012 年 7 月 15 日夜间,绥德县(37°30′N,110°13′E)出现短时大风、冰雹、突发性暴雨,14 日 23 时—15 日 02 时,位于绥德县城东部的义合、满堂川 2 个乡镇 2 h 降水量分别达到 100.4 mm、111.0 mm。突发大暴雨造成 3 人死亡,公路垮塌,财产损毁严重。分析本次过程发现,强对流天气在雷达回波组合反射率图上表现为三个单体回波依次加强影响大暴雨区(图 8.77),14 日 22:17,绥德局地生成单体对流回波 A 向东移动,反射率＜50 dBZ;22:47 在其西南侧新生成又一个单体对流回波 B(图 8.77a),两个对流单体反射率强度＞60 dBZ,对应地面出现冰雹和强降水;23:18 单体 A 减弱,B 增强,反射率＞65 dBZ(图 8.77b);23:48 单体 B(图 8.77b 中圆圈内的位置)向后侧传播增强,速度场上对应中气旋开始生成,如图 8.77c 中小图所示,初步呈现对称的正负强中心,表现出中气旋的特征;23:55(图 8.77d)回波进一步增强,＞65 dBZ 的强回波呈圆形,小图中可见,中气旋发展成熟,边界整齐,正、负速度区的量级和范围均达到最大,中气旋直径为 12 km,最大风速＞20 m/s,0.5°和 1.5°仰角可见,维持时间 3 个体扫,即＞13 min。

15 日 00:01 回波达到最强(图 8.77e),也是卫星云图上的云团合并时段,＞55 dBZ 区域水平尺度为 20 km^2,VIL＞65 kg/m^2,回波 B 造成绥德部分乡镇出现冰雹、大风和局地大暴雨;01:21(图 8.77f)从上游移来＞65 dBZ 回波单体 C 再次影响绥德县部分乡镇。多个强回波依次经过暴雨区上空,造成绥德县短时大暴雨。

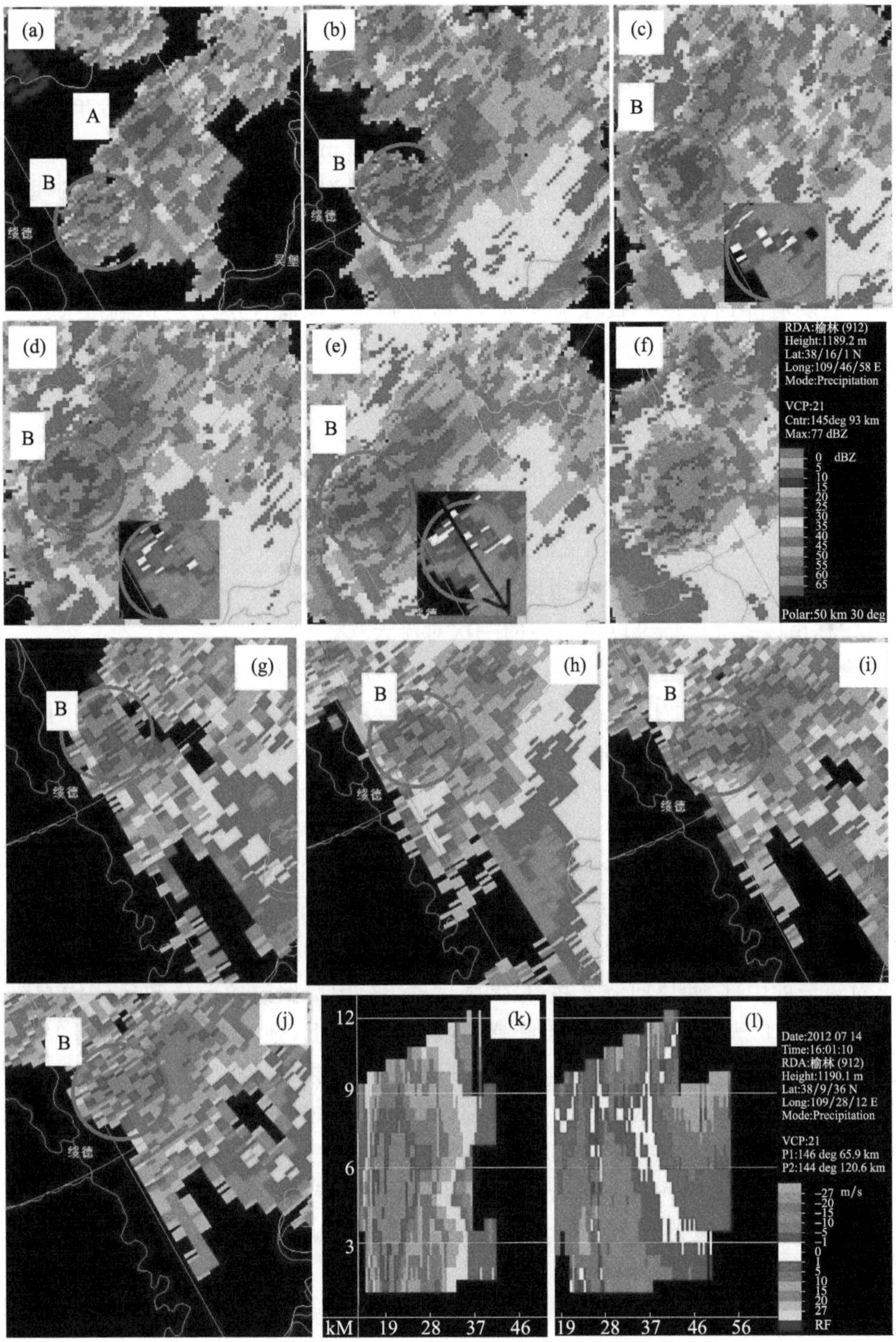

［彩］图 8.77　2012 年 7 月 14—15 日榆林多普勒雷达组合反射率
(a,22:47;b,23:18;c,23:48;小图为同时刻同仰角径向速度,下同;d,23:55;e,00:01;f,01:21)、
不同仰角三体散射(g,23:36,仰角 2.4°;h,00:07,仰角 2.4°;i,00:07,仰角 1.5°;
j,00:07,仰角 0.5°)、沿图 e 中箭头所示方向径向垂直剖面图(k,反射率;l,径向速度)

结合雷达回波与延安探空曲线分析,0℃层高度是 5 km,−20℃层高度是 8 km,强回波的位置在 0℃附近,有利于出现冰雹。图 8.77g—j 所示,23:36—00:07,雷达回波图上,绥德县附近回波强度>65 dBZ,0.5°、1.5°、2.4°仰角均出现长钉状回波即三体散射,是绥德县出现大冰雹的标志,由于强回波出现在夜间,没有确切记录,走访问村民得知暴雨期间发生过冰雹大风。从三体散射出现和维持的时间推测,冰雹持续时间约 30 min。

沿图 8.77e 小图所示方向做垂直剖面,反映了强对流回波 B 成熟阶段的垂直结构。图 8.77k 是反射率因子图,可以看到低层的弱回波区对应高层有强回波,强回波的高度位于 3~7 km,在 6 km 高度处,表现出回波悬挂的特征。在同时间的速度剖面图上(图 8.77i),低层弱有界回波区到高层强回波区具有强辐合,辐合层厚度达到 6 km。由此可知,深厚的辐合层加上较高的 VIL,为冰雹及暴雨提供了动力抬升并产生较强的水汽凝结,降水效率高。

(4)超级单体的雷达回波特征

2013 年 8 月 4 日 19—20 时,榆林市由超级单体风暴引发了一次极端强对流天气,榆林气象站观测 50 min 降水量 55 mm,市区中心广场瞬时最大风速 34.2 m/s。市区群众目睹冰雹大如鸡蛋(直径约 40 mm),汽车挡风玻璃被砸出拳头大的窟窿,居民窗户玻璃被砸碎,直径约 20 cm 的大树被大风连根拔起,部分道路和房屋被暴雨冲毁,行驶中的汽车被流水冲得挤成一团。这是榆林市区有气象记录以来最强的一次对流天气。

影响榆林强对流的雷达回波,12:10 在内蒙古杭锦旗境内生成对流单体,向东南方向移动加强,16:45 移动到榆林境内,组合反射率图显示,>50 dBZ 的面积呈圆形,水平尺度 40 km×40 km,中心强度>65 dBZ,距离榆林市区 80 km,该回波移动速度为 60 km/h,回波在移动中右侧又先后生成 3 个对流单体,合并到原来的回波单体,导致对流单体向多单体演变,生命力持续增强。该回波距离榆林城区 50 km 时,>60 dBZ 的范围为 15 km×15 km。

图 8.78 是对流发展旺盛时各层的反射率因子图,17:46 的 1.5°仰角反射率因子图上(图 8.78a),影响榆林的强回波呈钩状,高度为 2 km,是积雨云的下部,中心最大强度达 70 dBZ,该回波移动方向的右侧,有新生的对流单体发展加强;6.0°仰角图上(图 8.78b),强回波高度在 5 km,是对流云的中部,两块回波合并,最大强度达 67 dBZ,回波的前侧和后侧均有明显的入流缺口和出流缺口,表明对流发展相当旺盛;14.6°仰角图上,强回波的高度达到 12 km,即对流云的上部,回波最大强度达 66 dBZ,高层强回波对应低层弱回波区。组合反射率因子图上(图 8.78c),强回波由圆形演变为"人"字形,前侧强辐合形成的入流和后侧强辐散形成的出流相当整齐,进一步表明这是一个有组织的超级单体回波,在回波的西北方向观测到三体散射。超级单体回波以 30 km/h 的速度移动到榆林市区,仍维持>65 dBZ 的强度,同时强回波由"人"字形转为"V"字形,最大回波强度达 80 dBZ,后侧出流缺口变大,意味着辐散进一步加强,对流极其旺盛。

风暴相对速度产品(SRM),很好地反映了雷达回波中气旋发展和演变过程。16:51,SRM 产品初现中气旋的征兆,辐合区变小,辐合更强,但随后的数分钟内,回波有些减弱,结构松散,可能是风暴内部对流在初生阶段。17:16(图 8.78d),中气旋开始形成,这时的中气旋尺度较大,水平尺度约 20 km,而且左右两侧范围和量级均不对称,最大正速度(离开雷达)是 17 m/s,最大负速度(向着雷达)27 m/s。由于对流风暴内部的各种不确定性,回波没有继续加强。17:46,在回波移动方向的右侧有新的回波合并加强,17:52(图 8.78e),SRM 产品看到完全对称的中气旋,水平尺度 10 km,正负中心径向速度为 24 m/s,表明中气旋完全成熟,对应反射率因子图上,回波的钩状部分完全变成圆形,把中气旋包围在其中,强回波高度达到 9 km,对应基本速度图上,0.5°和 1.5°仰角均可见中气旋。回波顶高达 15 km,上层辐散风速>44 m/s。此后,中气旋持续到 18:11(图 8.78f~g),范围变小,径向风速减小。18:30 起,强回波一路向南,榆林城中心的区域气象站观测到极大风速达 34.2 m/s,风向出现逆时针旋转,冰雹、暴雨、大风同时发作,群众目睹冰雹大如苹果。强烈天气持续约 50 min,10 min 最大降水量为 18.0 mm,分钟最大雨量为 2.2 mm。由雷达回波演变与天气现象出现时间的对比可知,强风、冰雹、短时暴雨等灾害性天气发生在中气旋的成熟到消亡阶段。

沿图 8.78c 所示方向反射率剖面图上(图 8.78e),可以看到中低层的弱有界回波以及回波悬挂,低层弱回波对应高层强回波,从形状来看,符合强降水超级单体的回波特征。同时间的径向速度剖面图上(图 8.78f),3~9 km 高度为辐合区,径向风速>10m/s,低层强烈辐散,2 km高度处径向风速超过 20 m/s,地面达到飓风等级。

这次强回波及中气旋对应 VIL 在对流发展初期>60 kg/m^2,16:51 回波移到榆林境内,VIL 达到最大为 80 kg/m^2,水平尺度 10 km,这一状态持续到 18:28,此后量级和范围开始减弱,但 VIL 仍然大于 70 kg/m^2。17:46 超级单体形成后,VIL 高值区位于钩状回波的尾部,最大值为 76 kg/m^2。VIL 持续的大值对大冰雹或者短时暴雨都有指示意义。

超级单体风暴的成因分析:

风暴种类及潜在的影响力很大程度上取决于环境的热力不稳定(浮力)、风的垂直切变和水汽的垂直分布这三个因子,分别分析这三个因子在强风暴中的表现。

本次强天气过程的对流有效位能 CAPE 在 8 月 4 日 08 时达到 2000 J/kg,14 时由于 700 hPa 冷槽加深,CAPE 下降到 1800 J/kg,如果按照理论计算最大垂直速度,$W_{max}=(2\times \text{CAPE})\times 0.5=60$ m/s。由此看来,较大的对流有效位能为有组织强风暴提供了较大的垂直速度。

再分析本次强天气过程的垂直风切变,根据 NCEP 再分析产品,计算榆林上空风的垂直分布可知,08 时榆林从低空到高空已经表现为西南风向西北风的顺时针变化,到 14 时,低层的西南风和高层的偏西风均有加强,400 hPa 风速增加较快,形成 22 m/s 的大值中心,而在中低层 700~800 hPa 西南风也增大到 10 m/s,根据地面观测资料计算 17 时地面到 500 hPa 风的矢量差为 18 m/s,属于中等强度的垂直风切变。风的垂直分布表现为组织性很强的风切变,这样的风场非常有利于风暴向超级单体风暴发展。

那么水汽条件又如何呢?从榆林市区上空相对湿度的时间空间演变来看,08 时湿层主要在 850 hPa 以下和 600 hPa 附近,750~700 hPa 为干层,随着垂直运动的加强,到 14 时,湿层被抬升到 700~650 hPa,湿度进一步增大到>80%,20 时湿层被继续抬升到 600 hPa,较强的辐合和正涡度平流使得 0~−4℃层结扰动更加剧烈,有利于冰雹增长。由于湿层低而薄,榆林出现的强对流天气主要是冰雹和大风,暴雨强度也很大但由于持续时间不足 1 h,降水总量并不是很大。

根据以上分析,环境场满足强风暴发展的有利条件下,黄土高原与沙漠交界处生成对流单体,这些对流单体向南移动中又生成多个对流单体,强度>60 dBZ,多单体合并增强,最终形成有组织的对流风暴即超级单体风暴。

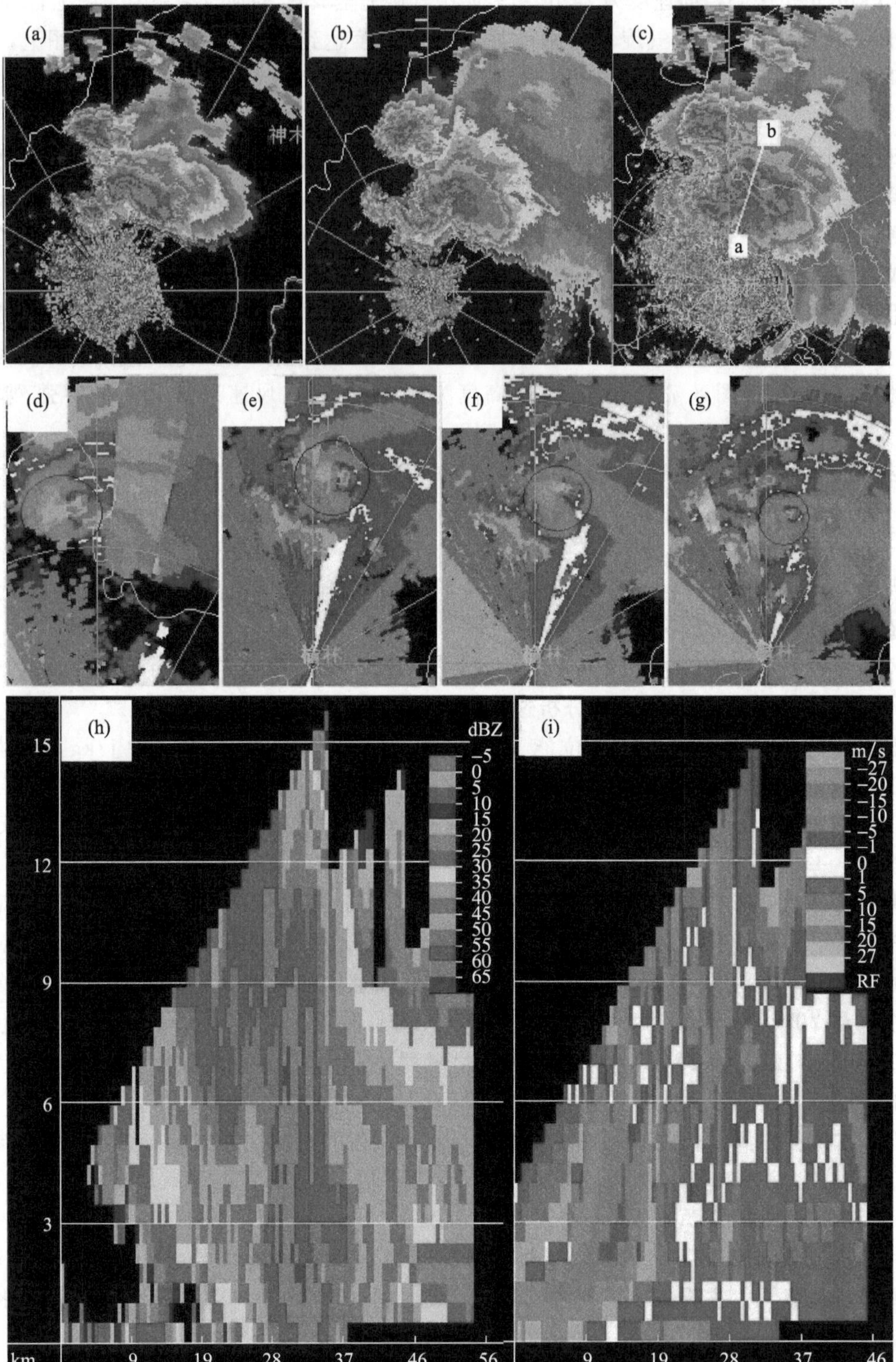

[彩]图 8.78　2013 年 8 月 4 日 17:46 不同仰角基本反射率(a,1.5°;b,6.0°)、组合反射率(c)、风暴相对速度图(d,17:16;e,17:52;f,17:58;g,18:11;黑色圆圈内为中气旋)、沿图 c 所示 a—b 方向垂直剖面(h,反射率;i,径向速度)

8.8.4　陕北黄土高原强对流天气预报着眼点

关于强对流天气预报预警在本章其他节和第 9 章中有详细论述，这里根据多年的预报经验总结给出陕北黄土高原地区强对流天气预报预警着眼点。

(1)500 hPa 冷平流

发生冰雹天气时，一般榆林上空 500 hPa 有－8 ℃的冷中心或冷平流，强对流时冷中心＜－10 ℃，冷空气源地主要有东北冷涡后部、贝加尔湖冷涡底部，或者没有明显的冷涡，但有脊前下滑的小股冷空气。

(2)850 hPa 暖平流

强对流天气一般是上冷下暖的层结分布，与 500 hPa 冷平流对应的是 850 hPa 有较强的暖平流，榆林上空温度＞20 ℃，且上游有＞25 ℃的暖中心。有少数情况是地面温度较高，前期湿度较好，冷平流较强时，850 hPa 也为西北气流，但是近地层有暖平流，垂直方向仍有冷暖平流叠加，形成有利于强对流天气的层结配置。

(3)湿层

强对流天气一般不需要太厚的湿层，大多数情况是仅 850 hPa 有湿层和辐合，当降水较大时湿层位于 700～550 hPa，相对湿度＞70%，或比湿＞12 g/kg。当中低层均为西北气流时，前期湿度条件好，有湿层存在，也提供了冰雹所需的水汽条件。还有一种情况是垂直速度特别大，即使低层没有充沛的水汽也会产生很大的降水。

(4)垂直风切变

强对流天气产生在较大的垂直风切变中。500 hPa 以上均为西北气流或偏北气流，08 时风速＞15 m/s，850 hPa 为南风或东南风，风速 6～10 m/s，14 时 500 hPa 风速还会增大到 20 m/s，风切变进一步加大，垂直风切变朝向有利于强对流条件发展，强对流天气位于水平风辐合最大的地方。700 hPa 风向风速不定，当冷空气较强时，700 hPa 吹西北风，暖空气较强时，700 hPa 吹东南风，有时 700 hPa 会形成中尺度反气旋环流，起到暖干盖的作用，当 850 hPa 偏南风较强，湿层较厚时，这样的强对流天气多伴有较强的暴雨和较大的冰雹以及雷暴大风。

(5)能量

湿对流有效位能(CAPE)出现跃增，是不稳定能量的提供者，经统计典型个例，强对流发生前，CAPE＞1000 J/kg，将有强对流天气；CAPE＞2000 J/kg，将有极端强对流天气。强对流天气多对应 850 hPa 高能区，假相当位温＞60 ℃，强对流落区位于假相当位温高中心处或者高能舌的顶部，当假相当位温＞70 ℃，强对流天气多伴有强降水。春末夏初的强对流天气，假相当位温能级较低，但也达到 40 ℃以上。

(6)不稳定条件

当 K 指数＞35 ℃，有利于强对流天气。根据前述分析，静力不稳定 $T_{850-500}\geqslant 23$ ℃，位势不稳定 $\theta_{se(850-500)}\geqslant 20$ ℃，不稳定越强，越有利于强对流天气发生发展。

(7)触发机制

在有利的环流形势下，强对流的触发机制很关键。和普通对流相比，强对流天气发生时，14 时地面温度接近 30 ℃，3 h 变压达到－3 hPa，午后升温形成中尺度低压、中尺度辐合等，在能量场上多伴有能量锋，表现为沙漠边缘露点温度低，在陕蒙边界形成露点锋或干线，或者上游对流系统移来会得到加强，而且浮力波也会在本地生成对流天气，这些都是强对流天气的触发机制。

区域性强对流天气一般产生在中低层中尺度切变、辐合或地面冷锋、干线过境的天气条件下,有热力抬升和动力抬升共同的触发作用。这类强对流天气在雷达回波图上表现为一条或多条长短不一、方向斜交的飑线。飑线前进方向的一侧对流发展最强,两条飑线相交处,对流最强,形成的强对流天气影响范围大,生命史长达 6 h 以上。

(8)地形地貌效应

既要分析低空与地面天气系统及其气流的移动方向,同时分析与局地地形及其走向的相互作用的影响,这里包括地形辐合、阻挡或爬升作用。还要注意下垫面性质差异的影响有利于强对流天气发生发展。

8.9 对流性天气预报

8.9.1 对流性天气潜势预报

前述的雷暴、飑线、阵风锋、下击暴流等强风暴天气都是属于对流性或强对流性天气,它们的空间尺度在几十到几百千米,生命史在几小时到 10 h 左右,甚至有的只有几十分钟。所以对该类天气的预报,即未来 12 h 以上到 24 h 的预报,从严格的意义上讲,只能是潜势预报。从可预报性上讲,应是 12 h 以内的短时预报,特别是 3～12 h 以内的临近监测预警。对于对流性天气潜势预报,主要是利用常规探测资料及其分析工具,分析造成强对流天气的中尺度天气系统赖以发生发展的天气尺度背景场,提炼中尺度天气概念模式,分析产生强对流天气发生的条件和指标等。为此介绍如下。

8.9.1.1 对流性天气发生的天气尺度背景

强对流天气通常在处于有利的天气尺度系统时发生。一种情况是一次降水过程结束,在 500 hPa,陕西处于槽后西北气流控制,有较强的干冷平流,由于天气很快转晴,午后地面加热,形成局地热力环流,加上雨后湿度大,容易形成局地对流性天气;第二种情况是蒙古至我国华北有一深冷低涡,陕西处于冷涡底部或后部且受西北气流控制,冷涡分裂出较强的冷平流,在西北气流引导下侵入陕西省,与此同时,低层有暖湿气流,在这种高低空环流形势配置下,极易产生强对流性天气,有时甚至是大范围对流性天气。第三种情况是陕西处于 500 hPa 高空槽后,但该槽是一个深厚的高空低值系统,从 850 hPa 伸展到 500 hPa 及其以上,该槽是一个前倾槽,850 hPa 槽线甚至落后于 500 hPa 槽线 3～5 个纬距,即陕西处于 850 hPa 槽前西南暖湿气流和 500 hPa 槽后干冷气流叠置区的下方,在这样的天气尺度背景下,易产生强对流性天气。

8.9.1.2 对流性天气发生的中尺度概念模式

强对流性天气发生需要有较强的不稳定能量,因此,通常利用常规探空资料从能量场上或大气稳定度总结提出强对流性天气发生的概念模式。

(1)能量学模式

在 850 hPa 假相当位温 θ_{se} 场上或湿静力总温度 T_σ 场上有中尺度 Ω 型分布且有较好的风场配合,则易产生对流性天气。这个模式反映了在陕西黄土高原上的强对流性天气是发生在高温高湿的不稳定环境中,同时也表明,强对流性天气是由于高低纬冷暖气流的相互作用及高低层气流的耦合作用产生的。

(2)稳定度模式

K 指数综合反映大气温、湿场的稳定度，也叫气团指数，有

$$K=(T_{850}-T_{500})+(T_{d})_{850}-(T-T_{d})_{700}$$

K 连续多天(3～5 d)增大，有闭合中心，且 $K\geqslant32$℃。当有辐合流场抬升条件配合时，则极易产生强对流天气。该模式表明大气蕴藏的不稳定能量很强，且大气低层趋于高温高湿，是强对流性天气发生的重要机制。

8.9.1.3　深对流指数法

按照大气对流伸展高度把大气对流划分为深对流与浅对流。所谓深对流又称深厚对流，是指对流伸展高度具有等于或大于均质大气高度 H_0 的对流系统。如果大气柱中的空气为均匀分布，且密度为常数，则可算出 $H_0=7991$ m，介于 400～300 hPa 高度之间，与 400 hPa 等压面高度更接近。在实际中，几乎所有的强局地风暴事件都与深对流有关，因此，对深对流的预报就成为气象业务工作者关注的课题，为此，首先建立深对流指数。

Murakami(1983)在 20 世纪 80 年代初定义深对流指数为

$$DCI_{M}=10\times[(T_{BB}-T_{400})/(T_{tr}-T_{400})]$$

式中，T_{BB}，T_{400}，T_{tr} 均以开氏温标度量，分别表示云顶黑体相当温度、400 hPa 温度、对流层顶温度；其中 T_{tr} 因有强对流天气发生时，有时可发生对流顶下陷或折叠现象，所以不用当时的对流层顶温度，而是用日平均资料内插值。

Nitta 和 Sekine(2005)在 1994 年定义深对流指数为

$$DCI_{NS}=\begin{cases}250-T_{BB} & T_{BB}<250\text{ K 时}\\0 & T_{BB}\geqslant250\text{ K 时}\end{cases}$$

由 DCI_{NS} 的定义可以看出，在海平面或海拔不高的地区，假若 H_0 处温度为 250 K，则 DCI_{NS} 大体上能表示云顶等于或超过的深对流。DCI_{NS} 可以作为表示云顶等于或高于 400 hPa 深对流云的指数。

以上两个深对流指数主要是为了做诊断分析深对流使用的。Barlow(1993)从预报出发，提出了适用预报的深对流指数，由于有组织的深对流系统同以下三个因子紧密联系：一是对流层低层有足够强的湿层；二是有充分大的温度直减率，以保证在 t-ln$p$ 图上层结曲线与状态曲线之间包围的正面积足够的大；三是有足够的抬升力，使气块能从湿层到达自由对流高度。所以 Barlow(1993)将其中的前两个因子结合，组成一个适用预报的深对流指数，用来判别可能发生强对流的区域。深对流指数 DCI_{B} 定义为

$$DCI_{B}=(T_{850}-T_{d850})-LI$$

式中，T_{850}，T_{d850} 分别为 850 hPa 温度和露点，以℃为单位；LI 为抬升指数，以℃为单位。此式将 850 hPa 层 θ_{se}(隐含在该式右端第 1 项中)与地面至 500 hPa 的浮力(或正面积)特性结合，估计发生深对流潜势。在指数高的地方，若同时具备抬升气块的触发机制，则很可能出现强对流天气事件。

预报用深对流指数既可用单站探空资料计算，也可以使用数值模式输出资料计算 DCI_{B}，作为短期潜势预报或短时临近预报强对流天气工具。例如 1993 年 4 月 24—25 日，美国中部平原从俄克拉何马州东部、密苏里州南部到阿肯色州西北部，爆发了一次强对流天气(图 8.79a)，其中最重大的事件是 F3/F4 龙卷袭击了卡图萨(Catoosa)的塔尔萨(Tulsa)，造成严重人员伤亡和财产损失。图 8.79b 是用高空和地面实测资料计算的 DCI 水平分布图。又如

1993 年 6 月 2—3 日,在科罗拉多州东部,堪萨斯州南部、穿过俄克拉何马州北部、阿肯色州直到密苏里州西南部大片区域,发展两个 MCS,相当快地向东南偏东方向移动,并降了冰雹,最大雹块直径 $D \geqslant 4$ 英寸(1 英寸≈2.54 cm),出现了几个龙卷,直线传播风速达 38 m/s(图 8.79c),造成严重财产损失,图 8.97d 是用实测资料计算的 DCI_B分布图。该图与这期间用中尺度数值预报 η 模式输出产品计算的 DCI_B之 12 和 24 h 预报图(图略)吻合得相当好。从 η 模式 12 和 24 h 预报结果看出,在深对流指数 DCI_B高值区,850 hPa 层伸展着一支 θ_{se}和抬升指数 LI 相结合的高值区。由于低层有强烈辐合,最强的对流天气出现在 DCI_B“靶心”和脊线稍偏北处,并分别逗留了 12 h 和 24 h。实际在强对流天气发生前 24 h,DCI_B已呈现出明显的高值轴。

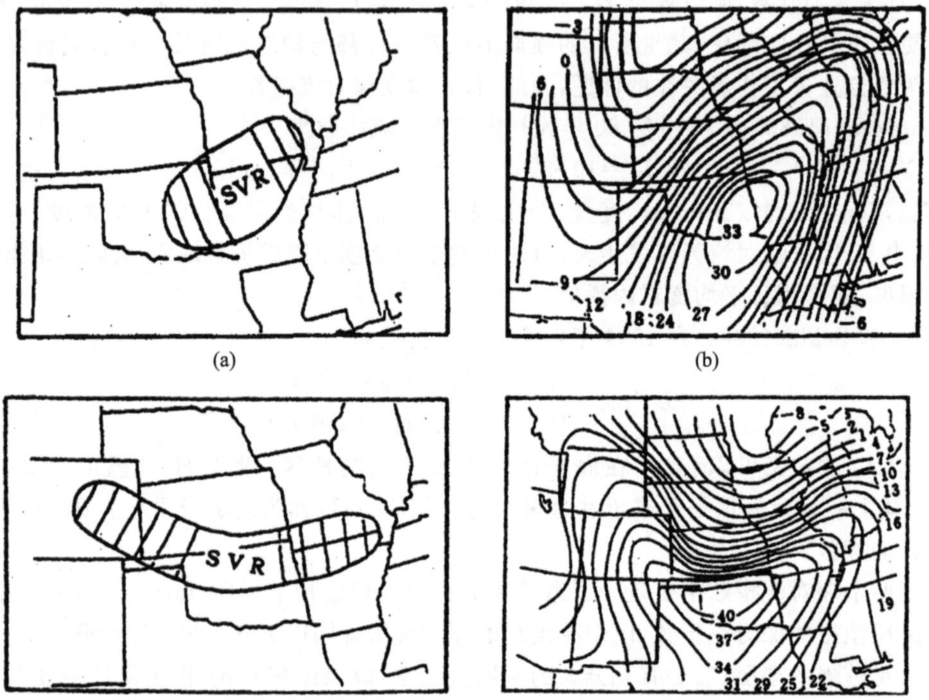

图 8.79　深对流指数预报实例

8.9.1.4　对流性天气发生的天气学条件

根据天气学理论,对流性天气发生需要具备以下三个基本条件:

①丰富的水汽含量和水汽输送;

②不稳定层结;

③足够的抬升启动机制。

据此提出对流性天气的预报着眼点:

(1)分析、预测水汽含量和水汽输送

水汽含量可直接从天气图上,本站以及邻近的探空曲线(t-ln$p$ 图)上的气温(T)与露点温度(T_d)差,比湿(q)及相对湿度(f)等分析出来。通常在中低层天气图(850～700 hPa)上分析出明显的湿舌或 $T-T_d$小值区(接近饱和),或叫暖湿空气带。强对流天气常常在湿舌西侧开始爆发，之后向南向东。同时，湿舌与其北及西北或东北侧干区组成的强湿度梯度或称作湿线、干线或露点锋也是强对流天气产生的一种触发机制。湿区上升运动与干区下沉运动构成中尺度垂直环流，因而强对流天气常发生在该区域内。但气柱中所含的水汽是十分有限的，即使水汽柱中所含的水汽能够全部凝结并致雨，降水也是十分有限的，因此需要分析水汽的输送和辐合，即水汽是否有充沛的供应。

(2)分析、预测大气不稳定层结

大气不稳定层结是对流发展的基本条件，因为它有利于将位能转化为动能。在实际业务应用中对层结稳定度或不稳定能量的分析，可直接利用 t-$\ln p$ 图分析。从单站 t-$\ln p$ 图上，可以得到该地大气温湿特征量，如比湿(q)、饱和比湿(q_s)、相对湿度(f)，也可计算出不同高度的位温(θ)、假相当位温(θ_{se})、以及假湿球温度(T_{sw})、虚温(T_v)和对流温度等，还可得到某些特征高度诸如标准等压面位势高度(H_p)、抬升凝结高度(LCL)、自由对流高度(LFC)、经验云顶高度(对流上限)、对流凝结高度(CCL)、0 ℃层高度(H_0)和 −20 ℃层高度(H_{-20})等。也可以估算各种不稳定能量或稳定度指标。关于稳定度的分析主要有：

①静力不稳定：根据“气块浮升”理论，有：

$\gamma>\gamma_d>\gamma_s$：绝对不稳定。稍有扰动，垂直对流就发展；

$\gamma_d>\gamma>\gamma_s$：条件不稳定。空气未饱和时是稳定的，饱和后成为不稳定。即要求先有外力作用，将气块抬升到凝结高度，气块饱和后，垂直对流才能发展；

$\gamma_d>\gamma_s>\gamma$：绝对稳定。抑制垂直对流。

其中，γ 为层结曲线垂直递减率，γ_d 为干绝热递减率，γ_s 为湿绝热递减率。实际中，大气层结达到绝对不稳定的情况并不多见，绝对稳定层结意味着晴好天气，条件不稳定是对流性天气产生与发展的常见情形。

②对流性不稳定：静力不稳定是针对气块被抬升而言的，但对流性不稳定则是就整层空气被抬升而言的。当此气层下湿上干时，即使原来是绝对稳定的层结，被抬升后也可能变成不稳定层结，这种层结称之为对流性不稳定或位势不稳定，判据为：

$$\frac{\partial\theta_{se}}{\partial z}\text{或}\frac{\partial\theta_{sw}}{\partial z}\begin{cases}<0 & \text{对流性不稳定层结；}\\ =0 & \text{中性层结；}\\ >0 & \text{对流性稳定层结。}\end{cases}$$

③沙氏稳定度指数(SI)：500 hPa 面上的层结曲线温度 T_{500} 与气块从 850 hPa 层上沿干绝热线抬升到凝结高度后，再沿湿绝热线抬升到 500 hPa 的温度(T_s)之差称之为 SI。有

$$SI\begin{cases}<0 & \text{表示不稳定；}\\ >0 & \text{表示气层稳定。}\end{cases}$$

在实际业务应用中，SI 为负值时，其绝对值愈大愈有利于强对流天气发生。但要注意，当 850 hPa 与 500 hPa 之间有锋面或逆温时不能使用这一指数。

④不稳定能量(E)：不稳定大气中可供气块作垂直运动的潜在能量为

$$E=-\int_{p_0}^{p}\Delta TR\,\mathrm{d}(\ln p)$$

在 t-$\ln p$ 图上，可依据层结曲线与状态曲线之间所包围的正值面积的代数和来估算。所包围的面积愈大，或 E 的正值愈大，则不稳定性愈强，不稳定能量就愈大，这愈有利于对流天气发展。反之则抑制对流发展。

除了分析大气层结以外，还要分析层结稳定度的变化趋势，这里应注意以下几种情况：

①利用单站高空风图分析，若风随高度作逆时针偏转表示该层有冷平流，反之作顺时针偏转，则有暖平流；若低层有暖平流而高层有冷平流，则未来层结趋于不稳定，反之亦然。

②采用天气图分析，当高空冷中心或冷温度槽与低层暖中心或暖脊相叠时，不稳定增强，有利于强对流天气发展。

③当冷锋越山时，若其冷平流在山后的暖空气垫上叠加。不稳定度将显著增强，易形成或增强对流性天气。

④在高空槽东移，冷空气入侵之后，若中层以下有浅薄的热低压接近或出现西南气流时，将使不稳定性增强，有利于对流天气发生和增强。

⑤当低层有湿舌，上层覆盖着干空气层或者有干冷平流与其叠置时，将增大不稳定性。

(3)抬升启动机制分析

当大气层结处在条件不稳定或者对流不稳定状态时，能否有对流天气发展，就要看是否有足够强度的抬升启动作用，将低层气块或气层抬升到自由对流高度，使自由对流发展，释放不稳定能量，使其由位能形式转化为垂直运动动能。这种抬升作用主要包括：

①天气系统本身的抬升作用。绝大多数雷暴等强对流性天气都发生在气旋锋面或低空低涡，切变线，低压及高空槽线等天气系统中，这些天气系统的低空辐合上升运动都是较强和持续性的。因此，可以从天气尺度系统着眼，制作中小尺度对流性天气的预报，这就需要仔细分析未来影响本地的锋面气旋、低压、低涡、切变线及槽线等天气系统中不同部位辐合上升运动的强度，并预测其未来的移动和演变。在没有上述明显天气系统时，还要注意分析预报邻近区域低空流场中出现的风向或风速辐合线，低空急流或负变压(高)中心区等。还要特别注意分析高空急流或反气旋带来的高空气流辐散的抽吸作用，有时这种高空辐散气流的抽吸作用比低空的辐合作用更大。

②局地热力抬升作用。这对于陕西黄土高原地区显得尤为突出，通常在夏季午后陆地受日射而剧烈加热，可在近地层形成局地绝对不稳定层结，同时因地表受热不均匀造成局地温差，形成局地性垂直环流，其上升气流则起着抬升触发机制的作用，触发释放不稳定能量，发展对流性天气。这通常称之为“热雷暴”或“气团雷暴”。

③地形抬升作用。这里主要考虑迎风坡抬升和背风坡影响两种情况(参见 6.6.1，6.6.2 和 6.6.3 节)：当气流对迎风坡坡面的相对运动越强，则其抬升作用就越大；在背风面，因气流越山而形成的，背风坡作用往往会使气流越山后，在其下游特定距离的河谷或盆地上空出现上升运动发展或触发对流性天气。这种波的波长约为 3.2～32 km，具体波长及振幅取决于大气的稳定性，气流速度，风速的垂直切变，以及风与山脉的走向等因子。这对于某些河谷及盆地，有一定的预报意义。

8.9.2 对流性天气短时预报

这里所讲的对流性天气短时预报是指利用常规气象观测资料制做未来 12～6 h 左右的预报。下面介绍几种方法。

8.9.2.1 “湿度-风切变”指数法

用“湿度-风切变”法制作强对流天气预报既考虑了大气中露点能在强对流天气过程前后的变化，又同时考虑了风场垂直切变的作用，从而全面反映了强对流天气过程中的两个重要因子。

(1)露点能

大气柱内的水汽量可用下式表示

$$\sum T_{\mathrm{d}} = t_{\mathrm{d}850} + t_{\mathrm{d}300}$$

其时间变化为

$$\frac{\partial \sum T_{\mathrm{d}}}{\partial t} = \frac{\partial (t_{\mathrm{d}850} + t_{\mathrm{d}300})}{\partial t}$$

式中，$t_{\mathrm{d}850}$和 $t_{\mathrm{d}300}$分别表示大气底层和高层的露点温度，其和可以认为是代表气柱内的水汽，或称露点能。其时间变化取 24 h。在强对流天气发生时，气柱内的露点能有非常明显的变化。其变化可归纳为两种类型：一是快增能型强对流天气，即 $\Delta \sum T_{\mathrm{d}} \geqslant 8$ ℃，说明在产生强对流天气的当天 08 时，气柱内的露点能在 24 h 内增加 8 ℃以上；二是高能维持型强对流天气，即 $\Delta \sum T_{\mathrm{d}}$变化幅度较小(例如在－2～＋2 ℃之间)，接近 $\Delta \sum T_{\mathrm{d}}$的多年平均值，此时空间风矢量有明显的切变，有利于大气不稳定能量的释放，产生强对流天气。

(2)风矢量垂直切变

根据 1981—1987 年 7—8 月份西安逐日 08 时空间风场资料，并对照其露点能的增量及相应产生的强对流天气个例，总结出 3 种空间风场切变模型，如表 8.10 所示。另外还有两个切变层的情形，这里不再给出。在强对流天气发生时，其高层有偏西风、西南风和东北风，但以偏西风为主；切变层以下主要是偏南风。同时要特别注意 300 hPa 和 700 hPa 这两层上风速的大小，如第一种模型，风切变在 450 hPa 或 600 hPa，当 300 hPa 风速在 12 m/s 以上，700 hPa 风速在 10 m/s 以下时有利于产生强对流天气。在日常业务中，将两种增能模型同 3 种风场切变模型结合起来使用，预报短时强对流天气。

表 8.10　高空风矢量垂直切变模型

序号	风切变层以上风向	切变层(hPa)	风切变层以下风向	$\lvert V_{300} \rvert$ (≥m/s)	$\lvert V_{700} \rvert$ (≥m/s)
1	W-NW	450(600)	SW	12	10
2	SW	600	SE	12	8
3	NE	400	SW	5	5

8.9.2.2　地面中尺度"人"字形切变概念模式

地面中尺度"人"字形切变模式反映了强对流天气产生的地面环境背景场。"人"字形切变西边是干冷的偏西风，东边是近于暖湿的偏东气流，图 8.80 是陕西中部关中地区产生强对流天气时，地面中尺度流场辐合场的演变模式。它表明许多强对流天气同地面中尺度辐合场关系密切，尤其是当地面辐合场较强时，比如，偏东气流＞4 m/s 时，对流性天气会更强。早晨辐合场刚形成时，只有零散对流云，水平范围也较小。随着地面太阳辐射加热，对流云就组合起来，对流活动又引起潜热加热，使地面气压下降，于是在地面生成低压。低压与对流云的相互反馈，生成系统性的对流云带。由于对流云的强烈上升和下沉作用，在辐合线的后面(西边)产生中高压，在辐合线的前面生成中尺度低压。这一对气压系统的出现，便会产生强对流天气，特别是在"人"字形辐合线的交汇点处有时还会产生龙卷风天气。

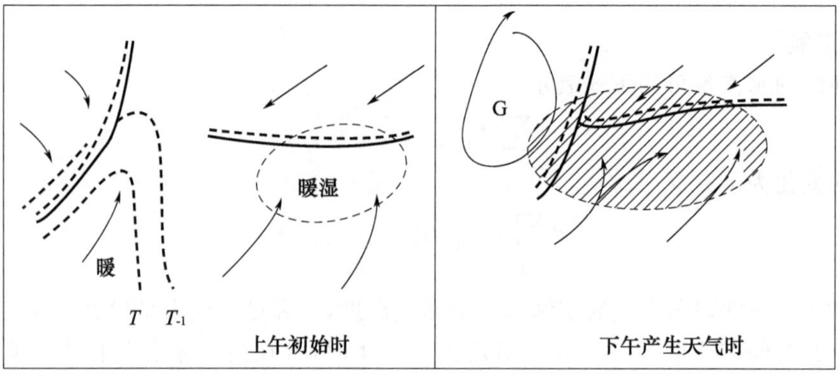

图 8.80 地面“人”字形辐合场演变示意图

8.9.2.3 地面能量场中尺度概念模式

利用地面能量比天气图分析发现(参见 7.2.1.2 和 7.3.3.3 节)在陕西强对流天气产生前,在地面能量场上,通常表现为两种形式:一是 α 中尺度 Ω 能量系统,空间尺度在几百千米,有一个生成、发展到消亡过程,其生命史在 10 h 左右,强对流天气通常发展在其发展强盛时期,落区位于 Ω 系统的高能轴附近。二是中尺度能量锋,即在地面能量场上表现为等能量梯度较大区,等能量线较多的情况呈东西走向,表明干空气主要来自北方;有时等能量线呈西南-东北走向,表明干冷空气主要来自西北路;有时等能量线呈舌状自南向北伸,近似于 Ω 型,表明既有西北路冷空气,又有东(北)路冷空气,但偏南暖湿气流不甚强。强对流天气就发生在能量梯度较大处。

8.9.2.4 强对流性天气发生的动力学条件

在 8.9.1.4 节中给出了对流性天气发生的天气学条件及其预报着眼点。但对于强对流性天气,即强雷(风)暴天气的发生发展,还需要某些特定的环境条件。实际上,雷(风)暴的强度在很大程度上取决于热力不稳定(浮力不稳定)和垂直风切变,因为热力不稳定决定垂直方向上空气加速度的大小,而垂直风切变则有利于雷(风)暴的发展、加强和维持。

(1)热力不稳定

热力不稳定可用对流有效位能(CAPE)表示,CAPE 是气块在给定环境中绝热上升时的正浮力所产生的能量的垂直积分,是风暴潜在强度的一个重要指标。在实际业务中,可利用 $t-\ln p$ 图估算 CAPE,即 CAPE 正比于气块上升曲线和环境温度曲线从自由对流高度至平衡高度所围成的区域(图 8.81)。通常 CAPE 数值的增大表示上升气流强度的加强和对流的发展。但在实际应用中应注意的是,CAPE 并非是唯一影响对流雷(风)暴中上升运动的因子,在有强垂直风切变的情况下,即使 CAPE 较小,仍会有强烈上升运动。

(2)垂直风切变

垂直风切变是指水平风速(包括风矢大小和方向)随高度的变化,一般来说,在一定的热力不稳定条件下,垂直风切变将导致对流性天气进一步加强和发展,其作用主要表现在:

①能够产生强的雷(风)暴相对气流;

②能够决定上升气流(加强辐合)附近阵风锋的位置;

③能够延长上升气流和下沉气流共存的时间;

④能够产生影响雷(风)暴的组织和发展的动力效应。

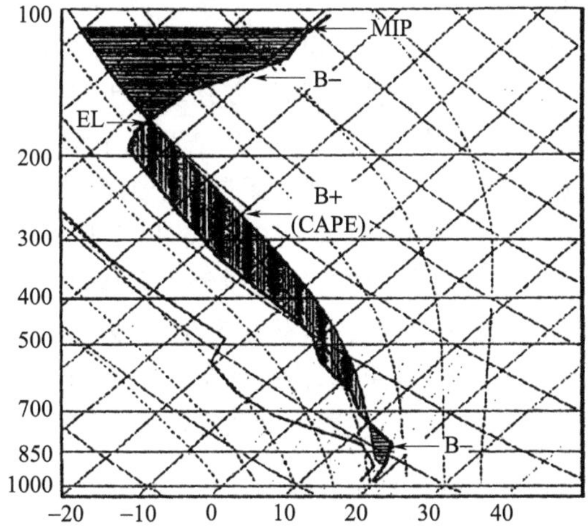

图 8.81　t-ln$p$ 图上正负能量区和 CPAE 区的示意图

在实际业务应用中，垂直风切变是弱是强，其效果是不一样的，弱的垂直风切变通常表示环境气流较弱，而且使风暴移动缓慢。沿雷(风)暴阵风锋的辐合能够继续激发新的单体，但阵风锋在切断上升气流后，移动超前于雷(风)暴，使风暴很难有组织地增长。强的垂直风切变能够产生与阵风锋相匹配的雷(风)暴运动，从而使得暖湿气流源源不断地输送到发展中的上升气流中去。风垂直切变的增强导致对流产生，有利于上升气流和下沉气流在相当长的时间内共存，利于新单体将在前期单体的有利一侧有规则地形成。如果足够强的垂直风切变伸展到雷(风)暴的中层，则产生上升气流同垂直风切变环境相互作用的动力过程，能强烈影响雷(风)暴的产生和发展。

风垂直切变有助于了解雷(风)暴传播的机制，当风随高度作顺时针旋转切变时，在雷暴云前进方向的右侧低空辐合，高空辐散，其上升运动有利于新的对流云单体发生发展；而左后方时情况相反，有利于老的雷暴云中下沉气流发展，增强降水和大风天气，从而形成了雷暴云的新陈代谢和向前传播。

关于风垂直切变的大小，可选择邻近测站高层(例如 200 hPa)风矢量与低层(例如 850 hPa)风矢量之间的矢量差值进行估算，它与雷(风)暴的关系可能因地而异，需要作具体的统计和分析判断，表 8.11 是国外的统计结果，可供参考，同时它也指出不同类型的雷暴同环境垂直风切变值之间的对应关系。

表 8.11　不同类型雷暴与风垂直切变值的对应关系

雷暴类型	多单体雷暴	超级单体雷暴	强雷暴(飑线、雹暴等)
云底至云顶间的切变值($10^{-3}s^{-1}$)	1.5～2.5	2.5～4.5	4.5～8.0

(3)大气逆温层

强雷(风)暴发生发展之前的典型层结特征是低空为湿层，高空是干层，其间中低空有逆温层，这是产生强对流天气的重要环境场。这一层像一个干而暖的盖子，阻碍低空暖湿空气向上的垂直交换，使得低空湿层在有利的水平输送和地表辐射加热作用下，变得更暖更湿，而高层相对更冷更干，从而积蓄了更多的位势不稳定能量。一旦有抬升启动条件的作用，冲破逆温层,强风暴便爆发出来。在夏季逆温层主要是低层的暖平流和中上层的弱下沉运动增温形成的。经验表明,边界层的上部附近干暖盖(逆温层)对强对流天气的产生是有利的。通常强对流天气起始于干暖盖较低的区域,然后向较高的地方移动。干暖盖过高,一般情况下的局地热力、动力扰动不易穿透,不利于产生强对流。图 8.82 是对几个飑线个例的探空曲线合成分析后得出的温度曲线图,可以看出,自 850 hPa 到地面是一个逆温层,从 880 hPa 到 850 hPa 是一个等温层,从 600 hPa 附近到地面可以看作是一个湿层,以上是干层,同时在 600 hPa 附近还有一个薄薄的等温层。近地面逆温层的存在,使得白天太阳辐射能以显热能和潜热能的形式存储在低层,当强大的扰动作用破坏逆温层后,就会产生强烈的上升辐合运动,从而产生强对流天气或飑线过程。这一类飑线的湿层深厚,产生的降水量大;有一类情况是 850 hPa 以下是湿层,但湿层很浅薄,所以产生的降水少,主要是大风和冰雹天气。

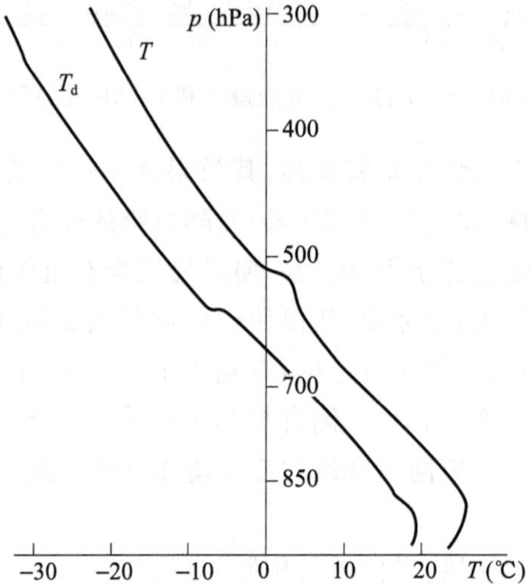

图 8.82　飑线探空温度曲线合成图

8.9.3　对流性天气监测及临近预警

对流性天气临近预警,是指 6 h 以内的临近预报和 2 h 以内的预警,是综合分析常规加密监测和非常规观测资料制作的。

8.9.3.1　对流性天气监测

对流性天气属中小尺度天气系统,对该类系统的监测,需要利用各种观测手段获取的信息,并采取有效的分析技术,计算与强对流密切相关的物理量来揭示强对流天气的直接生成系统,而且需要综合分析应用。

(1)分析信息

中小尺度系统包括:次天气尺度系统,水平尺度在几百千米到上千千米,时间尺度在 10 h 到 24 h 左右;α 中尺度系统,水平尺度在几百千米,时间尺度在 10 h 左右;β 中尺度系统,水平尺度在几十千米到百千米,时间尺度在几个 h;γ 中尺度系统,水平尺度在几千米到十千米左右,时间尺度在几十分钟到 1 h 左右,对流性天气监测关键是要分析和捕捉中、小尺度天气系统信息,这是准确制作对流性天气短时临近预报、预警的关键。

①探空观测信息的使用。探空观测站的间距在几百千米,观测时间间距为 12 h,它只能分

析次天气尺度以上信息，反映中尺度系统，即强对流天气的环境场，或背景场信息。

②地面加密自动气象站观测信息的使用。随着自动气象站和区域气象加密观测网的建设，自动气象站的间距已达几十千米，观测时次已达每小时一次，甚至根据要求可以几分钟获取一次观测信息，利用加密自动气象站观测信息可以获取 α 中尺度天气系统，和 β 中尺度天气系统信息，可以分析强对流天气的直接影响天气系统。

③卫星云图观测信息的使用。目前静止气象卫星的观测精度在 5 km，每小时获取一次红外卫星云图，夏季可半个小时获取一次观测信息。利用卫星云图观测可获取 β 中尺度以上天气系统信息，可以分析强对流天气直接影响系统，也可分析强对流天气的天气尺度背景场信息。

④雷达观测信息的使用。陕西省 20.56 万 km^2 的土地，其布设 7 部多普勒新一代天气雷达，雷达有效半径为 200～400 km 可以组网拼图，能够全天候开机，6 min 获取一次观测信息。利用雷达观测信息可获取 β 中尺度天气系统，γ 中尺度天气系统信息，可以分析强对流天气的直接影响系统，显然是强对流天气监测和短时临近预警的最有效手段。

⑤ 中尺度数值天气预报模式输出信息的使用。目前在业务中运行的有限区域中尺度数值天气预报模式，空间分辨率达 10～15 km，垂直分辨率达 15～30 层以上，可以输出未来预报场的每小时格点资料和图形产品，显然从分辨率来讲它可以反映出 ß 中尺度以上的信息。

(2)分析技术

对于高空探测信息(参见 7.2.2 节)可以采用中尺度分离技术获取次天气尺度系统，也可采用动力学诊断分析技术，获取对对流性天气有指示意义的物理诊断量。如反映湿度场、能量场和大气稳定度的物理量等；还可采用 $t-\ln p$ 技术等分析单站探空信息。

对于地区加密自动气象站观测信息(参见 7.2.1 节)可采用区域小天气图、能量天气图、流场天气图以及三线图分析等技术手段。这些分析技术是获取 α 中尺度天气系统，β 中尺度天气系统的有效手段。

卫星云图和雷达观测要充分利用各自接收处理系统的已有功能，分析应用它们已有的丰富信息，特别是要将卫星云图、雷达回波同地区加密监测信息、数值预报产品结合分析应用。

8.9.3.2　对流性天气临近预警

当在短期天气预报时效内，发布了未来 24 h 内有对流性天气潜势预报。在 12 h 内又发布了对流性天气短时预报，预计未来 12 h 内将有强对流性天气发生。在这样的天气背景下，要及时准确地做出强对流天气的定点、定时、定量临近预警，要求预报员必须做到：

①有效使用各种监测手段；

②综合分析获取的各类观测信息；

③跟踪监测中尺度天气系统；

④密切监视天气变化；

⑤及时预警强对流天气。

这里最重要的是“综合分析”和“跟踪监测”。只有做到综合分析才能准确无误。只有做到跟踪监测才能把握不漏。所以对流性天气临近预警首先应是“监测”然后才是“预警”。特别是对重大灾害性对流天气，一旦监测到就要立即发布预警信息，减少灾害损失。

8.9.4　对流性天气预报思路

对流性天气预报思路，如图 8.83 所示。对流性或强对流性天气预报包括潜势预报、短时预报(含 12 h、6 h 预报)和临近预警,即在短期预报范围内,综合分析高空观测信息、卫星云图和中尺度数值天气预报制作发布未来 24 h 对流性天气潜势预报;在对流性天气潜势预报的背景下,综合分析中尺度数值天气预报输出产品、卫星云图和地面加密监测信息,制作发布未来 12 h 对流性天气短时预报;同样在 12 h 对流性天气短时预报的背景下,综合分析中尺度数值天气预报输出产品、卫星云图和地面加密观测信息,制作发布未来 6 h 对流性天气短时预报;在发布短时对流性天气预报的背景下,发挥跟踪监测的作用,综合分析卫星云图、地面加密观测、雷达不间断观测信息,制作发布强对流性天气的临近预警;在发布对流性天气的潜势预报、短时预报和临近预警信息后,要及时地对外服务,包括决策服务和公众服务,有效地减轻因强对流性天气带来的灾害损失。

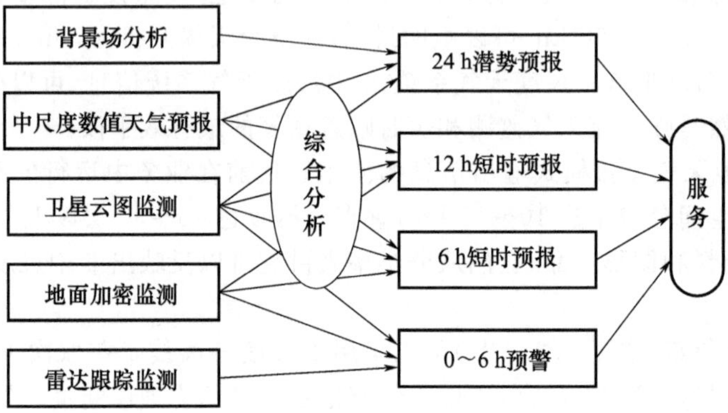

图 8.83　对流性天气预报思路

参考文献

蔡新玲,刘宇,康岚,等,2004. 陕西省雷暴的气候特征[J]. 高原气象(z1):118-123.

丁一汇,2005. 高等天气学[M]. 北京:气象出版社:443-452.

丁一汇,李鸿洲,章名立,等,1982. 我国飑线发生条件的研究[J]. 大气科学,6(1):18-27.

杜继稳,2005a. 高原东北侧突发性暴雨分析研究与应用[M]. 北京:气象出版社.

杜继稳,2005b. 陕西黄土高原植被生态环境与气候研究[M]. 北京:气象出版社.

郭其蕴,1999. 季风变率与预测研究[J]. 应用气象学报,11(S1):133-142.

侯建忠,陈小婷,乔健,等. 陕西 MCC 特征综合分析及防灾对策研究[J]. 灾害学,2016,31(1):128-134.

胡启元,李萍云,井宇,等,2018."17·7"榆林特大暴雨成因及多普勒雷达特征分析[J]陕西气象(2):10-15.

井喜,高青云,杨静,等,2011. 两个不同降水量级的 MCC 对比分析[J]. 高原气象,30(2):328-33.

井喜,屠妮妮,井宇,等,2012. 毛乌素沙地南部边缘一次大暴雨过程的中-γ尺度特征及成因分析[J]. 高原气象,31(6):1653-1662.

孔燕,沈建国,2001. 强雷暴预报[M]. 北京:气象出版社.

雷崇典,张爱丽,吴春青,等,2013. 延安市降雹气候特征及雹云移动路径的考证[J]. 陕西气象(1):11-14.

李晓利,严珠琴,康磊,等,2016. 2015 年 7 月 18 日子洲气象站短时暴雨的中尺度特征分析[J]. 浙江农业科学,57(6):922-926.

刘慧敏,高维英,李爱华,等,2014. 陕西北部一次对流性特大暴雨的中尺度分析[J]. 陕西气象(4):1-6.

刘慧敏,马晓华,梁生俊,等,2021. 2017 年 7 月 25 日陕北局地特大暴雨过程的β中尺度特征分析[J]. 暴雨灾害,40(4):374-382.

刘勇,2005. 登陆台风对陕西一次强雷暴天气的作用[J]. 气象科学,33(3):312-318.

刘勇,2006. 一次槽前强对流风暴的诊断分析[J]. 高原气象,25(4):687-695.

刘勇,刘子臣,马廷标,等,1998. 一次飑线过程中龙卷及飑锋生成的中尺度分析[J]. 大气科学,22(3):326.

刘勇,马廷标,1996. 一次下击暴流的中尺度分析[J]. 空军气象学院学报,17(4).

刘勇,王楠,刘黎平,2007. 陕西两次阵风锋的多普勒雷达和自动气象站资料分析[J]. 高原气象,26(1):380-387.

刘勇,张科翔,2005. 一次槽后"湿"对流风暴的中尺度分析[J]. 高原气象,24(2):247-254.

刘子臣,1996. 陕西中尺度天气分析[M]. 北京:气象出版社.

陆汉城,杨国祥,2000. 中尺度天气原理和预报[M]. 北京:气象出版社.

马晓华,梁生俊,井宇,等.2015. 近海台风影响下陕北两次区域性暴雨对比分析[J]. 陕西气象(5):1-9.

陶诗言,等,1980. 中国之暴雨[M]. 北京:科学出版社:225.

陶诗言,丁一汇,周晓平,1979. 暴雨和强对流天气的研究[J]. 大气科学,3(3):227-238.

俞小鼎,郑永光,2020. 中国当代强对流天气研究与业务进展[J]. 气象学报,78(3):391-418.

张弘,陈卫东,孙伟,2006. 一次台风与河套低涡共同影响的陕北暴雨分析[J]. 高原气象,25(1):52-59.

张建康,刘慧敏,康磊,等,2021. 陕西黄土高原短时强降水时空分布及环流特征[J]. 陕西气象(2):17-23.

张列锐,侯建忠,王川,等,1999. 陕西大暴雨时空分布特征及减灾对策[J]. 灾害学,14(2):38-41.

中国气象局科教司,1998. 省地气象台短期预报岗位培训教材[M]. 北京:气象出版社.

BARLOW W B, 1993. A new index for the prediction of deep convection[C]. Preprints 17th Conf on Severe Local Storms:129-132.

COTTON W R, ANTHES R A,1993. 风暴和云动力学[M]. 叶家东,范蓓芬,程麟生,等,译. 北京:气象出版社.

KESSLER E,1991. 雷暴形态学和动力学[M]. 包澄澜,党人庆,朱锁凤,等,译. 北京:气象出版社.

MURAKARMI M, 1983. Analysis of the deep convective activity over the Western Pacific and Southeast Asia. Part I: diuuanl variation[J]. J Met Soc Japan, 61:60-75.

NITTA T, SEKINE R, 2005. Internual variation of the diurnal convection cycle in the wesern North Pacific[J]. Meterology and Atmospheric Physics,90:1-2.

第 9 章　冰雹预报

9.1　陕西冰雹的气候特征

9.1.1　冰雹的定义

冰雹是从发展强烈的积雨云中降落到地面的坚硬的球状、锥状或形成不规则的固态降水物。是由不透明的雹核和透明的冰层，或由透明的冰层与不透明冰层相间组成。常见的冰雹如豆粒大小，但也有如鸡蛋或更大的，有时是几个冰粒的融合体。

冰雹是陕西的主要灾害性天气之一。冰雹经常伴随局地性强风暴，来势迅猛，历时短，破坏性大。

9.1.2　冰雹的空间分布

陕西降雹的空间分布与海拔高度、地形和下垫面性质等关系密切，总的分布特征是高原和高山多，河谷、盆地、沙漠和平川少(朱爱荣，1995)。

冰雹的分布不但与海拔高度有关，还与山脉的走向及不同坡向有关。多雹中心一般多位于东—西向的山脉的南坡，南—北向的山脉的东坡，这与该地区气流一般为西北气流有关，在山区生成的降雹系统随高空风向东南移动，造成山脉的东坡或南坡降雹频数往往较西坡或北坡大。然而，对于天气影响系统比较复杂的地区，冰雹分布与坡向的关系则比较复杂，如秦岭西段北坡是西北风气流的迎风坡，东段南坡是东南气流的迎风坡，所以冰雹秦岭西段北坡比南坡多，东段南坡比北坡多。同时，向东南开口的喇叭口盆地和谷地，特别是西北方若有较高的山峰，由于谷地受辐射增温，容易产生强烈对流，再加以夏季西风气流的引导作用，特别有利于降雹系统的生成，也是多雹中心，并且降大雹的频率比较大。

陕西降雹分布有以下几个特点(图 9.1)。

①北部多于南部。从年平均降雹日数分布看，旬邑、淳化、富平、韩城以北各地，以及陇县年平均降雹日数大多为 2.0 d 以上；秦岭山区，米仓山区，渭北的丘陵、沟壑区为 1.0～2.0 d；渭河川道和汉中、安康河谷在 0.5 d 左右。降雹日数随纬度的增高而增多。

②多雹中心分布。以年平均降雹日数大于 3.0 d 为多雹区。陕西省有三个多雹分布区，分别以府谷、子长和洛川为中心。华山、凤翔、太白、佛坪和商洛地区分别为相对的多雹点(大于等于 1.0 d)。

③山地多于平原，海拔高的多于海拔低的地区。年平均降雹日数，海拔在 750 m 以下的测站，平均为 0.33 d；而海拔在 750 m 以上的测站平均为 1.45 d，前者与后者之比为 1∶4.4。

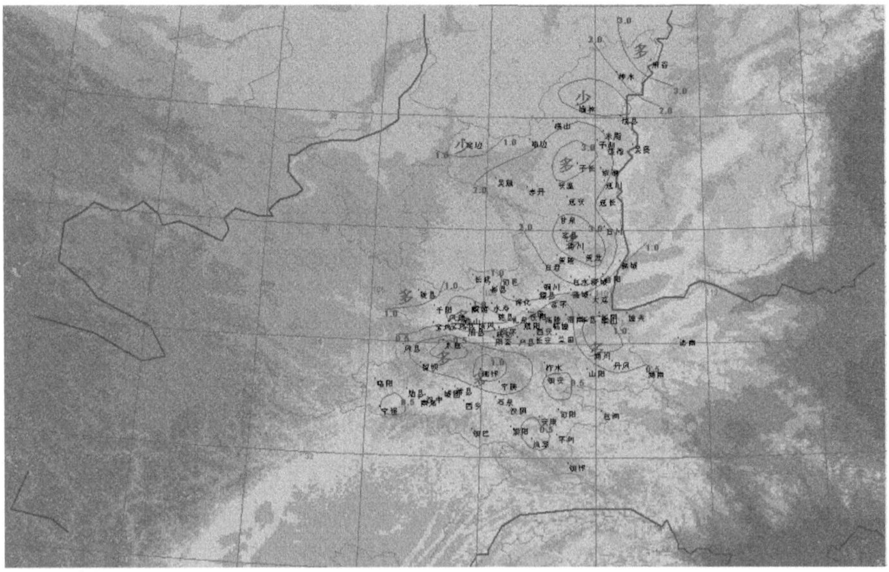

图 9.1　陕西年平均降雹日数分布图(单位:d)

9.1.3　冰雹的时间分布

(1)年际变化

陕西省降雹天气年际分布变化较大。以 1 站或多站以上为 1 个雹日,最多的年为 47 次(1977 年),最少的年只有 22 次(1972 年、1975 年),年平均出现 34.5 次。

以 5 站或以上为 1 个雹日,年际变化更加明显,最多的年份多达 21 次(1959 年),最少的年份只有 2 次(1955 年、1960 年)。总的看每隔 3 a 或 5 a,出现一次多雹年。

1971—1981 年统计,出现雹日 383 个,成灾雹日 135 个。

区域性(≥3 站)的雹日 137 个。成灾雹日占总雹日的 35%。区域性雹日占总雹日的 36%。

≥5 站的雹日共 87 个,占总雹日的 23%,≥10 站的雹日出现 9 次。可以看出,陕西省降雹以 1—2 站的雹日最多,区域性雹日较少。

从年际分布图看(图略):区域性降雹日和成灾降雹日与降雹多的年份相对应,多雹年中灾害性雹日多,区域性降雹亦多。

(2)月际分布

陕西降雹具有季节性强的特点,12 月、1 月为无雹时段,2—11 月都可能出现冰雹。最早出现在 2 月 15 日(1981 年长安县),最晚出现在 11 月 9 日(1981 年乾县)。平均初雹日为 3 月 17 日,平均终雹日为 10 月 21 日。

冰雹一般出现在 4—9 月,陕西大部分地区属于夏雹区,最多为 5—8 月,占雹日的 72.2%,其中以 6 月最多,平均每年出现 7.0 次,占全年总降雹日的 19.9%,其次是 7 月,平均每年出现 6.8 次。陕西冰雹年变化基本为单峰型,6 月是雹日增长最快的月份,10 月是雹日数减少最快的月份,10 月以后冰雹很少出现。

从雹灾的统计表明,6 月、7 月灾雹日占全年灾雹日的 57%。关中造成重灾的冰雹主要集中在 5—6 月,陕北多在 7—9 月。

(3)旬分布

多雹期大致有以下几个时段:4 月中下旬、5 月下旬到 6 月上旬,这两个时期通常为干旱期;6 月下旬、7 月中旬、8 月中旬和 9 月中旬,这四个时期通常是副高南退摆动期。根据经验,初夏季节,阴雨转晴,连续干旱是冰雹的多发时段。

(4)日际变化

冰雹日变化明显,呈午后单峰型。00—08 时是陕西省降雹出现最少,仅占 3%。09 时以后随时间变化逐渐增多,13—20 时是降雹最集中的时段,降雹次数占总数的 80%,其中 14—19 时是降雹的高峰。

降雹过程平均持续时间,高原比平川、盆地长,高山比河谷长,每次降雹持续的时间有很大的差异,最长达 1 h 36 min,最短的仅历时 1 min,平均历时 6 min。

从降大雹(直径大于 5 mm)概率来看,一般山区比川区少,海拔高处比低处少,迎风坡比背风坡少。大雹均降在海拔 1000～1700 m 的山脉背风坡,可能是由于高海拔地区气温普遍较低,云滴容易形成冰雹,所以在尺度较小的时候就降下来了,而较低海拔地区云滴上升到相当的高度才有可能形成冰雹,所以一般在尺度较大的时候才降下来。

9.1.4 连续性降雹过程的分布

连续出现≥3 d 以上降雹日为一个连续性降雹过程统计,11 a 共出现 38 次。多数集中在 6—7 月,占连续降雹过程的 63.1%。连续性降雹过程历时最长的出现雹日 6 d。

可以看出陕西省降雹日大多数是在稳定少动的天气形势下发生,有一定的规律性。地形、地貌和地势对冰雹天气的发生和物理条件的形成有很大的影响。

9.1.5 冰雹的源地和活动路径

从雹云的产生—降雹—消亡,在一定地区内有相对固定的活动路径。陕西省冰雹的雹云产生地主要有三个(图 9.2)。

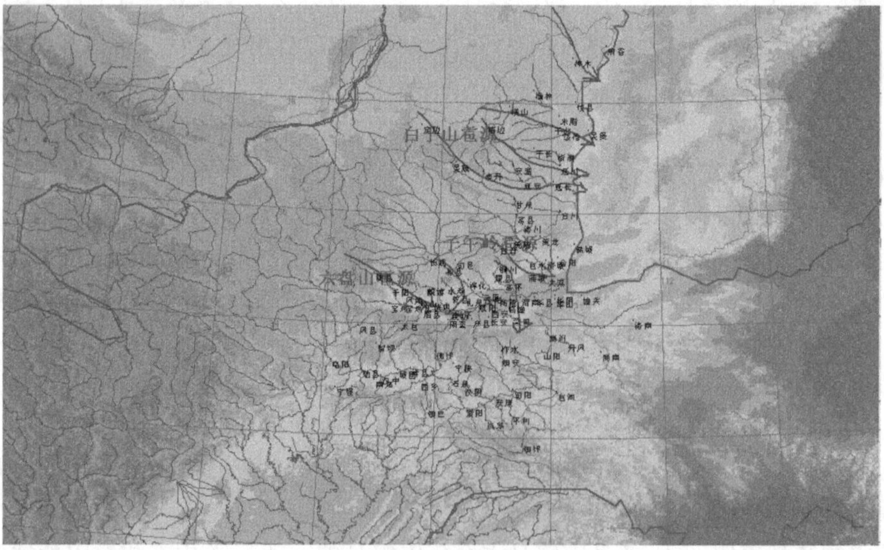

图 9.2　冰雹活动路径图

(1)白于山区雹源

有三条路径：

①定边—志丹—安塞—延安—延长。

②靖边—子长—清涧—延川。

③横山—子洲—绥德。

(2)子午岭雹源

主要有两条路径：

①宜君—铜川—蒲城或经铜川—耀州—富平—高陵—临潼—蓝田。

②长武—彬县—穿无峰山—沿泔河南下经乾县、礼泉县交界—武功。

(3)六盘山区雹源

影响路径：陇县—千阳—凤翔—岐山—扶风。

此外，神木、府谷降雹主要由内蒙古移来。

9.1.6　山区地貌对冰雹的影响

(1)约束作用

①雹云逢山口而入；②雹云沿谷道而移；③谷道分谷处雹云分开减弱，谷道汇合处雹云相接并加强；④强烈的雹云可摆脱谷道约束，漫过山峰而移动。

(2)冲抬作用

①原冷锋如移动的动能大，有利于雹云在山区受地形抬升而加强。②雹云移动的动能加强区在：(a)气流下坡区；(b)谷道喇叭入口区；(c)天气系统(如低压槽)与山脉组成的喇叭入口区。

(3)热力作用

①高原和山脉南坡，易于降雹；②秃山裸峰区易降雹；③山与平原结合区(谷风汇集区)易降雹。

(4)背风波作用

①波谷区雹云减弱；②波峰区雹云加强。

可以看出，这些活动路径都与当地的河流走向基本一致，并沿河谷向东南移动。强对流的传播是在老的对流单体的不断消亡，并在其前方有新的对流单体的形成来实现的。而新的对流单体的形成与地形及环境场有密切的关系。

9.2　产生冰雹的天气和物理量特征

9.2.1　冰雹的物理量特征

冰雹形成的基本物理条件：①强的不稳定层结；②适中的水汽含量；③适宜的 0 ℃和－20 ℃层高度；④有触发机制和强的垂直风切变。

9.2.1.1　位势不稳定

(1)大气不稳定层结

要产生冰雹必须有大于 20 m/s 的上升速度，不是大尺度系统所为，必须完全依靠大气的不稳定能量的释放获得，所以冰雹产生的一个必要条件是大气层结呈相当强的位势不稳定或对流不稳定。

统计表明,当有强对流出现前,08时单站探空温湿曲线常呈“喇叭”形,是强对流天气前的一种典型层结结构。即在强的不稳定层结下,边界层之上有一适当的阻挡层(等温、逆温或温度递减率很小的气层)相配合。阻挡层之上为条件性不稳定,而其下层为接近饱和的稳定层。这样的层结,边界层有利于增温、增湿,抑制低层对流的发展,使潜在的不稳定能量不至于过早释放。当有触发机制时,低层积累的不稳定能量突破阻挡层,有强的对流发展。

沙氏指数(SI)是表示大气层结不稳定的指标。在冰雹发生当日08时,一般$SI \leqslant -2$ ℃。经验证明,在08时SI最大负值中心的下风1~4个经距内最易发生降雹。

(2)层结不稳定的变化

在下列情况下有利于大气层结不稳定的发展:

①雨后的晴朗天空。

②上干下湿的水汽分布,是位势不稳定发展的重要因素。上干下湿时,整层抬升后水汽的蒸发潜热释放就会变得更不稳定。

③冷暖平流的作用。低层暖湿平流的发展和中高层冷平流的侵入,使大气层结急剧向不稳定发展。

④启动能量的大小。在一定条件下气块作上升运动,必须由外力给一定量级的启动能量。启动能量的大小与自由对流高度有关,自由对流高度低,需要的能量小,反之则大。

9.2.1.2 不稳定能量

不稳定能量积聚的条件主要有2个:一是地形聚能作用,在高原或高大山脉背风坡的喇叭口谷地,处于死水区盛行气流弱,午后谷风向山区或高原辐合,暖湿空气易于在这些地区集中,致使高原东侧边坡某些特殊地形区常出现一些准定常的次天气尺度和中尺度系统。二是较大范围内一定厚度的逆温层,抑制了低层对流的发展,使热量和水汽积存在逆温层下,陕西绝大多数冷气团雹暴逆温层接近地面,随着地面气温的增高将自动破坏,而释放不稳定能量造成午后降雹。

不稳定能量的释放即能量转换需要一定的触发条件,现有的研究认为中高层冷平流、中尺度系统尤其是地形强迫产生的中尺度系统都对雹暴的触发有一定的作用,发生在行星边界层中的过程是启动雹暴的重要条件。

9.2.1.3 不均匀的上升气流是冰雹发展的重要因素

冰雹的大小不仅与上升气流的大小有关,而且与上升气流的强弱变化有关。上升气流愈不均匀,对冰雹的增长愈有利。以500~400 hPa的上升气流作用最强。

(1)低层的上升气流

地形、地表的不均匀加热常造成边界层不稳定能量的释放,产生局地的弱对流。当700 hPa和850 hPa有切变和辐合存在时,便构成了较强的触发机制。

(2)中层的上升气流

中层与500 hPa急流、“强风核”(≥12 m/s以上的强风速)、冷涡、短波槽、斜压锋等相联系的天气尺度上升气流,随系统快速移入低层上升气流,增强了低层的辐合扰动,使上升气流进一步加强,是构成触发强的不稳定能量释放的主要动力。

(3)高空的上升气流

高空300 hPa急流和正涡度平流相联系的上升运动,但对雷暴产生的区域和时间无明显的指示性。它的抽气和散热作用是构成上升气流和产生冰雹的一个不可缺少的条件。

9.2.1.4　对 0 ℃层和－20 ℃层的高度要求

当 0℃层的高度恰好位于上升气流最强的高度以上 200～300 m 附近最有利于冰雹的形成。0 ℃层在 3～5 km 高度区域内多有利于雹暴产生。

－20 ℃层高度以上的低温区（自然成雹区）是形成冰雹的重要条件。西北：0 ℃层的高度，6 月平均为 597 hPa；7—8 月为 582 hPa。－10 ℃层的高度平均在 480 hPa 左右的高度上。

9.2.1.5　水汽条件

雹云的发展和冰雹形成，要有适当的水汽含量和水汽相对集中区。冰雹常发生在低空（700 hPa 以下）的湿舌附近，此时低空往往有一支大于或等于 4 m/s 的偏南风和辐合区。它们一方面提供水汽，另一方面又加大了上下层之间的对流性不稳定，暖湿空气的上升，特别是低空的扰动，又为强对流发展提供了动力条件。

陕西降雹天气发生时中层（700～400 hPa）平均相对湿度为 35%～70%，850 hPa 的 $T-T_d$ 多在 4～7 ℃的区域内。

9.2.1.6　垂直风切变

适当的水平风垂直切变是雹暴发展加强的重要条件，水平风垂直切变主要有下列作用：

①高空风急流轴附近存在强的风速垂直切变，可引起动力湍流，使垂直速度加强，对于对流云的发展提供一定的动能，它提供的能量不仅可以弥补高层热力层结稳定的缺陷，而且助长对流云冲到对流层顶或以上，向高层发展。

②对流层中下部的风垂直切变，不仅有利于建立不稳定层结，还可以促进对流的组织化，使得云体维持较长时间。在切变环境中它使上升气流大于或等于 5 m/s 的强垂直切变出现在 5～6 km 和 8～12 km 高度之间的对流中，发生降雹的次数较多。

③风的垂直切变，尤其是风向随高度偏转可加强云内上升气流，并产生水平涡度。降雹前高、中、低三层强切变分别与高、中、低空急流相联系：高空急流对雹暴的作用主要是抽风效应和高空辐散，使雹云内、外气流畅通，加强雹云前部的上升气流；中空强风带的作用，常常是与中层冷空气爆发相关联，促使层结趋于不稳定，同时加强中层风的垂直切变；低空急流的作用主要是输送热量和水汽，在强风中心前方低空出现辐合上升和水汽汇，从而为雹云发展提供高能入流空气。

9.2.2　冰雹天气的环流类型及特征

9.2.2.1　区域降雹过程的环流形势

降雹是一个区域或局地性的中小尺度天气事件，但其发生和发展在特定的大尺度环流背景下（许新田 等，2002；詹维泰 等，1993）。将大尺度环境和雹暴天气结合，区域降雹过程的环流形势大致分为以下几个类型：

（1）冷平流型

500 hPa 长波脊在 80°E 左右，长波槽在 110°E 附近，自地面直到对流层上部均为西北气流。由于对流层中、上部冷平流随高度增强导致不稳定的形成和维持，风的垂直切变在高空急流下方达最强。本类过程可连续数天出现区域性降雹，但均系小雹。

（2）暖平流型

长波槽在蒙古国西北至我国新疆，青藏高原多低值系统活动，陕西处于副热带高压西侧，自地面到对流层上部为深厚的偏南风,高温高湿,组织雹暴的系统一般为高原低涡或切变线,在对流不稳定区中形成中尺度对流云团,产生雨暴并伴随降大雹,雨强大。主要出现于盛夏。

(3)双层平流型

蒙古国中部有一冷低压停滞,我国河套以东为副热带长波槽,降雹区位于高空急流中心西北侧。西北地区东部 500 hPa 为西北气流,700 hPa 为偏南气流,高温高湿区沿高原东缘东北伸,河西有一深厚的短波槽,地面有冷锋或切变线自河西走廊向东南移动,强雹暴在锋前或锋际飑线上形成。多降大雹,中心雨量可达中到大雨,约 70%的灾害性冰雹属于此类。

9.2.2.2 陕西冰雹的环流背景

陕西省一般将产生冰雹的环流背景形势(降雹前 6～24 h 的 500 hPa 形势)分为 5 类。

(1)阶梯槽型

本类形势为典型的西高东低型。如图 9.3 所示,500 hPa 西西伯利亚到新疆为一长波脊,我国东北、华北为一大的低压区。新疆到陕西省为一致的西北气流控制。在此西北气流中,位于 90°—105°E,35°—45°N 有一低槽生成或移入,同时在此槽的上游 20 个经距范围内有一短波槽。在这两个低槽中至少有一根等高线都通过它们,两槽线中点纬距差大 8 个以上,构成阶梯状形势。它的影响系统是沿西北气流东南下滑的短波槽。

1971—1981 年出现此类型天气形势降雹的日数为 166 个,占总雹日 43%。本型出现雹灾概率为 35%,区域性冰雹(≥3 站)概率 39%。

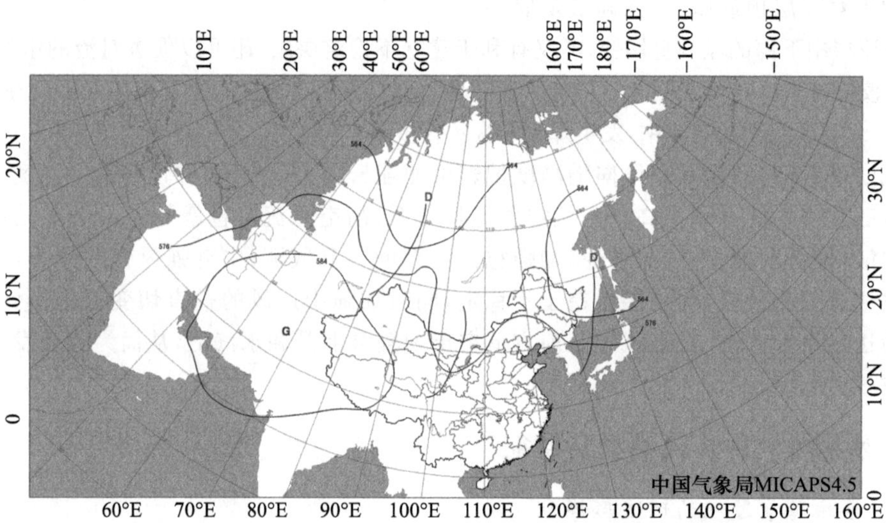

图 9.3 阶梯槽型

(2)西北气流型

本类型也属于西高东低型。如图 9.4 所示,也是陕西多冰雹天气又一种形势。影响系统是西北气流中的冷温度槽。500 hPa 在新疆或 95 °E 以西,35°—55°N 有长波脊建立。脊前长波槽位于 105°E 以东,温度槽落后于高度槽,槽后西北气流较强,有“强风核”(≥12m/s 以上的强风速),穿过冷温度槽,并有锋区配合

11 a 中出现此类型天气形势降雹的日数为 124 个,占总雹日 32%。出现雹灾概率为 35%,区域性雹日概率 36%。

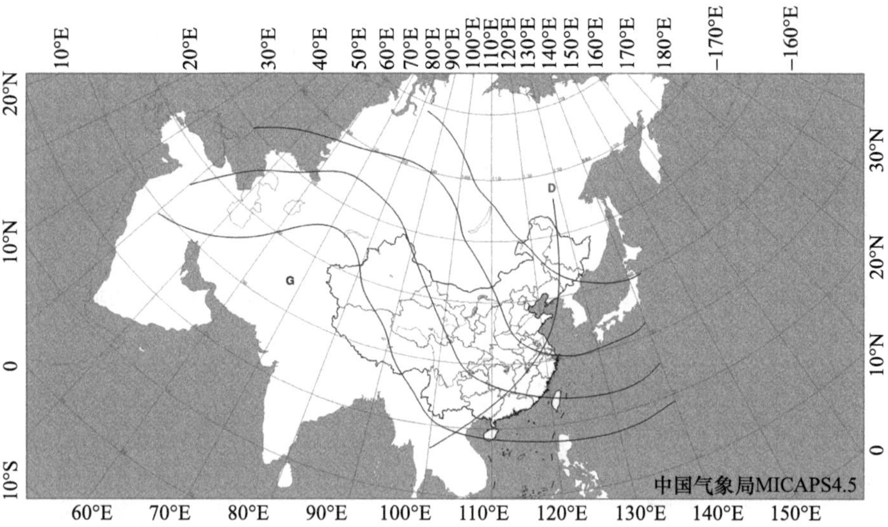

图 9.4　西北气流型

(3)冷涡型

东亚上空大气环流向经向度发展,如图 9.5 所示,500 hPa 新疆高脊加强并向东北方向发展,有阻塞高压和切断低压形成,阻塞形势比较稳定,高空冷涡是一个深厚的辐合系统,强的正涡度中心及其后部不断有冷空气南下,这有利于低层暖湿空气抬升。另外,在贝加尔湖附近常有东西向分布的高脊或高压,新疆到河西为一弱脊,两个高压脊线呈东北—西南走向。蒙古国中部到我国河套附近,即 100°—115°E,37°—47°N 范围内有低涡或横槽存在,它是本类降雹过程的直接影响系统。相应的 700 hPa 和 850 hPa 图上,大多有切变或低涡配合,并有 4 m/s 的偏南风,地面常有急行的副冷锋东南下。

此类型 11 a 中出现雹日 44 个,占总雹日 11%。出现雹灾概率 39%,区域性概率 43%。

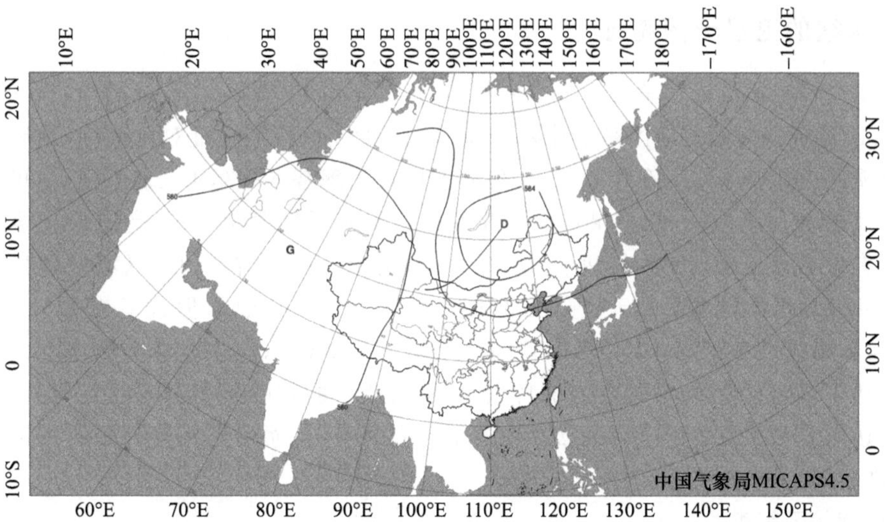

图 9.5　冷涡型

(4)低槽型

本型形势场不一定为西高东低。如图 9.6 所示,它的影响系统是锋面或锋前飑线,低层辐合。此型蒙古国西部或北部为低压区,西风带中的短波槽位于青海湖附近,95°—105°E,33°—45°N。槽前暖湿气流明显,槽后冷平流强,锋区明显且移动显著。有地面冷锋配合,槽线位置与地面冷锋距离较近。由于上下锋区移速不一致,常出现前、后倾槽。当前倾槽时形成强烈不稳定层结,动力抬升造成强烈的对流天气。往往是雷暴、暴雨、冰雹和大风同时出现。

本类型 11 a 中出现雹日 42 个,占总雹日 11%。出现雹灾概率 33%,区域性概率 14%。

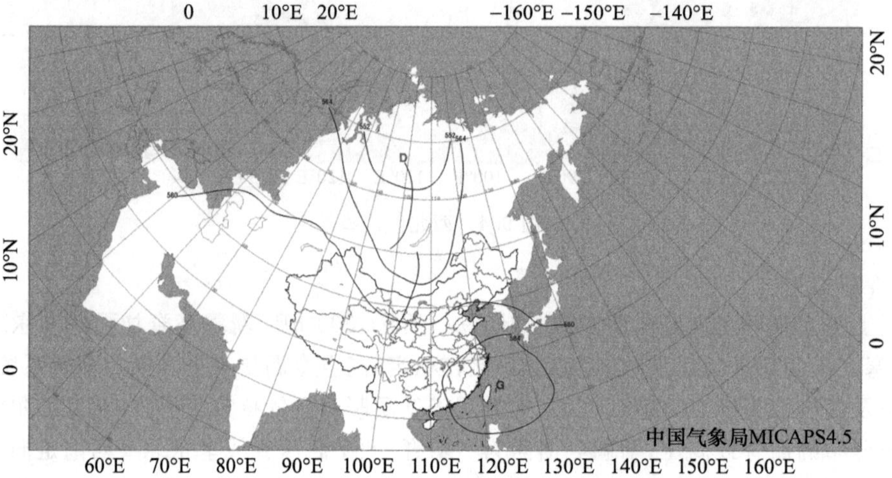

图 9.6 低槽型

(5)切变型

本型个例日较少,11 a 中共出现 7 个,仅占总雹日的 2%。

9.2.3 冰雹的卫星云图特征

应用卫星资料虽然不易掌握雹云的内部结构,但能识别早期对流云系及先兆性的卷云等。应用 AVHRR 资料对西北地区东部冰雹云和其他云的光谱特征进行对比分析,发现冰雹云的热红外亮温的变化基本在 245 K 以下,中红外波段反射率基本在 0.4 及以下范围,可见光和近红外波段反射率大于 0.6。从卫星资料反演的冰雹云宏观物理参数看,高的云光学厚度和大的云粒子有效半径是冰雹产生的两个重要条件,这两个条件同时出现的区域一般容易出现冰雹天气。西北地区冰雹发生的云顶高度变化在 4.5～9.4 km 之间,但大多数在 4.5～7.0 km 之间,并且云顶温度小于 250 K。当云顶高度大于 7.0 km 时,发生冰雹的概率不大。卫星与多普勒雷达可以配合使用,发挥各自的特点,卫星监测手段着眼于冰雹云的宏观分布和运动,多普勒雷达的监测手段着眼于冰雹云个体的结构和演变,从而建立比较可靠的冰雹云卫星监测方法(许新田 等,2003)。

(1)螺旋状云带类

陕西下游出现明显的螺旋状云带(图 9.7),螺旋中心在蒙古国东部到我国东北地区,此云带对应地面冷锋位于华北、华东,在螺旋状云带以西或西南,有大片细胞状云系或积云稠密区,当螺旋状云带在此维持时，稠密而白亮的积雨云团或逗点云系不断生消，造成持续性的区域性冰雹。

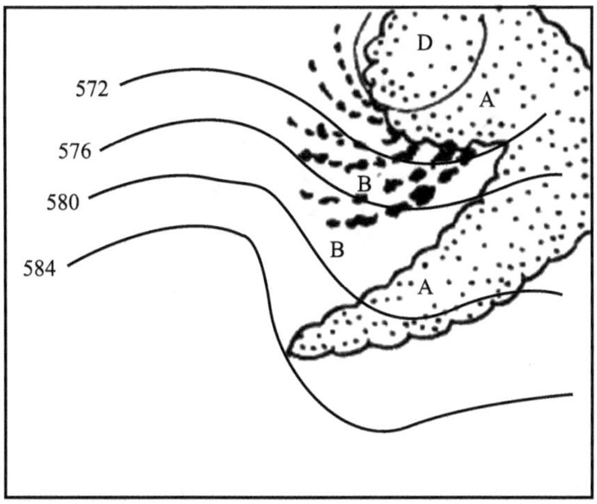

图 9.7　螺旋状云带图(单位：dagpm)

(2)高空冷涡云系类

当东亚大气环流经向度发展，有阻塞高压或切断低压形成时(图 9.8)。在蒙古国中部区有一近似圆形的涡旋云系，由白亮、边缘光滑的对流云团组成，排列成带状，向南伸展，呈气旋性环流弯曲。当环流形势稳定时，对流云团可反复出现，不断影响偏北、偏东地区，灾害大，持续时间较长。

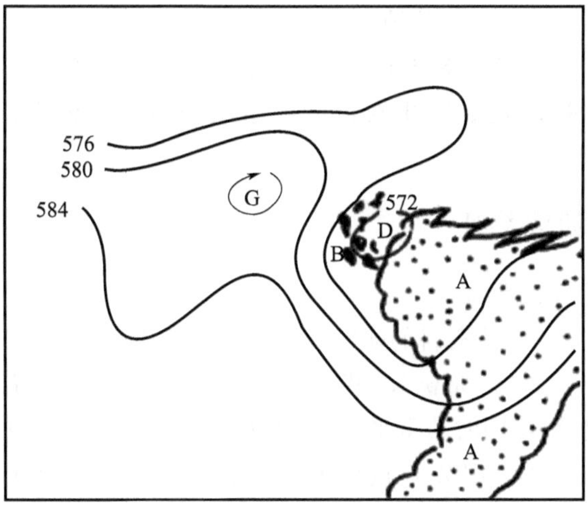

图 9.8　高空冷涡云系图(单位：dagpm)

(3)冷低槽云系类

高原东部有一典型的低槽云系东移(图 9.9)，云层密实、白亮，前沿的丝缕结构清楚，后沿边界清楚、整齐，槽后冷平流很强，地面上有冷锋。云区移至华北后发展为气旋性云系，陕西省处于其后部的西北气流里，云团上生成一片弱的对流云区，很快发展成对流云团，产生区域性冰雹。

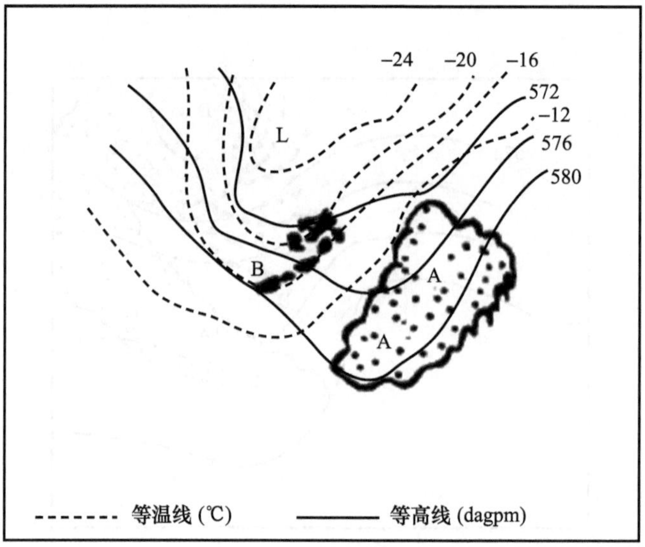

图 9.9 冷低槽云系图

(4)冷锋云系类

环流形势为阶梯槽时,地面上有西北路或北路冷锋侵入陕西,在云图上表现为:

①冰雹出现于冷锋云系前方杂乱云系中。河西有冷锋东移,锋面前云区有明亮的对流云团,午后发展为大风、冰雹。

②冷锋云带尾部产生冰雹。冷锋云带偏北东移,且锋后冷平流很强,尾部有明亮的对流云团沿锋排列,生消旺盛,在云团经过的地方产生冰雹。

③副冷锋云带上产生冰雹。夏季在冷涡云系的南部或西南部,有时出现一条气旋性弯曲的云带,地面有一条副冷锋,此云带由对流云团组成的不连续云带,当副冷锋过境时,产生冰雹。

9.2.4 冰雹的雷达回波特征

9.2.4.1 711,713 雷达回波特征

通过对西安 713(5 cm)雷达资料的研究表明(刘勇 等,2003),冰雹云通常可以通过雷达平显(PPI)回波特征来判断,如"V"形缺口、指状回波、勾状回波等。随着雷达回波数字化,冰雹云的研究由定性转为定量,可同时获得平显(PPI)和高显(RHI)数字化资料,通过研究和实际应用发现,利用强对流云体(45 dBZ)高度作为判断冰雹云的判据,对陕西冰雹的预报具有一定的指导意义。

(1)强雹云的典型 PPI 特征

"钩"状回波:超级单体风暴回波识别标志。

指状回波:指状回波也是冰雹云的典型特征,它是指在强对流回波的一侧伸出的强度较大、边缘轮廓分明而尺度较小的指状附属物,如图 9.10 所示。但是观测到的机会不是很多。有时这种特征不仔细看也很容易错过。指状回波的出现发生在较短时间内,因此观测中要注意前期特征。

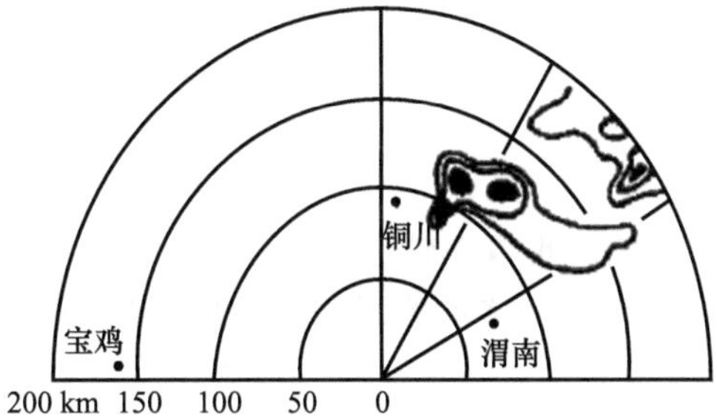

图 9.10　2002 年 6 月 28 日 20:15 平显回波素描图
(仰角为 1.5°,回波廓线由外向里为 0 dBZ,20 dBZ,40 dBZ)

"V"形缺口:由于冰雹云中的大粒子对雷达回波的强衰减作用,在冰雹云的后面出现一个"V"形的无回波的区域,称"V"形缺口,图 9.11 所示。有"V"形缺口表示冰雹云强度很强,这种冰雹云一般属于强风暴一类。这一特征,常在 X 波段的雷达回波图上看到。它是识别冰雹的一个重要判据。

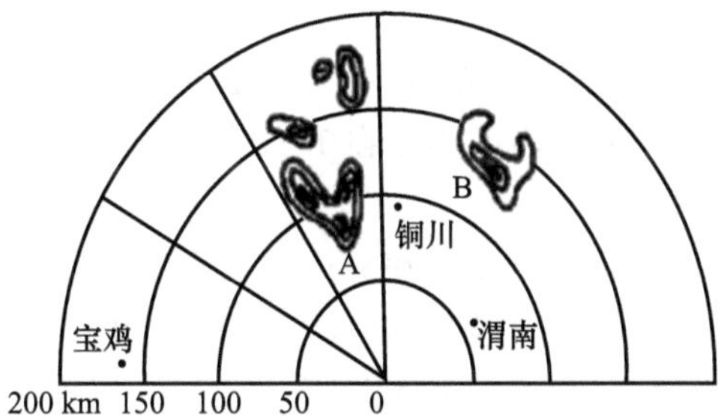

图 9.11　2002 年 5 月 16 日 14:00 平显回波素描图
(仰角为 1.5°,回波廓线由外向里为 0 dBZ,20 dBZ,40 dBZ)

块状回波:图 9.12 所示,其块体较大,发展移动缓慢,云体内常有特异形状,维持时间较长,此种回波多以暴雨、大风成灾,伴有冰雹,危害较大。大部分的区域性冰雹天气都与飑线上对流云的生成、碰并增长有关,表现为块状回波迅速增强。这一类冰雹云典型特征有以下几点:冰雹云的初期往往表现为较大面积内出现有组织的零散的点状回波,这些点状回波发展较快,生命史也较长;中期点状对流单体发展、逐渐增强,形成一条或几条飑线,飑线上的对流单体相互碰并增强,冰雹云出现在飑线中较大较强的对流单体中,冰雹云的强度为 45～55 dBZ;后期,飑线减弱,冰雹云消散。

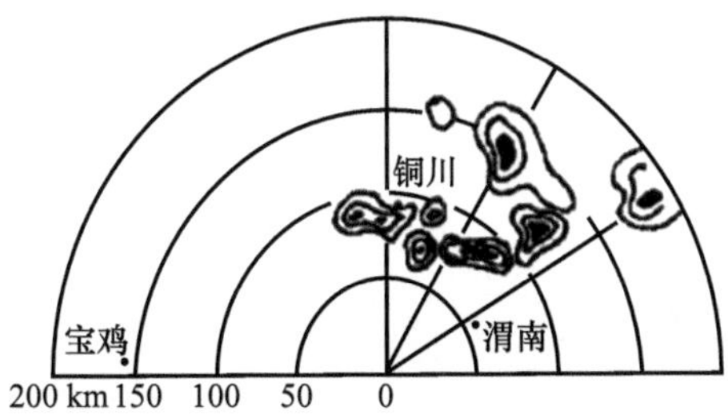

图 9.12　2002 年 8 月 5 日 14:07 平显回波素描图
(仰角为 1.1°,回波廓线由外向里为 0 dBZ,20 dBZ,40 dBZ)

带状回波:多以对流单体合并增强成带,其特点是突发性强,移速较快,强中心多位于回波前沿,常以宽 5～15 km,长 80～100 km 的东北—西南向的带状出现,此种回波多以冰雹成灾伴有强雷雨出现,危害极大。

"人"字形回波:其特点是突发性强,生命史短,移速特快,高达 100 km/h 以上,降雹概率特高,冰雹危害较大,但此种回波出现概率较少。

混合型回波:此类回波发展变化、移动均缓慢,内强多易出现畸形小回波,且变化趋向稳定,常以暴雨成灾,伴有冰雹。

(2)强雹云的典型 RHI 特征

RHI 显示反映了云团体内的上升、下沉两支气流相互作用和发展的程度。其特征有:

①柱状回波墙:粗大陡直,型如黄豆荚,其回波伸展高度较高,30 dBZ 高度降低 0～1 km,多以冰雹成灾;

②悬挂回波:呈上宽下窄,顶部多有气泡型如倒马尾,内强回波多位于中上部,往往以大风、暴雨开始,混合降雹,成灾危害较大。

③回波穹窿:此种回波内强穹窿更明显,型如枫叶,30 dBZ 回波高度降低差异不大,常以大风、强雷雨、冰雹混合出现成灾。

④强回波高度(45 dBZ):是判别冰雹云的一个很成功的指标。冰雹云的强回波顶高度一般出现在 400 hPa 附近,与对流云顶高度相差在 1～2 km 时,此类冰雹云常常带来较重雹灾。

9.2.4.2 多普勒雷达监测识别

使用多普勒雷达体扫描资料中的(垂直积分液态水含量,vertically integrated liquid,VIL)产品的生成技术及其估测误差分析,并结合降雨和降雹实测资料,提出识别冰雹云的判别指标:VIL 值的大小在中雨、大雨、暴雨中一般不超过 3 kg/m^2,当值大于 7.3 kg/m^2 时,就预示着强对流天气特别是雹暴天气的出现。据研究,当 VIL 数值大于 20 kg/m^2 时,出现冰雹天气的可能性极大。国外的研究表明,在层状云降水中,VIL 值很少超过 10 kg/m^2。在有组织的对流系统中,在活跃的上升气流区,VIL 值常常超过 10 kg/m^2。可见,虽然是比较容易识别冰雹云的判别指标,但由于地域和地形的差异,往往使判识冰雹云的临界值也有很大的差别,尤其是陕西地形复杂多变,如何用 VIL 值判别冰雹云还需要做更深入的工作,以获得临界值与局地某种或某几种要素的关系式。另外,双线偏振多普勒雷达为冰雹云的识别带来了某些希望,由于它同时具有的双线偏振和多普勒功能,既可以获取云内部粒子相态特征,又可以获取云内的气流结构,它作为一种多参数雷达,对雹云的监测识别效果会有较大改进。

9.3 冰雹的预报

9.3.1 形势特点

9.3.1.1 高空形势特点

(1)500 hPa 西高东低形势

可分为以几种下情况。

①巴尔喀什湖低槽。此槽在中亚有高脊东移时往往发生明显的衰减或者分裂小槽东南下,在东移中,由于新疆脊发展,脊前冷平流作用强,使槽加深。

②欧洲长波槽的减弱东移。由于新疆高脊发展，使长波槽在西西伯利亚东部或蒙古国西部分成两段，南段沿脊前下滑。

③贝加尔湖西侧的极涡槽。西高东低形势下贝加尔湖及以东为低压区，常引导偏北冷空气入侵。

④蒙古低槽（冷涡）的建立与移动。新疆高脊向东北方向发展，常有蒙古槽（冷涡）的建立，持续影响陕西。

⑤西北气流中的温度槽，“强风核”。当西风槽移过陕西，河西走廊到陕西为西北气流控制，天气放晴。(a)高度槽与温度槽脱离，冷温度槽仍控制陕西，$T_{500}\leqslant -9$ ℃；(b)上游河西走廊有新的冷槽建立，或有成片 $\Delta T_{24}\leqslant -2$ ℃的降温区，并有≥12 m /s 的强风区。

⑥西风带中的短波槽（不一定是西高东低形势）。

⑦7—8 月副高的脊线位置和强弱。陕西大范围降雹发生在副高脊线均在 25 °N 以南，588 dagpm 线与 110 °E 的交点在 30 °N 及以南。

(2)低层形势

700 hPa 和 850 hPa 在冰雹出现前 6～12 h，除部分有明显南风配合外，有相当一部分无明显南风配合。低层的西北风风速辐合、北东北风与西北风形成的气旋性曲率，以及弱的低涡是常见的触发系统。

9.3.1.2　地面形势特点

冷锋：当地面冷锋与 500 hPa 前倾槽相距小于 1.5 个纬距、后倾槽相距小于 3.5 个纬距时，易产生降雹。

露点锋：夏季地面温度高，锋面不易分析。西、北路侵入的冷空气干燥，锋前后 T_d 梯度大，反映明显。

副冷锋：蒙古低压或横槽建立后陕西受偏北气流控制，冷锋过境后气压回升。由于高空冷涡偏北且稳定，从冷涡底部有向东南移的下滑冷槽，引导冷空气和正涡度平流向陕西移动，此时在地面上有副冷锋产生并东南移，表现为副冷锋后 3 h 正变压较大。

地面低压：在初夏晴好天气条件下，地面加热较快，可在地面层形成绝对不稳定层结，使不稳定能量剧增，对流易发生，往往表现为地面热低压的发展，24 h 负变压较大，如图 9.13 所示，陕西的气压场特点为北低南高。

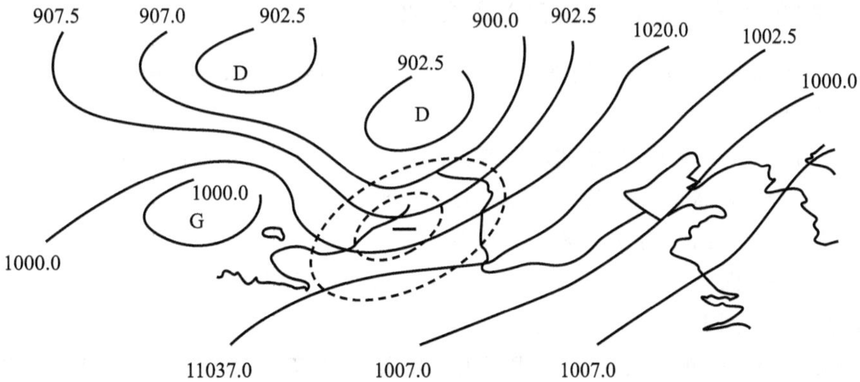

图 9.13　降雹的地面形势图（单位：hPa）

9.3.2 大气层结的主要特征

9.3.2.1 单站层结

沙氏指数负值区。$SI \leqslant 0$ ℃时有利于对流的发生。SI 愈小,发生强对流可能性愈大。

状态曲线与层结曲线所包围的负值面积与降雹有较好的关系,负值越大越有利。

边界层上的逆温层(阻挡层)。该逆温层在 900～800 hPa 之间,且厚度≤50 hPa 时,有利于降雹,过高或过低反而不利。

水汽的上干下湿。850 hPa 的 $T-T_d$ 在 4～7 ℃。

−20 ℃层在 400 hPa 等压面上下,有利于冰雹形成。

9.3.2.2 大范围层结

上游或高原东部 20—08 时有强对流天气,对陕西第二天的对流天气有一定的指示性。当华家岭、甘孜、吉迈、岷县、武都、西宁、兰州等有对流天气时,反映上游的稳定指数小。

分析 105°—110°E、32°—40°N 区域内的稳定度。沙氏指数 $SI \leqslant 0$ ℃的区域为冰雹可能发生区,如图 9.14 所示。$SI > 3$ ℃可能性很小。在 SI 最大负值中心的下风方,是冰雹易发生区。

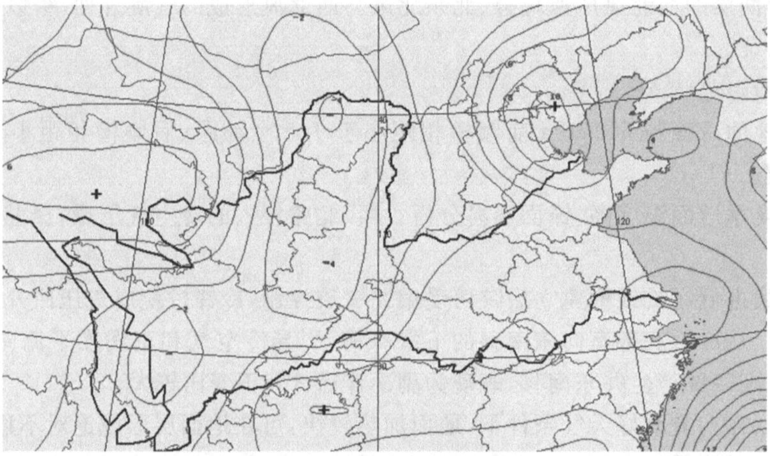

图 9.14 SI 指数分布图

9.3.3 冰雹预报的一些常用指标及参考数据

选取前一天 20 时或当天 08 时的高空资料(5—6 月指标),做如下操作。

(1)形势判断

两层气流叠置区,即 500 hPa 西北风风速≥12 m/s 与 850 hPa 偏南风风速≥4 m/s 的叠置区。

层结不稳定区,即 $\Delta T_{8-5} = T_{850} - T_{500} \geqslant 25$ ℃区域。

低层湿舌,即 850 hPa 的 $T_d \geqslant 8$ ℃的湿舌。

温度差动平流,即 500 hPa 为冷平流,850 hPa 暖平流叠置区。

(2)常用的参考判据

08 时西安 500 hPa 的 $T \leqslant -9$ ℃或延安 500 hPa 的 $T \leqslant -8$ ℃;700 hPa 的 $T \geqslant 16$ ℃;850 hPa的 $T-T_d \leqslant 5$ ℃;700 hPa 或 850 hPa 有切变或风速辐合;地面有冷锋或处于高后形势,陕北南部、关中易产生冰雹。

$\sum T_{850}$(西安＋延安)－$\sum T_{500}$(酒泉＋张掖＋民勤)＞62 ℃；上游兰州附近有成片 24 h 负变高，陕西地面处于热低压中，易出现对流性天气。

地面锋线与 500 hPa 槽线的距离为 L，当－1.5 纬距＜L＜3.5 纬距时，有利于强对流性天气的发展。

9.3.4　基于数值预报产品的冰雹预报方法

过去的冰雹预报方法在考虑降雹天气形势时，主要以实况(08 时或 20 时)高空形势场(前期形势)判别是否有利于降雹。尝试应用数值预报产品资料，判别未来(24 h，36 h)是否有利于降雹，即完全预报法。用欧洲中期天气预报中心(European Centre for Medium-Range Weather Forecasts，ECMWF)数值预报 500 hPa 高度场格点资料，采取完全预报方法(Perfect Prognostic Method，PP 法)对环流形势分型，从而建立冰雹预报方法。

9.3.4.1　消空条件

为了减少冰雹预报的空报次数，首先建立了消空指标，过滤掉那些抑制对流发展，不能满足形成冰雹的基本物理条件的非冰雹个例样本。消空条件主要依据是判断是否具有产生冰雹的物理量特征，即判断陕西省上空及上游地区是否大气层结不稳定，水汽条件是否适当，有无触发机制等。

9.3.4.2　环流分型

采取 PP 法，即应用欧洲数值预报中心 500 hPa 高度场格点资料判别未来 24 h 是否有利于降雹的环流形势。

具体做法为：把起报日前一日 20 时欧洲 500 hPa 的 48 h 格点值预报，定量化的对环流形势分型，并与冰雹日分别进行统计，获得各型冰雹入型条件。

9.3.4.3　冰雹警戒预报

如果满足西北气流型或冷涡(低槽)型条件，则作为起始场样本。

①因子 X 的(0,1)化规定：从起始场样本中应用统计回归方法筛选出预报因子，预报因子可选 4～5 个，并获得各因子(0,1)化的临界值。如果所选的预报因子 X_i 满足其规定的条件，则因子 X_i 为 1；否则因子 X_i 为 0。

②建立起预报方程，并确定其预报冰雹的临界值。

预报方程为

$$Y = \sum_{i=1}^{n} x_i \text{（}n\text{ 为所选的因子数）}$$

$Y \geqslant n-1$ 时，满足冰雹警戒预报条件，进入落区预报规则；$Y < n-1$ 时，未来 24 h 陕西省内无冰雹。

参考文献

刘勇，张科翔，周丽峰，刘芳，2003. 2002 年陕西冰雹特点及雷达回波特征[J]. 陕西气象(1)：14-1.

许新田，宁志谦，唐伯波，等，2002. 陕西冰雹气候特点及环流特征分析[J]. 陕西气象(5)：4-6.

许新田，宁志谦，高炬，等，2003. 基于数值预报产品的陕西初夏冰雹短期预报方法[J]. 陕西气象(5)：8-9.

詹维泰，乔旭霞，景东霞，1993. 陕西初夏冰雹天气气候特征及预报[J]. 陕西气象(3)：23-26.

朱爱荣，1995. 陕西冰雹天气气候特征及其预报[J]. 陕西气象(1)：39-42.

第 10 章　沙尘暴预报

10.1　沙尘天气的定义、规定和标准

有关沙尘天气的定义执行《GB/T 20480—2017:沙尘天气等级》,沙尘天气过程定义参考《沙尘天气年鉴》的相关定义和说明(中国气象局,2011)。

10.1.1　沙尘天气定义

沙尘天气分为浮尘、扬沙、沙尘暴、强沙尘暴和特强沙尘暴五类。

浮尘:无风或风力≤3 级,沙粒和尘土飘浮在空中使空气变得混浊,水平能见度小于 10 km。

扬沙:风将地面沙粒和尘土吹起使空气相当混浊,水平能见度在 1 km～10 km 以内。

沙尘暴:风将地面沙粒和尘土吹起使空气很混浊,水平能见度<1 km。

强沙尘暴:风将地面沙粒和尘土吹起使空气非常混浊,水平能见度<500 m。

特强沙尘暴:风将地面沙粒和尘土吹起使空气特别混浊,水平能见度<50 m。

10.1.2　沙尘天气过程分类

沙尘天气过程分为五类:浮尘天气过程、扬沙天气过程、沙尘暴天气过程、强沙尘暴天气过程和特强沙尘暴天气过程。

浮尘天气过程:在同一次天气过程中,我国天气预报区域内 5 个或 5 个以上国家基本(准)站在同一观测时次出现了浮尘天气;

扬沙天气过程:在同一次天气过程中,我国天气预报区域内 5 个或 5 个以上国家基本(准)站在同一观测时次出现了扬沙天气;

沙尘暴天气过程:在同一次天气过程中,我国天气预报区域内 3 个或 3 个以上国家基本(准)站在同一观测时次出现了沙尘暴天气;

强沙尘暴天气过程:在同一次天气过程中,我国天气预报区域内 3 个或 3 个以上国家基本(准)站在同一观测时次出现了强沙尘暴天气。

特强沙尘暴天气过程:在同一次天气过程中,我国天气预报区域内 3 个或 3 个以上国家基本(准)站在同一观测时次出现了特强沙尘暴天气。

10.1.3　沙尘天气资料与统计方法

沙尘天气日数和站数、沙尘天气过程和强度等是逐日 8 个时次(时界:北京时 00 时)地面观测资料的统计结果。

具体统计方法如下:

①某测站一日 8 个时次中只要有一个时次出现沙尘天气,则该站记有一个沙尘日;

②某测站一日 8 个时次中只要有一个时次出现了扬沙，则该站记有一个扬沙日；

③某测站一日 8 个时次中只要有一个时次出现沙尘暴，则该站记有一个沙尘暴日；

④某测站一日 8 个时次中只要有一个时次出现强沙尘暴，则该站记有一个强沙尘暴日；

⑤对某日沙尘天气站数的统计也遵循上述规定。

10.1.4　沙尘天气预报警报发布标准

(1)决策服务

预计未来 24 h 内将有沙尘天气过程发生时，在内部公报、专报及决策服务材料中发布沙尘天气预报。

(2)公众预报

国家级标准：

预计未来 24 h 内将有沙尘天气过程发生，且影响范围较大时，向社会公众发布沙尘暴警报；

预计未来 24 h 内将有沙尘暴或强沙尘暴天气过程发生，并将造成严重影响时，向社会公众发布沙尘暴警报。

10.2　陕西沙尘暴时空分布

10.2.1　沙尘暴的空间分布

陕西沙尘暴主要分布在陕北（中国气象局预测减灾司，2002；雷向杰 等，2001a）。陕北北部长城沿线沙滩区包括定边、靖边、横山、榆林、神木、府谷等县（区）和佳县西北的少部是陕西沙尘暴最多的地区。1961—2020 年总沙尘暴日数多数地方在 100 d 以上，定边、靖边、横山、榆林最多，高于 300 d，定边达 997 d(图 10.1)。

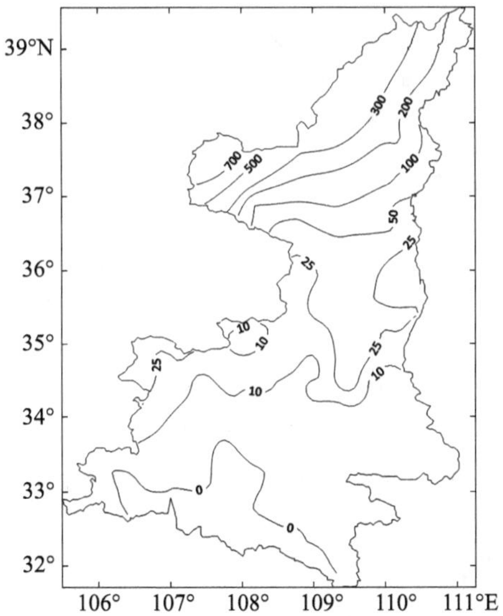

图 10.1　陕西 1961—2020 年总沙尘暴日数分布图(单位:d)

长城沿线以南至洛川原、渭北黄土高原，是我国黄土地貌发育最典型的地区之一，以梁、峁、沟壑等黄土地貌为主，南部有黄龙山林区和桥山林区，林区森林覆盖率较高(杜继稳，2005)。该地区是陕西沙尘暴天气的次多发区，1961—2020 年沙尘暴总日数延安以北大于 50 d，南部地区 10～50 d。

关中、陕南沙尘暴天气较少。关中渭北塬区大部 10～40 d，平原地区多小于 10 d，陕南秦巴山区一些气象站有气象记录以来未出现过一次沙尘暴天气。

10.2.2 沙尘暴的时间分布

一年四季中，陕西沙尘暴春季(3—5 月)最多，占全年 68.7%；冬季(12 至翌年 2 月)、夏季(6—8 月)较少，占全年的 12.7%；秋季(9—11 月)最少，仅占 4.1%。春季沙尘暴又以 4 月为最多，占全年 32.7%，秋季沙尘暴以 9 月最少(表 10.1)。

表 10.1 陕西 97 个县站平均月沙尘暴日数总计

月份	1	2	3	4	5	6	7	8	9	10	11	12	全年
日数(d)	6.5	9.1	23.1	48.4	30.3	13.0	4.3	1.5	0.5	1.3	4.2	5.8	148

10.2.3 沙尘暴的日变化

分析了全省 1961—2000 年 3—5 月的沙尘暴出现的时间和持续时长，得出每个时次内沙尘暴出现的总次数。以榆林为例来说明沙尘暴的日变化，图 10.2 是榆林沙尘暴在每个时次内出现的总次数，从图 10.2 中可以看到：18 时达到最高值，为 75 次，02 时为最低值，只有 10 次。从总次数分布情况来看，12—20 时沙尘暴出现的次数占整个时段的 61.5%。由此可见，沙尘暴天气具有明显的日变化，大部分发生在下午和傍晚，后半夜和早晨发生相对较少，这与甘肃民勤及和田地区强和特强沙尘暴出现的时间基本吻合。这一特点同龙卷、尘卷风和飑的日变化特点相似(雷向杰，2005；李亚丽 等，2006)。

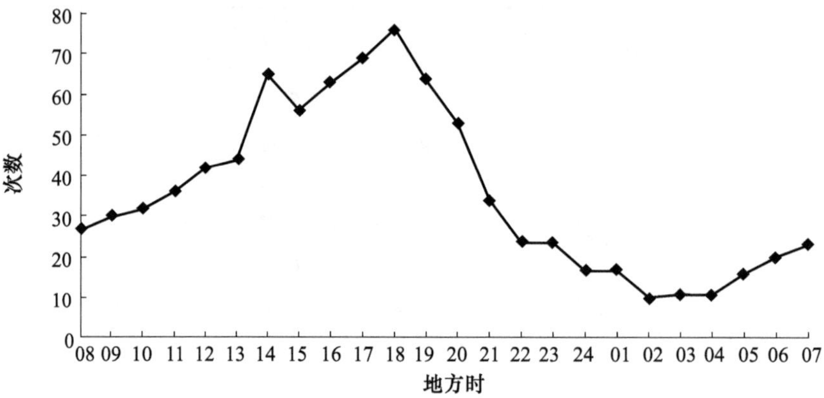

图 10.2 1961—2000 年 3—5 月榆林沙尘暴时次频数分布(单位：次/h)

10.2.4 沙尘暴的季节变化

分析全省 1961—2000 年 40 a 逐月沙尘暴的平均日数，发现沙尘暴的发生有明显的季节变化。我们选榆林、西安和商南分别代表陕北、关中和陕南来说明沙尘暴的季节变化。图 10.3 可以看出：陕北、关中沙尘暴天气主要集中在 3—6 月，其中陕北 3—6 月的沙尘暴日数分别占全年总日数的 75.9%，关中 3—6 月的沙尘暴日数分别占全年总日数的 88.2%，陕南主要集中在 2—5 月，其他月份几乎没有。

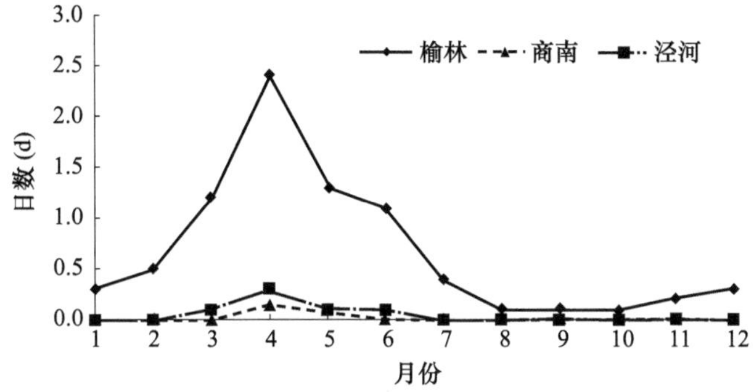

图 10.3　1961—2020 年沙尘暴日数月变化(单位：d /mon)

10.2.5　沙尘暴的年变化

分析全省沙尘暴的年变化，发现每个地区的年变化趋势基本相似。下面以榆林为代表来说明沙尘暴的年变化趋势。图 10.4 为榆林 1961—2020 年沙尘暴日数的逐年变化曲线。由图 10.4 中可以看出，榆林沙尘暴日数从 20 世纪 70 年代末期开始递减，到了 80 年代中期后明显减少，2000 年有一个明显的回升，但仍低于历史平均值，后又一直处于异常偏少的时期。

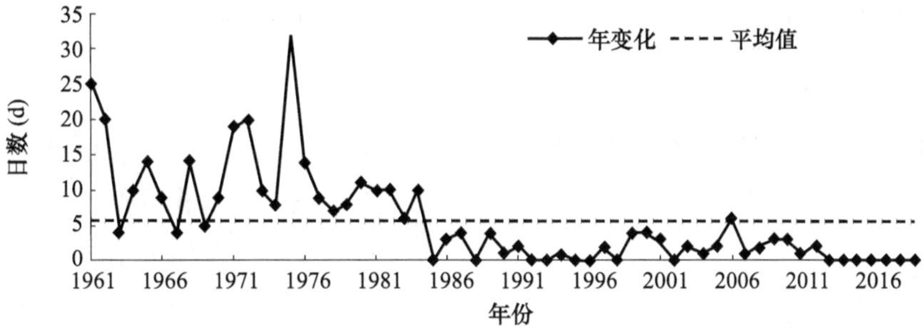

图 10.4　1961—2020 年榆林沙尘暴日数年变化(单位：d/a)

10.3　陕北沙尘暴时空变化

10.3.1　陕北沙尘暴年际变化

分析陕北 1951 年以来的沙尘暴年际变化曲线发现(图略)，陕北北部长城沿线沙尘暴天气主要发生在 20 世纪 50 年代至 80 年代前期，从 1985 年开始，沙尘暴天气明显减少；而陕北中部、南部沙尘暴日数较陕北北部小得多(雷向杰，2005)。表 10.2 也证明了这一结论，其中神木、榆林、横山、靖边、定边为陕北北部长城沿线测站，吴旗、志丹、延安、绥德为陕北中部测站，洛川、黄龙为陕北南部测站,很明显,沙尘暴天气在北部、中部和南部差异较大,沙尘暴日数自北向南递减,沙尘暴主要发生在北部;而且主要发生在20世纪50—70年代,80年代以后明显减少。

表 10.2　陕北 11 个县站各年代平均沙尘暴日数

时段	神木	榆林	横山	定边	吴旗	志丹	延安	绥德	洛川	黄龙
建站—1960	16.5	16.7	15.7	27.0	4.5	6.5	5.5	9.1	0.7	0.8
1961—1970	8.7	11.6	14.1	22.5	2.3	1.0	1.9	5.9	0.7	0.1
1971—1980	10.4	13.6	15.3	33.1	2.5	1.4	2.5	4.0	1.9	0.6
1981—1990	4.4	5.7	7.7	30.7	2.8	2.8	1.0	2.1	0.9	1.5
1991—2000	1.3	1.0	2.3	11.1	1.7	1.0	0.1	0.4	0	0.8

陕北长城沿线各测站沙尘暴天气差异较大,如图10.5所示,榆林沙尘暴从20世纪70年代后期开始趋于减少,到了80年代中期,明显减少;横山和靖边从70年代前期开始,沙尘暴趋于减少,到了80年代中期开始明显减少;但是,定边从建站到80年代后期,沙尘暴频繁,只是到了80年代末,才开始明显减少。

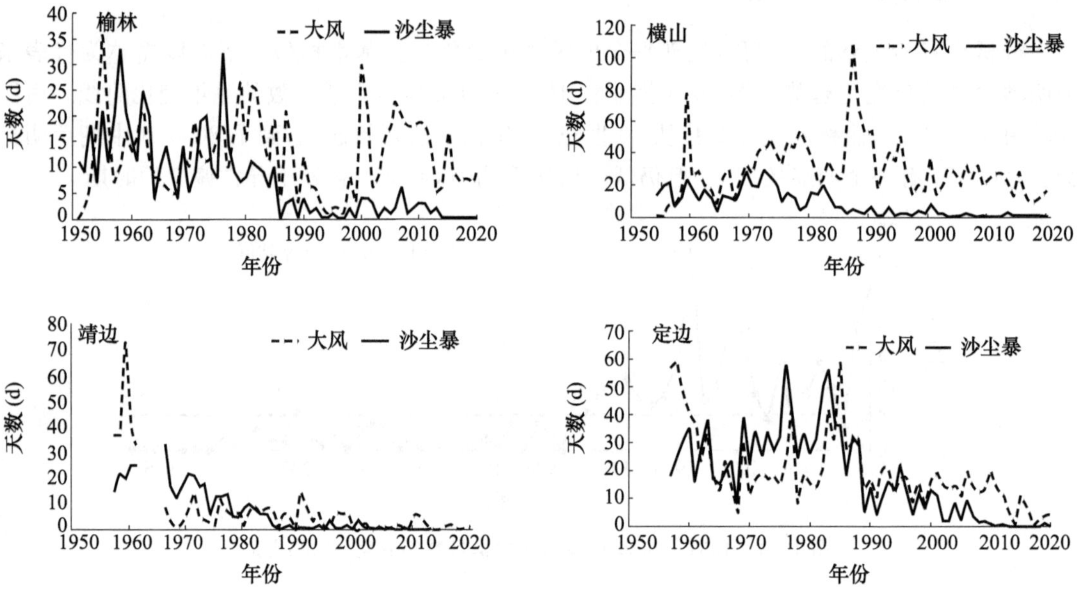

图 10.5　陕北北部4站历年年沙尘暴日数(实线)、大风日数(虚线)年变化图

10.3.2　陕北沙尘暴空间分布

对陕西1956—2020年年沙尘暴日数每5 a进行一次累加,绘制空间分布图,分析陕北沙尘暴的空间变化,如图10.6所示,沙尘暴天气主要发生在陕北北部的长城沿线,20世纪80年代前期以前,榆林地区每5 a沙尘暴日数普遍在10 d以上,陕北南部,即延安市相对较少。在近60 a中,沙尘暴高发中心始终位于定边,而且呈现单峰变化,即由100 d增加到200 d,到了80年代前期达最大,1981—1985年达到204 d;但80年代后期明显减少,到了90年代后期,1996—2000年只有48 d,到2016—2020年已不到5 d。若以5 a内平均大于或等于10 d为沙

尘暴多发区，则在 60 年代前期以前，沙尘暴主要发生在榆林地区中西部，即长城沿线的定边、横山和榆林区；在此后向东扩展至神木及榆林地区东南部的子洲和米脂县，直到 70 年代中后期；从 80 年代前期开始，沙尘暴多发区发生明显变化，逐步向西收缩，到了 80 年代后期及其以后，仅有定边一个测站年均大于或等于 10 d，进入 21 世纪后更少。

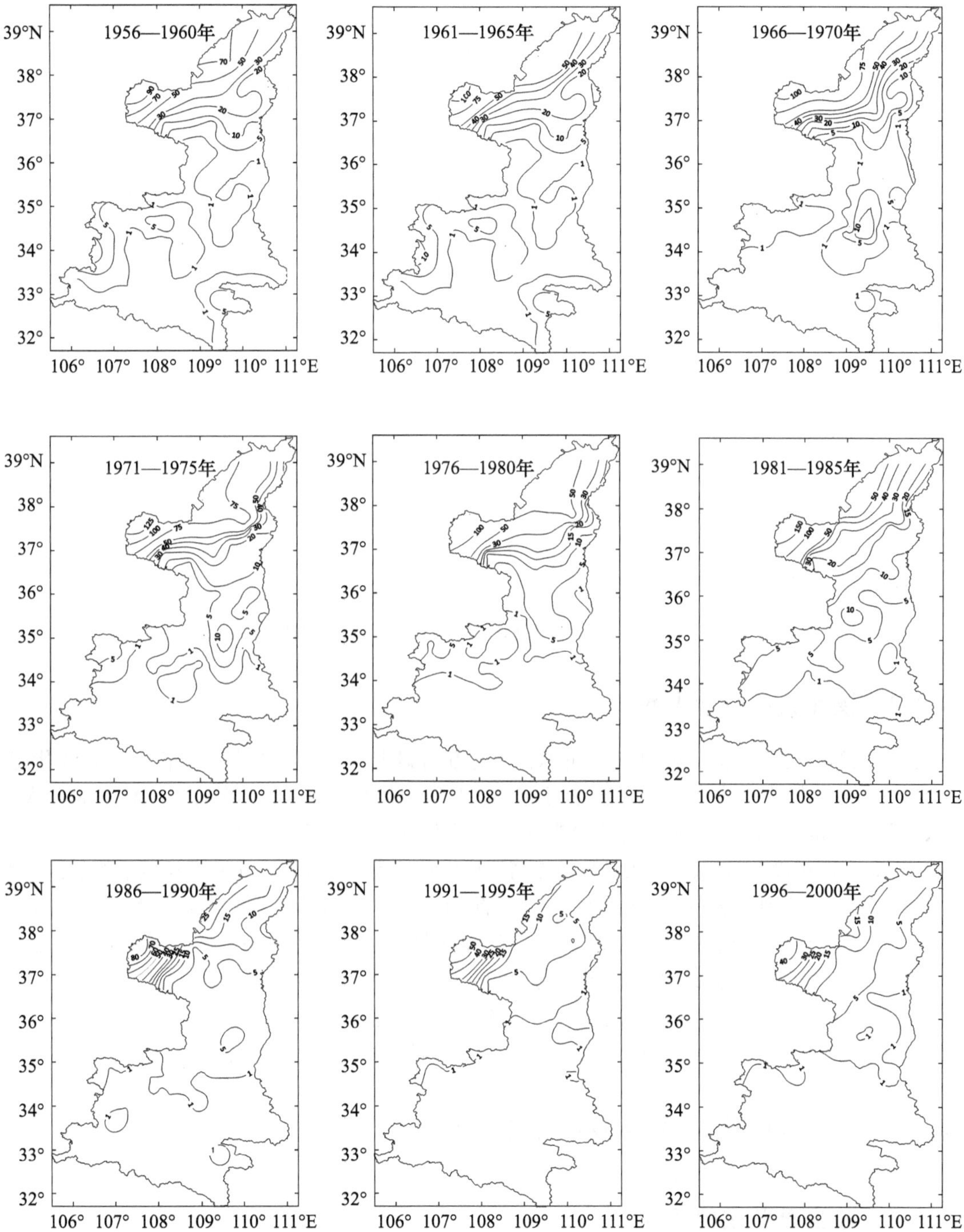

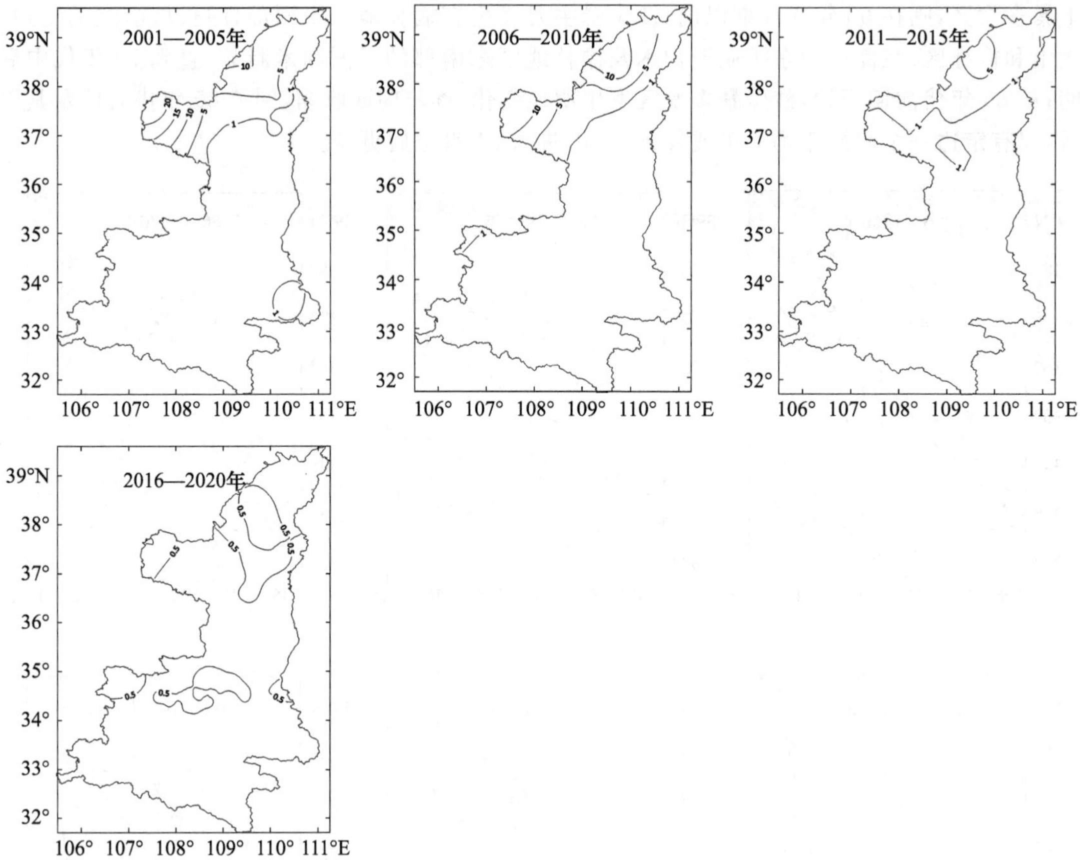

图 10.6　1956—2020 年陕西沙尘暴空间分布变化图(单位:d)

10.3.3　陕北大风与沙尘暴

陕北北部年大风日数从 20 世纪 80 年代末开始显著减少,和沙尘暴比较,50 年代至 80 年代初,二者基本一致。但从 80 年代中期开始,沙尘暴出现日数明显低于大风发生次数。中部、南部年大风日数和北部差异不大,具有相同的变化趋势,这说明大风受共同的天气背景影响基本是一致的。从 70 年代末或 80 年代中期开始,大风日数始终高于沙尘暴日数。这说明陕北北部长城沿线的沙区治理已取得成效,但各地差异较大。榆林 1978 年以前,大风频率与沙尘暴发生次数基本一致,1978 年以后,大风明显多于沙尘暴发生次数;靖边在 1978 年之前,沙尘暴发生频率明显高于大风日数,这说明生态环境非常恶劣,但从 1984 年起,沙尘暴频率明显低于大风发生次数;横山从 60 年代末开始,沙尘暴频率明显低于大风日数;定边县在 1969—1984 年,沙尘暴日数明显高于大风日数,1985 年以后,二者频率基本一致。这说明定边的生态环境相对于周围县站是比较恶劣的,如图 10.5 所示。

10.4　沙尘暴形成的条件及物理机制

10.4.1　沙尘暴形成的条件

有关研究指出沙尘暴的形成必须具备四个条件:一是地面上的沙尘物质,它是形成沙尘暴的物质基础；二是大风，这是沙尘暴形成的动力基础，也是沙尘暴能够长距离输送的动力保证；三是不稳定的空气状态，这是重要的局地热力条件，沙尘暴多发生于午后傍晚说明了局地热力条件的重要性；四是干旱的气候环境，沙尘暴多发生于北方的春季，而且降雨后一段时间内不会发生沙尘暴是很好的证据。

10.4.2　沙尘暴形成的物理机制

在极有利的大尺度环流形势、高空干冷急流和强垂直风速、风向切变及热力不稳定层结条件下，引起锋区附近中小尺度系统生成、发展，加剧了锋区前后的气压、温度梯度，形成了锋区前后的巨大压温梯度。在动量下传和梯度偏差风的共同作用下，使近地层风速陡升，掀起地表沙尘，形成沙尘暴或强沙尘暴天气。

10.4.3　沙尘暴天气的危害

沙尘暴天气是我国西北地区出现的强灾害性天气，可造成房屋倒塌、交通供电受阻或中断、火灾、人畜伤亡等，污染自然环境，破坏作物生长，给国民经济建设和人民生命财产安全造成严重的损失和极大的危害(雷向杰 等，2003；杜继稳 等，2006)。沙尘暴危害主要在以下几方面：

(1)生态环境恶化

出现沙尘暴天气时狂风裹挟的沙石、浮尘到处弥漫，凡是所经地区空气浑浊，呛鼻迷眼，呼吸道等疾病人数增加。如 1993 年 5 月 5 日发生在金昌市的强沙尘暴天气，监测到的室外空气含尘量为 1016 mg/cm^3，室内为 80 mg/cm^3，超过国家规定的生活区内空气含尘量标准的 40 倍。沙尘暴还会使地表层土壤风蚀、沙漠化加剧，覆盖在植物叶面上厚厚的沙尘，影响正常的光合作用，造成农作物减产。

(2)生产生活受影响

沙尘暴天气携带的大量沙尘蔽日遮光，天气阴沉，造成太阳辐射减少，几小时到十几个小时恶劣的能见度，容易使人心情沉闷，工作学习效率降低。轻者可使大量牲畜染患呼吸道及肠胃疾病，严重时将导致大量“春乏”牲畜死亡、刮走农田沃土、种子和幼苗。

(3)生命财产损失

1993 年 5 月 5 日，发生在甘肃省金昌、武威、民勤、白银等地市的强沙尘暴天气，受灾农田 253.55 万亩，损失树木 4.28 万株，造成直接经济损失达 2.36 亿元，死亡 50 人，重伤 153 人。2000 年 4 月 12 日，永昌、金昌、武威、民勤等地市强沙尘暴天气，据不完全统计仅金昌、武威两地市直接经济损失达 1534 万元。

(4)危及交通安全(飞机、汽车等交通事故)

沙尘暴天气经常影响交通安全，造成飞机不能正常起飞或降落，使汽车、火车车厢玻璃破损、停运或脱轨。

10.5　沙尘暴监测方法

10.5.1　地面监测

我国对沙尘暴的监测主要来源于气象台站的定时观测，观测资料有气象要素和能见度(雷

向杰 等,2001b)。为了研究和监测服务的需要,还建立了集中观测站点和长期观测站点。沙尘暴发生时的集中观测主要包括沙尘光学厚度测定、自动气象站气象要素记录、沙尘源地土壤状况分析、激光雷达沙尘垂直分层观测、沿气流方向沙尘通量观测、垂直方向沙尘通量观测、能见度观测(目视、能见度计)、多普勒声探测器、沙尘粒子理化特征采样分析等。长期监测包括自动气象站气象要素观测、大气气溶胶光学厚度监测、天空辐射计辐射观测、沙尘通量估算、能见度观测、土壤观测。陕西建有两个沙尘暴长期观测站,分别设在延安和西安。

对沙尘的危害情况主要靠细致的地面调查来实现。地面调查的内容包括沙尘暴的影响范围、受灾面积、灾害损失情况、沙尘暴持续时间、人员伤亡情况和其他设施损坏情况(包括交通设施、通信设施、电力设施、房屋破坏情况等等)以及灾后采取的补救措施。

地面观测可获得第一时间内的实测资料,长期观测可积累大量的环境背景数据,对沙尘暴研究均十分重要,但也有局限性。在我国西北地区,各种监测台站设置稀疏,尤其是沙尘暴的形成主要在人口异常稀少的沙漠地带,这些地方监测站点更少,因此常规地面观测资料对沙尘暴监测研究有很大的局限性。

10.5.2 卫星遥感监测

由于沙尘暴多发区往往自然条件恶劣、测站稀少,找出沙尘暴发生的源地以及移动路线通常比较困难,而利用气象卫星遥感技术对沙尘暴进行监测是一种有效方法,可以弥补地面常规观测资料的不足。

目前气象卫星数据是沙尘暴遥感监测主要数据源,包括 NOAA/AVHRR、EOS/MODIS、GMS/VISSR 数据和 FY-1/MVISR 数据,空间分辨率为 0.25～5 km,光谱范围覆盖可见光、近红外和红外,其中 MODIS 数据的光谱分辨率有了显著的提高,通道数增加到了 36 个。

气象卫星遥感通道从波长上大体可以分为两大类。一类位于可见光波段,可以测量下垫面反射的太阳光,进而计算反照率;另一类位于热红外波段,可以测量下垫面红外辐射值,进而计算下垫面的亮度温度。由于沙尘和地表在反照率和温度上均有差异,因此,可以利用卫星多通道技术把沙尘暴信息提取出来。极轨气象卫星遥感通道多,空间分辨率高,而静止气象卫星观测范围广(近 1/3 地球表面积),且时间分辨率高(每小时 1 次)。两种卫星的观测数据相结合,可以对沙尘暴实时监测。

遥感监测多指对沙尘暴的空间分布范围、影响区进行识别、定位;对沙尘运移路径和运移规律的变化过程进行动态监测;沙尘信息的遥感定量提取;沙尘暴产生的大气及下垫面等背景状况监测。

10.5.2.1 沙尘信息提取方法

沙尘信息提取是沙尘暴定量研究的关键步骤。新一代 NOAA 卫星和 FY-1 卫星都配置了位于 11 μm 和 12 μm 的热红外波段,经过大量研究已证实,这两个波段对沙尘反映比较敏感。以前的研究中将 11 μm、12 μm 波段的差值作为沙尘暴监测的主要参数,并将其引入定量计算模型。

根据辐射传输理论,干燥沙尘对 11 μm、12 μm 红外波段辐射有不同的吸收衰减,其中对 11 μm 波段衰减略强于 12 μm 波段,即在卫星传感器 11μm 波段上探测到的辐射通量将减少,使得 12 μm 波段的探测值大于 11 μm 波段。因此,可以利用卫星传感器在 11 μm、12 μm 波段探测值的差值提取沙尘信息,提取公式为

$$\Delta T=\begin{cases}T_{12}-T_{11} & (T_{12}-T_{11}\geqslant 1\mathrm{K})\\0 & (T_{12}-T_{11}<1\mathrm{K})\end{cases}\tag{10.1}$$

式中，T_{12}和 T_{11}分别表示卫星数据在 12 μm 和 11 μm 波段的亮温。

通过大量数据验证，当 $\Delta T\geqslant 1$ K，T_{11}和 T_{12}都小于 290 K 时，表明是沙尘暴影响区。如果把差值变成比值运算，也可以确定沙尘信息提取的阈值。

根据多个时次的沙尘信息提取图像的对比分析，可以了解沙尘暴的起源地、运移路径、影响区域和未来的推进方向等有关的动态信息。借助 GIS 软件还可以计算某一时刻沙尘区的面积，并绘制沙尘暴分布图。

10.5.2.2　可比沙尘强度指数

在准确获得沙尘暴影响区域的基础上，可充分利用 1.6 μm 近红外波段特性对大气沙尘进行定量遥感。1.6 μm 近红外波段测值与沙尘强度有线性关系，使其具有了定量描述沙尘暴监测结果的能力。尽管如此，1.6 μm 近红外波段的测值仍然受空间、时间、卫星等方面的影响，为了准确监测沙尘暴，需要的是一种具有稳定性和长期可比性的数据，使得不同状态下得到的结果是基于同一标准的，而且任何两次沙尘暴的监测结果都可以进行对比分析。为此，引入可比沙尘强度指数（I_{csd}）作为 1.6 μm 波段测值变化后的结果

$$I_{\mathrm{csd}}=\alpha\times(\mathrm{e}^{\beta\times R_{1.6}}-1)\tag{10.2}$$

式中，$R_{1.6}$为可见光 1.6 μm 波段测得的反射率；α 和 β 为调节因子，一般取值为 10 和 0.8。

10.5.3　卫星遥感监测实例

2000 年 3 月 26—27 日，受蒙古气旋、冷锋影响，我国北方大部分地方出现了扬沙，其中内蒙古西部、甘肃河西地区、宁夏北部、陕西西北部等地的部分地区出现了沙尘暴，甘肃河西的局部地区出现了强沙尘暴，如图 10.7 所示。

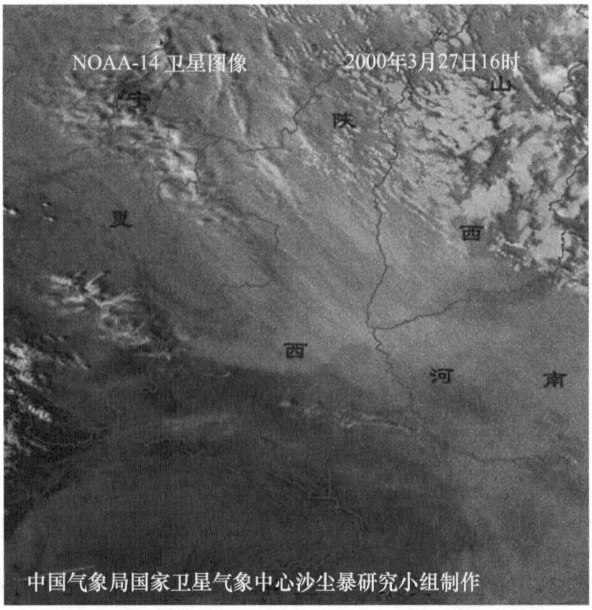

［彩］图 10.7　NOAA-14 气象卫星 2000 年 3 月 27 日 16 时监测的沙尘暴图像

2000 年 4 月 27—29 日,受蒙古气旋、冷锋影响,新疆北部和南疆盆地东部、内蒙古中西部、甘肃中东部、宁夏、陕西中北部、河北西北部以及山西和河南的局部地区等地出现了扬沙。其中内蒙古中西部、甘肃中东部、宁夏北部和陕西北部等地的部分地区出现了沙尘暴,内蒙古中西部和甘肃中东部的局部地区出现了强沙尘暴,见图 10.8。

图 10.8　FY-1C 气象卫星 2000 年 4 月 28 日 10 时监测的沙尘暴图像

2001 年 4 月 7—10 日,受蒙古气旋、冷锋影响,新疆、内蒙古中西部、青海和甘肃大部、宁夏、陕西中北部、山西中部、河南中部、河北西北部、辽宁北部、吉林西北部、黑龙江西南部等地的部分地区出现了扬沙。其中南疆盆地、内蒙古中西部、青海和甘肃大部、宁夏和陕西西北部的部分地区出现了沙尘暴和强沙尘暴,见图 10.9。

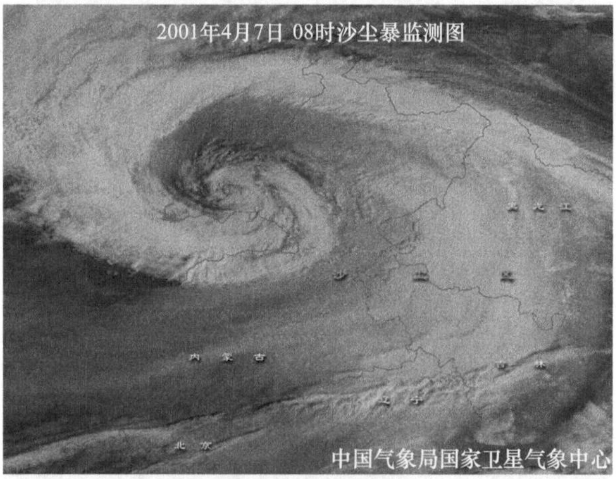

图 10.9　2001 年 4 月 7 日 08 时气象卫星监测的沙尘暴图像

2004 年 2 月 12—13 日,受蒙古气旋、冷锋影响,内蒙古西部、甘肃河西地区中部、宁夏北部、陕西北部、河南北部等地的部分地区出现了扬沙。其中甘肃河西地区中部和宁夏北部的局地地区出现了沙尘暴,见图 10.10。

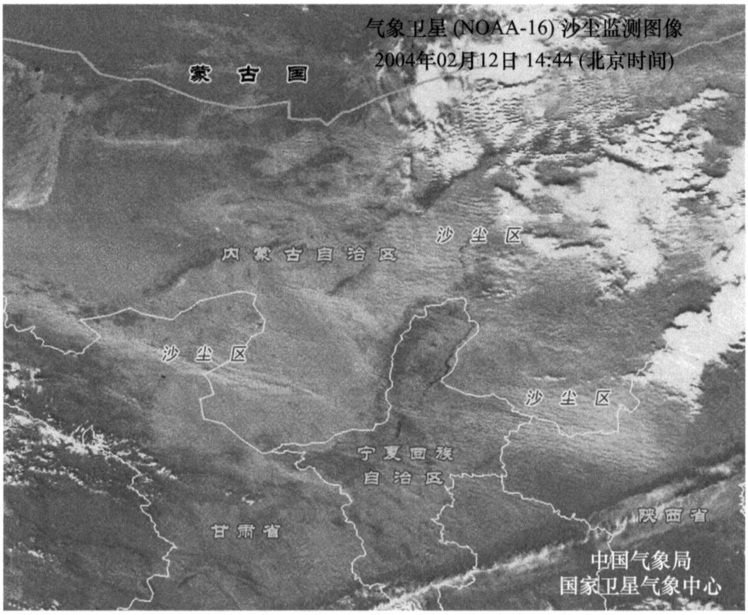

图 10.10　NOAA-16 气象卫星 2004 年 2 月 12 日 14 时监测的沙尘暴图像

10.6　陕西沙尘暴天气形势和影响系统

10.6.1　500 hPa 月平均环流特征

由于春季是沙尘暴、扬沙的多发季节，以 4 月份北半球 500 hPa 月平均高度图和距平图为例进行分析。在多沙尘暴的 2000 年 4 月份，在东半球新地岛附近有一较大强度的极涡中心，极地环流呈重心偏于东半球的偶极型分布。中高纬度为三波，波谷分别位于北美大陆东岸、欧洲大陆西岸和东亚大陆东岸。并且从欧洲北部到亚洲的蒙古高原维持有一支西北东南向的强锋区。东半球负距平区有两个，最强的一个位于亚洲大陆东岸(中心为－12 dagpm)；另一个位于新地岛附近(中心达－5 dagpm)。正距平区有三个，最强的位于东欧平原到我国西北部，中心位于里海附近(中心为＋12 dagpm)；在它的南部伊朗高原上也有一正距平区(中心为＋8 dagpm)；另一个位于东西伯利亚以北地区(中心为＋5 dagpm)。这些正负距平区的分布使得东半球经向度明显加大，锋区加强，冷空气活动频繁，大风、沙尘暴的日数较多。相反则冷空气活动减弱，大风、沙尘暴的日数就减少。例如在 2003 年 4 月份 500 hPa 月平均高度和距平图上(图 10.11)，极涡位于东半球的新地群岛附近，极地环流重心位于东半球呈偶极型分布。中高纬度为四波型分布，波谷分别位于格陵兰岛到北美洲的东海岸一带，欧洲的东部地区、阿留申群岛到亚洲东部一带、北美洲的西部一带。中纬度从地中海附近到西太平洋附近维持着较强的纬向环流。东半球的亚洲东北部为负高度距平控制(中心为－80 dagpm)；日本海附近、黑海到里海附近为弱的正距平区。月内，西太平洋副热带高压明显偏强，面积偏大，脊线位置偏南。这些正负距平区的分布使得东半球经向度明显减弱，纬向环流明显加强。冷空气活动减弱，相应地大风、沙尘暴日数减少。

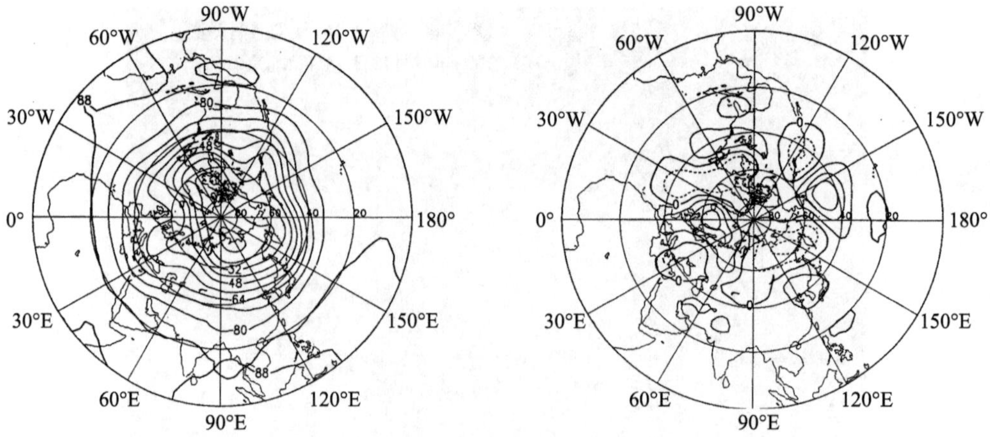

图 10.11　2003 年 4 月北半球 500 hPa 位势高度(10 gpm)

(a)平均高度;(b)距平

10.6.2　500 hPa 影响系统分型

对陕西近 40 a 沙尘暴天气的个例分析发现:在 500 hPa 高空环流形势图上,中高纬度呈两槽一脊型,乌拉尔山附近为一高压脊,贝加尔湖附近为一深厚的低槽区,脊前槽后为西北气流,将极地附近的冷空气向东南方向输送,造成了陕西的大风、沙尘暴天气。通过对出现沙尘暴时的前一日的 08 时(北京时)500 hPa 高空天气图和地面天气图的分析,可将陕西沙尘暴天气的影响系统分为西北气流型、巴尔喀什湖低槽型和蒙古冷槽型三类(雷向杰 等,2008)。

(1)西北气流型

这是陕西沙尘暴最强的一种环流形势,83 个个例中出现了 12 个,占个例总次数的 14%。常造成陕北、关中和陕南出现沙尘暴。在前一日 08 时 500 hPa 高空图上,新地岛附近为一冷低压中心,乌拉尔山以东到新疆上空为暖高压脊控制,里海附近为低压槽区,贝加尔湖到柴达木盆地为一低槽,槽后风速较强且温度槽落后于高度槽(图 10.12),有较强的冷平流。这种类型的沙尘暴天气的冷空气首先进入新疆,在天山以北堆积,然后进入柴达木盆地,翻越祁连山,继续东移,影响陕西陕北、关中和陕南地区。

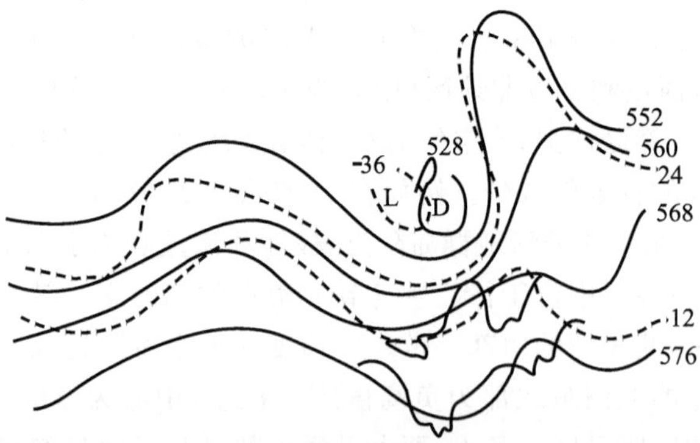

图 10.12　1984 年 4 月 26 日 08 时 500 hPa 形势

(实线:等高线,dagpm;虚线:等温线,℃)

(2)蒙古冷槽型

这是造成陕北、关中沙尘暴天气的环流形势,83 个个例中出现了 27 个,占个例总次数的 33%。在前一日 08 时 500 hPa 高空图上,高纬度呈两槽一脊型,新地岛以西有一冷低压槽,乌拉尔山附近为较强的暖高压脊控制,脊前为西北气流,风速≥16 m/s,贝加尔湖以西到我国新疆一带为低压槽区,并有≤−40 ℃的冷中心相配合(图 10.13)。高空冷平流明显。这种类型的沙尘暴天气的冷空气首先进入我国北疆,再逐渐向东移动,影响陕西陕北、关中地区。

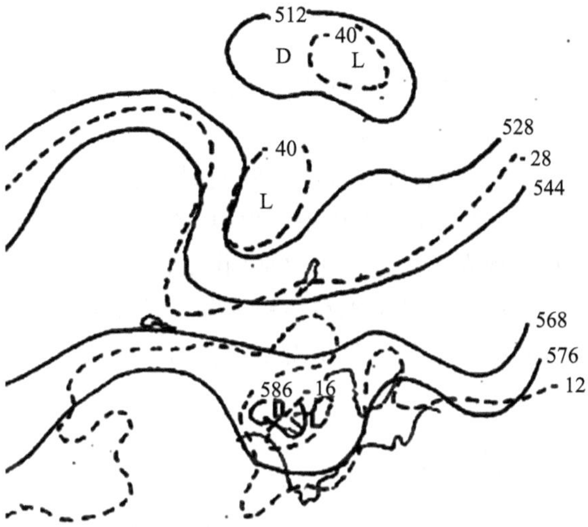

图 10.13　1981 年 4 月 30 日 08 时 500 hPa 形势
(实线:等高线,dagpm;虚线:等温线,℃)

(3)巴尔喀什湖低槽型

这是造成陕北沙尘暴天气的环流形势,83 个个例中出现了 44 个,占个例总次数的 53%。在前一日 08 时 500 hPa 高空图上,乌拉尔山到西西伯利亚、贝加尔湖为一宽广的低压槽区,槽内有一−44 ℃的冷中心相配合(图 10.14)。从新地岛附近不断有冷空气沿乌拉尔山脊前下滑东移,由于冷空气位置偏北,所以仅影响陕北地区。

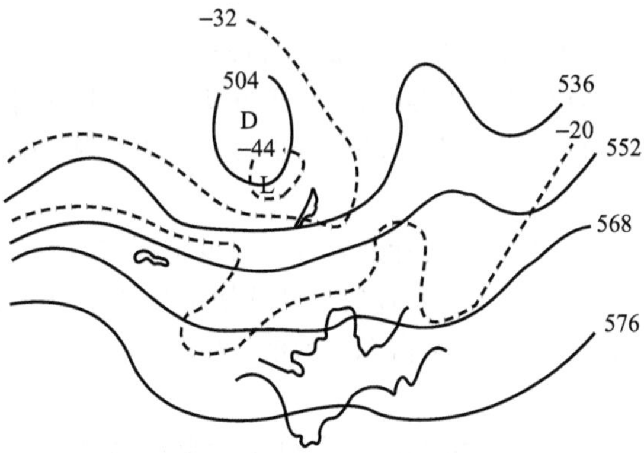

图 10.14　1998 年 4 月 14 日 08 时 500 hPa 形势
(实线:等高线,dagpm;虚线:等温线,℃)

10.6.3 陕西沙尘暴与地面冷空气路径

对2000—2003年陕西春季沙尘天气的沙尘源地及主要路径分析发现,陕西周边几个大的沙地都可能成为陕西沙尘天气的源地,其中巴丹吉林沙漠是陕西沙尘最主要的源地,占沙尘过程总次数的52%,塔克拉玛干沙漠占22%,腾格里沙漠占11%,毛乌素沙漠占15%。

陕西沙尘暴的移动路径与影响陕西的冷空气路径基本一致。地面冷空气移动路径分为西北路、西路、北路三条,以西北路最多,占总次数的59%,其次是北路,占总数的30%,西路占11%。

进一步分析发现,沙尘天气出现时,北路或西北路的冷空气及蒙古气旋为必不可少的地面影响系统;而蒙古气旋的位置、强弱及气旋移动时经过陕西的范围大小对陕西沙尘天气出现的范围和强弱有很大关系。当蒙古气旋较强且经过陕西时,陕西省将出现全省范围的沙尘天气过程,而当蒙古气旋范围小、位置偏北且在移动过程中气旋环流外围只是扫过陕西的北部或中北部时,陕西的沙尘天气只出现在陕北或关中北部到陕北。

此外,陕西的沙尘天气过程几乎都出现在冷锋前部的偏北或西北大风区内,这一点不同于内蒙古的沙尘天气,内蒙古的沙尘天气不只是发生在锋前的大风区,而在气旋处也有强沙尘暴出现。

10.6.4 强沙尘暴高空环流形势

根据41次强沙尘暴过程出现前一日08时500 hPa环流形势分析,将造成陕西强沙尘暴天气的环流形势及影响系统分为蒙古冷(横)槽型、脊前下滑槽型、短波槽东移型和西北气流型四类(雷向杰 等,2006;雷向杰,2005)。

(1)蒙古冷(横)槽型

此型是造成陕西强沙尘暴天气最多的一种形势,占总次数的44%。此型特点是乌拉尔山或以东有暖高压脊发展,脊前蒙古高原至巴尔喀什湖或新疆形成一明显的冷槽或横槽,并有明显的冷中心配合,新疆到西北地区东部为西北气流或偏西气流控制,河西有强风速区(≥20 m/s)存在。

(2)脊前下滑槽型

这是造成陕西强沙尘暴天气次多的一种形势,占总次数的32%。此型特点是乌拉尔山以东到新疆为宽广的高压脊,但高脊多不强,脊线一般在70°—90°E,脊前到河套上空为西北气流或西西北气流控制,沿脊前有冷槽下滑,冷槽后伴有较强的温度槽和强风速区。

(3)短波槽东移型

此型特点是乌拉尔山以东或巴尔喀什湖附近为一低槽区,槽内有冷中心配合,亚洲中纬度地区气流呈纬向环流,青藏高原为暖高脊控制。从低槽中分裂小槽沿平直的西风气流东移,槽后伴随较强的冷平流和强风速区。此型占总次数的12%。

(4)西北气流型

在前一日08时500 hPa图上,我国东部沿海维持低槽或东北有一切断冷涡,蒙古国西部和我国新疆为高压脊控制,河套地区处于脊前涡后的偏北气流中,槽(冷涡)后有很强的正涡度和冷平流,引导地面蒙古国冷空气南下,造成陕西北部强沙尘暴天气。此型也占总次数的12%。

10.6.5　强沙尘暴地面冷空气路径

通过对 41 次强沙尘暴过程地面冷空气入侵陕西的路径分析，将造成陕西强沙尘暴天气的冷空气路径分为三条：西路、西北路、北路。

(1)西路

冷空气从中亚翻越帕米尔高原进入南疆，经青海、甘肃影响陕西；或者冷空气首先进入北疆，在天山以北堆积，然后在东移过程中倒灌南疆盆地，冷空气主力进入柴达木盆地，东移影响陕西。

(2)西北路

冷空气自西西伯利亚向东南经北疆、内蒙古西部、河西入侵陕西，造成大风、沙尘暴天气。

(3)北路

冷空气从贝加尔湖、蒙古国南下，影响我国西北地区东部和华北等地。

10.7　沙尘天气物理量场诊断分析

10.7.1　温度平流

温度平流是直接影响地面气旋的重要因子之一。图 10.15 为模式模拟的 2006 年 4 月 9 日 14:00 温度平流沿 100°E 气压—纬度剖面图，36°—46°N 从底层到对流层顶都为暖平流，为该区域蒙古气旋的增强提供了热力条件，从而使气旋区出现强沙尘暴天气；而 46°—55°N 从地面到 300 hPa 维持一强的冷平流，此区正好对应地面冷锋前部侵入气旋的区域。从 2006 年 4 月 9 日 20:00 沿 100°E 气压—纬度温度平流的剖面图(图略)来看，42°—50°N 从低层到 300 hPa都为冷平流，由于冷平流的作用使蒙古气旋开始减弱，气旋处于填塞阶段，沙尘开始减弱消失。从模式模拟的各个时段来看，冷平流从北向南移动(传播)，且中心逐渐降低，强度逐渐减弱，对应蒙古气旋减弱的速度也在减缓。这次沙尘过程，冷平流对蒙古气旋强度的削弱作用是非常明显的，从而间接影响气旋所经区域的沙尘天气。

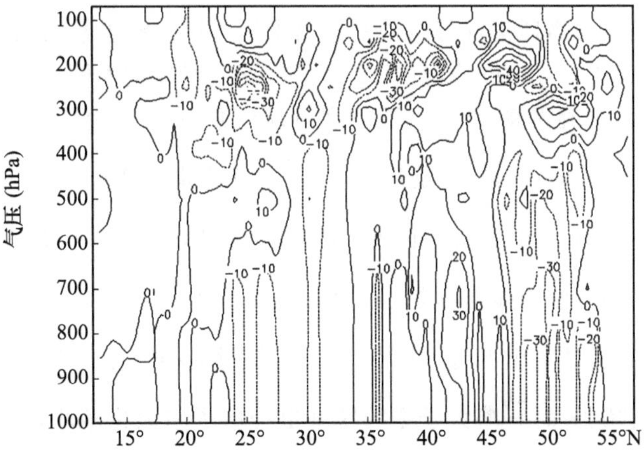

图 10.15　2006 年 4 月 9 日 14:00 沿 100°E 的温度平流气压-纬度剖面图(单位：10^{-5} K/s)

从模式模拟2006年4月10日08:00沿A点(44°N,87°E)、B点(47°N,110°E)两点的温度平流高度剖面图(图10.16)可以看出,从1000～500 hPa,均为冷平流,在700 hPa附近存在两个冷平流中心,从而证明,前面所述这次沙尘过程冷空气东移南下时分为两路,一个位于西北路径上,一个位于西路路径上。结合实况资料分析,西路是蒙古气旋首先在蒙古国中西部发展,随后经巴丹吉林沙漠、腾格里沙漠、乌兰布和沙漠、库布其沙漠、浑善达克沙地产生沙尘天气,最后移至中国东北地区;西北路则是西伯利亚强冷空气侵入新疆东部和河西走廊。这两路冷空气在11日凌晨在陕西会合,在陕北、关中引发沙尘天气。从2006年4月10日09:00温度平流的气压A—B剖面图(图略)来看,靠近B点附近的冷平流中心有所增强,靠近A点附近的冷平流中心强度没有变化,这说明了西路冷空气入侵强度大,沙尘天气的强度也相应较大,西北路沙尘天气相对较弱。

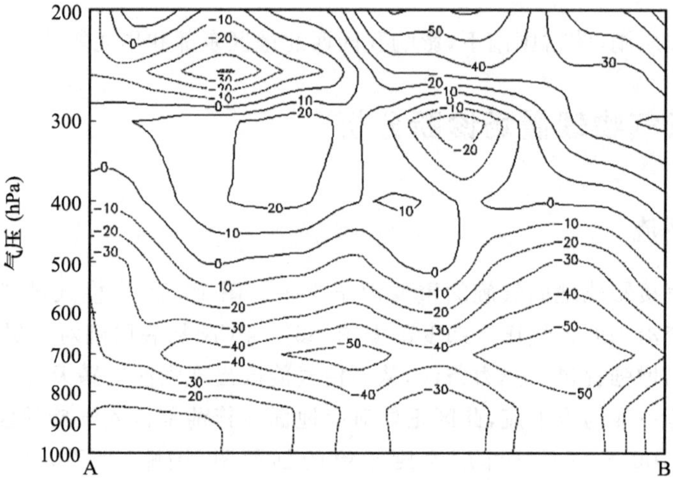

图10.16　2006年4月10日08时沿A(44°N,87°E)和B(47°N,110°E)两点的温度平流气压A—B剖面图(单位:10^{-5} K/s)

10.7.2　位温分布特征

位温是表征干过程的物理量,因此,采用位温来探讨这次沙尘暴的热力条件。图10.17为模式模拟2006年4月9日11:00位温沿42°N的气压—经度剖面图,在88°—115°E的下凹区对应着地面气旋,地面气旋两侧的上凸区分别对应气旋后部的冷锋区和气旋前部。下凹区310 K等值线基本位于650 hPa,在气旋后部80°E附近的狭窄区域,从地面到400 hPa,$\frac{\partial\theta}{\partial z}$略大于零。2006年4月9日17:00(图略)下凹区略向东移动,但明显下传,310 K等值线已接近900 hPa,$\frac{\partial\theta}{\partial z}$略大于零的区域明显向东扩展,此时地面蒙古气旋也发展最强。从其后间隔6 h的积分结果来看,位温明显停止下传,310 K等温线长时间稳定在600～700 hPa,以东移为主,相对应蒙古气旋开始减弱;而$\frac{\partial\theta}{\partial z}$略大于零的区域也经历了增大到减小的过程。从位温的分析和地面实况对比来看,这次沙尘天气发生时整个大气是稳定层结或弱稳定层结,沙尘暴主要发生在弱稳定层结的区域里,下凹区的位温下传是蒙古气旋发展的重要热力因子。

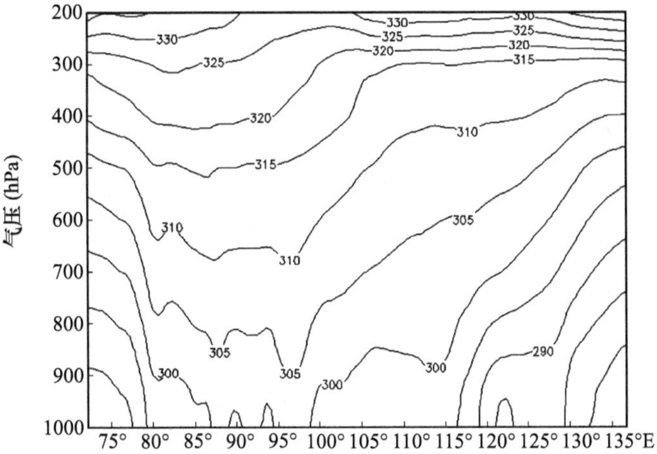

图 10.17　2006 年 4 月 9 日 11:00 沿 42°N 的位温气压-经度剖面图(单位:K)

10.7.3　涡度场分布特征

图 10.18 为模式模拟的 2006 年 4 月 10 日 05:00 沿 42°N 的涡度气压-经度剖面图。在 100°—107°E 的 700 hPa 以下有一个中心强度为 $1.4\times10^{-4}\,s^{-1}$的正涡度区域,该区域正好对应地面蒙古气旋;而在 100°E 以西 2～3 个经度内,有一中心强度为$-8\times10^{-5}\,s^{-1}$的负涡度区域,此种正负涡度配置造成在 100°E 附近涡度梯度非常大,甘肃西部鼎新、马鬃山等地的沙尘暴天气就发生在该涡度梯度最大处。2006 年 4 月 10 日 11:00—20:00 时段(图略),100°E 以西负涡度中心明显减弱,103°—110°E 涡度中心增大,最大值为 $8\times10^{-5}\,s^{-1}$,中心上升至 700 hPa,正涡度区域扩展到 115°E,该区域出现大范围强沙尘暴天气。

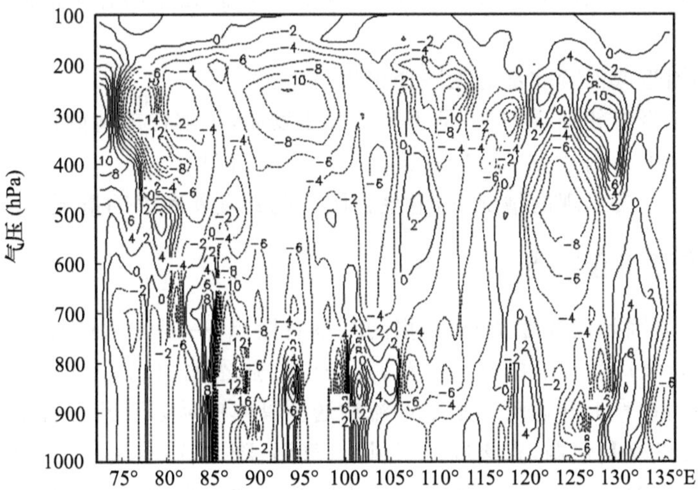

图 10.18　2006 年 4 月 10 日 05:00 沿 42°N 的涡度气压-经度剖面图(单位:$\times10^{-5}\,s^{-1}$)

通过涡度的分析来看,西路沙尘主要出现在正涡度区域;而西北路沙尘则主要是发生在涡度梯度最大处。

10.8 陕西沙尘暴预报

10.8.1 沙源因子分析

陕西中北部地处河套地区,北部有毛乌素沙漠,西北部有腾格里沙漠和黄土,这些地区冬春季降水较少,土壤疏松干燥,这就为沙尘暴发生提供了丰富的沙源。

10.8.2 不稳定因子分析

当大气处于不稳定状态时,湍流发展旺盛,沙尘不断地被带到空中,并随天气系统移动。Ri 作为判断热力不稳定的一个重要因子,在实际预报中,可计算延安地区 08 时 700～500 hPa 里查逊系数 Ri,其公式为

$$Ri=\frac{g}{T}\left(\frac{\partial \overline{T}}{\partial z}+\gamma_{d}\right)\Big/\left(\left(\frac{\partial u}{\partial z}\right)^{2}+\left(\frac{\partial v}{\partial z}\right)^{2}\right)$$

式中,$\overline{T}$ 为 500 hPa 和 700h Pa 两个高度上绝对温度的平均值;$\frac{\partial u}{\partial z}$和$\frac{\partial v}{\partial z}$为两个高度之间的风速分量随高度的变化;$\frac{\partial \overline{T}}{\partial z}$为大气温度随高度的变化率;$\gamma_{d}$为大气干绝热温度直减率;$g$ 为重力加速度。当计算得知 $Ri<1$ 时,则湍流发展,在适当环流形势下,配合冷空气的移动,易产生沙尘暴。通过对 83 个个例 700～500 hPa 当日 08 时延安市的 Ri 计算得到:当 $Ri\leqslant 0.95$ 时,陕西出现沙尘暴天气的概率为 69%。

10.8.3 预报因子分析

(1)根据 500 hPa 环流形势,判别是否属于西北气流型、巴尔喀什湖低槽型、蒙古冷槽型中的某一类。

(2)地面天山附近或河套北部有无冷锋出现。

(3)冷空气前是否有较强暖空气,是否有低气压发展,了解锋前地面辐合情况。

(4)邻近陕西的上游内蒙古、宁夏、甘肃有无沙尘暴出现。

(5)在可能有沙尘暴出现的情况下,卫星云图监测其发展和移动情况。

10.8.4 沙尘暴预报着眼点

造成沙尘暴的原因是比较复杂的,预报的基本着眼点,一是地表的性质;二是低层大气的极度不稳定,足以持续产生显著的垂直湍流;三是产生强烈地面风的天气系统,足以扬起和吹移沙尘;四是中空的垂直上升运动和水平气流输送。具体应从以下几点着眼。

①沙尘暴的形成及其强弱,直接取决于风力、气温、降水、冷空气活动及与其相关的土壤表层状况。强风是产生沙尘暴的动力,地面上裸露的疏松沙土是产生沙尘暴的物质基础,冷空气活动频繁,会导致风力增大沙尘天气加强。气温高、降水少、大风多是形成沙尘暴的主要原因。

②欧亚大陆高空在一脊一槽或两槽一脊的环流形势下,乌拉尔山(或中亚)长波脊的建立、发展东移是关键,它的建立使其前部的长波槽加深发展,低槽斜压性强,槽后有一支≥20 m/s 的强风速带,易引起扰动动能的加强和动量下传。

③地面关键区有冷锋过境，冷锋前后的正、负 ΔP_{24}、ΔP_3 反映了气压场的最新变化，代表了冷暖空气演变的最新动态，ΔP_3 值越大越有利大风沙尘暴加强，正负 ΔP_3 中心连线的方向代表着冷暖空气移动方向，也是大风沙尘暴移动的方向。

④沙尘暴暴发前期的气候背景增温显著，从地面到对流层中层持续增温大于 10 ℃，有时 24 h 增温达 7～8 ℃，当有冷空气影响时，形成大气层结不稳定，进而激发沙尘暴。大风沙尘暴出现前水平温度梯度，气压梯度，变压梯度越大沙尘暴越强。

⑤沙尘暴发生在正涡度中心的下风方和费雷尔环流上升运动区内，斜压扰动动能使得地面气旋加强，锋生易激发沙尘暴。

⑥卫星云图上有明显的冷锋云带，云带由密实的中高云系组成，云顶亮温一般为－50～－60 ℃；锋面云带前边界较模糊，后边界较整齐，有时云带前边界或其前部有中尺度对流云团和中尺度飑线。冷空气移动路径不同，锋面云带的走向也有所区别。西北路锋面云带多为东北—西南走向，自西北方沿北疆而向东南直冲河西走廊；北方路云带走向呈东—西向，从贝加尔湖经蒙古国南压至河套一带；西方路云带一般呈南北向，云带尾部伸至 35°N 以南。

⑦当冷锋云系主体部分的云顶亮温出现在－60～－50 ℃区域，并且冷锋云系前缘亮温梯度＞0.6 ℃/km 时，有利于产生强沙尘暴天气。中尺度云团的不断生成和持续发展，表明对流运动增强，有利于强沙尘暴天气的出现和加强。

⑧正确估计冷锋过境时间，也是预报大风沙尘暴的关键。大风沙尘暴多发生在地面冷锋过境时或过境后，冷锋在午后到前半夜过境最有利沙尘暴的发展加强。

⑨“黑风”是发生在西北境内的一种特强沙尘暴天气，突发性强，破坏性极大，生命史短。一般“黑风”发生前天气尺度系统明显加强，6 h 形势场单站要素会发生“跃变”，这个“跃变”的过程有很强的指示性。

⑩由于西北地区沙尘暴以冷锋型最多，所以每年冬春季节，只要有强冷空气路经本地，就很容易出现沙尘暴。特别在高空干冷急流和强垂直风速、风向切变及热力不稳定层结条件下，引起锋区附近中尺度系统生成、发展，加剧了锋区前后的气压、温度梯度，形成了锋区前后的巨大压温梯度，在动量下传和梯度偏差风的共同作用下，使近地层风速陡升，掀起地表沙尘，极易形成强沙尘暴或特强沙尘暴。

参考文献

杜继稳，2005. 陕西黄土高原植被生态环境与气候研究[M]. 北京：气象出版社.

杜继稳，雷向杰，高维英，等，2006. 2006 年陕西沙尘天气特点分析[J]. 高原气象，37(增刊)：106-108.

郭菊娥，王玮，郭小平，等，2003. 我国西北部水资源对沙尘天气的影响机理研究[J]. 水利经济，22(2)：38-41.

雷向杰，杜继稳，王小宁，2001a. 沙尘暴研究中应注意的一个问题[J]. 气象科技(3)：63-64.

雷向杰，杜继稳，袁君健，等，2001b. 陕西沙尘暴时空分布、成因及防御对策分析[J]. 甘肃气象，19(2)：21-24.

雷向杰，王小宁，黄存英，等，2001c. 对地面气候资料整编中天气日数统计的探讨[J]. 气象，27(6)：33-35.

雷向杰，胡春娟，田武文，等，2003. 陕西沙尘天气的气候特征及影响分析[J]. 气象，29(12)：38-44.

雷向杰，2005. 陕西沙尘暴的基本特征和预测研究[D]. 南京：南京信息工程大学.

雷向杰，杜继稳，李亚丽，等，2005a. 陕西业务用春季沙尘暴序列的整理和选取[J]. 陕西气象(4)：13-15.

雷向杰，黄祖英，田武文，等，2005b. 两个 30 年气候平均值的差异及其对气候业务的影响[J]. 气象科技，33(2)：124-127.

雷向杰，李亚丽，杜继稳，等，2005c. 陕西龙卷、尘卷风时空分布和日变化规律分析[J]. 灾害学，20(2)：99-102.

雷向杰,李亚丽,王小宁,等,2005d. 陕西强沙尘暴、特强沙尘暴天气气候特征分析[J]. 中国沙漠,25(1):118-123.

雷向杰,王小宁,李亚丽,等,2006. 对一些沙尘暴强度划分标准中存在问题的讨论[J]. 中国沙漠,26(2):273-277.

雷向杰,黄祖英,蔡新玲,等,2008. 陕西春季沙尘暴预测方法分析[J]. 中国沙漠,28(5):980-985.

李亚丽,雷向杰,张红娟,2006. 飑的观测与陕西飑的变化趋势分析[J]. 陕西气象(3):43-46.

王越,雷向杰,栗柯,等,2008. 陕西沙尘暴时空变化特征与环流背景分析[J]. 陕西气象(4):1-5.

王越,雷向杰,肖科丽,2011. 陕西春季区域性沙尘暴过程趋势预测方法研究[J]. 陕西气象(2):5-9.

中国气象局,2013. 沙尘天气年鉴(2011年)[M]. 北京:气象出版社.

中国气象局预测减灾司,2002. 沙尘暴监测预警服务研究[M]. 北京:气象出版社.

第 11 章　陕西其他重要天气预报

11.1　春季首场透雨预报

11.1.1　春季首场透雨标准

选用关中地区 44 个(台)站 20—20 时的日降水资料进行了统计。定义在关中地区春季(3—4 月)第一次出现三分之二站过程降水量≥20 mm(降水过程中允许有一天无雨)或日降水量≥15 mm 的一次降水天气过程为春季第一场透雨。

11.1.2　春季首场透雨的天气气候规律

根据 1976—1995 年 20 a 资料统计，陕西关中地区春季共出现春季(3—4 月)透雨天气过程 12 次。其中 1978 年，1980 年，1982 年，1984 年，1985 年，1986 年，1987 年，1993 年共 8 年无透雨过程。平均每年出现 0.6 次。58%的透雨过程在 3 月份出现，主要时间段集中在中下旬；42%的透雨过程出现在 4 月份，主要时间段亦在中下旬。

从表 11.1 发现，在 12 次透雨过程中，有 8 次连阴雨天气(降水日数≥4 d 以上)占 67%。因此透雨过程大多是连阴雨天气过程，而一般降水只有 4 次，仅占透雨过程的 33%。

表 11.1　1976—1995 年 3—4 月透雨过程个例日期

月份	1976	1977	1979	1981	1983	1988	1989	1990	1991	1992	1994	1995
3			29—31	22—23	21—23	13—16		20—27	06—15	15—22		
4	26—28	13—16					26—29				08—11	21—22

11.1.3　环流特征

根据关中地区透雨天气过程开始 500 hPa 欧亚范围长波、超长波的环流特征，将 12 个个例的环流形势划分为高原低槽型、北脊南槽型、乌山阻塞型、两脊两槽型等四种类型，下面分别给出它们的典型场特征。

11.1.3.1　高原低槽型

500 hPa 图上以高原到孟加拉湾维持一长波槽为主要特征，此类占整个个例的 33%，环流特征表现为，欧亚地区 40°N 以北环流经向度较小，40°N 以南地区形成明显的两脊一槽型。即在咸海以南和我国东部沿海为高脊，长波槽位于 90°E 附近，副高加强并且 588 dagpm 线北抬到台湾岛附近，在我国东部形成明显的东高西低形势，槽前维持一支≥20 m/s 的西南气流。地面上四川低压发展，冷空气主要从西路或西北路侵入陕西。在此类形势下，由于高原暖湿气流活跃，上下层系统配合较好，形成关中地区透雨天气过程。此类天气过程大多持续时间较短,以连阴雨天气出现的机会较少。

11.1.3.2 北脊南槽型

500 hPa 图上,北纬 50°N 以北亚洲上空为 Ω 型,乌拉尔山以西及贝加尔湖以东为低槽(低压),西伯利亚为高压脊,北纬 35°—50°N 地区为平直西风气流,南支在孟加拉湾有一长波槽,这种环流形势仅占个例的 17%。地面上冷空气路径主要以北路为主,冷空气从贝加尔湖经蒙古东南下,在地面上转成高后形势。由于此种形势比较稳定,中纬度平直气流中不断有小波动东移与南支槽结合,在这种形势下常以连阴雨天气过程形成透雨。

11.1.3.3 乌拉尔山阻塞型

500 hPa 图上,以乌拉尔山附近维持高压脊为主要特征,贝加尔湖到巴尔喀什湖有一横槽,南支在 90°E 附近维持一低槽。副高 588 dagpm 线位于台湾到海南一线,高原东部维持一支西南气流,这种类型占个例的 25%。极地不断有冷空气经新地岛沿高脊北端东南下。地面上的冷空气大多从西北路侵入陕西,由于脊前不断有冷空气东南下与高原上的暖湿气流相结合形成连阴雨,也有少数情况由于冷空气势力较强与高原暖湿气流结合常以阵性降水的方式产生透雨。

11.1.3.4 两脊两槽型

500 hPa 图上 40°N 以北两脊两槽型,40°N 以南地区气流平直多波动,贝加尔湖和乌拉尔山附近分别为高压脊,西伯利亚到巴尔喀什湖是一较深的低压槽,鄂霍茨克海到日本海为低槽区,在 30°—50°N,70°E 以东形成一支强锋区,这种类型占个例的 25%。在这种形势下受贝加尔湖脊前西北气流引导,地面冷空气常从华北南下,经东路侵入陕西,形成有利的地面降水形势,在高空巴尔喀什湖低槽中分裂小槽东移叠加到强锋区上,以连阴雨的形式出现透雨过程。

11.1.4 影响透雨的天气系统

分析个例表明,影响透雨的主要天气系统是 500 hPa 新疆冷槽或青藏高原低槽,可用上述地区的 ΔH_{24} 和 ΔT_{24} 作具体指标。700 hPa 主要影响系统是河西到柴达木的低涡切变,在低涡后部有冷空气入侵,低涡前部的河套地区为暖区,这有利于低涡东移发展。可用有关地区的 ΔH、ΔT 和风找出具体指标。

当形势调整到位,单站能量条件满足,又有上述系统配合,则可预报未来 1～3 d 内关中开始一次春季透雨过程,经过统计分析表明其历史拟合率达 85%。

11.1.5 透雨过程中的能量特征

11.1.5.1 低层能量输送分析

春季透雨开始前 700 hPa 环流场有如下特征:河套地区处于高压后部,从云贵高原经四川有西南暖湿气流向陕西发展,河西到柴达木盆地有低涡存在,湿度场上河套为暖区,新疆有冷空气东移。计算这种形势下的能量场,发现从云贵高原经四川有一高能舌向关中地区发展。对应 700 hPa 风场从云贵高原到延安以南为一支 10 m/s 以上的西南大风速区,这支西南气流将高能舌向陕西上空输送,当透雨开始时,在延安到西安之间形成能量锋区,沿能量锋区南侧的关中陕南普遍出现了 25 mm 以上的透雨过程。能量分析表明,由 700 hPa 西南地区的高能量向陕西输送是陕西透雨发生的重要原因。

11.1.5.2　地面能量场分析

透雨发生前，关中、陕南地区逐渐由低能区向高能区转换，到透雨发生的前一天，关中、陕南地面能量明显加大，但能量场上并不是均一的高能区控制，而有低能区镶嵌其中，能量场的不均匀性容易产生能量锋，Ω 能量系统促发大降水的产生，能量分析表明，透雨产生前在 $T_{\sigma 0}>40$ ℃且等能线密集的区域，在这个区域中有能量锋或 Ω 能量系统的地方降水量会更大。

11.1.5.3　单站能量局地变化分析

由于地面能量 $T_{\sigma 0}$ 综合表示了压、温、湿三个要素，故分析其局地演变对掌握气团属性的演变和本地天气的关系很有重要作用，为了单站使用方便，令

$$T_{\sigma 0}=T+1555E/P$$

式中，$T_{\sigma 0}$ 为单站地面总温度；P 为本站气压；E 为水汽压；图 11.1 是西安市地面 14 时总温度演变 $T_{\sigma 0}$ 曲线，连续上升 5 d，3～5 d 连续升幅>10 ℃，且 $T_{\sigma 0}$ 在平均线上维持 6 d，结果 8 日开始陕西出现了 4 d 的以阵性降水为主的透雨天气过程。

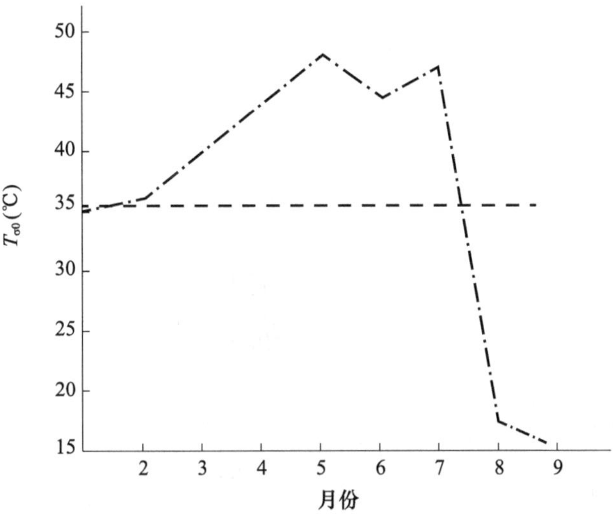

图 11.1　西安市 1994 年 4 月 1—9 日 08:00—14:00 单站能量演变曲线图
（虚线为 4 月历年能量平均线；点划线为能量演变曲线）

通过对西安市 15 年 14 时地面总温度曲线演变分析，总结出了春季透雨单站能量的指示条件：

(1)14 时 $T_{\sigma 0}$ 3 d 升幅>10 ℃；

(2)$T_{\sigma 0}$ 在平均线以上维持 3 d。

单站能量局地变化分析反映出一个事实：地面单站能量的聚集是春季透雨发生的重要条件。

11.1.5.4　春季透雨的物理量特征

2005 年 5 月 15 日晚上至 16 日白天，陕西全省普降中雨，陕中南大部地区出现了大雨，其中汉中、洋县、宁陕和镇坪 4 站为暴雨，汉中日雨量 65 mm 为最大。15 日晚上降雨以雷阵雨开始，而后自西向东发展，16 日凌晨转为稳定性降雨，持续到 16 日 20 时前后；雨量分布南大北小，最大中心位于陕南。

利用 T213 模式 0.5°×0.5°格点资料，计算有关的天气动力学、热力学和水汽等物理量场

对本次透雨过程进行诊断分析,以了解各种物理和动力过程的相对作用。

(1)涡度和散度场特征

强降水的形成和维持必须有持续的上升运动。涡度是反映空气旋转运动强度的物理量。从15日20时沿107°E(横穿暴雨区)经向涡度垂直剖面图上(图略)可看出,在31°—35°N陕西省降雨区上空涡度呈下正上负分布,正涡度区从低层到250 hPa层上向北倾斜,强降雨区上空有两个正涡度中心分别位于450 hPa和300 hPa上,中心值均大于$4\times10^{-5}s^{-1}$,与500 hPa图上低涡相对应;400 hPa以上为向北倾斜的负涡度区,中心在150 hPa层附近,中心值低于$-9\times10^{-5}s^{-1}$。表明在强降雨区上空对流层中低层为强烈辐合、高层辐散,有利于上升运动和强降雨的发生和发展。

散度是表征速度场辐散、辐合强度的物理量。从15日20时沿107°E经向散度垂直剖面图上(图11.2)可看出,在31°—38°N降雨区上空散度呈下负上正分布,无辐散层从中层到高层向北倾斜,强降雨区上空最大负散度中心位于600 hPa附近,中心值低于$-12\times10^{-6}s^{-1}$,400 hPa以上层正散度区的中心在350 hPa附近,极值高于$16\times10^{-6}s^{-1}$。在次大降水区上空400 hPa上还有一负散度中心,中心值低于$-8\times10^{-6}s^{-1}$,在其高层200 hPa上有一辐散值为$16\times10^{-6}s^{-1}$的中心。表明在强降雨区上空对流层中低层强辐合、高层辐散,上升运动得到发展,也有利于强降雨的发生和发展。

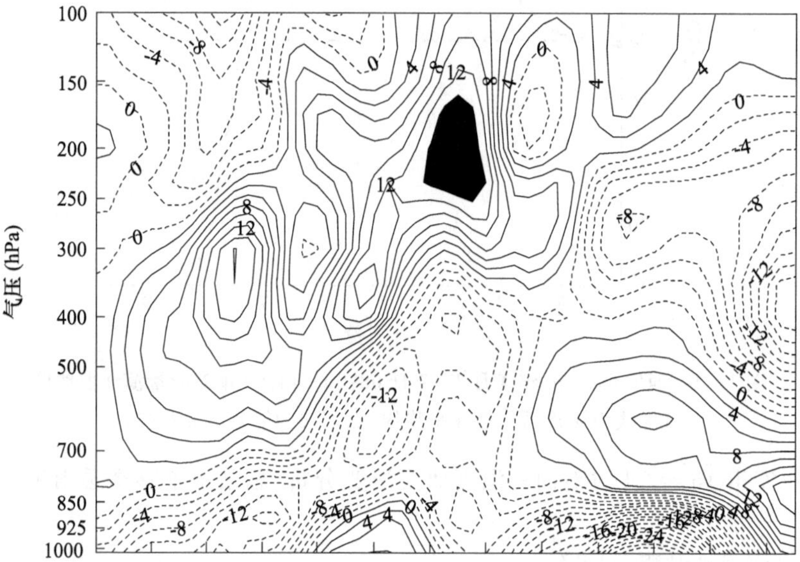

图11.2 2005年5月15日20时散度沿107°E剖面(单位:$\times10^{-6}s^{-1}$)

(2)垂直运动

15日08时,700 hPa上在四川北部、甘肃东南部到西南部为上升运动区,对应高原东移的低涡中心最大值达30×10^{-3}m/s;15日20时,随着冷空气南下上升运动区稍有南压,但东部上升范围扩展到中部(图略),40×10^{-3}m/s中心位于川陕交界处,陕西中南部的上升运动为该地大的降雨提供了必要的抬升动力条件;16日08时,西南低空急流加强并北抬,上升运动区显著朝东北方向扩展,中心移至陕西中部地区,中心值达35×10^{-3}m/s,与700 hPa的低涡切变线对应,降水亦达最强;20时,上升运动区移出陕西,河套地区受下沉运动区控制,降雨结束。另外，从 15 日 20 时沿 107°E 经向垂直速度剖面图上（图略）可看出，在 32°—40°N 整层为上升运动区，位于 400 hPa 附近的最大中心值为 80×10^{-3} m/s，正好分布在秦岭山脉和黄土高原的迎风坡上空，揭示了地形抬升作用促使上升运动加强发展，有利于强降雨的产生；为了更加清楚揭示次级环流的结构，制作了沿 107°E 经向风矢量垂直剖面图（图 11.3），由图 11.3 可以清楚看到，在大降水区上空（32°—37°N）形成了一个完整的垂直环流，上升支位于 33°—36°N 上升到 300 hPa 向北运动，在 40°N 左右下沉再向南运动，这个环流在本次大降水中起主要作用，该环流将低层水汽输送到暴雨区，同时产生了持续的上升运动，上升运动支的建立与秦巴山脉的迎风坡抬升有密切关系。

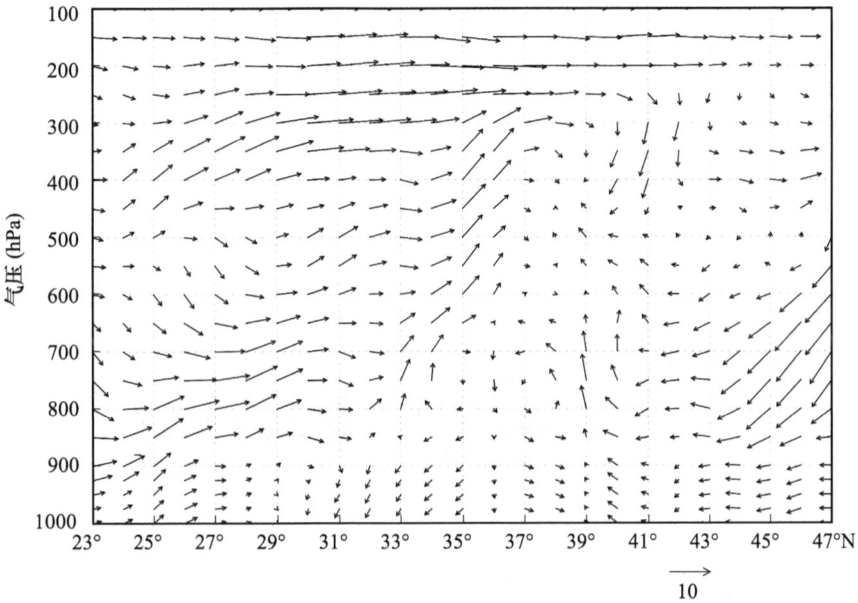

图 11.3　2005 年 5 月 15 日 20 时沿 107°E 合成流场（$V+W\times25$）的垂直剖面

(3)水汽条件分析

充足的水汽是强降水必需的物资条件。在陕西单靠本地水汽是不能形成暴雨的，必须要有水汽从周边地区源源不断地输入暴雨区。从 15 日 08 时 700 hPa 的水汽通量图上（图略）可见，在副高西侧从南海经华南、贵州到四川东部有一水汽通量大值区，位于贵州的中心值为 12 g/(s・hPa・cm)；狭窄南北向的 8g/kg 比湿区已从南海经华南到陕西南部一带；15 日 20 时，伴随副高西侧加强的南风向北推进，西北低涡东南移，该大值区向北伸展到陕西南部，中心最大值达 16 g/(s・hPa・cm)；8 g/kg 比湿覆盖范围明显扩大，并在川东出现 10 g/kg 的中心；水汽通量散度的负值区也向北伸展到川北至陕南一带（图 11.4a）。从水汽通量矢量可看出，在副高西北侧的 106°—114°E 为水汽输送大值带，并向北推进到 37°N 的河套地区，尔后分为两支，一支向西流，另一支向东北方向输送。可见这次透雨的水汽源自南海，其主要依靠副高西侧的西南低空急流携带输送。

从 15 日 20 时沿 107°E 经向水汽通量散度垂直剖面图上（图 11.4b）可知，在 31°—37°N 附近的陕西上空整层为水汽辐合区，而在秦岭山脉 700 hPa 上有一个 -2×10^{-7} g/(hPa・cm^2・s)的水汽辐合中心，与大的降雨区对应，反映偏南气流受秦岭山脉迎风坡抬升产生较强的水汽辐合。

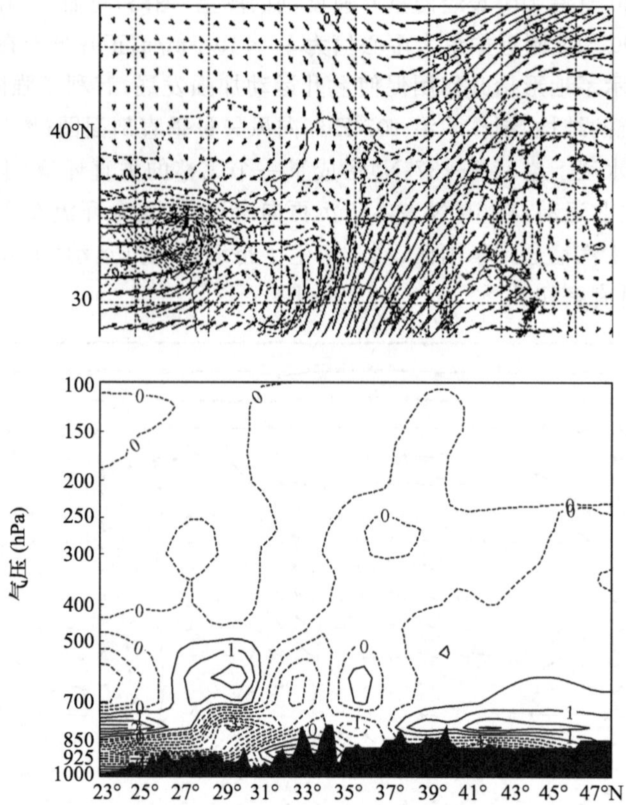

图 11.4　2005 年 5 月 15 日 20 时物理量图

(a)700 hPa 水汽通量（矢头）和水汽通量散度；

(b)水汽通量散度的垂直剖面(单位：$\times 10^{-7}$ g/(cm^2 · hPa · s)

11.1.6　春季首场透雨预报着眼点

11.1.6.1　环流调整的预报

从春季透雨环流场分析，在透雨发生前，环流形势由西高东低调整为东高西低的过程。对这种形势的调整，采用欧洲中期天气预报中心数值预报产品的格点资料，计算其在 500 hPa 上的 48 h 变高场。当变高出现在 100°—120°E，30°—60°N 范围内，有正变高中心 H，对应在 80°—100°E，30°—65°N 范围内，有负变高中心 L，当 H－L＞10 时，被认为环流场调整指标得到满足，东高西低形势调整到位。

11.1.6.2　单站总温度指标

春季透雨是重大转折性天气，由少雨转入多雨，对应单站要素应有明显反映。采用西安单站 14 时的总温度 $T_{\sigma 0}$，作为 P，T，e 要素指标。当同时满足下列条件时，则为套上单站总温度指标：

(1) $T_{\sigma 0}$ 从最低点连升≥3 d，

(2) $T_{\sigma 0}$ 3d 的累计升值 $\sum T_{\sigma 0}>10$ ℃，

(3) $T_{\sigma 0}$ 在平均线上连续维持≥3 d。

其物理意义：单站能量由一个低能向高能转换的过程，能量积聚要达到一定量级，同时在转换过程中能量有一个急增表现。这预示后期有一次明显的天气过程产生。

上述预报方法在 1996 年试用中：4 月 23 日欧洲中期天气预报中心 48 h 变高场满足条件，4 月 25 日西安单站能量符合指标条件，但由于 700 hPa 影响系统达不到指标要求，所以透雨指标不满足。实况是 4 月 26—28 日，关中降了春季第一场区域性中雨，但渭北雨量偏少，达不到透雨标准。1997 年试用时欧洲中期天气预报中心变高场不满足条件，3 月 11—15 日关中出现了春季第一场区域性中雨，但由于西部雨量偏小，也达不到透雨标准。

11.2　初夏暴雨预报

11.2.1　初夏暴雨天气的标准及气候特征

暴雨季节比较长，2 月中旬至 11 月上旬均有暴雨出现，而大暴雨出现在 5 月中旬至 10 月下旬，特大暴雨通常出现在 6—9 月。

依据陕西地理、气候特征，我们将 5—6 月境内所出现暴雨称之为初夏暴雨。若再细化一点：5 月中旬—6 月上旬为初夏暴雨时段更为确切一点，可能更为适合气候特征。因为从气候角度来讲，秦岭以北地区 6 月都是正值北方麦收时节，是降水相对偏少、气温偏高、湿度偏小的时段。统计显示：5—6 月境内所出现的暴雨约占全年暴雨的 23%，5 月中旬—6 月上旬境内所出现的暴雨约占全年暴雨的 12%。所以 5 月中旬—6 月上旬定义为陕西初夏暴雨时段既符合气候特征又有其合理性。

在 5 月中旬—6 月上旬期间，陕西历史上也出现一些极端的暴雨天气过程，如 2002 年 6 月 8—9 日出现了大范围的区域性暴雨，局地大暴雨天气过程，陕西共出现 30 站暴雨，3 站大暴雨，佛坪县最大达 186.9 mm。关中、陕南部分地区出现了多年不遇的洪涝灾害，在 6 月上旬出现这样大范围的暴雨天气过程是历史同期所罕见的。2006 年 6 月 2 日的关中区域性突发暴雨过程，共出现 15 站暴雨，其中陕北南部 2 站、关中中部 13 站。降水从 2 日 20 时开始，强降水集中在 3 日 02—05 时，其中咸阳 1 h 最大降水量达 35 mm，西安 1 h 最大为 29 mm。24 h 降水量铜川 83.6 mm，西安 71.6 mm。6 月初在秦岭北侧出现这样的区域性暴雨同样罕见。

初夏暴雨对陕西省全年降水有重要影响。据统计结果显示，如果初夏暴雨发生较早，对该地区全年多雨有很好的指示性作用。即当年内第一场较大范围的暴雨较常年出现偏早或接近常年时间时，该地区当年暴雨则相应较多，如：1960 年、1964 年、1965 年、1978 年、1983 年、1998 年、2005 年、2019 年等年均是 6 月上旬以前出现了区域性暴雨，其相应年份均为暴雨日数较多的年份，同时，当年的年降水量均属正常偏多，对农业生产较为有利。这一结果对中、长期预报具有一定的应用和参考价值。这可能与高原季风及东亚季风活动有关。

11.2.2　一个暴雨实例的预报偏差分析

2006 年 6 月 2—3 日陕西出现了当年首场区域性暴雨过程。陕北南部 2 站、关中中部 13 站出现暴雨。反查 1961 年以来降水分布，中北部的黄土高原上仅在 2002 年 6 月 8 日出现过 10 站以上的区域性暴雨，因此这次降水过程出现的时间之早、范围之广、突发性之强为历史同期所罕见。此次暴雨过程造成了严重的洪涝灾害，西安城区出现严重内涝，积水深度接近

1 m,交通受到严重影响,这次强降水从 2 日 20 时开始,至 3 日 19 时结束。降水集中在 3 日 2 时至 5 时,暴雨区有三个强降水中心,分别在陕北南部、关中北部的洛川、铜川附近,关中西部的麟游、扶风一带,以及关中中部咸阳、西安附近,其中咸阳 1 h 最大降水量达 35 mm,西安 1 h 降水量 29 mm。24 h 降水量铜川 83.6 mm,西安 71.6 mm。

11.2.2.1　环流形势特征分析

6 月 2 日 08 时 500 hPa 上,在贝加尔湖附近维持着一个较强的冷涡,且稳定少动,其底部为平直西风气流有浅槽东移发展。对大降水有明显指示意义的 584 dagpm 位置偏南,位置位于 30°N 附近。数值预报产品显示:未来的 500 hPa 环流形势变化不大。预报员依据以往经验预测,当日晚上大部地区不利出现较强的降水,以阵性降水为主。实况是 20 时至 3 日 08 时,环流形势无明显变化,584 dagpm 位置仍然位于 30°N 附近,却出现了 15 站区域性暴雨(侯建忠 等,2007)。

在 700 hPa 以下层的风场演变相对显著。首先是在 700 hPa 的云贵川有西南气流发展北伸,2 日 08 时在河套中部的陕北南部到关中北部有一条 SW—NE 走向的切变线,2 日 20 时切变稳定维持,并在关中西部到甘肃东南部形成一个低涡,随着低涡的发展,西南风进一步北伸,原在切变南侧的西南风已转向偏南或东南风,且风速骤然增大。850 hPa、925 hPa 的风场演变与 700 hPa 相似,且低层风速增长率高于高层。以安康站 850 hPa 为例,风速由 08 时的 4 m/s 的东南风增强为 8 m/s,增幅达到一倍。这点正是出现突发性暴雨的主要条件之一,也是触发本次突发性暴雨的一个主要动力因子。当日 20 时在 700 hPa 层同时出现的偏东风急流突增和切变线迅速发展为低涡,是此次预报出现偏差的另一个关键原因。但它是发布预报后的新信息,易被疏忽,此时若能严密监视,可利用这一最新的资料和雷达信息再发布一个大降水订正预报。关注 20 时的 700 hPa以下层的风场变化是补充订正突发性暴雨预报的一个有效措施。

在 300 hPa 层上没有出现以往区域性暴雨发生前或发生时所具有的风场演变和一些指示意义的特征。但在 200 hPa 层上高空急流加速剧烈,由 2 日 08 时至 20 时,12 h 风速增加了 20 m/s 且北抬约 5 个纬度,突发性区域性暴雨落区就发生在其入口的右侧。

分析表明,此次突发性暴雨过程,虽然 500 hPa 环流反映不明显,但在对流层中低层的 700 hPa 以下和对流层更高的 200 hPa 风场变化是明显的,说明高层的辐散层高度较以往的暴雨过程高,且高层的抽吸作用和低层的辐合作用非常强烈,这点与以往初夏暴雨出现前一时次,暴雨发生区位于 200 hPa 对流层高层反气旋的中心区或东北侧,风向具有明显向南偏转和反气旋旋转,即暴雨区恰好处在一个小风速构成的闭合高压环流中心,高空具有强烈辐散的结论有共同之处。这一点也能在诊断分析时得到验证(图略),图中清楚地显示了 2 日 20 时 850 hPa 东部区域迅速增强的偏东南急流和 200 hPa 上暴雨区有强的负涡度中心存在。但该结果是利用 20 时资料计算的,只能作为分析佐证。

11.2.2.2　云图特征分析

2 日 09:00—16:00,在河套北侧有一东西向冷锋云系稳定维持,冷锋云系后部的云边界光滑齐整,呈纬向,云系北侧几乎晴空无云。表明冷锋云系高层有急流带存在,锋后部的冷空气较强(侯建忠 等,2007)。2 日 16 时,图 11.5a 前冷锋云系的南北位置几乎未发生变化,高原东部的几个对流云团也变化甚小,仅有孟加拉湾附近的热带风暴云系明显发展加强。这样的云系变化就给预报员传达了冷锋云系和高原对流云系在短期内影响或造成出现大降水可能性较小的信息。云图发展演变虽然与原来预报的较接近,但还有不少差异。

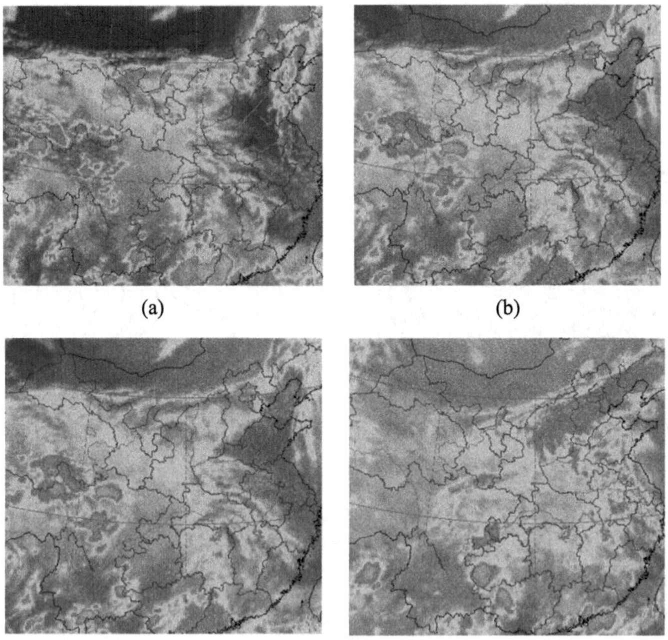

图 11.5 FY-2 卫星云图演变

(a)2006 年 6 月 2 日 16 时;(b)2006 年 6 月 2 日 20 时;(c)2006 年 6 月 3 日 01 时;(d)2006 年 6 月 3 日 05 时

首先,20:00,见图 11.5b,原在河套附近的冷锋云系,已缓慢东南移到河套以南区域,冷锋云系前部的陕北有对流云团生成,云团的云顶亮温 TBB 为−40 ℃。其次是位于孟加拉湾附近的热带风暴云系继续明显发展、加强并向北移动伸展。冷锋前部的云团在发展过程中,移速和尺度增长较慢。3 日 01:00(图 11.5c)冷锋云系仍维持在陕北,只是云带略变窄东移,云顶亮温 TBB 已达−45 ℃;05:00 一直维持在高原东部的几个对流云团云系移动演变为近似于东西向的带状云团,图 11.5d,云团的东西长为 500 km,南北宽 80 km。该云团的东端(前部)已与冷锋云系尾段头尾相接,其云顶亮温的变化不大,产生强降水的云顶亮温 TBB 一般在−32～−40 ℃之间,此时正是雨强最大时段,但云图上反映强降水云团的特征不显著,甚至是出现了不降反升的现象。从卫星云图形状和云顶亮温判断这次突发性暴雨的产生应是低云所为,类似这次产生突发性强降水的云图特征,在陕西的暴雨过程中确实是较为少见,这也正是此次暴雨预报、预警和监测难度大的另一个原因。

对比分析 2 日 20 时的水汽演变图与卫星云图可知,在孟加拉湾附近的热带风暴云系维持、加强发展、北移是此次突发性暴雨输送水汽和能量的最重要通道。这一结论可通过动力场诊断予以验证(图 11.6)。由图 11.6a 可以看出,从孟加拉湾到山西存在着一支较强的水汽输送带,陕北南部和关中北部为水汽辐合区(梁生俊 等,2013);由图 11.6b 可以看出,比湿分布也有类似特征,从孟加拉湾到黄河河套为一个高湿带,关中南部和秦岭山脉一带比湿最大,中心量值达到 8 g/kg。同样在 850 hPa 及 925 hPa 上(图略),各有一条从北部湾伸向陕西中部的水汽通道,850 hPa上中心在贵州北部量值为 10 g/(cm・hPa・s),925 hPa 上的中心已处于陕西,中心量值为 8 g/(cm・hPa・s),低层水汽输送明显偏强。或许正是这支来自孟加拉湾水汽输送的存在,增强了突发性暴雨的降水强度,其影响作用类似于在东南沿海有台风活动时陕西常出现极端暴雨。

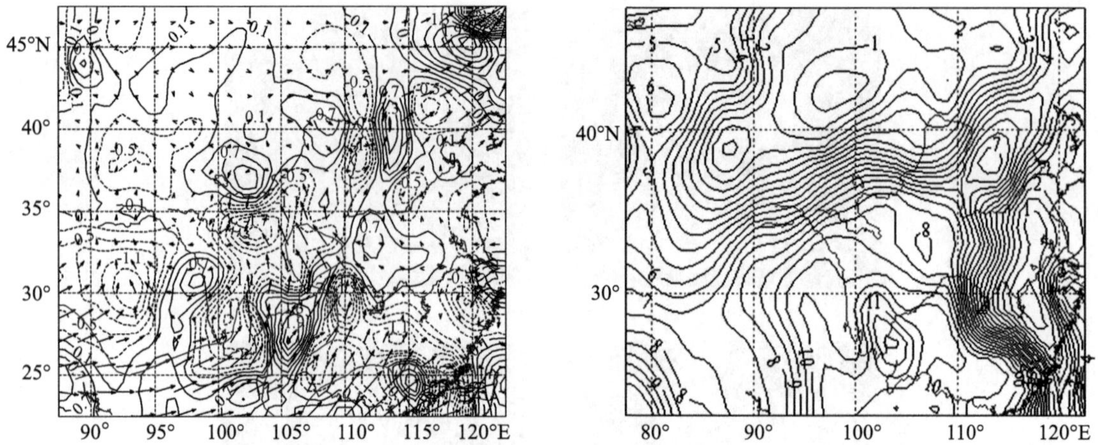

图 11.6 (a)2006 年 6 月 2 日 20 时 700 hPa 水汽通量[箭头,单位:g/(cm·hPa·s)]及水汽通量散度分布[10^{-7} g/(cm^2·hPa·s)]和(b)2006 年 6 月 2 日 20 时 700 hPa 比湿(g/kg)分布

11.2.2.3 预报偏差经验总结

(1)此次过程是典型的突发性暴雨过程,无论是高度场还是风场特征以及卫星云图上均反映不明显,除 WRF 模式(Weather Research and Forecast Model)外,几个数值模式预报结果不够理想,仅以常规资料要准确预报的难度比较大。

(2)随着数值预报准确率的不断提高和数值产品多样化,导致预报员过于依赖数值产品的形势预报和降水量级预报,加之环流形势特征不明显,又是处在常年的少雨时段,放松了对大雨以上天气的警惕,轻易地否定 WRF 模式的预报结果。今后,应密切关注不同数值模式的异同点,提高数值产品的释用水平。

(3)此次暴雨发生前期与以往总结的 300 hPa 存在明显的高空急流特征现象有差异,但在 200 hPa 高空急流特征演变明显;2 日 20 时对流层低层 850 hPa 和 925 hPa 突然加大的偏东南急流便是触发本次暴雨的一个重要动力因子。关注 20 时 700 hPa 以下各层的风场变化是订正突发性暴雨预报的一个着眼点。

(4)此次暴雨过程影响云系的云团云顶亮温显示,产生突发性暴雨是中、低云所为,这类强降水的云图特征是少见的。但在孟加拉湾附近的热带风暴云系维持、加强发展、北移是此次突发性暴雨输送水汽和能量的重要通道,或许正是它的存在增强了突发性暴雨的降水强度,这个推测还需进一步验证和数值模拟分析。

11.2.3 初夏暴雨预报着眼点

陕西初夏暴雨期间,正值我国华南前汛期结束和长江流域梅雨开始的时段,副高位置相对偏南。处在西北地区的陕西,冷空气的活动和势力相对长江和华南地区来讲,有一定频发和偏强性。陕西初夏暴雨天气过程具有明显突发性,预报难度较大。

首先,关注高低空系统的配置,是否有 500 hPa 低槽或短波槽,700 hPa 在甘南武都一带或四川东部地区是否有明显切变或低涡,地面四川中东部及陕南一带是否有闭合热低压中心或低压区存在。其次,应关注对流层中底层的偏南气流增强和发展及偏南气流北伸的位置,即对流层低层 700 hPa、850 hPa 和 925 hPa 有无突然加大的偏东南急流;其中 700 hPa 在切变东侧从孟加拉湾经贵州、重庆西部、四川东部是否有明显的偏南或西南急流配合，风速一般为 10～16 m/s，一直北伸至秦岭以北地区，如"6・8"暴雨的急流甚至直伸陕北，有一定的风速和风向辐合，延安为 22 m/s 的偏南风，郑州以北的华北区域为 10～16 m/s 的偏东南风；这支始于孟加拉湾的偏南急流在初夏暴雨前期是暴雨区主要的水汽和能量输送带。在 850 hPa 图上，除从孟加拉湾经贵州、重庆西部、四川东部有明显的偏南气流配合外，在陕西中东部为 6 m/s 左右的偏东风，一直吹向暴雨发生区域，风向、风速辐合为暴雨的生成、发展提供了低层辐合、抬升和水汽输送。第三，在 200 hPa 或 300 hPa 高空急流特征演变明显或者说陕西初夏暴雨发生区多位于 200 hPa 对流层高层反气旋的中心区或东北侧，风向具有明显向南偏转和反气旋旋转，即暴雨区恰好处在一个小风速构成的闭合高压环流中心。第四，近年来数值预报的快速发展和各类要素产品的预报准确度的不断提高，预报人员应充分综合运用国家气象中心 GRAPES-Meso 预报产品，欧洲中期天气预报中心（ECMWF）、美国大气环境预报中心（NCEP/NCAR）和日本等数值天气预报产品。特别是对中尺度数值预报模式的分析应用。第五，在暴雨出现后，要注重跟踪监测，密切监视底层风场的变化和卫星云图的演变（侯建忠等，2018）及时发布补充订正预报，提高服务效果。

11.3　连阴雨预报

11.3.1　连阴雨天气的标准及气候特征

11.3.1.1　连阴雨天气的标准

持续性长时间的降水天气，是陕西降水天气的主要特点之一，根据陕西降水的特征，符合条件①—③的降水天气过程定义为一次连阴雨天气：

①连续 4 天及以上测站日降水量大于或等于 0.1 mm；

②测站过程降水量大于 20 mm；

③连阴雨期间允许有 1 d 的微量降水或无降水间隔，但过程的持续时间必须在 5 d 或 5 d 以上；

④连续两天测站无大于等于 0.1 mm 降水或微量降水，则认为连阴雨天气结束；

⑤区域内有一半以上的测站同时满足条件①和②，且符合条件③，则认为是一次区域性连阴雨；

⑥连续两天区域内有一半以上的测站无大于或等于 0.1 mm 降水或微量降水，则认为区域性连阴雨天气结束。

11.3.1.2　连阴雨天气的气候特征

连阴雨南多北少。根据对陕西省 1951—1981 年资料统计分析，一年当中秦巴山区连阴雨最多，年平均在 8～10 次，陕北北部最少，年平均在 3～5 次，陕北南部和关中年平均在 4～6 次，陕南汉江谷地和秦岭南麓年平均在 6～8 次。

连阴雨四季分布不均。连阴雨天气在 3—11 月期间均可发生，一年当中连阴雨主要发生在 7—9 月，关中陕南约 80%～90%的连阴雨发生在 7—9 月，陕北约 60%～80%的连阴雨发生在 7—9 月。

连阴雨过程雨量大。陕西连阴雨多年平均过程雨量一般在 50 mm 以上，其中秦巴山区连阴雨多年平均过程雨量 80～90 mm，汉水谷地连阴雨多年平均过程雨量 70～80 mm，关中平原连阴雨多年平均过程雨量 50～60 mm，渭北连阴雨多年平均过程雨量 60～70 mm，但季节不同，连阴雨过程雨量差别较大，夏、秋季陕西连阴雨多年平均过程雨量一般在 60 mm 以上，陕南的巴山山区连阴雨多年平均过程雨量可达 100 mm，陕南一般在 80～90 mm，其余各地一般在 70～80 mm。而春季连阴雨的过程雨量最小，平均在 30 mm 左右，巴山山区可达 50～55 mm，陕南和关中西部可达 45～50 mm。

连阴雨中暴雨多。陕西连阴雨中多伴有暴雨发生，统计表明，全年平均暴雨日中，大约有 50%～80%发生在连阴雨中，而巴山山区有 80%以上的暴雨是与连阴雨相联系的(薛春芳，1994)。

11.3.2 连阴雨天气的环流形势分型

11.3.2.1 连阴雨天气的大气环流背景

有关秋季连阴雨时大气环流特征的研究表明，在典型的华西秋雨年和陕西秋季典型多雨时段中，北半球 500 hPa 高度距平分布特征通常为：孟加拉湾为宽广的负距平区，贝加尔湖及其以东地区为负距平，乌拉尔山到西西伯利亚以及我国大陆到西太平洋上空为正距平区，环流特征表现为孟加拉湾低槽偏深，西太平洋副热带高压偏强，乌拉尔山阻塞高压处于准静止或缓慢移动状态，中亚的巴尔喀什湖为稳定的长波槽或低压，西太平洋副热带高压后部的西南暖湿气流与中纬度西风气流中的扰动相结合，陕西地区长时间位于低层偏北风和偏南风的交绥区(图 11.7)。

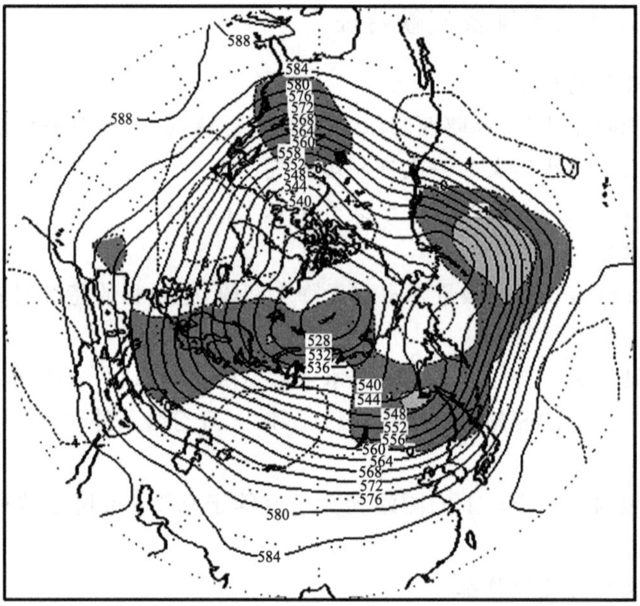

图 11.7 2003 年 8 月 20 日—10 月 20 日北半球 500 hPa 平均高度场及距平场

(实线为高度；虚线为距平，单位：dagpm；阴影区为负距平区)

秋季多连阴雨年 200 hPa 在青藏高原北侧 40°N 附近，西风急流平均风速超过 35 m/s，秦岭地区位于急流右侧的大尺度高层辐散场，相应对流层低层 850 hPa 秦岭地区南侧存在两支偏南气流，一支为西太平洋副热带高压西南边缘的东南风，另一支偏南气流是位于高原东侧来自孟加拉湾的西南气流，这两支偏南气流在秦岭附近与偏北气流的冷空气相遇，说明陕西秋季多连阴雨年份不仅受到东南季风系统影响，而且受来自印度洋的西南季风影响(高由禧，1958；鲍媛媛 等，2006)。

陕西连阴雨的形成与我国夏季季风的活跃有密切的关系。当副热带西风急流在青藏高原北侧 40°N 附近加强且移速缓慢，对流层低层副高北侧秦岭山脉附近南北温度梯度急剧加大。形成了对流层高层西风锋区与高原东侧对流层低层西南暖湿气流或副高外围东南暖湿气流相配合的垂直结构。因而产生了具有地方特色秋季连阴雨天气(方建刚 等，2006；2003；2004)。

11.3.2.2　乌拉尔山阻高型

乌拉尔山附近为阻塞高压(图 11.8a)，在其南部咸海至新疆为切断低压，在乌拉尔山和贝加尔湖东侧为深厚低槽，同贝加尔湖东侧低槽和切断低压相配合，有南北两支西风锋区。北支位于 45°－50°N，这支西风锋区引导冷空气东移后从华北南下，使河套地区位于地面冷高压的后部并形成回流天气，南支西风锋区位于 40°N 附近，咸海到新疆的切断低压不断分裂短波槽经高原东移后得到发展，这时西太平洋副热带高压脊线位于 27°N 附近，588 dagpm 特征线西脊点位于 110°E 以西。强大而稳定的副热带高压既使得来自于巴尔喀什湖经高原东移南下的冷空气受阻于秦岭山脉附近，同时其外围的西南暖湿气流也提供了充足的水汽，从而产生了该地区持续阴雨天气。

11.3.2.3　欧亚两槽一脊型

西西伯利亚为阻塞高压(图 11.8b)，切断低压位于巴尔喀什湖附近，在乌拉尔山至贝加尔湖为一深槽，东亚西风锋区分为两支，北支位于 50°—55°N，这支西风锋区引导冷空气东移后从华北南下，使河套地区位于地面冷高压的后部并形成回流天气，南支西风锋区位于 40°N 附近，位于巴尔喀什湖附近的低槽不断分裂短波槽东移，这时西太平洋副热带高压强大而稳定，受西太平洋副热带高压的阻挡，东移的西风槽移速减慢，冷暖空气频繁交汇于秦岭山脉附近，形成了该地区持续阴雨天气。

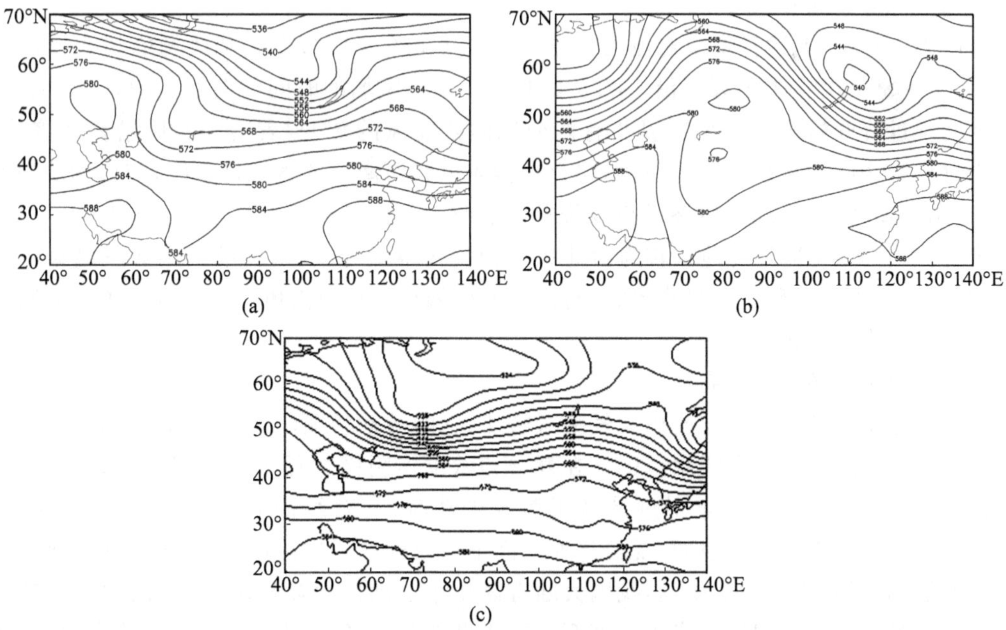

图 11.8　秦岭地区秋季典型连阴雨的环流形势

(a)乌山阻高型；(b)欧亚两槽一脊型；(c)欧亚两脊一槽型

11.3.2.4　欧亚两脊一槽型

中高纬度西风带乌拉尔山以西和贝加尔湖以东为长波脊(图 11.8c),贝加尔湖到中亚为长波槽区,陕西处在贝加尔湖低压底部,贝加尔湖低压底部平直西风气流中不断有短波槽东移,中纬度东亚西风锋区在 40°N 附近加强并维持,秦岭地区阴雨天气持续,这时当西太平洋副热带高压加强西伸或南海高压加强时,连阴雨中也有暴雨天气产生。

11.3.3　连阴雨天气的影响系统

连阴雨天气主要影响天气系统一般有:西太平洋副热带高压、对流层高层的西风急流、低层切变线和低涡等。

11.3.3.1　高空西风急流

早在 1958 年高由禧就指出华西秋雨的起讫日期与亚洲上空急流的进退有关,其后有关大气环流的季节变化与华西秋雨关系的研究也表明,秋季高空西风急流第一次在秋雨区出现时秋雨开始,而当亚洲南部高空西风急流稳定在川黔上空时秋雨结束。分析表明 200 hPa 等压面上西风急流在 40°—45°N 附近建立并稳定加强时,陕西连阴雨开始并维持;当西风急流由 40°N 向南扩展至 30°N 或西风急流在 50°N 重建时,连阴雨结束。图 12.14 是 2003 年秋季高空西风急流的时间变化。西风急流 8 月 21—9 月 6 日稳定在 40°—45°N 之间,9 月 6 日后急流突然开始南移减弱消失;9 月 15 日西风急流在 50°N 附近建立,17—20 日稳定在 40°—45°N,尔后 9 月 21 日南移至 35°N 减弱消失,9 月 26 日西风急流又一次在 45°N 附近建立,在 10 月 4 日前西风急流轴一直稳定在 40°N 附近,10 月 8 日急流南扩到 35°N 后与在 45°N 重建的急流中心打通,在 10 月中下旬急流轴稳定在 30°N 附近。而陕西在 8 月 24 日—9 月 7 日、9 月 17—20 日、9 月 26—10 月 4 日、10 月 9—13 日先后四次出现连阴雨(方建刚 等,2003)。

11.3.3.2　低层切变与低涡

连阴雨过程中,上述各型中对流层低层 700 hPa、850 hPa 多低涡和风场的切变线活动频繁。图 11.9 是一次连阴雨天气沿 107.5°E 的 700 hPa 风场的时间纬向剖面图,图 11.9 中反映在连阴雨过程开始时,在 36°N 以北有西南风向西北风的转变,表明有西风槽移经该地区。连阴雨过程中 700 hPa 在 32°N 附近始终存在偏东风和西南风的暖式切变线,与风场的切变线对应,连阴雨期间,秦岭地区始终维持较强的辐合区,分别有 $-6\times10^{-5}\,s^{-1}$ 和 $-3\times10^{-5}\,s^{-1}$ 的辐合中心。当 700 hPa 秦岭地区转为西北风时切变线也随之消失,持续阴雨天气结束。由此可见,当对流层中高层环流形势稳定时,对流层低层偏东风和西南风切变线维持了对流层低层辐合和雨区的水汽输送。

11.3.3.3　西太平洋副热带高压

西太平洋副热带高压与连阴雨天气关系密切,它的活动状况(位置、强弱)及与西风带系统的配置直接影响降水强度和降水范围。在夏季和秋季连阴雨过程中,一般都受到西太平洋副热带高压的影响,当西太平洋副热带高压稳定少动时,其脊线徘徊在 25°—29°N 之间,588 dagpm 线的西伸点在 110°E 以西,受经高原东南下冷空气的一次次冲击,西太平洋副热带高压外围东西摆动,但其主体稳定少动,我国大陆有高压中心或闭合高压环流,在西太平洋副热带高压的西北侧形成大范围的强降水。当西太平洋副热带高压受到较强冷空气冲击,其主体减弱东退到海上,脊线位于 25°N 以南,588 dagpm 线的西伸点在 115°E 以东,伴随着一次强降水后连阴雨天气结束(刘福明 等,1982;刘天适 等,1983;林纾 等 2003)。

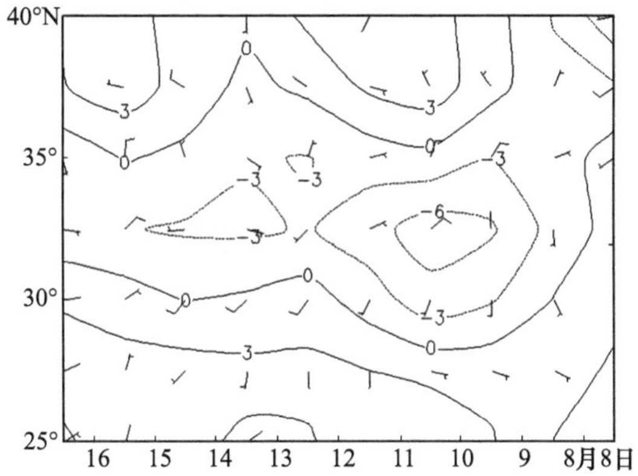

图 11.9　2003 年 8 月 7—17 日 700 hPa 风场和散度场沿 107.5°E 时间纬向剖面图
（等值线为散度，单位：$10^{-5}s^{-1}$）

在春季和秋末连阴雨天气中，西太平洋副热带高压的影响很小，但这时连阴雨天气的强度也较弱（高炬 等，1998）。

11.3.3.4　热带低压和台风

台风和热带低压都是发生在热带地区的天气系统。它的路径和频次不仅直接影响我国东南沿海省份降水的强度及分布，也是直接或间接影响我国北方和内陆省份降水的主要天气系统之一。台风和热带低压虽然不是产生连阴雨天气的直接影响系统，但它的活动对连阴雨却有着非常大的作用和影响，一般认为，台风和热带低压活动直接影响着西太平洋副热带高压的移动和强度变化，经南海西移的台风和热带低压促使西太平洋副热带高压西伸加强，向北经东海的台风和热带低压促使西太平洋副热带高压在华南形成一个孤立的高压单体。分析表明，在 8 月—10 月上旬内，台风西行或登陆多在 15°—25°N 范围内，或者是北上时的台风多在 125°E 附近移动，该年度陕西秋季连阴雨天气显著偏多（侯建忠 等，2005），秋季降水明显偏少即连阴雨偏少的年份，台风多在 125°E 以东移动，路径曲折，以北上、回转居多，西行较少。

2002 年 9 月 9—15 日连阴雨的前期及其连阴雨期间，台风“森拉克”9 月 7 日 18 时在浙江苍南登陆，减弱成低气压后西北行，在其北侧有一偏东风急流，与西太平洋副热带高压西侧的偏南气流打通后，9 日在河套地区有 $15\times10^{-5}s^{-1}$ 正涡度中心（图略），导致 10—11 日陕西全省普降小～中雨。台风“黑格比”9 月 12 日 3 时在广东阳江登陆，减弱成低气压后北行，其涡旋中心外部东风暖湿急流可达 30°N，急流轴位于 25°N 附近，其急流轴呈 NEE—SWW 走向，陕西的偏南地区恰好位于这支偏东急流出口的右侧的辐合区，9 月 12 日 20 时 700 hPa 有 $-2.0\times10^{-5}s^{-1}$ 的辐合中心，13 日陕西各地有明显降水，其中关中、陕南普降中～大雨，局部地区还出现了暴雨。可见台风和热带低压对连阴雨的形成和发展及其强度都有明显影响。

2011 年的秋季持续阴雨为历史罕见强连阴雨过程，9 月 1—20 日，陕西省出现明显的秋淋天气，降水日数达 20 d 之多，期间出现 11 个暴雨日，其中 9 月 5 日、11 日、17 日的三次暴雨过程最为强烈，分别 32 站次、34 站次和 36 站次暴雨。其中出现 3 个暴雨时段，均有 30 站次以上暴雨，陕西平均、关中、陕南雨量均为 1961 年以来历史同期最多降水量。是 1970 年以来比较典型的连阴雨天气。其中 9 月 13—22 日，在西太平洋一带，沿 100°E 北上后登陆日本的 2011 年第 15 号台风洛克对本次连阴雨有一定的影响。台风的生成出现使得南北支系统产生势均力敌的对峙，冷暖空气在黄淮一带交绥维持,同时台风东北侧的偏东南风也为连阴雨天气带来充沛的水汽。

11.3.4 陕西显著性秋季连阴雨与台风活动

11.3.4.1 陕西显著性秋季连阴雨

陕西显著性秋季连阴雨天气的定义如下:当8月下旬—10月上旬(约50 d),关中或陕南地区两个区域有一个地区的降水与多年平均降水量之差百分比≥50%,降水偏多5成以上;且上述时间段内关中或陕南大部分测站降水日数≥23 d时,即为陕西显著性秋季连阴雨或陕西秋淋天气显著。

依据上述标准对1970—2017年的48 a逐年普查(图11.10),结果共有10 a达到显著秋淋天气标准(其中2017年应计为试报年份),其中较严重分别是2011年、2003年、1984年、1983年、1981年和1975年等,PR值超过100的有2011年、2003年、1984年和1975年。而2003年陕南、关中两区域均在100以上,其中关中地区更是达到157,秋淋影响明显,受灾最重。

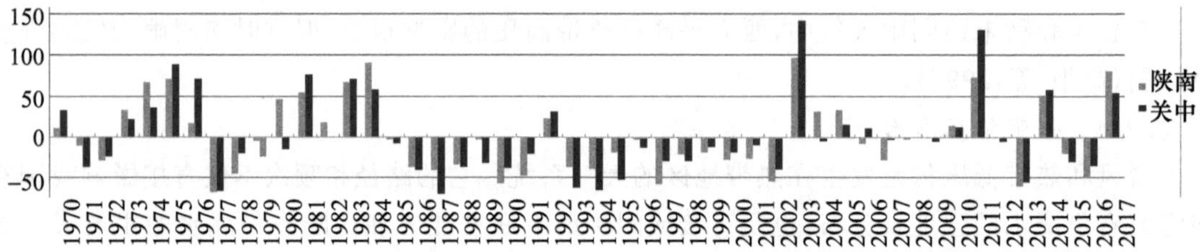

图11.10 1970年—2017年8月下旬—10月上旬总降水距平百分率动态

11.3.4.2 陕西秋淋异常降水年份前期的台风活动特征

在考虑台风的移动路径和有影响的台风个数后,发现影响路径和频次与陕西显著秋淋天气有显著的相关性(表11.2)。由此可见,对于地处内陆的陕西地区来讲,西太平洋的有影响的台风活动对陕西显著秋淋天气,具有一定的先兆性,可以作为陕西显著秋淋天气的一个预报指标(侯建忠 等,2005)。

表11.2 陕西秋淋严重年份的8月下旬—10月上旬降水距平百分率与台风活动

年份	陕南降水距平百分率(%)	关中降水距平百分率(%)	降水日数(d)	5月末前西行过125°E的有效台风数	5—8月20日过120°E西行台风数	8月20日—10月10日的西行台风数	5—10月10日在南海生成的有效台风数	5—10月10日西太平洋面生成有效台风数
1974	75	44	30	0	4	5	13	9
1975	79	100	30	1	4	3	9	7
1976	22	80	28	1	2	5	8	5
1981	62	85	31	0	7	3	11	8
1983	75	82	27	0	5	4	10	6
1984	100	85	33	0	6	4	10	7
2003	107	157	26	2	2	3	11	9
2011	81	146	25	2	3	5	11	9
2014	56	68	23	1	6	1	8	7
2017	76	56	30	0	8	4	12	4

首先，在当年的 5 月底前有有影响的台风发生或出现，则本年度陕西出现显著秋淋天气概率较高；再若在 5 月—8 月 20 日期间移过 120°E 的西行台风频次较高，陕西出现显著秋淋天气概率会进一步增大。如：2011 年、2003 年和 1975 年均在 5 月底前有台风西移越过 125°E。而 1981 年、1983 年和 1984 年虽没出现该特征，但 8 月 20 日前移过 120°E 的西行台风频次较高，分别为 6 次、5 次、7 次，在已出现陕西严重秋淋天气的 9 个年份中是频次最高的三年。关注西行台风是早期预测陕西显著秋淋天气的一个关键因子。

其次，分析有效台风数和有效台风生成源地发现：有效台风数对陕西秋淋天气表征较好。南海台风影响作用不可轻视；西太平洋洋面的有效台风数，其作用更是较为直接。如在 5 月—10 月 10 日期间，从西太平洋洋面上生成的台风西移至 125°E 附近或继续西移的特征出现时，且频次较高，当年陕西秋淋天气一定明显，如 2011 年、2003 年等都在 9 次以上。这个特征也从另外一个方面显示，若影响台风是从西太洋面生成后，以西行路径为主的台风西移时，表明副热带高压的带状特征显著，副高的位置使得北方冷空气与西南暖湿气流在秦岭附近长时段交汇，形成了有利于陕西秋淋天气的环流配置。可见有效台风能作为预测陕西显著秋淋年份的一个重要指标(侯建忠 等，2017)。

第三，若结合有影响的台风的登陆地点、频次和西移路径的偏南或偏北位置，与陕西显著秋淋天气降水落区之间相关性也较好。当影响台风登陆地点偏南、西移路径也偏南，陕西显著秋淋天气影响地区相对偏南；若影响台风登陆地点偏北、西移路径偏北或北上台风，显著秋淋天气影响地区相对偏北。如：2003 年 8 月 20 日前的有效台风路径共 8 个，路径西行的 3 个，均登陆我国(一个登陆在福建南部地区，海南岛和雷州半岛各一个)，其余 5 个在 123°E 附近北上或东北移(图 11.11a)。2011 年 8 月 20 日前的有效台风路径共 9 个，移动路径和活动特征与 2003 年相类似(图 11.11b)，而相同的是这两年陕西关中都是秋淋天气重灾区。1983 年(图 11.11c)、1984(图 11.11d)年两年间，年度(8301 号到 8304 号、8401 号到 8404 号)都登陆我国东南沿海，且以海南岛和雷州半岛居多，其中 1983 年度全年的有影响的台风登陆地点也均集中在福建南部以南的地区范围内。这两年陕西的秋淋天气影响区域主要是陕南。说明关注陕西秋淋天气前期影响台风的登陆地点、频次和西移路径的偏南、偏北的位置，这在一定程度上反映着副热带高压的变化。再结合副高变化特征和未来趋势。对预测陕西显著秋淋天气影响地区具有较好的指示意义。

11.3.4.3　陕西秋淋异常降水年份期间的台风活动特征

关注陕西显著秋淋 8 月 20 日—10 月 10 日期间的影响台风登陆地点、频次和路径同样重要，有利于完善、订正原来预报结论和建议。

在 2003 年陕西秋淋期间的四次暴雨过程中，0311(环高)、0312(科罗旺)、0313(杜鹃)三个西行登陆台风(图 11.11e)，先后为 8 月 25—26 日暴雨和 28—29 日陕西 42 县(市)的区域性暴雨提供了充沛的水汽和能量及热力条件，使陕西降水区域辐合得以加强。其次 9 月中旬关中的区域性暴雨，也是由于 0314(鸣蝉)、0315(彩云)两连号台风沿 125°E 附近北上影响造成的。

1983 年 9 月 6—7 日区域性暴雨过程是 8309 号强台风西行至 115°E 以西时出现的，9 月底—10 月初的区域性暴雨过程，是 8312 号、8313 号两个西行台风先后出现而发生的。再看 2011 年 9 月 16－18 日连阴雨的暴雨也是因为在西太平洋洋面上一直有 1115 号台风(洛克)稳定存在(图 11.11f)，使副高稳定并略有加强，致使陕西出现了近 50 a 来所罕见的区域性暴雨，17—18 日 20 时暴雨达到 44 站。

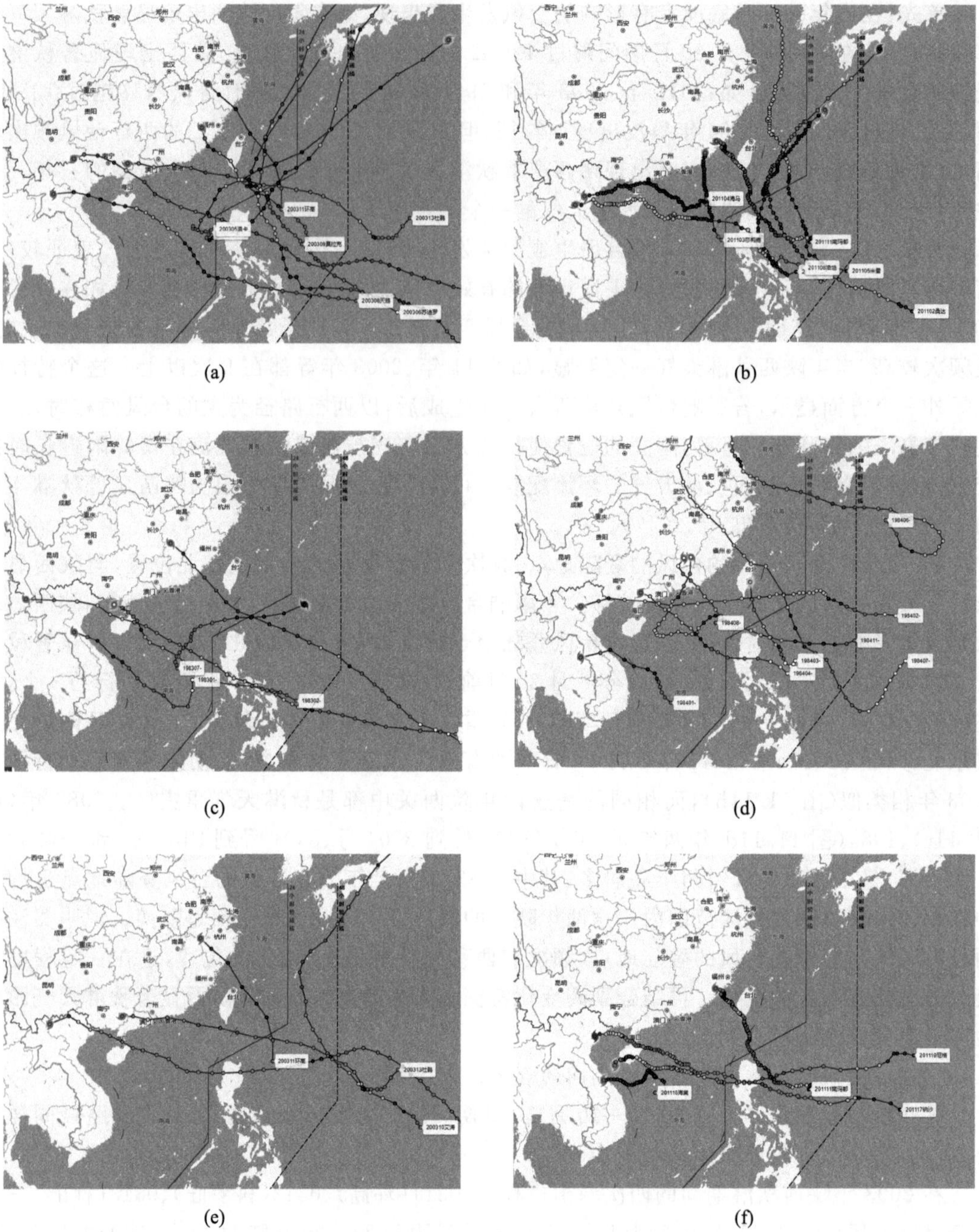

[彩]图 11.11　秋淋前的台风路径及特征

(a)2003 年 8 月 20 日前的台风路径特征;(b)2011 年 8 月 20 日前的台风路径特征;
(c)1983 年 8 月 20 日前的台风路径特征;(d)1984 年 8 月 20 日前的台风路径特征及秋淋期间的台风路径及特征;
(e)2003 年 8 月 20 日—10 月 10 日台风路径;(f)2011 年 8 月 20 日—10 月 10 日台风路径

11.3.5　连阴雨天气中的暴雨

连阴雨天气中的暴雨多发生在秋季连阴雨中。且大多数暴雨产生在乌拉尔山阻高型连阴雨天气中，其主导系统为乌拉尔山阻塞高压、西太平洋副热带高压、巴尔喀什湖到咸海的横槽等，这时如果有充分的水汽输送，湿层深厚，且西太平洋副热带高压位置合适，在一定的动力触发条件下则可能产生暴雨。

11.3.5.1　连阴雨中暴雨天气的环流特征

秋季连阴雨中的暴雨天气过程前期，乌拉尔山阻高建立，东亚 40 °N 附近有一纬向西风锋区，西太平洋副热带高压强盛且位置偏北，青藏高原东部一直维持着一支副高外围的西南气流，巴尔喀什湖低槽分裂短波槽东移中与西南气流汇合在高原东侧加深，在高原东北侧陇东、渭北等地形成了较强降水天气，随着一股股冷空气的东移南下，副高缓慢东移南退。副高脊线南退到 27 °N 附近，受强大的副热带高压的阻挡，切变东移速度减慢。700 hPa 上在兰州—平凉—延安和兰州—武都之间出现"人"字形切变，高原东侧有大于 12 m/s 的西南风急流相配合，甘南有一低涡生成并东移，这时在秦岭附近形成了偏东风与西南风和西北风与西南风的切变，高原东侧的西南风急流加强，由于西风带环流形势和副高稳定少动，降水的影响系统也稳定少动(侯建忠，2017)。形成了连阴雨中关中陕南的暴雨天气。

11.3.5.2　连阴雨中暴雨天气的高低空急流

连阴雨天气中的暴雨天气发生前南亚高压脊位于 30°N 附近，200 hPa 位于 40°N 西风急流呈纬向型(图 11.12a)，一般有大于 50 m/s 的风速中心，与东亚夏季季风相联系的热带东风急流中心位于青藏高原南侧的 24°N 附近，有大于 30 m/s 的风速中心，暴雨中心位于两支高空急流入口区右侧约 8 个纬距的强辐散区。在 700 hPa 等压面上西南风的极大值位于 27°N、105°E 附近(图 11.12b)，风速达 8 m/s 以上，暴雨区则位于低层西南急流左侧，近地面 925 hPa 华中有大于 6 m/s 的偏南风(图 11.12c)，华北南部有大于 10 m/s 的偏东风风速中心，这支偏东风是与东路冷空气活动有关，其水汽含量极少，属于干冷气流。而偏东风气流与偏南气流在秦岭山脉附近形成了暖式切变，形成了对水汽的拦截，大暴雨就产生在切变线附近。可见偏东风的汇入，加大了秦岭山脉附近低层大气的辐合及不稳定能量的聚集。

11.3.5.3　连阴雨中暴雨天气的垂直环流

在连阴雨天气中暴雨天气的经向垂直剖面中。一般在 20°—36°N 之间存在一明显的经向垂直环流，气流从副高脊线南侧的东风带 20°—27°N 下沉，至低层后转向北，再从 30°—36°N 之间上升，至高空后转向南，形成一闭合的经向垂直环流，由于在此环流圈的北侧并不存在经向闭合环流，因此，这一闭合的经向垂直环流对于暴雨区的低空入流和高空出流具有非常重要的作用。

上述闭合环流中垂直上升运动主要位于 33°—36°N，这里正是产生强降水区域，有闭合垂直上升速度中心，副热带最强下沉气流主要位于 30°N 附近的 700～400 hPa 之间，即对流层高层南亚高压脊线附近，有闭合下沉速度中心，此外，在暴雨区的北侧也有一弱下沉运动中心，其下沉运动速度远小于副热带下沉速度。值得注意的是与垂直上升运动相配合的一般是相对湿度大于 90％的饱和空气柱，这种深厚的暖湿气流和强烈的垂直上升运动是连阴雨中暴雨天气的环流特征之一。

连阴雨天气中暴雨天气，在暴雨区上空由地面至 700 hPa 存在一辐合区，这一辐合区与地面垂直，同时在暴雨区辐合区的上方对流层高层存在辐散区，最大辐散区位于 200 hPa 附近，低层强辐合和高层强辐散的垂直结构为产生暴雨、大暴雨的中小尺度系统形成和发展提供了有利的动力学条件。

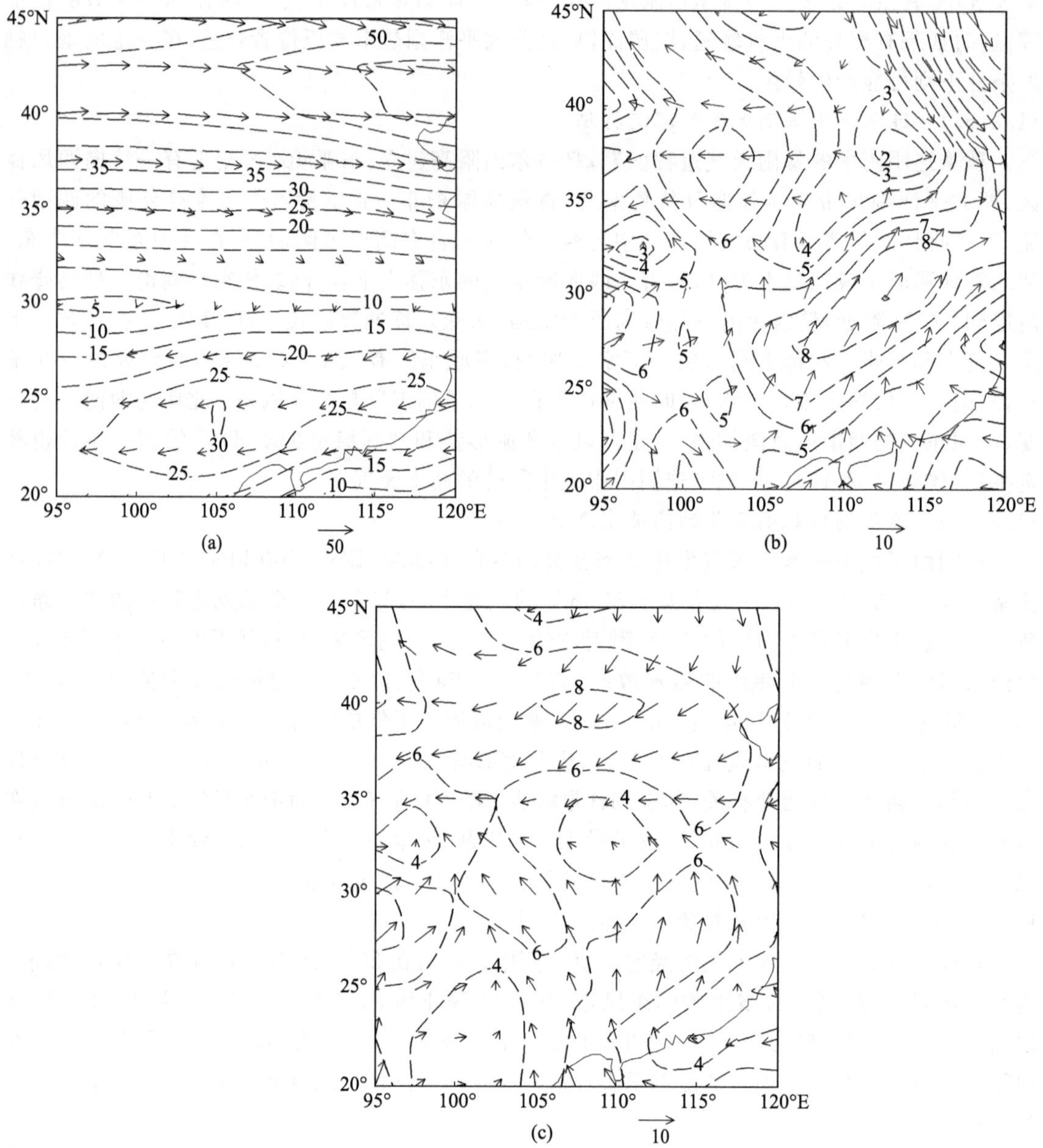

图 11.12 2003 年 8 月 28 日 20 时 200 hPa(a),700 hPa(b)和 925 hPa(c)风矢量和等风速图(单位:m/s)

11.3.5.4 连阴雨中暴雨天气的热力学特征

连阴雨天气中的暴雨天气前,在 850 hPa 的 θ_{se} 图中(图 11.13)可清楚看到次天气尺度 Ω 系统。其水平尺度有近千米,并且在高原东侧有大于 352 K 高能舌,秦岭山脉附近有 360 K 的闭合高能中心,这支高能舌是与高原东侧对流层低层的偏南暖湿气流的水汽输送相联系的。它不仅是产生暴雨所必需的水汽输送带,也是造成暴雨强对流所必需位势不稳定能量的输送者。在高能舌的东侧有东北—西南向的低能带,表明对流层低层有干冷空气从华北回流到渭水流域和秦巴山区,高能舌的西侧由于西路冷空气的入侵在 100°—105°E 之间形成了较强能量锋。这两支冷空气从东、西两侧夹击西南暖湿气流，是暴雨区具有明显辐合和强烈湿斜压不稳定。这时$\left(\frac{\partial\theta_{se}}{\partial p}\right)_{700-850}<0$，表明该地区在暴雨、大暴雨发生前为高潜热能和较强位势不稳定区。分析表明暴雨开始后，潜热能迅速下降。但在有些秋季连阴雨中的暴雨个例中，也存在$\left(\frac{\partial\theta_{se}}{\partial p}\right)_{700-850}>0$的情况。

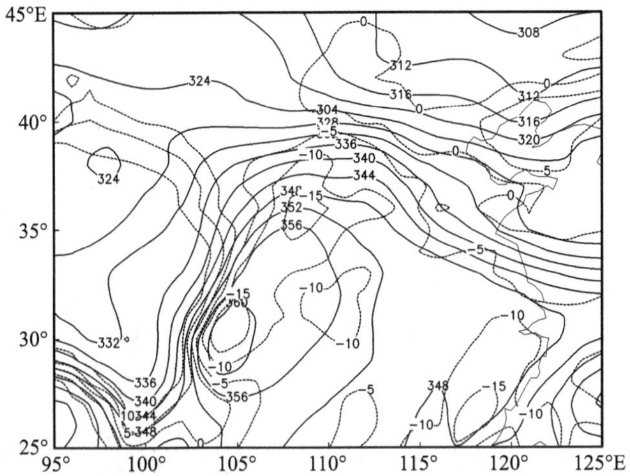

图 11.13　2003 年 8 月 28 日 850 hPa 假相当位温 θ_{se}（实线，单位：K）和 $\Delta\theta_{se\,700-850}$（虚线，单位：K）

11.3.6　连阴雨天气中的水汽输送

连阴雨是在特殊大尺度环流背景下产生的天气现象，当满足动力学条件时，必须要有充足的水汽来源。分析连阴雨期间 850 hPa 平均水汽通量和水汽通量散度发现，华西地区为明显的水汽辐合带，在四川盆地和西北地区东部有明显的水汽辐合中心。水汽主要来自东海，水汽输送则依靠西太平洋副热带高压外围的东南风气流完成。另外，在水汽通量散度分布中，华北、长江中下游地区为水汽的辐散区，分析发现水汽辐合区为假相当位温高能带，水汽辐散区为假相当位温低能区，说明在青藏高原东侧低层存在着强烈辐合上升运动，暖湿空气上升运动使得该地维持高能区。

在连阴雨期间当低纬有台风和热带低压活动时，其水汽来源主要在东海和南海。其水汽输送则依靠热带低气压外围的偏东气流和偏南气流实现。2002 年 9 月 9—15 日连阴雨过程中，由于热带低压减弱北上，低空急流主要表现为在低压外围偏东风和偏南风，水汽输送通道随热带低压移动位置的变化而改变，如图 11.14 所示，在连阴雨开始时 9 月 9 日 20 时低层 700 hPa存在着一个 NW—SE 向的水汽通量的大值区，有大于 40 g/(cm・hPa・s)高值带，且有 90 g/(cm・hPa・s)闭合中心，这个高值中心从 9 月 7 日开始从东南沿海，即台风“森拉克”登陆地连续西北移，并在 32°N、110°E 附近形成 90 g/(cm・hPa・s)闭合中心。这支水汽输送通道在 9 月 12 日减弱。在南海青藏高原东侧有新的南北走向的水汽输送通道出现，这支水汽输送通道与台风“黑格比”在广东阳江登陆后北行减弱成低气压后北行相联系，其水汽输送量较前一次水汽输送量要大，有大于 100 g/(cm・hPa・s)闭合中心，从逐日降水量演变看，9 月 12—13 日陕西关中、陕南降雨也明显地增大。

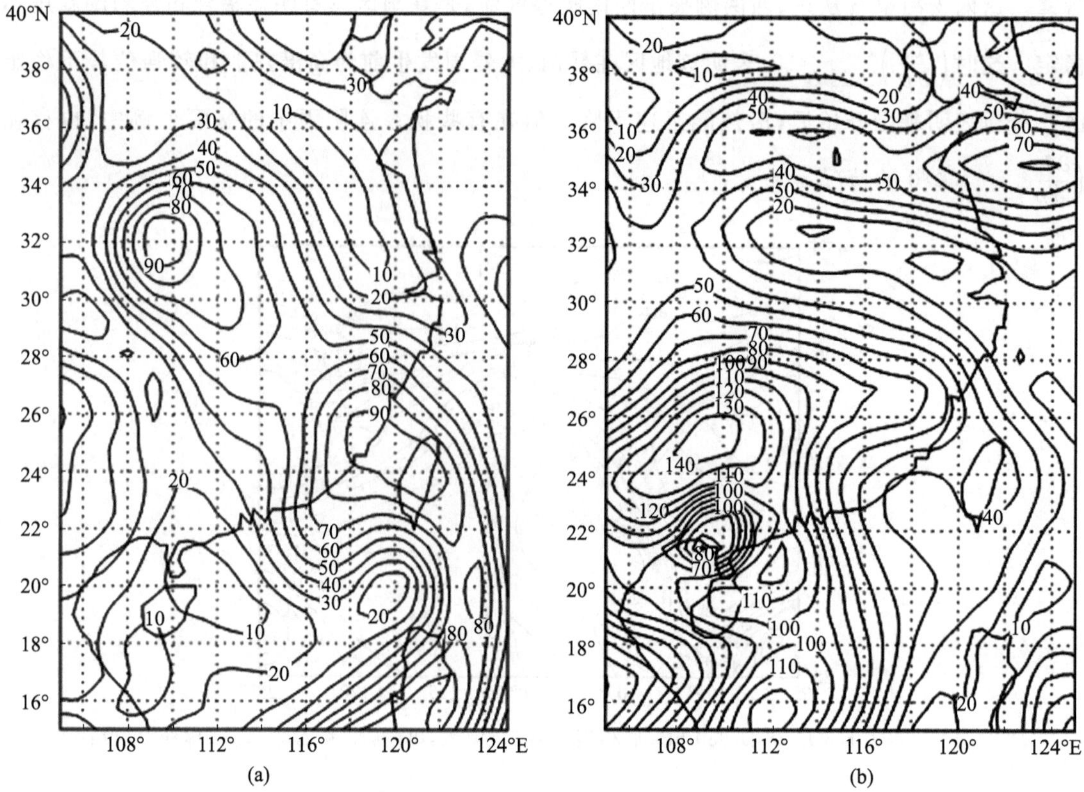

图 11.14　2002 年 9 月 9 日 20 时 700 hPa(a)和 2002 年 9 月 12 日 20 时 700 hPa(b)水汽通量(单位:g/(cm·hPa·s))

11.3.7　连阴雨天气预报

连阴雨天气预报主要包含三方面内容,即连阴雨开始时间预报、持续时间预报和连阴雨结束预报。

11.3.7.1　连阴雨开始的预报着眼点

乌拉尔山附近有高压脊发展,高压脊后部有明显的暖平流向北输送,暖平流促使高压脊发展并形成阻塞高压,脊前北风也随之加强,引导冷空气在巴尔喀什湖到咸海的横槽内聚集,形成中高纬度西风带比较稳定的大尺度环流形势。这是有利于关中、陕南产生连阴雨天气的环流形势。在连阴雨预报时应予以注意。

注意西太平洋副热带高压变化,当西太平洋副热带高压稳定,脊线在 25°—29°N,西伸点 105°E 以西,有利于陕西关中、陕南连阴雨天气的产生。

注意高空副热带西风急流的位置和强度变化。200 hPa 等压面上西风急流在 40°—45°N 附近建立并稳定加强时,陕西关中、陕南连阴雨天气开始并维持。

11.3.7.2　连阴雨结束的预报着眼点

乌拉尔山附近的阻塞高压崩溃,巴尔喀什湖到咸海的横槽转竖并系统性东移,中亚有弱脊建立,东亚中纬度锋区南压,地面上有强冷空气入侵陕西,各地气压陡升,这是乌拉尔山阻高型连阴雨结束的预报着眼点。

新疆有长波脊发展或高原上有暖脊发展，脊前有冷槽东移，陕西各地转受高空西北气流控制，天气转晴。这是两脊一槽型连阴雨结束的预报着眼点。

西太平洋副热带高压南压东退或蒙古低槽东移加深，东高西低的环流形势破坏，陕西各地转受高空西北气流控制，高空有明显的降温，天气转晴。这是两槽一脊型连阴雨结束的预报着眼点。

11.4　寒潮预报

11.4.1　寒潮的标准及气候特征

11.4.1.1　寒潮天气的标准

根据陕西省的天气气候特征和中国气象局寒潮定义，陕西省寒潮定义为：

①24 小时日平均气温陕北下降 10 ℃以上，关中、陕南日平均气温下降 8 ℃以上，且最低气温在 5 ℃以下；

②48 小时日平均气温陕北下降 12 ℃以上，关中、陕南日平均气温下降 10 ℃以上，且最低气温在 5 ℃以下；

③24 小时日平均气温陕北下降 8～10 ℃，关中、陕南日平均气温下降 6～8 ℃，且最低气温在 5 ℃以下；

④48 小时日平均气温陕北下降 10～12 ℃，关中、陕南日平均气温下降 8～10 ℃，且最低气温在 5 ℃以下；

满足①或②为一次寒潮天气，满足③或④为一次强降温天气，同时还规定，24 h 日平均气温陕北下降 6～8 ℃，关中、陕南日平均气温下降 4～6 ℃，为中等强度冷空气活动。

11.4.1.2　寒潮天气的气候特征

陕西寒潮天气过程以春秋季多发，最早出现在 9 月下旬(1967 年 9 月 6—28 日)，最晚出现在 5 月中旬(1978 年 5 月 12—15 日)，平均而言，陕西寒潮天气主要出现在 10 月下旬—翌年 4 月中旬，年平均为 1～2 次。

陕西寒潮天气地域分布特征为，从北向南逐渐递减。若日平均气温 24 h 下降 8 ℃作为统一标准，陕北北部的榆林为 2.8 次/年。关中的西安为 0.8 次/年，而陕南汉中仅为 0.2 次/年。

从月际变化看，陕西寒潮出现频率最高的月份时段为 3—4 月，大约有 40％寒潮、强降温发生在此时段，其次为 11 月，约有 15％寒潮、强降温发生在 11 月，最少月份为 9 月，约占 1％。

11.4.2　寒潮天气的冷空气路径

影响我国的冷空气，有 95％的冷空气都要经过西伯利亚中部(43°—65°N，70°—90°E)地区，并在这里堆积加强，这个区域称之为寒潮关键区，冷空气经过关键区后经过不同的路径影响陕西，按照冷空气移动的路径、入侵陕西的方向以及在关键区堆积的位置，将影响陕西寒潮天气的冷空气分为：西北路、西路、北路和东路。

西北路：冷空气一般在 43°—55°N，75°—100°E 区域堆积，即在西伯利亚、我国新疆北部和蒙古国西部堆积，地面冷空气由西伯利亚经新疆、蒙古西部东南移，主力从祁连山以北，银川以西入侵陕西，冷高中心位于陕西西北方，此路径冷空气主要影响陕西偏北地区。

西路:冷空气一般在30°—45°N,65°—90°E区域堆积,即在咸海、里海到巴尔喀什湖地区堆积,地面冷空气经由新疆、青海东南移,主力从祁连山以南入侵陕西,冷高中心位于陕西西北方,此路径冷空气影响陕西次数很少,降温幅度不大,但当南支锋区波动与北支锋区波动同位相叠加时,也可造成明显降温和雨雪天气。

北路:冷空气一般在45°—60°N,95°—120°E区域堆积,即在贝加尔湖地区堆积,地面冷锋呈东西向,冷空气经由贝加尔湖、蒙古、河套南下,主力从银川以东,吕梁山以西入侵陕西,冷高中心位于陕西北部,此路径冷空气影响陕西次数较多,约占陕西寒潮天气的40%,由于秦岭山脉对南下冷空气的屏障作用,北路冷空气大多数只影响陕北、关中,影响陕南次数较少。

东路:冷空气一般在48°—60°N,115°—130°E区域堆积,即在贝加尔湖以东地区堆积,冷空气经由贝加尔湖、蒙古国、我国华北南下,在冷空气主力继续东移南下中,低空冷空气折向西,从吕梁山以东入侵陕西,此路径冷空气影响陕西的寒潮次数较少,约占陕西寒潮天气的10%,但这类寒潮往往是冷空气强,降温幅度大,并伴有严重的大风、雨雪天气。

11.4.3 寒潮天气过程及寒潮环流分型

11.4.3.1 寒潮天气过程

寒潮天气过程可分为倒Ω型、极涡偏心型和大型槽脊东移型三大类,全国有70%～80%的寒潮天气过程属于倒Ω型。按环流演变可将倒Ω型寒潮过程分为初始阶段、酝酿阶段和暴发阶段(寒潮中期预报文集编委会,1985;朱乾根 等,2000;北京大学地球物理系气象教研室,1978)。

初始阶段:两大洋北部有高脊向极区发展,常常是太平洋东部的阿拉斯加有暖脊存在,大西洋暖脊向西欧、向极地发展时,阿拉斯加暖脊也向西、向极地发展,极涡分裂为二,伸向东、西两半球(或极涡偏向东半球)。从东半球天气形势看,两大洋脊钳制着一个大极涡,形成倒Ω型。自两大洋脊发展到这种倒Ω型的建立和维持称初始阶段。

酝酿阶段:东北半球的倒Ω型向亚洲地区收缩,乌拉尔山和鄂霍茨克海暖脊建立,亚洲极涡加强并南压,从亚洲天气形势看,高纬东伸的乌拉尔山脊和西伸的鄂霍茨克脊挟持亚洲极涡,形成东亚的倒Ω型,极涡底部有一支强西风,并伴随着一支强锋区,锋区上有长波发展或横槽缓慢南压,形成强冷空气的酝酿阶段。

暴发阶段:中纬度长波急速发展,或横槽转竖,或横槽南压,引导冷空气南下入侵我国。最终东亚大槽加深并重建,过程结束。

极涡偏心型寒潮天气过程较少,全国有10%的寒潮天气过程属于该型,这种类型的寒潮天气初始阶段表现为两大洋北部的暖脊已发展,极涡已偏心于东半球,酝酿阶段则表现为两大洋暖脊再次强烈发展,并迅速向亚洲收缩,乌拉尔山暖脊已移至西西伯利亚上空,亚洲极涡强度较强。暴发阶段为西西伯利亚的高脊发展东移,脊前偏北气流加强引导冷空气向南暴发。

大型槽脊东移型寒潮天气过程不常出现,其主要特征为长波槽来自东欧或乌拉尔山附近。长波槽在东移过程中时强时弱,并不显示有寒潮迹象。但当长波槽移到西伯利亚或蒙古高原西界时才显著加深,而后长波槽以每日约5个经度东移,造成大范围寒潮降温天气。这类寒潮从长波槽强烈发展到寒潮暴发为期5～7 d。预报时效甚短。

11.4.3.2 冷空气路径与寒潮天气环流

东路冷空气:中高纬度高空环流形势为两槽一脊型(图11.15a),贝加尔湖以西的西伯利亚为一长波脊，乌拉尔山和贝加尔湖以东分别有一低槽，冷空气在贝加尔湖以东堆积，高空锋区在华北地区，这类寒潮天气形势一般中纬度东亚环流为多波动纬向气流，50°N 以北有闭合低压或低压槽，在 40°—50°N 有大于或等于 12℃高空锋区，有时高空锋大于 20 ℃；当乌拉尔山低槽加深(图 11.15b)，槽前暖湿气流已到新疆至河西，这时贝加尔湖以东的冷槽，其南部在河套以西分裂短波槽东移，引导冷空气偏北东移，从蒙古国、我国华北南下途中，低层冷空气折向西入侵陕西，寒潮暴发。有时同时伴有西路冷空气东移，在河套地区形成锢囚锋并有雨雪天气。

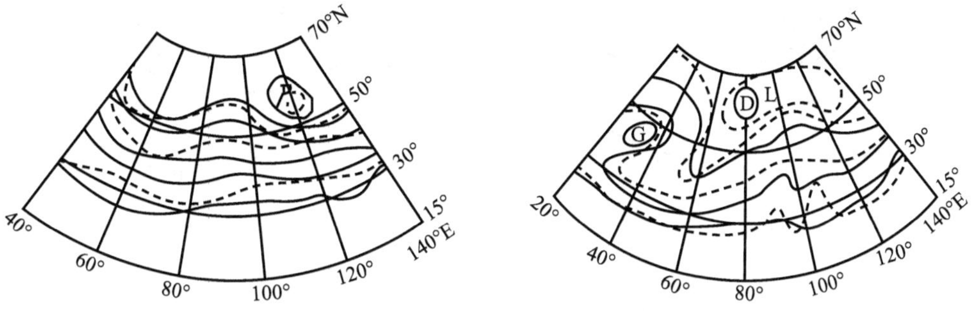

(a)　　(b)

图 11.15　东路冷空气天气形势

(a)东路起始场；(b)东路暴发场

北路冷空气：中纬度欧亚环流形势为两槽一脊型(图 11.16a)，长波脊一般位于西西伯利亚地区，脊线位于 70°—90°E，脊前在 45°—60°N，90°—120°E 有东北—西南向的低槽或横切变，并有大于等于 12 ℃高空锋区，冷空气主要在贝加尔湖附近堆积，河套地区多受槽前西南暖湿气流影响，有明显的增温趋势。当贝加尔湖低槽南压(图 11.16b)，锋区位于河套中部，冷中心位于河套北部时，低层冷空气从北方大举入侵陕西，寒潮暴发。

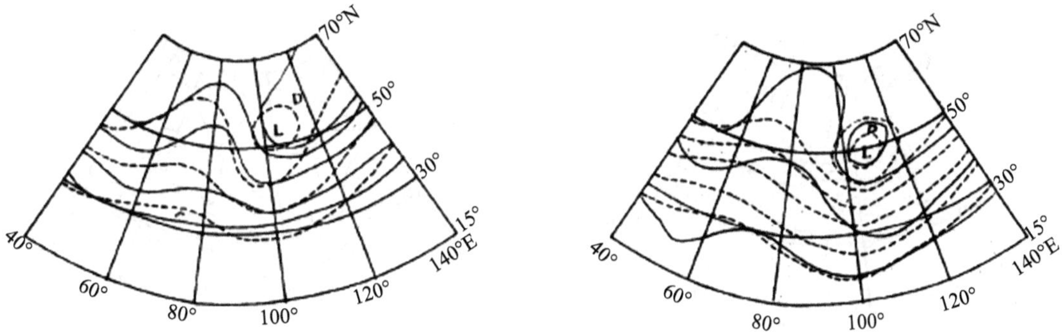

(a)　　(b)

图 11.16　北路冷空气天气形势

(a)北路起始场；(b)北路暴发场

西北路冷空气：高空 500 hPa 中高纬度欧亚环流形势呈一槽一脊型(图 11.17a)，乌拉尔山附近为一长波脊或阻塞高压，长波脊不是明显东移，而是顺时针旋转，其高压脊线一般为东东北—西西南走向，在贝加尔湖到巴尔喀什湖之间有横切变，并有冷温度槽相配合，冷空气多数在巴尔喀什湖附近堆积，在蒙古国到我国河西有大于或等于 12 ℃高空锋区，陕西处在槽前的弱西南暖湿气流中,气温有明显的回暖。当乌拉尔山高脊转向东移(图 11.17b),横槽转竖,高空槽已移到河西,槽后强冷平流沿高空西北气流迅速向东南输送,引导冷空气从河西入侵陕西,导致陕西出现大范围的寒潮天气。

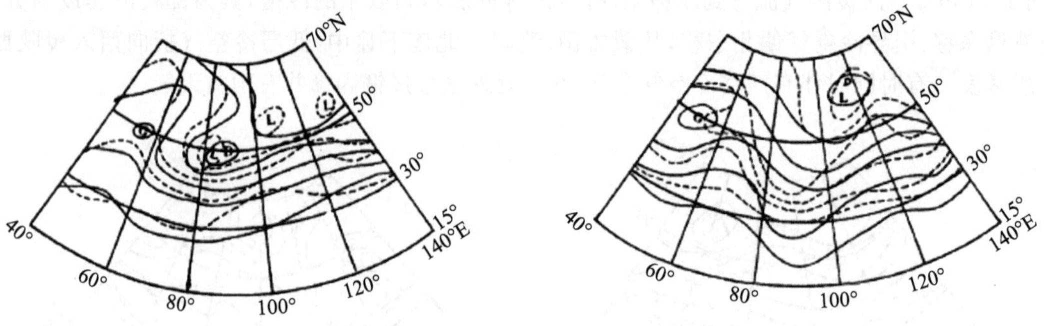

(a) (b)

图 11.17 西北路冷空气天气形势

(a)西北路起始场;(b)西北路暴发场

西路冷空气:高空 500 hPa 中高纬度欧亚环流形势呈一槽一脊型(图 11.18a),乌拉尔山西侧为一长波脊或阻塞高压,长波脊前的亚洲中高纬度为一宽广的低压区,在咸海、里海、巴尔喀什湖之间有横切变,并有冷温度槽相配合,冷空气多数在巴尔喀什湖到咸海、里海一带堆积,在巴尔喀什湖到南疆有大于或等于 12 ℃高空锋区,高原到陕西有弱暖平流,气温有明显的回暖。当乌拉尔山高脊东移(图 11.18b),横槽转竖,高空槽已移到河西到高原,槽后强冷平流沿高空西北气流迅速向东南输送,引导冷空气经高原与祁连山南侧之间入侵陕西,导致陕西出现大范围的寒潮天气。西路冷空气与西北路冷空气在环流形势上比较接近,但西路冷空气的堆积位置比较偏南。

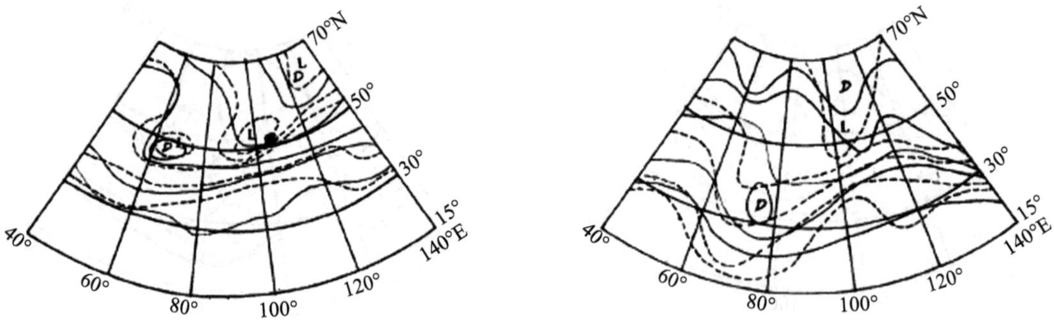

(a) (b)

图 11.18 西路冷空气天气形势

(a)西路起始场;(b)西路暴发场

11.4.4 寒潮天气与大风降水

通常寒潮天气不仅有强烈的降温、大风、降水等天气,在春季还有时伴有浮尘、扬沙、沙尘暴等灾害天气,在秋末和春末还会出现霜冻。有关浮尘、扬沙、沙尘暴、霜冻等天气的预报将在有关章节作详细论述。

11.4.4.1　寒潮天气过程中的降水

在西路和西北路寒潮天气中，陕北约有 65%的寒潮天气过程伴有雨雪天气，关中、陕南约有 80%的寒潮天气过程伴有雨雪天气；在北路寒潮天气中，陕北约有 16%的寒潮天气过程伴有雨雪天气，关中约有 44%的寒潮天气过程伴有雨雪天气，陕南约有 60%的寒潮天气过程伴有雨雪天气；而东路寒潮天气中几乎全部伴有雨雪天气。

寒潮天气过程中的降水天气形势同一般性降水天气形势有共同的特征，其影响系统及其演变规律一般相同。在此不做过多地描述。但寒潮天气过程发生在冬半年，其降水天气与南支西风带中槽脊活动有密切的关系。如 1991 年 12 月 21—27 日寒潮低温阴雨(雪)过程中，500 hPa 在昆明—安康—郑州有大于 20 m/s 的西南风急流，这支西南风急流将大量的水汽输送到河套地区，为雨区提供了充足的水汽来源。同时南支西风带在伊朗到印度为一宽广的长波槽区，不断有分裂短波槽东移对河套地区的降水产生影响。又如 1995 年 9 月 22—23 日和 1995 年 9 月 30 日—10 月 1 日两次强降温天气，虽然两次过程均有西风槽东移，引导地面有强冷空气入侵陕西，但前一次无南支槽配合，后一次有南支槽配合，结果后一次有明显的降水，而前一次则无降水。因此，在寒潮天气中降水天气的出现与南支槽有密切的关系。

11.4.4.2　寒潮天气过程中的大风

在西路和西北路寒潮天气中，陕北约有 54%的寒潮天气过程伴有大风天气，关中约有 70%的寒潮天气过程伴有大风天气，陕南约有 43%的寒潮天气过程伴有大风天气；在北路寒潮天气中，陕北约有 32%的寒潮天气过程伴有大风天气，关中约有 60%的寒潮天气过程伴有大风天气，陕南约有 20%的寒潮天气过程伴有大风天气；而东路寒潮天气中陕北约有 13%的寒潮天气过程伴有大风天气，关中约有 90%的寒潮天气过程伴有大风天气，陕南约有 75%的寒潮天气过程伴有大风天气。

在寒潮大风预报中，首先，应考虑风与气压场的关系，在中纬度风场与气压场基本上满足地转关系，当冷高压加强或气压梯度加强时，风力一般都要加大，冷空气前锋逼近时，风力要加大，冷空气南下主力方向，冷平流最强处风力最大。地面天气图中，3 h 气压场反映了气压场的变化趋势，一般情况下，冷锋前的负变压大，锋后的正变压大，冷锋过境后易出现大风，冷锋前后温度变化反映了冷锋的强度，因此温度差大，则风力大。其次，还应注意地形作用，当冷空气受地形作用下沉运动时，风力加大，当冷空气受地形作用爬坡上升运动时，风力减小，同时应考虑地形狭管效应。另外，当对流层中层 700～500 hPa 上有强风速气流并伴有强冷平流时，由于动量湍流交换和垂直运动相伴随的对流方式等引起的动量下传结果，也会形成地面大风或加大地面风力(杨小燕 等，1996)。

11.4.5　寒潮天气预报

根据寒潮天气影响系统的发展演变，经典的寒潮短期天气过程分为小槽发展型、长波东移型、横槽转竖型，对于短期寒潮天气预报，陕西气象科研人员和业务工作者，在长期的天气预报业务中，总结了陕西寒潮的预报思路和预报着眼点。

11.4.5.1　乌拉尔山附近的长波脊或阻塞高压

寒潮天气酝酿阶段典型特征为乌拉尔山附近长波脊发展，但寒潮酝酿时期长波脊位置也有在欧洲东部，也有在西伯利亚地区，而这一地区长波发展是寒潮短期预报的关键系统。

11.4.5.2　乌拉尔山长波脊前有低槽加深或横切变存在

长波脊前偏北风的加强,有利于引导冷空气在低槽或横槽中的聚集,形成高空 700～500 hPa 图中的冷中心,强冷空气冷中心在隆冬(12 月至翌年 2 月)700 hPa 有小于或等于−36 ℃的冷中心,500 hPa 有小于或等于−40 ℃的冷中心,在 10—11 月、3—4 月 700 hPa 有小于或等于−28 ℃的冷中心,500 hPa 有小于或等于−32 ℃的冷中心。强冷空气在西伯利亚到蒙古附近堆积是寒潮暴发的必要条件,而地面冷高压的强度及其前沿的气压梯度是冷空气强度的主要判据。而且通过高空锋区强度指标可以进一步判定冷空气的强度。陕西天气预报认为,一般在 51828 与 38457、51463 与 29634、44373 与 30554、44373 与 30935 之间的温差大于或等于 12 ℃,只要任意一组温差满足条件即可认为有强冷空气将入侵陕西。而影响时间须依据促使寒潮暴发的不同流场来确定,对于横槽转竖型关键是预报横槽何时转竖。纬向环流型关键是预报地面冷锋何时过境,长波东移型关键是长波槽的过境时间等。

11.4.5.3　寒潮前期的增温

在寒潮预报中,一方面,要注意中高纬度冷空气活动,另一方面,也要注意寒潮前期增温。寒潮天气降温强度能否达到寒潮强度,不是单一取决于冷空气强度,也取决于前期增温,前期增温愈强,寒潮降温也愈强。

11.4.5.4　冷空气移动路径的地形影响

在寒潮预报中,要注意冷空气移动路径的地形影响。当冷空气从东路入侵陕西时,冷空气从华北平原进入黄土高原,因地形作用而使气流机械抬升,产生垂直方向的运动分量,绝热上升使得降温进一步加强。而当冷空气从西路、西北路入侵陕西时,冷空气从黄土高原进入渭河谷地、汉江盆地时,加上锋后的热力环流为下沉,强烈的下沉作用,抵消了冷平流降温作用,使得降温程度得到减弱。

11.5　霜冻预报

11.5.1　霜冻的定义及气候特征

11.5.1.1　霜与霜冻

当近地面的温度下降到 0 ℃以下时,空气中的水汽在地面物体上凝华成白色的冰晶叫作霜,亦叫作白霜。霜冻则是地面(或叶面)的温度突然下降到农作物生长温度以下时,农作物遭受冻害的现象。各种农作物遭受冻害的温度指标是不同的,但大多数农作物当地面(或叶面)的温度降到 0 ℃以下时就要遭受冻害,故一般将地面温度降到 0 ℃或 0 ℃以下作为出现霜冻的标准。出现霜冻时地面可以有白色结晶物—白霜,也可无白色结晶物,无白色结晶物出现的霜冻亦称为黑霜。

11.5.1.2　霜冻分类

通常按霜冻形成的原因可将霜冻分为平流霜冻、辐射霜冻和混合霜冻三类:平流霜冻是由强冷空气入侵直接引起的霜冻,这种霜冻多见于晚秋和早春,在一天的任何时段都可以出现,影响范围较大;辐射霜冻是由夜间辐射冷却而引起的霜冻,这种霜冻只出现在少云和弱风的夜间或早晨,多发于低洼地方。在温度昼夜差较大的地方,这种单一的辐射霜冻多见;而由平流降温和辐射冷却共同作用而引起的霜冻则是混合霜冻。

11.5.1.3　霜冻的温度指标

霜冻的温度指标与作物的种类、品种以及所处的发育期有关。一般情况下，在初秋和晚春当日最低气温小于 2 ℃时，陕西大部分作物会受到不同程度的冻害。因此，陕西气象工作者取日最低气温出现 2 ℃为霜冻的温度指标。

11.5.1.4　霜冻的气候特征

每年秋季第一次出现霜冻称初霜冻，其出现日期为初霜冻日；春季最后一次出现霜冻称终霜冻，其出现日期为终霜冻日。同年终霜冻日到初霜冻日称为无霜期。根据对陕西 76 站 1963—1988 年气象资料分析，陕西初霜冻、终霜冻具有如下气候特征：初霜冻日、终霜冻日的分布与纬度海拔高度有密切关系，高纬、高海拔地区初霜日早，终霜日晚，无霜期短。反之低纬、低海拔地区初霜日晚，终霜日早，无霜期长，因此陕西南、北初、终霜出现的时段有明显的差异。陕北北部的初霜日多出现在 9 月下旬或 10 月上旬，陕南南部的初霜日一般在 11 月中、下旬。南北相差近 2 个月；终霜日陕北北部多出现在 5 月上旬，而陕南南部的终霜日一般在 3 月中、下旬。南北相差近 50 d，无霜期南、北相差 110 d 左右。海拔在 1 200 m 的秦岭高寒山区，冬季漫长，无霜期最短。按照初、终霜出现的时间和无霜期的长短大致可将陕西划分为 6 个区域(郭兆夏 等，1994)。

陕南巴山地区和汉中、安康盆地：该地区属于北亚热带气候，冬季温暖，初霜日一般出现在 11 月中、下旬，终霜日一般出现在 3 月中、下旬。主要作物有水稻、小麦、油菜以及一些亚热带经济作物，当初霜冻来临时大部分作物已收割完毕，故初霜冻对该区域农作物无危害，个别年份终霜冻来得过晚会对拔节后的小麦和抽薹的油菜略有影响。

秦岭浅山区和关中平原：初霜日一般出现在 11 月上旬，终霜日一般出现在 4 月上旬。秦岭浅山区的垂直气候差异明显，农耕地多集中在浅山与河谷地带，主要农作物以秋杂粮和木本作物为主，初、终霜冻时有发生，以初霜冻对晚秋作物的危害为主。关中平原是陕西主要农业区之一，可一年两熟，是陕西小麦、玉米、棉花、油菜的主产区，初霜冻对晚秋作物的影响不大，终霜冻对作物有一定的危害。

渭北旱塬：初霜日一般出现在 10 月下旬，终霜日一般出现在 4 月中旬。是一年两熟向一熟的过渡地带，主要农作物有小麦、玉米、棉花、油菜，初、终霜冻对该区农作物均有较重的危害，但以终霜冻的危害为主。

陕北黄土高原丘陵沟壑区：初霜日多出现在 10 月中旬，终霜日一般出现在 4 月下旬。无霜期在 160～180 d。无霜期偏短，以喜温一熟作物为主，主产糜子、谷子、荞麦、春小麦、春玉米、高粱等秋杂作物，南部地区可种植冬小麦，该区是陕西初、终霜冻灾害的主要发生区。

长城沿线风沙区：是陕西冬季最严寒地区。初霜日多出现在 10 月上旬，终霜日一般出现在 5 月上旬。无霜期短，年降水量 350 mm 左右且大部分集中在夏季，故只适宜种植生育期短而耐旱作物。主要农作物有糜子、谷子、春小麦、豆类、洋芋等，初、终霜冻对该区农作物的生长均有较重的危害，由于本区寒冷，风沙大，春旱严重，秋收作物常因春旱延迟了生育期而遭受初霜冻的危害，故该区以初霜冻的危害为主。

秦岭高寒山区：初霜日多出现在 10 月上旬，终霜日一般出现在 5 月中旬。最晚为 5 月下旬，无霜期在 130 d(朱爱荣，1994)。

11.5.2　霜冻预报

从霜冻的成因分析中可知，霜冻的出现和影响程度，主要取决于最低气温，也就是说，霜冻预报的关键是冷空气活动和最低气温的预报。前一节中指出,陕西农业气象工作者认为霜冻的气温指标是最低气温小于 2 ℃,因此,霜冻预报就转化为秋季第一次和春季末次出现最低温度小于 2 ℃的预报。

因此在可能出现霜冻的季节里,如预报天空无云或少云,地面静风或微风且相对湿度较大,最低气温在 2 ℃以下时,就可能出现霜冻。在霜冻预报中,应注意以下几点:

①当有冷空气入侵时,最低气温一般不是在冷锋过境时出现最小值,而是与冷锋有一段距离,故霜冻一般也不是出现冷锋过境时,通常是在冷锋已东移南下,测站位于地面高压区,此时与冷锋相联系的雨雪区也已南移,天气转晴。夜间辐射冷却强,最易出现霜冻。有时冷锋过境后,雨雪刚停,风力减弱,虽然天空云量较多,也可因强烈的冷平流加上不太强的辐射冷却而出现霜冻。

②地形对霜冻的产生也有重要的影响。一般情况下当冷空气南下时,北坡首先受到冷空气的冲击,南坡受到冷空气的影响则较小,加之南坡吸收的太阳辐射比北坡大,因而南坡的温度要略高于北坡,在同时受到冷空气的侵袭时,北坡的霜冻危害要比南玻强;在相同的最低气温下,东坡早晨吸收太阳辐射气温急剧上升,迅速解冻也容易引起植物的冻害,东坡的霜冻危害要比西坡强;同时夜间山坡的冷空气易流向坡底,冷空气在山底的谷地、洼地堆积,易形成霜冻,而冷空气在山坡的中部是不容易停留,因而这里的霜冻最轻,但山坡中部有小低洼地带或树木的阻挡,造成冷空气的堆积,也会使霜冻加重;一般情况下,地形对霜冻影响的规律为,山南坡比北坡的冻害要轻,西坡、西南坡比东坡、东南坡的冻害要轻,山顶要比山脚下冻害轻,山坡中部又比山顶冻害轻。

③形成霜冻时,地面空气相对湿度大部分在 80%左右,但有时相对湿度为 50%时同样也出现了霜冻;风速过大不利于霜冻的形成,通常风速小于 2 m/s 时容易出现霜冻,云量以低云且不超过 2 成时容易出现霜冻,但有时高云量达 9 成时也出现霜冻,因此,当预报最低气温低于 2℃,对于形成霜冻的物理因子,还应认真考虑,仔细分析,也可选用部分物理因子,建立动力统计预报方法(慕建利,1994;王兰宁,1994)。

11.6 降雪预报

降雪是陕西省冬、春季易出现的重要天气,与农业生产、交通运输、水利、电力部门及人民生活有着密切关系。陕西降雪具有范围广、强度大、持续时间长的特征。易出现大雪、暴雪等灾害天气(如:1991 年 12 月 21—27 日、2004 年 11 月 24—25 日的阴雪天气、2009 年 11 月 9—12 日暴雪天气过程)。另外,持续的降雪往往伴随寒潮降温天气。

11.6.1 降雪的天气形势

11.6.1.1 500 hPa 环流形势

陕西降雪的高空环流形势相对稳定,一般情况下,降雪前期欧亚中高纬度环流形势为两槽一脊型,乌拉尔山附近的冷槽区,贝加尔湖附近的高压脊及东亚附近的大槽。统计表明:陕西降雪前的 500 hPa 环流形势主要可分为四种类型,即:西北槽型、高原槽型、横切变型、西风槽叠加型(图 11.19)(王兰宁,1994;刘海英,1994)。

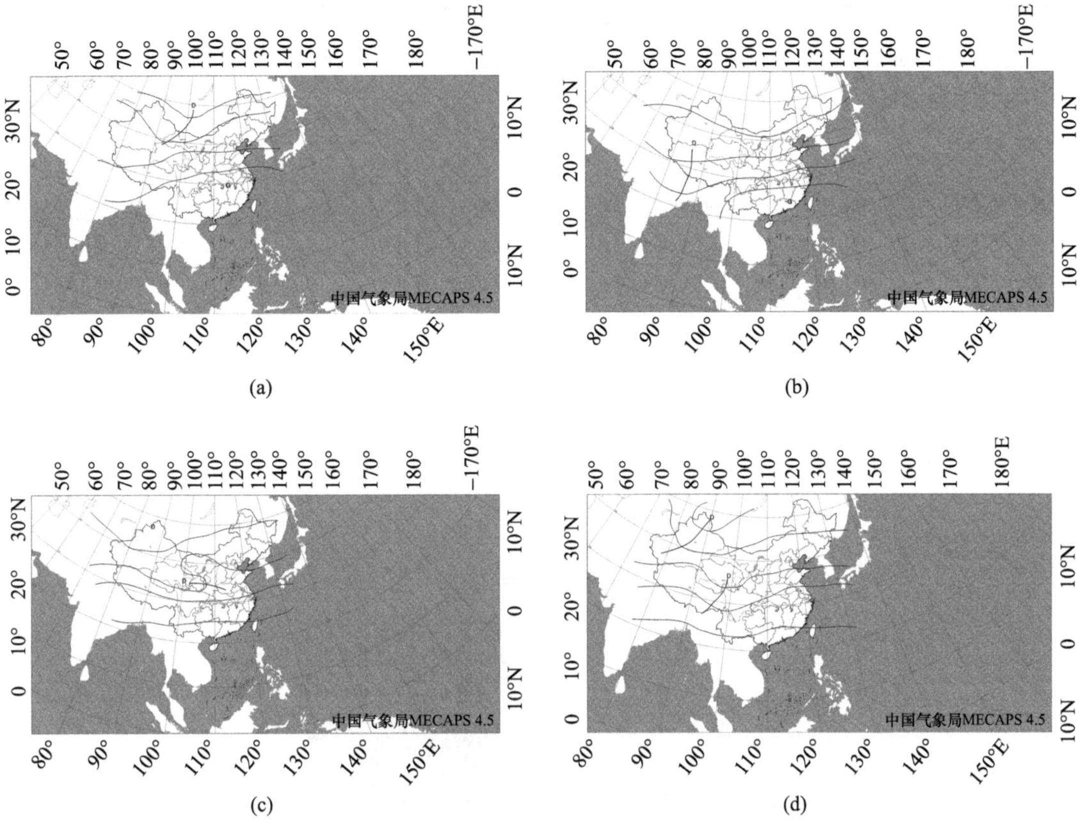

图 11.19　500 hPa 环流分型示意图

(a)西北槽型;(b)高原槽型;(c)横切变型;(d)西风槽叠加型

如:2004 年 11 月 24—25 日的降雪天气,由于东欧不断有暖平流向东扩散,乌拉尔山开始长脊,形成阻塞高压,使得原来位于乌拉尔山附近的冷槽缓慢东移,并在东移过程中逐渐加强,冷槽为东南—西北方向,位于贝加尔湖—巴尔喀什湖—黑海一线。与此同时,原来位于乌拉尔山的槽在北部冷平流作用下,不断向东南方向伸展加强,并有明显的锋区形成,与此同时,横槽形成,且我国 40°N 以南为西南气流,冷暖空气在黄土高原西侧及秦巴山区一带交汇,引发陕西出现大范围降雪天气。

11.6.1.2　700 hPa 低涡与低空急流

配合高空冷槽,降雪期间低层(700～850 hPa)常为低涡或低压环流,并经常出现低空西南急流或东风急流,低空急流的形成和维持为降雪提供了充沛的水汽条件。对流层低层的低涡或低压环流使得低层辐合加强,与低空急流配合,更有利于增大降水量。

统计表明:陕西降雪前的 700 hPa 影响系统主要可分为三种类型,即:暖式切变型、冷式切变型、西北低涡型(图 11.20)。

如:2006 年 1 月 17—20 日发生在关中西部的一次连阴雪天气,过程开始前,16 日 700 hPa 云贵高原—陕南有偏南急流,风速＞12 m/s,四川—关中形成$(T-T_d)<4$ ℃的湿舌,对应相对湿度场上,川北—河套有相对湿度＞70％的高湿区,关中相对湿度＞80％(图 11.21)。18 日,700 hPa 偏南急流维持,同时 925 hPa、850 hPa 在 35°N 附近形成了一支偏东风急流,自东海伸向关中,急流中心风速＞16 m/s,形成一条水汽输送带,对应相对湿度场上,925～700 hPa

东海—关中为一条相对湿度>90%的高湿区。东风急流的形成,为降雪提供了充沛的水汽,使低层辐合加强,是降雪增大的关键。19 日 20 时,低空东风急流和南风急流减弱,降雪趋于结束(郭清厉 等,2006)。

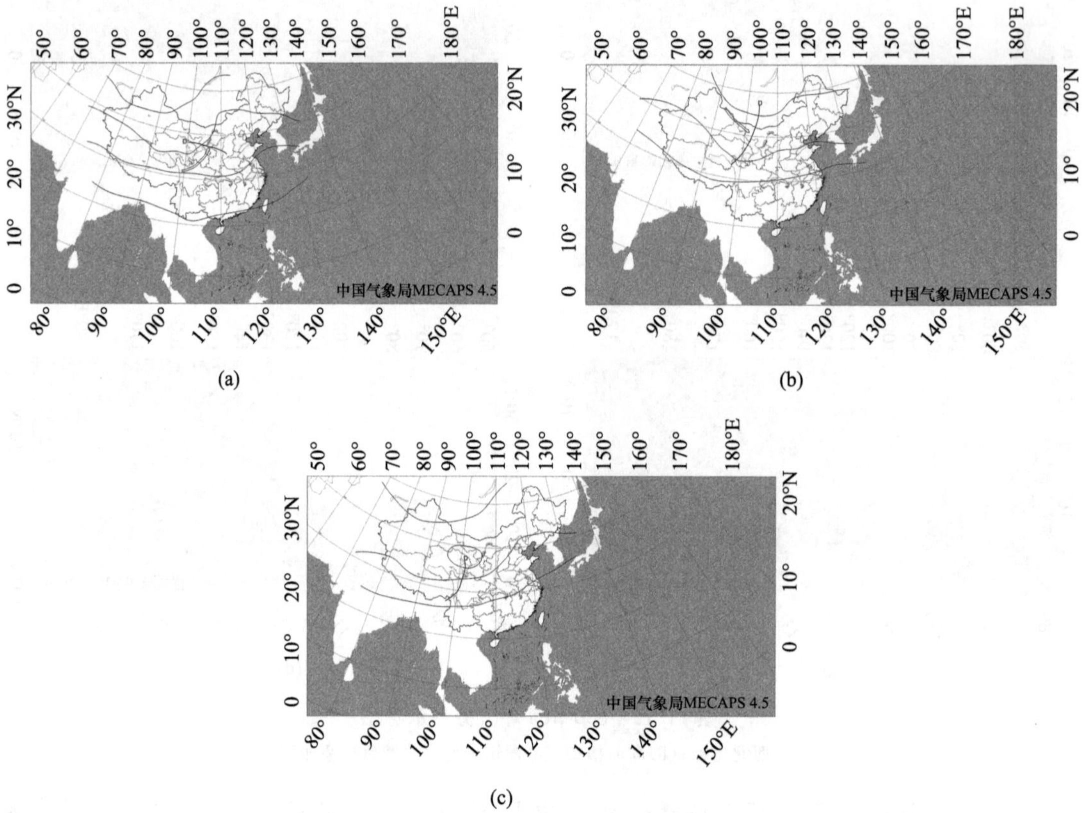

图 11.20　700 hPa 影响系统分型示意图

(a)暖式切变型;(b)冷式切变型;(c)西北低涡型

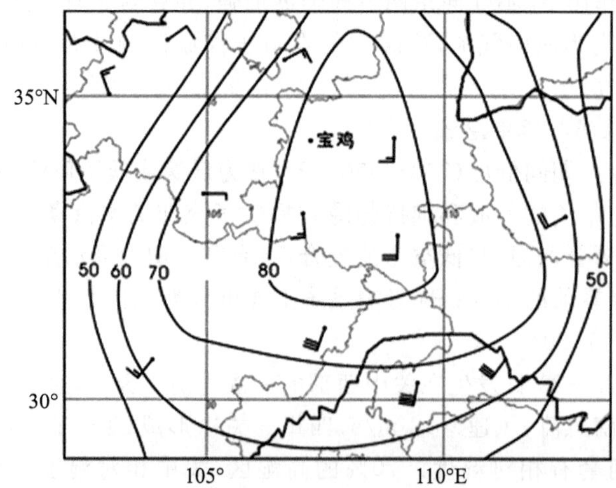

图 11.21　2006 年 1 月 16 日 20 时 700 hPa 风场和相对湿度(%)

11.6.2　降雪的物理量特征

11.6.2.1　涡度场特征

降雪前，一般中低层(500～850 hPa)正涡度中心位于河套附近，陕西处于正涡度区内，正涡度中心与低层的低值系统(低槽、低涡或低压)相对应，一般最大涡度出现在 500 hPa，正涡度区对降雪的出现时间和落区有一定指示意义。

11.6.2.2　散度场特征

分析高层辐散场，一般 400 hPa 以上陕西省境内为正值(最大值常在 $3\times10^{-5}s^{-1}$ 以下)，辐散中心处在高空急流右侧。中低层(500～850 hPa)为负值，有明显的辐合，辐合中心在低层的低值系统(低槽、低涡或低压)附近，比较高低层散度场的垂直分布，一般低层辐合略大于高层辐散。低层辐合、高层辐散的耦合，造成强烈的上升运动，常使得降雪增大。

比较而言，冬季降雪时的物理量场清晰，对预报具有明显作用。和夏季强降水比较，部分物理量弱、空间尺度大是其主要特征。

如：2004 年 11 月 24—25 日的阴雪天气，过程开始前，巴尔喀什湖北部有高脊，贝加尔湖东部有低槽，35°N 以北受高脊前西北气流影响，35°N 以南在四川东部有弱南风维持，到 23 日 20 时，巴尔喀什湖高脊东移到新疆以北加强为阻塞高压，而贝加尔湖低槽也东移到东北以北；四川东部有一致偏南风向北发展，其前沿到达南部，风速最大 10 m/s，低层辐合逐渐加强。

23 日 08 时，陕西省大部垂直速度处在正值区，到 20 时，整个河套虽处在负值区里，量值却很小；24 日 08 时，陕南东南部出现 -2×10^{-4} hPa/s 值，20 时除陕北北部外均被 -2×10^{-4} hPa/s 区包围；到 25 日 08 时，负值区的范围较大，但在 0 值附近。分析 700 hPa 垂直速度演变，上升运动在 24 日 08 时后开始增大，到 20 时达最大(图 11.22 虚线)(段桂兰，2005)。

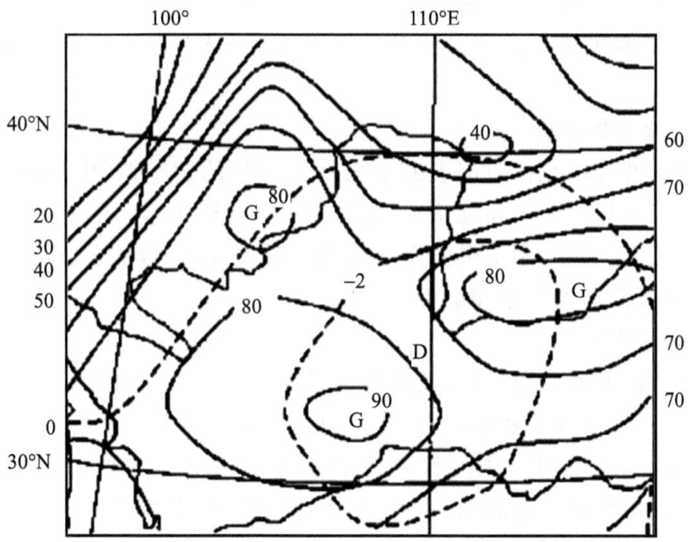

图 11.22　2004 年 11 月 24 日 20 时 700 hPa 相对湿度(实线，单位：%)和垂直速度(虚线，单位：10^{-4} hPa/s)

11.6.3　降雪预报

一般情况下，降雪是在大尺度天气系统的影响下产生的，对于影响范围小、强度弱、时间短的降雪过程,要特别注意天气系统的短期波动。往往这类降雪的环流调整快,天气系统变化迅速,在预报中要根据数值预报、天气实况、卫星云图等做好短期预报和短时订正预报。

而对于大范围、持续几天的降雪预报,主要从200 hPa高空西风急流、500 hPa环流形势、500 hPa锋区强度、低层水汽输送、低层辐合位置等制作中、短期预报(图11.23)。

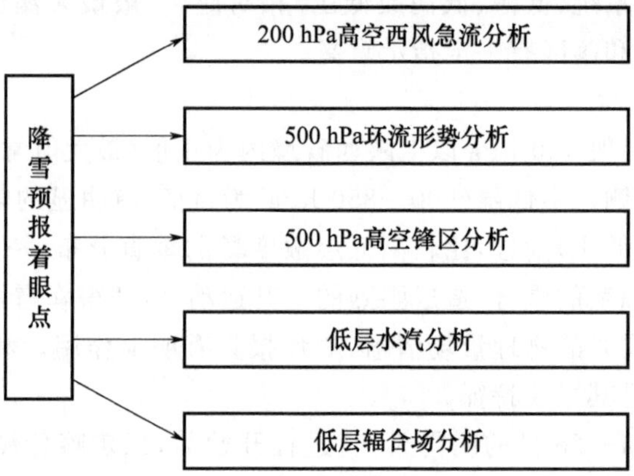

图11.23　降雪预报思路

(1)200 hPa高空西风急流分析

持续性降雪过程开始和影响陕西时,200 hPa(或300 hPa)欧亚中高纬度在40°—45°N一般为一支西风急流,西风急流的位置往往与500 hPa强锋区相对应,陕西处在高空西风急流右侧的强辐散区内。低层辐合、高层辐散的有利配置,给大范围持续性降雪和大雪、暴雪的出现提供了有利的环境场条件。另外,高空西风急流位置的南北摆动,也对降雪的南北落区有一定的指示意义。所以,在做降雪预报时,首先,要根据实况天气图、数值预报形势图等对关键区内高空西风急流的实况和未来趋势进行分析,进而判断降雪的持续时间和具体落区。

(2)500 hPa环流形势分析

陕西大范围持续性降雪往往对应着欧亚大环流形势的调整,其中最明显的就是500 hPa乌拉尔山及新疆附近高压脊形成和维持,脊前贝加尔湖附近切断低压及横槽的形成,并且有来自极地的强冷空气堆积。实际预报中要充分利用实况天气图、数值预报形势图分析环流形势演变和调整,进而预报降雪的开始和结束。

(3)500 hPa高空锋区分析

持续降雪往往伴随寒潮降温天气,预报降雪时应同时注意寒潮降温天气的预报。对应这类降雪过程,在300 hPa及以下各等压面上均有明显的冷槽和锋区。中短期预报时,重点分析500 hPa冷中心强度、高空锋区的强度和位置、冷区范围和冷平流强度、高空引导气流等,由此判断降雪时寒潮降温的影响。地面图上主要分析冷锋强度(温度水平梯度大小)、冷锋后降温程度、冷锋后变压中心强度及锋面附近的天气现象等。

(4)低层水汽分析

水汽条件是产生大范围降雪的必要条件,陕西降雪的主要水汽通道为低层的西南急流或偏东风急流输送,水汽的源地一是孟加拉湾,其次是西太平洋。降雪期间在对流层中下层(700 hPa以下)有低涡、切变线等低值系统相配合。与夏季暴雨时的水汽条件的主要差异有两点:一是低空急流比暴雨时要弱，一般在 700 hPa 风速≥10 m/s。二是冬季的水汽输送带比夏季略高，一般在 700～500 hPa，而夏季暴雨水汽输送带主要出现在 700 hPa 层以下。

(5)物理量分析

低层辐合位置、物理量场对降雪的落区和强度预报具有较好的指示意义。在中短期预报时重点是根据低层流场、数值预报、诊断分析对 700 hPa 以下低层的辐合场进行分析，还应对高低层涡度、散度、湿度、能量、垂直速度等物理量场进行综合分析，以实现未来降雪强度和落区的预报。

11.6.4　陕西雨雪(暴雪)天气过程预报

11.6.4.1　陕西雨雪(暴雪)气候特征

陕西大范围雨雪(暴雪)天气过程，若单从发生时间统计结果看，往往具有一定的时间规律，特别是雨雪(暴雪)中的暴雪多出现在初冬和初春。即一般会出现在 11 月下旬至翌年 2 月下旬前后(2004 年 11 月 24—25 日的阴雪天气、2006 年 11 月 24—27 日暴雪天气过程、2009 年 11 月 9—12 日暴雪天气过程，2010 年 2 月 9－11 日暴雪天气过程、2011 年 2 月 25—28 日雨雪天气过程和 2017 年 2 月 21 日暴雪天气过程等，而单纯的陕北和秦岭南侧汉中、安康雨雪天气过程，其出现的相对会有所提前和推后)。由于在这个时段大气中的水汽含量比寒冬季节时段时要大，气温也比寒冬季节时段较偏高，出现降雪时多是雨雪混杂，雨雪转换，致使降雪含水量大，过程降水量大，有的过程累计降水量接近或达到 50 mm，几乎达到暴雨的降水量标准(如：2009 年 11 月 9—12 日，陕西出现了历史罕见的雨雪和强降温天气，过程降水量(08—08 时)陕北 10.2～56.8 mm，关中 5.8～45.7 mm，陕南 6.0～61.9 mm。陕北、陕南分别有 8 站和 5 站大于 50 mm)。此类降雪或暴雪过程，往往对设施农业造成灾害和损失。

通过对陕西 2003—2016 年雨夹雪天气的气候资料分析得到，榆林和延安降水相态发生转变的过渡季节集中在 3 月和 11 月，西安地区的雨夹雪天气主要出现在 11 月至翌年 2 月，汉中和安康的雨夹雪天气主要发生在 12 月—翌年 2 月。

对近 14 a 延安、西安、安康和汉中 4 站雨雪转换过渡季节降水过程和临界值的分析发现，雨和雪的温度、露点在地面有明显差异，低层温度也有明显差异，但随着高度增加差异逐渐减小。在降水相态预报中应尽量考虑地面温度、露点及低层温度要素。其中，925 hPa 温度可作为判别西安、汉中和安康雨雪相态的参考，而 850 hPa 温度可用来区分延安雨和雪相态的参考。

11.6.4.2　陕西雨雪(暴雪)相态判据

一般而言，当 850 hPa 温度低于－5 ℃时，出现降雪的概率比较大(黄少妮 等，2019)，这点与其他省的相关指标在值域上有其一致性(宿秋兰 等，2021)。当 850 hPa 温度高于－2 ℃时，出现降雨的概率比较高，可以作为降雨的下限分界值；当 850 hPa 温度低于－2 ℃ 时，降雪的概率比较高。

但安康相对特别一点，安康雨和雪在 925 hPa 温度－1 ℃可以作为降雨和降雪的分界。但雨夹雪和其他两种相态均有交叉，当温度在－4～－2 ℃时，主要出现雨夹雪和雪，而当温度在－2～0 ℃时，主要出现雨和雨夹雪。

在进行陕西的降水相态预报时，首选地面温度和地面露点温度，其次是 925 hPa(850 hPa)温度。表 11.3 给出延安、西安、安康和汉中 4 站地面判别雨雪相态的指标。

表 11.3 陕西代表站降水相态判别指标

站点	降雨	降雪	雨夹雪
西安	地面温度>2 ℃,地面露点>1 ℃	地面温度<2 ℃,地面露点<1 ℃	0℃≤地面温度≤2.5 ℃
延安	地面温度>2 ℃,地面露点>0 ℃	地面温度<2 ℃,地面露点<0 ℃	0.5℃≤地面温度≤3 ℃
安康	地面温度>3 ℃,地面露点>0 ℃	地面温度<1 ℃,地面露点<0 ℃	1℃≤地面温度≤3 ℃
汉中	地面温度>3 ℃,地面露点>0 ℃	地面温度<2 ℃,地面露点<0 ℃	2℃≤地面温度≤3 ℃

11.6.4.3 陕西雨雪(暴雪)预报着眼点

陕西每年在 11 月中下旬或 2 月份出现降水天气过程时,就应高度注意降水过程时的雨雪相态变化和转换。其预报着眼点:

首先,200 hPa 或 300 hPa 高空有西风急流,500 hPa 有冷槽,其位置有利于陕西降水。在 700 hPa 图上,为典型的“东高西低”型,低值区(或低槽)位于陇南、川东和汉中附近,低涡(或低槽)东侧有西南急流发展维持,一般 达州、汉中和平凉等站均有≥12 m/s 的偏南风,往往会在陕北北部、中部或关中北部、关中地区附近形成一个东西向的横切变线,此时境内的偏南气流也会达到最强盛时段,也是降雪最为显著的一个时段。而这个东西向的横切变线位置的南与北,将决定着这次雨雪主要落区的南北位置。

其次,在 850 hPa 图上,受东路冷空气影响,整体以偏东气流为主,存在风速辐合。一般是从东海经安徽、河南形成了一支东风急流。在 925 hPa 图上,急流中心风速可达 14 m/s 以上。正是有低层偏东气流辐合作用,加剧了暴雪天气的产生,也是暴雪天气维持的一个重要条件。

第三,地面形势为一低压倒槽或闭合低压控制。当陕西位于地面高压后部或底部时,往往会出现持续降水或较强的降温。

第四,参考数值模式对陕西各地未来 850 hPa 温度、地面温度要素预报值,是否满足或达到上述温度的值域。当达到相关指标时,即可发布雨或雪降水预报,准确确定降水相态。

11.7 大雾预报

11.7.1 大雾的气候特征

11.7.1.1 大雾标准及分类

水平能见度小于 1.0 km 的称为雾,水平能见度大于 1.0 km 而小于 10.0 km 的称为轻雾。

11.7.1.2 大雾的气候特征

陕西雾日气候概率是不均匀的,有的地区、有的月份就无雾,如西安 6 月,宝鸡 8 月份,渭南 7 月,柞水 6 月、7 月,这和当地的降水气候有关;延安、榆林 1 月、2 月无雾和当地几乎无降水,气温又较低有关。最大雾日出现频率在石泉,10 月份达到 37.4%。汉中 11 月达到 35%。如果把轻雾也统计进去,这两个地区就是十有九雾了。陕西省平均的雾日气候概率为 7%。陕西省大雾各个月都可形成,但主要集中在秋季和初冬的 9—12 月四个月,这从图 11.24 中可以看到。为了比较选取了陕西雾日最多的站——宜君和西安两个站,从图 11.24 的曲线中可以看出西安趋势大致和陕西一样。但宜君明显有两个高点,一个是春季(3—4 月),另一个是盛夏到秋季(7—10 月)这段时间。陕西雾日最少月为 2 月和 6 月(贺皓 等,2004)。

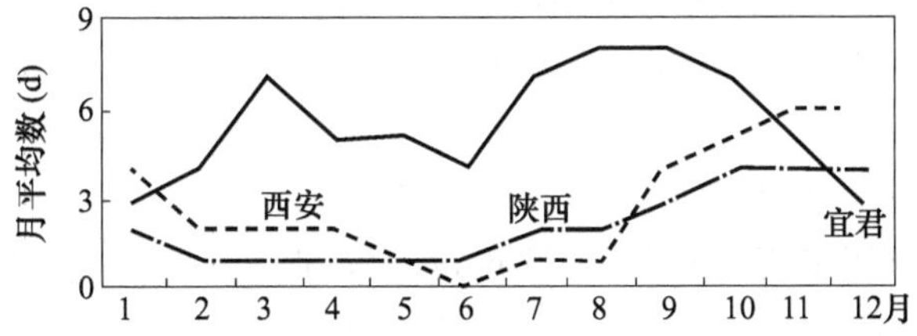

图 11.24 1971—2000 年陕西省各月大雾的季节变化

11.7.1.3 大雾的地域特征

为了全面分析陕西省大雾的地域特征,应用 1961—2006 年共 46 a 资料进行了分析。选取 16 个代表站(铜川、宜君、洛川、延安、榆林、咸阳、武功、宝鸡、临潼、渭南、潼关、柞水、镇安、石泉、安康和汉中),这些站中,黄土高原(陕北)5 站地理纬度在 35°N 以北,海拔高度为 958～1349 m,关中平原海拔高度为 350～610 m,陕南谷地海拔高度为 291～800 m,它们具有一定代表性。

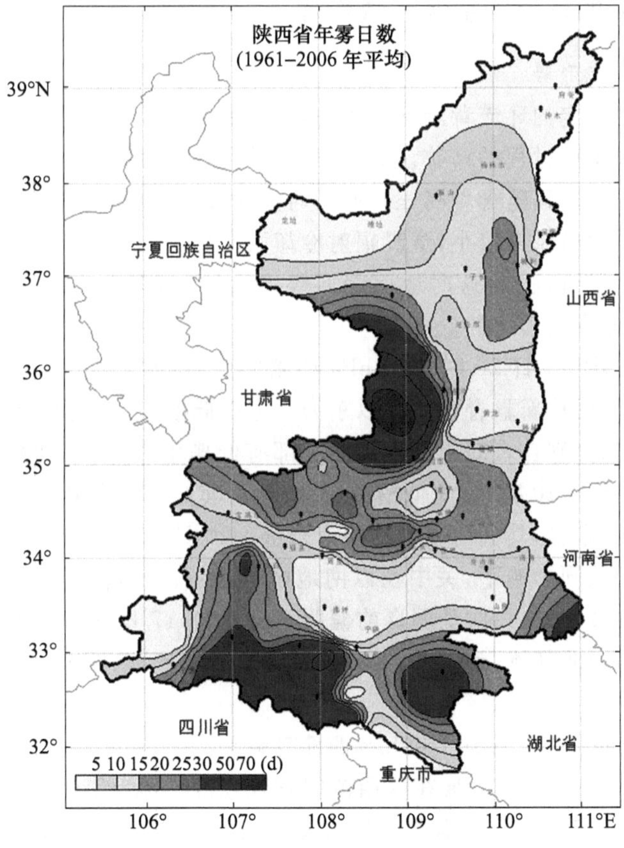

图 11.25 陕西省大雾的地理分布

当地面气象资料标准数据库中凡一日观测到大雾(包括天空可辨和不可辨雾,正在加强和消散的大雾)或雾凇统计为一个雾日。1961—2006 年期间,陕西的年均雾日分布如图 11.25。图 11.25 中显示,陕西省雾日分布呈现三高三低的态势。第一个高值中心位于陕北黄土高原中部偏西,洛川—甘泉一带,是陕西之最,其中心雾日达70 d/a以上,气候概率达到17%。比长江中下游的宁沪高速公路各站雾日出现的频率还高。因从关中平原,向北地势越来越高,关中平原盛行偏南(东南)风,风沿地形爬坡抬升,水汽凝结而形成雾,所以,这个中心的雾是爬坡雾,这和地形和地理位置有关。第二个高值中心位于汉江中游的石泉—西乡—汉中一带(安康、旬阳和平利以及商南也是大雾的高发区域)。秋冬季(9—12月)这里雾的气候概率最高,石泉10月份雾的气候概率高达37.4%。这里位于汉江沿岸,空气潮湿,年降雨量丰沛,有明显的地域性。第三个高值中心就是西安市。西安市地处渭河河谷南岸,海拔高度不足400 m,西安市城市人口众多,建筑物集中,加之工业区排放的工业废气、汽车尾气等,城市“热岛效应”明显。这样在城郊接合部有温度梯度存在,形成锋区。加之西安市东有霸河、浐河,北有渭河、草滩,西有“咸阳古渡”、“草堂烟雾”,南有秦岭阻挡,因而自古就有“烟雾锁长安”之说。三个低值中心,一个位于陕北榆林地区,这里气候干燥,气温日较差明显、雾日少是不难理解的;另外两个低值中心分别位于关中东北至陕北东南部和秦岭南麓至商洛地区(秦莹 等,1996;范建忠 等,1989;董爱民,1998;公宽平,1998)。

11.7.2 大雾发生的环流特征及气象条件

11.7.2.1 大雾的环流形势

大雾的产生是在一定的环流背景下形成的,陕西大雾形成主要是辐射和平流作用,它往往是大气长波完成一次调整过程的产物。500 hPa大气长波的槽脊活动,就是由高压(脊)向低压(槽)的转化过程。此过程蕴含着高压向低压的变性过程,也即两次冷空气活动的回暖阶段。这时,陕西天气晴朗,地面风力较小,清晨辐射冷却而产生雾。当大气长波演变成华北高压时,陕西处于此高压的后部或底部,这时地面暖而湿度大,风向多为东北风,一旦风向转为东南(南)风时,形成雾的概率是很大的。

例如,2004年12月14日20时,500 hPa环流形势,我国大陆上空为一槽一脊型,即青藏高原到新疆为一弱脊(后称新疆脊),河套以东为一宽广低槽,关中地区处在高压脊前弱西北气流中。新疆高脊减弱,分别在青海中部和高原东部有低槽生成,河西到河套仍为弱脊,大部仍受弱西北气流影响;15日20时,青海低槽有所减弱,河套西部为弱脊,关中及以北地区仍受弱西北气流影响,高原槽东移,其槽前影响到陕南东部。16日08时,青海低槽东移到河套,在与高原东部低值系统的共同影响下,关中及以南地区出现一次弱降水,20时,低槽移出河套,高原到新疆又有弱脊发展,关中再次受弱脊前偏西气流影响,17日08时(图11.26)弱脊东移,新疆到河套基本维持西西北气流,到17日20时,新疆高脊发展,陕西大部受西北气流影响,大雾逐渐消散。

温度平流分析表明,15日08时500 hPa西部有暖平流、东部为冷平流,700 hPa关中北部以北为暖平流,以南为冷平流,850 hPa在陕西范围有较强冷平流,925 hPa为暖平流,表明在850 hPa以上有下沉气流,925 hPa有弱辐合上升气流;15日20时—16日08时,700 hPa和925 hPa为冷平流,500 hPa和850 hPa为暖平流,在850 hPa与700 hPa间有弱辐合上升出现而产生弱降水。16日20时,500～700 hPa有冷平流。850～925 hPa为暖平流,17日08时,500～850 hPa为弱冷平流,925 hPa为暖平流;由此可见,大雾在15日08时,16日20时—17日08时高空500～700(850)hPa有弱冷平流出现产生辐合下沉气流,低层(850hPa)或近地面层(925 hPa)为暖平流产生辐合上升气流,利于水汽在近地面汇合形成雾。

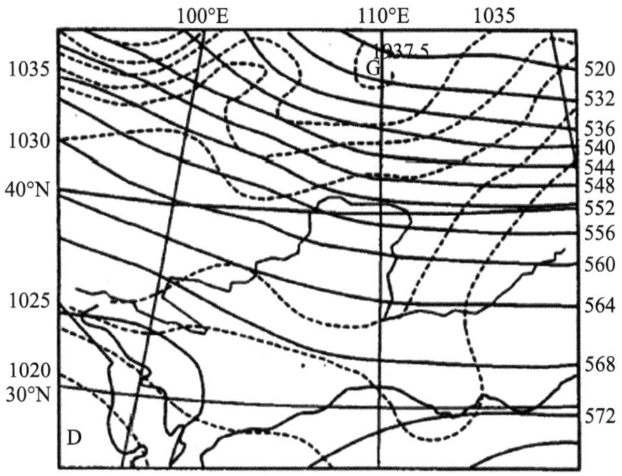

图 11.26　2004 年 12 月 17 日 08 时 500 hPa 环流形势(实线)和地面形势(虚线)

相应的地面形势演变情况表明,15 日 08 时,地面图上,在蒙古国东部有一冷高压,陕西省处在此高压底部,随着时间的移动,蒙古冷高压向东移动,有部分冷空气从东北、华北南下,到 16 日 08 时,地面冷空气从东部影响陕西,使关中、陕南出现弱降水,16 日 20 时,原来东路的冷高压减弱东移,在贝加尔湖以西又有冷空气出现(有冷高压中心),关中地区处在均压场中;17 日 02 时,弱冷空气前沿从北路到达河套西部,08 时,弱冷空气前沿进入河套,20 时,有一股较强冷空气补充进入河套,大雾天气地面形势破坏(段桂兰 等,2004)。

11.7.2.2　大雾形成的气象条件

不少研究指出:静风有利于形成露、霜和浅雾。雾多是出现在稳定的天气条件下,且风力较小。雾多形成于晴朗微风且水汽又比较充沛的早晚,空气潮湿,相对湿度较大,相对湿度一般为 70%～100%。多数雾天的出现常有逆温层存在,且大气层结稳定,这样的大气层结分布使低层的水汽和污染物无法向太空扩散,特别有利于雾的形成和污染物的积聚。

统计得知,陕西省各地大雾天气形成时的气象要素存在较大的差别。表 11.4 给出了部分测站大雾形成时风速、湿度、温度、气压场和风向等气象要素的临界值,对于各地进行大雾分析和预报有一定的参考(朱乾根 等,1992)。

(1)雾和风速的关系

风对雾形成有一定的促进作用。因为风能把低层的水汽输送到空中,起到扩散作用。但由于地理位置和地形的关系,各地雾形成的风速是不同的。当静风时,各地出现雾的概率是很大的。如石泉静风时,出现大雾的概率为 82%(273/333),多为辐射雾。有的站风速很小,比如安康、柞水,当风速>2 m/s 时就无雾;而洛川、宜君风速在 10 m/s 时雾仍然存在。这种情况出现在地面高压已经入侵,高空锋区随后形成,是平流雾的作用。

表 11.4　大雾形成时各气象要素的临界值

站点	风速 u(m/s)	相对湿度 f(%)	温度 t(℃)	气压 p(hPa)	盛行风向 (静风概率)
西安	$u\leqslant 5.0$	$f\geqslant 80$	$t\leqslant 19$	$p\leqslant 957$	SSE—SSW NW(89/142)
咸阳	$u\leqslant 5.0$	$f\geqslant 67$	$t\leqslant 20$	$950\leqslant p\leqslant 984$	S—NE(51/203)

续表

站点	风速 u(m/s)	相对湿度 f(%)	温度 t(℃)	气压 p(hPa)	盛行风向（静风概率）
武功	$u\leqslant4.0$	$f\geqslant73$	$-2.8\leqslant t\leqslant16$	$p\leqslant952$	WSW—NNW(62/111)
宝鸡	$u\leqslant4.0$	$f\geqslant66$	$t\leqslant19$	$937\leqslant p\leqslant968$	E(21/35)
临潼	$u\leqslant5.0$	$f\geqslant66$	$t\leqslant21$	$954\leqslant p\leqslant989$	ENE—SSE(61/122)
渭南	$u\leqslant3.2$	$f\geqslant76$	$t\leqslant20$	$961\leqslant p\leqslant998$	SSW—NW(90/143)
潼关	$u\leqslant3.2$	$f\geqslant75$	$t\leqslant20$	$947\leqslant p\leqslant973$	W—NW(11/61)
铜川	$u\leqslant3.3$	$f\geqslant45$	$-10.0\leqslant t\leqslant17$	$986\leqslant p\leqslant923$	NE—SW(55/123)
宜君	$u\leqslant10.0$	$f\geqslant23$	$-13.1\leqslant t\leqslant19$	$p\leqslant874$	E—SE SW—NNW(30/237)
洛川	$u\leqslant10.0$	$f\geqslant41$	$-13.1\leqslant t\leqslant15$	$876\leqslant p\leqslant902$	NE—S (73/164)
延安	$u\leqslant5.0$	$f\geqslant84$	$-4.6\leqslant t\leqslant16$	$898\leqslant p\leqslant918$	SW—WSW(13/35)
柞水	$u\leqslant2.0$	$f\geqslant93$	$-3.5\leqslant t\leqslant17$	$915\leqslant p\leqslant941$	SW—WSW(21/30)
石泉	$u\leqslant6.0$	$f\geqslant62$	$t\leqslant20$	$p\leqslant947$	W—N(273/333)
安康	$u\leqslant2.0$	$f\geqslant8$	$t\leqslant20$	$p\leqslant974$	NE—E(99/176)

(2)雾和湿度场的关系

湿度是雾形成的必备条件之一，但各地雾形成时相对湿度临界值是不一样的(表11.4)。有的站雾形成时湿度已经很大，如柞水湿度达到93%时才有雾形成。渭北黄土高原较小的相对湿度就有雾形成，如铜川、洛川、宜君。这些站的临界值在23%～45%之间，特别是洛川和宜君雾形成时风大，湿度小。但同样在黄土高原上，延安的相对湿度≥84%时才形成雾。

(3)雾和温度场的关系

在所统计的秋冬季(10月—翌年4月)资料中，雾形成时温度要求并不严格。从表11.4可以看出，大多数站当温度>19 ℃时就无雾。当温度过高时，不利于辐射冷却或者冷却不到水汽凝结的温度。有的站对温度、最低温度也有要求。当温度很低时也无雾，这可能是水汽凝华成小冰粒所致。

(4)雾和气压场的关系

气压过低不利于雾形成，这在天气形势上表现为暖低压控制；当气压过高时，为强冷空气过境，地面图上有一强大的冷高压控制，也不利于雾形成。从表11.4中可以看出，雾形成时关中、陕南为同一天气系统，地面同处于变性高压或华北高压后部，但陕北为另外的天气系统，即西南倒槽(暖低压)，其顶部已经伸到河套附近。

(5)雾和风向的关系

当天气系统确定后，各地盛行风向是不一样的，当华北高压控制时，陕西省处于高压后部，西安盛行偏南风(南南东—南南西)，西安的雾大多数是在这样的形势下形成。而咸阳和武功雾形成时，大多数是吹偏北风和偏西风。因此，各地雾形成的天气形势是不一样的，雾的种类也不一样。有的是辐射雾，如咸阳、武功、潼关、渭南、铜川、石泉等；有的是上坡雾，如宜君、洛川、延安;有的是锋面雾或混合雾,如西安、宝鸡、柞水、安康。

11.7.3　大雾预报

由于雾是近地面层中的水汽凝结现象,因此分析雾生成时除上述有利的环流形势外,更侧重于大气底层的环流形势。一般情况下,在大雾出现前一天,500 hPa 环流形势通常为河套以东为一宽广低槽,关中地区处在高压脊前弱西北气流中,其地面气压场较为复杂,但大致可以分为两大类型:

(1)关中、陕南的大雾形成时为同一天气系统,地面同处于变性高压或华北高压后部。当华北高压控制时,陕西处于高压后部,西安就盛行偏南风(南南东—南南西),西安的雾大多数在这样的形势下形成的。而咸阳和武功形成雾时,大多数是吹偏北风和偏西风。

(2)另外的一类天气系统—西南倒槽(暖低压),其西南倒槽的顶部已经伸到河套附近,这类多造成陕北出现大雾天气。

研究结果表明,陕西的多数雾天是在对流低层层结稳定、水汽充沛的条件下产生的,制作发布雾预报时,在有利环流形势下,各个地区可关注各地大雾形成时不同的气象要素的临界值,确定一个适合于本地指标,如表 11.4 给出的出现大雾时,雾和湿度场的关系,雾和温度场的关系,雾和气压场的关系,雾和风向、风速的关系等,这些气象要素的临界值对大雾的预报发布可以起到一个关键性的作用。另外,还可充分利用中尺度数值模式产品作大雾的客观预报,其原理就是利用近地面层的云水汽含量来确定的。

11.8　高温预报

11.8.1　高温的气候特征

11.8.1.1　高温的标准

(1)极端最高气温≥35 ℃

根据陕西 93 站 1971—2000 年资料分析(蔡新玲 等,2006;吕俊杰 等,2002;彭诗文,1999;王仲文,1998),以日极端最高气温≥35 ℃为一高温日,连续 3 d≥35 ℃为一次高温天气过程。据统计历年最高气温为 41.9 ℃(蓝田),高温天数持续长达有数十天之久,常出现于 6 月、7 月、8 月。高温天气的持续也是造成干旱的主要因素之一。而旱灾是陕西省主要的气象灾害,直接影响夏粮的产量及秋粮作物的生长。

(2)极端最高气温≥37℃

选取陕西省资料年代较长且分布均匀的 78 个气象站 1961—2004 年日最高气温资料。规定最高气温≥37 ℃为高温,≥40 ℃为强高温。

11.8.1.2　地理分布

(1)极端最高气温多年极值分布

从多年极端最高气温分布来看(图 11.27),榆林、延安北部 38～40.8 ℃,高值区主要在黄河沿线,吴堡最高达 40.8 ℃,延安南部、关中北部 33.5～40.5 ℃,韩城最高达 40.5 ℃,关中南部基本都在 40 ℃以上,高值区主要分布在渭河两岸,蓝田最高达 41.9 ℃,汉中、商洛和安康北部 36.7～40.1 ℃,安康中南部 37～41.4 ℃。从全省来看高值区主要分布在关中南部和陕南东南部。

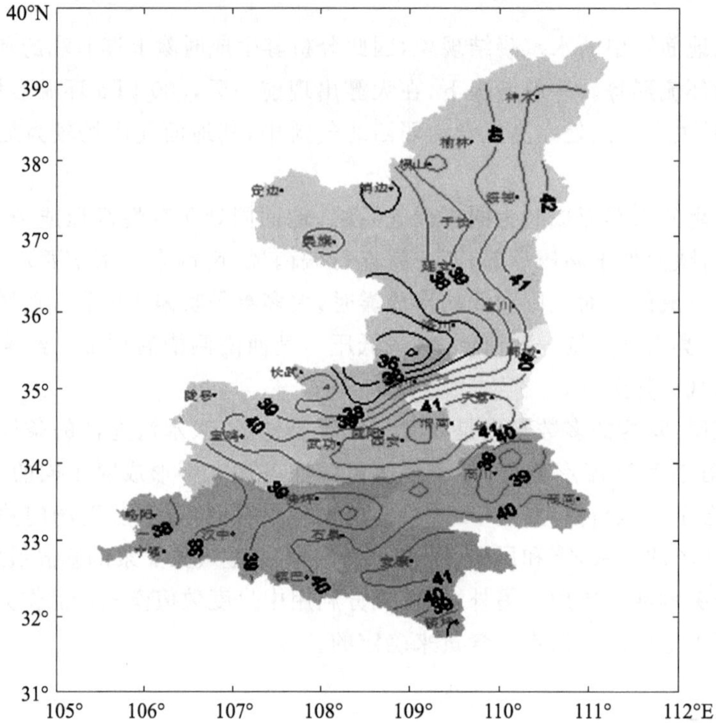

图 11.27　陕西极端最高气温分布图(单位:℃)
(注:去掉太白、华山资料)

(2)气温≥35 ℃日数的多年平均值分布

从气温≥35 ℃日数的多年平均值分布来看,榆林、延安北部,除黄河沿线外,基本都在 5 d 以下,最少的为靖边,只有 0.4 d,黄河沿线为 5～15.4 d,最多为吴堡。延安南部、关中北部(除渭南北部外)0.1～7 d,最多为宜川。关中南部、渭南北部 6.9～24.6 d,最多为华阴,汉中、商洛和安康的宁陕、镇坪 0.6～9 d,安康中南部 8.3～20.9 d,最多为安康市。

(3)气温≥37 ℃、≥40 ℃的分布特征

从近 44 a 中高温和强高温天气的总日数分布来看,除陕南的留坝、关中的华山、太白和陕北的黄龙、洛川、宜君等 6 个站外,其他各站均出现过高温天气。由陕西高温日数空间分布图(图 11.28)可见,全省的高温日数分布有明显的地域性:南部和东部地区出现高温明显多于西部和北部;关中平原和安康盆地明显多于陕北高原和秦巴山地,其中最大中心一个位于安康的白河,另外两个最大中心位于关中平原的长安和华州。长安不但出现高温的日数突出,而且陕西的高温极值 43.4 ℃也出现在长安。强高温日数的空间分布(图略)与图 11.27 相近,也就是说出现高温可能性大的地方也易出现强高温。

陕西高温日数的地理分布特征是:①高温主要出现在平原、盆地,而山地、塬区较少,即海拔低的多于海拔高的地区;②高温主要出现在河流沿线,即黄河沿线、渭河盆地和汉江盆地(范建忠 等,1989)。

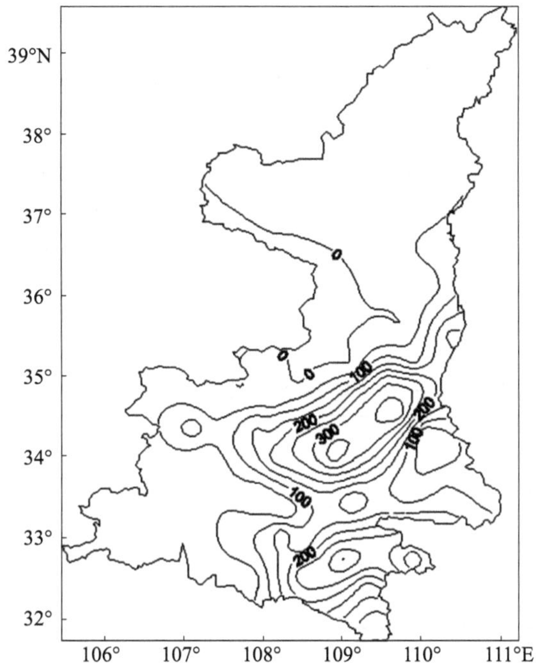

图 11.28　陕西最高气温(≥37 ℃)日数空间分布图(单位:d)

11.8.1.3　气温≥35 ℃的时间分布

(1)年际变化

陕西省高温≥35 ℃日数年际变化较大。从陕西最易出现高温的关中南部来看，最多的年份普遍 40～65 d，最高的为渭南，达 67 d，而年平均普遍为 10～25 d，最少的年份只有 5～10 d。从陕西最不易出现高温的陕北、关中北部(除黄河沿线外)，最多的年份普遍为 1～15 d，而年平均普遍为 0.1～5 d，最少的年份只有 1 d 左右，特别是陕北南部、关中北部部分地区年均只有 0.1～0.5 d。

(2)年内各月分布

陕西高温具有明显的季节性强，高度集中的特征，主要集中在 6—8 月，5 月份达到 35 ℃高温较少，年平均才有 1 次左右。高温开始时间一般在 6 月，最早的出现在 5 月 8 日，最迟的在 7 月 17 日。高温终止日期，一般在 8 月上、中旬，最早 6 月 30 日最晚 8 月 31 日。

出现于 6 月的高温最多，占 39%，7 月次之，占 33%，8 月占 22%，5 月只占 5%，9 月仅占 2%。

(3)年内各月旬分布

从旬分布看，高温主要出现于 6 月中下旬、7 月中下旬和 8 月上旬三个时段，即伏天易出现高温。

11.8.1.4　气温≥37 ℃、≥40 ℃的时间分布

定义区域内至少 3 个县市日最高气温达 37 ℃及以上为一个区域高温日，达 40 ℃及以上为一个区域强高温日。44 a 来共出现 648 个全省性高温，平均每年出现 14.7 d。各个月的分布是 5 月和 9 月较少，平均每年不到 1 d，6 月平均 3.9 d(占 27%)，7 月平均 6.1 d(占 41.2%)，8 月平均 4.2 d(占 28.5%)。出现区域强高温日 32 个，5 月和 9 月各 1 次，6 月 10

次,7月14次,8月6次。强高温最早出现在5月下旬(1969年5月28日共5站),最晚出现在9月上旬(1999年9月10日共4站)。

由于陕西南北气候差异较大,为了更准确地分析高温的时间分布特征,按地域分别统计了不同区域各旬高温日数(表11.5)。结果显示:区域性高温最早均出现在5月上旬,最晚在9月下旬,6月中旬到8月上旬为各地高温过程集中时段。陕北出现区域性高温日明显少于关中和陕南,关中出现区域性高温日数稍多于陕南,集中出现时段不同,关中在6月中旬到8月上旬高温过程较多,而陕南在7月中下旬到8月下旬。这可能是由于6月中下旬受副热带大陆高压脊控制,关中平原下垫面辐射增温较陕南更强,而7—8月份西太平洋副高控制,安康更易出现高温闷热天气所致。

表11.5 1961—2004年5—9月各旬高温日数分布(单位:d)

时段	5月			6月			7月			8月			9月		
	上旬	中旬	下旬	上旬	中旬	下旬	上旬	中旬	下旬	上旬	中旬	下旬	上旬	中旬	下旬
陕北	1	0	1	2	4	4	5	10	7	4	1	0	1	0	0
关中	0	0	4	18	42	56	42	53	51	33	9	7	3	0	0
陕南	1	0	0	2	19	22	22	37	53	68	38	32	12	0	0

11.8.1.5 气温≥37℃、≥40℃日数变化分析

(1)高温日数年际变化

图11.29是陕西省1961—2004年高温日数变化曲线。由图11.29可见:(1)高温日数的年际差异较为显著,常年平均为14.5 d,最多年份达45 d(出现在1997年),最少为1983年没有出现高温。高温天数超过20 d的有12 a,超过25 d的有1966年、1967年、1969年、1972年、1997年和2002年共6 a,超过30 d的只有1997年。高温日数小于5 d的年份有1983年、1984年、1987年和1993年共4 a。(2)冷暖周期和演变较有规律。从5年滑动平均看,年高温日数大体经历了四个阶段,即60年代前期相对较少,60年代中期至70年代初高温日数较多,而70年代初中期至90年代初高温日数较少,90年代中期以后高温日数又进入相对偏多时期。从图11.29中还可知,60年代中期至70年代初及90年代中期以后是高温出现较多的时期,这也反映了这段时期夏季高温酷热严重,而80年代则相反,高温日数相对较少,反映出这段时期凉夏年份较多。

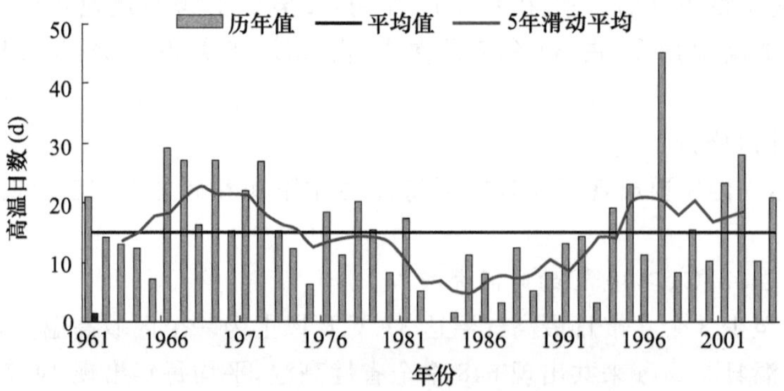

图11.29 陕西省1961—2004年高温日数年际变化

(2)高温天气的周期特征

为了构造满足小波变换的连续时间序列，首先对高温日数资料进行预处理，将没有出现区域性高温的年份设为 0，这样就可以获得资料长度 $n=44$ a 的连续高温日数时间序列。

图 11.30 给出了陕西省 44 a 高温日数的小波变换图，图 11.30 的上半部分等值线相对稀疏，对应较长尺度周期的振荡(低频振荡)，下半部分等值线相对密集，对应较短尺度周期的振荡(高频振荡)。由图 11.30 可见，陕西高温日数的各种时间尺度周期变化在时间域中的分布有差异，1961 年以来的 44 a 中，高温日数的各个时期的主要振动周期是变化的，存在最强的两个振动中心，分别在 20 世纪 60 年代中后期至 70 年代初期和 90 年代中后期以后，其周期大致为 5～8 a，即图 11.30 中两个正等值线中心。也就是说，周期在 5～8 a 左右的振动，最显著地出现在 60 年代中期至 70 年代初期和 90 年代中后期以后，高温日数变化不同尺度周期信号的强弱在时—频域中的分布具有较强的局部特征。从图 11.30 中还可以看到，陕西高温日数也表现出不同的年际及年代际尺度变化。对应于 6～13 a 时间尺度，高温日数主要经历了 3 个阶段的气候演变，即 1977 年以前的高温日数相对较多时期、1978—1993 年的较少时期、1994—2004 年的相对较多时期，1978 年、1994 年是突变点。对应 5 a 时间尺度，高温日数的变化主要经历了 4 个变化阶段。对更小时间尺度来说，相对复杂一些。从近几年的高温日数变化情况来看，其较大尺度变化处于减弱的偏多期。

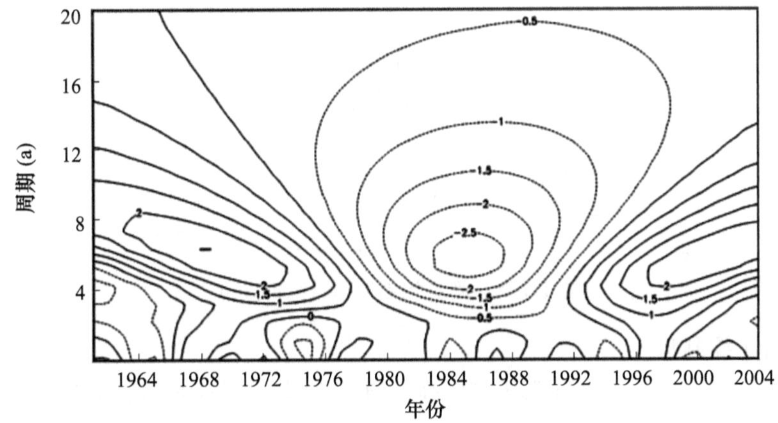

图 11.30 陕西高温日数小波变换

11.8.2 高温的天气形势

通过历年资料统计分析，陕西省高温天气形势可分为如下四类：

(1)大陆高压控制型

在 500 hPa 图上(图 11.31)，整个高原及高原东部均受强高压控制，且高压中心处于高原中部略偏东(高值可达 588～592 dagpm)，并有≥0 ℃暖中心配合，从高原到东部沿海形成一个广阔的暖中心，强大的暖高压控制 40°N 以南地区。而副高远在日本洋面上，且两高之间常有台风生长北上。此种环流形势稳定。对应 700 hPa，高原东部为高压区，且高原上有 20 ℃暖中心配合。地面图上，陕西处于西风气流占主导的环流场中，由于黄河沿线和关中的盆地效应，下沉增温明显。此类天气特征是湿度小、温度高、日较差大、且有干热性质，陕西高温天气在这类环流形势下出现的频次最多。

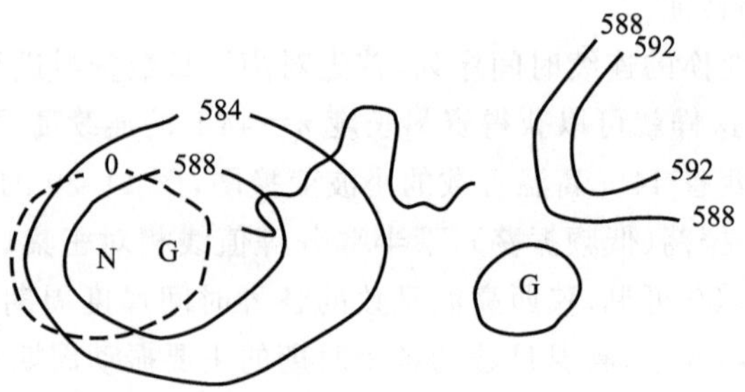

图 11.31　大陆高压控制型(单位:dagpm)

(2)副高控制型

西太平洋副热带高压是一个深厚的暖性高压系统,它的北跳和西进,直接影响着陕西的天气变化。500 hPa 图(图 11.32)上,副高发展较强、588 dagpm 线北跳 35°N 以北,西部边缘 588 dagpm 线已控制到西安、汉中一带,且大陆有≥0 ℃暖中心配合。对应 700 hPa,本区处于东高西低型,有 16 ℃暖中心配合。西太平洋副高控制整个 40°N 以南地区,由于副高强、面积大,环流形势稳定,所以造成控制区内的高温天气持续时间较长。此类高温天气特点是湿度大,天气闷热。

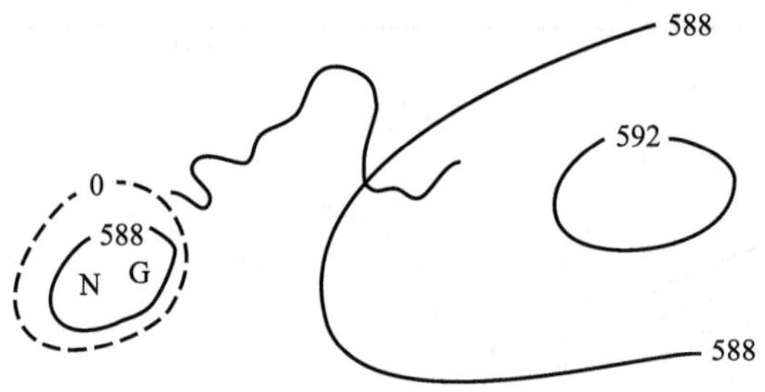

图 11.32　副高控制型(单位:dagpm)

(3)带状高压控制型

500 hPa 图(图 11.33)上,大陆高压与副高打通,形成较强的带状高压,其范围西边可控制到高原上,北部 588 dagpm 线可北跳至 35°N,陕西或偏西为 592 dagpm 线高值中心,且有≥0 ℃暖中心配合。其特征是影响范围大、高温持续时间长、环流形势稳定,通常有 3 d 以上高温天气。

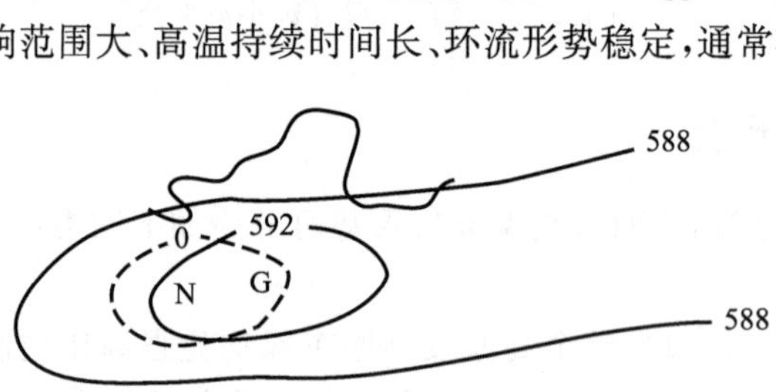

图 11.33　带状高压控制型(单位:dagpm)

(4)西北气流控制型

500 hPa 图(图 11.34)上,中高纬度欧亚环流形势维持两槽一脊型,新疆高压脊加强且稳定少动,西风锋区稳定在 55°N 以北,陕西受脊前西北气流控制。700 hPa 图上高原到贝加尔湖为一暖脊,暖脊在东移过程中,范围不断扩大,强度增强,陕西受暖脊中的下沉气流影响,地面图上河套受热低压控制，陕西处于低压前部的西南气流中，增温明显。这是初夏出现高温的主要环流形势。

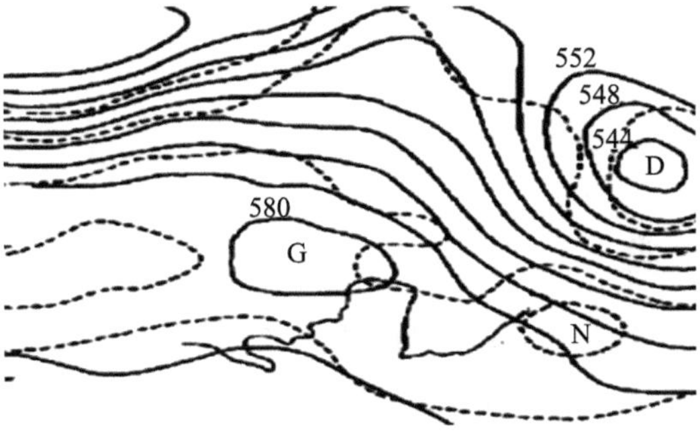

图 11.34　西北气流控制型(单位:dagpm)

11.8.3　干旱对高温形成的作用

土壤吸收太阳短波辐射而增温，同时又以长波辐射的形式使大气增温，在土壤湿润或干燥、有植物覆盖或裸露情况下，热交换程度相差很大。其原因首先在于水的热容量是土壤热容量 2 倍，其次土壤水分蒸发将带走很多热量，在同样的太阳辐射下，湿润土壤比干燥土壤增温慢得多，自然其长波辐射弱得多。这也正是沙漠中白天空气增温快，夜间降温快的原因。因此严重干旱会促使高温出现，或加剧高温程度。

11.8.4　高温预报

关中南部地区或西安地区高温预报指标：

如 08 时西安 850 hPa 温度 22 ℃时，且前一天关中南部部分地区或西安最高气温已达 31～34 ℃时，应注意考虑高温天气了，开始套高空天气形势指标。

(1)大陆高压影响型

当 500 hPa 新疆南部至青藏高原 80°—105°E，25°—40°N 有高压中心或高压环流，同时有 0 ℃暖中心配合，当 H(格尔木)－H(郑州)≥4 dagpm，即西高东低形势明显，08 时 700 hPa 图上，格尔木、西宁、武都、成都呈一致高压环流风向，即高原东为高压区，且高原有 16 ℃暖中心配合。

则当天开始有 2～3 d≥36 ℃高温，其中有一天≥38 ℃的高温天气过程；如果 H(格尔木)－H(郑州)≥3 dagpm，只有 1～2 d 高温天气；如果气温猛升，当天就达到 38 ℃，后两天气温将呈下降趋势，就不必要预报高温天气过程了。

(2)副高控制型

当副热带高压很强，西安、郑州 500 hPa 高度≥588 dagpm 或汉口≥590 dagpm，大陆有 0 ℃暖中心配合，西安受副热带高压控制，晴天，则西安有 2～4 d 高温天气过程，其中有 1～2 d 为 38 ℃高温。

(3)副高影响型

副热带高压较强，588 dagpm 线高压中心在我国东部，并有 0 ℃暖中心配合，西部低槽位置在 105°E 以西，西安高空风已转成西南风，或东南风，西安受副高外围 584 dagpm 线控制，西安晴天,则西安有 2 d 左右 36 ℃高温,但 38 ℃高温可能性较小。

当西安 08 h 气温≥23 ℃,850 hPa 温度≥22 ℃时,08 时宝鸡、平凉、西安为晴天,西安当天气温≥36 ℃准确率可达 89%。

11.9 大风预报

11.9.1 大风标准与分类

瞬时风力达到 8 级或 8 级以上,或瞬时风速≥17.2 m/s,即为大风,一天当中只要有一次或多次符合大风的标准,称为一个大风日。

大风按其形成的天气系统可分为冷锋后的偏北大风、低压大风以及雷雨冰雹大风等。

11.9.2 大风气候特征

由于陕西地形地貌复杂,大风天气分布比较特殊,一般是高山、高原地区大风日数多于平原、盆地,陕北多于关中、陕南(薛凤英 等,1998;刘和平等,1994)。根据 1971—2000 年 95 站资料统计,陕北长城沿线的定边、横山、府谷一带是陕西范围最广的大风区,年平均大风日数 30~40 d,渭北东部黄河沿岸的潼关、华阴受吕梁山、中条山组成的喇叭口地形影响,多偏东大风,年平均大风日数 10~20 d,陕南丹凤年平均大风日数 20 d 左右,旬阳、平利等地的年平均大风日数 8~10 d,秦岭山脉中的高山站,由于海拔高,年大风日数较多,如海拔 2064 m 的华山站年平均大风日数 109 d,秦岭南麓的佛坪也是多大风区,年平均大风日数 23 d,秦岭北侧的太白的年平均大风日数 10 d 左右。陕西多年平均大风日数在 5 d 以下的区域,主要分布在延安以南沿洛河与黄河之间的夹槽区、渭河谷地和汉水谷地(王秀莲 等,1998)。

从各月多年平均大风日数的分布中可以看到(图 11.35),陕北、渭北、秦岭山中、商洛及其安康东部等多大风区域,大风日数多分布在春季 3—5 月,其次是夏季 6—8 月,以横山为例春季多年平均大风日数占多年平均大风日数的 43%,夏季多年平均大风日数则占多年平均大风日数的 31%,而渭河谷地、汉水谷地虽然年平均大风日数较少,但夏季多大风天气。

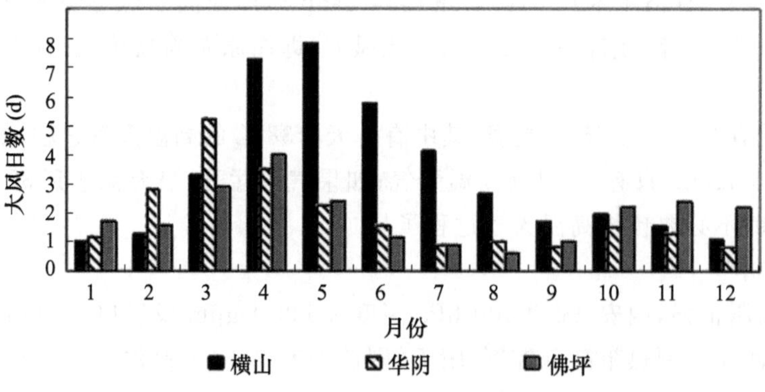

图 11.35 各月多年平均大风日数分布图

春季大风一般持续时间长,影响范围广,风向比较一致。夏季大风持续时间短,多瞬时大风,风向不稳定,影响范围较小。

虽然大风在一天中任何时段都可以出现，但夏季大风多出现在午后到傍晚，上午较少。春季大风与冷空气过境时间同步。

11.9.3　大风环流形势

陕西榆林市是春季大风的多发地区之一，榆林市气象台对 1971—1997 年 71 次大风天气的分析表明，影响大风天气的冷空气路径主要为西北路、北路冷空气，在 71 次大风天气中，西北路冷空气为 40 次，占总次数的 56%，北路冷空气为 17 次，占总次数的 24%，另外 14 次为偏南大风，占总次数的 20%，并根据高空形势的演变特征，将形成大风的环流形势分为以下四种类型天气形势。

(1)西北路冷空气影响型

冷空气主要来源于西伯利亚，经蒙古西部、沿河西走廊入侵陕西，高空 500 hPa 中高纬度欧亚环流形势呈一槽一脊型，乌拉尔山附近为一长波脊或阻塞高压，当脊前长波槽东移或横槽转竖，新疆到河套有一支强西北气流，陕西受高空西北气流控制，高空强冷平流沿高空西北气流迅速向东南输送，地面河套地区有倒槽发展，地面冷锋呈 NE—SW 走向，冷高压中心一般为 1030 hPa 左右，冷锋后有≥3.0 hPa 的 3 h 变压中心。这类环流形势所产生大风天气一般持续时间短，强度也较弱。

西北路冷空气影响型还有一种环流形势，500 hPa 中高纬度欧亚环流形势呈两脊一槽型(图 11.36)，低压槽位于鄂木斯克附近，有－40 ℃冷中心配合，温度梯度大，南支西风带气流平直且短波槽东移，伊朗到新疆有高脊发展，随着高压脊的发展东移，高空冷平流不断向东南输送，地面冷锋位于赤塔—呼和浩特—银川—格尔木一线，冷锋后有 2.7 hPa≤ΔP_3≤3.0 hPa 中心，这类环流形势所产生大风天气一般可持续几天，当低槽东移至 130°E 以东，东亚大槽重新加深建立，大风天气才宣告结束。

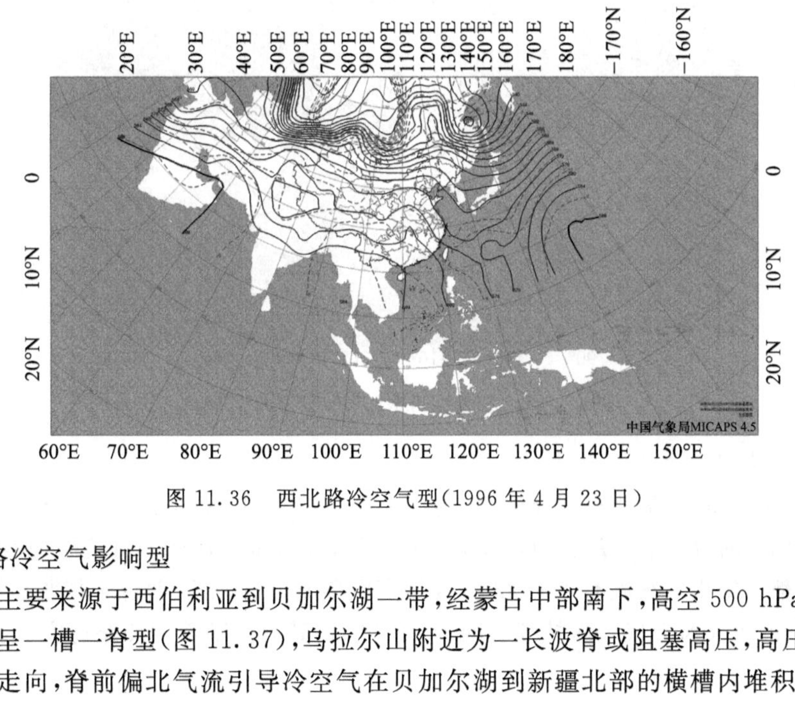

图 11.36　西北路冷空气型(1996 年 4 月 23 日)

(2)北路冷空气影响型

冷空气主要来源于西伯利亚到贝加尔湖一带，经蒙古中部南下，高空 500 hPa 中高纬度欧亚环流形势呈一槽一脊型(图 11.37)，乌拉尔山附近为一长波脊或阻塞高压，高压脊线一般为东北—西南走向，脊前偏北气流引导冷空气在贝加尔湖到新疆北部的横槽内堆积，这时在贝加尔湖附近形成深厚稳定的低压系统,河套地区受低压底部的偏西气流或西北气流控制,地面冷锋一般呈东西走向,冷高压中心一般为1025～1030 hPa,冷锋后有 $2.7\ hPa \leqslant \Delta P_3 \leqslant 3.0\ hPa$ 中心。该类环流形势所产生大风天气一般持续时间为1～3 d,强度也较强。

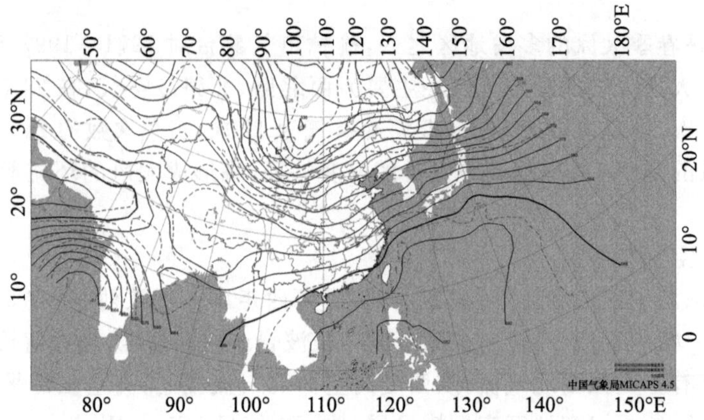

图 11.37　北路冷空气型(1983年4月27日)

(3)东北冷涡型

中高纬度500 hPa高空环流形势为两槽一脊型(图11.38),贝加尔湖以西的西伯利亚为一长波脊,贝加尔湖东部到我国东北地区为一深厚的低涡,一般有闭合－40 ℃的冷温度中心相配合,低涡后部与河套间有16℃以上的温度差,冷空气从蒙古、华北南下途中,低层冷空气折向西入侵陕西,地面冷锋一般呈东西走向,冷高压中心一般为1025～1030 hPa,该类环流形势所产生大风天气一般持续时间为1～3 d,强度也较强。

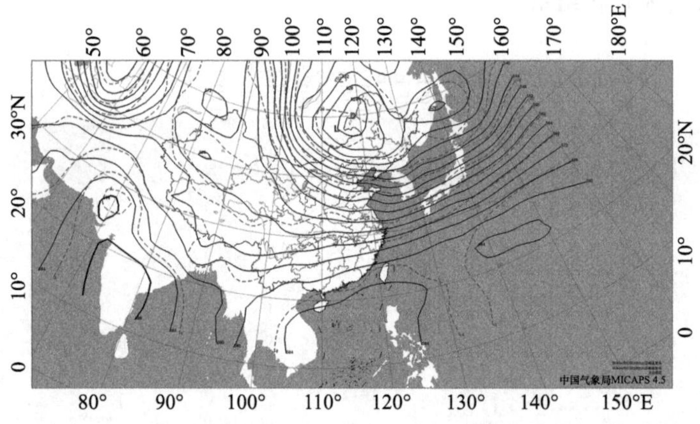

图 11.38　东北冷涡型(1995年4月7日)

(4)偏南气流型

东亚500 hPa图上,华北有弱脊建立,高原上有低槽发展,槽前脊后有明显的暖平流向北输送,当700 hPa的 $(H_{54511}+H_{54823})\times 0.5-H_{52866}\geqslant 8$ hPa时,有利于对流层中底层偏南风急流生成,当武都—银川—东胜有16～22 m/s偏南风急流,地面上陕西位于华北高压的后部,该类环流形势所产生大风天气一般持续时间为1 d左右,其后伴随着西北路冷空气东南下,转为西北风。

11.9.4　大风预报

大风的形成往往是由多种因素造成的。在大风预报中，一方面要注意上述环流形势，同时也应注意以下几个方面的问题。

①地面风压场变化：在中高纬度风场与气压场基本满足地转风、梯度风关系，因此，在大风预报中应注意气压场的变化。当近地面场中气压梯度加大时，风力一般都要加大。陕西大风天气多与冷空气入侵有关，一般当冷锋逼近时，风力要加大，冷空气南下主力方向，冷平流最强处风力最大。地面天气图中，3 h 变压场反映了气压场的变化趋势，一般情况下，冷锋前的负变压大并且锋后的正变压大，冷锋过境时易出现大风，冷锋前后温度变化反映了冷锋的强度，因此温度差大，则风力大。

②700 hPa 环流分析：夏季当南疆盆地从地面到 700 hPa 有热低压倒槽发展并东移，并在河西加深发展成为一个闭合热低压，低压中心位于柴达木盆地，河套地区为歪脖子高压脊，东亚环流形势为东高西低型，当河西热低压东移，在热低压的前部和高压脊的后部的气压梯度则明显加强，这时陕西的渭河河谷地带产生偏东大风。

③500 hPa 环流分析：夏季当 500 hPa 蒙古低压和东北低压发展，低压后部新疆高脊前由强冷空气沿西北气流下滑，使对流层中底层河西到河套有强的西北气流，在 37°—43°N 有稳定的高空锋区，由于动量下转等作用，陕西的大部分地区有大风天气。

④高低空环流配置：夏季新疆高脊建立，脊前西北气流中在河西有短波槽或冷槽沿西北气流下滑，温度槽落后高度槽，相应的 700 hPa 河西有暖脊向东北发展，当系统东移在河套上空形成下暖上冷的垂直结构，易形成短时大风，一般情况下通常伴有雷雨、冰雹等灾害性天气，关于这类大风天气的形成，与中尺度天气系统的发生发展有密切的关系，其环流形势的演变规律在前面有关章节已有详细论述。

⑤地形狭管效应：当空气从开阔地带进入地形构成的峡谷地带时，由于空气质量不能大量堆积，于是加速通过峡谷地带，风速加大，当流出峡谷时，空气流速也会减慢。咸阳市气象台在分析位于该市北部的永寿、淳化两县多大风时指出，由于气流通过两县间的五峰山时发生绕流，从山峰间灌入山谷吹偏西风，狭管效应使风速迅速增大。而该市南部为渭河冲积平原，地势平坦，其南侧为秦岭山脉，北侧是黄土高原沟壑区，海拔较高，当有冷空气入侵时，易形成区域大风天气。

⑥气流翻山下坡：冷空气翻山下坡是绝热下沉运动，也就是说，冷空气是沿等熵面下沉，当等熵面的坡度大于地形的坡度时有利于下坡大风的形成。如果等熵面的坡度小于地形的坡度时，即大气层结很稳定，高速下滑的冷空气沿等熵面下滑可能不及地，地面上形成不了大风。下坡大风的形成主要原因是冷空气下滑时位能转化为动能。例如冬半年寒潮天气中西北路和北路冷空气入侵陕西大多伴有大风天气。

参考文献

鲍媛媛，阿布力米提，李峰，等，2001 年华西秋雨时空分布特点及其成因分析[J]. 应用气象学报(2)：215-222.

北京大学地球物理系气象教研室，1978. 天气分析和预报[M]. 北京：科学出版社.

蔡新玲，高红燕，胡琳，等，2006. 陕西夏季高温的统计特征分析[J]. 陕西气象(5)：3.

陈小婷. 侯建忠. 胡启元，等，2017. 初夏两次台风背景下的致灾暴雨过程分析[C]//第七届“南海风云论坛”

讨论文摘要集．海口．

代琴，侯明全，1990. 用数值预报相似解释方法(SIM)制作陕西秋季连阴雨中期预报[J]. 陕西气象(5)：10-15.

董爱民，1997. 咸阳机场雾的成因分析与预报[J]. 干旱气象(3)：10-12.

段桂兰，王秀成，陶建玲，2005. 2004 年冬季一次大雾天气过程分析[J]. 陕西气象(4)：16-18.

段桂兰，2005. 陕西 2004 年初冬一次降雪天气成因分析[J]. 陕西气象(3)：11-13.

范建忠，孙孟伦，1989. 西安边界层温度场特征的分析[J]. 陕西气象(2)：42-46.

方建刚，白爱娟，2003. 陕西省一次秋季连阴雨过程的天气动力学分析[J]. 大气科学研究与应用，(1)：53-58.

方建刚，白爱娟，陶建玲，等，2005. 2003 年陕西秋季连阴雨降水特点及环流条件分析[J]. 应用气象学报，(4)：509-517.

方建刚，陶建玲，白爱娟，等，2004. 秦岭邻近地区夏季一次连阴雨的成因分析[J]. 陕西气象(6)：8-10.

方建刚，张弘，白爱娟，等，2006. 陕西强连阴雨天气个例的综合分析[J]. 气象科学，26(5)：578-585.

高炬，侯明全，王荷秀，等，1998. 关中冬麦区春季透雨的分析和预报[J]. 陕西气象(1)：6.

高由禧，郭其蕴，1958. 我国的秋雨现象[J]. 气象学报，29(4)：264-273.

公宽平，1998. 渭河河谷冷气垫的形成及其对咸阳机场能见度的影响[J]. 陕西气象(6)：25-26.

郭清厉，孟妙志，陈卫东，2006. 2006 年 1 月宝鸡强降雪过程综合分析[J]. 陕西气象(6)：30-32.

郭兆夏，程林仙，1994. 陕西初终霜冻及冻害气候分布特征[J]. 陕西气象(2)：2-5.

寒潮中期预报文集编委会，1985. 全国寒潮中期预报文集[G]. 北京：北京大学出版社．

贺皓，吕红，徐虹，2004. 陕西省大雾的气候特征[J]. 高原气象，23(3)：407-411.

侯建忠，梁生俊．陕西初夏一次突发性暴雨过程的预报偏差分析[C]//2006 年全国重大天气过程总结和预报技术经验交流会．

侯建忠，鲁渊平，王川，等，2005. 台风路径及频次与陕西关中秋淋天气相关分析[J]. 气象，31(5)：70-73.

侯建忠，薛春芳，陈小婷，等，2018. 西北地区东北部两次强降水的环流及云图对比分析[J]. 沙漠与绿洲气象，12(5)：32-38.

侯建忠．薛春芳．毛明策，等，2017. 近海台风活动与陕西秋淋天气先兆性特征分析及试用[C]//第十八届全国热带气旋科学讨论会论文摘要集．温州．

黄少妮，杜莉丽，刘嘉慧敏，等 2019. 陕西降水相态识别判据研究及检验[J]. 陕西气象(6)：18-23.

梁生俊，王培，高守亭，2013. 一次陕西初夏暴雨过程的数值模拟及诊断分析[J]. 气候与环境研究(1)：12-22.

林纾，章克俭，2003. 西北地区中东部 2000 年与 2001 年秋季连阴雨分析[J]. 气象，29(2)：35-39.

刘富明，1981. 大气环流由夏到秋的转变及四川秋雨形成的原因[J]. 高原山地气象研究(2)：1-6.

刘海英，1994. 榆林地区降雪天气气候分析[J]. 陕西气象(1)：13-14.

刘和平，代佩玲，1994. 咸阳市夏季大风天气形势及预报[J]. 陕西气象(2)：17-18.

刘天适，周全瑞，1983. 1981 年 8 月 13—24 日汉中、宝鸡地区连阴特大暴雨天气分析[J]. 陕西气象(4)：13-15.

吕俊杰，2002. 渭南持续高温的天气学分析[J]. 陕西气象(z1)：9-11.

慕建利，1994. 一次强寒潮过程的特征分析[J]. 陕西气象(6)：1-2.

彭诗文，1999. 安康高温天气预报分析[J]. 陕西气象(6)：18.

秦莹，刘贵华，梁谷，1996. 西安雾的规律分析[J]. 陕西气象(2)：21-22.

王荷秀，2000. 春季透雨能量分析[J]. 陕西气象(1)：6.

王兰宁，1994. 1991 年冬陕西连阴雪和寒潮天气过程分析[J]. 陕西气象(1)：20-21，25.

王秀莲，1998. 陕西大风规律分析及防御对策[J]. 陕西气象(4)：16.

王仲文，1998. 宝鸡夏季高温气候特征及预报[J]. 陕西气象(4)：6.

宿秋兰，郑丽娜，2021. 2020 年初山东一次雨转暴雪天气过程分析[J]. 陕西气象(1)：15-20.

徐虹，1993. 关中陕南春季第一场透雨的分析和预报[J]. 陕西气象(2)：16-18，20.

薛春芳，1994. 汉水流域末次洪水发生前后天气分析[J]. 陕西气象(5)：3-5.

薛凤英，赵榆飞，1998. 榆林地区春季大风天气气候分析[J]. 陕西气象(3)：12.
杨小艳，段桂兰，慕建利，等，1996. 陕西寒潮的气候概况[J]. 陕西气象(6)：9.
朱爱荣，1994. 西安地区寒潮天气的气候分析[J]. 陕西气象(1)：9-10.
朱乾根，林锦瑞，寿绍文，等，1992. 天气学原理和方法[M]. 1 版. 北京：气象出版社.
朱乾根，林锦瑞，寿绍文，等，2000. 天气学原理与方法[M]. 4 版. 北京：气象出版社.

第 12 章　陕西渭河流域致洪暴雨预报

12.1　渭河流域致洪暴雨定义

12.1.1　定义

暴雨是气象学概念，通常把日雨量≥50 mm 称之为暴雨，日雨量≥100 mm 称之为大暴雨，日雨量＞250 mm 称之为特大暴雨。考虑到雨强后，把 1 h 雨量≥10 mm 称之为短时暴雨，1 h 雨量≥30 mm 称之为短时大暴雨，1 h 雨量≥50 mm 称之为短时特大暴雨。而致洪暴雨则是将气象学中的暴雨与水文学中的洪水两个概念相结合后产生的新概念。洪水基本都是由暴雨引发的，但暴雨不一定都可引发洪水或“致洪”。在实际中，顾名思义，通常把引发洪水且给人民的生命财产造成严重损失，威胁水利设施安全的暴雨，称之为“致洪暴雨”。能够造成洪水灾害的暴雨通常雨强大或者面雨量大且降雨时间长，而且同地质、地貌和人为因素有关，所以也有人把致洪暴雨表示为

$$FTR = \int_t \int_A I_{st} \mathrm{d}A \mathrm{d}t + BQ \tag{12.1}$$

式中，FTR 为致洪暴雨量；I_{st}为降水强度；A 为降水面积；t 为降水时间；BQ 是一个复杂的综合性参量，它涉及到地形、地貌、水文、工程和政策等多个因素。

致洪暴雨受地域因素影响，必须针对具体河流来讨论。渭河是黄河第一大支流，发源于甘肃省渭源县乌鼠山，流经甘肃、陕西两省，在陕西潼关县注入黄河。干流全长 818 km，陕西境内河长 502 km；流域总面积 13.5 万 km^2，陕西境内 6.71 万 km^2。其中，宝鸡峡以上为上游段；宝鸡峡至咸阳铁桥为中游段，河长 171 km，河道宽，多沙洲，水流分散；咸阳铁桥到潼关为下游段，河长 208 km，河道淤积严重，比降较小，为三门峡库区。渭河中下游流经关中盆地，东西长约 420 km，南依秦岭山脉，北界北山，南北宽约 120 km，总面积 4.6 万 km^2，占省内流域面积的 68.5%。渭河有众多支流，其中北部有渭河最大支流泾河，流域面积 4.54 万 km^2，发源于甘肃陇东境内。第二大支流洛河流域面积 2.69 万 km^2，发源于陕北定边县境内；另外还有千阳河、漆水河、石川河等，其中南部因紧依秦岭北麓山地，河沟密布，水源丰沛，自宝鸡至临潼集水面积在 100 km^2以上的支流有 39 条，年均径流量在 1 亿 m^3左右的支流有 9 条。如图 12.1 所示。因此，我们就将引发渭河中下游（宝鸡到潼关）洪水灾害的暴雨称为渭河流域致洪暴雨。

图 12.1　渭河流域水系图

12.1.2　致洪暴雨气候特征

12.1.2.1　年(代)际变化

从 1954—2005 年渭河中下游发生洪水灾害资料，发现 52 a 中共出现致洪暴雨个例 51 次，年均 1 次。其中 20 世纪 50 年代出现 3 次，60 年代出现频率最高达 14 次，70 年代至 90 年代均为 9 次，进入 21 世纪后，仅 5 a 就出现 7 次，如图 12.2 所示。致洪暴雨年际变化大，有时一年中没有，有时同一年内出现 2～3 次。如 20 世纪 80 年代有 2 个年份，60 年代、70 年代、90 年代均有 3 个年份一年内发生 2～3 次致洪暴雨；进入 21 世纪后，仅 2003 年就出现 5 次致洪暴雨，2005 年出现 2 次。

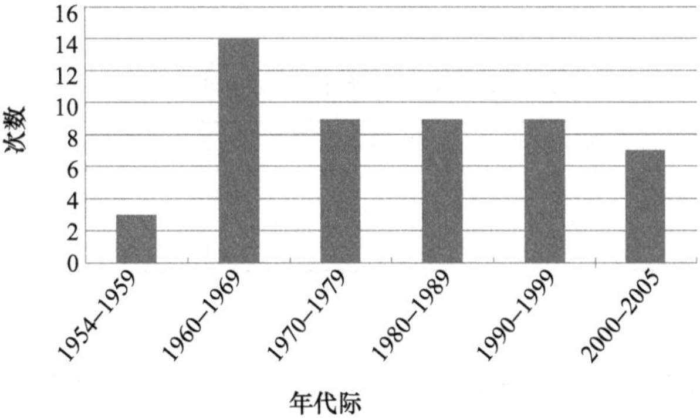

图 12.2　渭河中下游致洪暴雨年代际变化直方图

12.1.2.2　月(旬)变化

统计发现，致洪暴雨最早出现在 5 月上旬，最迟出现在 10 月中旬，集中出现在陕西主汛期的 7 月和 8 月，均为 18 次，其中 7 月下旬高达 11 次，以后逐旬减少。如图 12.3 所示。

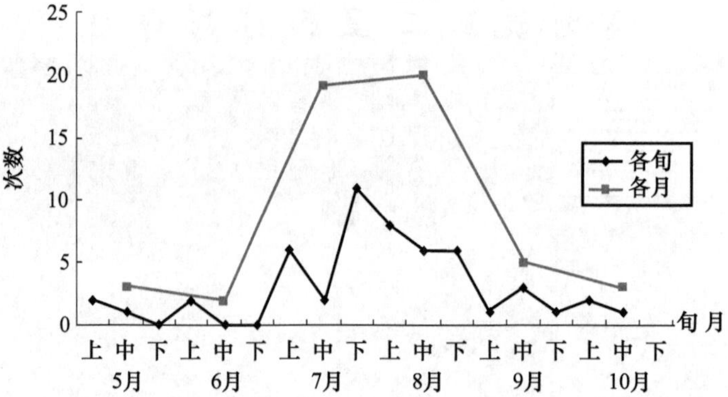

图 12.3 渭河中下游致洪暴雨旬月际变化分布图

12.1.2.3 致洪暴雨站次

利用各县气象站降雨观测资料,发现 51 次致洪暴雨个例中,有 64.7%(33/51)的个例是 3 站次以上出现暴雨,51%(26/51)是 5 站次以上出现暴雨,21.5%(14/51)是 8 站次以上出现暴雨,有 4 次过程出现了暴雨站次在 20 个以上,最多的 1 次达 39 站次(2003 年 8 月 28—29 日连续暴雨)。

12.1.3 洪水灾害特征

12.1.3.1 不同河段洪水灾害特征

将陕西境内渭河流域分为三个区:宝鸡市所辖段称为上游,咸阳市、铜川市和西安市所辖段称为中游,渭南市所辖段称为下游,对不同区域进行洪灾统计(表 12.1),发现:省内渭河上游段出现洪灾 8 次,占总数的 15.7%。渭河流域中下游出现洪灾的概率较高,占总数的 58.8%,其中,渭河中游单独出现洪灾 17 次,占总数的 33.3%,下游 13 次,占 25.5%。黄河小北干流单独出现 3 次,均由于地处陕北或山西境内的支流出现暴雨所致。全流域(不同区域同时或先后)出现洪灾 10 次,占 19.6%,其特点是:洪灾范围广、灾害重、损失大,造成的洪涝是全流域性的。

表 12.1 不同河段洪灾次数统计表

区域	渭河上游	渭河中游	渭河下游	全流域	黄河小北干流	合计
次数	8	17	13	10	3	51
百分比(%)	15.7	33.3	25.5	19.6	5.9	100

12.1.3.2 干支流洪水灾害特征

渭河北岸有泾河、洛河两大支流汇入,各自成水系,源远流长,水量较为丰富。南岸支流源于秦岭,短小而比降很大,统称为“峪”,汛期河水暴涨暴落,枯季一些小河多干涸断流。渭河干支流的洪灾情况如表 12.2 所示,发现:渭河支流单独出现洪灾的次数最多,共 19 次,占总次数的 37.2%,干流单独出现次数次之,共 11 次,占总次数的 21.6%,干支流同时出现 10 次,占 19.6%,其中,2002 年以后就出现了 6 次。黄河小北干流单独出现 3 次,另有 1 次是与渭河干支流同时出现的。

表 12.2 渭河干支流洪灾次数统计

河流分类	干流单独	干流和支流	支流单独	局地	黄河小北干流	合计
次数	11	10	19	8	3	51
百分比(%)	21.6	19.6	37.2	15.7	5.9	100

渭河支流单独出现 19 次，其中发生在渭河下游 9 次，中游 7 次，上游只有 3 次，显然支流洪灾有 84%出现在中下游。从各支流出现的次数分析：南山支流出现最多为 10 次，80%也出现在中下游区域，局地的 8 次全部出现在中游，所以渭河支流的防洪重点区域是中下游。

渭河干流单独出现洪灾 11 次，其中全流域和上游段各出现了 4 次。干流和支流同时出现的 10 次均为全流域洪灾，所以渭河干流的防洪工作无疑是渭河防汛的重点。

12.2 渭河洪水与暴雨的关系

12.2.1 渭河洪水分类

影响陕西境内的渭河洪水产流区主要有三部分：一是位于甘肃境内，甘谷至天水区域的散渡河、葫芦河、牛头河流域；二是陕西境内宝鸡至临潼之间渭河南岸的秦岭北麓产流区；三是泾河上游泾河干流杨家坪以上和支流马莲河雨落坪以上六盘山南麓产流区。其他区域，如北道至林家村区间也有产流，但产流量小，洪水量级小，渭河中下游北岸支流，属于黄土台塬地貌，耕地比例大，产流能力低，加之受水库蓄水、调度影响，产流能力严重下降。北洛河距渭河入黄河口很近，对渭河洪水影响较小。根据渭河洪水来源和产流区域不同，可将渭河洪水分为以下 4 类。

12.2.1.1 上游型洪水

洪水来自渭河林家村以上，以渭河上游流域产流为主。如 1964 年 8 月 9 日，渭河南河川水文站(现北道水文站，位于甘肃省天水市)洪峰流量 3040 m^3/s，由于渭河中下游区间面降雨量在 10 mm 以下，洪峰不断削减，到达华州水文站，洪峰流量仅为 1800 m^3/s。

12.2.1.2 中下游型洪水

洪水来自渭河中下游林家村至临潼之间，以秦岭北麓渭河支流降雨产流为主。如 1980 年 7 月 2 日，林家村水文站流量为 202 m^3/s，林家村到临潼之间流域 7 月 1—3 日面平均降雨 100 mm 左右，临潼站洪峰流量达 4490 m^3/s，华州水文站洪峰流量为 3770 m^3/s，泾河流域流量仅 100 m^3/s 左右。

12.2.1.3 泾河来水型洪水

洪水主要来自渭河支流泾河流域。如 1996 年 7 月 26—27 日，受泾河、马莲河上游强降雨影响，泾河洪水猛涨，泾河杨家坪站洪峰流量达 5060 m^3/s，马莲河雨落坪站洪峰流量 2700 m^3/s，洪水过程叠加汇入渭河，到达渭河华州站洪峰流量为 3450 m^3/s。

12.2.1.4 混合型洪水

洪水来自两个或多个产流区的洪水的叠加。如 1954 年 8 月 10—18 日，甘肃东部和关中一带普遍降雨，渭河流域大部分降雨量为 50～200 mm，点最大雨量为扶风站 237 mm。受降雨影响，散渡河甘谷站洪峰流量 2670 m^3/s，葫芦河秦安站洪峰流量 3830 m^3/s，洪水叠加，在渭河干流南河川站出现 4370 m^3/s 的洪峰，到达陕西林家村水文站时洪峰流量达 5030 m^3/s，由于流域全面降雨，南山支流、北岸韦水、漆水河、泾河洪水不断汇入，到达华州水文站时洪峰流量高达 7660 m^3/s，是该站实测最大洪峰流量。

12.2.2 灾害性洪水分类

根据洪水成因和洪水灾害的特点的不同，可将灾害性洪水分为以下 4 类。

12.2.2.1 局部暴雨洪水

局部暴雨洪水是由小面积高强度的暴雨形成的洪水。陕西省局部暴雨洪水多发生在夏季，陕南、关中、陕北地区常见，一般在短时间内突降高强度暴雨，伴有闪电、雷雨和大风，有时还挟带冰雹，造成山洪或塬洪暴发，在局部河段形成凶猛的洪水波，峰形尖瘦、历时短，易引发滑坡、塌岸、泥石流或水石流，冲毁山庄农田、堤坝及交通、通信等设施。吞没人、畜和财产，灾害影响一般为几十到几百平方千米。局部暴雨洪水随下垫面条件不同，造成的灾情也不同，若下垫面为土石山区，则易形成山洪及水石流灾害；若下垫面为黄土沟壑或土层较厚的土石山区，则易形成山洪及泥石流、滑坡等灾害；若下垫面为城市时，则易形成城市雨洪灾害。如 1988 年 8 月 13—14 日商州、蓝田、柞水暴雨洪水，1994 年 8 月 30—31 日洛河暴雨洪水就是典型局部暴雨洪水个例。

12.2.2.2 大面积暴雨洪水

大面积暴雨洪水是由大面积暴雨形成的较大区域或较大河流上的洪水。陕西省陕南、关中、陕北地区在夏季常有大面积暴雨发生，降雨可达数天，造成较大河流产生洪水，峰高量大，来势凶猛，多为单峰型。

大面积暴雨洪水的灾害特点，除了具有局部暴雨洪水的灾害特点外，还具有易造成堤防溃决，洪水泛滥，冲淹农田、房屋、城镇，损毁交通、电信、电力等设施，成灾面积大，灾害损失严重，甚至给沿河城镇带来灭顶之灾。大面积暴雨洪水灾害，有时会出现雨灾区和洪灾区不一致的情况。如 1977 年 7 月 4—6 日延河、洛河、泾河暴雨洪水，1983 年 7 月 31 日—8 月 1 日汉江安康暴雨洪水，1990 年 7 月 5—6 日汉江、嘉陵江上游暴雨洪水就是典型的大面积暴雨洪水个例。

12.2.2.3 大面积长历时暴雨洪水

大面积长历时暴雨洪水是由大面积的霖雨性暴雨形成的流域性的或多条河流上的洪水。陕西省关中特别是陕南地区在 7—9 月常有霖雨性暴雨发生，降雨长达数天甚至数十天，雨区面积大，且有一个或多个降雨中心，造成洪水持续时间长，峰形肥胖，多呈复式峰。大面积长历时暴雨洪水的灾害特点，除了具有局部暴雨洪水和大面积暴雨洪水的灾害特点外，还有洪灾时间长，洪灾和涝灾并发，多种山地灾害伴生的特点，尤其是沿河低洼地带灾情严重，由于长期保持高水位，易造成中下游沿河低洼地带涝渍灾害；河道长期受高水浸润、冲刷，易造成决堤、溃坝等溃决型洪灾；山地土壤长期水分饱和，易造成滑坡和泥石流等灾害。如 1933 年 8 月 5—10 日黄河中游暴雨洪水，即渭河、泾河、洛河、延河、清涧河流域普降暴雨，各河发生大洪水和特大洪水，泾、洛、渭河洪水与黄河北干流洪水遭遇，给陕西省关中、陕北地区和黄河中下游地区造成严重的洪水灾害。又如 1954 年 8 月 10—18 日渭河暴雨洪水，1981 年 8 月 13—24 日汉江、嘉陵江上游暴雨洪水，2003 年 8 月 28 日—29 日关中渭河暴雨洪水就是典型的大面积长历时暴雨洪水个例。

12.2.2.4　阻塞型洪水

阻塞型洪水的形成并不是单纯由暴雨一种因素造成，往往是在河道上游来水量较大时，由于河道淤积、塌岸、滑坡或冰坝等原因造成大量壅水而出现的一种洪水。其灾害特点是区域范围不大，均发生在沿岸滩地和低洼地带，但有时洪水滞留时间较长，灾害损失严重，阻塞型洪水在渭河中下游，自 20 世纪 80 年代以来频繁发生，其原因是由于三门峡水库长时期采用高水位运行方式，造成黄河小北干流（龙门至潼关段）和渭、洛河下游淤积，河床升高，呈现悬河，出现高槽低滩，主流摆动不定，河道弯曲度、宽浅度增加、一遇洪水就泛滥成灾。2003 年的渭河洪水，在 20 世纪 30—50 年代的自然河堤条件下，是根本不会出现灾情的一般洪水，但因三门峡水库问题，却形成了 50 a 一遇的特大洪水。另外，在冬季和初春流冰期间，由于河道宽浅水流缓慢，流冰块受阻堆积形成冰坝，造成壅水向沿岸滩地和低洼地带漫溢成灾。如 1992 年 8 月 7—12 日渭河暴雨洪水，1996 年 7 月 26—28 日渭河洪水，1996 年 1 月下旬黄河小北干流冰凌洪水就是阻塞型洪水的典型个例。

12.2.3　降水特征分类

由 1954 年到 2005 年共 51 次渭河洪水灾害发现，引发渭河洪灾的暴雨，可归为以下 4 类。

12.2.3.1　上游暴雨洪灾

该型通常在致洪区无暴雨，而在上游地区出现大面积暴雨，导致了下游地区的洪涝灾害。如 2003 年 8 月 25—26 日致洪暴雨过程，在甘肃东部泾河上游的庆阳地区出现了 4 站暴雨、2 站大暴雨，延安出现了 8 站暴雨，1 站大暴雨。这次暴雨给渭河中下游造成灾害，仅渭南境内渭河全线漫滩，12 条南山支流倒灌，大堤全面临水，临渭、华洲、华阴、潼关和大荔等地的 2 万 hm^2 农田全部淹没，直接经济损失达 1.8 亿元。

12.2.3.2　连阴雨暴雨洪灾

这类暴雨洪灾有 5 次个例，其特点是：历时长、雨量大、范围广，暴雨日多，造成的灾害为全流域性严重洪灾。通常有两种情况：

一种是在前期连阴雨中已出现了暴雨，当连阴雨结束时局部又出现大暴雨后发生的洪灾。另一种属于长连阴雨中出现大面积暴雨、局部大暴雨和连续暴雨日，造成持续的流域性严重洪涝灾害。如 1981 年 8 月 14 日—9 月 13 日陕西强连阴雨过程历时一个月，包含 6 个暴雨日，其中 2 个大暴雨日。渭河上游的甘肃东部部分地区首先出现暴雨，接着洛河上游，宝鸡南山支流、宝鸡段干流又相继出现暴雨，局地大暴雨，特别是 21 日全流域出现了 21 站大面积暴雨，3 站大暴雨，9 月 1 日渭河下游 2 站又出现暴雨，造成渭河多处决口，宝鸡段受灾严重，经济损失 1.15 亿元。又如 2005 年 9 月 24 日—10 月 3 日陕西中南部出现了大面积连阴雨天气，10 月 1—2 日渭河中下游及秦岭北麓和汉江上游出现了区域性暴雨，使渭河干流和汉江干流洪水暴涨，形成了 1981 年和 1983 年之后的最大洪水，陕西中、南部局地遭受严重洪涝灾害，造成直接经济损失 19.4 亿元。

12.2.3.3　本区域暴雨～大暴雨洪灾

本区域暴雨-大暴雨导致的洪水次数最多，约占 52%，主要分布在渭河流域的中下游，造成的灾害多为河堤决口、沿河农田被淹、群众被困。还有局地强对流性天气造成的大暴雨或特大暴雨使局地受灾非常严重。例如 2002 年 7 月渭河中游南山支流出现暴雨，灞河形成的洪水冲垮了陇海铁路桥,损失严重;1980 年 8 月 23 日,渭河中游鄠邑的局地降水强度为 371 mm/22 h,造成该地农田受灾 0.3 万 hm^2,成灾 0.1 万 hm^2,受灾人口 0.6 万人,死亡 10 人,倒塌房屋 1750 间,损失粮食 75 万 kg。

12.2.3.4　上游暴雨与当地暴雨叠加洪灾

此类暴雨洪灾共 13 次,出现暴雨站次均在 6 个以上,51 次个例中 7 站以上暴雨有 18 次,该型就占 10 次,所以最突出的特点是暴雨面积大。暴雨首先发生在各支流上游,当形成的洪水汇入干流后,与当地暴雨叠加,造成本流域洪水灾害。如 1954 年 8 月 10—19 日和 1973 年 8 月 30 日两次个例,暴雨区主要在泾河上游、洛河上游及渭河干流,由于暴雨出现时间不同,使支流洪水与当地洪水恰好叠加,导致全流域洪灾,尤其是第一个个例,造成渭河沿岸和宝鸡地区上百人死亡,近 30 万人受灾,2000 hm^2 田地被淹,据不完全统计损失就达 3211 万元,成为 1949 年以来渭河流域最严重的一次洪涝灾害过程,被水利部门称之为“五四型”大洪灾。

12.2.4　影响渭河径流的因素

所渭径流是水文学中的重要概念。它是指大气中雨水降落在陆地后,经过植物截留、填洼、土壤蓄水以及雨期蒸发等损失后所剩余的水量,从不透水面积上、地面和地下汇集到流域流出断面的全部水流。通常用径流深(mm)或径流量(m^3)表示,径流引起江河、湖泊水情的变化,是水循环和水量平衡的基本要素,从降水到形成出口断面流量的整个物理过程,称之为径流形成过程。依径流经过的途径不同分为地面径流、表层径流(壤中流)和地下径流。

分析渭河径流变化发现:渭河径流呈逐年减少的趋势,以渭河华州水文站(该站控制全流域面积的 97.8%)为例,1969 年以前,平均年径流量为 93.3969 亿 m^3,1990—1999 年平均径流量降到 43.892 亿 m^3,只有多年平均(1934—2004 年)的 57.9%。而且年际变化大,最丰年 1964 年达 188 亿 m^3,最枯年 1995 年、1997 年仅为 17 亿 m^3。连枯年段最长达 11 年,连丰年段最长达 6 年。用 1970—2004 年数据统计,华州站多年平均径流量为 52.97 亿 m^3,主要集中在 6—10 月,这 5 个月多年平均径流量为 44.96 亿 m^3,占全年径流量的 84.9%,11 月至翌年 5 月,多年平均径流量为 8.01 亿 m^3,占全年径流量的 15.1%。影响渭河径流的因素主要如下。

12.2.4.1　降雨

降水量是影响径流量的主要因素,表现在两个方面:首先降雨量的多少直接影响产流量的多少;其次,降雨量的多少影响灌溉用水量的多少,从而影响径流量的多少。一般情况下,降水量多,灌溉用水量就少,反之,降水量少,灌溉用水量就大。

12.2.4.2　植被

流域径流的形成受地貌、地质和土壤、植被、湖泊、沼泽等下垫面因素的影响。落在流域面上的降水,经过这些因素作用后,才流出出口断面,下垫面诸因素对径流的形成和变化都有着直接或间接的影响。对于渭河流域来说,地貌、地质和土壤等因素相对稳定,所以植被的变化对径流就会产生很大的影响。近年来,国家实行退耕还林,加大了植树造林种草的力度,秦岭山脉作为生态屏障受到严格保护,渭河流域的植被得到了一定的恢复,植被对径流的调节作用开始显现,主要表现在调节径流分配,增加流域蓄水能力作用。

12.2.4.3　灌溉用水

农业灌溉用水与降水量密切相关，降水少，农业灌溉用水就多，反之就少。渭河流域日前较大的灌区主要有：泾惠渠灌区（20 世纪 30 年代建成），宝鸡峡灌区（1971 年建成），冯家山水库灌区（1982 年建成），交口抽渭灌区（1970 年建成）和羊毛湾灌区（1973 年建成）。从统计数据看，1970 年前后，渭河径流发生了明显的变化，尤其在枯水季节，可见，灌溉用水对渭河径流产生较大影响。

12.2.4.4　工业和生活用水

关中地区渭河沿岸城市众多，生活用水、工业用水部分取自渭河干流或支流，近年来渭河径流呈减少趋势，在灌溉用水量很少的月份，如 9 月、10 月，径流减少主要是由于生活和工业用水增加所致。

12.2.4.5　水库调节的影响

渭河流域各类水库星罗棋布，其中大型水库 4 座，重点中型水库 13 座，大中型水库库容之和超过 13 亿 m^3。南岸黑河受金盆水库控制，石头河受石头河水库控制，北岸千河受冯家山水库控制，漆水河、石川河也建有大量中小型水库。枯水季节地表径流多会被水库拦截，丰水季节水库放水又会增加地表径流，因此入渭水量受水库影响较大。

12.3　渭河流域致洪暴雨主要特征

12.3.1　致洪暴雨分类

12.3.1.1　上游暴雨

所渭上游暴雨，是指在渭河主干流区域（宝鸡峡至潼关段）没有降水或没有明显降水，而是在渭河的上游区域（宝鸡峡以上），或在渭河重要支流泾河流域，或洛河流域，或泾河、洛河上游同时出现大面积暴雨（或区域性强降水），导致渭河干流严重洪涝灾害，称之为上游暴雨，如图 12.4a 所示。如 1996 年 7 月 26—27 日，由于泾河上游的甘肃省平凉、庆阳两地降特大暴雨，镇原县平泉镇降雨量 122 mm，最大中心为 223 mm，因暴雨面积大，降水来势猛，上游河流比降大，河水流速快，造成宝鸡北部山洪暴发，4 人死亡，$3.1\times10^4\ hm^2$ 农田受灾，沿泾河、渭河 10 县市受灾，渭河大堤全面临水，26.46 万人受灾，5 个水文站损坏，经济损失达 3.76 亿元。又如 1977 年 7 月 6—7 日，在陕北和洛河上游出现连续两天的区域性暴雨和局地大暴雨降水过程，造成延河、洛河、泾河全部遭灾，进而引起渭河和黄河小北干流洪水，仅延安损失约 7000 万元以上。

12.3.1.2　连阴雨中的暴雨

所谓连阴雨中的暴雨，是指在前期渭河流域连续降水，虽然雨强不大，但土壤已饱和，主干河流水位已高，突然出现区域大～暴雨，或局部出现暴雨～大暴雨，导致渭河洪水灾害；或者在连阴雨天气中，连续出现多个暴雨日，造成渭河连续洪涝灾害，或大面积、长历时洪涝灾害，称之为连阴雨中的暴雨，如图 12.4b 所示。如 1964 年 9 月 14—15 日的洪灾过程，整个降水过程从 8 月 28 日开始，到 9 月 15 日结束，其中渭河中下游局部地区在 8 月 30 日至 9 月 1 日出现了暴雨，13—14 日为区域性中～大雨、14 日渭河下游的潼关出现了 200.8 mm 的特大暴雨，由此造成了被水利部门称之为渭河流域“六四型”大洪水。

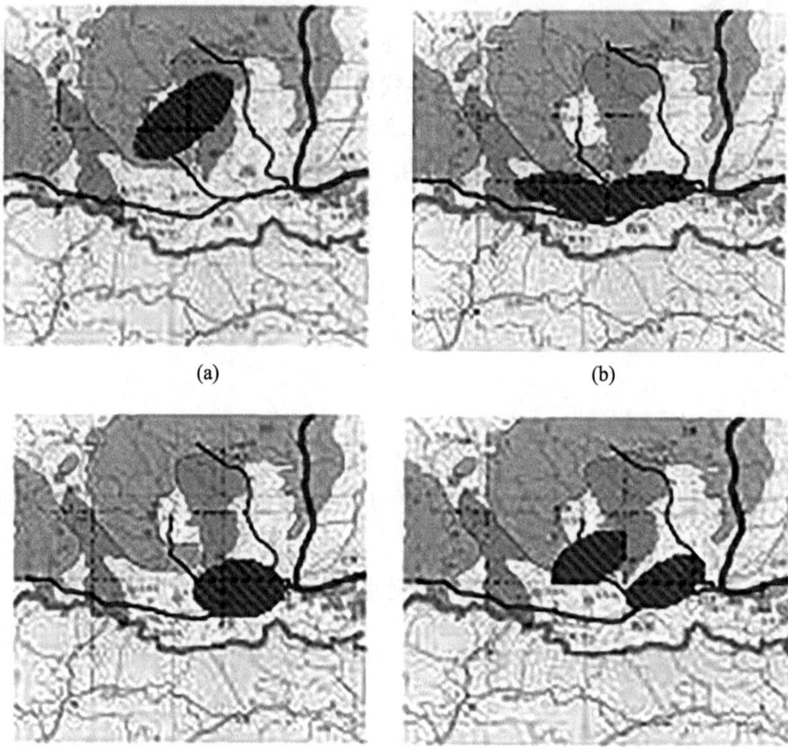

(a) (b) (c) (d)

图 12.4 致洪暴雨分类示意图

(a)上游暴雨;(b)连阴雨中的暴雨;(c)本流域暴雨;(d)上游暴雨加当地暴雨

12.3.1.3 本流域区域性暴雨～大暴雨

所谓本流域区域性暴雨～大暴雨,是指在渭河主干流区域,降区域性的暴雨-大暴雨,或区域性暴雨和局部大暴雨,导致渭河洪水灾害,称之为本流域区域性暴雨-大暴雨,如图 12.4c 所示。如 1970 年 8 月 28—31 日和 1992 年 8 月 11—13 日,两次均为连续 3 天的暴雨日,区域性暴雨和局部大暴雨出现在第二天,暴雨范围为全流域。特别是 1992 年 8 月 12 日,暴雨 11 站次,其中大暴雨 7 站次,最大中心 2 个,分别在宝鸡南山支流 135.4 mm 和洛河中游 134.5 mm,由于连续降强暴雨,使整个河流水位猛涨,沿河各县大面积受灾,农田、房屋、公路、水利工程等损失达 3.5 亿元。

12.3.1.4 上游暴雨加当地暴雨

所谓上游暴雨加当地暴雨,是指暴雨首先发生在渭河上游(宝鸡峡以上)或各支流上游(即泾河上游或洛河上游或泾、洛河同时发生),随后渭河主干流发生暴雨,当上游暴雨形成的洪水汇入渭河干流后,与渭河主干流暴雨叠加,导致渭河洪水灾害,称之为上游暴雨加当地暴雨,如图 12.4d 所示。如 2003 年 8 月 29—30 日渭河 2 号洪峰就是由于渭河上游出现暴雨,同 28—29 日陕西关中渭河干流连续区域性暴雨(28 日 17 站次,29 日 18 站次)叠加后形成,是典型的上游暴雨加当地暴雨型。

12.3.1.5 致洪暴雨分类统计

如表 12.3 所示,本流域区域性暴雨～大暴雨发生的频率最高,为 52.9%(27/51);其次是叠加型暴雨，占 25.5%(13/51)；上游暴雨引发渭河流域洪灾的共有 6 次，占 11.8%；连阴雨中的致洪暴雨有 5 次，占 9.8%。除上游暴雨类型外，其余都与当地暴雨有关，占致洪暴雨总次数的 88.2%(45/51)。这说明本地降暴雨是引发渭河流域洪涝灾害的最主要原因。

表 12.3　致洪暴雨分类统计表

类型	上游暴雨	连阴雨中的暴雨	本区域暴雨～大暴雨	叠加暴雨	合计
次数	6	5	27	13	51
百分比(%)	11.8	9.8	52.9	25.5	100

12.3.2　致洪暴雨天气学模型

分析致洪暴雨(20—20 时降水)发生前当日或前一日 08 时 500 hPa 天气图，将 95°—115°E，25°—45°N 作为关键区，分析其影响天气系统，得出以下 4 种致洪暴雨天气学模型：西南气流型，西风槽型，低涡切变型，副高控制型。如表 12.4 所示。西风槽型是渭河流域致洪暴雨的主要天气型，占 49.0%(25/51)；其次是西南气流型，占 23.5%；低涡切变型和副高控制型分别占 9.8%和 7.8%。从表 12.4 中还可看出：上游暴雨型主要由西南气流型造成的；连阴雨中暴雨型全部由西风槽型造成的；本区域暴雨型和叠加暴雨型则不同，4 种天气学模型均对其造成影响，但以西风槽型为主，约占 50%。

表 12.4　致洪暴雨天气学模型统计表

分型	西南气流型	西风槽型	低涡切变型	副高控制型	无因个例	合计	百分比(%)
上游暴雨型	5	—	—	1	—	6	11.8
连阴雨中暴雨型	—	5	—	—	—	5	9.8
本区域暴雨型	4	13	4	2	4	27	52.9
叠加暴雨型	3	7	1	1	1	13	25.5
合计	12	25	5	4	5	51	
百分比(%)	23.5	49.0	9.8	7.8	9.8		

12.3.2.1　西南气流型

500 hPa 环流特征是：西太平洋副热带高压偏强偏北，脊线在 30°—32°N，588 dagpm 线西伸脊点位于(105°E，25°N)附近；沿 588 dagpm 线西侧，在 100°E 以东、38°N 以南，从云贵高原经四川到渭河流域为大范围西南气流，兰州、平凉、汉中、重庆、西安、延安 6 站中有 4 站或以上为≥6 m/s 的 WSW-SSW 风；100°E 以西有低槽(偏西)。在 700 hPa：36°—38°N，102°—106°E 有切变东移；30°—38°N，100°—110°E 内≥3 站为≥12 m/s 的 WSW-SSW 风，即有低空急流配合；$\Delta(T-T_d)$(汉中—西安)＜−5 ℃，湿舌与高能舌几乎重合，低空急流与高能轴之间区域就是强降水的落区，如图 12.5a 所示。在实际中，往往有两种情形：一是在副高东退过程中，在西南暖湿气流与低层低涡切变共同作用下，产生渭河上游暴雨，如 1996 年 7 月 26—27 日降水个例；二是在副高不断西进、西南气流加强，低空有低涡切变，地面有锢囚锋作为触发机制的情况下产生渭河上游或泾、洛河上游暴雨，如 1977 年 7 月 6—7 日降水个例。

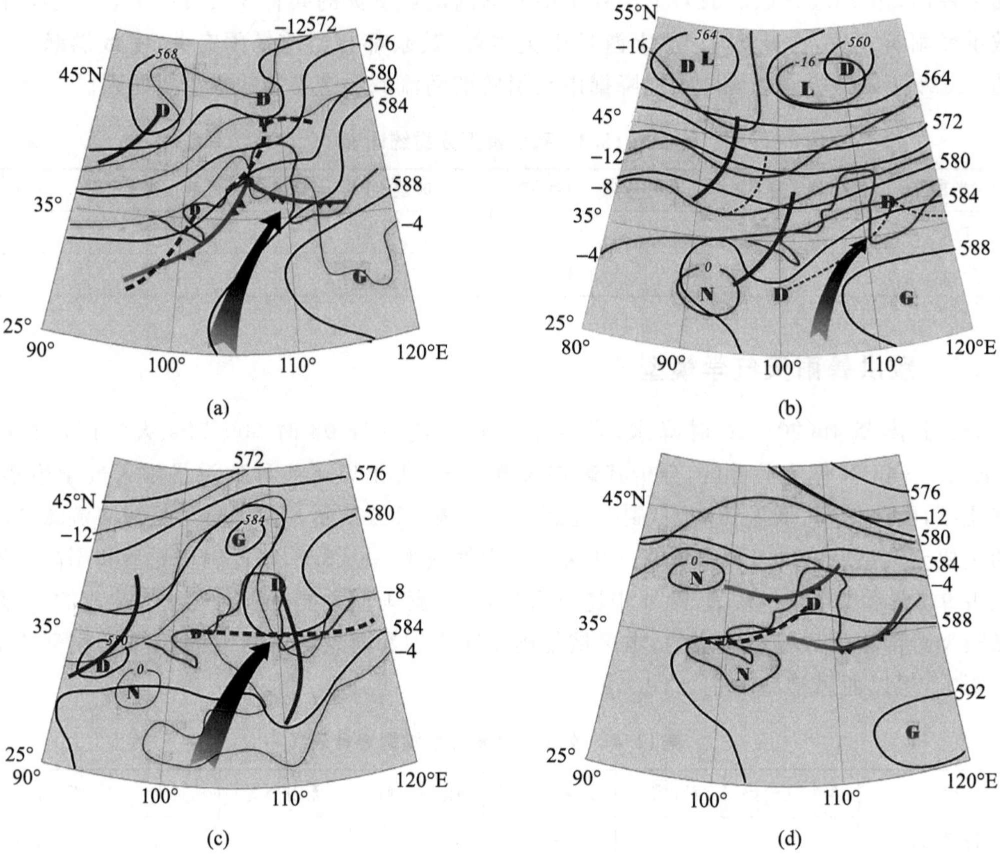

图 12.5　渭河流域致洪暴雨的天气学模型

(a)西南气流型;(b)西风槽型;(c)低涡切变型;(d)副高控制型

12.3.2.2　西风槽型

500 hPa 环流特征是:西太洋副热带高压 588 dagpm 位于 32°—38°N 范围内(个别情况有台风时位置稍偏北,)西伸脊点在 95°E 以东;30°—40°N,95°—110°E 关键区,即在河套以西(哈密-兰州),或河套地区(银川-延安),或沿渭河(兰州—西安)有西风槽或高原槽。在 700 hPa:在关键区 30°—37°N,100°—112°E 范围内有切变;满足以下 2 个或 2 个以上条件,即西安为≥4 m/s 的 SE—SW 风,平凉为≥4 m/s 的 SE-SW 风,汉中为≥4 m/s 的 SW—SSE 风,兰州为≥4 m/s 的 NE—S 风;汉中 $T-T_d$≤4.0 ℃。满足以下 1 个或 1 个以上条件,即 $\Delta(T-T_d)$(平凉-延安)≤−1.0℃,$\Delta(T-T_d)$(兰州-延安)≤−1.7℃,$\Delta(T-T_d)$(汉中或西安-延安)≤0 ℃,$\Delta(T-T_d)$(汉中-西安或延安)≤0 ℃,则在渭河中上游有暴雨。若 700 hPa 兰州-西安有低涡或切变;$\Delta(T-T_d)$(平凉-西安)≤3.0 ℃,$\Delta(T-T_d)$(兰州-延安)、$\Delta(T-T_d)$(汉中-西安)、$\Delta(T-T_d)$(汉中-延安)≤−4.0℃,延安 $\Delta(T-T_d)$≤11.0℃,E≥4 m/s,则在渭河流域有暴雨。若在关键区 99°—115°E,34°—40°N 有切变,兰州-平凉有冷中心或冷槽;$\Delta(T-T_d)$(平凉-延安)、$\Delta(T-T_d)$(兰州-西安)、$\Delta(T-T_d)$(汉中-西安)≤2.0 ℃,西安、汉中的 $T-T_d$≤3.0℃;延安、西安、汉中、达县 4 站中至少 3 站为≥4 m/s 的 SW 风;当切变偏东时,西安、汉中、安康为≥8 m/s 的 E-NE 风,则渭河下游有暴雨,如图 12.5b 所示。

12.3.2.3 低涡切变型

500 hPa 环流特征是：初夏在 95°—105°E，32°—36°N 范围（吉迈北部），盛夏在 103°—113°E，32°—40°N 范围（银川-太原或兰州-西安）的河套到渭河流域有低涡或有明显的气旋性环流。在 700 hPa：30°—44°N，99°—109°E 范围内有切变，切变前有 3 站以上偏南风，汉中以南有急流；或 34°—37°N，103°—113°E 沿 35°N 为一横切变，横切变南部以偏南风为主，≥3 站 S-SW 风速≥6 m/s，北部以偏东风为主，在西部兰州-平凉-武都之间有低涡或气旋性环流，伴有 −8℃冷中心或冷槽；满足以下 2 个或以上，即 $\Delta(T-T_d)$（平凉-延安）≤0.0℃、$\Delta(T-T_d)$（兰州-延安）≤1.7℃、$\Delta(T-T_d)$（汉中-西安）≤1.3 ℃、$\Delta(T-T_d)$（汉中-延安）≤3.0 ℃；平凉、西安为 EN-SSW 风，且≥4 m/s，延安、汉中为 SE-SSW 风且≥4 m/s。可预报渭河流域有暴雨，如图 12.5c 所示。

12.3.2.4 副高控制型

500 hPa 环流特征是：西太平洋副热带高压较强，基本上控制了渭河流域中下游或黄河小北干流区域，588 dagpm 线位置基本上位于 34°N 以北，西伸脊点在 105°E 以西，脊线位置在 28°N 以北；90°E 以东到副高之间无低槽活动。在 700 hPa：30°—38°N，100°—109°E 范围有切变；$\Delta(T-T_d)$（平凉-延安）≤0.0℃，且 $T-T_d$（平凉）≤4 ℃，平凉、延安、汉中、西安中有≥3 站 $T-T_d$≤4℃即有湿舌存在；平凉、延安、汉中、西安中有≥3 站为偏南风且风速≥4 m/s，且汉中或西安≥6 m/s。则渭河中上游有暴雨，如图 12.5d 所示。

12.3.3 致洪暴雨动力学特征

渭河流域致洪暴雨的 4 种类型，即上游暴雨，连阴雨中暴雨，本流域区域性暴雨～大暴雨和上游暴雨叠加当地暴雨所对应的动力学特征，既有共性，又有个性，于是形成了渭河流域致洪暴雨的独特成因和演变机理。

12.3.3.1 水汽场特征

2003 年 8 月下旬—10 月上旬，渭河流域先后出现了 5 次致洪暴雨天气过程（表 12.5），其中第 1 次是 8 月 25—26 日，属于上游暴雨洪水；第 2 次是 8 月 28—29 日，属于上游暴雨叠加当地暴雨洪水；第 3 次是 9 月 3—6 日，属连阴雨中暴雨洪水；第 4 次是 9 月 18—19 日属本流域区域性暴雨～大暴雨洪水；第 5 次是 9 月 27 日—10 月 4 日，也是属于连阴雨中暴雨洪水。分析这 5 次致洪暴雨，可以看出水汽场的大致特征。这里以该个例为背景，给出致洪暴雨水汽场特征。

(1)水汽来源和输送

渭河流域致洪暴雨的水汽源地主要有 4 个：第 1 个是孟加拉湾，第 2 个是南海，第 3 个是东海，第 4 个是黄海和渤海。高层的水汽源有两个：一个是孟加拉湾，另一个是南海。但其中孟加拉湾占的比重要大一些；在低层，水汽来源主要是南海，其次是东海和黄海。在实际中，水汽源地有时是一个，有时是几个的组合，如 2003 年渭河流域第 1 次致洪暴雨过程，水汽主要来自南海，来自孟加拉湾的水汽由于受到了青藏高原的阻挡，只有一小部分水汽绕过中南半岛南部与大量来自南海附近的热低压携带的水汽汇合，从南海沿西太平洋副热带高压外围气流向北输送至渭河上游。第 2 次致洪暴雨过程，水汽主要来自孟加拉湾和南海，另外，还有来自黄海、渤海的水汽。在低层来自南海和孟加拉湾的水汽在西太平洋副热带高压西侧汇合，被副高外围的偏南气流输送到了渭河下游。另外，东北低涡底部的辐散气流将渤海湾的水汽西输，与来自南海及孟加拉湾的水汽汇合，在渭河下游形成了比较明显的水汽通量的辐合；在中高层来自孟加拉湾的水汽一路东北行，将水汽源源不断地输向渭河中下游。第 3 次致洪暴雨过程出现在连阴雨过程中,水汽的输送和辐合相对较弱,但低层的水汽含量比较丰富,在热低压的参与下,来自黄海与中层来自南海和孟加拉湾的水汽汇合后向北输送至渭河中下游。

表 12.5 2003 年 5 次致洪暴雨过程各边界的水汽收支(单位:10^7 g/s)

	东边界						西边界					
	1	2	3	4	5	合计	1	2	3	4	5	合计
1000 hPa	−3.8	−6.8	−1.0	−2.6	0.1	−14.1	−5.0	−5.6	−2.7	−3.8	−4.5	−21.6
850 hPa	2.4	−5.2	1.8	−2.3	−0.1	−3.4	−3.8	−5.0	−2.0	−1.6	−2.8	−15.2
700 hPa	4.2	2.9	4.6	2.0	4.0	17.7	−2.2	−3.6	−1.2	−0.1	−2.0	−9.1
500 hPa	3.8	5.3	4.5	3.8	5.6	23.0	2.2	3.2	2.2	3.5	3.8	14.9
300 hPa	1.9	2.7	1.6	2.0	1.8	10.0	1.0	1.3	1.2	1.5	1.1	6.1
合计	8.5	−1.1	11.5	2.9	11.4	33.2	−7.8	−9.7	−2.5	−0.5	−4.4	−24.9
	南边界						北边界					
	1	2	3	4	5	合计	1	2	3	4	5	合计
1000 hPa	9.0	2.2	2.2	−1.8	−0.5	11.1	4.4	−2.4	1.8	−1.6	−0.4	1.8
850 hPa	10.5	5.6	6.6	−0.5	2.9	25.1	3.8	−1.4	1.0	−1.5	−0.7	1.2
700 hPa	6.0	17.4	9.0	13.5	6.5	52.4	0.0	−0.8	0.2	−1.2	−0.4	−2.2
500 hPa	1.0	1.2	4.8	11.1	2.8	20.9	−0.4	0.0	1.1	−0.2	0.4	0.8
300 hPa	0.0	0.1	0.6	0.0	0.0	0.7	0.0	0.1	0.8	0.2	0.2	1.3
合计	26.5	26.5	23.2	22.3	11.7	110.2	7.8	−4.5	4.8	−4.3	−0.9	2.9

(2)水汽收支

选取 32.5°—40°N,100°—115°E 范围,计算各方向上水汽通量收支

$$q_\ell = \int_\ell \left[-\frac{1}{g}\int_{p_2}^{p_1} q v_n \mathrm{d}p \right] \mathrm{d}\ell \tag{12.2}$$

式中,q_ℓ为水汽在某边界上的水汽通量;ℓ 为计算区域的周长;v_n为风沿区域周线的法向分量;$q_\ell>0$ 为在该边界输入水汽;$q_\ell<0$ 为在该边界输出水气。

表 12.5 给出了 2003 年渭河流域 5 次致洪暴雨过程中各层的水汽平均收支情况,可以看出,各边界不同层次上的水汽收支有明显的差异。其中南边界水汽输入最强,它反映的是来自南海和孟加拉湾的水汽输入,并且主要在中低层输入,700 hPa 和 850 hPa 上南边界输入占水汽总输入量的 75%以上;其次是东边界水汽输入,它反映的是来自东海、黄海和渤海的水汽输入,在 700～500 hPa 达最大值;北边界水汽输入和输出比较小;西边界从表 12.5 中表现出是水汽的主要输出方,这主要表现在中低层,即 700 hPa 以下,但这要作具体分析,因为西边界 100°E 位于青藏高原上,海拔高度已在 700 hPa 高度以上,在 500～300 hPa 水汽输入为正,恰恰反映的是来自孟加拉湾的水汽,越过青藏高原,输送到渭河流域。就每次致洪暴雨过程在整个区域的水汽收支来看,在 300 hPa 以下,四周的水汽通量之和均为正值,这说明渭河流域在暴雨发生期间是一个水汽的汇,其中在 700～500 hPa 上水汽的输入量最大。另外利用公式

$$\int \nabla \cdot (\mathbf{v}q/g)\mathrm{d}p = \frac{1}{g}\int q\,\nabla \cdot \mathbf{v}\mathrm{d}p + \frac{1}{g}\int \mathbf{v}\cdot \nabla q\mathrm{d}p \tag{12.3}$$

分别计算了 5 次致洪暴雨过程的水汽通量散度中由于平流输送的水汽和由于辐合汇集的水汽的比例大小,发现,在 5 次致洪暴雨过程中,平流输送的水汽在整个气柱的水汽通量中只占到了 6%～30%,说明在渭河流域的暴雨过程中,水汽平流项的贡献相对较小,水汽主要是

由于风场的辐合汇集到暴雨区的。但在暴雨过程的不同时期是不一样的，在暴雨前期往往以平流输送为主，在临近暴雨时则以辐合为主。

(3)水汽含量及变化

在 700 hPa 比湿场上，相应暴雨区有一个比较宽广的湿舌或湿中心，湿中心的比湿值通常≥7 g/kg，在强降水出现时比湿值达到最大，如图 12.6 所示，暴雨发生前 6～12 h，高层比湿首先突然增加，然后才由上向下水汽含量随时间逐渐增加。大降水产生时低层水汽首先下降，而高层水汽维持大值。

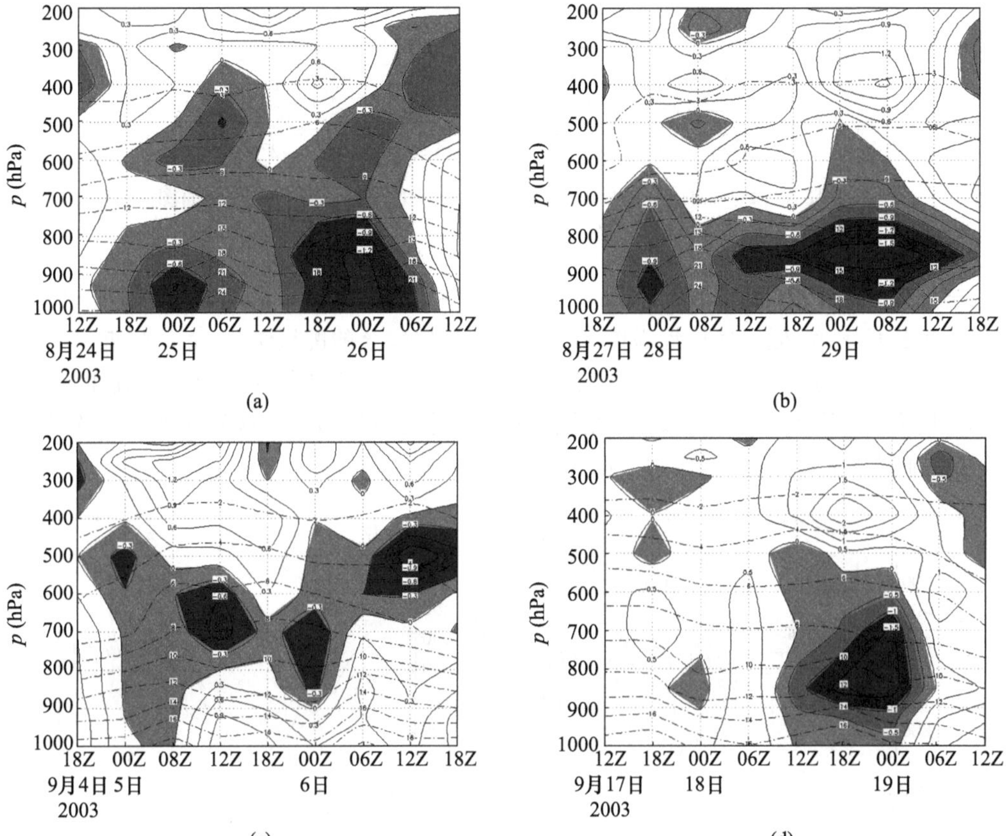

图 12.6　渭河流域致洪暴雨过程比湿(单位：g/kg)和散度(单位：$10^{-5}\,s^{-1}$)时空剖面图

(a)上游暴雨比湿沿(108°E，36°N)的时间空间剖面图；(b)叠加暴雨比湿沿(109°E，35°N)的时间空间剖面图；(c)连阴雨暴雨比湿沿(107°E，35°N)的时间空间剖面图；(d)当地暴雨比湿沿(109°E，34°N)的时间空间剖面图

(4)水汽的空间结构

从水汽输送和流场径向剖面图上，如图 12.7 所示，上升气流区与垂直方向上的湿舌有着非常好的对应关系，而且上升气流区恰好对应 80%的相对湿度高湿区，这说明暴雨过程水汽的垂直输送十分明显。图 12.7 中湿舌从低层到高层逐渐向北倾斜，这同前述的水汽主要来源于南边界是一致的，强烈的水汽垂直输送，使暴雨区上空的水汽不断堆积，水汽在凝结过程中释放出大量潜热，潜热加热又进一步促进湿空气向上运动，形成了对流发展的正反馈机制。

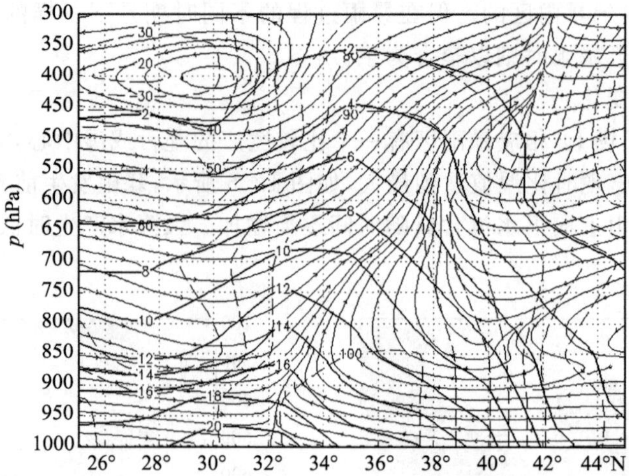

图 12.7　2003 年 8 月 29 日 08 时水汽输送和流场经向(110°E)剖面图

12.3.3.2　动力场特征

对于上游暴雨,叠加暴雨和当地暴雨三种致洪暴雨的涡度场和散度场的配置比较一致,遵循高层反气旋性涡度,低层气旋性涡度,高层辐散、低层辐合的配置结构,而且临近暴雨时强度增强。这种配置的建立和维持使得高层有较强的抽吸作用,迫使低层气旋性环流加强,又导致低层辐合增大,从而使上升运动增强,强烈的垂直上升运动又加剧了这种抽吸作用的发展和维持,延长了强降水的持续时间,增大了雨强。

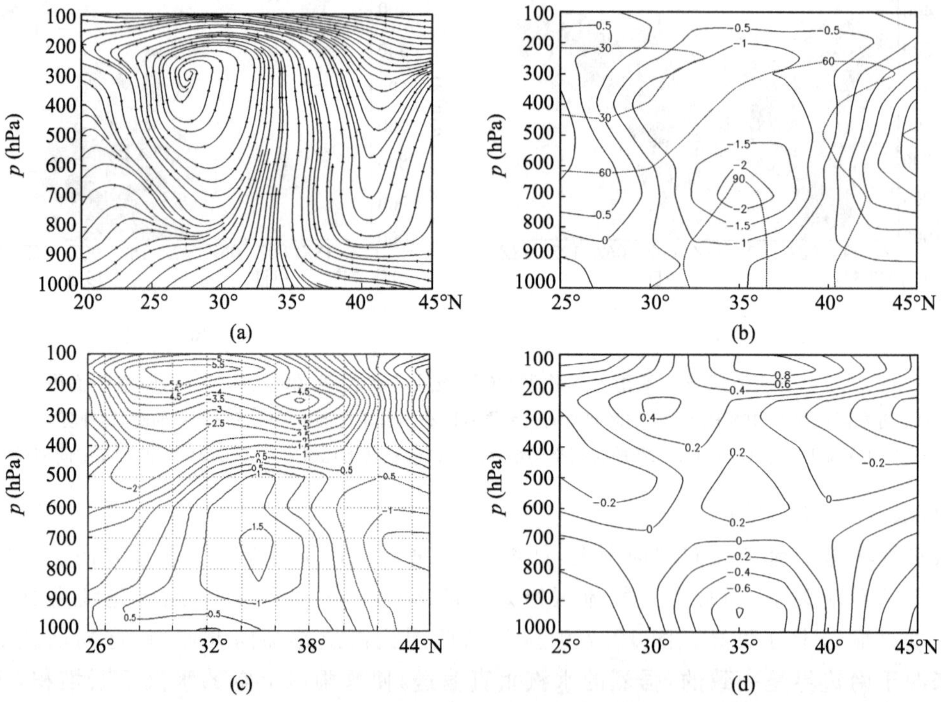

图 12.8　2003 年 8 月 28 日 20 时沿 107.5°E 经向垂直剖面图

(a)环流;(b)垂直速度(单位:10^{-3} hPa/s);(c)涡度(单位:10^{-5} s^{-1});(d)散度(单位:10^{-5} s^{-1})

对于连阴雨中的暴雨，稍有区别，在连阴雨期间，基本上维持一个高层反气旋涡度，低层气旋性涡度或弱气旋性涡度的配置，而且有上升运动，但在临近暴雨时，高层反气旋性涡度维持加强，低层气旋性涡度突然增强，或由弱气旋性涡度变为强气旋性涡度而且上升运动增大，变为整层上升运动，最大上升运动在 500 hPa 附近。但散度场则表现得较为复杂，有时高层为强辐散，低层为弱辐散，甚至有时高层为弱的辐合，低层为弱的辐散的情况。

图 12.8 是 2003 年 8 月 28 日 20 时(叠加暴雨型)沿 107.5°E 经向垂直剖面图，在 30°—36°N 之间存在一明显的经向垂直环流(图 12.8a)，气流从副高脊及东风带 20°—27°N 下沉，至低层后转向北，再从 30°—36°N 之间上升，至高空后转向南，形成一闭合的经向垂直环流。由于在此环流圈的北侧并不存在径向闭合环流，因此，这一闭合的经向垂直环流对于暴雨区的低空入流和高空出流具有非常重要的任用。图 12.8b 进一步显示上述闭合环流垂直上升运动主要位于 33°—36°N，这里正是产生强降水区域，有 -2.0×10^{-3} hPa/s 的垂直速度中心，位于 700 hPa 附近，副热带最强下沉运动主要位于 30°N 附近的 700～400 hPa 之间，即对流层高层南亚高压脊线附近，有 1.0×10^{-3} hPa/s 闭合下沉运动中心，此外，在暴雨区的北侧也有一弱下沉运动中心，其下沉运动速度远小于副热带下沉速度。同时，与垂直上升运动相配合的是相对湿度大于 90% 的饱和空气柱。图 12.8c 是对应的沿 110°E 的涡度经向垂直剖面图，在暴雨区上空，500 hPa 以下为正涡度区，最大中心值大于 $1.5\times10^{-5}\,s^{-1}$，位于 850～700 hPa 之间。正涡度中心上空是较强的负涡度区，中心位于 150 hPa，达 $-5.5\times10^{-5}\,s^{-1}$。图 12.8d 是对应的散度经向垂直剖面图，在暴雨区上空由地面至 700 hPa 存在辐合区，在辐合区上方对流层高层存在辐散区，最大辐散区位于 200 hPa 附近，无辐散层较低在 700 hPa 附近，这种低层强辐合和高层强辐散的垂直结构为产生暴雨、大暴雨的中小尺度系统形成和发展提供了有利的动力学条件。

12.3.3.3　流场的空间结构

这里仍以 2003 年 8 月 28—29 日叠加型致洪暴雨作例子，给出其流场的空间结构。图 12.9 是沿 35°N 的纬向流场垂直剖面图，在对流层低层，有一支东风气流在向西运动的过程中不断向上爬升。在 120°E 处，东风气流集中在 850 hPa 以下，到 104°E，东风气流已向上扩展到接近 500 hPa；再向上则转为偏西气流，暴雨主要发生在东风气流爬升最陡的地方。在 110°—115°E，500～600 hPa 之间有一个大于 6 m/s 的南风分量大值中心，此中心与 500 hPa 副热带高压西北侧的偏南气流相对应。

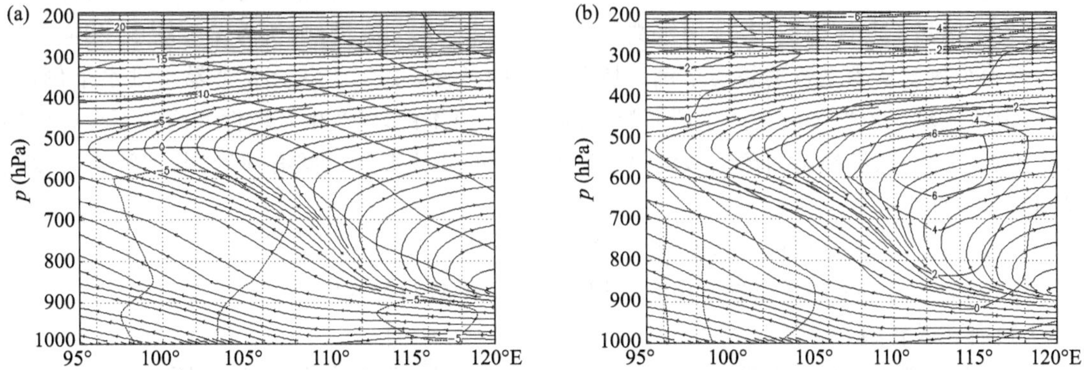

图 12.9　2003 年 8 月 28 日 20 时沿 35°N 纬向流场垂直剖面图

(a)叠加了 u 分量等值线；(b)叠加了 v 分量等值线

图12.10是沿110°E的经向流场垂直剖面图,由图12.10可以看出,南北两支气流在近地层交汇于34°N处,并产生了强烈的上升运动,这正是秦岭北麓的位置,辐合线随高度增强向北倾斜,辐合线以南为深厚的南风气流,其大值中心出现在850~700 hPa,上升气流沿辐合线上升到300 hPa时,与高空北风合并,向南流动,并在31°N上空形成一个气旋性次级涡旋。低层偏南气流为暴雨区输送了大量水汽,上升气流将水汽沿垂直辐合线南侧向上输送。辐合线北侧的偏北气流,一方面起到了动力抬升作用,另一方面起到了阻挡扩散,聚集水汽的作用,暴雨区位于强上升气流的下方。在42°N附近,200 hPa高空为西风急流轴位置,在26°N侧为高空东风急流的位置。

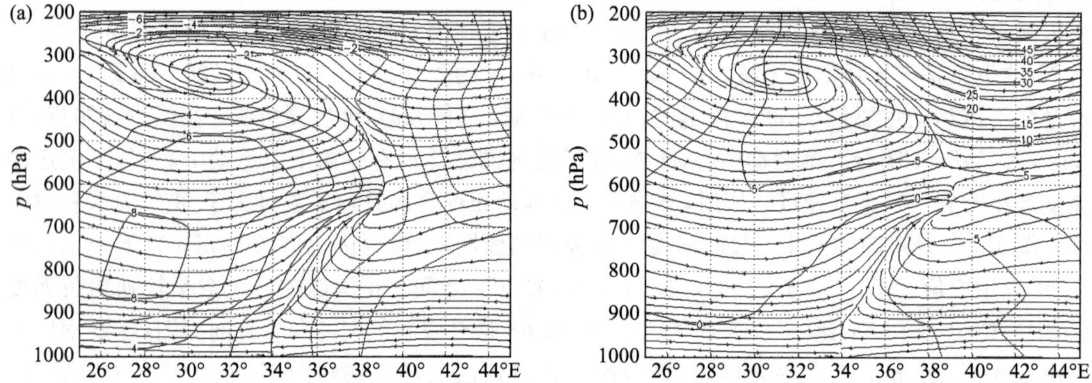

图12.10 2003年8月28日20时沿110°E经向流场垂直剖面图

(a)叠加了u分量等值线;(b)叠加了v分量等值线

12.3.4 渭河中上游致洪暴雨特征

从表12.3中可以看出,“本区域暴雨~大暴雨型”致洪暴雨个例占总致洪暴雨个例的52.9%,加上“叠加暴雨型”致洪暴雨个例则高达78.4%。这里以渭河流域—咸阳段发生区域性暴雨并引发洪水为研究对象,为此,统计咸阳以西至宝鸡间共15个气象测站1958—1989年日降水量资料(20—20时),若满足1站≥100 mm且1站≥50 mm,或3站≥50 mm,或2站≥50 mm,且≥2站≥40 mm时定为区域性暴雨,则在32 a中渭河中游共发生58个区域性暴雨个例;对应区域性暴雨个例,若咸阳水文站出现≥3000 m³/s流量,则认为发生洪水,相应的区域性暴雨个例就认为是致洪暴雨个例。按照这样的条件,32年中共有8个暴雨洪水个例,这表明,渭河流域区域性暴雨是产生渭河暴雨洪水的先决条件,但产生区域性暴雨并不等于就能发生洪水。那么致洪暴雨的环流形势同非致洪暴雨的环流形势之间有何区别,渭河中游致洪暴雨有何特征呢?

12.3.4.1 渭河中上游区域性暴雨500 hPa环流分型

将58个渭河中上游区域性暴雨500 hPa的环流形势归类为以下4种。

(1)河套弱脊型

此型副热带高压势力较弱,588 dagpm线主体在海上,我国华北地区,高原东部分别为一低压槽,在两槽之间的河套地区有弱的高压脊维持,陕西省处于河套弱脊后的偏南气流中,蒙古国西部到新疆北部有一大的冷槽或冷涡存在,如图12.11a。本型的特点是副热带高压势力弱，造成我国范围 500 hPa 环流呈现东高西低形势的原因为，随着华北低压槽东移海上，河套弱脊东移与我国东南部的高压脊叠加，在我国东部形成一高压脊。此时，从孟加拉湾到高原东部有一支西南气流，为暴雨的产生提供大量的水汽和能量。

(2)乌拉尔山高压脊型

此型副热带高压势力强，588 dagpm 线的脊线大约维持在 25°—32°N。乌拉尔山及以东地区为一长波脊或阻塞高压，从贝加尔湖到巴尔喀什湖有一横槽维持，并有一冷温度中心与之配合，如图 12.11b。本型由于乌拉尔山长波脊或阻塞高压脊前的横槽，不断分裂出小槽东移，造成陕西省的阴雨天气，若水汽条件好，有动力触发条件则可产生区域性暴雨。

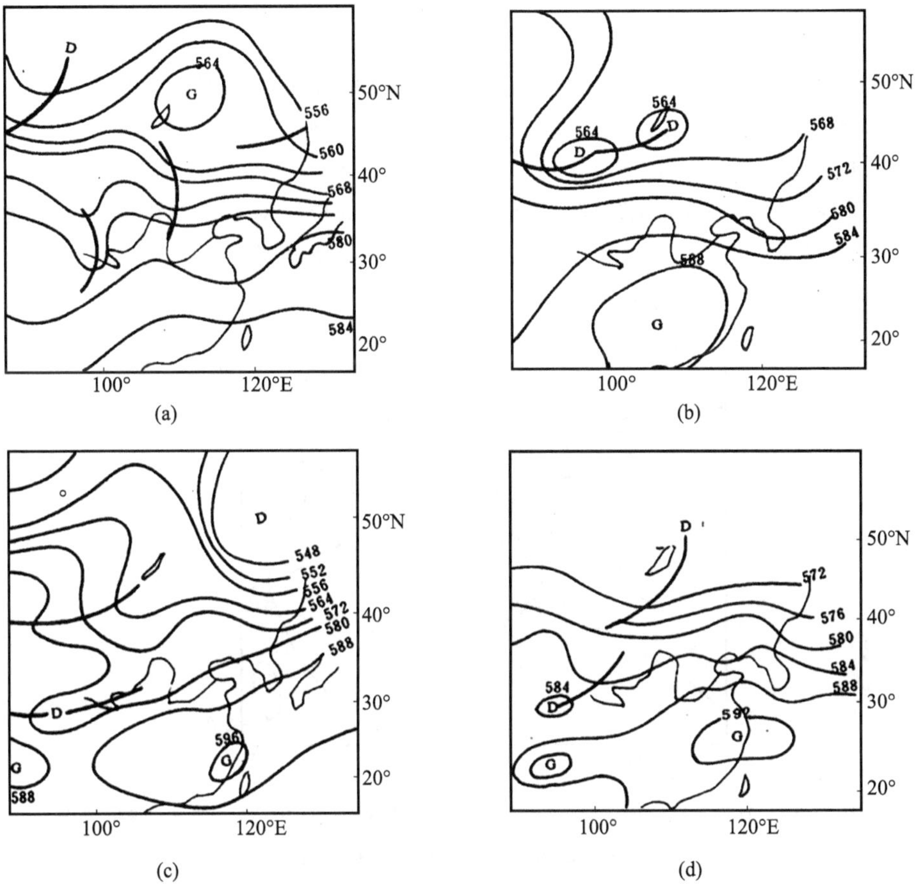

图 12.11　渭河中上游区域性暴雨 500 hPa 环流分型

(a)河套弱脊型(1978 年 5 月 28 日 08 时)；(b)乌拉尔山高压脊型(1980 年 7 月 1 日 08 时)；(c)经向型(1966 年 9 月 1 日 08 时)；(d)西风槽型 (1988 年 7 月 18 日 08 时)

(3)经向型

此型西太平洋副热带高压势力强大，在华东沿海有 592 dagpm 线的中心。与副热带高压对应，在伊朗高原到青藏高原西部有一势力较强的大陆高压，在两高之间为辐合区，高原东部有切变存在，如图 12.11c。本型由于西太平洋副高与大陆高压对峙，副高西侧的偏南气流带来海上大量的水汽和能量，而大陆高压东侧的偏北气流则带来了北方的冷空气，在高原东侧和河套地区交汇，配合有利的低层形势，造成渭河中游区域性暴雨。

(4)西风槽型

此型西太平洋副热带高压势力较强,陕西省处于副高边缘的西南气流中,乌拉尔山到贝加尔湖为一大的低槽或冷涡,在低槽底部,亚洲中纬度气流呈纬向环流,不断有西风槽东移,配合有利的水汽、动力条件,造成渭河流域区域性暴雨,如图12.11d。

12.3.4.2 渭河中上游致洪暴雨环流形势特点

致洪暴雨同非致洪暴雨在环流形势上有比较大的区别,主要表现在:

(1)500 hPa环流形势特点

分析致洪暴雨同非致洪暴雨产生前12～24 h的500 hPa环流形势,发现渭河中上游致洪暴雨同副热带高压有着密切的关系:一是致洪暴雨对应的副热带高压588 dagpm线的脊线基本在25°—30°N,西伸脊点则一般维持在95°—112°E;而非致洪暴雨588 dagpm线的脊线一般在20°—30°N,西伸脊点大约在85°—122°E。二是致洪暴雨对应的副热带高压的长轴基本以纬向型为主,而非致洪暴雨与副高长轴的经纬向无明显区别。三是副热带高压的584 dagpm线附近是降水主要发生区,588 dagpm线基本在太原—延安—平凉—武都—甘孜一线,或郑州—西安—平凉—达日一线,如图12.12,584 dagpm线的位置对致洪暴雨的产生有比较好的指示性;而非致洪暴雨的584 dagpm线的位置只有两次个例满足以上条件。

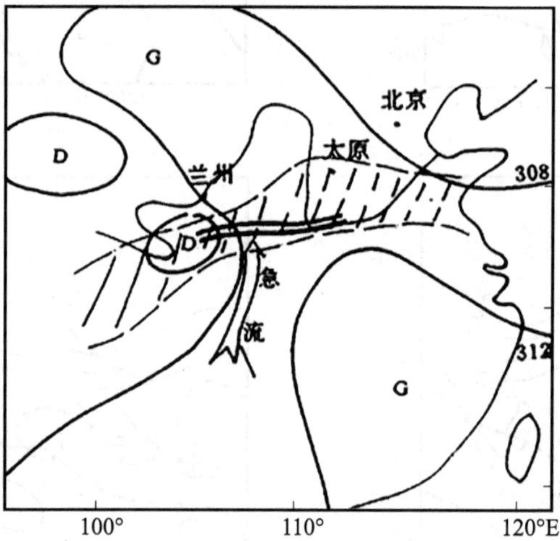

图12.12 1981年7月21日08时700 hPa形势和500 hPa 584 dagpm线位置图

(阴影区为584线所处的有利位置)

(2)700 hPa环流形势特点

在700 hPa,几种天气系统同致洪暴雨和非致洪暴雨的关系如表12.6所示,可以看出:一是关中横切变,几乎每一次致洪暴雨在关中附近(103°—110°E,34°—37°N)都有一条近乎东—西向的切变线存在,在横切变的北侧,河西到河套北部为反气旋控制,有偏北或偏东风气流;而在切变线的南侧为偏南气流,两支气流在关中附近产生辐合;有西风槽或冷空气侵入时,使青藏高原北侧的切变线东移出来,与关中横切变在渭河中上游地区形成"人"字形切变。二是陇南气旋,该气旋大多是从柴达木盆地东移出的西北涡,关中有横切变时,柴达木低涡大多数发展东移,从表12.6中可以看出,只有一次无陇南气旋对应。三是低空偏南急流,低空急流多数在致洪暴雨发生前12～24 h出现,有时比暴雨略早或与暴雨同时出现,表12.6中只有一次无低空急流配合，但也有 10 m/s 左右的偏南风对应，如图 12.12 所示。

表 12.6　致洪暴雨与几种天气系统的关系

	次数	关中横切变	陇南气旋	急流(≥12 m/s)
非致洪暴雨(≥4 站)	16	6	5	6
致洪暴雨	8	8	7	7

(3)地面形势与冷空气路径

渭河中上游致洪暴雨发生前 24 h、12 h，地面上当冷空气进入南疆、柴达木盆地时，四川到陕南有倒槽发展，甘南有一气旋性低压明显加深。渭河中游致洪暴雨的冷空气活动路径主要以西路为主，辅助以东路冷空气，即冷空气从祁连山以南进入柴达木，再侵入渭河流域；另外，当有华北冷高压南下，高压底部偏东风侵入关中，带来东路冷空气，往往在河套地区形成锢囚锋，在渭河流域产生大降水。

12.3.5　连阴雨致洪暴雨特征

连阴雨致洪暴雨必须考虑两个因素：首先是连阴雨，其次是暴雨；就预报而言，首先是连阴雨的预报，然后考虑在连阴雨过程中是否有降暴雨-大暴雨的可能，且能否产生洪水、渍涝灾害。

12.3.5.1　环流特征

(1)500 hPa 大气环流特征

陕西连阴雨期间，北半球大尺度环流形势稳定，在典型的华西秋雨年和陕西秋季典型多雨时段中，北半球 500 hPa 高度距平分布特征通常为：孟加拉湾为宽广的负距平区，我国大陆到西太平洋为正距平区。其环流特征表现为孟加拉湾低槽偏深，西太平洋副热带高压偏强，乌拉尔山阻塞高压处于准静止或缓慢移动状态，中亚的巴尔喀什湖为稳定的长波槽或低压，西太平洋副热带高压后部的西南气流与中纬度西风气流中的扰动相结合，陕西地区长时间位于低层偏北风与偏南风的交汇区，使陕西持续性阴雨得以维持，如 1981 年 8 月 13—24 日汉中、宝鸡地区连阴特大暴雨就是属于这种情形。

2003 年 8 月 24 日—9 月 7 日陕西强连阴雨天气则不同，在连阴雨期间，500 hPa 乌拉尔山到西西伯利亚及我国大陆到西太平洋上空为正距平，贝加尔湖及其以东地区为负距平。其环流特征表现为：乌拉尔山长波脊和西太平洋副热带高压偏强，贝加尔湖低压较深，孟加拉湾低槽和东亚大槽明显偏弱。贝加尔湖到巴尔喀什湖为长波槽较稳定，不断分裂的短波槽经高原东移的过程中，在高原东侧加深，与副热带高压外围的暖湿偏南气流在秦岭山脉相遇，而贝加尔湖低压底部的平直西风气流，在 40°N 附近形成较强的西风锋区，引导地面冷空气偏北东移经华北南下，陕西恰好处于高压后部的偏东气流中，与高原东移南下的冷空气形成锢囚。与此同时，西太平洋副热带高压强大而稳定，位置偏北偏西，有 592 dagpm 的闭合高压中心，110°E 脊线在 28°N 附近摆动，588 dagpm 线的西伸点在 110°E 以西，副热带高压不仅使巴尔喀什湖低槽分裂的冷空气在经高原东南下的过程中受阻于渭水流域和秦巴山区，也使得西南暖湿气流不断被输送到渭河流域上空，形成了该地区长时间的持续性降水天气。

(2)700～850 hPa 大气环流特征

以上所说的两种连阴雨 500 hPa 大气环流形势的共同点是：副热带高压偏强，位置偏北偏西,且稳定少动,对应到 700～850 hPa 环流形势,也呈典型的东高西低环流特征。即东部为稳定的反气旋环流控制,其西部是我国横断山脉到我国西南及高原东侧的陕西地区正好处在一个东北—西南向的槽区,孟加拉湾地区和南海地区的暖湿气流分别沿着该槽前的偏南气流和副高南侧偏东南气流源源不断地北上到渭河流域,为阴雨天气提供充沛的能量和水汽条件,这两支气流进入陕西地区后,形成了明显的风速辐合地区,同时在 34°N 附近,90°—100°E 有一辐合线。正是由于这两支偏南气流维持了阴雨天气。2005 年 9 月 24 日—10 月 2 日渭河中下游及汉江持续阴雨就是典型例子,如图 12.13 所示。

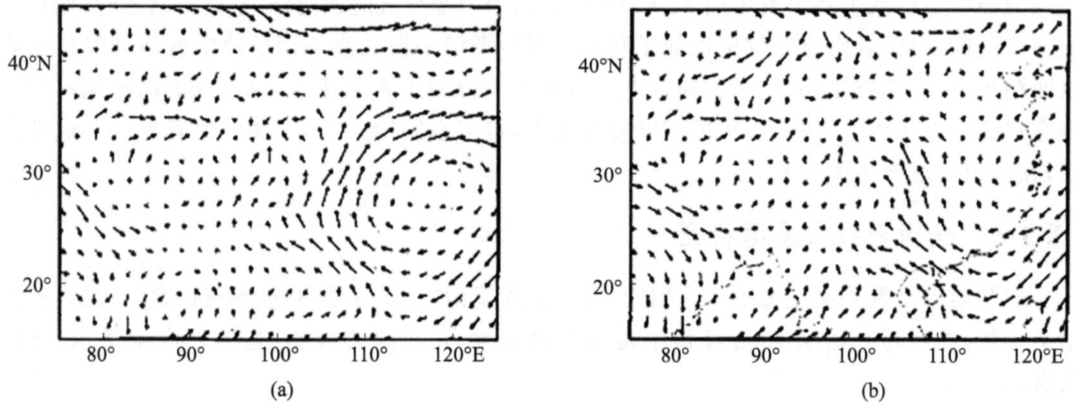

图 12.13　2005 年 9 月 24—30 日风场平均图

(a)700 hPa;(b)850 hPa

(3)200～300 hPa 大气环流特征

高由禧早在 1958 年就指出,华西秋雨的起讫日期与亚洲上空急流的进退有关,当秋季高空西风急流第一次在秋雨区出现时秋雨开始,当亚洲南部高空西风急流稳定在川黔上空时秋雨结束。研究发现,在 200 hPa 高度上西风急流在 40°—45°N 附近建立并稳定发展时,陕西连阴雨维持;当西风急流由 40°N 向南扩展或西风急流在 50°N 重建时,陕西降水出现间歇;当西风急流在 30°N 稳定建立时,陕西秋季连阴雨结束。这是因为 200 hPa 高空西风急流在 40°N 附近稳定时,陕西大部分地区位于急流南侧的高空辐散区,而对应在对流层低层有低涡或低值系统在该地区生成和维持,加之维持高温高湿的高能带,对流上升活跃,使得该地区始终保持低层辐合高层辐散的垂直环流,导致该地区长时间阴雨天气。图 12.14 是 2003 年 8 月 20 日—10 月 31 日 200 hPa 风速(m/s)沿东经 110°E 时间纬向剖面图,图 12.14 中虚线为急流轴,200 hPa 西风急流 8 月 21 日—9 月 6 日稳定在 40°—45°N 之间,9 月 6 日后急流突然开始南移减弱消失,这期间,即 8 月 24 日—9 月 7 日陕西关中、陕南连续阴雨达 11.5 天,暴雨 11 站次;全省平均过程降水量 194.4 mm;9 月 15 日西风急流在 50°N 附近建立,17—20 日稳定在 40°—45°N,尔后 9 月 21 日南移至 35°N 减弱消失,9 月 26 日西风急流又一次在 45°N 附近建立,在 10 月 4 日前西风急流轴一直稳定在 40°N 附近,10 月 8 日急流南扩到 35°N 后与在 45°N 重建的急流中心打通,在 10 月中下旬急流轴稳定在 30°N 附近。在这期间分别在 9 月 17—20 日,9 月 26 日—10 月 4 日,10 月 9—13 日出现阴雨天气,对应的西风急流轴的位置均在 40°—45°N 附近。在实际观测中还发现,连阴雨期间除了上述高空西风急流外,有时还存在一支热带东风急流,即在 200 hPa,青藏高原到我国东部沿海维持庞大的东西向高压,即南亚高压,其中心位置在青藏高原南部，高压脊线在 30°N 附近摆动，强降水主要产生在南压高压东北象限。南亚高压的南侧维持一支东风气流，风速在≥20 m/s，有时达≥30 m/s以上，且最大风速中心有西传现象，即在华南沿海出现一个风速中心逐步向西移，并在西移过程中，中心风速有所增大。如图 12.15 所示，在 2003 年 8 月下旬至 9 月上旬同时存在高空西风急流和东风急流现象。东风急流的出现加强了对流层高层的辐散流出，同底层低值系统配合，有利于对流的维持和发展。

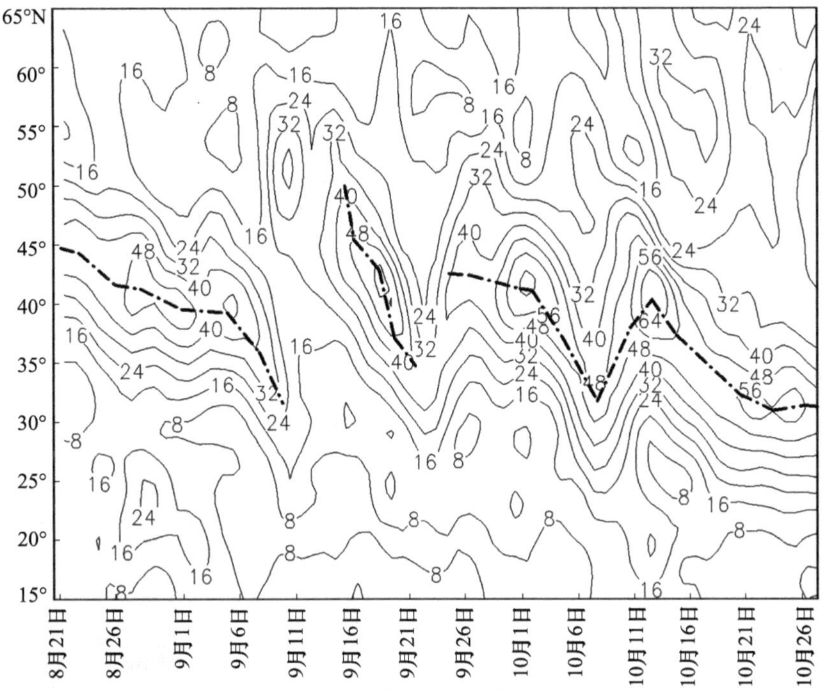

图 12.14　2003 年 8 月 20 日—10 月 31 日 200 hPa 风速(m/s)沿 110°E 时间纬向剖面图(虚线为急流轴)

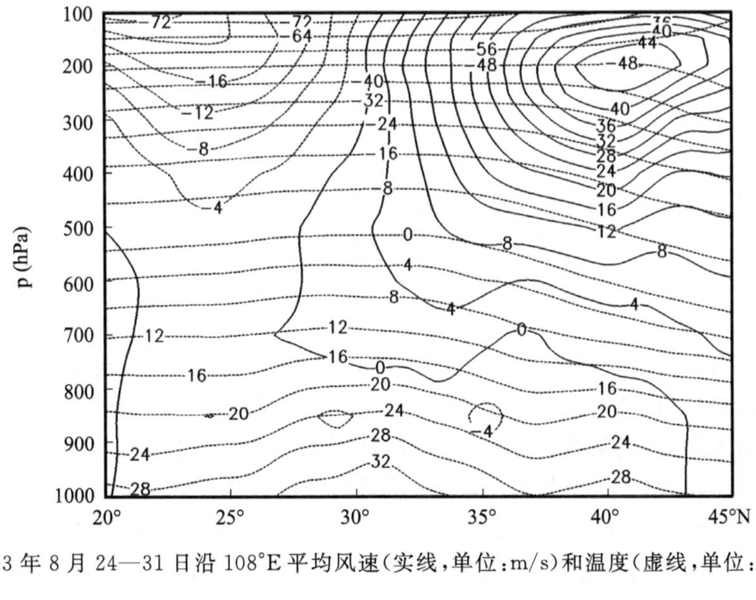

图 12.15　2003 年 8 月 24—31 日沿 108°E 平均风速(实线，单位：m/s)和温度(虚线，单位：℃)垂直剖面图

(4)地面环流特征

连阴雨期间,在海平面气压场平均图上,华北和河西走廊分别有闭合高压单体,四川盆地到陕南为一低压倒槽。这表明,影响陕西连阴雨天气的冷空气路径有两条:一条是冷空气从华北高压底部回流到陕西的东路冷空气,受关中喇叭口地形影响产生上升运动,为降水的发生和维持提供了必要的动力条件;另一条是西路冷空气,冷空气从新疆经河西走廊东移影响陕西。它们从东西两路夹击西南暖湿气流,产生强烈的湿斜压不稳定,有利于低层辐合上升和对流发展,使降水强度得到明显加强。

(5)水汽特征

连阴雨水汽来源必须考虑两个方面:一是水汽不断向雨区输送,二是水汽能够在雨区汇集。如前所述,水汽主要来自于东海和南海,主要依靠西太平洋副热带高压外围的偏南气流输送至渭河流域,即东海的水汽靠副高外围东南暖湿气流输送,南海水汽靠副高外围的西南暖湿气流输送,渭河流域通常盛夏主要受来自印度洋的西南风控制,初秋则以来自西太平洋的东南气流为主。连阴雨期间,通常在渭河流域有明显的水汽辐合带,850 hPa、700 hPa、500 hPa 三层水汽通量散度的辐合量之比大约为 15 : 5 : 3,即以大气底层为主。

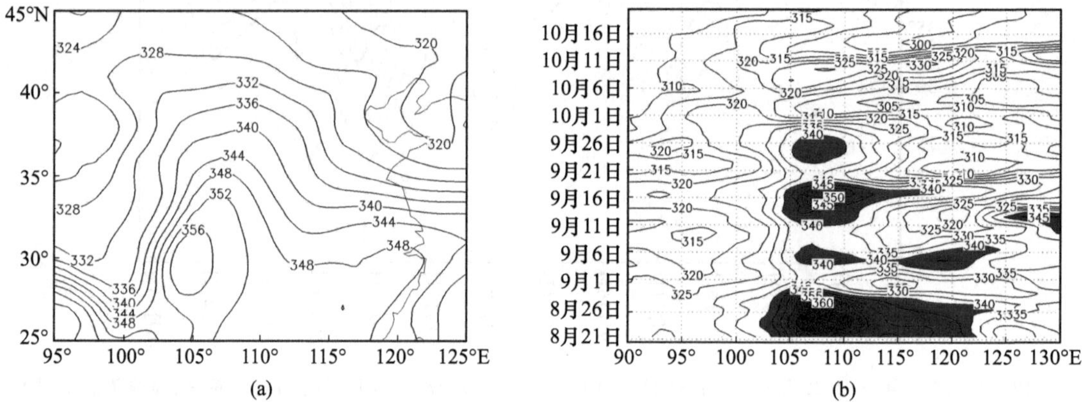

图 12.16 连阴雨 850 hPa 的 θ_{se} 分布图

(a)2003 年 8 月 25—31 日 850 hPa 平均假相当位温 θ_{se}(单位:K);

(b)2003 年 8 月 20 日—10 月 31 日 850 hPa 的 θ_{se} 沿 34°N 时间经向剖面图

(单位:K,阴影区为 θ_{se} 大于 340 K)

(6)热力特征

连阴雨期间,在 850 hPa 假相当位温(θ_{se})场中,雨区上空有一高能舌,高能舌从四川盆地伸向河套地区,往往有闭合高能中心。在高能舌的东西两侧各有一个低能带,表明在连阴雨期间,对流层低层有干冷空气分别从华北和西部入侵渭水流域和秦巴山区。这两支冷空气抬升偏南暖湿气流,对阴雨天气的持续,起着重要的作用,如 2003 年 8 月 25—31 日 850 hPa 平均假相当位温(θ_{se})图所示(图 12.16a)。而且假相当位温的变化反映了连阴雨持续时间和强度的变化,当假相当位温在高能位持续加强时,连阴雨持续时间长且降雨强度大;当假相当位温在较高能位持续加强时,连阴雨持续时间长,但降雨强度相应降低;当假相当位温在高能位持续时间较短,该地区降水天气维持时间较短,但降雨强度较强;当假相当位温在低能位持续时,该地区长时间的连阴雨天气中断或结束。例如 2003 年 8 月下旬到 10 月中旬共发生 4 次主要降水过程,如表 12.7 所示,与此对应的 850 hPa 假相当位温变化如图 12.16b 所示,比较二者恰恰反映了上述特征；另外，连阴雨期间，在秦岭山脉邻近地区，始终具有较高的潜热能和不稳定层结；而且当处于高能且不稳定时，热力对流对较强降雨的形成起主导作用，当处于低能且不稳定时，动力作用对降水天气的产生起主导作用。

表 12.7　2003 年秋季陕西省主要降水过程

降水次数	降水起讫日期（月・日）	暴雨日数（d）	暴雨站次	全省平均过程降水量（mm）	全省平均雨日（d）
1	8.24—9.7	11	87	194.5	11.5
2	9.17—9.20	3	29	8.6	3.0
3	9.26—10.4	3	2	90.2	7.8
4	10.9—10.13	1	2	42.9	4.6

12.3.5.2　连阴雨中暴雨特征

连阴雨中暴雨、大暴雨的环流特征与连阴雨期间的平均环流非常相似，但暴雨、大暴雨发生前的动力学和热力学特征更明显，这主要表现在以下几方面。

(1)持续强烈的上升运动

连阴雨中暴雨、大暴雨发生时，存在着强烈低层辐合、高层辐散，且有强辐合中心和强辐散中心配合。对应垂直上升运动区，有相对湿度大于 90％的饱和空气柱，显然这种深厚的暖湿气流和强烈的垂直上升运动，是形成连阴雨中暴雨、大暴雨的重要条件。

(2)高能且强不稳定

在连阴雨中暴雨、大暴雨发生前，850 hPa 高能舌强且有闭合高能中心，通常 $\theta_{se} \geqslant 350$ K 且有 360 K 的闭合高能中心。有较强位势不稳定区，通常 700 hPa 与 850 hPa 的 θ_{se} 的差值 $\Delta\theta_{se}$ 低于－10 K，有时甚至低于－15 K。在暴雨开始后，潜热能迅速下降，由位势强不稳定变为位势稳定，再变为位势不稳定。

(3)强水汽辐合

如前所述，对于连阴雨要求有持续不断的水汽输送，对于连阴雨中的暴雨、大暴雨则要求雨前有较大的水汽通量，850～700 hPa 水汽通量值甚至可达 10～20 g/(cm・hPa・s)以上。除了有较大的水汽通量外，通常在暴雨、大暴雨发生前期，在区域性暴雨、大暴雨区上空及附近就开始出现水汽辐合，在邻近暴雨、大暴雨时，在暴雨、大暴雨区出现强烈的水汽辐合，水汽首先从低层聚集，随后很快向上层伸展，甚至达 500 hPa 以上，最大辐合中心通常在 850 hPa 附近，辐合中心与强降水出现区域较为吻合。

(4)高低空急流耦合

在连阴雨期间，在对流层高层存在高空西风急流，有时同时还存在东风急流，在对流层低层存在低空偏南风气流或急流(有时还存在低空偏东风气流或急流)。当连阴雨中出现暴雨、大暴雨时，往往在暴雨前期或邻近时，存在低空偏南风气流不断增大的现象，由原来的南风气流变成相对强风带，有时达到低空急流的标准。随着低空偏南风强风带或急流的增强，同高空急流耦合后，便在高空西风急流入口处右侧，同时也是高空东风急流轴与南亚高压脊之间区域出现强辐散和上升气流，在高空西风急流入口处左侧存在辐合和下沉气流，同样在高空东风急流左侧存在辐合和下沉气流；在低空急流轴左前方存在强烈辐合，同高空辐散叠置，上升运动得以发展，该上升运动同高空急流两个次级环流的上升支气流重合在一起便产生强烈的上升运动。这种高低空急流耦合产生的强烈上升运动有利于暴雨区上空高层辐散,低层辐合的动力机制的维持,上升气流触发潜在不稳定能量的释放,有利于深对流天气的发生和发展,同时由于强烈的减压作用又促进底层低值系统的发展。如图 12.17 所示,是 2003 年 8 月 29 日 08 时沿 108°E 的经向风 v 和垂直运动 ω($\times 10^2$)合成流场(实线)及垂直运动 ω(虚线)的经向剖面图,在 34°N 附近,即暴雨区上空,有一深厚的上升运动区,上升运动伸展到 200 hPa 以上,中心值在 400 hPa 附近,最大值达 -4.0×10^{-3} hPa/s。而在上升运动区南北西侧约 8～12 个纬距的地方,即 25°N,46°N 附近,分别存在一个下沉运动区,这反映了高低空急流的耦合状况。低层来自四川盆地的暖湿气流在低层低涡切变(环流)附近上升,这股上升气流到高层后,一支随高空急流入口区的偏西气流汇合向北,在高空急流的左侧下沉,在 400 hPa 下沉速度最大,达 5.0×10^{-3} hPa/s;另一支随南亚高压外围的偏东气流向南流去,在 26°N 附近辐合下沉,即在低空急流的右侧下沉,形成反热力(间接)次级环流。正是这两个独立的次级环流的上升支重合在一起,形成强上升运动,产生暴雨大暴雨天气。

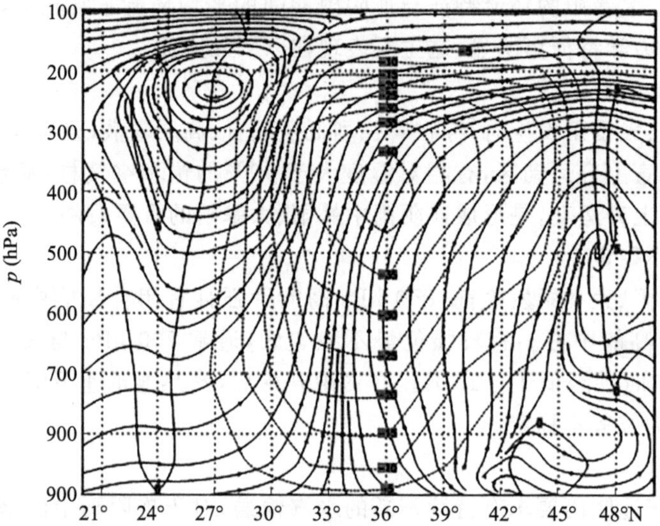

图 12.17　2003 年 8 月 29 日 08 时沿 108°E 的 $v\omega$ 和 ω 经向垂直剖面图
(带箭头实线为经向风 v 流线,单位:m/s;实线为 $v\omega$ 合成流场,单位:$\times 10^2$ cm/s;
虚线为垂直速度 ω,单位:$\times 10^{-4}$ hPa/s)

12.4　致洪暴雨预报预警

12.4.1　雨情、水情监测系统

12.4.1.1　系统特点

系统涉及区域大,流域范围包括陕西、山西、甘肃三个省 15 个地市 140 多个县,黄河、渭河、汾河、洛河、泾河、延河、无定河等 40 多条河流。

12.4.1.2　系统内容及功能

①提供渭河、泾河、洛河、黄河流域中段、汾河、丹江和汉水流域及本地 1 h、6 h 和 24 h 实

时和历史降水量时空分布状况信息；

②调用、查询本地和渭河流域和黄河小北干流降水数据资料库；同时链接了黄河水情和全省水情公报，提供主要河流的洪水流量、水位变化、水势涨落等水情水文信息；

③提供前期降水情况和土壤地表及墒情，并根据前期降水、土壤墒情判断是否有利于雨水下渗；通过降水过程中，各个河流流域的降水总量，及时掌握和预测河流的水势、流量和水涨水落时间；通过分析流域雨量时空分布实时监测信息，预估渭河洪峰形成、洪峰流量、洪水演进、水位高度、洪水可能淹没区域、成灾程度等；

④制作流域雨量分布图。

12.4.2　致洪暴雨落区预报

12.4.2.1　渭河中上游致洪暴雨预报

(1)预报着眼点

①副高的强度和位置。着眼于副热带高压的变化，副高的西伸北移，584 dagpm 线的位置与走向对渭河中上游致洪暴雨的产生有较好的指示性。

②700 hPa 系统。700 hPa 图上的关中横切变、陇南气旋和偏南急流与致洪暴雨的产生有比较好的对应关系，它们对致洪暴雨的发生起到触发作用，并提供了水汽和不稳定能量。

③低层水汽集中。在致洪暴雨发生前 48 h，在渭河中上游地区的低层，湿度有明显增大集中现象，地面上渭河上游的天水附近湿度接近饱和或饱和。

④能量的释放。在 850～700 hPa 湿静力温度场上，关中处于高能量区顶部，且能量梯度的密集区。

⑤中尺度低值系统活动。关中是一个比较特殊的地形，从东到西为一喇叭形式，又处于秦岭的北侧，即偏南气流的背风坡，有利于中尺度低压的生成和发展，中尺度低压强烈的辐合上升运动，有利于不稳定能量释放。

(2)预报规则

如果预报未来 24 小时渭河中上游有区域性暴雨，则可进入以下渭河致洪暴雨的预报规则：

①天水、宝鸡、武都、平凉地面上有≥2 站 $T-T_d \leqslant 2$ ℃；

②西安、武都、平凉、汉中中有 3 站的比湿和 $\sum q_{(850+700+500)} \geqslant 25$ g/kg；

③平凉、天水、武都、汉中、西安的比湿和 $\sum q_{(850+700+500)}$ 与前 48 h 的比湿和之差≥20 g/kg；

④700 hPa 汉中、武都、达县、成都、重庆中≥3 站有≥10 m/s 偏南风(150 °－240°)。

满足以上规则，则预报未来 24 h 渭河中上游有致洪暴雨产生。

12.4.2.2　连阴雨致洪暴雨预报

①首先分析是否有稳定的大尺度环流形势：即乌拉尔山阻塞高压或乌拉尔山长波脊建立，贝加尔湖至巴尔喀什湖为低压槽，副热带高压偏强且稳定，陕西处于副高西北侧和贝加尔湖低槽底部且西风带气流平直。

②大气低层维持偏南气流并伸向陕西，高空有西风急流并稳定在 40°—45°N。

③地面图上四川到陕西为低压倒槽，华北与河西走廊分别有冷高压。

④在 850 hPa 的 θ_{se} 场上，四川盆地到河套地区为高能舌，高能舌两侧分别有东北—西南向

和西北—东南向的低能带。

当满足以上条件时,则预报有持续阴雨天气。若再满足以下条件则考虑有暴雨~大暴雨:

①850 hPa 能级高,能量峰区强,且有强位势不稳定。

②低空偏南风气流明显增强或发展为偏南风急流。

③大气低层中尺度低值系统明显,或有地面辐合流场,即低层有强辐合,同时高空急流稳定,反气旋加强。

12.4.3 流域面雨量预报

本节介绍的流域面雨量预报方法和下一节介绍的流域洪水灾害等级预报方法都是针对陕西全省各河流而言的,即首先将陕西河流分为 10 个流域:①渭河下游流域(咸阳以东段);②渭河上游流域(咸阳以西段);③泾河流域;④洛河流域;⑤黄河中段流域(龙门至吴堡,含延河、清涧河、无定河);⑥黄河北段流域(吴堡至府谷,含窟野河);⑦嘉陵江流域;⑧汉江上游流域(石泉以西);⑨汉江下游流域(石泉以东);⑩丹江流域。如图 12.18 所示。这里渭河流域涉及到①、②、③、④。

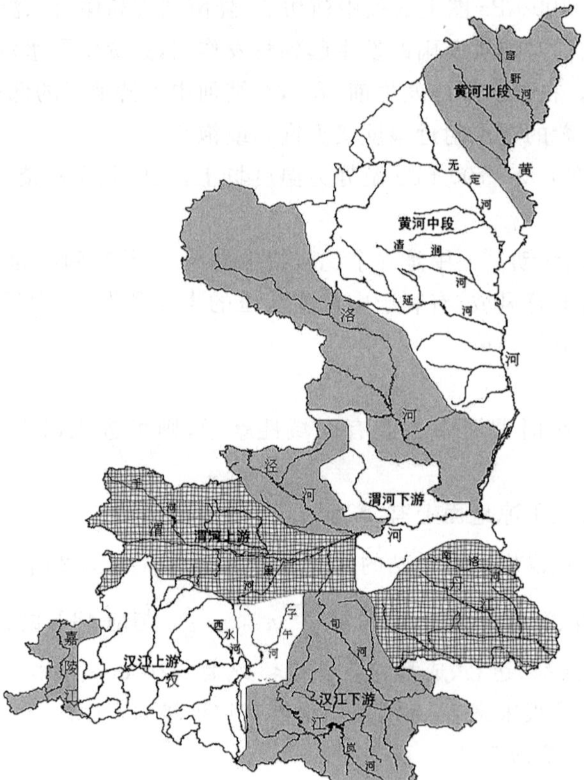

图 12.18 陕西主要河流划分流域示意图

流域面雨量预报,是对陕西各河流流域而言的,即预报未来 24 h 或 12 h 或 6 h 或 3 h 时段内,降落在该流域单位面积的平均降雨量,该预报是以中尺度数值天气预报模式得出的降水预报为基础,综合暴雨落区预报方法和中尺度数值预报检验评价结果后得出的,既是客观预报，又考虑了预报专家的能动作用。对于 3 h 面雨量预报，则完全是依托现代监测手段，即利用卫星云图降水反演，雷达回波降水反演和加密自动气象站观测等监测分析技术，经过预报专家综合分析后得出的，如图 12.19 所示。

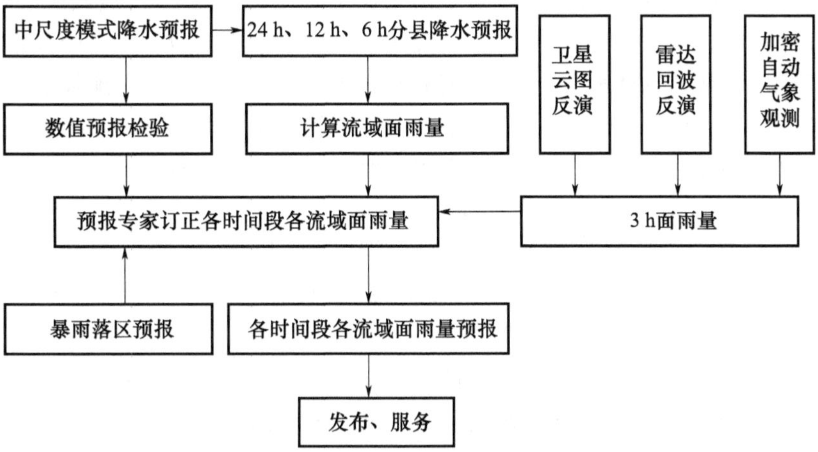

图 12.19　流域面雨量预报思路

12.4.4　流域洪水灾害等级预报

12.4.4.1　等级划分

暴雨洪水灾害等级预报是针对某一河流流域而言的，将影响陕西的河流分为 10 个流域，如图 12.18 所示。在实际中分别制作这 10 个流域的暴雨洪水灾害等级预报。洪水灾害等级共划分 4 个等级，如表 12.8 所示。最大级别为 4 级表示出现暴雨洪水灾害的可能性极大，最小级别为 1 级，表示没有发生暴雨洪水灾害的可能。

表 12.8　暴雨洪水灾害等级划分

级别	意义
4	暴雨洪水灾害的可能性很大
3	暴雨洪水灾害的可能性较大
2	暴雨洪水灾害的可能性较小
1	无发生暴雨洪水灾害的可能

12.4.4.2　预报原理

针对陕西特定地区，影响各流域暴雨洪水灾害等级的因素主要有：

①未来流域面雨量强度。未来降水愈大愈易导致洪水灾害。这里不仅要考虑雨量的分布，还要考虑降水的强度。在实际的预报中不仅采用面雨量预报，还考虑了暴雨的分布。

②前期流域降水状况。前期降水多，地面土壤饱和度高，一旦再降水，易形成产流或出现较强径流，这将有利于洪水灾害的形成。在实际预报中，我们主要分析流域前 5 天的降水状况，不仅考虑了面雨量，还考虑了暴雨的分布状况。

③流域内河流水情。河流干涸和河流水位高、流量大对未来暴雨洪水灾害的形成是截然不同的。河流水位高，流量大则更容易产生洪水灾害。

④流域内地质环境条件。当流域内植被生态和地质条件好时,有利于涵储水分,产生的径流小,因此对洪水灾害起着滞留和减缓的作用;反之,植被和生态条件不好,则易于产流,容易形成暴雨洪水灾害。

⑤上游河流水情。在预报某一河流流域洪水灾害时,除了考虑本流域状况外,还应考虑它的上游或支流的状况。当它的上游或支流的降水多、水位高、流量大,即使所预报流域无降水或有较小的降水,也易导致洪水灾害;如渭河有泾河和洛河两大支流,在预报渭河下游洪水灾害时,必须考虑泾河和洛河流域的雨情、水情及其与渭河主干流域雨情、水情的叠加效应。

由以上5个因素得到各流域暴雨洪水灾害等级的定量预防方程

$$y_i=\alpha_{i1}x_{i1}+\alpha_{i2}x_{i2}+\alpha_{i3}x_{i3}+\alpha_{i4}x_{i4}+\alpha_{i5}x_{i5} \tag{12.4}$$

式中,i表示流域($i=1,\cdots,10$);α_{ij}表示i流域j因子的权重(实际中取:0.35,0.25,0.20,0.05,0.15);x_{ij}表示i流域第j个因子。在实际预报中,对5个因子作无量纲处理,其预报结果即为i流域的洪水灾害等级。

根据以上对影响暴雨洪水灾害的因素的分析,可得各流域洪水灾害等级的定性预报。即根据以上各流域洪水灾害等级预报的影响因子意义,进行定性预报分析,如未来有4级洪水灾害,则4级定性预报分析为:

情形①:未来有区域性暴雨局地大暴雨;

情形②:上游有区域性暴雨到大暴雨,局地特大暴雨;

情形③:前期雨量较多或河流水位较高且未来有区域性大到暴雨;

情形④:上游已出现区域性暴雨,流域内正在或即将出现区域性大到暴雨,二者将叠加;

情形⑤:前期雨水多,河流水位高,上游来水多,且未来有区域性大雨,局地暴雨;

情形⑥:短时局地特大暴雨。

类似,未来有3级洪水灾害等级定性预报分析:

情形①:未来有区域性大雨到暴雨;

情形②:前期雨量较多或河流水位较高,且未来有区域性中到大雨,局地暴雨;

情形③:前期雨水较少或河流水位一般,且未来有区域性大到暴雨;

情形④:上游出现区域性大到暴雨,流域内正在或即将出现区域性大到暴雨,二者将叠加;

情形⑤:上游出现区域性暴雨,流域内正在或即将出现区域性中到大雨,局地暴雨,二者将叠加;

情形⑥:上游来水多,且未来有区域性大雨局地暴雨;

情形⑦:短时局地大暴雨。

12.4.4.3 预报制作

按照以上预报原理,在实际工作中采取以下预报步骤:

①由中尺度有限区数值预报模式得到未来24 h 10个流域内分县降水预报;

②由分县降水预报计算得到10个流域面雨量预报;

③利用暴雨洪水灾害等级预报方程,得到10个流域暴雨洪水灾害等级定量预报;

④对10个流域面雨量预报和流域洪水灾害等级预报作人工订正,然后对外正式发布;

⑤各流域洪水灾害等级预报发布后,在12 h时段内,根据邻近卫星云图监测分析、雷达探测分析、地面加密监测分析、降雨雨强分析,在流域内有出现较强洪水灾害的可能时,立即发出预警,及时对外服务。

12.4.5 致洪暴雨预报预警

致洪暴雨预报服务主要包括四部分内容：(1)致洪暴雨有无及其落区预报，它主要依托一般暴雨分析预报、突发性暴雨分析预报、致洪暴雨分析预报，并作综合分析后得出的未来 12～24 h 预报。致洪暴雨可以是一般性暴雨，也可以是突发性暴雨，因此需要对这三类暴雨分别做分析预测。当做出未来有致洪暴雨发生时，就要进一步分析暴雨的落区和可能造成的洪水灾害。(2)致洪暴雨预警，当预报未来 24 h 时段内有致洪暴雨发生，则密切监视天气变化和雨情，及时地发布未来 12 h 内致洪暴雨预警信息。致洪暴雨预警主要依托卫星云图降水反演分析技术，雷达回波降水反演分析技术，地面加密自动观测信息分析技术，和降水雨强分析等监测分析技术，并作综合分析后得出的。(3)流域面雨量预报，流域面雨量预报信息是各级政府领导和防汛、水利部门非常关注的信息，这应引起气象科技工作者，特别是预报专家的高度重视，流域面雨量预报是针对各个河流流域而制作的未来 24 h、12 h、6 h，直至未来 3 h 流域平均雨强，它主要以有限区中尺度数值天气预报模式做出的降水预报为基础，作出流域内各县降水预报，再由各县降水预报计算河流流域面雨量预报，最后经预报专家依据致洪暴雨落区预报和中尺度数值天气预报效果检验订正后得出的，这里预报专家订正至关重要。(4)流域洪水灾害等级预报，当预报未来有致洪暴雨，进而预报未来流域面雨量，同时作未来流域洪水灾害等级预报，洪水灾害等级预报是依托上一节介绍的分析技术得出的，它是在综合分析流域面雨量预报、前期降水状况、流域内河流水情、上游河流水情和流域内地质环境状况后得出的。它可以采用统计学模型得出定量预报，也可以依据定性分析得出河流流域洪水灾害等级预报结论，还可以将定量预报与定性预报结合起来，则更准确。

参考文献

杜继稳，李社宏，2007. 渭河流域致洪暴雨分析研究与应用[M]. 北京：气象出版社.

刘志玉，1998. 陕西省灾害性洪水实例选编[Z]. 陕西省防汛抗旱总指挥部办公室. 内部发行.

汤克靖，杨贤为，1995. 黄河中游致洪暴雨的特征分析[J]. 灾害学，10(3)：44-50.

许新田，1996. 渭河流域致洪暴雨分析及其预报[J]. 空军气象学院学报(3).

第13章 陕西降雨型地质灾害预报预警

地质灾害是自然灾害中的一个重要灾种，它主要包括滑坡、崩塌、泥石流、地裂缝、地面塌陷、地面沉降、水土流失、地震等。滑坡、崩塌、泥石流、水土流失等具有发生频率高，分布地域广，突发性强，造成的灾害严重等特点。中国更是一个地质灾害严重的国家，据卫星图片资料，全国有滑坡、泥石流灾害点100万处以上，经调查证实的大型滑坡灾害点有7800多处，泥石流灾害点11100多处。1949年以来中国大陆共发生破坏较大滑坡泥石流灾害5000多次，造成重大损失的严重灾害事件1000多起。这种地质灾害不仅给人类生命带来威胁，而且对环境、资源、财产均具有破坏性。有时所造成的人员伤亡和财产损失大到令人难以想象的地步。

滑坡、崩塌、泥石流等地质灾害在我国分布十分广泛，地处中国西部高原山地向东部平原、丘陵的过渡地带，区域内地形起伏变化大，河流切割强烈，受季风气候影响，暴雨集中，加之经济社会发展，人类活动加剧，天然植被不断减少，地表斜坡平衡破坏严重，导致滑坡、崩塌、泥石流等地质灾害发育分布密度大，活动频繁，是我国滑坡、崩塌、泥石流等地质灾害最严重的地区，其中，云贵高原龙门山—横断山—五莲峰—乌蒙山，长江三峡，秦岭—大巴山，黄土高原的陇中高原和陕北高原，长白山—燕山—太行山等区域最为突出。陕西是全国地质灾害严重的省份之一，据对2000—2008年近9年的地质灾害灾情分析，2000—2008年陕西省因地质灾害造成的人员死亡和直接经济损失分别占全国的10%和7%；陕西省因地质灾害造成的人员死亡全国序次总体在前十位，说明陕西省地质灾害较为严重。通过对致人死亡性地质灾害的系统分析，陕北黄土高原地区致人死亡性地质灾害比例占20%，关中盆地地区致人死亡性地质灾害比例为15%，陕南秦巴山地地区致人死亡性地质灾害比例为65%。表明造成人员伤亡的地质灾害主要发生在陕北黄土高原及陕南秦巴山地，这些地区具有地质灾害发生频次高，范围广、危害严重的特点。

13.1 降雨型地质灾害

黄土高原及秦巴山区是我国地质灾害严重地区之一，而且黄土高原地质灾害与秦岭-大巴山地质灾害具有不同特征。黄土高原和秦巴山区的主要地质灾害是滑坡、崩塌、泥石流，故本降雨型地质灾害预报预警对象主要为这三类。

13.1.1 地质灾害

13.1.1.1 滑坡

滑坡是指大量的山体物质在重力作用下，沿着其内部的一个滑动面，突然向下滑动的现象。滑坡，顾名思义，一是“滑”，二是“坡”。无“坡”不“滑”，在平原不会出现滑坡，只有在陡峭的山区在重力的作用下，高处的物质向低处运动，才有可能出现滑坡。但另一方面，有“坡”未必“滑”，只有当满足一定的条件后，高处物质的势能才有可能转化为向低处运动的动能，出现滑坡灾害。重力是造成滑坡的根本原因，在重力作用下，许多物质沿斜坡面虽然有向下滑动的趋势，却保持稳定，只有当某些外界因素发生少许的变化，达到滑动的条件，长期积累的重力势能瞬间释放出来，才能产生滑坡灾害。把这个能够引起外界因素的变化，达到滑动的条件，称为滑坡的触发因素。能够触发滑坡的原因主要有：①地震的影响；②水的作用，连续的降雨或冰雪融化，使土壤饱和，导致滑动面润滑，使滑动面摩擦力减小，造成滑坡；③人类工程活动，例如，人为的不合理的开挖，破坏了山体系统的力学平衡，造成滑坡，在实际中第二种情形同第三种情形往往相互作用，更易造成滑坡。毋庸置疑，在黄土高原，滑坡均是黄土滑坡和牵引式滑坡，以自然滑坡(80%～90%)、浅中层滑坡(大于 95%)和小中型滑坡(70%～85%)为主。在秦巴山区，滑坡以浅层(90.9%)、堆积层滑坡(82.3%)为主，滑坡规模以小型为主(89.6%)。

13.1.1.2　崩塌

崩塌是指在陡峻的斜坡上，巨大岩块或土体在重力作用下突然而猛烈地向下倾倒、翻滚、崩落的现象。同滑坡类似，重力是造成崩塌的根本原因，只是二者在表现形式和机制上有所差异。在黄土高原，以土质崩塌(大于 90%)和小中型崩塌(大于 85%)为主；在秦巴山区，崩塌主要分布在地形切割强烈、边坡陡峻的沟谷或陡坡和松散层厚或软弱及软硬相间的岩层，特别是母岩为花岗岩风化强烈，裂隙发育地段，以断层崖崩塌为主，而且规模较大，顺断裂构造呈带状分布，而且具有群发性特征。

13.1.1.3　泥石流

泥石流是沙石、泥土、岩屑和石块等松散固体物质和水的混合体在重力作用下沿着沟或坡面向下运动的特殊流体。泥石流是介于流水与滑坡之间的一种地质作用，由悬浮着粗大固体碎屑物质并富含沙石及黏土的黏稠泥浆组成。在适当的地形条件下，大量的水体浸透山坡中的固体堆积物质，使其稳定性降低，饱含水分的固体堆积物质在自身重力作用下发生运动，就形成了泥石流。泥石流可根据其“泥”和“石”的比例分为三类：黏性泥石流，即“泥”少“石”多，固体物质占 40%～50%，最高达 80%，该类泥石流爆发突然，持续时间短，破坏力大；稀性泥石流，即“泥”多“石”少，固体物质占 10%～40%；过渡性泥石流，“泥”和“石”大体相当。若按泥石流的成因，可分为冰川型泥石流和降雨型泥石流两类；若按泥石流的沟的形态，可分为沟谷型泥石流和山坡型泥石流两类；若按泥石流流域的大小，可分为小型泥石流、中型泥石流和大型泥石流三类；若按泥石流的发展阶段，可分为发展期泥石流、旺盛期泥石流和衰退期泥石流三类。泥石流的形成必须具备三个条件：一是地形，孕育泥石流的地域一般地形陡峭，山坡的坡度大于 25°，沟床的坡度不小于 14°。巨大的相对高差使得地表物质处于不稳定状态，容易在外力作用下，如降雨、冰雪融化等，发生向下的滑动，形成泥石流；二是松散固体物质，在孕育泥石流的地域，即在泥石流的形成区，有大量积聚的泥沙、岩屑、石块等松散堆积物，为泥石流的形成提供必要的固体物质；三是水源，水不但是泥石流的重要组成部分，而且是决定泥石流的最重要的影响因素。以上三者缺一不可，当大量的地表水在陡峭的沟谷中流动时，浸润、冲蚀沟床物质，随着冲蚀强度的加大，沟内固体松散堆积物质松动、失稳，被猛烈掀揭、铲刮，并与水流搅拌混合而形成泥石流。泥石流在黄土高原发生较少，主要发生在秦巴山区，主要分布于植被覆盖较低、基岩相对破碎，崩塌、撒落较发育的短支水系、冲沟下部或沟口。往往发生在暴雨山洪时，当较厚松散层斜坡体受强烈地表水流作用，在坡洪水片流的冲刷搬运下，出现泥、沙、石块与洪水成一体,而形成泥石流。在秦巴山区,山坡型泥石流流域面积小,具突发性,危害性大;河谷型泥石流流域面积大,一般沿水系河谷分布。

13.1.2 降雨型地质灾害

根据前面的讨论,滑坡、崩塌、泥石流灾害的发生,一是受地质和地貌条件制约,这是内因,是基础条件;二是受地震、降雨、融雪(冻融)和人类工程活动影响,这是外因,是触发条件。在这四种触发条件中,根据许多研究和分析,降雨是最主要、最直接和最常见的触发因素。滑坡、崩塌、泥石流灾害集中发生在暴雨季节(占95%以上),特别是集中发生在主汛期。而且集中分布于久雨或暴雨区;雨量越大的地区,各类地质灾害越发育;各类地质灾害剧烈活动的时间与降雨强度的时间吻合或略滞后,各类地质灾害活动的周期受降雨周期的控制。因降雨诱发的各类地质灾害占地质灾害总数的69%～90%。据突发性地质灾害的分类统计,持续降雨诱发的地质灾害占其总发生量的65%,局地暴雨诱发的约占43%。因此,本书讨论的对象是因降雨因素,特别是因暴雨诱发的滑坡、崩塌、泥石流灾害的预报预警。抓住了降雨型地质灾害,也就抓住了问题的关键。

13.2 陕西地质灾害分布特征

黄土高原和秦巴山区是中国地质灾害的高发区和重灾区之一,其地质灾害的分布具有地域上的分异性:黄土高原的黄土滑坡和崩塌较多;秦巴山区以小型浅层堆积层滑坡和泥石流为主。其中位于秦岭以北的陕北黄土高原和关中盆地黄土台塬区,包括榆林、延安、铜川、渭南、西安、咸阳、宝鸡7市68县,属于广义的黄土高原区,分布着广泛的黄土沟壑和台塬,结构疏松,属干旱半旱地区,年降雨量不是很多,但是往往有强降雨,一旦遇有明显降雨,容易形成地质灾害。位于秦岭以南的秦巴山区,包括汉中、安康、商洛3市28县。秦巴山区雨量充沛,地质结构复杂,虽有较为丰富的植被资源,但由于表层土质及附着层结构不稳定,特别是各种建设工程对地表自然结构的破坏,形成了裸露断面,当降雨发生时,容易产生地表径流,从而引发滑坡、泥石流和崩塌等地质灾害,给当地人民群众生命财产造成严重损失。

13.2.1 黄土高原地质灾害分布特征

13.2.1.1 空间分布

陕北黄土高原地质灾害主要是崩塌,其次是滑坡,泥石流很少。在1960—2006年,崩塌灾害共发生97次,滑坡灾害发生60次,泥石流仅发生5次。关中盆地黄土台塬主要是滑坡灾害,共发生104次,其次是崩塌灾害,共发生62次,泥石流较少,有26次。因此,整个黄土高原主要的地质灾害是滑坡和崩塌。

黄土高原区有三个明显的高发区域:①以子长为中心的区域,包括米脂、子洲、绥德、安塞、延安,属黄土梁峁沟壑区及黄土塬边,共发生15次;②以铜川为中心的区域,包括耀州、宜君、洛川、黄陵,属关中北部和陕北南部低中山区,共发生37次;③以宝鸡为中心的关中西部黄土台塬区域,共发生23次。此外,在长安、蓝田的南部山区存在一个次高发中心,共发生20余次,如图13.1所示。

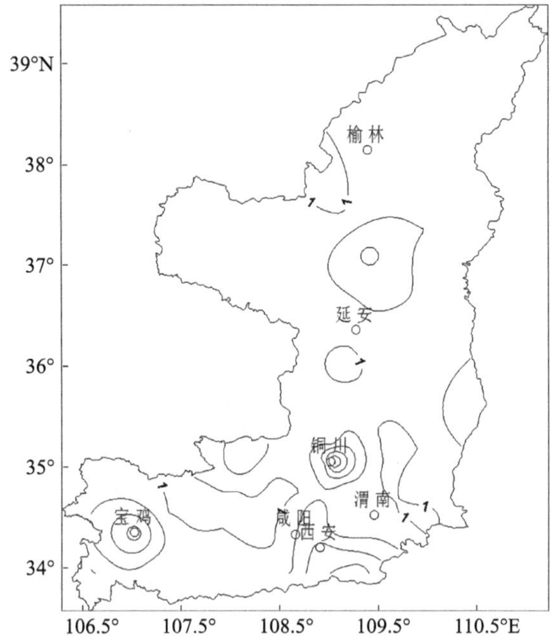

图 13.1　黄土高原地质灾害空间分布特征

13.2.1.2　时间分布

(1)地质灾害年代和年际变化

20 世纪 80 年代以前，黄土高原地质灾害很少，可能因为这期间地质灾害统计上报工作重视程度不够，加之经济活动少、对该地区的影响较小等原因，地质灾害次数较少。80 年代以后地质灾害迅速增加，90 年代地质灾害是 80 年代的 3 倍多，21 世纪前 6 年的地质灾害比整个 90 年代的地质灾害还要多，地质灾害总体上呈增加趋势。分析 1980 年以后的地质灾害年代变化，发现黄土高原地质灾害总体上每 5 年就增加，进入 21 世纪增加趋势非常明显，如图 13.2 所示。

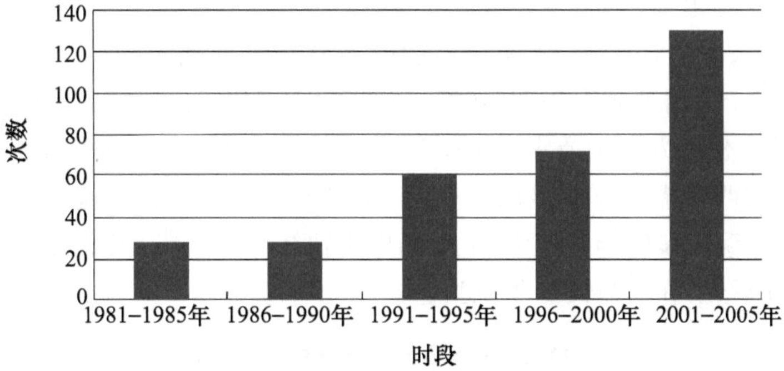

图 13.2　黄土高原地质灾害 5 年际变化

地质灾害的年际变化非常明显，呈现一种明显增加和增强趋势，特别是 20 世纪 80 年代后期以来，1990 年以前每年的地质灾害都在 10 次以下，1990 年以后各年地质灾害多为 10～20 次，2003 年达到 80 余次，如图 13.3 所示。

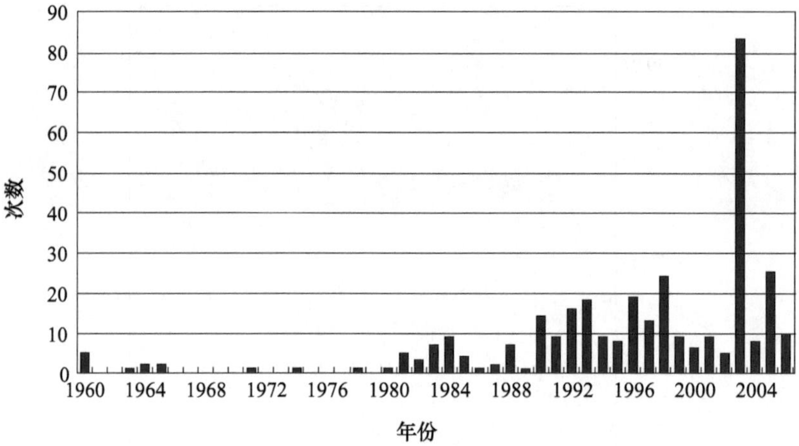

图 13.3　黄土高原地质灾害年际变化

(2)地质灾害月际变化

黄土高原区的地质灾害的月变化基本上呈正态分布,地质灾害从 2 月开始逐月增加,6 月开始地质灾害迅速增加,7 月、8 月处于高峰期,分别占到年地质灾害次数的 20%和 19.1%,9 月地质灾害有所减少,10 月地质灾害却有所增加,主要是由于 2003 年秋季陕西出现了 50 a 以来罕见的连阴雨天气,导致大量地质灾害,11 月之后地质灾害开始迅速减少,如表 13.1 所示。黄土高原的地质灾害主要集中在降雨量丰沛的 7—9 月三个月,其他月的地质灾害较少,特别是在 11 月至翌年 3 月地质灾害非常少。

表 13.1　黄土高原各月地质灾害统计

月份	1	2	3	4	5	6	7	8	9	10	11	12	合计
个例数	11	7	8	19	21	29	68	65	43	54	11	5	341
占比(%)	3.2	2.1	2.3	5.6	6.2	8.5	20	19.1	12.6	15.8	3.2	1.5	100

(3)地质灾害日变化

从发生时间记录到小时的 65 例地质灾害中,统计分析发现,地质灾害有较明显的发生时间段,见表 13.2,一个是清晨到上午(05:00—12:00),占 35.4%,其次是夜晚(21:00—04:00),占 29.2%,在午后—傍晚发生地质灾害最少。黄土高原地质灾害的这种发生特点和陕西降雨特点有密切关系,陕西强降雨有明显的日变化,主要发生在后半夜到凌晨,即表现为夜雨型。在夜间,尤其是半夜到凌晨降雨量较大,上午到中午往往雨势减弱,正是由于这种夜雨特点,地质灾害往往具有滞后性,在清晨到上午发生。

表 13.2　黄土高原区地质灾害日变化

时间	05:00—12:00 (清晨—上午)	13:00—17:00 (下午)	18:00—20:00 (傍晚)	21:00—04:00 (夜晚)
个例数	23	16	7	19
占比(%)	35.4	24.6	10.7	29.2

13.2.1.3　降雨型地质灾害特征

比较图 13.4(a)和图 13.1 可以发现，黄土高原区降雨的空间分布和地质灾害的空间分布是比较一致的，地质灾害主要发生在年降雨在 500 mm 以上的地区，在年降雨量少于 400 mm 的黄土高原西北部地质灾害很少，地质灾害高发区域基本上也是年降水高值中心。陕北黄土高原降水总体趋势自北向南增加，在地质灾害高发区域子长形成一个高值区，年降雨在 500 mm以上，降雨明显比同纬度地区多；在地质灾害高发区域铜川附近形成另一个高值中心，中心降雨量达 640 mm；到关中盆地降雨量明显减少，形成一个东北—西南向的降水低值区，低中心区在关中东部和中部，降雨量和陕北南部差不多，该区域也是地质灾害少发生区。在关中西南部和关中南部山区降水又复增多，降雨量在 620 mm 以上，这两个地区相应也是地质灾害多发区。

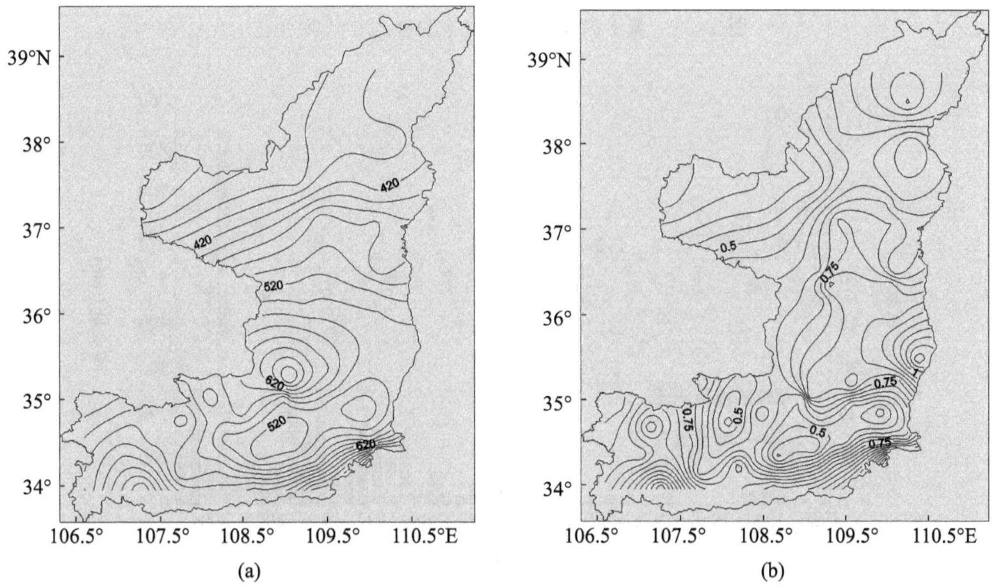

图 13.4　黄土高原区降雨空间分布特征

(a)年降雨量(mm)；(b)暴雨频次

再比较图 13.4b 和图 13.1，可以发现，地质灾害的高发区域都是暴雨的高发区域，三个地质灾害高发区域和一个次高发区域的年暴雨频次都在 0.75 以上，位置也基本在年暴雨频次高发区域。陕北西北部、关中盆地中东部、咸阳西北部年暴雨频次在 0.5 以下，都是地质灾害低发区域。

地质灾害和年代际降雨并不是一致对应的，前者呈增强趋势，而后者却呈减弱趋势，如图 13.5 所示，20 世纪 80 年代平均降雨量较多，地质灾害却很少，90 年代降雨有所减少，但地质灾害却增加很多，说明地质灾害不仅和年降雨量有关，还和降雨类型有关，此外也与社会经济活动密切相关。

地质灾害和年降雨量也不是一一对应的，年降雨量多，地质灾害不一定就多，例如，2005 年地质灾害较多，但是年降雨量正常，并未异常偏多，如图 13.6a 所示。但是，暴雨次数异常偏多的年份，地质灾害一般往往有所增多，如 1998 年、2003 年，如图 13.6b 所示。此外有研究发现，黄土高原区前一年降雨偏多时，次年开春季节易发生滑坡、崩塌地质灾害，较常年偏高。

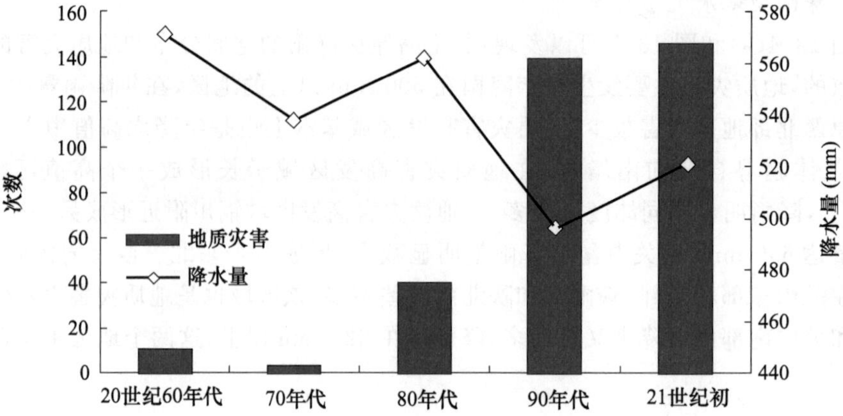

图 13.5 黄土高原区地质灾害和降雨年代际变化

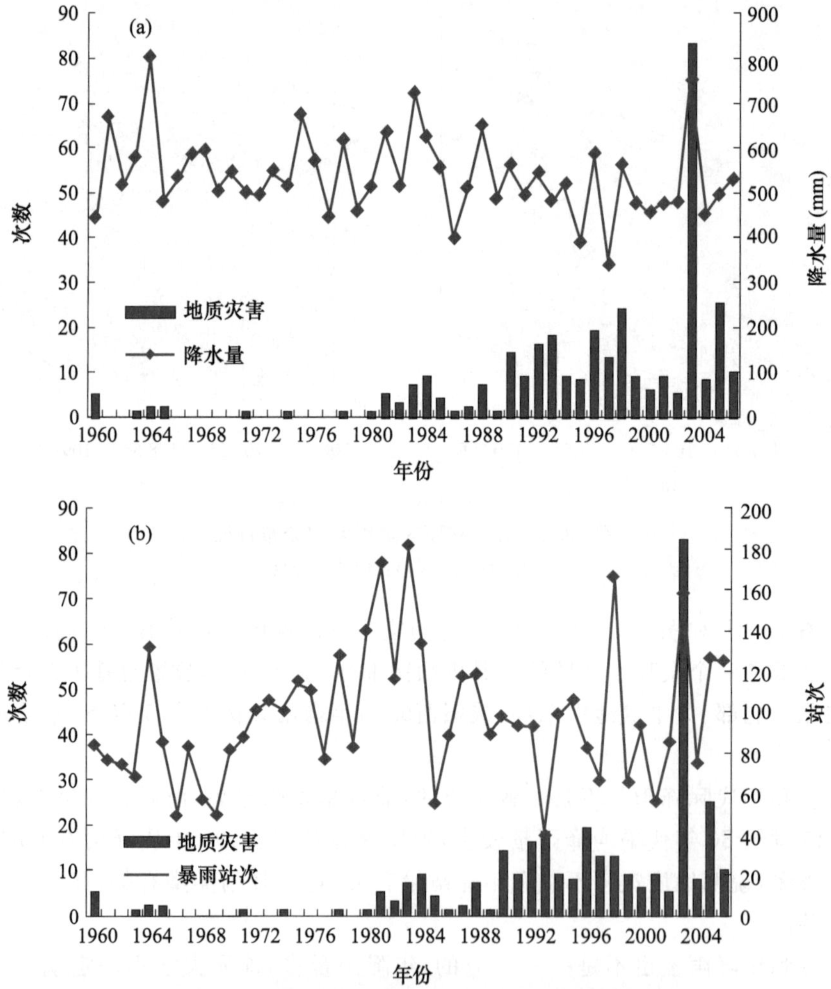

图 13.6 黄土高原区地质灾害和降雨年际变化

(a)地质灾害和年降雨;(b)地质灾害和暴雨站次

月地质灾害次数和月降雨量、暴雨月频次变化趋势非常一致，如图 13.7 所示。随着月降雨量的增多，地质灾害也随之增加，值得注意的是图 13.7 中 10 月降雨量较 9 月减少，地质灾害却在增加，主要是由于 2003 年 10 月陕西出现了 50 年一遇的强连阴雨天气，引发了大量的地质灾害。在雨季，黄土高原区暴雨发生频次和地质灾害发生关系十分紧密，7 月、8 月暴雨频次达到了顶峰，地质灾害也是一年中最多的，由此可见，在雨季二者有相当高的正相关性。

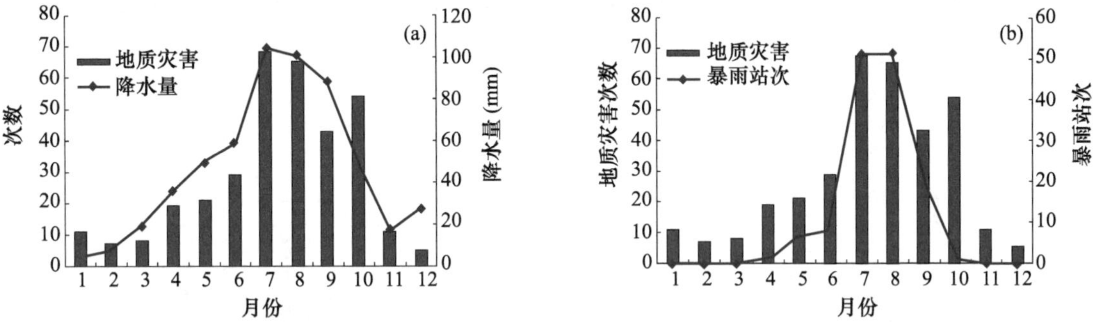

图 13.7　黄土高原区月地质灾害和月降雨关系

(a)地质灾害和月降雨；(b)地质灾害和暴雨频次

13.2.2　秦巴山区地质灾害分布特征

13.2.2.1　空间分布

秦巴山区地质灾害主要集中在秦岭南麓、大巴山北坡低山丘陵区；南北两侧高海拔山区，地势陡峭，岩体坚硬，人口居住稀疏，地质灾害较少发生；中部低中山山麓及沟谷陡坡地段花岗杂岩体大面积分布，由于时代古老，风化强烈，坡面风化砂土大部分随降水搬运和沉积形成堆积层，除此再加上当地居民建房多开挖坡脚，从而引起山体失稳，形成地质灾害多发区域。

秦巴山区地质灾害分布特点是南北两侧高山山区是地质灾害少发区，中部是地质灾害多发区，自西向东呈“三高两低”区域分布，如图 13.8 所示。三高区域是：宁强—略阳—留坝为西部高发区；镇巴—紫阳—石泉—宁陕—佛坪为中部高发区，以镇巴、紫阳为中心；白河—旬阳—镇安—山阳—商南为东部高发区域，以旬阳、山阳为中心。两低区域是以汉中盆地和安康为中心的附近区域。

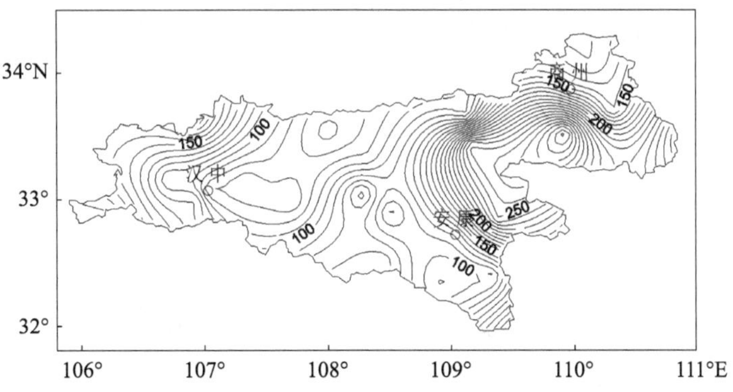

图 13.8　秦巴山区地质灾害发生频次空间分布图

13.2.2.2 时间分布

秦巴山区20世纪70年代和90年代是地质灾害少发期,80年代和21世纪初为多发期,特别是20世纪90年代后,由于建立了专门的地质灾害监测机构,统计的地质灾害发生次数明显增多。地质灾害年发生20次以上的年份有1980年、1983年、1987年、1998年、2000年、2002年、2003年、2005年共8年,80年代初至90年代末地质灾害发生次数有3~4 a的周期变化。进入21世纪地质灾害发生周期明显变短,频率加快,呈2 a的周期变化,每隔一年地质灾害就多发(图13.9)。

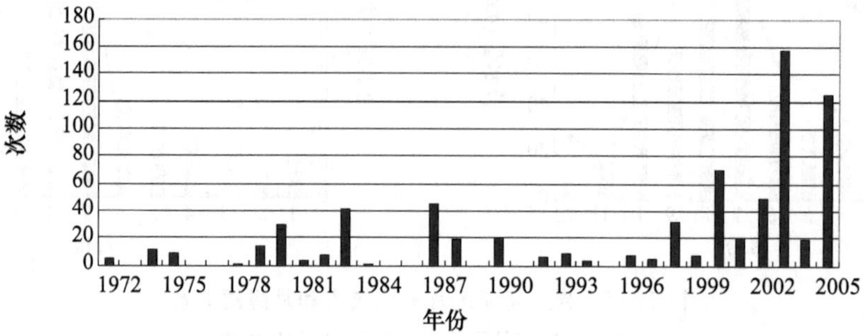

图13.9 秦巴山区1972—2005年地质灾害发生次数分布

秦巴山区地质灾害发生时间主要集中在6—10月(表13.3),1—5月共发生23次,占全年发生总数的2.84%,6—10月地质灾害发生789次,占全年发生总次数的96.92%。其中7月、8月共发生491次,占60.32%,6月、9月各占13%和15%。全年有四个明显的多发时段,分别为6月第一候、7月第三候、7月第六候至9月第二候和10月第一候,与候降雨量偏多时段比较,大部分滞后一候左右。

表13.3 秦巴山区地质灾害各月发生次数及百分率统计表

月份	1	2	3	4	5	6	7	8	9	10	11	12	合计
个例数	3	3	2	2	13	108	250	241	121	69	1	1	814
比例/%	0.37	0.37	0.25	0.25	1.60	13.27	30.71	29.61	14.86	8.48	0.12	0.12	100.00

秦巴山区地质灾害发生的日变化特点为白天少夜间多,白天08—15时平均发生10.5次,15时至次日08时是地质灾害多发时段,平均发生17次,比白天高6.5次,如图13.10所示。

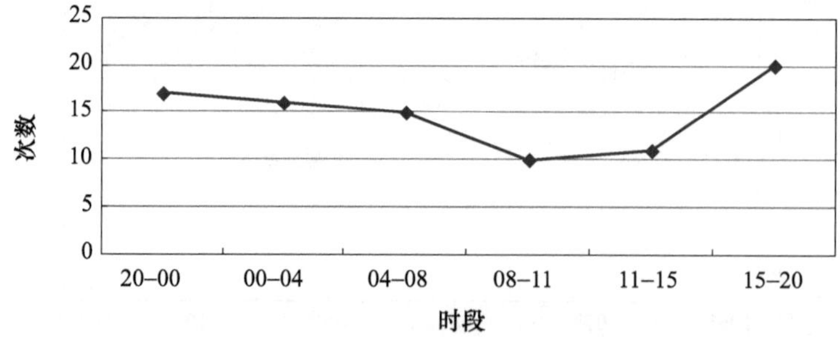

图13.10 秦巴山区地质灾害发生次数日变化

13.2.2.3　降雨型地质灾害特征

降雨型地质灾害分布特征：降雨型地质灾害分布既受断裂带控制，也与降水分布密切相关。可以看出，暴雨发生较多的 1980 年、1983 年、1987 年、1998 年、2000 年、2002 年、2003 年、2005 年这 8 年也是地质灾害发生较多的年份，两者有明显的对应关系，进入 21 世纪后，地质灾害呈明显增多的趋势，如图 13.11 所示。

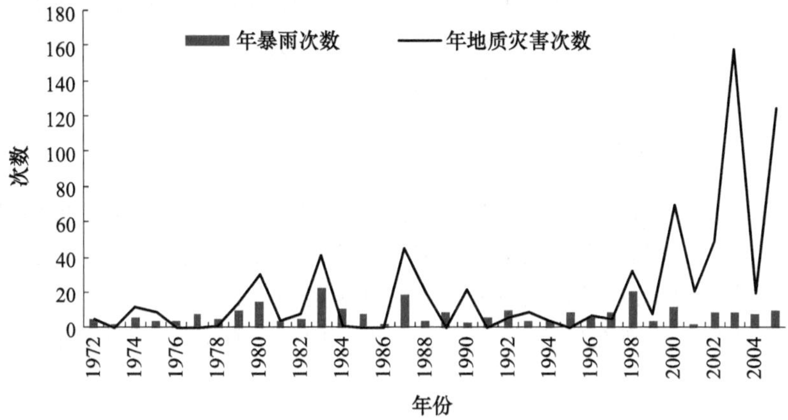

图 13.11　秦巴山区 1972—2005 年地质灾害发生次数与暴雨发生次数年分布图

秦巴山区地质灾害的月分布和月降雨量的变化趋势一致，呈正态分布，随着月降雨量的增多，地质灾害开始增多，5 月后地质灾害迅速增加，7 月、8 月达到顶峰，之后降雨量明显减少，地质灾害随之减少，9 月后开始明显减少。如图 13.12 所示。

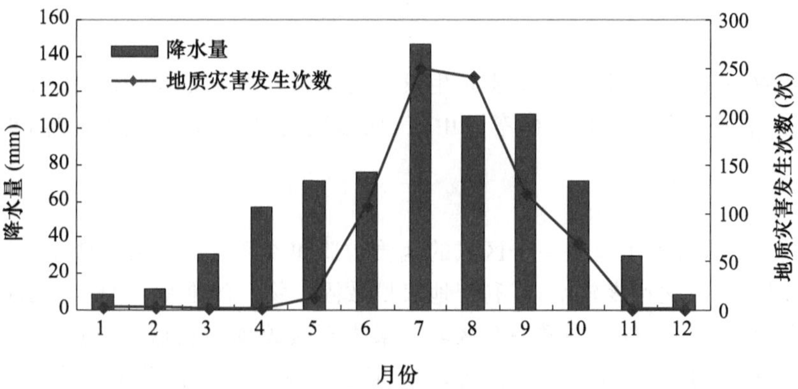

图 13.12　秦巴山区地质灾害发生频次与降雨量各月分布图

13.3　陕西地质灾害风险区划

开展地质灾害风险调查与区划，进一步圈定地质灾害高风险区，为气象预报预警、防灾减灾、灾害管理提供科学的依据是防治地质灾害最有效的手段之一。按照联合国有关“自然灾害风险”的定义，风险是危险性与易损性的乘积，其中危险性是灾害的自然属性，可用灾害规模和发生概率表达，易损性则是灾害的社会属性，可用承灾体财产、生命、经济和环境等表达，因此开展地质灾害风险评价与区划研究涉及危险性和易损性评价的综合研究。综合国内外目前关于地质灾害风险区划的研究,认为所谓地质灾害风险区划是指根据研究区地质灾害危险性特征、参考区域承灾能力及社会经济状况,把研究区划分为不同风险等级的区域。地质灾害风险区划研究涉及自然与社会经济系统诸多方面,地质灾害风险区划主要包括地质灾害危险性区划、易损性区划和风险区划三个方面。主要思路是围绕研究目的,在分析地质灾害环境条件和地质灾害发育特征的基础上,综合考虑各类地质环境条件和地质灾害特征,对研究区地质灾害进行危险性区划;根据研究区社会经济状况及承灾能力,进行研究区地质灾害的社会经济易损性区划,最后将危险性区划和易损性区划叠加,形成地质灾害风险区划。

13.3.1 地质灾害危险性分区

地质灾害危险性评价是在地质灾害易发性评价的基础上,更多地考虑各种易发诱发地质灾害发生的因素,进一步刻画和预测地质灾害发生的可能性大小。从地质灾害管理角度看,不仅需要知道地质灾害隐患点在哪里、可能发生何种类型的破坏(易发性评价可以得到的结果),还需要知道地质灾害隐患点在何种条件下发生,发生的频率有多大,这些就需要从危险性评价来考虑。

13.3.1.1 危险性构成与指标

地质灾害危险性评价指标体系包括地质灾害活动程度指标和环境地质条件指标(即形成地质灾害的环境地质背景)。在地质灾害危险性评价中,考虑了地形地貌、地层岩性、地质构造等环境地质条件指标。并根据地质灾害分布特征,从数据库中提取地形地貌(地貌.wp)、岩土体类型(岩土体.wp)、地形坡度(坡度.wp)、地质构造(构造.wp)等图层,将其属性数据作为评价指标。我们选取了以下六项指标作为省级地质灾害危险性评价指标。

(1)地貌

不同的地貌形态对于控制地质灾害发生发育的作用有很大的差异。关中盆地,地形平缓,地貌类型单一,地质灾害不发育。而秦巴山区,地形变化复杂,地貌类型多样,地质灾害相对发育。

(2)岩土体

岩土体类型很大程度上反映一个区域的地质构造和该区域地质活动情况。岩石破碎的地区,在自然状况下的风化速度较快,有利于地表松散固体物质的堆积,为滑坡、崩塌和泥石流等地质灾害的发生提供了条件。同样一个区域如果岩石破碎程度较低,则地质灾害发生的可能性相对就低。黄土高原地表覆盖物主要为黄土,黄土受流水侵蚀和降水冲刷作用明显,有利于崩塌、滑坡发生,秦巴山地基岩风化地区,易形成堆积层滑坡、泥石流等。

(3)坡度

坡度的陡缓直接影响地质灾害的发生。在一定条件下,坡度越陡,地表松散堆积物质在雨水的作用下就越容易被带走,从而形成崩塌、滑坡、泥石流等地质灾害。黄土高原和陕南秦巴山地相对地形切割强烈,坡度较陡,地质灾害隐患分布较为密集。

(4)断裂

断裂发育地区,往往构造运动活动强烈,是引发地质灾害的重要因素。2008 年汶川地震次生地质灾害十分严重,其中一个重要原因就是发震断裂处于龙门山断裂带上,陕西境内的宁强、略阳处于该断裂带的北缘,因此,这一带新增加的地质灾害隐患点十分发育。总体而言,黄土高原地区在新构造运动期间整体表现为缓慢性抬升，褶皱断裂不发育。而秦巴山地断裂构造发育，区域大断裂较多、规模大，具有多起活动特点，沿断裂面，岩石破碎、结构面断裂发育，风化强烈，往往容易引发滑坡、崩塌、泥石流。

(5)降水量

陕西南北狭长，降雨量差别极大，陕北黄土高原年降水量 300～500 mm，到关中盆地一带降水量可达到 600～800 mm，再到陕南秦巴山区一带降水量可达到 800 mm 以上，局部地区可达 1300 mm 以上。

(6)地质灾害和地质灾害隐患点现状

地质灾害隐患点密集的区域，反映了地质环境复杂，地质灾害发育是划分地质灾害危险性分区的重要因素。本书将地质灾害作为一个整体，主要是考虑到虽然全省不同地区地质灾害的主要灾种类型可能并不相同，但作为量化计算时，忽略了其灾种差异，主要进行数量的统计分析，因此没有从崩塌、滑坡、泥石流等灾种上进行细分。

13.3.1.2　危险性分区

运用栅格数据处理方法对评价区进行剖分。陕西省总面积为 20.58 万 km^2，将陕西 1∶50 万地形图省界范围内按 1 cm×1 cm 剖分成 8728 个网格，每个完整网格面积为 5 km×5 km。

建立影响地质灾害的地貌、构造、岩土体和坡度等评价指标的基础图件，形成因子分布图，建立基础数据库和图形库。在前述评价指标分析和数据归一化的基础上，采用单元危险性概率模型，计算每一个评价单元的所有指标值。

计算采用单元危险性概率模型的公式为

$$H=R(H_{地}+H_{岩}+H_{构}+H_{坡}+H_{雨}) \tag{13.1}$$

式中，H 为单元危险性概率值；$H_{地}$ 为单元地形地貌危险性概率值；$H_{岩}$ 为单元岩性危险性概率值；$H_{构}$ 为单元构造危险性概率值；$H_{坡}$ 为单元坡度危险性概率值；$H_{雨}$ 为单元降雨量危险性概率值；R 为单元地质灾害发育度，为单元内已发生地质灾害和地质灾害隐患点的处数，即面密度。

通过对各个因子信息的叠加分析，得到评价区地质灾害危险性评价结果。在此基础上合理确定危险程度分区界限值，进行危险程度划分。本次采用突变点法。经过统计分析，从中找出突变点作为危险程度分区界限值，将区域划分为极低危险区、低危险区、中危险区、高危险区四个不同等级的区域，并给出各单元确定的程度等级标准(表 13.4)，在定量计算分级分区的基础上，综合考虑各种因素，得出陕西省地质灾害危险程度区划图(图 13.13)。

表 13.4　地质灾害危险性分区划分标准

划分标准	<0.1	0.1～0.3	0.3～0.5	≥0.5
危险等级	极低危险区	低危险区	中危险区	高危险区

由图 13.13 可见，这些地质灾害危险区主要分布在秦巴山区和黄土高原梁峁沟壑区和关中南、北两侧地区，这与陕西省特殊的地质地貌、地层岩性、地质构造、降雨量分布等有十分密切的关系。其中高危险区主要分布在陕南地区，面积 37750 km^2。中危险区面积 56573 km^2，低危险区面积 42515 km^2，极低危险区面积 68761 km^2。

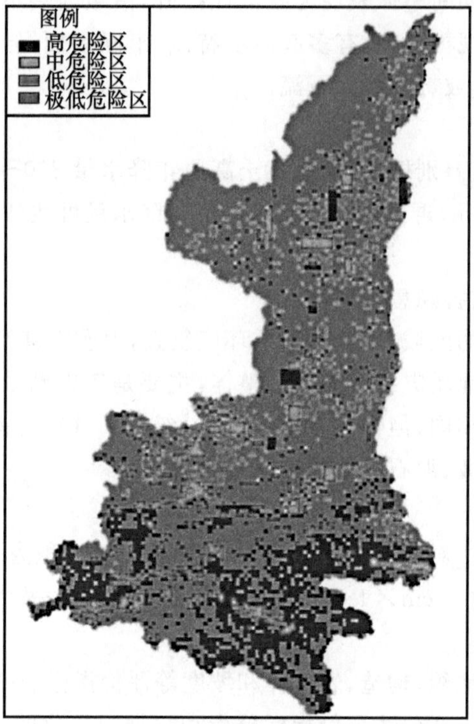

图 13.13　陕西省地质灾害危险程度区划图

13.3.2　社会经济易损性分区

地质灾害造成的损失和危害程度很大程度上取决于承灾体的承受能力，即社会经济易损性。易损性是承灾体属性的表现，是地质灾害作用的对象，是对承灾体易受崩塌、滑坡、泥石流等地质灾害破坏的特征和各类承灾体对地质灾害承受能力的评估。

13.3.2.1　易损性指标

易损性评价对象包括自然属性和社会属性的评价因子，如自然资源、财产、人的生命等。根据黄土高原及秦巴山地不同的地区特点，选取人口密度、单位 GDP、耕地面积作为地质灾害的易损性特征指标。

(1)人口密度

人口密度是反映区域地质灾害易损性的重要指标。一般而言，人口越密集的区域，地质灾害一旦发生，所造成的人员伤亡也就越大。陕北黄土高原的人口密度差别较大，主要集中在榆阳区和宝塔区，人口密度超过 200 人/km^2，其余地区人口密度为 0～100 人/km^2。关中盆地人口密度最大。陕南秦巴山地的人口密度也相对差异较大，人口密度较大的地区主要集中在安康、汉中、商洛市区范围内。

(2)单位面积国内生产总值(万元/km^2)

国内生产总值是衡量一个地区经济社会发展水平的主要指标。地质灾害发育的地区，经济社会遭受的破坏作用就大。陕北黄土高原和陕南秦巴山地的单位面积国内生产总值差异相对较大。

(3)土地利用(主要是耕地)

我国是个耕地资源稀缺的国家,特别是国家为确保粮食安全而对耕地实行了最严格的保护制度。因此,对耕地的保护也是地质灾害易损性评价关注的重要对象,结合上述分析选择耕地作为易损性评价的主要指标。

13.3.2.2　易损性分区

易损性评价同样涉及评价单元的划分问题。在选择评价指标时,是以县域行政区划单元进行分析的。为了便于危险性区划结果进行叠加分析,同样采用栅格剖分计算。

易损性计算指数的公式为

$$F = \sum G_a \times G \tag{13.2}$$

式中,F 为易损值;G_a 为易损因子属性;G 为单元格灾害密度。

建立人口密度、单位面积 GDP、土地利用等评价指标的基础图件,形成因子分布图,建立基础数据库和图形库。单元格灾害密度采用潜在地质灾害隐患点的单元密度进行表达。采用易损性指数计算方法,计算每一个评价单元的所有指标值。通过对各个因子信息的叠加分析,得到评价区地质灾害易损性评价结果。在此基础上合理确定危险程度分区界限值,进行危险程度划分。仍采用突变点法。通过统计分析,从中找出突变点作为易损程度分区界限值,将区域划分为极低易损区、低易损区、中易损区和高易损区四个不同等级的区域,并给出各单元确定的易损程度等级标准(表 13.5),在定量计算分级分区的基础上,综合考虑各种因素,得出陕西省地质灾害易损程度分区图(图 13.14)。

表 13.5　地质灾害易损性分区划分标准

划分标准	<0.1	0.1～0.3	0.3～0.6	≥0.6
易损分级	极低易损区	低易损区	中易损区	高易损区

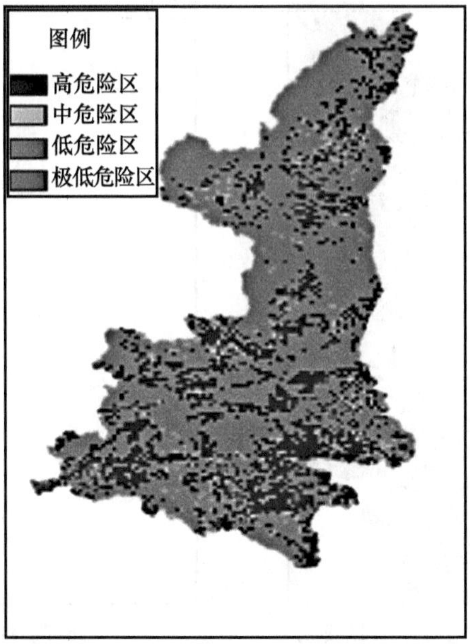

图 13.14　社会经济易损性评价结果

可见，地质灾害易损性高的地区主要分布在陕南、陕北的局部地区，面积约 47880 km²，地质灾害易损性中等区面积 37521 km²，地质灾害易损性低区(黄色图斑)的面积 36928 km²，地质灾害极低易损性地区面积 82891 km²。

13.3.3 地质灾害风险区划

13.3.3.1 地质灾害风险区划

进行地质灾害风险评价就是将危险性与易损性相乘得到风险的过程。黄土高原及秦巴山地地质灾害风险区划图是以黄土高原及秦巴山地地质灾害危险性区划图、地质灾害易损性区划图为基础，采用风险评价原理叠加实现的，从而进行黄土高原及秦巴山地地质灾害风险区划制图。

每个单元格的易损值与危险等级进行叠加分析，公式为

$$G=D\cup F \tag{13.3}$$

式中，G 为单元格风险度；D 为单元格危险等级；F 为单元格易损值。

采用风险度指数计算方法，计算每一个评价单元的所有指标值。通过对各个因子信息的叠加分析，得到评价区地质灾害风险评价结果。在此基础上合理确定风险程度分区界限值，进行风险程度划分。采用突变点法。经过统计分析，从中找出突变点作为风险程度分区界限值，将区域划分为极低风险区、低风险区、中风险区、高风险区四个不同等级的区域，并给出各单元确定的风险程度等级标准(表 13.6)。按照上述分区原则和方法，结合前人已有的研究成果，对黄土高原及秦巴山地进行地质灾害风险划分，分区结果如图 13.15a 所示。可见，地质灾害高风险区面积 34120 km²，地质灾害中风险区面积 32273 km²，地质灾害低风险区面积 40424 km²，地质灾害极低风险区面积 117985 km²。对图 13.15a 分析勾画出陕西省地质灾害风险程度分区，如图 13.15b 所示。需要指出的是，在概化过程中，将高中风险区合并为风险区，共 15 个高中地质灾害风险区(表 13.7)。

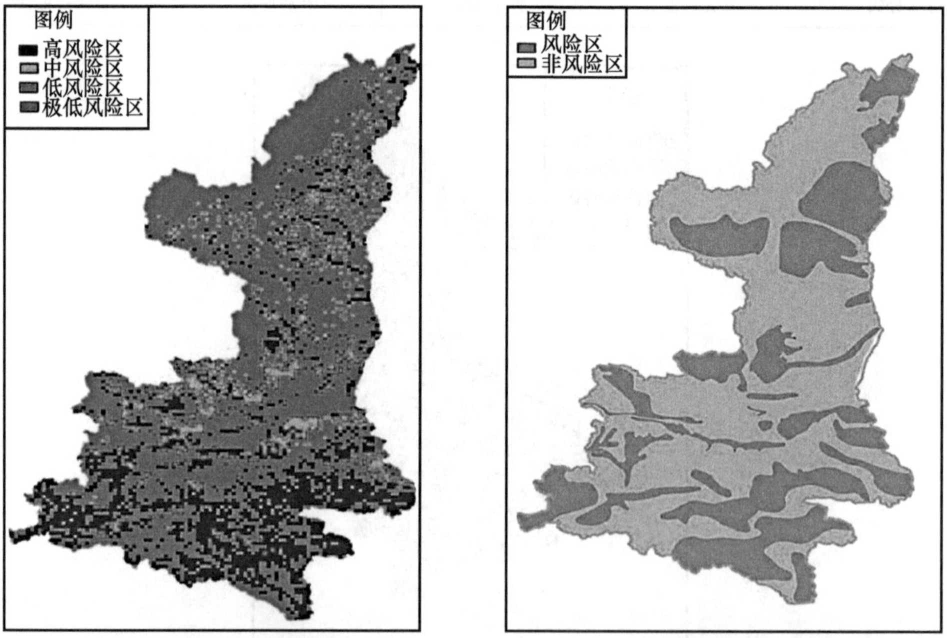

(a) 黄土高原及秦巴山地地质灾害风险划分　　(b) 陕西省地质灾害风险程度分区

[彩]图 13.15　地质灾害风险分区图

表 13.6　地质灾害风险分区划分标准

划分标准	<0.2	0.2～0.4	0.4～0.6	≥0.6
风险分级	极低风险区	低风险区	中风险区	高风险区

表 13.7　黄土高原及秦巴山地地质灾害高中风险区表

地域	风险区名称	面积(km^2)	特征
陕北黄土高原	神木—府谷地质灾害风险区	2778	地处黄土梁峁沟壑区，滑坡、崩塌、地面塌陷发育，人口主要集中在沟谷，易受威胁
	榆阳—清涧—子洲地质灾害风险区	7520	地处黄土梁峁沟壑区，崩塌、滑坡灾害十分发育，人口和财产受威胁严重
	安塞—子长—宝塔地质灾害风险区	6835	地处黄土梁峁区，沟壑密度大，黄土崩塌、滑坡发育
	定边—吴起—志丹地质灾害风险区	7445	处于黄土低山、梁峁区，地形破碎，崩塌、滑坡较发育
	洛川—黄陵—宜君地质灾害风险区	4720	处于黄土塬沟壑区。沟谷切割强烈，黄土崩塌、滑坡十分发育
陕南秦巴山地	商州—洛南地质灾害风险区	3600	地貌以低山、中山为主，变质岩、碎屑岩及第四系残坡积物分布，堆积层滑坡及崩塌、泥石流广泛发育
	商南—山阳—镇安地质灾害风险区	9285	属于中低山地貌，沟谷深切，断裂发育，岩土体以变质岩为主，堆积层滑坡、泥石流发育
	白河—旬阳地质灾害风险区	5000	地貌以中山和低山为主，岩体多为片岩、板岩，构造发育，岩体破碎，崩塌、滑坡、泥石流均十分发育
	镇坪—平利地质灾害风险区	1550	以中山地貌为主，岩性主要为片岩、灰岩、砂岩，滑坡、泥石流十分发育
	岚皋—紫阳—镇巴地质灾害风险区	4339	地貌以中山和低山为主，岩体多为片岩、板岩，构造发育，岩体破碎，崩塌、滑坡、泥石流均十分发育
	石泉—西乡地质灾害风险区	2742	区内膨胀土及坡残积层广布，堆积层滑坡发育，威胁居民十分严重
	勉县—洋县地质灾害风险区	2700	处汉中盆地及其周边低山丘陵区，膨胀土滑坡及堆积层滑坡发育，对居民、基础设施威胁严重
	宁陕—佛坪地质灾害风险区	879	属于中山地貌，岩体以片岩、板岩为主，发育堆积层滑坡及泥石流
	宁强—略阳地质灾害风险区	4000	属于中山低山地貌，岩体主要为片岩、板岩，滑坡崩塌十分发育
	留坝—凤县地质灾害风险区	3000	以中山地貌为主，断裂发育，岩石破碎，以堆积层滑坡和沟谷型泥石流为主
合计		66393	

13.3.3.2 降水影响系数

通过2000年以来发生在黄土高原及秦巴山地的致人死亡性地质灾害的分析,由表13.8可以看出,降雨在各类诱发因素(暴雨、冻融、采矿、修路、工民建、渠系渗漏等6类诱发因素)中是引发地质灾害的最主要因素,降雨因素引发的地质灾害的比例占73%。其次,从对致人死亡性地质灾害的年内分布特征(图13.16)可以看出,7—10月份是发生致人死亡性地质灾害的主要月份,这也从另一方面说明强降雨是形成地质灾害的主要因素,特别是发生在降雨过程中的暴雨,往往产生大面积的地质灾害。

表13.8 不同诱发因素下致人死亡性地质灾害(2000—2008年)的比例

诱发因素	降雨	冻融	采矿	修路	工民建	渠系渗漏
对应的致人死亡性地质灾害起数	125	16	11	7	11	2
比例(%)	73	10	6	4	6	1

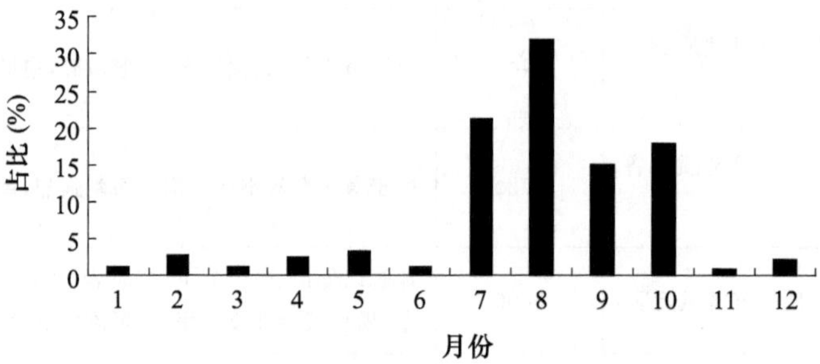

图13.16 致人死亡性地质灾害的年内分布特征图(2000—2008年)

由此可见,降水是诱发地质灾害的最主要因素,因此,抓住降水与地质灾害的主导诱发作用,是降低地质灾害风险、减少地质灾害损失的主要环节。从这一因素和依据出发,提出降水影响系数。降水影响系数是指降水影响地质灾害发生程度的一个系数,显然这个降水影响系数是一个与降雨量、降水分布特征、地形地貌、地质灾害分布、地质灾害风险区等极为密切的一个参数。作为特定概念下的降水影响系数,需要明确降水影响系数是针对地质灾害风险区而言的。地质灾害极低风险区讨论降水影响系数,意义不大。其次,地质灾害风险区是多种因素划分的结果,降水影响系数在地质灾害风险区是有差异的。

判定一个区域的降水影响系数,其中有几个重要因素至关重要:

对降水程度的判定。一是采用降水不均匀系数。降水不均匀系数即多年汛期(7—9月)平均降雨量与多年平均降雨量之比。计算中采用2000—2008年期间汛期降水与多年平均降雨量之比。二是采用年内暴雨平均次数。年内暴雨次数越多,单位时间内对地表岩体物质的冲刷侵蚀越强烈。通过对年内降水不均匀系数和暴雨次数,集中反映降水对地表物质侵蚀作用。当年内不均匀系数和暴雨次数均趋向于高值时,降水对地质灾害的影响较大。

历史时期降水诱发地质灾害的次数。这是从过去已经发生的地质灾害来验证降水对地质灾害的影响。本书采用地质灾害年发生率(次数/a)表达。具体计算中采用2000—2008年的研究区内的灾情进行分析。

降水影响系数确定是在参考风险区降水不均匀系数和灾害点年发生率特征基础上,综合考虑确定(图 13.17)。具体如表 13.9 所示。

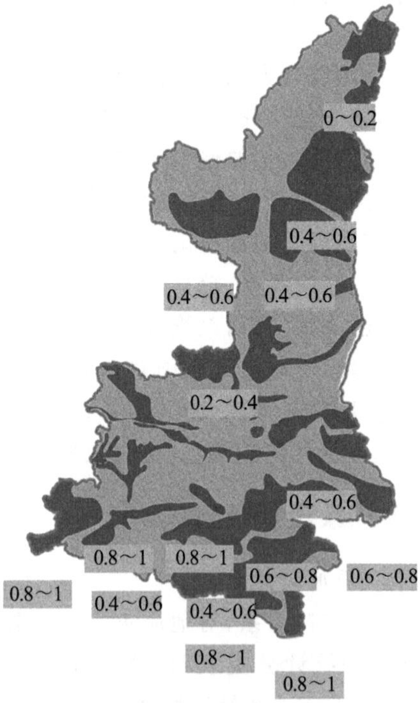

图 13.17　黄土高原及秦巴山地风险区降水影响系数图

表 13.9　黄土高原及秦巴山地地质灾害风险区降水影响系数表

地域	风险区名称	降水不均匀系数	年内暴雨次数	年内平均降水天数	地质灾害年发生率	降水影响系数
陕北黄土高原	神木—府谷地质灾害风险区	0.74	1	73	7	0～0.2
	榆阳—清涧—子洲地质灾害风险区	0.72	3	75	7	0.4～0.6
	安塞—子长—宝塔地质灾害风险区	0.70	2	87	10	0.4～0.6
	定边—吴起—志丹地质灾害风险区	0.73	2	70	13	0.4～0.6
	洛川—黄陵—宜君地质灾害风险区	0.63	0	92	5	0.2～0.4
陕南秦巴山地	商州—洛南地质灾害风险区	0.44	2	101	16	0.4～0.6
	商南—山阳—镇安地质灾害风险区	0.42	2	108	16	0.6～0.8
	白河—旬阳地质灾害风险区	0.30	2	103	23	0.6～0.8
	镇坪—平利地质灾害风险区	0.37	2	125	25	0.8～1
	岚皋—紫阳—镇巴地质灾害风险区	0.36	2	116	26	0.8～1
	石泉—西乡地质灾害风险区	0.39	2	104	20	0.4～0.6
	勉县—洋县地质灾害风险区	0.59	1	103	13	0.4～0.6
	宁陕—佛坪地质灾害风险区	0.64	2	105	15	0.8～1
	宁强—略阳地质灾害风险区	0.68	2	145	20	0.8～1
	留坝—凤县地质灾害风险区	0.64	2	125	13	0.8～1

13.4 地质灾害气象预报预警判据

基于大气降雨的观测,采用数理统计方法,研究降雨量、降雨强度和降雨过程与地质灾害在空间分布、时间上的对应关系,建立地质灾害的时空分布与降雨过程的统计关系,确定宏观上的统计关系,以达到预警预报的目的。主要侧重于以下三个方面:一是根据历史地质灾害个例当日出现的降雨量级确定诱发地质灾害的降雨临界值;二是考虑地质灾害与前期降雨过程的关系,确定不同类型的地质灾害出现与前期降雨不同的关联关系;三是分析地质灾害和考虑了当日降雨及前期降雨的日综合雨量的关系,确定诱发地质灾害的日综合雨量临界值。主要利用历史地质灾害资料和相对应的降雨资料,系统分析二者关系,建立地质灾害气象预报预警判据,在风险区划的基础上,同时考虑不同区域降雨对地质灾害的影响系数,并紧密结合气象部门短期定量降雨预报和短时定量降雨预警方面的成果,建立一套 3 天以内短期地质灾害潜势预报、0～12 h 地质灾害预警相互衔接的精细化、无缝隙地质灾害预报预警系统。

13.4.1 黄土高原地质灾害气象预报预警判据

13.4.1.1 地质灾害与降雨类型、强度的关系

地质灾害和降雨类型及强度有密切关系,对地质灾害影响较大的主要是连续性降雨和暴雨。地质部门对突发性地质灾害的统计分类表明,持续性降雨诱发地质灾害占总发生量的 65%,局地暴雨诱发占发生量的 43%。连续性降雨诱发地质灾害主要是由于多日的降雨,土层含水饱和,岩土体软化和自重增加,强度降低,加之雨水沿缝隙渗入岩土体斜坡面,摩擦力和黏聚力降低,导致地质灾害发生。连续型降雨由于雨强较小,雨水缓慢渗入土壤,地质灾害一般是在降雨过程中或降雨结束发生。暴雨由于雨强大,迅速侵蚀和通过空隙渗透使岩土体内在的摩擦阻力和凝聚力较快降低,在其自身重力的作用下失去原有的稳定状态,发生地质灾害,由暴雨诱发的地质灾害往往在当日或次日发生。如果前期有连续性降雨,之后再出现暴雨,或连续性降雨中出现暴雨,就更容易引发地质灾害。

根据统计,地质灾害和月降雨量、地质灾害发生前 10 d 平均累积降雨量、月暴雨发生频次的相关系数分别为 0.845,0.929,0.80。根据 t 检验,显著性检验水平取 $\alpha=0.01$,$t_{临}=3.169$,$t_{月}=5.0$,有 $t_{月}>t_{临}$;$t_{10}=7.938$,$t_{10}>t_{临}$;$t_{暴雨}=4.22$,$t_{暴雨}>t_{临}$。表明地质灾害和月降雨量、地质灾害发生前 10 日平均累积降雨量、月暴雨发生频次有明显的正相关性,和地质灾害前 10 日的平均累积降雨量的正相关性最高,其次是月累积降雨量和月暴雨发生频次。

(1)地质灾害与单日降雨型关系

①仅由当日降雨诱发地质灾害

仅当天有明显降雨,前期基本无降雨时发生的地质灾害的选取标准:地质灾害发生当日有明显降雨(≥10 mm),前 10 日内累积降雨量较小(≤5 mm)。陕西黄土高原区仅由当日降雨诱发地质灾害的次数很少,只有 10 例,其中崩塌 5 例,滑坡 4 例,泥石流 1 例,占地质灾害个例总数的 6.4%。从诱发地质灾害的当日降雨量来看,仅由当日降雨诱发地质灾害,需要较大的日降雨量才能造成地质灾害,无论崩塌还是滑坡发生时,当日一般都出现暴雨。

②主要由单日降雨诱发地质灾害

主要由单日降雨诱发地质灾害的选取标准:地质灾害发生前 10 日内有 1 日出现明显降雨

(≥10 mm)，而其他天内若干日虽然有降雨但累积降雨量较小(≤5 mm)。

主要由单日降雨诱发的崩塌有 18 例，占所有崩塌 18.8%，降雨量为 10～25 mm 有 6 次，25～50 mm有 7 次，50～75 mm 有 2 次，75～100 mm 有 2 次，100 mm 以上有 1 次。主要由单日降雨诱发的滑坡有 9 例，10～25 mm 有 3 次，25～50 mm 有 2 次，50～75 mm 仅有 1 次，75～100 mm 有 2 次，100 mm 以上有 1 次。主要由单日诱发的地质灾害，崩塌一般日降雨量在 20 mm 以上，滑坡一般日降雨量在 30 mm 以上。

(2)连续性降雨诱发地质灾害

连续性降雨定义为当某日出现大于 0.1 mm 降雨至某一日降雨小于 0.1 mm，且降雨日数超过 3 d，并且累积降雨量大于 10 mm。

根据连续性降雨定义，所有崩塌灾害中有 52 次出现连续性降雨过程。最长连续性降雨时间 14 d，最短 3 d，主要以 3 d 连续性降雨诱发崩塌为主，其次是 6 d 和 5 d ，7 d 以上的连续性降雨造成的崩塌非常少，如图 13.18a 所示。当连续性降雨量超过 75 mm 时，崩塌大量发生，如图 13.18b 所示。

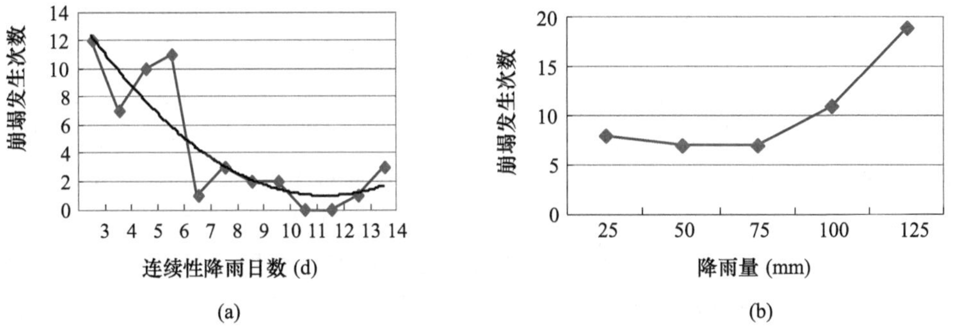

图 13.18　连续性降雨过程与崩塌发生次数关系

(a)连续性降雨日数与崩塌发生次数(粗线为趋势线)；(b)降雨量与崩塌发生次数

滑坡灾害中出现 29 次连续性降雨过程，最长达 16 d，最短 3 d，主要以 3 d 连续性降雨造成滑坡为主，其次是 6 d，7 d 以上造成的滑坡很少，如图 13.19a 所示。当连续降雨量大于 100 mm 时，滑坡发生次数曲线明显变陡，意味着滑坡大量发生，如图 13.19b 所示。

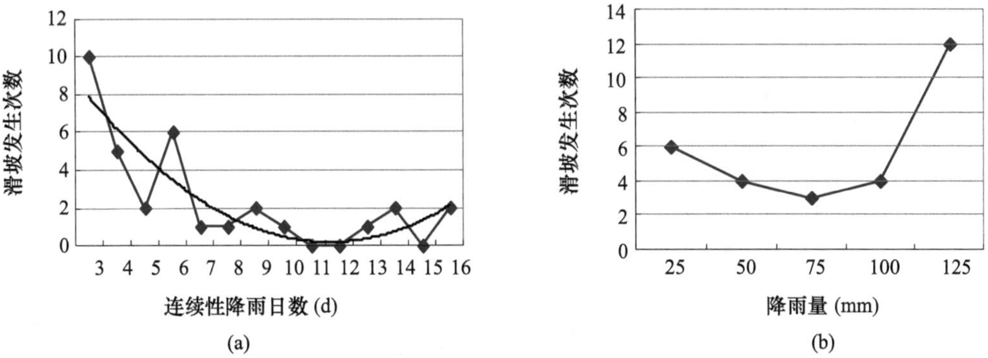

图 13.19　连续性降雨过程与滑坡发生次数关系

(a)连续性降雨日数与滑坡发生次数(粗线为趋势线)；(b)降雨量与滑坡发生次数

13.4.1.2　地质灾害与前期降雨的关系

(1)前10 d累积降雨与地质灾害的关系

据统计,崩塌发生前10 d累积降雨量≥10 mm有60次,占62.5%,其中>90 mm有28次,占29.2%;50～90 mm有10次,占10.4%;20～50 mm有9次,占9.4%;前10 d累积降雨量<10 mm有37次,占38.5%,而其中<1 mm有15次,占15.6%。

滑坡前10 d累积降雨量≥10 mm有31次,占56.4%,其中<90 mm有12次,占21.8%;50～90 mm有6次,占10.9%;20～50 mm有9次,占16.4%;无<1 mm降雨的滑坡灾害发生;泥石流前10 d累积降雨量≥10 mm有5次,占100%,其中仅有1次降雨量<20 mm,其余均<30 mm。

因此,陕北黄土高原区的地质灾害发生频次与前期累积降雨量大小关系密切,降雨强度越大,地质灾害发生次数越高,10 d内累积雨量50 mm以上诱发地质灾害次数明显较多。

(2)地质灾害发生与前期降雨强度及时间对应关系

1960—2006年地质灾害资料表明,地质灾害发生前10天内有暴雨(日降雨量≥50 mm)共32次,其中当天出现暴雨有18次,占56.3%;前1天出现暴雨有4次,占12.5%;地质灾害发生前两天及以上出现暴雨次数很少,仅有7例。前10天内有大雨但无暴雨共有36次,当天出现大雨有9次;前1天出现大雨有14次,前2天出现大雨有2次,前3天以上出现大雨有8次。前10天有中雨但无暴雨、大雨共有35次,中雨出现后在1～10 d内各日发生地质灾害的次数相差不多,没有明显地集中在某个时间段。因此,陕西黄土高原区暴雨、大雨、中雨均可诱发地质灾害,且造成地质灾害发生频次相当;暴雨诱发地质灾害主要是在当天出现,暴雨发生次日出现地质灾害较少,暴雨出现两天以后产生的地质灾害次数更少;大雨诱发地质灾害主要出现在次日,其次出现在当天,大雨出现3天后发生地质灾害次数较少;中雨诱发的地质灾害在降雨结束后1～10 d内各个时段出现的可能性均有。

如图13.20所示,陕西黄土高原地质灾害平均滞后降雨3.8 d。当降雨强度<30 mm/d,地质灾害在当日发生及滞后1～9 d均有,在当日发生的仅有6次,仅占0.6%,且滞后的次数没有明显集中;降雨强度为30～60 mm/d,滞后日数明显缩短,主要集中在当日和次日。当降雨强度大于60 mm/d时,地质灾害主要在当日发生。

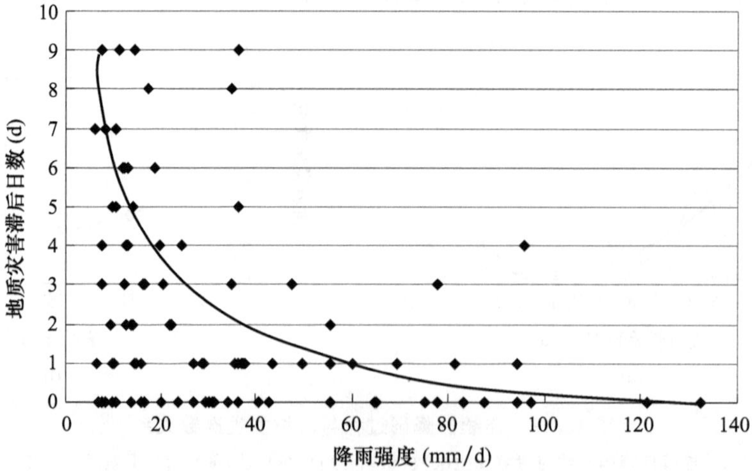

图13.20　地质灾害滞后时间与降雨强度关系(粗曲线为趋势线)

(3)地质灾害与前期降雨日数的关系

据 1960—2006 年的历史资料分析(表 13.10)发现，黄土高原区崩塌、滑坡、泥石流三种地质灾害发生时当日平均降雨量为 20 mm 左右，降雨日数在 5 d 左右，≥10 mm 日数为 2 d 左右，≥25 mm 的日数在 1 d。崩塌发生前一般最多有 10 个降雨日，降雨日≤2 d 的仅有 8 次，占 11.4%，其余均在 3 d 以上；滑坡发生前一般最多有 9 个降雨日，降雨日≤2 d 的仅有 3 次，占 8.1%，其余均在 3 d 以上；泥石流发生前降雨日数均在 4 d 以上。因此，黄土高原区地质灾害发生前期，往往有多日降雨，且多数有 3 个以上的降雨日数。

表 13.10　地质灾害发生前期降雨情况

地质灾害	当日降雨量(mm)	降雨日数(d)	连续降雨日数 (d)	≥10 mm 日数(d)	≥25 mm 日数(d)	累积降雨量 (mm)	累积次数(次)
崩塌	20.7	5.3	3.8	2.1	1.0	75.2	70
滑坡	19.9	5.5	4.2	2.4	1.1	79.3	35
泥石流	18.2	5.4	3.2	2.0	0.8	52.3	5

崩塌发生前期连续降雨日数平均 3.8 d，最长达 10 d，连续降雨日大于或等于 3 d 的有 46 次，占 65.7%，连续降雨日小于或等于 2 d 的有 24 次，占 34.3%。滑坡发生前连续降雨日平均 4.2 d，最长达 9 d，连续降雨日大于或等于 3 d 的 29 次，占 82.9%。

陕西黄土高原区的地质灾害不仅与前期降雨强度有关系，而且与前期降雨日数及连续降雨时间有着密切关系，地质灾害一般都需要 3 d 以上的降雨日，一般滑坡所需的降雨日数多于崩塌。黄土高原的地质灾害属于多日降雨诱发型。

13.4.1.3　地质灾害与其发生前逐小时降雨的关系

根据已有历史地质灾害资料发生时间记录到小时发生的且有对应降雨资料的个例资料，初步分析地质灾害和其发生前 36 h 逐小时降水的关系。

(1)崩塌和小时降雨量的关系

崩塌发生前 36 h 逐小时累积降雨一般都在 30 mm 以上。当 36 h 累积降雨量达到 30 mm，就有可能发生崩塌，累积降雨量超过 60 mm 时，崩塌发生可能性极大。

崩塌发生前降雨类型，可以分为三种：第一种是崩塌发生前 36 h 内某时段 2～3 h 降雨强度达到 10 mm/h，不到 10 h 内累积降雨量达 30 mm 以上，之后基本无降雨，降雨停止后十几小时崩塌发生(图 13.21a)。第二种是崩塌发生前出现强降雨，最大降雨强度达到 20 mm/h 以上，几个小时内累积降雨量达 60 mm 以上，崩塌随即发生(图 13.21b)。第三种是崩塌发生前降雨强度不大，在 5 mm/h 以下，但是降雨持续不断，累积降雨量达 60 mm 左右时崩塌发生(图 13.21c)。但是诱发崩塌的降雨类型以第一种和第二种为主。

诱发崩塌的这种短时降雨类型与崩塌所处地质地貌有关，在陕北黄土高原，植被较少，沟壑纵横，一般岩性疏松多孔、垂直节理及垂直裂隙发育，易被流水冲刷，斜坡稳定性较差，一旦有短时强降雨，雨水沿土体空隙较快渗入，土层软化，坡度在 50°以上的黄土边坡就非常容易发生崩塌。

(2)滑坡和小时降雨量关系

滑坡发生前 36 h 累积降雨量基本上在 40 mm 以上。

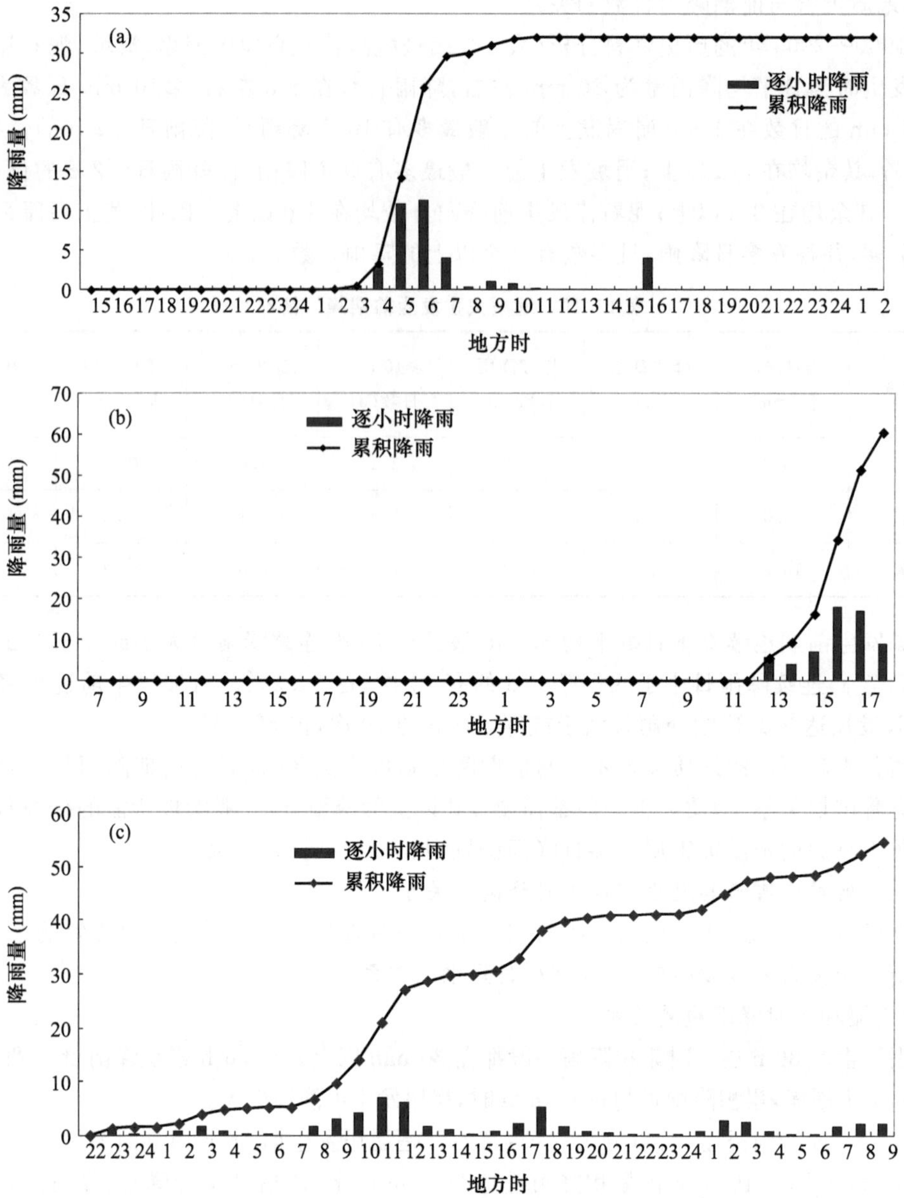

图 13.21　崩塌与前 36 h 逐小时降雨和累积降雨关系

(a)安塞(2005 年 8 月 8 日 02:30);(b)铜川(2003 年 8 月 28 日 18:50);(c)铜川(2003 年 10 月 1 日 09:00)

诱发滑坡的降雨类型也分为三种:第一种是滑坡发生前 36 h 降雨持续不断,最大雨强基本不超过 5 mm/h,当累积降雨量达 40 mm 以上时滑坡发生,是诱发滑坡发生的一种普遍降雨类型(图 13.22a)。第二种是滑坡前期无降雨,但是滑坡前几小时出现强降雨,最大降雨强度在 30 mm/h 以上,几小时内累积降雨量达 90 mm 以上,滑坡即可出现(图 13.22b)。第三种是滑坡发生前 36 h 内某时段出现强降雨,最大降雨强度为 10 mm/h 左右,几小时内累积雨量在 40 mm,之后再无降雨,降雨停止十几个小时后滑坡发生(图 13.22c)。对于滑坡而言,较多的是第一种,第二种和第三种较少。

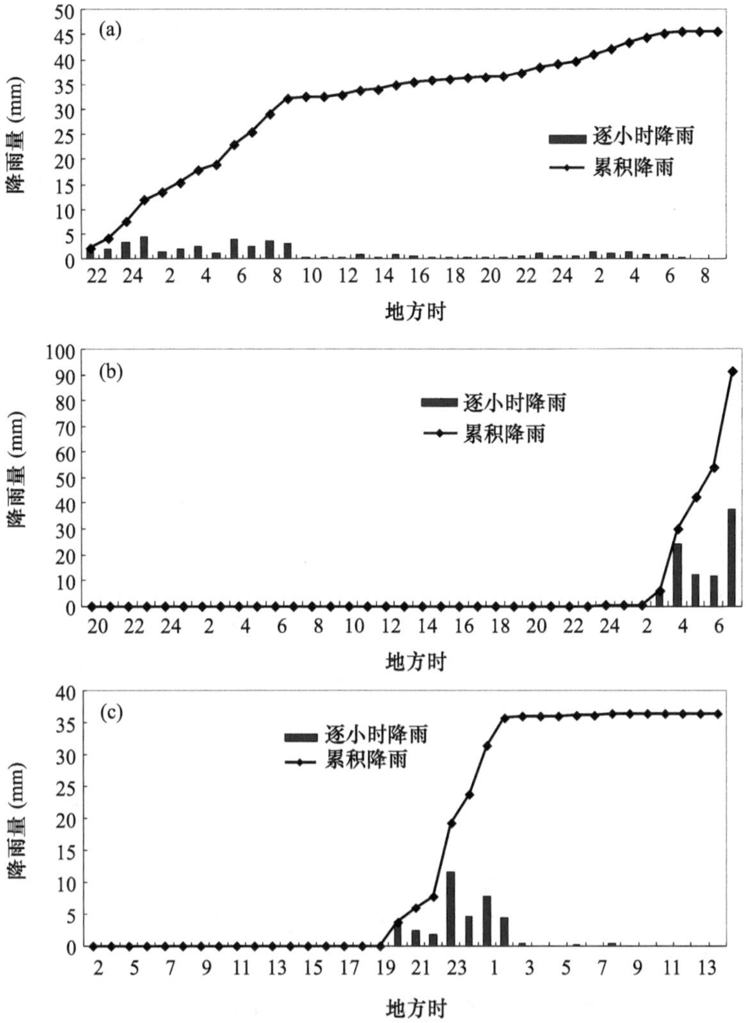

图 13.22　滑坡与前 36 h 逐小时降雨和累积降雨关系

(a)耀州(2003 年 10 月 11 日 09:00);(b)府谷(2003 年 7 月 30 日 03:00—07:00);

(c)铜川(2003 年 7 月 14 日 03:00)

滑坡一般发生在坡度较小的黄土台塬边坡,连续性的降雨沿裂隙缓慢渗入土体,同时由于累积雨量较大,在滑层不断有雨水侵蚀,造成滑层软化,在土体自身重力作用下发生滑坡。正是由于这种地质地貌,诱发滑坡的短时降雨类型以第一种为主。

13.4.1.4　地质灾害气象预报预警判据

陕西黄土高原的地质灾害属于多日降雨诱发型,因此,诱发地质灾害的降雨临界值采用过程降雨量。采用既考虑前期降雨量,又考虑降雨时间的日综合雨量方法,这种方法有较好的理论基础,应用起来也较方便、可行。

(1)滑坡、崩塌与降雨量的相关分析

陕西黄土高原滑坡和降雨相关性分析表明(表 13.11):滑坡和前 3 天的累积降雨量的相关性最高,其次是和前 1 d、2 d 的累积降雨量,从第 3 d 之后相关性开始明显降低,到第 10 d 相关系数已降到 0.45,即陕西黄土高原区滑坡主要是 3 d 以内的短期降雨造成,10 d 以上的降雨对滑坡的影响较小。崩塌和前 2 d 的累积降雨量相关性最高,其次是当天和前 1 d,前 2 d 之后崩塌和各日的降雨相关性开始降低,和前 10 d 的累积降雨量明显下降,即 10 d 之后降雨对崩塌的影响非常小。

表 13.11 各日累积降雨量与滑坡、崩塌次数相关性分析

灾害发生前雨量累积日数(d)	滑坡单相关系数	崩塌单相关系数
当天	0.63	0.96
1	0.86	0.92
2	0.84	0.96
3	0.91	0.76
4	0.74	0.74
5	0.68	0.69
7	0.68	0.57
10	0.45	0.44

(2)临界日综合雨量计算

事实上一次降雨并不一定会导致崩塌、滑坡、泥石流的发生,只起部分作用,累积降雨量作为临界降雨量具有局限性。为此,引入日综合雨量概念,即考虑前期降雨时间和日降雨量的综合量。计算公式为

$$R_c=R_0+R_1+R_2+\cdots+R_z+\alpha R_{z+1}+\alpha^2 R_{z+2}+\cdots+\alpha^{n-z}R_n \tag{13.4}$$

式中:R_c为临界日综合雨量;R_0为当天雨量;z 为相关性较好的地质灾害发生前天数;R_z为相关性较好的第 z 天降雨量;R_n为第 n 天的降雨量;n 为经过的天数;α 为系数,表示权重。

由表 13.11 可以看出,滑坡和降雨相关性一般是当天、前 1 d、2 d、3 d 的相关最好,崩塌和降雨相关性一般是当天、前 1 d、2 d 相关性较好。因此,陕西黄土高原区的滑坡、崩塌发生的日综合降雨量分别定义为

$$R_{c滑坡}=R_0+R_1+R_2+R_3+\alpha R_4+\alpha^2 R_5+\cdots+\alpha^{n-3} R_n \tag{13.5}$$

$$R_{c崩塌}=R_0+R_1+R_2+\alpha R_3+\alpha^2 R_4+\cdots+\alpha^{n-2} R_n \tag{13.6}$$

式中,各变量的意义同式(13.4)。

表 13.12 不同系数情况下累积有效降雨量与滑坡、崩塌发生次数的相关性分析

α	滑坡	崩塌
0.9	0.89	0.93
0.8	0.90	0.93
0.7	0.87	0.94
0.6	0.85	0.93
0.5	0.83	0.92
0.4	0.81	0.92
0.3	0.79	0.93
0.2	0.79	0.93

根据表 13.12 确定滑坡 $\alpha=0.8$ 时,日综合降雨量与滑坡的相关系数最大;崩塌 $\alpha=0.7$

时，日综合降雨量与崩塌的相关系数最大。因此，确定滑坡的日综合降雨量公式中的权重系数 $\alpha=0.8$，崩塌日综合降雨量公式中的权重系数 $\alpha=0.7$。

则滑坡、崩塌日综合降雨量为

$$R_{c滑坡}=R_0+R_1+R_2+R_3+0.8R_4+0.64R_5+0.512R_6+0.41R_7+0.328R_8+0.262R_9+0.21R_{10} \tag{13.7}$$

$$R_{c崩塌}=R_0+R_1+R_2+0.7R_3+0.49R_4+0.343R_5+0.24R_6+0.168R_7+0.118R_8+0.082R_9+0.058R_{10} \tag{13.8}$$

按照 2003 年国土资源部和中国气象局联合发布的地质灾害预报预警分级，将滑坡（崩塌）灾害临界值分为预报级（可能性较大）、临报级（可能性大）、警报级（可能性很大）三级。在实际预报工作中，根据图 13.23、图 13.24，假定取累加频率达 15%、30%、50%时的日综合雨量分别作为预报级、临报级、警报级的临界降雨量，得出陕北黄土高原区滑坡、崩塌灾害发生时的启动值、加速值、临灾值（表 13.13、表 13.14）。

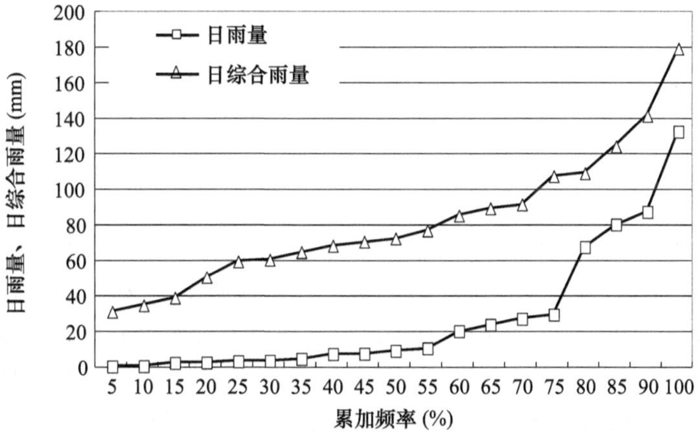

图 13.23　发生滑坡的日降雨量、日综合雨量频率图

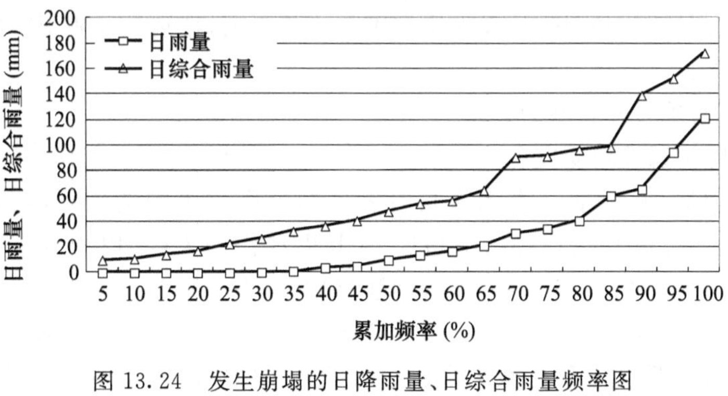

图 13.24　发生崩塌的日降雨量、日综合雨量频率图

表 13.13　基于降雨量的陕北黄土高原区滑坡预报预警分级

滑坡灾害分级	预报级（可能性较大）	临报级（可能性大）	警报级（可能性很大）
日综合降雨量（mm）	25（启动值）	35（加速值）	65（临灾值）

表 13.14 基于降雨量的陕北黄土高原区崩塌预报预警分级

崩塌灾害分级	预报级(可能性较大)	临报级(可能性大)	警报级(可能性很大)
日综合降雨量(mm)	15(启动值)	30(加速值)	50(临灾值)

13.4.2 秦巴山区地质灾害气象预报预警判据

13.4.2.1 地质灾害与降雨类型、强度的关系

不同类型的降雨诱发地质灾害的多少和强度不同,从地质灾害的成因上看,强降雨和连续性降雨对地质灾害的形成所起作用以及形成机制也不尽相同,从影响时间上看,强降雨很快诱发,大量地质灾害发生在当天(表 13.15),而秦巴山区连续性降雨由于降雨时间长,期间经常伴有暴雨,暴雨之前的弱降雨渗透地表,更易形成大面积的地质灾害。

表 13.15 日降雨强度和降雨类型与地质灾害统计关系表

降雨类型	38～50 mm	50～75 mm	75～100 mm	100～150 mm	150～200 mm	≥200 mm	总数
强降雨次数(次)	120	113	64	40	17	17	238
比例(%)	50.4	47.5	26.9	16.8	7.1	7.1	
连阴雨次数(次)	433	316	190	99	41	10	566
比例(%)	76.5	55.8	33.6	17.5	7.2	1.8	

由强降雨引起的地质灾害有 238 次,占 29.6%;由连阴雨(连续 3 d 有大于 0.1 mm 降雨)引起的 566 次,占 70.4%,可见,连阴雨是秦巴山区地质灾害的主要降雨类型。连阴雨天气过程中出现暴雨 316 个,占连阴雨个例的 55.8%,可见,连阴雨天气中的暴雨是引发地质灾害频率较高的因子。对降雨强度进行分级统计显示(表 13.15):日降雨大于 38 mm 的大到暴雨日分别占强降雨和连阴雨型地质灾害总数的 50.4%和 76.5%;日降雨大于 50 mm 的分别占 47.5%和 55.8%;强降雨和连阴雨合并统计显示大到暴雨诱发占 68.8%,暴雨诱发占 53.4%,这说明大到暴雨、暴雨是诱发地质灾害的主要原因,特别是连阴雨中出现的暴雨,更易诱发严重地质灾害。

(1)地质灾害与单日降雨型的关系

①仅由当天降雨诱发地质灾害

仅当天有明显降雨,前期基本无降雨时发生的地质灾害的选取标准:地质灾害发生当天有明显降雨(≥20 mm),过程持续不超过 24 h 也看作当天(秦巴山区强降雨多发生在夜间,以 20 时为日界的气象记录,将一个自然强降雨过程分成 2 d),前 10 d 内累积降雨量较小(≤10 mm)。表 13.16 给出了 1972—2007 年仅由当天降雨诱发的地质灾害。秦巴山区仅由当天降雨诱发地质灾害的次数占个例总数的 6%左右,其中滑坡、崩塌有 45 例,泥石流 4 例。从诱发地质灾害的当天降雨量来看,当天降雨超过 60 mm 有 42 次,占仅由当天降雨诱发地质灾害总数的 93%,说明仅当天有降雨需要较大的日降雨量才能造成地质灾害,无论崩塌还是滑坡发生时当天一般都出现暴雨。仅由当天降雨诱发泥石流灾害总共有 4 次(表 13.17),当日降雨量超过 100 mm 有 3 次,占 75%,这与秦巴山区防御泥石流灾害的经验临界值 100 mm 基本一致。

表 13.16　仅由当天不同强度降雨诱发的滑坡、崩塌灾害次数统计

当天降雨量(mm)	灾害发生次数(次)	灾害种类
≤45	2	滑坡、崩塌
45.1～60	1	滑坡、崩塌
60.1～75	2	滑坡、崩塌
75.1～100	31	滑坡、崩塌
100.1～200	5	滑坡、崩塌
≥ 200	4	滑坡、崩塌
合计	45	

表 13.17　仅由当天降雨诱发的泥石流灾害个例

发生时间	发生地点	降雨量(mm)
1972 年 7 月 1 日	镇安县柴坪乡	324.3
1987 年 6 月 5 日	丹凤县花园乡	102.4
2002 年 6 月 8 日	宁陕县金川镇	297.4
2007 年 8 月 7 日	岚皋县晓道	89.4

②主要由单日降雨诱发地质灾害

主要由单日降雨诱发地质灾害的选取标准：地质灾害发生前 10 d 内有 1 d 出现明显降雨(≥10 mm)，而其他天内若干日虽然有降雨但累积降雨量较小(≤20 mm)。

主要由单日降雨诱发的滑坡、崩塌有 187 例，占所有滑坡、崩塌个例的 23.3%，见表 13.18。可以看出，诱发地质灾害降雨集中在两个时段：一个是单日降雨量集中在 60 mm 以下，占 78%；另一个单日降雨量集中在 75 mm 以上，占 19%，这需要做深入分析。主要由单日降雨诱发滑坡、崩塌的日平均降雨量为 44.3 mm，最大 189.4 mm，最小 14.6 mm。

表 13.18　主要由单日降雨诱发的滑坡、崩塌灾害次数统计

当天降雨量(mm)	灾害发生次数(次)	灾害种类
≤25	59	滑坡、崩塌
25.1～45	59	滑坡、崩塌
45.1～60	27	滑坡、崩塌
60.1～75	7	滑坡、崩塌
75.1～100	23	滑坡、崩塌
100.1～200	12	滑坡、崩塌
合计	187	

主要由单日降雨诱发泥石流有 6 例，见表 13.19。主要由单日降雨诱发的泥石流灾害一般日降雨量均超过 100 mm，超过 200 mm 的有 3 次，平均日降雨量 230 mm，最大 416.6 mm，

最小 127.1 mm,可见引发泥石流灾害的降雨强度均比较大。

表 13.19 由单日降雨诱发的泥石流灾害个例

发生时间	发生地点	灾害种类	降雨量(mm)
2002 年 6 月 9 日	镇安县杨泗	泥石流	208.6
2002 年 6 月 9 日	佛坪县长角坝乡	泥石流	416.6
2003 年 8 月 28 日	柞水县下梁镇	泥石流	127.1
2003 年 8 月 29 日	柞水县丰北河	泥石流	189.4
2007 年 7 月 28 日	丹凤县铁峪铺镇	泥石流	259.7
2007 年 7 月 29 日	商南县城关镇	泥石流	182.2

(2)连续性降雨诱发地质灾害

连续性降雨定义为当某日出现大于 0.1 mm 降雨至某一日降雨小于 0.1 mm,且降雨日数超过 3 d,并且累积降雨量大于 10 mm。

根据连续性降雨定义得出,所有滑坡、崩塌灾害中有 566 次出现在连续性降雨过程中。最长连续性降雨时间为 21 d,最短 3 d,连续性降雨诱发滑坡、崩塌灾害主要以 3～4 d 为主,有 285 次,占 50.4%,其次是 5 d 和 6 d,分别是 82 次、78 次,共占 28.3%,7 d 以上的连续性降雨造成的滑坡、崩塌比较少,共占 21.3%(图 13.25a),可以看出,随着连续性降雨天数的增加,其本身发生的次数逐渐减少,相应滑坡崩塌灾害发生的次数也逐渐减少。

当连续性降雨累积雨量超过 100 mm 时(图 13.25b),滑坡、崩塌发生次数迅速增加,累积雨量为 100～200 mm 滑坡崩塌大量发生。图上趋势线表明,随着连续性降雨累积雨量的增加,滑坡、崩塌发生次数也随之增多,到 150 mm 时滑坡、崩塌发生次数达最多,达到 200 mm 以后滑坡、崩塌发生次数迅速减少。

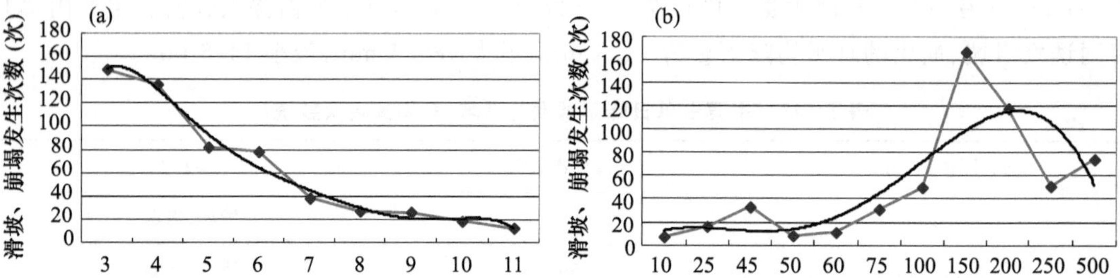

图 13.25 连续性降雨过程与滑坡、崩塌发生次数的关系

(a)连续性降雨日数与灾害发生次数;(b)累积降雨量与灾害发生次数

有 16 次泥石流灾害出现连续性降雨过程中,最长达 17 d,最短 3 d,连续性降雨造成泥石流主要以 3 d 为主,其次是 4d 和 8 d,8d 以上造成的泥石流很少(图 13.26a)。从泥石流灾害发生次数趋势拟合线看,随着连续性降雨天数的增加泥石流发生次数个例逐渐减少。当连续性降雨量大于 50 mm 时,泥石流才发生,并且随着降雨强度的增大,泥石流发生次数明显增多(图 13.26b)。

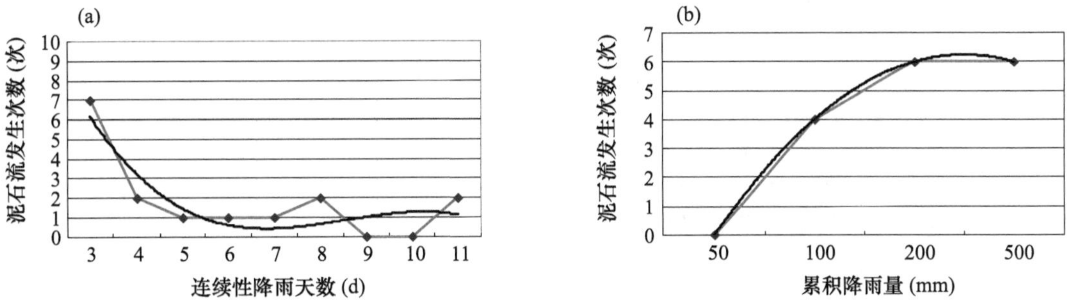

图 13.26　连续性降雨过程与泥石流发生次数关系

(a)连续性降雨日数与泥石流发生次数;(b)累积降雨量与泥石流发生次数

13.4.2.2　地质灾害与前期降雨的关系

秦巴山区前期降雨偏少或偏多对地质灾害的发生都有利,这是因为降雨偏少就是前期长时间的持续干旱致使地表岩土体疏松,抗剪力大大减小,一旦出现较强降雨,降雨很快沿裂隙下渗,造成坡体不稳定,导致地质灾害容易发生。前期降雨偏多,地表岩土体的含水量趋于饱和,一旦出现强降雨天气,地表岩土体重量很快超过其有效负载的承受极限,从而诱发地质灾害。

(1)前 10 d 累积降雨与地质灾害的关系

根据秦巴山区 1975—2005 年实际个例分析,地质灾害发生前 10 天逐日累积雨量与地质灾害发生次数的相关性见表 13.20,可以看出,地质灾害发生频次与前期累计降雨量有较好的相关关系。

表 13.20　秦巴山区地质灾害发生次数与前期累积降雨量相关系数分析表

累积雨量日数	当天	前 1 d	前 2 d	前 3 d	前 4 d	前 5 d	前 6 d	前 7 d	前 8 d	前 9 d	前 10 d
相关系数	0.48	0.58	0.57	0.54	0.48	0.46	0.42	0.39	0.38	0.37	0.37

地质灾害发生频次与前 3 d 的累积降雨量相关性最好,相关系数最大的是前一天,达 0.58,前 4～8 d 相关系数明显减小,到前第 9 d、10 d 相关系数只有 0.37,说明地质灾害的发生与其前 10 d 以内的累积降雨量有关,超过 10 d 的累积降雨量对地质灾害发生的影响较小。滑坡、崩塌发生前 10 d 累积降雨量大于 25 mm 有 714 次,占 91.2%。其中大于 50 mm 有 641 次,占 81.7%;大于 100 mm 有 483 次,占 61.7%;大于 150 mm 有 255 次,占 32.6%;大于 150 mm 有 132 次,占 16.9%;大于 300 mm 有 48 次,占 6.2%;前 10 天累积降雨量小于 25 mm 有 68 次,占 8.7%。泥石流发生前 10 d 累积降雨量大于 100 mm 有 19 次,占 90.5%,其中大于 150 mm 有 17 次,占 81%;大于 200 mm 有 10 次,占 47.6%;60～100 mm 有 2 次,仅占 10%;泥石流灾害发生前期累积降雨量无小于 50 mm。

综上所述,秦巴山区的地质灾害发生次数与前期累积降雨量大小关系密切,累积降雨量越大,地质灾害发生次数越多,灾害危害也越重,10 d 内累积雨量达 50 mm 以上诱发地质灾害次数明显较多。

(2)地质灾害发生与前期降雨强度及时间对应关系

秦巴山区地质灾害统计分析显示,地质灾害发生次数随前期降雨强度的不同,对应的时间分布也不同,如图 13.27 所示。

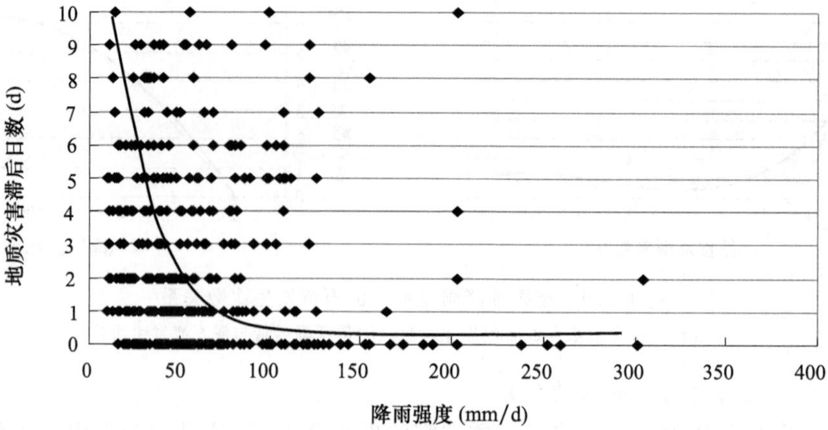

图 13.27　地质灾害发生滞后时间与降雨强度的关系

①从地质灾害发生的结果看,地质灾害发生前 10 天内有暴雨(日降雨量大于或等于 50 mm)共 429 次,其中当天出现暴雨有 174 次,占 40.8%;前一天出现暴雨有 142 次,占 33.3%;前二天出现暴雨有 51 次,占 12.0%;地质灾害发生前 3～10 天累计出现暴雨仅有 59 例,占 13.8%。

地质灾害发生前 10 天内有大雨但无暴雨共有 248 次,当天出现大雨有 101 次,占 40.7%;前一天出现大雨有 83 次,占 33.5%;前两天出现大雨有 52 次,占 21.0%;前三天出现大雨有 45 次,占 18.1%;前 4～10 天出现大雨累计有 78 次,占 31.5%。

地质灾害发生前 10 天有中雨但无暴雨、大雨共有 78 次,仅占地质灾害发生次数的 9.7%。

地质灾害发生前 10 天仅有小雨累计 51 次,仅占地质灾害发生次数的 6.3%。

②从降雨强度诱发的角度看,中雨出现后地质灾害主要发生 1～6 d 内,7～10 d 内相对较少发生,平均滞后时间为 2.9 d。

大雨出现后地质灾害主要发生 1～4 d 内,5～10 d 内相对发生较少,平均滞后时间为 2.2 d。

暴雨至大暴雨(50～100 mm)出现后地质灾害主要发生 1～2 d 内,3～10 d 内较少发生,平均滞后时间为 1.7 d。

大暴雨(>100 mm)出现后地质灾害主要发生当天,1～10 d 内很少发生,平均滞后时间为 1.4 d。

(3)地质灾害发生与前期不同类型降雨强度及时间对应关系

将秦巴山区的降雨分为暴雨和连续性降雨两种类型后,以较强降雨日为界,统计分析暴雨和连续性降雨中较强降雨发生后逐日地质灾害发生次数及占该类型总次数的比例,见表 13.21,暴雨发生当天地质灾害发生的次数为 184 次,占暴雨发生后 10 天内地质灾害发生总次数的 45.3%,次日发生 114 次,28.1%,暴雨发生当天和次日累计为 73.4%,这说明强降雨引发的地质灾害主要发生在强降雨产生的当天和次日。滞后 2～10 d 发生的比例为 26.6%,滞后 2～10 d 每天发生的可能性为 1%～5%。

表 13.21　秦巴山区暴雨和连续性降雨产生后逐日地质灾害发生次数统计表

地质灾害发生时间(d)		0	1	2	3	4	5	6	7	8	9	10	合计
暴雨	次数	184	114	4	15	17	20	15	11	5	9	12	406
	比例(%)	45.3	28.1	1.0	3.7	4.2	5.0	3.7	2.7	1.2	2.2	3.0	100
	累积比例(%)	45.3	73.4	74.4	78.1	82.3	87.2	90.9	93.6	94.8	97.0	100	100
连续性降雨	次数	418	46	37	28	33	20	21	9	23	0	0	635
	比例(%)	65.8	7.2	5.8	4.4	5.2	3.0	3.3	1.4	3.6	0	0	100
	累积比例(%)	65.8	73.1	78.9	83.3	88.5	91.6	94.9	96.4	100	100	100	100

连续性降雨中较强降雨开始当天地质灾害发生 418 次，占统计该类型个例的 65.8%，比强降雨高出 20.5%，次日发生 46 次，占统计个例的 7.2%，远远低于强降雨。连续性降雨中较强降雨产生的当天和次日地质灾害发生的累积比例为 73.1%，与强降雨相近。滞后 2～10 d 发生累积比例为 26.9%，滞后 2～10 d 中每天发生的可能性为 1.4%～5.8%。

连续性降雨中较强降雨开始当天地质灾害发生次数比强降雨高出 20.5%，这说明连续性降雨的前期弱降雨有明显的作用，当天强降雨引发地质灾害的可能性更大，危险程度更高。

(4)地质灾害与前期降雨日数的关系

秦巴山区崩塌、滑坡、泥石流三种地质灾害发生前降雨日数平均为 5～6 d，≥10 mm 平均日数为 3 d 多，≥25 mm 的平均日数近 2 d，≥50 mm 的平均日数差别较大，崩塌、滑坡、泥石流分别为 0.5 d、0.7 d 和 1 d，如表 13.22 所示。

表 13.22　地质灾害发生前期降雨情况

灾害种类	当天降雨量(mm)	降水日数(d)	连续降水日数(d)	≥10 mm 日数(d)	≥25 mm 日数(d)	≥50 mm 日数(d)	累积次数(次)
崩塌	22.4	5.8	4.2	3.2	1.8	0.5	45
滑坡	32.4	5.9	4.9	3.0	1.7	0.7	738
泥石流	151.8	6.3	4.5	3.4	1.8	1.0	21

崩塌发生前一般最多有 10 个降雨日，降雨日≤2 d 仅有 3 次，占 6.7%，其余均在 3 d 以上；滑坡发生前一般最多有 11 个降雨日，降雨日≤2 d 有 46 次，占 6.2%，其余均在 3 d 以上；泥石流发生前一般最多有 11 个降雨日，降雨日数均在 4 d 以上。

崩塌发生前期连续性降雨日数平均 4.2 d，最长达 10 d，连续降雨日≥3 d 有 37 次，占 82.2%，连续降雨日≤2 d 有 8 次，占 17.8%。滑坡发生前连续性降雨日数平均 4.9 d，最长达 11 d，连续性降雨日≥3 d 658 次，占 89.2%，连续性降雨日≤2 d 有 80 次，占 10.8%。泥石流发生前连续性降雨日平均 4.5 d，最长达 11 d，连续性降雨日≥3 d 天 21 次，占 100%。

秦巴山区的地质灾害不仅与前期降雨强度有关系，而且与前期降雨日数及连续性降雨时间有着密切关系，诱发地质灾害一般都需要 3 d 以上的降雨日，泥石流所需的降雨日数多于滑坡、崩塌。秦巴山区的地质灾害属于多日降雨诱发型。

13.4.2.3　地质灾害与其发生前逐小时降雨的关系

根据已有历史地质灾害发生的具体时刻且有对应降雨资料的个例，分析地质灾害和其发生前 36 h 逐小时降雨的关系，发现不同类型的降雨诱发地质灾害的种类和强度不同。

(1)滑坡、崩塌和小时降雨量关系

根据滑坡、崩塌发生前后的降雨特征,分析总结为三种类型,即突发性暴雨(A 型)、连续性暴雨(B 型)、持续性强降雨(C 型)。

A 型为突发性暴雨,降雨一开始,小时雨量就超过 10 mm,小时最大雨量超过 20 mm,降雨持续数小时结束,滑坡、崩塌就发生在最大雨强时或以后(图 13.28a)。

B 型为两次或多次强降雨,中间有数小时间歇,几次强降雨小时最大雨量均超过 30 mm,滑坡、崩塌发生在第二次强降雨时或以后(图 13.28b)。

C 型为比较平稳的强降雨,降雨持续时间长,强度变化不太大,一般小时最大雨量不超过 30 mm,累积雨量超过 50 mm,滑坡、崩塌就发生在累积雨量达 50 mm 或以后(图 13.28c)。

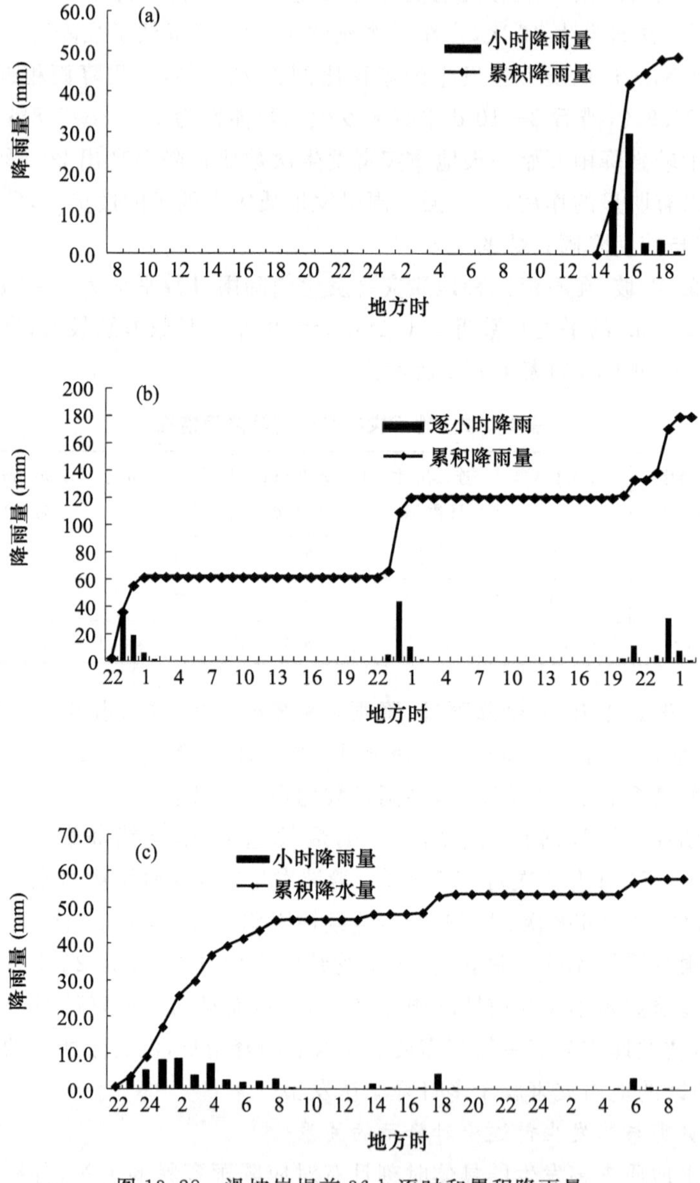

图 13.28 滑坡崩塌前 36 h 逐时和累积降雨量

(a)白河 1999 年 8 月 1 日 19:00;(b)商南(1998 年 7 月 12 日 01:00);(c)汉滨区(2003 年 7 月 3 日 8:30)

A 型降雨曲线即为秦巴山区典型的突发性暴雨，一般发生在 5—10 月，降雨形式以前面所述的仅单日或以单日的降雨类型为主；降雨特点是来势猛，强度大，时间短，易成灾，损失重，是爆发山洪和地质灾害的多发雨型，初步统计占滑坡崩塌灾害发生总次数的 30％左右。

B 型降雨曲线即为秦巴山区多峰暴雨型，受西太平洋副热带高压(500 hPa 图 588 dagpm 线)边缘影响，588 dagpm 线在该地区上空摆动，同西风带低值系统相互作用造成的，多发生在 7—9 月，降雨形式以单日或连续暴雨出现，多发于前述的以单日降雨为主和连阴雨类型中；降雨特点是降雨强度大，累积雨量多，短时间受多次暴雨袭击，易造成滑坡群，灾害损失重，人员伤亡多，是秦巴山区特大灾害的典型降雨特征，占滑坡崩塌灾害发生总次数的 25％左右。

C 型降雨曲线为比较平稳的强降雨，强度变化不太大，持续时间长，多发生在连阴雨天气过程中，降雨日多，6—10 月均有发生，占滑坡崩塌灾害发生总次数的 35％左右。

(2)泥石流和小时降雨量的关系

根据泥石流发生前后的降雨特征，对比滑坡、崩塌和泥石流灾害的降雨强度和总量，后者明显降雨强度偏强，总量偏大，分析概括为三种类型，即突发性暴雨(A 型)、间歇性暴雨(B 型)、持续性强降雨(C 型)。

A 型为突发性暴雨，降雨一开始，小时雨量就超过 10 mm，小时最大雨量超过 40 mm，降雨持续数小时结束，泥石流就发生在最大雨强附近(图 13.29a)。该类占泥石流灾害发生总次数 30％左右。

B 型为两次或多次暴雨，中间有数小时间歇，几次暴雨小时最大雨量均超过 40 mm，泥石流就发生在第二次暴雨时或以后(图 13.29b)。该类占泥石流灾害发生总次数 45％左右。

C 型为比较平稳的持续性强降雨，小时最大雨量一般不超过 30 mm，但累积雨量超过 100 mm，泥石流就发生在累积雨量达 100 mm 附近或以后(13.29c)。该类占泥石流灾害发生总次数 20％左右。

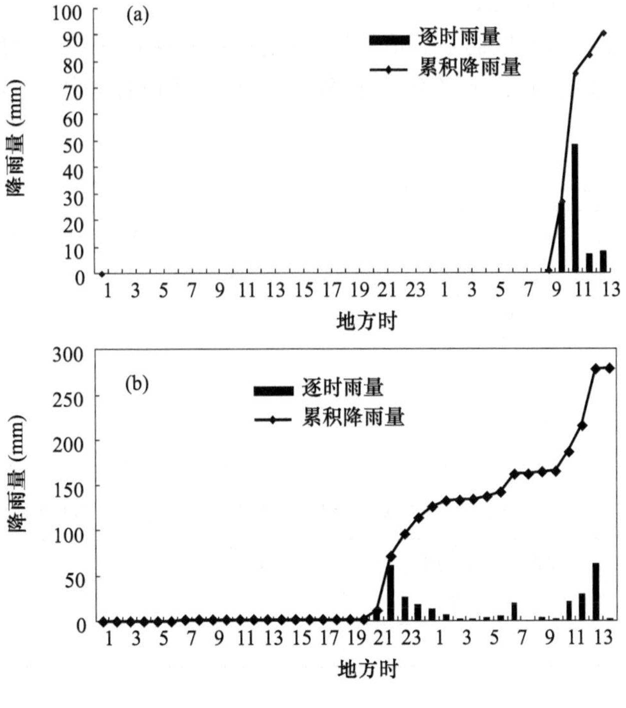

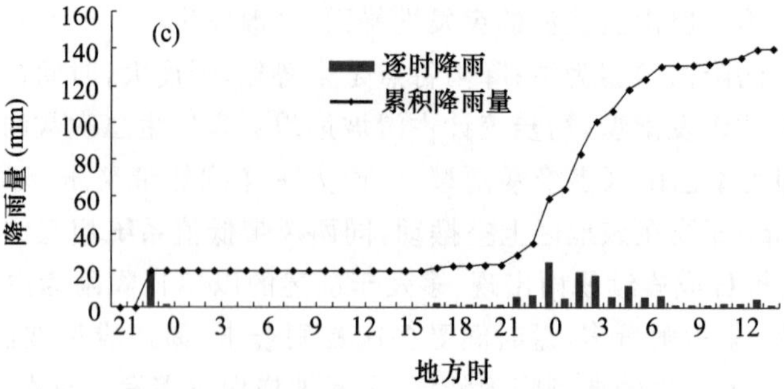

图 13.29 泥石流前 36 h 逐时和累积降雨量

(a)岚皋(2007 年 8 月 7 日 12 时);(b)宁陕(2003 年 8 月 29 日 13 时);(c)商南县(1998 年 8 月 26 日 3 时)

13.4.2.4 地质灾害气象预报预警判据

大量研究表明,日综合雨量 R_c 能够较好地反映前期降雨对当天地质灾害的影响,它可以比较不同降雨过程对地质灾害形成的作用,因此,用日综合雨量来表达强降雨和连阴雨降雨过程对地质灾害的影响,用日综合雨量的具体数值做地质灾害预报预警判据。计算公式为

$$R_c(k)_{i,j} = R_0^{(k)} + \sum_{l=1}^{z} \lambda^l R_l^{(k)} \tag{13.9}$$

式中,R_c 为日综合雨量;R_0 为地质灾害发生当日雨量;λ^l 为降雨衰减系数;l 为地质灾害发生前的天数,这里 l 取 10 d;k 为自动雨量观测点数或乡镇数;i,j 为 k 雨量观测点的座标。

λ 用历史上诱发滑坡、泥石流的降水资料,取综合雨量均方差与综合雨量最大值之商最小作为目标函数,通过优化求取,计算得 $\lambda=0.75$,用 λ^l 表示降雨对地质灾害影响随时间变化系数。

为了减少漏报现象,同时也为了提高地质灾害预警准确率,将累加地质灾害频率达 15%、30%、50%时所对应的日综合雨量值作为预报(启动)、临报(加速)、警报(临灾)三个状态的临界雨量值分别用 $R_{预}$、$R_{临}$、$R_{警}$ 表示。

由于滑坡、崩塌在各易发区的临界值不同,分别给出其在各易发区的预警判据。

确定秦巴山区滑坡崩塌、泥石流灾害在各易发区预报预警等级的日综合雨量判据见表 13.23 和表 13.24。

表 13.23 秦巴山区各易发区滑坡、崩塌灾害预报预警等级的日综合雨量(单位:mm)

滑坡、崩塌灾害分级	预报级(可能性较大)(启动值)	临报级(可能性大)(加速值)	警报级(可能性很大)(临灾值)
高易发区	45	75	100
中易发区	75	100	120
低易发区	75	100	150
非易发区	100	120	150

表 13.24 秦巴山区泥石流灾害预报预警等级的日综合雨量(单位:mm)

泥石流灾害分级	预报级(可能性较大)(启动值)	临报级(可能性大)(加速值)	警报级(可能性很大)(临灾值)
日综合降雨量	75	110	145

13.5　降雨型地质灾害预报预警

由降雨因素诱发的地质灾害滑坡、崩塌和泥石流等，往往具有以下特点：①区域性，在数百平方千米甚至以上的范围内全面暴发；②突发性，完好的坡体突然滑塌或"奔流"；③群体性，滑坡、崩塌和泥石流等多灾种呈群体发生；④滞后性，出现在降水过程的后期或最大雨强发生后，甚至降雨结束后。例如，2000 年 7 月 13—14 日，大巴山区的安康市紫阳县 11 个乡镇约 52 km^2的范围内(占全县面积 25%)，同时发生崩塌、滑坡和泥石流等地质灾害，伴随山洪暴发，造成重大人员伤亡和财产损失，其中联合乡鱼泉村 7 组瞬间造成 37 人遇难。这种由降雨因素诱发的区域突发群体型地质灾害的预报预警，按照其预报预警对象物理参量的不同，可以划分为三类：(1)降雨型地质灾害的空间预报预警，是基于地质灾害的主要控制因素，如地层岩性、地质结构、地貌形态等，比较明确地划定崩塌、滑坡或泥石流等地质灾害将要发生的地域或地点；(2)降雨型地质灾害的时间预报预警，是在空间预报预警的基础上，针对某一具体地域或地点，比较明确地给出滑坡、崩塌或泥石流等地质灾害在某一种(或多种)诱发因素作用下发生在某一时段内或某一时刻；(3)降雨型地质灾害的强度预警，是在时空预报预警的基础上，明确地给出滑坡、崩塌或泥石流等地质灾害发生的规模、方式、破坏范围和强度。

本书讨论的降雨型地质灾害气象预报预警，不同于上述各种地质灾害预报预警，它是从降雨这一诱发地质灾害的主要和关键的自然因素入手，在充分考虑滑坡、崩塌和泥石流等地质灾害发生的各种内在因素(如地层岩性、地质结构、地貌形态等)以及人工活动这一外在因素的基础上，研究建立黄土高原地区及秦巴山区地质环境背景下降雨型地质灾害耦合模型，制作和发布滑坡、崩塌和泥石流灾害区域概率预报预警。

13.5.1　诱发地质灾害暴雨预报预警

要准确地对地质灾害预报预警，关键是首先要准确地预报预警诱发地质灾害的降雨，也就是要准确地预报预警诱发地质灾害暴雨。降雨型地质灾害是因为暴雨而产生的，但是，有暴雨不一定就引发地质灾害。因此，只有当暴雨预报预警同地质灾害风险分析结合起来时，才可确定是否诱发地质灾害暴雨；只有准确地预报预警诱发地质灾害暴雨，方可进而对地质灾害作准确地预报预警。

13.5.1.1　诱发地质灾害暴雨

在气象学中，把日降雨量≥50 mm 的降水称为暴雨，日降雨量≥100 mm 称为大暴雨，日降雨量>250 mm 称为特大暴雨。考虑雨强后，把 1 h 雨量≥10 mm 的降水称为短时暴雨，1h 雨量≥30 mm 称为短时大暴雨，1h 雨量≥50 mm 称为短时特大暴雨。而诱发地质灾害暴雨，则是将气象学中的"暴雨"概念同地质学中的"地质灾害"概念结合起来后产生的新概念，它类同于致洪暴雨。顾名思义，只有当暴雨引发滑坡、崩塌、泥石流等地质灾害，造成人民生命和财产损失时，才称之为诱发地质灾害暴雨；相反，只有暴雨产生而没有引发地质灾害时，不能称之为诱发地质灾害暴雨。可见发生地质灾害不仅同降水有关，还同雨区所在地的地质环境、工程建设和人为因素有关。因此，可将诱发地质灾害暴雨定义为

$$GHR = \int_t I_t \mathrm{d}t + BQ \tag{13.10}$$

式中,GHR 为诱发地质灾害暴雨量;I_t为降水强度;t 为降水时间;BQ 为综合性参量,它涉及地质环境、工程建设和政策等多个因素。

从以上诱发地质灾害暴雨的定义可以看到,诱发地质灾害暴雨同地理环境有关,必须针对具体的地域来讨论。根据 13.3.3 的讨论,黄土高原和秦巴山区均是滑坡、崩塌、泥石流和不稳定斜坡的适生地区。其中地质灾害中风险区面积达 32273 km^2,约占整个陕西国土面积的 15.7%;高风险区面积达 34120 km^2,约占整个陕西国土面积的 16.6%;若将地质灾害高、中风险区合并,达到 32.3%,且有 15 个高、中地质灾害风险区,详见表 13.7。一旦有暴雨诱发或启动,在这些风险区即可产生诸如滑坡、崩塌、泥石流、不稳定斜坡等地质灾害。该类暴雨即为诱发地质灾害暴雨,它虽然带来雨水资源,这对干旱半干旱的黄土高原来说尤为重要,但它同时又带来地质灾害而造成生命财产的损失。因此,该类暴雨的监测与预报预警,是整个汛期气象工作者的服务重点。

13.5.1.2 诱发地质灾害暴雨类型

根据诱发地质灾害暴雨的定义,除地质环境等综合因素外,诱发地质灾害暴雨同时受降雨强度和降水持续时间的影响。当降雨强度很大时,即使降雨持续时间很短,也能诱发地质灾害;同样,降雨强度不大,但降雨持续时间长时,亦能诱发地质灾害。这里有两项指标,即小时雨量和累计雨量,前者反映了雨强;后者既反映了雨强又反映了降水持续时间。我们将小时雨量和累计雨量两个指标结合使用,通过对地质灾害与其发生前逐时降水关系的分析,来划分诱发地质灾害暴雨类型。通过对众多历史个例的分析,共划分出三种诱发地质灾害暴雨类型,分别是短临强雨型暴雨、连续强雨型暴雨和持续降雨型暴雨。这三种类型的差别主要表现为雨强和降雨持续时间的不同,累计雨量的差别不是太大。

(1)短临强雨型暴雨

短临强雨型暴雨,是指介于短时(<12 h)和临近(<2 h)之间的时段,降雨一开始,小时雨量就在 10 mm 以上,最大雨强在 40 mm/h 以上,降水仅持续几个小时就结束,在几个小时之内累积降雨量就达 50～80 mm,甚至在 100 mm 以上。滑坡、崩塌或泥石流灾害就发生在最大雨强时或以后,如图 13.30a 所示。该类暴雨属强对流性中尺度天气,具有局地性强、历时短、雨强大的特点;而且降雨发生前征兆往往并不明显,具有突发性特征。因此,该类暴雨极易诱发地质灾害,不论是在黄土高原,还是在秦岭和大巴山区。该类暴雨诱发的地质灾害占地质灾害总数 30%～35%,而且预报难度非常大,通常靠临近预警解决。正是由于上述原因,该类诱发地质灾害暴雨造成的损失往往很大,它既是气象工作者与地质环境工作者关注的重点,也是预报预警的难点。例如,1998 年 7 月 9 日丹凤、商南特大暴雨诱发地质灾害个例,2002 年 7 月 4 日发生在黄土高原的子长大暴雨诱发地质灾害个例就是典型的短临强雨型暴雨。

(2)连续强雨型暴雨

连续强雨型暴雨,是指在短期(一般小于 36 h)和短时(12 h 左右)之间,出现两次或多次强降雨,中间有数小时间隔,强降雨小时雨量在 20～40 mm,有时甚至更大,累积降雨量达 60～80 mm,甚至在 100 mm 以上。滑坡、崩塌或泥石流灾害就发生在第二次强降雨时或以后,如图 13.30b 所示。该类暴雨往往是在稳定的大环流背景下,不断有中尺度系统在一地活动而造成多次强降雨,其特点是降雨强度大、累积雨量多、短时间内受多次强降雨袭击,因而容易诱发滑坡、崩塌、不稳定斜坡或泥石流地质灾害;而且造成的灾害损失重,人员伤亡多。这是秦岭、大巴山区地质灾害的典型降雨特征,也是典型的诱发地质灾害暴雨类型,同样是气象工作者与地质环境工作者关注的重点。例如,

2003 年 8 月 29 日发生在秦岭山区宁陕的特大暴雨诱发地质灾害个例就是典型的连续强雨型暴雨。

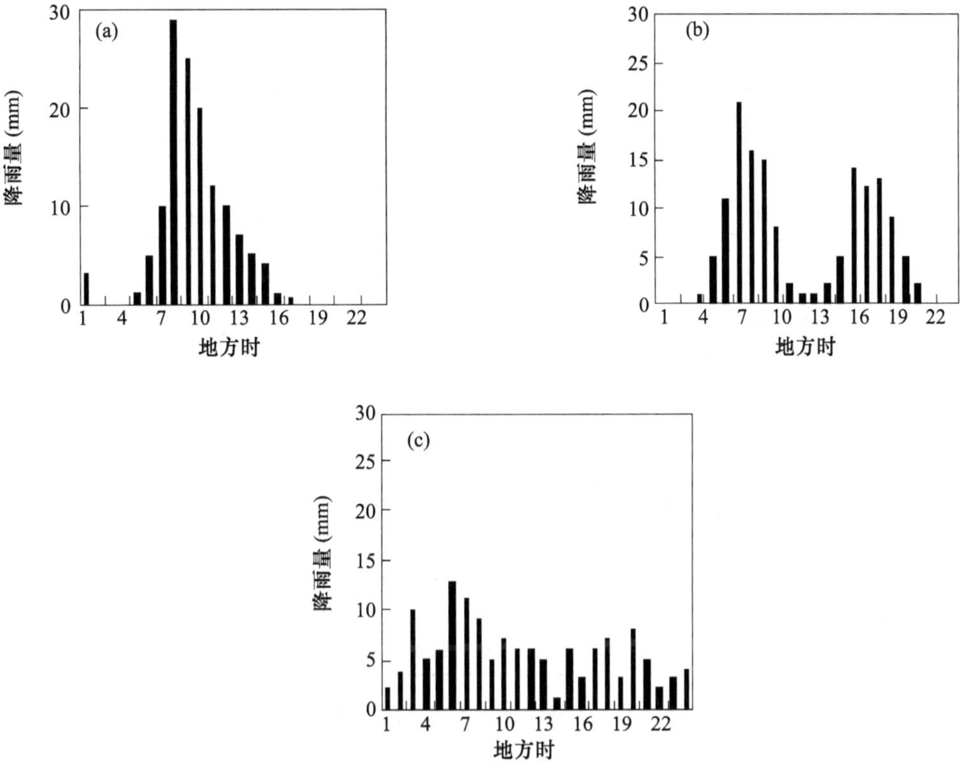

图 13.30　诱发地质灾害暴雨类型示意图

(a)短临强雨型；(b)连续强雨型；(c)持续降雨型

(3)持续降雨型暴雨

持续降雨型暴雨，是指在短期(一般大于 24 h)以上尺度降水持续不断，且降雨平稳、强度小，黄土高原的降雨强度一般在 5 mm/h 以下，秦巴山区一般在 10 mm/h 左右，小时雨量最大不超过 30 mm，但累积降雨量较大，黄土高原在 60 mm 以上，秦巴山区一般在 100 mm 以上。滑坡、崩塌或泥石流灾害就发生在累积雨量达到一定量级之后，如图 13.30c 所示。该类暴雨通常发生在稳定的大气环流背景下，由于环流形势少动，造成降水持续时间长。该类暴雨比较多地发生在连续性降雨中，也是黄土高原和秦岭、大巴山区常见的诱发地质灾害暴雨类型。例如，2003 年 10 月 1 日发生在黄土高原黄陵的暴雨诱发地质灾害个例，2000 年 7 月 12 日发生在大巴山区镇巴的暴雨诱发地质灾害个例就属于持续降雨型暴雨。

13.5.1.3　诱发地质灾害暴雨预报预警

诱发地质灾害暴雨的预报必须考虑两个因素。第一，分析、预报未来是否有暴雨，要分别针对上述三类诱发地质灾害暴雨进行分析，预报未来是否有暴雨；若有暴雨发生，则要重点分析暴雨的落区和强度，这是暴雨预报的难点，但又是地质灾害预报的关键。第二，做好地质灾害风险分析，通过对未来可能出现的地质灾害活动程度分析(称为灾变分析)、受灾体承灾能力分析(称为易损性分析)和防灾有效度分析(称为防灾能力分析)，得到地质灾害风险程度，通常用地质灾害风险指数或地质灾害风险值来表征。若地质灾害高风险区同暴雨的落区相重叠，即刻发布诱发地质灾害暴雨预报；若不重叠，则只发布暴雨预报，其预报思路如图 13.31 所示。

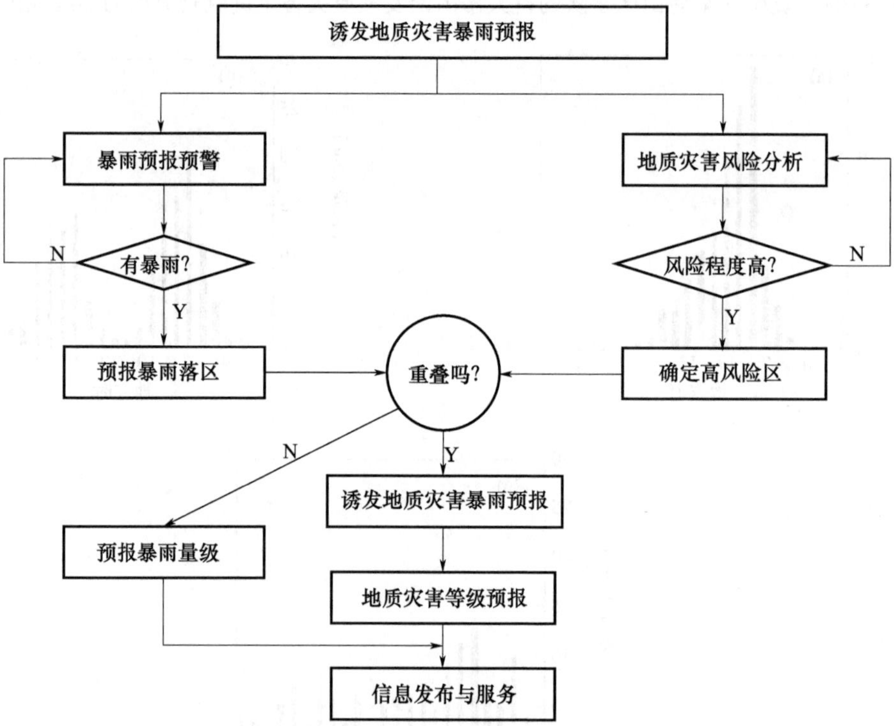

图 13.31　诱发地质灾害暴雨预报思路

为了提高地质灾害暴雨预报的精确度,最大限度地减少人员伤亡和财产损失,必须综合应用最新观测技术和手段以及最新预报技术和方法,按照精细化预报的方向,在上述预报思路的基础上,形成预报预警业务流程,如图 13.32 所示。从图 13.32 中可以清楚地看到,在不同的时间段制作和发布不同时间间隔的预报,随着预报时间的缩短,预报越来越精细,精度越来越高。显然,这既适应于当今的预报技术和能力,又符合服务的需求。

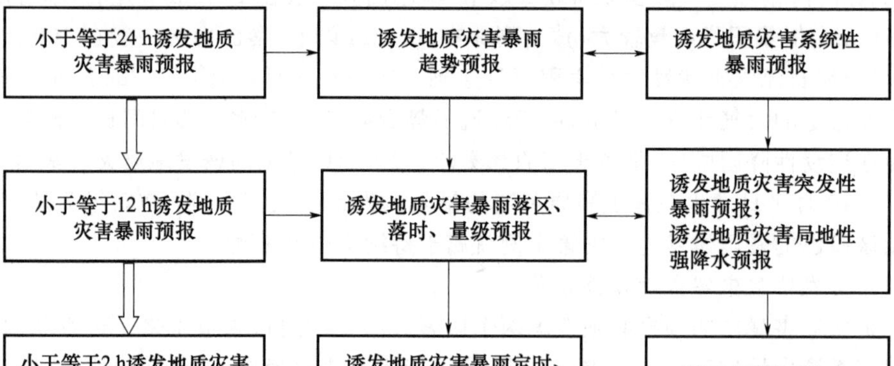

图 13.32　诱发地质灾害暴雨预报预警流程

诱发地质灾害暴雨的预报预警要区分不同的诱发地质灾害暴雨类型。对于三种诱发地质灾害暴雨类型,必须采用不同的预报技术和手段。短临强雨型暴雨比较多的是突发性暴雨和局地强降水，需要依靠短时临近预报技术和手段，这里最重要的是"跟踪监测"，只有实现跟踪监测，才能做到及时发布预警；连续强雨型暴雨，首先要求在短期预报时效范围内准确地作出趋势预报，然后，注重短、临结合，通过跟踪监测，分析小时雨量的变化，做好定时、定点和定量预报；持续降雨型暴雨类同于连续强雨型暴雨，比较多的是连续性降雨情况，因此，首先要做好降雨的中短期预报，然后注重跟踪监测小时雨量的变化，特别是做好连续性降雨中的大到暴雨的定时、定点、定量预报，在此基础上，做好地质灾害等级预报。

13.5.2　降雨型地质灾害气象预报预警模型

13.5.2.1　预报预警思路

(1)预报预警对象

在黄土高原地区和秦巴山区由降雨诱发的区域突发群体型地质灾害主要是滑坡、崩塌、泥石流。

(2)预报预警类型

从诱发滑坡、崩塌、泥石流灾害的主要因素——降雨入手，综合分析制约滑坡、崩塌、泥石流灾害发生的地质演化的内在规律和各种随机因素(包括各种社会经济因素和人类活动等)，制作和发布滑坡、崩塌、泥石流灾害将要发生在某一时段和某个地域的可能性大小。

(3)预报预警等级

降雨型地质灾害气象预报预警分级采用国土资源部同中国气象局联合规定的 5 级，并且采用地质灾害预报预警习惯用语，即预报级(启动值或注意级)、临报级(加速值或预警级)、警报级(临灾值)。以上分级分别同本章第 4 节给出的预报级、临报级、警报级临界降雨量(即 $R_{预}$、$R_{临}$、$R_{警}$)相对应。同时采用气象预报预警时段，即短期预报、短时预报和临近预警。具体关系如表 13.25 所示。

表 13.25　降雨型地质灾害气象预报预警分级

<table>
<tr><td></td><td>1</td><td>2</td><td>3</td><td>4</td><td>5</td></tr>
<tr><td rowspan="4">预报
预警
等级</td><td>可能性很小</td><td>可能性较小</td><td>可能性较大</td><td>可能性大</td><td>可能性很大</td></tr>
<tr><td></td><td></td><td>预报级</td><td>临报级</td><td>警报级</td></tr>
<tr><td></td><td></td><td>启动值</td><td>加速值</td><td>临灾值</td></tr>
<tr><td></td><td></td><td>注意级</td><td>预警级</td><td>警报级</td></tr>
<tr><td>综合降雨量
R_c(mm)</td><td></td><td></td><td>$[R_{预}, R_{临})$</td><td>$[R_{临}, R_{警})$</td><td>$[R_{警} \leqslant R_c)$</td></tr>
<tr><td rowspan="4">预报
预警
时段</td><td colspan="5">24 h 短期预报</td></tr>
<tr><td colspan="2"></td><td colspan="3">12 h 短时预报</td></tr>
<tr><td colspan="3"></td><td colspan="2">6 h 短时预报</td></tr>
<tr><td colspan="4"></td><td>2 h 临近预警</td></tr>
</table>

(4)预报预警思路

黄土高原地区和秦巴山区降雨原因诱发的滑坡、崩塌、泥石流等地质灾害气象预报预警的思路如图 13.33 所示。

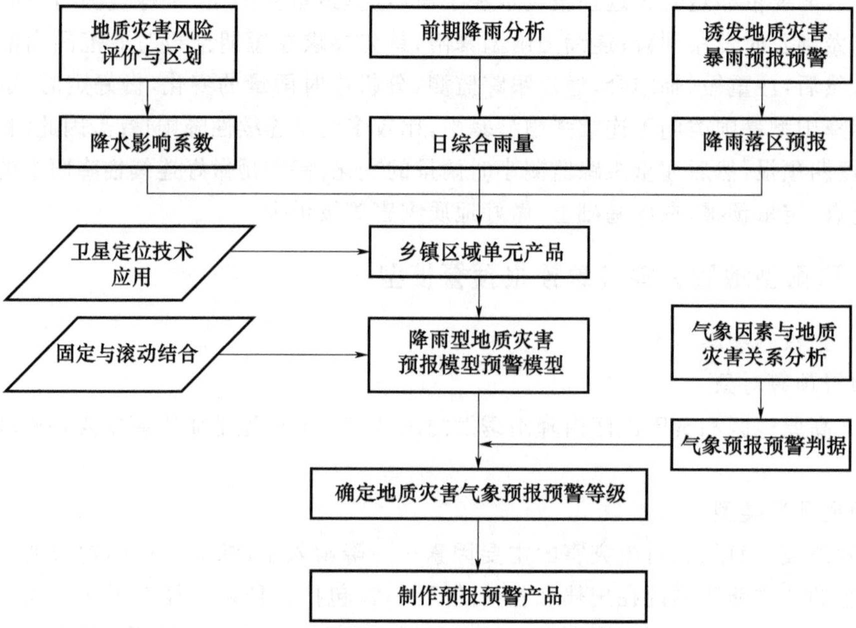

图 13.33　降雨型地质灾害预报预警思路

①开展地质灾害风险评价与区划,进而研究确定降水影响系数。在分析黄土高原地区、秦巴山区地质灾害的环境条件及其发育特征的基础上,作地质灾害危险性区划,根据黄土高原地区、秦巴山区的社会经济状况及其承载能力,作地质灾害社会经济易损性区划,最后综合危险性区划和易损性区划,得到黄土高原地区、秦巴山区区域地质灾害风险区划,其中黄土高原地区有5个高、中风险区,秦岭大巴山地区有10个高、中风险区。然后综合分析各个高、中风险区降水不均匀特征和降雨诱发地质灾害频率,得出影响地质灾害发生程度的降水影响系数。

②分析前期降水对滑坡、崩塌、泥石流灾害的影响,得到日综合雨量。

③依据日综合雨量,分析地质灾害与气象因素的关系,研究确定地质灾害气象预报预警判据。分别针对黄土高原地区和秦巴山区,研究滑坡、崩塌、泥石流灾害与降雨过程的关系,确定滑坡、崩塌、泥石流事件在不同地区降雨过程临界值,作为气象预报预警判据。

④制作诱发地质灾害暴雨预报预警,得出未来降雨落区定量预报。利用常规和非常规观测信息和技术手段,并结合地质灾害风险区划,制作诱发地质灾害暴雨预报,再解释应用中尺度数值预报模式的降水预报产品,得到诱发地质灾害暴雨落区和降雨量级的数字化产品。

⑤研发降雨型地质灾害预报模型和预警模型,制作地质灾害等级预报和预警。在降水影响系数、前期日综合雨量和未来降水落区预报的基础上,建立降雨型地质灾害预报模型和预警模型,根据地质灾害气象预报预警判据,制作黄土高原地区、秦巴山区地质灾害等级预报预警产品。

⑥本项业务服务应用了卫星定位技术,得到的是以乡镇为单元的信息。而且结合应用预报模型和预警模型,既在固定时段又滚动制作和发布地质灾害预报预警信息,而且短期预报、短时预报、临近预警结合应用,实现了黄土高原地区和秦巴山区降雨型地质灾害的精细化预报预警。

13.5.2.2 耦合预报预警模型

滑坡、崩塌、泥石流灾害的发生受地质、地形地貌、水文、植被、气候、人类活动等因素的控制，而且在不同的地区，各种因素对地质灾害发生的影响也不尽相同，即使是相同的雨量和雨强，其他因素不同，地质灾害的发生也会随之表现出差异。本书的讨论是从降雨这一诱发滑坡、崩塌、泥石流灾害的关键因素入手，但是不能单纯依靠雨量统计和雨强分析来预报预警地质灾害，必须将降雨量和雨强同落区的地质地貌及自然生态环境条件结合起来，建立滑坡、崩塌、泥石流地质灾害耦合预报预警模型。这里不仅是多种因素或多元信息的耦合，而且是预报模型与预警模型的耦合，同时也是时空耦合，因此给出地质灾害预报模型

$$G_f(k)=\alpha(k)\cdot[R_c(k)+R_{for}(k)] \tag{13.11}$$

和地质灾害预警模型

$$G_w(k)=\alpha(k)\cdot R_c(k) \tag{13.12}$$

式中，k 为站点（国家自动气象观测站和区域加密雨量观测站）；$\alpha(k)$ 为第 k 点降水影响系数，这是一个同地质、地形地貌、水文、植被、气候背景、社会经济及人口状况等因素有关的量；$R_c(k)$ 为第 k 点日综合降雨量，它表示的是前期降雨状况，是根据自动雨量站每小时一次实时雨量计算的日综合雨量值，但要说明的是，这里所用的日雨量是随预报预警时刻的变化而变化的动态日雨量，如 08—08 时日雨量、09—09 时日雨量，10—10 时日雨量，照此类推；$R_{for}(k)$ 为第 k 点未来降雨量预报值，它是由主、客观预报方法或由数值天气预报模式输出降水预报产品，且经过预报员订正的降雨量预报值；$G_f(k)$ 为第 k 点降雨型地质灾害预报等级，显然它是由实况综合降雨量与未来降水预报值叠加，再同地质灾害环境条件相互作用后，降雨型地质灾害预报所达到的临界值（即属于表 13.25 中哪一等级），该式用于地质灾害短期和短时预报，即用于发布未来 24 h 地质灾害预报和未来 12 h、6 h 地质灾害短时预报；$G_w(k)$ 为第 k 点降雨型地质灾害预警等级，显然它是由实况综合雨量同地质灾害环境条件相互作用后，降雨型地质灾害预警所达到的临界值，该式用于地质灾害临近预警，即用于未来每小时的地质灾害临近预警。在实际中，式（13.11）和式（13.12）结合使用，当在短期预报时效内预报有诱发地质灾害暴雨发生时，应用式（13.11）预报地质灾害发生等级和落区；在短时预报时效内预报有诱发地质灾害突发性暴雨或局地强降水发生时，同样应用式（13.11）发布地质灾害发生等级和落区短时预报；不论是在短期预报时效内，还是在短时预报时效内，一旦计算的 G_f 达到地质灾害发生预报级（注意级）临界值时，则应用式（13.12）逐小时计算 G_w，发布地质灾害等级和落区临近预警。每天既在固定时间 08 时、14 时计算 G_f，又利用每小时雨量自动观测信息动态应用式（13.12），计算 G_w。

13.5.3 降雨型地质灾害预报预警

13.5.3.1 预报预警流程

图 13.34 给出了降雨型地质灾害预报预警流程，结合诱发地质灾害暴雨预报预警流程，可以清楚地看到，降雨型地质灾害预报预警的基础是诱发地质灾害的暴雨和强降水的预报预警，不仅考虑系统性暴雨，还考虑突发性暴雨，同时考虑局地强降水；降雨诱发的滑坡、崩塌、泥石流灾害的预报预警通过预报预警时段逐步缩小和预报模型与预警模型的结合应用，逐步精细化；不同时间段预报预警分别同地质灾害预报级、临报级、警报级降雨临界值相衔接（表 13.25）；不论是 24 h 短期预报，还是 12 h 或 6 h 短时预报，一旦达到滑坡、崩塌、泥石流灾害发

生的临界值,即启动预警模型,每小时发布地质灾害等级和落区预报。

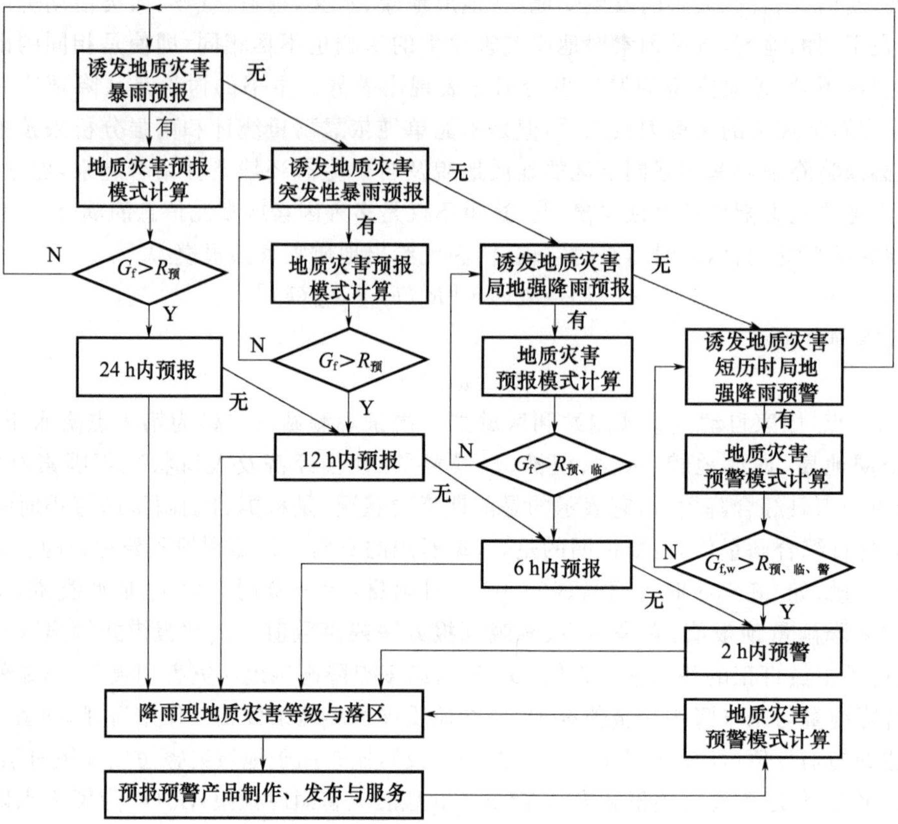

图 13.34 降雨型地质灾害预报预警流程

13.5.3.2 降雨型地质灾害预报预警

(1)降雨型地质灾害短期预报

在短期天气预报时效内,当预报有诱发地质灾害暴雨时,即启动计算地质灾害预报模型(式(13.11)),由于要解释应用数值天气预报产品,一般是定时制作和发布地质灾害短期预报。具体步骤如下所示。

①信息预处理

提取降水影响系数 $\alpha(k)$、自动雨量站逐时降雨资料、数值预报模式未来 24～36 h 降水预报信息。应用插值方法得到每个乡镇点的精细化资料,缺测的乡镇自动雨量点的信息通过插值得到。

②计算日综合降雨量

取预报时刻前 10 天逐站逐时降雨实测资料,计算日综合降雨量 $R_c(k)$。这里要特别注意的是动态日雨量的计算,当 16:00 前发布地质灾害预报时,日综合降雨量采用预报前 10 天 15—15 时逐日降水。

③未来降雨量预报

首先解释应用数值天气预报的降水产品,由于制作未来 24 h 地质灾害等级预报时,中期数值天气预报初始场为前一日 20 时,中尺度数值天气预报初始场为前一日 20 时或当天 08

时，因此，选取降水预报产品时一定要考虑对应的时间段。另外，数值天气预报产品均为网格点信息，而降雨型地质灾害等级预报则为乡镇站点产品，因此，在应用前一定要将网格点信息内插到乡镇站点上。

数值预报产品的应用必须结合预报员主、客观预报。当预报员综合应用常规观测信息、卫星云图信息、动力学分析信息，并同地质灾害风险分析相结合，制作和发布诱发地质灾害暴雨预报时，要订正降水数值天气预报，尤其是订正降水的落区和强度，从而得到地质灾害预报所需要的未来降雨量预报。

④降雨型地质灾害预报

完成了上述工作就可计算降雨型地质灾害等级 $G_f(k)$。计算完成 $\alpha(k)\cdot[R_c(k)+R_{for}(k)]$后，分别利用前述黄土高原地区和秦巴山区地质灾害气象预报预警判据(即是否达到降雨临界值)，得到第 k 点地质灾害等级 $G_f(k)$。

⑤降雨型地质灾害短期预报产品制作

制作黄土高原地区及秦巴山区降雨型地质灾害等级和落区图，并向政府和公众发布。

(2)降雨型地质灾害短时预报

在短时天气预报时效内，预报有诱发地质灾害突发性暴雨或诱发地质灾害局地强降水时，即启动计算地质灾害预报模型[即式(13.11)]。短时预报包括未来 12 h 和未来 6 h 地质灾害等级预报，其预报流程同降雨型地质灾害短期等级预报大致相同，所不同的是依据的信息和未来降雨量预报有所差异，而且 12 h 地质灾害短时等级预报和 6 h 短时等级预报的差异也在这里。第一，提取同未来 12 h 预报和未来 6 h 预报时段对应的中尺度数值天气预报模式降水预报产品；第二，诱发地质灾害突发性暴雨和诱发地质灾害局地强降水主、客观预报，除了综合应用常规观测信息、卫星云图信息外，还要特别采取有效技术手段从观测信息中提取影响突发性暴雨和局地强降水的中尺度天气系统，从卫星云图和雷达数字化回波中分析中尺度对流云团，同时注重分析、应用自动气象观测和区域加密气象观测信息，分析影响突发性暴雨和局地强降水的中尺度天气系统，重点做好降水的落区和强度短时预报，进而对中尺度数值天气预报模式降水预报产品进行订正；第三，12 h 地质灾害等级预报同 6 h 等级预报虽然都属于短时预报范围，但 6 h 预报更注重区域加密自动气象观测信息的分析和应用；第四，在实际业务应用中，直接启动降雨型地质灾害预报模型[式(13.11)]，在固定时间段制作和发布未来 12h 地质灾害等级预报和未来 6 h 地质灾害等级预报，显然 12 h 预报本身就是对降雨型地质灾害短期(未来 24 h 内)等级预报的补充、订正和细化，同样，6 h 预报是对 12 h 预报的补充、订正和细化。

(3) 降雨型地质灾害临近预警

当预报模型计算值 G_f达到地质灾害预报级的临界值或达到地质灾害临报级的临界值，或预警模型达到地质灾害警报级的临界值时，随即进行不间断跟踪监测和预警，逐时启动预警模型[式(13.12)]的计算。即提取逐小时降雨量，计算动态日综合降雨量 $R_c(k)$，由前期综合雨量同地质环境条件耦合，得到各乡镇点降雨型地质灾害预警等级 $G_w(k)$，实现每小时发布一次地质灾害等级和落区临近预警。

13.5.3.3　产品制作与发布

当通过预报模型或预警模型的计算得到各乡镇点地质灾害预报预警等级后，即应用地理信息技术，制作出地质灾害预报预警产品，预报预警结果包含 3 个等级：可能性较大(黄色表示)，可能性大(橙色表示)，可能性很大(红色表示)，如图 13.35 和图 13.36 所示。当制作出地质灾害预报预警产品后，在第一时间对外开展服务。

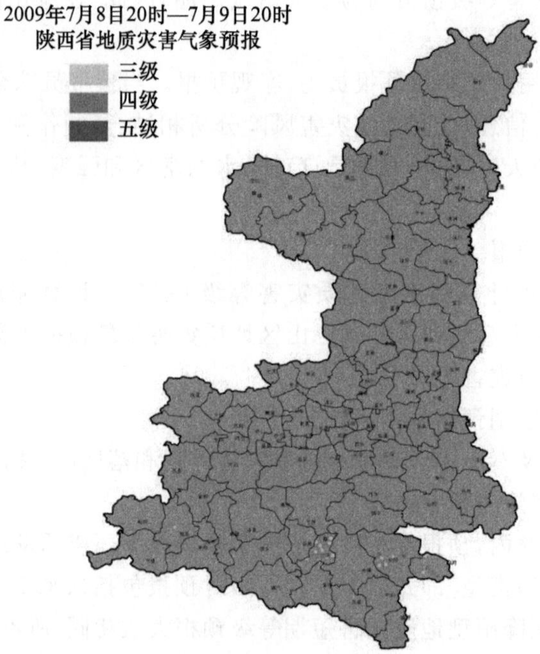

图 13.35　降雨型地质灾害 24 h 预报图

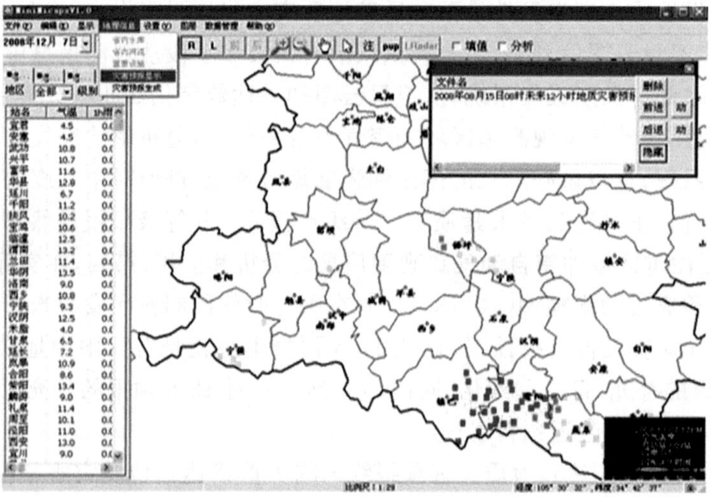

图 13.36　降雨型地质灾害 12 h 预报、预警图

参考文献

蔡晓禾，黄志刚，2008. 福建省降雨与地质灾害关系的初步研究[J]. 科技资讯 (10)：120-121.

陈颙，史培军，2008. 自然灾害[M]. 北京：北京师范大学出版社 .

陈正洪，孟斌，1995. 湖北降雨型滑坡泥石流及其降雨因子的时空分布相关性浅析[J]. 岩土力学，16(3)：62-69.

杜惠良，钮学新，殷坤龙，等，2006. 浙江省滑波-泥石流多发区气象预警研究[J]. 高原气象，25(1)：152-156.

杜继稳，等，2005. 青藏高原东北侧突发性暴雨分析研究与应用[M]. 北京：气象出版社.

杜继稳，等，2007a. 陕西省短期天气预报技术手册[M]. 北京：气象出版社：119-121，136-183，241-251.

杜继稳，李社宏，等，2007b. 渭河流域致洪暴雨分析研究与应用[M]. 北京：气象出版社.

杜继稳，等，2010. 降雨型地质灾害预报预警——以黄土高原和秦巴山区为例[M]. 北京：科学出版社.

高华喜，殷坤龙，2007. 降雨与滑坡灾害相关性分析及预警预报阀值之探讨[J]. 岩土力学，28(5)：1055-1066.

高庆华，马宗晋，张业成，等，2007. 自然灾害评估[M]. 北京：气象出版社：184-187，216-220.

胡伯谦，2006. 河北省诱发山洪灾害的临界雨量分析[J]. 南水北调与水利科技，4(5)：28-29.

黄润秋，许向宁，唐川，等，2008. 地质环境评价与地质灾害管理[M]. 北京：科学出版社：143-152.

李军，周成虎，2002. 香港滑坡体积与前期降水关系分析[J]. 自然灾害学报，11(2)：37-45.

李晓，1995. 重庆地区的强降雨过程与地质灾害的相关分析[J]. 中国地质灾害与防治学报，6(3)：39-42.

李昭淑，1989. 陕西省黄土滑坡的成因与防治[J]. 西北大学学报，19(2)：89-96.

李昭淑，1990. 黄土高原滑坡及其利用的探讨[J]. 灾害学，5(2)：41-46.

李昭淑，2002. 陕西省泥石流灾害与防治[M]. 西安：西安地图出版社.

林孝松，郭跃，2001. 滑坡与降雨的耦合关系研究[J]. 灾害学，16(2)：87-92.

刘引鸽，2007. 陕北黄土高原降水的变化趋势分析[J]. 干旱区研究，24(1)：49-55.

刘勇，王川，侯明全，2005. 降雨对陕西山洪灾害的触发作用[J]. 陕西气象(1)：1-4.

柳源，1998. 滑坡临界暴雨强度[J]. 水文地质工程地质(3)：43-45.

马力，曾祥平，向波，2002. 重庆市山体滑坡发生的降水条件分析[J]. 山地学报，20(2)：246-249.

孙果梅，况明生，曲华，2005. 陕西秦巴山区地质灾害研究[J]. 水土保持研究，12(5)：240-242.

腾五晓，加藤孝明，小出治，2003. 日本灾害对策体制[M]. 北京：中国建筑工业出版社：143-152.

王川，刘勇，张宏，2003. 陕西省地质灾害预报预警研究[J]，陕西气象(6)：10-12.

王文科、王雁林、杨泽元，等，2004. 鄂尔多斯盆地地质生态环境问题与防治对策[J]. 自然灾害学报，13(4)：236-244.

王雁林，2005. 陕南地区滑坡灾害气象预报预警及其防范对策探析[J]. 地质灾害与环境保护，16(4)：346-349.

王雁林，2006. 陕西省地质灾害成功预报实例分析及其模式探讨[J]. 灾害学，21(4)：71-75.

王雁林，2008. 陕西省地质灾害实例分析及致灾模式探讨[J]. 灾害学，23(3)：57-61.

喜成，2001. 陕西地质灾害特点[J]. 陕西地质，19(2)：75-81.

谢剑明，刘礼领，殷坤龙，等，2003. 浙江省滑坡灾害预警预报的降雨阀值研究[J]. 地质科技情报，22(4)：101-105.

殷跃平，等，2009. 汶川地震地质与滑坡灾害概论[M]. 北京：地质出版社：129-133.

张玲，黄敬峰，胡先松，等，2003. 基于 GIS 的滑坡临界降雨指标的研究[J]. 浙江大学学报(农业与生命科学版)，29(5)：493-498.

张茂省，校培喜，魏兴丽，等，2008. 延安宝塔区滑坡崩塌地质灾害[M]. 北京：地质出版社.

张书余，2005. 地质灾害气象预报基础[M]. 北京：气象出版社.

张拴厚，赵金祥，陆爱明，2000. 黄河中游黄土高原地质与生态环境[J]. 陕西地质，18(1)：40-56.

张玉成，杨光华，张玉兴，2007. 滑坡的发生与降雨关系的研究[J]. 灾害学，22(1)：82-85.

张子端，王建力，何潇，等，2006. 陕西地质灾害形成条件与对策探讨[J]，安徽农业科学，34(22)：75-81.

中国地质调查局水环部，2005. 滑坡风险管理//国际滑坡风险管理论文集选译[Z]. 国际滑坡风险管理论会议. 温哥华.

钟荫乾，1998. 滑坡与降雨关系及其预报[J]. 中国地质灾害与防治学报，9(4)：81-86.

COROMINAS J, COPONS R, MOYA J, et al, 2005. Quantitative assessment of the residual risk in a rockfall protected area[J]. Landslides, 2: 343-357.

第 14 章　陕西关中地区大气污染气象条件及预报

污染天气是发生在大气近地面层中的一种灾害性天气，它对社会经济、人民生活和群众健康都有重要影响。特别是随着我国社会经济的快速发展，随着工业化和城市化进程的加快，随着机动车保有量的增多和能源消耗量的增加，我国空气污染逐步由传统的总悬浮物（total suspended particulate，TSP）、可吸入颗粒物（PM_{10}）及 SO_2 污染转向以细颗粒物（$PM_{2.5}$）和气态污染物（SO_2，NO_2，O_3）等混合的复合型大气污染。尤其是近年来，频繁发生区域性且持续性大气重污染过程引起各级政府和社会的广泛重视。陕西关中地区是中国西部地区经济发展的中心，是中国城镇密集区，也是中国人口密集区、中国工业密集区，同时又是中国重要交通枢纽所在地，加上关中特定地理环境，近年来，以西安为中心的关中城市群成为中国大气污染较为严重的地区之一。随着中央将西安定位为中国西部中心城市，以及西起甘肃天水东到山西运城的关中城市群建设的加快推进，2018 年汾渭平原（含陕西关中）被国家纳入大气污染防治重点区域。因此，陕西关中地区大气污染预报受到陕西各级政府和气象、生态环境部门的高度重视，发布关中大气污染气象条件和关中大气污染预报预警，已分别成为各级气象和生态环境部门的日常业务。

大量分析研究表明，空气质量或大气污染物浓度受大气污染排放源、污染物输送、地形地貌和气象条件的共同影响。在地形固定和污染物排放源变化不大的情况下，短期或实时污染状况主要与气象条件有关，而且污染物输送也受气象条件影响，尤其是城市环境下持续性重污染事件更是由不利于污染物扩散的气象条件决定。本章主要讨论陕西关中地区大气污染的气候背景、变化特征、发生的气象条件及其成因、预报预警。

14.1　大气污染预报对象

14.1.1　大气污染

我们生活的地球大气主要是由氮、氧和其他一些气体组成的。其中氮的体积占 78%，氧的体积占 20.6%。而其他一些气体仅占 1.4%。其他气体包括氩（0.934%）、水汽（0.4%）、二氧化碳（0.035%）、氖（0.00182%）、氦（0.000524%）、甲烷（0.00015%）、氪（0.000114%）、氢（0.00005%）、N_2O（0.00003%）、臭氧（0.000005%）、CFCs（0.0000001%），以及已知的温室气体。这其中有些属于有害气体。这些有害的污染物尽管微乎其微，但对环境以及人的生产生活，却带来了极大的影响。当大气中污染物或由它转化的二次污染物的浓度达到有害的程度，以至破坏生态系统和人类正常生存和发展，对人或物造成危害的现象，便称之为大气污染。大气污染的历史主要经历了三个阶段：18 世纪末到 20 世纪中期为第一阶段，出现所谓的“燃煤型”污染，主要污染物为烟尘、SO_2；20 世纪 50—60 年代为第二阶段，出现所谓的“光化学烟雾”污染，主要污染物为臭氧、NO_x，HC，SO_2，CO 等；20 世纪 70 年代后期以来为第三阶段，随着经济社会的发展，出现“大气复合污染”，所谓“区域性污染”或“全球性污染”频繁发生。

大气污染主要发生在大气对流层的大气边界层中。大气边界层是指大气最底层靠近地球表面，受地面摩擦阻力影响的大气层区域。大气流过地面时，地面上各种粗糙元，如草、山丘、庄稼、树木、房屋等，会使大气流动受阻，这种摩擦阻力由于大气中的湍流而向上传递，并随高度的增加逐渐减弱，达到某一高度后便可忽略。此高度称为大气边界层高度，它随气象条件、地形、地面粗糙度而变化。大气边界层中的大气污染物主要分为两大类：一类是气溶胶粒子，包括粉尘[总悬浮颗粒物（TSP）和可吸入颗粒物（PM_{10}）]、烟、飞灰、黑烟、霾[细颗粒物（$PM_{2.5}$）]、雾；另一类是气态污染物，包括臭氧（O_3）、二氧化硫（SO_2）、氮氧化物（NO_x）、一氧化碳（CO）、有机化合物（C1—C10）、挥发性有机物（VOCs）、硫酸烟雾、光化学烟雾等。大气中的污染物通常来自于固定源，或者来自于移动源，或者来自于面源。其中气溶胶离子，即大气颗粒物排放源又分为天然源，主要是裸露的风沙土壤。二是人为源，主要有燃煤源，包括工业燃煤，如电厂锅炉排放、工业锅炉排放、工业窑炉排放等，民用燃煤，如取暖炉排放；燃油源，主要有工业燃油，如工业锅炉排放、民用锅炉排放，汽车尾气（即机动车排放）；工业粉尘，主要有冶炼尘，如有色冶炼炉排放，建筑尘，如建筑材料窑炉排放、建筑施工尘等；动植物燃烧尘，主要有农田秸秆焚烧尘。三是混合源，主要是扬尘，如道路尘。

14.1.2　大气污染因子

在实际中，大气污染通常取六因子或六参数。分别是：

（1）可吸入颗粒物（PM_{10}）

可吸入颗粒物（PM_{10}）是指环境空气中空气动力学当量直径小于等于 10 μm 的颗粒物。主要来自于污染源（烟囱、车辆、扬尘等）直接排放，少量来自于大气中硫氧化物、氮氧化物和挥发性有机物等相互作用形成的细小颗粒，其主要成分是地壳元素、硫酸盐、硝酸盐、有机物、氨盐和元素碳等。

（2）细颗粒物（$PM_{2.5}$）

细颗粒物（$PM_{2.5}$）是指环境空气中空气动力学当量直径小于等于 2.5 μm 的颗粒物。它一部分来自直接排放产生的“一次颗粒物”，如燃煤、机动车、工业施工、农业等造成的烟尘、粉尘、黑炭、扬尘等；另一部分来自化学转化生成的“二次颗粒物”，如 SO_2，NO_x，VOCs，NH_3通过气体转化而成的硫酸盐、硝酸盐、有机物、铵盐和元素碳等。其主要成分是地壳元素、硫酸盐、硝酸盐、有机物、氨盐和元素碳等。

（3）二氧化硫（SO_2）

二氧化硫（SO_2）是指化石燃料（煤）和石油、天然气等含硫化合物燃烧的产物。它一部分来自自然环境，如森林大火、火山爆发等，但主要来自于含硫燃料的燃烧，包括固定源（如燃煤电厂）排放和无组织排放（如居民散煤燃烧），还有生物质燃烧等。

（4）二氧化氮（NO_2）

二氧化氮（NO_2）是指化石燃料（煤）和石油、天然气等燃烧产生的含氮化合物。主要包括一氧化氮（NO）和二氧化氮（NO_2）。大气中的氮氧化物（NO_x）主要来自污染源（烟囱、车辆）直接排放，如电厂、供热等直接排放，硝酸、氮肥等中间体排放，以及汽油、柴油、煤油和燃气等机动车排放。机动车的 NO_x直接排放主要为 NO，NO_2主要由二次反应而来，因为大气中 NO 化学性不稳定，通常和氧气反应形成二氧化氮。

(5)一氧化碳(CO)

一氧化碳(CO)是无色、无臭、无味、含剧毒的无机化合物气体,化学性稳定。一氧化碳(CO)是大气中分布最广和含量最高的污染物,也是燃烧过程中生成的重要污染物之一。大气中的CO主要来自于汽车尾气、内燃机排气,以及矿物质燃烧,即散煤燃烧、锅炉化石燃料燃烧等。

(6)臭氧(O_3)

臭氧(O_3)是氧气的同素异形体,在常温下它是一种有特殊臭味的淡蓝色气体。在地球大气中,位于10～50 km的高空为平流层,大气中90%以上的臭氧存在于平流层。其主要作用是吸收对人体有害的紫外线辐射,当今全社会大力减少碳排放,就是为了抑制地球增暖,减缓气候变化,维护臭氧层。但在大气边界层,臭氧浓度的增加对人体健康和环境是有害的。臭氧一部分来源于空气放电(闪电),但主要来源于机动车、燃烧、焦化、印刷、包装、制药等行业排放的前体污染物,即氮氧化物(NO_x)和挥发性有机物(VOCs)在紫外线照射下发生光化学反应而生成的二次污染物。因此,近地面大气的臭氧浓度不仅与前体物的排放量有关,还受环境影响,如太阳总辐射、温度、湿度等对臭氧的形成过程有影响。对流层O_3是典型的二次污染物,由氮氧化物(NO_x)和挥发性有机物(VOC)在复杂的链式光化学反应下生成。不同浓度下的NO_x和VOC对臭氧的影响表现为,当$O_3/NO_x<15$,O_3生成处于VOCs敏感区,当$O_3/NO_x>15$,O_3生成处于NO_x敏感区。大气中的O_3质量浓度随温度的增加而增加,随相对湿度的增加而降低。

14.1.3 环境空气质量指数(AQI)及等级划分

环境空气质量指数(Air Quality Index,AQI)是定量描述空气质量状况的无量纲指数,这是原国家环境部于2012年颁布的《HJ633—2012:环境空气质量指数(AQI)技术规定(试行)》给出的评价空气质量的新标准(表14.1),取代之前的空气污染指数(API)对环境空气做的评价。该《规定》于2016年1月1日正式实施,按照新标准,将空气质量分成六级,即优、良、轻度污染、中度污染、重度污染、严重污染,并给出了不同的表示颜色,以及相应的对人体健康的影响和建议采取的措施。AQI较之前的API标准更严,能直观反映空气质量,污染物种类更多,其评价结果能更接近于公众的真实感受,对空气质量的评价更加客观、真实,按照新《规定》,空气污染指数划分为六档,对应于空气质量的六个级别,指数越大,级别越高,说明污染越严重,对人体健康的影响也越明显。

表14.1 中国空气质量等级及评价标准

空气质量指数	空气质量指数级别	空气质量指数类别及表示颜色		对健康的影响情况	建议采取措施
0～50	一级	优	绿色	空气质量满意,基本无空气污染。	各类人群可正常活动。
51～100	二级	良	黄色	空气质量可接受,但某些污染物可能对极少数异常敏感人群有较弱影响。	极少数异常敏感人群应减少户外活动。
101～150	三级	轻度污染	橙色	易感人群症状有轻度加剧,健康人群出现刺激症状。	儿童、老人及心脏病、呼吸系统疾病患者应减少长时间、高强度的户外锻炼。

续表

空气质量指数	空气质量指数级别	空气质量指数类别及表示颜色		对健康的影响情况	建议采取措施
151～200	四级	中度污染	红色	进一步加强易感人群症状，可能对健康人群心脏、呼吸系统有影响。	儿童、老人及心脏病、呼吸系统疾病患者应避免长时间、高强度的户外锻炼，一般人群适量减少户外活动。
201～300	五级	重度污染	紫色	心脏病和肺病患者症状显著加剧，运动耐受力降低，健康人群普遍出现症状。	儿童、老人及心脏病、肺病患者应停留在室内，停止户外运动，一般人群减少户外活动。
＞300	六级	严重污染	褐红色	健康人群运动耐受力降低，有些明显强烈症状，提前出现某些疾病。	儿童、老人及病人应停留在室内，避免体力消耗，一般人群应避免户外运动。

AQI 的计算与评价过程是：

第一步：是对照各项污染物的分级浓度限值，以细颗粒物（$PM_{2.5}$），可吸入颗粒物（PM_{10}）、二氧化硫（SO_2）、二氧化氮（NO_2）、臭氧（O_3）、一氧化碳（CO）等各项污染物的实测浓度值（其中 $PM_{2.5}$，PM_{10} 为 24 小时平均浓度）分别计算得出空气质量分指数（Individual Air Quality Index，IAQI）

$$\mathrm{IAQI}_P=\frac{\mathrm{IAQI}_{Hi}-\mathrm{IAQI}_{L0}}{BP_{Hi}-BP_{L0}}(C_P-BP_{L0})+\mathrm{IAQI}_{L0} \tag{14.1}$$

式中，IAQI_P 为污染物项目 P 的空气质量分指数；

C_P 为污染物项目 P 的质量浓度值；

BP_{Hi} 为相应地区的空气质量分指数及对应的污染物项目浓度指数表中与 C_P 相近的污染物浓度限值的高位值；

BP_{L0} 为相应地区的空气质量分指数及对应的污染物项目浓度指数表中与 C_P 相近的污染物浓度限值的低位值；

IAQI_{Hi} 为相应地区的空气质量分指数及对应的污染物项目浓度指数表中与 BP_{Hi} 对应的空气质量分指数；

IAQI_{L0} 为相应地区的空气质量分指数及对应的污染物项目浓度指数表中与 BP_{L0} 对应的空气质量分指数。

第二步：从各项污染物的 IAQI 中选择最大值确定为 AQI，当 AQI＞50 时，将 IAQI 最大的污染物确定为首要污染物

$$\mathrm{AQI}=\max\{\mathrm{IAQI}_1,\mathrm{IAQI}_2,\mathrm{IAQI}_3,\cdots,\mathrm{IAQI}_n\} \tag{14.2}$$

式中，IAQI 为空气质量分指数；n 为污染物项目。

第三步：对照 AQI 分级标准，确定空气质量级别、类别及表示颜色，健康影响及建议采取的措施。可见，AQI 就是各项污染物的空气质量分指数（IAQI）的最大值，当 AQI＞50 时，对应的污染物即为首要污染物。如果 IAQI 最大的污染物为两项或两项以上时，并列为首要污染物。IAQI＞100 的污染物为超标污染物。

作为无量纲指数，AQI 只表征污染程度，并非具体污染物的浓度值。由于 AQI 评价的 6

种污染物浓度限值各有不同(表 14.2),在评价时各污染物都会根据不同的目标浓度限值折算成空气质量分指数 IAQI。AQI 范围从 0 到 500,大于 100 的污染物为超标污染物,例如 $PM_{2.5}$ 日均浓度 35 μg/m³ 对应的分指数为 50,75μg/m³(就是通常所说的限值)折算为分指数是 100,而 500μg/m³,对应的 IAQI 值是 500。而在 6 项污染物中,$PM_{2.5}$ 折算成 IAQI 为 500 的浓度限值,也刚好是 500μg/m³,也就是说一旦 $PM_{2.5}$ 的日均浓度超过 500μg/m³,AQI 随即达到 500,无论浓度再怎么高,AQI 也还是 500,因此严重雾霾期间,$PM_{2.5}$ 日均浓度超过 500μg/m³ 的地方,就"爆表"了。

14.1.4 空气质量综合指数

空气质量综合指数,亦可称环境空气质量综合指数。是描述城市环境空气质量综合状况的无量纲指数。它综合考虑了《HJ633—2012:环境空气质量指数 AQI 技术规定(试行)》中规定 PM_{10},$PM_{2.5}$,SO_2,NO_2,CO,O_3 等 6 种污染物的污染程度,即空气质量综合指数是指评价时段内,参与评价的 6 项污染物的单项质量指数之和。空气质量综合指数值越大,表明综合污染程度越重。为计算空气质量指数,利用《GB 3095—2012:环境空气质量标准》中 6 项污染物浓度限值,见表 14.2。其计算过程为:首先计算每一项污染物的单项质量指数,然后将六项污染物的单项质量指数相加,即得到环境空气质量综合指数,单项指数最大者即为首要污染物。若确定评价时段为月,则城市月评价的环境空气质量综合指数计算方法如下:

第一步,计算各污染物的统计量浓度值。统计城市 PM_{10},$PM_{2.5}$,SO_2,NO_2 的月均浓度并统计 CO 日均值的第 95 百分位数和 O_3 日最大 8 h 平均值的第 90 百分位数。

第二步,计算各污染物的单项质量指数。污染物 i 的单项质量指数为 I_i,按下式计算

$$I_i = \frac{C_i}{S_i} \tag{14.3}$$

式中,I_i 为污染物 i 的单项质量指数;

C_i 为污染物 i 的浓度值,当 i 为 PM_{10},$PM_{2.5}$,SO_2,NO_2 时,C_i 为月均值,当 i 为 CO、O_3 时,C_i 为特定百分位数浓度值;

S_i 为污染物 i 的年均值二级标准,即浓度限值,当 i 为 CO 时,为日均值二级标准,当 i 为 O_3 时为 8 h 平均值二级标准。

第三步,计算环境空气质量综合指数 I_{sum},按下式计算:

$$I_{sum} = \sum_i I_i \tag{14.4}$$

式中,I_{sum} 为环境空气质量综合指数;

I_i 为污染物 i 的单项质量指数,i 包含全部 6 项指数,即 PM_{10},$PM_{2.5}$,SO_2,NO_2,CO,O_3。在实际大气污染业务评价及分析研究中,各污染物因子的单项质量指数 I_i 和环境空气质量综合指数 I_{sum} 得到广泛应用。

表 14.2 环境空气污染物基本项目浓度限值

序号	污染物项目	平均时间	浓度限值		单位
			一级	二级	
1	二氧化硫(SO_2)	年平均	20	60	μg/m³
		24 h 平均	50	150	
		1 h 平均	150	500	

续表

序号	污染物项目	平均时间	浓度限值		单位
			一级	二级	
2	二氧化氮(NO_2)	年平均	40	40	$\mu g/m^3$
		24 h 平均	80	80	
		1 h 平均	200	200	
3	一氧化碳(CO)	24 h 平均	4	4	mg/m^3
		1 h 平均	10	10	
4	臭氧(O_3)	日最大 8 h 平均	100	160	$\mu g/m^3$
		1 h 平均	160	200	
5	颗粒物(粒径≤10μm)	年平均	40	70	$\mu g/m^3$
		24 h 平均	50	150	
6	颗粒物(粒径≤2.5μm)	年平均	15	35	$\mu g/m^3$
		24 h 平均	35	75	

14.2　关中地区大气污染时空分布

14.2.1　关中地区霾天气特征

(1)霾定义

雾是指近地面空气中的水汽凝结成大量悬浮在空气中的小水滴或者冰晶，导致水平能见度低于 1 km 的现象。而霾按照中国气象局 2003 年颁布的《地面气象观测规范》和 2010 年颁布的《霾的观测和预报等级》定义为，大量极细微的干尘粒等均匀地浮游在空中，使水平能见度低于 10 km 的空气普遍浑浊现象。它使远处光亮物体微带黄、红色，使黑白物体微带蓝色。霾的观测判断条件为能见度＜10 km，排除降水、沙尘暴、扬沙、浮尘、烟幕、吹雪、雪暴等天气现象造成的视觉障碍。相对湿度＜80％，判断为霾，相对湿度在 80％～95％时，按照地面气象观测规范规定，根据大气成分的指标进一步判别，并且明确加入了新的判据标准：$PM_{2.5}$，PM_1(大气中粒径小于或等于 1 μm 的颗粒物)、气溶胶散射系数和气溶胶吸收系数。

(2)霾的空间分布

有专家通过分析 1971—2010 年中国雾日数和霾日数的气候变化特征发现，霾日数的分布是不均匀的，且与雾日数的分布很不相同。霾天气发生的高频区主要集中在人口较为密集的大城市以及煤炭基地，如华北地区、河南北部和关中中部、广东西部、广西东北部。自 20 世纪 70 年代到 20 世纪末，平均霾日数维持在 5 d 左右，自 2001 年始剧烈增长趋势明显，年平均霾日数 2007 年(14.5 d)就几乎已经达到了 1971 年(3.96 d)的 4 倍。2001—2010 年间的平均霾日数维持在 10 d 左右，几乎为 1971—2000 年 30 a 平均的两倍。霾日数的线性增加趋势表明近年来中国地区霾天气增长速度很快，治理污染任务愈加严峻。

从 1981—2016 年陕西省多年平均霾日数空间分布(图 14.1)可以看出，陕西省各区域霾的分布总体上呈关中区域性霾，陕南局地性霾和陕北突发性霾的特点。关中地区是霾天气的高发区,关中中、东部雾霾天气日数最多,中心在秦岭北麓,年平均 80 d 以上,其中长安站最多达 93.8 d,其次是陕南的汉中盆地,平均 35～40 d。统计结果表明,2000 年以来,关中地区秋冬季雾霾天数显著增加,其中中心城市西安秋冬季雾霾天数占到全年雾霾总天数的 70%以上。通过分析 2000 年 3 月至 2012 年 2 月 12 a 的 Terra 卫星/MODIS C005 L_2(二级)气溶胶数据产品,将之处理为 0.1°×0.1°的格点均值,进行陕西省全省气溶胶时空分布变化特性分析(图 14.2),发现关中地区存在狭长颗粒物污染带,气溶胶光学厚度(AOD)的大值区位于西安市区(高污染区),并向东扩展至高陵县、临潼区和渭南市;两个次高值区则位于陕南的汉中和安康盆地。比较图 14.1 和图 14.2,通过不同的分析途径,二者的结论是一致的,即关中地区是霾天气的高发区,而且关中中、东部是高污染区。

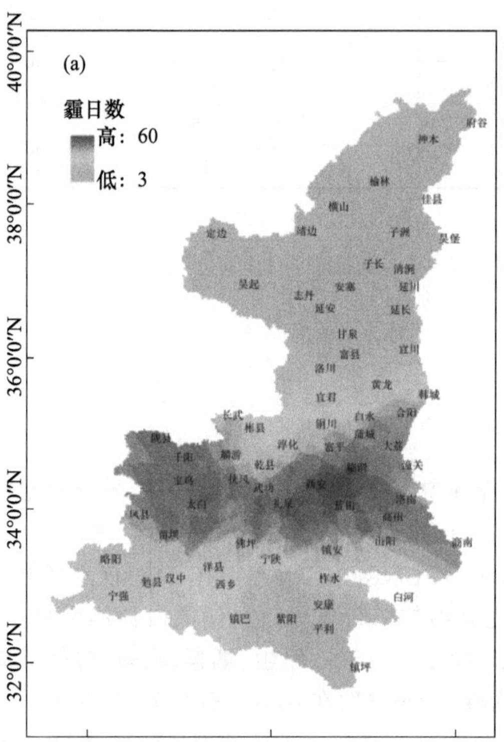

图 14.1 陕西 1981—2016 年多年平均霾日数空间分布(胡琳 等,2019)

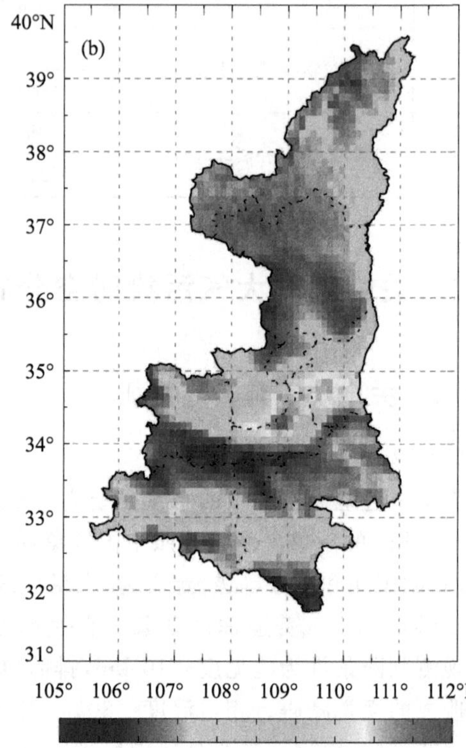

图 14.2 陕西 2000 年 3 月—2012 年 2 月气溶胶光学厚度(AOD)空间分布(董子鹏 等,2014)

(3)霾的时间变化

从陕西省全省 1981—2016 年霾日数的年际变化特征来看,全省 36 a 出现霾 80 140 站次,年均霾日数为 23.4 d,2016 年最多出现霾 6573 站次,平均为 69.2 d,但 2014—2016 年出现霾均超过 3000 站次,年均霾日数超过 30 d,可见霾日数的年代际变化非常明显,总体呈较明显的上升趋势,2000 年后增加显著。全省霾地域分布特征非常明显,关中是霾天气的高发区,1981—2016 年出现霾 59199 站次,年均霾日数 38.0 d;其次是陕南汉中盆地出现 15602 站次,年均 15.5 d;陕北最少 5339 站次,年均为 6.2 d。从陕西全省霾日数的月际变化特征来看,陕西 1 年之中各个月份都有霾发生，全省 1981—2016 年各月平均霾日数，呈单谷型分布特征，月平均霾日数约为 2.0 d，全省常年霾发生频率最高的月份为 12 月和 1 月，分别为 4.3 d 和 4.2 d，最低的月份出现在 6 月和 7 月，6 月最少仅为 0.4 d，霾天气的高发期主要在 11 月—翌年 2 月，占全年霾日数的 57.9%。

(4)西安市霾天气特征

利用 1971—2020 年西安市地面气象观测站的霾观测资料分析发现：年代际的变化表现为(图 14.3)，20 世纪 70 年代西安市年均霾日明显偏多，80 年代显著减少，21 世纪的 2010 年后明显增加，近几年开始减少。月季变化(图 14.4)表现为，霾天气各月均出现，且月均霾日变化明显，全年呈单谷型分布，主要发生在 10 月至翌年 3 月，11 月至翌年 3 月平均霾日为 10 d，5—9 月最少，平均 4 d。雾霾现象持续 1 d 的天气过程最多，2 d 的次多，随着雾霾持续日数递增，雾霾天气过程出现次数呈幂函数形式迅速递减。从连续性霾持续日数来看，将连续 3 d 或以上均出现霾作为一次连续性霾天气过程，发现西安站共出现连续性霾天气过程 445 次，年均 10.3 次，持续 3～7 d 的约占 84%，年均 9 次；持续 9～10 d 的约占 1%，年均约 1 次；持续 10 d 以上的概率较小，大部分霾天气持续时间不超过 1 周，持续时间最长为 26 d，发生在 1975 年 2—3 月。虽然持续 10 d 以上的霾天气发生概率小，但霾天气持续时间越长，对城市空气质量、社会公众健康及交通等各项的不利影响就越大。

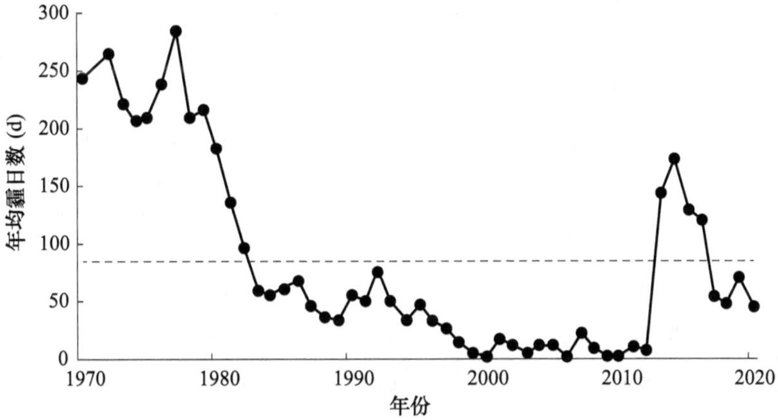

图 14.3　1971—2020 年西安市年均霾日数变化曲线

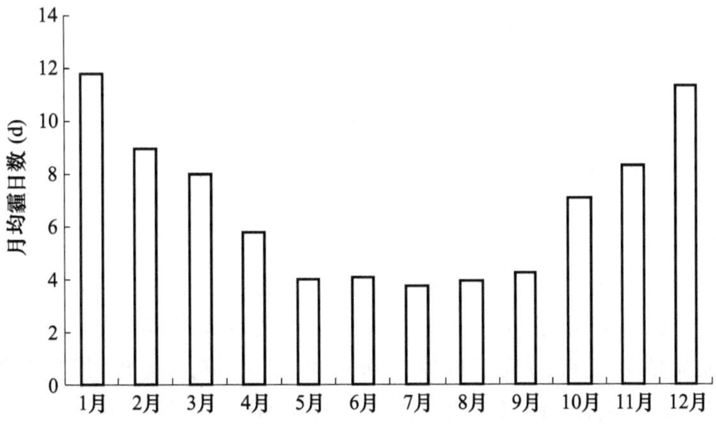

图 14.4　1971—2020 年西安市逐月平均霾日数分布

14.2.2 关中地区主要大气污染物质量浓度时空分布

利用2014—2018年《陕西省生态环境状况公报》和陕西省环境监测站关中区域西安、咸阳、渭南、铜川、宝鸡五市主要大气污染物PM_{10},$PM_{2.5}$,SO_2,NO_2逐日平均质量浓度,采用常规统计方法计算分析发现(王红军 等,2020):

(1)年际变化特征

5 a中关中区域颗粒污染物PM_{10}和$PM_{2.5}$质量浓度呈明显下降趋势,虽然2016年略有增加,但总体呈显著下降,2014年年均质量浓度占标率分别由204.3%和187.4%下降到142.7%和131.0%。平均每年下降5.4 μg/m³和9.9 μg/m³。SO_2平均质量浓度逐年下降显著,年均质量浓度占标率由50.8%下降到22.8%,平均每年下降4.2 μg/m³。NO_2年均质量浓度呈逐年上升趋势,年均质量浓度占标率由2014年的95.5%上升到2018年的107.6%,年均增长1.2 μg/m³,其中2016—2018年NO_2年均质量浓度均超过国家空气质量二级标准,2017年超标达22.5%(表14.3)。从各主要城市(图14.5)来看,各主要城市颗粒物$PM_{2.5}$和PM_{10}年均质量浓度呈下降趋势,西部的宝鸡和中北部的铜川下降更为明显,而中部的西安和咸阳以及东部的渭南2016有所升高,随后开始下降;各市SO_2年均质量浓度逐年下降趋势较为显著,宝鸡明显低于其他四个城市,西安、咸阳、渭南NO_2年均质量浓度呈逐年上升趋势,其中2017年最高,宝鸡和铜川相对较低且变化趋势不明显。可见,关中区域中部和东部主要大气污染质量浓度较西部和北部明显偏高,尤其是2016年以后颗粒物和NO_2质量浓度偏高更为明显。

表14.3 2014—2018年关中区域主要大气污染物平均质量浓度年际变化

年份	统计项目	$PM_{2.5}$	PM_{10}	SO_2	NO_2
2014	平均质量浓度(μg/m³)	71.5	131.2	30.5	38.2
	占标率(%)	204.3	187.4	50.8	95.5
2015	平均质量浓度(μg/m³)	58.1	113.1	21.6	38.0
	占标率(%)	166.0	161.5	35.9	94.9
2016	平均质量浓度(μg/m³)	69.4	128.9	19.5	44.6
	占标率(%)	198.1	184.1	32.5	111.4
2017	平均质量浓度(μg/m³)	65.5	114.0	18.2	49.0
	占标率(%)	187.1	162.0	30.3	122.5
2018	平均质量浓度(μg/m³)	49.9	91.7	13.7	43.0
	占标率(%)	142.7	131.0	22.8	107.6

(2)空间分布特征

关中五市5 a颗粒物$PM_{2.5}$和PM_{10}质量浓度均超过国家二级标准,其中$PM_{2.5}$质量浓度以咸阳最高,其次是西安和渭南,铜川最小;PM_{10}质量浓度西安最高,咸阳接近,渭南第三,铜川最小。SO_2年均质量浓度五市均低于国家二级标准,其中铜川最高,其次是渭南,宝鸡最小;NO_2年均质量浓度西安、渭南、咸阳均超过国家二级标准,西安最大占标率达125.8%,其次是渭南、咸阳,铜川最低(表14.4)。从分布上,看关中中部$PM_{2.5}$质量浓度明显偏高,其次是关中中南部，东北部和西部明显较低；PM_{10} 质量浓度以关中中南部最高，其次是东南部，北部和西部相对较低；SO_2 质量浓度以关中北部最高，其次是中部和东南部，西部明显较低；NO_2 质量浓度以中南部最高，北部和西部相对较低。总体来看，关中区域近五年以颗粒物 $PM_{2.5}$，PM_{10} 为主要污染物，年均值均超标，SO_2 质量浓度相对较低。从区域分布看，关中中部环境空气质量最差，其中 $PM_{2.5}$，PM_{10} 及 NO_2 质量浓度明显较高，东部次之，北部最好。

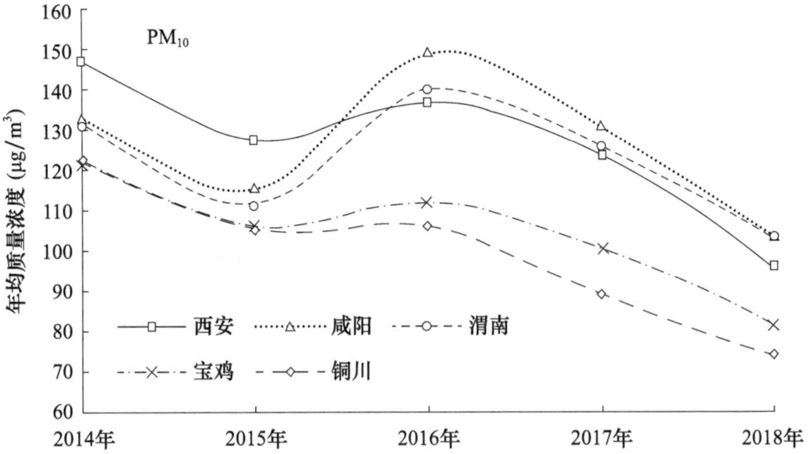

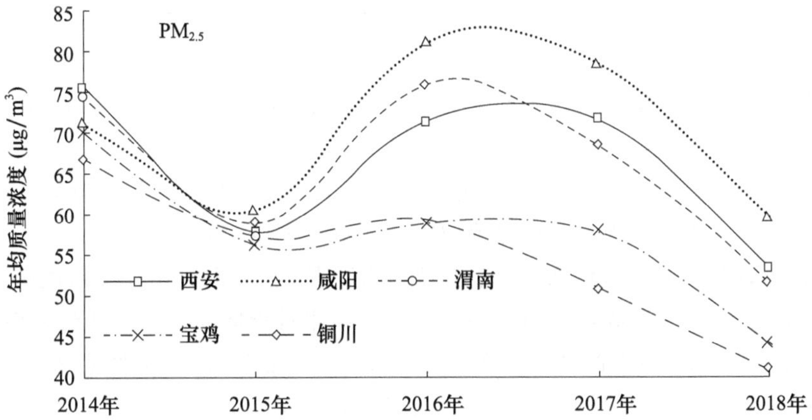

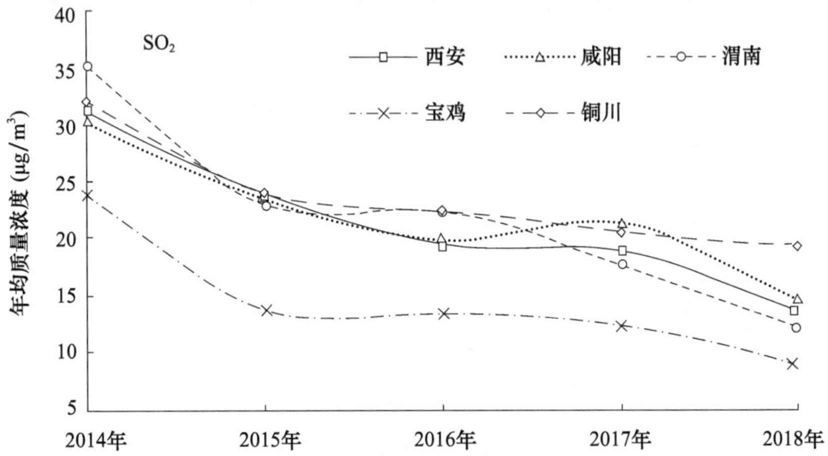

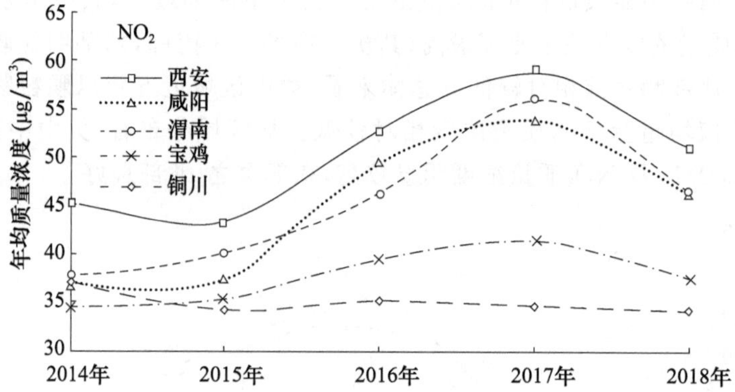

图 14.5　2014—2018 年关中五城市主要大气污染物平均质量浓度年变化

表 14.4　2014—2018 年关中五城市主要大气污染物平均质量浓度和国家二级标准(单位:μg/m³)

污染物	标准	西安	咸阳	渭南	宝鸡	铜川
$PM_{2.5}$	35	65.9	70.1	65.8	57.6	55.0
PM_{10}	70	126.4	126.2	122.3	104.4	99.5
SO_2	60	21.4	21.9	22.1	14.4	23.6
NO_2	40	50.3	44.7	45.2	37.6	35.0

(3)月际变化特征

各主要大气污染因子全年呈现单谷型分布,其中颗粒物 PM_{10},$PM_{2.5}$ 各月变化显著,SO_2,NO_2 各月变化幅度相对较小,如图 14.6。可以看出 4—10 月,特别是 6—9 月,空气质量状况明显较好,7 月最好;11 月至翌年 3 月采暖期空气污染突出,其中 1 月环境空气质量最差,其次是 2 月和 12 月。从关中五城市(图 14.7)比较来看,$PM_{2.5}$ 质量浓度咸阳各月基本最高,其次是西安,渭南第三,铜川最低;PM_{10} 质量浓度,西安、咸阳、渭南明显高于宝鸡和铜川;SO_2 浓度 4—10 月较低,采暖期明显较高,其中 1 月最高,其次是 2 月,全年宝鸡相对较低,其中 10 月至翌年 3 月铜川明显偏高,4—9 月咸阳最高,渭南次之;NO_2 质量浓度 5—10 月较低,采暖期明显较高,其中 12 月最高,其次是 1 月,全年西安明显高于其他各市,其次是渭南和咸阳,铜川最低。总体来看,关中地区 6—9 月空气质量较好,采暖期主要大气污染物质量浓度明显偏高,从区域来看,中部的咸阳和西安,以及东部的渭南空气质量相对较差,西部的宝鸡和北部的铜川相对较好。

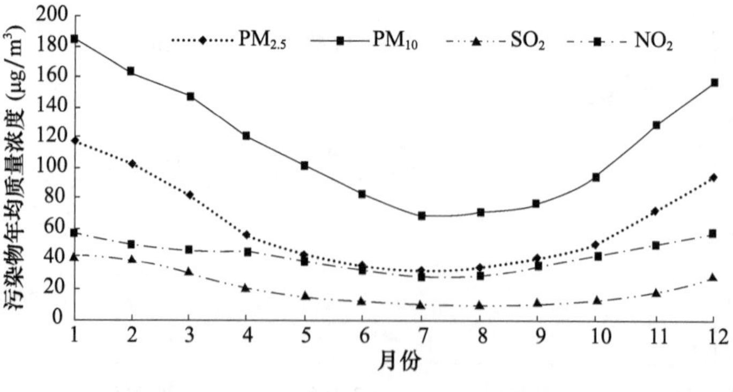

图 14.6　2014—2018 年关中区域主要大气污染物平均质量浓度月变化

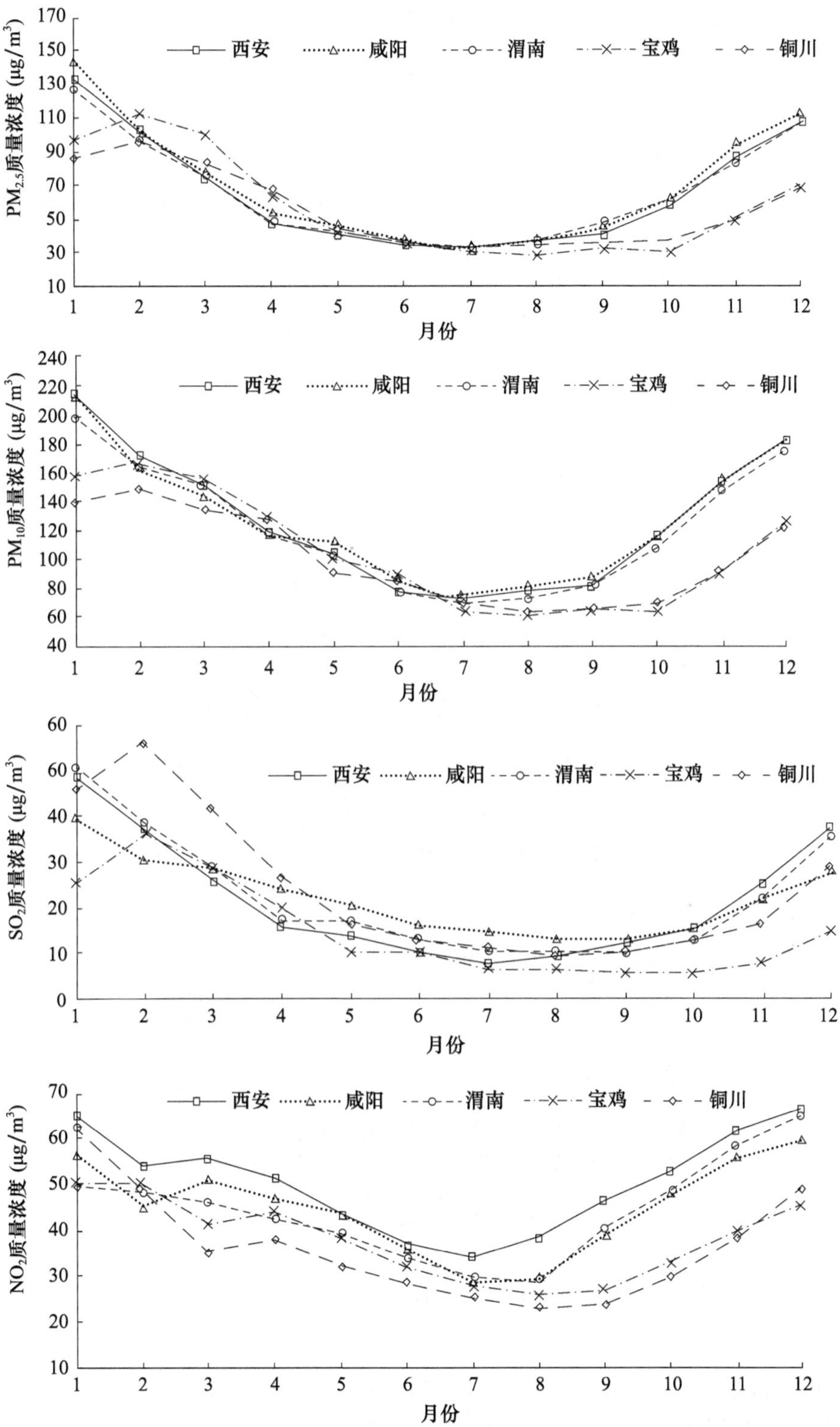

图 14.7 2014—2018 年关中五城市主要大气污染物平均质量浓度月变化

14.2.3 关中臭氧(O_3)和一氧化碳(CO)的月变化

利用2018年1月1日至2020年12月31日逐日6个大气污染因子浓度监测值,计算得到西安市和渭南市$PM_{2.5}$,PM_{10},CO,SO_2,NO_2,O_3的8 h分指数。图14.8为西安市和渭南市O_3的8 h污染浓度分指数逐月变化直方图,由图14.8可以看出,O_3全年变化呈正态分布,4—9月较大,6—7月达最大。1—3月和10—12月较小,最小是12月。两市比较,在夏季总体上看地处关中中部的西安是高于地处关中东部的渭南市,但在前冬(11—12月),西安市低于渭南,后冬(翌年1—2月),西安高于渭南。图14.9为西安市和渭南市CO污染浓度分指数逐月变化直方图,从图14.9中可以看出,CO全年变化缓慢,总体上呈单谷型分布,4到10月相对较小,最小在5月,1—2月和11—12月相对较大,最大在1月份。两市比较,夏季西安市高于渭南市,冬季渭南市高于西安市。

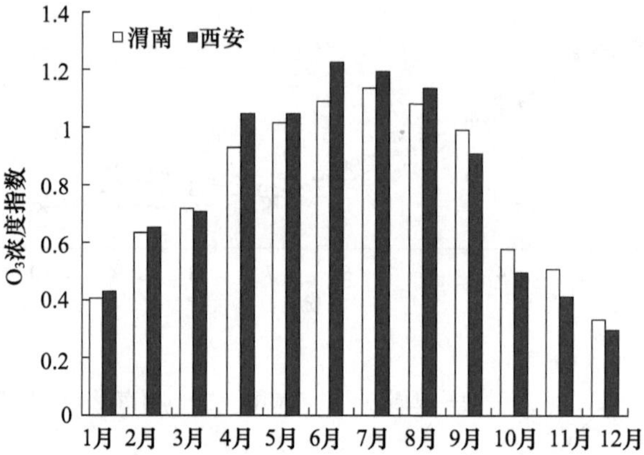

图14.8 西安市和渭南市O_3的8h污染浓度分指数逐月变化直方图

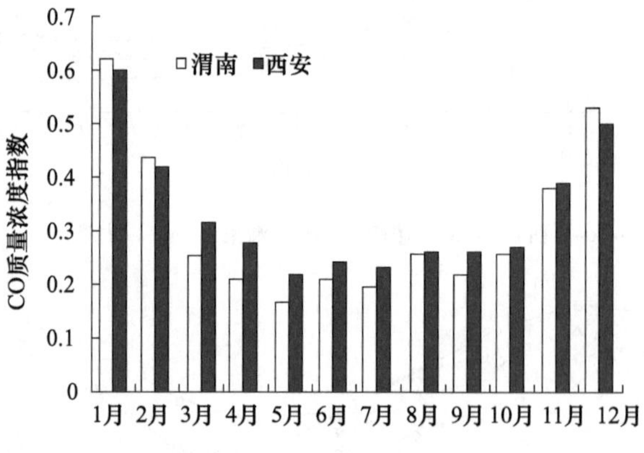

图14.9 西安市和渭南市CO污染浓度分指数逐月变化直方图

图14.10为渭南市区4个大气污染测站2个污染天气个例O_3逐小时变化曲线图,由图14.10可以看出,在一天的变化中,晴天时O_3呈正态分布变化,主要发生在白天11—19时,夜间最小。随着日出温度的升高,O_3污染浓度逐渐增大,到午后14—15时达最大,然后逐渐减小。

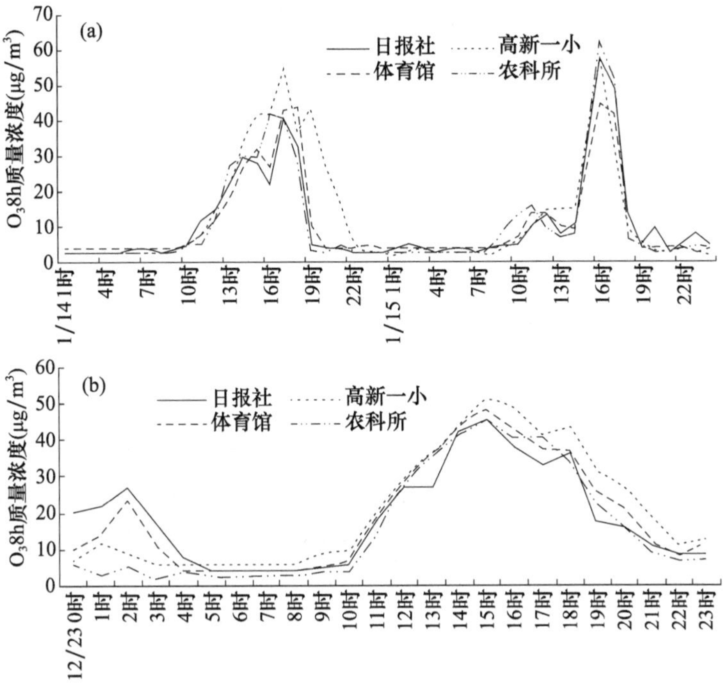

图 14.10　渭南市重污染天气个例 O_3 污染浓度分指数变化曲线

(a)2018 年 1 月 14—15 日；(b)2019 年 12 月 23 日

14.3　关中地区大气污染因子贡献

14.3.1　大气污染因子贡献的逐月变化

环境空气质量综合指数考虑了 6 项指标，即综合考虑了 6 个环境空气污染物或 6 个大气污染因子的贡献，这 6 个大气污染因子分别是 $PM_{2.5}$，PM_{10}，SO_2，NO_2，CO，O_3。为了分析关中地区这 6 个大气污染因子对环境污染的逐月贡献率，选取 2018 年 1 月 1 日至 2020 年 12 月 31 日逐日西安市和渭南市 6 个大气污染因子浓度监测值，计算西安市和渭南市各大气污染因子贡献率，如表 14.5 和表 14.6。

表 14.5　西安市 1—12 月各大气污染因子贡献率(%)

因子	月份												全年
	1	2	3	4	5	6	7	8	9	10	11	12	
PM_{10}	26.4	27.2	29.5	29.6	29.3	20.5	19.5	19.9	21.1	26.6	29.3	28.8	25.6
$PM_{2.5}$	42.0	37.7	27.7	22.5	20.3	18.2	19.0	19.1	19.8	25.2	35.0	35.7	26.9
SO_2	3.4	3.7	3.0	3.0	3.7	3.5	2.5	2.7	3.3	3.1	2.7	3.7	3.2
NO_2	17.1	15.6	22.7	22.9	21.7	21.2	20.1	21.5	26.4	28.1	22.6	20.9	21.7
CO	2.3	6.2	5.3	5.3	4.5	6.1	6.3	6.9	6.5	6.0	5.9	6.4	5.6
O_3	4.7	9.5	11.8	16.7	21.5	31.1	33.0	30.2	22.9	11.2	6.2	4.3	16.9

表 14.6 渭南市 1—12 月各大气污染因子贡献率(%)

因子	月份												全年
	1	2	3	4	5	6	7	8	9	10	11	12	
PM_{10}	28.6	29.8	33.1	32.0	30.9	22.9	20.9	21.6	22.0	28.0	30.1	30.5	27.5
$PM_{2.5}$	40.6	36.5	26.3	23.0	19.6	19.4	20.9	20.4	21.3	26.7	32.8	34.8	26.9
SO_2	3.2	3.7	3.2	3.4	4.3	4.5	2.3	2.9	3.3	3.0	2.7	4.1	3.4
NO_2	16.2	14.9	20.8	20.2	20.0	20.6	17.5	16.7	22.8	24.8	21.1	19.0	19.6
CO	6.8	6.2	4.4	3.9	3.6	5.2	5.7	7.5	5.6	5.5	5.7	6.7	5.6
O_3	4.5	9.1	12.2	17.4	21.7	27.4	32.7	31.0	25.1	12.3	7.7	4.8	17.2

从全年来看,不论是关中区域中部的西安市还是东部的渭南市,对污染贡献最大的均是大气颗粒物,只是西安市可吸入颗粒物贡献小于细颗粒物,而渭南市可吸入颗粒物贡献大于细颗粒物;其他各因子的贡献大小依次为 NO_2,O_3,CO,SO_2。就各月来看,西安市 10 月—翌年 4 月,渭南市 10 月—翌年 5 月,即仲秋、冬季到初春(春季)季节,对大气污染贡献率最大的是大气颗粒物,贡献率西安市达 51.8%～68.4%,渭南市达 50.5%～69.2%;尤其是冬季(11—翌年 2 月),大气颗粒物对大气污染的贡献率达 60%以上,其中,在大气颗粒物中,西安市 $PM_{2.5}$ 贡献率在 35.0%～42.0%,PM_{10} 贡献率在 26.0%～29.3%,渭南市 $PM_{2.5}$ 贡献率在 32.0%～40.6%,PM_{10} 贡献率在 28.0%～30.5%,可见 $PM_{2.5}$ 贡献率在大气颗粒物中占主要成分;第三贡献者是 NO_2,贡献率西安市达 15.6%～22.9%,渭南市达 14.9%～24.8%。西安市 5—9 月,即春末、盛夏到初秋季节,对大气污染的主要贡献者是 O_3,O_3 对大气污染的贡献率达 21.5%～33.0%,盛夏(6—8 月)均在 30%以上,其次是 NO_2,对大气污染的贡献率达 20.1%～26.4%;第三贡献者是 PM_{10}(达 19.5%～29.3%)和 $PM_{2.5}$(18.2%～20.3%),$PM_{2.5}$ 的贡献率要小于 PM_{10};渭南市 6—9 月,对大气污染的主要贡献者也是 O_3,贡献率达 25.1～32.7%,7—8 月达 30%以上;其次是 PM_{10},对大气污染的贡献率达 20.9%～22.9%;第三贡献者为 $PM_{2.5}$,贡献率在 19.4%～21.3%;第四贡献者是 NO_2,对大气污染的贡献率在 16.7%～22.8%。CO 对大气污染浓度的贡献率各月变化幅度相对较小,全年西安市在 2.3%～6.9%,渭南市在 3.6%～7.5%;SO_2 对大气污染浓度的贡献率各月变化幅度同 CO 类似相对较小,全年西安市在 2.5%～3.7%,渭南市在 2.3%～4.5%。

14.3.2 重度及以上污染天气个例各因子对大气污染贡献

选取了 5 个重度及以上污染天气个例,分别计算了渭南市各大气污染因子对大气污染的贡献率(表 14.7),由表 14.7 可以看出,5 个污染个例对大气污染贡献最大的是 $PM_{2.5}$,贡献率达到 36%～45%;其次是 PM_{10},贡献率达到 30%～31%;二者之差最小是 5%,最大达到 14%;第三贡献是 NO_2,贡献率为 14%～19%;CO,O_3 和 SO_2 的贡献率都相对较小。显然若将两个大气颗粒物因子合起来,气溶胶粒子对大气污染的贡献率达到 67%～76%,再将 NO_2 的贡献加进,则三个大气污染因子对大气污染的贡献率达到 85%～90%,另三个大气污染因子(CO,O_3,SO_2)的贡献率也只有 10%～15%。表 14.8 是重度及以上污染天气个例各因子污染贡献率与气候平均比较,发现不论是 5 个个例,还是 3 个严重污染个例,各因子对污染的贡献率，同气候平均比较，两个大气颗粒物因子贡献均高于气候平均值，而 4 个气态污染因子贡献均低于气候平均值；比较 PM_{10} 和 $PM_{2.5}$，随着污染等级的提升，$PM_{2.5}$ 贡献率同气候平均值比较由 3.5%增大到 5.2%，PM_{10} 贡献率仅由 0.7%减小到 0.6%。这说明重度及以上污染天气时，主要污染物来自于大气颗粒物，而且空气污染等级愈高，细颗粒物污染贡献愈大，可吸入颗粒物污染贡献随着由重度污染到严重污染变化不大。

表 14.7　渭南市重度及以上污染天气个例各污染因子贡献率(%)

污染天气个例	AQI 极值	污染等级	PM_{10}	$PM_{2.5}$	SO_2	NO_2	CO	O_3・8h	$PM_{2.5}-PM_{10}$
2018.1.11—28	327	严重	30	40	4	17	6	3	10
2019.1.1—15	329	严重	31	45	2	14	6	2	14
2019.11.19—24	214	重度	31	36	3	19	5	6	5
2019.12.19—2020.1.5	319	严重	30	39	3	17	7	4	9
2020.11.19—17	239	重度	30	38	2	17	3	9	8

表 14.8　重度及以上污染天气个例各污染因子贡献率与气候平均比较(%)

大气污染因子	PM_{10}	$PM_{2.5}$	SO_2	NO_2	CO	O_3・8h
5 个重度及以上污染个例平均	30.4	39.6	2.8	16.8	5.4	4.8
3 个严重污染个例平均	30.3	41.3	3.0	16.0	6.3	3.0
11—1 月大气污染因子平均贡献率	29.7	36.1	3.3	18.8	6.4	5.7
5 个例与气候平均值差值	0.7	3.5	−0.5	−2.0	−1.0	−0.9
3 个严重污染个例与气候平均值差值	0.6	5.2	−0.3	−2.8	−0.1	−2.7

14.4　关中地区是中国大气污染高度易发区

在第 2 章曾指出陕西省是中国气候敏感区，正因为这个原因造成了关中乃至陕西种类齐全、成因独特、频繁发生、灾情严重的各类气象灾害及其次生灾害。这也为关中地区大气污染灾害提供了有利的孕育环境。

14.4.1　脆弱的生态环境

黄土高原位于中国北方地区，处于中国大地形的第二阶梯，是世界上最大的黄土堆积区，东起太行山，西至乌鞘岭，南连秦岭山脉，北抵长城，约 63 万 km^2，黄土堆积平均厚度达逾 100 m。陕西的陕北恰好位于黄土高原腹地，而关中地区则地处黄土高原中部偏南，如图 14.11a 所示。在国家实施西部大开发后，通过退耕还林(草)，特别是在中央政府"绿水青山就是金山银山"和生态环境治理的大力推进下，黄土高原生态有了很大改善，植被覆盖率不断提高，甚至黄土高原西北侧的毛乌素沙漠逐步变成绿地。但由于黄土高原地处干旱半干旱气候区，在夏季相对较好，如图 14.11b，在冬半年，黄土高原近似裸地，如图 14.11c，生态极其脆弱。这就为大气污染提供了丰富的沙尘颗粒物来源。

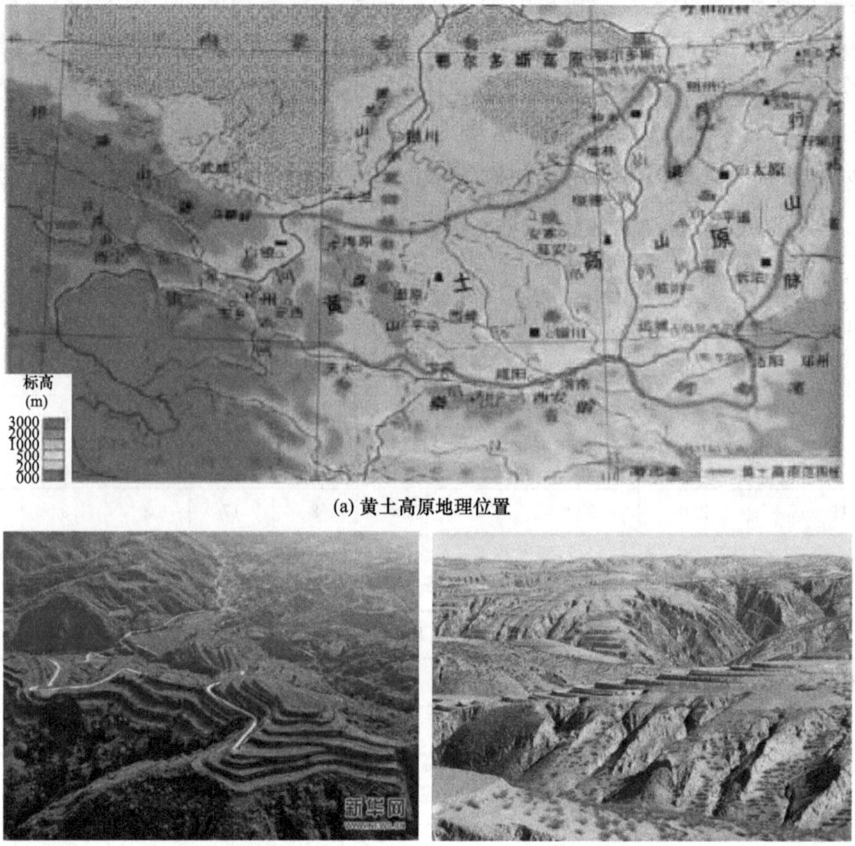

(a) 黄土高原地理位置

(b) 黄土高原夏季

(c) 黄土高原冬季

[彩]图 14.11　黄土高原地理位置及生态图

14.4.2　干旱少雨的气候背景

如图 2.2 所示,关中地区年降水量为 514～679 mm,分布规律是从东到西逐渐增多,降水主要集中在 7—9 月,而且降水变率大,号称十年九旱。春季降水少于秋季,占全年降水的 13%～24%。冬季降水更为稀少,只占全年降水的 1%～4%。关中年蒸发量大于降水量,关中东部年干燥度达 1.5 左右,陕北达 1.5～2.0,长城沿线达 2.0 以上。显然干燥气候,一旦在风的作用下,则有利于地面粉尘飞扬扩散,增加大气污染浓度。

14.4.3　关中是国家的重要经济区

(1)关中是西北乃至中国城镇密集区

关中号称“八百里秦川”,自古就是我国重要经济区。几千年来是我国重要粮仓,是中国北方重要的小麦和玉米产区。近代以来,向着城镇密集型、经济密集型、交通密集型发展,特别是在 2018 年 2 月中央提出建设西安国家中心城市,规划关中平原城市群发展规划以来,关中地区工业化和城市化进展迅猛推进。加快了西安中心城市建设步伐,加强了西咸新区、西安高新区国家自主创新示范区、西安国家级经济技术开发区等建设,强化面向西北地区的信息服务和对外交往门户功能,提升了“丝绸之路”经济带起点和维护西北繁荣稳定的战略功能。打造西部地区重要的经济中心、对外交往中心、丝路科创中心、丝路文化高地、内陆开放高地，国家综合交通枢纽。保护 13 朝古都风貌，统筹老城、新区发展，加快大西安都市圈立体交通体系建设，形成多轴线、多组团、多中心格局，建成具有历史文化特色的国际化大都市。按照县级市以上城市统计，陕西全省城市密度为 5.2/100 km^2，陕北为 3/100 km^2，陕南为 3.8/100 km^2，而关中达到 12.8/100 km^2。

(2)关中是西北乃至中国人口密集区

若按 2019 年人口数据统计，陕西省人口密度为 3876.2 万人/205600 km^2＝188.5 人/km^2。关中地区按照 5 地市(西安、宝鸡、咸阳、渭南、铜川)数据计算，为 428.8 人/km^2。若仅考虑关中盆地人口密度，甚至达 600 人/km^2 以上。根据“十二五”期间初步统计测算，陕西全省城镇人口达到 2045.12 万人，城镇化率 53.92%，城镇人口增加 338.12 万，年均增长 3.68%，城镇化率较 2010 年提高了 8.2 个百分点。

(3)关中是西北乃至中国工业密集区

近代以来，西安一直是中国的重要工业基地，1949 年以后关中地区一直是中国重要工业中心、兵工和新型工业基地。陕西第二产业主要布局在关中，西起宝鸡东至渭南，涉及制造业、采矿业、电力、热力、燃气、能源工业、新能源工业六大高耗能行业，高技术制造业等。还有建筑业和非能源工业，包括化学原料和化学制品制造业、黑色金属冶炼和压延加工业、装备制造业、高技术制造业、电气机械和器材制造业以及纺织业等。另外，还有化肥、水泥、粗钢以及饲料、乳制品等。关中大型以上工业企业量在全国排在前列。

(4)关中是国家综合交通枢纽

关中是连霍高速(东西大通道)和包昆高速(南北大通道)必经路段，目前已基本打造出以西安为中心的国内 6 小时交通圈和 12 小时交通圈，随着丝绸之路建设和经济增长，汽车过路量持续增加；而且随着关中城市群建设和人口的快速增长，汽车拥有量快速增加。以渭南市为例，2019 年机动车拥有量为 60.25 万辆，较 2018 年增加了 5.9%，连霍高速南线日通行重型货车超 7000 余辆。

以上可见，关中地区密集的城镇、密集的人口、密集的工业和密集的交通，为大气污染物聚集提供了丰富的排放源。

14.4.4　特定的地理环境和地形特征

关中平原西起宝鸡，东至潼关，南倚秦岭，北界“北山”，介于陕北高原与秦岭山地之间，自西向东呈喇叭口状。关中平原东西长约 360 km，黄河最大支流渭河横贯东西，穿越盆地。从渭河河槽向南北两侧，地势呈不对称性阶梯状增高，由一、二级河流冲积阶地过渡到高出渭河 200～500 m 的一级或二级黄土台塬。渭河北岸二级阶地与陕北高原之间分布着东西延伸的渭北黄土台塬，塬面广阔，一般海拔 460～800 m。渭河南岸的黄土台塬断续分布，呈阶梯状或倾斜的盾状，由秦岭北麓向渭河平原缓倾。渭北黄土台塬往北为“北山”、崂山和黄龙山，往西有陇山、六盘山和陕甘交界处的子午岭，其中崂山、黄龙山和子午岭号称陕西的“一叶肺”，海拔在 1300～1700 m 左右，在关中盆地往北形成缓慢的坡形走势，它镶刻在黄土高原中南部，起着重要的吸尘和增湿作用。秦岭山脉呈东西走向，在陕西境内东西长 400～500 km，南北宽 120～180 km，一般海拔 1500～3000 m，高出关中盆地 1000～3000 m，山脉走势北陡南缓，北坡山势险峻，就像青藏高原向东伸出的一把利剑，是我国著名的南北气候分界线(图 14.12)。

显然,关中盆地这种特定的地理环境和地形特征,与不同风矢和流场发生相互作用后,必然对环境污染和大气污染物的聚集和稀释产生重要影响。当盛行偏东风(东风、东南风或东北风)时,由于关中地形的狭管效应,必然在贴地层存在辐合上升运动,这将有利于污染物聚集;盛行偏北风(北风、东北风或西北风)时,由于关中平原北部的坡型地势,存在下坡风效应,或者由于秦岭北坡陡峭地形的阻挡作用,地形辐合上升,这也有利于污染物在关中盆地或秦岭山脚聚集;当盛行偏南风(南风、东南风或西南风)跨越秦岭山脉时,因为越山气流而产生背风坡效应,背风坡的下沉风容易造成近地层污染物向贴地层汇集;当刮西风时,由于关中平原狭管的开口作用,有利于污染物扩散稀释;由于关中平原处于秦岭山脉与"北山"之间,因太阳辐射冷却作用,易在午后和夜间产生山谷风,同时由于城市化进程加快,因城市"热岛"效应而产生的城市风都对大气污染产生重要影响。

14.4.5 畅通的大气污染输送通道

图 14.12 为卫星遥感关中地区环境图像。可以清晰地看到,庞大的青藏高原坐落在陕西及其关中西部,向东在南部为东西走向的秦岭及大巴山脉,与在北部的关山、子午岭、崂山和黄龙山就像青藏高原伸出的一把张开的剪刀,而关中平原就是这张开的呈喇叭口状的缝隙。图 14.12 中还可以清晰地看到,山西境内西部为南北走向的吕梁山脉、东部为南北走向的太行山脉,两山之间的晋中平原(也叫汾河平原)与关中平原(也叫渭河平原)相通,现在统称"汾渭平原";山西与河南之间有中条山相隔,河南西北部的三门峡及黄河川道与渭河平原相通。可见,近地层不论是偏东风(含东北风和东南风)还是偏西风(含西北风和西南风),近地污染物很轻易地向下风方向输送;当刮偏东风时,山西和河南的污染物向关中平原输送,而且随着关中盆地的狭管效应,污染物辐合汇集,污染趋于严重。当处于刮偏北风或西北大风的气象条件下,如春季大风沙尘暴天气,由于前述的子午岭、崂山、黄龙山海拔高度为 1300～1700 m,祁连山北部戈壁或蒙古高原沙漠至黄土高原颗粒物可以越过较低山脉向关中平原上空输送。

[彩]图 14.12　卫星遥感关中地区地理环境图像

14.4.6 有利的盛行风向

以渭南市为界,其东部测站为关中东部,渭南市以西再以渭河河滩为界,其北部塬上测站为关中北部，渭河河滩及以南测站为关中南部。统计了关中 35 个气象站平均风向频率，如表 14.9、表 14.10、表 14.11 所示。可以看出，关中东部各气象测站以偏东风为盛行风向，特别是沿黄河气象站；其次是偏西风频率较高；华山站偏南风频率达 49%；渭南市、华阴、华州静风频率达 16%～23%。关中北部各气象测站以偏北风或西风为主导方向；部分测站偏东风或东南风频率较大。关中南部各气象测站以偏东风为主导方向，其次是西部测站西风、西北风频率较大，东部测站西南风频率较高。如前所述，偏东风盛行，在喇叭口状狭管效应下有利于污染物累积；华山偏南风频率较高，在背风坡效应下，有利于污染物向地面汇集；渭北偏北风主导，在下坡风效应下，有利于污染物向渭河滩累积；当关中北部偏北风盛行，南部西南风或东南风频率较高时，在渭河沿岸形成风的辐合，有利于污染物堆积；静风频率较高，意味着空气不流动，污染物不易扩散漂移。

表 14.9　关中东部气象测站平均风向频率(单位：$\times 10^{-2}$%)

测站	N	NNE	NE	ENE	E	ESE	SE	SSE	S	SSW	SW	WSW	W	WNW	NW	NNW	C
渭南	230	337	714	1210	1115	410	213	166	395	470	574	739	787	418	309	195	1715
潼关	154	94	107	318	863	2126	981	521	339	292	216	375	779	1386	619	267	559
华阴	254	331	257	702	898	764	317	487	229	406	400	1045	530	651	252	250	2224
华州	236	407	1047	1212	512	208	178	278	397	686	837	708	619	540	297	189	1640
华山	94	120	161	477	408	947	208	353	284	1318	717	1070	744	1536	835	438	285
大荔	474	422	1050	1290	909	444	391	178	242	227	557	921	713	436	498	441	802
韩城	600	1474	1243	743	379	381	336	410	285	541	581	588	507	710	318	417	483
合阳	181	681	2055	1383	607	420	241	184	184	241	377	622	598	813	749	238	422
澄城	1023	687	582	1627	828	454	235	196	211	407	839	616	424	425	446	488	506
蒲城	392	1062	1511	998	719	620	470	356	359	493	848	597	464	136	192	242	335
白水	556	220	178	404	651	686	429	411	341	473	312	466	804	1002	765	1831	468

表 14.10　关中北部气象测站平均风向频率(单位：$\times 10^{-2}$%)

测站	N	NNE	NE	ENE	E	ESE	SE	SSE	S	SSW	SW	WSW	W	WNW	NW	NNW	C
长武	791	300	295	189	281	306	1342	1225	892	541	504	257	442	340	912	724	654
旬邑	710	391	477	853	817	608	605	672	1074	499	242	228	224	409	673	980	534
千阳	315	123	156	274	1074	1344	534	240	114	98	178	292	903	1552	1315	733	750
麟游	71	58	103	966	856	699	240	140	137	166	424	1380	1646	1810	431	223	647
彬县	216	101	167	215	878	1095	863	354	213	119	86	158	336	761	985	550	2898
凤翔	1008	979	445	235	448	855	1298	423	252	183	230	362	463	617	797	939	460
永寿	752	448	283	324	434	580	657	829	423	400	359	311	405	605	965	1472	747
淳化	309	404	439	309	954	1193	1125	332	151	147	334	461	1064	1067	874	302	533

表 14.11　关中南部气象测站平均风向频率(单位:$\times10^{-2}$%)

测站	N	NNE	NE	ENE	E	ESE	SE	SSE	S	SSW	SW	WSW	W	WNW	NW	NNW	C
西安	289	420	1677	1110	456	268	245	164	463	679	797	423	734	298	350	181	1441
宝鸡县	105	112	177	462	1398	1090	479	151	110	105	199	641	1434	1604	722	199	1007
岐山	228	163	338	454	921	1245	883	305	209	184	380	536	1257	1120	732	319	723
扶风	460	349	309	399	683	718	664	343	278	198	333	417	1208	494	366	379	2397
眉县	88	39	64	149	653	1382	631	250	209	229	304	481	1299	1888	810	205	1313
礼泉	184	393	586	1476	772	490	207	204	222	305	411	567	980	1295	661	337	1005
周至	184	228	349	701	662	561	264	230	207	303	532	1044	1309	1285	455	240	1441
泾阳	196	651	966	1789	713	608	300	296	207	572	453	705	370	469	214	280	1206
武功	388	346	441	491	716	713	528	291	353	348	483	726	981	822	784	623	958
乾县	289	420	1677	1110	456	268	245	164	463	679	797	423	734	298	350	181	1441
兴平	171	224	532	1240	785	476	373	217	251	293	619	1157	1335	906	513	212	692
长安	217	241	256	154	221	1193	1874	370	261	184	748	966	1013	474	527	164	1131
高陵	229	748	1128	1699	596	308	133	191	203	671	985	927	596	516	283	315	467
富平	544	639	1133	985	854	537	303	291	333	480	704	686	400	555	535	428	589
临潼	373	644	1109	1114	648	406	344	424	371	350	822	947	494	276	282	245	1126
咸阳	373	562	1801	1232	624	296	256	211	286	438	551	677	613	631	582	328	533

从以上分析讨论中可以看出,关中地区所处的脆弱的生态环境和干旱气候,为环境污染的发生提供了有利的生态气候背景;稠密的城镇、稠密的人口、稠密的工业和密集的交通则为环境污染提供了丰富的污染排放源;关中地区特定的地理环境和地形特征,以及畅通的污染物输送通道和盛行的主导方向,有利于污染物聚集和大气污染浓度增高。所有这些表明,关中地区是中国大气污染的高度易发区。

14.5　关中地区大气污染发生的气象条件

14.5.1　高空大气环流特征

污染天气过程前,300 hPa 上欧亚大陆高纬度大多呈现“两槽一脊”环流形势,高压脊位于贝加尔湖一带,中纬度新疆至陕西为一宽广暖高压脊区,陕西关中受弱脊前部西北气流控制。受暖高压脊影响,关中风速大于 30 m/s;污染天气持续过程中,中高纬暖高压脊东移至贝加尔湖附近,关中处于暖脊底部平直的西风气流中,风速减弱至 20 m/s 以下;污染过程减弱时,一般中纬度关中西部有短波槽生成发展东移,关中东部受槽前西南气流影响,风速增大,且伴随暖平流输入,关中出现降水,空气质量趋于好转。

14.5.1.1　重度污染天气发生前大气环流特征

重度及以上污染天气发生前,500 hPa 欧亚中高纬度一般呈“两槽一脊”型,高压脊位于贝加尔湖以东,暖温度舌位于贝加尔湖以东到内蒙古拐子湖附近,中纬度青藏高原(简称高原,下同)东部到陕西西部位于高压脊内,陕西(或关中)处于暖高压(脊)控制,或位于暖高压(脊)底部。在这种形势控制下,大气扩散条件较好,天气晴朗,空气质量良。例如 2018 年 1 月 11—

28 日重污染发生前 500 hPa 形势如图 14.13 所示。

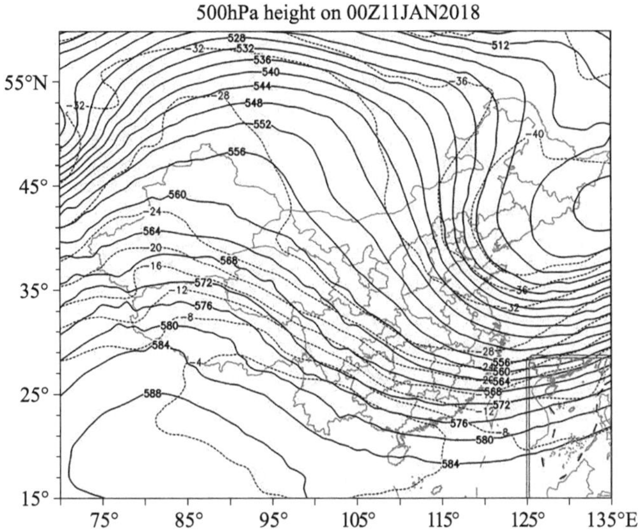

图 14.13　污染过程开始前 500 hPa 环流形势

14.5.1.2　重度污染天气发生时大气环流特征

按照 500 hPa 中高纬度的环流形势，重度及以上污染天气发生时可以分为以下 3 种(图 14.14)："两槽一脊"型(图 14.14a)、"一脊一槽"型(图 14.14b)、纬向环流型(图 14.14c)。其中"两槽一脊"型是关中出现区域性重污染天气频次最多的一种类型。下面分别介绍这三种类型重污染天气的环流形势演变情况。

(1)"两槽一脊"型

该型(图 14.14a)高空 500 hPa 上中高纬度呈"两槽一脊"型，两个长波槽分别位于巴尔喀什湖和我国华北以东至东北地区，中西伯利亚到我国黄河中上游地区为高压脊。

高压脊底部或者脊前的中高纬度环流较为平直，中低纬盛行西风气流，同时贝加尔湖以东有短波小槽分裂沿中纬度锋区东移，短波槽前弱偏南气流与中纬度长波脊底部的偏西气流汇合。这支气流阻止了短波小槽的冷空气南下势力，致使冷空气扩散南下，在低层有微弱的上升运动，冷锋后部的冷高压缓慢南移，与我国东部原地面高压融为一体，形成均压场，地面风速小于 4 m/s，低层极易形成逆温层，上升运动卷起地表直径很小的污染物，污染物滞留空中，形成了霾。该类型中陕西附近的环流形势有 2 种情形：一种是陕西关中以平直的纬向环流为主，风速小，湿度较大，东亚、渤海湾等高线密集。中高纬度冷空气势力很弱，不易南下。通常关中附近等温线与等高线平行，没有明显的冷暖平流。关中附近风速相对较小。这种环流形势的污染天气占 80%以上。还有一种情形是(图 14.15)，关中 500 hPa 为西北气流控制。这种情形下关中中低层 700～850 hPa 甚至到地面的垂直结构配置为上层暖干下层湿冷，即 700 hPa 附近有明显的暖平流或者暖中心，但湿度条件较差，没有明显的水汽输送，而 850 hPa 及其以下水汽条件相对较好，这种情况一般是近地层水汽含量较高，但水汽没有向高层输送的动力条件。这种情形下也能形成重污染天气过程，并将持续到上述结构被破坏，重污染天气才能结束。也就是说，低层动力抬升作用增强，低层的水汽向高层输送，如果低层没有明显的水汽输送补充，低层湿度条件转差后重污染天气结束；或者低层的水汽输送充沛，足以形成明显的降水天气，那么降水后重污染天气也会减弱或结束。

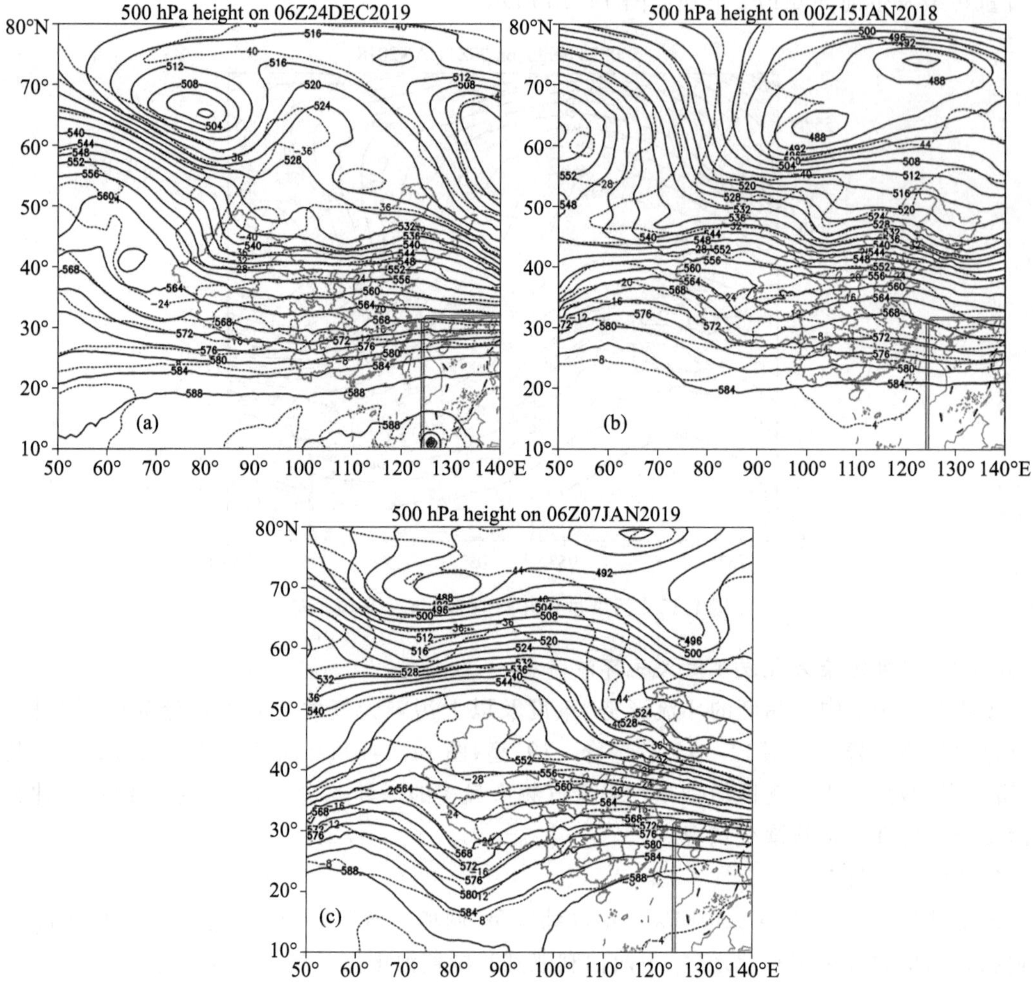

图 14.14　重污染天气过程的 500 hPa 环流形势

(a)两槽一脊型;(b)一脊一槽型;(c)纬向环流型

例如,2019 年 12 月 19 日—2020 年 1 月 5 日的污染天气过程欧亚中高纬 500 hPa(图 14.15a)也呈“两槽一脊”型,高压脊位于新疆北部到贝加尔湖以西,中纬度受高压脊前西北气流影响,之后,500 hPa 中高纬度新疆北部高压脊缓慢东移减弱,中纬度河套一直受高压脊前西北气流控制,这种情况下也会出现重污染天气。污染持续过程中,中纬度 700 hPa(图 14.15b)不断有浅槽自西向东移动,关中东部受槽前西南气流影响,露点温度猛增到 26～29 ℃,温度从－7 ℃升高到－2 ℃,风速维持在 2～8 m/s;同时段 850 hPa 露点温度从 25 ℃快速减小到 2 ℃,温度从 4 ℃持续降低到－0.7 ℃,风速维持 2～4 m/s。即随着浅槽移近甚至经过关中东部时,当地 700 hPa 湿度迅速减小,温度升高,700 hPa 演变为相对干暖形势;低层 850 hPa 有弱的水汽输送和弱冷平流,关中东部逐渐演变为相对干冷区域。垂直结构上形成了中层相对暖干、低层湿冷的垂直结构配置,低层湿度增大能够增强污染物粒子的碰并增长,中层暖干在一定程度上阻碍了污染物在垂直方向上的输送和扩散,加之 700～850 hPa 风速一直很小,所以当时大气水平扩散条件同样很差,AQI 迅速增大,空气质量转差。

(2)“一脊一槽”型

该型(图 14.14b)高空 500 hPa 欧亚大陆中高纬度呈“一脊一槽”型，长波脊位于西西伯利亚及以西地区，长波槽位于贝加尔湖及其以东地区。即巴尔喀什湖以西为高压脊，我国东部沿海为弱脊，新疆东北部至贝加尔湖、我国东北为宽广的低槽区，陕西处于宽广槽区底部的准平直西风气流当中。700 hPa、850 hPa 陕西处于槽前偏南气流当中。地面上新疆至贝加尔湖为高压。东北到山东、河南一带为弱高压区。四川盆地到陕北南部处于两高之间的西南—东北向的低压倒槽区，关中基本处于倒槽区顶部的偏东风中。这种类型下，关中常会出现区域性严重污染天气。

(3)纬向环流型

该型高空 500 hPa 新疆北部至贝加尔湖之间为高压脊(图 14.14c)。500 hPa、700 hPa、850 hPa 上，陕西处于高压脊底部前的西西北气流中。冷高压主体在我国新疆东北部到蒙古国西部，并稳定少动，不断有冷空气东移南下，陕北、关中西部处于冷高压前侧，关中东部在冷高压前部形成气旋性曲率。该类型重度污染范围较广，一般除了关中盆地中东部外，渭北也会出现重度到严重污染天气。

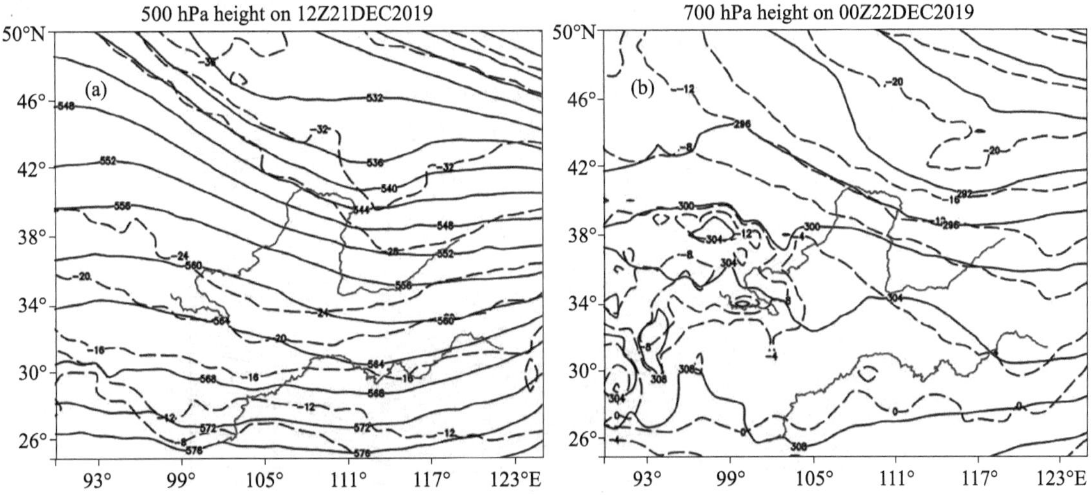

图 14.15　西北气流影响下严重污染时段的环流形势

(a)500 hPa；(b)700 hPa

上述三种环流形势并不是一成不变的，随着污染过程的演变，中高纬度的环流形势也会出现相应的变化。例如 2018 年 1 月 11—28 日关中的重污染天气过程一共有两次严重污染阶段，第一阶段(13—16 日)属于“一槽一脊”型，但随着形势的演变，第二阶段(22—25 日)演变为纬向环流型。重污染开始前，陕西关中处于高压脊和暖舌前较强的西北气流中，重污染日(12—13 日)，高纬度高压脊东移坍塌，位于乌拉尔山附近的低涡填塞，中纬度维持平直西风气流，700 hPa 风速为 4～12 m/s，850 hPa 仅 2～4 m/s，冷暖平流不明显，AQI 快速增大。14 日 20:00(图略)随着高纬度冷平流增强东移，新疆以北地区形成一个冷槽，槽底渗透下来的冷空气在高原西北部形成浅槽，高原东部为弱脊，弱脊后有弱暖平流，15 日 08:00，弱脊东移至山西境内，浅槽和暖舌控制关中，500 hPa 为≥20 m/s 的西西南风，700 hPa 为 18 m/s 的西南风，850 hPa 为 2 m/s 的东风，当日 AQI 增量减小。可见 700 hPa 风速增大能够在一定程度上改善大气扩散条件，但 850 hPa 风速较小,加之前期污染物经过 3～4 d 持续累积,当日 AQI 增大到峰值。15 日 20:00(图略)后,高纬度乌拉尔山高压脊发展增强,形成明显的阻塞形势,西伯利亚及以东地区为宽广低压槽区,中纬度短波槽移出关中,700 hPa 转为 18 m/s 的西北风,850 hPa 风速增大到 10 m/s(西北风),AQI 明显降低。16—17 日,关中一直受槽后西北气流影响,大气扩散条件较好,AQI 持续降低,17 日西安和咸阳 AQI 降到了污染以来的最低值。18 日 08:00,高纬度阻塞高压瓦解,高压脊南压,位于内蒙古北部的低压槽发展加深南压,中纬度在新疆北部形成了高压脊,关中处于高纬度低槽底部和高压脊前的交汇区域,气流平直,西安和咸阳首先受到影响,大气扩散条件一般,渭南继续受西北气流影响,当天 AQI 降到更低。由于前期污染物累积时间长且浓度大,16—18 日大气扩散条件好转没能彻底清除污染。19 日 08:00(图略)后高纬度高压脊逐渐坍塌,位于高压脊以东的高度场不断降低,内蒙古低涡加深发展,关中西西北气流坡度略有增大,没有明显的冷暖平流,大气扩散条件一般,AQI 增量较小。21 日 20:00(图略),关中 500 hPa 有 42 m/s 的西西北风,700 hPa 为 8 m/s 的西北风,850 hPa 为 2 m/s 的东东南风,22 日 08:00(图 14.16),500 hPa 西西北风减小,700 hPa 有弱南风发展,扩散条件较 21 日转差,AQI 再次增大到重度污染。22 日 20:00 开始,整层风速增大,500 hPa 为 34 m/s(西北风),700 hPa 达 14 m/s(西北风),850 hPa 为 8 m/s(东风),AQI 快速降低,24 日 08:00(图略),高原上有暖舌东移影响关中,关中中东部暖平流明显,850 hPa 有切变线影响,关中产生降水,扩散条件进一步好转,污染物被清除。

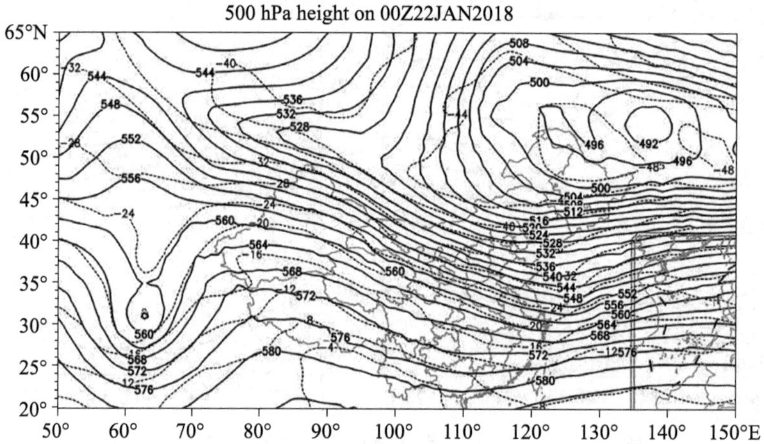

图 14.16　2018 年 1 月 22 日 08:00 的 500 hPa 高度场(实线,单位:dagpm)和温度场(虚线,单位:℃)

虽然中高纬度的环流形势有所不同,但在上述 3 种类型中,500 hPa 中纬度气流相对比较平直,陕西关中处于高压脊前弱偏北气流或高压底部平直西风气流中,中低层风速较小,地面气压场较弱,大气层结稳定。说明长时间静稳的气象条件有利于关中出现区域性霾重污染天气。

14.5.2　地面气压场特征

针对关中地区出现的重度及以上污染天气,从高空环流系统和地面气压场分析重度及以上污染天气产生和维持的气象条件,发现地面气压场天气形势可以分为 4 类(图 14.17):分别是高压底部型、高压后部型、暖倒槽型、锋前暖区型。其中高压底部型和高压后部型产生重度及以上污染天气最多,关中大部以东风为主,风速较小。随着天气形势的不断演变,当冷空气从 40°N 附近东移，由华北南下时，高压底部型就转化为高压后部型，关中大部以静风为主。所以将高压底部型和高压后部型可以看成一种天气形势，即“冷高压偏北东移南下型”。重度及以上污染出现时，关中等压线稀疏，没有明显的锋区。四种地面天气形势中，只有暖倒槽型控制关中时，关中地面为西南风或南风，近地层湿度较大，地面形势稳定，变压幅度较小。当地面形势演变为高压控制，或者地面锋区移至关中时，等压线密集，气压梯度增大（或者伴随地面冷锋），大气污染减弱或消散。下面具体介绍各类天气形势：

（1）高压底部型

如图 14.17a，高空 500 hPa 上蒙古国中西部—贝加尔湖及其以北为高压脊，贝加尔湖到东北为宽广的低槽。中低层陕西处于高压脊中或高压脊前弱偏北气流中。地面上冷高压主体在贝加尔湖和我国东北之间，关中北部处于冷高压底部的弱东北气流中，关中南部为偏西和西南气流，弱东北气流和偏西气流在关中盆地形成切变性辐合，这种类型关中盆地各市一般均出现重污染天气。

（2）高压后部型

如图 14.17b，高空 500 hPa 上中高纬度呈“两槽一脊”型，新疆北部、我国东部沿海为两个低槽区，贝加尔湖为高压脊。500 hPa、700 hPa 上陕西处于高压脊前弱偏北气流中，850 hPa 上陕西为偏南气流（西南或东南向），地面上我国中东部维持高压，陕西处于弱高压后部，关中地区为一致弱东北风，将东部污染物向关中输送，由于关中喇叭口地形和逆温层作用，在关中地区堆积，形成重污染天气。该类型是关中出现区域性重污染天气频次最多的一种类型。

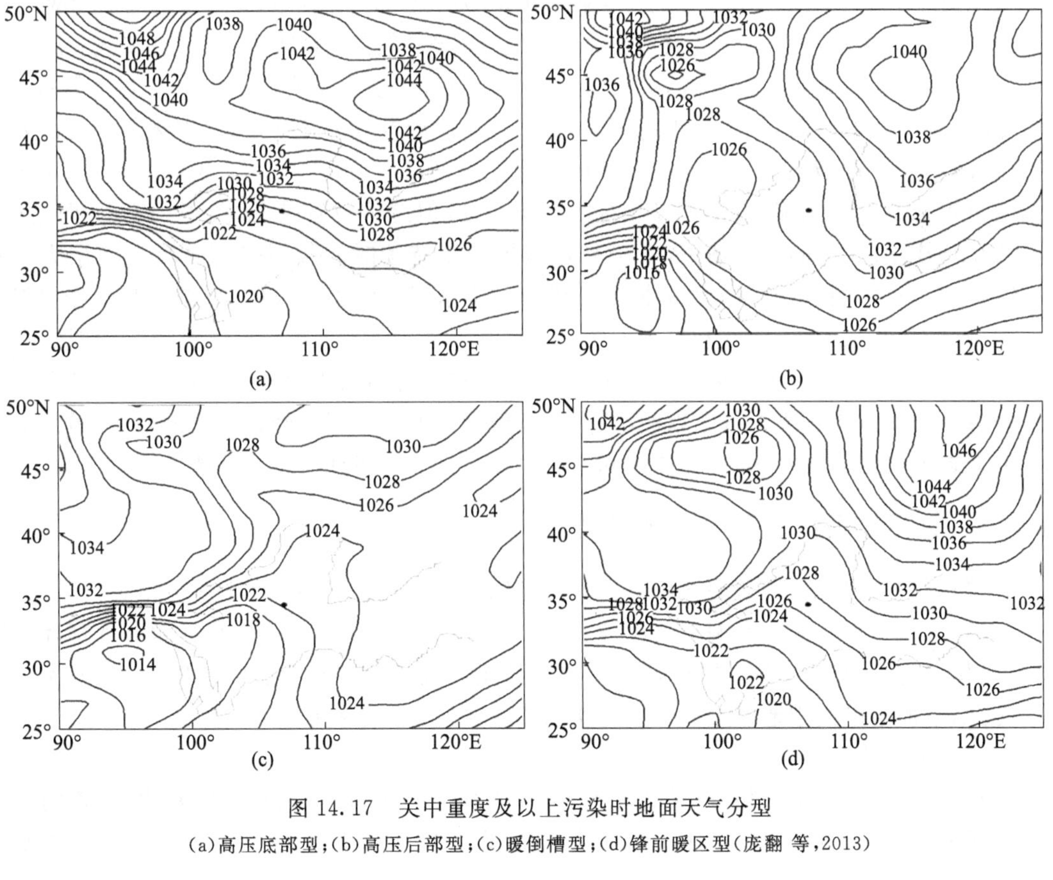

图 14.17　关中重度及以上污染时地面天气分型

（a）高压底部型；（b）高压后部型；（c）暖倒槽型；（d）锋前暖区型（庞翻 等，2013）

(3)暖倒槽型

如图 14.17c,高空 500 hPa 欧亚大陆中高纬度呈两脊一槽型,巴尔喀什湖以西为高压脊,我国东部沿海为弱脊,新疆东北部至贝加尔湖、我国东北为宽广的低槽区,陕西处于宽广槽区底部的准平直西风气流当中。700 hPa、850 hPa 陕西处于槽前偏南气流当中。地面上新疆至贝加尔湖为高压。东北到山东、河南一带为弱高压区。四川盆地到陕北南部处于两高之间的西南—东北向的低压倒槽区,关中基本处于倒槽区顶部的偏东风中。这种类型下,关中常会出现区域性严重污染天气。高原有倒槽发展东移时,倒槽推动冷空气快速东移,这种形势下关中地面有温暖湿润的南风影响,低层湿度较大,有利于污染物的碰并增长和持续累积。当冷高压经华北沿东路侵入陕西关中东部,河套地区气压梯度增大,低层风力增大,倒槽减弱后地面冷锋从河套地区西北部逐渐南压,影响关中中东部地区,伴随着冷高压南下,污染物得以清除。

(4)锋前暖区型

如图 14.17d,高空 500 hPa 新疆北部至贝加尔湖之间为高压脊。500 hPa、700 hPa、850 hPa 上,陕西处于高压脊底部前的西西北气流中。冷高压主体在我国新疆东北部到蒙古国西部,并稳定少动,不断有冷空气东移南下,陕北、关中西部处于冷高压前侧,关中东部在冷高压前部形成气旋性曲率。该类型重度污染范围较广,一般除了关中盆地中东部外,渭北也会出现重度到严重污染天气。

还有少数的个例为均压(鞍形)场型:500 hPa 上中纬度中国大陆地区呈平直西风气流,陕西上空为宽广的浅槽或弱脊区,地面上蒙古国中部、我国长江中游地区为高压,东北和川藏地区为低压,陕西处于两高压和两低压之中,关中北部为弱东北风,关中西部为偏西风,关中东南部为偏南风,在关中中东部形成弱气旋性辐合。这种类型关中盆地中东部一般会出现区域性严重污染天气。

研究表明,污染物累积的过程,关中海平面气压场等值线是由密集到稀疏又到密集的变化过程,重污染天气开始前,关中处于高压底前部,有小股冷空气渗透南下,随着天气系统的发展演变和东移,关中逐渐演变为上述的 4 种地面天气分型之一,等压线逐渐变得稀疏,甚至虽然中国东北有低涡发展南下,内蒙古以北有冷高压活动,但总体位置偏北,关中一直处于气压值为 1022.5～1025 hPa 的均压场中,由于受均压场控制持续时间长,均压范围大,底层大气稳定,不利于污染物的扩散和稀释,造成 AQI 维持较高水平。污染天气后期,新疆北部冷空气活动加强,冷空气扩散南下,西安和咸阳的海平面气压首先升高,如果冷空气势力强、扩散快,渭南和咸阳、西安将在同一天结束重污染天气;如果冷空气势力较强,扩散慢,那么渭南的重污染天气将在西安和咸阳污染天气结束的次日结束,但渭南的污染天气经过两天的好转,最终的空气质量较西安和咸阳更好,即虽然咸阳和西安 AQI 先于渭南降低,而渭南最终降得更低。

14.5.3 重污染期间主要气象因子特征

在静稳气象条件下,近地面气象要素与污染物的聚集、传输和扩散等密切相关,当污染源相对稳定时,气象条件成为影响空气污染的主要因素。因此,除了污染物排放源和地理环境因素外,气压、气温、湿度、风速、风向、降水等要素和重污染天气的产生、发展、减弱、消散关系密切。为此,下面给出关中地区重污染天气期间各主要气象要素特征。

14.5.3.1 海平面气压

根据 1960—2012 年,西安市雾霾天气 14 时地面的 24 h 变压分析,可以看出,雾霾的出现与气压场的变化密切:负变压($\Delta P_{24}<0$)时,最容易产生雾霾天气,发生概率为 55%;正变压

($\Delta P_{24}>0$)时，发生雾霾的概率次多，为 43.7%；气压变化不大时仅占 1.3%。这表明气压场的减弱更有利于雾霾的形成。通过对关中地区重污染天气个例分析发现，西安海平面气压和 $PM_{2.5}$ 浓度呈负相关，即气压降低有利于污染天气的出现和污染加重，气压升高有利于空气清洁和雾霾消散，而气压稳定少变则有利于污染维持。2013 年 12 月 16—26 日，关中地区发生持续时间长、雾霾程度重的雾霾天气过程，关中地区 5 市(西安、渭南、咸阳、宝鸡、铜川)霾污染具有显著的区域同步变化特征。图 14.18 为关中各站海平面气压、$PM_{2.5}$ 浓度、温度逐时变化图，由图 14.18 可见 17 日 09:00 污染剧增前，关中各站海平面气压降幅显著。16 日 14:00—17 日 08:00，24 小时变压为－7.6～－4.0 hPa，海平面气压平均为 1027 hPa；污染严重阶段，关中处在均压场控制下，22 日前海平面气压基本维持在 1035 hPa 左右稳定少变，22 日后海平面气压略有降低(1033 hPa)，$PM_{2.5}$ 浓度较 22 日前有所加强，污染清除前 25 日 08:00，冷锋过境后冷高压南压，至 16:00 左右，关中各站海平面气压显著升高，24 小时变压达 4～9 hPa。可见 24 h 负变压有利于污染天气的出现，而 24 h 正变压有利于清洁空气。

另外，许多重污染天气个例分析都发现，海平面气压的变化同 $PM_{2.5}$ 浓度的变化不同步，$PM_{2.5}$ 浓度的变化往往较海平面气压的变化滞后 6 h 左右，也就是说，海平面气压与滞后 6 h 的 $PM_{2.5}$ 浓度相关性更显著，表明 $PM_{2.5}$ 浓度对海平面气压变化存在明显的滞后性。

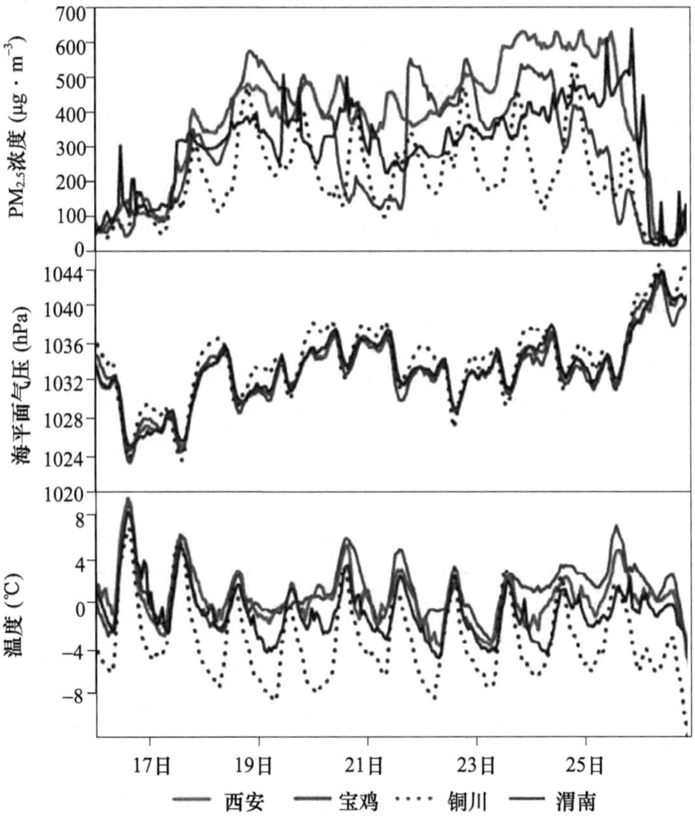

图 14.18　2013 年 12 月 16—26 日关中 4 站 $PM_{2.5}$ 浓度、海平面气压、温度逐时变化(黄少妮 等，2016)

研究表明，24 h 海平面变压和 $PM_{2.5}$ 有明显反相关性，正变压时间明显超前于空气质量好转时间，重污染天气持续期间，关中东部海平面气压维持在 1017.5～1025 hPa 之间，受地面弱高压或高压底部均压场控制，气压梯度较小，大气处于稳定状态，扩散条件差，污染物累积效应明显。

14.5.3.2　气温

根据1960—2012年西安市雾霾天气14时的地面24 h变温统计，发现当西安市出现正变温($\Delta T_{24}>0$)时，更容易产生雾霾天气，发生频率为57.4%；负变温($\Delta T_{24}<0$)时，发生雾霾的概率次多，为41.4%；温度变化不大时仅占1.2%。从实际关中地区严重污染天气个例分析发现，地面气温同$PM_{2.5}$浓度之间，既有负相关又有正相关，如2013年12月16—26日污染天气过程(图14.18)，在污染严重阶段，关中地区气温整体有下降趋势，日最高气温明显降低，且宝鸡、渭南和西安日变化幅度明显减小，其中西安市过程平均气温为−0.24 ℃，气温降低对应着$PM_{2.5}$浓度升高。而且分析发现宝鸡、渭南和西安$PM_{2.5}$浓度与气温呈负相关，其中渭南和西安6 h滞后性较同步性更显著；铜川站温度的日变化依然显著，且$PM_{2.5}$浓度的日变化较气温变化滞后约1/4位相(约6 h)，两者存在显著的滞后正相关。2016年12月28日—2017年1月7日污染天气过程与上述过程相反，过程气温呈整体上升趋势，日变化幅度一直较大，西安市过程平均气温为2.56 ℃。

表14.12给出了西安市1960—2012年逐日雾霾天气出现的不同概率范围对应的多年平均逐日最高气温、最低气温和日平均气温。可见，当逐日雾霾天气出现概率由低于30%(不足16 d)的区间显著增大至60% 以上(大于32 d)区间时，对应的逐日平均气温、最高气温、最低气温分别由26.2 ℃、32.2 ℃、21.1 ℃迅速下降至8.5 ℃、13.9 ℃、4.5 ℃以下。由此可知，气温越低，西安市雾霾现象发生的频率越大。

表14.12　西安市1960—2012年逐日出现雾霾天气概率范围及对应的多年平均逐日最高气温、最低气温和日平均气温(王珊 等,2014)

出现雾霾日的概率(%)	出现雾霾日的天数(d)	逐日平均气温(℃)	逐日最高气温(℃)	逐日最低气温(℃)
<30	<16	26.2	32.2	21.1
30～40	16～21	25.5	31.6	20.2
40～50	21～27	22.3	28.2	17.3
50～60	27～32	14.7	20.4	10.1
60～70	32～37	8.5	13.9	4.5
70～80	37～42	7.2	12.4	3.4
>80	42～47	5.3	10.5	1.5

从2014—2017年逐时地面温度和AQI关系来看，如图14.19所示，地面气温在−5 ℃以下时，大气污染在轻度以下；气温在−5～−2 ℃时，大气污染在中度以下；气温在−2～15 ℃是重污染高发区，特别是气温在−2～10 ℃是严重污染高发区。当气温在16 ℃以上时出现重污染天气很少，当气温达到20 ℃以上时，大气污染几乎均在轻度以下。可能主要是由于气温在16 ℃以上时，湍流活动活跃，垂直扩散能力强，不利于污染物的堆积。值得注意的是当气温超过16 ℃以上时，仍会出现极少数重污染天气，这种情况主要出现在关中处于低压倒槽区，水平辐合强烈，导致污染物聚集。

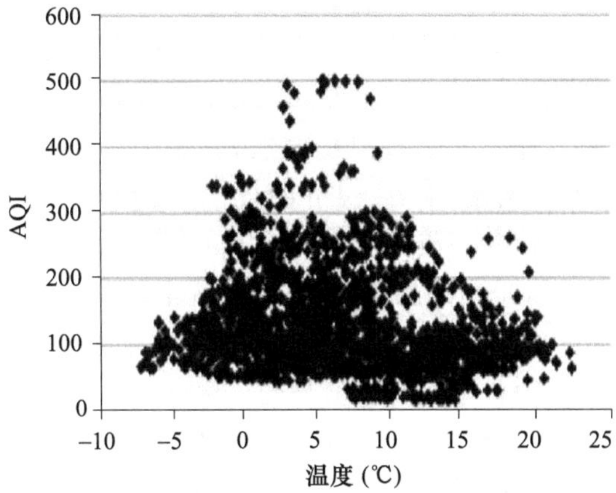

图 14.19　2014—2017 年逐时地面温度和 AQI 散点图(高维英 等,2020)

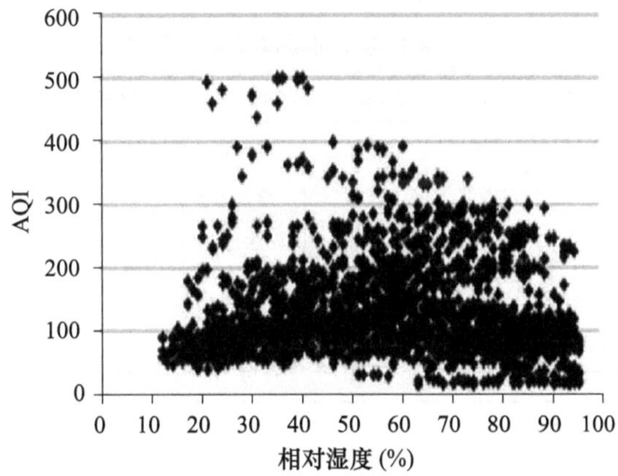

图 14.20　2014—2017 年逐时地面相对湿度和 AQI 散点图(高维英 等,2020)

14.5.3.3　相对湿度

对陕西省 1981—2016 年不同相对湿度范围霾现象发生频率进行统计分析显示,发生重度及严重霾时的平均相对湿度为 59%,轻度为 49%,重度及以上霾发生时相对湿度明显偏大。从表 14.13 可以看出,各区域出现霾时相对湿度有明显变化,其中陕北出现霾时平均相对湿度为 33%,在 10%～50%霾出现频率最高;关中为 50%,在 40%～80%霾出现频率最高;陕南为 54%,在 50%～90%霾出现频率最高;全省相对湿度在 60%～70%霾出现频率最高,约占霾次数 20%左右,40%～80%霾出现频率较高,霾频率高达 68.1%,相对湿度小于 30%霾出现频率较低。

对西安市 1960—2012 年不同日均相对湿度范围雾霾天气出现的频次进行了统计分析,如表 14.14 所示,发现随着日均相对湿度的逐渐增大,西安市雾霾天气的出现概率呈先增大后减小的趋势,当日均相对湿度小于 40%时,雾霾发生概率很小,仅占 0.9%;日均相对湿度增至 70%～79%区间时,雾霾出现所占概率达到峰值,为 28.7%,之后雾霾出现概率随日均相对湿度增大呈下降趋势。根据识别雾霾的概念模型,西安市出现的雾霾天气现象中,仅有 10.7%属于轻雾(日均相对湿度大于 90%),其余的均为霾,其中有 62.7%的霾属于干霾(相对湿度小于 80%),只有 26.5%的霾天气属于湿霾或雾霾混合物(相对湿度为 80%～90%)。

图14.20给出了关中地区2014—2017年逐时地面相对湿度与AQI散点图,可以看出,相对湿度在20%~95%区间,关中均会出现重污染天气;当相对湿度在40%以下,AQI达500以上的爆表情况,从个例分析来看主要是冷空气产生的大风导致上游沙尘的远距离输送和本地扬起的沙尘所致,主要污染物是PM_{10},并非$PM_{2.5}$;AQI达300以上的严重大气污染时,相对湿度基本在80%以下。对比关中各站(西安、渭南、宝鸡、铜川)$PM_{2.5}$浓度和相对湿度的逐时变化发现,两者均有较一致的变化趋势,且具有显著正相关。如2013年12月16日—26日关中严重污染天气个例,在污染开始阶段的16日20:00—17日08:00,西安站相对湿度迅速增加,相对湿度平均为86%,而其他3站相对湿度在70%左右,高湿条件下颗粒物易于吸湿增长,从而有利于17日白天$PM_{2.5}$浓度激增;高污染阶段,关中各站相对湿度日变化幅度减小,总体呈现高湿状态,其中西安和渭南相对湿度平均达80%,铜川和宝鸡分别为74%和72%。这种持续高湿条件是$PM_{2.5}$维持在高浓度状态的一个重要因素。这是因为高湿条件下颗粒物吸湿增长,同时相对湿度增大也会使得气溶胶的非均相反应增强,生成更多的气溶胶;污染清除阶段,25日夜间到26日白天冷锋过境后干冷空气横扫关中地区,温度骤降,相对湿度骤减到30%左右。

表14.13 陕西省1981—2016年不同相对湿度范围霾现象发生频率(胡琳 等,2019)

相对湿度(%)	$h\leqslant10$	$10<h\leqslant20$	$20<h\leqslant30$	$30<h\leqslant40$	$40<h\leqslant50$	$50<h\leqslant60$	$60<h\leqslant70$	$70<h\leqslant80$	$80<h\leqslant90$
全省	6.1	3.0	5.4	9.2	14.0	18.3	20.0	15.8	8.3
陕北	8.9	22.4	18.1	14.7	11.9	9.2	6.8	4.6	3.6
关中	6.7	1.5	4.7	9.6	15.3	19.7	20.7	14.8	7.1
陕南	2.9	2.7	4.2	5.8	9.4	15.7	21.3	23.4	14.6

表14.14 1960—2012年西安市日均相对湿度分布对应的雾霾频次(王珊 等,2014)

相对湿度(%)	雾霾频次(%)	相对湿度(%)	雾霾频次(%)
20~29	0.2	30~39	0.7
40~49	3.8	50~59	9.4
60~69	20.0	70~79	28.7
80~89	26.5	90~100	10.7

14.5.3.4 风速与风向

风场是边界层内影响污染物累积或扩散的主要因子,风起着水平输送和稀释或聚集作用,二者高度相关,而风场又同特定地理环境和地形相互作用。

(1)地面风速

污染物浓度与地面风速呈显著负相关,且同步性较好,风速越小时对应污染物浓度越高,而风速越大时则对应着污染物浓度的减小或消散。计算分析关中地区西安、咸阳、渭南、宝鸡、铜川5地市43个气象站1981—2016年发生霾天气时的地面风速分布,如图14.21所示,关中43站霾天气出现在风速小于2.0 m/s频率较大,平均出现1160次,占霾出现次数的84.2%,风速大于2.0 m/s随着风速的增加,霾天气发生次数显著较少。当出现静风、小风时,关中霾天气出现的频率较大,风速较大时,关中霾天气出现的频率较小。图14.22给出了1960—2012年西安市所有雾霾天气过程的日均风速分布情况,可见,西安市发生雾霾天气时的日平均风速主要在2.0 m/s以下,所占比例高达73.8%。可见,风速≤2.0 m/s时,最有利于雾霾天气的形成，当风速>2.0 m/s 时也有雾霾天气的发生，但随着风速的增大，雾霾现象发生概率迅速减小。风速越小，发生雾霾天气的概率越大。这表明地面风场是影响雾霾天气形成与否的决定性控制条件之一。近地层长时间的小风速或静风有利于形成气流停滞区，从而为雾霾的形成创造条件；随着风速的增大，大气平流输送能力增强，大气污染物极易被驱散而不利于雾霾天气的形成。这也说明风速小于 2.0 m/s 是西安地区，同样是关中地区出现霾污染的重要判据之一，这一结果与北京和石家庄出现霾的风速判据一致。

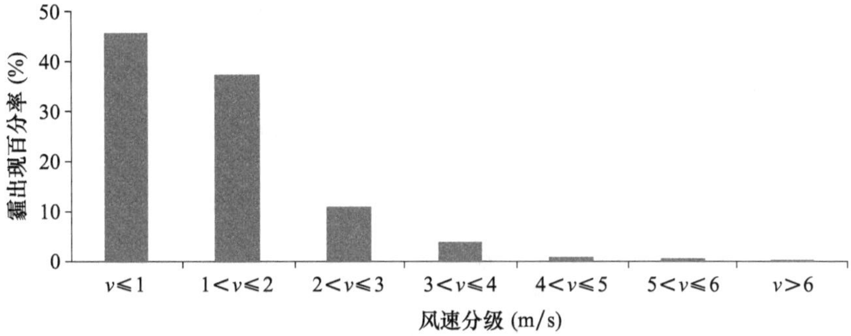

图 14.21　关中 1981—2016 年不同风速段霾天气发生频率(胡琳 等，2019)

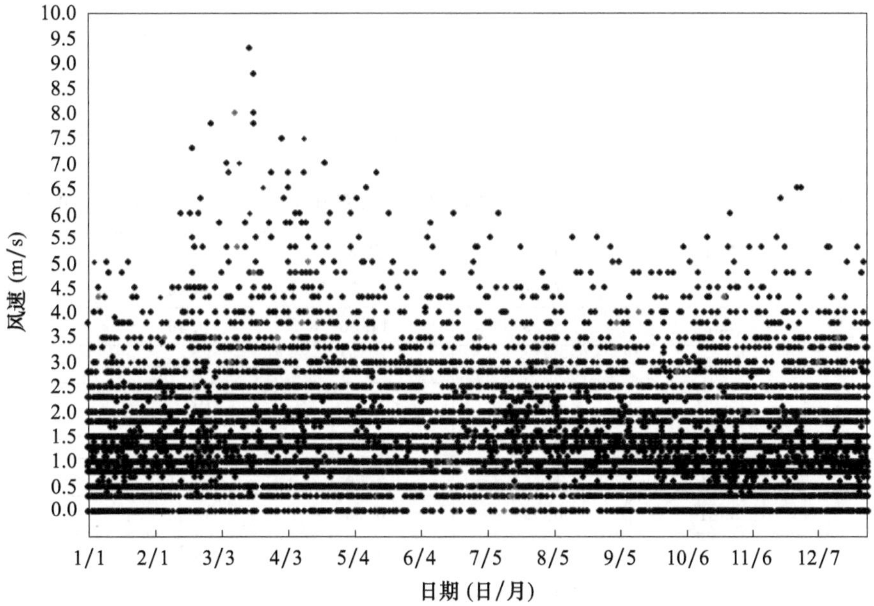

图 14.22　西安市 1960—2012 年雾霾天气过程日平均风速分布图(王珊 等，2014)

(2)地面风向

局地主导风向及其同地理环境和地形相互作用是影响污染物浓度分布的重要因子，表 14.15 是关中地区 1981—2016 年不同风向霾发生频率，由表 14.15 可以看出，静风条件下关中地区发生霾天气频率最大，其中全年和秋、冬季静风下发生霾所占频率最多。占霾总次数的约 15.8%～26.0%；其次，全年和四季均在 NE 风时发生霾天气频率较大，霾天气的发生频率为 13.1%～20.6%。可见，全年和四季霾天气多发生在偏东北风向。图 14.23 给出了 1960—2012 年西安市出现雾霾过程风向频率分布图,由图 14.23 可以看出,西安市出现霾天气时。近地面全年风向为东北风,ENE 到 NNE 三个风向所占比例为 31.2%;西南风次之,SSW 到 WSW 三个方向所占比例为 21.2%。这与西安市多年主导风向是一致的;在所有雾霾天气中,静风所占频率高达 17.7%。图 14.24 给出的是关中地区两次重污染天气个例西安站风玫瑰图,可以看出,2013 年 12 月 16—26 日过程和 2016 年 12 月 28 日至 2017 年 1 月 6 日过程,西安出现频次最多的风向均为东北风,分别占各自过程的 44%和 42%,这与西安常年主导风向一致。其次,出现频率较多的为西北风约占 16%,西南风和东南风的出现频率最少,且风速均小于 2 m/s。

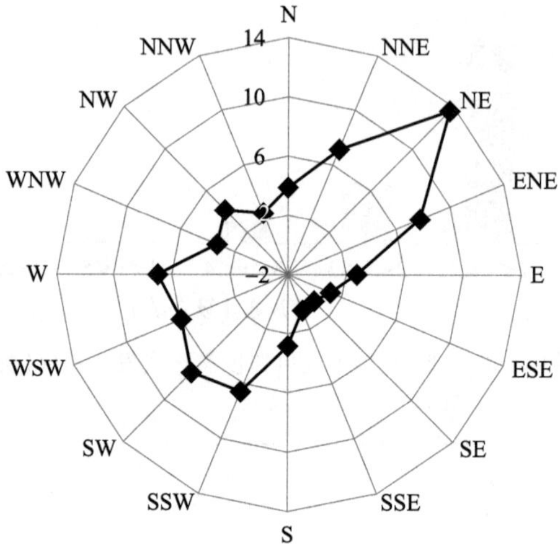

图 14.23 1960—2012 年西安市雾霾天气过程风向频率分布(单位:%)(王珊 等,2014)

表 14.15 关中 1981—2016 年不同风向霾发生频率分布(单位:%)(胡琳 等,2019)

风向	全年	春季	夏季	秋季	冬季
N	5.45	7.22	14.50	4.42	5.24
NNE	10.22	8.59	14.50	9.46	8.90
NE	16.59	14.09	20.61	17.35	13.09
ENE	8.53	8.59	9.16	10.73	7.33
E	5.68	4.81	8.40	6.62	3.14
ESE	1.77	1.72	4.58	2.21	0.52
SE	0.31	0.69	0.76	0.32	0.00
SSE	1.15	1.72	3.05	0.63	1.57
S	2.84	4.12	0.76	2.52	3.14
SSW	4.69	4.81	1.53	3.79	5.24
SW	5.30	4.12	1.53	4.73	5.76
WSW	4.84	8.25	5.34	3.47	3.66
W	6.30	8.93	3.82	5.36	5.24
WNW	3.76	4.81	0.76	3.47	3.66
NW	3.38	3.78	2.29	3.15	4.19
NNW	3.38	5.50	4.58	2.21	3.66
C	15.82	8.25	3.82	19.56	25.65

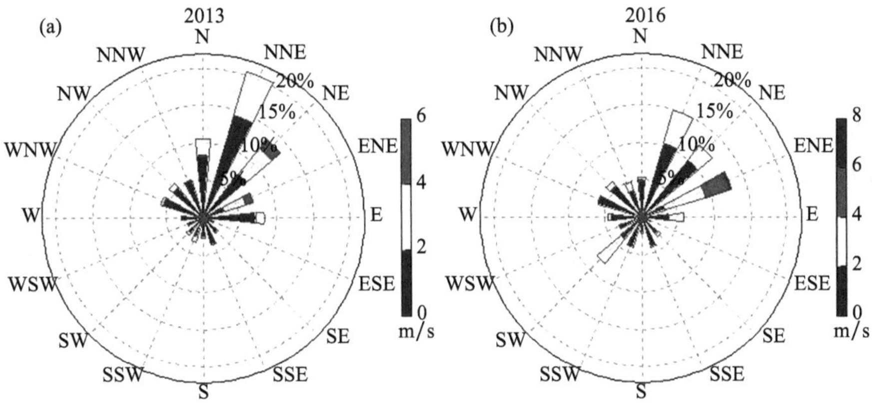

图 14.24　2013 年过程(a),2016 年过程(b)西安站风玫瑰图(黄少妮 等,2019)

(3)局地风场

在特定地理环境和地形作用下,不仅要分析整个区域或面上风场特征,还要分析局地风场特征,特别是着眼于小区域或局地污染浓度变化时,就要着眼于局地风场及其周边地理环境和特定地形的相互作用,这一点在实际业务中非常重要。下面以西安和宝鸡两市为例。

①西安

分析西安单站 1971—2013 年资料发现,霾天气时风速≤1.5 m/s(风力 0～1 级)的约占 66.72%,风速在 1.6～3.3 m/s(风力 2 级)的约占 28.2%,风速≥3.4 m/s(风力 3 级)的仅占 4.99%,故霾出现时的静风或小风情况居多,当风力达到 3 级或以上时,一般不易出现霾。风速特征表明,西安地区 95%的霾出现在风速<3.3 m/s 的天气下,一半以上出现在风力<1 级的天气下。这是因为风速较大时,大气污染物水平输送和近地层湍流较强,利于垂直方向上的扩散,大气污染物和气溶胶不易堆积,不易出现霾;反之,较小的风速不利于污染物的扩散和稀释,容易形成霾。除了较小的风速外,对于局地来说,风向条件对霾天气也有重要影响。西安市位于关中盆地中部,1971—2013 年风向资料统计表明,如图 14.25,市区常年盛行东北风,周至、鄠邑为西风,高陵、临潼为东东北风,长安为东南风,风向均吹向市区,加深了西安市区风场和大气中气溶胶的辐合,有利于霾的形成。蓝田盛行西北风,其东南和西南环山,风被阻挡,加之 20 世纪 90 年代以来县城建设和经济的快速发展,使得蓝田霾日数较多。

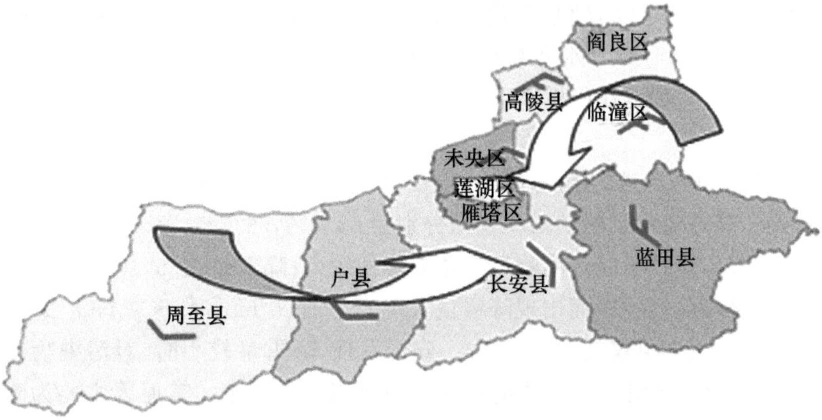

图 14.25　西安市 1971—2013 年风向示意图(金丽娜 等,2015)

②宝鸡

宝鸡地处关中西部,是喇叭口地形的顶端,北、西、南部三面环山,东部开口。分析宝鸡市在2000—2011 年共发生重度灰霾 325 站次,其中,当地面天气形势为高压底部型时,重度灰霾最多,为 133 站次,占总数的 41%;其次为高压后部型,104 站次,占 32%;第三位是锋前暖区型,52 站次,占 16%,最后为暖倒槽型,36 站次,约占 11%。分析发现,宝鸡各站重度灰霾日出现时,日平均风速为 1.1 m/s,最大值不超过 2.6 m/s,其中风速小于 2 m/s 的占总数的 90%。通过统计重度灰霾日 14 时的风向发现,主导风向是东风和静风,分别占 38%和 31%,东南风占 16%,其余占 15%。在天气形势为高压底部和高压后部型时,宝鸡通常吹偏东风,而这两种天气形势是宝鸡重度灰霾日的主要天气形势,因此,灰霾日风向多为偏东风。分析 2013 年冬季宝鸡重度雾霾天气发现,宝鸡市日平均风速为 0.5~2 m/s,地面逐时风速为 0~3.3 m/s,日平均风速小且变化不大,风向以东风和静风最多。市区东侧的陈仓区 $PM_{2.5}$ 质量浓度始终高于市区,且 $PM_{2.5}$ 质量浓度先于市区增加。逐时风分析显示,宝鸡持续偏东风时均对应 $PM_{2.5}$ 高质量浓度持续时段,且东风增大到 2 m/s 以上时,$PM_{2.5}$ 质量浓度陡增。宝鸡由西风转向东风时,$PM_{2.5}$ 质量浓度增加明显,例如 2013 年 12 月 18 日 14 时宝鸡由西风转为东风,并维持到 20 日 08:00,对应 $PM_{2.5}$ 质量浓度陡增到 300 $\mu g/m^3$ 以上并持续高值;到了 20 日 14:00 至 21 日 14 时,又转为西风,对应 $PM_{2.5}$ 质量浓度降至 200 $\mu g/m^3$ 以下;21 日 14 时后再次转为东风并维持时,对应 $PM_{2.5}$ 质量浓度陡增到 400 $\mu g/m^3$ 以上并持续高值。可见偏东风平流输送,加之宝鸡三面环山的地形狭管效应,致使污染物聚集,有利于宝鸡雾霾天气发生,加剧了宝鸡雾霾污染。

14.5.3.5 降水

(1)不同等级降水

分析 2014—2017 年关中地区重污染天气个例小时降水量与 AQI 的关系,如图 14.26 所示,重度以上污染天气基本是出现在无降水或微量降水情况下。当降水强度在 0.2 mm/h 以上时,大气污染基本在轻度以下,降水强度达到 2 mm/h 时,空气质量基本为优(AQI≤50)。统计西安市 2007—2011 年期间降水日,并将此期间的降水分为四个等级,即 0.1 mm≤R<1 mm,1.0 mm≤R<5 mm,5.0 mm≤ R<10 mm,10.0 mm≤R。分析不同等级降水对降水当天污染物 SO_2,NO_2,PM_{10} 质量浓度与此后一天质量浓度的影响,发现 2007—2011 年内有降水出现的时段里,降水对 SO_2,NO_2,PM_{10} 的稀释影响分别能够达到 59.9%、56.7% 和 64.8% ,有较强的稀释作用,其中稀释作用最强的是 PM_{10},其次是 SO_2,最差是 NO_2。分析发现 1 mm 以下的日降水对污染物的稀释作用不显著,甚至会出现浓度反弹现象,特别是 SO_2,NO_2;日降水在 1.0~5 mm 时对 SO_2,PM_{10} 稀释作用很强,NO_2 次之;日降水在 5.0~10 mm 时对 PM_{10} 稀释作用很强,其次为 SO_2;降水量大于 10 mm 时对 NO_2 稀释作用一般,而对 SO_2,PM_{10} 稀释作用相当明显,尤其是 PM_{10}。

(2)降雪

2007 年 11 月—2011 年 12 月,冬季有 33 d 降雪天气,分别统计它们对污染物 SO_2,NO_2,PM_{10} 的稀释作用。降雪对污染物的稀释作用分别为 63.6%,66.7%,57.6%。其中 12d 降雪量在[1.0,5)mm 之间,降雪量较小时污染物质量浓度降低较少;降雪量在[5,10)mm 之间时各污染物质量浓度减少概率约 60%左右;而出现降雪量大于或等于 10 mm 时,SO_2,NO_2 浓度均出现增加,PM_{10} 质量浓度的减少概率也仅为 33%左右。分析发现,降雪量较小时,对污染物质量浓度的稀释作用较弱,随降雪量的增加污染物质量浓度反而出现增加现象。其原因主要为降雪是以固态冰晶的形式出现,密度小其沉降速度比雨滴小很多,雪粒子与空气粒子间隙大,对污染物粒子的捕获作用比降雨小很多。同时降雪天气气温较高，风速较小是加重空气污染的重要条件。

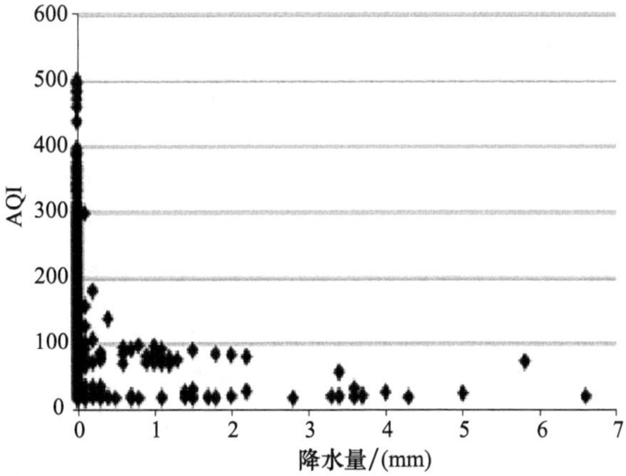

图 14.26　关中地区重污染天气小时降水量和 AQI 散点图（高维英 等，2020）

(3)连续性降水

连续性降水即持续时间较长、强度变化较小的降水。统计分析近 5 a 连续降水超过 3 d，且降水量较小时对污染物的清除作用。分析发现，连续性降水，由于降水时间长，雨滴对污染物粒子捕获率较大，污染物质量浓度降低较多；而阵性降水，由于时间短，捕获率低，污染物质量浓度相对较大。

(4)连续无降水日数

定义无降水日为 24 h 内降水量小于 0.1 mm，最长连续不降水日数为无降水日数出现最长天数。从 1971—2013 年西安各月平均最长连续无降水日数、月平均雨日数与月平均霾日数，如图 14.27，可以看出：霾日数与雨日数呈反相关，与连续无降水日数呈正相关。当连续无降水日数在秋冬季节增大 10 d 时，霾日数增加 5 d。霾日与雨日有明显的季节变化，霾日数由多到少的排列是：冬季(33.6 d)、秋季(23.9 d)、春季(22.6 d)、夏季(15.4 d)；月平均最长连续无降水日数低值区出现在 4—9 月，平均不到 10 d，月平均雨日均在 10 d 以上，霾天气均不多；从 11 月开始，最长连续无降水日数逐月上升，12 月最大(20.6 d)，月平均雨日仅 5.0 d，对应的霾日数较多(12.1 d)，仅次于霾日数最多的 1 月(12.4 d)。霾与雨日的反比关系是因为降水对空气中的颗粒物有去除作用，一方面，它可以吸附、冲刷空气中的污染粒子和气溶胶，另一方面，降到地面的雨水能抑制地面扬尘的飘散，所以雨日增多时霾日就相对减少。

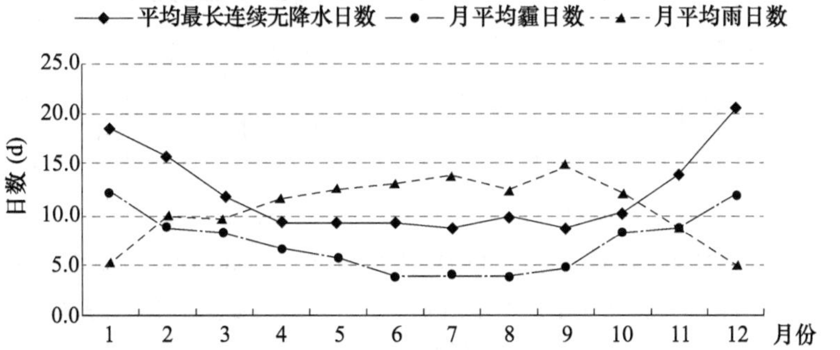

图 14.27　1971—2013 年西安市月平均霾日数与有/无降水日数（金丽娜 等，2015）

14.5.4 600 hPa 至近地面流场与湿度场特征

在重污染期间,中低空及边界层的流场和湿度场表现独特,分析其特征对于探讨重污染天气的形成机理和成因具有重要帮助,为此从重污染个例分析入手进行深入探讨。

14.5.4.1 *边界层风场特征*

风廓线雷达是利用晴空大气中湍流活动后向散射效应探测大气风场的高时空分辨率精细化结构的有效工具。利用长安站风廓线探测资料来分析重污染期间边界层风场特征。风廓线雷达探测得到的水平风在 700 hPa 高度以下是可信的,为此分析了 3 km 以下的风场。2016 年 12 月 30 日—2017 年 1 月 6 日关中盆地发生了一次雾霾重污染天气过程,分析发现,在 12 月 30 日—1 月 2 日 06 时,低层 500 m 以下多为南风或东南风,且风速较小(大都小于 4 m/s),500～1000 m 为东北风或北风,风速小于 10 m/s。低层东南风与中层东北风虽然有低空垂直风切变,存在动力不稳定,但缺少触发机制,使得污染物不能有效扩散。同时还可以看出:在 1000～1500 m 存在一个小风速区,气流平直且风速较弱,风速大都小于 4 m/s,抑制了污染物的垂直扩散,使得污染物在边界层内积聚。与地面图上贝加尔湖冷空气南下相对应,2 日 06 时至 13 时长安上空转为偏北气流,如图 14.28 方框中所示,污染物质量浓度有小幅度下降。15 时之后,与前一阶段类似,长安地区 500 m 以下转为南风,中层 500～1000 m 转为东北风或北风,1000～1500 m 以上仍为小风速区,这种形势一直维持到 6 日 03 时。这期间污染物质量浓度再次上升,5 日 12 时西安 $PM_{2.5}$ 质量浓度达到最大值 575 $\mu g/m^3$。随后低空转为偏西风,本次污染过程结束。从这个个例可以看出,关中地区在重污染期间,边界层风场呈现出三层结构特征:一是 500 m 以下的偏南风(包括东南风),二是 500～1000 m 的偏北风(包括东北风),三是 1000～1500 m 的小风速区。动力不稳定难以发展,边界层中上层的小风速区使得污染物主要积聚在 1000 m 以内。

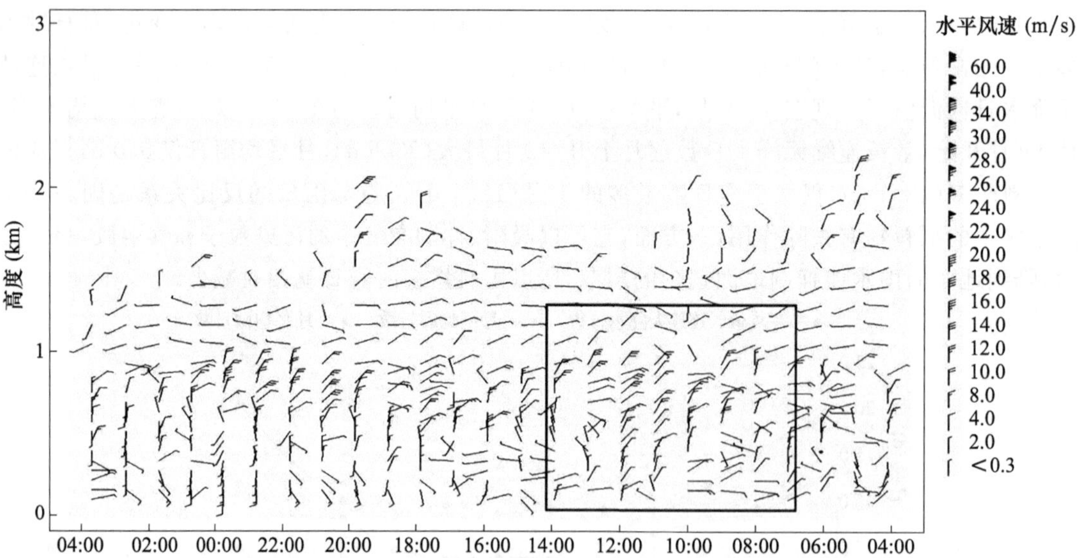

图 14.28 2017 年 1 月 2 日 04 时—3 日 04 时长安站逐小时风廓线
(徐娟娟 等,2018)

14.5.4.2　600 hPa 至近地面风场及湿度场特征

图 14.29 是 2018 年 1 月重污染天气过程渭南城区(109.46°E,34.51°N)单点湿度和风场的逐日变化,可以看出,重污染天气持续期间,600 hPa 以下风速普遍较小,并且越接近地面风速越小,甚至接近静风。污染天气过程中,关中地面主导风向为东风或静风,90%以上的重污染天气期间地面风速<2 m/s。这类污染天气过程地面关中处于高压底部或者高压后部。

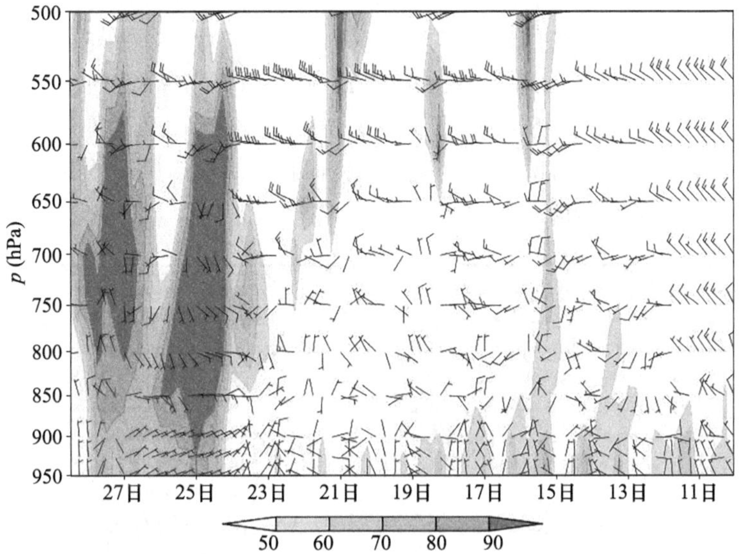

图 14.29　2018 年 1 月污染天气持续期间渭南各特征层湿度(%)和风(m/s)的变化

污染天气持续期间,中低层 700～900 hPa 相对湿度小于 50%,重污染时段,近地面到 850 hPa 湿度增大,近地面湿度达到 50%～60%。严重污染期间,500 hPa 以下相对湿度略有增大,其值为 50%～60%。湿度增大,有利于污染物颗粒的碰并增长。

地面的相对湿度为 55%～75%(图 14.30),97%以上的重污染天气的地面相对湿度≥60%。当地面湿度大于 80%时降水发生污染结束。所以,近地面湿度大、风速小是污染物浓度持续增大的必要条件。

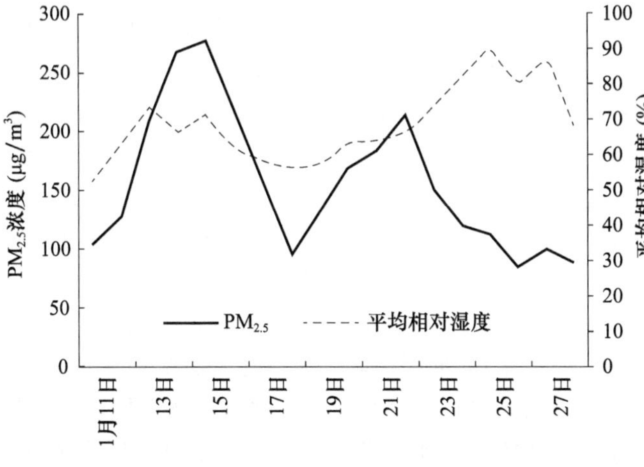

图 14.30　2018 年 1 月污染天气持续期间渭南地面湿度(%)变化

图 14.31 是关中盆地 2013 年 12 月 15—27 日重污染天气过程西安上空水平风与相对湿度时间-高度剖面。由图 14.31 可以看出,严重污染开始前,15—16 日 800～600 hPa 刮西北风,风速相对较大在 4～8 m/s,400 hPa 以上为偏西风或者强劲的西南风;17 日之后,700 hPa 以下风向由西北风变为偏东风,600 hPa 以上则变为一致的西北风或西西北风;严重污染时段,即 17—25 日,600 hPa 以下,风向虽然时常有所变化,但风速大多<2 m/s,600 hPa 以上则为西风或西西北风;严重污染结束时,整层变为一致的西北风或偏西风。从相对湿度场来看,在严重污染开始与结束时段,低层相对湿度均小于 50%,而在整个严重污染时段,700 hPa 以下相对湿度维持在 60%～80%,其中在 21 日和 25 日 08:00 前后,700 hPa 以上整层出现相对湿度大于 80%的湿区。以上分析可见,严重污染时低层湿度大,风速小,高层为偏西风,且各层风向变化不大,是严重污染时的一个重要特征。而且低层风向风速的变化,有先于污染浓度的变化,这是一个很重要的判据。

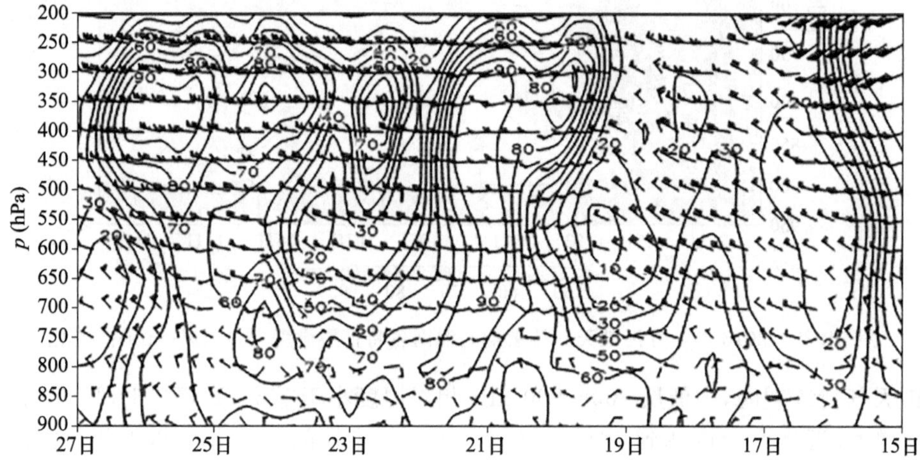

图 14.31 2013 年 12 月 15 日 08:00—27 日 08:00 西安上空水平风和相对湿度(%)时间-高度剖面图(张雅斌 等,2016)

14.5.4.3 动力学特征

图 14.32 是关中盆地 2013 年 12 月 16—27 日重污染天气过程西安上空风与垂直速度和散度随时间变化剖面图。由图 14.32a 可见,严重污染之前的 15—16 日,整层为一致上升运动,严重污染期间,500 hPa 以下为下沉运动,其中 22—25 日,600～850 hPa 附近下沉运动增至过程最大,同期 $PM_{2.5}$ 浓度迅速增至过程最大,需要指出的是,在此期间,1000～800 hPa 附近交替出现弱上升运动,其中 18 日和 20—21 日上升运动还较强;严重污染天气好转时段,伴随地面冷锋经过,西安上空低层垂直上升运动增强,700 hPa 以下,25 日 08:00 为下沉运动,20:00 转为较强上升运动。图 14.32b 是对应图 14.32a 的散度时间变化剖面图,由图 14.32b 可见,严重污染期间在 1000～800 hPa 的低层有弱的辐合,而在 800～500 hPa 之间的中高空,主要为辐散;在严重污染发生前和结束,850 hPa 以下为较强的辐散。显然贴地层有弱的辐合,一方面,有利于贴地污染物聚集,同时因辐合上升运动将贴地污染物带离地面;由于其上的下沉运动强于其下的弱上升运动,另一方面,抑制贴地污染物上传,同时因二者的共同作用,在贴地层,压缩污染物,使污染物浓度增强。当上升运动加强或整层为上升运动时,边界层和近地层污染物垂直扩散稀释增大,地面污染物浓度迅速下降;或者因冷空气过程整层为下沉运

动，高空干洁大气由下沉气流携带至地面，使雾霾逐渐消散。这种动力结构也可通过涡度平流的诊断来进一步论证，涡度平流是由于涡度水平分布不均匀而引起的涡度局地变化，涡度平流随高度的变化，反映了地面低值系统的发展演变，从而判断近地层辐合上升运动的强弱。

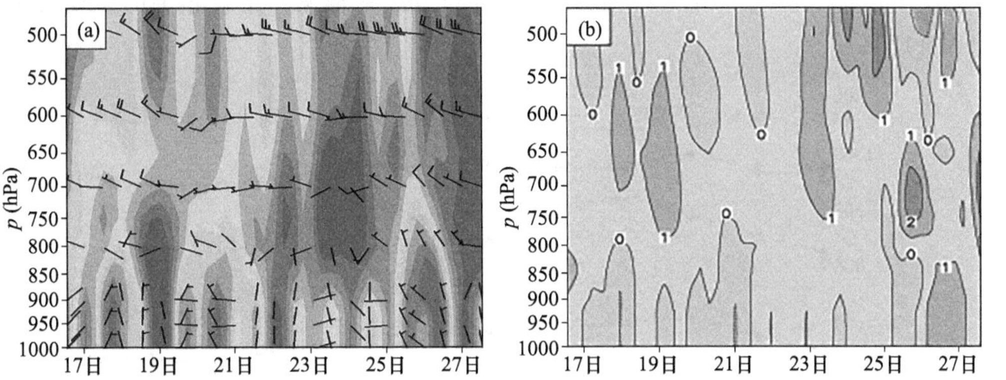

图 14.32　2013 年 12 月 16—27 日西安上空风和垂直速度(a)及散度(b)时间变化垂直剖面（黄少妮 等，2019）

图 14.33 是 2016 年 11 月 3—6 日主要发生在关中盆地中东部地区的重度到严重污染天气过程出现时和结束时涡度平流垂直剖面图。如图 14.33a，在霾天气出现的当日早上，关中地区 925 hPa 以下为正涡度平流，存在弱上升运动，可将近地层的颗粒物带到一定高度，形成一定厚度的霾层；925～850 hPa 为负涡度平流，中心值达 $-10\times10^{-5}\,s^{-2}$，存在下沉运动，可将低空的颗粒物带至近地面，二者的共同作用使近地层污染物浓度增加，从而有利于霾天气的稳定维持。这种近地面层弱上升运动，850～925 hPa 下沉运动一直持续到 5 日白天。5 日夜间 925 hPa 以下涡度平流变为负值，925～850 hPa 出现了 $10\times10^{-5}\,s^{-2}$ 的正值中心，如图 14.33b。此时低层湿度迅速增加，6 日关中地区出现了弱降水，霾明显减弱。

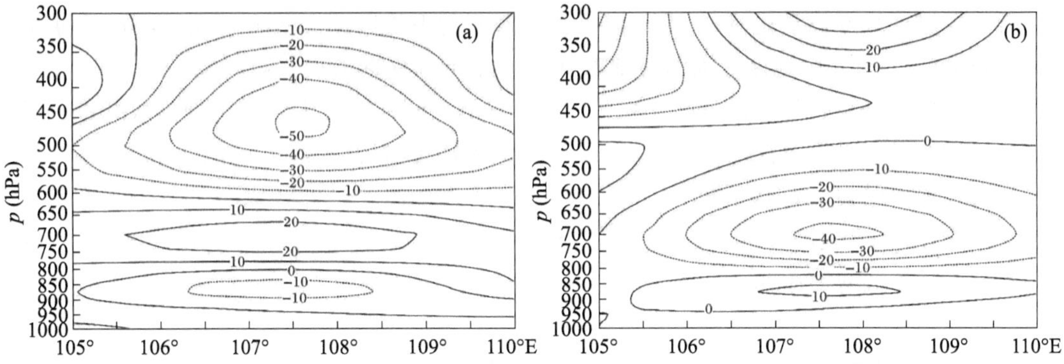

图 14.33　2016 年 11 月 3 日 08:00(a)，5 日 20:00(b)涡度平流垂直剖面图($10^{-5}\,s^{-2}$)（马晓华 等，2017）

14.5.5　重污染期间大气混合层特征

大气边界层是大气对流层的最底层，靠近地球表面，受地面摩擦阻力影响的大气层区域。这种摩擦阻力由于大气中的湍流而向上传递，并随高度的增加而逐渐减弱，达到某一高度后便可忽略。此高度便称为大气边界层厚度,有时也叫混合层高度或混合层厚度,它随气象条件、地形、地面粗糙度而变化。混合层高度也是表征大气污染物在垂直方向被热力对流与动力湍流输送所能达到的高度,因此,混合层厚度也是反映大气污染物在铅直方向扩散的重要参数,是与大气污染物在大气中的扩散、稀释速率密切相关的主要气象因子之一(图 14.34)。

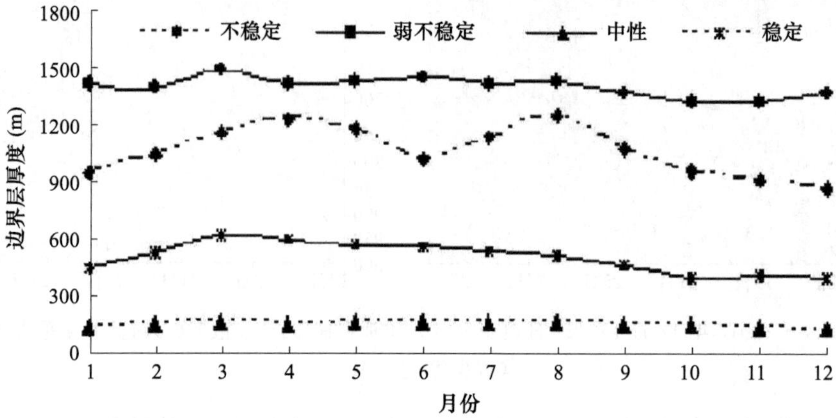

图 14.34 西安市 1996—2005 年各类稳定度条件下大气混合层厚度月际变化(蔡新玲 等,2007)

14.5.5.1 混合层高度的计算

混合层高度有多种计算方法,在科研和实际业务中广泛被采用的有以下两种:

一是罗氏法,计算公式如下

$$L=\frac{121}{6}(6-P)(T-T_{\mathrm{d}})+\frac{0.169P(u_z+0.257)}{12f\ln\left(\frac{z}{z_0}\right)} \tag{14.5}$$

式中,L 为混合层厚度(m);P 为帕斯奎尔(Pasquill)稳定度级别;$T-T_{\mathrm{d}}$为温度露点差(℃),使用一天 8 次温度露点差平均值;u_z 为 z 高度处所观测的平均风速(m/s),使用 2 min 平均值;z_0 为地面粗糙度(m),关中地区地面粗糙度取 0.2 m;f 为地转参数($1\cdot s^{-1}$)。

二是国标法,即利用国家标准《GB/T 13201—1991:制定地方大气污染物排放标准的技术方法》规定的方法(以下简称国标法)计算逐时混合层高度,其公式如下。

当大气稳定度为 A,B,C,D 时

$$L_{\mathrm{b}}=a_{\mathrm{s}}u_{10}/f \tag{14.6}$$

当大气稳定度为 E,F 时

$$L_{\mathrm{b}}=b_{\mathrm{s}}(u_{10}/f)^{\frac{1}{2}} \tag{14.7}$$

式中,L_{b}为混合层高度;u_{10}为观测期间西安市泾河基准气候站同步观测的 10 m 高度处 10 min 平均风速,当$u_{10}>6$ m/s 时取 6 m/s;大气稳定度等级采用修订的帕斯奎尔稳定度分级法,分为强不稳定、不稳定、弱不稳定、中性、较稳定和稳定六级,分别表示为 A,B,C,D,E,F。确定等级时首先由云量和太阳高度角查出太阳辐射等级数,再由太阳辐射等级数与地面风速查找稳定度等级。a_{s},b_{s}为混合层系数,根据大气稳定度和西安所在区域取值,大气稳定度为 A,B,C,D 时 a_{s}取值为 0.073,0.060,0.041,0.019,大气稳定度为 E,F 时 b_{s} 取值为 1.66 和 0.70。f 为西安泾河气象站的地转参数。

14.5.5.2　混合层厚度的气候特征

利用国标法计算统计西安市 1996—2005 年各类稳定度条件下的平均边界层厚度，如表 14.16。

表 14.16　西安市 1996—2005 年各类稳定度条件下平均边界层厚度(单位:m)(蔡新玲 等,2007)

稳定度类别	季节				年
	春	夏	秋	冬	
A,B 类(不稳定)	1199.8	1147.2	1007.1	971.1	1099.0
C 类(弱不稳定)	1452.8	1440.8	1350.2	1404.3	1424.7
D 类(中性)	605.0	549.5	437.3	463.6	515.4
E,F 类(稳定)	171.0	178.4	156.6	152.8	163.2

由表 14.16 可以看出，各类大气稳定度条件下，平均边界层厚度均以弱不稳定类最高，在 1350 m 以上，中性在 515 m 左右，稳定类最低在 180 m 以下，平均值仅为 163.2 m。春夏季边界层厚度较高，秋冬季节较低，其中稳定类冬季最低，仅为 152.8 m。图 14.34 为 1996—2005 年，西安市各类稳定度条件下大气边界层厚度逐月变化曲线，由图 14.34 可以看出，不稳定条件下大气边界层厚度随月份变化的幅度较大，春季 4 月和夏季 8 月达到极大值，而冬季 12 月较小。弱不稳定和稳定条件下，边界层厚度随月份变化很小；中性条件下随月份的变化虽然较小，但仍能看出春季边界层厚度较大，而在冬季较小。西安属于内陆城市，气候为典型的大陆性气候，春季和夏季太阳辐射较强，大气能见度好，导致湍流运动强，混合层厚度大；而秋季多连阴雨，天空云量较多，抑制了太阳辐射到达地面的热量，使湍流运动减弱，混合层厚度较小；冬季太阳辐射最小，相应的地面湍流弱，所以混合层厚度最小。表 14.17 是西安市 2007—2011 年平均混合层厚度的日变化，可以看出，混合层厚度在一天中呈单峰型变化。一天中的厚度值变化为 158～1343 m，其中，最大值出现在 13 时，最小值出现在 21 时，呈现夜间小、正午前后大的变化趋势。24 h 的平均值为 560 m，这种变化是由于夜间没有太阳辐射，空气的对流运动弱，早晨随着太阳的升起，地面接收的太阳辐射逐渐增加，空气对流运动加强，混合层厚度逐渐增大，在太阳光最强的正午及午后(10—16 时)混合层厚度最大。之后随着太阳辐射的减弱，混合层厚度逐渐减小，在 21 时—次日 05 时，混合层厚度最小且变化不大。

表 14.17　西安市 2007—2011 年平均混合层厚度的日变化(曹红丽 等,2014)

地方时	00	01	02	03	04	05	06	07	08	09	10	11
混合层厚度(m)	160	159	164	159	160	160	198	303	491	836	1112	1227
地方时	12	13	14	15	16	17	18	19	20	21	22	23
混合层厚度(m)	1330	1343	1210	1218	1130	683	476	241	190	158	161	160

14.5.5.3　大气混合层高度同空气污染物质量浓度的关系

利用位温梯度法计算西安市 1971—2013 年各月混合层高度，分析其与各月霾日的关系，如图 14.35。可以看出，西安市大气边界层高度 4—5 月最大，达 800 m 以上，1 月、11 月、12 月最小，在 600 m 以下。2 月、10 月也不足 650 m。相应的霾日数 1 月、11 月、12 月最大，2 月、10 月次大。可见，大气边界层高度同霾日数呈现明显的反相关。

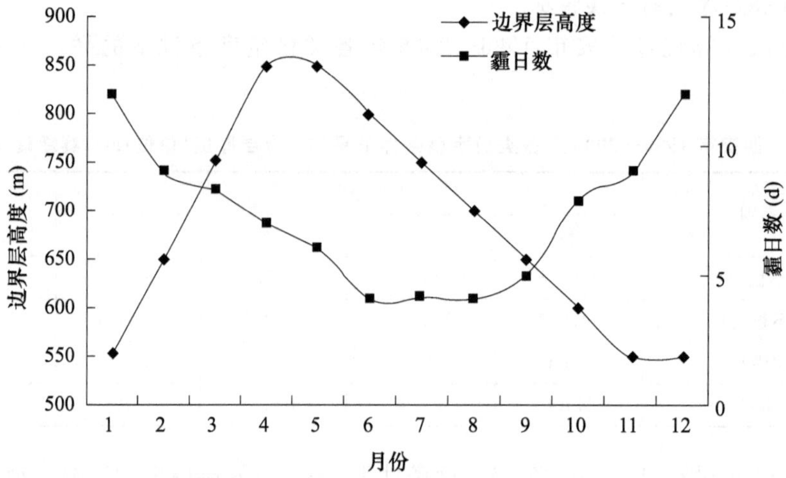

图 14.35　西安市 1971—2013 年逐月边界层高度与霾日数变化曲线(金丽娜 等,2015)

2016 年 11 月 3—5 日,关中盆地连续出现大范围霾天气,环境污染严重,首要污染物为 $PM_{2.5}$,图 14.36 是利用罗氏法计算的大气混合层高度同 AQI 指数对比曲线,可见 11 月 2—5 日,泾河上空大气混合层高度偏低,持续低于 650 m,3 日最低为 586 m。泾河空气质量 AQI 指数日平均为 227,为重度污染。由图 14.36 可以看出,混合层高度和 AQI 指数呈现反比关系,当大气混合层高度较低时,大气湍流交换能力较弱,使得近地面污染物不易向高空扩散,造成污染加重。另外,从图 14.36 中还可看到另一个重要特征,即大气混合层高度变化要早于 AQI 指数变化。

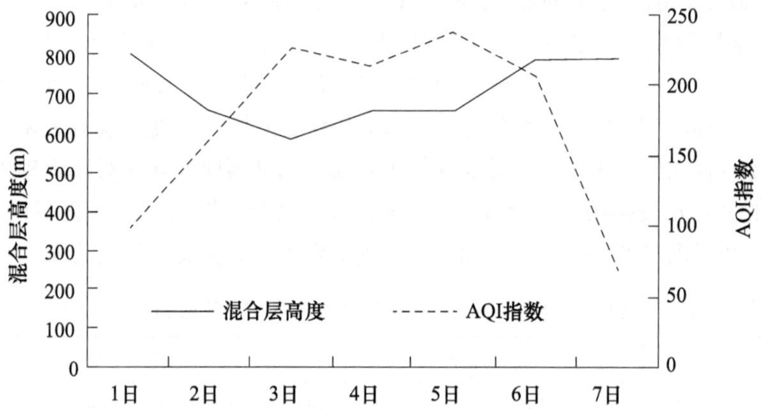

图 14.36　2016 年 11 月泾河站混合层高度与日平均 AQI 指数变化(马晓华 等,2017)

激光雷达是探测对流层大气的一种有效工具,广泛应用于大气气溶胶、空气污染物等的研究,它具有探测范围广和时空分辨率高等特点。为此,针对 2013 年 12 月 17—25 日关中持续性雾霾天气个例,选取陕西西安秦岭大气科学实验基地气溶胶实验室的 MPL 微脉冲激光雷达数据,图 14.37 是归一化后向散射信号(normalized radar backscatter signal,NRB)的时间剖面图。横坐标表示时间,纵坐标表示高度。图右侧色标表示 NRB 信号强度。由图 14.37 可知,NRB 信号随着高度的增加逐渐减小,存在一个 NRB 信号急剧减小的高度,此高度可直观反映大气边界层演变特征。2013 年 12 月 16 日(图 14.37a)西安大气边界层高度在 800 m 左右，这时天空状况良好，12 月 17 日边界层高度下降至 500～600 m 之间，雾霾天气开始出现；由图 14.37b 可知，12 月 18 日边界层高度基本在 300～450 m 之间，污染物主要集中在 200 m 以下，边界层高度的下降，使得污染物垂直扩散的范围降低，雾霾开始加重。12 月 19—25 日边界层高度一直较低，特别是 23—24 日边界层高度降至 100～200 m，污染物主要集中在近地层 100 m 以内，雾霾进一步加剧，$PM_{2.5}$，PM_{10} 监测处于“爆表”状态。直到 26 日随着冷空气的东移南压，边界层高度升高，雾霾趋于消散。

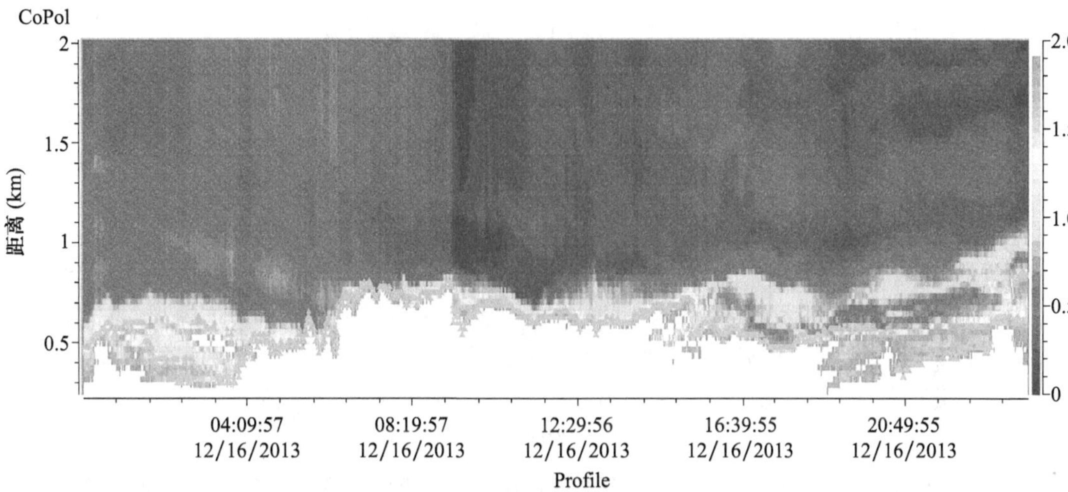

(a) 2013年12月16日0—24时

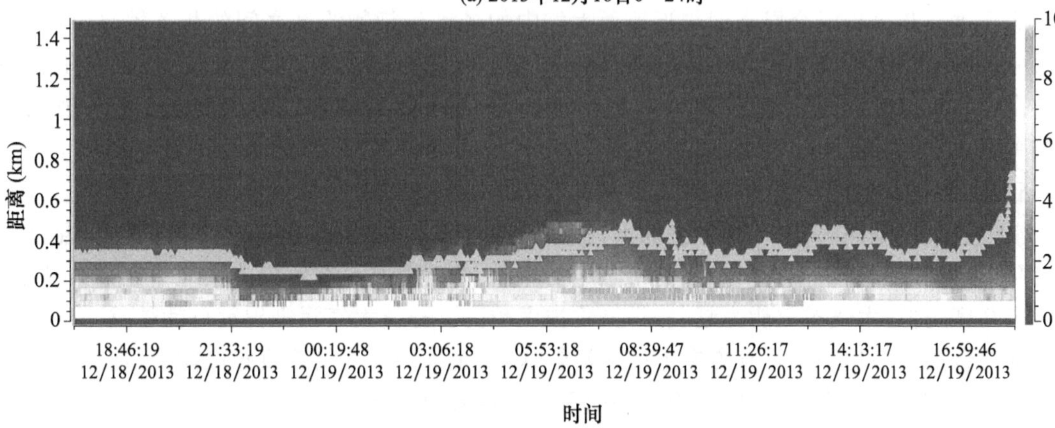

(b) 2013年12月18日12时—19日17时

[彩]图 14.37　归一化相对后向散射信号 NRB 时间剖面图(刘瑞芳 等，2017)

(a)2013 年 12 月 16 日 0—24 时；(b)2013 年 12 月 18 日 12 时—19 日 17 时

(黄△代表当前时刻大气边界层高度)

图 14.38 是西安 2007—2011 年日最大混合层高度同 SO_2，NO_2，PM_{10} 平均质量浓度变化图，分析日最大混合层高度与 SO_2，NO_2，PM_{10} 平均质量浓度变化，可以看出，空气质量浓度与日最大混合层高度有明显的负相关关系，其中，SO_2 和 PM_{10} 的负相关关系较明显，NO_2 次之。即污染物质量浓度越大，日最大混合层高度越小；反之污染物质量浓度越小，则日最大混合层高度越大。

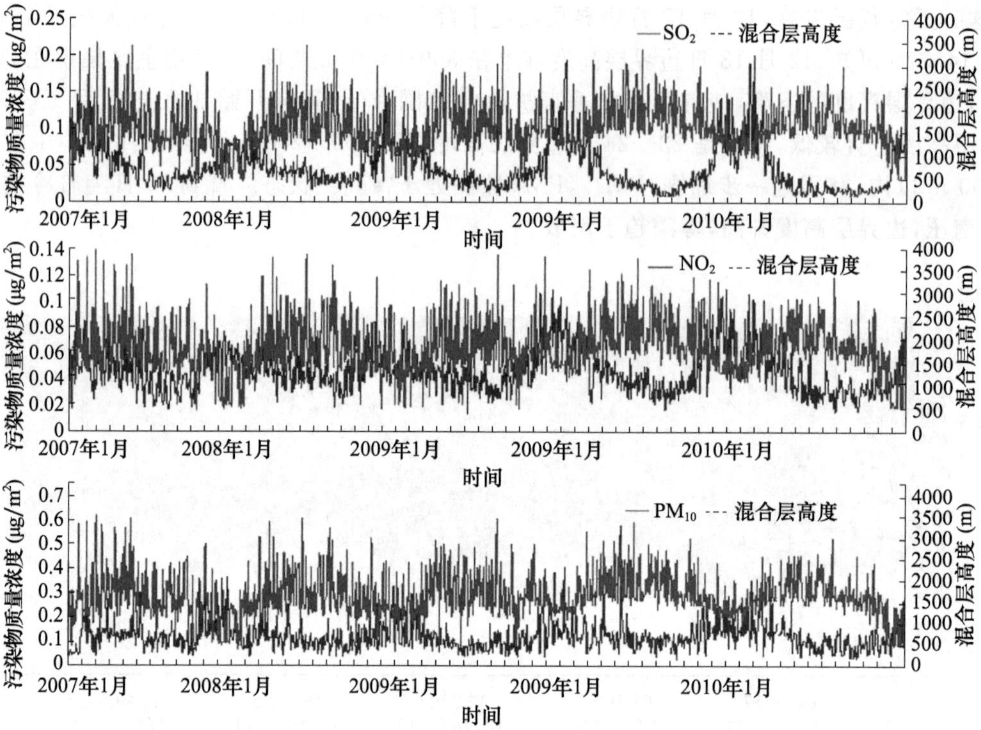

图 14.38 西安 2007—2011 年日最大混合层高度和 SO_2,NO_2,PM_{10} 质量浓度变化(曹红丽 等,2014)

为了进一步分析混合层高度与近地面大气中的各种污染物浓度之间的相关关系,统计分析关中雾霾重污染天气个例 2013 年 12 月份 02 时、08 时、14 时及 20 时四个时次西安地区混合层高度与对应时次西安全区 PM_{10},$PM_{2.5}$,NO_2,SO_2,CO 五种大气污染物浓度平均值之间的相关系数,如表 14.18。可见,多数情况下,西安地区混合层高度与 PM_{10},$PM_{2.5}$,NO_2,SO_2,CO 五种大气污染物之间呈显著的负相关关系,其中 14:00 相关性最强,20 时次之,02 时最弱。混合层高度越高,大气环境容量加大,扩散能力增强,污染物浓度随之降低;反之,混合层高度降低,大气环境容量减小,污染物聚集不易扩散,浓度升高。在污染排放量一定的条件下,混合层高度越低,大气扩散能力越差,污染物浓度越高。霾及大气污染程度也就越重。这是因为低的混合层高度抑制了垂直方向上的对流输送,严重削弱了大气垂直扩散能力,造成了大气中各类污染物浓度的大量积聚,是霾重污染天气的重要原因之一。

表 14.18 2013 年 12 月西安地区混合层高度与 PM_{10},$PM_{2.5}$,NO_2,SO_2,CO 浓度的相关系数 (王珊 等,2015)

污染物	时点			
	02:00	08:00	14:00	20:00
PM_{10}	−0.124	−0.386*	−0.822**	−0.590**
$PM_{2.5}$	−0.167	−0.390*	−0.819**	−0.563**
NO_2	0.329	−0.116	−0.565**	−0.444*
SO_2	−0.050	−0.300	−0.749**	−0.628**
CO	−0.100	−0.360	−0.811**	−0.606**

注:* 表示相关系数通过 0.05 显著性水平检验;* * 表示相关系数通过 0.01 显著性水平检验。

14.5.6　重污染期间逆温层特征

通常重污染天气期间，在大气边界层或与上部自由大气的交界处往往存在逆温层，在逆温层中，较暖而轻的空气位于较冷而重的空气上面，形成一种极其稳定的空气层，就像一个锅盖一样，笼罩在近地层的上空，严重地阻碍着空气对流运动，由于这种原因，近地层空气中的颗粒物、烟尘、雾霾及各种有害气体上天无路，入地无门，只有漂浮在逆温层下的空气层中，有利于雾霾的形成，使空气中的污染物不能及时扩散，从而加重大气污染，因此，大气边界层逆温层特征，亦是影响大气污染的重要因子之一。一般情况下，在对流层的低层大气中，气温随高度升高而降低(每升高 100 m 降低 0.65 ℃)。但有时在某些层次可能出现相反的情况，即气温随高度的增加而升高，这种现象称为逆温，出现逆温现象的大气层称为逆温层。逆温可发生在近地层中，也可发生在较高气层。按照空间分布可分为贴地逆温和悬浮(脱地)逆温两种，在实际中也可两种逆温同时存在。根据逆温生成的过程，可将逆温分为：辐射逆温，即地面强烈辐射冷却而形成的逆温，特别是在冬季容易发生；下沉逆温，即空气下沉受到压缩增温而形成的逆温；平流逆温，即暖空气平流到冷地面上而形成的逆温；湍流逆温，即低层空气的湍流混合形成的逆温；锋面逆温，即冷暖气团相遇，温差很大形成的逆温。

14.5.6.1　大气稳定度特征

采用修正的帕斯奎尔稳定度(Pasquill stability)分类法(PS 法)(《GB/T 3840—1991：制定地方大气污染物排放标准的技术方法》)，将大气稳定度分为 A—F，共 6 级，A 为强不稳定，B 为不稳定，C 为弱不稳定，D 为中性，E 为较稳定，F 为稳定，计算西安市 1996—2005 年各时次各类稳定度出现的频率，见表 14.19。可见，中性 D 类，较稳定 E 类和稳定 F 类频率平均在 20%以上，其中较稳定类最高达 29.4%，三类总共达 71.6%；不稳定类的总频率为 28.5%，其中不稳定 B 类占到 13.5%，弱不稳定 C 类占 8.5%，强不稳定 A 类不足 1%。可见西安市多年的大气稳定度以稳定类为主，而不稳定类中以 B(不稳定)居多。

表 14.19　西安市 1996—2005 年大气稳定度出现频率(蔡新玲 等，2007)

稳定度类别	A	AB	B	BC	C	CD	D	E	F
出现频率	0.7	4.3	13.5	1.4	8.5	0.1	22.2	29.4	20

图 14.39 是西安市 1996—2005 年三类大气稳定度频率的月际变化，可见，中性类各月变化幅度较小。稳定类和不稳定类具有较明显的季节变化特征，分别呈现“V”形和倒“V”形。稳定类在冬季的频率最高，1 月、11 月和 12 月都在 60%以上，在夏季的频率较低，6 月出现极小值，为 38.6%；不稳定类相反，在冬季的频率较低，12 月出现极小值，达 16.9%。夏季最高，6 月出现极大值，达 38.7%。这是因为冬季太阳辐射较弱，逆温现象出现比率较大，湍流较弱且不易发展，故该季稳定类出现的频率有所增加；夏季太阳辐射增强，地面增温加快，易产生垂直运动，使大气对流发展强烈，不稳定类增加。从隆冬到初夏，随着太阳高度角的增大，大气层结从稳定型为主逐渐向不稳定型为主过渡。图 14.40 是西安市三类大气稳定度频率的日变化曲线，可以看出，三类稳定度频率在日出和日落前后发生明显变化，中性类在 08:00 和 17:00 达到极大值，夜间和正午基本稳定在 10%左右，不稳定类频率在日出之后急剧增大，13 时达最大，16 时以后又急剧减小，19:00—次日 07:00 几乎不出现。而稳定类正好相反，在夜间较大，达 90%以上，白天 08:00—17:00 频率较小，在 18%左右。这是因为夜间湍流减弱，大气层结

较稳定,逆温出现的频率高,故夜间较少出现不稳定类;午后太阳辐射强,热力对流旺盛,温度随高度递减强,大气层结多不稳定,因此,夜间大气层结总体趋于稳定,而中午前后则维持不稳定状态,日出和日落前后处于稳定和不稳定的交替过程中。

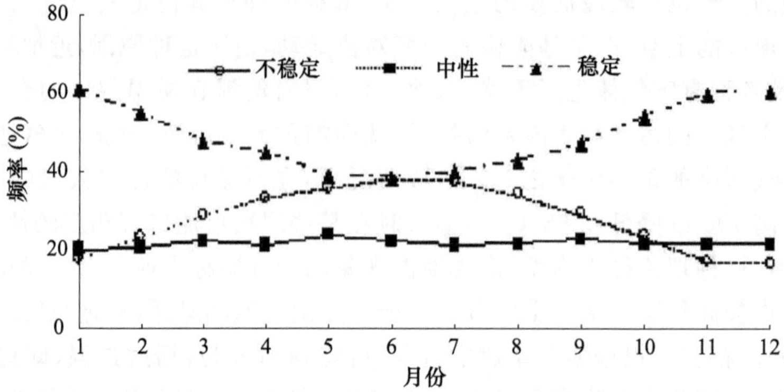

图 14.39　西安市 1996—2005 年 3 类大气稳定度频率逐月变化(蔡林玲 等,2007)

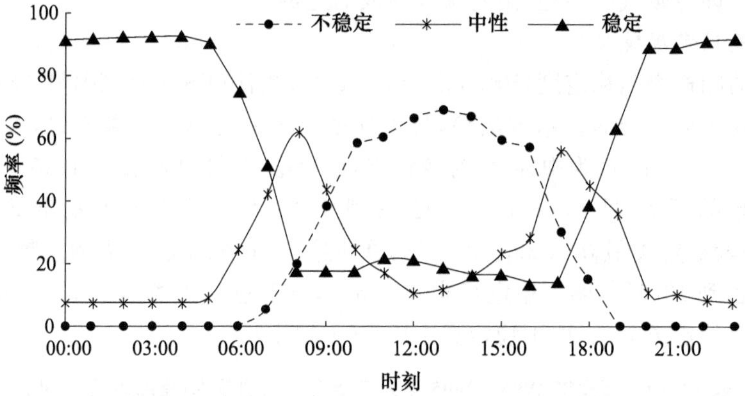

图 14.40　西安市 1996—2005 年 3 类大气稳定度频率日变化(蔡林玲 等,2007)

14.5.6.2　大气边界层逆温特征

利用 2007—2011 年西安泾河探空站逐日 07 时、19 时探空,分析西安边界层逆温的变化特征,包括边界层逆温的时间分布特征、强度特征和厚度特征(图 14.41)。图 14.41a 是西安市 2007—2011 年 5 a 逆温频次月分布,表明,西安一年四季都有逆温出现,不论早上(07 时)还是晚上(19 时),冬半年多于夏半年,其中冬季逆温最多,其次为秋季和春季,夏季最少。07 时共出现逆温 613 次,占总数的 60%;19 时出现逆温 414 次,占 40%,说明早上出现逆温多于晚上。07 时出现逆温最多的是 12 月,5 a 共出现 88 次,占总数的 57%;次多为 11 月(79 次)和 1 月(75 次);最少的为 7 月,共出现 4 次,占 3%,其中 2010 年 7 月无逆温出现。19 时出现逆温最多的是 11 月,共 76 次,占总数的 51%;次多是 12 月(67 次)和 10 月(64 次),最少的是 7 月(5 次)。逆温强度是指逆温层内温度的垂直递增率,即指逆温层内高度每升高 100 m 温度的增值。图 14.41b 是西安 2007—2011 年逆温强度月分布。可见,西安全年以弱逆温为主,强度为 0.7～1.5 ℃/100 m,平均为 1.2 ℃/100 m。逆温强度冬季最大,其次为秋季、春季,夏季最小。19 时逆温强度(平均为 1.5 ℃/100 m)大于 07 时(平均为 1.0 ℃/100 m)。若将逆温强度分为 6 个等级，如表 14.20 和表 14.21 所示，可见西安在 2007—2011 年 3 级强度的逆温出现频率最高，为 27.4%；2 级和 4 级为次高，出现频率分别为 23.4% 和 22.2%。2～4 级共占 73%；5～6 级共占逆温出现频率的 25.5%；1 级最小为 1.4%。这说明西安中等强度的逆温最多。逆温层厚度是指逆温层高度相对于地面的高度（贴地逆温）。从图 14.41c 中可以看出，西安 07 时逆温层厚度均明显高于 19 时，不论是 07 时还是 19 时，冬季逆温层厚度最大，夏季最小。07 时最大逆温层厚度在 12 月为 576 m，最小在 6 月为 288 m，全年平均为 436 m。

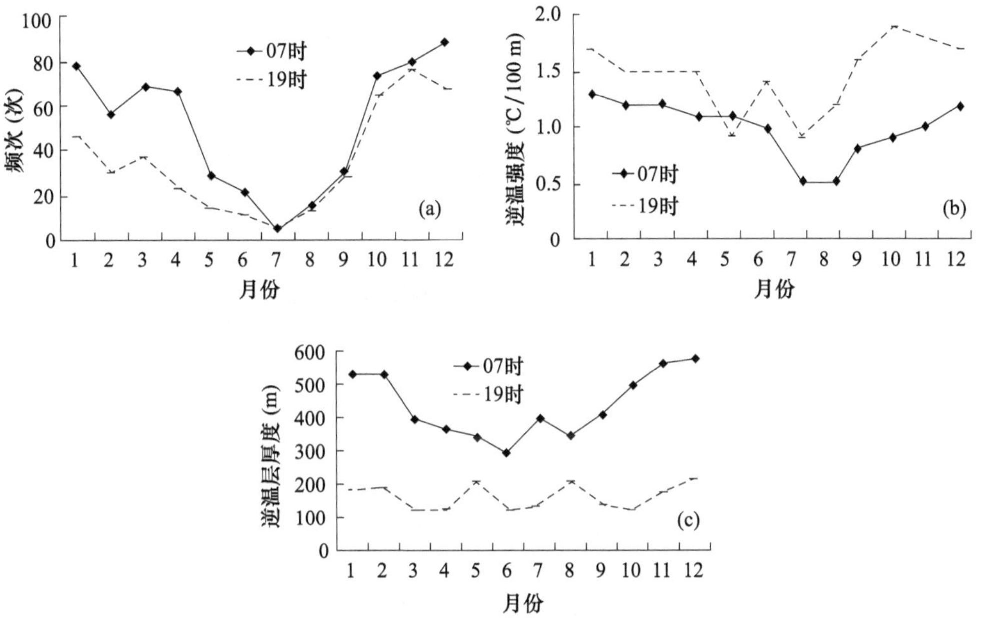

图 14.41　西安 2007—2011 年逆温分布情况

(a)逆温频次月分布；(b)逆温强度月分布；(c)逆温层厚度月分布

（曹红丽 等，2014）

表 14.20　逆温强度等级（曹红丽 等，2014）

等级	1 级	2 级	3 级	4 级	5 级	6 级
强度（℃/100 m）	<0.3	0.3～0.6	0.7～1.0	1.1～1.5	1.6～2.0	>2.0

表 14.21　西安 2007—2011 年逆温强度日分布（曹红丽 等，2014）

时点	1 级	2 级	3 级	4 级	5 级	6 级	频率（%）
07 时	22	329	357	256	120	98	64.9
19 时	4	97	142	149	104	143	35.1
频率（%）	1.4	23.4	27.4	22.2	12.3	13.2	100

14.5.6.3　逆温层同空气污染的关系

对西安市 2007—2011 年有无逆温时各种污染物质量浓度统计，发现，全年中各季有逆温时的污染物质量浓度值均比无逆温时高，其中 SO_2，NO_2 年平均高出 20%，PM_{10} 高出 12%。分析逆温层强度和厚度同月主要污染物 PM_{10} 质量浓度的关系，如图 14.42a，b 所示，西安逆温层厚度和强度与主要污染物 PM_{10} 质量浓度的月变化都呈“V”形分布，逆温层厚度、强度和 PM_{10}

质量浓度值均为冬季大,秋季和春季次之,夏季最小的变化趋势。即逆温层厚度最厚、强度最强的月份中,空气污染物质量浓度值也最大,反之,空气污染物质量浓度小。空气污染物质量浓度与逆温层厚度和强度成正比。

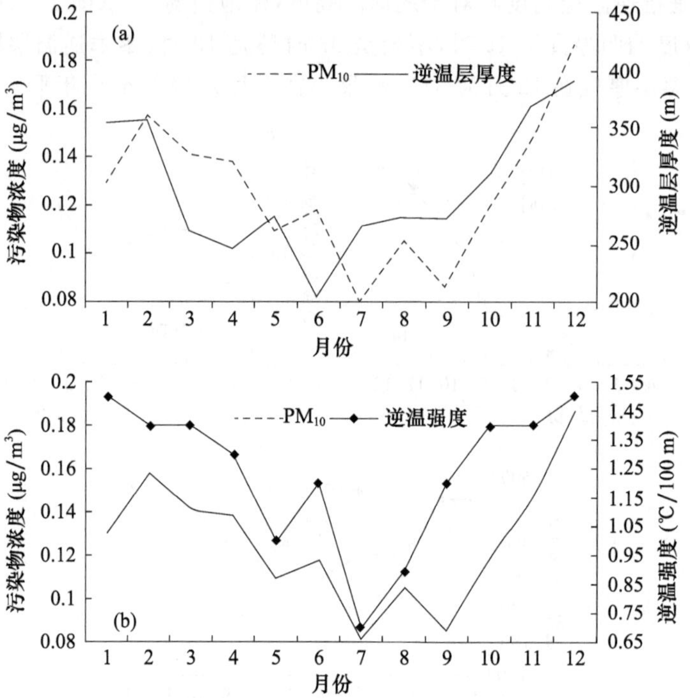

图 14.42　西安 2007—2011 年逆温层厚度(a)、强度(b)和 PM_{10} 质量浓度的月变化(曹红丽 等,2014)

14.5.6.4　重度污染天气个例逆温层特征

针对发生在关中地区的众多重度及以上污染天气个例分析表明,污染天气期间均存在接地逆温层,在重度及以上污染时还往往在对流层中层同时出现悬浮或脱地逆温层,即多层逆温结构。接地逆温通常发生在近地面到 925 hPa,重度以上污染时发生在近地面到 850 hPa,甚至延伸到了 700 hPa;通常逆温层温差在 2 ℃以上,最强时甚至达到 6～8 ℃。脱地逆温层强度往往小于接地逆温层。一般逆温层越厚,逆温强度越大,则霾持续时间就长,污染就越重。但有时也存在逆温层的厚度浅,强度也弱,却造成严重污染天气,如 2013 年 12 月 17—25 日关中地区持续性雾霾天气。雾霾期间西安上空一直有逆温层存在,且逆温层顶高基本维持在 925 hPa 以下,强度为 0～1 ℃,19 日 08 时、23 日 08 时—24 日 20 时逆温层顶高度距地面仅 100～200 m,此时西安站 AQI 达到 500"爆表"值。

表 14.22 是 2018 年 1 月 11—22 日发生在关中地区重污染天气个例污染等级与近地层温度的垂直变化,由表 14.22 可以看出,重度以上污染持续期间,08 时和 20 时关中均有明显的逆温出现,20 时大部分时段逆温层出现在地面到 925 hPa 之间,08 时逆温强度更大,最强逆温时达到了 6.6 ℃,逆温层高度达到了 850 hPa。利用西安高空探测资料,分析 2019 年 1 月 1—14 日污染天气持续期间西安城区地面～850 hPa 的 08 时和 20 时温度随高度的变化(图 14.43),可以看出重度以上污染持续期间,不仅有贴地逆温出现,还有脱地逆温,脱地逆温位于 850～700 hPa 之间,即重污染天气期间,从地面到 700 hPa,形成了两层的逆温结构。逆温层

的存在导致近地层之上形成相对暖区，即从地面到 850 hPa（或者 925 hPa）为低层冷高层暖的垂直结构，这种配置能够阻止近地面的水汽和污染物颗粒向高空传输和扩散，有利于污染物颗粒在近地面层聚集和颗粒物碰并增长。

表 14.22　2018 年 1 月 11—22 日污染等级与近地层温度（℃）的垂直变化情况

日期	污染等级	925 hPa 与地面温差		850 hPa 与 925 hPa 温差		850 hPa 与地面温差		最大逆温（℃）	最大逆温层高度（hPa）
		08 时	20 时	08 时	20 时	08 时	20 时		
11	轻度污染	3.0	1.1	−4	−2	−4	−0.9	3.0	925
12	中度污染	0.0	−0.1	0	1	0	0.9	1.0	850
13	重度污染	−0.6	−0.5	3	4	3	3.5	4.0	850
14	严重污染	6.1	0.4	−2	0	−2	0.4	6.1	850
15	严重污染	0.6	3.3	−2	−3	−2	0.3	3.3	850
16	重度污染	6.6	0.4	−4	1	−4	1.4	6.6	850
17	重度污染	1.0	3.3	−5	−5	−5	−1.7	3.3	925
18	轻度污染	0.4	−0.7	−3	−3	−3	−3.7	0.4	925
19	中度污染	4.7	0.2	−2	−2	−2	−1.8	4.7	925
20	重度污染	3.2	3.3	−2	−2	−2	1.3	3.3	925
21	重度污染	2.6	0.7	0	−2	0	−1.3	2.6	850
22	重度污染	4.2	5.2	0	−2	0	3.2	5.2	850

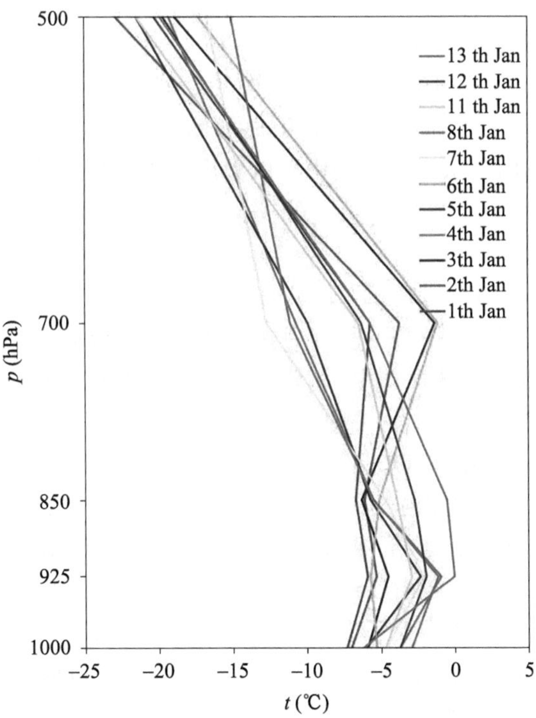

图 14.43　2019 年 1 月 1—14 日污染天气过程的逆温现象

关中逆温的形成与盆地地形相关:由于夜晚山坡降温快,冷空气沿斜坡流入低谷和盆地,使原来较暖的空气受挤抬升出现逆温。污染持续期间,关中中低层 700～900 hPa 相对湿度均小于 50％,地面相对湿度为 55％～75％,逆温和近地层高湿都是导致污染物累积的有利热力条件。

综上,贴地逆温的存在使得近地层大气层结稳定,包括脱地逆温使得西安上空处于稳定状态,这就造成空气污染物在垂直方向的稀释扩散能力减弱,本地排放的污染物易在逆温层下部及近地层聚集,无法向上向外扩散,从而使污染浓度升高,雾霾天气加剧。特别是当近地层相对湿度为 50％～70％,更有利于本地污染物的累积。在实际中也还要注意一种情况,重污染天气开始时,逆温层高度较低,强度较大,但后期逆温层出现的高度较高,强度较前期变弱,但持续出现逆温现象使大气层结一直处于稳定状态,不利于污染物的对流扩散。由此可知,当大气层结出现静稳状态时,即使后期逆温强度减弱,前期积累的污染物以及新产生的污染物仍将持续累积,难以扩散,从而导致污染物浓度持续增加。

14.5.7 近地面流场的配置与地形的相互作用

如前所述,关中平原西起宝鸡,东至潼关,平均海拔 326～600 m,北界“北山”,海拔 1300～1700 m,南倚秦岭海拔一般在 1500～3000 m。关中地势西高东低,东部开阔,自西向东呈喇叭口状。而 850 hPa 的几何高度大约在 1500 m 上下,925 hPa 的几何高度一般在 800 m 左右。显然,当 850 hPa 或 925 hPa 气流进入关中后,在特定地形的作用下,还将造成近地层流场的变化,由于近地层流程是污染物扩散或者聚积的重要影响因素,所以研究关中近地层流场配置,对于了解关中特殊地形对污染物天气形成和持续的作用以及关中污染天气的形成机理是有帮助的。

14.5.7.1 850 hPa 流场与地形的相互作用

高空天气图 850 hPa 等压面的几何高度大约在 1500 m 上下,接近或处于大气边界层范围内,同时它又接近或低于关中南北两侧山脉的高度,图 14.44 给出关中重度以上污染天气个例 850 hPa 和 925 hPa 流场图。从 4 个个例中可以看出关中地区重度以上污染天气 850 hPa 流场具有以下四种类型。

(1)鞍形流场

如图 14.44a 所示,在 106°—111°E,32.5°—35.5°N,850 hPa 流场呈一个典型的鞍形结构,陕北南部至陕南风场呈鞍形,整个关中北部为中高纬北风气流向南移至 36°N 附近,分为东北和西北气流两个方向气流进入陕西关中,而偏南风气流向东北方向移至 33°N 附近,分为东南和西南气流两个方向进入陕西关中。关中西部主要受北来东北气流与南来东南气流控制,关中东部则主要受北来西北气流与南来西南气流控制。显然南支气流的北移过程中爬越秦岭山脉,一部分遇山绕流折回,与北支越山气流汇合,形成东北风向西南方向移动;一部分翻越秦岭,形成下坡风并与偏北气流汇合,形成西南风向东北方向移动,南支气流翻越秦岭山脉与北支气流汇合后的辐合作用,加上越山气流背风坡下沉气流效应,均有利于关中地区形成污染物聚积,同时偏南气流的水汽输送增大了当地中低层湿度,为污染物粒子碰并增长提供了有利条件,北支气流越过“北山”,顺着黄土高原南下,一方面下坡风下沉效应,同时秦岭山脉阻挡辐合效应,均有利于关中大气污染物累积。

(2)北风气流

如图 14.44c 所示,陕西北部为北风气流,南下到 35°N 附近后,在 109°E 附近以西变为东北或东风气流；在关中东部与陕南东北部有一低涡，北支气流南下后，在关中东部与该低涡西北部东北气流汇合，形成东北气流。显然北支气流进入关中后，既受越过北山后的下坡风作用，又受秦岭山脉阻挡，同时转为东北风或东风后，受关中峡管地形的辐合效应，当和南支气流汇合形成东南风后，又存在“北山”阻挡与峡管地形的双重辐合作用，这都有利于关中大气污染物聚积。

(3)南风气流

如图 14.44e 所示，整个关中至陕北为一致的偏南风，显然偏南气流翻越秦岭山脉进入关中后，一是携带水汽，使关中湿度增加，有利于大气污染物颗粒碰并增长；二是气流越山后形成背风坡下沉气流，有利于将低空大气污染物输送至贴地面，使近地污染物浓度增加；三是南支气流越过秦岭后因“北山”阻挡与爬坡效应，有利于关中污染物的堆积。

(4)东南气流

如图 14.44g 所示，我国中部湖北、河南、山西到整个陕西为一致的东南风，进入关中后有风向的辐合。显然，东南气流进入关中，一是携带水汽使关中湿度增大；二是偏南气流翻越秦岭山脉，背风坡下沉气流作用；三是偏东气流进入关中西行后的狭管效应；四是东南气流西北行后“北山”阻挡与爬坡效应，所有这些都有利于关中大气污染物聚集与浓度增加。

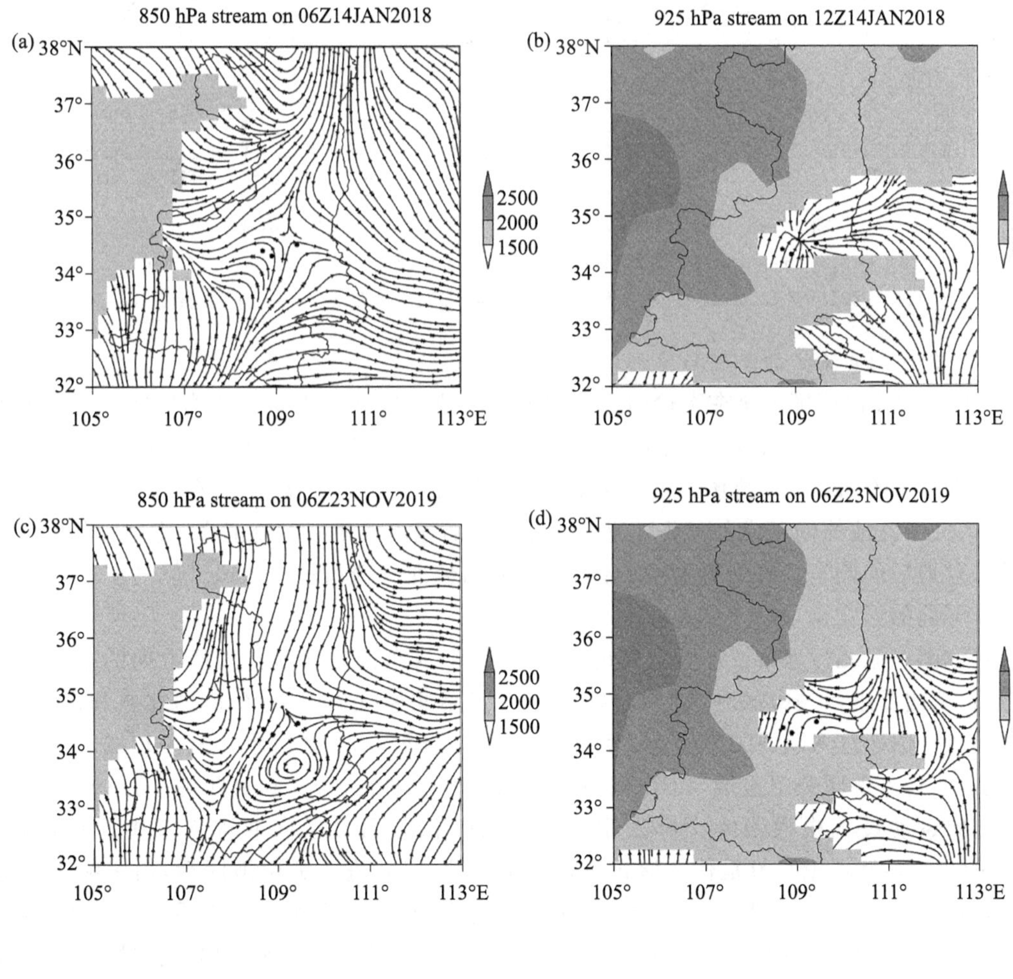

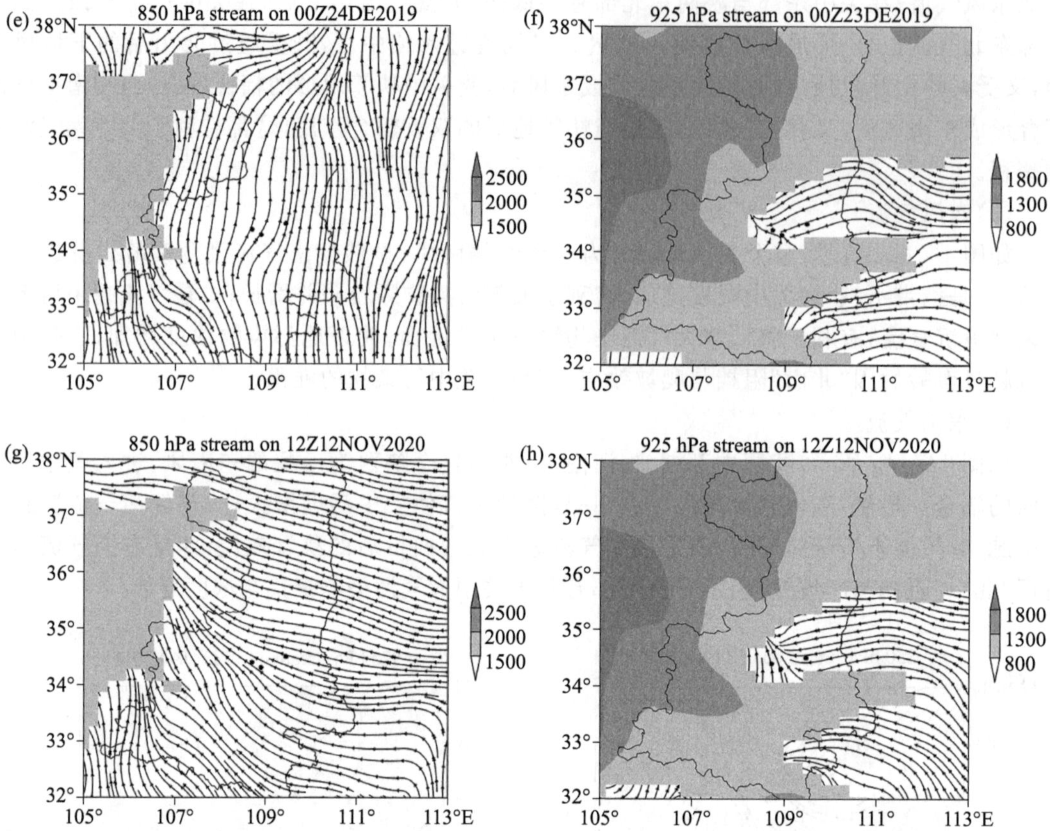

图 14.44　关中重度以上污染期间 850 hPa 和 925 hPa 流场

(a),(b):2018 年 1 月 14 日 14 时和 20 时;(c),(d):2019 年 11 月 23 日 14 时;

(e),(f):2019 年 12 月 24 日 08 时和 23 日 08 时;(g),(h):2020 年 11 月 12 日 20 时

14.5.7.2　925 hPa 流场的配置与地形的相互作用

925 hPa 的几何高度完全在秦岭山脉和北山高度范围内,图 14.44b,d,f,h 是 4 个关中重度以上污染天气个例 925 hPa 流场图,阴影区表示山脉,也是上述重度以上污染天气 4 种 850 hPa 流场所对应的 925 hPa 流场。纵观 4 个个例,当气流进入关中盆地后,在关中均存在辐合线,即进入关中盆地的偏东或东东北气流同越过秦岭的偏南或西南气流汇合,其中一个个例是进入关中盆地后的偏东气流到了关中西部,又分裂出偏北气流(图 14.44d),但气流进入关中盆地也有不同的形式:

一是偏南气流北行遇秦巴山脉发生越山或绕流,形成东南风气流与山西方向的东北风气流汇合,自东向西进入关中盆地,如 14.44b 所示。二是北风气流南下,分成西北风和东北风,其中东北风自山西进入陕西关中盆地,形成东风气流,如图 14.44d 所示。三是东风气流直接由河南、山西进入陕西关中盆地,如图 14.44f 所示。四是湖北、河南到陕西为一致的东南风,向西北方向运动过程中遇秦岭山脉发生绕流,经河南、山西自东向西进入关中盆地,如图 14.44h 所示。显然不论气流是什么形式进入关中盆地,只要进入关中地区后,由于喇叭口地形的狭管效应,在关中形成明显的辐合区。由于风速小,在辐合作用下形成弱的上升气流,再加上近地逆温层和中低层下沉气流的共同作用,使得污染物不易在水平方向上扩散,只能贴地

或者在混合层内聚集，造成严重污染。

2019 年 1 月 1—14 日关中地区发生一次大范围、长时间的严重污染天气，14 d 中只有 8—10 日 AQI 不足 200，其中 3 日、6 日、13 日污染指数 AQI 均达到了严重污染程度。图 14.45 是严重污染发生前和发生时 925 hPa 流场，可以看出 1 月 2 日、3 日为东南或偏南气流西北上或北上，越秦岭或绕秦岭山脉经河南、山西进入关中；5 日为东东北气流进入中原，再转为东南气流进入河南、山西后变为东北气流入侵陕西关中；6 日为偏东气流进入中原后转为东南气流向西北方向越秦岭或绕秦岭山脉经河南、山西入侵关中；这 4 个时次，当气流进入关中盆地后，在关中中部同关中西部越过秦岭的偏南或西南气流对峙，形成一北北西至南南东的辐合线。

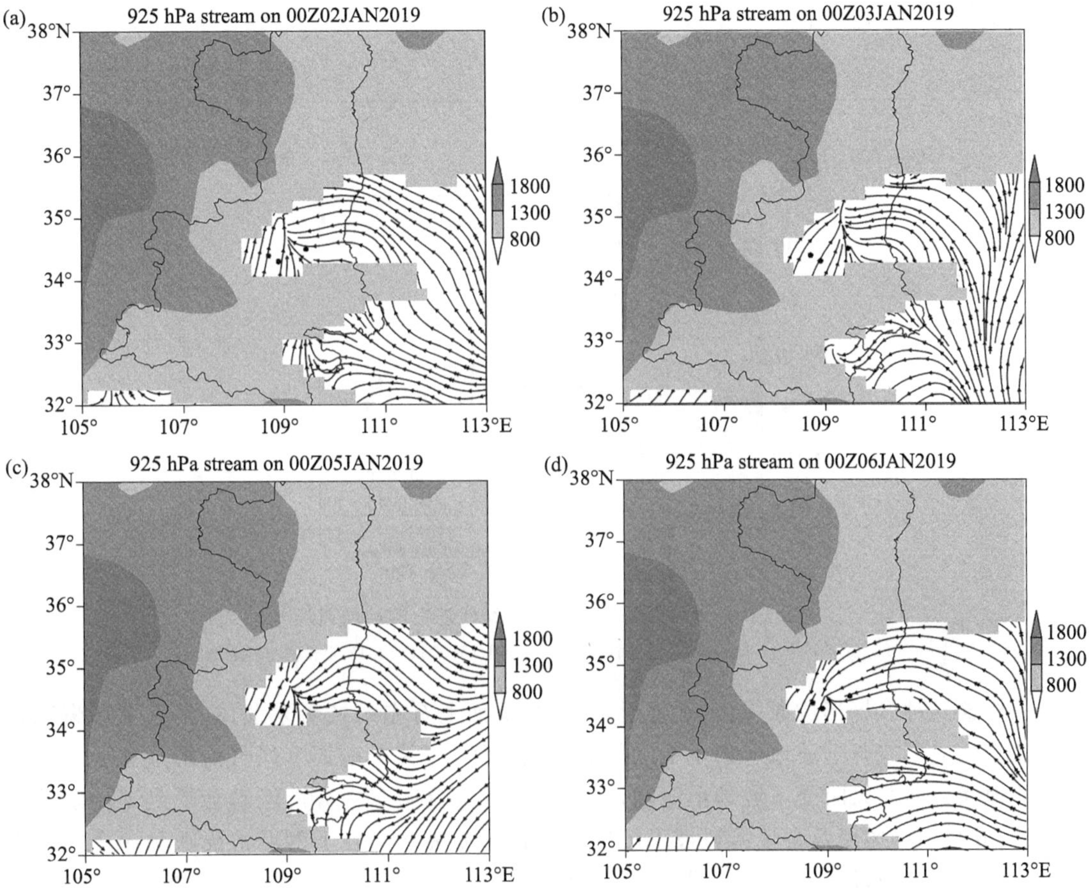

图 14.45　2019 年 1 月 2 日(a)、3 日(b)、5 日(c)、6 日(d)08 时 925 hPa 流场图

14.5.8　地面流场与地形相互作用

14.5.8.1　地面风场的配置及其与地形的相互作用

地面风场分析发现，污染期间关中东部地面风速均在 0～3 m/s，地面风矢量有以下两种分布情况：一种是关中中东部为偏东风(包括偏东北风和偏东南风)，铜川和咸阳北部为偏北风或者偏西风(图 14.46b)，西安、咸阳、渭南之间形成一条准东西方向的辐合线；另一种情况是渭北(包括咸阳北部、铜川和渭南中北部)为偏北风(东北风或西北风)，沿渭河(包括西安、咸阳、渭南)为偏西风(或者偏西南风)或者风速≤3 m/s 的东南风(图 14.46c)，关中中东部形成一条横向辐合线，

这两种情况下虽然辐合线两侧风向不同,但辐合线位置基本重合,由于近地面风速很小,辐合造成的上升运动很弱,地面尘埃和污染物颗粒上升高度有限,只能在近地面附近累积。

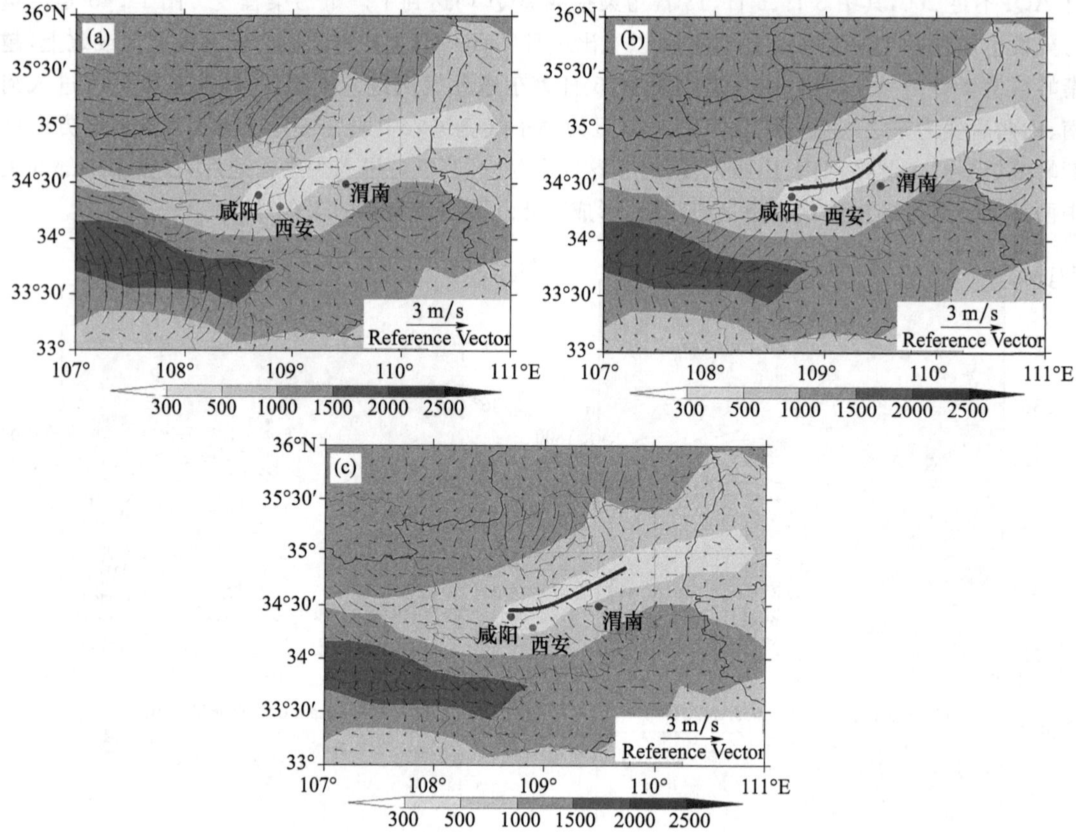

图 14.46 污染天气持续期间有代表性的地面风场

(a)2018 年 1 月 14 日 9:00;(b)2018 年 1 月 14 日 15:00;(c)2018 年 1 月 21 日 22:00

分析这两种风场形成原因:渭北地形较高,当地面上有东风或者东北风时,在关中喇叭口地形狭管效应下或与下坡地形产生下沉气流共同作用,与关中南部东风气流形成辐合;同样,当渭北地面为西北风时受下坡地形影响,产生的下沉气流向东南方向流动会受到秦岭阻挡产生爬升,或与山谷风以及秦岭背风坡下沉气流耦合形成辐合。以上两种情况在关中重污染天气过程中经常出现,西安、咸阳和渭南均会受到辐合线影响。地面气压场的分析已经证实,污染过程结束时,西北路较冷空气自西北向东南影响陕西,西安和咸阳相距较近,位置较渭南偏西,冷空气前沿首先影响咸阳、西安,因此,西安和咸阳空气质量的好转常常会较渭南提前半天到一天,渭南位置偏东,冷空气影响结束时间偏晚,但冷空气连续 2 天持续向东推进影响渭南后,渭南的 AQI 连续下降,空气质量好转后 AQI 值更低。

14.5.8.2 地面风场的日变化与污染物的关系

利用中国气象局下发的 2.5 km×2.5 km 的地面实况网格气象资料对重污染天气过程中的地面流场进行了逐小时统计分析,发现关中的地面风场有明显的日变化特征,即白天关中以谷风为主,晚上到清晨,关中以山风为主。这固然与关中处于东西北三面环高地的特殊地形有关。经过进一步结合地形和温度分析认为是城市热岛效应与山谷风效应的叠加,造成关中地面风场的日变化，即午后城市温度升高快，形成的弱上升气流后与谷风叠加，增大了谷风和弱上升运动的强度。晚上，城市温度冷却快，与山风叠加，形成了比较明显的下沉运动。

对比 PM_{10} 与 $PM_{2.5}$ 的日变化以及地面风场的日变化规律(图 14.47)，发现其变化趋势基本一致，浓度一天有两个峰值，分别出现在午后和前半夜。究其原因，PM_{10} 和 $PM_{2.5}$ 日变化中的第一个峰值与地面流场和气温变化均有关：一方面，白天 14—17 时为谷风(图 14.46b)，即风由渭河滩向南北两个方向，即吹向“北山”和南部秦岭山区，城区因靠近秦岭山脉会产生弱上升气流；另一方面，午后温度升高，城市热岛效应的作用下，地面温度迅速升高并产生弱上升运动。温度升高和谷风效应产生的弱上升气流将地面的尘埃和污染物颗粒带起上扬。

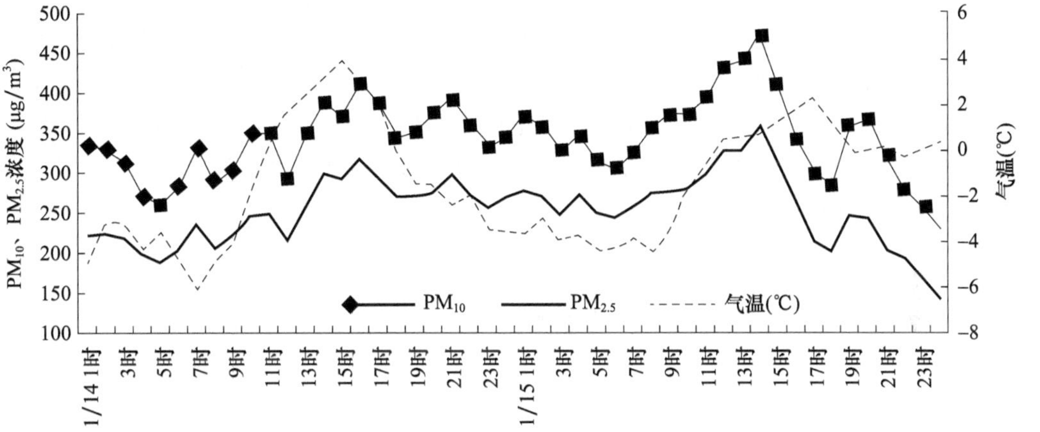

图 14.47　2018 年 1 月 14—15 日重污染期间渭南日报社站 PM_{10} 和 $PM_{2.5}$ 浓度以及气温的逐小时变化

偏南气流翻越秦岭而产生的背风坡下沉气流，与近地逆温层共同阻止了近地面污染物颗粒向高空的传输和扩散，导致 $PM_{2.5}$ 和 PM_{10} 在近地层累积，浓度增大，造成了 $PM_{2.5}$ 和 PM_{10} 日变化中的第一个峰值。傍晚风从山上吹向盆地，即山风(图 14.46c)，同背风坡下沉气流结合，盆地有垂直下沉运动，高处的污染物颗粒被带至近地层，造成了 $PM_{2.5}$ 和 PM_{10} 日变化的第二个峰值。因此城市热岛效应、陕西关中特殊地形引起山谷风交替出现，加之偏南气流翻越秦岭山脉的背风坡效应，对污染物的累积都有正贡献。

城市热岛效应与山谷风效应导致的上升运动与地面辐合产生的上升运动，一方面，在 925～850 hPa 附近遇到逆温层(干暖盖)的阻碍，大气扩散受阻，导致污染物累积。另一方面，午后的弱上升气流将地面的尘埃和污染物颗粒带起上扬，夜间城市冷却与山风叠加产生下沉气流将近地层的尘埃和污染物颗粒又带回到地面，导致污染物浓度在反复升降运动过程中不断积累和增强。

14.5.9　重污染过程与城市热岛效应

研究表明(王珊 等，2015)，城市热岛的热力作用，可以通过热岛环流，将郊区的污染物向城市汇集，在加重城市大气污染的同时，为霾的形成提供更为丰富的凝结核。当机动车辆、工业生产及生活排放的大量氮氧化物、硫氧化物、二氧化碳、粉尘等大气污染物仅在城市上空积聚时，可以吸收环境中热辐射的能量，且增加大气逆辐射，加重城市热岛效应。利用 2013 年 12 月西安城区气象观测站观测到的逐时气温减去对应时刻郊区气象站的平均逐时气温，得到该时段西安地区霾重污染过程与霾前后两种情况下热岛强度的日变化曲线(图 14.48)。这里郊区气象站包括周至、鄠邑、蓝田、长安、临潼及高陵 6 个区县的气象观测站。发现霾天气过程中，西安城市热岛效应不仅存在还有日变化，其强度变化幅度为 0.5～1.3 ℃，明显小于该时段霾过程前后其他时段热岛强度的变化幅度(－0.3～2.4 ℃)。在没有霾发生的时段，由于中午太阳辐射最强，加之郊区土壤热容量较小，城郊温差达到最低，热岛强度甚至出现负值；日落后郊区净辐射值转为负值，而城区由于人工热源多、增温幅度大、大气污染物质吸热及逆辐射等作用导致热岛强度增大，20:00 左右达到峰值。霾重污染过程中的热岛强度最小值延迟至 19:00 才出现，峰值出现在 07:00—09:00。这与霾范围较大，不只局限在西安市区上空，而是覆盖了包括城市与郊区的整个西安地区，属于大范围区域性霾过程有关。较厚霾层长时间覆盖于城市与郊区上空，白天由于霾层的消光作用，城区与郊区增温幅度同时减小，相反，日落后使得城市与郊区的逆辐射同时增强，热量损失速率相差不大，从而改变了城市热岛效应日变化特点，具体表现为延迟了热岛强度的峰、谷值出现时间，减小了热岛强度的日变化幅度。数据分析表明，霾重污染期间，白天时段大气中各类污染物的浓度是大于夜间的。

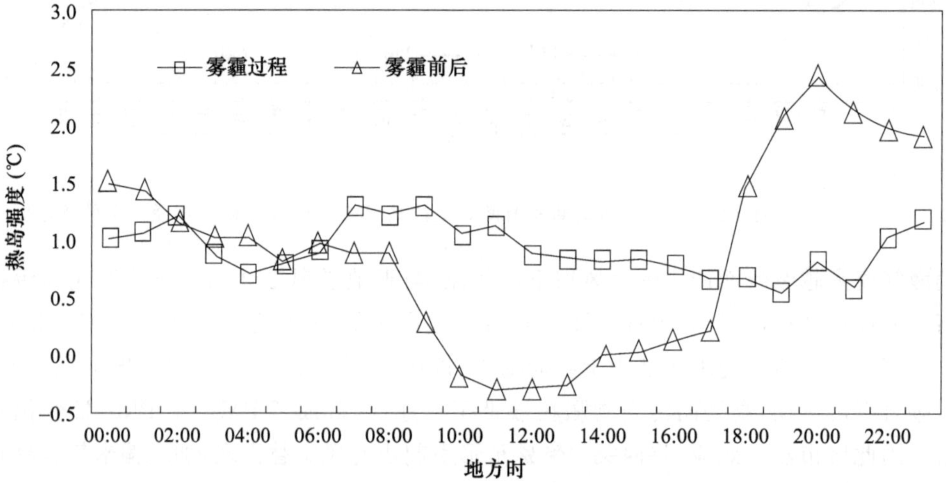

图 14.48　2013 年 12 月西安地区霾重污染过程与霾前后热岛强度的日变化曲线

研究表明，大气上空存在较多的烟尘、悬浮颗粒物等污染物，其大量吸收太阳辐射和大气辐射能，导致大气逆辐射增强，可以使热岛效应增强。因此，这也是造成城市热岛效应白天增强，夜间削弱的可能原因之一。另外，风速、大气稳定度等气象因素对城市热岛的强度也有重要影响。此次霾重污染过程中，白天近地面多小风、静风天气；与非霾重污染时段相比，白天混合层厚度大幅降低，大气稳定度增强，因此，近地面热量向高空、水平方向的湍流、水平输送均会得到削弱，从而有利于白天热岛效应的增强。而城市热岛效应强度的这种变化，对霾重污染过程又起到了一定的反馈作用。研究表明城市上空污染物随热岛环流向四周分散，后在乡村上空下沉至地面附近，又随地面空气向城市中心辐合，造成市区地面浓度增加。有学者发现城市边界层大气由于热岛效应可形成城市中尺度低压系统辐合区，进而形成城市边界层局地热岛垂直环流；经过计算分析城区与近郊区气溶胶分布与城市热岛特征存在某种相关，即气溶胶分布与热岛特征相似，PM_{10}浓度相对高值多发中心区为城市热岛中心，这表明城市热岛效应所引起的次生环流及辐合效应，可导致城区中尺度气溶胶颗粒物传输及局地滞留、聚集等动力过程。另外，当近地面大气层结较为稳定时，热岛效应可以使区域内及周边高架源的烟羽传输扩散由集中在烟羽高度附近改变为随热岛环流传输至地面。由此可见，热岛效应及其引发的热岛环流可以改变污染物传输规律。

由图 14.48 还可见，在大范围较厚霾层的作用下，白天(08:00—17:00)西安城市上空的热岛强度不同于非污染时段下降并出现谷值、负值的情况，而是由峰值开始缓慢下降，但较非污染时段始终持续偏大，总体维持在 1.0 ℃左右，远高于非污染天气时同时段的平均值(0.1 ℃)；日落后热岛强度虽然较非污染时段始终持续偏小，但仍波动性维持在 0.9 ℃左右。也就是说在白天时段城市热岛效应强度较非污染时段显著增强，夜间略偏弱但仍维持在较高水平，这在一定程度上延长了城市热岛效应的作用时间，有利于形成城市热岛环流，将周边和区域内高架源排放的大气污染物传输至地面，同时将周边郊区上空的污染物质汇集至城区。加之西安上空混合层厚度较小，大气的垂直运动处于抑制状态，从而使得西安上空的污染物浓度持续积累增加，霾加重。

图 14.49 为此次霾重污染过程中西安周边 6 个区县气象站观测到的风向玫瑰图，结合西安地区各区县的位置可知，西安周边各区县的主导风向均指向城区，这说明霾重污染期间多数时段西安周边区县气流是向城区汇集的。上述分析表明，大范围区域性霾过程及大气污染物浓度的日变化，对城市热岛效应日变化有一定影响；而城市热岛效应强度的变化，会对霾重污染过程起到一定的正反馈作用。但具体城市热岛效应与霾重污染过程二者之间谁是最初影响的驱动因子、相互影响的定量关系及影响机制，有待于在以后的研究中深入探讨。总而言之，城市污染加重热岛效应、热岛效应反过来通过热岛环流改变城市污染物传播扩散规律并加重污染，二者相互作用、互为增强条件。

14.5.10　垂直运动场的配置

选取沿 34°N 的垂直速度剖面(图 14.50)分析污染持续期间动力场的变化情况，可以看出重污染天气出现前(图 14.50a)，109°E 附近为整层下沉运动，正值最大中心＞2.8 hPa/s，位于 800 hPa 附近，此后陕西关中的垂直正速度值逐渐减小，但 850 hPa 及以下垂直速度演变为垂直上升运动。上升运动能将地面的污染物质带起上扬，而中层下沉运动又阻碍大气在垂直方向上的传输和扩散，同时，850～700 hPa 的水平散度场(图略)显示，该时段关中东部处于散度为 $0\sim2\times10^{-5}\ s^{-1}$ 的区域内，即该时段内，关中东部近地层形成了垂直方向上上升运动和下沉运动势均力敌，水平方向上没有辐合辐散的气流相对停滞区。结合高空与前面环流形势分析得知，下沉运动的形成通常与关中所处中高空为高压底部西西北风环流控制有关，上升运动的形成与喇叭口地形、秦岭山脉对风的阻挡以及城市热岛有关，是关中特殊地形共同作用的产物，也是污染物长时间持续累积的动力原因。污染物累积到最严重污染阶段，垂直正速度区域减小，负值区扩大(图 14.50b)，AQI 增大，空气质量达到严重污染。这种垂直运动配置持续到扩散条件好转时刻，低层的垂直负速度区不断抬高，形成了整层垂直上升运动(图 14.50c)，这种类型一般是垂直上升运动较强，出现降水的可能性较大，降水使得空气质量好转，AQI 减小。还有一种情况是演变为如图 14.50a 类似的动力场配置，这种情况是强冷空气影响下大气扩散条件好转，空气质量转好的情形。

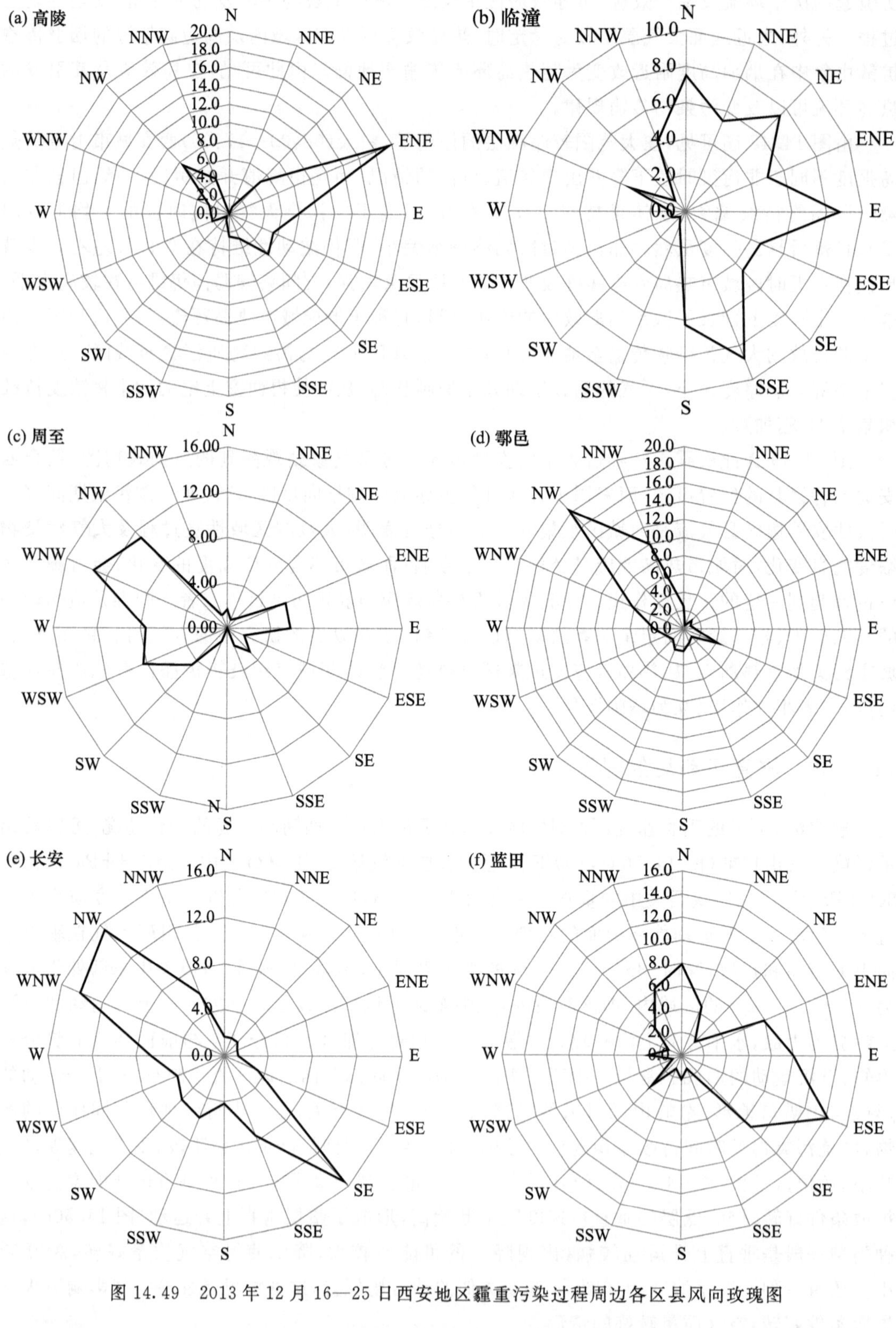

图 14.49　2013 年 12 月 16—25 日西安地区霾重污染过程周边各区县风向玫瑰图

由图 14.50 还可见，重污染出现前，关中有明显整层下沉气流。污染持续期间，近地层有垂直上升运动，850～700 hPa 有垂直下沉运动。当垂直上升运动和垂直下沉运动相当、水平风又小，污染物既不能被下沉运动带至地面，也不能被垂直上升运动带至高空扩散，由于 600 hPa 以下风速普遍很小，很难在水平方向运动扩散，所以只能在停滞区至地面内聚集发展。可见，850 hPa 以下弱垂直上升运动与 850～700 hPa 垂直下沉运动合理配置、整层的垂直下沉运动或上升运动分别是大气污染物累积、重污染天气维持和污染减弱的必要动力条件。

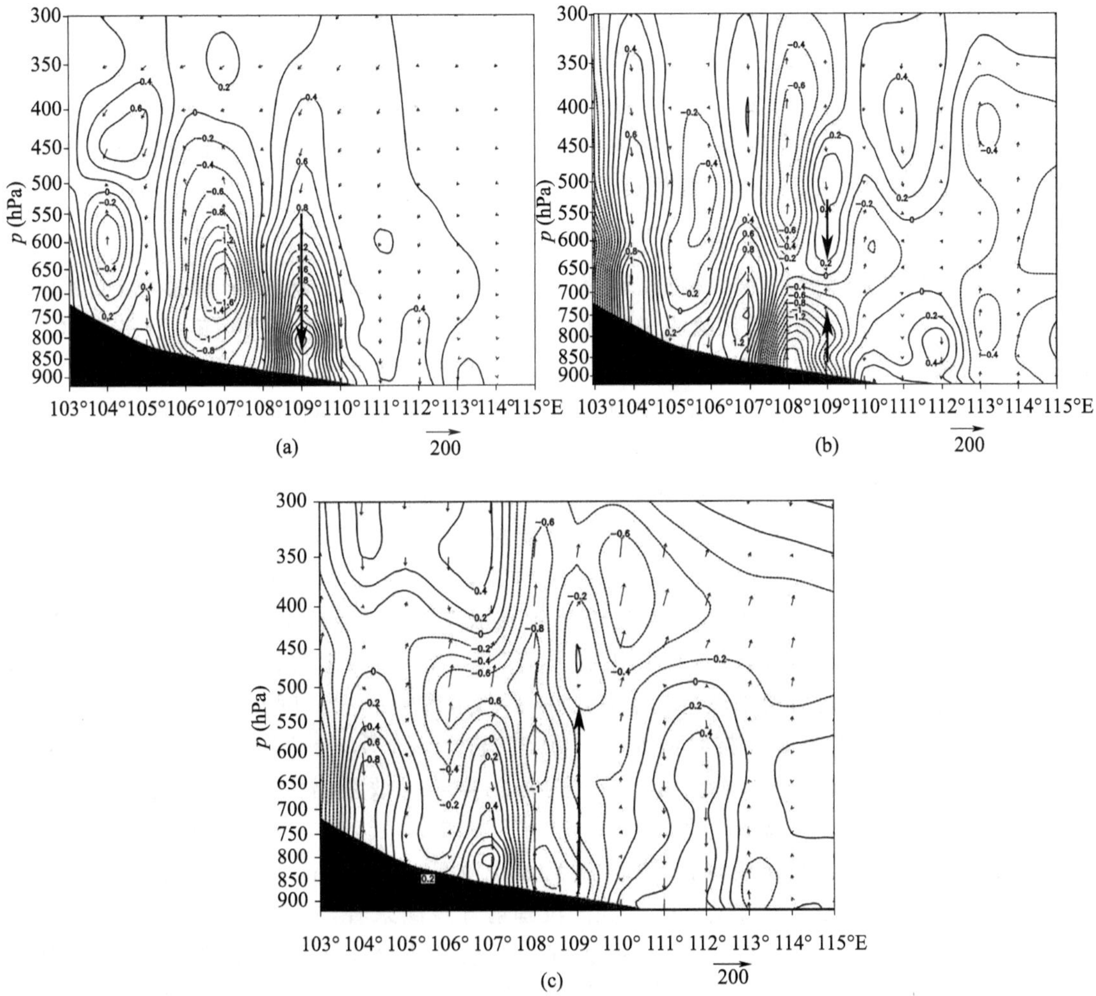

图 14.50 严重污染天气过程前(a)2018 年 1 月 12 日 08 时、过程中(b)2018 年 1 月 15 日 08 时、结束时(c)2018 年 1 月 24 日 08 时垂直速度沿 34°N 的垂直剖面图(单位：hPa/s)

综上，污染天气过程中垂直方向上的动力配置是：

(1)重度污染发生前，比较多的是整层为下沉运动。

(2)重度污染发生时，通常是 850 hPa 以下到地面为垂直上升运动，而大气中层 500～850 hPa为下沉运动。贴地上升运动将地面污染物卷起上扬，中层下沉运动，既将高空污染物带至贴地层，同时在 850 hPa 附近形成气流的相对停滞区，阻碍了污染物向上传输和扩散。在垂直方向上，气流相对停滞区与近地逆温层耦合，是重污染天气持续的重要原因。

(3)重度污染过程的结束有两种情况:一种是垂直上升运动迅速发展,形成整层的垂直上升运动,在暖湿气流输送的配合下形成降水;第二种情况是高层强冷空气迅速扩展南下,形成很强的垂直下沉运动,冷空气带来的大风天气驱散了盘踞在关中的污染物,重污染天气结束。

14.5.11 重度以上空气污染减弱的天气特征

日常预报中不仅关注重污染天气的形成,还关注其减弱消散,因此,本节将分析重污染天气减弱消散的天气形势及其主导气象要素定量特征。研究得知,当关中附近从低层到高层,整层风速增大是关中大气污染减弱的必要条件,一种情况是关中上游有明显的冷空气影响关中,另一种情况是冷暖空气共同影响给陕西关中带来比较明显的降水天气。造成关中地区重污染减弱的地面形势主要有以下四种(高维英 等,2020)。

14.5.11.1 天气形势稳定,气温迅速升高,重度污染减弱

这种情况为中高纬度呈高空纬向型环流,地面上陕西一般处于均压场(鞍形场)或低压倒槽中。以2017年11月6日重污染天气迅速减弱消散为例,6日上午为重污染,下午14:00后迅速减弱为轻度(图14.51)。6日白天500 hPa整个中高纬度为宽广的纬向型低槽,850 hPa陕西处于低槽底部偏西风中。地面上陕西处于鞍型场中,关中为弱偏西或西南风,风速很小,最大风速为1.9 m/s(图14.51a)。从微波辐射计观测(图14.51b)来看,200 m以下水汽含量基本维持在7 g/m^3,200～400 m维持在6 g/m^3,地面露点温度为8.7～9.4 ℃(表14.23),可以看出近地层和地面绝对湿度大且变化很小,是陕西典型的重污染天气形势和气象要素配置。由图14.51和表14.23可以看出,6日00:00,AQI为253,地面气温为10.4 ℃,由于夜间辐射降温,到08:00气温降到最低7.5 ℃,混合层高度仅为361 m,逆温层高度为350 m,虽然气温和混合层高度在下降,但AQI仍在缓慢减小,到08:00下降到225,可能由于凌晨污染物的排放量较小;08:00后气温和混合层高度开始持续增大,逆温层高度开始降低,但是AQI却在持续增大,14:00气温达18.1 ℃,混合层高度达1066 m,逆温层消失,AQI亦达到最大262,可能由于上午时段污染物排放量增大,超过了大气的扩散能力,且存在弱逆温;之后气温继续升高,AQI开始迅速减小,16:00气温达最高19.4 ℃,AQI减小为210;17:00后气温开始降低,混合层高度也降低到875 m,AQI仍继续减小,20:00气温降低到16.5 ℃,AQI减小为117。从微波辐射计观测来看,6日10:00之前1 km以下气温基本在12 ℃左右,垂直变化很小,即大气边界层基本处于中性层结状态;之后气温开始升高,14:00地面气温约20 ℃,且气温随高度升高逐渐降低,200～400 m约18 ℃,大气的湍流活跃,垂直扩散能力加强。由此可以看出,在无天气系统过境的稳定环流形势下,较高的气温对污染的减弱至关重要,AQI的减弱滞后于气温的升高,但是随气温升高,AQI的增加速度是减弱的,当气温达到16 ℃后AQI的增加速度基本停止,气温再升高后AQI迅速减弱至轻度污染以下。

同时,注意到关中处于低压倒槽这种稳定的天气系统中时,当气温上升到16 ℃及以上时,由于低压倒槽的辐合作用,污染物在水平方向上的集聚,AQI减小趋势缓慢,往往很难降到中度污染以下。

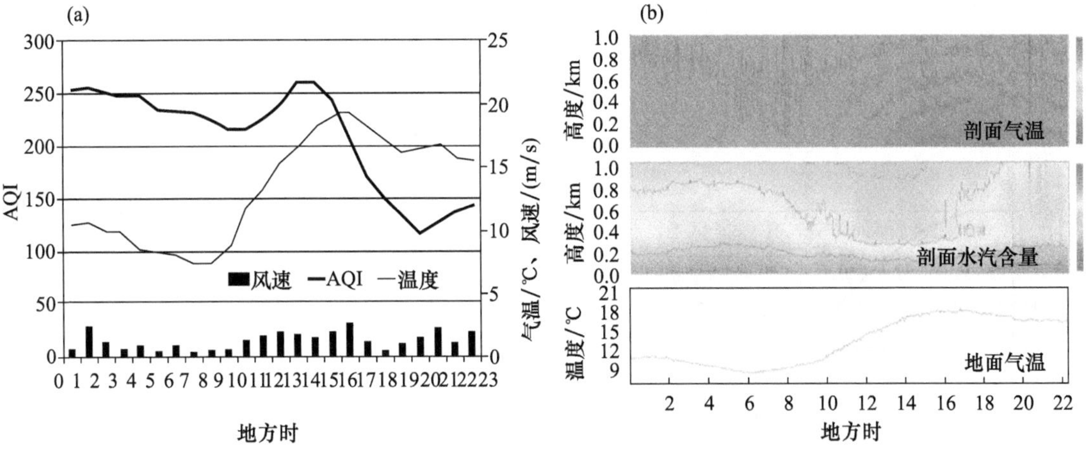

图 14.51　2017 年 11 月 6 日逐时风速、气温、AQI 指标和微波辐射计观测的近地层气温、水汽含量(g/m^3)和地面气温(高维英 等,2020)

(a)逐时风速、气温、AQI 指标;(b)微波辐射计测量的近地层气温、水汽含量和地面气温

表 14.23　2017 年 11 月 6 日各时次气象要素变化

地方时	02:00	05:00	8:00	11:00	14:00	17:00	20:00	23:00
混合层高度(m)	569	257	361	815	1066	875	843	876
逆温层高度(m)	250	400	350	100	0	0	0	0
气温(℃)	10.1	8.3	7.5	13.3	18.1	18.6	16.5	15.6
风速(m/s)	1.2	0.4	0.6	1.7	1.5	1.3	1.5	1.9
露点温度(℃)	7.7	7.2	6.8	8.8	8.7	9.4	9.7	11.2

14.5.11.2　冷空气作用下,风速增大、露点降低,重度空气污染迅速减弱

这种情况一般是水汽条件差,在干冷空气作用下,不会产生降水,主要表现为风速增大,湿度降低,污染减小速度较快。以 2017 年 12 月 31 日至 2018 年 1 月 3 日期间重度污染天气迅速减弱为例。

2017 年 12 月 31 日晚至 2018 年 1 月 3 日,700 hPa 陕西处于高原槽前偏南暖湿气流中,地面上关中处于蒙古冷高压和四川盆地倒槽之间,其中 2 日下午关中出现间歇性弱降雪,但一直到 3 日上午关中地区维持重污染天气。3 日白天关中地面气温一直较低,且持续下降,西安地面 08:00 为 1.1 ℃,20:00 气温达−2.9 ℃,这个气温区间易发生重污染天气;3 日 05:00 后随蒙古冷高压的东移,回流冷空气在关中形成的东北风风速开始增大,从图 14.52a 可以看出,AQI 随风速的增大同步开始减小,05:00 西安站风速为 3 m/s,混合层高度达 1164 m(表 14.24),AQI 299;08:00 风速达 6.8 m/s,混合层高度升高到 2 521 m,AQI 为 282;此后风速虽有波动,但是基本维持在 4.7 m/s 以上且均为东北风,混合层高度大致在 1800～2500 m,逆温层高度为零(表 14.24)。同时湿度也缓慢减小,由微波辐射计观测(图 14.52b)来看,1 km 以下的水汽含量由凌晨时约 4.5 g/m^{3}下降到 16:00 的约 3.7 g/m^3,相对湿度由 05:00 的 82%降到 16:00 的 65%,达到最低,AQI 也降到 115。之后开始出现降雪,AQI 继续减小,23:00 AQI 减小为 65。值得注意的是整个过程中在近地层 0.6 km 以下有两个低湿阶段,一个阶段是

07:00—10:00,约 3.3 g/m³,平均风速为 5.3 m/s,另一阶段是 12:00—16:00 约 2.9 g/m³,平均风速为 6.6 m/s,对应的 AQI 平均减小量分别达 18/h 和 15/h,可见除了风速的影响,湿度也是另一个因素。

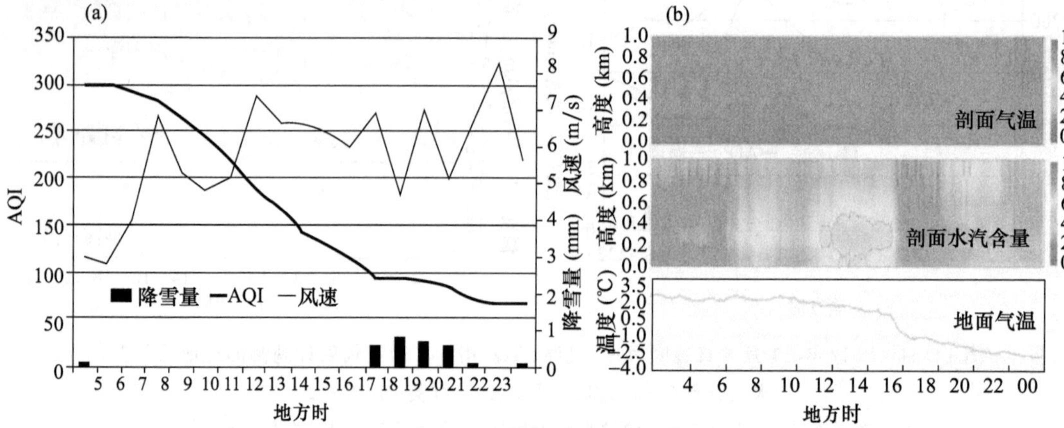

图 14.52 2018 年 1 月 3 日逐时风速、降雪量、AQI 指标和微波辐射计测量的近地层气温、水汽含量(g/m³)和地面气温(高维英 等,2020)

(a)逐时降雪量、气温、AQI 指标;(b)微波辐射计测量的近地层气温、水汽和地面气温

因此,本次重度污染过程迅速减弱主要是东路回流东北风风速较大,其次是低层湿度减小。大气的水平和垂直扩散能力增大共同作用使得 AQI 迅速减小,且风速增大和 AQI 的减小是同步的,整个过程无逆温层。

表 14.24 2018 年 1 月 3 日各时次气象要素变化

时间	02:00	05:00	08:00	11:00	14:00	17:00	20:00	23:00
混合层高度(m)	407	1164	2521	1901	2509	2372	1837	1987
逆温层高度(m)	0	0	0	0	0	0	0	0
风速(m/s)	0.8	3.0	6.8	5.1	6.6	6.9	5.2	5.6
露点温度(℃)	−0.6	−1.9	−4.7	−3.5	−6.8	−3.4	−4.6	−5.5

14.5.11.3 出现明显的降水天气系统,湿沉降作用下 AQI 迅速减小

这种情况一般是高空有西风槽或高原槽东移到陕西上空,700 hPa 以下偏南气流向北发展,为陕西提供了较好的水汽条件,近地层湿度增加较快,产生明显降雨,风速很小,在湿沉降作用下,污染物迅速减小。以 2018 年 2 月 27 日重污染过程为例。

2 月 27 日上午,地面上陕西处于倒槽当中,500 hPa 高空西风槽逐渐东移,700 hPa 为偏南风,在这种形势配置下,27 日上午关中地区产生较明显的降雨,从表 14.25 和图 14.53a 来看,10:00、11:00、12:00 降雨量分别达 0.2 mm/h、0.1 mm/h、0.1 mm/h,气温均低于 11 ℃,混合层高度均不足 900 m,风速均小于 1.6 m/s,且风向不稳定,近地层 600 m 以下水汽含量在 6～8 g/m³,AQI 从 180 迅速降低到 125,AQI 最大减小量达 31/h,说明在天气形势和气温、风、湿度等要素不利于污染物扩散条件下,小时雨强在 0.2 mm/h 以上的降雨对污染物的湿沉降作用明显,特别是连续性降雨作用更明显。此外,虽然 12:00 后降雨停止,但是 AQI 仍继续减小

维持了 4 个小时，16:00 后污染物开始聚集，AQI 上升。值得注意的是 16:00—20:00 虽然混合层高度维持在 1000～1120 m，且近地层湿度很低，水汽含量仅约为 2 g/m³（图 14.53b），但是气温由最高 14.4 ℃缓慢下降到 11 ℃，风速为 1.5～2.3 m/s，因此，AQI 仍缓慢增大，个别时次还略有减小，如 17:00—18:00 的 AQI 由 58 减小为 57，这主要是 17:00 的混合层高度达到最高 1122 m；从混合层高度、相对湿度等气象条件来看，下午虽然有利污染物扩散，但是条件不是很有利，加之白天工业、机动车等人为排放量较大，因此，AQI 还是会增大。

表 14.25　2018 年 2 月 27 日各时次气象要素变化

时间	02:00	05:00	8:00	11:00	14:00	17:00	20:00	23:00
混合层高度(m)	1151	1050	609	864	693	1122	1097	933
逆温层高度(m)	0	0	0	0	0	0	0.1	1.5
地面气温(℃)	12.2	10.8	9.7	9.9	13.1	14.3	11.5	8.6
相对湿度(%)	49	58	71	80	62	52	65	71

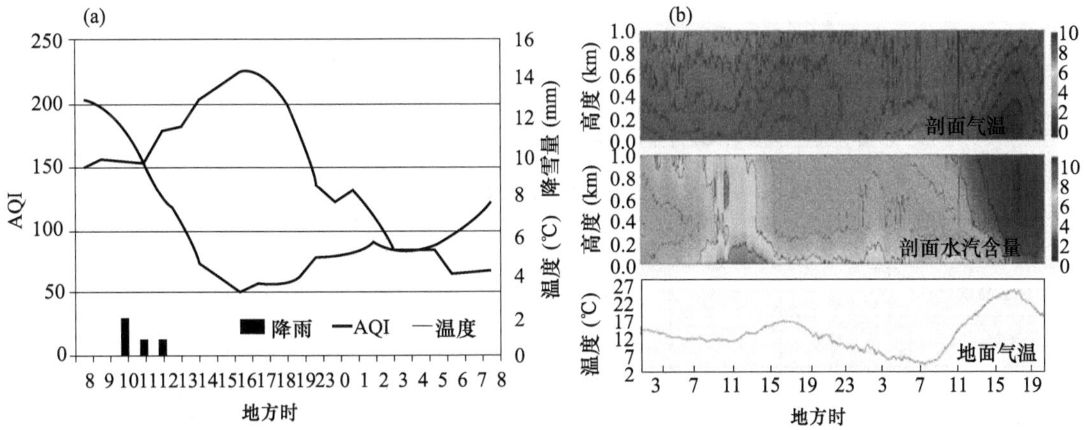

图 14.53　2018 年 2 月 27 日逐时降雪量、气温、AQI 指标和微波辐射计测量的气温和水汽含量(g/m³)、地面气温(高维英 等，2020)

(a)逐时降雨量、气温、AQI 指标；(b) 微波辐射计测量的近地层气温、水汽和地面气温

14.5.11.4　在扩散弱冷空气作用下，湿度陡降，重污染天气迅速转好

这种情况，高空槽偏西偏北，低层陕西处于偏南风或小风当中，湿度大，温度低，不利于污染物扩散，关中为重污染天气。高空槽从陕西北部东移滑过，地面上冷高压主体位于蒙古国中部到内蒙古一带，有弱冷空气逐渐扩散南下，随着冷高压的东移，关中风向由南风逐渐转为弱北风再转为弱东北风，湿度迅速降低，形成下干上湿，AQI 迅速减小。以 2017 年 11 月 17 日重污染天气过程为例。

从图 14.54a 看出，2017 年 17 日 16:00—18 日 01:00 时 AQI 始终维持在 300 左右，为重度污染状况，18 日 02:00 迅速减小到 108，与前一时次相比减小量达 135/h，到 04:00 减小到 58，空气质量接近优，而整个过程地面气温是持续降低，由 17 日 16:00 的 11.4 ℃降低到 18 日 04:00 的 6.9 ℃；18 日 04:00 之前风速在 0.6～1.6 m/s 之间波动，之后风速明显增大，此时空气质量已经转好；此外，从表 14.26 可以看出，17 日 23:00 之前风向为偏西南风或西西南风为主,23:00 后冷高压东移,受其外围回流扩散弱冷空气影响,风向转为一致的东北风,湿度开始陡降,露点温度由 17 日 23:00 的 5.5 ℃迅速降低为 18 日 02:00 的 -1.1 ℃。从混合层高度(表 14.26)来看,重污染期间混合层高度在 544～653 m 之间变化,18 日 02:00 混合层高度迅速上升至 746 m。

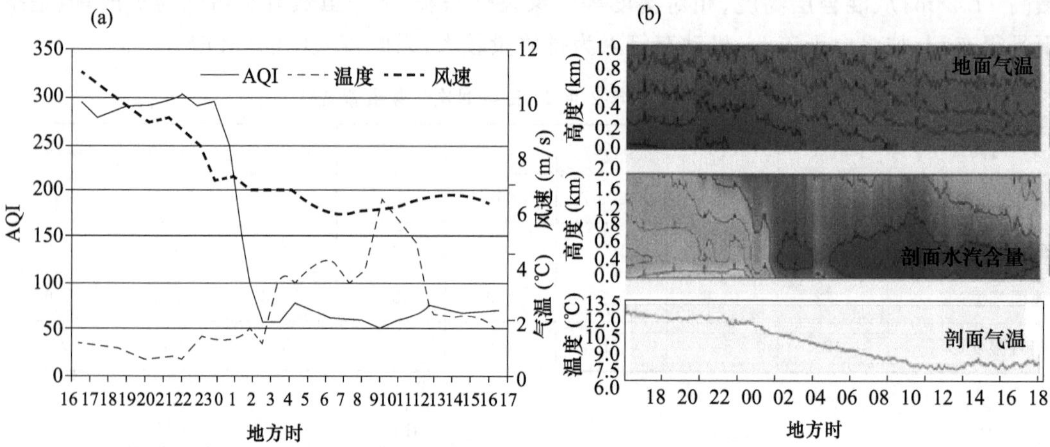

图 14.54 2017 年 11 月 17—18 日逐时气温、风速、AQI 指标和微波辐射计观测的近地层气温、水汽含量(g/m³)和地面气温(高维英 等,2020)

(a)逐时气温、风速、AQI 指标;(b)微波辐射计测量的近地层气温、水汽和地面气温

表 14.26 2017 年 11 月 17 日和 18 日各时次气象要素变化

时间(17 日)	14:00	17:00	20:00	23:00	02:00	05:00	08:00	11:00
混合层高度(m)	645	653	576	544	746	1751	1972	3102
温度(℃)	11.2	11.1	9.8	8.9	7.3	6.9	5.9	6.1
逆温层高度(m)	0	0	0	50	50	50	50	0
风向	WS	WS	S	NS	EN	EN	EN	EN
露点温度(℃)	5.3	5.0	5.6	5.5	-1.1	-2.3	-8.8	-12.5

从微波辐射计垂直观测(图 14.54b)能够更为清晰地看出,17 日 16:00—18 日 04:00 空气质量由重度污染迅速转为优的过程中近地层 600 m 以下关键气象要素变化特征。从气温来看,17 日 20:00 前近地层气温各高度气温基本无变化;17 日 20:00—23:00 各高度气温略有上升,最高气温在 12 ℃以下;17 日 23:00—18 日 04:00 气温开始缓慢持续下降,04:00 近地层气温下降到 6.0～9.5 ℃,不利于污染物的扩散。但是从水汽条件来看,18 日 00:00 前维持在 5.6～6.6 g/m³,湿度较大,且大气呈下湿上干正常状态;随着干空气不断从高层逐渐向低层侵入,18 日 01:00 干空气完全到达地面,近地层 0.6 km 以下水汽含量仅为 2.0～2.3 g/m³,01:00—04:00 大气水汽含量则呈现为下干上湿状态,近地层湍流活动加强,污染物扩散能力增强。

综上可以看出,本次空气质量由重度污染迅速转为优的过程中,天气形势和气温、风速等气象要素条件不利于污染物的扩散,主要是由于中高层高空槽偏北,东移过程中,地面冷高压从陕北北部滑过,槽后的干空气不断向东、向下侵入关中,使得上空湿度不断下降,近地层扩散的回流弱干冷空气进入关中盆地堆积，形成干垫，下干上湿，大气湍流显著增强，混合层高度迅速增大，污染物的垂直扩散能力增强，使得 AQI 迅速减小。

14.6　影响关中地区大气污染物传输路径

如前 14.4.5 节所述，关中平原作为渭河川道向东同山西晋中平原相通，渭河作为黄河最大支流，关中平原同河南西北部三门峡及黄河川道相通，山西与河南之间仅隔宽 10～15 km、海拔 1000～2300 m、相对高度 800～1500 m 山势狭长的中条山。近地面不论是刮偏东风（含东北风和东南风）还是刮偏西风（含西北风和西南风）均有利于将近地污染物向下风方向传输，关中北部虽然有“北山”及子午岭、崂山、黄龙山，但海拔在 1300～1700m 左右，在偏北气流或西北气流引导下，仍旧可将西北戈壁、蒙古沙漠和陕北黄土高原的颗粒物向关中平原输送。又如 14.4.6 节所述关中东部盛行偏东风，关中北部以偏北风或西北风为主导风向，关中南部西南风或东南风频率较高。在讨论近地层流场配置与地形相互作用时 14.5.7 节给出了 850 hPa、925 hPa 几类风场及其与地形相互作用的特征。显然，这些都同影响关中地区污染物传输路径相关联。本节利用美国 NOAA 研制的 HYSPLIT-4 模式来计算和分析关中重度以上污染天气个例，严重污染日的污染物来源和扩散、输送轨迹，用该方法进一步讨论影响关中污染物传输路径。

为分析各重度以上污染天气过程中污染物的来向和传输路径，以渭南市（34.51°N，109.46°E）为参考点，选取近地 50 m、100 m、300 m 高度，分别计算各重度以上污染天气个例严重污染日各高度空气质点的 48 h 后向输送轨迹，如图 14.55。这里只给出了 5 个重度以上污染天气个例严重污染日 48 h 后向气流轨迹，可以看出，关中地区大气污染主要影响路径和传输方式有 3 类。

（1）本地路径

所谓本地，是指关中区域内，当污染空气质块在关中地区内移动，则称为本地路径。从图 14.55 中可以看出，5 个污染天气个例均存在本地路径，比较多的基本在原地，也就是污染空气质块在本地上空打转转，个别路径从关中西部流向关中东部，如 2018 年 1 月 14 日（图 14.55a）。此类路径传输高度最小，基本都在 500 m 以下，由于贴地面风速小，路径短，污染物主要来自盆地内部。在实际分析中也发现，有的个例在某一时次某一高度上 48 h 或 72 h 后向轨迹中，有 3 条影响路径，其中两条为本地路径，这说明影响该地的大气污染物主要来自于本地，或者说大气污染物来源以本地为主。

（2）偏东路径

污染物直接从河南三门峡及黄河川道（东或东南方向）输送进入关中，或直接从山西沿汾渭平原（东北方向）输送进入关中，统称为偏东路径。这里包括从华北南下再转为沿高压底部西进的气流，也包括南风气流或东南风气流向北遇秦岭阻挡转向东而出现的沿秦岭山脉绕流经河南西进的气流输送污染物进入关中盆地。偏东路径的传输高度集中在 1000 m 以下，从 5 个个例来看，除 2019 年 11 月 23 日外均有偏东路径向关中渭南输送污染物，这通常是近地层受倒槽控制和关中地面处于华北冷高压后部或蒙古高压底部所致。该路径传输既能将污染物传输到关中，同时又携带水汽进入关中盆地。

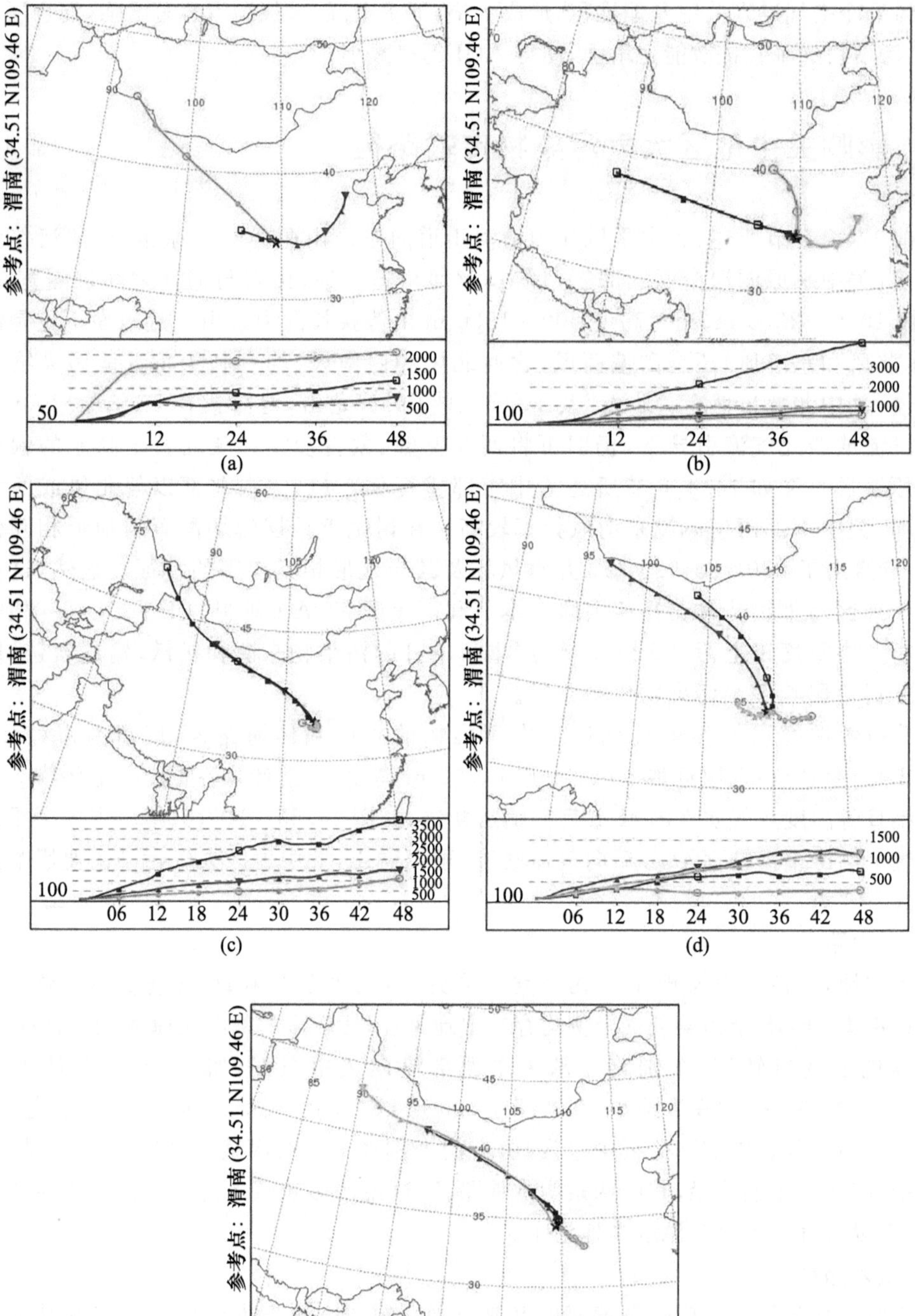

图 14.55　各污染天气个例严重污染日空气质点 48 h 后向轨迹

(a)2018 年 1 月 14 日 08 时 50 m；(b)2019 年 1 月 3 日 08 时 100 m；
(c)2019 年 11 月 23 日 08 时 100 m；(d)2019 年 12 月 23 日 08 时 100 m；(e)2020 年 11 月 12 日 08 时 100 m

(3)偏北路径

偏北路径包括北路和西北路。北路是指经内蒙古沙漠和陕北黄土高原到达关中盆地，西北路是指经甘肃、宁夏、陕北到达关中盆地。该输送路径离地面较高，72 h 起始输送高度为 2000～3000 m，甚至达 5000 m；在携带大量颗粒污染物随中高空西北气流东南移或随北风气流南下的过程中不断沉降，最后进入关中盆地，由于秦岭山脉阻挡和中低层下沉气流的作用，将污染物传输至地面。

近年来，也有不少气象科技工作者以西安(34.3°N，108.9°E)为参考点，选取不同近地层高度，利用 HYSPLIT-4 模式计算分析关中重污染个例(如 2012 年 12 月 11—15 日，2016 年 12 月 31—2017 年 1 月 6 日，2014 年 1 月 25—2 月 5 日，2013 年 12 月 16—25 日)污染空气质点的后向输送轨迹。其分析结果同上述结论大致相同，即同样得出本地路径、偏东路径、偏北路径。所不同的是有的个例分析出偏南路径，即南风气流携带污染物经由四川、重庆，越过秦岭直接进入西安地区，还有一个例分析出偏西路径，由青藏高原东行至关中地区。

通过以上分析可以看出，关中盆地的重污染天气是由于本地污染源排放的大量污染物，同偏东(含偏南)气流输送的污染物，西北或偏北气流携带的颗粒污染物的叠加，再加上偏东(含偏南)气流携带水汽的增湿效应的共同作用造成的。只有在春季全国大范围沙尘天气时，关中本地的强污染主要是从外来输送(如偏北路径)为主造成的，但仍旧不能完全排除本地污染源排放的贡献。

14.7　关中地区大气污染成因模型

根据前面关中重污染天气形成和维持的主要气象条件分析，给出关中大气污染形成机理示意图(图 14.56)。

(1)关中上空环流形势稳定少动、大气层结稳定，是重污染天气形成的基本条件

重污染天气期间，关中上空处于 500 hPa 暖高压底部平直西风气流或西西北气流中，通常等温线与等高线平行，没有明显的冷暖平流；或者关中上空处于 500 hPa 西北气流中，但 700～850 hPa 有西南气流或者低槽影响关中，各层的冷暖平流都不明显。地面上，关中受地面弱高压、弱低压或均压场控制(持续 2 d 以上)，等压线稀疏，没有明显的锋区，地面形势稳定，变压幅度较小。上述环流形势稳定少动，关中处于稳定的大气层结条件下，这是重污染天气形成的基本条件。

(2)中低层风速小、湿度大，是污染物累积和持续的必要条件

600 hPa 以下风速普遍较小，并且越接近地面风速越小，甚至于静风；在小风速影响下污染物不易扩散，导致了污染物的不断累积；近地面～850 hPa 湿度大，重度污染时段，近地面湿度达到 50%～60%，湿度增大，有利于污染物颗粒的碰并增长，但当近地面湿度>80%时降水容易发生，污染结束。小风速和较大的湿度条件是污染物累积和持续的必要条件。

(3)逆温层的存在能够促进污染物浓度的增大，延长污染天气的持续时间

重污染期间关中存在地面至 925 hPa 或 850 hPa 高度的贴地逆温层，有的过程甚至存在地面至 925 hPa 和 850～700 hPa 的双逆温层。温差通常在 2 ℃以上，最强逆温甚至达到 6～8 ℃以上。逆温层的存在阻止并压缩了污染物的扩散空间，促进了污染物浓度的不断增大，一定程度上能够延长污染天气的持续时间。

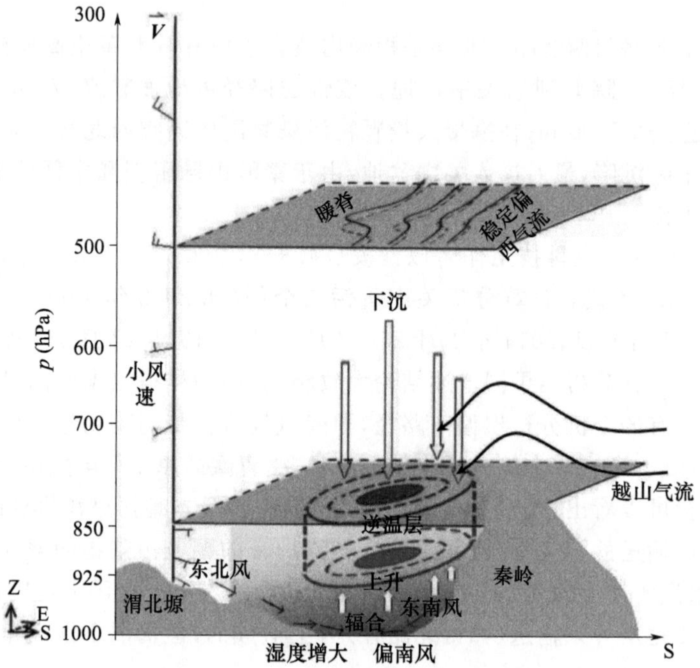

[彩]图 14.56　关中污染天气形成机理示意图

(4)中低空下沉气流同背风波下沉气流共同作用,利于污染物向近地面聚集

在 500 hPa 高压底部至 850 hPa,重污染期间通常为下沉气流,偏南气流(包括东南气流、西南气流)翻越秦岭山脉背风波下沉气流同该下沉气流耦合,加强了盆地上空的下沉运动,有利于将中低空污染物向近地面沉降,加大近地污染浓度。偏南气流背风坡下沉气流一方面携带污染物增加关中盆地污染浓度,同时输送水汽利于污染粒子碰并增长。

(5)地面风场和地形相互作用产生近地层垂直上升运动,同中低空下沉气流耦合形成气流停滞区

近地面不同来向风在关中均能产生辐合,有利于在关中近地面形成较弱的垂直上升运动。气温的日变化峰值与城市热岛效应以及山谷风效应叠加,导致午后上升运动增强。综上研究,关中特殊地形对重污染天气的影响主要有 4 个方面,一是盆地地形是造成山谷风转化的主要诱因,山谷风转化与温度日变化结合,导致了 $PM_{2.5}$ 和 PM_{10} 日变化的两个峰值;二是特殊盆地地形一定程度上增强了逆温的强度,延伸了逆温层的厚度;三是喇叭口地形和秦岭山脉或"北山"阻挡形成的地面辐合,导致近地面垂直上升运动的形成和维持;四是高原背风坡形成的下沉气流与中层下沉气流叠加形成中高层的下沉气流,与近地面辐合导致的上升运动耦合,促成在 850 hPa 附近气流相对停滞区的形成和维持,所以地形与地面风场的相互作用产生近地层垂直上升运动,从结构上补充并促成了气流停滞区环流的形成,二者的交汇区也就是气流停滞区,通常也是逆温层高度所在位置。近地面辐合上升运动将贴地污染物集聚上扬,同中低空下沉气流携带污染物相汇,这是造成污染物累积以至于重污染天气形成的重要原因。

综上所述,重度污染发生的天气背景是大气环流稳定,中低层风速小,湿度大,层结稳定且有贴地逆温层;动力条件是 850 hPa 以下到地面为上升运动,而大气的中低层 500～850 hPa 为下沉运动。贴地上升运动将地面污染物卷起上扬,中低层下沉运动,既将高空污染物下沉,

同时在 850 hPa 附近形成气流的相对停滞区，阻碍了污染物向上传输和扩散。在垂直方向上，气流相对停滞区与近地逆温层耦合，导致重污染天气维持甚至加重。

14.8　大气污染预报

14.8.1　大气污染预报思路

2018 年，各级各地气象台制作发布大气扩散气象条件预报，其基本预报思路是以调查—分析—预报为主要脉络，调查就是对前期和当日的污染状况进行查阅，了解当前大气污染状况；分析就是分析当日大气环流形势和天气状况，并与大气扩散条件对应分析，根据预报着眼点分析大气扩散条件的主要影响因素；后期的预报就是要根据大气数值预报模式和空气质量数值模式预报，结合前期天气及其大气扩散条件的变化情况，根据预报着眼点和模式的预报，做出本区域未来大气扩散条件预测，这一预报结论首先由各级气象台制作发布。后期还需要与环保局进行会商，环保局进一步考虑大气污染排放和二次转化等因素后由环保局和气象局共同向社会和公众发布大气污染预报，并根据大气污染预报的结论安排区域内的相关大气污染的防治和管控事宜。具体的预报思路如图 14.57 所示。

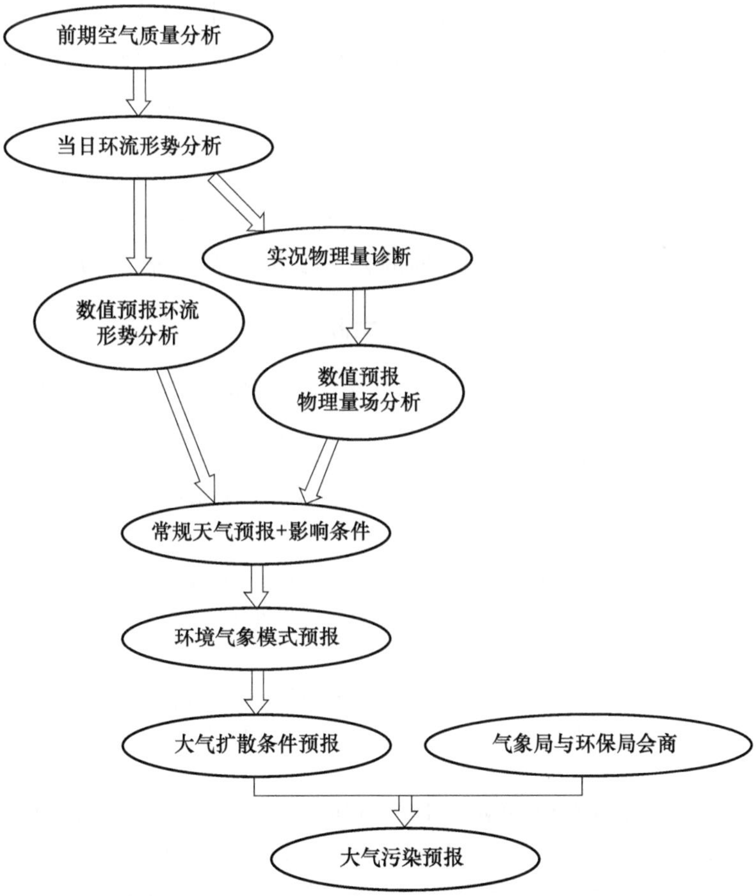

图 14.57　大气污染的预报思路

14.8.2 大气污染预报预警定性指标

从大气环流形势的分析，到具体物理量的诊断，都是以陕西关中所在区域为研究对象，具体预报着眼点为：

①500 hPa 中纬度(陕西关中)稳定维持平直的西西北风或者西北风，大气层结稳定；

②大气稳定条件下，24 h 负变压 $\Delta P_{24}<0$ 有利于污染天气的发生和雾霾的形成，而 24 h 正变压 $\Delta P_{24}>0$ 有利于清洁空气和雾霾消散；

③气温在－2～15 ℃利于重污染发生，特别是气温在－2～10 ℃利于严重污染发生；

④地面相对湿度在 60%～70%霾出现频率较高，霾频率高达 85.6%；相对湿度小于 30%，霾出现频率较低；

⑤关中地区 600 hPa 以下风速很小；近地层(925 hPa)风场存在比较明显的辐合；关中(特别是中、东部)地面主导风向为偏东风或静风，且地面风速小于 2.0 m/s 有利于重污染天气的发展和维持；

⑥关中地区近地层或中低层有较明显的逆温层；

⑦关中地区在重污染期间，边界层风场呈现出三层结构特征，一是 500 m 以下的偏南风(包括东南风)，二是 500～1000 m 的偏北风(包括东北风)，三是 1000～1500 m 的小风速区，动力不稳定难以发展，边界层中上层的小风速区使得污染物主要积聚在 1000 m 以内；

⑧边界层高度基本在 300～450 m 之间，并不断下降，使得污染物垂直扩散的范围降低，雾霾开始加重；严重污染时，边界层高度降至 100～200 m，污染物主要集中在近地层 100 m 以内；

⑨通常是 850 hPa 以下到地面为垂直上升运动，而大气中层 500～850 hPa 为下沉运动。

在秋冬季大气层结稳定的前提下，符合以上条件的 2 条或者多条都有可能发生重污染天气，但是也不是绝对的，做预报时需根据当时的天气形势，综合分析和研判。

参考文献

蔡新玲，吴素良，王繁强，2007. 西安市近 10 年大气稳定度和边界层厚度特征[J]. 气象科技(6)：814-817.

曹红丽，陈奇，2014a. 西安边界层逆温特征及其空气污染的关系[J]. 陕西气象(2)：13-16.

曹红丽，苏静，2014b. 西安地区混合层厚度变化特征及对大气污染的影响[J]. 陕西气象(5)：32-35.

董子鹏，余兴，李星敏，等，2014. 基于 MODIS 数据的陕西省气象气溶胶光学厚度变化趋势与成因分析[J]. 科学通报(59)：306-316.

杜怡心，胡琳，王琦，等，2018. 2016 年西安市气象条件对大气污染影响评价[J]. 陕西气象(1)：30-33.

高维英，李明，李茜，等，2020. 关中地区重污染发生和减弱天气类型及气象要素定量特征[J]. 灾害学，35(2)：102-109.

韩洁，许迎春，庞翻．等，2020. 近 4 年早春宝鸡市区气象条件对空气污染的影响[J]. 陕西气象(1)：20-25.

胡琳，曹红利，张文静．等，2013. 西安市环境空气质量变化特征及其与气象条件的关系[J]. 气象与环境学报，29(6)：150-153.

胡琳，林杨，何晓媛，2007. 基于 API 方法的西安城市大气环境质量评价[J]. 陕西气象(1)：18-20.

胡琳，苏静，陈建文，等，2014. 西安地区霾天气特征及其影响因素分析[J]. 干旱区资源与环境(7)：41-45.

胡琳，张侠，苏静，等，2019. 陕西省霾天气变化特征及气候成因分析[J]. 干旱区地理，42(4)：41-45.

胡文斌，王嘉鑫，李文榜，等，2018. 陕西关中地区一次重污染天气的气象条件分析[J]. 环境科学与技术，41

(3):72-79.

黄少妮,孟金平,杜莉丽,等,2019. 陕西关中两次重污染过程气象条件分析[J]. 气象科技,47(5):809-817.

黄少妮,袁媛,井宇,等,2016. 陕西关中地区冬季一次重霾污染过程及气象条件影响分析[J]. 干旱气象,34(6):1037-1046.

吉庆,武麦凤,何林．等,2019. 渭南市 2015—2017 年典型雾霾天气过程气象特征分析[J]. 陕西气象(6):12-19.

金丽娜,曲静,张雅斌,等,2015. 西安霾天气时空分布特征与影响因子分析[J]. 气象科技,43(2):314-319.

李国翠,范引琪,岳艳霞,等,2009. 北京市持续重污染天气分析[J]. 气象科技,37(6):656-659.

林杨,胡琳,邓小丽,等,2007. 西安市大气能见度变化规律及与空气污染关系[J]. 陕西气象(6):29-31.

刘瑞芳,陈小婷,姚静,等,2017. 陕西关中持续性雾霾天气的气象条件分析[J]. 中国农学通报,33(1):82-88.

马晓华,黄少妮,张科翔,等,2017. 关中地区一次霾天气过程分析[J]. 陕西气象(4):10-13.

孟妙志,卢晔,王仲文,等,2015. 2013 年冬季宝鸡重度雾霾污染分析[J]. 陕西气象(3):48-52.

庞翻,韩洁,王婷,2013. 宝鸡市重度灰霾天气气候特征及气象条件分析[J]. 陕西气象(6):22-25.

邵天杰,赵景波,2008. 西安空气质量时空变化特征分析[J]. 干旱区研究,25(5):723-728.

孙彧,马振峰,牛涛,等,2013. 最近 40 年中国雾日数和霾日数的气候变化特征[J]. 气象与环境研究,18(3):397-406.

唐宜西,张小玲,熊亚军,等,2013. 北京一次持续霾天气过程气象特征分析[J]. 气象与环境学报,29(5):12-19.

童尧青,银燕,钱凌,等,2007. 南京地区霾天气特征分析[J]. 中国环境科学,27(5):584-588.

王红军,何晓媛,苏静,等,2020. 关中区域主要大气污染物时空分布特征分析[J]. 陕西气象(3):26-30.

王珊,廖婷婷,王莉莉,等,2015. 西安一次霾重污染过程大气环境特征及气象条件影响分析[J]. 环境科学学报,35(11):3452-3462.

王珊,修天阳,孙杨,等,2014. 1960—2012 年西安地区雾霾日数与气象因素变化规律分析[J]. 环境科学学报,34(1):19-26.

吴兑,2012. 近十年中国灰霾天气研究综述[J]. 环境科学学报,32(2):257-269.

吴兑,廖碧婷,陈慧忠,等,2014a. 珠江三角洲地区的灰霾天气研究进展[J]. 气候与环境究,19(2):248-264.

吴兑,廖碧婷,吴蒙,等,2014b. 环首都圈霾和雾的长期变化特征与典型个例的近地层输送条件[J]. 环境科学学报,34(1):1-11.

吴兑,廖国莲,邓雪娇,等,2008. 珠江三角洲霾天气的近地层输送条件研究[J]. 应用气象学报,19(1):1-9.

吴兑,吴晓京,李菲,等,2010. 1951—2005 年中国大陆霾的时空变化[J]. 气象学报,68(5):680-688.

徐娟娟,郝丽,王百灵,等,2018. 关中一次重污染天气过程气象特征分析[J]. 陕西气象(4):1-6.

徐晓峰,李青春,张小玲,2005. 北京一次局地重污染过程气象条件分析[J]. 气象科技,33(6):543-547.

严晓瑜,缑晓辉,武万里,等,2018. 银川地区大气颗粒物输送路径及潜在源区分析[J]. 环境科学学报,38(5):1727-1738.

杨素英,赵秀勇,刘宁微,2010. 北京秋季一次重污染天气过程的成因分析[J]. 气象与环境学报,26(5):13-16.

杨晓春,杜萌萌,吴其重,等,2016. 西安地区一次重污染过程的气象条件及轨迹分析[J]. 干旱气象,34(3):547-552.

张瑞旭,芮守娟,王伟军,等,2020. 气象条件对西安市夏季和冬季近地面大气环境污染特征影响[J]. 生态环境学报,29(1):165-174.

张文静,胡琳,吴素良,等,2013. 降水对西安市大气污染物质量浓度影响分析[J]. 陕西气象(6):18-21.

张雅斌,林琳,吴其重,等,2016. “13・12”西安重污染气象条件及其影响因素[J]. 应用气象学报,27(1):36-46.

周辉,权文婷,赵青兰,2015. 陕西省关中霾天气时空分布特征[J]. 陕西气象(4):21-23.

第 15 章　数值预报产品解释应用

1959 年美国国家气象局技术发展实验室首先提出了用数值天气预报与统计天气预报相结合的动力-统计预报方法来制作局地天气预报。具体来说，动力-统计预报方法就是首先通过求解流体力学-热力学方程组来作出数值预报，然后将数值预报模式的输出产品利用统计方法进行加工，最后作出局地天气预报。这种做法就叫作数值预报产品的“释用”。目前，数值预报产品的释用技术已经得到很大发展。

15.1　模式直接输出方法

模式直接输出方法也叫 DMO (desired mode of operation)方法，就是通过插值把格点上的模式要素预报结果分析到具体的站点，得到站点上的要素预报。对于不是模式直接输出的要素，采用经验公式计算得到。DMO 方法最大的优点是不需要建立预报方程，甚至相同的程序可以应用于不同的模式，可以获得任意多站点的预报结果，同时可以得到任意的要素预报结果，对于非模式直接输出的量，可以通过其他量诊断得到；而 DMO 的缺点在于对模式误差没有订正能力，预报精度完全依赖于模式，相对于形势场预报，模式对要素预报的精度往往不是很高，这些因素决定了 DMO 预报效果不是很好。

在业务应用中，由于 DMO 具有其他方法不可替代的优势，尽管其预报效果有一定的局限性，近年来仍然是精细化气象要素预报业务中的一个重要方法，因此，在传统的 DMO 方法基础上寻求一些改进技术以便能够提高 DMO 预报效果仍是很重要的。国家气象中心针对温度等与地形高度关系密切的要素进行了地形高度误差订正，另一改进是预报偏差订正，利用最近的观测资料计算近期的预报误差，并近似作为预报系统误差在后面的预报中进行扣除，可以明显提高预报效果。

DMO 预报中高度误差订正和预报偏差订正的例子只是针对温度预报，其他预报要素同样可以通过高度误差订正或者预报偏差订正来提高 DMO 的预报效果，但需要注意的是不管模式高度误差订正还是预报偏差订正，需要针对不同的要素、不同的季节、不同的区域进行研究分析和试验，寻求最佳的订正方案。

15.2　统计释用方法

统计学释用方法是在数值天气预报产品基础上，结合大量的历史观测资料以及各种稠密的实况资料，利用动力学和统计学等技术方法，建立气象要素预报模型，从而获得更为精确的客观定量要素预报结果或特殊服务需求的预报产品。

15.2.1　经典统计预报法

20 世纪 20 年代沃克(Walker)应用统计学方法对世界三大涛动和印度季风的关系进行了

研究。这是统计预报方法在气象中的最早应用。早期的这种统计预报方法是建立在气象要素时间滞后的相关关系上的，也就是预报因子和预报量不是在同一时刻，而是在起始时刻可获得因子向量，预报 t 时刻的量，例如用今天能得到的实测环流资料，包括今天以前发生的若干环流变化，来预测明天的天气。这种方法是纯统计性的，通常称为经典统计预报法。其函数关系式如下

$$Y_t = f_t(\boldsymbol{X}_0) \tag{15.1}$$

式中，$\boldsymbol{X}_0$ 为因子向量。在经典统计方法中，推导的函数关系和应用方程是一致的。

15.2.2　完全预报方法(PP 法)

随着数值预报技术的发展及形势预报精度的不断提高，1959 年美国气象局技术发展实验室的克莱恩等人提出了充分利用形势预报的结果，来改进天气要素的思想，并在此基础提出了完全预报方法(perfect prognostic method，PP 法)。这种根据预报量和预报因子的同时性(或近于同时性)的加权组合，利用历史观测资料来确定局地天气要素，其推导方程的函数关系为

$$Y_0 = f_2(\boldsymbol{X}_0) \tag{15.2}$$

式中，Y_0 为 t_0 时刻的预报量；$\boldsymbol{X}_0$ 为 t_0 时刻的因子向量。

为了用导出的方程制作预报，用数值预报模式的输出结果 $\boldsymbol{X}_t$ 代入上式得出 Y_t

$$Y_t = f_2(\boldsymbol{X}_t) \tag{15.3}$$

PP 法的基础是假定模式输出与实测值是完全一致的。但实际上，数值预报结果相对于实况是有误差的，因此，用模式输出统计预报也必定相应地产生误差。不过每当数值预报得到改进，完全预报方法的准确性也会随之得到提高。

15.2.3　模式输出统计方法(MOS 方法)

为了克服 PP 法用 $\boldsymbol{X}_t$代替 $\boldsymbol{X}_0$所带来的误差，Glathn 和 Lowry 于 1972 年提出了模式输出统计方法(Model Output Statistics Method，MOS 法)。具体做法是从数值预报模式的历史资料中选取预报因子向量 $\boldsymbol{X}_t$，按照预报量 Y_t与预报因子 X_t的同时性(或近于同时性)建立预报关系

$$Y_t = f_3(\boldsymbol{X}_t) \tag{15.4}$$

应用时把数值预报输出结果代入上述预报关系式中。

MOS 预报方法是指在模式预报的基础上先将所选站点周围格点资料插值到该站点上，然后通过某种统计方法与预报要素建立回归方程。并在此基础上给出预报服务需要的预报结果。它是业务应用中的主要方法，在国家气象中心和很多的省级业务部门都有应用。MOS 方法包括回归、判别、聚类等多种统计预报方法，但由于多元回归方法在实际业务中应用更为普遍，所以 MOS 方法更多的时候是指多元回归方法。

除此之外，还有一种常用的针对降水预报的“配料法”也是属于 MOS 预报方法的一种。“配料法”是 Doswell 等于 1996 年提出的，主要是为了预报与洪水相关降水的一种预报方法，它是一种基于暴雨和强对流天气发生物理机制的具有逻辑性的方法。配料法的核心思想是依据预报量和因子之间的物理联系来建立相应的预报方程，而不是简单地依赖于回归分析。Doswell 最初提出“配料法”是为了强调一种主观的预报方法，即通过分析输出的各种物理量

特征,并对这些物理量按照“配料法”所需要的水汽条件、不稳定能量和抬升条件进行分类,通过划定危险区,从而做出暴雨落区预报。1996 年 Doswell 提出了一种强降水的预报方法,其表达式为

$$R=Eqw \tag{15.5}$$

式中,R 为单位时间的降水量;q 为比湿;w 为上升速度;E 为比例系数。式(15.5)表明强降水是由持续强降水率引起,而强降水率又是由含有充足水汽空气的快速上升和降水效率所决定。这种预报方法与经典天气学方法有相似之处。无论是天气学方法,还是“配料法”,降水量都与整层比湿、垂直速度有关,同时还与降水效率有关。

为了弥补区域尺度预报的缺陷,还有一种 MOS 预报方法——统计降尺度。降尺度方法通过把大尺度、低分辨率的数值模式输出信息转化为区域尺度的地面气候变化信息(如气温、降水),从而达到弥补数值模式预测区域未来气候变化不足的目的。这种做法的基础在于区域气候变化是以大尺度(如大陆尺度甚至行星尺度)气候为条件。统计降尺度法是利用多年的观测资料建立大尺度气候状况(主要是大气环流)和区域气候要素之间的统计关系,并用独立的观测资料检验这种关系,最后再把这种关系应用于数值模式输出的大尺度数值预报产品,产生局地气候预测(如气温和降水)。即:建立大尺度预报因子与区域气候预报量间的统计函数关系式

$$Y=F(X) \tag{15.6}$$

式中,X 为大尺度气候预报因子,Y 为区域气候预报变量,F 为建立的大尺度气候预报因子和区域气候预报变量间的一种统计关系。一般说来,F 是未知的,需要通过动力方法(区域气候模式模拟)或统计方法(观测资料确定)来得到。F 表示的统计关系要求大尺度气候场和区域气候要素场之间具有显著的统计关系且这种统计关系是稳定而有效的。统计降尺度法的优点在于它能够将数值模式输出的物理意义较好、模拟较准确的数值预报产品应用于统计模式,从而纠正数值模式的系统误差,而且不用考虑边界条件对预测结果的影响。它的缺点就是需要有足够的观测资料来建立统计模式,而且统计降尺度法不能应用于大尺度气候要素与区域气候要素相关不明显的地区。

就上述统计预报方法而论,经典统计预报方法与数值模式无关,而依赖于滞后的统计关系。完全预报法和 MOS 法都依赖于数值模式,并把滞后的统计关系推进到同时或近于同时的统计关系,从而使统计关系的精确性得到提高。因此,一般来说,PP 法和 MOS 法都比经典统计预报方法优越。PP 法和 MOS 法的区别在于前者是根据长期的历史观测资料来导出预报关系式,与数值模式无关,这种预报关系式比较稳定,不受数值模式变动的影响。在应用预报关系式作预报时,只要数值预报的精度得到提高,完全预报的准确率也得到提高。MOS 法是利用数值预报产品建立预报关系式的,因此,预报关系依赖于数值模式,往往由于数值模式的更替,人们只能得到年限较短的统计资料,因此,统计预报关系的稳定性一般不如完全预报方法。但 MOS 法的预报系统能自动地与局地天气匹配,并考虑了数值模式的偏差和不精确性等,因此得到了更广泛的应用。

15.2.4 卡尔曼滤波方法

卡尔曼滤波方法在天气预报领域中主要用于制作温度等连续性气象要素的预报,是一种能较快适应数值预报模式经常变化的统计预报方法。卡尔曼滤波在数学上是一种统计估算方

法，它是通过处理一系列带有误差的实际量测数据而得到物理参数的最佳估算，其预报因子与预报量之间的关系是随时间的变化而改变的。卡尔曼滤波的突出优点是不需要保存全部历史资料数据。在气象应用上，可借助于前一时刻的预报误差反馈到原来的预报方程，及时修正预报方程系数，以此提高下一时刻的预报精度。其预报对象一般为具有线性变化特征的连续性变量。它可以通过建立可变的预报模式，利用上一次预报误差的反馈信息来修正原预报模式中的参数，从而克服 MOS 预报方程中系数固定不变而产生较大的预报误差的缺陷，并且其所需资料的容量比较小。卡尔曼滤波方法通过利用前一时刻预报误差反馈到原来的预报方程，并及时修正预报方程系数，以此提高下一时刻的预报精度，这是卡尔曼滤波用于天气预报的气象意义。

卡尔曼滤波的原理及递推公式，从数值预报产品中选取 n 个与局地气象要素 Y 有密切关系的因子 $X_1,X_2,\cdots,X_n$ 建立动态预报方程

$$Y_t=X_tb_t+V_t \tag{15.7}$$

式中，V_t 为测量误差，设其遵从均值为 0，方差为 V 的正态分布；$b_t=(b_1,b_2,\cdots,b_n)$为状态系数；$X_t=(X_1,X_2,\cdots,X_n)^{\mathrm{T}}$，上标 T 表示矩阵的转置，为因子矩阵，其状态方程为

$$b_t=b_{t-1}+w_t \tag{15.8}$$

该式反映了随机动态系统状态随时间变化的规律性，即 t 时刻的状态系数 b_t是由 $t-1$ 时刻的状态系数 b_{t-1}与状态系数从 $t-1$ 时刻到 t 时刻所受到的随机扰动 w_t两部分构成，设 w_t遵从均值为 0，方差为 W 的正态分布。

对这样的随机动态系统，可建立卡尔曼动态滤波方法，卡尔曼滤波的递推公式为

$$e=y_t-x_tb_{t-1} \tag{15.9}$$

$$R=C_{t-1}+W \tag{15.10}$$

$$\sigma=X_tR_XT_t+V \tag{15.11}$$

$$A=RX_t\sigma^{-1} \tag{15.12}$$

$$b_t=b_{t-1}+A_e \tag{15.13}$$

$$C_t=R-A\sigma AT \tag{15.14}$$

$$Y_{t+1}=X_{t+1}bt \tag{15.15}$$

上面方程即为卡尔曼滤波的递推公式和预报方程。式中，e 是预报误差，σ^{-1}是 σ 的逆矩阵，W，V 的含义同前。从递推公式中可以看出：对于时刻 t，一旦确定了 b_{t-1}，C_{t-1}，W，V 这四个参数，便可以得到 b_t的值，进而便能够作出 $t+1$ 时刻的预报场。

在建立卡尔曼滤波方法中，已假定滤波对象是离散时间的线性动态系统，因此，预报对象应选择温度、湿度和这类有线性变化特征的连续性变量，而不能选择降水、雷暴这一类不具有线性变化特征的非连续性变量。

15.2.5 经验完全预报(EPP)和经验模式预报(EMOS)

陕西地处青藏高原东北侧，南北横跨八个纬度，区域内地形复杂，西部毗邻青藏高原，南部为秦岭、巴山山脉，北部为黄土高原，特殊的地理地形条件和西风带及中低纬度系统的共同作用，造成了该地区独特的天气、气候特征。加之数值预报对邻近高原地区天气系统预报的局限性，给这一地区数值预报的应用与研究带来了较大的难度。因此，陕西省在数值预报产品释用技术的研究中，充分发掘和利用预报经验，采用了 EPP(经验完全预报)、EMOS(经验模式预

报)等方法。即:在建立预报方程初选因子时选用了两类因子。一是来自数值预报产品的因子,称之为“同期因子”;二是来自预报时刻前期的实况组成的因子,即反映预报员经验的因子,称之为“前期因子”。对经典统计预报(SP)、完全预报(PP)、经验完全预报(EPP)三种方法的试验表明:经验完全预报方法明显优于前两种方法(表 15.1)。

表 15.1 方法效果统计表

	经典统计预报(SP)	完全预报(PP)	经验完全预报(EPP)
方程因子数	7	3	7
准确率(CSI)	0.612	0.627	0.727

注:CSI=报对次数/(报对次数+空报次数+漏报次数)。

这里的经验完全预报(EPP)方法并非是经典统计预报(SP)与完全预报(PP)的简单结合(即在预报方程中简单地加入了前期实况因子),还主要体现在以下四个方面:①因子的选取(包括前期和同期因子);②因子的分析处理;③预报对象的处理;④统计解释过程的经验处理等方面。

陕西在开展数值预报产品释用时,先后采用了 PP、MOS、EPP(经验完全预报)、EMOS(经验模式预报)等方法,主要结论为:两个单因子组合建立解释方程比仅用单因子解释方程的拟合效果好;用数值预报因子和前期结合的统计解释(EPP)比 PP 法的晴雨预报回报的 CSI 约提高 10%;对降水前期环流形势客观分型能较好地反映各型降水特点,提高总体判别效果;对小概率事件,在统计解释之前利用预报经验对样本过滤,比不做过滤时的 CSI 提高约 8%;不同性质降水分别建立解释方程比笼统建立解释方程回报的 CSI 提高约 5%;按天气季节建立解释方程比按月建立解释方程回报的 CSI 提高约 8%;用模糊聚类的方法按照降水的相似性重新划分降水相似区建立判别方程比按现有的行政区划建立判别方程回报的 CSI 提高 9%;省台分片的判别函数和地区独立的判别函数相结合的降水预报比直接用省台的分片判别函数或地区台的判别函数作的预报 CSI 提高 6%以上。

15.3 人工智能方法

人工智能和非线性模型的释用方法通过建立非线性回归预测技术方法,以解决处理高度非线性分类和回归问题,使其预报能力更强。它实际上是一个可自动实现 2 组变量间非线性映射关系的数据处理系统,其本质是优化计算中的梯度下降法,利用误差对于权值、阈值的一阶导数信息,应用误差反传原理不断调整网络权值、阈值,使网络输出值与期望值之间的误差平方和达到最小或小于设定精度。主要应用于气温、降水、热带气旋强度和台风路径的预报。

15.3.1 神经网络方法

在数学方法上,MOS 方法是线性分析,一次求解;而神经元网络则是非线性分析,逐步求解,具有较强的非线性处理能力。人工神经网络最明显的优点是具有较好的自适应学习能力和非线性映射能力,比较适合处理那些物理机制复杂、因果关系和推理规则难以确定的非线性问题,它的这些特点为其运用到天气预报中提供了坚实的基础。对明显的升降温过程反应灵敏，升温趋势和幅度预报较为准确，特别是超出历史极值的升降温能较为准确地把握。人工神经网络是一类具有层次结构的网络模块，主要有两个阶段：第一阶段是学习阶段，神经元网络根据输入输出样本训练调整各层之间的权值和阈值，使之达到一定的要求；第二阶段是运用阶段，通过输入层的输入，依据学习训练所得权值和阈值的作用，得到输出值即预报值。

人工神经网络在气象中多采用 B-P 神经网络模型，建模时，通过若干组样本进行反复学习训练、监控误差参数，直到误差信号满足某一值为止。网络的大量参数均由学习(即训练)获得，而不是由人设定，即从原始数据中“提取”信息，逼近规律，而不是由人赋予规律。

B-P 神经网络模型，各神经元是分层排列的，每个神经元只与前一层的神经元相连接，网络中除输入层单元和输出层单元外，还有不与外层直接联系的中间层单元，称为隐层单元，一般隐层是由多个节点构成的。网络第一层单元的状态只影响下一层单元的状态，也就是每一层单元只接收来自前一层单元的输入信号，并对后一层单元输入形成前馈式特点(图 15.1)。前馈式网络模型物理概念清晰，通用性好，具有高度灵活可变的拓扑结构，具有很强的非线性映射能力。前馈式网络最常使用的算法是误差反向传播算法(back propagation algorithm)，这时的前馈式网络就称为误差反传神经网络，简称 B-P 神经网络。在理论上已经证明，一个 3 层的前馈神经网络能够实现任意精度的连续函数映射。它的基本思想是：如果利用已有连接权和阈值正向传播得不到期望的输出，则反向传播学习，反复修改各节点的连接权和阈值，逐步减小代价函数，直到代价函数不再减小或达到预先设定的误差标准，此时确立输入与输出映射关系。

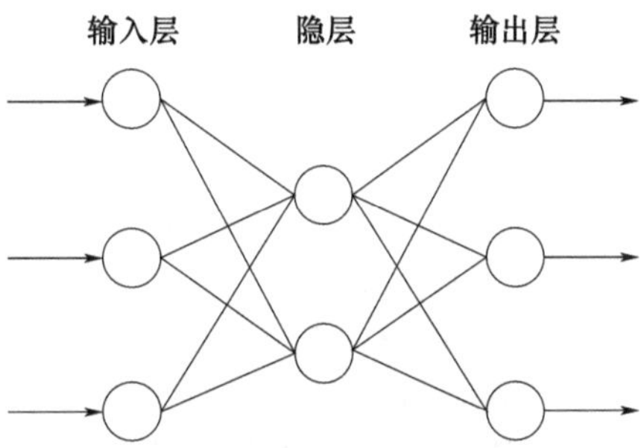

图 15.1　人工神经网络结构示意图

15.3.2　相似预报

相似预报方法的依据是对于两个相似的初始状态，当大气处于稳定情况下，由于大气的连续演变性，这种相似可以在时间尺度上得以维持。

相似预报方法的基本思路是：假如 2 个样本的天气形势和气象要素场是相似的，那么它们的天气发展过程也相似。所以，从众多历史样本中选取与预报日的形势及要素场最相似的样本，把其对应天气发展过程作为预报日的天气预报结论。通过搜索与预报相似的历史个例，分析与不同影响系统有关的预报误差，进而构建确定性或概率预报的一种相似分析方法。这个方法有机结合了数值预报的优点和海量的历史资料的长处，弥补了用数值预报直接做出天气预报的不足，尽管相似预报方法缺乏对物理过程的描述，但是它的预报结果中已经包含了不同地形、其气候背景等各种非线性因素的作用。且能够考虑天气发展过程的三维结构特征，无需建方程进行的种种假设，并且兼顾了大气本身的线性和非线性变化规律。

15.4 天气学方法释用

天气学方法释用是根据天气学原理，对各类数值预报产品进行分析并作一定的修正，结合监测实况、各类天气图、本地经验等，在数值预报结果的基础上，进行人工订正，对天气形势做出诊断分析，并做出具体的天气形势和要素预报。它的基本方法包括“纵横分析法”、相似形势法和落区预报法。

对于一些极小概率事件，常规统计预报方法的预报能力有限。作为数值预报产品动力、统计解释应用的一种补充，可以采用传统的天气学分析方法。根据预报员丰富的实践经历，查阅大量历史天气图，针对不同地域建立若干套预报指标。将不同的预报指标落实到数值预报产品对应时次、对应要素的预告场上，经计算机自动进行指标判别，从而做出预报。尤其是对短时强降水的预报，用天气指标判别方法制作强降水预报，能充分发挥预报员的优势，补充动力、统计预报方法对强降水预报的能力。把预报员丰富的预报经验尽可能多的在数值预报产品上实现，将传统的预报指标判别与数值预报产品的解释应用结合在一起，也扩展了数值预报产品天气学释用的思路。

参考文献

常军，李祯，布亚林，等，2007. 大到暴雪天气模型及数值产品释用预报方法[J]. 气象与环境科学(3)：54-56.

陈力强，周小珊，杨森，2005. 短期集合预报中定量降水预报集合方法初探[J]. 南京气象学院学报，28(4)：543-548.

杜继稳，张弘，陈卫东，等 . 1995. 陕西站点经验完全预报业务系统总体设计[J]. 陕西气象(z1).

林健玲，金龙，彭海燕，2006. 区域降水数值预报产品人工神经网络释用预报研究[J]. 气象科技，34(1)：12-17.

林健玲，2005. 逐日降水的数值预报产品人工神经网络释用预报研究[D]. 南京：南京信息工程大学 .

陕西省地方模式课题组，1983. 数值预报产品应用技术报告(1)[J]. 陕西气象(11).

陕西省地方模式课题组，1986. 数值预报产品应用技术报告(3)[J]. 陕西气象(专刊).

王建鹏，薛春芳，潘留杰，等，2018. 陕西省精细化网格预报业务系统技术方法[J]. 气象科技，46(5)：910-918.

徐琳娜，冯汉中，2006. 基于数值预报产品的温度释用方法比较[J]. 四川气象，26(2)：511-514.

严明良，曾明剑，濮梅娟，2006. 数值预报产品释用方法探讨及其业务系统的建立[J]. 气象科学，26(1)：90-96.

杨成荫，王汉杰，周林，等，2009. 基于全场信息的数值预报产品释用方法研究[J]. 应用气象学报，20(2)：232-239.

尹忠海，张沛源，2005. 利用卡尔曼滤波校准方法估算区域降水量[J]. 应用气象学报，16(2)：213-219.

张兰慧，2011. 数值天气预报产品的即时误差订正方法研究及应用[D]. 兰州：兰州大学 .

张秀年，曹杰，杨素雨，等，2011. 多模式集成 MOS 方法在精细化温度预报中的应用[J]. 云南大学学报：自然科学版，33(1)：61-67.

赵声蓉，赵翠光，赵瑞霞，等，2012. 我国精细化客观气象要素预报进展[J]. 气象科技进展(5)：12-21.

宗志平，代刊，蒋星，2012. 定量降水预报技术研究进展[J]. 气象科技进展(5)：29-35.

DOSWELL C A III, BROOKS H E, MADDOX R A, 1996. Flash flood forcasting: an ingredient-based methodology[J]. Wea Forcasting, 11:560-581.

GLAHN H R, LOWRY DA, 1972. The use of Model Output Statistics (MOS) in objective weather Forecasting[J]. J Appl Meteor, 16:672-682.

第 16 章　短期天气预报思路

16.1　短期天气预报工作基础

16.1.1　系统掌握和分析前期预报

这里包括三部分内容：一是了解上一班次的预报，二是了解上级指导预报，三是了解上游预报；对于省台值班预报员还应了解全省各市台的预报。但这里的“了解”不是简单的了解其预报结论，而是要系统分析上一班或上级或上游台站的预报思路，即为什么要这样预报？其对天气环流形势，重点是影响系统发展变化的预报和天气现象、气象要素的预报效果如何？作为预报交接班，不是简单的交待有关工作事项，而是讲清预报思路、预报重点及注意事项。

16.1.2　熟悉天气气候背景

天气责任区天气气候背景是值班预报员必备的知识。了解天气责任区天气气候状况，有助于值班预报员作出相对符合当地实际和特点的局地预报，避免或减少某些预报失误。天气气候背景包括以下 6 个方面。

16.1.2.1　熟悉预报时段气候背景

包括预报时段内旬、月的气象要素，如降水量、气温、风力的平均值和极大(小)值；有否季节转换性的天气过程，如霜冻、旱、雨、雷暴等；盛行的天气过程类型及其出现频率；本地区季节性反常(如旱、涝、冷和暖)的环流背景特征，现时段是否气候反常等。

16.1.2.2　熟悉预报时段历史上重大天气、气候事件

要清楚在历史上的同期时段是否发生过重大天气过程，或重大气象灾害以及所造成的影响。

16.1.2.3　熟悉预报时段易发的主要气象灾害

要清楚天气责任区在预报时段主要有哪些气象灾害及其次生灾害，发生这些气象灾害的环流形势和天气特点；历史上曾经出现过的灾害性天气过程及其环流、影响系统的特征以及造成的影响等。

16.1.2.4　熟悉滚动月预报

短期气候预测是非常重要的当前气候背景信息。气候上有年预测、汛期预测、冬半年预测和逐旬制作的滚动月预测等，值班预报员应了解短期气候对未来的趋势预测和天气过程预估。

16.1.2.5　熟悉中期预报

中期预报主要有旬预报、周预报和逐日 4～7 d 滚动天气预报。中期预报是建立在长波系统上的，是天气过程预报，这是短期天气预报最重要的大尺度环流背景。由于数值天气预报技术的进步，中期数值天气预报可用时效在中高纬度已达到 10 d 以上，其水平分辨率已达到了

60 km,垂直分辨率已达30层以上。随着资料同化系统的优化完善和物理过程的描述更接近实际,中期数值天气预报可用时效越来越长。

16.1.2.6 熟悉当前时段社会服务需求

作为值班预报员的职责不是单纯地为了预报而预报,关键是为了服务,其工作出发点及最终目的都是为了服务。因此,作为值班预报员应了解当前时段工农业生产、各相关行业对气象的需求,不同的天气结果会给他们带来什么样的影响,政府当前时段最关注的焦点是什么?对于一个称职预报员来说,这尤为重要。

16.1.3 做好实况天气图表分析

实况天气图表的分析,既是预报员的基本功,又是值班预报员能否做出准确预报的基础性工作。随着气象现代化的推进和人机交互系统的研制开发,天气预报作业方式也在发生深刻的变化,主要表现在许多传统的手工作业变为计算机自动化作业或人机交互作业。

针对计算机自动分析天气图存在的误差,预报员要在人机交互工作平台上对天气图分析结果进行订正和修补。这是因为天气图分析要素不仅是标量,而且是矢量,由于陕西省临近青藏高原,高原上的气象观测站点稀少,天气图分析要侧重考虑风场记录,近地层天气图的分析也是如此,而这正是计算机自动分析的弱点,有时容易遗漏天气系统,或天气系统分析不准确,这就需要人工进行订正和修补。包括修改不合理的等值线,补绘地面锋面、高低压中心、雨区、雾区和大风区、变压区;高空槽线、切变线、变高区和高低压中心等。

天气图表的分析过程,既是分析判断影响天气系统的过程,也是建立预报思路的过程;既是抓主要矛盾及其演变的过程,也是解决矛盾回答问题的过程。因此,绝不是简单的图表绘制。天气图表的分析应遵循以下原则:

①严格按照地转风原理和天气学基本理论分析天气图;

②要高低空天气图及地面天气图结合分析,准确判断天气系统的空间结构、强度和位置;

③天气系统分析与卫星云图云系分析相结合,不同的天气系统在卫星云图上都有不同的表现特征,这种结合是非常必要而且不可缺少;

④不同时次天气图对比分析,这对于分析判断天气系统的生成和演变是至关重要的,而且要同卫星云图分析结合起来,通过每小时一次卫星云图分析判断各个天气系统的演变及其未来发展趋势;

⑤同数值天气预报结合起来分析,了解各个天气系统在数值预报图上有无反映,根据数值预报输出的未来天气形势,分析天气系统是如何演变的,这既了解了天气系统的演变,又能检验数值天气预报精度。

通过天气图表的分析要解决以下问题:

①当前处于什么样的大尺度环流背景下,受何主导天气系统控制,该主导天气系统将如何演变;

②当前受什么样的天气尺度系统影响或间接影响,天气系统的影响范围(区域)、强度和特征,天气系统如何演变,各个天气系统间的相互作用和关系;

③有无中尺度天气系统生成、发展,该中尺度系统的类型、特征和影响范围、时间、强度。

16.1.4 卫星云图分析

卫星云图分析和天气图表分析同等重要。因为卫星云图是天气系统的另一种直观表现形式，因此，通过卫星云图分析来判断各种天气系统及其演变。由于卫星云图不受地面气象观测站稀疏限制，而且时间分辨率高(半小时一次观测信息，不同于探空观测一天只有两次)，因此，它有地基和空基观测不可替代的优越性。

16.1.4.1　云的识别

根据云的外形可以将云分成三个主要类别：积状云、层状云和卷状云。积状云包括积云、浓积云、积雨云、层积云，它反映了大气不稳定度变化的程度，对它们的识别是通过带状、细胞状或波状云型以及形状不规则云系的大小变化来实现的。层状云包括雾、层云、高层云和雨层云，并且一般与稳定的大气相联系，它们的云型光滑但缺乏组织。卷状云包括毛卷云、密卷云、砧状卷云和卷层云，它是通过其清楚的纤维状纹理和有时出现的条纹状来识别的。

16.1.4.2　常见的云型和云系

(1)带状云系

一种相对宽而连续的云型称云带。它具有清晰的弯曲或不弯曲的长轴，长和宽之比为 4∶1，且宽度通常大于一个纬距。属天气尺度云。带状云系主要由多层云系组成。

(2)涡旋云系

它是一条或多条不同云量和云类的螺旋云带朝着一个公共中心辐合形成的，与大尺度涡旋相联系。大尺度涡旋的水平范围为 600～1500 km。有组织的螺旋线或积云汇合线因与气旋性相对涡度相联系，常称作涡度中心。

(3)云线

云线由长为 30 km 至几百千米的对流云团组成，宽度小于 1 个纬距。它可以出现在中高纬度地区冷锋的附近，也可以出现在热带洋面上。它们能指示低空风向，而高空急流卷云中的云线，可作为高空风的良好指标。弧形云线是中尺度对流系统中的重要成员，是雷暴外流的前边缘。

(4)云团

云团是产生暴雨和强对流天气的一种重要中尺度系统。云团由多个大小不等的积雨云、混合性云或积云与层云相嵌出现的云簇等组成，它们的高空卷云砧连成一片，表现为一片白亮的密实云区。云团的形状，依赖于对流单体的强度、大尺度流场背景以及产生云团的扰动强度等因子。它们表现为圆形、准圆形及椭圆形等不同形状，有一些云团的云系还呈现出螺旋状结构，这表示与云团相关联的扰动在流场上已有闭合环流出现；西南风中的云团呈纺锤状。

(5)细胞状云系

卫星云图上形似细胞状的云称作细胞状云系。细胞状云系分成未闭合(又称开口)状和闭合状两类。未闭合类中，细胞的形状成指环形或“U”字形，其中心部分为无云或少云，主要为浓积云。它们一般出现在气温和下垫面温度相差很大的地方，而且低空气流呈气旋性弯曲，该处冷空气受下垫面增热很强烈，对流很旺盛。闭合类细胞状云系呈球状，中央主要为层积云，四周少云或无云。它们一般出现在冷高压东南象限，低空气流呈反气旋性弯曲。低空虽有对流活动，但有一个逆温层，是由冷空气受下垫面加热或云顶辐射冷却所造成的。这两类细胞状云系的分界线往往是高空急流位置所在。

(6)逗点云系

卫星云图上，一种常见的形如逗号的云系称作逗点云系。它形成和发展的原因是大气的非均匀旋转，即云系的逗点状是由于大气绕着一个中心旋转使云块变形造成的。发展成熟的逗点云系包括三部分云区:即斜压带云系,它是逗点云系的最高层卷云顶,常为层状,除雷暴外降水呈连续性,并与冷锋、锢囚锋以及暖锋相联系;涡度逗点云系,它是逗点云系中的中低层云系,具有高度对流,降水多为阵性,并与冷锋和锢囚锋相联系;变形带云系,它是逗点云系中的卷云层顶部,但比斜压带卷云低,降水为连续性,并与锢囚锋相联系。逗点云系的大小不尽相同,可以从雷暴单体到一个大尺度的中纬度气旋。

(7)斜压叶状云型

卫星云图上,与高空西风气流中的锋生相联系的一种植物叶片状云型,称作“斜压叶”状云型。通常情况下,该云系在垂直方向深厚,地面伴有锋生现象,并且还可能有地面气旋形成。

16.1.4.3 几个重要天气系统的云系特征

(1)锋面云系

卫星云图上,锋面云系为一条长达数千千米、宽近百至数百千米不等的长云带,并且常常由多层云系组成。云带的特征,依赖于锋区是否活跃、周围的环境条件和水汽是否丰沛等。

①冷锋云系

与温带气旋连接的冷锋云带,一般长1000 km左右,宽200～300 km,并且距涡旋中心越远云带愈窄;云带的气旋性曲率明显。冷锋与高空风平行时,往往是最活跃的冷锋,其云带较宽而且密实完整,色调很亮。这类冷锋云带一般与强斜压区相联系,云带后部有冷平流,云带中风的垂直切变很强,云带走向为东北—西南向;它由多层云系组成,高层为卷云,中低层为积状云和层云。不活跃冷锋往往与高空风正交,斜压性较小,冷平流弱,风速的垂直切变也小。云带窄而破碎和断裂,并且以低空积云及层积云为主;有的甚至无云带出现,云和降水都较弱。地面天气图上的冷锋一般位于云带里面。若云带中层状云占优势,冷锋往往定在接近云区的前边界处;若积状云占优势,则定在云区的后边界附近。

②暖锋云系

活跃暖锋云系的明显特征是,表现为一条宽300～500 km、长几百千米的带状云区,长宽差异不大;云区由多层云系组成,上部为大片卷云,其下为高层云、雨层云和积状云,因而色调明亮,并伴有较强降水;云区向冷空气一侧凸起,云区内反气旋弯曲的卷云纹线清晰可见。地面暖锋的位置定在云区向北凸起部分下方,并与云区中纹线近于平行,顶端一般位于云区由凸变凹处。弱暖锋在地面图上不清楚,但云图上表现为卷云带,暖锋位置可以定在暖锋云系里面靠近后边界处。

③锢囚锋云系

锢囚锋云系表现为一条宽约300 km的较白亮螺旋云带,其中心与气旋环流(涡旋)中心重合。它的后边界一般整齐光滑,并伴有舌状冷空气无云或少云区,云带的前边界参差不齐。

④静止锋云系

静止锋云系在卫星云图上表现为一条没有气旋性或反气旋性曲率的宽云带。它的边界不规则,云区内云的分布不均匀,有时有开裂区;有时云带很宽广,云区中云量稠密,有的还会有气旋波发展。就云类而言,冬季的静止锋云系以层状云(高层云、高积云和层云)为主,夏季静止锋云系内多对流性积状云(积云、浓积云和积雨云)。

(2)高空槽云型

槽线前后垂直运动的符号和风向差别,在卫星云图上由不同的云型反映出来。最常见的鉴别对流层中上部槽线位置的三种云型是锋面云带中的断裂口、增强的积云以及卷云纹理。

运用这三种云型及它们的综合使用，可以帮助预报员确定出大部分槽线系统。

对流层中部的槽线位置常常可以由锋面云带和槽线与锋面云带的交点（图 16.1a 中的 D 点）来确定。在交点 D 处，锋面云带云量减少，变为碎片状或者消散，并且槽线上的中层垂直运动由上升变为下沉。槽线西部的锋面云带变得不活跃，云量减少，云的性质发生改变，基本上是反映中高层下沉运动的低云。

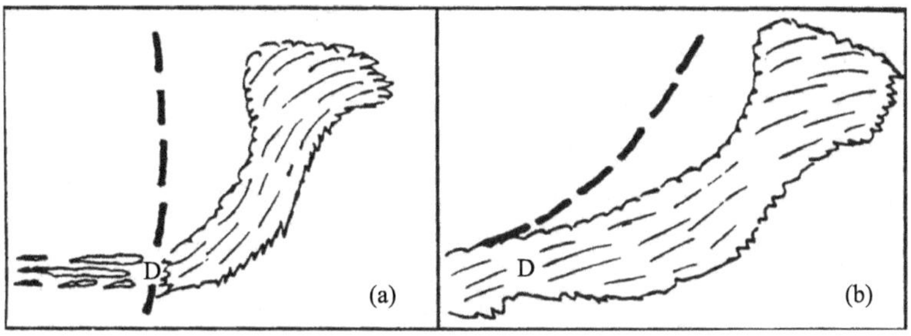

图 16.1　500 hPa 槽线与相应云型模型图

上述的槽线鉴别中的形势主要是针对南北向的竖槽。但在许多时候，槽线呈东北—西南向的正倾斜走向，并有相应云型伴随。在这种情况下，槽线不与锋面云带相交，因此，云特征的强度变化不明显。图 16.1b 为一例，槽线西北方由于下沉运动使得云的形成被抑制；槽线右边的低层辐合、对流以及向外漫流等而产生云；D 处锋面云带平行于槽线尾部，锋面波动发展的机会增多。

16.1.5　释用数值天气预报产品

数值天气预报产品具有种类多、时空分辨率高和分布连续性好的优点，但同时也有预报误差成因极其复杂的缺陷。就输出产品来讲有三大类：一是近地面天气要素预报，包括降水预报；二是大气环流形势预报，如温度、风、相对湿度和位势高度等；三是物理量诊断。目前陕西省各级预报员可以获取两种数值天气预报模式的产品，一种是大尺度全球数值天气预报模式，包括欧洲中期天气预报中心（ECMWF）产品、美国国家环境预报中心（NCEP）产品和我国研发的 CMA-GFS 预报产品；第二种是中尺度有限区域数值天气预报模式，包括 MCA-MESO，MM5，RAMS 等。各级预报员应充分利用和分析这些输出产品，这是现代天气预报的重要标志，也是天气预报走向精细化要求的重要基础，同时也是对各级预报员业务技能的基本要求。

16.1.5.1　大尺度全球数值天气预报产品解释应用

当班预报员应仔细查看认真分析各家逐日形势预报图：首先弄清楚大尺度环流系统，分析天气责任区受何主导天气系统控制，处于什么样的大尺度环流背景下，通过逐日形势预报场，分析大尺度环流系统是如何调整，如何演变的；然后进一步分析直接影响天气责任区天气的影响天气系统是什么，具有什么样的特征，它们将如何演变（即演变过程）；第三分析这些天气系统将如何影响天气责任区天气，或将带来什么样的天气变化；第四利用物理量诊断场，分析对降水天气有指示意义的物理量，如 Q 矢量散度，负值区对应垂直上升运动发展；正值区对应垂直下沉运动发展，又如湿位涡，水汽通量散度等，通过物理诊断量的分析，判断有可能产生重大灾害性天气的重点区域。

16.1.5.2　中尺度有限区域数值天气预报产品解释应用

全球数值天气预报虽然时效长，但空间分辨率低，天气尺度以下的天气系统的反应能力相对较低,因此,这需要应用更精细的中尺度有限区域数值模式的输出产品。首先,查看降水预告,要分时段查看即未来 6 h、12 h、18 h、24 h、36 h 等时间段的降水量预报;然后,分析判断在中期数值预报上反映的直接影响本省或本市的影响天气系统(通常是天气尺度系统)是如何演变的;第三,分析是否有新的影响天气系统生成并发展,包括次天气尺度系统,α 中尺度天气系统等影响天气责任区;第四,这些影响天气系统是如何演变的,它带来什么样的天气,影响的程度(量级)、影响的范围(落区);第五,通过物理量诊断分析,判断影响天气系统的空间结构和物理特征,对天气责任区天气的影响机理。

16.1.5.3　数值预报产品分析思路

对数值天气预报模式输出产品的解释应用应把握以下原则:

①应逐级分析,由粗到细,由大尺度环流系统,到天气尺度影响系统,次天气尺度影响系统,以致于更精细化的分析判断;

②要侧重于分析判断天气系统的演变过程,以及如何作用于天气责任区的天气变化;

③要特别重视数值预报误差的分析和订正,要对预报前期的实况天气图同模式的预报作比较分析,做误差检验,并用检验结果订正数值预报;

④要对不同数值预报模式按照预报准确性标准进行比较检验,了解在当前不同数值预报模式预报性能及其特点和优缺点。

16.1.6　天气预报制作

天气预报制作是值班预报员在上述 1—5 步工作的基础上,最终出预报产品的一步,是整个短期预报工作流程中的核心部分。关于制作预报的技术思路在下一节中将作专门论述。这里主要给出天气预报的内容和要求。

16.1.6.1　区域预报

不论是省级气象台还是市级气象台,都首先制作天气责任区中不同区域的预报,或叫分片预报,即预报整个区域的天气现象,包括降水、温度等气象要素的预报。例如省气象台按照陕北、关中、陕南,或者陕北北部,南部、关中西部、东部,陕南西部、东部等区域制作天气现象预报。市气象台则按照本市的区域制作天气现象预报。每天分早间、午间和晚间发布三次区域预报。

16.1.6.2　专业气象预报

随着社会的进步,对气象的需求愈来愈广和愈来愈高,气象服务的领域愈来愈多。目前主要有:水文气象预报(包括洪水面雨量预报)、地质灾害等级预报、交通气象预报、森林火险等级预报、能源气象预报、旅游气象预报、医疗气象预报、环境气象预报等。专业气象预报属交叉学科,需要部门间合作,学科间交融,需要研究开发专门的针对性预报技术。

16.1.6.3　重大专项气象保障预报

重大专项气象预报是一种特殊的气象服务,如一次重大社会活动的气象保障。这种气象服务往往要求非常高,对天气预报通常要求做到定点、定时和定量,要求预报绝对无误。这种气象服务往往具有重大的社会和政治效益。在目前气象科技水平的情况下这样的天气预报是异常困难的,为了不出现失误,甚至需要动用全部气象科技手段和全部门技术力量,需要通力技术协助。

16.1.6.4　应急气象服务

社会经济的发展,突发性公共事件日益增多,如毒气泄漏、重大灾害抢险等,需要气象提供现场气象服务,需要针对特定需求制作事故现场专项天气预报。为了做好这样的应急气象服务，要求气象部门反应迅速，动作快，启动应急气象服务系统，健全应急气象服务机制，在最短的时间内进入事故现场，建立并启动流动气象台，并开展现场气象观测，根据需求制做和发布现场精细天气预报和专业气象预报。

16.1.6.5　订正上级指导预报

省、市、县三级都存在订正上级指导预报。省级气象台订正中央气象台发布的涉及本省天气预报，市气象台订正省气象台发布的涉及本市天气预报，县站需要订正省、市气象台发布的天气责任区天气预报。为了订正好上级指导预报，需要预报员做到：①熟悉天气责任区天气气候特点；②熟悉当地地理环境和山脉走向、地形分布；③重点分析影响天气责任区的中小尺度天气系统；④分析局地气象条件及其变化；⑤加强同上级和上游台站会商。

16.1.7　组织主持天气会商

天气会商首先是讨论天气预报，其目的是发挥集体的智慧，做出更加准确的天气预报；其次是讨论如何服务，包括重大天气的决策气象服务，公众气象服务和专业气象服务等。作为值班预报员负有组织和主持天气会商的责任，值班预报员要在自己已经初步形成的预报意见的基础上（在第 6 步完成的），广泛听取意见，展开充分讨论，最终形成正式对外发布的预报意见。预报员要高度重视天气会商，特别是在天气多变季节和重大转折性天气、重大灾害性天气、重大专项气象服务时，组织天气会商显得尤为重要。

天气会商包括：重大天气警报小组（技术小组）会商；参加全国会商或主动同中央气象台会商；参加全省（市）会商或主动同省（市）气象台会商。

16.1.8　及时服务和指导

16.1.8.1　及时服务

"服务"是整个气象工作的出发点、落脚点和归宿。作为预报员必须树立强烈的主动及时服务意识。整个气象服务称为公共气象服务，包括决策气象服务，公众气象服务、专业气象服务、气象科技服务。特别是在重大灾害性天气、关键性天气、转折性天气时，一定要把决策服务放在首位，为政府组织指挥防灾减灾救灾提供决策依据，当好参谋。在做好决策服务的同时，做好公众气象服务，要以人为本，利用各种服务手段，包括电视、电台、手机短信、互联网站、报刊、电子显示屏等，在第一时间将天气预报信息提供给公众，必要时，可召开新闻发布会，通过新闻媒体向公众宣传重大天气、气候事件。专业气象服务因预报内容不同而表现出不同的服务对象，但通常专业气象服务既有公众气象服务的特点，又有行业或部门服务的特点，有时又是重大决策气象服务，因此，预报员要高度重视专业气象服务。气象科技服务是依托气象科技并具有市场化特征的气象服务，要以基本业务为依托，不断增强科技含量，提高科技服务的能力。

16.1.8.2　精心指导

作为上一级台站有对下级台站技术指导的责任。这种指导包括：

①预报技术指导；

②提供指导产品；

③预报服务指导；

④科学研究和技术开发指导等。

16.1.9 跟踪监测订正预报

当预报发出后,作为值班预报员的任务,绝不是工作的结束,而是新的任务的开始,这就是密切监视天气变化,及时订正已经发出的预报,或者通过短时预报,临近预警来弥补已经发出的短期预报的不足,及时准确的实时信息服务常常会带来更大的效益。

16.1.9.1 跟踪监测

所谓跟踪监测就是利用现代化观测手段和分析技术,捕捉新的天气系统,特别是中小尺度系统。这些引发灾害性天气的直接影响系统,由于其尺度小、生命史短,利用常规的探测手段和分析技术难以捕捉到,因此,必须对常规、特别是非常规气象探测资料进行加工和技术处理,才能实现捕捉中小尺度天气系统的目的。这些现代化观测手段和分析技术包括:

①卫星云图跟踪监测分析。卫星云图具有空间上连续和时间分辨率高的优点,可以捕捉β中尺度以上的天气系统信息,特别是造成局地强降水的MCC、MβCSS能够清楚地观测到,而且可以连续跟踪。

②自动加密气象站跟踪监测分析。目前国家气候观象台,国家气象观测站(包括一级站、二级站)全部实现了自动化气象观测,同时建立了许多区域气象观测站,使得探测的密度愈来愈细,达到了十几千米的间距。利用地面能量天气图,地面流场天气图、区域小天气图等分析技术,可以有效地捕捉β中尺度以上天气系统信息。同时可以及时掌握天气实况。

③雷达跟踪监测分析。陕西布设7部新一代多普勒天气雷达,可以全天候监视陕西全省的天气变化,可以有效地捕捉γ中尺度以上天气系统信息,是临近预警的最有效手段。

在实际中,预报员要有效发挥卫星云图,加密自动气象站,雷达回波等观测手段作用,综合分析,及时捕捉中小尺度天气系统信息,分析天气变化,及时掌握天气实况。

16.1.9.2 订正预报

值班预报员一旦捕捉到新的中小尺度天气系统信息,发现天气有了变化,要立即作出反应:

①当天气发生与已经发出的短期天气预报有较大差异时,要在可能的情况下,订正已经发出的预报,或者通过12 h短时预报、6 h短时临近预报、3 h临近预警来弥补短期天气预报的不足。

②当天气发生与已经发出的短期天气预报的趋势一致时,要及时发布短时预报和临近预警,给出具体落区、落时和量级,使预报更加精细。同时要根据天气的变化及时发布天气预警信号。

16.1.10 情报服务

情报服务是预报工作流程中的非常重要的一个环节。当天气预报发出后,特别是重大灾害性天气预报发出后,作为值班预报员要做到:

①及时了解实况;

②及时收集灾情;

③根据天气演变分析未来发展趋势;

④综合以上信息,及时向政府提供准确的情报服务,让政府在第一时间内掌握信息,进行科学决策,以便正确地组织指挥抗灾减灾工作。

16.1.11 预报服务总结

预报服务总结是整个天气预报工作流程的最后一环。它对总结经验、发现问题、改进预报和服务工作是至关重要的，这里主要有两个方面的工作。

16.1.11.1　预报服务效果检验

要严格按照中国气象局评分标准，对预报准确与否进行严格评定；同时收集政府和公众的反馈意见，向服务对象收集预报服务带来的效果，或者采用问卷调查的方式向公众收集意见，在收集信息的基础上，对预报服务的效果进行分析。这项工作可以分不同的时段进行，但对每一次重大天气过程或每一次重大气象服务过后是必做的事情。

16.1.11.2　预报经验总结

一个优秀的预报员都必须注意预报经验总结，反之，不注重预报经验总结的预报员，也不可能成为一名优秀的预报员。预报经验总结包括：

(1)重大天气预报服务总结建档

一次重大天气过程结束后，要从环流特征与演变、动力学分析、实际预报、天气实况、实际灾情、预报和服务的成功与失误等方面进行全面总结，并建立档案。

(2)预报失败的总结

成功的经验总结固然好，但从预报失败或失误的关键性天气个例中总结更有意义。它可帮助气象科技工作者，发现新问题，提出新课题，可以帮助预报员更快地成长。要总结为什么报错，是责任心不足，还是对该类天气认识不清，导致预报失误，通过这种总结，提炼出有实际业务应用价值的新科研问题。

(3)对全年重大天气个例作全面分析

年末进入冬季后，要将全年发生的高影响天气，逐一进行筛选，进行系统分析研究和总结。

16.2　短期天气预报思路

16.2.1　预报思路

短期天气预报的思路如图 16.2 所示，体现了由大到小，由远到近，由粗到细的分析过程。即首先作大尺度环流背景分析，其次作天气尺度影响系统分析，再次作中尺度系统征兆分析，最后做局地气象条件分析。

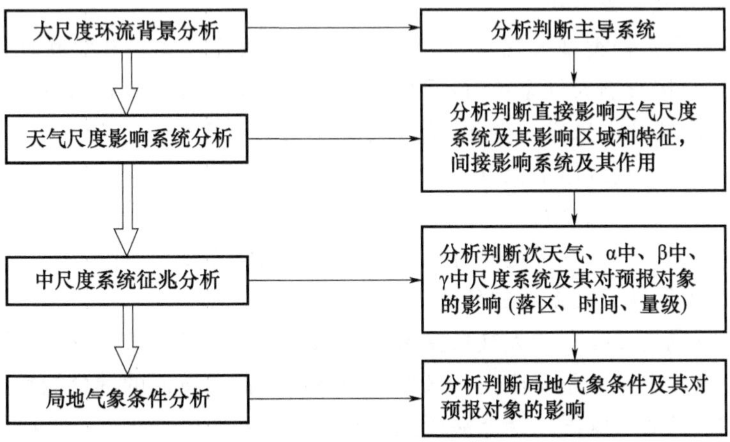

图 16.2　短期天气预报思路

16.2.1.1 大尺度环流背景分析

大尺度环流背景属长波尺度系统，是中期天气预报分析的对象，同时也是短期天气预报的背景场。是短期预报员制做短期天气预报流程中不可缺少的基本环节之一。大尺度环流背景的分析主要是解决主导系统问题，即通过大尺度环流背景的分析、判别和回答下述三个问题：

①目前亚、欧范围内大型环流的流型，是纬向型环流，还是经向型环流。经向型是在乌拉尔山一带有阻高，贝加尔湖有切断低压，极涡和高空锋区的位置等。阻塞高压、长波脊或者大尺度的高空低涡(极涡)往往主导西风带低槽、气旋波和冷高压活动以及高空锋区位置等；纬向型环流则有利于移动性波动，常以短波槽活动为主，往往会带来一些阵性天气过程。

②目前和未来的预报时段内，天气责任区是受长波槽控制还是受长波脊控制，西太平洋副热带高压位置及其影响范围。若天气责任区处于中纬度西风带基本稳定的长波脊控制下，通常以晴天为主或者有弱的天气过程出现；若是受基本稳定的长波槽或槽前锋区的控制，通常是以短波替换、间歇性中等强度天气过程为主；同时要注意副高南侧热带气旋的移动路径和副热带急流、低空急流的位置。

③这种长波槽、脊是基本稳定还是会有大的调整变化，若遇有大的长波调整过程，则很可能出现转折性的天气过程，这就要认真分析系统演变来确定，更要做好系统跟踪，及时订正。

以上可见，所谓主导系统是指所显示的高空图(一般用 500 hPa 或 300 hPa 等压面图)范围内，直接操纵或左右影响天气尺度系统移动、演变的环流系统，判断主导系统的演变是分析大尺度环流背景和重要天气影响系统演变的关键，抓住它就相当于抓住了分析大尺度环流的主要矛盾。

16.2.1.2 天气尺度影响系统分析

天气尺度影响系统分析主要是解决：

(1)直接影响天气系统判断

分析判断当前直接影响本地区天气的天气系统是什么，属于何种的类型；分析判断未来时段内有无新的影响系统侵袭天气责任区并导致天气变化；这些影响系统之间如何相互作用，给天气责任区天气又将会带来什么样的影响；判断预计未来天气责任区将受到影响系统哪个部位及其天气类型的影响。

(2)间接影响天气系统分析

整个大气环流由多种类型天气系统组成，这些天气系统之间相互关联且连续变化。这里要分析回答：有何间接影响天气系统；该间接影响天气系统同其他直接影响系统之间关系和作用，系统上下层的配置及未来发展变化，给天气责任区的天气会带来什么样的影响；间接影响天气系统会不会演变为直接影响天气系统。

16.2.1.3 中尺度系统征兆分析

能否产生重大灾害性天气关键是分析判断中尺度天气系统，为此要求：

(1)分析产生中尺度天气系统的环流背景

中尺度天气系统是在有利的天气尺度系统背景和相互作用下产生的，例如南支槽与北支槽交汇叠置容易激发中尺度系统产生。又如高空急流与低空急流的耦合能够产生中尺度次级环流；再如高空槽、锋面或低涡结合能够产生 MCC，中纬度西风带扰动与低纬度东风带扰动的相互作用有利于 850～700 hPa 上的偏南风低空急流的产生与加强等。

(2)综合应用中尺度系统监测手段

要充分利用各种有效的监测手段和分析技术，目前主要有：卫星云图、雷达回波、利用加密自动气象站观测资料制做的区域天气图、能量天气图和流场天气图、中尺度模式输出产品等。通过这些技术手段来分析捕捉中尺度天气系统。

(3)捕捉中尺度天气系统

中尺度系统包括：次天气尺度系统、α 中尺度天气系统、β 中尺度天气系统、γ 中尺度天气系统。如中尺度 Ω 能量系统，高空中尺度辐合线或低涡，地面中尺度切变线或低涡，以及中尺度雨带、雨团、MCC、$M\beta CS_S$、雷暴、雹暴、飑线等这些系统往往是造成灾害天气的直接系统。

16.2.1.4　局地气象条件分析

所谓局地气象条件分析主要是指利用本站或邻近站探测资料，分析计算 t-$\ln p$ 图、高空风剖面图、K 指数、湿有效位能、三线图等各种辅助图表，判断局地大气垂直稳定度或不稳定能量的变化，考虑当地地形的影响，进一步修订和制作本地小范围的天气预报，特别要订正天气强度或者制作局地对流性天气预报。

16.2.2　综合分析

预报员制做天气预报的能力和水平集中体现在“综合分析”的能力上。目前，提供给预报员的各种信息量呈指数增加，各种技术手段和预报方法愈来愈多，但分析制作预报的时间量又是有限的，如何在有限的时间内综合分析关键信息，做出准确的天气预报，要求预报员注重研究总结提炼，注重学习吸取他人经验，抓准预报着眼点，同时不断提高预报员的综合分析能力。在天气预报制作中，要求预报员做到以下综合分析应用：

①历史资料、实时资料、数值预报输出产品的综合分析；

②天基观测、空基观测、地基观测信息的综合分析；

③长波尺度、天气尺度、中小尺度系统分析技术的综合应用；

④天气学方法、数值动力学方法、统计学方法的综合应用；

⑤中期过程预报、短期天气预报、短时天气预报、临近预警、情报服务等 5 个环节的结合。

本节主要介绍短期天气预报基本思路，供预报员在预报实践中参考。同时也希望预报员结合自己的工作实践不断完善和充实短期天气预报思路。

16.3　决策气象服务

决策气象服务是为各级党、政、军领导和决策部门组织重大活动、指挥生产、防灾减灾，以及在气候资源合理开发利用和环境保护等方面进行科学决策提供的气象信息。它是涉及社会稳定、经济发展和人民群众生命财产安全等方面的全局性、综合性、前瞻性和高层次的气象服务。

16.3.1　决策气象服务任务

决策气象服务工作要面向生命安全、生产发展、生活富裕、生态良好，主动融入国家重大战略和防灾减灾救灾工作大局，在精密观测、精准预报基础上，推进决策气象精细服务，深度融入地方党委政府重大战略部署全领域、防灾减灾救灾的全过程，充分发挥气象防灾减灾第一道防线作用。

服务防灾减灾救灾。气象防灾减灾救灾是气象工作的重中之重,是国家防灾减灾救灾不可替代的重要力量。决策气象服务要以突发性、灾害性天气以及异常气候事件的监测预报预警为重点,加强气象监测实况、预测预报预警等服务。从极端天气气候事件对基础设施、能源供应、航运交通、人民生命财产安全等生命线安全运行影响着手,开展基于影响的预报预警服务工作。

服务城市安全运行。由于城市人口密集,工商业发达,气象要素对城市安全运行影响更大。暴雨、短时强降雨、暴雪、大风、高温、寒潮、干旱、大雾等灾害性天气常造成严重的城市气象灾害和衍生次生灾害。降雨、降雪、雾、霾等高影响天气对城市交通和人民生活带来不利影响。决策气象服务要在深入分析灾害性、高影响天气对城市安全运行影响的基础上,与城市管理等部门合作,开展精细化灾害性、高影响天气的监测预报预警服务,开展城市规划气候可行性论证、气象灾害风险评估等。

服务生态文明建设。气候是影响自然生态系统的活跃因素,是自然生态系统状况的综合反映,是人类社会赖以生存和发展的基础。决策气象服务要以大气污染治理为重点,开展重污染天气过程解析,科学评估气象条件在空气质量转变中作用,开展霾、沙尘天气精细化监测和预报预警服务。以生态系统保护为重点,开展林草面积、水源涵养、防沙固沙绿化带、沙漠边缘变化、森林草原防火等的生态气象监测预测评估。开展生态保护和建设工程、人工影响天气等气象服务效益评估。

服务乡村振兴战略。面向“产业兴旺、生态宜居、生活富裕”等乡村振兴工作任务,开展精细化优质生态农产品气候资源区划、农业气象灾害风险评估预警、种植面积与种植结构布局调整气候可行性论证等服务。开展精细化农业气象灾害影响预报和风险预警服务,开展粮食安全气象保障服务等。开展面向现代设施农业、果业、畜牧业、林业等农业生产全过程等的决策气象服务。

服务重大活动保障。气象条件是各项重大活动成功与否的重要影响因素,气象服务已成为各项重大活动组织实施和运行体系中不可或缺的重要内容。面向重大活动气象保障需求,开展重大活动举办期间以及重大活动关键节点时段的气候背景分析及气象风险(或易发生的高影响天气)评估服务,结合高影响天气的发生发展开展专题分析服务,活动举办期滚动发布的关键节点时段的精细化天气预报。

16.3.2 决策气象服务关注重点

陕西常见的灾害性天气气候事件分别有干旱、暴雨、暴雪、冰雹、高温、寒潮、霜冻、连阴雨、大风、大雾、霾、沙尘暴、雷电等。决策气象服务要密切监测天气气候变化,及时通过各种手段、渠道向当地党政领导、政府相关部门报送灾害性天气监测、预报、预警、评估等信息,为地方党委、政府部署灾害性天气防御应对工作提供决策支持。

干旱:干旱由于其发生频率高、持续时间长,影响范围广、后续影响大,是影响陕西省工农业生产最严重的气象灾害。干旱常造成农作物减产甚至绝收,造成城乡居民生活用水困难。干旱还会造成地表水、地下水补给不足,植被草场退化,森林火险等级升高,促使生态环境恶化等。1995 年陕西出现特大干旱,夏秋两料累计受旱面积达 333 万 hm^2,干旱造成全省经济损失 66.75 亿元。1997 陕西再次出现特大干旱,全省受旱面积 217 万 hm^2,绝收 51.9 万 hm^2,造成直接经济损失 68.9 亿元。

暴雨：暴雨常造成山洪暴发、中小河流洪水以及滑坡、泥石流等地质灾害，大范围、长时段暴雨造成主要河流洪水泛滥，不仅危害农作物、林果业和渔业，还会冲毁农舍和工农业设施，甚至造成人员伤亡，严重经济损失。在城市暴雨常造成严重的城市内涝，给城市交通和居民生活带来严重影响。1983 年 7 月 27—31 日汉江流域出现大范围区域性暴雨，雨带移动方向与汉江干流方向一致，汉江洪水节节叠加，安康站洪峰流量 31000 m^3/s，安康城区被淹，造成 870 人死亡，直接经济损失 5.69 亿元。2003 年 8 月 24 日至 10 月 6 日，渭河流域连续出现暴雨天气过程，渭河流域先后出现 5 次洪峰，渭河渭南段 58.9 万人受灾，29.3 万人被迫撤离家园，19 万余间房屋倒塌，直接经济损失 23 亿元。

暴雪：暴雪天气对交通运输、设施农业带来严重影响，暴雪常常导致道路结冰，路面湿滑，能见度降低，造成交通事故增加。严重积雪会压塌设施农业大棚，低温寡照会造成大棚作物病虫害增加，发育迟缓。2008 年 1 月 10—22 日陕西连续 12 d 降雪，持续降雪天气造成 48000 多座蔬菜大棚严重受损，农作物受灾面积 2.6 万 hm^2。

冰雹：冰雹天气来势猛、强度大，并常常伴随着狂风、短时暴雨等其他天气过程，给农业、建筑、通信、电力、交通以及人民生命财产带来巨大损失。1999 年 5 月 23—24 日，省内连续出现区域性冰雹天气，涉及 7 个市 26 个县(区)，其中宝鸡受灾最重，10 县 2 区 41 个乡镇出现冰雹，全市 6.7 万 hm^2 粮食、经济作物受灾，经济损失 4000 余万元，造成 6 人重伤，17 人轻伤。

高温：高温天气影响人体健康，造成中暑人数增加；影响作物生长，果业易出现高温热害；造成城乡用水、用电量增加，影响水电供应。持续高温天气易引发干旱、火灾，影响生产生活及城市运行。2017 年 7 月，陕西出现历史同期罕见的大范围、长时间高温天气，共出现 35 ℃以上高温日 22 d 有 144 站次，40℃以上高温日 10 d 有 59 站次，其中，7 月 18—27 日西安市连续 10 d 出现 35℃以上高温天气，20—27 日临潼、鄠邑连续 8 d 出现 40℃以上高温天气。

寒潮：寒潮会造成大范围的剧烈降温、大风和风雪天气。由寒潮引发的大风、霜冻、雪灾、雨凇等灾害对农业、交通、电力、航海以及人们健康都有很大的影响。2011 年 1 月异常寒冷，1 月份强冷空气活动频繁，月平均气温－4.5 ℃，较常年同期偏低 3.0 ℃，是 1961 年以来第 2 低温年。低温导致渭北油菜基本干枯、冬小麦冻枯现象明显。

霜冻：根据发生的季节不同，可分为春霜冻和秋霜冻二种。春霜冻又称晚霜冻，是春播作物苗期、果树花期、越冬作物返青后发生的霜冻。秋霜冻又称早霜冻，秋收作物尚未成熟，露地蔬菜还未收获时发生的霜冻。2013 年 4 月 6—9 日，延安、宝鸡、铜川、渭南、咸阳等 6 市 15 个县遭受低温冷冻灾害，渭北西部苹果区花絮受冻率 65.7%、花朵受冻率 44.7%；延安南部果区花絮受冻率 87.8%，花朵受冻率 57.8%；延安北部花蕾受冻率达 80%；宜君、黄龙及商洛等地核桃花大面积受冻致死；周至、眉县猕猴桃幼苗受冻严重，农作物受灾面积 13.77 万 hm^2，其中绝收 2.56 万 hm^2；直接经济损失 22.8 亿元。

大风：产生大风的天气系统主要有冷空气、对流性天气、龙卷等，大风会毁坏地面设施和建筑物。1978 年 4 月 14 日，乾县周城公社周城村遭龙卷风袭击，村内房屋成为一片废墟，人员伤亡严重。

大雾：大雾天气造成能见度降低，影响交通运输安全；同时，对输电线路和露天电气设备的绝缘体造成影响，危害人体健康等。2015 年 11 月 30 日，关中遭遇大雾天气，咸阳机场近 120 架进出港航班受到影响，滞留旅客近万人，京昆、连霍、包茂高速部分路段封闭。

雷电:雷电常导致通信网络和电气设备被击毁,造成人员伤亡。2005 年 5 月 4 日,关中多地出现雷电天气,雷电共造成 3 人死亡,7 人受伤。

霾:霾影响人体健康,常引起呼吸道疾病,诱发心脑血管急性发作,使传染性病菌的活性增强。同时使能见度降低,影响交通安全。2016 年 12 月 7—21 日,陕西省出现了持续 15 d 的大范围霾天气过程,共有 666 站次,涉及 89 个县(区)。

沙尘暴:沙尘暴、浮尘天气常造成空气质量恶化,给人体健康带来严重影响,导致能见度下降,影响交通安全等。2021 年 3 月 16—18 日、29—31 日陕西省中北部出现沙尘暴、扬沙、浮尘天气,强度大、范围广,3 月 29 日西安空气质量 AQI 指数超过 500,出现"爆表"。

16.3.3 决策气象服务基本要求

精准把握服务方向。决策气象服务人员要认真学习贯彻中央方针政策,提高政治站位,把握决策气象服务方向,要坚决贯彻落实地方党委、政府和上级的重大决策部署,围绕地方重点工作任务和政府、社会关注的热点问题,主动作为,精细服务。要掌握气象科技发展前沿动态和最新研究成果,结合本地实际开展服务,提高服务科技含量。

了解决策服务需求。结合本地工作实际,通过调研、走访、座谈等方式了解服务用户对服务产品频次、内容、预报时效、表现形式、报送方式等的具体需求。优化决策服务材料报送方式,建立现代化、信息化的报送渠道。

开展针对性服务。针对不同服务用户,针对不同服务需求,研究提出定制化、模块化的决策气象服务产品、业务流程和服务方式。对于重大灾害性天气,做好面向各级党委政府领导和应急责任人的预警信息快速准确发布工作,确保气象预警信息第一时间发送到高影响行业、高影响区域和重点服务单位的应急责任人,支撑各级政府组织指挥决策、防灾救灾的全过程。提高决策气象服务针对性、科学性、有效性。

建立反馈评价机制。强化沟通互动,逐步构建以用户为中心的决策服务评价反馈机制。建立年度决策气象服务满意度调查、需求调研、服务产品准入制度,通过决策气象服务信息支持系统、手机 APP 等智慧化服务方式实时开展决策气象服务评价反馈。根据反馈意见不断优化报送方式、完善产品内容、调整报送频次。

规范决策气象服务产品。决策服务材料的主题思想明确、重点要突出、针对性强、标题要醒目,服务材料的篇幅结构紧凑、严谨,层次分明,逻辑性强,叙述的内容条理清晰,深浅适当,文字精练流畅,通俗易懂。产品格式编排合理、美观大方,图文并茂,栏头、标题的编排要醒目,名词、单位、符号使用正确、规范,符合国家标准,图文一致,图表所表示的信息清晰、直观。另外,对材料中的有关量词、图表和色块的细节也要要求具体。

16.3.4 决策气象服务技术支撑

建设智慧化业务平台。提升灾害性天气快速分析、实时跟踪、产品自动制作、主动推送的智慧决策气象业务制作和发布平台。基于气象大数据云平台和多源数据,开发和应用更灵活更高效数据分析、图表绘制的人机交互功能,实现基础材料自动制作生成、各类数据后台自动获取分析、关键图表定时自动绘制、分类材料按需自动高速发布,以及服务案例库、天气过程库、灾害知识库检索查询等功能,满足"快、准、全"的决策需求。

拓展智慧化服务新手段。建设基于大数据分析、云计算、人工智能和 5G 通信等新一代信息技术的决策气象信息支持系统，构建面向用户的互动服务平台。面向不同行业服务需求，支持山洪地质灾害、交通、森林火险等领域定制化服务，提高突发事件应急气象保障能力。建设决策气象服务手机客户端和微信小程序等移动服务系统，开展面向政府决策部门定制服务、信息提醒等服务。

提高科技创新能力。发展研究型决策气象服务业务，强化气象灾害风险评估技术和基于影响的服务方法研究。利用大数据、人工智能等技术发展重大灾害性天气过程客观识别、监测提醒、统计分析、相似过程历史对比等技术和产品，实现重大天气过程自动监测统计分析和可视化方案。利用机器学习和训练对服务材料进行分析处理，发展决策服务材料智能化分析和自动生成模型。加强智能网格预报、天气实况业务、气象灾害风险普查、影响预报和风险预警、生态气候评价等科技和业务成果在决策气象服务中的应用。

16.3.5　决策气象服务典型案例

16.3.5.1　陕西苹果种植区北扩决策气象服务

苹果种植业是陕西省委、省政府确定的全省优势特色产业，2008 年陕西优质苹果种植区北缘位于安塞、延川一线。受全球变暖影响，陕北农业气象条件出现了明显变化。为推进陕西苹果产业快速发展，陕西省气象局组织专家对榆林、延安市进行了实地调研，利用新的气候资料对陕北苹果种植生态气候适应性进行评估。根据研究成果，向陕西省委、省政府报送了《陕北优质苹果种植区可适当北扩》的决策服务材料，建议陕北优质苹果种植区可以扩展到米脂、子洲、绥德、清涧、子长中东部一线，并提出苹果种植区北扩中注意防范干旱、花期冻害风险。时任省长、副省长均对服务材料做出批示，要求果业局试行推广。此后，陕西着力打造陕北山地苹果产业带，到 2019 年，陕北山地苹果面积突破 400 万亩，成为全国山地苹果集中连片种植最大区域，山地苹果成为陕北的特色产业，为陕北农民脱贫致富发挥了显著作用。

决策气象服务材料如下。

案例 1

陕北优质苹果种植区可适当北扩

【摘要】黄土高原是生产优质苹果的最适宜气候区，以苹果为主的果业是改革开放以来陕西省农村经济发展最快、效益最好的产业之一，也是省委、省政府确定的全省优势特色产业。目前陕西省优质苹果种植基地县北缘在安塞、延川一线，但长城沿线以南非果业基地的大部分县，普遍种有苹果，品种以秦冠、红(黄)元帅、国光、美国 8 号为主。为了充分利用气候资源优势，扩大苹果优质产区的范围，又避免因盲目越区发展而导致不应有的损失，我局组织有关专家对榆林、延安市进行了调研、实地勘查，利用新的气候资料对陕北苹果种植生态气候适应性进行评估，从农业气候角度对陕北苹果优质区北界进行论证。

一、苹果生产的气候生态条件

苹果是典型的温带落叶果树，性喜凉干燥，其地域分布主要取决于气候、土壤及地貌等生态条件，其中气候条件是苹果地带性适生分布和品质优劣的前提和基础。

1. 苹果对气象条件的要求

适宜苹果栽培地区的年平均气温为 8.0～14.0 ℃；冬季日最低气温≤－20 ℃的日数小于 24 天；苹果生长期(4—10 月)的平均气温 13.4～18.5 ℃，全年日平均气温≥10.0 ℃的日数大于 140 天；夏季平均最低气温 13～18 ℃。

苹果生长期间降水量以 450～500 mm 为宜,夏季 6—8 月空气相对湿度 60%～70%对苹果生长最为适宜。

生长季节 4—10 月日照时数 1200h 以上为宜。

2. 苹果对立地条件的要求

地形对苹果的生态作用,主要通过海拔高度、地貌形态、坡度、坡向等来影响光、热、水、气、土壤、植被等生态因子,对苹果质量起重要作用。陕北黄土高原果区海拔 800～1300 m,年日照时数 2300～2800 h,生长季 4—10 月日照时数 1400～1800 h,适宜的海拔高度和充足的光照资源,使果实着色鲜艳,蜡质层增厚,糖、酸、维生素 C 等含量增加,硬度增大,果面洁净。

苹果适宜中性或微酸性的质地疏松、土层深厚的沙壤土。黄土高原的黄土、黑垆土、褐土均属适宜土类。

二、陕北苹果生态气候适应性评价

从苹果对气候生态条件要求看,在苹果的生态需求中,土壤、地形等主要立地条件在陕北是满足的,即使水肥条件差些也是可以逐步改善和克服的,其影响也是局地的。所以对苹果适生地带性分布构成限制的主要是气候条件。

根据陕北各地近 30 年(1970—2000 年)的地面气象观测资料,采用全国苹果种植区划研究的因子及评分标准,综合考虑海拔高度对气候条件的影响和气候增暖苹果的气象条件变化,作出的陕北苹果气候适应性(即苹果种植适宜区划)见下图。

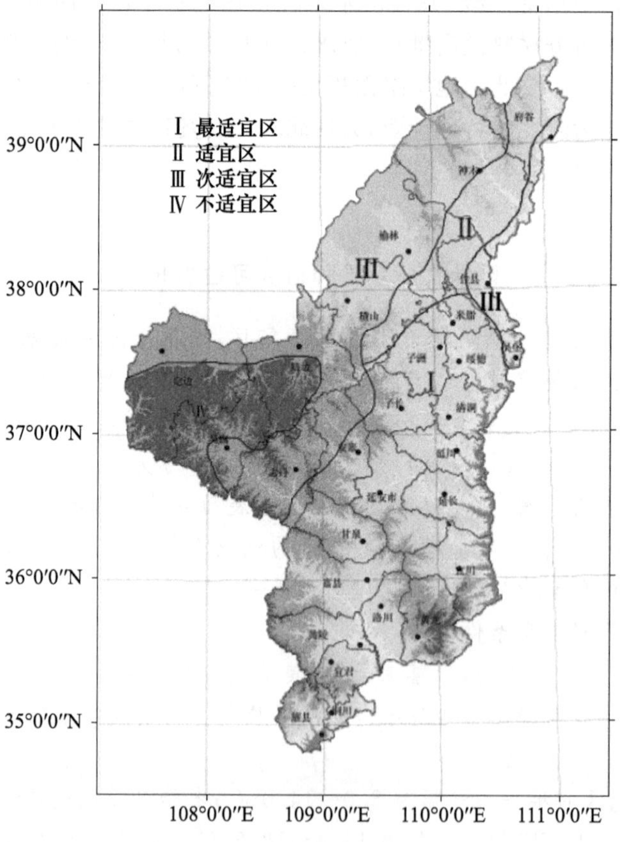

陕北苹果种植适宜区分布图

陕北大部地区温度、光照条件均满足苹果生长要求，主要的限制因素为降水不足。陕北府谷、神木经榆林南端至横山一线为陕北苹果适宜栽培北界；自横山向东南沿海拔1300 m等高线，顺子洲县西界南下经子长至延河北，再西北绕安塞南下至甘泉，此线为陕北苹果适宜区分布西界。上述北界以南、西界以东除黄河沿岸土石丘陵带以外的广大地区均为适宜区，其中米脂、子洲、绥德、清涧、延川、延长及子长中东部、安塞南部、延安市和甘泉中南部为最适宜区。

苹果优质区确定是根据苹果气候和土壤适宜条件制定的。它只是地带性的趋势分布。生产上由于具体条件差别，以及受气象观测站位置代表性的局限，应将上述区界理解为一个过渡带，优质区、适宜区内不是处处优质、适宜，而次适宜区内也有适宜的地方，应具体掌握以不失其科学指导作用。

三、陕北苹果适宜种植区气象灾害风险

1. 花期冻害

苹果花期≤－2 ℃(受冻的临界温度)出现的频次，以西部白于山区的吴起、志丹，长城沿线以北地区的榆林、神木、靖边、定边和延安南部的甘泉等地出现频次最多，一般每年出现1～2次，冻害风险走势呈西北向东南方向减少，黄河沿岸基本无冻害发生。

2. 干旱

最适宜区北界的米脂、子洲、绥德、清涧、子长降水均不足500 mm，且降水年际变率大，米脂、绥德和子洲年降水量仅为410～430 mm，年雨量超过400 mm年份仅占51%～55%，另有近一半年份雨量不足400 mm，因雨量不足而导致果实小而失去市场竞争力是这些地区苹果生产主要问题。

四、建议

1. 从气候条件来看，陕北优质苹果基地北侧的绥德、米脂、子洲、子长、清涧属于苹果种植的最适宜区，优苹果种植区北界还可适当向北延伸。这一区域尽管果实颜色、风味俱佳，但生长期降水量普遍偏少，成品苹果直径较延安、渭北果区明显偏小，影响其市场竞争力。建议优质苹果种植北扩过程中应重点解决降水不足这一限制因素，在该地区有条件进行灌溉(滴灌或集雨措施灌溉)的地方发展苹果种植业，同时选择适合当地的品种，既增加陕西省苹果产品类型，也增加其市场竞争力。

2. 甘泉虽然主要气象条件在最适宜范围，但该地区花期冻害发生频率高，低温强度大，日最低气温≤－2 ℃出现频次为1.39次/年，其中能引起严重冻害最低气温≤－4 ℃出现频次为0.42次/年，属花期冻害重度风险区。所以，甘泉县苹果园选择一定要根据地形特点，因地制宜，尽量不要将果园建在低温冻害严重的谷地，且每年花期要做好防御霜冻的工作。

3. 吴起和志丹属白于山区，90%以上地区海拔在1300m以上，两地虽光照条件好，但气温偏低，降水不足。气象灾害除干旱外，还有大风、冰雹和霜冻危害。尤其是春季花期冻害，是该地苹果生产中主要气象灾害。两县花期冻害不仅频次最多，日最低气温≤－2 ℃出现频次分别为1.73次/年和1.93次/年；且强度最大，能引起严重冻害最低气温≤－4 ℃出现频次分别为0.50次/年和0.69次/年；此外，幼果期遭遇冻害的频次也最多，分别为0.53次/年和0.89次/年，白于山区是果树花期冻害重度风险区，发展苹果生产必须考虑气象灾害所带来的风险。

16.3.5.2 红碱淖生态卫星监测决策气象服务

红碱淖位于毛乌素沙漠与鄂尔多斯盆地交汇处,是中国最大的沙漠淡水湖。由于人为活动加剧和气候变化的影响,水体面积不断萎缩。为保护红碱淖流域生态环境,2007年陕西省气象局向省委、省政府报送《中国最大的沙漠淡水湖红碱淖水域面积持续萎缩》的决策服务材料,详细分析了红碱淖水域面积萎缩现状及原因,建议对红碱淖流域进行综合治理,遏制红碱淖水域萎缩现状,新华社内参摘录该消息。2010年上报《陕西省气象局关于红碱淖水体面积卫星遥感监测情况的报告》。2011年上报《卫星监测显示:红碱淖水域面积仍在持续萎缩》,时任省长要求省水利厅组织水利、地质专家对此进行会诊,提出划定保护区范围,报国务院批准。2012年6月,国家发改委赴陕召开座谈会,听取气象、水利和国土资源等部门的意见和建议,制定红碱淖的具体保护方案。2012年国家发改委、国家林业局、水利部将红碱淖列入全国湖泊生态环境保护项目。从2012年开始连续3年,财政部每年划拨资金1亿元,地方财政每年配套1亿元,对红碱淖生态环境进行治理,2015年红碱淖水面基本保持稳定,止住了持续递减态势。

决策气象服务材料如下。

案例 2

中国最大的沙漠淡水湖红碱淖
水域面积持续萎缩

【摘要】从2004年起,我局农业遥感信息中心开展了对全省重点生态敏感区、脆弱区和生态重点项目建设区的连续动态监测。遥感动态监测结果表明,1997—2007年,红碱淖水体覆盖面积急剧减少了17.7 km²,减少面积为1986年水域面积的30.2%。分析红碱淖水域面积大幅度减少的原因,主要是在人类活动与气候变化共同作用下造成。这种水域面积的急剧缩减必将对其周围的生态环境产生深远的影响。

一、红碱淖简介

红碱淖位于陕西省北部榆林市神木县境内,地处陕蒙交界处,位于毛乌素沙地的东缘风沙区的相对低洼处,汛期有一定的地表径流入湖,但主要是接受周边地下水排泄补给。红碱淖处于一相对封闭的内陆区,湖区流域面积约150 km^2,其中1/3在陕西境内,2/3在内蒙古自治区境内。该湖是我国面积最大的沙漠淡水湖泊,是陕西省重要的湿地保护区,在当地干旱气候和风沙地貌背景下,红碱淖作为荒漠中的绿洲,湖区有30多种野生禽类栖息繁衍,具有重要的生态作用。

二、遥感动态监测结果表明红碱淖水域面积大幅萎缩

遥感监测表明,红碱淖水域面积在大幅度减小。分析美国资源卫星遥感图像可以得出,红碱淖的水域面积1986—2004年是逐年减少的(图1),1986年水域面积为58.6 km^2,1997年为57 km^2,到2004年减少到42.4 km^2。2007年6月中巴资源卫星监测到红碱淖水域面积为39.3 km^2。值得注意的是:1986—1997年水域面积只减少了1.6 km^2,减少面积为1986年水域面积的2.7%,而在1997—2007年的11年中,水域面积急剧减少了17.7 km^2,减少面积为1986年水域面积的30.2%。

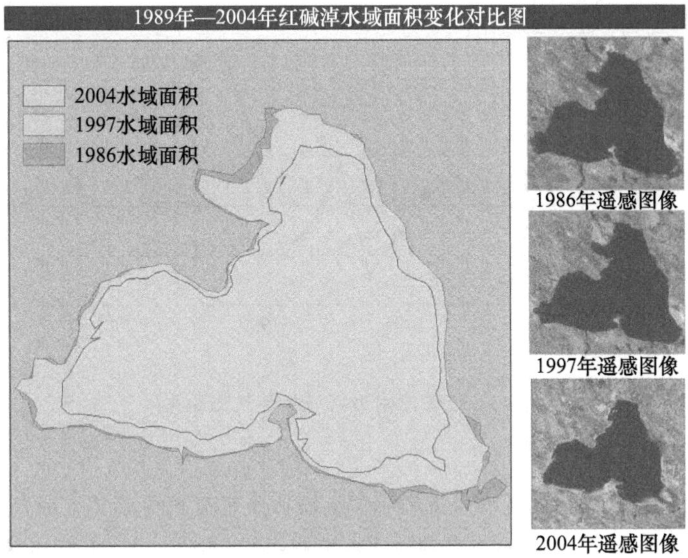

图 1　红碱淖水域面积变化示意图

三、红碱淖水域面积减少的原因

1. 环境气候因素分析

红碱淖周边地区 1997—2001 年降水大幅度偏少，气温偏高。红碱淖湖区周边地区包括内蒙古伊金霍洛旗、乌审旗、准格尔旗、东胜市、杭锦旗、鄂托克旗以及陕西省神木县，周边区域的气候变化直接影响着红碱淖水面面积。从图 2 年降雨量距平百分率、图 3 年平均气温距平中可以看出，红碱淖周围区域在 1986—1996 年的 11 年间，年平均降水量 353.8 mm，略多于平均值 345.3 mm，仅 1986 年、1987 年、1993 年年降水量偏少 20%～28%，1991 年偏少 8%，其余 7 年中有 5 年偏多 14%～29%，2 年持平，年平均气温略高于常年。1997—2001 年的 5 年中，有 3 年年降水量大幅度偏少，1997 年年降水比常年少 90 mm，1999 年少 121 mm，2000 年少 145 mm，偏少幅度分别达 26%、35%、42%，加上同期年平均气温偏高 1～2 ℃，降水减少使得入湖水量减少，气温偏高造成蒸发量加大。在这样的气候背景下，红碱淖水域面积出现大幅度减少。值得注意的是 2002—2004 年，红碱淖周边区域年降水偏多 10%～25%的情况下，水面面积仍出现减少的现象。

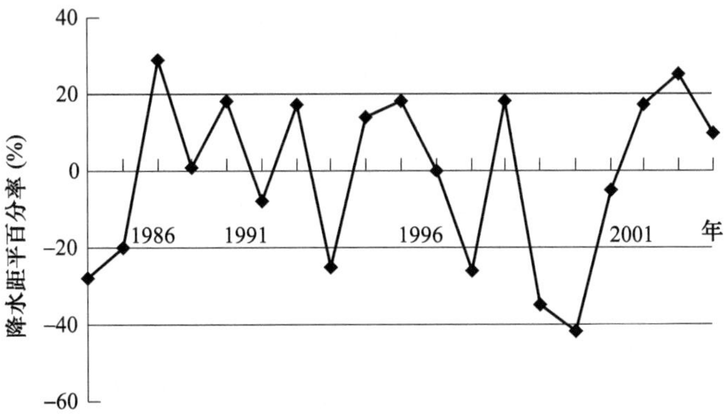

图 2　红碱淖附近区域年降水量距平百分率

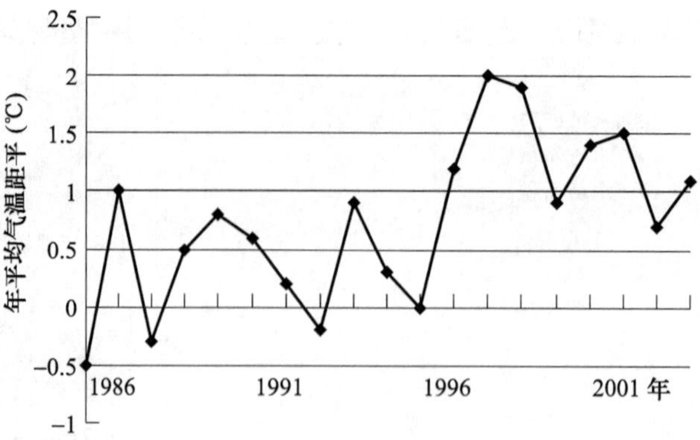

图 3　红碱淖附近区域年均气温距平

2. 人为因素分析

湖区农业灌溉与生态林建设用水大幅度增加。湖区分布有陕西省神木县尔林兔乡、中鸡乡、内蒙古自治区新街和台格庙乡。目前,人口 30000 人左右,耕地 4300 hm^2,其中水浇地面积 2000 hm^2。灌溉开发主要是从 20 世纪 90 年代开始的。1989 年陕西省境内的灌溉面积不足 33 hm^2,2000 年已达到近 133 hm^2。灌溉用水来源于浅层地下水的吸取,灌溉耗水增加对湖泊萎缩有直接影响。

近年来,湖区周围的陕北和内蒙古实施了生态林建设。陕西省境内的生态林建设主要结合农田开发,建设农田防护林体系。而湖区上游内蒙古境内主要是封育和生态林建设。封育主要从 1995 年开始。封育后的沙丘区天然沙生植被长势良好,覆盖度达到 30%左右。封育后的天然植被主要依靠自然降水和土壤水生长,当地 400 mm 左右的降水不能充分保证树木生长对水分的需求,需要利用地下水,生态建设用水也在急剧增加。

煤矿开采对红碱淖产生不利影响。红碱淖周边煤炭资源极为丰富,集中分布在陕西、内蒙古交界处一带。在神府煤田开发中,存在地面塌陷和地下含水层结构破坏的现象。水平掘进后地面经常可以看到地裂缝,2～6 cm 的裂缝到处可见,最宽处达 1.5 m。由于地面塌陷,浅层地下水的隔水底板连续性受到破坏,导致局部地下水流场发生变化,这也是影响红碱淖的一个因素。

红碱淖附近地下水位在持续下降。地下水是红碱淖的主要补充水源。红碱淖附近监测井资料表明,湖周边地下水近年也呈现不断下降的趋势,尤其是 1995—2000 年的 5 年间,地下水水位下降幅度最大,平均每年下降 16 cm。

上游河流对红碱淖补给不足造成水域面积减少。为红碱淖补给水源的河流全部在内蒙古自治区境内,其中营盘河、壕赖河是主要的补给水源,其他的河流一般都是季节性河流,平时多干涸。在 1997—2007 年期间,内蒙古在营盘河、壕赖河这两条主要河流上修筑了多个小型的水库以及人工湖。由于河流水被拦截,减少了流入红碱淖的水量,使得红碱淖无法得到必要的水量补给。

综上所述,在人类活动与气候变化共同作用下导致红碱淖水域面积 1997—2007 年发生了大幅度减少。而这种水域面积的急剧缩减必将对其周围的生态环境产生深远的影响。

四、建议

1. 充分利用卫星遥感、飞机航测、地面监测等手段,加强红碱淖水域及环湖地区的生态监测,掌握湖水面积变化动态,为红碱淖保护和利用提供科学的决策依据。

2. 周边地区农业开发、生态林建设、能源开发、大型耗水项目的上马要严密论证,充分考虑当地水资源的承受能力。

案例 3

沙漠明珠——红碱淖水体面积加速萎缩

【摘要】陕西省农业遥感信息中心对神木县红碱淖水体面积进行了遥感动态监测，监测结果表明：1986—1997 年间，水体面积基本保持稳定，1997—2007 年间，红碱淖水体覆盖面积开始急剧减少，近 3 年红碱淖水体面积加速萎缩。

一、卫星遥感动态监测结果

1. 水体面积加速萎缩

遥感监测结果表明，1986—1997 年间，水体面积基本保持稳定，由 1986 年的 58.6 hm^2 减少到 57 hm^2，仅减少了 1.6 hm^2，占 1986 年水体面积的 2.7%；1997—2007 年，红碱淖水体面积急剧减少了 17.7 hm^2，减少面积为 1986 年水体面积的 30.2%；2007—2010 年 3 年内，红碱淖水体面积加速萎缩，减少面积为 3.45 hm^2，减幅达 8.77%。2010 年和 1986 年比较，水体减少 22.75 hm^2，占 1986 年水体面积的 38.8%（图 1，图 2）。

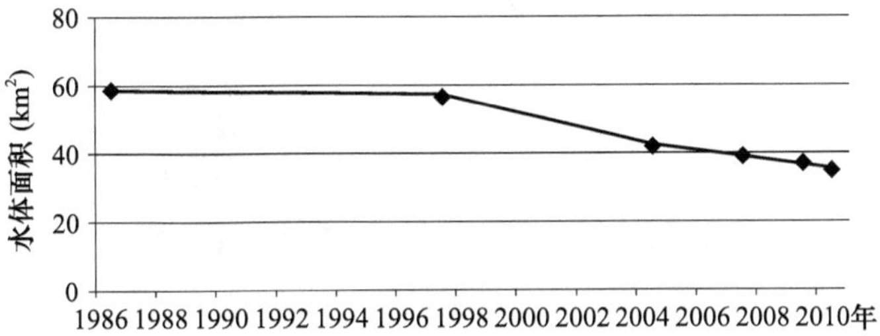

图 1　1986—2010 年红碱淖水体面积变化曲线图

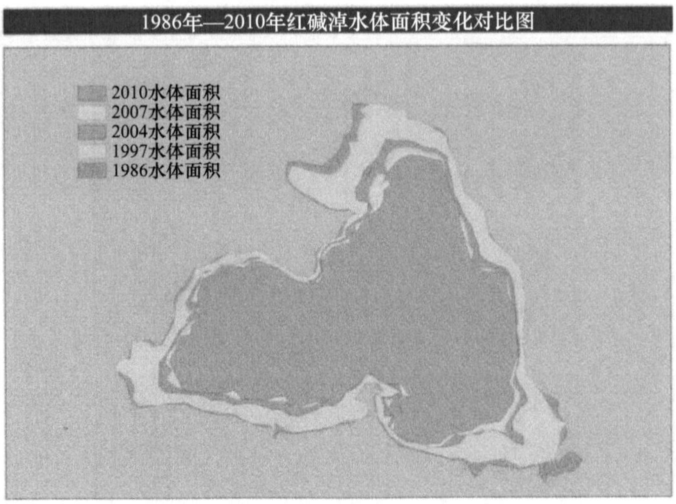

图 2　红碱淖水体面积变化对比意图

2. 上游水库蓄水面积增加、入湖河流逐渐消失

红碱淖的水源主要来自 7 条河流，其中最主要的是营盘河、蟒盖兔河和壕赖河。2005 年鄂尔多斯在距离红碱淖 6 km 处阻断了营盘河，开始修建扎萨克水库，根据遥感监测结果，随着扎萨克水库的修建，2010 年该水库蓄水面积达到 2.026 km^2，营盘河汇入红碱淖部分河段逐

渐在遥感图像上消失。2009 年又在蟒盖兔河截流并建造地下水库，随着水库的修建，蟒盖兔河也逐渐在卫星遥感图上消失(图 3，图 4，图 5)。

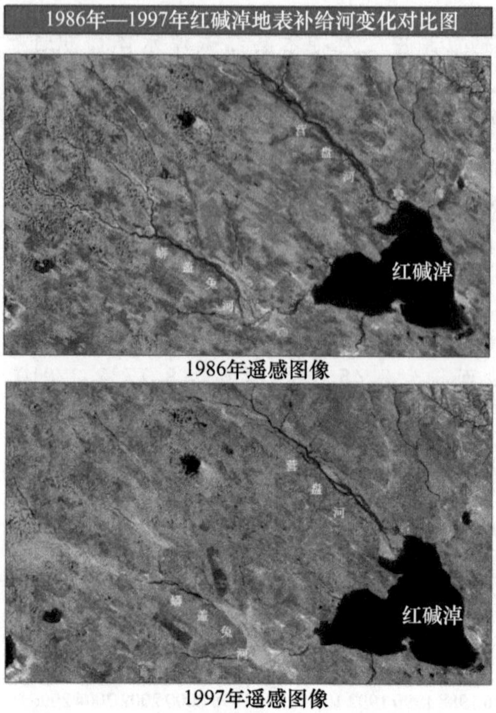

图 3　1986—1997 年红碱淖地表补给变化对比

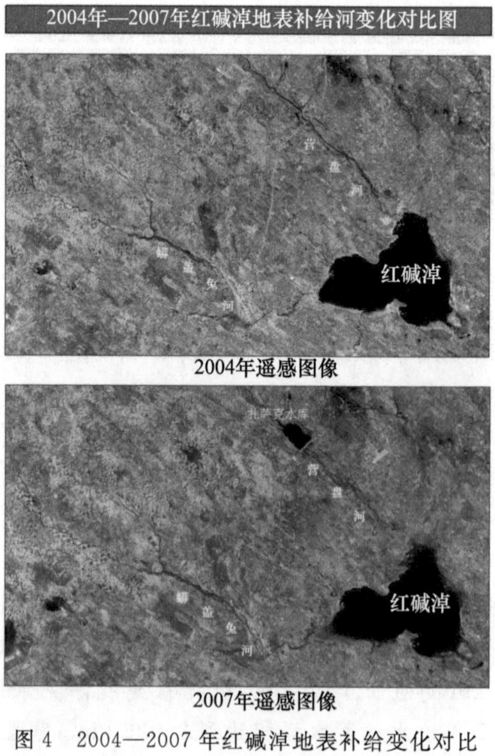

图 4　2004—2007 年红碱淖地表补给变化对比

2009年遥感图像

2010年遥感图像

图 5　2009—2010 年红碱淖地表补给变化对比

二、人为因素是红碱淖水体面积减少的主要因素

根据神木县 1986 年以来的气象资料分析，降水量减少造成的湖水减少量占总减少量的 8.1%，蒸发量增加造成的湖水减少量占总减少量的 13.8%。研究分析表明，气候因素造成红碱淖水量减少的比例为 21.9%，其余 78.1%的水量减少是由人为因素造成，上游补给河的拦截是重要原因。

案例 4

卫星监测显示：红碱淖水域面积仍在持续萎缩

【摘要】根据最新卫星监测资料，2011 年陕北沙漠淡水湖红碱淖的水域面积仍在继续减小，与 2010 年同期相比水域面积减少了 1.03 km^2，1986 年以来水体面积的四成已经消失。

根据省农业遥感信息中心对红碱淖水域面积卫星监测，2011 年 8 月水域面积为 34.82 km^2，与 2010 年同期相比减少了 1.03 km^2，减少 3.04%(图 1)，2010—2011 年红碱淖水域面积仍在继续减小;根据历史监测结果,1986 年红碱淖水域面积为 58.6 km^2,25 年来,水体面积已减少了 40.95%,也就是说,1986 年以来水体面积的四成已经完全消失。

由于红碱淖水量持续减少,导致湖水含碱量明显增加,水质也在不断恶化,区域生态环境保护不容乐观。如不加紧采取保护性和抢救性措施,红碱淖——这朵大漠中的奇葩,将面临最终干涸消失的危机。

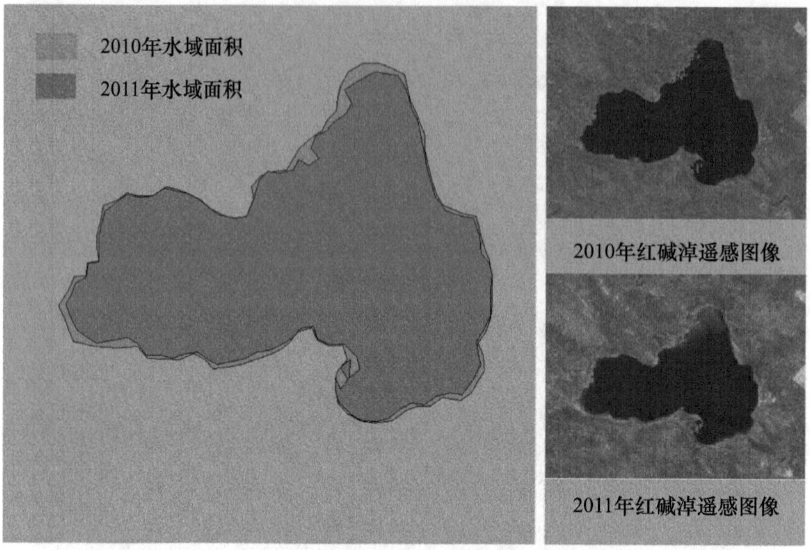

图 1　2010 年和 2011 年 8 月红碱淖水体面积变化示意图及遥感影像

16.3.5.3　2009 年 11 月极端暴雪天气过程决策气象服务

2009 年 11 月 9—12 日陕西出现了历史同期罕见的暴雪和强降温天气过程,全省有 64 县(区)出现暴雪,陕北、关中大部分地方积雪深度在 10 cm 以上,三原县积雪深度达 23.5 cm;气温显著下降,陕北和关中北部气温下降了 12～14 ℃,关中南部和商洛市下降了 10～12 ℃。暴雪、强降温天气给陕西公路、航空等交通运输业带来严重影响,部分设施农业大棚被积雪压垮。陕西气象部门 11 月 7 日、11 月 9 日连续发布"连阴雨雪、降温消息"、"暴雪消息",对此次天气过程提前做出了准确的预报。省、市、县各级气象部门主要负责人第一时间将暴雪、强降温预报预警信息向地方党政领导汇报,11 月 9 日,时任省长在暴雪消息上作出批示,对暴雪防御工作进行安排部署。陕西省应急管理办公室发出《关于防范应对强降温和雨雪天气的紧急通知》;省交通运输厅召开了紧急会议,对高速公路、干线公路的除雪保畅工作做了全面的安排部署,省交通运输厅、省气象局联合召开新闻发布会;西安市市政委、市物价局、气象局共同举办应急供热新闻发布会,提前开始暖气供热。气象部门通过电视节目发布设施农业、畜牧业低温雨雪、大风预警信息,建议养殖户、菜农采取防御防范措施。各级政府领导高度重视,各部门密切协作联动,应对措施得力,有效地减轻了暴雪、强降温天气的危害。时任省委书记在《陕西省气象局关于 11 月 9—12 日暴雪天气情况的报告》上批示:在这次暴雪和强降温天气过程中,气象服务工作及时、准确、有效,应予肯定和表扬。各级各部门都应进一步重视气象工作,尤其要重视气象灾害的应对工作。向工作在陕西省气象战线上的同志们致敬。

2009 年 11 月 7 日,陕西省气象台发布了"连阴雨雪、降温消息"。

决策气象服务材料如下。

案例 5

连阴雨雪、降温消息

受蒙古国冷空气东移南压和西南暖湿气流共同影响，11 月 8—12 日全省将出现一次连阴雨雪、降温和吹风天气过程；预计 8—12 日陕北小到中雪，局地大到暴雪，关中、陕南小到中雨或雨夹雪；10—13 日全省日平均气温将下降 8～10 ℃，陕北、关中北部局部下降 10～12 ℃；10—11 日全省部分地区有 6 级左右偏北风。

陕西省气象台特别提示：

预计本次连阴雨雪天气会给陕西省带来较大的气温起伏，极易引发伤风感冒类疾病，建议卫生部门要提早部署；供暖部门应根据天气变化合理调整供暖时间，室内燃煤取暖用户须特别防范一氧化碳中毒；此外，大风天气也容易造成火灾多发，建议相关部门做好森林及城乡防火工作。

2009 年 11 月 9 日，陕西省气象台发布了“暴雪消息”。

决策气象服务材料如下。

案例 6

暴雪消息

受蒙古国强冷空气和西南暖湿气流共同影响，今天晚上到 12 日早上陕西省将出现一次明显雨雪天气过程，主要降水时段在 10—11 日。预计陕北、关中北部有小到中雨或雨夹雪转中雪，陕北中北部部分地方有暴雪，关中南部、陕南有中雨或雨夹雪，东部局地有大雨，秦岭山区部分地方有大到暴雪。受强冷空气扩散南下影响，过程降温全省各地可达 10 ℃左右。

陕西省气象台特别提示：

受本次雨雪、降温天气的影响，陕北、秦岭山区的道路将出现积雪或结冰，建议相关部门做好预防工作，提请行人和车辆注意交通安全。此外，由于未来气温较低，特别提醒公众注意防寒保暖，及时添加衣物，以防感冒；燃煤取暖的用户需注意防范煤气中毒。

案例 7

关于 11 月 9—12 日暴雪天气情况的报告

11 月 9—12 日，陕西省出现了历史同期罕见的暴雪和强降温灾害性天气过程，其中陕北降水量重现期为 60 年一遇，给陕西省交通、设施农业、畜牧业、城市生活等方面造成严重的影响。面对严峻的天气形势，全省气象部门密切监视天气变化，第一时间发布预报预警及天气实况信息，积极开展部门协作联动，共同应对暴雪和强降温天气，有效减轻了暴雪灾害的影响，现将我局应对暴雪天气的工作情况汇报如下：

一、天气过程实况及影响

从 2009 年 11 月 9 日开始，陕西省自北向南、自西向东出现了明显的暴雪和强降温天气。11 月 9—12 日降水总量，榆林南部、延安大部、关中东部以及陕南商洛 30～60 mm，榆林北部、关中西部以及陕南汉中、安康 10～30 mm。陕北过程平均降水量 36.3 mm，比常年 11 月平均月降水量多 1.9 倍。11 月 1—11 日 20 时，陕北部分地区降水量超过有气象记录以来的同期最大值，达到 60 年一遇。关中平均降水量 28.8 mm，超过常年 11 月平均月降水量的 39%。

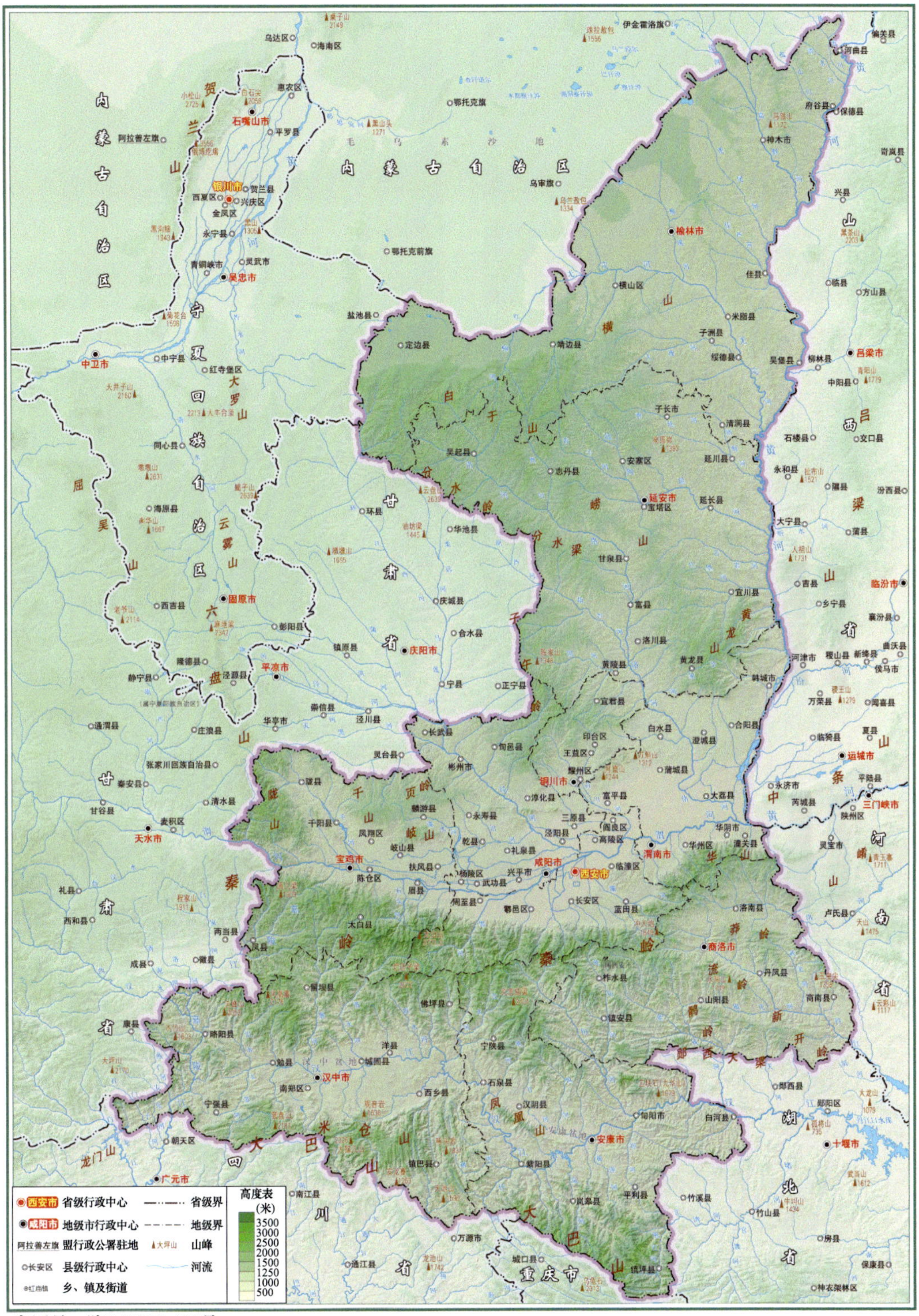

审图号：陕S (2022) 017号

图 1.1 陕西省地形图

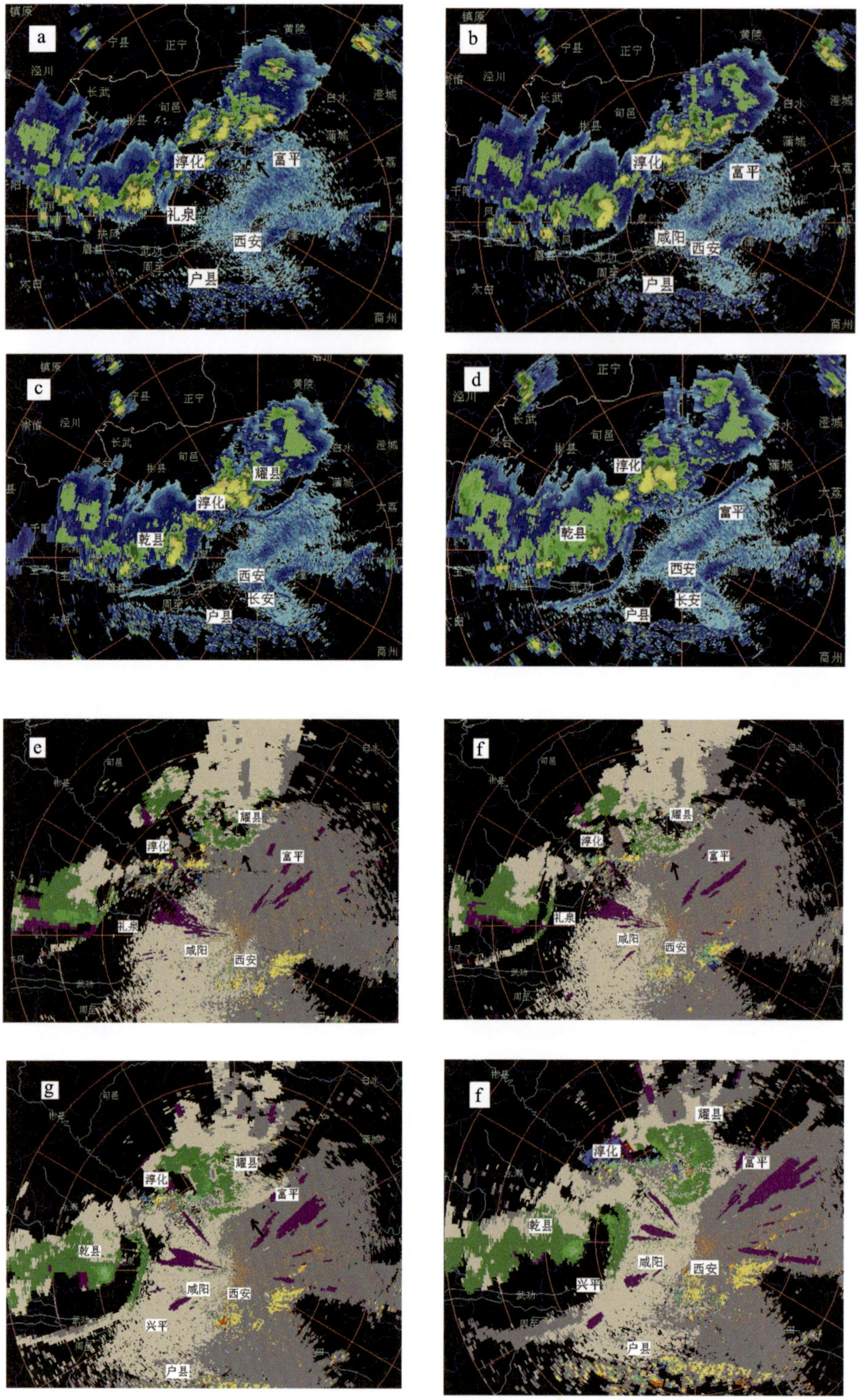

图 8.12　2004 年 7 月 18 日雷达组合反射率图[PPI,(a)—(d)]
及径向速度图[仰角 0.5°,图(e)—(h)]

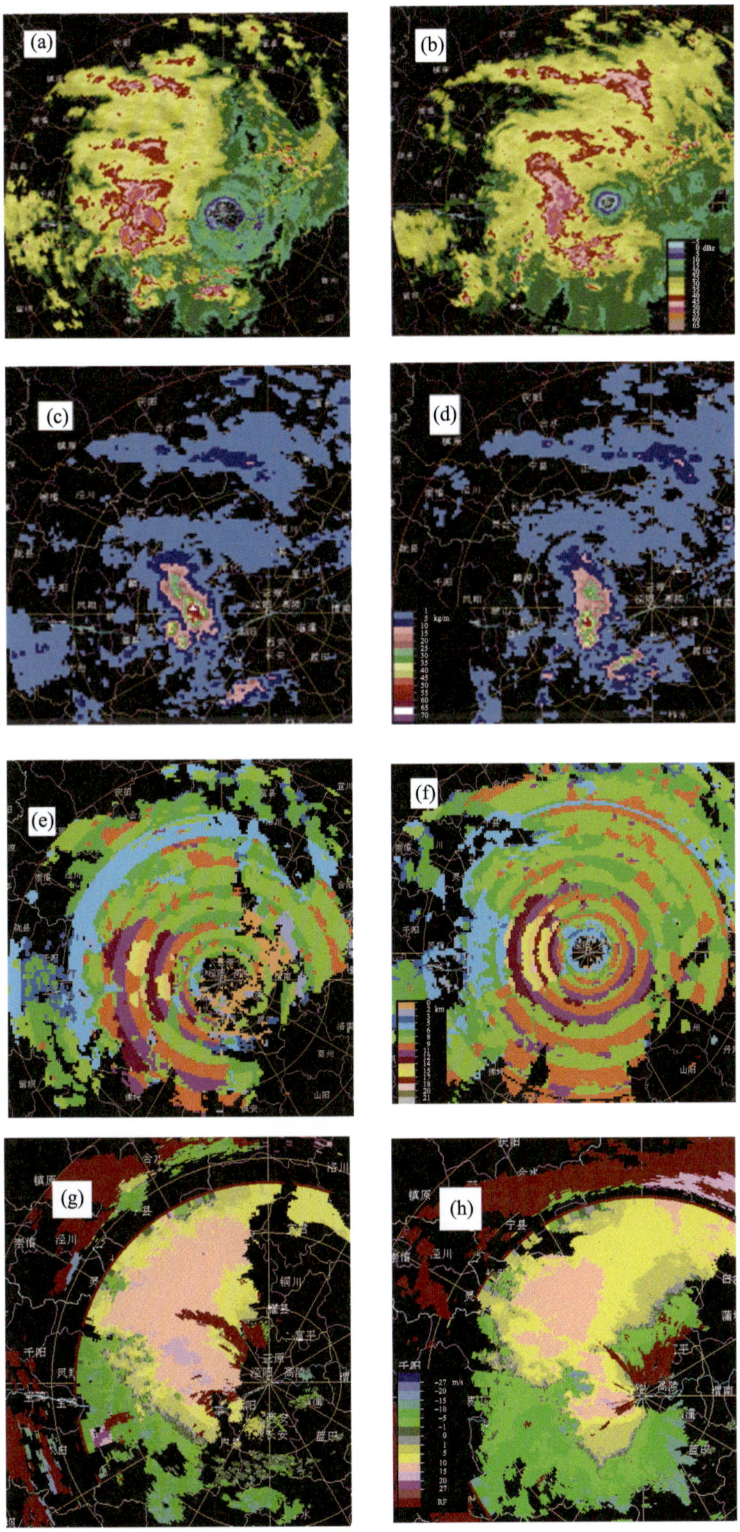

图 8.32　2007 年 8 月 8 日西安雷达组合反射率图(a,b)；垂直积分液态水含量 VIL 特征(c)21:52，(d)22:07，陕西中部云顶高度，(e)21:00，(f)22:00；径向速度图(仰角 1.5)(g)20:53，(h)22:00

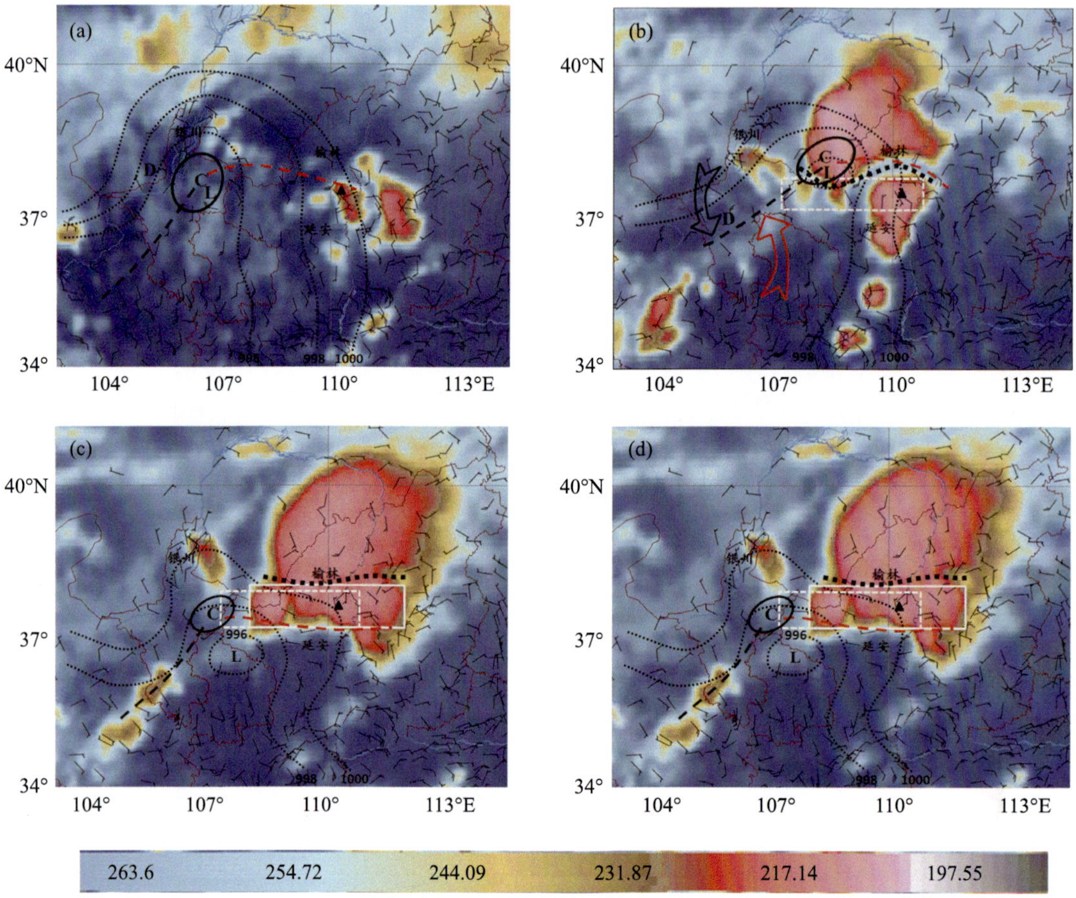

图 8.70　2017 年 7 月 25 日地面风场、海平面气压场和红外卫星云图

(a)16:00;(b)20:00;(c)23:00;(d)26 日 02:00

(D——同一时刻低涡中心的位置,C——地面中尺度气旋,L——地面中尺度低压;细点线——海平面气压场,单位:hPa)

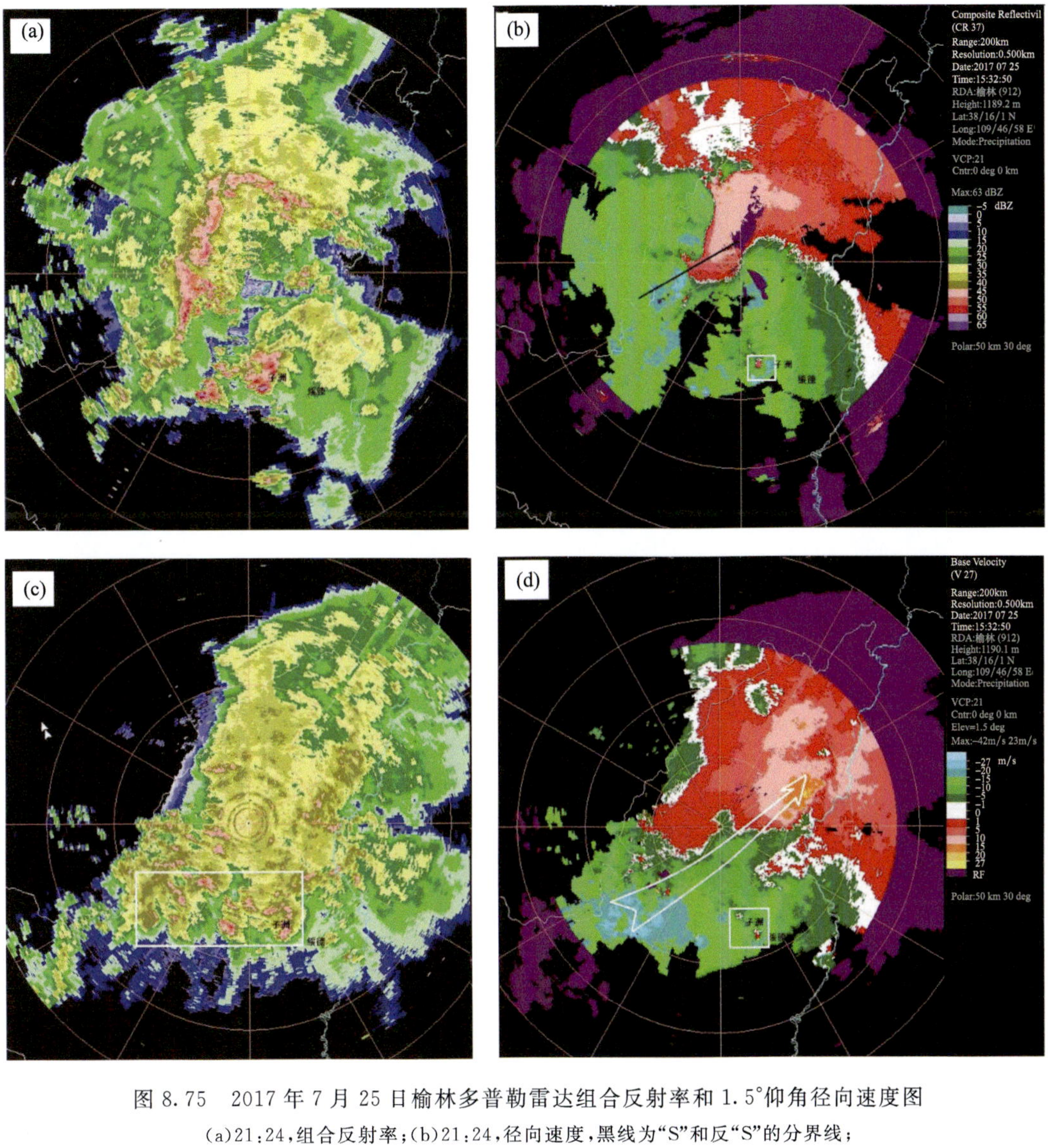

图 8.75　2017 年 7 月 25 日榆林多普勒雷达组合反射率和 1.5°仰角径向速度图

(a)21:24,组合反射率;(b)21:24,径向速度,黑线为“S”和反“S”的分界线;

(c)23:32,组合反射率,白色方框内为强回波形成列车效应;

(d)23:32,径向速度。白色方框为中尺度辐合,白色箭头指示低空急流

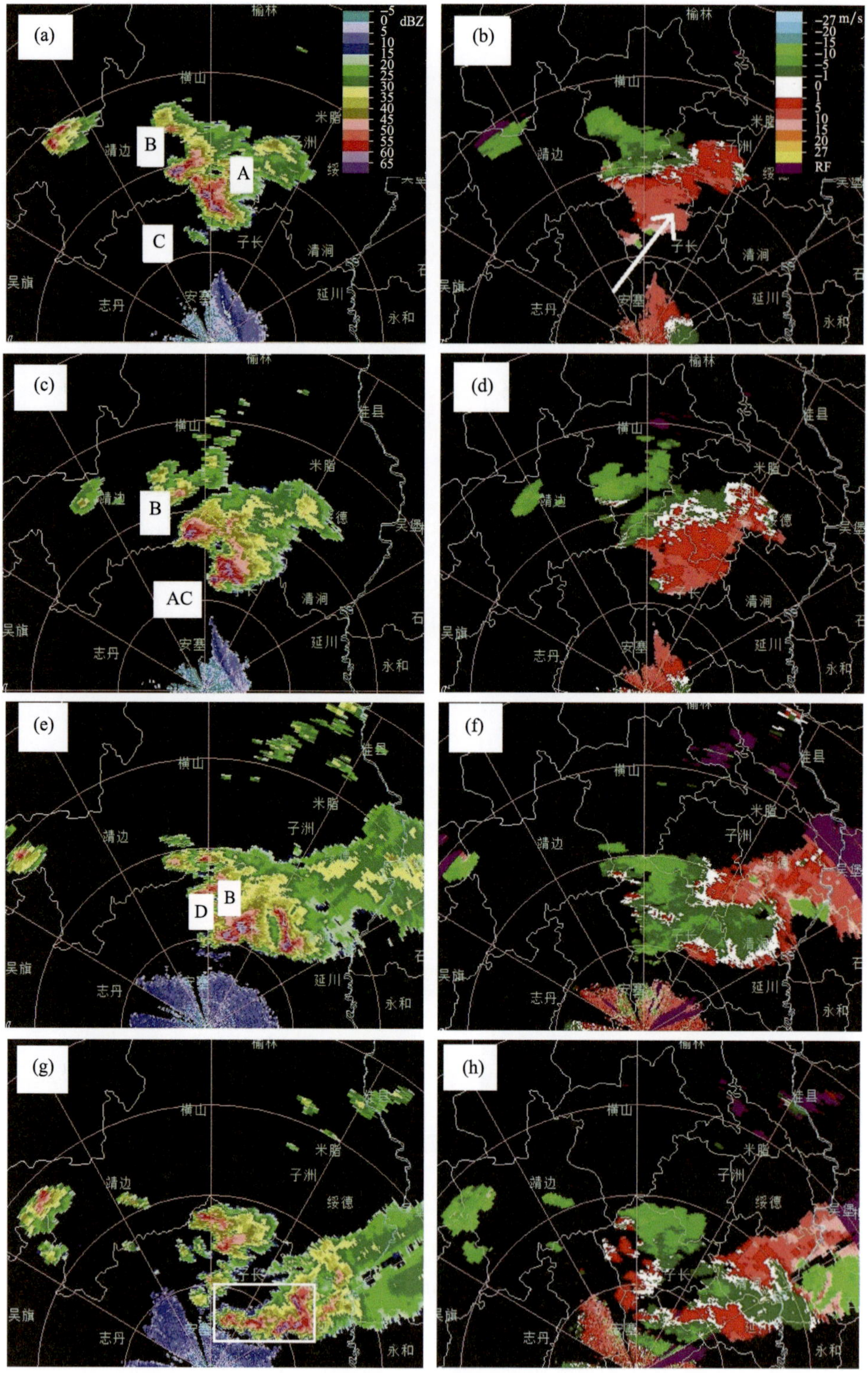

图 8.76 2016 年 5 月 4 日 19:00—21:16 时 1.5°仰角基本反射率

(a,19:00;c,19:22;e,20:25;g,21:16;白色方框内是飑线回波)

和径向速度(b,19 :00;白色箭头是低空急流的位置;d,19:22;f,20:25;h,21:16)

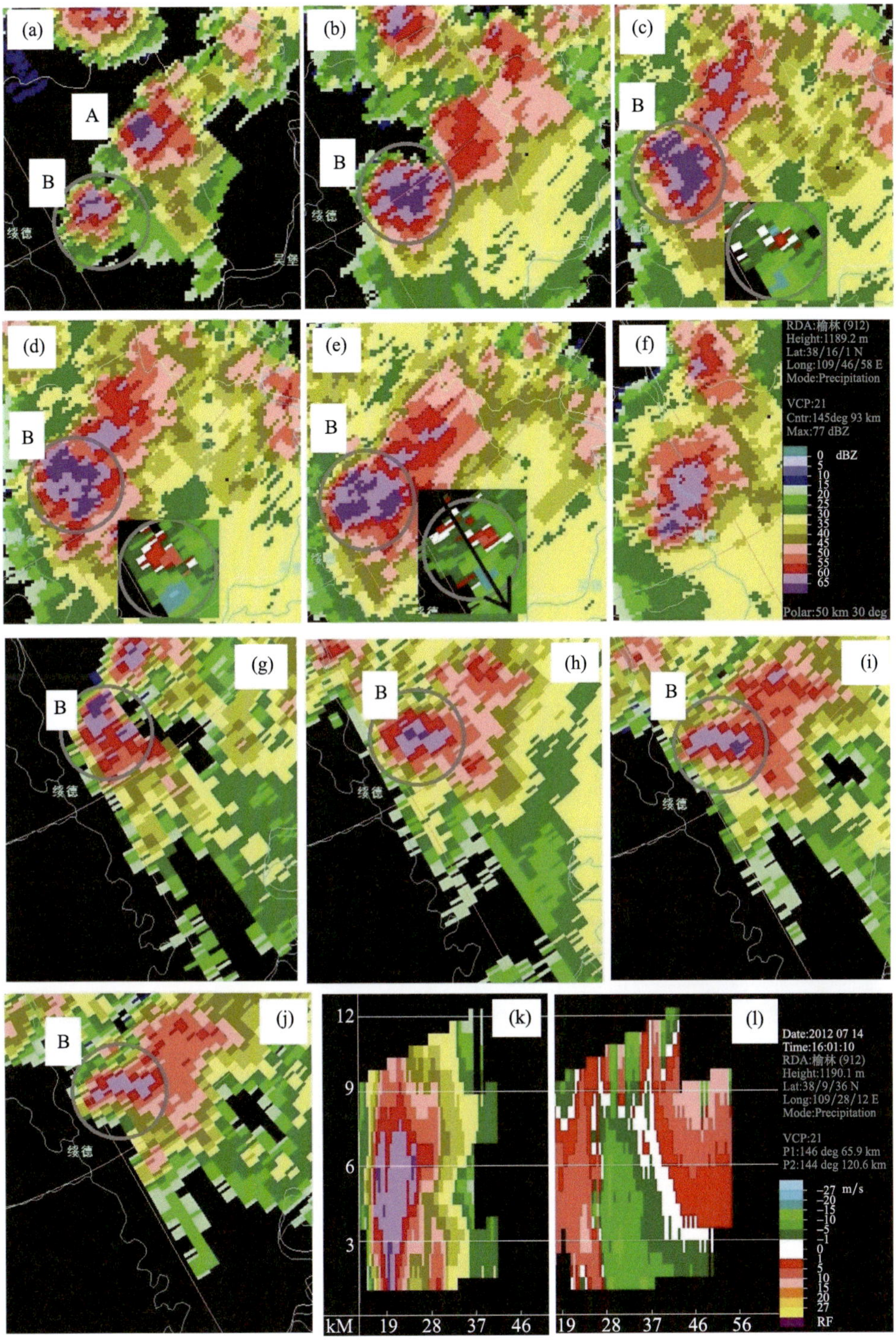

图 8.77　2012 年 7 月 14—15 日榆林多普勒雷达组合反射率

(a,22:47;b,23:18;c,23:48;小图为同时刻同仰角径向速度,下同;d,23:55;e,00:01;f,01:21)、不同仰角三体散射(g,23:36,仰角 2.4°;h,00:07,仰角 2.4°;i,00:07,仰角 1.5°;j,00:07,仰角 0.5°)、沿图 e 中箭头所示方向径向垂直剖面图(k,反射率;l,径向速度)

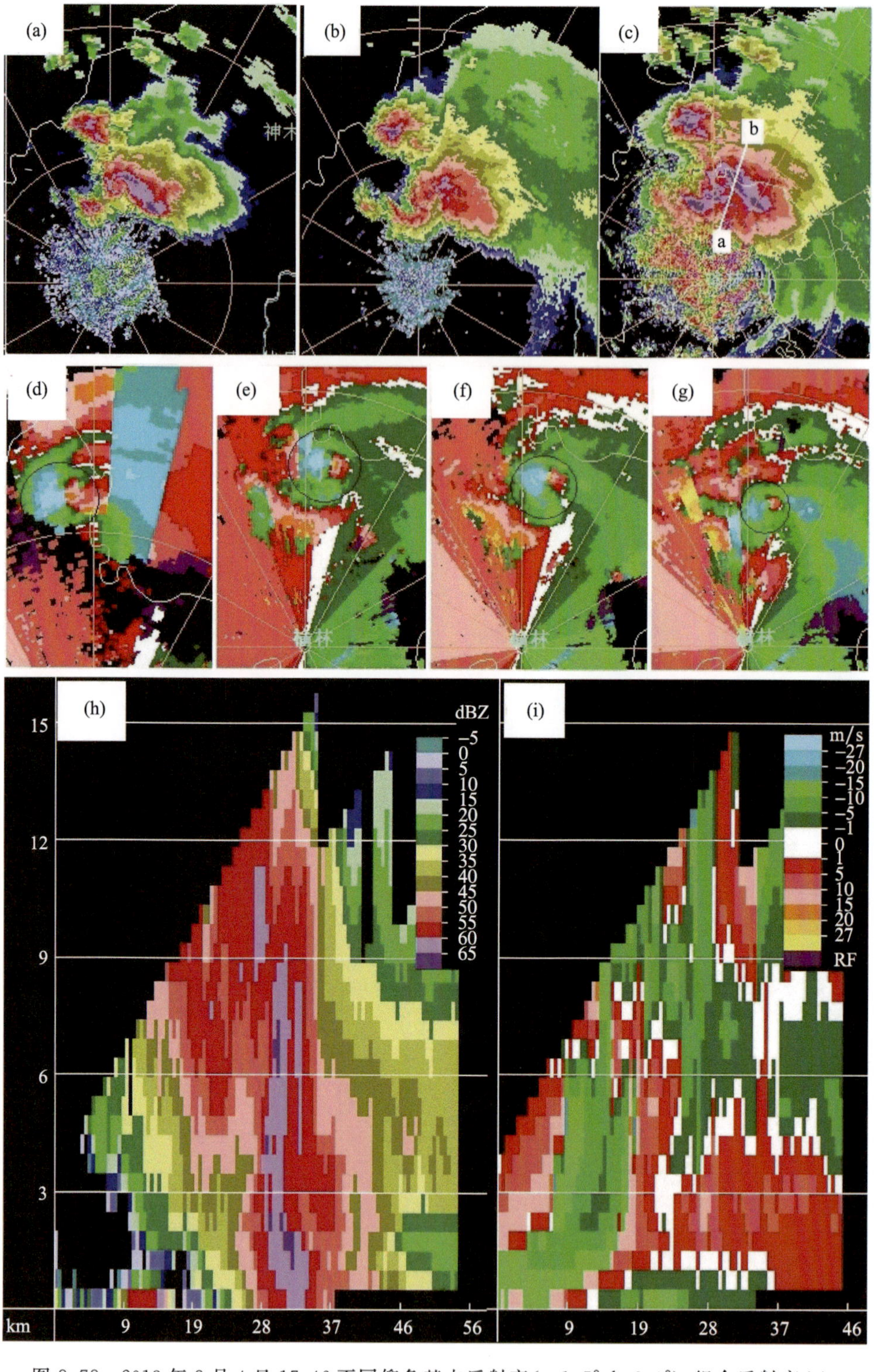

图 8.78　2013 年 8 月 4 日 17:46 不同仰角基本反射率(a,1.5°;b,6.0°)、组合反射率(c)、风暴相对速度图(d,17:16;e,17:52;f,17:58;j,18:11;黑色圆圈内为中气旋)、沿图 c 所示 a—b 方向垂直剖面(h,反射率;i,径向速度)

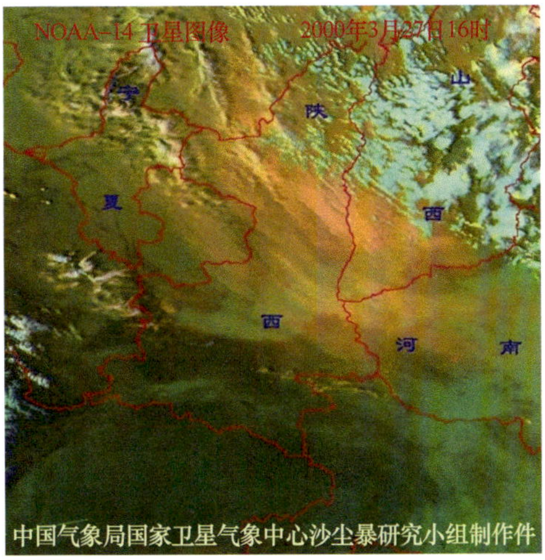

图 10.7　NOAA-14 气象卫星 2000 年 3 月 27 日 16 时监测的沙尘暴图像

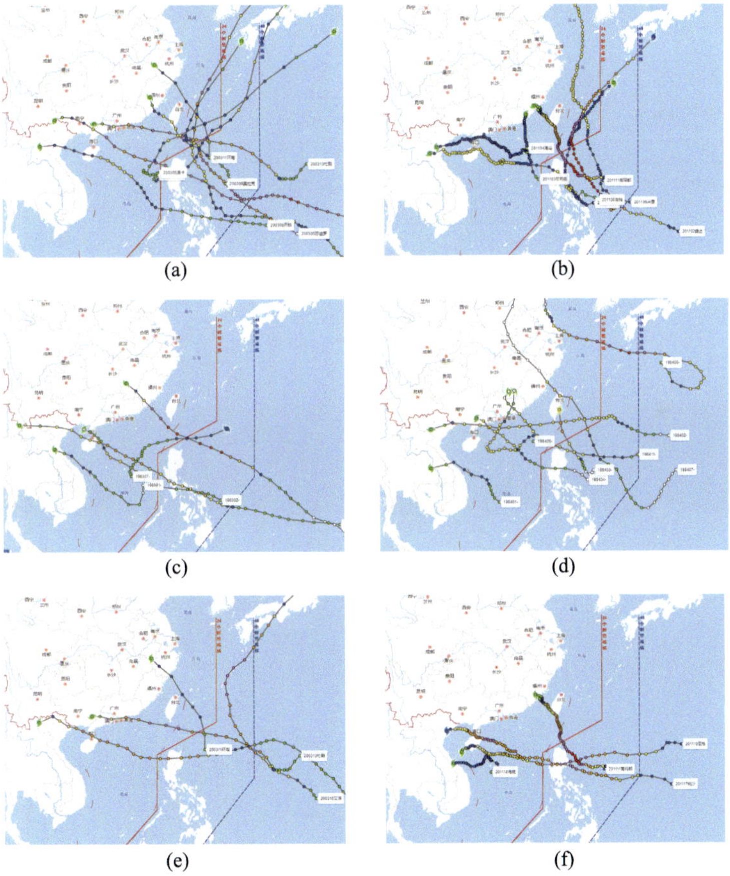

图 11.11　秋淋前的台风路径及特征

(a)2003 年 8 月 20 日前的台风路径特征；(b)2011 年 8 月 20 日前的台风路径特征；
(c)1983 年 8 月 20 日前的台风路径特征；(d)1984 年 8 月 20 日前的台风路径特征及秋淋期间的台风路径及特征；
(e)2003 年 8 月 20 日—10 月 10 日台风路径；(f)2011 年 8 月 20 日—10 月 10 日台风路径

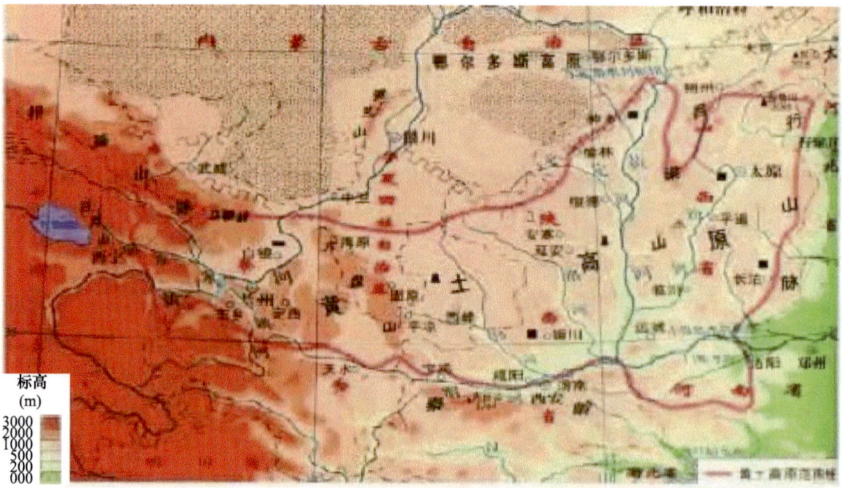

(a) 黄土高原地理位置

(b) 黄土高原夏季

(c) 黄土高原冬季

图 14.11　黄土高原地理位置及生态图

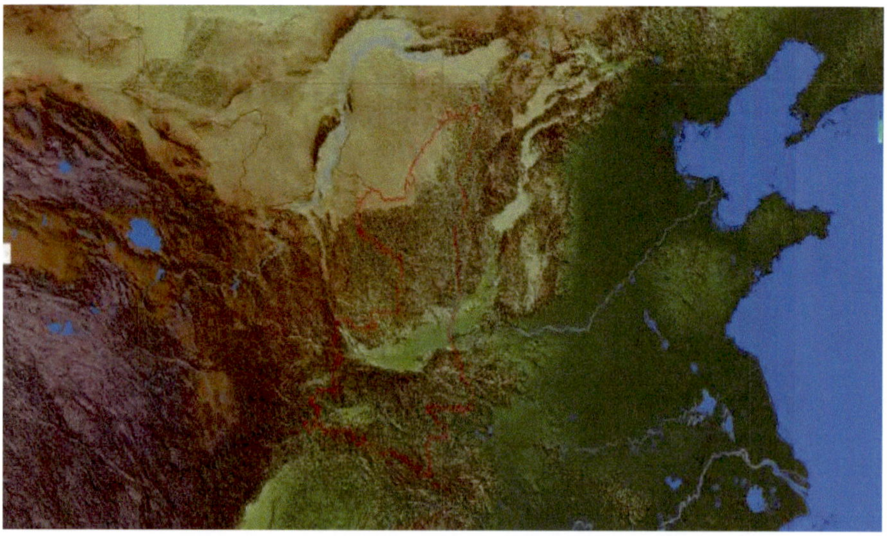

图 14.12　卫星遥感关中地区地理环境图像

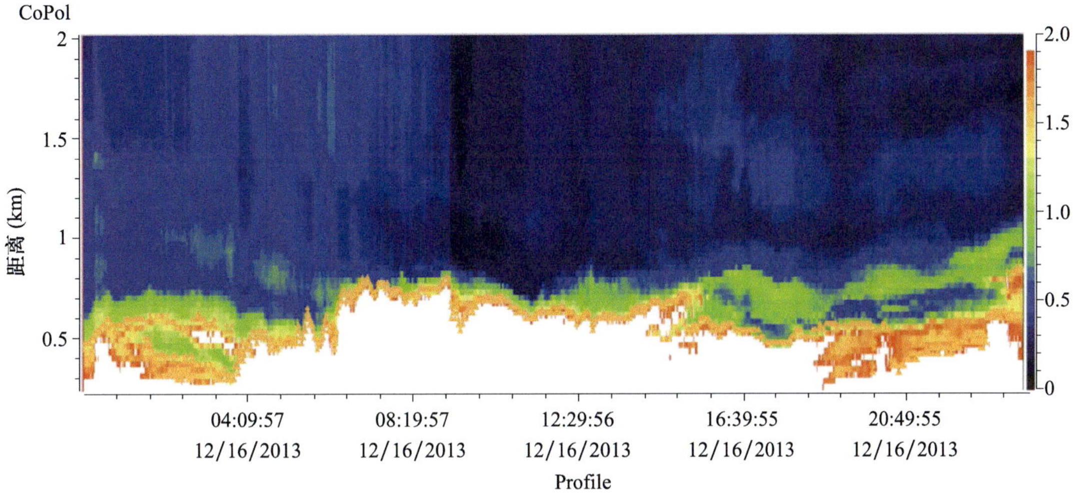

(a) 2013年12月16日0—24时

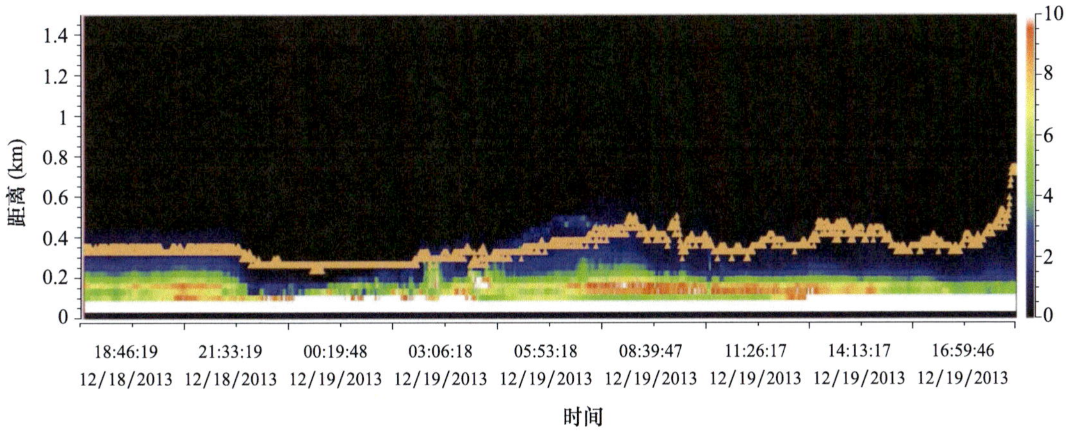

(b) 2013年12月18日12时—19日17时

图 14.37　归一化相对后向散射信号 NRB 时间剖面图(刘瑞芳 等,2017)

(a)2013 年 12 月 16 日 0—24 时;(b)2013 年 12 月 18 日 12 时—19 日 17 时

(黄△代表当前时刻大气边界层高度)

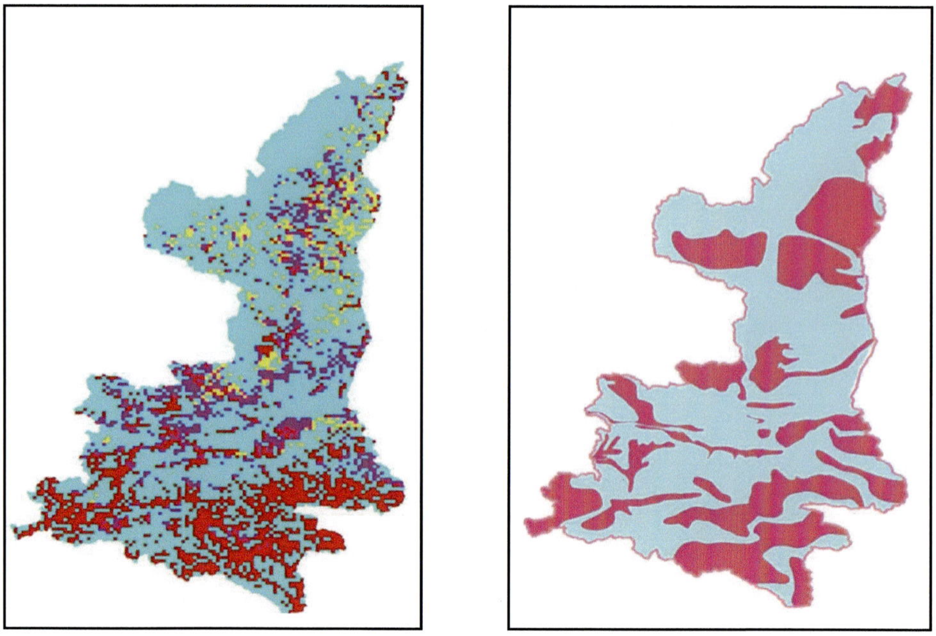

(a) 黄土高原及秦巴山地地质灾害风险划分

(b) 陕西省地质灾害风险程度分区

［彩］图 13.15　地质灾害风险分区图

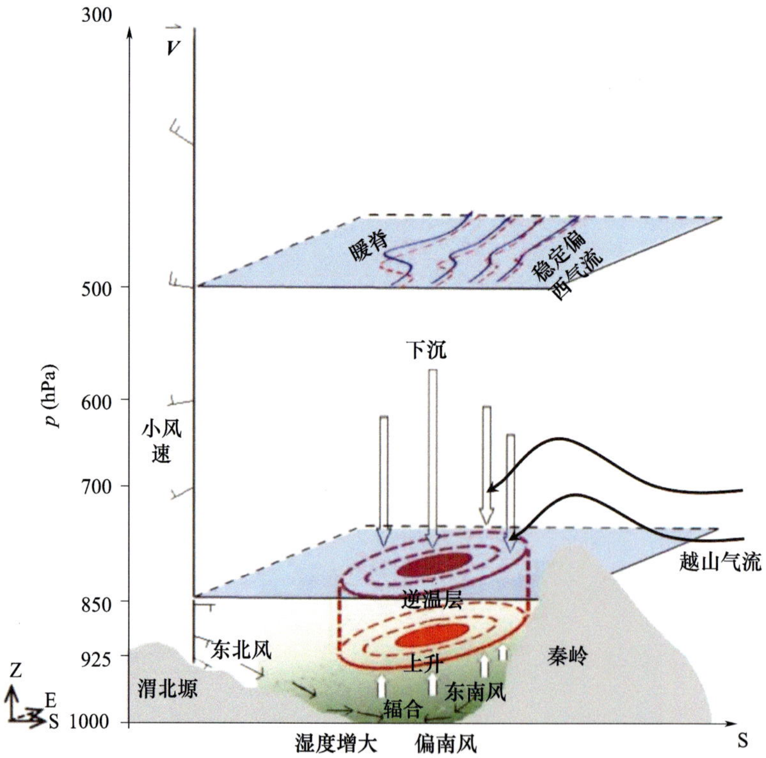

［彩］图 14.56　关中污染天气形成机理示意图